LA FABULEUSE AVENTURE DE LA VIE

LA FABULEUSE AVENTURE DE LA VIE

Sélection
du Reader's Digest

PARIS • BRUXELLES • MONTRÉAL • ZURICH

La Fabuleuse Aventure de la Vie

est une réalisation de

Sélection du Reader's Digest

Conseiller de la rédaction:
Robert CLARKE

Nous remercions tous ceux qui ont contribué
à la préparation et à la mise au point de cet ouvrage.

POUR LES TEXTES

Roland BAUCHOT, professeur d'anatomie comparée à l'université de Paris-VII.
Jean CHALINE, directeur de recherche au C. N. R. S., directeur du Centre de géodynamique sédimentaire et évolution biologique du C. N. R. S. à Dijon, directeur d'études à l'Ecole pratique des hautes études.
Robert CLARKE, journaliste scientifique, écrivain et présentateur d'émissions scientifiques à la télévision.
Bruno DAVID, paléontologiste, chargé de recherches au C. N. R. S.
Michel DELSOL, professeur de biologie générale à la faculté catholique des sciences de Lyon, directeur du Laboratoire d'étude du développement postembryonnaire des vertébrés inférieurs (École pratique des hautes études).
Pierre DEPARIS, professeur d'embryologie à l'université Paul-Sabatier de Toulouse.
Michel ELLENBERGER, journaliste scientifique et écrivain.
Janine FLATIN, préparateur à l'École pratique des hautes études.
Raphaël FRANQUINET, maître de conférences à l'université de Paris-XII.
Jean-Pierre GASC, sous-directeur au Laboratoire d'anatomie comparée du Muséum national d'histoire naturelle.
Denis GERAADS, chercheur au C. N. R. S., Laboratoire de paléontologie des vertébrés et paléontologie humaine de l'université de Paris-VI.
Jean HEIDMANN, astronome titulaire de l'Observatoire de Paris.
Philippe JANVIER, directeur de recherche au C. N. R. S., Institut de paléontologie du Muséum national d'histoire naturelle.
Marc JEANNEROD, professeur de physiologie à l'université Claude-Bernard de Lyon, directeur du Laboratoire de neuropsychologie expérimentale à l'Institut national de la santé et de la recherche médicale (INSERM).
Jean-Claude KŒNIGUER, paléontologue, maître de conférences à l'université de Paris-VI.
Jacques LABEYRIE, physicien.
Henri LABORIT, directeur du Laboratoire d'eutonologie à l'hôpital Boucicaut, à Paris.
André LANGANEY, professeur de biologie à l'université de Genève.
Bernard LAURIN, professeur de paléontologie à l'université de Bourgogne, à Dijon.
Nicole LE DOUARIN, directeur de recherche au C. N. R. S., directeur de l'Institut d'embryologie du C. N. R. S. et du Collège de France.
Annie LEJAL-NICOL, maître de conférences, directeur du Laboratoire de paléobotanique fondamentale et appliquée de l'université de Paris-VI.
Claude LEVI, professeur au Muséum national d'histoire naturelle.
Henry de LUMLEY, directeur du Laboratoire de préhistoire du musée de l'Homme, directeur de l'Institut de paléontologie humaine à Paris.
Marie-Antoinette de LUMLEY, directeur de recherche au C. N. R. S., Laboratoire d'anthropologie de la faculté de médecine de Marseille.
Sophie MAILLACH, chargée de recherche-documentaliste dans l'industrie pharmaceutique.
Richard MOREAU, professeur de botanique et de microbiologie appliquées à l'université de Paris-XII, professeur de microbiologie des sols à l'université de Paris-VII.
Claude PERRET, neurophysiologiste, maître de conférences à l'université de Paris-VI.
Hubert REEVES, astrophysicien, directeur de recherche au C. N. R. S., Centre d'études nucléaires de Saclay, et écrivain.
Armand de RICQLÈS, professeur à l'université de Paris-VII.
Joël de ROSNAY, conseiller à l'Institut Pasteur.
Brigitte SENUT, maître assistant au Muséum national d'histoire naturelle.
Maurice TAÏEB, géologue, directeur de recherche au C. N. R. S., professeur à l'université d'Aix-Marseille.
Jacques THIERRY, paléontologiste, maître de conférences au Centre des sciences de la Terre à l'université de Bourgogne, à Dijon.
Pierre THUILLIER, maître de conférences à l'université de Paris-VII, journaliste scientifique et écrivain.
Henri TINTANT, paléontologiste, professeur émérite à l'université de Bourgogne, à Dijon.
Michel VAN PRAËT, maître de conférences au Muséum national d'histoire naturelle.
Denis VIALOU, sous-directeur au Muséum national d'histoire naturelle.
Catherine ZILLER, ingénieur de recherche au C. N. R. S.

POUR LES ILLUSTRATIONS
Blandine DURAND, Maurice ESPÉRANCE, Jean PÊCHEUX, Dominique ROUSSEL

POUR LA RECHERCHE ICONOGRAPHIQUE
Odile GAUVREAU

POUR LA CARTOGRAPHIE
Jacques SABLAYROLLES

ÉQUIPE ÉDITORIALE DE SÉLECTION DU READER'S DIGEST
Rédaction: Paule MEUNIER
Maquette: Claude PERRIN
Lecture-correction: Bernard LE GUEU, Rémy COTON-PÉLAGIE
Documentation: Nicole TESNIÈRE
Fabrication: Louis ARNÉODO, Gilbert BÉCHARD

PREMIÈRE ÉDITION

ISBN: 2-7098-0238-4

Préface

La vie est la plus fabuleuse des aventures. La plus fascinante aussi par ses révélations tout autant que par les mystères qui l'entourent encore. C'est cette vie qui a donné son visage à la planète: sans elle, la Terre ne serait qu'un astre mort, fait de pierres silencieuses et immobiles.

Fidèle à sa tradition, Sélection du Reader's Digest vous propose le premier ouvrage de ce genre qui traite l'ensemble des aspects, si variés, de cette vie foisonnante et riche. Les meilleurs spécialistes, universitaires, chercheurs, journalistes scientifiques nous ont livré leurs connaissances dans des textes clairs et accessibles et nous ont aidés à illustrer leurs propos par les photographies et les dessins les plus parlants.

Ce livre est comme la vie, foisonnant et multiple. Vous pouvez l'ouvrir au hasard, le feuilleter au gré des pages ou suivre le cheminement que nous vous proposons. De toute façon, vous êtes certain d'y trouver ce que vous cherchez, car rien n'y manque: toutes les découvertes sont là, comme toutes les interrogations qui subsistent — et elles sont nombreuses.

Cette vie, par exemple, est-elle unique ou s'en trouve-t-il d'autres, différentes, sur les autres mondes habités qui peuplent peut-être l'univers? Depuis des siècles, la question fait rêver les poètes, réfléchir les philosophes, argumenter les biologistes. Personne ne peut encore y répondre. Pour les astronomes, il existe très certainement des millions d'autres planètes situées, comme la Terre, à bonne distance d'une étoile qui lui fournit chaleur et lumière, tout comme notre Soleil a permis que la vie se développe sur la Terre.

Les biologistes sont plus prudents, car ils sont frappés par la difficulté de comprendre comment la vie a débuté. Tout s'est passé il y a un peu moins de quatre milliards d'années, dans quelque mare salée, tiédie par la chaleur solaire. Des molécules chimiques se sont complexifiées, peu à peu, pendant des milliers d'années peut-être. Jusqu'à ce que certaines atteignent le degré d'organisation, d'autoreproduction des premières cellules vivantes.

Cette apparition de la vie reste un grand mystère. A-t-elle été un phénomène «miraculeux», qui a pu être unique, qui ne se reproduira jamais, comme le pensent certains? Est-elle, au contraire, la conséquence d'un pur hasard, l'évolution normale d'un processus chimique relativement banal, comme l'estiment d'autres? Suivant qu'on prenne l'un ou l'autre parti, nous pourrions être seuls dans l'immense univers ou, à l'inverse, être l'un des innombrables chaînons de cette vie universelle qui peuplerait des millions d'autres mondes habités.

La Fabuleuse Aventure de la Vie *vous donnera bien d'autres occasions de réfléchir à ces mystères de la vie. Dès qu'on les regarde d'un peu près, ils ouvrent des horizons passionnants, nous poussent aux frontières de la science-fiction, nous obligent à revenir à l'essentiel.*

L'évolution, par exemple. Elle lie entre eux tous les êtres vivants. De la première cellule à l'homme, le fil est continu. Aucun être vivant ne s'est fait seul: tous descendent d'autres animaux, qui vivaient il y a plus ou moins longtemps.

Nous devons tous quelque chose à l'amibe, au ver de terre, au scarabée, au cœlacanthe. Comment la nature a-t-elle fait pour passer ainsi d'une espèce à l'autre, des poissons aux lézards, des dinosaures aux oiseaux, des singes, enfin, aux hommes?

Nous comprenons un peu les principes généraux qui guident cette évolution — merci, monsieur Darwin. Mais tant de faits restent inexpliqués, troublants! S'il est vrai que le hasard — encore lui — soit le grand maître de cette évolution, comment expliquer qu'elle paraisse se faire toujours dans le même sens, du plus simple vers le plus compliqué? Pourquoi a-t-elle abouti à un être comme l'homme, semblable aux autres animaux, mais en même temps si différent d'eux?

Lorsqu'on regarde se dérouler cette grande fresque de la vie, comme ce livre vous aidera à le faire, on ne peut s'empêcher de songer à ce qui pourrait advenir demain. Notamment pour nous, les hommes. Les biologistes affirment que nous ne représentons qu'un accident dans la longue histoire de la vie. Il y a 65 millions d'années, les gigantesques dinosaures et autres diplodocus étaient, à notre place, les maîtres absolus de la Terre. On aurait pu penser qu'ils étaient le but de la vie, puisqu'ils régnaient déjà depuis 170 millions d'années. En quelques millénaires, ils ont disparu. Et de petits animaux, auxquels ils n'attachaient aucune importance, qui couraient entre leurs pattes, se sont multipliés: c'étaient les premiers mammifères, nos ancêtres. Qui nous dit que nos successeurs ne sont pas en train de courir sous nos pieds, dans notre plus parfaite indifférence?

Depuis que la Terre existe, elle a connu plusieurs catastrophes, qui ont détruit une grande partie de tout ce qui vivait. Certaines de ces catastrophes furent de brusques changements de climat. D'autres furent peut-être dues à la chute d'énormes météorites. Il faut nous rendre à l'évidence: même si elle est très ancienne, même si elle nous paraît inépuisable tant elle est riche et variée, la vie est fragile.

D'autant qu'aux risques naturels, cosmiques ou climatiques, il faut désormais en ajouter d'autres, qui proviennent de l'activité humaine. L'homme est, certes, le maître de la planète, mais cette puissance même le rend dangereux pour son avenir comme pour celui de tous les autres êtres vivants. Il suffirait d'une erreur humaine — une guerre nucléaire, par exemple — pour mettre en péril, et pour très longtemps, la continuité de la vie.

Savoir que ces risques existent n'est pas faire preuve de pessimisme. La passionnante aventure de la vie, telle que vous allez la lire, nous donne, au contraire, une fantastique leçon d'optimisme, vieille de plus de trois milliards d'années, et qu'illustrent chaque jour sous nos yeux les fleurs qui éclosent et les oiseaux qui naissent. Une leçon qui nous dit, par mille couleurs et par mille cris, qu'il faut tout faire pour préserver cette vie: c'est sans doute ce qui existe de plus précieux dans l'univers.

ROBERT CLARKE

SOMMAIRE

Troisième partie
L'AVENTURE DE LA SPÉCIALISATION DES ORGANES, page 78

Quatrième partie
LA RÉVOLUTION DU SEXE ET LE DÉVELOPPEMENT, page 104

Cinquième partie
DU SYSTÈME NERVEUX ANIMAL A L'INTELLIGENCE DE L'HOMME, page 144

Sixième partie

PRÉCIS DE PALÉONTOLOGIE, page 218

L'histoire de la vie: Légende de l'illustration des pages 10-11

1 premières traces de vie
2 stromatolites
3 algues bleues
4 cellules eucaryotes
5 division par mitose
6 faune d'Ediacara
7 *Dickinsonia*
8 *Eoporpita*
9 *Arborea*
10 trilobite
11 *Lophospira*
12 nautilidés
13 *Halsytes*
14 *Hallopora*
15 coraux (actinie)
16 *Dunkleosteus*
17 crinoïde
18 *Cephalaspis*
19 *Climatius*
20 protolépidodendron
21 lépidodendron
22 *Meganeura*
23 *Ichthyostega*
24 *Hylonomus*
25 calamites
26 scorpion
27 *Kuehneosaurus*
28 *Lycaenops*
29 *Dicynodon*
30 musaraigne
31 *Euparkeria*
32 *Williamsonia*
33 cycadale
34 archaeopteryx
35 *Protosuchus*
36 plésiosaure
37 araucaria
38 stégosaure
39 *Scolosaurus*
40 *Atlantosaurus*
41 prêles
42 *Corythosaurus*
43 *Bilgergia*
44 *Halcyornis*
45 cyprès
46 crocodile
47 palmier
48 lémur
49 magnolia
50 *Diatryma*
51 *Brontotherium platyceras*
52 *Sivatherium*
53 *Moropus*
54 chimpanzé
55 mammouth
56 *Homo erectus*

Voir légende page 9

L'histoire de la vie du Big Bang à l'homme

Ce vaste panorama retrace l'histoire de 15 000 millions d'années, depuis la formidable explosion initiale, le célèbre Big Bang, jusqu'à l'apparition de la vie et montre comment, des premières cellules qui se sont compliquées et diversifiées, on est passé au foisonnement actuel du monde vivant, végétal et animal.

Échelle en millions d'années

1re

PARTIE

AVANT LA VIE, L'ENVIRONNEMENT PLANÉTAIRE

CHAPITRE 1

De la création de l'univers à celle du système solaire

Le Big Bang

Le globe terrestre, berceau de l'humanité, est une planète du système solaire. C'est à la suite d'une très longue histoire que le système solaire est apparu, une histoire de 15 milliards d'années qui a commencé par un cataclysme: l'explosion initiale, ou Big Bang.

En cette époque lointaine, il y a 15 milliards d'années, l'immense espace où évoluent de nos jours des dizaines de milliards de galaxies, contenant chacune des dizaines ou des centaines de milliards d'étoiles, cet espace que nos télescopes sondent jusqu'à des distances de milliards d'années-lumière n'existait pas.

Depuis la découverte de la fuite des galaxies par Hubble et depuis qu'Einstein a rendu compte de la gravitation par une courbure de l'espace-temps, la majorité des astronomes pensent que l'espace, où sont incrustées les galaxies, est en expansion depuis quinze milliards d'années et qu'à l'instant zéro du Big Bang, ses dimensions étaient infinitésimales.

Savoir exactement ce qui a pu se passer vers cet instant fatidique est en dehors des moyens actuels des cosmologues. Ils pensent que l'univers était alors si petit qu'il devait être soumis aux lois qui régissent les particules élémentaires du monde microscopique, les lois de la physique quantique.

De la même façon qu'il est impossible de connaître exactement à la fois la position et la vitesse d'un électron à cause du «flou quantique», il est impossible de connaître en détail le comportement de l'univers dans les premiers instants de l'expansion. Etait-il en contraction avant l'instant zéro? N'existait-il pas avant? Il n'est pas certain que l'on puisse jamais répondre de façon précise à de telles questions. Peu de temps après l'instant zéro, sorti de cette période qui a duré 10^{-43} seconde (c'est-à-dire une seconde divisée par 10 quarante-trois fois successivement), l'espace était sur sa lancée et se taillait des mètres cubes hardiment, à partir de nulle part. C'est là un aspect extraordinaire de la nature de l'univers.

LA PÉRIODE INFLATIONNAIRE

Bien que cela choque le bon sens, la physique quantique nous dit que le vide n'est pas rien: il contient, de façon virtuelle, des particules et des antiparticules, qui peuvent donc en surgir. Il contient en plus une énergie énorme, comme si ce vide était empli d'une «dynamite» prête à exploser.

Du fait que chaque mètre cube produit par

Un merveilleux spectacle: émergeant de l'espace, la planète Terre, avec, au premier plan, le sol lunaire. Cette photographie a été prise lors du survol de la Lune par la mission Apollo 8 (21-27 décembre 1968).

l'expansion est doté de sa ration de «dynamite», cette expansion s'emballe catastrophiquement, triplant les dimensions toutes les 10^{-34} secondes: c'est la période dite inflationnaire de l'univers, pendant laquelle il devient 10^{50} fois plus grand. C'est à ce phénomène que le cosmos doit non seulement d'être si grand, mais en plus d'avoir les mêmes propriétés aussi loin qu'on puisse le sonder, en particulier d'avoir partout d'innombrables étoiles, et aussi, pourquoi pas, d'innombrables planètes et êtres vivants.

LA DEUXIÈME DÉTONATION

Puis tous les mètres cubes de tout l'espace libèrent l'énergie de leur «dynamite» d'un seul coup. C'est la «deuxième détonation» du cosmos, la première étant le Big Bang. Cette énergie se matérialise en toutes sortes de particules et antiparticules: électrons et positrons, quarks et antiquarks. Le substrat du cosmos, tel que nous le connaissons maintenant, remonte à cette époque; son acte de naissance est daté de 10^{-32} secondes, et de ce moment l'expansion de l'espace prend son rythme classique.

Suite à la «deuxième détonation», le cosmos est rempli d'une «purée» épaisse de particules et d'antiparticules, de densité et de température énormes. Ce chaos est loin de l'état organisé actuel. Mais suit alors une période de décantation salutaire. Au fur et à mesure que baisse la température, s'annihilent d'abord les quarks et les antiquarks, puis, après une seconde, les électrons et les positrons. Il ne reste essentiellement que des photons, que l'on peut encore observer dans un rayonnement à 3° absolus (− 270°), qui provient de tout l'univers visible, et d'autres particules, nécessaires aux équations des astrophysiciens, mais qu'ils n'ont pas encore détectées, les neutrinos.

Mais que devient la matière du cosmos? A la suite de ce grand nettoyage d'un invraisemblable fouillis, il est quand même resté un proton ou un neutron et un électron pour chaque milliard de photons; peu de chose, mais essentiel pour notre existence! Ce miraculeux et si précieux résidu provient d'un léger avantage qui, lors de la deuxième détonation, a été donné à la production des quarks sur les antiquarks. De là proviendrait cet assaisonnement du cosmos, si capital pour le destin dans lequel il devait s'engager à la suite de cette première seconde dont aucune autre par la suite n'aura autant d'importance et qui peut être qualifiée de «seconde la plus longue».

⇧ **La galaxie des Chiens de Chasse.** Les galaxies s'éloignent les unes des autres d'autant plus vite qu'elles sont plus éloignées; aucune n'est privilégiée, c'est l'espace qui se dilate: la situation est semblable à celle de raisins dans un cake qui gonfle.

Le laboratoire européen pour la physique des particules, le CERN, utilise des accélérateurs de plusieurs kilomètres de diamètre à cheval sur la frontière franco-suisse; les particules circulent dans des tubes enterrés, courbées par de puissants champs magnétiques. ⇩

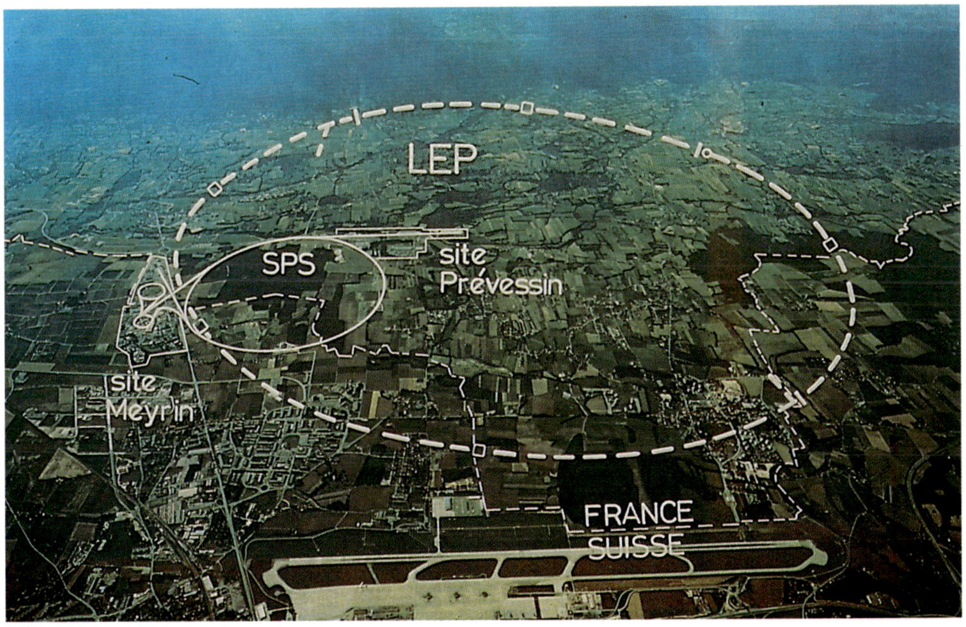

L'expansion de l'espace

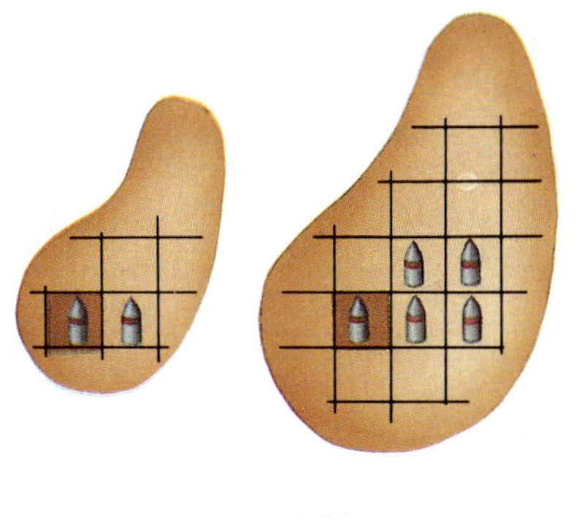

Au cours de la période inflationnaire, toute portion d'espace accroît ses dimensions et acquiert de plus en plus de mètres cubes; chacun est rempli de la même ration de «dynamite» du vide.

Les particules élémentaires

On saisit mieux la nature de la matière en descendant de plus en plus intimement dans sa structure. La matière est formée de molécules et les molécules d'atomes; ainsi l'eau est formée de molécules H_2O comprenant deux atomes d'hydrogène (H_2) et un atome d'oxygène (O).

Les atomes sont formés d'un noyau entouré d'un cortège d'électrons: les électrons sont des particules légères portant une charge électrique négative − e; le noyau a une charge électrique positive pouvant aller de 1 pour l'hydrogène à 92 pour l'uranium; ainsi le noyau d'oxygène a une charge + 8e. Dans la matière ordinaire, neutre, il y a autant d'électrons dans le cortège qu'il y a de charges dans le noyau.

Les noyaux sont formés de nucléons, eux-mêmes constitués de deux éléments, les protons et les neutrons, 2 000 fois plus massifs que l'électron, mais de charges différentes: + e pour le proton, 0 pour le neutron. Ainsi le noyau d'oxygène contient 8 protons et 8 neutrons en général; mais, dans 0,2 p. 100 des cas, il contient 10 neutrons: c'est l'isotope 18 (nombre de nucléons) de l'oxygène normal 16.

Enfin les nucléons sont formés de quarks: les quarks *u* de charge + 2e/3 et les quarks *d* de charge − e/3. Ainsi un proton est formé des trois quarks *uud* et un neutron des quarks *udd*.

La matière ordinaire se ramène aux particules élémentaires électron, quark *u* et quark *d*; il faut y ajouter le neutrino, sans charge et probablement sans masse, qui intervient dans certaines radioactivités.

Ces particules interagissent entre elles, ce qui d'ailleurs permet d'établir des édifices tels que noyaux, atomes ou molécules. Ces interactions se font par l'intermédiaire de particules dites vectrices. La plus connue est le photon, ou grain de lumière, sans charge et sans masse, qui, lorsqu'il se trouve en foule, peut se disposer en distributions ordonnées, les ondes électromagnétiques. Récemment, au CERN, on a découvert des «photons» de très grande masse, les bosons dits intermédiaires, et on pense qu'il doit exister d'autres bosons plus spécifiques des quarks, les gluons.

Du premier quart d'heure au futur profond

Après un départ fulgurant et une période d'intense activité nucléaire, il se passe peu de chose pendant des siècles, sinon que se créent des atomes d'hydrogène et d'hélium, puis plus rien pendant des millions d'années, avant l'apparition des premières étoiles.

Une seconde après le Big Bang, l'univers est chaud de 10 milliards de degrés, rempli seulement de photons, de protons et neutrons, d'électrons, et probablement de neutrinos.

LE PREMIER QUART D'HEURE

C'est alors que commence une période de folle activité nucléaire: les protons et neutrons se combinent pour donner des noyaux d'hydrogène lourds, ceux-ci se combinent à leur tour pour former des noyaux d'hélium. Cette frénésie ne dure qu'un quart d'heure, car après, suite à l'expansion, les particules se rencontrent trop rarement et, avec la chute de température, n'ont plus assez d'énergie. Résultat de ce quart d'heure: 25 p. 100 de la matière primordiale sont transformés en hélium.

DES MILLIONS D'ANNÉES D'ENNUI

Puis, pendant des siècles et des siècles, il ne se passe plus rien d'intéressant. Ce n'est qu'au bout de 300 000 ans que les électrons, la température n'étant plus que de 5 000 °C, s'installent autour des noyaux pour former des atomes d'hydrogène et d'hélium. Les premières constructions du cosmos apparaissent.

Ensuite, pendant des dizaines de millions d'années, l'ennui va s'installer. L'univers est rempli d'un gaz d'hydrogène et d'hélium de plus en plus dilué, de plus en plus froid, dont la brillance vire au rouge, au rouge sombre, puis à l'obscurité la plus profonde. Tout au plus peut-on noter que, vers 10 millions d'années, il fait 20 °C, ce qui nous aurait été agréable, si nous avions été là.

Le cosmos est-il au bout de sa carrière? Quel triste destin après un départ si fulgurant. Non, car le hasard s'en mêle: par-ci, par-là, dans ce gaz apparaissent des fluctuations où la densité est un peu plus forte. La gravitation intervient alors: ces zones plus massives s'effondrent sur elles-mêmes, s'échauffent et donnent des sphères gazeuses dont la température est suffisante pour y allumer des réactions nucléaires. Ainsi, vers 100 millions d'années d'âge, apparaissent les étoiles de première génération. En reprenant le flambeau, l'énergie nucléaire redonne chaleur, lumière et activité à un cosmos près de mourir à jamais.

LA PÉRIODE GALACTIQUE

On ne sait encore si ces étoiles primordiales se sont ensuite associées en galaxies ou si le gaz, d'abord rassemblé en nuages de taille galactique, s'y est ensuite sous-condensé en étoiles primordiales. C'est là un problème qui retient l'attention de nombreux astronomes. Mais une chose est certaine: vers le milliard d'années, les quasars, qui sont probablement des noyaux de galaxie, très brillants et très éloignés de nous, existaient déjà, car les plus puissants télescopes en ont révélé certains, tellement lointains dans les profondeurs de l'espace que leur lumière a mis 14 milliards d'années à nous parvenir. Or les quasars sont des objets rendus très lumineux par une intense activité, peut-être induite par la présence d'un «trou noir» au centre de certaines galaxies. Un «trou noir» est un objet étrange, qui résulte de la mort de certaines étoiles qui disparaissent en s'effondrant sur elles-mêmes, jusqu'à devenir un objet d'une intensité si forte qu'il attire inexorablement toute la matière qui passe à proximité, et que même les rayons lumineux y sont prisonniers — d'où son nom de «trou noir».

Donc, à l'âge d'un milliard d'années, le cosmos contenait des astres remarquables, les quasars, et probablement aussi des galaxies.

L'univers entre alors dans sa période la plus longue, la période galactique. Les plus lointaines galaxies que nous pouvons observer avec les plus grands télescopes sont distantes d'une dizaine de milliards d'années-lumière. Elles sont donc vues dans l'état où elles étaient il y a 10 milliards d'années, quand le cosmos avait 5 milliards d'années d'âge. Il est très difficile de savoir si ces anciennes galaxies diffèrent des galaxies actuelles, proches de nous. Les images en sont réduites à presque rien, vu la distance. De plus, des effets de courbure de l'espace à grande échelle peuvent modifier les observations. En tout cas, si les galaxies évoluent au cours de milliards d'années, elles le font peu dans leur ensemble, et cela bien que des galaxies très spéciales, les «galaxies à grumeaux», se mettent, en quelques millions d'années seulement, à créer des flambées d'étoiles nouvelles et puissantes, par millions à la fois. Les quasars, par contre, évoluent énormément: par unité de volume d'espace, corrigée de l'effet de l'expansion, ils étaient dans le passé cent fois plus nombreux que maintenant. Ils sont une espèce d'astres en voie de disparition.

La galaxie d'Andromède, notre plus proche voisine, est le type même de grande galaxie spirale; ses centaines de milliards d'étoiles sont disposées en un bulbe central et un disque où des étoiles jeunes et puissantes piquettent deux spires délicates.

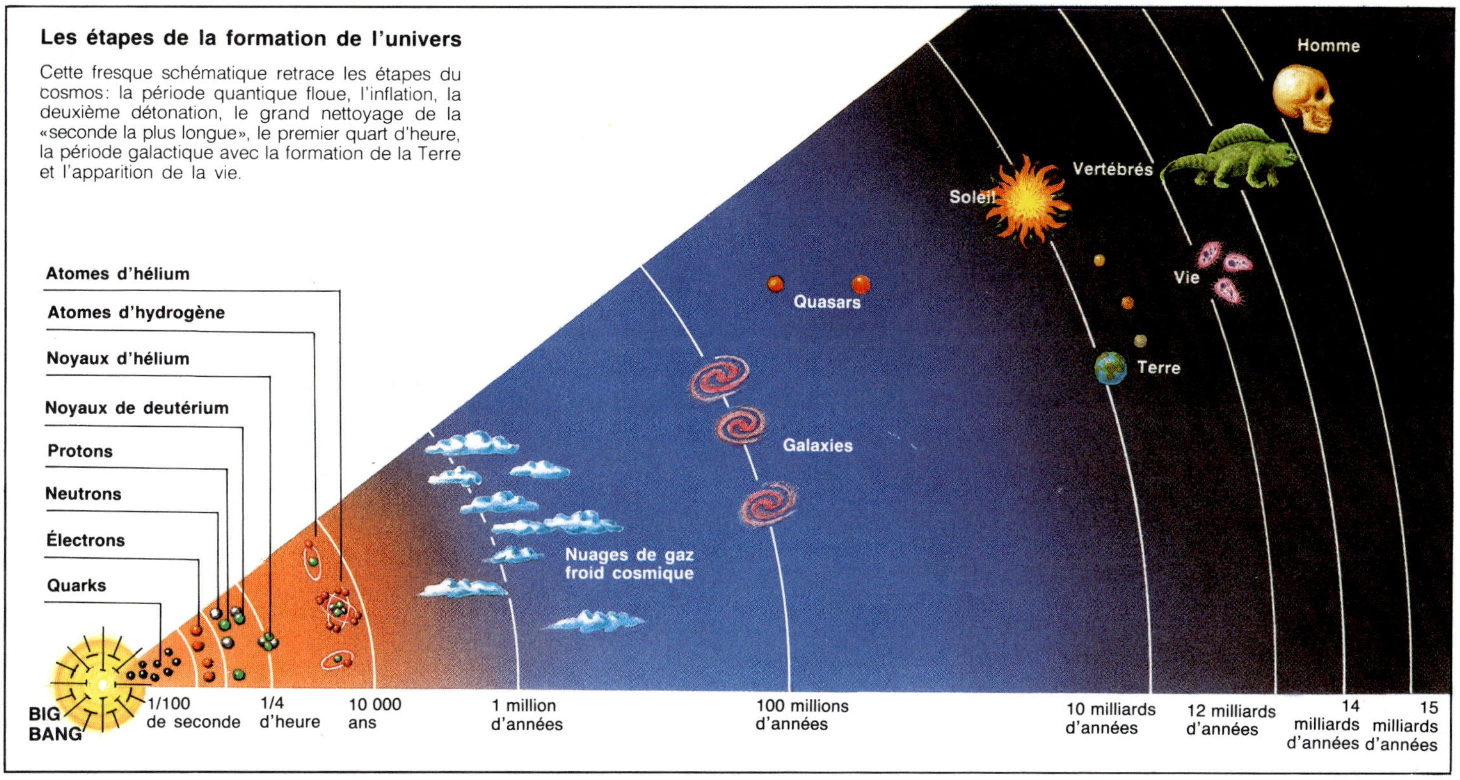

Les étapes de la formation de l'univers

Cette fresque schématique retrace les étapes du cosmos: la période quantique floue, l'inflation, la deuxième détonation, le grand nettoyage de la «seconde la plus longue», le premier quart d'heure, la période galactique avec la formation de la Terre et l'apparition de la vie.

La taille de l'univers, en expansion actuellement, peut continuer à croître indéfiniment ou redevenir petite d'ici à une centaine de milliards d'années; d'un autre côté, les étoiles finiront par épuiser leur combustible nucléaire; n'en formant plus de nouvelles, les étoiles géantes disparaîtront les premières et les naines rouges les dernières.

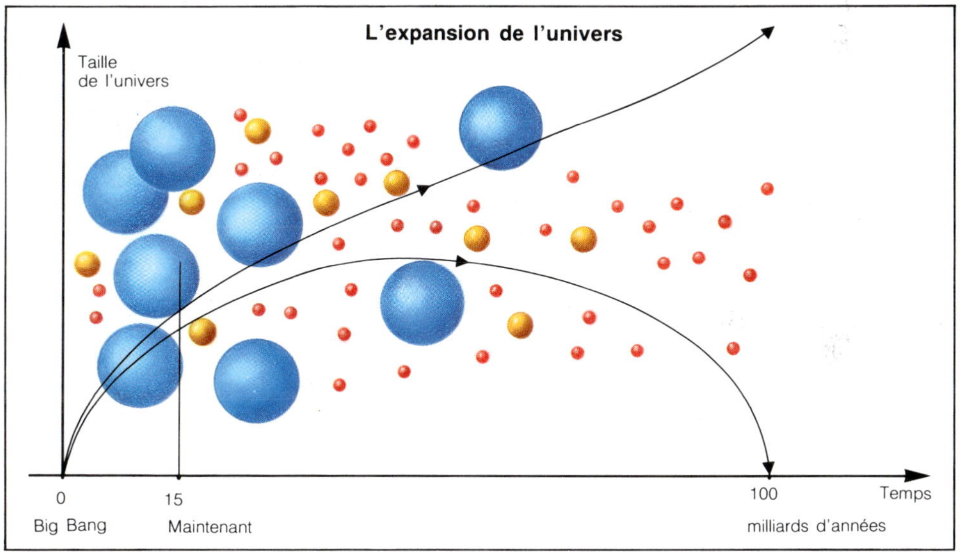

LE FUTUR PROFOND

Cette période galactique, qui a déjà duré 14 milliards d'années, peut-elle durer encore longtemps? Son futur dépend de deux facteurs. Le premier est celui de la disponibilité de combustible nucléaire pour entretenir les feux des étoiles. Si, après le premier quart d'heure de l'histoire du cosmos, 25 p. 100 du gaz primordial étaient déjà transformés en hélium, les étoiles, au cours de leur vie, continuent à épuiser l'hydrogène en le transformant en hélium, et en noyaux plus lourds, pour en tirer de l'énergie. Au rythme actuel, cet état de choses ne pourra pas durer beaucoup plus qu'une centaine de milliards d'années. Première échéance grave, mais lointaine.

Le deuxième facteur est l'allure de l'expansion de l'univers. L'expansion peut soit durer indéfiniment, soit se transformer en une contraction. Dans le premier cas, l'échéance nucléaire limitera la période galactique vers la centaine de milliards d'années. Dans le deuxième cas, le cosmos connaîtra un nouvel enfer, semblable mais en sens inverse, à celui du Big Bang. L'état actuel des connaissances ne permet pas de trancher, sauf de dire que ce retour à la case zéro ne se ferait pas avant plusieurs dizaines de milliards d'années.

Dans le cadre de l'univers inflationnaire, l'expansion se ferait plutôt en un régime de croisière intermédiaire, relativement lent, mais pouvant durer *ad eternam*. Par contre, cette théorie prévoit des «parois» dans l'espace, se propageant presque à la vitesse de la lumière, qui pourraient balayer d'un coup et sans préavis l'univers observable actuellement.

Ce serait alors la fin brutale de tout notre cosmos...

La gravitation d'Einstein

Il existe dans la nature une quatrième interaction, la gravitation, actuellement le mieux interprétée par la théorie de la relativité générale d'Einstein, dans le cadre d'un espace-temps à quatre dimensions, synthèse de l'espace à trois dimensions et du temps. Un astre, par sa masse, courbe l'espace-temps autour de lui, comme le ferait une lourde boule déposée sur une feuille élastique. Par contrecoup, une bille circulant dans le voisinage est obligée de suivre cette courbure et, en l'épousant, de décrire une trajectoire bien spécifique: c'est le cas d'une planète en orbite autour du Soleil, par exemple.

L'ensemble de toutes les galaxies du cosmos courbe l'espace-temps à l'échelle de l'univers tout entier. Le grand problème de ce sujet cosmologique est de savoir si l'espace est courbé comme une sphère ou comme une selle de cheval, et si le temps est cyclique ou infini.

Le cas extrême de courbure se rencontre au Big Bang ou dans les trous noirs. En utilisant l'image de la boule sur la feuille élastique, on peut dire que les trous noirs se produisent quand la boule atteint une densité tellement forte qu'un entonnoir à parois verticales se forme, empêchant toute communication de l'espace du fond vers l'espace extérieur.

Une boule de plomb symbolisant le Soleil (S)*, posée sur une membrane élastique, y forme un entonnoir; une petite bille (b) représentant une planète, convenablement lancée, en suit les contours, décrivant alors son orbite autour du Soleil; dans ce schéma, la gravitation intervient par une courbure de l'espace.*

La formation des étoiles

Nées de la condensation du gaz dans l'univers primitif, les étoiles primordiales sont mortes en éjectant dans l'espace une partie de leur gaz, qui, en se condensant à nouveau, a donné naissance à de nouvelles étoiles, et ainsi de génération en génération...

Si, pendant la période galactique, les galaxies sont les constituants essentiels de l'univers, les étoiles sont les éléments essentiels des galaxies. S'il faut à la lumière quelques années pour aller d'une étoile à une autre et 100 000 ans pour traverser de part en part notre galaxie, 3 secondes suffiraient pour parcourir le diamètre du Soleil. Cela montre que non seulement l'espace est immense, mais qu'en plus il est effroyablement vide.

LES GÉNÉRATIONS D'ÉTOILES

Dans le précédent chapitre, on a vu comment des étoiles primordiales se sont formées à partir de condensations du gaz qui remplissait l'univers primitif. Transformant de l'hydrogène en hélium, les étoiles finissent par mourir. Quand elles ne produisent plus assez d'énergie, elles s'effondrent sur elles-mêmes et, dans un violent rebondissement, éjectent dans l'espace une partie de leur matière. C'est le phénomène de supernova. Ainsi, et par d'autres processus moins brutaux, les vents stellaires, l'espace interstellaire est réalimenté en gaz. De nouvelles condensations pourront alors s'y produire, donnant naissance à de nouvelles étoiles. Il s'établit dans les galaxies des cycles de formation et de disparition d'étoiles de générations successives par un régime d'échanges étoiles-gaz.

Ces générations sont mélangées, car toutes les étoiles n'ont pas la même durée de vie. Le Soleil a une vie estimée à une dizaine de milliards d'années. Mais une étoile dix fois plus massive ne vit que quelques millions d'années. Cela provient essentiellement de ce que la contraction qui lui a donné naissance l'a chauffée plus, entraînant alors des réactions thermonucléaires beaucoup plus intenses. Une étoile massive est très dispendieuse, plus encore qu'elle n'est riche en combustible, et donc vivra peu de temps. Une étoile dix fois moins massive que le Soleil pourra durer au contraire cent milliards d'années, mais sera peu chaude et peu lumineuse.

⇧ **La nébuleuse de la Tête de Cheval** est un nuage de gaz et de poussières qui cache les étoiles qui se trouvent derrière, donnant à l'espace interstellaire un effet de profondeur extraordinaire ; en bas, à gauche, une partie du nuage est illuminée par une étoile puissante qui vient de s'y former.

LA CRÉATION DES ÉLÉMENTS CHIMIQUES

Ces cycles enrichissent le gaz interstellaire en noyaux synthétisés dans les étoiles : l'hélium tout d'abord, mais aussi des noyaux plus lourds, comme le carbone, l'oxygène, jusqu'au fer. On pressent l'importance majeure de ces processus, nous qui sommes construits avec du carbone et de l'oxygène, éléments que le « premier quart d'heure » de l'univers n'avait pas fournis, tout comme le calcium, le silicium, sans lesquels les roches, la Terre n'auraient pu se former.

Il y a eu des hasards fabuleux dans l'histoire du cosmos. Ainsi pour le carbone, élément essentiel pour les molécules organiques : si le noyau de carbone n'avait pas eu, par une coïncidence extraordinaire des divers paramètres de la physique nucléaire, un état intermédiaire passager doué d'une énergie bien précise de 7,224 millions d'électrons-volts, les étoiles n'en auraient pratiquement pas fabriqué et la vie macromoléculaire n'aurait pas pu apparaître dans l'univers.

L'espace interstellaire, en dépit de son rôle majeur dans le destin de l'univers, apparaît pourtant, selon nos critères de tous les jours, être le type parfait du vide le plus absolu. On n'y trouve en moyenne qu'un atome par litre : les atomes d'un litre de notre atmosphère y seraient dispersés dans un cube de 10 000 km de côté, la taille de la Terre. Les condensations d'où naissent les étoiles forment des « nuages » interstellaires où la densité est un million de fois plus « forte », néanmoins notre litre atmosphérique y aurait 100 km de côté. Ces dilutions extrêmes n'empêchent pas que, sur des distances de dizaines d'années-lumière, des effets spectaculaires prennent naissance. De tels phénomènes sont rendus tangibles par les magnifiques photographies produites grâce aux télescopes.

LA FORMATION DES MOLÉCULES INTERSTELLAIRES

Un des aspects les plus frappants est la présence dans ces nuages de zones absorbantes cachant les étoiles qui se trouvent en arrière. Ces obscurcissements sont dus à des poussières minuscules, peu nombreuses : une en moyenne, pour chaque cube de 100 m de côté. Malgré leur rareté, elles jouent un rôle de premier plan dans la formation de molécules complexes, dont certaines semblent annoncer la chimie d'où sortira la vie.

Vers la fin de leur vie, certaines étoiles éjectent, dans ce qu'on appelle le vent stellaire, des petites particules de silicate d'environ un dixième de micron. Au cours du premier siècle de son voyage dans l'espace, un tel grain récolte des atomes (carbone, hydrogène, azote, oxygène) qui forment à sa surface une couche des trois glaces d'eau (H_2O), d'ammoniac (NH_3) ou de méthane (CH_4). Vagabondant entre les étoiles, ces glaces sont décomposées par les rayons ultraviolets des étoiles en radicaux chimiques (OH, NH_2, CH_3). A cause du froid de l'espace interstellaire, ces radicaux restent gelés ; tout au plus vont-ils diffuser légèrement à la surface du grain. Il arrive que le grain survole une étoile et se réchauffe légèrement, ce qui a pour effet de réveiller les radicaux chimiques. Mais ceux-ci, au lieu de se recombiner dans leur état initial, se combinent entre voisins et ces échanges de partenaires conduisent à de nouvelles molécules : CH_3 + NH_2 → méthylamine, CH_3 + OH → alcool méthylique, tandis que les corps volatils s'évaporent. Ces événements peuvent se répéter une dizaine de fois, produisant en définitive un grain de silicate enrobé d'un manteau non volatil de molécules organiques complexes : H_2CO (formaldéhyde), NH_2HCO (formamide)...

Cette dernière décennie, la radioastronomie a effectivement découvert, dans l'espace interstellaire, une soixantaine de types différents de molécules, comme l'alcool éthylique, certaines ayant jusqu'à 13 atomes.

Après une vie intersidérale de quelques milliards d'années, le grain finira par être incorporé dans une condensation créant une nouvelle étoile. S'il réussit à rester dans les zones périphériques, il pourra subsister dans quelque comète ou météorite lointaine. Récemment, on a découvert dans des météorites des acides aminés d'origine non terrestre. Cela fait entrevoir des perspectives fascinantes sur le rôle que pourrait avoir le milieu interstellaire dans une chimie favorisant l'apparition de la vie.

Galaxies, radiogalaxies et quasars

Sur un plateau semi-aride du Nouveau-Mexique, *aux États-Unis, le radiotélescope VLA (Very Large Array) permet de reconstituer, en ondes radio, des images de radiogalaxies aussi fines que celles obtenues avec les plus grands télescopes optiques.*

Les galaxies sont de vastes agglomérations d'étoiles ; elles peuvent en rassembler plusieurs milliards : les galaxies géantes vont jusqu'à en contenir 1 000 milliards. Elles parsèment l'espace intergalactique et jusqu'aux confins accessibles à nos télescopes il en existe des dizaines de milliards. La plupart se groupent en amas et même en superamas, avec chacun des milliers de galaxies.

Ces ensembles sont régis par la gravitation ; selon leur plus ou moins grande rotation, les galaxies présentent des morphologies variées : elliptiques, en spirale ou irrégulières. Souvent leur centre, très concentré, est le siège de phénomènes catastrophiques libérant des énergies énormes ; ils sont la source de rayonnements radio intenses qui permettent, grâce aux radiotélescopes, de les observer à de très grandes distances ; ce sont les radiogalaxies.

Ces émissions peuvent aussi être très intenses dans le visible et le noyau à lui seul peut briller autant que cent galaxies : c'est le cas des quasars, les plus lointains astres qu'on puisse photographier dans le cosmos. Peut-être leurs centres sont-ils occupés par des trous noirs très massifs, autant que cent millions de Soleils, qui gobent littéralement les étoiles passant à leur portée, transformant une partie de leur matière en énergie.

La formation d'une étoile. On peut y distinguer trois stades : un nuage interstellaire se contracte sous sa propre gravitation ; il s'échauffe sous l'effet de chute ; les réactions nucléaires s'allument. Par la suite, l'étoile pourra subir une catastrophe la transformant en trou noir.

La formation des planètes

Autour des étoiles, des condensations se produisent, entraînant la formation des planètes; si leur développement ne se poursuit pas, elles forment des astéroïdes ou des météorites. D'autres astres, les comètes, sont probablement des reliques de la formation du système solaire.

Les planètes sont des globes en orbite autour du Soleil. Comparées au Soleil, avec son diamètre d'un million et demi de kilomètres, les planètes de notre système solaire sont très petites: la Terre n'a que 12 000 km et Jupiter, la plus grosse, 140 000. La plus éloignée, Pluton, est à 12 milliards de kilomètres. La lumière traverse donc le système solaire en 11 heures, ce qui est très peu par rapport aux 4 ans qu'elle met pour venir de l'étoile la plus proche, Proxima du Centaure.

Grâce à l'exploration spatiale des planètes du système solaire, entreprise depuis presque une génération, les idées sur leur formation, bien qu'encore spéculatives, se sont précisées. Quand un nuage de gaz et de poussières interstellaires se contracte, il peut se produire une ou plusieurs condensations, ce qui conduit à la formation d'une ou plusieurs étoiles. Mais, des condensations de faible masse peuvent aussi se produire; leur échauffement n'est pas suffisant pour allumer les réactions thermonucléaires qui fournissent leur énergie aux étoiles: il se forme alors une planète. La masse limite au-dessous de laquelle une étoile ne peut pas naître est le centième de la masse du Soleil. Jupiter n'en a que le 1/1 000 et la Terre, le 1/300 000.

Le système solaire s'est ainsi formé, il y a 4,5 milliards d'années. Le nuage primitif s'est presque entièrement condensé en un corps central, le Soleil. Le reste s'est disposé autour, en un disque aplati où les poussières ont commencé à s'agglutiner, donnant naissance à des «planétoïdes» dont certains, par attraction gravitationnelle, ont pris le dessus, ramassant à leur profit de plus en plus de particules et de gaz, et conduisant aux planètes. On pense que ces processus ont été très rapides et qu'en 100 millions d'années, le système solaire était constitué.

La formation de planètes autour des autres étoiles est encore une question ouverte, par manque d'observations, très difficiles à obtenir à cause des distances énormes. Ces dernières années, un télescope en orbite, sensible dans l'infrarouge, a montré que Véga, une brillante étoile située à 20 années-lumière, dans la constellation de la Lyre, est entourée d'un disque protoplanétaire peut-être en train de se condenser en planètes. Une protoplanète a été découverte autour d'une étoile du Taureau, mais, dix fois plus massive que Jupiter, elle serait plutôt une sphère de gaz qu'on pourrait qualifier d'étoile ratée. Autour d'une étoile du Verseau, circule un compagnon de 200 fois la masse de Jupiter, mais il s'agit là d'une petite étoile peu chaude, une «naine rouge».

On ne sait donc pas encore si des planètes aussi légères que la Terre existent autour d'autres étoiles, ni donc si une vie du genre de celle qui a été favorisée par notre planète existe ailleurs dans l'univers. Des instruments nouveaux (télescopes en orbite, sondes spatiales) sont en développement ou en projet pour aborder cette question fondamentale.

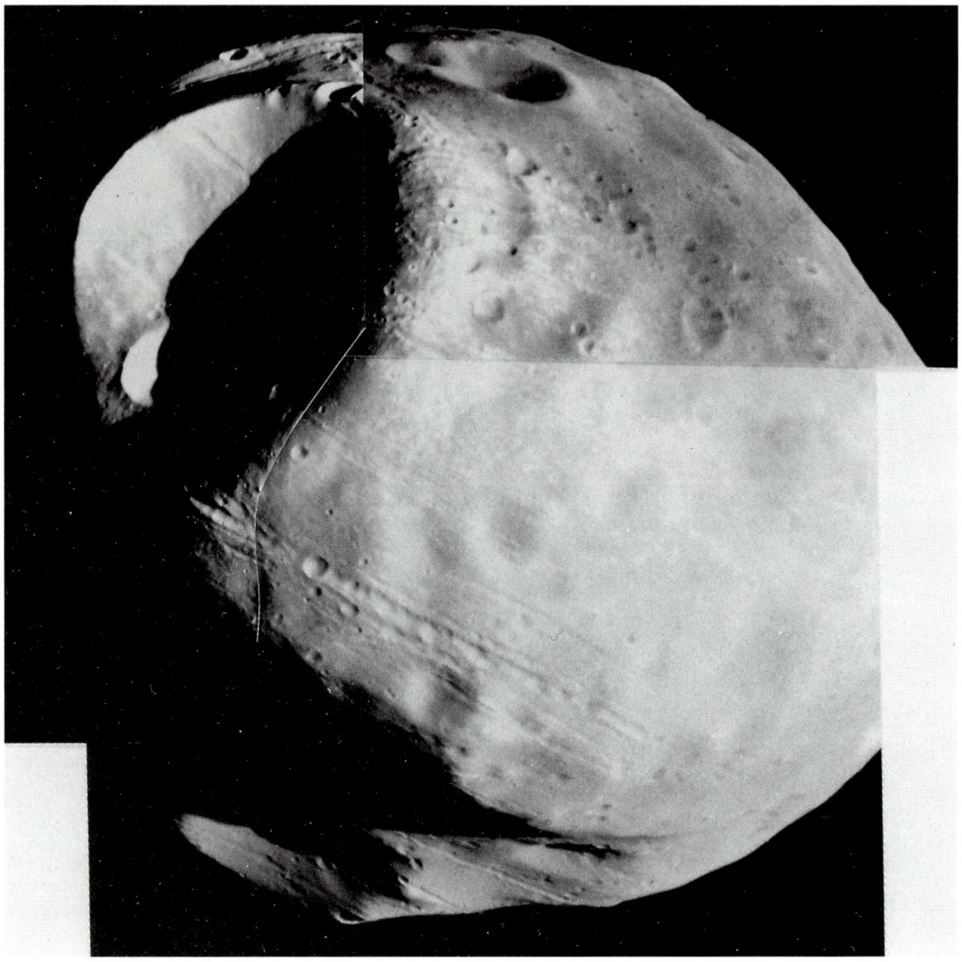

Phobos est un satellite de Mars de 20 km seulement de diamètre; une collision catastrophique l'a creusé d'un cratère de 10 km d'où partent des fractures menaçantes; Phobos pourrait être un astéroïde capturé par Mars.

Le sol d'une comète tel qu'on l'imagine actuellement est constitué d'un mélange de neige, de poussières et de cailloux datant du début de la formation du système solaire; à l'approche du Soleil, la neige se vaporise, produisant des éjections de gaz et de débris qui engendrent la queue de la comète.

LES ASTÉROÏDES ET LES MÉTÉORITES

Dans le disque protoplanétaire, des condensations n'ont pu poursuivre leur développement, à cause des planètes en formation. Les plus grosses sont les astéroïdes, dont 3 000 sont maintenant repérés dans le système solaire, tandis que les plus petits constituent des météorites lorsqu'ils entrent en collision avec la Terre.

Les astéroïdes d'une dimension supérieure à quelques kilomètres peuvent aussi recevoir des impacts assez puissants de météorites, ce qui les réduit en fragments, car ils n'ont pas d'atmosphère protectrice à cause de leur faible pesanteur. Ils finissent par être débités en morceaux, source d'autres météorites.

De temps en temps, la Terre peut recevoir un astéroïde. Un corps d'une dizaine de kilomètres de diamètre l'aurait ainsi frappée il y a 63 millions d'années, dispersant sous le choc sa matière sur le globe, en particulier de l'iridium qui a été retrouvé en couche très mince un peu partout. Selon certains, cet événement aurait été à l'origine de la disparition de la moitié des espèces marines vivant à ce moment et, plus spectaculairement pour la suite de l'évolution des mammifères, des dinosaures (voir p. 254-257).

De même que l'étude des roches lunaires rapportées par les astronautes américains a permis de retracer l'histoire primitive de la Lune, les météorites permettent d'étudier les premières phases de la formation du système solaire. Mais le gros problème est d'avoir des météorites non contaminées par l'environnement terrestre. Jusqu'à une époque récente, on ne possédait que 1 500 météorites de par le monde, plus ou moins sûres. Ces dernières années, une campagne de recherche dans les glaces de l'Antarctique a permis de doubler cette quantité de météorites. Leur étude a permis de mesurer exactement l'époque de leur première solidification: 4 550 millions d'années. Ce chiffre, l'un des plus précis de l'astrophysique, est l'acte de naissance officiel de notre système.

Ces études ont aussi montré que certaines météorites ont des compositions isotopiques très particulières: peu avant leur formation, le matériau qui leur a donné naissance aurait été enrichi par l'isotope 26 de l'aluminium; or cet isotope est produit dans les explosions de supernovae. D'où une hypothèse intéressante: la nébuleuse primitive du système solaire aurait déclenché sa condensation sous l'effet de souffle d'une supernova voisine.

Si 10 000 t de météorites sont déversées par an sur la Terre, la plupart de ces météorites ne dépassent pas 1 mm et ne produisent, en se consumant dans l'atmosphère, que les anodines étoiles filantes. Certaines, cependant, sont monstrueuses. Sans approcher l'impact d'il y a 63 millions d'années, le Meteor Crater, aux États-Unis, avec son kilomètre de diamètre, a été creusé, il y a 40 000 ans, par une météorite atteignant 25 m.

La comète de Halley. La plus célèbre des comètes doit son nom à l'astronome anglais Edmond Halley, qui l'observa en 1682 et qui, utilisant la théorie de la gravitation de Newton, prédit son retour pour 1759. L'orbite de la comète a une période moyenne de 76 ans. Sa tête photographiée ici en 1910, est une atmosphère brillante formée de molécules et poussières éjectées du noyau central par la chaleur du Soleil; son diamètre peut atteindre des centaines de milliers de kilomètres. Derrière elle, traîne une queue beaucoup plus pâle de dizaines de millions de kilomètres de long. Visible en 1986 et observée notamment par la sonde spatiale européenne Giotto, la comète de Halley doit reparaître en 2062.

LES COMÈTES

Les comètes, qui sont probablement aussi des reliques de la formation du système solaire, sont constituées de blocs de quelques kilomètres de neige compactée, mélangée de poussières, qui ont dû se condenser sur le bord du système solaire. Leurs orbites ont été transformées en ellipses très allongées par perturbations mutuelles, ce qui fait que ces blocs sont désormais dispersés dans un volume énorme, de 1 année-lumière de rayon. A de telles distances, ils sont très sensibles aux perturbations d'étoiles pouvant passer à proximité: certains peuvent donc être ramenés vers les régions centrales du système solaire. Lorsqu'ils se rapprochent ainsi du Soleil, sa chaleur évapore plusieurs mètres d'épaisseur de leur surface, provoquant des traînées de gaz et de poussières: ce sont les «queues» des comètes.

Au cours de passages successifs, les comètes s'usent, et certaines finissent par se briser en morceaux, dispersés le long de leur trajectoire. Quand la Terre traverse une telle orbite, une pluie d'étoiles filantes zèbre le ciel, la plus fameuse étant celle des Perséides, au début d'août. Parfois, un morceau plus important nous heurte; ainsi en 1908 à Toungouska, en Sibérie, un fragment de 40 m, pesant 30 000 t, a détruit 1 000 km^2 de forêt en explosant dans l'atmosphère.

On conçoit l'intérêt que présentent les comètes pour éclaircir l'origine des planètes et que cinq sondes spatiales aient été construites spécialement pour étudier de près la comète de Halley lors de son retour en 1986.

JEAN HEIDMANN

Les grands instruments astronomiques

La mise en action d'instruments d'observation de plus en plus sophistiqués a toujours fait faire à l'astronomie des progrès décisifs. L'ère des grands télescopes a commencé en Californie, au mont Wilson, et culminé au mont Palomar, puis à Zelentchouskaia, dans le Caucase, avec des miroirs de 5 et 6 m de diamètre. La dernière grande étape du XXe siècle est le télescope spatial en orbite autour de la Terre, à 500 km d'altitude. Cet engin de 13 t., muni d'un miroir de 2,40 m, doit ses performances au fait qu'il est dégagé des turbulences et absorptions parasites néfastes de notre atmosphère. Mais déjà des successeurs atteignant des diamètres de plus de 20 mètres, sont à l'étude.

En radioastronomie, des radiotélescopes atteignent des dimensions de 40 m par 300 m comme à Nançay, ou 300 m par 300 m, comme à Arecibo. Le plus performant est le Very Large Array (VLA), au Nouveau-Mexique, un ensemble corrélé de 27 radiotélescopes de 25 m de diamètre, mobiles sur 40 km de rails (voir p. 19).

Pour les radiations invisibles du sol, on a recours à des télescopes en orbite: l'International Ultraviolet Explorer (IUE) pour les rayons ultraviolets, «Einstein» et Exosat pour les rayons X, Infrared Astronomical Satellite (IRAS) pour les infrarouges.

Enfin, des sondes spatiales d'exploration du système solaire permettent des observations in situ; les plus étonnantes ont été les Apollo sur la Lune, les Viking sur Mars, les Voyager autour de Jupiter et Saturne. «Giotto» a rencontré la comète de Halley en 1986 et, en 1988, la sonde Galileo doit être parachutée dans l'atmosphère de Jupiter.

Le Télescope spatial *est déposé en orbite au-dessus de l'atmosphère par la navette spatiale de la NASA; il pourra être visité régulièrement par des astronautes pour installation de nouveaux enregistreurs, et même redescendu au sol puis remonté pour entretien du miroir.*

La recherche de la vie dans l'univers

Depuis 1982, l'Union astronomique internationale a pris officiellement en charge la recherche de la vie dans l'univers. Les précédents chapitres ont déjà fait sentir que, si la vie sur terre n'existe que grâce à de fabuleux coups de chance — le cosmos aurait très bien pu s'engager sur d'autres chemins —, par contre l'univers observable suit partout les mêmes lois de la physique, et en conséquence il serait tout à fait normal que la vie existât ailleurs. Mais il faut le voir pour le croire, car aucune estimation sérieuse ne peut être faite des probabilités d'une vie extraterrestre. Les progrès décisifs accomplis depuis trente ans dans les domaines de la radioastronomie, de la recherche spatiale et de la biologie permettent aujourd'hui d'aborder le problème par l'observation et l'expérimentation scientifiques.

A LA RECHERCHE DES PLANÈTES

Le premier point des programmes est la recherche de planètes autour d'autres étoiles. Si une planète, même aussi grosse que Jupiter, circulait autour de l'étoile la plus proche de nous, Proxima du Centaure, elle serait noyée dans le rayonnement un milliard de fois plus fort de son étoile. Un instrument spécial embarqué par le télescope mis en orbite autour de la Terre par la navette spatiale américaine est chargé de la prouesse technique d'un tel repérage.

Des méthodes indirectes seront mises en œuvre, par ailleurs. Elles sont basées sur le fait qu'une planète, en tournant autour d'une étoile, lui impose un très léger mouvement de balancement: un écart équivalent à 1 mm vu à 1 000 km. Un photomètre multicanal astrométrique, basé sur des technologies nouvelles, promet de tenir la gageure.

Le deuxième point est l'évolution des planètes et leurs possibilités pour la vie. Nos deux voisines, Vénus et Mars, malgré leurs similitudes, se sont engagées dans deux voies néfastes à la vie: l'effet de serre emballé avec un sol à 450 °C sur Vénus et la catastrophe glaciaire sur Mars avec la disparition de l'eau liquide. Des modèles théoriques montrent que, si la Terre avait été un tout petit peu plus proche ou plus éloignée du Soleil, elle n'aurait pas eu d'eau liquide. La zone «habitable» autour d'une étoile est donc d'une extrême minceur.

MOLÉCULES ET ACTIVITÉS BIOLOGIQUES

Le troisième point est la recherche de molécules d'intérêt biologique dans le cosmos. Elle a pris un départ fantastique avec la découverte par la radioastronomie de plus de 60 types différents de molécules dans l'espace interstellaire, dont certaines sont des molécules organiques déjà complexes. Très récemment, l'analyse des météorites découvertes dans l'Antarctique y a révélé un grand nombre d'acides aminés. Divers arguments, établis par exemple sur les rapports différents d'isotopes du carbone, montrent que ces acides aminés sont d'origine extraterrestre et que l'évolution chimique conduisant à la vie n'a donc probablement pas été limitée à notre globe. L'exploration spatiale des astéroïdes et des comètes apportera des éléments essentiels pour cette recherche moléculaire.

Le quatrième point est la détection d'activités biologiques primitives. Il repose principalement sur le fait que l'atmosphère actuelle de la Terre est d'origine biologique. S'il était possible de détecter l'oxygène dans les radiations émises par une planète, cela serait une preuve qu'une forme primitive de vie ait pu s'y développer. Ce genre de détection est hors de portée des moyens actuels et réclamera des percées technologiques nouvelles.

Cependant, des étapes plus modestes sont en vue. Ainsi le survol par des sondes spatiales du gros satellite de Saturne, Titan, l'a révélé comme le seul monde à avoir une atmosphère riche en azote, comme

Les grandes étapes de la recherche de la vie dans l'univers

***L'engin d'atterrissage sur Mars, Viking**, après avoir effectué ses analyses biologiques, y a fonctionné pendant sept ans; ses rapports météorologiques journaliers et ses observations minutieuses des dépôts de givre et de poussières lors des tempêtes nous ont révélé l'interaction intime sol-atmosphère de cette planète.*

Au XVIe siècle, Copernic démontre que les cinq points brillants Mercure, Vénus, Mars, Jupiter et Saturne tournent autour du Soleil, tout comme la Terre. Au début du XVIIe siècle, Galilée, avec sa première lunette, révèle que ces points sont des globes, tout comme la Terre. Alors se pose pour la première fois, de façon justifiée, la grande question: y a-t-il vie là aussi?

Les grandes similitudes de Mars avec la Terre, découvertes au XIXe siècle, en font un candidat tentant; la recherche d'une vie primitive y culmine dans les années 1970 avec les engins Viking, mais sans résultat positif, du moins dans les premiers centimètres du sol.

Pour chercher plus loin, il faut franchir les espaces interstellaires: en 1960, grâce aux progrès de la radioastronomie, G. Cocconi et P. Morrison proposent d'utiliser les ondes radio vers 21 cm de longueur d'onde comme moyen de communication: la première tentative de détection de signaux extraterrestres est faite par F. Drake.

A la suite de progrès dus à quelques pionniers et de rencontres internationales faisant boule de neige, l'Union astronomique internationale prend en charge officiellement en 1982 un programme concerté de recherche de la vie extraterrestre fondé sur de nouvelles technologies.

Un géologue américain en action sur la Lune lors de la mission Apollo 17. La récolte critique des roches lunaires a permis de reconstituer l'histoire passée de notre satellite et nous a donné des éléments essentiels sur la formation et l'évolution des planètes. ⇩

la Terre, avec en plus une pression similaire. Elle contient un faible taux de méthane qui, sous l'effet des rayons ultraviolets solaires, produit des molécules comme le méthylacétylène, l'acide cyanhydrique, le cyanoacétylène. La découverte récente du monoxyde de carbone met en jeu l'atome d'oxygène, pouvant conduire à des molécules organiques encore plus complexes. Par exemple, la polymérisation en laboratoire de 5 molécules d'acide cyanhydrique donne de l'adénine, une des quatre bases nitrées qui forment les barreaux de l'échelle en double hélice de l'acide désoxyribonucléique (voir p. 48).

Titan est peut-être un modèle de la Terre primitive mis au congélateur (il y fait − 180 °C au sol) et il apparaît comme le laboratoire le plus prometteur pour l'étude de la première évolution de la chimie organique de la vie dans un site planétaire réaliste. Aussi un projet de sonde parachutée est-il à l'étude.

A L'ÉCOUTE DES EXTRATERRESTRES

Le dernier point du programme de l'Union astronomique internationale est la détection de signaux radio extraterrestres, la Search for Extraterrestrial Intelligence (SETI). C'est peut-être la méthode la plus «facile» pour détecter la vie ailleurs, par les émissions radio à longue portée que des civilisations technologiquement avancées pourraient générer.

Les ondes radio de 3 à 30 cm de longueur d'onde sont les plus efficaces moyens de communication connus sur des distances interstellaires. Si des «extraterrestres» ont des moyens comparables aux nôtres, ils pourraient communiquer avec 1 million d'étoiles, jusqu'à 1 000 années-lumière. C'est en tout cas ce que démontre le saut technologique réalisé ces dernières années. Le réel problème est de trouver la bonne fréquence, car il existe 1 000 milliards de canaux possibles!

L'agence spatiale américaine, la NASA, construit dans ce but un «analyseur spectral multicanal» possédant 10 millions de canaux simultanés. Ce bond gigantesque est rendu possible par l'introduction de traitement digital des signaux en temps réel. Un prototype à 100 000 canaux fonctionne depuis 1984 sur une liste de 700 étoiles-cibles semblables au Soleil.

Il va sans dire que ces recherches dans le domaine nouveau de la bioastronomie doivent aller de pair avec des collaborations interdisciplinaires internationales. L'histoire passée de la Terre avec son évolution pendant des milliards d'années, l'origine et l'évolution de la vie, les grandes organisations comme le cerveau, l'intelligence ou les sociétés, l'astronautique, la physique, la chimie, plus les domaines déjà évoqués, sont tous impliqués dans la question.

Nous avons à franchir une autre «dernière» frontière, qui donnera une dimension nouvelle à notre place dans l'univers, aussi bien en espace et en temps qu'en intelligence, en conscience et en civilisation.

JEAN HEIDMANN

⇧ **La planète Saturne entourée de ses anneaux et de ses plus gros satellites; au premier plan, Dioné, de 1 100 km de diamètre, un globe de glace criblé d'impacts; au fond à droite, Titan, de 5 100 km, qui abrite peut-être une activité prébiotique.**

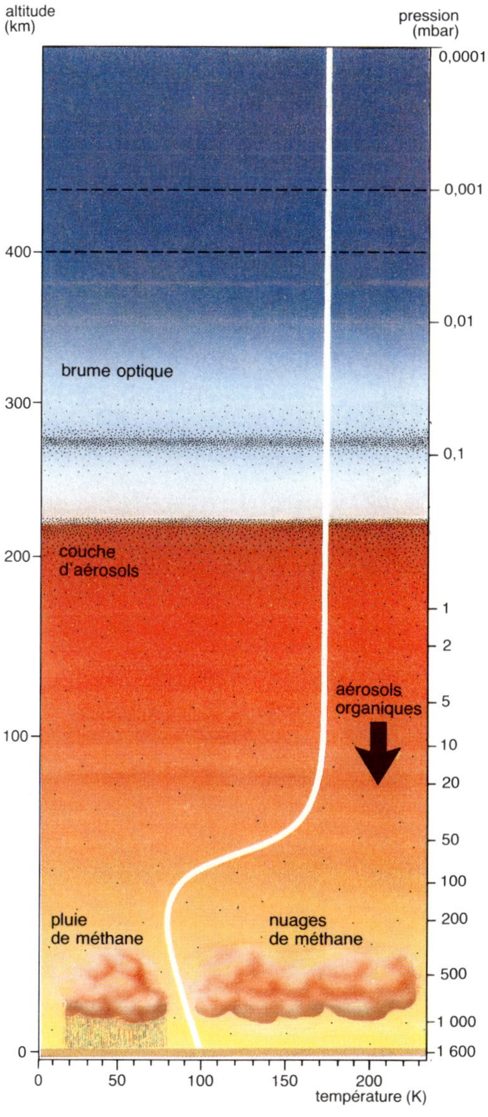

L'atmosphère de Titan est la seule qui ressemble à celle de la Terre par sa richesse en azote et sa pression; le méthane qu'elle contient y crée une météorologie avec nuages, pluies et probablement océans de méthane; des molécules organiques complexes y forment une couche de brume et une couche d'aérosols. ⇨

CHAPITRE 2

La jeunesse de la Terre

Les planètes du système solaire

En dehors de Pluton, encore très mal connue, huit planètes composent le système solaire, qu'elles soient géantes, comme Jupiter, Saturne, Uranus et Neptune, ou telluriques, comme Mercure, Vénus, Mars et la Terre. Comment les planètes et leurs satellites se situent-elles vis-à-vis du problème de la vie?

Parmi les 9 planètes, leurs 44 satellites et les 3 000 astéroïdes du système solaire actuellement connus, une soixantaine sont des globes dépassant 200 km de diamètre. Lesquels de ces mondes célestes respectables sont capables d'abriter la vie? Il est probable que d'ici à une fraction de siècle l'humanité aura installé, grâce à la conquête spatiale, des communautés autonomes dans ce nouveau Far West — ce nouveau «Far Up», faudrait-il plutôt dire — qui vivront sur la matière et l'énergie locales. Ces mondes seront donc habités, mais par une vie très évoluée, la nôtre. Mais la plupart d'entre eux ne sont pas propices à la vie.

LES PLANÈTES GÉANTES

En dehors de la planète Pluton, encore très mal connue, les planètes se divisent en deux catégories. La première est formée des géantes, Jupiter, Saturne, Uranus et Neptune. Loin de la fournaise solaire, elles ont gardé les matériaux primitifs qui les ont formées, hydrogène et hélium surtout. Aussi sont-elles des mondes gazeux: pas de sol accessible, une atmosphère très épaisse, très chaude dans ses profondeurs, avec des courants verticaux violents engendrant des cyclones séculaires, comme la Grande Tache rouge de Jupiter.

Seuls des hydrocarbures simples y ont été détectés: méthane, acétylène, éthane. Sous une couche de cirrus en altitude constitués de cristaux d'ammoniac se trouvent deux autres couches colorées, avec de la phosphine. La vie telle qu'on la connaît doit être absente. En 1988, la sonde Galileo fera une descente d'une heure dans l'atmosphère de Jupiter et fournira une composition plus détaillée de ce qui est considéré comme un échantillon fossile de la nébuleuse solaire primitive.

LES PLANÈTES TELLURIQUES

La deuxième catégorie comprend les planètes telluriques, beaucoup plus petites: Mercure, Vénus, la Terre et Mars. Proches du Soleil, elles n'ont gardé que les éléments lourds de la nébuleuse primitive et sont des globes à surface rocheuse. Leur atmosphère initiale a été soufflée, remplacée par un dégazage ultérieur de leurs intérieurs en fusion. Mercure, à la pesanteur trop faible, n'a même pas pu garder cette atmosphère secondaire; son sol, surchauffé à 350 °C par un soleil de plomb, ressemble à celui de la Lune, criblé d'impacts de météorites pendant des milliards d'années.

Vénus, plus éloignée et plus massive, a au contraire gardé cette atmosphère. Épaisse et composée de gaz carbonique, elle a créé un effet de serre qui s'est emballé, conduisant à une température au sol de 450 °C. L'eau liquide n'y existe pas, et les conditions y sont donc hostiles à la vie. Cependant, l'étude de Vénus, très ressemblante à la Terre, est d'un intérêt primordial. Le radar planétaire de l'observatoire d'Arecibo, à Porto-Rico, a révélé d'énormes systèmes de plateaux et de montagnes. Sur une carte détaillée des monts Maxwell, un complexe de 1 000 km s'élevant à 10 000 m d'altitude, des bandes parallèles espacées de 10 km ont été découvertes, ainsi qu'une sorte de caldera de 100 km de diamètre. Est-on en présence d'une tectonique des plaques et d'activité volcanique?

Mars devait avoir aussi une riche atmosphère secondaire. Mais par suite d'effets complexes d'orbite déformée autour du Soleil, de variation de l'inclinaison de l'axe des pôles, de pesanteur plus faible et de photolyse de composés atmosphériques, Mars a perdu presque tout son manteau protecteur gazeux et a subi la catastrophe glaciaire. Au sol, il ne fait que − 20 °C et la pression est inférieure au centième de celle qu'il y a sur la Terre. Cependant, Mars avait probablement de l'eau en abondance, il y a 3 milliards d'années, car les photographies envoyées par les sondes américaines montrent des lits de rivières dont certains, larges de 15 km, devaient avoir le débit de mille fleuves Amazone. Comme la vie sur Terre est apparue en moins de 1 milliard d'années, elle pourrait l'avoir fait aussi sur Mars.

La recherche de la vie sur Mars a atteint son apogée dans les années 1970 avec les

Les planètes du système solaire et leurs principaux satellites donnent une idée du fabuleux «Far Up» qui va s'ouvrir à l'humanité là-haut, avec ses planètes géantes gazeuses, ses planètes telluriques solides, ses satellites et ses astéroïdes étonnants.

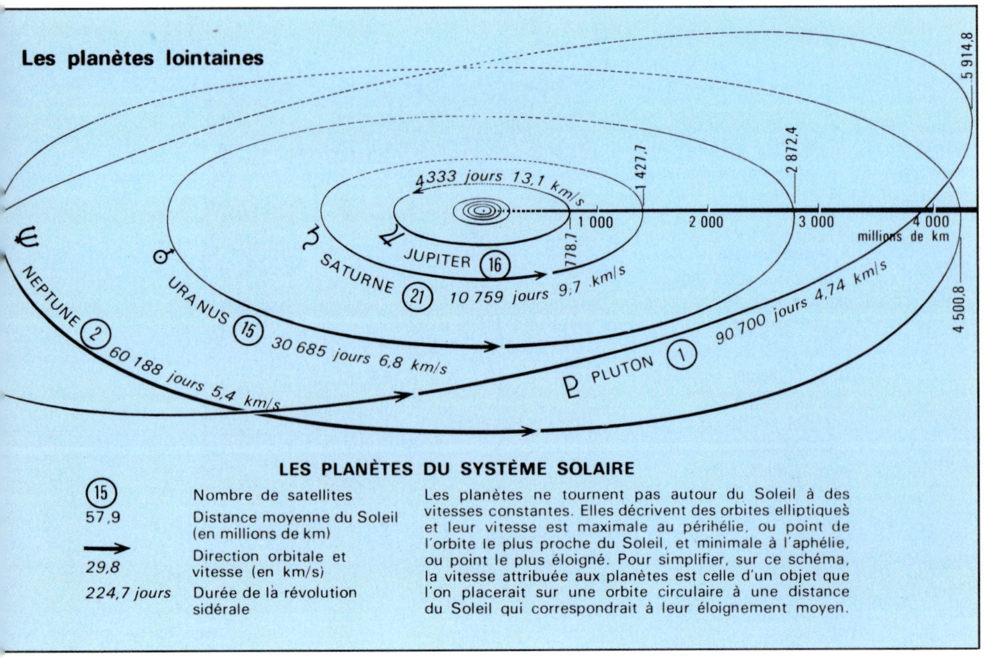

Après avoir largué sa sonde dans l'atmosphère épaisse de Jupiter, il est prévu que l'engin Galileo survole son satellite Europe le 1er septembre 1989; la croûte lisse superficielle est craquelée, peut-être à la suite de la chaleur dégagée dans le manteau en glace par des éléments radioactifs du noyau silicaté.

Le relief de la surface de Vénus a été reconstitué par le radar planétaire d'Arecibo; en haut à gauche, les monts Maxwell, un complexe de plateaux et de montagnes grand comme la France, s'élevant à 11 000 m; on y a découvert des caldeiras et des bandes parallèles indices d'une géologie active.

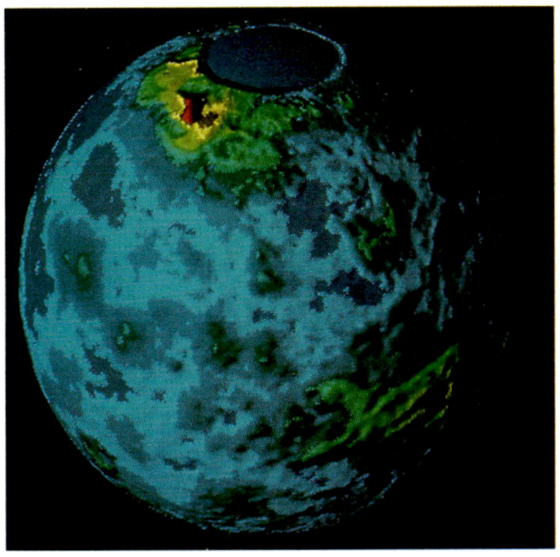

engins Viking de la NASA. Ces robots sophistiqués ont effectué trois expériences conçues pour détecter une activité biologique primitive. A la suite de simulations poussées des résultats en laboratoire, il est maintenant pratiquement acquis que la surface de Mars est très inhospitalière, à cause de la présence de corps très corrosifs, les peroxydes — du moins dans les couches superficielles des deux sites d'atterrissage. Il se pourrait qu'une forme primitive de vie soit figée dans le sous-sol gelé, depuis des milliards d'années. Seules des expéditions encore plus sophistiquées que les Viking pourront résoudre une si fondamentale question.

LES GROS SATELLITES

En premier, la Lune: les hommes d'Apollo qui y ont débarqué dans les années 1970 n'y ont trouvé aucune évidence de molécules organiques, ce qui cadre avec l'absence d'atmosphère, d'eau, et le bombardement météoritique en direct pendant 4 milliards d'années.

Jupiter a quatre gros satellites découverts par Galilée en 1610: Io, Europe, Ganymède et Callisto. Ce sont des globes de 3 à 5 000 km de diamètre, sans atmosphère. Les trois derniers sont constitués partie en glace, partie en roches dont les surfaces, criblées de cratères d'impact, sont à une température voisine de − 150 °C. Pas de chimie atmosphérique sur ces mondes glacés, sans vie.

Io est le plus spectaculaire; littéralement malaxé par des marées dues au tout proche Jupiter, son intérieur est porté à haute température, créant un volcanisme intense à sa surface. Des éruptions s'élevant jusqu'à plusieurs centaines de kilomètres d'altitude, des coulées tentaculaires jaune clair, des caldeiras sombres où la température monte jusqu'à 20 °C, l'absence de cratères d'impact, tout cela indique une surface en remodelage constant, où le soufre liquide et le dioxyde de soufre doivent donner au paysage un aspect infernal.

L'engin Galileo, après avoir largué sa sonde dans l'atmosphère de Jupiter, doit s'approcher a 1 000 km de ses satellites en 1988-1990; il nous fera faire un bond nouveau dans l'étude de ces mondes étranges.

Saturne a aussi un gros satellite, Titan, de 5 000 km de diamètre; nous avons déjà souligné l'intérêt de son épaisse atmosphère d'azote au point de vue de la chimie prébiotique (voir p. 23). Cinq autres globes avoisinent les 1 000 km de diamètre: Encelade, Téthys, Dioné, Rhéa et Japet. Comme les satellites galiléens de Jupiter, ils sont en partie faits de glace. Leurs surfaces, parsemées d'impacts, montrent des traînées qui pourraient être des craquelures de la croûte par où se serait infiltrée de la glace interne. Sur Encelade, des coulées de glace sans cratères, des stries, indiquent une activité géologique récente; peut-être s'agit-il d'une couverture plastique flottant sur une couche liquide. Ces terres bizarres posent de difficiles mais passionnants problèmes de planétologie.

Parmi la trentaine d'astéroïdes dépassant 200 km, seul Cérès en atteint 1 000. Sa surface est constituée de silicates, de minéraux hydratés et de carbone, lui donnant un aspect sombre. Malheureusement, aucune sonde spatiale n'a encore survolé d'astéroïde, bien que des projets soient envisagés.

La planète Mars

Mars n'est qu'une fois et demie plus éloignée du Soleil que nous: planète à l'atmosphère très ténue, son globe de 6 800 km a révélé sa géographie dès la mise en service des lunettes astronomiques. Elle tourne sur elle-même en 24 heures et demie et son année vaut le double de la nôtre. Son axe de rotation incliné comme celui de la Terre crée à sa surface des saisons dont deux calottes polaires suivent le rythme. Des continents à la coloration ocre sont bordés de prétendus «mers» bleu-vert, et des tempêtes de poussières se déplaçant jusqu'à 100 km/h les obscurcissent passagèrement.

Les sondes spatiales en ont révélé la nature: les «mers» ne sont que des dépôts de poussières sombres amassés sur des terres arides, piquetées de cratères d'impacts météoritiques. D'énormes volcans éteints, avec caldeiras et coulées, y ont été découverts, dont le plus grand du système solaire: Olympus Mons, avec 23 000 m d'altitude. Enfin et surtout, d'anciens lits de rivières sont les traces d'inondations gigantesques remontant à un passé vieux de 3 milliards d'années.

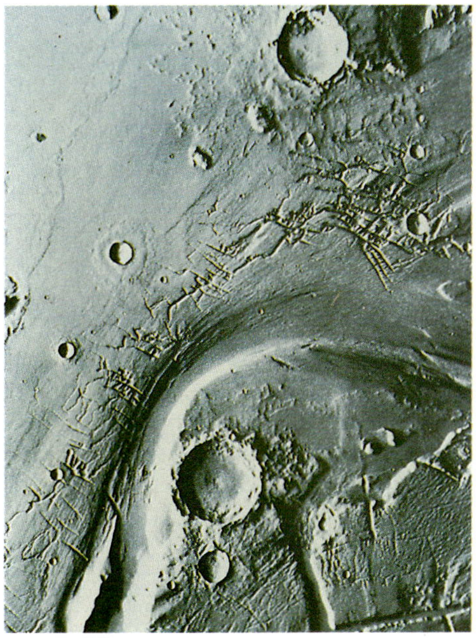

***L'ancien lit de rivière Kasei Vallis**, sur la planète Mars; les traces d'écoulement indiquent qu'il y a 3 milliards d'années, l'eau liquide existait en abondance; Mars a pu connaître une période favorable à l'apparition de la vie.*

La formation de la Terre

La Terre, comme le système solaire, c'est-à-dire notre étoile et les autres planètes qui gravitent autour d'elle, est née il y a environ 4,6 milliards d'années. A cette époque, c'était un monde brûlant et cataclysmique: la surface de la planète était agitée de soubresauts monstrueux. Il fallut attendre près de 1 milliard d'années pour que la Terre s'apaise, se refroidisse, qu'apparaisse l'indispensable eau et que les conditions propices à la manifestation de la vie soient enfin réunies.

Quand la nébuleuse primitive a commencé à se refroidir suffisamment, des minéraux s'y sont formés par réactions chimiques: des composés réfractaires d'abord, vers 2 000 °C, puis des silicates et des oxydes métalliques vers 1 000 °C, et d'autres plus complexes au fur et à mesure de la baisse de température dans la région où les planètes telluriques devaient par la suite apparaître.

Dans une deuxième étape, des condensations ont commencé à se produire; ainsi les molécules d'eau ont formé des particules de glace vers − 100 °C, et ces condensations chimiques ont pu produire des blocs atteignant plusieurs centimètres de diamètre.

On pense qu'ensuite, très vite, des instabilités gravitationnelles comme celles observées dans les anneaux de Saturne ont rassemblé ces blocs en corps de quelques kilomètres: les planétoïdes, chacun ayant son orbite propre autour du Soleil.

Enfin, quatrième étape, au cours de leurs randonnées, ces planétoïdes sont entrés en collisions, la plupart assez douces puisque la rotation d'ensemble de la nébuleuse primitive les entraînait dans le même sens. Malgré des fragmentations spectaculaires, les «collages» l'ont emporté. C'est ainsi que la Terre se serait formée, par accrétion, en moins de quelques centaines de millions d'années.

Cette accrétion, aboutissant à une apothéose de chutes de corps célestes de plus en plus violentes, a dégagé une chaleur qui a fondu dans la masse la jeune Terre. Les corps lourds, comme le fer, sont alors descendus vers le centre pour y former un noyau massif, tandis que les minéraux plus légers, comme les silicates, surnageaient en surface.

Cela a conduit le globe terrestre à sa structure actuelle: un noyau central de 7 000 km de diamètre en alliage fer-nickel, solide au milieu, fluide sur les bords, où s'engendre le champ magnétique par un effet de dynamo. Au-dessus, un épais manteau de silicates ferromagnésiens, comme l'olivine, plus ou moins plastique. Enfin une fine croûte d'aluminosilicates: la croûte continentale, granitique, de 30 km d'épaisseur, et la croûte océanique, basaltique, un peu plus dense, avec 10 km.

LES CONTINENTS

En moins de 1 milliard d'années, le bombardement météoritique de la Terre s'est amenuisé, et sa surface a pu se refroidir assez pour que s'y solidifient les premiers radeaux granitiques, embryons des continents futurs. Les roches les plus anciennes qu'on ait pu dater remontent à 3,8 milliards d'années, dans le Groenland. Elles sont d'origine alluvionnaire, ce qui prouve que déjà l'eau liquide et la pluie

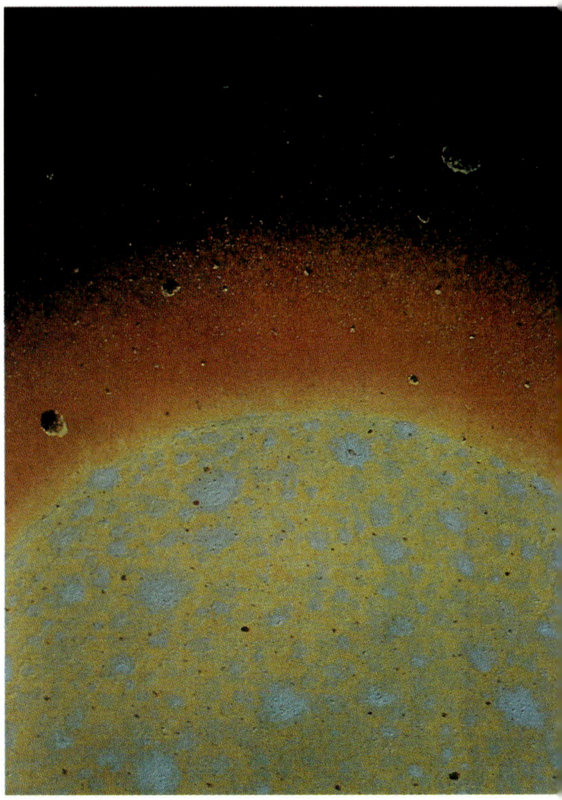

Vers la fin de son accrétion, la Terre était entièrement fondue par l'énorme énergie dégagée par les chutes des corps de la nébuleuse primitive qui l'ont constituée; les derniers arrivants y soulevaient des éclaboussures titanesques de roches liquides.

Quand la Terre se fut assez refroidie, les premiers radeaux granitiques se sont solidifiés; puis la vapeur d'eau de l'atmosphère s'est condensée en océans tandis que les chutes de météorites s'amenuisaient; à cette époque, la Lune était tout près de la Terre.

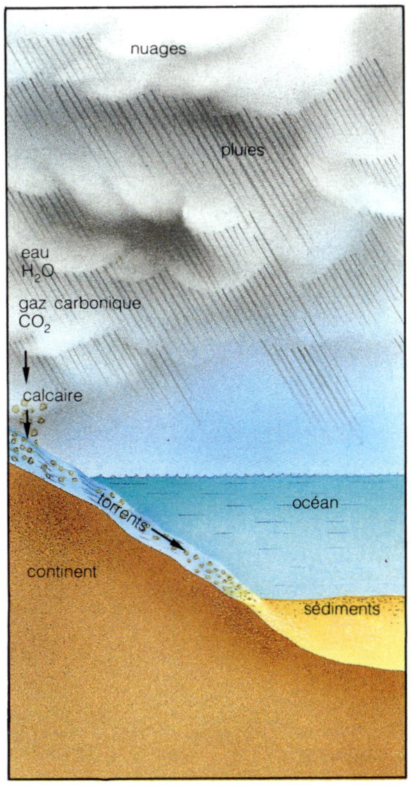

La disparition du gaz carbonique. Ce schéma montre comment la Terre s'est probablement débarrassée, grâce à des millions d'années de pluies ininterrompues, du gaz carbonique qui, s'il n'avait pas disparu «rapidement», aurait conduit notre planète à la catastrophe de l'effet de serre emballée.

existaient avec des températures à peu près normales. Mais ce n'est peut-être que 1 milliard d'années après que les continents ont atteint leurs tailles actuelles.

Au cours du temps, ils ont dérivé à la surface du globe; leurs pérégrinations sont assez bien connues pour les derniers 600 millions d'années: dispersés d'abord, ils se sont rassemblés il y a 225 millions d'années en une Pangaea unique, dans un superocéan, apportant des perturbations dans la salinité des eaux et les courants marins; ce phénomène constitue un facteur probable de la disparition massive de nombreuses espèces et, en revanche, de l'apparition de nouvelles formes de vie.

LES OCÉANS

Au fond des océans, la croûte terrestre est plus fine; elle se forme continuellement par des remontées lentes du manteau supérieur, propulsées par la chaleur dégagée par les noyaux atomiques radioactifs. Ces remontées se font par des fissures de milliers de kilomètres de long, les dorsales océaniques, où se trouvent des sources thermales sous-marines à plus de 300 °C. Les plaques de croûte nouvellement formée s'écartent les unes des autres en provoquant des collisions entre les continents. Là, elles plongent sous d'autres, suscitant des éruptions volcaniques, le surgissement de chaînes de montagnes et des tremblements de terre. C'est ainsi qu'est constamment remodelée la surface du globe, avec toutes ses conséquences sur l'évolution de la vie.

L'ATMOSPHÈRE

Pendant son accrétion, la Terre a aussi capturé des gaz de la nébuleuse primitive; mais cette première atmosphère fut rapidement soufflée par le vent solaire émis par le Soleil naissant. La vraie atmosphère primitive résulte du dégazage du globe: les éléments volatils contenus dans les grains de poussière de la nébuleuse, comme des minéraux hydratés tels que la serpentine, ont dégazé de la vapeur d'eau surtout et du gaz carbonique.

L'eau a été en partie décomposée à chaud en hydrogène qui, vu son faible poids, a échappé à l'attraction terrestre, et en oxygène qui, très réactif, s'est combiné aux roches, dont en définitive il constitue la moitié du poids. Le reste de la vapeur s'est très vite condensé en liquide ou glace, conduisant à l'immense océan actuel, tandis que les pluies diluviennes primordiales, mélangées à de l'acide sulfurique, entraînaient le gaz carbonique; ruisselant sur les premiers continents, elles en extrayaient le calcium pour former du calcaire. Ce calcaire a formé d'épaisses couches de sédiments qui, réincorporés au manteau, ont débarrassé l'atmosphère de son gaz carbonique, nous évitant ainsi la catastrophe de l'effet de serre emballé dont notre voisine Vénus ne s'est jamais remise (voir p. 24).

LA VIE

Ainsi, moins de 1 milliard d'années après son accrétion, la Terre était prête, par une suite de coïncidences heureuses, à y voir éclore la vie. Celle-ci ne s'est pas fait attendre longtemps: les plus vieilles molécules organiques fossiles, datant de 3,8 milliards d'années, indiquent que cette vie était alors déjà très florissante.

C'est à la vie que la Terre doit l'oxygène de son atmosphère et la fine couche d'ozone de la stratosphère. La vie a aussi pris le contrôle d'autres processus géologiques: immenses dépôts de carbone fossile du carbonifère, épais sédiments calcaires de coquilles microscopiques du plancton marin et, maintenant, accroissement inquiétant du gaz carbonique dans l'atmosphère dû à la combustion humaine du charbon et du pétrole.

La radioactivité de la Terre

La dérive des continents de la Terre est propulsée par des mouvements de convection du manteau terrestre sous-jacent, et ces remous sont produits par un chauffage dans la masse tirant son énergie de la radioactivité. Les principaux responsables de cette activité tellurique sont les noyaux des atomes d'uranium dispersés dans les roches.

Un noyau d'uranium, le plus massif des éléments naturels, est formé de 92 protons et 146 neutrons. Spontanément instable, il éjecte une particule alpha rapide (formée de 2 protons et 2 neutrons) en moyenne tous les 4,5 milliards d'années. Freinée aussitôt dans son trajet dans les roches, la particule alpha leur cède son énergie sous forme de chaleur.

Le noyau, du thorium, formé lors de cette désintégration, est lui-même radioactif; et le suivant encore... Ainsi, de cascade en cascade, en passant par du radium, du polonium, du bismuth, on aboutit au plomb, étape finale stable. Toutes les énergies cumulées échauffent le manteau du globe.

Et lorsque l'uranium sera épuisé, la dérive des continents s'arrêtera, les montagnes ne se formeront plus, la Terre se nivellera, l'atmosphère prendra de nouveaux régimes et la vie, encore, se transformera...

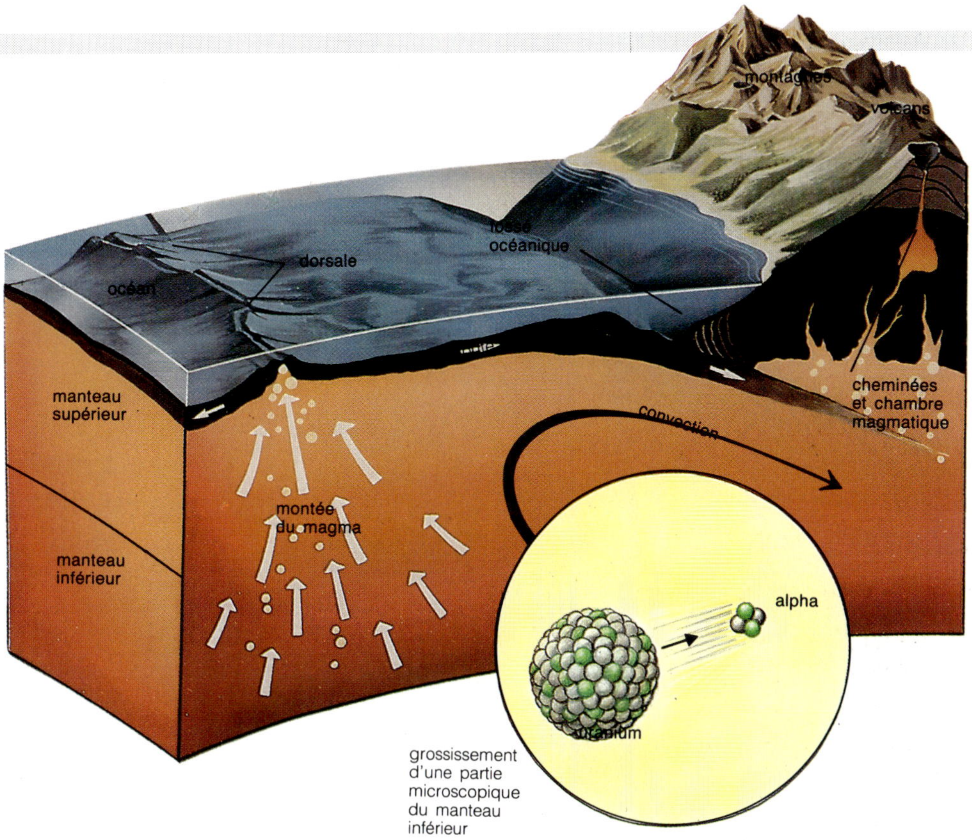

***La cyclopéenne activité tectonique de la Terre** est alimentée par l'énergie de minuscules noyaux d'uranium: l'éjection de particules alpha chauffe le manteau et y crée des convections; débouchant le long de dorsales océaniques, elles y forment une croûte qui, en s'écartant, repousse les continents et s'engage sous eux pour retourner en profondeur, faisant surgir volcans et montagnes.*

Les climats de la Terre

C'est à la circulation atmosphérique que nous devons la répartition de l'énergie solaire sur la Terre, et donc les climats. Mais cette distribution a été perturbée au cours des âges par les cycles glaciaires, déclenchés par les mouvements de la Terre. A quand la prochaine glaciation?

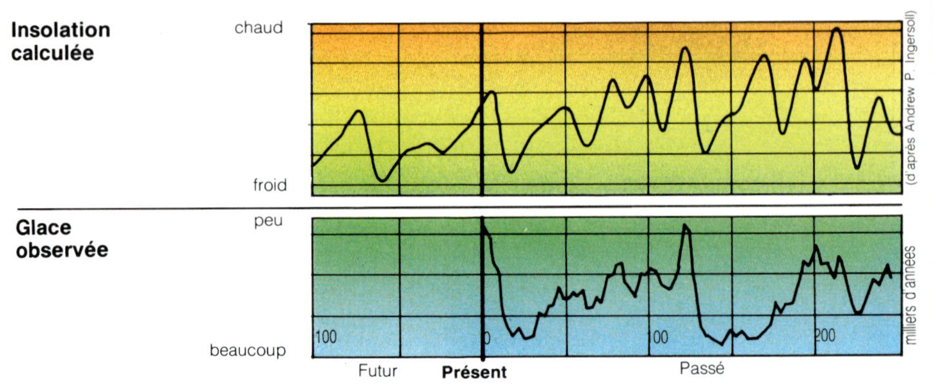

L'insolation de la Terre, calculée à partir des données astronomiques, reproduit les cycles glaciaires si on ajoute 2 000 ans, temps d'accumulation des glaces; quatre grandes glaciations ont eu lieu il y a 115 000, 95 000, 70 000 et 20 000 ans; la prochaine, plus modeste, aura lieu dans 50 000 ans.

En plus de sa dynamique propre, alimentée par la radioactivité naturelle du manteau, la Terre est soumise à de puissants effets d'origine astronomique. Le principal est l'énorme énergie que le Soleil déverse sur elle: en moyenne 350 W par mètre carré. 110 W sont immédiatement renvoyés dans l'espace par la blancheur des nuages et des neiges, donc perdus. 80 W sont absorbés dans l'atmosphère par des éléments comme le gaz carbonique; l'air s'échauffe et renvoie des infrarouges, agissant alors comme une couverture chauffante par effet de serre. 90 W sont absorbés par les mers et utilisés à vaporiser de l'eau, créant au-dessus d'elles des masses d'air humide. Ces masses, échauffées donc plus légères, s'élèvent comme des montgolfières; mais, dès le premier kilomètre d'altitude, décomprimées, leur vapeur se recondense en nuages, restituant à l'atmosphère la chaleur de vaporisation initiale. Cette énergie, considérable, chauffe à nouveau l'air, qui reprend son ascension. C'est ainsi que de gigantesques pompes ascendantes sont amorcées dans l'atmosphère par le Soleil.

LA CIRCULATION ATMOSPHÉRIQUE GÉNÉRALE

Au long de l'équateur, le plus ensoleillé au cours de l'année, cette pompe fonctionne à plein, projetant en altitude l'air équatorial. Il faut bien qu'il redescende; en principe, il devrait le faire vers les pôles dont le sol gelé, en refroidissant l'air à son contact, le rend plus dense, donc plus lourd. Mais ce serait sans compter sur le fait que la Terre tourne sur elle-même, engendrant ainsi une force, dite de Coriolis, qui dévie vers sa droite tout mouvement dans l'hémisphère Nord, et vers sa gauche dans le Sud. L'air chaud équatorial «rate» alors les pôles et redescend sur les tropiques dans les premières régions assez froides, essentiellement les océans.

Revenu au sol, cet air s'éparpille à nouveau et, par la force de Coriolis, engendre un vaste mouvement tournant, dans le sens des aiguilles d'une montre pour le Nord: un anticyclone, tel celui dit des Açores, avec air sec, chaud et haute pression.

Les pôles, eux aussi, engendrent chacun un anticyclone, dont les vents divergents, en rencontrant à contre-sens les vents des anticyclones tropicaux, amorcent d'autres pompes ascendantes vers les latitudes 60. Ce sont les dépressions bien connues de notre météorologie européenne, maîtresses absolues, et fantasques de par leur origine, de nos climats.

LES CYCLES GLACIAIRES

Ce schéma général de la circulation atmosphérique, responsable de la répartition d'une grande partie de l'énergie solaire sur la Terre, fait sentir la sensibilité extrême du système. La paléoclimatologie a révélé bien des avatars dans cette distribution, les plus frappants étant les cycles glaciaires: pendant le quaternaire, en 2 millions d'années, le climat de la Terre en a connu une vingtaine. Le dernier a eu son

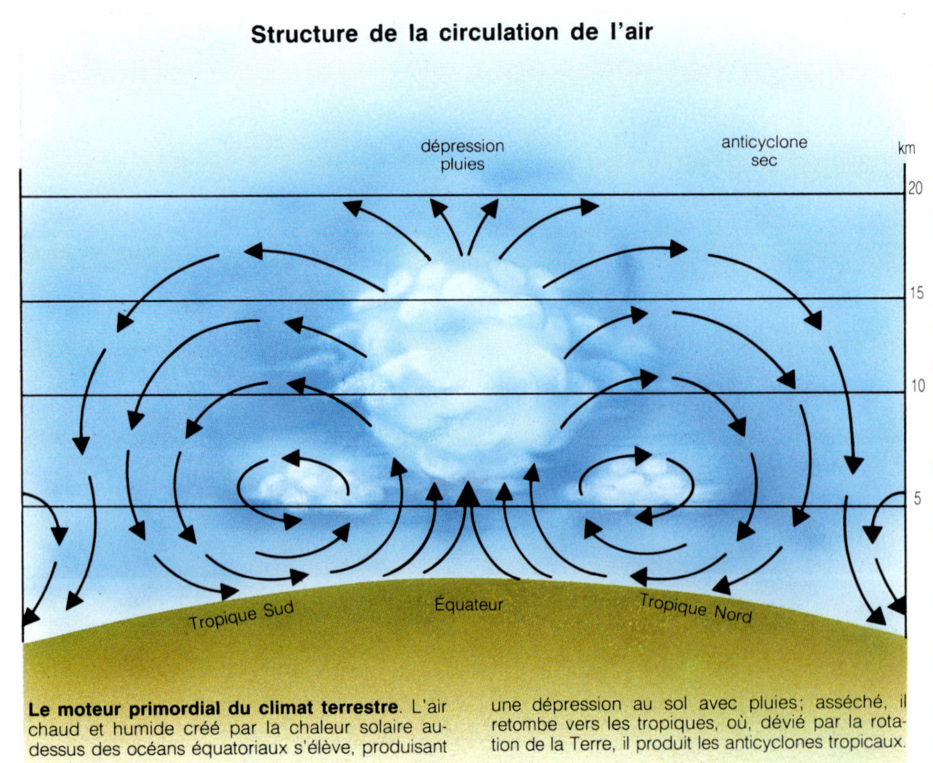

Le moteur primordial du climat terrestre. L'air chaud et humide créé par la chaleur solaire au-dessus des océans équatoriaux s'élève, produisant une dépression au sol avec pluies; asséché, il retombe vers les tropiques, où, dévié par la rotation de la Terre, il produit les anticyclones tropicaux.

Les perturbations

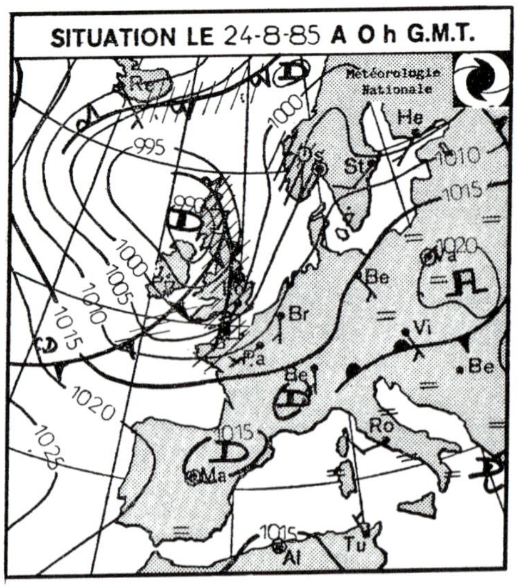

***Carte météorologique** publiée par le journal* le Monde *selon les données de la Météorologie nationale et indiquant la situation en Europe occidentale, illustrée par la coupe ci-contre, qui va de l'Irlande à la Belgique.*

maximum il y a 20 000 ans, doublant le volume des glaces et abaissant le niveau des mers de 120 m. Bouleversant les régimes atmosphériques, il créait un vaste anticyclone sur la Scandinavie qui balayait d'un vent du nord froid et sec la région parisienne et réduisait nos ancêtres à une vie de chasseurs lapons. Exagérés, ces effets ont conduit Mars, notre autre voisine, à la catastrophe glaciaire...

LA THÉORIE ASTRONOMIQUE DES GLACIATIONS

Les cycles glaciaires sont expliqués par les mouvements de la Terre. En un an, elle décrit une orbite légèrement excentrée autour du Soleil; donc son ensoleillement varie un peu au cours des mois, il est minimum en juillet. D'autre part, si l'axe de rotation de la Terre sur elle-même en 24 heures était perpendiculaire à l'orbite, les jours et les nuits auraient partout 12 heures. Mais cet axe de rotation est incliné de 23°, ce qui crée les saisons: ainsi, l'été commence pour l'hémisphère Nord quand l'axe est vers le Soleil, en juin. Comme la Terre est plus éloignée du Soleil en juillet, l'été au Nord sera moins ensoleillé qu'au Sud.

Tout cela est la situation actuelle. Par suite d'effets perturbateurs dus à l'attraction des autres planètes, l'excentricité de l'orbite de la Terre varie avec une période de 100 000 ans. D'autre part, l'attraction du Soleil et de la Lune sur le renflement équatorial de la Terre lui imprime un mouvement de balancement comme celui d'une toupie avec une période de 20 000 ans: c'est la précession des équinoxes; elle a pour effet de changer le mois (juillet) où l'ensoleillement est minimum. Enfin l'inclinaison de l'axe de la Terre oscille aussi, avec une période de 40 000 ans.

Muni de tous ces éléments astronomiques sur le mouvement de la Terre, on peut calculer l'ensoleillement au cours du dernier million d'années, par exemple pour juin à la latitude de 60° nord: il reproduit la suite des cycles glaciaires, nous apprenant en outre que les périodes glaciaires sont dues essentiellement à des étés frais plutôt qu'à des hivers rigoureux: la neige, n'ayant plus le temps de fondre l'été, s'accumule de plus en plus l'hiver.

On peut extrapoler ces calculs dans le futur: la prochaine grande glaciation aura lieu dans 50 000 ans et la mer baissera de 50 mètres. Venise sera-t-elle sauvée des eaux? Peut-être trop, à moins que l'homme, avec son pétrole, n'achève de la noyer.

UNE CATASTROPHE CLIMATIQUE?

D'autres effets astronomiques sont bien connus, les marées océaniques par exemple, auxquelles on doit le flux et le reflux des eaux côtières qui ont peut-être joué un rôle important dans l'apparition de nouvelles formes de vie, comme la vie terrestre. Mais d'autres aspects extraordinaires ont récemment été découverts: par les marées, la Lune freine la rotation de la Terre. Il y a 400 millions d'années, le jour n'avait que 22 heures. Ce ralentissement fait reculer la Lune, de plusieurs centimètres par an. L'action lunaire sur la variation de l'inclinaison de l'axe de la Terre se modifie donc lentement: dans 1 milliard d'années, la période coïncidera avec une perturbation gravitationnelle de la planète Saturne. Conséquence: l'axe de la Terre basculera et se mettra à osciller rapidement autour de 60°, étendant les zones polaires jusqu'à l'Afrique et l'Australie, bouleversant de fond en comble les climats. La vie pourra-t-elle s'adapter à un tel régime? Peut-être qu'alors la meilleure évolution sera de quitter notre planète pour une terre plus clémente...

JEAN HEIDMANN

Les irrégularités du mouvement de la Terre autour du Soleil:

1. L'allongement de l'orbite varie.
2. L'axe de la Terre décrit un cône.
3. L'angle du cône varie.

Ces irrégularités provoquent des variations d'insolation, qui sont à l'origine des cycles glaciaires.

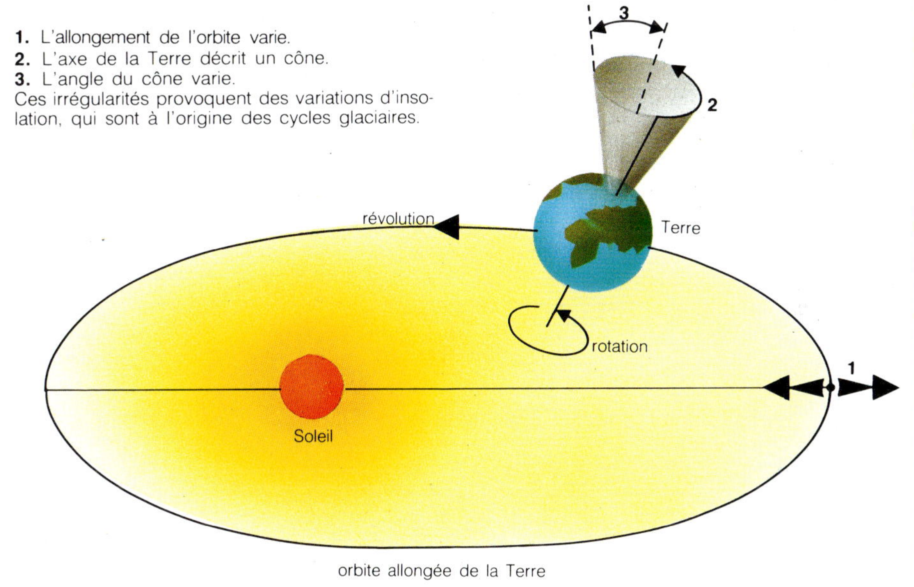

La rencontre à contre-courant des vents des anticyclones tropicaux et des anticyclones polaires crée des festons dans le front où se confrontent les airs chaud et froid. Dans les méandres s'amorcent des dépressions qui aspirent des langues d'air chaud en spirale. Côté est, dit front chaud, la giration pousse l'air chaud au-dessus du froid et l'élève progressivement par-dessus, créant des nuages effilés, inclinés en altitude. Côté ouest, par contre, le choc est plus violent et l'air chaud s'élève brutalement, créant un bourrelet nuageux vertical pouvant atteindre 10 km d'altitude.Quand une telle langue, lors de sa dérive générale vers l'est, parcourt la France, on voit d'abord arriver des cirrus en altitude, puis des stratus plus bas, et enfin des heures de pluie. Puis l'air se réchauffe, les nuages disparaissent et le vent tourne au nord-ouest. Alors la température chute brusquement et de hauts cumulus amènent giboulées et orages. Enfin le vent se remet à l'ouest et le temps redevient beau. Tout cet ensemble constitue le passage d'une «perturbation».

Une coupe verticale en bordure d'une dépression typique *montre comment l'air tropical, glissant sur l'air polaire, crée un système de cirrus, stratus et pluies sur le front froid, tandis que sur le front chaud, s'élevant brusquement, il forme des cumulus avec giboulées et orages.*

Vue schématique d'un système pluvieux se déplaçant d'ouest en est du sud de l'Irlande à Dunkerque

Le principe de complexité

***La Nuit étoilée*, de Van Gogh. De tout temps, les hommes ont rêvé en regardant les étoiles. Ils devaient sentir, confusément, qu'il existait un lien entre les astres et nous. Aujourd'hui, le «principe anthropique» est la concrétisation, encore timide, de cette relation entre l'univers et les hommes.**

«Le melon a été divisé en tranches par la nature afin d'être mangé en famille», écrivait, en toute naïveté, Bernardin de Saint-Pierre il y a près de deux siècles. Et les satiristes d'ajouter: «Et les grands fleuves sont faits pour amener l'eau dans les grandes villes.» L'homme est-il le centre et le but de l'univers? Vieux débat, sans cesse repris. Maintes fois valorisée, aussi souvent rejetée, piétinée et ridiculisée, la notion d'anthropocentrisme remonte régulièrement à la surface, nimbée de connotations religieuses et mystiques.

En découvrant l'immensité de notre cosmos, la science moderne, pourrait-on croire, a écarté définitivement les prétentions de cet anthropocentrisme. Nous habitons une planète minuscule, en orbite autour d'une étoile banale, à la périphérie d'une galaxie ordinaire parmi des milliards d'autres galaxies. Or, précisément, les études cosmologiques ont évoqué cette question dans la littérature, sous le nom de «principe anthropique».

L'HORIZON COSMOLOGIQUE

Tout commence avec l'observation du mouvement des galaxies, par Hubble, vers 1925-1930. Loin de se déplacer au hasard dans toutes les directions, elles participent à un vaste mouvement d'ensemble qui les éloigne inexorablement les unes des autres. Les plus lointaines approchent la vitesse de la lumière. De là vient l'idée d'un «horizon cosmologique», c'est-à-dire d'une distance au-delà de laquelle les galaxies ne nous seront plus visibles. Cet horizon se situe à environ dix milliards d'années-lumière. L'année-lumière (dix mille milliards de kilomètres) est, comme le mètre ou le pied, une unité conventionnelle, inventée par les hommes. Utilisons plutôt une unité naturelle. Par exemple, le rayon du proton (environ 10^{-13} cm). Si l'on exprime la distance de l'horizon cosmologique en rayons du proton, on arrive à un nombre très élevé, voisin de 10^{40} (un, suivi de quarante zéros, ou encore dix mille milliards de milliards de milliards de milliards). Ce nombre est déjà connu des physiciens: dans un atome d'hydrogène, deux forces s'exercent entre l'électron et le proton, la force électromagnétique et la force de gravité, la première étant beaucoup plus puissante que la seconde. Ce rapport d'intensité est voisin de 10^{40} tout comme le rapport des distances mentionné précédemment.

Ce n'est pas tout. On peut compter le nombre de particules (nucléons) qui existent à l'intérieur de cet horizon cosmologique. On arrive à 10^{80}, c'est-à-dire au carré de 10^{40}. On peut penser qu'il s'agit d'une pure coïncidence, mais on risque alors de passer à côté de quelque chose d'intéressant. Pourquoi ne pas accepter la possibilité d'une connection mystérieuse entre l'infiniment petit et l'infiniment grand, entre la cosmologie et le monde des atomes?

On peut reprendre la question sous un angle différent, peut-être plus fructueux. Le même chiffre (10^{40}) apparaît si on mesure l'âge de l'univers en une unité de temps naturelle: le temps que met la lumière à traverser le noyau d'un atome. Il ne s'agit pas d'une nouvelle coïncidence, mais plutôt d'une nouvelle façon d'exprimer le rapport entre la distance cosmologique et la dimension atomique.

Vers les années 1950, le physicien Dicke ouvre une autre piste intéressante. L'être humain, fait-il remarquer, est un nouvel arrivant dans l'univers. La fabrication des atomes et des molécules qui le constituent est un processus de longue durée. Il faut plusieurs milliards d'années d'évolution cosmique pour engendrer un cerveau humain capable d'observer l'univers et de poser des questions. L'âge de l'univers, exprimé en unités de temps atomique, n'a pas toujours été égal (10^{40}) aux rapports d'intensité des forces gravitationnelles et électromagnétiques. Mais, dans le passé, il n'y avait personne pour les comparer. Ce n'est que lorsqu'ils sont à peu près égaux, c'est-à-dire quand l'âge de l'univers se mesure en milliards d'années, que l'on commence à se poser cette question. Ainsi l'homme revient sur la scène cosmologique à un nouveau titre: «L'univers est observable quand il y a quelqu'un pour l'observer.»

DES UNIVERS-JOUETS

Muni de nos équations et de nos ordinateurs, nous pouvons nous amuser à calculer l'évolution suivie par notre univers, si les conditions initiales avaient été différentes. Des sortes d'«univers-jouets».

Comment se développeront nos univers-jouets? Quel sera l'état de la matière? Seront-ils en expansion, en contraction, stationnaires? Combien de temps dureront-ils? Des galaxies pourront-elles s'y former? Des étoiles? La nucléosynthèse stellaire pourra-t-elle y engendrer nos atomes familiers de carbone, d'oxygène? Y aura-t-il des planètes avec des océans primitifs, des réactions chimiques et biochimiques? La vie, l'intelligence, la conscience s'y développeront-elles? Y aura-t-il des gens pour poser des questions?

Nous nous en tiendrons, dans cette discussion, à la voie biochimique de la conscience, la seule qui pour nous ait fait ses preuves. Voyons d'abord le déroulement dans le temps. Il dépend de la densité de l'univers. Il existe une densité critique, au-dessus de laquelle l'expansion ne durera qu'un certain temps, avant de se transformer en une contraction et un écrasement. Les durées «typiques», pour des conditions initiales, choisies «distraitement», seront très brèves. Une seconde ou moins... Aucune étoile n'aurait eu le temps de s'y former. Et, en conséquence, aucun atome de carbone, d'azote ou d'oxygène, si essentiels à notre biochimie...

Les univers dont la densité initiale serait inférieure à la densité critique ne rencontreraient pas le problème de la brièveté. Leur durée serait, en principe, infinie. Mais, dans la quasi-totalité des cas, le cours des événements serait tel qu'aucune étoile ne pourrait s'y condenser. Pas d'étoiles, donc pas d'atomes et pas de source de rayonnement à longue durée pour veiller sur la naissance de la vie animale.

Seul un univers où la densité initiale est très précisément ajustée peut à la fois engendrer des étoiles nourricières et durer suffisamment pour héberger les évolutions nucléaires, chimiques et biologiques que la vie animale requiert. Il faudra compter des milliards d'années...

Cette densité «fertile» correspond, à l'origine, à un univers dont l'espace ne possède aucune courbure. Un univers à géométrie extraordinairement plane (ou euclidienne). Voilà la condition initiale que nous devons imposer à notre univers, si on veut lui donner la possibilité d'engendrer quelqu'un pour faire un tel calcul...

LA DIMENSION DE L'UNIVERS

L'homme antique n'a aucune notion de la dimension réelle de l'univers. Le ciel tout près, tout juste hors de portée des plus hautes montagnes, se présente comme une sphère creuse sur laquelle circulent planètes et étoiles. Les astronomes de la Renaissance crèvent la sphère. L'être humain prend progressivement conscience des dimensions gigantesques de l'univers qu'il habite. Poussière infime dans un espace infini, il se sent perdu et accablé par cette immensité silencieuse.

Pourquoi l'univers est-il si grand? Les conditions initiales, essentielles à l'émergence de la complexité, impliquent que l'univers se déploie pendant des milliards d'années. Et qu'en conséquence le volume observable se mesure en milliards d'années-lumière! Un univers plus petit n'aurait jamais pu engendrer un observateur qui s'étonne de la dimension du cosmos...

Ouvrons une parenthèse sur un sujet très débattu ces temps-ci. Y a-t-il un rapport entre la dimension de l'univers observable et le nombre hypothétique de civilisations extraterrestres? Pas nécessairement, à mon avis. Un exemple illustrera ma position. La ville de San Diego, aux États-Unis, possède un splendide jardin zoologique. On a fait en sorte que les animaux ne s'y sentent pas enfermés. Le parc est si grand qu'une gazelle en rencontre rarement les frontières. Naturellement, ce qui est vrai pour une gazelle le sera aussi pour plusieurs gazelles. Le parc peut en héberger un grand nombre qui jouiront toutes de ces conditions naturelles. Ainsi, me semble-t-il, un univers assez grand pour donner naissance à une civilisation peut en héberger plusieurs. Ce qui est bon pour l'un ne nuit pas nécessairement aux autres.

L'homme de l'Antiquité n'avait aucune notion de la dimension réelle de l'univers. Le ciel paraissait tout près, juste après les hautes montagnes. Il semblait une sphère creuse, sur laquelle circulaient planètes et étoiles. Avec la Renaissance et ses astronomes, la sphère a été crevée et l'homme a pris conscience des gigantesques dimensions de l'univers. Cette enluminure, extraite du *Livre de la propriété des choses*, manuscrit français du XVe siècle, montre une mappemonde astrologique dans laquelle les différentes planètes sont représentées par des personnages qui régissent les signes du zodiaque. On voit ainsi, de haut en bas, Saturne, qui règne sur le Verseau et le Capricorne, puis Jupiter, qui gouverne les Poissons et le Sagittaire, et Mars, maître du Bélier et du Scorpion; Vénus régit le Taureau et la Balance, Mercure les Gémeaux et la Vierge; la Lune règne sur le Cancer, et le Soleil sur le Lion.

LE FLUIDE-UNIVERS

Dans l'esprit des modèles cosmologiques, l'univers est identifié à un vaste fluide. De dimension infinie s'il est ouvert, de dimension limitée s'il est fermé. Les fluides que nous rencontrons dans notre réalité quotidienne (les nappes d'eau, l'air), sont généralement agités par des mouvements variés, courants, turbulences, remous, tourbillons, etc. L'observation de la récession des galaxies montre que le fluide-univers présente aujourd'hui l'image d'un mouvement extrêmement ordonné et régulier, dans lequel toute turbulence est absente.

Qu'en était-il dans le passé? Le calcul montre que seuls des univers dont la densité initiale est très voisine de la densité critique arriveront à amortir leurs turbulences initiales et à présenter l'homogénéité que nous lui trouvons aujourd'hui. Les autres, au contraire, auront tendance à accroître leur turbulence et leur agitation interne. D'où un double résultat. D'abord un rayonnement fossile marqué de grandes fluctuations thermiques, très différent de celui que nous observons aujourd'hui. Ensuite, une résistance très grande à la formation des galaxies. On objectera avec raison que, de toute façon, nous ne comprenons pas la formation des galaxies même dans notre fluide sage et ordonné. C'est vrai. Mais les difficultés seraient infiniment plus grandes dans le cas d'un fluide cosmique turbulent. En résumé, seuls les univers de géométrie très plane (densité voisine de la densité critique) ont quelque chance, semble-t-il, de former des galaxies, des étoiles et des atomes. Ces univers ont tendance à assagir leur fluide et à présenter un rayonnement extrêmement isotherme. D'où la relation entre la densité, l'homogénéité, l'isothermie et la présence d'un observateur...

Homogène, oui, mais pas trop. Des galaxies se sont formées comme des grumeaux dans la purée cosmique. Pour cela, il fallait au départ des «graines de galaxies», c'est-à-dire des «inhomogénéités» qui ont agi comme des «centres de nucléation». Comment naissent ces galaxies? Nous ne le savons pas encore. Tout ce qu'on peut dire, *a posteriori*, c'est que l'univers initial devait posséder, à la fois, l'homogénéité à grande échelle et l'inhomogénéité à petite échelle qui assure, en son temps, la gestation galactique et stellaire.

UN COSMOS TRÈS SPÉCIAL

Le physicien sait inventer des univers théoriques. Il émet l'hypothèse que les paramètres numériques, apparemment arbitraires, qui spécifient les conditions initiales de l'univers (densité, homogénéité, mode d'expansion) pourraient être choisis à volonté. Qu'en d'autres mots on pourrait leur assigner des valeurs différentes de celles qu'ils ont dans notre monde. Il calcule l'évolution de ces univers et montre que, dans la quasi-totalité des cas, ils n'abritent pas d'êtres complexes. Comment réagir à cette situation étonnante?

Imaginons que, loin d'être arbitraires, tous ces paramètres numériques, aussi bien macroscopiques (homogénéité, densité, rythme d'expansion) que microscopiques (propriétés des interactions entre les particules), soient rigoureusement déterminés à prendre les valeurs qu'ils ont chez nous et que cette détermination soit inscrite dans une sorte de principe universel (le rêve ultime des physiciens...). Il faudrait alors conclure que cet ultime principe hébergeait déjà, potentiellement, la recette de l'intelligence et de la conscience.

Personnellement, je ne sais, des deux affirmations suivantes, laquelle est la plus étonnante:

— dans un ensemble de paramètres arbitraires, les valeurs propres à notre monde sont précisément celles qui peuvent amener à l'éclosion de la conscience;

— un principe initial contenait en germe cette éclosion.

Le lecteur aura compris, je pense, en quoi, à l'œil du scientifique, notre cosmos «apparaît» très spécial. Peut-être sommes-nous victimes d'une naïveté excessive. Pourtant, il est difficile de ne pas reconnaître que la finesse de l'ajustement des paramètres réalisés n'est pas banale, qu'il y a matière à s'étonner.

«L'univers est né sans l'homme», écrit Claude Lévi-Strauss. Si on prend cette affirmation au sens chronologique, elle va de soi. La chaleur de la purée initiale est incompatible avec l'existence de toute structure biochimique.

Pourtant, l'ensemble des acquis scientifiques récents nous invite peut-être à une autre lecture de la réalité. Il nous incite en tout cas à un peu plus de prudence vis-à-vis d'une telle affirmation.

Il y a, d'une part, la simple prise de conscience de l'existence d'une séquence temporelle des chapitres d'évolution, nucléaires, atomiques, moléculaires, biologiques, qui relient l'être humain aux conditions physiques du tout début de l'univers. Les quarks, les électrons, les forces de la physique sont en quelque sorte nos ancêtres. A cela s'ajoute l'ensemble des faits étonnants décrits plus haut et devant lesquels il est difficile de rester indifférent.

Cela nous ramène au problème des relations entre les melons et les grandes familles. Les melons sont faits de molécules organiques formées elles-mêmes d'atomes. Au même titre que les êtres humains, ils peuvent faire état des phases d'évolution qui les relient aux conditions initiales du «Big Bang». Rien dans ce que nous venons de voir ne permet aux êtres humains de revendiquer un principe «anthropique», qui paraît dans ce contexte singulièrement «chauvin».

Il me semble plus judicieux d'employer le terme de «principe de complexité», dont l'énoncé serait à peu près le suivant: «L'univers semble posséder dans les temps les plus reculés toutes les propriétés requises pour permettre à la matière d'accéder à des états de complexité de plus en plus avancés.» Devant cet énoncé, melons et famille se retrouvent sur un pied d'égalité.

HUBERT REEVES

CHAPITRE 3

Le vivant se prépare

L'océan originel

A la suite du dégazage et du refroidissement de la Terre, la vapeur d'eau, en se condensant, donna naissance à des pluies. Ces dernières formèrent, à la surface de notre planète, des mares, des lacs, des mers, des océans d'où, il y a près de 4 milliards d'années, allait jaillir la vie.

Dans les roches sédimentaires de Fig Tree et d'Onderwacht, en Afrique du Sud, vieilles respectivement de 3,2 et 3,4 milliards d'années, subsistent des substances organiques chimiquement proches de celles qui composent les cellules vivantes actuelles. De plus, à Fig Tree, grâce au microscope électronique, on a pu voir des structures de 0,6 μm (micromètre : millième de millimètre), qui ressemblent aux bactéries modernes. A Baberton, au Transvaal, des roches encore plus anciennes (3,7 milliards d'années) renferment des traces qui font penser à des bactéries ou à des algues bleues. On parle aussi des restes d'un hypothétique vivant, découverts dans les roches du Groenland, à Isua, qui dateraient de 3,8 milliards d'années. On y a trouvé notamment des acides aminés et des hydrocarbures. Inclusions fluides ou microfossiles? On a créé pour ces traces le genre *Isuasphera* : peut-être s'agit-il des gouttelettes dont nous parlerons plus loin. Ce serait alors inespéré!

En tout cas, si l'on admet que la Terre a commencé à se former il y a environ 4,8 milliards d'années, on peut estimer que les premiers essais de vie se sont manifestés moins de 1 milliard d'années après : c'est très peu si l'on considère qu'ensuite les cellules dites eucaryotes, c'est-à-dire à noyau vrai, et les êtres pluricellulaires ont mis deux fois plus de temps pour apparaître ou pour émerger à leur tour. Cela pourrait signifier que le passage de la matière inorganisée aux premiers vivants a été plus facile, relativement, que l'évolution qui a abouti jusqu'à nous et qui a laissé des traces nombreuses, les fossiles. De ce point de vue, malheureusement, le premier milliard d'années est infiniment pauvre : ses « archives » sont presque vierges. Pour reconstituer son histoire, force est donc de se fonder sur les données de la science moderne, notamment sur celles qu'apporte la physico-chimie. Les recherches récentes montrent en effet qu'au début de l'histoire de la Terre des conditions particulières ont probablement favorisé l'apparition de nombreux composés organiques et que l'océan primitif joua un grand rôle dans l'apparition de la vie qui suivit.

La première époque de l'histoire des océans s'est terminée il y a environ 3,5 milliards d'années : c'est au cours de cette période que l'évolution chimique a débouché sur la vie.

Le dégazage progressif qui a suivi la formation de la Terre et sa différenciation en noyau, manteau et croûte a abouti à la formation d'une atmosphère primitive composée d'eau (la future hydrosphère), de gaz carbonés oxydés ou réduits, de gaz soufrés, d'acide chlorhydrique. Tous y étaient présents à la température initiale de la croûte. Plus tard, en raison du refroidissement général, l'eau se condensa progressivement, solubilisant certains composés et formant finalement un océan initial. Entre le départ et l'arrivée, il y a place pour de multiples scénarios : en voici un parmi les possibles.

LA NAISSANCE DES MERS

En se refroidissant, la vapeur d'eau se condense lorsqu'elle arrive à une température critique. Si, comme on le suppose, la plus grande partie de l'eau des océans actuels était concentrée dans l'atmosphère primitive, la pression atmosphérique devait être 260 fois plus forte qu'aujourd'hui. Dans ces conditions, la température et la pression critiques de l'eau sont égales respectivement à 374 °C et à 226 atmosphères. La différence de pression (34) correspond déjà à une couche de 350 mètres d'eau liquide.

A mesure que la température s'abaissa, l'eau se répandit en pluies, principalement vers les régions les plus froides de la croûte, c'est-à-dire les pôles, et elle se rassembla dans les dépressions pour donner les premières mers. Cependant, à l'équateur, la température dépassa 374 °C pendant quelque temps encore : les eaux qui s'y écoulèrent bouillirent et s'évaporèrent à nouveau. Mais la température baissant régulièrement, l'ébullition s'arrêta, la condensation continua et les pluies ne cessèrent plus. Simultanément, la masse des eaux terrestres augmenta de volume. Enfin, lorsque la température fut proche de 20-30 °C, le rayonnement de la Terre devint inférieur à l'apport thermique du Soleil. La température du globe se stabilisa vers sa température actuelle ou un peu au-dessus.

A cette époque, les océans avaient-ils atteint le même volume qu'aujourd'hui? Certains géologues en doutent et pensent qu'une part non négligeable de l'eau actuelle fut apportée par les éruptions, les sources chaudes, etc.

LES PREMIERS SÉDIMENTS

Une fois constitué, l'océan primitif était acide, en raison de la dissolution de l'acide chlorhydrique présent dans l'atmosphère primitive et d'une faible quantité de gaz carbonique (CO_2), dont l'essentiel était d'ailleurs resté à l'état gazeux. On pense que la concentration de l'acide chlorhydrique fut d'une molécule par litre, et celle du gaz carbonique d'une demi-molécule.

Ce premier océan acide réagit vigoureusement avec les métaux de la croûte primitive, dissolvant la silice et créant un résidu de minéraux argileux aluminiques qui constituèrent les premiers sédiments des premiers bassins océaniques.

Lorsque la surface de la Terre se fut refroidie au-dessous de 100 °C, le temps géologique pendant lequel les acides réagirent sur les roches fut sans doute court. En effet, la présence de bactéries et d'algues fossiles dans les roches de plus de 3 milliards d'années atteste qu'à ce moment non seulement la température

de la Terre était inférieure à 100 °C, mais que la neutralisation des acides originels avait eu lieu. Par ailleurs, si le dégazage des substances volatiles primitives de l'intérieur de la Terre est intervenu précocement, les chlorures formés par réaction de l'acide chlorhydrique sur les roches se sont retrouvés dans les mers et dans les dépôts issus de l'évaporation. Dans ce cas, les océans devaient avoir un volume et une salinité comparables à ceux qu'ils ont aujourd'hui.

C'est dans cet océan primitif que se sont collectées les molécules originelles et que la vie est apparue progressivement.

Dans les sédiments précambriens de North Pole, en Australie (3,5 milliards d'années), composés de silice et de barytine et colorés en rouge par du fer, on a trouvé des structures qui sont peut-être les traces d'êtres vivants très primitifs.

Des nuées orageuses sur une mer soulevée de vagues par des vents violents; des nuages de vapeur et de cendres provenant d'éruptions volcaniques; des pluies incessantes: telle devait être la Terre lorsque se constituèrent les océans, berceau de la vie.

La « soupe » primitive

Pendant des millions d'années s'est développée sur la Terre une série de réactions chimiques, de plus en plus complexes, qui ont préparé l'apparition de la vie. Sous l'effet de l'énergie dégagée notamment par les volcans et les rayons ultraviolets, les composés gazeux qui constituaient l'atmosphère primitive ont donné naissance à des molécules organiques simples qui, en s'accumulant dans l'océan, on formé la « soupe » primitive, berceau de la vie.

Il n'est pas facile de dire que la vie est née de la matière inerte. Comment expliquer que les composés complexes du carbone qui constituent les êtres vivants surgirent spontanément et évoluèrent sur une Terre sans vie alors que la plupart d'entre eux ne se forment aujourd'hui que dans les organismes vivants ? Leur synthèse exige de l'énergie, mais le mécanisme chimique de transfert de celle-ci dans un organisme est lui aussi un produit des organismes. Les vitesses de ces réactions en milieu non organique sont très lentes : dans les êtres vivants, elles sont accélérées par des enzymes, fabriquées également dans les cellules. Enfin, l'énergie nécessaire, d'origine solaire, ne peut être utilisée efficacement qu'en présence de chlorophylle qui, comme les substances précédentes, est synthétisée par les cellules végétales. D'ailleurs, après la démonstration par Pasteur que la génération spontanée ne saurait exister (voir p. 70-71), la loi, pour tous les savants, fut que la matière morte ne pouvait devenir vivante que sous l'influence de matière déjà vivante. Cette conclusion comporte pourtant une faiblesse, celle de supposer que les mêmes conditions qu'aujourd'hui ont toujours régné sur terre.

LES PRÉCURSEURS DES BIOMOLÉCULES

Il fallut attendre les années 1920, pour que le chimiste russe A. I. Oparine suggère que des molécules d'intérêt biologique — acides aminés, sucres, par exemple — avaient pu se former aux dépens du méthane, de l'ammoniac et de la vapeur d'eau de l'atmosphère primitive, dont on sait qu'elle était radicalement différente de la nôtre. Les gaz atmosphériques, activés par l'énergie radiante de la lumière solaire ou par des décharges électriques, auraient réagi les uns sur les autres, et les produits formés se seraient ensuite dissous dans l'océan primitif.

Ces hypothèses furent reprises en 1929 par l'Anglais J. B. S. Haldane, qui comprit le premier qu'une atmosphère réductrice, c'est-à-dire sans oxygène libre, était nécessaire pour que la vie pût émerger de la matière inerte. Au laboratoire, la synthèse des acides aminés et celle d'autres composés organiques azotés se réalise essentiellement dans un mélange gazeux réducteur. En présence d'oxygène, ils ne se forment pas : ces composés ne pourraient donc pas être produits dans notre atmosphère actuelle. Mais l'atmosphère primitive était différente de celle d'aujourd'hui et ne contenait que peu ou pas d'oxygène libre : l'une des conditions nécessaires à ces synthèses était donc réalisée.

Ces idées suscitèrent peu de réactions, et il fallut attendre 1952 pour que l'Américain H. Urey les relançât. A partir de 1953, S. Miller et lui-même firent à Chicago des expériences de laboratoire qui démontrèrent que des composés gazeux, du type de ceux qui existèrent probablement dans l'atmosphère primitive, avaient pu être les précurseurs des biomolécules essentielles (voir page ci-contre).

Comme on le sait, le carbone est la clé de la vie. Lorsque l'on examine la composition de la matière vivante, on remarque qu'elle est bien différente de celle du milieu ambiant (voir tableau ci-contre) : le carbone domine ; la silice y est rare. La nature a donc fait un choix, sans doute parce que le carbone forme facilement des liaisons dites covalentes (résultant d'un échange égal d'électrons extérieurs avec d'autres atomes) et qu'il se lie préférentiellement avec l'hydrogène. Sa combinaison la plus naturelle est en effet le gaz méthane, celui-là même qui occupe une place si éminente dans les atmosphères planétaires. De plus, il a une tendance naturelle à former des chaînes, comme c'est le cas par exemple pour la série des hydrocarbures, dont le terme le plus simple est justement aussi le méthane.

Or, les expériences du type de celles de Miller ont permis d'obtenir un nombre assez grand et varié de molécules organiques simples. Cependant, les études modernes sur la biogenèse chimique montrent que les substances les plus complexes qui constituent la matière vivante dérivent au plus de 30 à 40 molécules primordiales différentes, du moins dans le cas général.

LE RÔLE DE L'ÉNERGIE

En plus de l'atmosphère réductrice, ces synthèses exigent de l'énergie. Dans le premier milliard d'années, il est probable que celle qui intervint dans les synthèses des molécules primordiales eut plusieurs origines : volcans (surtout si l'activité tectonique fut alors plus importante que de nos jours), force des vagues, ondes de choc atmosphériques, « vents » de particules solaires, radioactivité naturelle. L'action la plus significative a dû provenir des décharges électriques dans l'atmosphère ou de l'effet de couronne car ces phénomènes libèrent le maximum d'énergie.

Les radiations ultraviolettes émises par le Soleil eurent aussi un rôle essentiel, car, aux origines, l'atmosphère étant dépourvue d'oxygène, il n'y avait pas de couche d'ozone à haute altitude pour arrêter une bonne partie de ces radiations, comme c'est le cas maintenant. Arrivant en quantité à la surface du sol, les rayons ultraviolets aidèrent à la synthèse d'un grand nombre de composés organiques, notamment de ceux formés à partir d'ammoniac et d'hydrogène sulfuré. Absorbant les radiations de plus grande longueur d'onde, ces deux gaz ont joué un rôle important dans l'atmosphère primitive comme capteurs d'énergie solaire.

Sans un puissant apport énergétique extérieur, la plupart des réactions dans les composés carbonés se produisent lentement. C'est pourquoi, au laboratoire, on les accélère en chauffant les solutions ou en employant des catalyseurs. Haldane a parlé de la « soupe chaude » primitive : disons plutôt qu'elle devait être tiède. Donc, dans ce milieu primitif, les réactions se firent lentement. Mais, c'est là qu'intervient le facteur temps : en 1 milliard d'années, il y a de la marge pour que de multiples réactions aboutissent... Cependant, on peut penser aussi, comme l'a suggéré le biochimiste américain Melvin Calvin, que le premier pas tangible sur la route de l'évolution chimique qui conduisit aux organismes vivants fut l'apparition de réactions autocatalysantes.

Les éclairs apportèrent de l'énergie qui permit la formation des premières molécules organiques, ancêtres chimiques de la vie.

Répartition de quelques éléments majeurs

Élément chimique	Univers	Terre	Croûte terrestre	Eau des océans	Corps humain
Hydrogène	92 714	120	2 882	66 200	60 563
Carbone	8	99	55	1,4	10 680
Azote	15	0,3	7	–	2 440
Oxygène	50	48 880	60 425	33 100	25 670
Sodium	0,1	640	2 554	290	75
Magnésium	2,1	12 500	1 784	34	11
Silicium	2,3	14 000	20 475	–	–
Phosphore	–	140	79	–	130
Soufre	0,9	1 400	33	17	130
Chlore	–	45	11	340	33
Potassium	–	56	1 374	6	37
Calcium	0,1	460	1 878	6	230

Les teneurs sont exprimées en atomes pour 100 000. Les tirets indiquent une concentration inférieure à un atome par million. La Terre n'est guère représentative de l'univers; par contre, le corps humain l'est par rapport à l'ensemble des êtres vivants. (D'après R. Dickerson.)

LES ACCÉLÉRATEURS DE RÉACTIONS

Habituellement, un catalyseur a pour effet d'accélérer la transformation d'une substance A en une substance B. Si B est lui-même catalyseur, on a l'amorce d'une réaction en chaîne. Il peut de plus posséder aussi les qualités nécessaires pour catalyser efficacement la propre réaction qui l'a formé. Dès qu'il apparaîtra, sa présence facilitera la production d'une plus grande quantité du même produit, ce qui accélérera encore la réaction. On comprend donc que la réaction autocatalysante possède un avantage décisif sur les réactions généralement plus lentes qui pourraient la concurrencer pour les matières premières.

Ce processus peut concerner des molécules simples, comme celles qui furent à la base de l'évolution chimique vers la vie. M. Calvin a donné l'exemple suivant: l'eau oxygénée est instable; elle se décompose lentement en donnant de l'eau ordinaire et de l'oxygène libre. Le fer, à l'état d'ion ferrique, catalyse cette décomposition. Or cette eau oxygénée, appelée aussi peroxyde d'hydrogène, aurait figuré, avec les ions ferriques, parmi les matières dissoutes dans l'océan primitif. Mais l'efficacité du fer comme catalyseur est multipliée par 1 000 s'il est incorporé dans une molécule moyennement complexe, la porphyrine, dont on pense que la synthèse naturelle a été possible à partir d'ammoniac et de gaz carbonique. Une fois formé, ce nouveau composé, en présence d'eau oxygénée diluée, catalyse des réactions qui entraînent la formation supplémentaire de porphyrine. Les produits de ce type ont un rôle universel dans le transfert de l'oxygène et, en combinaison avec une protéine, elles constituent notamment la chlorophylle et l'hémoglobine.

L'eau, enfin, réceptacle global d'abord. En l'absence d'oxygène libre dans l'atmosphère, les molécules qui se formèrent au cours de l'évolution chimique échappèrent à la destruction et s'accumulèrent dans l'océan primitif pour constituer la «soupe chaude» ou plutôt tiède, dont parlait Haldane. Selon certains calculs, la concentration des océans en matière organique n'était que de 10^{-12} molécules par litre. Mais, des calculs plus récents tendent à montrer que cette concentration a pu atteindre 10 p. 100, ce qui est considérable, au moins dans des endroits favorables: par exemple, dans des masses d'eau relativement petites, peut-être situées auprès d'intenses sources d'énergie, comme les volcans.

Il fallut en tout cas que les concentrations fussent suffisantes, c'est-à-dire les molécules point trop rares, pour qu'il y eût assez de chocs entre elles, et des chocs susceptibles de permettre les réactions spontanées dont nous parlerons plus loin. Mais nous verrons également que des argiles purent aussi jouer le rôle de matrice (voir p. 38-39). Quoi qu'il en soit, l'eau eut ce rôle majeur de réceptacle, mais elle n'eut pas seulement celui-là, car elle est loin d'être un partenaire inerte.

Volcans et coulées de lave chauffèrent l'eau des étangs qui se formaient dans la vase grise du bord des mers. Cette chaleur facilita l'apparition de formes très primitives, proches de la vie.

Cette mare «eutrophe», c'est-à-dire très riche en molécules minérales et organiques, représenterait bien la «soupe» primitive, ... n'étaient les organismes qui y vivent actuellement

L'expérience de Miller

Le chimiste américain Stanley L. Miller a conduit cette expérience en 1953. Dans un appareil spécial, il a introduit des mélanges gazeux variés de méthane, d'ammoniac et d'hydrogène, gaz que l'on pense avoir été prédominants dans l'atmosphère primitive. L'eau, chauffée, produit de la vapeur qui entraîne les gaz à travers le circuit fermé de l'appareil. Pendant une semaine ou plus, des décharges électriques de 60 000 volts simulent les apports énergétiques primitifs (éclairs). L'ensemble est placé à 80 °C. Les produits solubles formés sont collectés dans le bas de l'appareil et analysés par chromatographie.

Dans la phase gazeuse restante, Miller trouva du gaz carbonique, de l'oxyde de carbone et de l'azote, qui avaient été formés à partir des gaz introduits initialement. Dans le liquide condensé, il mit en évidence des concentrations importantes d'acides aminés, comme le glycocolle, l'alanine, l'acide aspartique et l'acide glutamique, ainsi que des acides organiques simples: acides formique, acétique, propionique, lactique, succinique, par exemple, courants chez les êtres vivants. Miller pensa que ces composés étaient produits par des séquences de réactions, dont la première intervenait entre le méthane et l'ammoniac, pour donner de l'acide cyanhydrique.

Les expériences de Miller ont été conduites avec des gaz riches en composés réduits. Plus récemment, des expériences du même type ont été réalisées avec un mélange d'azote, d'hydrogène, d'oxyde de carbone et de gaz carbonique, et en l'absence de méthane et d'ammoniac. Ici encore, on a obtenu des acides aminés, des molécules organiques diverses, tous formés par la voie de l'acide cyanhydrique, ce qui montre que de l'ammoniac et du méthane préformés ne sont pas nécessaires à la production abiotique de molécules organiques.

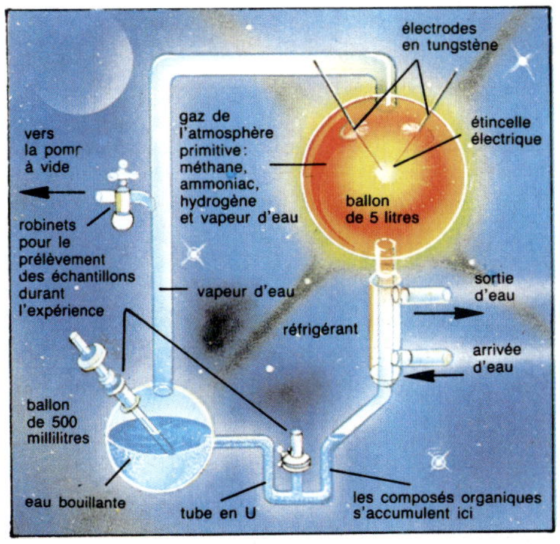

L'eau, un bain actif

Qu'elle apparaisse à l'état liquide, solide ou gazeux, l'eau est partout, ou presque. Venue des océans, elle y retourne au terme d'un cycle continu. Constituée d'hydrogène et d'oxygène, l'eau est en fait un réactif puissant, dont le rôle, déterminant dans l'apparition de la vie, est toujours essentiel pour son maintien.

Nous avons tous appris que l'eau était un liquide neutre qui baigne les cellules, emplit les espaces intermoléculaires du cytoplasme, sert de phase dispersante aux colloïdes. Mais la chimie moderne nous enseigne que l'eau est en fait un réactif puissant, qui possède des propriétés spécifiques différentes de celles de la plupart des autres liquides.

LA LIAISON HYDROGÈNE

La première tient à la structure de sa molécule. Dans l'eau liquide existent des forces qui s'opposent à ce que les molécules s'écartent les unes des autres pour passer à l'état gazeux. Or ces forces proviennent de la façon dont les électrons sont disposés dans la molécule. Celle de l'eau a un peu la forme d'un accent circonflexe (voir les illustrations ci-dessus).

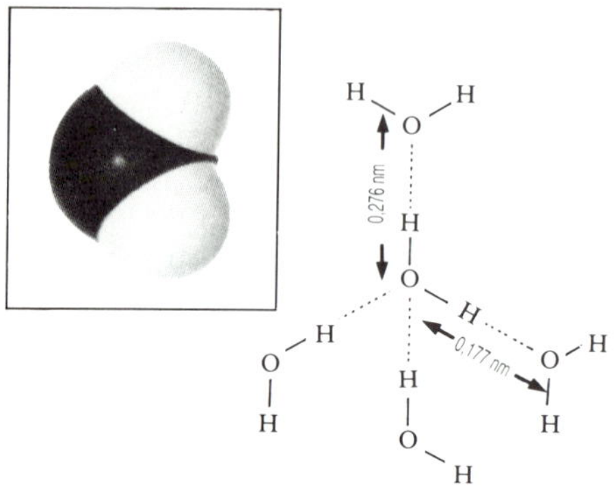

Les molécules d'eau s'associent en groupes tétraédriques et chacune d'elles échange des liaisons hydrogène avec des molécules voisines: ce phénomène assure la cohésion de l'eau liquide. Cette structure en dipôle entraîne des propriétés exceptionnelles d'association avec d'autres substances.

Asymétrique structuralement et électriquement, l'eau se comporte comme un dipôle. Il s'ensuit que lorsque deux molécules d'eau se rapprochent une attraction se crée entre les charges positives et négatives de l'une et de l'autre: c'est la liaison hydrogène.

Ces liaisons ne sont pas spécifiques de l'eau: elles se forment entre des atomes électronégatifs tels que l'oxygène ou l'azote, et des atomes d'hydrogène liés par une autre liaison, beaucoup plus forte, à un autre atome électronégatif. Cette situation est fréquente dans la matière vivante, car tous les composés qui se trouvent dans les organismes comportent une forte proportion d'hydrogène: les possibilités de structuration par liaisons hydrogène y sont donc énormes. L'un des intérêts principaux de ces liaisons est qu'elles peuvent se former et se détruire rapidement: cela leur donne un grand avantage biologique par rapport aux autres liaisons chimiques dans tous les phénomènes biomoléculaires, qui, ainsi, peuvent se produire à vitesse élevée.

Autre phénomène important: la coopérativité. Lorsque l'on dissout une molécule dans l'eau, les liaisons hydrogène entre molécules sont faibles; les molécules d'eau peuvent donc entrer en compétition pour former des liaisons hydrogène avec ces mêmes substances dissoutes. Les molécules d'eau exerçant sur les ions qui constituent la substance à dissoudre (chlorure de sodium, par exemple) des forces supérieures à celles qui les lient ensemble dans le cristal, ces derniers passeront donc rapidement en solution. L'eau est sans doute le meilleur solvant qui existe, parce que beaucoup de substances peuvent contracter des liaisons hydrogène avec elle.

Les liaisons hydrogène, dites coopératives, ont une caractéristique particulière: plus il s'en forme, plus la probabilité que d'autres se constituent augmente. Les protéines, les acides nucléiques peuvent en contenir des milliers, et bien entendu leurs constituants de base en possèdent aussi. Le résultat a été comparé par le biochimiste américain Lehninger à la fabrication d'une échelle: une fois qu'un ou deux barreaux sont installés, les deux montants se placent l'un en face de l'autre et le reste des barreaux s'assemble très rapidement.

MICELLES ET COLLOÏDES

L'eau, enfin, disperse de nombreux composés qui contiennent des groupements d'atomes dits non polaires, c'est-à-dire hydrophobes, en formant des micelles, sortes de microgouttelettes, pourvu que ces composés contiennent aussi des groupements polaires, en gros: hydrophiles. On dit de ces substances qu'elles sont amphipathiques. Prenons l'exemple simple du savon, qui est constitué par un sel de sodium d'un acide gras, l'acide oléique. Ce dernier est composé d'une longue chaîne non polaire, donc hydrophobe et insoluble (voir page ci-contre). Mais elle possède à l'autre extrémité une fonction acide polaire, qui peut s'hydrater rapidement. La chaîne non soluble fait que le savon ne se dissout que peu ou mal dans l'eau. Mais il s'y disperse en donnant des micelles: les chaînes hydrophobes y sont dissimulées à l'intérieur, alors que les groupements acides sont au contact de l'eau.

De nombreux composés cellulaires sont eux aussi amphipathiques. Ils ont tendance à former des structures dans lesquelles les zones hydrophobes sont dissimulées par rapport à l'eau: c'est le cas notamment des protéines et des acides nucléiques. Un phénomène de ce genre oblige d'ailleurs les chaînes d'acides aminés, les polypeptides, à prendre leur configuration caractéristique dans l'espace, consolidée principalement par des liaisons hydrogène (voir p. 46-48).

Les micelles se constituent en un système dit colloïdal, dans lequel les mouvements moléculaires incessants des forces de liaison entre ces particules et l'eau jouent sans doute un rôle et aboutissent à leur maintien en suspension. Ces colloïdes sont relativement proches de l'état d'organisation des corps composant les cellules vivantes. Dans ce domaine existent encore des types d'organisation appelés coacervats, auxquels Oparine a apporté une grande attention (voir p. 40-41).

L'eau et son cycle

Dans le monde, l'eau est partout... ou presque. La quantité d'eau que l'on y trouve sous ses trois états: solide, liquide ou gazeux, est de l'ordre, au moins, de 1 300 à 1 400 millions de kilomètres cubes.

Par un cycle hydrogéologique continu, l'eau vient des océans et y retourne tôt ou tard: l'énergie solaire provoque en effet l'évaporation annuelle d'environ 400 000 km^3 d'eau océanique. Cette vapeur, à l'état de nuages, est poussée par les vents. Les précipitations sont d'égale importance, mais le bilan est négatif pour l'océan: la plus grande partie y retourne bien, mais un pourcentage non négligeable d'eau s'infiltre dans les roches et ne retourne à la mer que très lentement, dans la mesure où les roches sont saturées. Il faut ajouter que le phénomène de l'évapotranspiration, c'est-à-dire de l'élimination d'eau par les êtres vivants, envoie autour de 65 000 km^3 d'eau par an dans l'atmosphère, eau qui, ultérieurement, retombera aussi en précipitations.

En considérant le tableau de la page ci-contre, on constate que les océans contiennent plus de 97 p. 100 de l'eau mondiale, et les organismes vivants une infime partie: 0,00005 p. 100!

Pourtant, l'eau est le constituant essentiel de la matière vivante, et forme jusqu'à 90 p. 100 de son poids, et parfois plus. Mais cette eau traverse les êtres en un flux continu (évapotranspiration). Une petite partie seulement est fixée par la photosynthèse et participe à l'élaboration de la matière vivante.

Retenons deux idées majeures:
- sans eau, la vie est impossible;
- le grand réservoir de l'eau est l'océan.

Ajoutons que l'eau évaporée revient tôt ou tard à son point de départ, la masse océanique, en apportant avec elle des quantités de matériaux qu'elle a solubilisés ou entraînés sur son passage; dès les origines, ce phénomène est intervenu pour recueillir les molécules primordiales.

Dans ces conditions, il n'est pas difficile de penser que les eaux océaniques jouent un rôle essentiel dans le maintien de la vie sur terre et, si l'on remonte suffisamment en arrière, qu'elles ont pu avoir un rôle déterminant dans son apparition.

◁ **Cette eau merveilleuse** dont les cascades nous enchantent fut un «bain actif», dans lequel se constituèrent et se rassemblèrent les premières molécules qui devaient aboutir à la vie.

Micelle de savon (oléate de sodium)

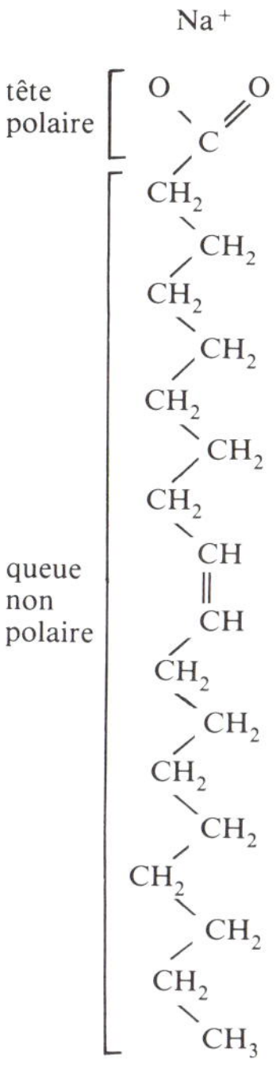

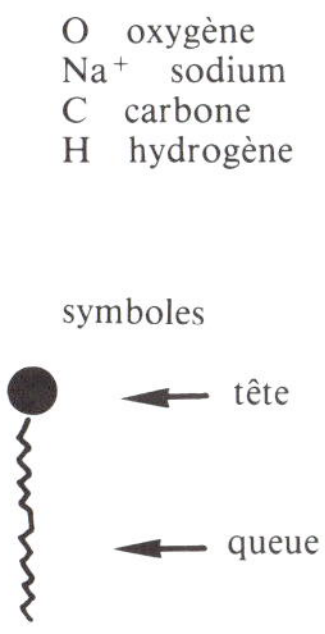

Les micelles d'oléate de sodium se forment spontanément en raison de l'affinité de l'eau pour les «têtes» polaires des molécules de savon; ces têtes sont au contact de l'eau, mais les «queues» non polaires sont hors de portée de l'eau. De la même façon, de nombreux composés cellulaires forment des structures dont les parties non polaires sont dissimulées par rapport à l'eau (protéines, acides nucléiques).

L'importance de l'eau

EAU LIQUIDE

Océans: plus de 1 300 millions de kilomètres cubes.

Eaux douces: environ 125 000 km^3, dont seulement le centième (1 250 km^3) pour les cours d'eau, le gros étant représenté par les lacs.

Eau du sol (c'est-à-dire de la couche superficielle): 65 000 km^3.

Eaux profondes ou très profondes, enfouies dans les roches: 8 millions de kilomètres cubes.

EAU SOLIDE (glaciers, calotte polaire): plus de 32 millions de kilomètres cubes.

EAU A L'ÉTAT DE VAPEUR dans l'atmosphère: 12 700 km^3.

EAU CONTENUE DANS LES ÊTRES VIVANTS: 400 km^3.

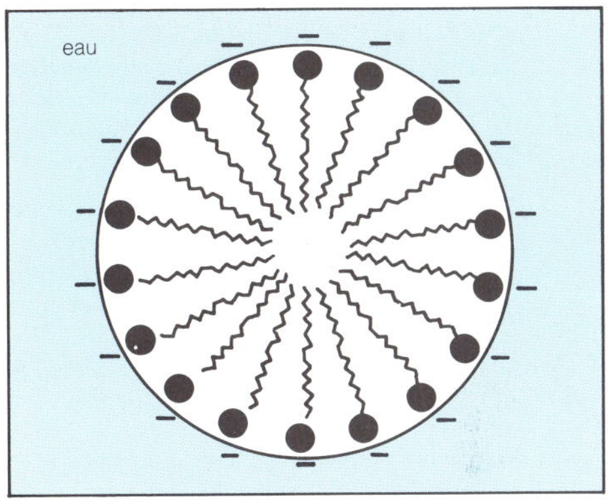

Le Soleil anime le cycle de l'eau en fournissant l'énergie nécessaire à l'évaporation. Sources de vapeur d'eau:

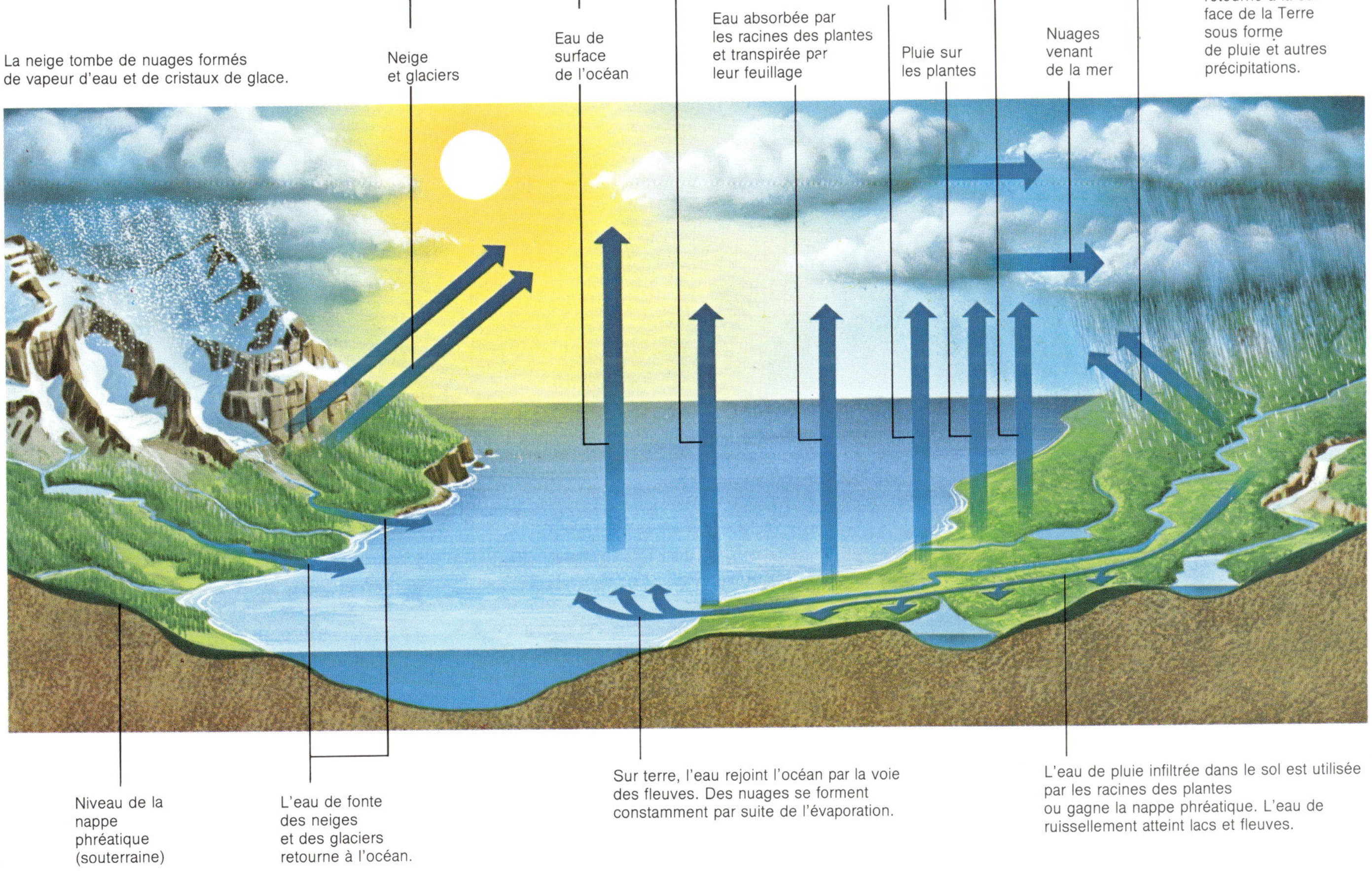

Un milliard d'années d'essais

Par « sauts de puce » et essais successifs, les molécules primordiales qui peuplaient les océans de la jeune Terre se sont adaptées à leur environnement et ont évolué, sous l'effet d'innombrables réactions, pour aboutir à la vie.

La première étape vers la vie fut la constitution progressive de ce mélange extraordinaire de molécules minérales et organiques que fut la « soupe » primitive. Au-delà s'opéra une complexification de certains de ces composés. Elle se réalisa au terme d'une très longue série d'événements élémentaires qui dura peut-être un milliard d'années. Chaque étape ne différa de la précédente que par des modifications souvent infimes qui ne se produisirent qu'en concordance avec les lois de la physique et de la chimie.

UNE CAPACITÉ SUPÉRIEURE DE SURVIE

Au cours de cette progression par sauts de puce, certaines molécules acquirent une capacité de « survie » supérieure à d'autres ; ce qui peut se traduire encore par une meilleure adaptation à leur environnement.

Prenons un exemple : en ajoutant un peu d'acide sulfurique à une solution de chlorure de baryum, un précipité de sulfate se forme. On peut dire que, dans le milieu modifié par l'adjonction d'acide, le sulfate de baryum est le sel en quelque sorte le plus apte à « survivre ». Appliqué ici à une opération très simple, le mot « survie » illustre néanmoins un aspect du principe fondamental de l'interaction entre les systèmes chimiques et le milieu.

Les biomolécules (ou molécules d'intérêt biologique) ont acquis cette capacité supérieure de survie en se réunissant progressivement sous des formes plus condensées, plus stables que leurs molécules constitutives. Les réactions qui permirent cette condensation se produisirent parce que le système était en état de déséquilibre constant, du fait de l'arrivée continuelle, avec les pluies, le ruissellement, de nouvelles quantités de molécules minérales ou organiques. Si la « soupe » primitive avait été laissée à elle-même, elle aurait atteint un état d'équilibre chimique, et rien ne se serait passé. Mais ce ne fut pas le cas, et les occasions pour qu'intervinssent des phénomènes chimiques improbables — les sauts de puce — furent continuellement entretenues et varièrent à l'infini.

Cependant, il fallait une condition première pour que ces événements se réalisent : l'absence de vie. Darwin l'exprima, dès 1871 : « ... si, dans quelque mare chaude [...] il pouvait se former, grâce à la lumière, à la chaleur, à l'électricité [...] une protéine prête à subir d'autres modifications plus complexes, cette protéine serait, de nos jours, instantanément dévorée ou absorbée, ce qui n'aurait été aucunement le cas avant la formation des êtres vivants ».

DES ACTIVATEURS VARIÉS

Les facteurs qui permirent les réactions de condensation des molécules primordiales furent les mêmes que ceux qui avaient présidé à leur formation avec, en premier lieu, les rayons ultraviolets. Les biochimistes américains Sagan et Cyril Ponnamperuna ont montré comment ce rayonnement permettait d'agir sur une solution diluée de formol pour obtenir, par autocatalyse, des sucres simples, puis leurs polymères : cela peut expliquer, notamment, le passage du glucose à la cellulose. De même, en irradiant un mélange d'adénine (obtenue elle-même par action des ultraviolets sur l'acide cyanhydrique), de ribose et d'acide phosphorique, Ponnamperuna obtint de l'adénosine qui, irradiée à son tour, permit d'aboutir à l'A.T.P., ou acide adénosine triphosphorique, l'agent de polymérisation biologique actuellement le plus important. Notons au passage que les polyphosphates, en qui l'on voit des précurseurs de l'A.T.P., furent probablement des activateurs de réactions très actifs : par exemple, ils sont capables d'assurer la formation de peptides lorsque, en leur présence, on soumet un mélange d'acides aminés aux rayons ultraviolets ou à une chaleur douce. On trouve d'ailleurs la trace de leur rôle primitif chez certaines bactéries modernes, où ils servent toujours à la mise en réserve de l'énergie des liaisons phosphate.

D'autres activateurs sont intervenus : dérivés de l'acide cyanhydrique, qui se sont formés eux aussi à partir de méthane et d'azote, sous l'action de décharges électriques, et (peut-être surtout) surfaces minérales : laves, argiles, sables..., et ions métalliques, répandus partout. L'argile, notamment, offre entre ses feuillets une surface considérable pour l'adsorption moléculaire. De plus, ces mêmes feuillets por-

Le ruissellement de l'eau apporta continuellement de nouvelles molécules à la « soupe » primitive.

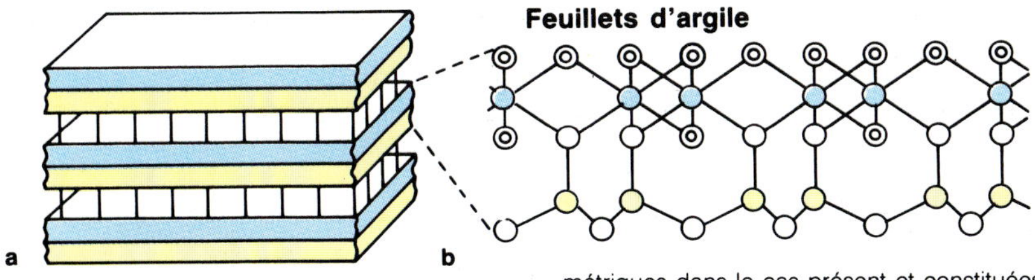

La plupart des argiles sont formées d'un empilement de feuillets (**a**: kaolinite; **b**: structure des couches, asymétriques dans le cas présent et constituées d'atomes d'aluminium, d'oxygène et de silicium). Ces feuillets développent une surface réactive énorme: un cube de kaolinite de 1 cm de côté équivaut à une surface d'adsorption de 2 800 m², soit les deux tiers d'un terrain de football; par leurs charges électriques, ces feuillets d'argile jouent un rôle catalytique pour les molécules adsorbées.

tent des charges électriques, positives et négatives, très nombreuses, qui non seulement «accrochent» des molécules chargées électriquement, mais agissent aussi comme centres catalytiques. Certaines argiles provoquent la formation de polypeptides à partir d'adénylates d'acides aminés. Adsorbés sur argiles, ces adénylates constituent des chaînes polypeptidiques de 50 acides aminés et plus, avec un rendement atteignant 100 p. 100. Or ces mêmes adénylates sont les précurseurs de la synthèse des protéines chez tous les êtres vivants: on peut donc imaginer que la polymérisation sur argile avec les mêmes précurseurs qu'aujourd'hui a pu constituer le stade précoce de l'évolution des protéines.

DES POLYMÈRES PARTICULIERS

Parmi les autres mécanismes possibles, citons la congélation, l'évaporation, la dessiccation par chauffage et le chauffage lui-même. L'Américain Sidney Fox a montré que des mélanges secs d'acides aminés, chauffés à 130 °C, ou même à 60 °C seulement, mais en présence de pyrophosphates cette fois, se polymérisaient spontanément. Il a nommé ces polymères, dont certains pouvaient comporter jusqu'à 200 acides aminés, des thermoprotéinoïdes. Ce type de condensation a très bien pu se produire dans des endroits où la «soupe» primitive s'était évaporée et où les acides aminés présents s'étaient polymérisés (dans les deux cas, sous l'action de la chaleur du Soleil, à proximité de sources de chaleur volcanique...). Les polypeptides formés furent sans doute repris secondairement par les eaux et s'y accumulèrent en attente de réactions ultérieures, pour donner par exemple des protéines.

Mais une question fondamentale se pose: les liaisons entre leurs acides aminés constitutifs étant instables dans l'eau, comment ces protéinoïdes ont-ils pu subir une amélioration évolutive si, n'ayant qu'une vie brève, ils ne disposaient d'aucun moyen de mise en mémoire ni de copie de leur séquence d'acides aminés? Voici peut-être un élément de réponse: à partir des 20 acides aminés essentiels, 10^{300} molécules de protéines, différentes, peuvent théoriquement se former. Mais on n'en connaît guère que 10^{12}: la différence ne pourrait-elle pas représenter un nombre énorme d'essais manqués ou disparus? Il se pose alors un second problème: pourquoi 20 acides aminés seulement sur les 150 connus? Il est probable que d'autres essais ont eu lieu, qu'il y a eu d'autres codes génétiques, mais qu'un seul, le mieux adapté, s'est maintenu jusqu'à nous. Ainsi s'est passée la seconde étape de la marche vers la vie.

SPÉCIFICITÉ ET REPRODUCTION

La dernière fut celle de l'acquisition des fonctions par certains agrégats de molécules organiques, puis l'apprentissage de l'autoréplication, par formation d'une matrice moléculaire primitive.

Nous avons évoqué les autocatalyseurs et la synthèse des porphyrines. En ce qui concerne les enzymes, il est probable que les plus primitives ont été de petits peptides d'abord non spécifiques d'un substrat: la spécificité n'a dû apparaître que beaucoup plus tard. Sidney Fox a montré que certains de ces protéinoïdes avaient une activité catalytique vraie. Mais l'amélioration progressive aboutissant aux enzymes actuelles n'a pu se faire que lorsque des matrices ont été capables de répliquer leurs séquences d'acides aminés.

Nous en arrivons alors à la dernière question: comment des chaînes d'acides aminés ou de nucléotides ont-elles pu être enregistrées et se reproduire? La réponse n'est pas facile. Dans des conditions prébiotiques, des polynucléotides peuvent servir de matrices pour la synthèse non enzymatique de polynucléotides complémentaires et celle-ci est alors accélérée. On a pu obtenir aussi par simple chauffage à 60 °C en présence d'acide phosphorique des séries comprenant jusqu'à 200 nucléotides. Cependant, si ces polymères pouvaient servir de matrices à d'autres chaînes, les séquences ainsi créées étaient néanmoins en désordre: aucune n'approchait de la nature cohérente de l'ADN des vivants. La question reste ouverte pour les acides aminés qui, eux, ne peuvent pas se comporter comme des matrices.

En conclusion, un nombre immense de réactions a pu se produire dans le mélange prébiotique, riche en molécules diverses. Et, comme l'a écrit le paléobotaniste français Édouard Boureau, cette diversité réactionnelle apparaît comme une sorte de redondance biochimique qui a permis, par de multiples voies, les innombrables essais nécessaires à la réussite du processus vital, émergeant lui-même du tri spontané des mécanismes physico-chimiques les plus efficaces.

Pasteur découvrit la dissymétrie des molécules de la vie. Pour les représenter, il fabriqua les modèles en bois que nous voyons ci-contre. Les substances minérales, comme les argiles, favorisent la constitution de molécules dissymétriques.

Formation de l'adénine

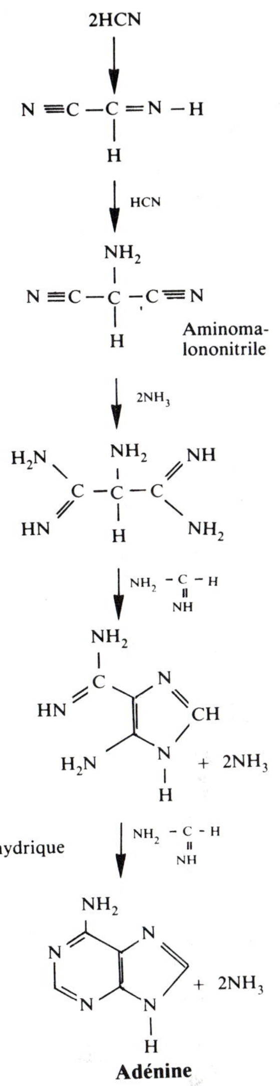

N azote
C carbone
H hydrogène
HCN acide cyanhydrique
NH_3 ammoniac

La chimie organique est un véritable jeu de construction: ainsi, le carbone (C), l'hydrogène (H) et l'azote (N) se lient les uns aux autres avec apport d'énergie pour former l'acide cyanhydrique (HCN). Dans des conditions simulant celles de la Terre primitive, celui-ci est le précurseur d'autres composés fortement réactifs comme l'aminomalononitrile, représenté ici. De fait, le chauffage d'acide cyanhydrique et d'ammoniac permet de produire de l'adénine, l'une des quatre bases du codage de l'ADN (d'après A.L. Lehninger).

Activité pré-enzymatique d'une protéine

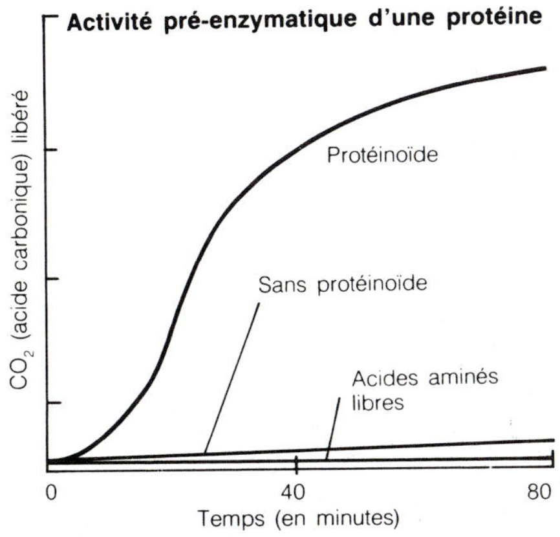

Les chaînes d'acides aminés obtenues par Fox font perdre leur acide carbonique à des acides aminés simples: sans elles (courbe plate), il ne se passe rien. Ces «protéinoïdes» ont donc un rôle catalytique (d'après A.L. Lehninger).

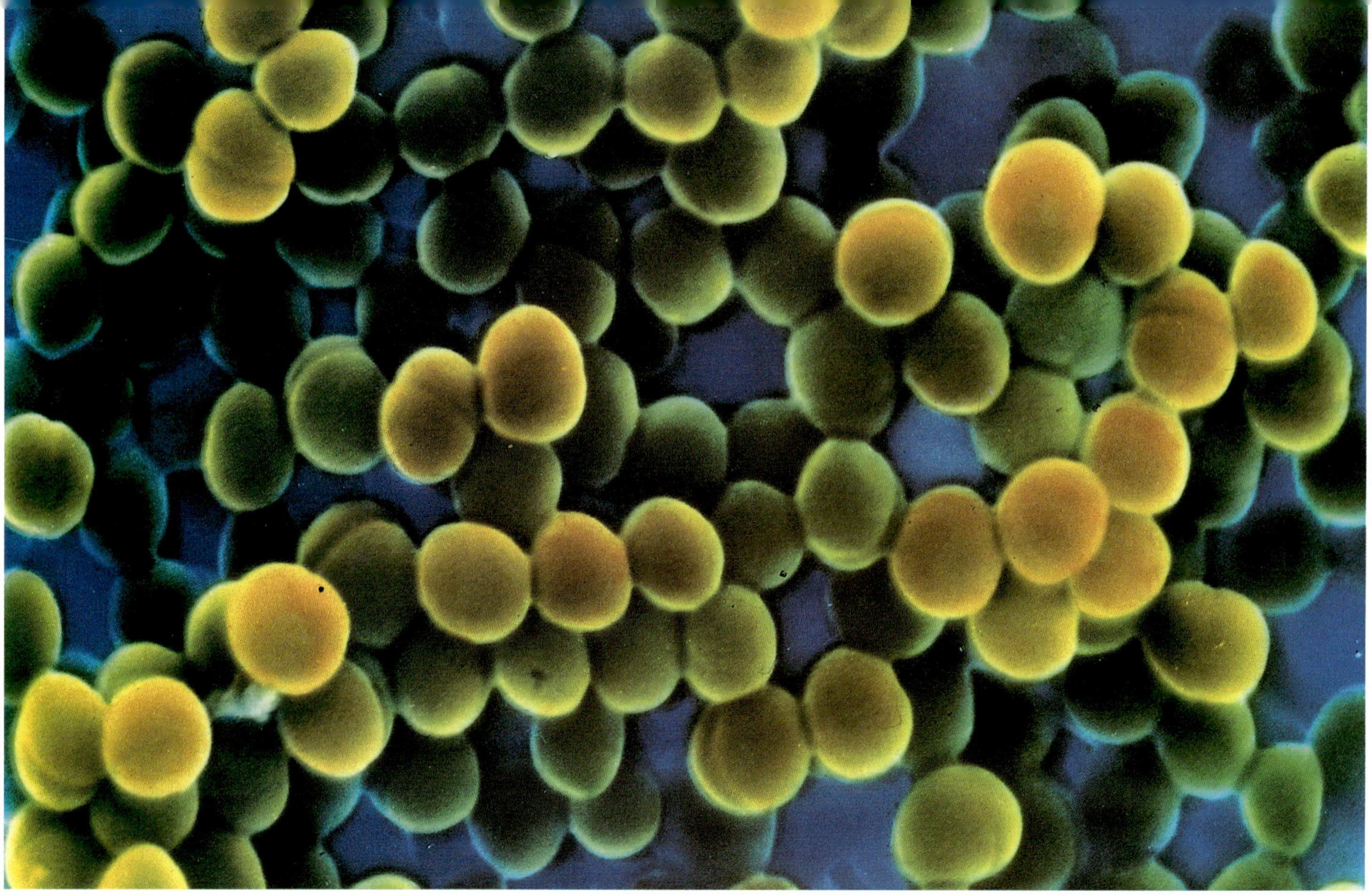

Les ancêtres chimiques de la vie

Deux modèles doués d'une chimie particulière pourraient représenter les termes de passage entre les molécules de la « soupe » primitive et les premiers vivants: les coacervats et les microsphères.

Pour reprendre une expression du biochimiste américain Lehninger, nous arrivons au moment critique de l'évolution: celui où se firent jour les premières apparences de vie, par association de constituants macromoléculaires, d'origine abiotique. En effet, la « cellule primitive » n'a pas jailli en une seule fois, à la suite de la rencontre idéale de tous les constituants nécessaires: l'évolution chimique d'abord, darwinienne ensuite, n'a pu être que lente et progressive.

Pour qu'il y ait eu, sinon vie, du moins un début d'autonomie, il a fallu obligatoirement que les proto-organismes, les structures progressivement cellulaires, se séparent de leur environnement par une « surface-frontière », seul moyen pour eux de se stabiliser. La structure micellaire est probablement à l'origine de cette stabilité: polypeptides et acides gras ont participé à la constitution de ces micelles qui comprennent, on l'a vu précédemment, une surface externe hydrophile et un cœur hydrophobe.

Le biochimiste soviétique A.I. Oparine et l'Américain Sidney W. Fox ont étudié deux séries de modèles qui pourraient représenter des termes de passage entre les agglomérats de la « soupe » primitive à son stade terminal, et les premiers vivants.

LES COACERVATS

La coacervation est un processus qui survient fréquemment dans des solutions aqueuses de polymères fortement hydratés. Ces solutions se séparent spontanément pour former des gouttelettes colloïdales: les coacervats, riches en polymères, en suspension dans un milieu très riche en eau. Ces gouttelettes peuvent atteindre de 2 à 700 micromètres, alors qu'une macromolécule ne dépasse pas 10 nanomètres, et présentent une grande surface de contact qui permettra de nombreux échanges avec le liquide de suspension. Entendons-nous bien: les coacervats ne sont pas des ancêtres de nos cellules, mais des modèles de comportements chimiques complexes pouvant survenir sous l'effet de forces naturelles.

Oparine a montré notamment que si, en se formant, ils piègent suffisamment de molécules actives, les coacervats deviennent capables de réaliser, avec un rendement élevé, des actions biochimiques spécifiques, voire même auto catalytiques, comme la formation d'un polymère de type amidon ou encore la photosynthèse artificielle. De plus, les coacervats peuvent réagir avec le milieu environnant, acquérir des composés nouveaux en provenance de celui-ci, puis les incorporer à sa structure, croître, et, ultérieurement, se diviser et « engendrer » d'autres gouttelettes. Mais ces coacervats ne peuvent ni évoluer ni s'autorépliquer.

LES MICROSPHÈRES

Pour l'Américain Sidney Fox, les macromolécules se sont plutôt formées à sec sur des surfaces minérales chaudes: c'est ainsi qu'il a obtenu ses thermoprotéinoïdes. Il observa que si, en conditions appropriées de pH et de salinité, on laissait refroidir lentement des solutions chaudes de protéinoïdes, on voyait apparaître des microsphères de 1 à 2 μm de diamètre. Bien que ne possédant pas de lipides, la plupart de ces sphères présentent une interface qui ressemble à la double couche lipidique des membranes cellulaires. Cette interface, qui entoure un compartiment interne renfermant des sels et une solution de protéinoïde, est sans doute hémiperméable: en effet, les microsphères réagissent par gonflement ou par contraction selon qu'on les place dans une solution hypertonique ou hypotonique.

Par ailleurs, dans des conditions convenables de pH et de sels minéraux, les microsphères bourgeonnent, se divisent, et se reconjuguent ensuite en donnant une seconde génération. Ces mêmes structures peuvent aussi accélérer des réactions chimiques lorsque leurs protéines possèdent une activité catalytique.

Surtout, Fox a pu montrer que des protéinoïdes basiques, riches en lysine ou en arginine, étaient capables de s'associer sélectivement avec des polynucléotides que leur propre information avait sélectionnés. Il a donc suggéré que les protéinoïdes avaient pu transférer leur courte information chimique primitive à des acides nucléiques, ce qui donne évidemment une clé pour comprendre l'origine du code génétique, et répond partiellement à la question posée p. 39.

LA VIE PROCHE

Si l'on examine avec attention le mécanisme biochimique de ces phénomènes, on remarque qu'ils reposent sur deux règles constantes: l'application stricte des lois de la physicochimie et le principe de la sélection pour survivre.

◁ **Les cocci sont des bactéries arrondies,** d'environ 1µm de diamètre, très répandues dans la nature. Ci-contre, des staphylocoques, dont les cellules se regroupent habituellement en «grappes de raisin». Les microsphères de Fox ressemblent aux cocci.

Les coacervats sont des gouttelettes colloïdales ▷ riches en polymères. Le Soviétique A. Oparine a étudié ces structures en raison de leurs analogies avec des entités prébiologiques. Mais ce n'est pas encore la vie.

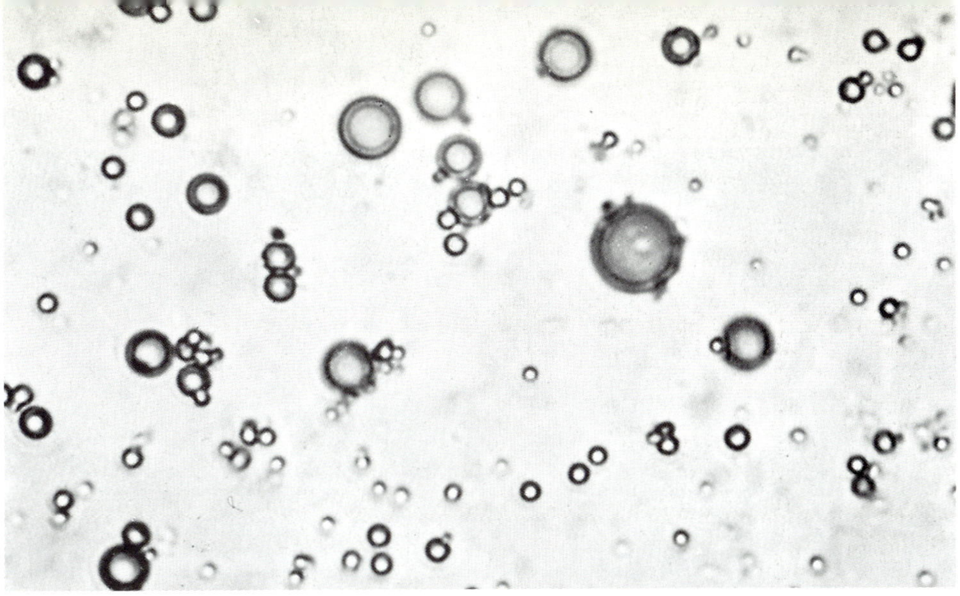

L'hypothèse de Fox : les protéinoïdes à l'origine de la vie

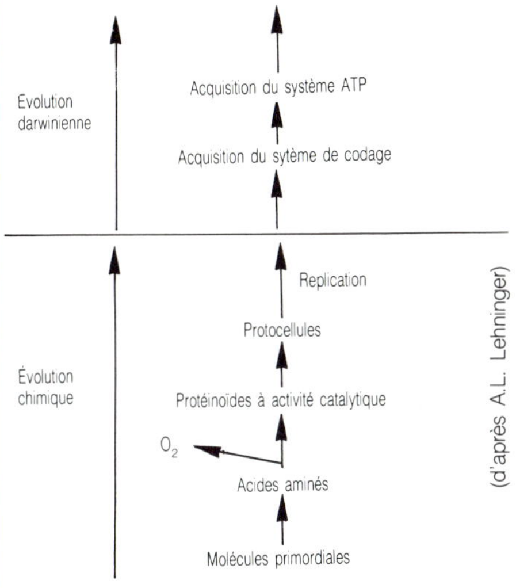

Fox postule la prédominance des protéines comme premières molécules porteuses d'information chimique primitive. En effet, des protéinoïdes peuvent s'associer sélectivement avec des polynucléotides en fonction de leur propre composition en acides aminés. Des interactions entre protéinoïdes et nucléotides ont donc pu être à l'origine du code génétique (d'après A.L. Lehninger).

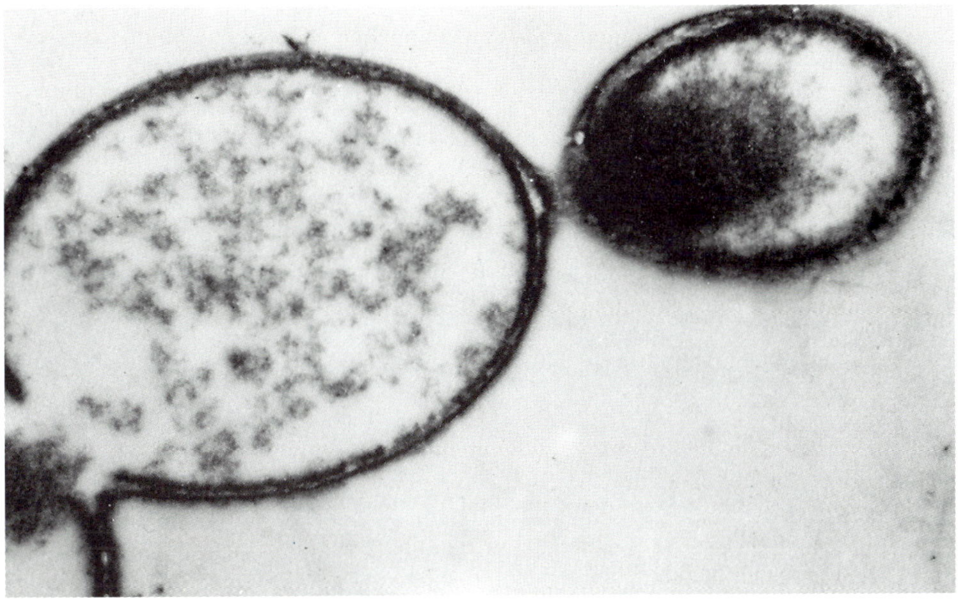

Les microsphères de Fox (quelques µm de diamètre), composées de «thermoprotéinoïdes», obtenus par chauffage de mélanges d'acides aminés, s'accroissent lentement, bourgeonnent parfois, et peuvent avoir une double membrane ressemblant à celle des bactéries.

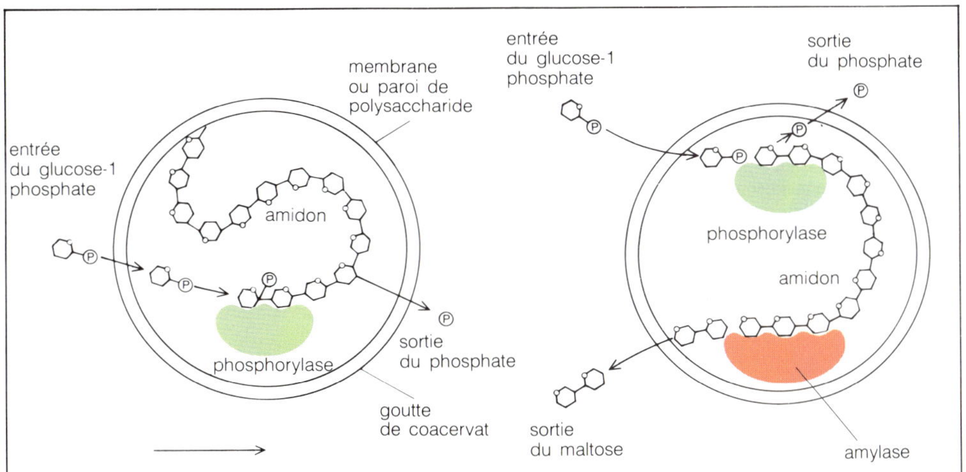

Formation d'amidon — **Réaction à deux étapes**

dans une gouttelette de coacervat

Le glucose entre dans la gouttelette, où il est transformé en amidon, grâce à l'enzyme qui s'y trouve (phosphorylase) et à l'énergie de la liaison phosphate du glucose. L'amidon s'accumulant, la gouttelette grossit, puis se divise spontanément en donnant plusieurs gouttelettes filles.

Après formation de l'amidon, une seconde enzyme, l'amylase, le découpe en un autre sucre, le maltose, qui diffuse à l'extérieur avec le phosphate. La gouttelette ne grossit pas, mais elle se comporte comme une petite usine qui fonctionne grâce à l'énergie de la liaison phosphate du glucose.

La sélection chimique fut longtemps la seule source de sélection naturelle et d'évolution, du moins jusqu'à l'apparition de la «mémoire» et de la «sélection» génétiques. Les premières «initiations» de processus vitaux ne pouvaient se maintenir que si elles étaient capables d'effectuer par elles-mêmes des réactions simples ayant pour but d'accroître la barrière entre eux et le milieu, et aussi, bien sûr, d'augmenter leur «consistance». Cela a fait dire au chimiste américain Dickerson: «Ce n'est pas encore la vie, mais nous en sommes proches.» La sélection chimique eut des conséquences considérables: elle provoqua celle des protobiontes (c'est-à-dire des structures pré-vivantes, des proto-organismes), qui pouvaient prélever et incorporer à leur substance des molécules et de l'énergie prélevées dans le milieu extérieur, processus qui permit non seulement leur propre survie, mais aussi celle des gouttelettes filles, issues des premières lorsque celles-ci devenaient trop volumineuses.

Il faut donc admettre qu'entre la «soupe» primitive et l'apparition des vivants, l'océan originel fut peuplé d'une multitude de gouttelettes douées d'une chimie particulière qui les faisait «vivre» un temps, puis disparaître. Les *Isuasphera* du Groenland (voir p. 32) en seraient-ils les restes? Le paléobotaniste Édouard Boureau pense que l'on peut mettre en parallèle les coacervats et les microsphères, tous de nature expérimentale, et certains fossiles très répandus dans le précambrien de Mauritanie et du Mali.

RICHARD MOREAU

L'œuf ou la poule

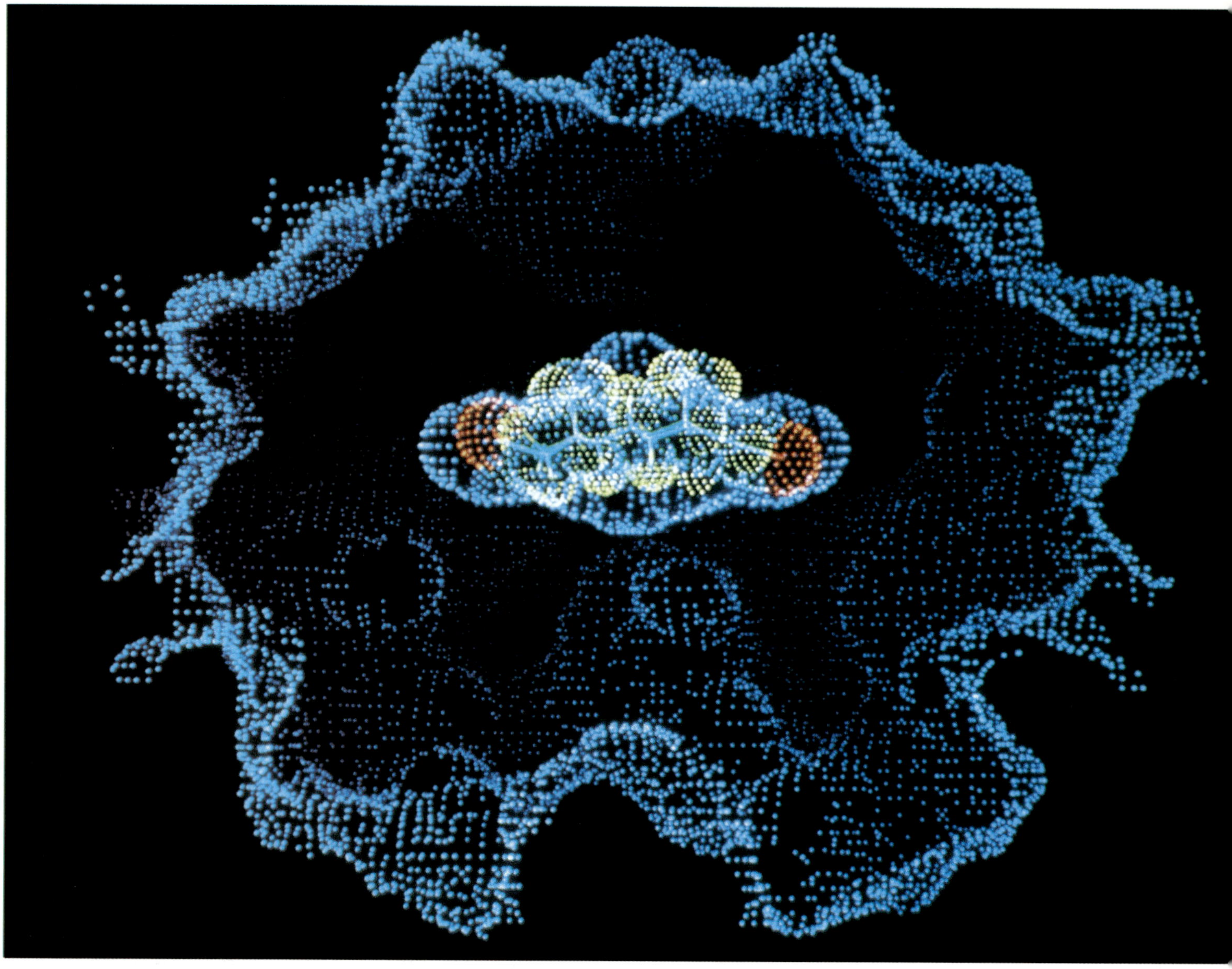

Les matériaux de base de tous les êtres vivants sont les protéines et les acides nucléiques. Les protéines sont les briques de construction des cellules et les catalyseurs (enzymes) qui permettent le déroulement et la régulation des myriades de réactions biochimiques sans lesquelles toute vie serait impossible. Les acides nucléiques renferment l'information héréditaire ainsi que les programmes qui contrôlent, par l'intermédiaire des enzymes, les réactions de base des systèmes vivants. Sans les acides nucléiques, pas de plan pour la fabrication des protéines. Sans les protéines, et plus particulièrement sans les enzymes, pas de copie ni d'assemblage des acides nucléiques. L'information génétique ne peut être stockée, dupliquée, transférée, transformée en instructions précises au sein de l'usine cellulaire.

QUI EST APPARU LE PREMIER?

Acide nucléique et protéine sont donc essentiels l'un à l'autre. Comment ont-ils pu apparaître, à l'origine même de la vie, puisque leur coexistence est justement indispensable à la vie? Ce problème a défié l'imagination des biologistes et des philosophes depuis de nombreuses années. Il représente en effet un exemple caractéristique de causalité circulaire analogue à celui, bien connu, de la poule et de l'œuf. Qui est apparu le premier? Si ce sont les protéines, où étaient stockés les plans qui ont permis leur fabrication? Si ce sont les acides nucléiques, comment les informations précises qu'ils renferment ont-elles été assemblées à l'échelle moléculaire? Cercle vicieux que le raisonnement logique ne parvient pas à briser. Pour tenter d'apporter des solutions à ce problème logique, deux théories étaient en présence jusqu'à il y a encore quelques années. On peut les résumer schématiquement de la manière suivante.

Pour la première, les acides nucléiques se sont formés au hasard des rencontres moléculaires au sein des océans primitifs, riches en substances organiques. Ces précurseurs d'acides nucléiques se seraient dupliqués, envahissant progressivement l'environnement à la manière de «virus» infectant des cellules. Ils auraient ainsi donné naissance aux premières structures vivantes. Le codage moléculaire de l'information aurait ainsi précédé les systèmes vivants les plus rudimentaires.

Pour la seconde théorie, des macromolécules ressemblant à des protéines et à des lipides auraient formé des vésicules creuses capables de s'isoler du milieu environnant. Ce «milieu intérieur» ainsi formé aurait catalysé certaines réactions et permis le tri de molécules présentes dans l'environnement. Par suite du jeu de la sélection naturelle, ces vésicules creuses se seraient complexifiées, transformant l'énergie ambiante en donnant peu à peu naissance aux algues unicellulaires et aux bactéries primitives. Des systèmes capables de transformer l'énergie auraient ainsi servi de matrices à la sélection des molécules et des fonctions primitives des systèmes vivants.

Dans le cadre de ces théories de base, de nombreuses hypothèses ont été émises. Certaines ont conduit à des expériences, mais toutes sont difficiles à démontrer.

Les expériences les plus récentes cherchent à repartir des éléments de base et surtout des protéines et acides nucléiques qui composent les systèmes vivants. Pour amorcer les processus et fonctions caractéristiques de la vie, il faut que soient réunies certaines conditions primordiales: transfert d'information entre molécules; transfert d'énergie entre systèmes moléculaires; présence de matrices catalytiques capables de positionner les molécules réactives et de les maintenir en place pendant que s'effectuent les réactions.

DES ÉLÉMENTS QUI COMPTENT

La Terre et les océans primitifs étaient riches de substances organiques synthétisées dans la haute atmosphère à partir des gaz qui la composent (hydrogène, ammoniac, méthane, vapeur d'eau, gaz carbonique) et de l'énergie du rayonnement ultraviolet provenant du soleil.

◁ L'ordinateur permet aujourd'hui d'étudier la structure des protéines et leurs relations avec le milieu dans lequel elles se trouvent. On voit ci-contre la représentation de l'utéroglobine, protéine de sécrétion de l'utérus de la lapine.

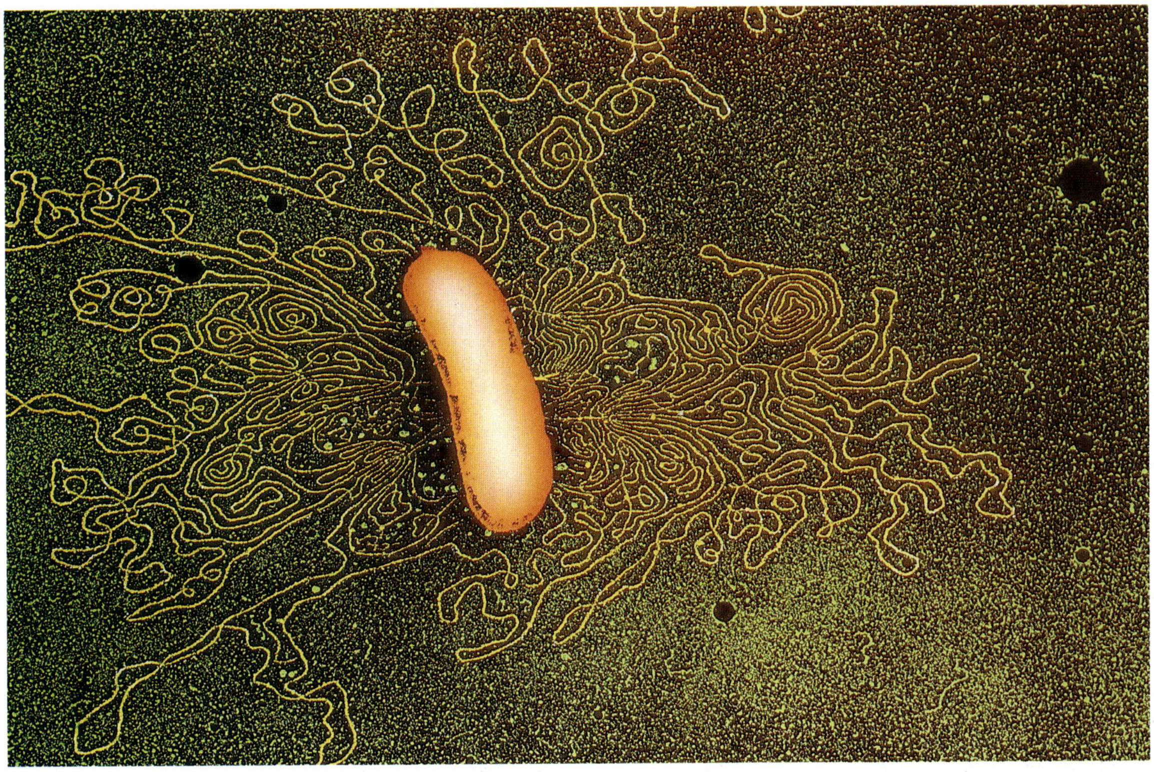

Ce long filament d'ADN contient tout le patrimoine génétique d'une bactérie. Cette préparation pour microscope électronique a été obtenue en faisant éclater la cellule bactérienne. ▷

On a réussi, depuis les travaux de Miller en 1953, à fabriquer en laboratoire les principales «briques» des systèmes vivants, c'est-à-dire les molécules de base qui les constituent (voir p. 35). Mais il faut tenir compte d'autres éléments qui interviennent dans la genèse des transferts d'énergie et d'information: les lipides en présence d'eau; les ions métalliques; l'argile; l'énergie solaire; les cycles du climat.

Les lipides. En présence d'eau, les lipides forment des gouttelettes individuelles dont la membrane possède un certain degré d'organisation. Ces gouttelettes peuvent isoler ou concentrer des molécules capables de réagir les unes sur les autres au sein même de ces gouttes, ce qui modifie leur destinée (éclatement, fractionnement, etc.).

Les ions métalliques. Les ions sont des atomes qui ont perdu ou gagné des électrons (ils sont, dans ce cas, positifs ou négatifs). En solution dans l'eau, ils peuvent orienter des molécules dans des configurations ordonnées, rapprochant certains groupements réactifs et créant des complexes moléculaires orientés dans l'espace. On retrouve des ions métalliques dans la majorité des co-enzymes qui jouent un rôle essentiel dans le fonctionnement des enzymes. L'association d'acides nucléiques et autres biomolécules avec des ions métalliques a sans doute joué un rôle dans la formation des premiers biocatalyseurs: les enzymes.

L'argile. L'argile est un silicate d'aluminium dont la structure permet des associations entre certains types de molécules. Celles-ci se trouvent positionnées et maintenues en place en motifs répétitifs par des liaisons électrostatiques. Les spécialistes de la chimie prébiotique reconnaissent l'importance des argiles comme matrice catalytique dans la sélection des éléments de base des systèmes vivants.

L'énergie solaire et les cycles du climat. Sous la forme du rayonnement ultraviolet et infrarouge, l'énergie solaire était omniprésente sur la terre primitive. Des mares asséchées puis à nouveau remplies ont pu constituer des endroits favorisant la polymérisation des constituants des acides nucléiques en chaînes plus longues ou celles d'acides aminés en protéines rudimentaires.

LES HYPOTHÈSES RÉCENTES

En fonction de ces éléments et des expériences qui ont été réussies ces dernières années dans de nombreux laboratoires à travers le monde, certaines hypothèses destinées à expliquer l'origine des acides nucléiques et des protéines ainsi que de la machinerie permettant leur synthèse ont été proposées. Parmi elles, on peut retenir celles de Leslie Orgel, du Salk Institute à San Diego, en Californie. Des expériences réalisées dans son laboratoire ont d'abord démontré que des chaînes d'acides nucléiques plus longues pouvaient catalyser la polymérisation des quatre nucléotides en courtes chaînes d'oligonucléotides, et ceci dans des conditions simulant l'évaporation, l'assèchement et la réhydratation de mares ou de lacs. Selon Orgel, des protéines primitives auraient pu également catalyser la formation d'autres chaînes de protéines plus longues.

La question principale reste la suivante: comment ces molécules porteuses d'information peuvent-elles se reproduire? La réponse se trouverait dans des «proto-acides nucléiques» de structure légèrement différente des ADN et ARN actuels et capables de se reproduire sans enzymes. On sait également que les acides aminés «reconnaissent» leur anti-codon sur l'ARN de transfert et s'y attachent préférentiellement. Cette propriété suggère que les acides nucléiques ont acquis leur capacité à fabriquer les protéines en trois étapes: des petites molécules d'ARN (les précurseurs des ARN de transfert actuels) se seraient liées de manière spécifique à certains acides aminés; ces liaisons auraient facilité la polymérisation de ces acides aminés pour créer les précurseurs des protéines; d'autres acides nucléiques (précurseurs des ARN messagers) auraient ensuite aligné ces ARN de transfert primitifs par appariement spécifique, accroissant l'efficacité de la polymérisation. Cet alignement, dépendant de l'ordre des bases dans les ARN messagers, aurait déterminé la spécificité des protéines primitives. L'accélération et le perfectionnement de ces réactions a pu se réaliser grâce à des ions métalliques en solution, complexés avec des courts peptides, «ancêtres» des enzymes.

Ces processus catalytiques, sélectionnés peu à peu au sein des vésicules creuses formées par des gouttelettes de lipides et de protéines, auraient conduit à l'émergence du code génétique tel qu'il existe aujourd'hui chez tous les êtres vivants. Cette hypothèse repose principalement sur les propriétés catalytiques de l'ARN. Récemment, A. Zaug et T. Cech ont montré que des séquences d'ARN pouvaient agir comme des enzymes. Walter Gilbert a proposé de les appeler «ribozymes». D'autres fonctions catalytiques de ces ribozymes seront probablement découvertes. Un pas important dans la compréhension de l'origine du code génétique serait ainsi franchi, coupant enfin le cercle vicieux dans lequel étaient enfermées les principales étapes de l'origine des macromolécules biologiques.

Ces expériences montrent que l'origine des protéines, des acides nucléiques, de la machine à synthétiser des protéines et du code génétique ne peut être comprise que dans le cadre d'une approche intégrée considérant des «systèmes prébiotiques». De tels systèmes résultent de l'interdépendance de plusieurs facteurs: transfert d'énergie, transfert d'information, matrices catalytiques, autoréplication moléculaire, catalyse par ions métalliques, présence d'argile. L'ensemble de ces fonctions aurait été sélectionné dans des vésicules creuses situées dans un environnement riche en énergie, les maintenant à un état stationnaire fondé sur des équilibres dynamiques. La deuxième théorie — plutôt que celle de la combinaison au hasard des molécules requises pour l'origine des systèmes vivants — trouverait ainsi un appui solide à la lumière des résultats les plus récents de la chimie prébiotique.

JOËL DE ROSNAY

2e

PARTIE

LES DÉBUTS DE LA VIE

Les constituants chimiques de la matière vivante

La matière vivante est constituée de molécules telles que protéines, lipides (corps gras), lipoprotéines (lipides associés à des protéines), glucides (sucres) et glycoprotéines (sucres associés à des protéines). Toutes ces molécules, de structure complexe, sont construites par les cellules à partir de molécules plus petites, les acides aminés. La succession des acides aminés dans les protéines n'est pas due au hasard, mais est déterminée par des plans de construction contenus dans d'autres molécules: les ARN (acides ribonucléiques) qui ne sont que des copies provisoires des plans de construction (les gènes) contenus dans les noyaux cellulaires sous forme d'ADN (acide désoxyribonucléique).

Toutes les molécules de la matière vivante sont constituées d'éléments simples, les atomes, prélevés dans le milieu environnant: ce sont principalement l'oxygène, l'hydrogène et l'azote, auxquels s'ajoutent en plus faible proportion d'autres éléments tels que le calcium, le phosphore, le potassium, le soufre, le sodium, le magnésium, par exemple. Ces éléments sont traditionnellement, en chimie, symbolisés par des lettres. Ce sont ces symboles que nous utiliserons par la suite, soit: carbone, C; oxygène, O; azote, N; hydrogène, H; soufre, S; phosphore, P.

DES MOLÉCULES ESSENTIELLES: LES ACIDES AMINÉS

Les acides aminés sont des molécules possédant d'une part une région constituée d'un atome d'azote et de deux atomes d'hydrogène, qu'on appelle une fonction amine et qui est symbolisée par NH_2, et d'autre part une région constituée d'un atome de carbone associé à un atome d'hydrogène et deux atomes d'oxygène: c'est la fonction acide, symbolisée par COOH. Ces deux fonctions sont attachées sur un atome de carbone déjà associé à un atome d'hydrogène.

La formule chimique de l'acide aminé se présente ainsi:

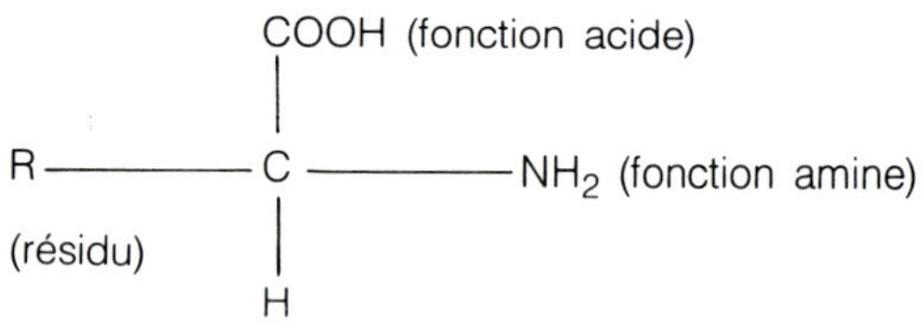

Classification des 20 acides aminés fondamentaux

Acide aminé et son abréviation		Formule chimique du résidu
ACIDES AMINÉS HYDROPHOBES (non solubles dans l'eau)		
alanine	Ala	– CH3
cystéine	Cys	– CH2 – SH
glycine	Gly	– H
isoleucine	Ile	– CH (– CH2 – CH3) (– CH3)
leucine	Leu	– CH2 – CH (– CH3) (– CH3)
méthionine	Met	– CH2 – CH2 – S – CH3
phénylalanine	Phe	– CH2 – 
tryptophane	Trp	– CH2 – 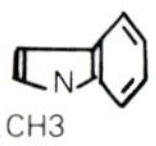
valine	Val	– CH (– CH3) (– CH3)
ACIDES AMINÉS HYDROPHILES (solubles dans l'eau)		
acide aspartique	Asp	– CH2 – COOH
acide glutamique	Glu	– CH2 – CH2 – COOH
arginine	Arg	– CH2 – CH2 – CH2 – NH – C (– NH2) (– NH2)
asparagine	Asp-NH2 ou Asn	– CH2 – CONH2
glutamine	Glu-NH2 ou Gln	– CH2 – CH2 – CONH2
histidine	His	– CH2 – 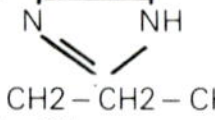
lysine	Lys	– CH2 – CH2 – CH2 – CH2 – NH2
proline	Pro	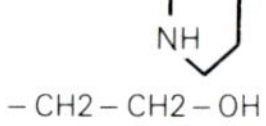
serine	Ser	– CH2 – CH2 – OH
thréonine	Thr	– CH (– CH2) (– OH)
tyrosine	Tyr	– CH2 – – OH

On peut classer les acides aminés suivant plusieurs critères. Nous avons simplifié cette classification pour ne conserver que les caractères hydrophiles (solubles dans l'eau) ou hydrophobes (non solubles dans l'eau).

Sur la formule de base d'un acide aminé figure une région indiquée par la lettre R: c'est ce que l'on appelle le résidu. Ce résidu est une molécule variable, plus ou moins complexe. C'est cette molécule qui donnera son caractère à l'acide aminé, puisque c'est lui qui les rend différents les uns des autres.

Il existe un grand nombre d'acides aminés dans le matériel vivant, mais seulement 20 d'entre eux entrent dans la composition des protéines: on les appelle les 20 acides aminés fondamentaux (voir tableau colonne ci-contre, en bas).

LES PROTÉINES, ASSOCIATIONS D'ACIDES AMINÉS

Les protéines sont formées par l'enchaînement des acides aminés. Ces enchaînements peuvent être très longs, puisque le poids moléculaire des protéines peut varier de 6 000 à 500 000, et le nombre d'acides aminés de quelques-uns à plusieurs centaines. Les protéines, seules ou associées aux acides nucléiques, à des lipides ou à des sucres, constituent l'essentiel des cellules. Le fonctionnement biochimique des cellules résulte de réactions où sont impliquées des protéines. Ces réactions sont elles-mêmes catalysées par des enzymes, qui sont aussi des protéines. La communication entre les cellules d'un organisme se fait en partie grâce à des hormones protéiques.

Les protéines sont aussi des agents de la spécificité biologique: la pénétration d'une protéine étrangère (antigène) dans un organisme provoque la production d'une protéine de défense (anticorps). Ce sont les anticorps qui sont à la base du phénomène de rejet, bien connu lors des greffes d'organes.

Les protéines se constituent par la formation d'une liaison peptidique entre deux acides aminés, c'est-à-dire par la création d'une liaison entre la fonction acide et la fonction amine, et par l'élimination d'eau (voir schéma ci-dessous). Une protéine est donc constituée d'une suite plus ou moins importante d'acides aminés reliés par des liaisons peptidiques. On donne le nom de polypeptides à une succession d'acides aminés inférieurs à 60 et le nom de protéines aux molécules ayant plus de 100 acides aminés.

La structure complexe des protéines

Les molécules protéiques ont une structure d'une complexité croissante; leur rôle dépend de cette structure, mais l'importance biologique du rôle de ces protéines n'est pas liée à cette complexité.

Formation d'une liaison peptidique entre deux acides aminés

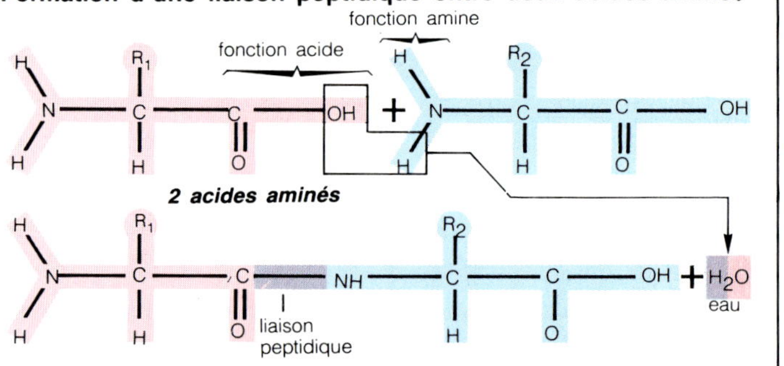

Les 2 acides aminés forment maintenant une seule molécule, après élimination d'eau (H_2O)

La structure primaire. Par définition, la structure primaire des protéines est formée par l'enchaînement des acides aminés; cet enchaînement est constant pour une molécule donnée: c'est ce que l'on appelle la séquence d'acides aminés. Une grande part de la spécificité d'une protéine dépend de la séquence de ses constituants de base.

La structure secondaire. Les différents acides aminés ne sont pas des molécules rectilignes ni planes. La protéine va donc prendre une configuration spatiale, souvent en hélice. Cette hélice est renforcée par la formation de liaisons hydrogène (liaisons moléculaires où l'hydrogène établit un pont entre deux atomes) entre un groupe NH et un groupe C = O de l'acide, deux groupes qui sont rapprochés par la torsion subie par la chaîne d'acides aminés, comme le montre le schéma de la page ci-contre, en haut à gauche.

Exemple de structure secondaire: le glucagon, une des hormones du pancréas, hyperglycémiante (augmentant la quantité de sucre dans le sang), composé d'une chaîne de 29 acides aminés.

La structure tertiaire. Dans certaines protéines, on trouve des acides aminés présentant non plus une simple torsion dans leur forme moléculaire, mais de véritables coudes — c'est le cas de la proline, par exemple; à ces endroits, l'axe de la protéine tourne brusquement (voir schéma page ci-contre, en haut au centre), la structure secon-

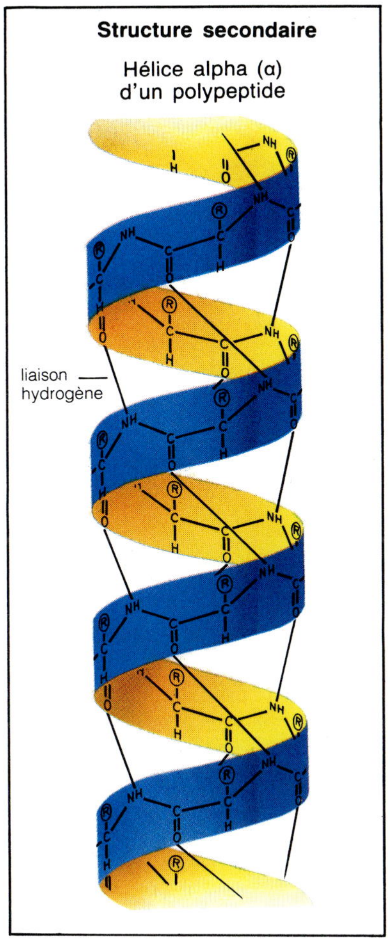

1

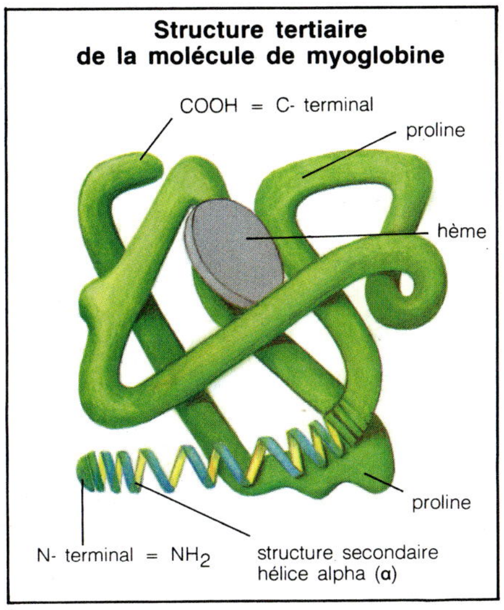

2

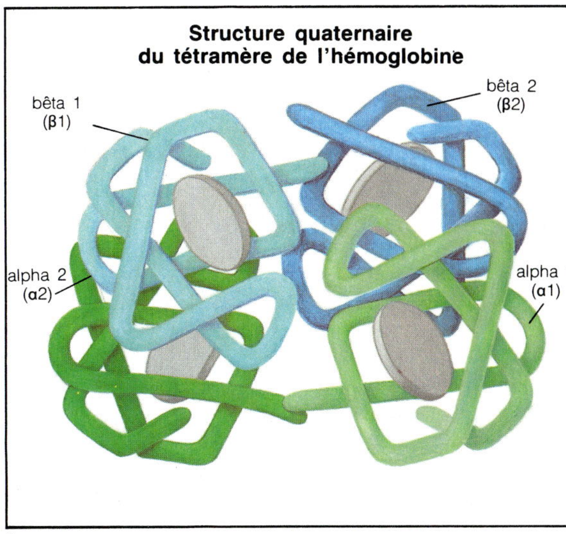

3

La structure tertiaire d'une protéine se forme par le repliement dans l'espace de la structure secondaire (**1**): elle prend alors un aspect pelotonné (**2**). Dans le cas de la myoglobine, les replis de la structure secondaire enferment une molécule complexe non protéique: le hème, qui contient du fer. D'autres protéines sont formées d'édifices encore plus complexes: elles se constituent à partir de plusieurs structures tertiaires, identiques ou différentes selon les protéines. Ces structures tertiaires ont des agencements spécifiques: elles forment ainsi une structure quaternaire (**3**). Dans le cas de l'hémoglobine, deux structures tertiaires (sous-unités alpha) sont associées à deux autres structures tertiaires (sous-unités bêta).

daire se replie dans l'espace. Cette configuration dépend de l'emplacement des acides aminés dans la protéine, c'est-à-dire que la séquence d'acides aminés détermine la structure tertiaire (spatiale) d'une protéine. Cette forme est donc spécifique.

Cette structure tertiaire peut comporter, à l'intérieur de ses replis, des groupes chimiques non protéiques: par exemple, dans le cas de la myoglobine, protéine essentielle pour la respiration musculaire, composée d'une chaîne de 153 acides aminés, on trouve un hème, molécule complexe non protéique contenant du fer.

La structure quaternaire. C'est un édifice encore plus complexe dans lequel sont associées plusieurs chaînes protéiques de structure tertiaire. Cette construction donne des propriétés particulières: l'activité biochimique de cette association de protéines est supérieure à la somme des activités de chacune des protéines prises séparément. C'est le cas de l'hémoglobine, que l'on trouve dans les globules rouges et qui transporte l'oxygène vers les organes. L'hémoglobine est constituée de quatre structures tertiaires identiques deux à deux, c'est-à-dire de deux chaînes alpha (α) et de deux chaînes bêta (β) (voir schéma ci-dessus, à droite). Chaque chaîne contient un hème. Elle comprend au total 574 acides aminés. Dans le processus de la respiration, on constate que la fixation d'un oxygène sur l'hème de l'une de ces chaînes accélère sa fixation sur les trois autres: c'est ce que l'on appelle un effet coopératif, et on parle alors d'interaction allostérique.

Autres exemples de structure quaternaire: l'insuline, une des hormones du pancréas, hypoglycémiante (diminuant la quantité de sucre dans le sang), comporte deux chaînes reliées entre elles et 51 acides aminés au total (voir schéma ci-dessous); la myosine, l'une des protéines contractiles des cellules musculaires, est composée de deux chaînes longues de 1 800 acides aminés chacune, auxquelles sont associées des chaînes beaucoup plus petites (deux ou quatre suivant les types de muscles), et comporte plus de 4 000 acides aminés.

LES ACIDES NUCLÉIQUES

L'information nécessaire à la fabrication et à l'assemblage des éléments de base de la cellule est contenue dans l'ADN (acide désoxyribonucléique) et s'exprime par l'intermédiaire des ARN (acides ribonucléiques).

L'existence d'une séquence définie dans une chaîne d'acides aminés d'une protéine nécessite la présence d'un système de codification, stable et héréditaire, et celle d'un système qui, à partir du code, pourra traduire le message en séquences d'acides aminés. La structure contenant le code est constituée par l'acide désoxyribonucléique. Le passage de cette information aux protéines se fait en deux étapes: la première, la transcription, permet l'élaboration de structures intermédiaires, les ARN. La seconde, la traduction, permet la construction des protéines par des mécanismes complexes où sont impliqués les ARN (voir schéma page suivante).

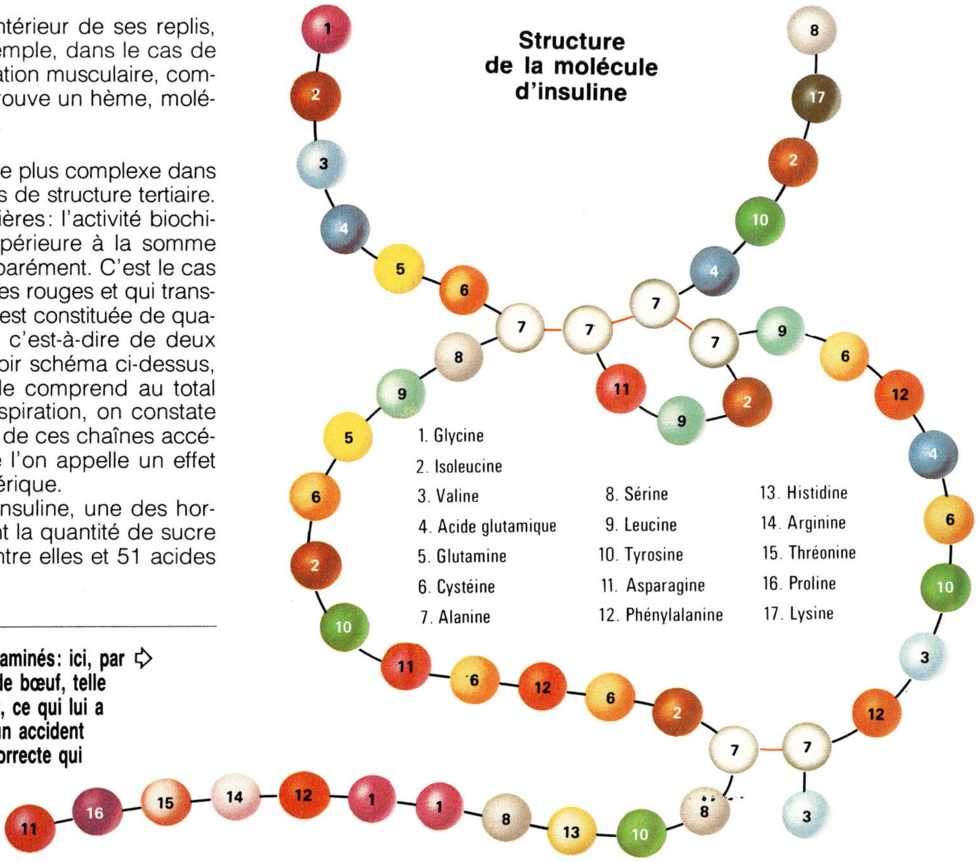

Les protéines sont constituées de longues chaînes d'acides aminés: ici, par exemple, on voit la séquence d'acides aminés de l'insuline de bœuf, telle qu'elle a été établie par le biochimiste britannique F. Sanger, ce qui lui a valu le prix Nobel de chimie en 1958. Parfois, il se produit un accident chimique, et il en résulte une séquence d'acides aminés incorrecte qui change radicalement les propriétés de la protéine. De telles mutations peuvent altérer l'apparence ou le comportement de l'animal concerné.

Les quatre nucléotides et la structure primaire de l'ADN

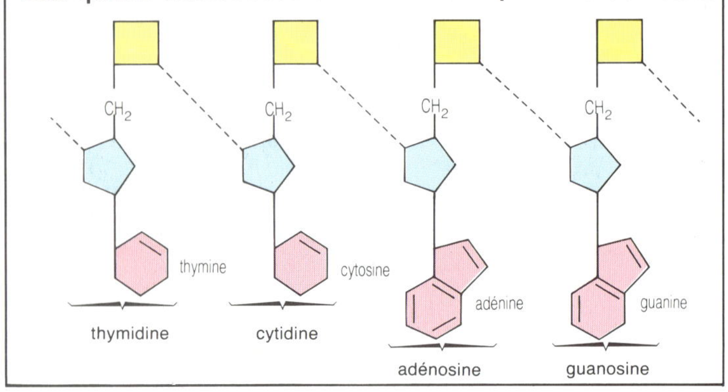

Les liaisons hydrogène associant d'une part la thymine à l'adénine et d'autre part la cytosine à la guanine forment une échelle torsadée. Dans une cellule humaine, l'échelle complète de l'ADN (1 m de long) comporte 6 milliards d'échelons.

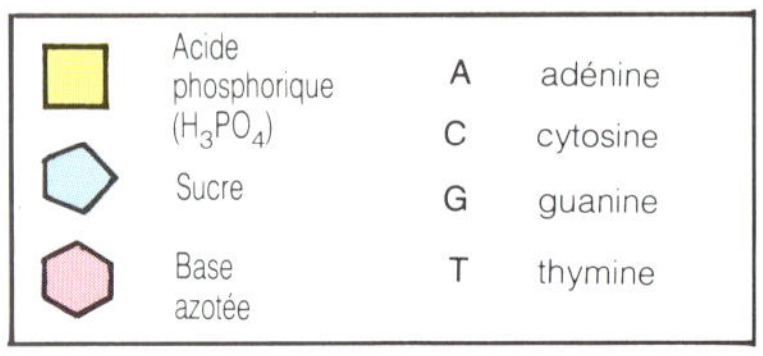

Structure secondaire de l'ADN

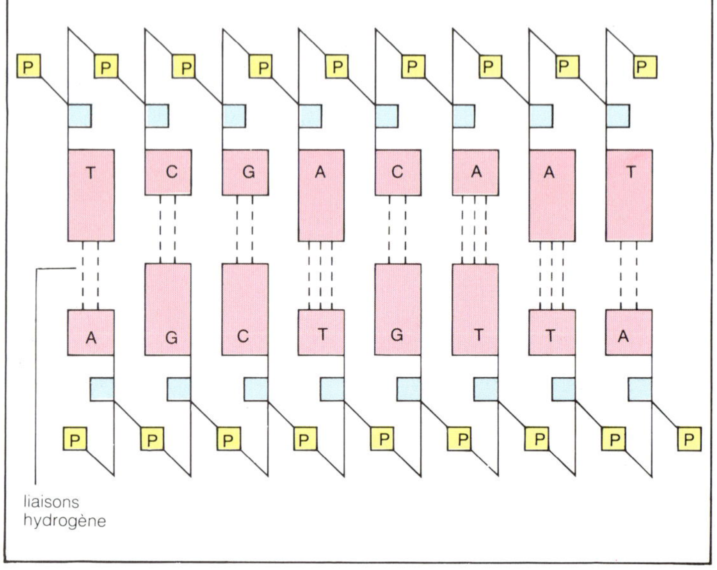

Synthèse des protéines

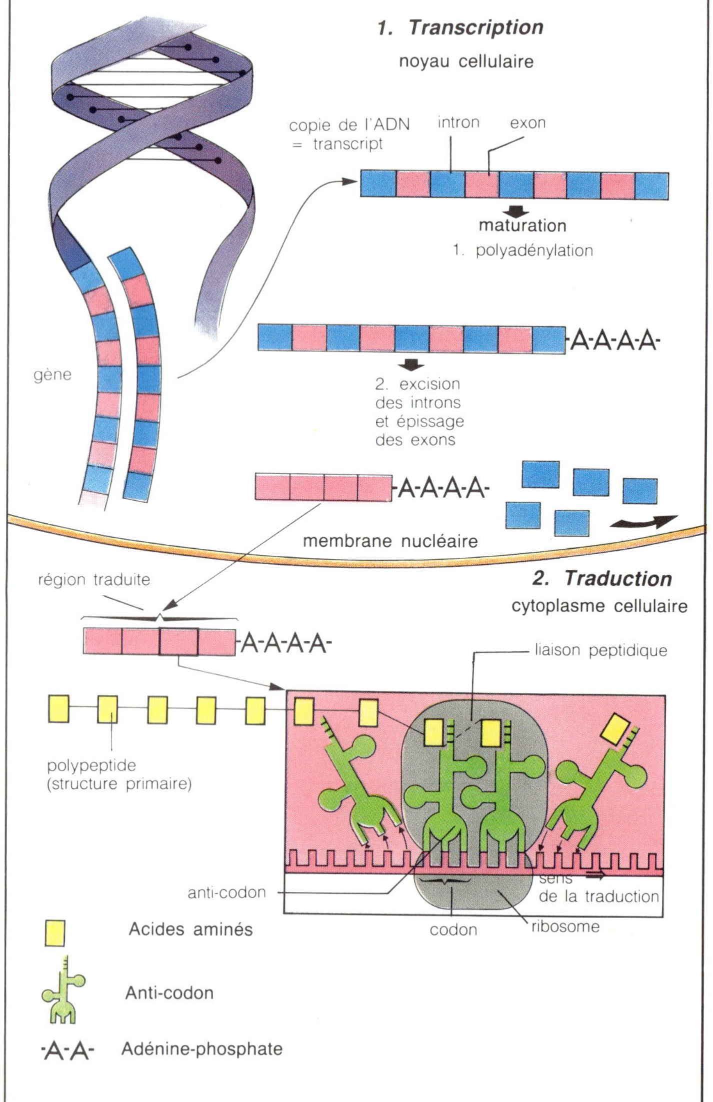

Dans le noyau d'une cellule, un gène est transcrit (transcript). La molécule formée contient des régions rapidement exclues (introns), les régions restantes (exons) forment l'ARN messager mûr qui passe dans le cytoplasme. C'est alors que le message contenu dans cet ARNm peut être traduit par les ribosomes. Ceux-ci permettent le rapprochement de deux ARN de transferts, puis la formation d'une liaison peptidique entre les acides amines portés par ces deux ARNt.

L'ADN

L'ADN est formé d'unités plus petites, les nucléotides, qui comprennent l'adénosine, la cytidine, la guanosine et la thymidine. L'analyse chimique montre que chaque nucléotide est constitué de trois molécules: une molécule de sucre, le désoxyribose, une molécule d'acide phosphorique et l'une des quatre bases azotées suivantes: l'adénine pour l'adénosine, la cytosine pour la cytidine, la guanine pour la guanosine et la thymine pour la thymidine. La structure primaire de cette dernière molécule est la succession de nucléotides formant une chaîne: c'est la molécule d'acide phosphorique qui se lie au sucre de la molécule suivante; il peut donc se former de proche en proche une chaîne polynucléotidique constituée d'acide phosphorique et de sucre, chaque sucre portant latéralement une base azotée. C'est cette succession de bases qui donne sa spécificité à la chaîne de nucléotides (voir schéma ci-dessus).

C'est dans la nature même de la séquence des bases azotées de l'ADN que réside l'information nécessaire à la synthèse des protéines. En effet, trois bases définissent un acide aminé. Ce triplet de base est appelé un codon. A chacun des 20 acides aminés correspond un ou plusieurs codons. On a pu ainsi établir une correspondance entre les séquences des acides aminés des protéines et la séquence de base de l'ADN (voir encadré page ci-contre sur le code génétique).

Un gène est une structure qui comprend un certain nombre de codons définissant une protéine, mais aussi des codons déterminant des signaux tels que le signal de début de transcription (appelé initiation) ou le signal de fin de transcription (ou terminaison), et des régions que l'on appelle non codantes, bien que transcrites. Nous verrons plus loin, avec les ARN, la signification de ces différentes régions d'un gène.

L'ADN, chez les eucaryotes, existe toujours sous la forme de deux brins complémentaires, associés par des liaisons hydrogène qui unissent respectivement l'adénosine à la thymidine et la cytidine à la guanosine (voir schéma ci-dessus).

Les ARN

Les informations contenues dans les gènes vont pouvoir s'exprimer par l'intermédiaire des ARN. Les ARN sont eux aussi constitués d'une chaîne de nucléotides. Dans cette chaîne, le désoxyribose de l'ADN est remplacé par un autre sucre, un ribose, d'où le nom d'acide ribonucléique. La thymine est remplacée par une autre base azotée, l'uracile, et le nucléotide correspondant (phosphore-sucre-uracile) s'appelle l'uridine.

Les ARN sont formés par un simple brin; la molécule peut éventuellement se replier sur elle-même avec établissement de liaisons hydrogène entre bases complémentaires.

Les ARN sont de trois types: les ARNm (messagers), les ARNt (transfert) et les ARNr (ribosomaux).

Les ARN messagers. L'information contenue dans l'ADN est transcrite dans le noyau cellulaire sous forme d'une molécule d'ARN messager, copie complémentaire de l'un des brins d'ADN. La plupart des gènes ont une organisation discontinue: à l'intérieur d'un gène, il y a des séquences codantes (exons) et des séquences non codantes (introns).

La première étape de la synthèse de l'ARNm sera la transcription de la totalité du gène. Ce précurseur d'ARNm est appelé transcript. Le début de la région à transcrire est marqué par la présence d'une séquence nucléotidique «signal»; une autre séquence indique la fin de la région à transcrire. Le transcript est ensuite allongé par l'adjonction de 150 à 200 molécules d'adénine-phosphate à son extrémité terminale: on dit qu'il est polyadénylé. Les introns sont alors découpés et éliminés, les exons sont réassociés (épissage): c'est alors un messager «mûr», qui passe dans le cytoplasme cellulaire (voir schéma page ci-contre, en bas à gauche).

Les ARN de transfert. Ce sont de petites molécules qui servent à faire correspondre un acide aminé et son codon. A chaque acide correspond un ARNt spécifique dont l'une des extrémités peut fixer un acide aminé; à l'opposé de la molécule se trouve une zone possédant trois bases azotées, qui forment l'anticodon, complémentaire du codon de la molécule d'ARNm.

Les ARN ribosomaux. Ces ARNr associés à des protéines permettent à deux ARNt, correspondant à deux codons voisins, de se placer côte à côte sur la molécule d'ARNm: une liaison peptidique se forme entre les acides aminés ainsi rapprochés et, de proche en proche, se construit la structure primaire d'une protéine.

AUTRES ÉLÉMENTS ESSENTIELS DES ÊTRES VIVANTS

En dehors des protéines, il existe d'autres molécules importantes pour l'édifice cellulaire: les lipides et les glucides.

Les lipides et les lipoprotéines

Ce sont des substances très insolubles dans l'eau, mais solubles dans les solvants organiques, comme l'alcool, l'éther, le chloroforme ou le benzène. On distingue les lipides simples, composés de carbone, d'hydrogène et d'oxygène, les lipides complexes, constitués de molécules comportant en plus de l'azote et du phosphore, et les stéroïdes.

Les lipides simples sont les graisses et les huiles. Ils constituent des aliments à haute valeur calorique, stockés dans les cellules adipeuses, par exemple.

Les lipides complexes, et parmi eux les phospholipides, participent, avec les protéines, à la constitution de tous les systèmes membranaires. Ces molécules sont bipolaires: elles possèdent un pôle hydrophile, soluble dans l'eau, et un pôle hydrophobe, insoluble.

Les stéroïdes. On trouve parmi eux le cholestérol, constituant membranaire qui sert d'élément de base à de nombreux stéroïdes jouant un grand rôle dans la biologie, tels que les hormones surrénaliennes, les hormones sexuelles, la vitamine D.

Les lipoprotéines sont des complexes associant des protéines différentes les unes des autres à un ensemble de molécules lipidiques (lipides complexes). L'association lipoprotéique, par sa structure particulière, peut jouer le rôle de séparation entre deux milieux aqueux différents: c'est le cas des membranes cellulaires. Les lipoprotéines sont donc d'une importance fondamentale, les structures cellulaires ne pouvant survivre que grâce à cet édifice complexe de lipoprotéines qu'est la membrane cellulaire.

Les glucides et les glycoprotéines

Ils constituent un autre grand groupe de substances indispensables à la vie.

Les glucides. Composés de carbone, d'oxygène et d'hydrogène, ce sont des molécules de tailles variées, solubles dans l'eau; on les appelle communément sucres. Ils constituent la source d'énergie la plus abondante pour le métabolisme cellulaire. Ils peuvent former de petites molécules, comme le ribose et le désoxyribose des ARN et ADN, ou bien ils constituent de grands édifices, ayant jusqu'à plusieurs milliers de molécules de base (polysaccharides), comme pour l'amidon et le glycogène: ce sont alors des formes de réserve énergétique intracellulaire. Ces polysaccharides peuvent aussi constituer le cytosquelette externe des cellules végétales, ou participer à l'édification de la carapace des crustacés et des insectes (chitine).

Les glycoprotéines proviennent de l'association de polysaccharides et de protéines ou de polypeptides. Les molécules ainsi formées sont très disparates et ont des propriétés proches de celles des protéines. Certaines d'entre elles participent aux constituants situés entre les cellules et aux «motifs» qui «décorent» la partie externe de la membrane cellulaire: elles servent à la reconnaissance des cellules entre elles.

RAPHAËL FRANQUINET

1

2
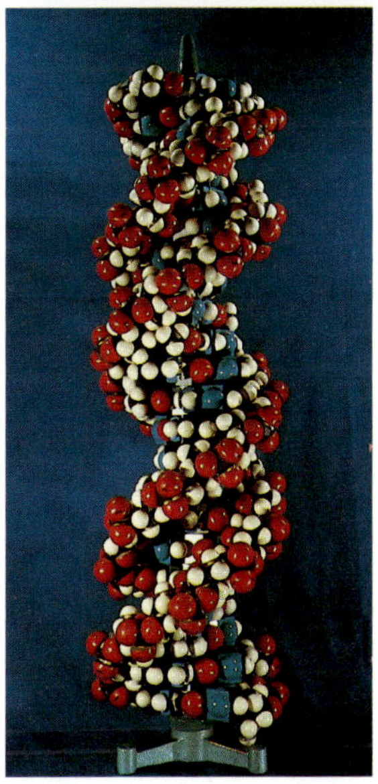

3
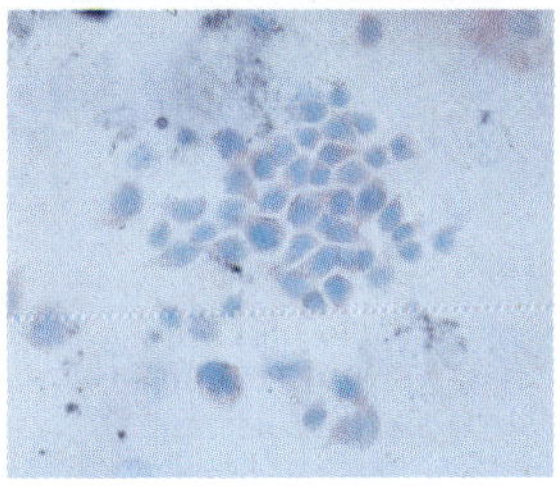

1. C'est en 1953 que le biochimiste américain James Watson et le biologiste britannique Francis Crick découvrirent le secret de l'hérédité. Leur célèbre «double hélice» de l'ADN ouvrit la voie aux recherches sur le code génétique. En 1962, ils partagèrent le prix Nobel de médecine avec le biophysicien Maurice Wilkins, dont l'étude des cristaux d'ADN avait été essentielle à leurs recherches. On voit ci-dessus le roi de Suède remettant les prix Nobel. De gauche à droite: Wilkins, Perutz, Crick, Steinbeck, Watson et Kendrew.

2. Double hélice de l'ADN. Pour Crick et Watson, la molécule d'ADN ressemble à une échelle en hélice. Les deux branches torsadées de sucre et de phosphate qui en forment les montants sont tenues par des «barreaux», les paires de bases. Seules les adénines peuvent s'unir aux thymines et les guanines aux cytosines, mais toute séquence de bases appariées est possible.

3. ADN et ARN dans une cellule. Dans ces cellules en culture, une coloration spécifique met en évidence les ARN (rose) et l'ADN (vert). L'essentiel des ARN est dans le cytoplasme, et l'ADN dans le noyau cellulaire.

Le code génétique

Acides aminés	Codons de l'ARNa
méthionine	AUG
tryptophane	UGG
acide aspartique	GAU GAC
acide glutamique	GAA GAG
asparagine	AAU AAC
cystéine	UGU UGC
glutamine	CAA CAG
histidine	CAU CAC
lysine	AAA AAG
phénylalanine	UUU UUC
tyrosine	UAU UAC
isoleucine	AUU AUC AUA
alanine	GCU GCC GCA GCG
glycine	GGU GGC GGA GGG
proline	CCU CCC CCA CCG
thréonine	ACU ACC ACA ACG
valine	GUU GUC GUA GUG
arginine	CGU CGC CGA CGG AGA AGC
leucine	CUU CUC CUA CUG UUA UUG
sérine	UCU UCC UCA UCG AGU AGC
initiation (début de chaîne)	... AUG
terminaison ou ponctuation	UAA UAG UGA

A: adénine
C: cytosine
G: guanine
T: thymine
U: uracile

Les acides aminés sont placés par ordre croissant de codons.

L'information génétique contenue dans l'ADN est utilisée selon un code valable pour tous les êtres vivants, le code génétique. A chacun des 20 acides aminés fondamentaux correspondent de 1 à 5 codons, formés chacun de la combinaison de 3 des 4 bases de l'ADN (A, C, G, T). C'est ainsi que la séquence des bases dans l'ADN détermine la succession des acides aminés de la structure primaire des protéines.

CHAPITRE 4

L'aube de la vie

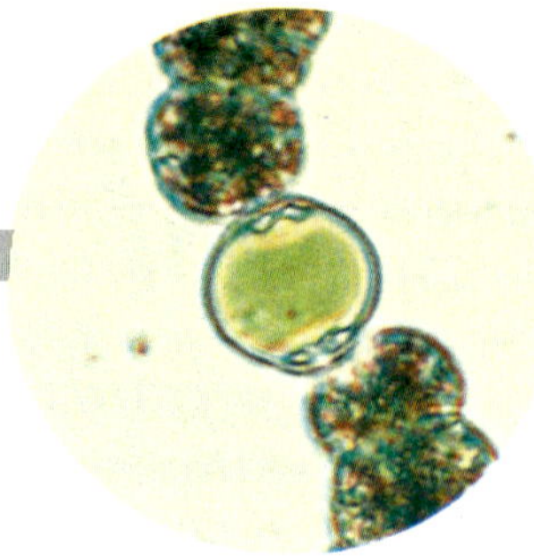

Les premières traces de vie

C'est à environ 3,8 milliards d'années que l'on fait remonter les premières traces d'êtres vivants rudimentaires, retrouvés dans des roches très anciennes. C'étaient probablement des bactéries, qui vivaient sans avoir besoin de respirer l'oxygène, car celui-ci n'existait pas encore dans l'atmosphère de la Terre.

Les savants ont cru longtemps à une absence totale de fossiles dans le précambrien. Une faune, accompagnée d'algues, semblait apparaître brusquement dans les couches cambriennes: vers, éponges, mollusques et, notamment, les premiers arthropodes, appelés trilobites. Mais comment la vie avait-elle pu se manifester d'emblée avec des organismes aussi complexes? Darwin ne s'y était pas trompé, mais, pas plus que les autres, il n'avait d'explication à donner: «A la question pourquoi ne trouve-t-on pas de dépôts richement fossilifères avant le cambrien, écrivait-il, je ne trouve pas de réponse satisfaisante. Ce fait demeure inexplicable pour le moment et pourrait être avancé à l'encontre [de mes] vues».

L'explication, donnée bien plus tard, était simple: les nombreux fossiles du précambrien avaient échappé aux investigations, car ils étaient microscopiques. En fait, les premières traces d'êtres vivants remontent à 3,8 ou 4 milliards d'années.

STROMATOLITES ET MICROSPHÈRES

Le premier indice d'importance fut la découverte des stromatolites, structures que l'on présume avoir été élaborées par des «tapis» de bactéries et d'algues. Il semble bien que ces organismes sont à l'origine de puissants récifs ou massifs calcaires ou dolomitiques, qui peuvent atteindre jusqu'à 3 000 m d'épaisseur dans l'Anti-Atlas, et qui continuent à se construire actuellement, en particulier aux Bahamas ou en Australie. Les stromatolites modernes sont tellement semblables aux anciennes qu'il y a tout lieu de penser que leur mécanisme d'élaboration n'a pas changé depuis plusieurs milliards d'années, ce qui prouve d'ailleurs que certaines bactéries de cette époque étaient photosynthétiques. A part cela, l'arbre évolutif — s'il existe — des bactéries est à peu près inconnu, de même que la base de celui des formes supérieures de vie (voir schéma p. 53).

Depuis les premières découvertes des stromatolites, on a reconnu de nombreux autres microfossiles dans d'autres types de sédiments, les schistes, par exemple. Mais leur conservation y a été moins bonne en raison des formidables pressions qu'ils y ont subies. Parmi eux, citons d'abord des proto-organismes dont certains étaient en forme de sphérules de quelques millièmes de millimètre: les coccoïdes, dont la répartition des tailles correspond sensiblement à celle de certaines bactéries actuelles, de forme arrondie, les «cocci». Ces microsphères (notamment celles de North Pole, en Australie) représentent sans doute les plus anciens fossiles connus, à ceux près, hypothétiques, du Groenland. Leur paroi est de nature glucidique: on en est certain, car les savants ont encore réussi à les colorer par un réactif spécifique.

Ces coccoïdes ont pu jouer un rôle essentiel dans l'élaboration d'autres formes, les sphéroïdes, par agrégations successives. On a trouvé des sphéroïdes avec des tailles allant de 20 µm (micromètres ou millièmes de millimètre), à Fig Tree (Afrique du Sud), jusqu'à 1 000 µm, cas du *Monodites princeps* décrit par Édouard Boureau en 1977, dans les Richât de Mauritanie.

LES BACTÉRIES

On trouve des bactéries à tous les niveaux du précambrien. Sauf exception, ce sont des êtres autonomes, dont le rôle dans la biosphère est fondamental. Mais leur structure simple pourrait, le cas échéant, faire penser à des gouttelettes primitives qui auraient acquis l'autonomie végétative et reproductrice.

Dans les roches ne subsistent des bactéries que des empreintes cellulaires. Beaucoup d'entre elles, cependant, ont laissé des traces, sous forme de dépôts de sulfates, de fer ou de carbonates, tous produits de leurs réactions métaboliques. Grâce à ces dépôts, on sait par exemple que les bactéries du fer ont subi un vaste développement au précambrien. Leurs colonies étaient faites d'éléments étoilés de 0,5 à 4 µm (micromètres: millièmes de millimètre), avec une taille d'ensemble atteignant 20 µm, et il est maintenant connu que les dendrites, sortes de réseaux de manganèse ou de fer, ont en général une origine bactérienne, car le chimisme de ces organismes précambriens était très souvent à base de manganèse, de fer et de soufre. Parmi les dépôts connus, citons ceux de Rhodésie (2,8 milliards d'années) ou de Gunflit, en Ontario (1,9 milliard d'années), où l'on trouve des sortes de sphéroïdes dont certains atteignaient plusieurs centaines de micromètres. A Gunflit, on a trouvé aussi des bactéries du fer qui sont voisines d'espèces actuelles.

LES ARCHAEOBACTÉRIES

Mais ces organismes étaient accompagnés de bien d'autres bactéries: bactéries photosynthétiques, sur lesquelles nous reviendrons, et archaeobactéries.

Si l'on examine les bactéries non photosynthétiques, on s'aperçoit que, outre les sidéro-

Stromatolites à Hamelin Pool, en Australie. Ces structures sédimentaires, formées par l'agglutination de grains minéraux piégés par des colonies encroûtantes de micro-organismes, constituent le témoignage indirect de l'activité d'êtres vivants primitifs.

Peut-on déceler un arbre généalogique primitif?

L'étude comparée des organismes vivants ou fossiles permet de retracer leur histoire. Depuis quelques années, cette étude n'est plus uniquement morphologique. En effet, les progrès de la chimie sont tels qu'il est devenu possible, en étudiant les acides nucléiques et les protéines, de remonter à l'ancêtre de toute vie. En d'autres termes, on a créé une «paléochimie» du vivant.

Le moyen le plus simple d'aller à la découverte du passé des cellules est l'étude des gènes portés par les chromosomes. Chaque gène est la copie d'un gène plus ancien, qui s'est perpétué au cours des âges en subissant de temps en temps une mutation. Le gène actuel n'est donc plus la copie exacte du gène primitif, mais il en conserve beaucoup de vestiges. C'est pourquoi, lorsque deux fragments d'ADN provenant d'espèces différentes présentent un segment similaire, on peut être assuré qu'ils ont un ancêtre commun. Une séquence génétique, c'est-à-dire une série de gènes, renseigne donc sur les liens généalogiques et témoigne des caractéristiques ancestrales. Si, chez deux organismes différents, deux gènes codant pour la même fonction sont apparentés, ces organismes sont eux-mêmes parents. Ensuite, le degré de différence entre deux séquences donne une idée du temps qui s'est écoulé depuis que les parents se sont séparés. Avec ces renseignements, on peut établir des arbres phylogénétiques dont les ramifications mesurent approximativement les époques relatives des bifurcations.

Mais l'étude des protéines, décalques du code génétique, étant plus facile que celle des acides nucléiques, c'est elles que l'on s'est mis d'abord à analyser et à comparer pour étudier les filiations entre espèces. Des travaux sur les cytochromes C (protéines essentielles du métabolisme cellulaire) ont confirmé les arbres phylogénétiques des plantes et des animaux obtenus par les méthodes traditionnelles. Mais ce ne fut pas le cas pour les cytochromes bactériens, dont les séquences d'acides aminés présentent souvent des différences beaucoup plus grandes entre groupes bactériens qu'entre bactéries et eucaryotes! Or l'étude paléochimique des bactéries serait particulièrement intéressante en raison de leur ancienneté. Heureusement, depuis quelques années, les progrès de la chimie ont permis d'étudier les ARN bactériens, traduction directe de l'information génétique. De plus, l'ARN des ribosomes semble avoir eu un rôle constant au cours de l'évolution; ses chaînes n'ayant subi que peu ou pas de modifications, on est donc certain que la séquence ancestrale commune n'est pas totalement effacée, raison supplémentaire de les analyser.

La détermination des ARN de plusieurs centaines d'espèces bactériennes a permis de constater que les bactéries forment un groupe vaste et cohérent, ce qui atteste son ancienneté. Les bactéries vraies sont divisées en plusieurs branches dans lesquelles on trouve souvent des espèces photosynthétiques, ce qui laisse à penser que les eubactéries modernes sont peut-être les descendantes d'un ancêtre photosynthétique commun. Enfin, c'est l'étude des ARN ribosomiques bactériens qui a permis aux chimistes C. Woese et R. Wolfe de différencier l'embranchement (ou le règne?) des archaeobactéries et de montrer qu'un même modèle d'ARN de base se dégage chez les archaeobactéries, les eubactéries et les eucaryotes.

L'évolution du cytochrome C. *Dans ces protéines essentielles au métabolisme cellulaire, 27 acides aminés sont invariants, quelques-uns remplaçables avec une faible fréquence, et 48 variables selon les espèces: ainsi, les 48 sont totalement dissemblables entre la levure de bière et le cheval, mais 2 seulement le sont entre le porc, le canard et le poulet. Les pourcentages de différences sont utilisés pour édifier l'arbre phylogénétique des espèces, qui rend compte à la fois de l'évolution du cytochrome et du moment où les espèces se sont séparées pendant l'évolution. Chaque cercle représente une séquence qui est l'ancêtre de celles des espèces supérieures, situées sur les branches partant de ce cercle. Les chiffres placés le long des branches indiquent, en pourcentage, le nombre d'acides aminés modifiés par rapport à la molécule ancestrale.*

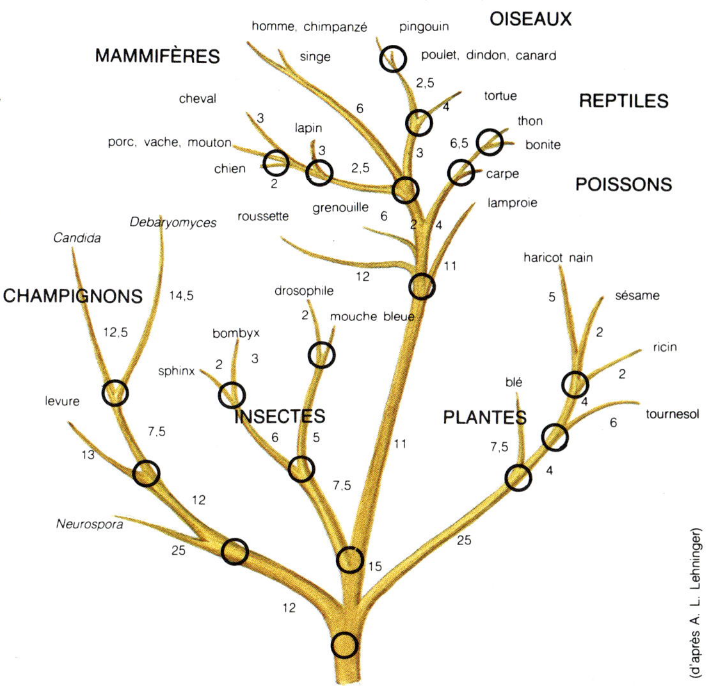

bactéries, en général anaérobies, qui oxydent le fer et le manganèse et qui ont connu un vaste développement au précambrien, un autre embranchement, celui des archaeobactéries, a une grande importance.

Trois séries d'organismes le composent, parmi lesquels les méthanobactéries sont les plus nombreuses. Ces bactéries sont anaérobies, et leur métabolisme a sans doute convenu admirablement aux conditions primitives de l'atmosphère terrestre. On les trouve confinées actuellement dans des niches écologiques peu nombreuses et spécialisées (eaux stagnantes, marais).

Les bactéries halophiles constituent la seconde série: pour survivre, ces organismes ont un besoin élevé de sel; par ailleurs, elles possèdent un système de photosynthèse simple et sans chlorophylle, utilisant un pigment, la rhodopsine, lié à la membrane, et qui ressemble aux pigments de la vision.

Quant aux dernières, les thermoacidophiles, on les trouve notamment dans les eaux sulfureuses chaudes, à 80-90 °C (c'est le cas du genre *Sulfobolus*).

Le nom d'archaeobactéries implique l'ancienneté du groupe: de fait, il semble qu'il constitue un nouveau règne parmi les premiers vivants. On a cru longtemps que les cellules eucaryotes (à noyau vrai) étaient issues directement des procaryotes, apparus les premiers. Avec la découverte des archaeobactéries, un nouveau problème est posé: procaryotes, ces organismes ne sont pas plus apparentés aux eubactéries (ou bactéries vraies) que leurs deux groupes ne le sont aux eucaryotes. A titre d'exemple, la paroi cellulaire des archaeobactéries ne contient pas un certain composé, l'acide muramique, qui est spécifique des parois de toutes les bactéries vraies; d'un autre côté, les cellules eucaryotes animales ne possèdent pas de paroi. Les lipides (ou graisses) des membranes cellulaires des bactéries vraies et des eucaryotes se ressemblent, mais les lipides des membranes des archaeobactéries diffèrent fortement de ceux des deux autres groupes.

On suppose donc que les archaeobactéries, les eubactéries et les eucaryotes descendent tous d'un ancêtre commun, appelé progénote, beaucoup plus simple que toutes les cellules actuelles, qu'elles soient procaryotes ou eucaryotes. Dans cette hypothèse, la cellule eucaryote ne serait pas issue d'une bactérie qui aurait perdu sa paroi (il existe toujours des bactéries de ce genre: ce sont les mycoplasmes), mais la cellule ancestrale, ou progénote, aurait donné naissance à la lignée des eucaryotes, de façon distincte. Cette cellule eucaryote très primitive, appelée cellule urcaryote, aurait pu apparaître en même temps que les bactéries, ou même avant elles, et évoluer pour son propre compte (voir schéma p. 53). Cette hypothèse est bien conforme à l'idée d'une évolution très progressive, comme ce fut le cas, allant de la «soupe» primitive aux premiers vivants et à leur descendance; elle est d'ailleurs corroborée par l'étude comparée qui a été faite des ARN (acides ribonucléiques) des trois règnes qui sont envisagés désormais. On s'est aperçu en effet que l'une des protéines ribosomiques (c'est-à-dire constitutrices de l'un des organites cellulaires qui participent à la transmission du code génétique) des archaeobactéries et des eucaryotes était semblable.

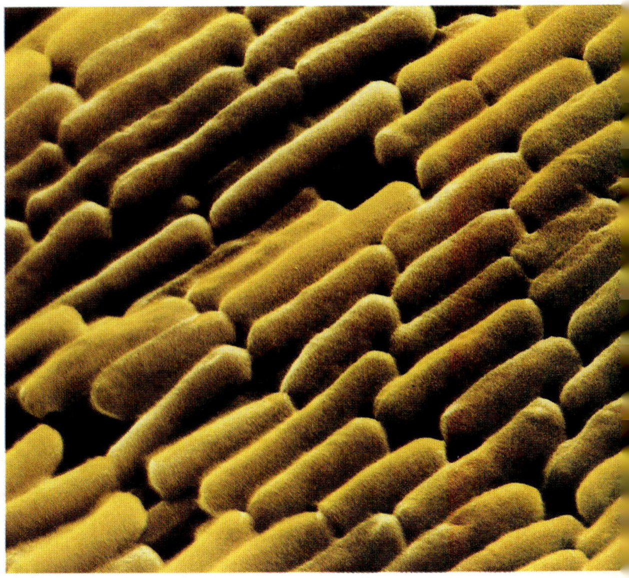

Pendant des milliards d'années, les bactéries, qu'elles soient de forme ronde (cocci) ou allongée comme celles représentées ci-contre (genre *Bacillus*), dominèrent le monde vivant.

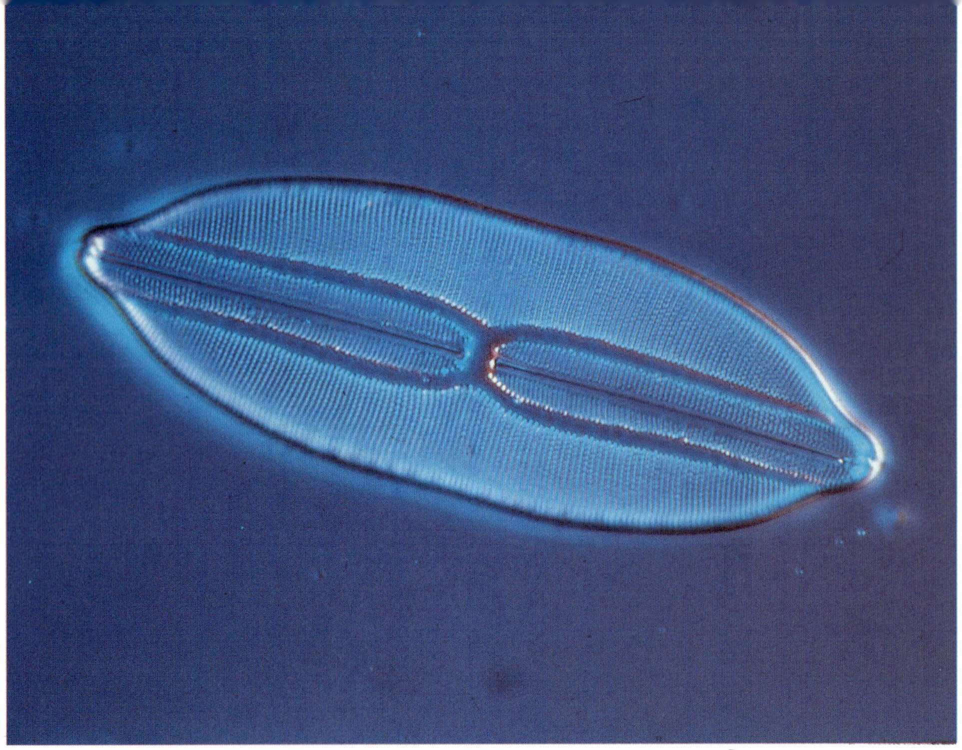

Les diatomées, algues microscopiques «emboîtées» dans une coque de silice très ornementée, constituèrent une partie des premières flores à noyau vrai.

L'apparition des cellules à noyau vrai

A l'origine, la Terre était peuplée de procaryotes. Puis sont apparues (il y a 1,5 milliard d'années?) des cellules eucaryotes, à noyau vrai, plus grandes et plus complexes. Tout ce qui vit aujourd'hui descend de ces premiers êtres rudimentaires, qui se compliquèrent et se diversifièrent à l'infini pour former l'immense foisonnement actuel du monde vivant, végétal et animal.

La véritable coupure entre les êtres vivants ne se place pas entre les végétaux et les animaux, mais entre les cellules procaryotes, dont l'appareil nucléaire est rudimentaire et les cellules eucaryotes, beaucoup plus grandes, et qui possèdent un noyau vrai, dont l'ADN est organisé en chromosomes, enfermés dans une membrane nucléaire.

Les eucaryotes possèdent une caractéristique essentielle: la reproduction asexuée de leurs cellules est assurée par un mécanisme complexe, la mitose (voir p. 76-77), et celle sexuée par la fusion de cellules parentales, les gamètes, produites après une division spéciale, la méiose (voir p. 106-107), qui réduit de moitié le nombre chromosomique de chaque cellule mère. Ces processus sont aérobies: il semble que la mitose ne puisse plus se produire en dessous d'une certaine concentration en oxygène du milieu. D'une façon générale, les eucaryotes ont un besoin impérieux d'oxygène pour assurer leur métabolisme énergétique, qui s'exprime par la respiration, phénomène essentiellement aérobie.

La cellule eucaryote est beaucoup plus complexe que celle des procaryotes et comprend des sous-unités cellulaires, des organites, qui sont de deux types: les mitochondries, qui jouent un rôle central dans le développement énergétique de la cellule, et les chloroplastes, responsables de l'activité photosynthétique de certains protistes (être vivants unicellulaires) et de tous les végétaux chlorophylliens (voir chapitre 5).

Aux origines, le peuplement terrestre était procaryote. Les organismes de ce type manifestent de grandes possibilités d'adaptation au milieu et, en particulier, un degré très variable de tolérance à l'oxygène: de l'anaérobiose à l'aérobiose stricte, avec tous les termes de passage entre ces deux situations. Ils ont donc évolué lorsque l'atmosphère était anoxique ou que sa concentration en oxygène était fluctuante. Les eucaryotes émergèrent lorsque cette teneur devint constante et élevée.

LES PREMIERS EUCARYOTES

Le paléobotaniste américain W. Schopf estime que l'on possède des preuves très sérieuses de l'existence de cellules eucaryotes fossiles pouvant atteindre 1,5 milliard d'années. Mais la première apparition d'organismes eucaryotes démontrée avec certitude date d'environ 600 millions d'années, avec la faune d'Ediacara, en Australie. L'état de différenciation très avancé de cette faune implique nécessairement une évolution antérieure assez longue et qui n'a pas laissé forcément des traces très différenciées.

A la différence de Schopf, le paléobotaniste français É. Boureau estime que les premiers eucaryotes seraient apparus 50 à 100 millions d'années auparavant, soit entre 650 et 700 millions d'années par rapport à nous, ce qui semble peut-être un peu court pour aller de cellules eucaryotes isolées et primitives à des êtres déjà structurés.

Quoi qu'il en soit, les études statistiques sur la forme et sur la taille des microfossiles montrent une coupure il y a 1,5 milliard d'années: avant, les cellules à caractéristiques eucaryotes sont rares ou absentes; après, elles deviennent de plus en plus nombreuses. Cela va dans le sens de l'évolution très lente, peut-être à partir de cellules urcaryotes, dont nous avons parlé plus haut.

Compte tenu du besoin impérieux en oxygène des eucaryotes, il est évident qu'au moment de leur émergence sous une forme pré-actuelle, l'atmosphère était déjà riche en cet élément et sa composition probablement stable: donc la photosynthèse aérobie et les algues bleues, appelées aujourd'hui cyanobactéries, étaient apparues bien longtemps avant. L'augmentation de la concentration en oxygène provoqua l'élimination des organismes anaérobies ou les obligea à adopter des habitats marginaux. La compétition s'affaiblissant, les algues bleues proliférèrent encore mieux, et le taux d'oxygène continua à augmenter.

VERS LA CELLULE A NOYAU VRAI

Quelle que soit l'hypothèse retenue pour leur origine, on peut penser que l'évolution vers le système eucaryote commença lorsque les cellules ancestrales se mirent à héberger des bactéries spécialisées, qui vécurent à l'intérieur de ces mêmes cellules et qui constituèrent progressivement leur équipement mitochondrial et chloroplastique.

Il est vraisemblable en effet que les cellules à noyau vrai proviennent de cellules anaérobies, probablement de grande taille (donc plus grandes que des bactéries, ce qui va dans le sens urcaryote), devenues sans doute incapables de couvrir leurs besoins énergétiques par la seule fermentation. Ces cellules auraient «ingéré» (mais on peut aussi bien penser que la constitution de cette symbiose a été le fruit du hasard) des procaryotes plus petits, aérobies ou photosynthétiques. Autrement dit, la cellule eucaryote serait une chimère formée par l'association de cellules procaryotes complètement évoluées, mais spécialisées différemment: la cellule hôte assurant par exemple la dégradation du glucose, ou glycolyse, et les symbiotes la photosynthèse et la respiration, dans le cas d'une cellule végétale.

L'apparition de la cellule à noyau vrai a constitué un événement majeur de l'évolution biologique, sans lequel les organismes pluricellulaires n'auraient pas pu se développer. Il a été suivi assez rapidement (vers 1 milliard d'années, on le constate déjà) d'une augmentation de la taille et de la complexité des cellules et, du fait de l'arrivée progressive de la reproduction sexuée, de la diversité des espèces. On peut estimer que l'apparition des cellules diploïdes (ayant deux lots de chromosomes semblables) s'est effectuée vers 700 millions d'années: ce fut la troisième grande étape de l'évolution biologique.

Cellules fossilisées de la fin du précambrien, découvertes au sud de la Norvège. Elles ressemblent à des colonies d'algues bleues, ou cyanophycées, vivantes.

Pendant le précambrien, les principaux événements de l'histoire de la vie ont consisté surtout en innovations biochimiques : le type et le rythme de l'évolution furent très lents. Avec l'apparition des cellules eucaryotes, tout va changer. En effet, après un temps de « mûrissement », des espèces très diverses vont se différencier. L'évolution, de biochimique, devint alors surtout morphologique et fonctionnelle. L'apparition de l'état pluricellulaire lui permit ensuite de multiplier les expériences. Désormais l'on assista à une « floraison » de formes qui aboutit au monde actuel et à l'homme.

LES PLANTES ET LES ANIMAUX PLURICELLULAIRES

Toutes les plantes, avec ou sans chlorophylle (donc les champignons), et tous les animaux sont des eucaryotes. Il en est de même pour les protistes animaux ou végétaux. Seules les bactéries et les algues bleues (cyanophycées ou cyanobactéries) sont procaryotes. Là est la différence essentielle entre les êtres vivants.

Deux points sont ensuite à noter : d'abord, toutes les plantes, à tous les niveaux, tirent leur origine de protistes eucaryotes. Ensuite, l'apparition de l'état pluricellulaire était inéluctable, parce qu'il est le plus favorable : en effet, beaucoup d'avantages en découlent pour les organismes. Le premier est celui d'une vie plus longue, car des cellules « usées » peuvent être remplacées sans pour autant amener la mort de l'organisme. Le second avantage est qu'étant pluricellulaire, un organisme a forcément une plus grande taille ; il peut aussi différencier des formes variées, ce qui le conduit à la possibilité d'augmenter le nombre des expériences. Surtout, cet organisme acquiert une meilleure stabilité physiologique. Enfin, certaines cellules de l'ensemble peuvent se spécialiser (cellules nerveuses, musculaires), ce qui accroît son efficacité, ou former des organes de reproduction, ce qui augmente ses capacités de dissémination ou de survie par le biais de sa descendance. Les bactéries forment d'ailleurs des colonies sur les milieux de culture et souvent des microcolonies dans le milieu naturel. Quant aux cyanobactéries, procaryotes elles aussi, elles sont capables de former des colonies dont la taille peut être considérable : c'est bien la preuve que l'état pluricellulaire est le plus favorable à la survie.

A partir de là, quelle est l'origine des plantes et des animaux ?

Nous avons vu que les cellules eucaryotes se différencièrent progressivement dans l'océan primordial. Certaines ne possédaient pas de chlorophylle et donnèrent naissance aux protistes, c'est-à-dire à des organismes unicellulaires (non bactériens, puisque possédant un vrai noyau), dont certains évoluèrent pour donner les champignons actuels. Les algues eucaryotes dérivèrent, elles, des cellules eucaryotes photosynthétiques. Parmi celles-ci, trois groupes ne semblent pas avoir eu de descendance particulière : ce sont les diatomées, les dinoflagellés et les algues rouges. Les trois autres, par contre, ont un grand intérêt phylogénétique.

Les algues vertes, tout d'abord, ont donné naissance à toutes les plantes terrestres : mousses, hépatiques, fougères, plantes et arbres à fleurs, telles que nous les connaissons.

Le second groupe, celui des euglènes, organismes unicellulaires flagellés et chlorophylliens, suggère des rapports entre végétaux et animaux au niveau le plus primitif.

Enfin, certains biologistes voient dans les algues brunes, le troisième groupe, l'origine probable du règne animal, après perte de la chlorophylle par certaines espèces. En fait, il semblerait plus probable que les protozoaires sont dérivés d'ancêtres primitifs mais inconnus et qu'un ou plusieurs groupes parmi eux ont donné naissance aux métazoaires (animaux pluricellulaires). Quoi qu'il en soit, on remarque que les animaux sont apparus soudainement au cambrien, ce qui suggère qu'ils dérivèrent plus ou moins simultanément de formes ancestrales non définies, mais sans doute procaryotes.

RICHARD MOREAU

La panspermie

La vie est-elle venue d'autres mondes ? Cette question recouvre la théorie de la panspermie, qui eut un certain succès au XIXe siècle : d'après elle, la vie ne serait pas née sur terre, mais elle se serait propagée d'un système solaire à l'autre par des spores de microorganismes. C'es la théorie de la panspermie interastrale, selon laquelle, de toute éternité, les astres s'ensemencent mutuellement, ce qui fit écrire au botaniste français P. Van Tieghem, en 1884 : « La végétation de la Terre a eu un commencement, aura une fin, mais la végétation de l'univers est éternelle, comme l'univers lui-même. »

Vers 1900, le grand chimiste suédois Arrhenius chercha à démontrer que des spores bactériennes, notamment, pouvaient être entraînées dans le système solaire par l'action de la lumière solaire, malgré l'attraction gravitationnelle du Soleil, et voyager de la Terre aux plus lointaines planètes en une année et aux plus proches étoiles en mille ans. C'est la théorie de la radiopanspermie : les déplacements se feraient par la pression des radiations lumineuses qui captureraient les germes plus petits que leur longueur d'onde. Becquerel la réfuta en 1910, démontrant que, pendant leur voyage, les spores seraient tuées par les rayons ultraviolets : pour lui, « la vie est l'humble fille de la Terre ».

Une autre théorie, la lithopanspermie, voulait que des germes aient été transportés sur terre avec les météorites : au siècle dernier, on avait trouvé des composés organiques sur une météorite tombée à Orgueil, près de Toulouse ; mais ces traces pouvaient provenir d'une contamination. Plus près de nous, en 1969, une autre météorite tombée vers Murchison, en Australie, a relancé le débat, car on a pu l'analyser avec beaucoup de soin, en réduisant presque à néant tous les risques de contamination.

On y trouva des acides aminés dont certains sont absents chez les organismes vivants : ils ne pouvaient donc pas provenir d'une contamination. De plus, ces acides aminés étaient optiquement inactifs, alors que ceux du sol le sont toujours. On trouva aussi dans la météorite de Murchison des acides organiques et des acides aminés semblables à ceux existant chez les êtres vivants, comme cela avait été le cas à Orgueil, un siècle plus tôt.

Le fait que la plupart des biomolécules primordiales aient été trouvées aussi bien sur des météorites que dans des schistes très primitifs ou encore dans des expériences de laboratoire montre qu'elles sont sans doute « des produits omniprésents et relativement stables de l'évolution chimique, formées par des voies... favorisées. Ainsi, les biomolécules de base que nous connaissons aujourd'hui seraient les produits inévitables de l'évolution chimique, non seulement sur la Terre, mais aussi dans tout l'univers, si des conditions appropriées existent (A. L. Lehninger) ».

Tout récemment enfin, le biologiste F. Crick a repris la théorie de la panspermie en émettant l'idée que la Terre et d'autres planètes stériles auraient été ensemencées par des êtres intelligents venus d'autres systèmes solaires et dont l'évolution serait en avance de plusieurs milliards d'années sur la nôtre. C'est la théorie de la panspermie dirigée. Celle-ci pourrait expliquer des points obscurs : par exemple, pourquoi le molybdène, assez rare sur terre, est essentiel pour le fonctionnement de nombreuses enzymes. Ne rêvons pas trop néanmoins.

Cependant, il faut noter en terminant qu'il est à peu près impossible de prouver ou d'infirmer les théories panspermistes et notamment celle, particulièrement aventurée, de F Crick.

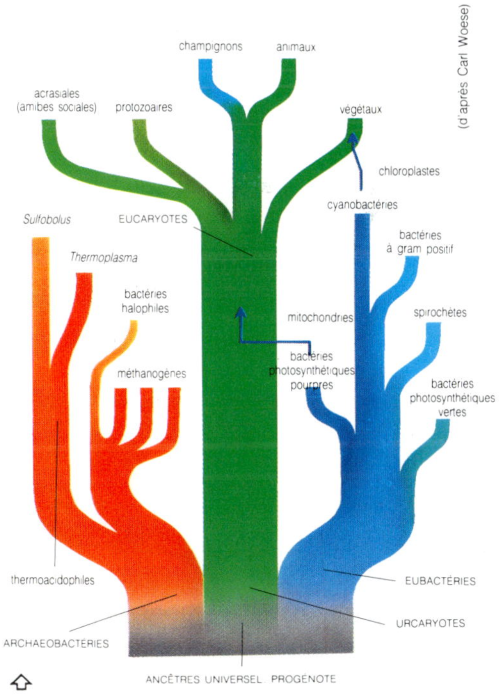

D'après Carl Woese, les archaeobactéries, les eubactéries et les eucaryotes constituent trois règnes, dont les deux premiers, bien que procaryotes, ne sont pas plus apparentés l'un à l'autre qu'avec le dernier, qui descend de cellules eucaryotes primitives, appelées urcaryotes. Tous proviendraient d'un ancêtre commun : le progénote. Les eucaryotes auraient accueilli des bactéries photosynthétiques (flèche médiane) et des algues bleues (flèche du haut), qui auraient constitué respectivement les mitochondries et, dans le cas des végétaux photosynthétiques, les chloroplastes des cellules eucaryotes.

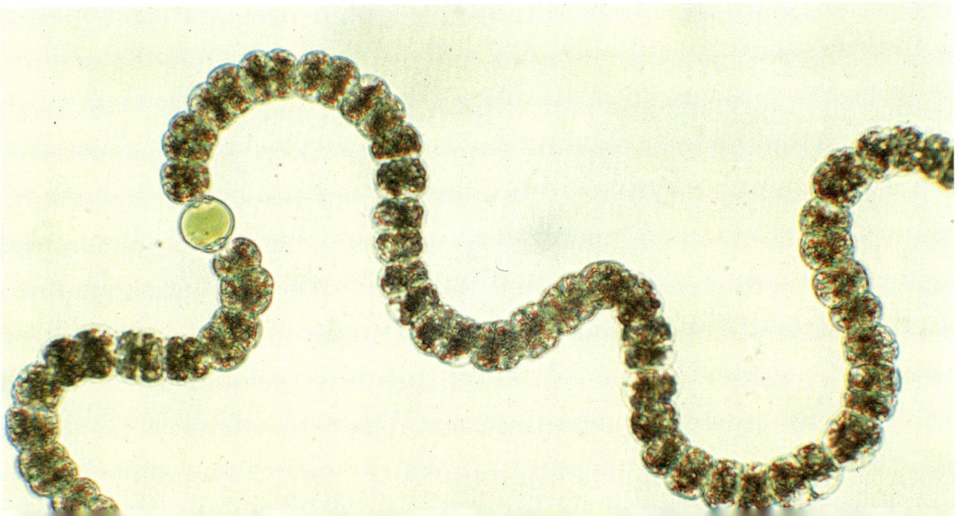

Les cyanophycées ou algues bleues (ici, *Anaboena*) sont apparues il y a 2 milliards d'années et ont enrichi l'atmosphère primitive en oxygène.

La cellule, élément de base des êtres vivants

La cellule à vrai noyau, appelée cellule eucaryote, a pour caractéristique principale de posséder son matériel héréditaire (chromosomes en double exemplaire) enfermé dans un compartiment cellulaire particulier: le noyau.

La cellule eucaryote forme les êtres unicellulaires, ou protozoaires, comme les amibes ou les paramécies. Cette cellule unique doit assurer toutes les fonctions exigées pour sa survie. Les cellules peuvent s'associer, elles forment alors le groupe des pluricellulaires, ou métazoaires.

Dans le corps humain, on trouve plus de 60 milliards de cellules. Elles sont regroupées et spécialisées en tissus, puis en organes. Cette structure pluricellulaire permet, par adjonction, la croissance en taille des individus. Elle permet aussi une évolution et une spécialisation des formes animales et végétales.

L'association d'un grand nombre de cellules pour former un individu permet aussi de pallier l'usure cellulaire conduisant à la mort. Les unicellulaires ont une vie qui dépend directement de la durée de vie de leurs structures cellulaires. Par contre, la vie d'un organisme pluricellulaire dépend de la durée de vie, très variable, des cellules qui le composent. Cette durée peut être de quelques jours à quelques semaines pour les cellules sanguines; dans ce cas, il existe des cellules «souches» constituant un stock de réserve qui se divisent par mitose, de nouvelles cellules remplaçant les cellules mortes. Cette durée de vie peut être égale à celle de l'individu; c'est le cas des cellules nerveuses: elles sont toutes présentes dès la naissance et ne se diviseront plus jamais.

La cellule eucaryote, qu'elle provienne d'un unicellulaire ou d'un pluricellulaire, animal ou végétal, possède des structures et des fonctions d'une remarquable unité. C'est ce qui justifie l'étude de la cellule en soi. Sa complexité d'organisation préfigure celle encore plus complexe des organismes pluricellulaires. Cette cellule est limitée par une membrane plasmique; l'espace clos ainsi formé renferme un fluide, le hyaloplasme, dans lequel baignent les organites cellulaires, éléments figurés possédant leur anatomie et leurs structures propres, et le noyau. Ce sont les fonctions et les structures des différents composants de la cellule que nous allons examiner successivement.

LA MEMBRANE PLASMIQUE

Le rôle de la membrane plasmique est d'assurer non seulement une séparation entre le milieu extracellulaire et le milieu intracellulaire, mais aussi le contrôle des échanges entre une cellule et son environnement, que ce soit un milieu liquide ou d'autres cellules. C'est sa structure moléculaire qui permet à la membrane d'assurer ses différentes fonctions.

La structure de la membrane

La membrane plasmique se compose de lipides et de protéines disposés régulièrement (voir illustration p. 56).

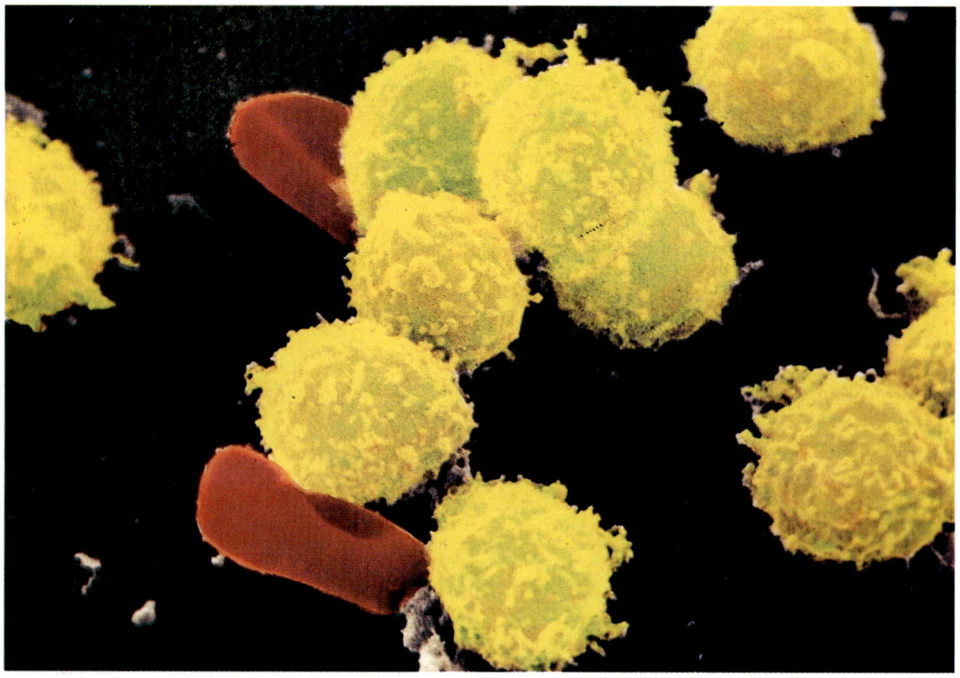

Les lipides (40 p. 100 de la membrane) comprennent des phospholipides, du cholestérol, des glycolipides et d'autres molécules en nombre plus faible. Ces molécules ont une organisation spatiale bien précise: les phospholipides forment une double couche, les pôles hydrophiles (solubles dans l'eau) sont tournés vers les milieux externes et internes, et les pôles hydrophobes (non solubles) se font face à l'intérieur de cette double couche, que l'on appelle la bicouche lipidique. La région interne hydrophobe rend la bicouche imperméable à tout ce qui est soluble dans l'eau, tandis que les substances solubles dans les lipides (liposolubles) peuvent la traverser. Cette bicouche est fluide comme un film d'huile sur de l'eau. D'autres molécules peuvent y flotter et s'y déplacer: c'est le cas des protéines.

Dans le sang, les lymphocytes, de forme arrondie, ont des membranes cellulaires hérissées de fins prolongements, tandis que les hématies sont aplaties et lisses (1). Les cellules d'un tissu établissent de nombreux contacts entre elles, c'est le cas des cellules nerveuses (2) qui donnent et reçoivent, ainsi, de nombreuses informations des cellules qui les entourent.

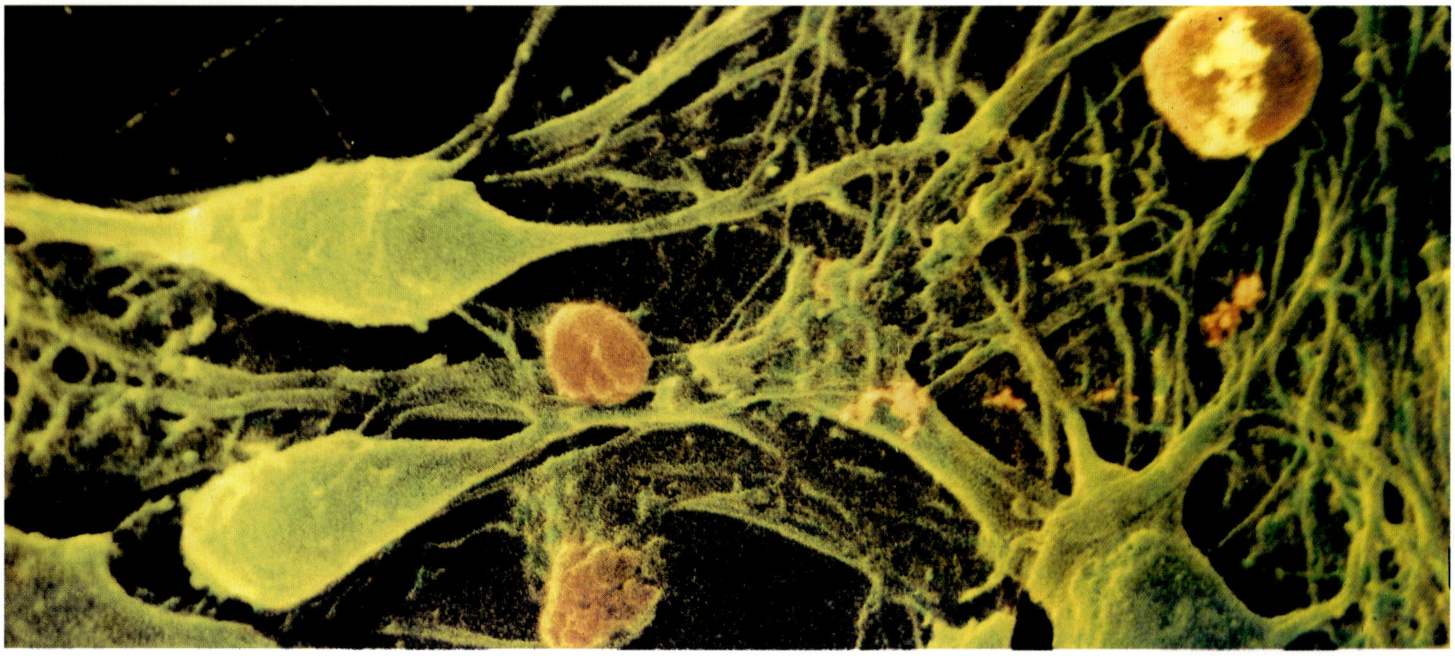

La cellule à vrai noyau ou cellule eucaryote

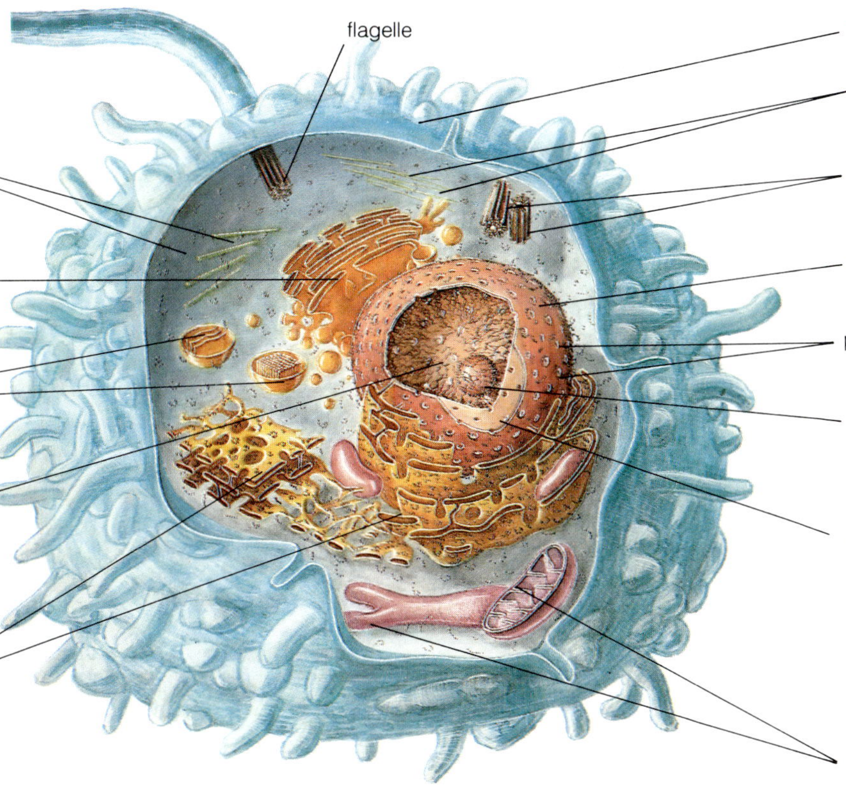

La cellule eucaryote est l'unité de base de la structure et du fonctionnement de la majorité des êtres vivants. Cette cellule est limitée par une membrane cytoplasmique, régulatrice des échanges avec le milieu extérieur. A l'intérieur, le hyaloplasme, dans lequel baignent les organites cellulaires, est le carrefour de toutes les réactions chimiques de la cellule. Le noyau, dans sa membrane nucléaire, siège de l'information génétique, dirige l'activité de la cellule.

Les protéines (50 p. 100 de la membrane) peuvent soit traverser de part en part la membrane, soit n'émerger qu'à l'une des faces de la bicouche lipidique. L'organisation de ces protéines est asymétrique: les protéines sont les plus nombreuses à la face interne (enzymes, par exemple), et les glycoprotéines à la face externe.

Le transport transmembranaire

Le passage de substances peut se faire librement au travers de la bicouche lipidique pour les molécules solubles dans les lipides, ou au travers des protéines s'il s'agit de molécules solubles dans les milieux aqueux. La diffusion peut être facilitée par la présence de protéines, les perméases, aidant au passage des substances; chaque perméase est spécifique d'une substance. Le passage d'un sucre, le glucose, est un exemple de ce type de diffusion facilitée. Ces mécanismes de diffusion se font du milieu le plus concentré vers le milieu le moins concentré.

Le passage des molécules peut aussi s'effectuer dans le sens inverse. Ce transport à travers la membrane nécessite la présence de «pompes» constituées de protéines, qui vont s'opposer à la diffusion passive. On constate par exemple que le sodium ($Na+$) est en concentration plus forte à l'extérieur qu'à l'intérieur de la cellule. Pour le potassium ($K+$), c'est l'inverse. Le sodium et le potassium diffusent passivement, le premier vers l'intérieur et le second vers l'extérieur de la cellule. Pour maintenir les différences de concentration existantes, nécessaires au fonctionnement cellulaire, un système membranaire va assurer un véritable pompage de ces substances: la même «pompe» va faire sortir le sodium et entrer le potassium (voir schéma page suivante). L'activité de cette pompe $Na+$-$K+$ joue un rôle très important dans la transmission de l'influx nerveux le long des fibres nerveuses, ainsi que dans la contraction musculaire.

Endocytose et exocytose

La cellule peut mettre en œuvre d'autres moyens de communication avec l'extérieur; ce sont l'endocytose et l'exocytose, deux mécanismes approximativement inverses l'un de l'autre. L'endocytose consiste pour une cellule à englober du matériel externe dans une dépression de sa membrane plasmique, qui se refermera et formera une vacuole intracellulaire. Ce mécanisme intervient pour permettre la destruction par digestion de micro-organismes ou de débris divers. Il est utilisé par certaines hormones pour pénétrer dans les cellules.

L'exocytose est le mécanisme inverse: des vésicules contenant du matériel, produit de l'activité cellulaire, entrent en contact avec la membrane cellulaire, les deux membranes fusionnent, le matériel vacuolaire est déversé à l'extérieur (voir schéma p. 59). Ce type de fusion permet le renouvellement de la membrane plasmique, l'excrétion des déchets et les sécrétions cellulaires (enzymes digestives, hormones, etc.).

Une autre façon de transmettre l'information

La structure membranaire permet un autre mode de transmission d'information au travers de la membrane plasmique, cela sans qu'il y ait passage de substances. C'est le cas lorsqu'une protéine membranaire dont l'une des extrémités est située sur la face externe de la membrane plasmique — on parle alors de récepteur — peut se lier spécifiquement

Les mesures de la biologie

La compréhension du monde vivant nécessite de plus en plus l'utilisation pour son analyse de connaissances biochimiques et physiques. Cette biologie dite moléculaire analyse des phénomènes de plus en plus fins, d'où la nécessité d'utiliser des unités à l'échelle de cette finesse.
Les unités peuvent être le mètre, le gramme, le litre et la mole. Une autre mesure est le poids moléculaire. Les sous-unités les plus couramment utilisées sont les suivantes:

NOM	ABRÉVIATION	PARTIE D'UNITÉ
milli-	m	10^{-3} : un millième
micro-	μ	10^{-6} : un millionième
nano-	n	10^{-9} : un milliardième
pico-	p	10^{-12} : un billionième
femto-	f	10^{-15} : un millième de billionième

Structure de la membrane plasmique

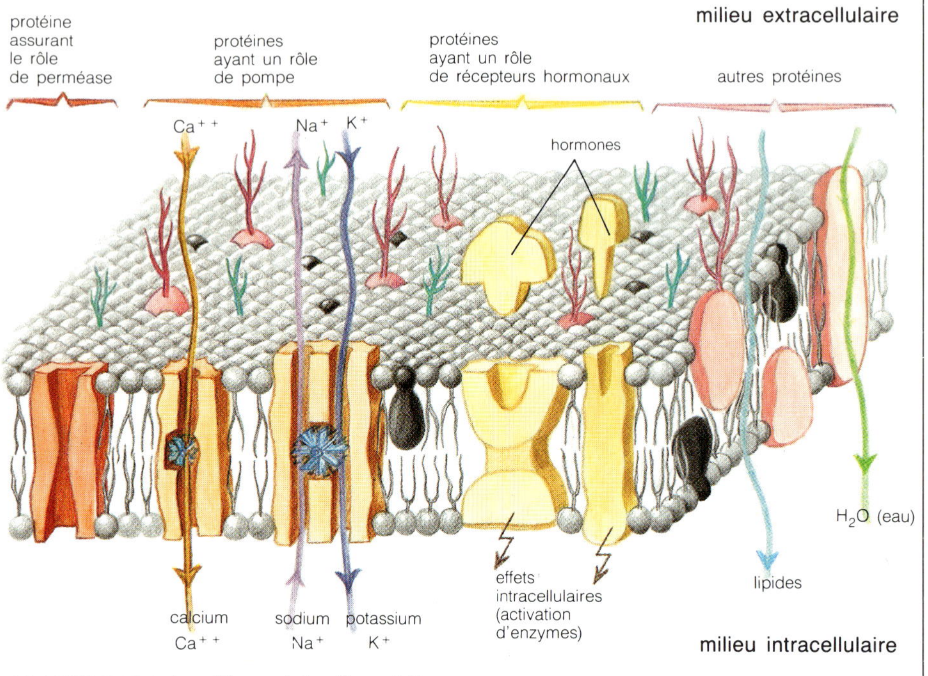

Un certain nombre de protéines ont des rôles spécifiques: perméase, pompe, récepteurs hormonaux.

La membrane cellulaire possède une structure complexe, composée de deux couches de phospholipides, qu'on nomme bicouche lipidique, dans laquelle «flottent» des protéines. Ces protéines assurent et contrôlent une grande diversité de mécanismes d'échanges entre la cellule et le milieu extérieur.

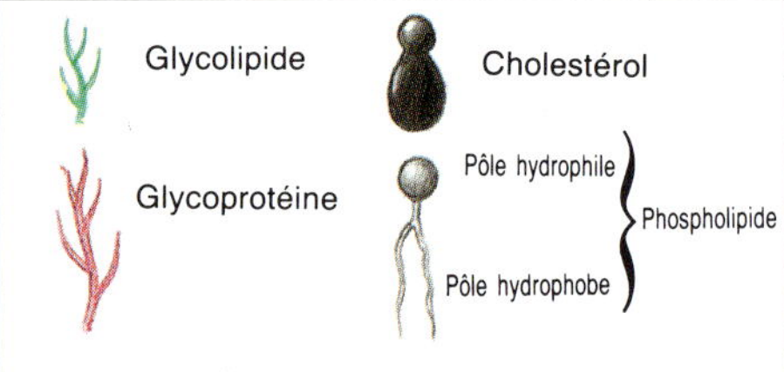

et provisoirement avec une substance externe, comme les hormones, par exemple (voir schéma ci-dessus). Cette liaison provoque une modification de l'activité d'enzymes situées sur la face interne de la membrane. La majorité des hormones de type protéique agit sur les cellules par ce type de mécanisme.

Les cellules végétales possèdent à l'extérieur de leurs membranes, et doublant celles-ci, des parois cellulo-pectiques, qui assurent un rôle de squelette externe. La présence de ces parois est la différence majeure entre cellules végétales et cellules animales.

LES STRUCTURES INTRACELLULAIRES

Le hyaloplasme

C'est le milieu où baignent toutes les structures intracellulaires, et c'est le carrefour de toutes les réactions chimiques. Le hyaloplasme est composé d'eau (85 p. 100), de grosses molécules protéiques et de nombreuses autres substances: ARN, acides aminés, acides gras, nucléotides, monosaccharides, sels, lipides, glycogène... Il a une consistance variable et peut passer d'un état visqueux à un état fluide en fonction des interactions entre les molécules présentes.

Le cytosquelette

C'est le squelette interne de la cellule. Il est constitué de microfilaments de 300 à 1 000 nanomètres (millionièmes de millimètre) de diamètre. Ces microfilaments ont des structures et des rôles très divers.

Les tonofilaments assurent la cohésion entre cellules d'un même tissu et participent au maintien de la forme cellulaire. Ils sont essentiellement constitués d'une substance protéique, la kératine, et forment une trame assez rigide dans le cytoplasme et sous la membrane cellulaire. Ils s'attachent à des structures particulières, les desmosomes, formés à partir des régions membranaires de deux cellules situées côte à côte et qui permettent à celles-ci d'être étroitement fixées l'une à l'autre.

Les neurofilaments. On les trouve dans les cellules nerveuses. Souvent regroupés en faisceaux, ils contribuent à guider le déplacement de certaines substances cellulaires (hormones) parcourant la fibre nerveuse du corps cellulaire vers la terminaison nerveuse. Ces neurofilaments seraient constitués d'une protéine: la filarine.

Les myofilaments. Ce sont les responsables de la mobilité cellulaire: ils permettent les mouvements, les modifications de forme, les déplacements cellulaires. Ce sont des assemblages de molécules constitués d'actine et de myosine. L'actine (10 p. 100 des protéines cellulaires) est une protéine; plusieurs molécules d'actine s'associent pour former des microfilaments de 500 nanomètres de diamètre, qui se regroupent eux-mêmes en faisceaux fixés sur la membrane cellulaire. La myosine, en quantité plus faible que l'actine, forme des assemblages de filaments plus gros, de 1 000 à 1 500 nanomètres de diamètre, qui se placent entre les filaments d'actine. Des interactions entre les molécules d'actine et de myosine permettent les glissements de filaments les uns par rapport aux autres, provoquant ainsi le rapprochement ou l'élargissement des structures sur lesquelles ils sont fixés, par exemple la membrane cellulaire. Il en résulte des modifications de la forme cellulaire et, si la cellule est libre, elle pourra se déplacer. Ce sont aussi ces mécanismes qui permettent la contraction musculaire.

Les microtubules

Ce sont des tubes de 2 500 nanomètres de diamètre. La plupart d'entre eux sont associés à des édifices cellulaires complexes: les centrioles, formés par l'organisation circulaire de neuf groupes de trois tubules (voir schéma p. 58). Dans une cellule, il y a en général deux centrioles: ceux-ci sont absents chez les angiospermes, qui forment le groupe des végétaux supérieurs.

Un certain nombre de cellules possèdent des cils ou des flagelles. L'axe des cils et des flagelles cellulaires se forme par l'allongement des microtubules centriolaires. Le glissement des microtubules les uns par rapport aux autres donne aux cils et aux flagelles des mouvements ondulatoires qui permettent le déplacement d'un liquide à la surface d'un tissu pourvu de cils (les poumons, par exemple), ou le déplacement de cellules ayant un ou des flagelles: c'est le cas des spermatozoïdes ou d'un grand nombre d'unicellulaires.

D'autres microtubules sont présents dans les cellules: dans le cytoplasme cortical, situé juste sous la membrane cytoplasmique, et dans

Les desmosomes, constitués à partir des membranes de deux cellules voisines, maintiennent ces cellules étroitement fixées l'une à l'autre et assurent ainsi la cohésion des tissus ou de certains groupes cellulaires.

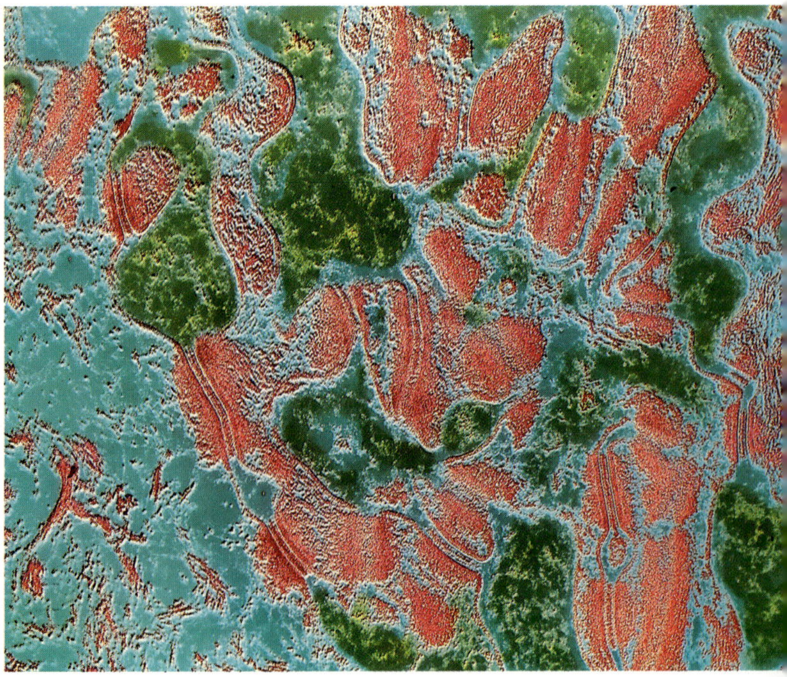

les prolongements cellulaires, ils assurent, avec les tonofilaments, le maintien de la forme cellulaire. Ces microtubules ont encore une autre fonction : ils forment le fuseau qui intervient lors de la mitose (voir p. 76-77). Ils ne se forment que pendant la division cellulaire et disparaissent ensuite.

Les ribosomes et les nucléoles

Les ribosomes sont de petites particules globulaires de 1 000 à 2 000 nanomètres que l'on trouve dans le cytoplasme. Ils sont soit libres ou associés en chapelet, soit attachés du côté hyaloplasmique du réticulum endoplasmique (voir schéma p. 59). Les ribosomes sont formés de deux sous-unités : une grosse et une petite.

L'analyse chimique des ribosomes montre qu'ils sont constitués de 70 p. 100 d'eau, de 15 p. 100 d'ARNr et de 15 p. 100 de protéines. Ils jouent un rôle important dans la synthèse des protéines.

Les ARNr des ribosomes sont transcrits au niveau d'une région particulière de l'ADN appelée organisateur nucléolaire. L'ensemble formé par l'ADN de l'organisateur nucléolaire, les ARNr, les protéines nucléaires (voir plus loin) et les protéines ribosomales constitue ce que l'on appelle le nucléole.

Les ARNr, dès leur fabrication, s'associent à des protéines venues du cytoplasme ; des phénomènes complexes de maturation aboutissent à la formation des grosses et des petites unités des ribosomes, qui passent séparément dans le cytoplasme. Ce n'est qu'au moment de la traduction (voir schéma p. 59) que les deux sous-unités des ribosomes se souderont et assureront ensemble l'accrochage de deux acides aminés.

Le réticulum endoplasmique

On appelle réticulum endoplasmique un ensemble de membranes qui forme un réseau tridimensionnel de cavités communiquant entre elles en un système clos (voir schéma p. 59). Ces cavités peuvent avoir des formes aplaties, tubulaires ou cavitaires. Une des faces de la membrane du réticulum est en contact avec le hyaloplasme et l'autre avec les cavités qu'elle délimite. Lorsque des ribosomes se fixent par leurs grosses unités sur la face hyaloplasmique du réticulum, on observe ce que l'on appelle le réticulum endoplasmique rugueux. Les ribosomes attachés aux membranes du réticulum synthétisent des protéines (traduction des ARNm) qui peuvent rester dans la membrane du réciculum ou passer dans sa cavité.

C'est aussi à ce niveau que se déroulent de nombreuses réactions du métabolisme lipidique, par exemple celles des phospholipides, du cholestérol et de ses dérivés.

Les produits des réactions métaboliques se déplacent dans la cavité : les uns peuvent être stockés dans les lysosomes (voir plus bas), les autres exportés par exocytose après un passage ou non par l'appareil de Golgi (voir schéma p. 59).

L'appareil de Golgi

Il s'agit d'un ensemble de cavités possédant une organisation différente de celle du réticulum endoplasmique. Il est formé par plusieurs groupes de saccules empilés les uns sur les autres, comme des assiettes, chaque saccule étant limité par une membrane lisse. Cette pile de saccules s'appelle un dictyosome. L'une des faces du dictyosome est tournée vers le réticulum endoplasmique ; dans l'espace ainsi délimité se trouvent de petites vésicules (2 000 nanomètres) provenant du réticulum et allant s'incorporer aux dictyosomes. Sur la face opposée se forment de plus grandes vésicules (4 000 à 8 000 nanomètres) : ce sont les vésicules de sécrétion ou les lysosomes.

Les cellules possèdent en général une vingtaine de dictyosomes, mais, en fonction des conditions physiologiques, il peut y en avoir de un à plus d'un millier, dans les cellules sécrétrices, par exemple.

Les vésicules golgiennes renferment des substances, souvent polypeptidiques, dont la synthèse peut être achevée par les enzymes golgiennes. C'est le cas notamment des enzymes digestives et du mucus produit par les cellules glandulaires de l'appareil digestif, de l'insuline et du glucagon produits par les cellules du pancréas, des glycoprotéines dans la membrane cellulaire.

Les lysosomes

Ce sont des vésicules renfermant un ensemble d'enzymes de dégradation, qui assurent un rôle de protection des autres structures cellulaires. On distingue deux types de lysosomes.

Les lysosomes primaires. Ce sont des vésicules de sécrétion, qui

Les muscles striés (ci-contre, muscle de singe) doivent leur nom aux stries transversales dues à l'alignement régulier des myofilaments d'actine et de myosine dans les cellules musculaires. Dans d'autres cellules, ces myofilaments n'ont pas cette organisation, c'est le cas de la cellule ci-dessous, où l'actine est mise en évidence par fluorescence.

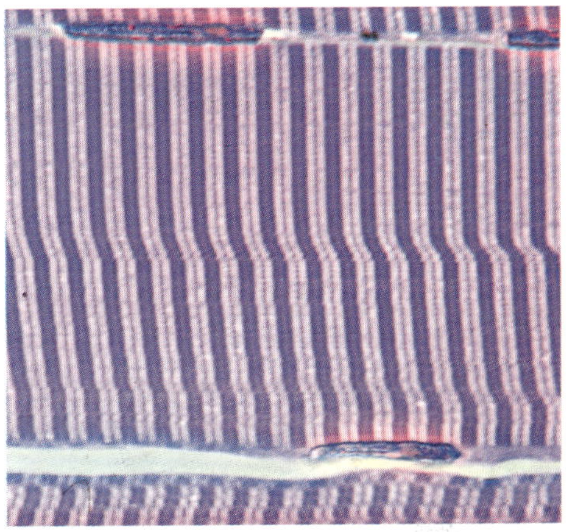

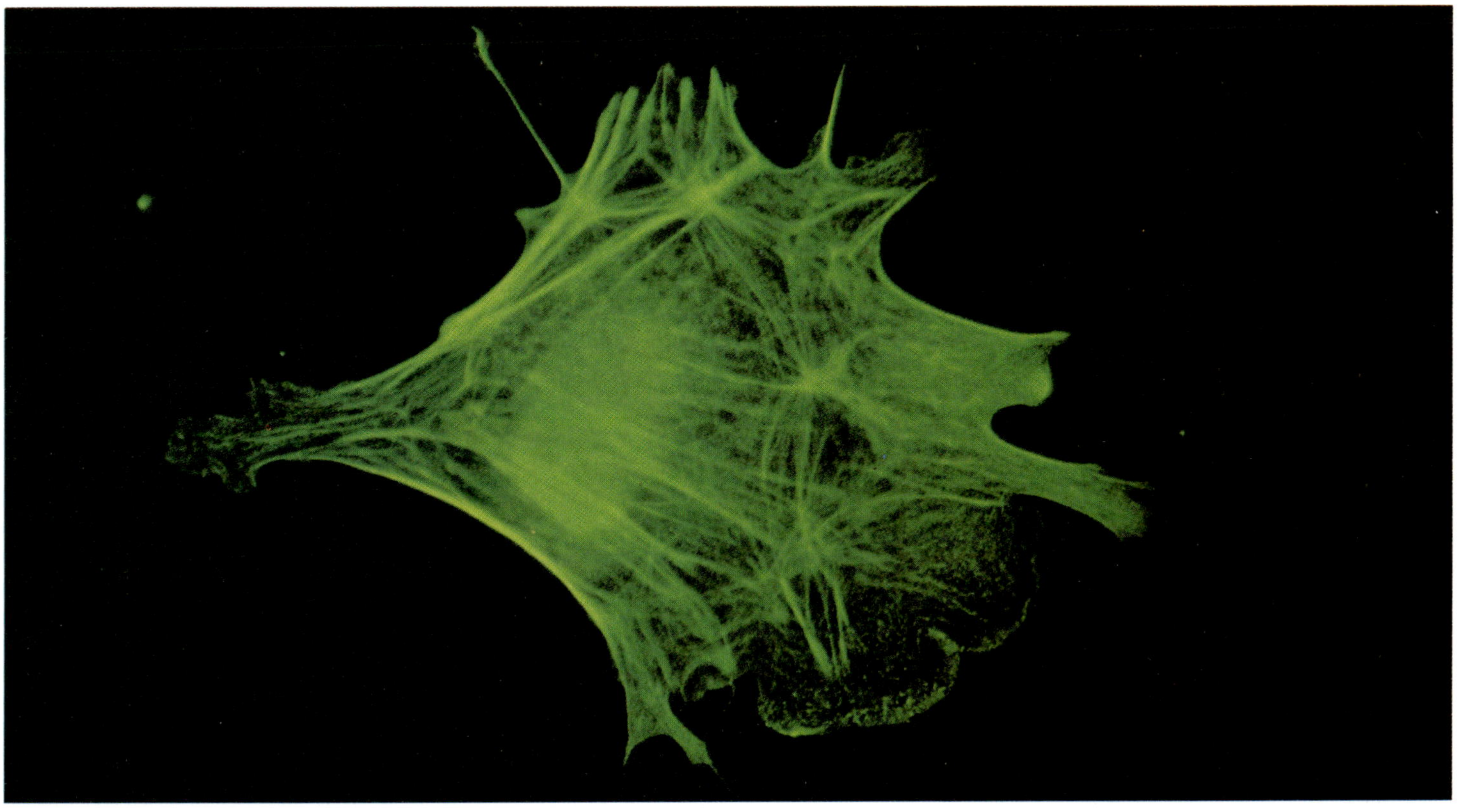

Structure d'un centriole

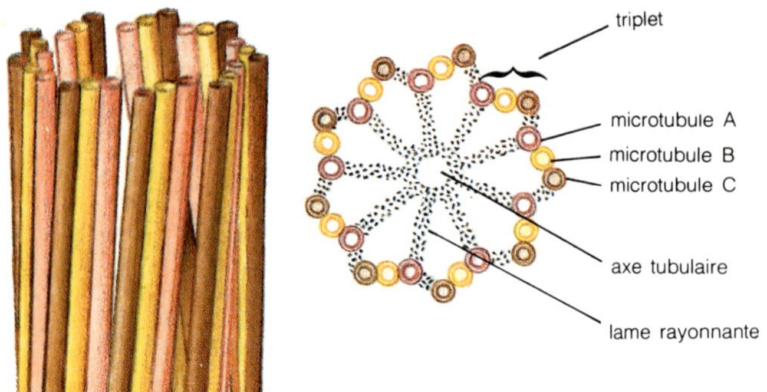

Les centrioles jouent un rôle important lors des divisions cellulaires (mitose et méiose). On retrouve cette structure centriolaire, augmentée de deux tubules au centre de l'axe tubulaire, dans les cils et les flagelles.

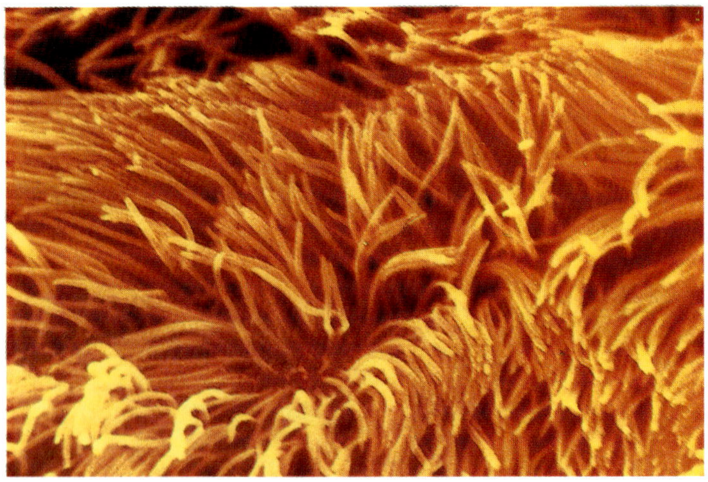

L'épithélium bronchique est recouvert d'une quantité de cils sans cesse en mouvements qui permettent le nettoyage des bronches en favorisant l'élimination du mucus et des particules encombrant les poumons.

contiennent les enzymes capables de dégrader les peptides, les ARN, les ADN, les polysaccharides, les lipides, entre autres. Ces vésicules prennent directement naissance à partir du réticulum lisse ou à partir de l'appareil de Golgi (voir schéma page ci-contre).

Les lysosomes secondaires. De taille plus grande et variable, ils contiennent, en plus des enzymes de dégradation, des substances à dégrader. Ces substances proviennent de la fusion avec les vacuoles d'endocytose (hétérophagie) ou de l'absorption d'une région ou d'une structure cellulaire (autophagie: «nettoyage» cellulaire). Leur rôle physiologique est de digérer du matériel extracellulaire ou intracellulaire. Le matériel digéré peut être déchargé à l'extérieur de la cellule par exocytose ou rester dans le hyaloplasme, dans les corps résiduels (voir schéma page ci-contre). Les lysosomes assurent aussi un rôle de défense contre les attaques microbiennes.

Les mitochondries

Elles existent dans toutes les cellules aérobies. Ce sont les centrales énergétiques de la cellule. Leur rôle est de récupérer l'énergie libérée par la combustion des aliments cellulaires. Ces organites cellulaires, contrairement aux autres, sont limités par deux membranes, l'une externe et l'autre interne (voir schéma ci-contre).

La membrane externe est riche en cholestérol et en enzymes, et sa perméabilité est importante. La membrane interne est très différente de la membrane externe. Elle forme des replis, les crêtes mitochondriales. Elle est assez imperméable, et le passage des substances se fait par des perméases ou des transporteurs spécifiques. On trouve dans cette membrane les enzymes de la chaîne respiratoire.

La membrane interne limite l'espace interne de la mitochondrie: la matrice. Dans cette matrice, on trouve des ions, des nucléotides et de nombreuses enzymes responsables de l'oxydation du combustible cellulaire (cycle de Krebs; voir schéma p. 86). L'énergie récupérée par cette dégradation sert à la chaîne respiratoire de la membrane interne.

LE NOYAU

Entre deux divisions cellulaires, à l'état dit interphasique, le noyau dirige l'activité cellulaire.

Chaque cellule contient normalement un noyau. Il existe des exceptions, formées de masses cellulaires issues de la fusion de plusieurs cellules: les muscles striés en sont un exemple. D'autres cellules peuvent perdre leur noyau: c'est le cas des globules rouges chez les mammifères.

Dans le noyau, les chromosomes, les produits de la transcription et les protéines enzymatiques, ainsi que le nucléoplasme (milieu où baignent les éléments des noyaux) sont entourés d'une vaste cavité du réticulum endoplasmique, l'enveloppe nucléaire. Cette cavité est composée d'une membrane externe et d'une membrane interne délimitant un espace périnucléaire. La membrane externe porte des ribosomes et est en continuité avec le réticulum, l'espace périnucléaire communique avec les cavités du réticulum (voir schéma page ci-contre). Les membranes externe et interne se rejoignent de place en place et permettent la formation de perforations circulaires qui, associées à des ribonucléoprotéines (acide ribonucléique associé à des protéines), donnent les pores nucléaires. La membrane interne est doublée sur toute sa surface par un matériel dense, la lamina, de nature protéique. Ces pores nucléaires assurent une communication entre le hyaloplasme et le nucléoplasme.

Les protéines nucléaires

Dans le noyau, l'ADN ne se trouve pas isolé: il est associé à de nombreuses protéines pour former la chromatine ou les chromosomes lors des divisions cellulaires. La molécule d'ADN dans le noyau d'une cellule humaine est longue d'environ 1 m. Les protéines nucléaires permettent à cet ADN de s'enrouler et de prendre une structure plus compacte compatible avec la taille du noyau cellulaire. L'association protéine-ADN déterminera les régions à transcrire.

Les protéines histones sont des protéines basiques. Il en existe cinq types majeurs dénommés H1, H2A, H2B, H3, H4. Ce sont de petites molécules (2 nanomètres de diamètre). Dans la chromatine, il y en a autant que d'ADN. Deux histones H2A s'associent avec deux H2B, deux H3 et deux H4 pour former un noyau nucléosomique autour duquel peut s'enrouler le double brin d'ADN. Deux noyaux nucléosomiques maintenus ensemble par une molécule d'histone H1 forment le lien internucléosomique. L'ensemble des noyaux nucléosomiques et de l'ADN forme le nucléofilament (voir schéma page ci-contre).

Les protéines non histones forment un groupe de protéines hétérogènes: on y retrouve des protéines impliquées dans la réplication, dans la transcription, ou encore des protéines de l'architecture de la chro-

Structure des mitochondries

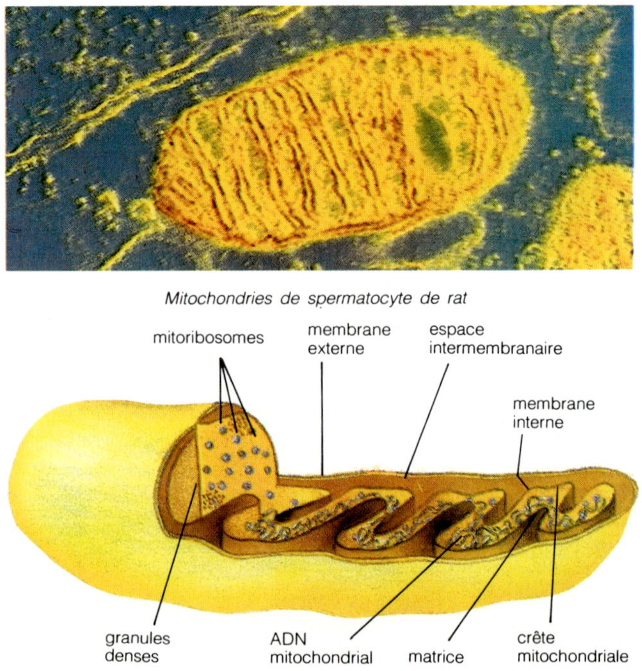

Mitochondries de spermatocyte de rat

Les activités du réticulum endoplasmique et de l'appareil de Golgi

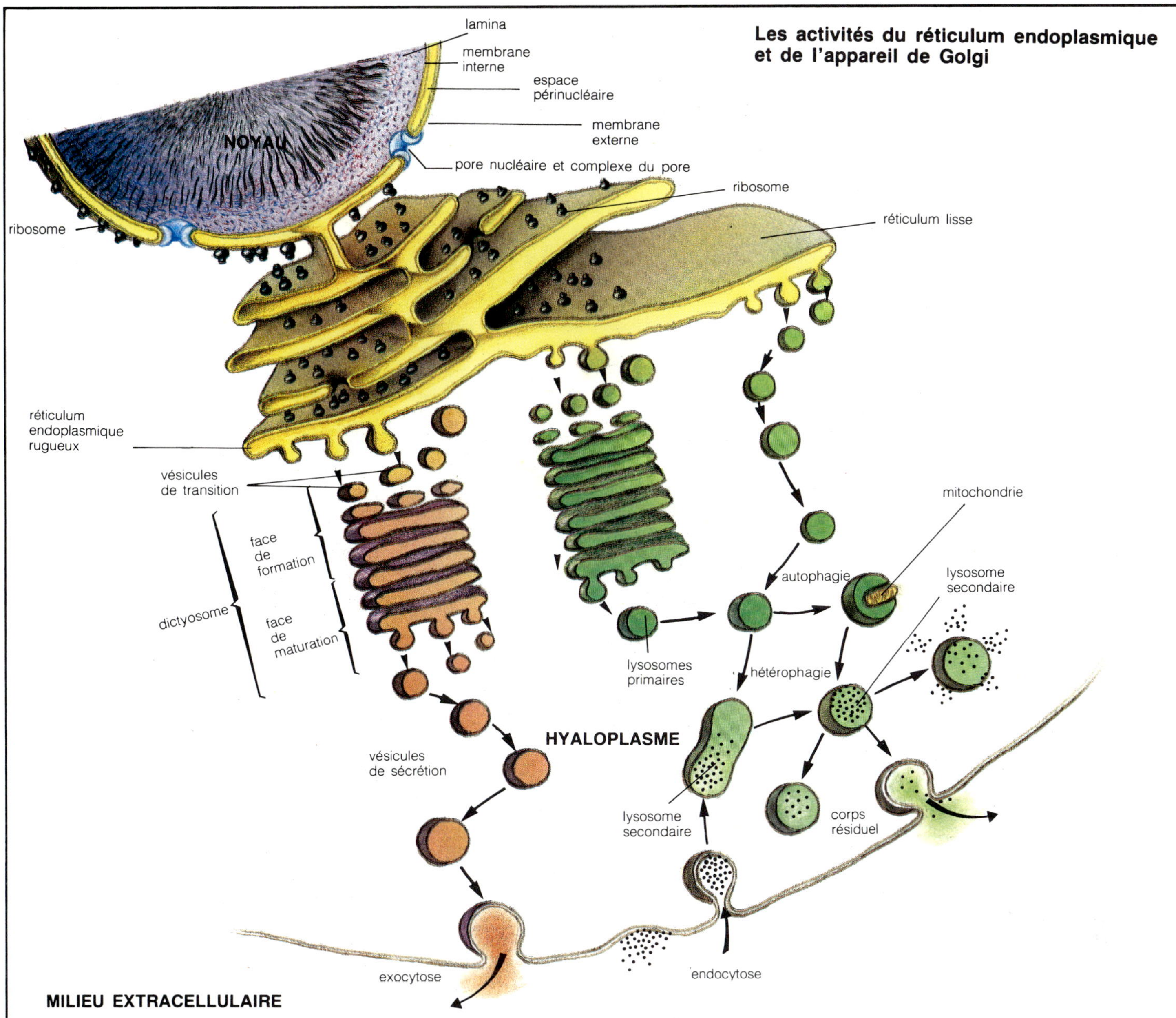

L'appareil de Golgi d'une cellule est formé de plusieurs dictyosomes. Ceux-ci reçoivent, sur l'une de leurs faces, des vésicules d'origine endoplasmique. Sur l'autre face se forment soit des vésicules de sécrétion, soit des lysosomes chargés d'assurer la digestion intracellulaire.

Structure du nucléofilament

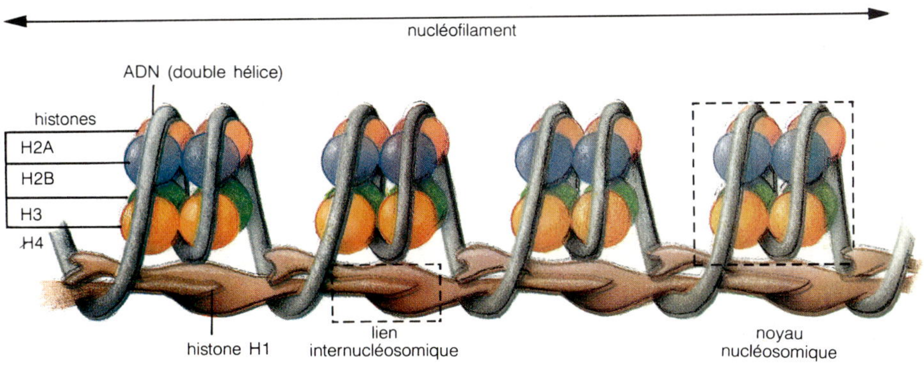

Dans le noyau cellulaire, l'ADN est associé à des protéines, les histones; il forme avec elles, le nucléofilament. Il existe cinq types d'histones différents, dont chacun a un rôle dans la formation du nucléofilament.

matine. Ces dernières constituent l'axe protéique stable de la chromatine. Imaginez que l'ADN s'enroule comme un ressort autour des histones, puis que ce ressort s'enroule lui-même autour d'un axe protéique constitué de protéines nucléaires non histones. Cet exemple montre comment le long brin d'ADN peut trouver place dans le petit noyau cellulaire.

Dans le noyau d'une cellule pourvue d'une activité cellulaire, tous les gènes ne sont pas transcrits; certains gènes s'expriment et d'autres ne le font pas. Cette différence d'activité peut s'expliquer schématiquement par la différence de condensation de la chromatine. La chromatine condensée dans certaines régions du nucléofilament reliées à la lamina forme l'hétérochromatine, qui n'a qu'une faible activité de transcription. Au contraire, les régions du nucléofilament déployées dans le nucléoplasme, comme si l'on déployait quelques spires du ressort, forment la chromatine diffuse du noyau, qui a une activité de transcription élevée.

RAPHAËL FRANQUINET

CHAPITRE 5

Les conditions d'existence des premiers êtres vivants

La photosynthèse, indispensable à la vie

Comme tous les vivants, les plantes respirent. Mais ce qui les différencie de manière fondamentale, c'est la photosynthèse. En effet, ce mécanisme, qui est exactement inverse de la respiration, produit l'oxygène qui permet aux êtres vivants de respirer. Grâce à la photosynthèse, l'évolution a pu s'amplifier.

La vie en général, et donc la qualité de l'atmosphère actuelle, dépend de la photosynthèse, assurée essentiellement par les algues et les plantes supérieures. L'évolution de ces dernières est pourtant bien postérieure à l'apparition des premières cellules vivantes et même des premiers êtres qui ont eu besoin d'oxygène pour vivre.

Du fait du processus habituel de l'évolution, qui procède toujours par sauts de puce, par variations très progressives, et qui, selon l'expression populaire imagée, conserve toujours de multiples fers au feu, son mécanisme fondamental était sans doute en attente depuis les origines, dans la mesure où ses molécules de base se sont trouvées mêlées, avec les autres, dans la « soupe » primitive.

La vie sans oxygène

Faisons un retour en arrière. Dans l'atmosphère originelle, l'oxygène était rare ou absent. Cette hypothèse est confortée par le fait que l'oxygène moléculaire, même en faible concentration, suffit à empêcher les synthèses de composés organiques lorsqu'on les effectue dans les conditions supposées de la Terre primitive. Autre argument : les bactéries dont la structure et la biochimie sont les plus simples, et qui sont donc les plus primitives, sont elles-mêmes anaérobies, c'est-à-dire qu'elles vivent sans air, comme les premiers êtres vivants. Pour les êtres anaérobies, l'oxygène se comporte comme un poison.

Grâce à un apport d'énergie extérieure, dont nous avons vu quelques-unes des sources multiples au chapitre 3, des molécules organiques se formèrent spontanément, puis se collectèrent pour former cette « soupe » primitive, d'où émergèrent des structures prévivantes, puis vivantes, avec leurs matrices informationnelles, leurs catalyseurs et leurs membranes limitantes.

Ces premiers vivants anaérobies furent hétérotrophes, c'est-à-dire qu'ils consommèrent des molécules organiques déjà formées dans le milieu ambiant, en l'occurrence la « soupe » primitive, et choisirent certainement les molécules les plus favorables à leur survie. Mais, obligatoirement, une compétition s'instaura pour ces « briques » constitutives : certaines furent consommées plus que d'autres et devinrent rares.

Malgré tout, un certain renouvellement fut sans doute assuré, au moins dans les premiers temps. Les conditions n'ayant pas encore fondamentalement changé, il est probable que l'évolution chimique se poursuivit et coexista avec les premiers vivants, recréant ainsi les réserves qui tendaient constamment à s'amenuiser du fait du foisonnement irrépressible de la vie. Mais cette situation ne put durer et la production purement chimique de molécules organiques diminua, en raison sans doute de l'augmentation du taux d'oxygène dans l'atmosphère, due, en dehors de toute photosynthèse, à la dissociation photolytique de l'eau, c'est-à-dire à la coupure des molécules d'eau sous l'action des rayons ultraviolets.

L'apparition d'oxygène amena la création progressive de la couche d'ozone dans les hautes altitudes de l'atmosphère. Cette couche, diminuant le rayonnement ultraviolet, abaissa aussi le niveau de l'énergie disponible pour assurer des synthèses organiques spontanées qui, de toute façon, sont inhibées en présence d'oxygène. L'évolution chimique ne pouvait donc que tendre vers zéro.

En raison de la consommation par les vivants et du non-renouvellement progressif des réserves organiques, ces dernières commencèrent à s'épuiser. Il fallut donc qu'une

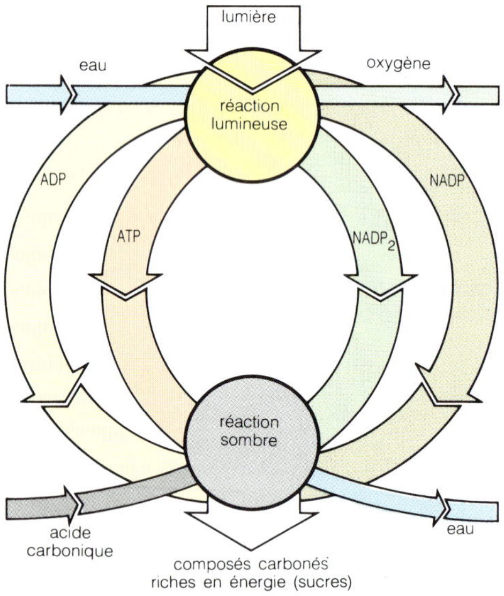

La photosynthèse. L'énergie solaire captée par la chlorophylle «coupe en deux» une partie des molécules d'eau absorbées par les plantes. L'oxygène et l'excès d'eau sont rejetés. Des macromolécules, qui resservent indéfiniment, transportent l'énergie et l'hydrogène nécessaires à la réduction de l'acide carbonique, ce qui donne des substances riches en énergie (sucres).

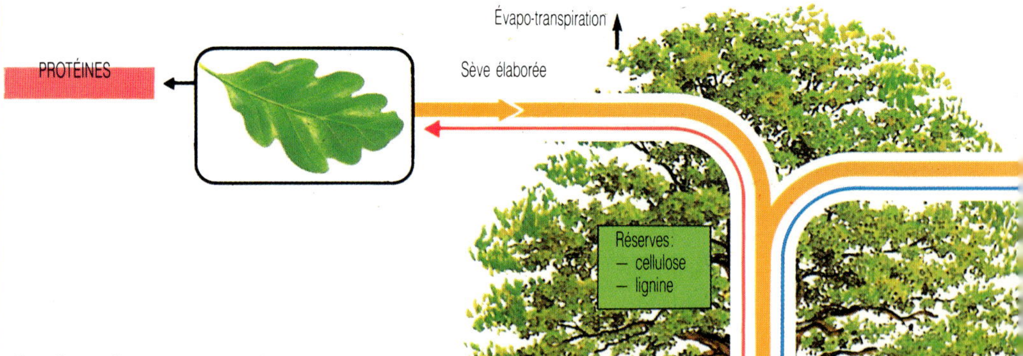

Le fonctionnement physiologique d'un arbre

Grâce à leurs poils absorbants, les racines puisent dans le sol l'eau et les sels minéraux (nitrates, phosphates...) qui constituent la sève brute, dont les produits sont utilisés au cours de la photosynthèse.
Celle-ci n'est d'ailleurs pas un mécanisme exclusif de synthèse des glucides : de nombreux composés cellulaires autres que les sucres sont aussi biosynthétisés. Ces substances, en solution dans l'eau, constituent la sève élaborée, qui les distribue dans toute la plante, où certaines sont transformées en substances de réserve et de soutien.

nouvelle façon de vivre s'organisât : ce fut l'utilisation de l'acide carbonique (CO_2) par les cellules. Chez certaines d'entre elles, le CO_2 devint même l'unique source de carbone et servit à l'élaboration de toutes les biomolécules qui leur étaient nécessaires : l'autotrophie (mot qui signifie : « qui se nourrit soi-même ») était née et la photosynthèse aussi. On dit des cellules qui la pratiquent qu'elles sont phototrophes, c'est-à-dire qu'elles tirent leur énergie de la lumière.

L'évolution de la photosynthèse

La photosynthèse, dont nous expliquerons plus loin le mécanisme, est une opération biologique très complexe. La bactérie ou le végétal captent l'énergie du soleil et la transforment en énergie chimique, directement utilisable pour les besoins de la vie, grâce à des « structures d'accueil » : l'une pour les photons, c'est-à-dire les grains d'énergie solaires, l'autre pour le gaz carbonique, seule source de carbone des organismes photosynthétiques. Ces structures nécessitent la présence d'un grand nombre de molécules organiques, indispensables pour que la photosynthèse arrive à son terme.

Cet ensemble ne s'est pas construit en une fois, pas plus que la vie n'est apparue soudainement. Mais chacun des rouages était présent, en attente dans le milieu. « N'est-il pas surprenant, écrit le botaniste et physiologiste français J. Carles, de voir se former et s'accumuler des éléments disparates et qui ne servent à rien, en attendant le jour où la photosynthèse commencera ? » On peut en dire autant de l'apparition de la vie. Ici encore, les lois de l'évolution chimique et le hasard jouèrent leur rôle. La mer primitive fut le réceptacle universel d'un nombre de molécules inouï.

Parmi celles-ci se formèrent, entre autres, des molécules aux intéressantes propriétés, comme les porphyrines ; or les pigments chlorophylliens en contiennent une molécule. On voit bien l'évolution des porphyrines : se liant avec un atome de magnésium et des protéines, elles ont donné ces pigments que nous connaissons sous le nom de bactériochlorophylle chez les bactéries photosynthétiques, de chlorophylle des plantes vertes, d'hémine, le pigment rouge du sang, et de cytochromes, molécules pigmentées essentielles pour la respiration et pour la photosynthèse.

Ces pigments se trouvant dans le milieu, des cellules ont pu les acquérir, selon un mécanisme simple de captation, un peu comme celui observé par Oparine dans ses coacervats, et donc devenir colorées, puis évoluer pour que leurs mécanismes biochimiques naturels puissent utiliser l'énergie solaire captée par ces mêmes pigments. Beaucoup d'intermédiaires et d'enzymes sont communs à la photosynthèse et à la dégradation intracellulaire des aliments, phénomène anaérobie appelé catabolisme.

Dès lors, il est tentant de supposer que les systèmes enzymatiques de cellules anaérobies devenues pigmentées se sont mis au service de la photosynthèse. On peut admettre aussi que les premières cellules à pigments se sont constituées au hasard, progressivement, et que les structures biochimiques les plus stables se sont maintenues. Dans cette hypothèse, les cellules pratiquant la photosynthèse pourraient être presque aussi anciennes que les autres. Mais cela ne put jouer sur la production d'oxygène, car la photosynthèse la plus primitive fut celle des procaryotes anaérobies. Or la photosynthèse bactérienne a suivi une voie évolutive distincte de celle des plantes vertes : elle utilise des produits soufrés, notamment l'hydrogène sulfuré (H_2S), comme source d'atomes d'hydrogène (ou d'électrons, ce qui revient au même) pour réduire le gaz carbonique (CO_2) : le soufre est alors le produit de « déchet », et non l'oxygène.

Bien que capable également de synthétiser des composés organiques à partir de substances minérales, la photosynthèse bactérienne est moins efficace que celle des plantes vertes. Au début, cette efficacité moindre ne devait pas être très gênante, dans la mesure où l'énergie stockée était sans doute utilisée uniquement pour subvenir aux besoins propres de chaque cellule. Mais le processus de fixation de l'énergie solaire ne pouvait que continuer à évoluer.

Les algues sont très abondantes dans les eaux et dans les sols. Plus de la moitié de la photosynthèse mondiale leur est due : chaque atteinte au potentiel autotrophe des eaux est donc très grave. Les chloroplastes des algues (leurs cellules n'en contiennent souvent qu'un seul, contre parfois une quarantaine chez les plantes supérieures) ont souvent des formes très particulières : le chloroplaste peut être par exemple rubané-hélicoïdal chez les spirogyres, algues vertes filamenteuses (ci-dessus), ou bien encore divisé en deux parties symétriques chez les desmidiées, algues unicellulaires (ci-dessous).

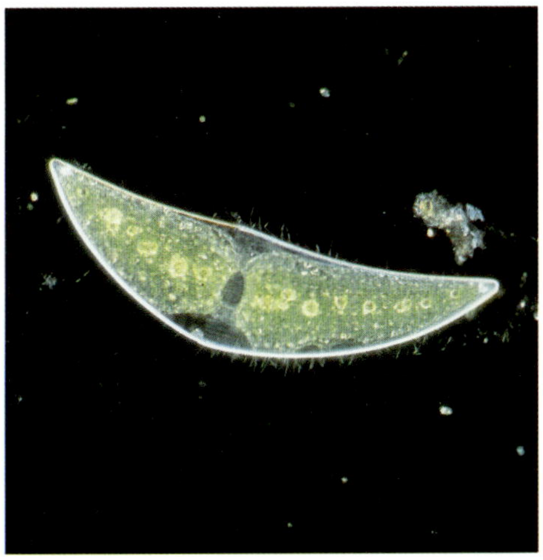

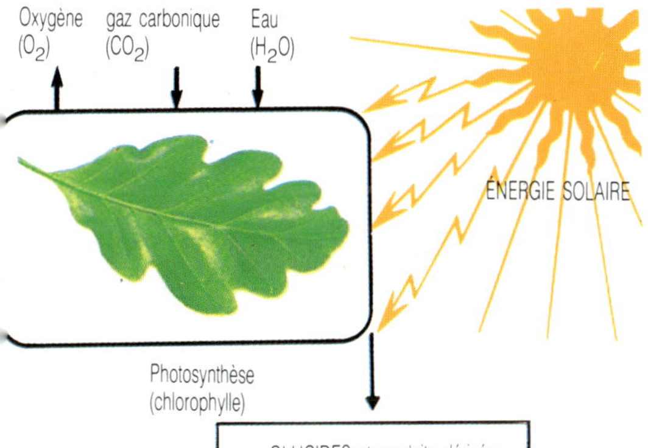

En plein jour, les deux réactions, lumineuse et sombre, se déroulent simultanément, et la plante accumule les réserves qui lui permettent d'accomplir son cycle de vie et de survivre en hiver. Mais les plantes respirent aussi, et donc consomment. De jour, la photosynthèse ne supprime pas la respiration et la nuit, seule cette dernière a lieu. Le bilan réel de la photosynthèse est donc plus faible que le bilan théorique : 1 p. 100 de l'énergie solaire est récupéré sous forme de produits nouveaux. C'est pourquoi il est impératif de ne pas galvauder le capital vert du monde.

On en arriva donc au moment où des quantités croissantes d'énergie solaire furent stockées sous forme d'énergie chimique pour être transférées au fur et à mesure des besoins lors des processus nécessaires au maintien de la vie. L'avantage se porta, bien sûr, sur les systèmes les plus performants, c'est-à-dire vivant grâce à l'air (aérobies) : on passa donc progressivement de cellules procaryotes anaérobies au système extrêmement efficace actuel. Celui-ci représente le point culminant du processus évolutif : l'énergie lumineuse est utilisée dans des systèmes cellulaires (organites) spécialisés, porteurs de chlorophylle : les chloroplastes (probablement d'anciennes bactéries « englobées », devenues symbiotes, comme on l'a vu au chapitre 4), qui sont capables de stocker jusqu'à 30 p. 100 de l'énergie reçue. Simultanément, la composition de l'atmosphère subit de profonds changements.

Les chloroplastes

La photosynthèse est donc l'utilisation de l'énergie lumineuse solaire par les cellules végétales, en vue de la biosynthèse de leurs constituants cellulaires. Mais cette énergie a besoin de capteurs : ce sont les chloroplastes.

Dans la cellule photosynthétique à noyau, les chloroplastes sont des organites, c'est-à-dire des éléments de la cellule plus petits et internes à celle-ci, dont la structure est semblable

Bactéries photosynthétiques et cyanophycées

Au précambrien, la photosynthèse se produisit sans doute très tôt, dans une atmosphère sans oxygène. Elle fut le fait des bactéries photosynthétiques qui évoluèrent plus tard en donnant, pour certaines, les bactéries vraies et, pour d'autres, des organismes photosynthétiques aérobies qui les supplantèrent peu à peu, du moins dans les sites très oxygénés. Les bactéries photosynthétiques anaérobies primitives s'adaptèrent alors aux parties profondes, où la lumière est certes moins forte, mais la concentration d'oxygène plus faible également. Beaucoup de bactéries photosynthétiques actuelles — toujours anaérobies — prolifèrent dans de tels environnements.

Les cyanophycées, ou cyanobactéries, occupent, biochimiquement parlant, une place intermédiaire entre les bactéries anaérobies et les eucaryotes. En effet, elles réalisent la photosynthèse aérobie (ou végétale) à partir de l'eau (et du gaz carbonique), et non plus de l'hydrogène sulfuré comme les précédentes. Mais elles possèdent aussi des particularités biochimiques qui montrent que leur groupe se développa à une période où la concentration en oxygène fluctua grandement dans l'atmosphère terrestre. Ces organismes, qui sont encore répandus partout, ont été responsables du développement sur la terre d'une atmosphère riche en oxygène.

Les chlorophylles

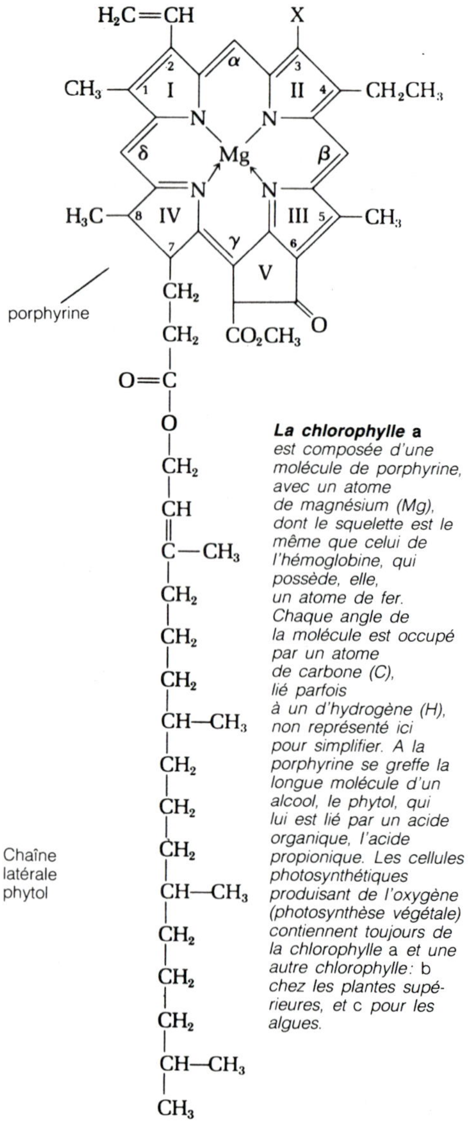

***La chlorophylle* a** *est composée d'une molécule de porphyrine, avec un atome de magnésium (Mg), dont le squelette est le même que celui de l'hémoglobine, qui possède, elle, un atome de fer. Chaque angle de la molécule est occupé par un atome de carbone (C), lié parfois à un d'hydrogène (H), non représenté ici pour simplifier. A la porphyrine se greffe la longue molécule d'un alcool, le phytol, qui lui est lié par un acide organique, l'acide propionique. Les cellules photosynthétiques produisant de l'oxygène (photosynthèse végétale) contiennent toujours de la chlorophylle* a *et une autre chlorophylle:* b *chez les plantes supérieures, et* c *pour les algues.*

⇧ **Les chloroplastes des plantes supérieures** ont de 1 à 10 µm de diamètre et possèdent une forme discoïde (ci-dessus, feuille d'une mousse, *Mnium hornum*, au microscope). Chaque chloroplaste est entouré d'une membrane qui forme de nombreuses vésicules aplaties: les disques thylacoïdes, empilés, dont les membranes sont des sites de captation de la lumière. Chaque pile constitue un granum, et chaque granum contient les pigments et enzymes nécessaires aux réactions «lumineuses» de la photosynthèse. Il existe en général de nombreux grana par chloroplaste (ci-dessous, chloroplaste de ray-grass en micrographie électronique). ⇩

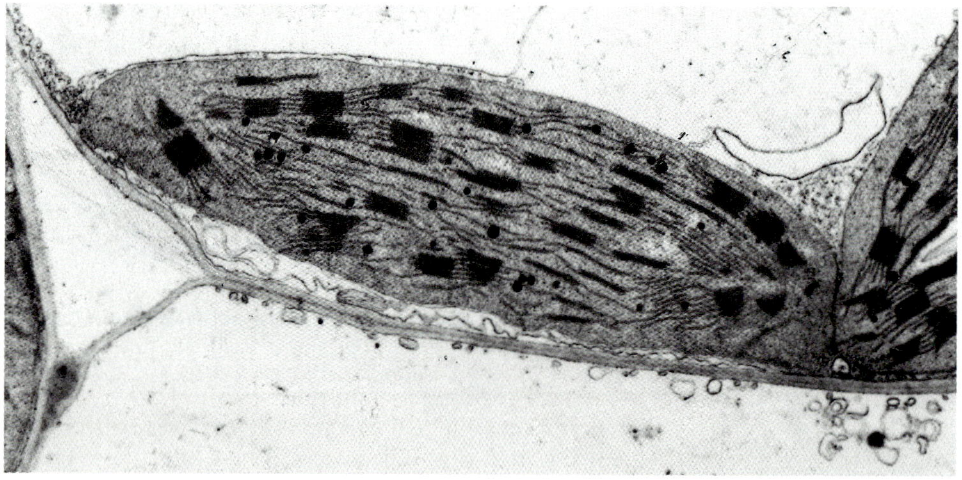

à celle des mitochondries, mais dont la taille est plus grande (1 à 10 micromètres). Comme elles, ils possèdent de l'ADN et des capacités d'auto-réplication, ce qui plaide en faveur de leur origine symbiotique. Leur forme est généralement celle d'un disque, mais, chez certaines algues, ils peuvent avoir des aspects particuliers: en hélice, en ruban, par exemple. Dans les cellules, leur nombre va de un, chez certaines algues, à une quarantaine.

Chaque chloroplaste est entouré d'une double membrane constituée de lipides et de protéines. La membrane externe est continue et fragile. La membrane interne, elle aussi continue, est repliée de façon complexe: elle forme de nombreuses vésicules aplaties, les disques thylacoïdes, qui fonctionnent comme des sites de capture de la lumière. Ces disques sont empilés transversalement dans le chloroplaste, et leurs empilements, appelés *grana*, contiennent les pigments et les enzymes nécessaires aux réactions lumineuses de la photosynthèse.

Les mécanismes essentiels de la photosynthèse

Pour se dérouler vite et bien, les réactions chimiques ont en général besoin de chaleur: au laboratoire, on chauffe les solutions pour accélérer les réactions. Sinon, comme ce fut le cas dans la «soupe» primitive, celles-ci se déroulent tout de même, mais elles mettent beaucoup de temps. Les cellules vivantes ne peuvent pas attendre, car elles vivent, brûlent leurs réserves rapidement et doivent donc se «recharger» aussi vite. Tous les processus vitaux ont une base chimique, mais la chaleur indispensable au déroulement simultané et rapide des réactions nécessaires, dans les conditions du laboratoire, serait excessive et tuerait les cellules. C'est pourquoi la nature a dû mettre au point un système de transmission de l'énergie qui élève peu la chaleur des organismes, mais qui aboutit néanmoins au même résultat que le chauffage des solutions. Ce système est constitué par des chaînes d'accé-

Les plantes et la lumière. Ces deux photographies représentent une expérience classique que nous avons tous vu faire à l'école: une partie d'une feuille de géranium est occultée par un cache. Après un certain temps d'exposition à la lumière, la feuille est traitée à l'alcool, puis au réactif iodé: on constate que la partie restée à l'obscurité est transparente et ne comporte pratiquement pas de grains d'amidon, résultat de l'accumulation de réserves pendant la photosynthèse. Une plante privée de lumière dépérit, puis meurt.

lérateurs: les enzymes, qui agissent aussi par «sauts de puce», grâce à un grand nombre de réactions partielles, qui se succèdent très vite. De plus, la «rentabilité» du système est assurée par la réutilisation constante des mêmes accélérateurs de réactions et des mêmes «transmetteurs» d'énergie constamment recyclés. La photosynthèse, qui réapprovisionne le monde en énergie en captant celle qui nous vient du soleil, est un exemple caractéristique de ces processus.

L'équation chimique globale de la photosynthèse est:

$$6\,CO_2 + 6\,H_2O \rightarrow C_6H_{12}O_6 + 6\,O_2,$$

ce qui signifie que 6 molécules de gaz carbonique et 6 molécules d'eau donnent, avec l'intervention de la lumière, 1 molécule de glucose et 6 molécules d'oxygène.

En fait, ce phénomène se divise en deux phases.

La phase lumineuse. C'est la première. Elle correspond à la capture des photons, grains de lumière en provenance du soleil, par les pigments chlorophylliens, et à la conversion de cette énergie lumineuse en énergie chimique sous forme d'ATP (adénosine triphosphate). Dans cette phase entrent en jeu l'eau et deux composés qui ont été décrits plus hauts et qui vont se transformer cycliquement et resservir continuellement. Il s'agit d'une coenzyme, le NADP (nicotinamide adénine dinucléotide phosphate), qui peut facilement fixer un atome d'hydrogène (H), c'est-à-dire être réduit et devenir NADPH, puis céder cet atome et reprendre sa forme oxydée (on dit que c'est un transporteur d'hydrogène); et de l'ADP, ou adénosine diphosphate, qui peut acquérir un phosphate et donner ainsi l'ATP, qui le cédera un peu plus tard pour redonner de l'ADP, et ainsi de suite. L'ATP est le transporteur de phosphates par excellence, au cours de très nombreuses réactions enzymatiques impliquées dans le transfert de l'énergie chimique.

La lumière apporte l'énergie nécessaire pour «couper» la molécule d'eau (on appelle ce phénomène la photolyse de l'eau) en donnant de l'oxygène, produit de déchet de la photosynthèse, qui est rejeté à l'extérieur, et de l'hydrogène. Celui-ci se fixe sur le NADP: il le réduit, pendant que l'ADP, toujours grâce à l'énergie solaire, acquiert une molécule de phosphate et donne de l'ATP, riche en énergie.

On peut ainsi résumer ce processus:

$$H_2O + \underset{\text{(oxydé)}}{NADP} + P + ADP$$

(lumière)

$$\mapsto O + \underset{\text{(réduit)}}{NADPH} + H + ATP$$

La phase obscure. Dès lors, le rôle de la lumière est terminé, et l'on entre dans la seconde phase, dite obscure. Au cours de celle-ci, le glucose et d'autres substances organiques seront élaborés par la plante à partir du gaz carbonique (CO_2), grâce à l'énergie élevée stockée dans la molécule d'ATP. Simultanément, les «acteurs fixes» vont redevenir disponibles: il s'agit du NADP et de l'ADP, ainsi que du phosphate. On a alors la formule suivante:

$$CO_2 + NADPH + H + ATP$$
$$\mapsto \text{glucose} + NADP + ADP + P$$

La photosynthèse se déroule donc tout au long d'un cycle (voir schéma p. 60) au cours duquel, inlassablement, les mêmes substances jouent le même rôle. Seuls de l'eau et le CO_2 sont consommés pour donner des substances de réserve et de l'oxygène.

La photosynthèse constitue donc un processus qui est l'inverse de celui de la respiration. Mais les plantes vertes respirent de jour comme de nuit, comme tous les êtres vivants aérobies. Pour qu'il y ait accumulation d'énergie dans la cellule, le taux de la photosynthèse doit dépasser nettement celui de la respiration.

Tous les végétaux verts participent à ce phénomène, qui assure le renouvellement constant de l'oxygène atmosphérique. L'océan, avec ses riches populations d'algues, en est un acteur essentiel, autant que les grandes forêts. Le moindre végétal vert est précieux. Notre vie est suspendue à l'haleine des forêts ou de l'océan: toute atteinte au «monde vert» met en danger l'équilibre de notre biosphère et, à terme, notre vie ou celle de nos enfants.

Le monde vert

La vie des plantes tient à des échanges constants avec le milieu où elles se développent, et auquel elles sont implacablement liées. En effet, contrairement aux animaux, qui peuvent se déplacer, les végétaux sont habituellement attachés à leur support et doivent affronter en permanence les conditions que l'écologie leur impose; ils ne s'en affranchissent que par la mort.

La photosynthèse, combinée avec les différents cycles de la matière, a pour aboutissement les végétaux verts de toutes tailles et de tous modes de vie, organismes producteurs par excellence de la matière vivante. Ce sont eux qui ont peuplé le monde d'abord: il suffit d'ailleurs des plantes et des décomposeurs pour que la vie se déroule et que la matière se recycle à l'infini, pourvu que le soleil envoie toujours assez d'énergie sur terre. Plus tard, certains organismes simples, certaines cellules primitives se sont différenciés progressivement pour donner les hétérotrophes et, en particulier, les animaux. Mais, sans les plantes vertes, nous ne serions pas ce que nous sommes; nous n'aurions même jamais pu être. En effet, qu'elles soient terrestres ou marines, le résultat est toujours le même: les végétaux verts apportent aux autres organismes la nourriture, donc l'énergie nécessaire à la vie, et l'oxygène.

DES SOCIÉTÉS TRÈS ORGANISÉES

Le schéma ci-dessous montre un écosystème forestier: une chênaie de plateau. Les plantes y vivent en société, et, comme dans toute société, des intermédiaires, les micro-organismes notamment, facilitent — ou non — leur vie et leurs relations avec le milieu.

Vivant en société, les plantes subissent mutuellement leurs influences, comme celles du milieu. Un arbre isolé (ici, un épicéa photographié en bordure de la forêt d'Aletsch, dans le Valais) n'a ni la même forme ni le même environnement biologique que lorsqu'il vit en peuplement forestier.

Du fait de leur grande taille, les arbres créent sous eux des conditions de lumière, d'humidité, de qualité d'humus telles qu'à des essences forestières données correspond une certaine composition du sous-bois. Chaque espèce dominante entraîne avec elle, en fonction bien sûr du climat et du substratum, un cortège particulier d'arbres, d'arbustes et de plantes herbacées, comme le montre la composition ci-contre, à gauche, représentant la chênaie du plateau suisse, qui associe notamment, aux chênes sessiles, des hêtres, des charmes, des châtaigniers, des bouleaux, des noisetiers, mais aussi du chèvrefeuille ou de l'aubépine, des anémones des bois, des primevères, du muguet, des fougères aigle et de la sauge des bois. Très différent sera le sous-étage d'une chênaie-hêtraie de plaine, comme celle de la forêt domaniale de Senonches, dans l'Eure-et-Loir (page ci-contre).

Certains remettent les éléments minéraux à la disposition des plantes, pour leur nutrition minérale; d'autres, les symbiotes, les aident intimement; d'autres encore les rendent malades ou les tuent. Entre les plantes et les différentes populations qui forment l'écosystème, qu'elles soient microbiennes, végétales ou animales, se tressent des liens particuliers, se créent une organisation et une stratification déterminées. On se trouve finalement devant un ensemble complexe, comparable à une grande usine: qu'une réaction soit stoppée, qu'un acteur cesse de jouer son rôle, que des pollutions excessives s'appliquent, et la vie verte et parfois la nôtre aussi, en contrecoup, s'en ressentent.

Le monde vert pose des problèmes innombrables: ce grand sapin, là, devant nous, montre un fût immense et majestueux; mais comment est-il venu là? Pourquoi y reste-t-il? Quelles influences a-t-il subies? Pourquoi la sève monte-t-elle à son sommet? Pour quelles raisons donne-t-il des graines? Qui viendra après lui? Autant de questions, autant de problèmes dont les données ne sont souvent qu'à peine connues ou la solution seulement esquissée.

On ne peut pas cloisonner la vie verte: elle est une. Mais tout peuplement végétal évolue sous des influences diverses, physico-chimiques, biologiques, qui s'entrecroisent. Si tels arbres sont là, c'est parce que la nature de la roche sous-jacente et du sol s'accorde avec les caractères physiologiques de la majorité des individus et que le climat s'est montré favorable à l'installation des espèces dominantes du peuplement.

Sous celui-ci se crée un microclimat humide et frais; des espèces végétales, qui fuient la sécheresse, y trouvent un habitat confortable: mousses, champignons. Il en est de celles-ci comme des animaux: leur distribution est due sans doute plus aux hasards des microclimats qu'à autre chose. Par contre, sait-on pourquoi certaines plantes ne germent pas ou ne peuvent pas vivre au voisinage de certaines espèces? La réponse est simple: comme entre les micro-organismes, des relations de compétition, d'antagonisme s'exercent aussi entre les végétaux. Par leurs racines ou du fait de la décomposition de leur feuillage, les plantes laissent «suinter», comme l'on disait autrefois, des substances qui, selon les cas, se montrent bienfaisantes ou toxiques: il ne viendrait à l'idée d'aucun arboriculteur de planter un pêcher derrière un pêcher, un cerisier après un cerisier. Il sait, de plus, que l'eau de drainage d'une pelouse est mauvaise pour les pommiers. Enfin, si l'on veut réussir un poirier après un poirier, il ne suffit pas d'apporter du fumier, il faut aussi changer la terre. Pour pallier ce phénomène de la «fatigue des sols», la nécessité des assolements est trop connue pour qu'on y insiste, quelle que soit la dose d'engrais incorporée au sol.

Mais le feuillage des rosacées (pommiers, cerisiers, poiriers, ronces, framboisiers, etc.), riche en sucre et en calcium, est favorable aux *Azotobacter*, microbes fixateurs libres de l'azote atmosphérique qui, sous eux, améliorent le sol, permettant ultérieurement à d'autres plantes ou à d'autres arbres de se développer correctement à leur tour, et ainsi de suite... Des échanges incessants assurent donc le renouvellement permanent des populations végétales dans le monde. Ce pouvoir d'autorégulation permet aux plantes de se maintenir et d'assurer notre survie. Trop souvent, pourtant, l'homme l'entrave, sans se rendre compte que toute atteinte au monde vert est une atteinte contre lui-même.

Comment évolue la végétation

Supposons une surface de sol vierge, nue: par exemple, une surface rocheuse dont le sol et la végétation ont été arrachés par une inondation, ou encore après qu'une tranchée a été creusée à l'explosif pour construire une route. Assez rapidement, amenées par le vent, des spores de bactéries vont germer, suivies par des algues, des lichens ou des mousses, tous organismes peu exigeants. Au cours de leur croissance, en s'incrustant dans la roche, en la dissolvant avec des substances acides qu'elles peuvent sécréter, ces espèces commencent à déliter, à attaquer la roche. Elles sont aidées par les éléments: pluie, vent, gel. Ces premiers végétaux meurent ensuite, et leurs cadavres constituent les apports initiaux de matière organique au sol en formation.

Morceaux de roche plus ou moins gros, parcelles d'humus constituent un sol qui est dit squelettique, non organisé. Il permet cependant aux premiers végétaux supérieurs de s'installer à leur tour: premières herbes, premières fleurs. Petit à petit, si l'érosion ne s'exerce pas trop, les apports de matière organique augmentent et le sol commence à se structurer, montrant des horizons différents. De nouvelles plantes viennent s'installer, plus exigeantes. Elles s'enracinent plus profondément, accentuant encore la dégradation de la roche sous-jacente, que l'on appelle roche mère. L'aspect et la composition du peuplement végétal évoluent progressivement; le temps passant, des arbustes, des arbres s'insèrent, puis ils envahissent le terrain. Toute une population animale variée se met à vivre avec cette végétation, évolue avec elle.

Finalement, des séries de groupements de plantes, créant chaque fois des paysages différents, se succéderont pendant des périodes plus ou moins longues: groupements pionniers, herbacés, arbustifs. La forêt est normalement le stade ultime de cette évolution: tout tapis végétal tend vers elle. La forêt constitue ce que l'on nomme le climax, mot qu'il ne faut pas confondre avec celui de climat. Mais le climax est évidemment dépendant du climat du lieu, et l'un et l'autre modèlent le sol, qui atteint lui aussi son stade terminal d'évolution (le sol est dit alors mûr), en même temps que la végétation.

Il est généralement impossible à un homme de voir évoluer une flore pionnière jusqu'à son stade ultime de complexité, car la végétation et le sol mettent très longtemps pour l'atteindre: parfois des siècles ou des millénaires. Les groupements végétaux pionniers sont composés le plus souvent d'herbacées annuelles, nombreuses, de faible biomasse, obligatoirement héliophiles, puisque le terrain est nu. La durée de vie de ces premiers groupements est assez courte: dès que le sol a évolué lui-même suffisamment, arrivent en effet des plantes de plus grande taille, qui concurrencent les pionnières pour la lumière et les éliminent rapidement. Du fait de leur taille,

Sol podzolique dans la forêt d'Aletsch (Valais, Suisse). Le froid et l'humidité, en gênant l'évolution de la matière organique, ont amené son accumulation et la dégradation des horizons sous-jacents. L'évolution des sols dépend du climat, et aussi de la végétation.

Flux d'énergie et cycles de la matière

On observe dans la nature une interaction constante entre l'énergie et la matière: «Le flux univoque de l'énergie et la circulation des éléments sont les deux grandes lois qui s'appliquent à tous les environnements et à tous les organismes, y compris à l'homme», a écrit l'écologiste américain E. P. Odum.

Il est essentiel de souligner la différence entre flux d'énergie et cycles de la matière. Tous les éléments chimiques peuvent être réutilisés à l'infini par les êtres vivants qui peuplent la biosphère. Par contre, l'énergie qui provient du soleil, et uniquement de lui, ne fait que s'écouler au travers de ces mêmes êtres vivants: elle permet les actes de la vie. Ce courant, considérable, est couplé en grande partie avec le cycle du carbone: les organismes photosynthétiques captent l'énergie solaire et la transforment en glucose et autres composés organiques qui, à leur tour, sont utilisés par les hétérotrophes pour la synthèse de leurs propres composants et comme combustible pour leur activité cellulaire. Au cours de ces processus, l'énergie chimique est dégradée et dissipée irrémédiablement dans l'espace: elle subit donc un flux et n'est pas recyclée.

Les organismes vivants sont interdépendants du point de vue alimentaire et, du fait des chaînes alimentaires ou trophiques (du grec *trophein*, «manger»), une circulation continue de la matière s'effectue entre les organismes vivants et le milieu, sous forme de substances alternativement organiques et minérales. De la sorte, carbone, oxygène, hydrogène, azote, phosphore, soufre, et une trentaine d'autres corps simples sont incorporés sans cesse dans les molécules organiques (glucides, lipides, protéines) qui plus tard seront à nouveau minéralisées, et ainsi de suite.

Certains de ces corps simples, les métaux, par exemple, sont utilisés en faibles quantités, mais ils n'en ont pas moins une grande importance: que l'on pense seulement au magnésium dans la chlorophylle ou à l'atome de fer de l'hémoglobine. Eux aussi sont libérés après la mort de l'individu, au cours de cycles parfois complexes, lors de la minéralisation des macromolécules dont ils font partie.

CYCLE DE L'OXYGÈNE

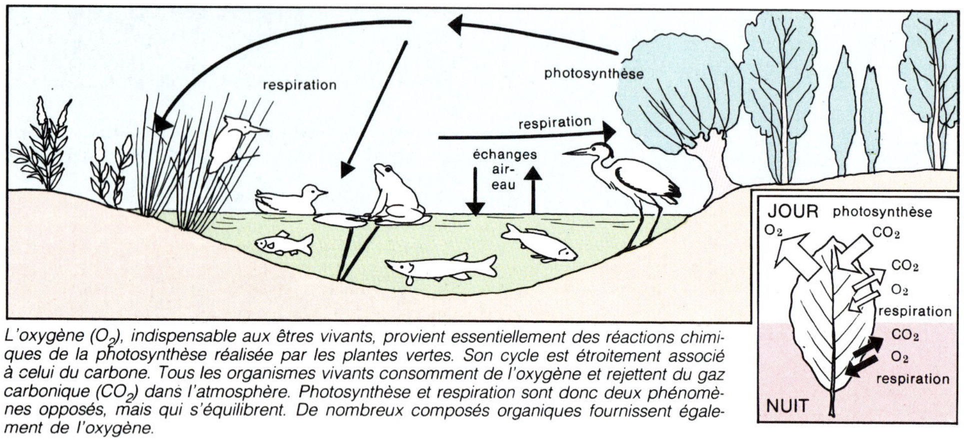

L'oxygène (O_2), indispensable aux êtres vivants, provient essentiellement des réactions chimiques de la photosynthèse réalisée par les plantes vertes. Son cycle est étroitement associé à celui du carbone. Tous les organismes vivants consomment de l'oxygène et rejettent du gaz carbonique (CO_2) dans l'atmosphère. Photosynthèse et respiration sont donc deux phénomènes opposés, mais qui s'équilibrent. De nombreux composés organiques fournissent également de l'oxygène.

CYCLE DU CARBONE

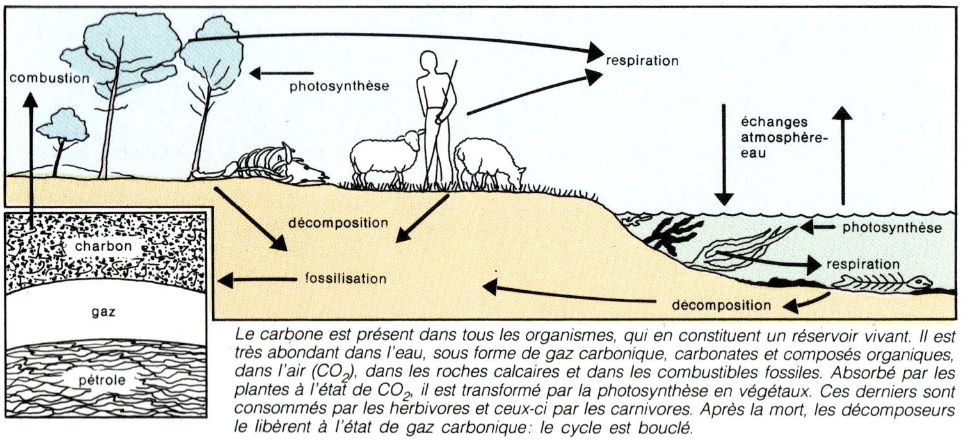

Le carbone est présent dans tous les organismes, qui en constituent un réservoir vivant. Il est très abondant dans l'eau, sous forme de gaz carbonique, carbonates et composés organiques, dans l'air (CO_2), dans les roches calcaires et dans les combustibles fossiles. Absorbé par les plantes à l'état de CO_2, il est transformé par la photosynthèse en végétaux. Ces derniers sont consommés par les herbivores et ceux-ci par les carnivores. Après la mort, les décomposeurs le libèrent à l'état de gaz carbonique: le cycle est bouclé.

CYCLE DE L'AZOTE

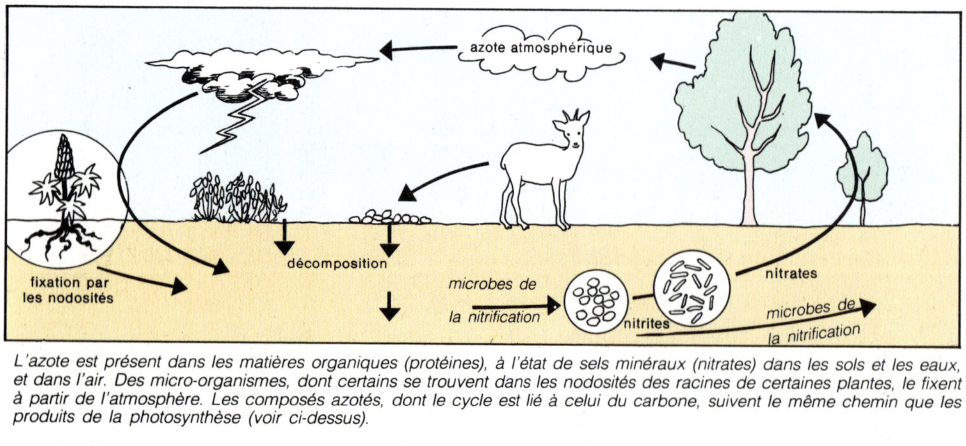

L'azote est présent dans les matières organiques (protéines), à l'état de sels minéraux (nitrates) dans les sols et les eaux, et dans l'air. Des micro-organismes, dont certains se trouvent dans les nodosités des racines de certaines plantes, le fixent à partir de l'atmosphère. Les composés azotés, dont le cycle est lié à celui du carbone, suivent le même chemin que les produits de la photosynthèse (voir ci-dessus).

Les cycles du carbone et de l'oxygène

Ces cycles sont parmi les plus importants, parce qu'ils sont liés directement au flux de l'énergie, comme on vient de le voir. Les cellules photosynthétiques (producteurs autotrophes) fabriquent des composés organiques comme le glucose, à partir du gaz carbonique (CO_2) de l'atmosphère, et rejettent de l'oxygène. Les cellules aérobies ou anaérobies (consommateurs hétérotrophes) utilisent le glucose et l'oxygène formés et restituent du gaz carbonique à l'atmosphère.

Les quantités d'énergie transférée et de carbone transformé sont énormes: chaque année, 10^{19} kilocalories d'énergie solaire sont captées par les cellules photosynthétiques et 3,3 10^{11} tonnes de CO_2 circulent à la surface de la terre dans le cycle biologique du carbone. Le flux d'énergie biologique est supérieur de vingt fois au moins à celui qui est dissipé par l'industrie humaine.

Le cycle de l'azote

L'azote est le constituant élémentaire d'un grand nombre de molécules essentielles, comme les protéines et les acides nucléiques. Chimiquement inerte, il ne peut être utilisé par la plupart des organismes que sous forme combinée: nitrates, ammoniac, acides aminés. Les plantes le reçoivent généralement sous forme de nitrates et l'intègrent notamment dans leurs protéines. De là, cet azote passe chez les hétérotrophes, et finalement il est minéralisé après leur mort.

Certains organismes, principalement des bactéries, sont aptes à fixer l'azote de l'air. Mais les cellules les plus autotrophes sont certaines algues cyanophycées ou cyanobactéries, qui pratiquent à la fois la photosynthèse et la fixation de l'azote de l'air. Ce sont elles les premières colonisatrices de la terre: en 1883, après l'éruption qui détruisit toute vie alentour, les cyanobactéries fixatrices d'azote furent les premiers organismes à reparaître autour du volcan Krakatoa, en Indonésie.

La fixation de l'azote, que l'on ne rencontre que chez les procaryotes, est une adaptation à la vie sans oxygène: les enzymes nécessaires, les nitrogénases, sont particulièrement sensibles à l'oxygène. Dans l'atmosphère sans oxygène du précambrien, le pouvoir de fixer l'azote se développa sans doute très tôt chez les procaryotes primitifs. Plus tard, l'augmentation de l'oxygène atmosphérique amena ces organismes à choisir une autre stratégie: certains fixateurs d'azote s'orientèrent vers un environnement anaérobie, ou protégé contre l'oxygène (le cas actuel des *Rhizobium*, décrits p. 69, est sans doute le plus élaboré). Les cyanobactéries formèrent des cellules spéciales, les hétérocystes, qui possèdent des enzymes respiratoires capables d'utiliser rapidement tout l'oxygène non combiné. On a observé la présence de cellules qui pourraient être des hétérocystes dans certains dépôts précambriens vieux de 2,2 milliards d'années: cela pourrait constituer la preuve qu'il existait déjà alors assez d'oxygène libre pour gêner le processus de fixation de l'azote.

les nouvelles arrivées couvrent plus de sol que les herbacées du début; elles seront donc moins nombreuses, mais étant plus grandes et souvent plus lignifiées (c'est-à-dire riches en bois), la biomasse du système sera finalement plus élevée. Les espèces remplaçantes sont également de plus en plus pérennes. Donc, à mesure que la composition de la végétation évolue, les nouvelles associations de végétaux qui s'installent et remplacent les précédentes (assez progressivement, d'ailleurs) voient leur durée de vie s'allonger. La phase arborée, finale, sera la plus longue, définitive même en théorie, si rien ne vient la détruire. Simultanément, la masse de matière végétale formée a augmenté sans cesse: le groupement végétal climacique (le climax) est celui qui présente la plus grande densité de matière végétale; il est dit optimal. La composition du climax est statistiquement stable. Cela ne veut pas dire pour autant qu'il ne s'y passe rien; un assolement naturel s'y réalise, aucune espèce ne s'y succédant à elle-même: si un arbre hors d'âge disparaît, il sera remplacé par d'autres espèces. Ce processus évite le phénomène de la fatigue des sols que l'on constate dans les terrains surcultivés, comme on a vu plus haut. C'est pourquoi, si l'on pouvait, du ciel, observer une forêt pendant mille ans, on verrait, au cours des siècles, un mouvement lent et régulier des arbres, mais le résultat final serait le même: si aucune perturbation n'était survenue, la forêt du début et celle de la fin auraient la même composition.

Mais, parfois, le climat est trop rude: trop froid (régions arctiques, altitude), trop sec (déserts), ou encore des conditions locales particulières prédominent — sols salés ou en constante érosion. Le stade ultime ne sera alors jamais la forêt; il sera constitué par une formation arbustive spécialisée ou parfois même par une végétation herbacée très pauvre et peu dense (déserts).

Forêt tropicale australienne (Lamington National Park, Queensland). La forêt tropicale est particulièrement riche et luxuriante, mais elle est aussi très fragile, et ne se reconstitue jamais lorsqu'elle est détruite.

Tempête de sable dans le désert soudanais. Un climat chaud et sec crée les déserts. La désertification est souvent due à l'homme lorsqu'il exploite inconsidérément la forêt tropicale.

Il peut arriver aussi que, pour des raisons naturelles ou du fait de l'intervention de l'homme, l'évolution de la végétation en un lieu soit stoppée ou même qu'elle régresse. En conditions normales, la marche vers le climax reprend dès que les conditions hostiles cessent. Mais ce n'est pas toujours possible: la forêt tropicale climacique, lorsqu'elle est blessée, ne peut plus se reconstituer et ne redonne que des formations dites secondaires, bien moins riches, car toute atteinte au tissu végétal originel de la terre se traduit par un appauvrissement. C'est souvent le premier pas vers la désertification.

Toute formation végétale, tout sol qui l'accompagne sont autant de témoins des siècles écoulés. Ils sont aussi très fragiles. Les milieux d'altitude, la végétation tropicale, la forêt, les marais et tourbières sont particulièrement sensibles aux exploitations excessives et aux pollutions. Toute atteinte inconsidérée aux sols et à la végétation se chiffre parfois en recul de plusieurs siècles lors même que la blessure n'est pas irréversible, comme trop souvent. Or n'oublions pas que la végétation et surtout la forêt constituent l'un des poumons de la Terre et... notre garde-manger.

La forêt du Pilat, au sud-est de Saint-Étienne. Sous nos climats, la forêt réoccupe les terres abandonnées. Elles sont d'abord envahies par les genêts (jaunes), puis, en bordure de forêt, les pins forment une lisière qui prépare l'ambiance forestière. Sous eux, hêtres, sapins, épicéas s'installent ensuite pour redonner la forêt primitive. Sur d'autres sols, les genêts sont remplacés par des ronces et des prunelliers sauvages.

Le monde microbien

Le mot «microbe» est pour la plupart des gens synonyme de maladie. En fait, il recouvre tous les micro-organismes: protozoaires, algues, levures, bactéries et virus, c'est-à-dire un monde très divers. Ce dernier est inquiétant lorsqu'il nous assaille et qu'il est créateur de maladies. Mais, le plus souvent, il se comporte en régulateur dans le milieu naturel. Bien domestiqué, grâce aux progrès de la microbiologie industrielle, il se révèle être aussi un facteur de progrès et un prodigieux auxiliaire de l'homme.

⇧
Les légumineuses (ci-dessus, un pois de senteur) améliorent les sols en fixant l'azote atmosphérique. Des bactéries, les *Rhizobium,* pénètrent dans leurs racines et y provoquent la formation de nodules (ci-dessous). Chacun contient des sacs membraneux remplis de *Rhizobium,* qui reçoivent leur alimentation (sucres) de la plante. Le cœur des nodules contient de l'hémoglobine qui, formée en présence des bactéries seulement, facilite la fixation de l'azote par celles-ci, en diminuant localement la pression d'oxygène, car le phénomène est anaérobie.
⇩

Les êtres vivants se répartissent en trois catégories selon leur fonction écologique: les producteurs, les consommateurs et les décomposeurs.

Les producteurs autotrophes, c'est-à-dire les végétaux verts de toute taille, accumulent le flux d'énergie solaire sous forme de molécules riches en énergie.

Les consommateurs hétérotrophes, au contraire des précédents, sont incapables de se «nourrir eux-mêmes» et doivent rechercher une nourriture toute prête: ce sont essentiellement les animaux, qui consomment directement (herbivores) ou indirectement (carnivores) la matière première élaborée par les premiers.

Les décomposeurs sont représentés par les bactéries, les virus, les champignons, parfois même les algues (en effet, lorsque la lumière leur fait défaut, les algues microscopiques peuvent vivre en hétérotrophie) et par un grand nombre de micro-animaux. Ces derniers, appelés détritivores, vivent dans et de la matière organique morte, la divisent et la rendent plus accessible aux premiers. Tous sont les agents dits de minéralisation, les responsables du «Tu es poussière, tu redeviendras poussière» de la Bible, et donc des cycles de la matière. Ces agents sont toujours d'une très grande diversité en raison du nombre important d'espèces existantes (et dont on ne connaît qu'une infime partie), de la variété de leurs caractères physiologiques (vitalité, résistance spécifique, exigences alimentaires), de leurs densités et de leurs rapports avec le milieu et les autres êtres vivants.

⇧
Fructification de *Penicillium*. Avant l'Anglais Fleming, le Français Duchesne a montré, au début de ce siècle, le pouvoir antibiotique de ces champignons inférieurs, fréquents dans les sols.

UNE VIE LIÉE AU MILIEU

Ces êtres, en général microscopiques, vivent en populations séparées ou en communautés variées et constituent un monde capable de s'adapter à la plupart des situations et à presque tous les milieux. On trouve en effet des bactéries vivantes et actives aussi bien dans l'Antarctique que dans les sols tropicaux ou dans des sources chaudes; leur activité respective sera simplement plus ou moins intense selon que la température sera élevée ou très basse.

La plupart de ces organismes sont fragiles: les bactéries, par exemple, sont des cellules très petites et nues dont la seule protection, bien souvent, est de s'accoler aussi intimement que possible aux divers composants du milieu dans lequel elles vivent. La vie de ces êtres est donc liée au milieu; elle obéit aux contraintes physico-chimiques propres à celui-ci; elle en subit les pressions sélectives. Seules certaines communautés microbiennes se développent et beaucoup restent en sommeil, car chaque microbe «répond» à ces pressions sélectives en fonction de ses aptitudes à s'adapter et à peupler un milieu déterminé.

Ces capacités très variées permettent aux décomposeurs d'exploiter au mieux les ressources de la biosphère. Prenons le cas d'une eau de rivière bien oxygénée: les micro-organismes aérobies décomposent facilement la matière organique qui s'y trouve, tant que celle-ci n'est pas trop abondante, et la transforment en sels minéraux non toxiques; c'est la minéralisation. Ils consomment donc de l'oxygène. Supposons qu'une forte pollution organique survienne: le moment arrivera où les microbes aérobies auront utilisé la totalité de l'oxygène disponible. Qu'à cela ne tienne: la dégradation des matières polluantes ne sera pas arrêtée pour autant; en effet, des anaérobies, présents, mais inactivés jusqu'ici par l'oxygène, pourront se développer à leur tour. La biodégradation se poursuivra donc, mais plus lente et assortie de la production de substances organiques nauséabondes, propres aux phénomènes anaérobies, substances d'ailleurs souvent toxiques pour les autres organismes vivant dans le même milieu (poissons, par exemple), qui en seront affectés. Néanmoins, la dépollution du milieu ira à son terme: progressivement, l'eau se réoxygénera et tout rentrera dans l'ordre, les populations se reconstitueront et, après un temps suffisant, les traces du sinistre auront disparu.

⇧
Les champignons, tel ce polypore (*Polyporellus squamosus*), sont des décomposeurs puissants, capables de dégrader des substances souvent difficiles à attaquer, comme la lignine du bois. Ils peuvent donc être de dangereux parasites pour les plantes et pour les arbres.

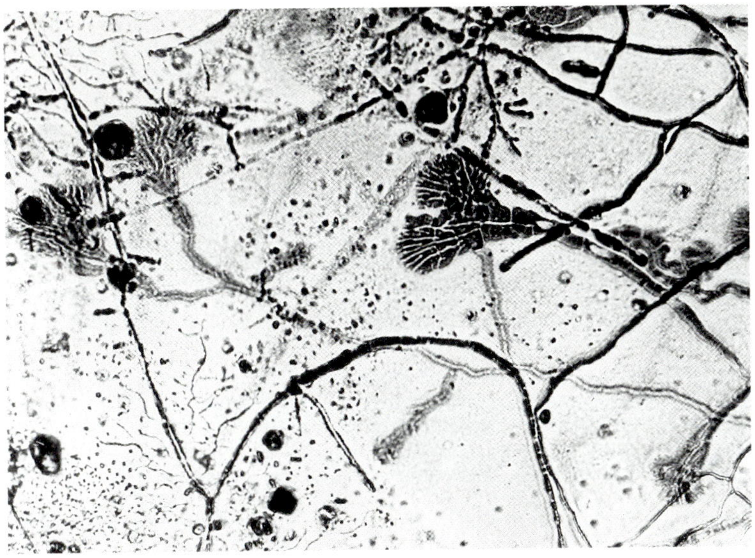

Lame enfouie (ici, ⇨ avec une feuille de cellophane) dans un sol de forêt : on obtient ainsi une image des micropopulations telles qu'elles sont dans la nature. On observe des champignons filamenteux (probablement des *Penicillium*), qui ont fructifié dans la cellophane. De nombreuses bactéries sont présentes ; mais, sur cette photographie en noir et blanc, elles sont difficiles à distinguer des grains de quartz.

L'UNION FAIT LA FORCE

Pour se développer, les micro-organismes doivent trouver dans le milieu les aliments, les oligo-éléments (substances minérales à l'état de traces) et même les facteurs de croissance (vitamines) dont ils ont besoin. Dans un milieu donné, la nature de ces aliments et le rythme des approvisionnements orientent le développement de telle ou telle micro-population.

Prenons l'exemple de la cellulose : en cours d'années, les microbes aptes à la détruire, les cellulolytiques, sont peu actifs dans les sols, car elle y est rare. Vienne l'automne : au moment de la chute des feuilles, qui apporte beaucoup de matière première, ces mêmes germes subissent une poussée considérable. Puis, ayant résorbé ces aliments abondants, ils rentrent en sommeil, laissant la place à d'autres espèces, qui consomment les déchets laissés par les premiers, et ainsi de suite. De la sorte se mettent en place des successions de populations, dans lesquelles les micro-organismes ont entre eux des relations parfois très complexes. Une multitude de communautés peuvent ainsi se former, parfois très lâches ou inversement très structurées, que l'on commence seulement à connaître et à comprendre.

Ces phénomènes de coopération permettent donc aux micro-organismes de participer, avec une très grande efficacité, à la destruction des substances parfois très résistantes (le microbiologiste américain M. Alexander les appelle « récalcitrantes ») que la chimie moderne produit, que l'homme répand dans la nature de façon souvent inconsidérée et qui, sans cela, s'y accumuleraient irrémédiablement. Les décomposeurs sont nos protecteurs involontaires et dévoués.

DU COMMENSAL AU PARASITE

Ces relations complexes qui existent entre microbes peuvent s'étendre aussi à des organismes très évolués, comme le sont les plantes supérieures, les animaux et l'homme.

En dehors du cas où les micro-populations vivent sans relations apparentes avec leurs voisins (neutralisme), les microbes peuvent vivre en commensaux : nous portons tous une flore microbienne sur la peau, les végétaux sur leurs feuilles, et même les protozoaires à leur surface ; cette flore prolifère grâce à des déchets locaux, sans grand avantage pour l'hôte, sauf, probablement, une certaine protection contre des parasites éventuels, car les commensaux, généralement inoffensifs, « occupent le terrain ».

La symbiose est une relation beaucoup plus complète, intime et à bénéfices réciproques. Prenons un pied de petit pois ou de luzerne, et examinons ses racines : nous y voyons de petites boules çà et là, les nodosités, à l'intérieur desquelles vivent des bactéries, les *Rhizobium*, venues du sol. Ces germes reçoivent de la plante des substances élaborées (sucres), ce qui leur permet de croître et de fixer l'azote de l'air, et de l'introduire dans des molécules organiques. Transmettant celles-ci à la plante, ils facilitent sa nutrition azotée et participent à l'enrichissement du sol : une culture de légumineuses (petits pois, luzerne, trèfle) est améliorante. De la même façon, les champignons, notamment les bolets, se lient par de fins filaments avec les racines des arbres, constituant ainsi des structures particulières : les mycorhizes. Le champignon reçoit lui aussi des aliments élaborés par l'arbre, dont il facilite la nutrition minérale et qu'il protège contre les agresseurs : un arbre ne peut pas pousser convenablement sans mycorhizes.

Mais si, par aventure, l'équilibre se rompt, un micro-organisme commensal ou symbiote peut devenir parasite et créer chez son hôte une maladie infectieuse. Celle-ci suppose deux protagonistes : l'agressé, qui va mettre en avant ses défenses, et l'agresseur, qui s'installera s'il arrive à les surmonter. Le microbe agresseur crée une maladie si son pouvoir pathogène est suffisant. Ce pouvoir est représenté par la virulence, c'est-à-dire la capacité du microbe d'envahir son hôte, et/ou par sa toxinogenèse, c'est-à-dire son aptitude à produire des substances toxiques. Tous les êtres vivants, et pas seulement l'homme, peuvent être agressés : ainsi le « feu bactérien » décime actuellement bon nombre de plantations d'arbres fruitiers. Les bactéries ne sont pas les seuls pathogènes possibles : des champignons, des protozoaires et même des animaux plus complexes peuvent l'être aussi.

COMPÉTITION, ANTIBIOSE ET PRÉDATION

Bien d'autres relations existent encore entre microbes : la compétition, lutte pour l'alimentation et la vie, au cours de laquelle le micro-organisme qui occupe le plus vite le terrain, dont le « taux de croissance » est le plus élevé, gagne. Il s'aidera souvent en élaborant des « substances de combat », les antibiotiques, qui l'aideront à détruire ses adversaires. L'homme a su utiliser ces composés, qui sont devenus des auxiliaires indispensables dans la lutte contre les infections. Signalons que Pasteur avait déjà prévu leur existence et leur utilisation possibles et qu'un jeune médecin militaire français, Duchesne, le premier, a découvert au début du siècle les vertus antibiotiques des champignons microscopiques, appelés *Penicillium*, que Fleming redécouvrit trente ans après.

Une autre relation importante entre micro-organismes est la prédation, sorte de lutte armée ou de relation de mangeur à mangé bien connue chez les animaux supérieurs (carnivores, rapaces). Mais les amibes englobent et digèrent aussi des bactéries. Il existe même des « bactéries-sangsues », les *Bdellovibrio*, qui peuvent s'accoler à d'autres bactéries et en sucer le contenu. Certains virus enfin, les bactériophages (littéralement « mangeurs de bactéries ») détruisent les bactéries et les champignons microscopiques auxquels ils sont adaptés. Ces mécanismes participent au processus de « nettoyage » du milieu lorsqu'il est pollué et plus particulièrement à l'élimination des microbes pathogènes, par exemple. Mais ils ne constituent en rien une sécurité, ni une panacée, car les choses ne sont pas si simples : rien n'est absolu dans la nature. Les bactériophages et les *Bdellovibrio* ne sont pas plus capables que tout autre mécanisme de purifier complètement un milieu. En effet, comme à tous les niveaux de la biosphère, c'est-à-dire de la partie vivante du monde, des équilibres s'instaurent toujours et aucune population (sauf peut-être l'homme, hélas !) ne peut en exterminer complètement une autre par le jeu de la prédation : sinon ce serait aussi la mort du prédateur. Il est donc prudent de ne jamais compter sur de tels phénomènes pour être à l'abri de la contagion et des maladies infectieuses transmises par l'eau ou par tout autre moyen naturel : mieux vaut ne pas polluer.

RICHARD MOREAU

La génération spontanée

D'après la théorie de la génération spontanée, ou abiogenèse, la vie, surtout dans ses formes les plus simples, surgirait spontanément d'éléments matériels présents dans le milieu ambiant.

DES ABEILLES ET DES VERS

Toute l'Antiquité y a cru. Dans la Bible comme dans Virgile, on explique comment un essaim d'abeilles peut sortir des chairs putréfiées d'un mammifère: en l'occurrence, un bien, le miel, découle d'un mal, le cadavre de l'animal mort.

Ces croyances étaient toujours vives à l'orée de l'époque moderne: ainsi Van Helmont (1577-1644) pensait que les odeurs des marais engendraient les grenouilles et que les souris prenaient naissance dans le linge sale. De même, on croyait que la viande pourrie donnait les asticots et que les intestins produisaient spontanément des vers!

A partir du XVIIe siècle, les savants, plus nombreux, furent aussi plus actifs et plus critiques. Les recherches du médecin et poète italien Redi (voir encadré page ci-contre), appuyé plus tard par Réaumur (1683-1757), accréditèrent fortement la thèse anti-spontaniste, du moins pour les insectes, contre l'avis de Buffon; et, malgré ce dernier, les idées sur la génération spontanée d'animaux d'une certaine taille s'estompèrent à mesure que les moyens d'investigation et la qualité des observations s'amélioraient.

L'ORIGINE DES MICRO-ORGANISMES

Il n'en fut pas de même pour les êtres microscopiques, dont on connaissait l'existence depuis 1675, grâce aux observations de Van Leeuwenhoek (voir ci-dessous). Quelle était l'origine de ces «microscopiques», appelés aussi «animalcules»? Provenaient-ils d'organismes identiques et préexistants? Ou bien se formaient-ils spontanément à partir des éléments non vivants du milieu?

Au XVIIIe siècle, Buffon (1707-1788) régnait en maître sur la pensée scientifique française. Imaginatif bâtisseur de systèmes, très médiocre observateur, mais savant officiel, il reconnaissait la génération spontanée pour bon nombre d'animaux visibles. A plus forte raison l'admettait-il pour des êtres microscopiques qui, d'après lui, ne méritaient pas le nom d'animaux: tout au plus étaient-ils des formations intermédiaires entre les molécules organiques élémentaires, les «briques» qui constituent tout être vivant, et les animaux proprement dits.

En 1825, le *Dictionnaire classique d'histoire naturelle*, rédigé par les meilleurs savants du moment, s'appuyait toujours sur l'autorité de Buffon et décrivait ainsi la génération spontanée des «microscopiques»: «Abandonnez un morceau de viande dans de l'eau; au bout d'un certain temps, vous le verrez se transformer en autant de petits êtres vivants que la viande contenait de globules élémentaires. Que deux de ces globules s'accolent, ils produiront un être nouveau, plus gros et capable de mouvements mieux déterminés. Et ainsi de suite.»

On aura compris que ces «globules» étaient en réalité des bactéries apportées par les ingrédients non stériles du mélange. De plus, quiconque a observé une suspension de bactéries sait que leurs cellules peuvent se grouper, s'accoler: d'où le sentiment qu'a eu l'auteur de l'article de la constitution spontanée d'organismes plus gros.

Pourtant, dès le XVIIIe siècle, l'essentiel avait été dit, mais insuffisamment compris. Tout partit de la controverse qui eut lieu entre l'Anglais Needham et l'Italien Spallanzani (voir encadré page ci-contre). Ce dernier montra qu'il n'y avait pas de génération spontanée d'animalcules et reçut l'appui de nombreux savants de l'époque, dont celui de Charles Bonnet, de Genève, et même celui de Voltaire, qui voyait dans l'affaire un moyen supplémentaire de s'attaquer aux jésuites. Mais Needham avait Buffon avec lui, et la question de la génération spontanée resta officiellement en suspens.

ENFIN PASTEUR VINT...

Dans la première moitié du XIXe siècle, d'autres expériences furent faites. Mais elles n'entraînèrent pas la décision, jusqu'à ce que, en 1860, l'Académie des sciences de Paris mît au concours le sujet suivant: «Essayez par des expériences bien faites de jeter un jour nouveau sur la question des générations spontanées.» Louis Pasteur remporta le concours: il soumit des bouillons contenus dans des récipients de formes variées (dont les fameux ballons à «col de cygne») à des conditions expérimentales diverses, assez voisines de celles de Needham et de Spallanzani. Il démontra ainsi que tout micro-organisme (ou «animalcule») capable de se développer dans un milieu de culture convenable avait été apporté par l'air, mais qu'il ne s'y était pas formé spontanément.

Pasteur, dont les conclusions furent confirmées en 1876 par le physicien anglais Tyndall, apporta donc la preuve que les microbes étaient des créatures qui provenaient de formes vivantes préexistantes: il n'y a pas de génération spontanée pour eux. Il démontra, de plus, que ces organismes jouaient un rôle très important dans la vie du monde: en écologie, notamment, et dans le domaine de la santé.

Pourtant, en 1873 encore, un très sérieux dictionnaire de médecine expliquait le développement des maladies infectieuses par

Comment est née la microbiologie

Antonie van Leeuwenhoek (1632-1723), un marchand de Delft, en Hollande, passionné par la confection de lentilles optiques en verre, confectionnait des microscopes rudimentaires avec lesquels il observait et dessinait tout ce qu'il trouvait. Ayant examiné un jour l'eau d'un lac, il vit avec surprise qu'une foule de petits êtres animés y vivaient, et, parmi ces «animalcules», comme on appela ces vivants microscopiques, certains étaient arrondis, d'autres ovales, blanchâtres ou transparents, verdâtres. Leeuwenhoek avait observé et décrit pour la première fois des protozoaires, animaux microscopiques unicellulaires, des algues inférieures et des bactéries: il venait de créer la microbiologie.

Par ses observations au microscope, Leeuwenhoek fonda la microbiologie.

Georges-Louis Leclerc, comte de Buffon, naturaliste et écrivain français. Intendant du Jardin du roi, notre actuel Muséum, il publia une *Histoire naturelle* en 36 volumes, entre 1749 et 1789. Buffon imposa la doctrine de la génération spontanée (Portrait par Carmontelle, musée Condé, Chantilly).

L'inventeur du garde-manger

Partant de l'axiome de W. Harvey *Ex ovo omnis*, c'est-à-dire: Tout être vivant provient d'un œuf, l'Italien F. Redi (1626-1697) se dit que les asticots vivants sur la viande pourrie provenaient également d'œufs. Il réalisa alors des expériences d'une grande simplicité qui portèrent cependant le premier coup sérieux à la doctrine de la génération spontanée. En même temps, Redi trouva le principe du ... garde-manger: il lui suffit en effet d'exposer de la viande à l'air, avec ou sans la protection d'une gaze fine, selon le cas. Dans le premier, les mouches, n'y ayant pas accès, ne peuvent y pondre leurs œufs et même si, ce qui est normal, la viande pourrit, aucun asticot n'apparaît. Dans le second cas, les deux phénomènes se produisent simultanément. Donc la viande putréfiée ne donne pas de vers ni de mouches par génération spontanée.

L'Italien F. Redi porta la première atteinte expérimentale à la doctrine de la génération spontanée.

Louis Pasteur, par Edelfelt (1885). Ses travaux sur la génération spontanée l'amenèrent à confirmer le rôle des germes dans l'infection et les maladies infectieuses.

«l'influence d'une altération de l'air par des effluves formés par la terre», ces maladies pouvant prendre naissance spontanément! Il fallut toute l'énergie de Pasteur, en France, de Koch, en Allemagne, épaulés par les médecins les plus éclairés de l'époque, pour réduire cette croyance à néant. Mais ces erreurs, qui persistèrent dans certains milieux médicaux jusqu'à l'aube du xxe siècle, s'opposèrent longtemps aux progrès de l'épidémiologie et de l'hygiène.

De même, l'illusion de la génération spontanée subsista chez certains naturalistes. Ainsi, Haeckel, que l'on considère comme le créateur de l'écologie, imagina un être vivant, le «monère», si simple qu'il se distinguait à peine de la matière et était à l'origine des animaux comme des végétaux. En 1868, dans des fosses océaniques, le biologiste anglais Huxley crut trouver le «monère» et baptisa *Bathybius haeckeli* ce qui n'était qu'une gelée mucilagineuse amorphe. Il reconnut son erreur en 1879: la génération spontanée avait vécu. En théorie, pourtant, Haeckel n'avait sans doute pas tort: monère ou progénote, l'idée est la même. Mais l'erreur de Haeckel fut d'oublier que les conditions de la Terre primitive n'étaient pas celles d'aujourd'hui.

Si Pasteur a bien démontré que l'abiogenèse des microbes n'existait pas, il n'a pas prouvé pour autant que toute génération spontanée était impossible. En effet, depuis son époque, les moyens d'observation se sont affinés de façon extraordinaire et il est devenu de plus en plus difficile de distinguer la limite entre le non-vivant et le vivant. On a montré par exemple l'existence d'êtres tellement petits et simplifiés que l'on peut se demander s'ils sont vivants ou non. Le problème du passage de la matière à la vie se situe dans l'agencement des molécules entre elles: selon l'expression du botaniste français J. Carles, la coordination et la subordination des éléments chimiques et des molécules de base se confond peut-être avec la vie. Aussi n'existerait-il pas dans la nature, comme le pensait Claude Bernard (1813-1878), un nombre infini de formes «expectantes», selon son expression, c'est-à-dire en attente, et que nous ne connaissons pas?

RICHARD MOREAU

Une controverse célèbre au XVIIIe siècle

Le savant anglais Needham (1713-1781), partisan de la génération spontanée, réalisa l'expérience suivante: il prit du jus bien chaud de viande de mouton et l'enferma dans des fioles qu'il boucha (ou crut boucher) avec soin. Puis, pour tuer tous les organismes qui pouvaient encore être présents dans le bouillon ou l'air du flacon, il tint ses récipients dans des cendres chaudes pendant 30 minutes. Après plusieurs jours à la température ordinaire — d'été —, le liquide se remplissait progressivement d'êtres microscopiques de toutes sortes. Needham, persuadé que son traitement avait vraiment tué tous les êtres microscopiques préexistants, expliquait la présence de ces nouvelles populations par la génération spontanée.

Mais l'Italien Spallanzani (1729-1799), répétant les mêmes expériences en y apportant plus de soin, obtint des résultats totalement opposés. Il montra que Needham n'avait ni scellé assez fortement ses flacons (de l'air, et donc des poussières chargées de bactéries, passait) ni suffisamment chauffé ses mixtures: les vivants préexistants n'avaient pas tous été détruits.

Il fallut attendre un siècle encore pour mettre un point final à la controverse. Néanmoins, les expériences de Spallanzani eurent des suites: un industriel français, Nicolas Appert (1750-1841), s'en inspira pour créer l'industrie de la conserve, ce qui lui valut le titre de «bienfaiteur de l'humanité».

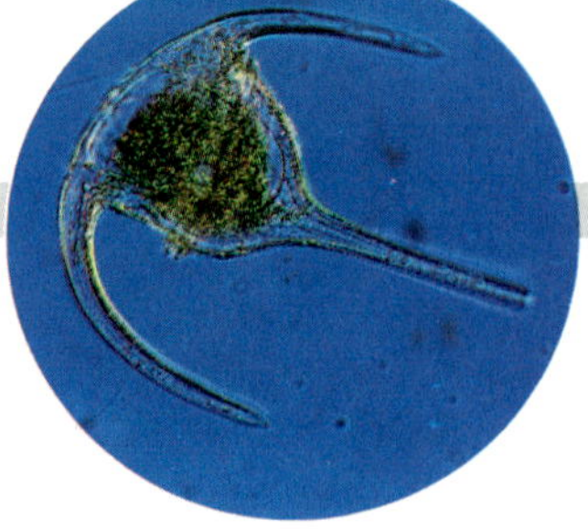

CHAPITRE 6

L'apparition des fonctions chez les êtres vivants

Le mouvement, la vision et le toucher

Même lorsque les êtres vivants ne sont formés que d'une seule cellule (protozoaires), ils peuvent se mouvoir: ils utilisent pour cela des procédés variés, soit, comme l'amibe, en allongeant certains de leurs prolongements, les pseudopodes, soit encore grâce à des sortes de cils, les flagelles, qui leur servent de pagaies ou d'hélices pour avancer.
Chez ces mêmes protozoaires, on trouve des organites qui donnent à penser que ces êtres si simples possèdent de véritables organes des sens: même dépourvus de cerveau, ils peuvent réagir aux événements extérieurs.
On voit combien la matière vivante est capable d'invention.

Les mouvements de l'amibe

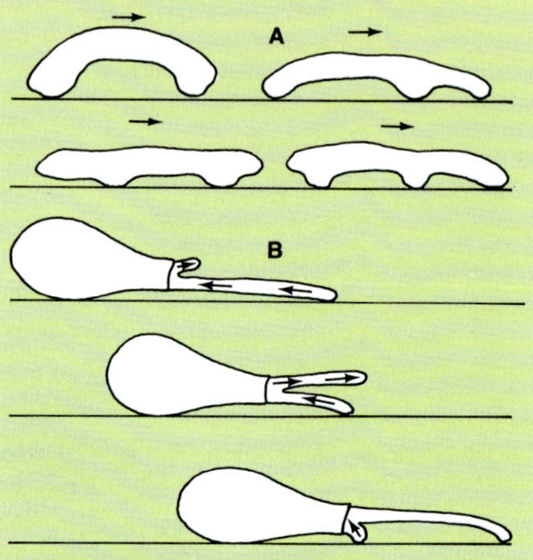

Deux images de mouvements amibiens pour deux espèces (**A** et **B**). Dans les deux cas, un pseudopode s'avance, se fixe sur le substrat, attire à lui le reste du corps, puis l'opération recommence.

La conquête du mouvement

Chez les êtres formés d'une seule cellule, ou protozoaires, lorsqu'on décrit des régions du cytoplasme chargées d'assumer une fonction, cela ne veut pas dire que ces « organites » soient les ancêtres des organes que l'on rencontre chez les êtres pluricellulaires, les métazoaires évolués. La description des fonctions chez les protozoaires démontre, au contraire, que les êtres vivants les plus rudimentaires sont capables d'utiliser les procédés les plus divers pour assurer leur nourriture, leur reproduction, leurs mouvements, leurs relations avec l'extérieur. A l'intérieur de la cellule unique des êtres primitifs sont assurées des fonctions qui nécessitent de très nombreuses cellules dans les organismes évolués des êtres pluricellulaires. La matière vivante est tellement riche en potentialités qu'elle a pu « inventer » des structures à fonctions semblables, tantôt à l'intérieur d'une cellule avec les molécules chimiques d'un cytoplasme, tantôt avec des ensembles de cellules. Pour bien comprendre ces phénomènes, il faut rappeler quelques faits.

Une évolution longue, des structures complexes

Les protozoaires que nous connaissons aujourd'hui et que nous étudions dans nos laboratoires sont des êtres qui ont déjà évolué par rapport aux plus anciens êtres vivants unicellulaires qui ont occupé la planète. Au lieu de se différencier par la méthode pluricellulaire, ils ont suivi un autre chemin: leur cytoplasme s'est complexifié. Chacun a subi une évolution dans son sens, suivant sa propre voie mais, dans chaque cas, il a fallu des temps très longs.

Un autre fait mérite d'être souligné. Avant la découverte du microscope électronique, on avait déjà observé les diverses structures que nous allons décrire et on les croyait souvent très simples. On pensait, par exemple, que les flagelles qui entraînent le mouvement étaient de simples prolongements cytoplasmiques qui tournaient comme une hélice. La microscopie électronique a révélé que ces très petites structures sont d'une complexité fantastique; ce ne sont nullement des organites simples, mais des structures miniaturisées qui correspondent — en beaucoup plus complexe — à ce que les hommes sont capables de faire aujourd'hui avec les plus petits éléments de leurs ordinateurs. La matière avait, bien avant l'homme, inventé la miniaturisation.

Des essais parallèles

Un dernier phénomène rend ces potentialités du vivant plus saisissantes encore. On pourrait croire que cette capacité des êtres unicellulaires à constituer des organites s'est réalisée une seule fois, sur une même ligne d'évolution, des protozoaires primitifs aux actuels, pendant que les métazoaires inventaient un autre système d'évolution. Nous avons au contraire toute raison de penser que le système unicellulaire a fabriqué des organites complexes dans plusieurs voies parallèles, c'est-à-dire plusieurs fois. Les protozoaires les plus primitifs correspondent probablement à des formes assez proches de nos amibes actuelles, qui seraient restées assez semblables aux structures ancestrales. Les protozoaires ont subi toute une série d'évolutions parallèles et les grands groupes actuels (radiolaires, cnidosporidies, paramécies) ne sont pas des formes qui descendent les unes des autres. Elles auraient plutôt un ancêtre commun qui pourrait ressembler à ces amibes. Dans ces conditions, des

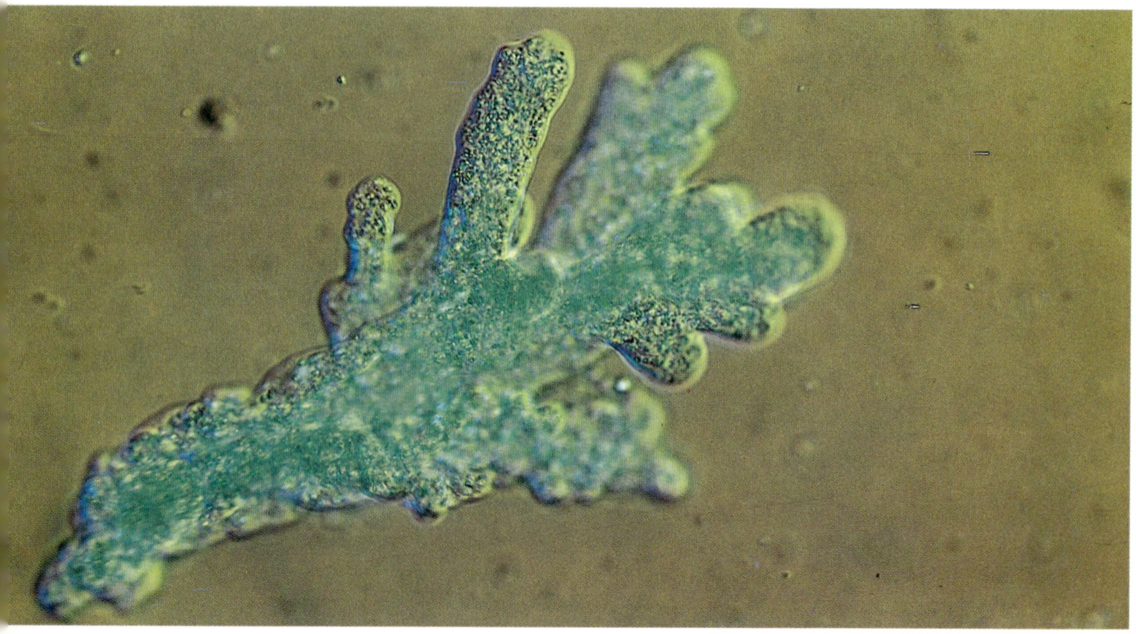

Les pseudopodes de l'amibe peuvent être très fins ou très épais, comme sur cette photographie. Ici, en effet, on voit nettement qu'ils correspondent à de simples prolongements du cytoplasme.

organites complexes seraient apparus plusieurs fois et sur chaque lignée.

Les déplacements de l'amibe

L'un des caractères premiers de l'être vivant est de se mouvoir. Pour décrire les mouvements des êtres vivants les plus primitifs, on choisit en général l'amibe, une espèce d'eau douce très commune. Elle vit à la surface de la vase, surtout dans les eaux stagnantes. Elle atteint parfois jusqu'à un tiers de millimètre, et pourtant elle ne comporte qu'une seule cellule. Il est évident que ce n'est pas véritablement un animal primitif.

L'amibe peut se présenter sous deux formes différentes. Celle que l'on appelle condensée est une sorte de petite boule refermée sur elle-même. Lorsqu'on trouve des amibes dans une mare, elles se présentent en général dans cet état. On constate cependant, autour de cette petite boule, des prolongements. Après un certain temps de repos, l'amibe se met en mouvement: certains de ces prolongements s'allongent alors et atteignent parfois une dimension trois fois supérieure à celle de la boule d'origine. C'est grâce à ce processus tout à fait étrange que l'amibe se déplace sur le substratum sur lequel elle vit.

On peut décomposer ce mouvement en trois temps. D'abord, quelques prolongements, que l'on appelle des pseudopodes, s'allongent de plus en plus, tous dans une même direction. Puis les extrémités de ces pseudopodes se collent contre le substratum et, à partir de cette zone collée, tout le reste de l'amibe paraît attiré vers ce nouveau point d'ancrage. Le pseudopode fixé donne l'impression d'attirer à lui le reste du corps. Lorsque l'opération est terminée, le corps cellulaire de l'amibe se reconstitue autour de ce nouveau point fixe. A ce moment, d'autres prolongements se forment et l'opération recommence (voir dessin page ci-contre).

D'étape en étape, l'amibe pourra ainsi se déplacer comme le grimpeur qui avance un bras, serre la corde avec sa main libre bien au-dessus de sa tête et élève le reste de son corps de quelques dizaines de centimètres en contractant les muscles de ses bras fixés à un point. Il est possible que ce système corresponde au type de mouvement le plus primitif des êtres vivants. Pourtant, il n'y a pas de muscle dans la cellule unique de l'amibe. On s'est donc demandé comment le reste de l'animal se raccrochait à son point fixe. On pense que le déplacement est rendu possible soit par un changement de la viscosité du cytoplasme (qui passe de l'état de solution colloïdale à celui de gel), soit par une baisse locale de la tension superficielle. On a dénommé «mouvement amiboïde» cette méthode de marche. Il faut noter que ce système n'est pas l'apanage de ce groupe zoologique: chez les invertébrés et les vertébrés, les cellules du sang se déplacent selon une méthode un peu semblable, mais il n'y a pas véritablement de pseudopode: c'est alors la cellule tout entière qui s'allonge.

Certaines amibes peuvent aussi se déplacer par un phénomène de roulement du cytoplasme sans qu'il se constitue de pseudopode, et l'on a pu suivre le déplacement de certaines granulations à l'intérieur du cytoplasme lui-même. On a constaté que le déroulement de l'amibe lui permettait de se déplacer à un millième de millimètre par seconde.

Les flagelles: pagaies, hélices et fouets

Chez d'autres animaux aquatiques à une seule cellule, des filaments allongés, dénommés flagelles, sont la cause du mouvement. La microscopie électronique a montré que ces flagelles étaient d'une très grande complexité; ils sont composés d'un faisceau de microfibrilles qui peuvent se contracter. Grâce à cet appareil, certains protozoaires se déplacent parce que le flagelle bat le plan d'eau, dans lequel il vit, à la manière d'une pagaie. Dans d'autres cas, le flagelle effectue un mouvement ondulant qui produit la rotation de son extrémité libre; il travaille alors à la manière d'une hélice et, suivant le sens de sa rotation, entraîne le corps de l'animal vers l'avant ou le repousse vers l'arrière. Dans certains cas, le flagelle peut aussi provoquer une détente de l'animal vers l'avant, à la manière d'un fouet. La vitesse de propulsion de ces systèmes est beaucoup plus rapide que celle des mouvements amiboïdes décrits plus haut. Ainsi, le flagellé *Monas stigmatica* peut, en une seconde, franchir quarante fois sa propre longueur.

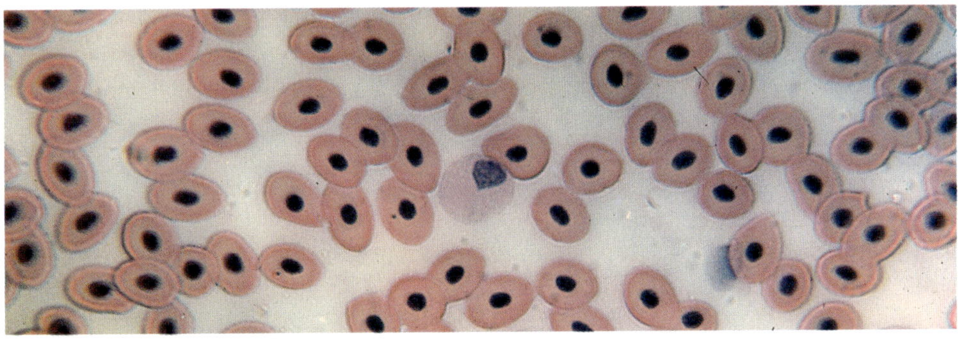

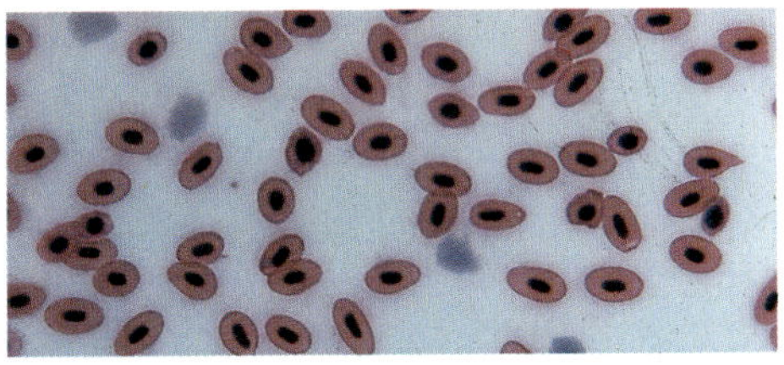

Globules rouges de poisson (en haut) **et d'amphibien** (à droite). Dans ces deux groupes, que l'on appelle parfois, avec les reptiles, vertébrés inférieurs, les globules rouges ont des noyaux très visibles et très faciles à distinguer du cytoplasme. Chez les invertébrés et les vertébrés, les cellules du sang se déplacent selon un processus rappelant le déplacement de l'amibe.

La vision en puissance et la naissance du toucher

Chez les espèces évoluées, les organes des sens — œil, oreille ou organes du toucher — font connaître ce qu'ils voient, entendent ou ressentent au cerveau; celui-ci, ainsi renseigné sur le monde extérieur, donne alors, par l'intermédiaire des nerfs, des ordres aux organes moteurs de l'être, les muscles.

Il existe aussi des systèmes de commande plus simples, que l'on qualifie de réflexes. Dans le réflexe simple, un organe des sens, par exemple les papilles du toucher d'une main qui se pose sur un fer rouge, transmet à la moelle épinière la douleur ressentie, et la moelle donne ordre à la main de se retirer. Dans ce cas, l'être vivant réagit à ce qu'ont ressenti les organes du toucher et les cellules nerveuses de sa moelle épinière, avant même que le cerveau ait été informé de ce qui se passe. L'impression de douleur arrive au cerveau après que la moelle a donné l'ordre de départ à la main.

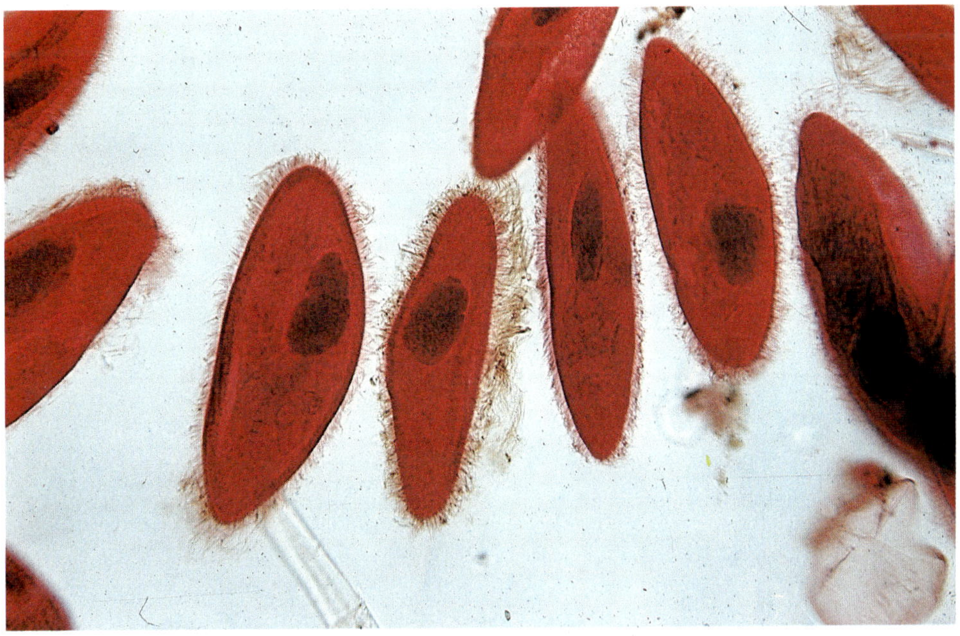

La paramécie est un animal resté très primitif du fait qu'il est unicellulaire, mais elle est aussi très évoluée, car sa cellule unique contient de nombreux organites, dont certains sont visibles ici.

L'incroyable complexité d'un flagelle

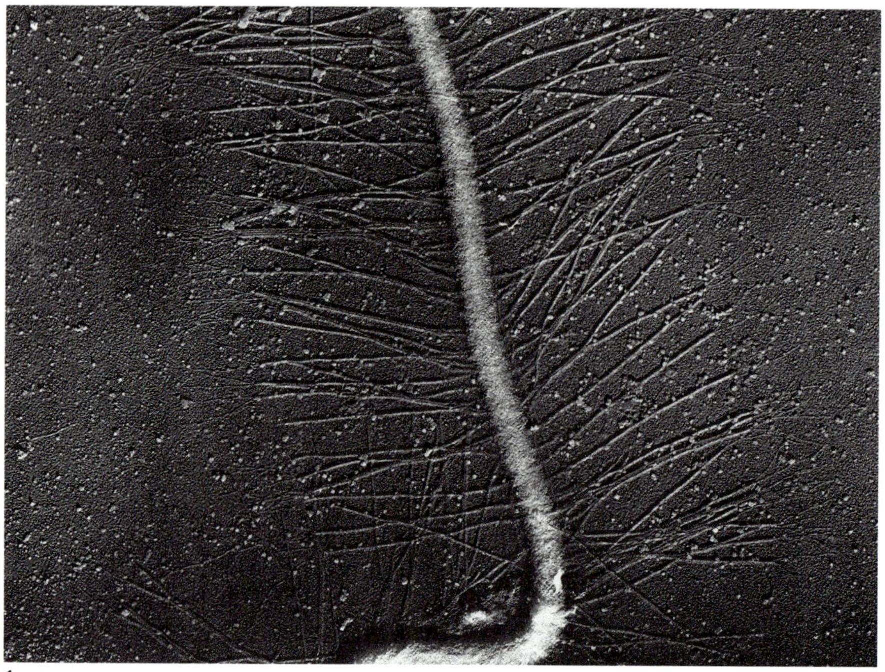

1

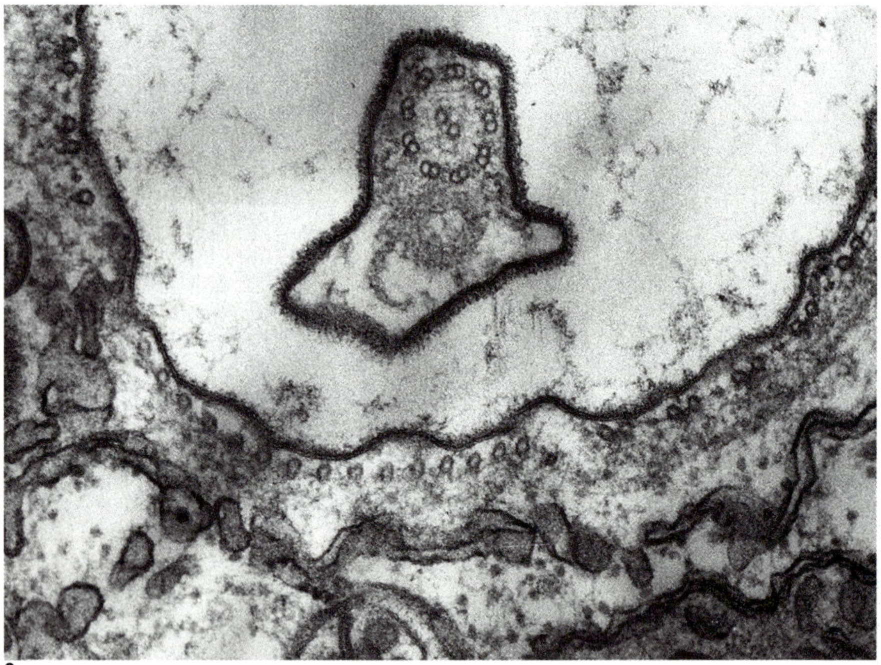

2

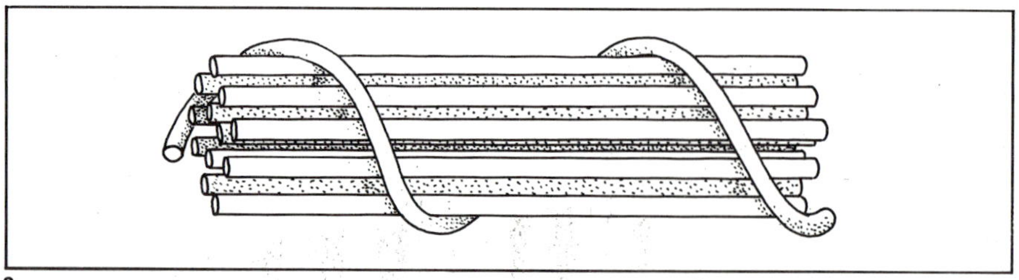

3

1. Flagelle vu au microscope électronique (grossi près de 15 000 fois). **2.** Coupe transversale dans un flagelle (grossi 60 000 fois environ). **3.** Reconstitution de la structure d'un flagelle d'après les images observées au microscope électronique.
On a cru autrefois que le flagelle était un simple fouet de cytoplasme. Cependant, déjà au début du siècle, on y avait reconnu plusieurs fibres. La microscopie électronique a remarquablement précisé tout ceci. On a pu observer par exemple qu'il y avait dans l'axe de cet appareil plusieurs brins qui se décomposaient en un nombre fixe de fibres longitudinales (environ neuf) dont le diamètre variait entre 60 et 350 millionièmes de millimètre. Ces fibrilles peuvent être disposées en spires comme les brins d'une corde. Elles sont composées de molécules de protéines disposées en file ou en grille.

Chez les êtres formés d'une seule cellule, les protozoaires, les systèmes sensoriels sont certainement encore beaucoup plus simples, car il n'y a ni cerveau, ni moelle épinière, ni même, sans doute, ébauche d'un système nerveux semblable à celui des métazoaires évolués. Les organites sensoriels sont probablement (mais ces questions sont encore bien mal connues) des appareils qui réagissent à une sensation et peuvent peut-être donner un ordre direct de réaction à un autre organite situé à côté d'eux. On sait maintenant que les protozoaires sont sensibles à toutes sortes de stimuli (changement de température, de lumière, sensibilité à certains produits chimiques), mais on ne sait pas comment fonctionne la réception de ces stimuli et la réponse; nous verrons toutefois plus loin qu'il existe peut-être un organe coordinateur, le centrosome. Cette capacité du système de réaction d'un être primitif à un événement extérieur traduit les extraordinaires possibilités d'invention de la matière vivante. Nous allons examiner deux types d'organites que l'on peut comparer — avec beaucoup de réserve — à ce que sont, chez les êtres supérieurs, la vue et le toucher.

Un organite sensible à la lumière

Chez des protozoaires flagellés très proches des amibes, il existe souvent, dans le cytoplasme, à l'endroit même où s'insère le flagelle, une petite tache rouge, rouge-brun ou noire que l'on appelle le « stigma ». Il paraît évident que, dans certaines espèces du moins, le stigma est un écran qui abrite un organite sensible à la lumière et capable de faire fonctionner les flagelles afin qu'ils orientent l'animal en fonction de sources lumineuses. Chez des euglènes qui sont attirées par la lumière, on a détruit cette région par des radiations ultraviolettes; l'euglène perd alors la faculté de s'orienter vers la lumière. On pense que cet appareil agit directement sur les fibrilles du flagelle, puisqu'il est situé juste à côté et que ce sont les mouvements de ces fibrilles qui entraînent l'animal dans une certaine direction.

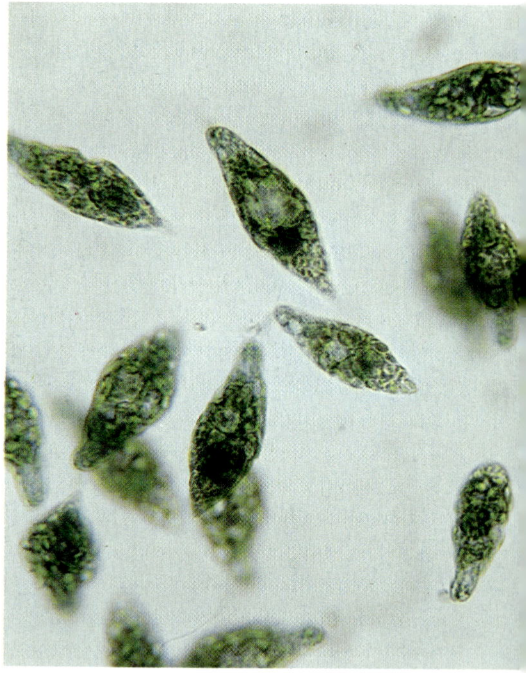

Euglène *(Euglena viridis)*. On voit le noyau, le cytoplasme et des grains colorés, ou plastes, supports de la chlorophylle ou d'autres pigments.

Ce qui est beaucoup plus curieux, c'est qu'il existe chez certains protozoaires, les dinoflagellés, un appareil sensible à la lumière, dénommé « ocelle », qui a atteint un degré d'évolution étonnant (voir encadré ci-dessous). Situé près de la base d'un flagelle, il se compose de deux éléments : un amas de pigment noir qui présente souvent en son centre une tache rouge qui correspond probablement à une zone photosensible et, au-dessus de cette tache, une masse transparente et réfringente, qui a la propriété de dévier les rayons lumineux. Certains auteurs n'ont pas hésité à penser que cet ocelle correspondait à une sorte de cristallin primitif.

Une ébauche de sens du toucher

Le sens du toucher s'ébauche aussi chez les protozoaires, mais l'on a des difficultés à définir les organites spéciaux qui en assureraient la fonction. Chez les amibes, par exemple, dont nous avons décrit plus haut le mouvement, il semble que toute la masse de l'organisme soit en mesure de recevoir des stimuli et de les transmettre. A la surface du corps de certains infusoires ciliés voisins de la paramécie, on a décrit de petits organites qui seraient des récepteurs sensoriels correspondant à ce sens du toucher. Ils sont en relation notamment avec des cils qui recouvrent le corps et participent eux aussi à ce sens du toucher. Il en serait ainsi chez les euplotes, par exemple, mais cette question est très discutée.

Chez certains protozoaires aquatiques, les choanoflagellés, il existe à une extrémité du corps une sorte de collerette, elle-même formée par un prolongement du protoplasme. Du centre de cette collerette part un flagelle qui bat l'eau en permanence. Ces battements provoquent l'entrée de bactéries ou de particules alimentaires dans la collerette et l'accollement de ces éléments contre les parois. Il est possible qu'il y ait, à ces niveaux, une ébauche de sens du toucher ; la collerette ayant ressenti le contact de la bactérie l'entraîne vers le cytoplasme situé en dessous et dans lequel elle est alors absorbée. Certains auteurs avaient même imaginé, il y a longtemps, que ces choanoflagellés pouvaient retenir certaines proies et en rejeter d'autres, mais cela est encore très hypothétique.

Un organe coordinateur : le centrosome

Ayant reconnu l'existence d'organites ou de systèmes qui correspondraient à des organes des sens primitifs, on peut essayer de répondre à la question posée au début de ce chapitre : comment peut être assurée, chez un être dépourvu de système nerveux, la coordination entre ce que ressent une zone du cytoplasme, voire un ocelle, et le mouvement ou la contraction que va présenter l'animal tout entier, si petit qu'il soit ? On a été amené à supposer qu'il existe un appareil coordinateur des mouvements : c'est peut-être un organite cellulaire bien connu parce qu'il joue un rôle dans la division cellulaire mais qui, d'après certaines théories, aurait été chez les protozoaires primitifs l'élément coordinateur de l'animal : le centrosome.

Chez les flagellés les plus archaïques que nous connaissons, le centrosome est un point situé juste à la base du flagelle. En général, il existe pendant toute la vie de l'animal, au même titre que le noyau, par exemple. Curieusement, on retrouve un centrosome à peu près semblable chez les métazoaires et on peut penser que les centrosomes des protozoaires et des métazoaires correspondent à ce que les biologistes appellent des organes homologues. Cela veut dire que ces appareils seraient apparentés l'un à l'autre chez les protozoaires et chez les métazoaires. La situation phylogénétique du centrosome est donc totalement différente de celle des stigmas et ocelles que nous avons décrits plus haut. Ces derniers appareils se sont constitués dans les cellules des protozoaires, mais ne sont absolument pas des ancêtres ou des « parents » de l'œil des vertébrés.

Chez les flagellés et peut-être aussi chez les autres protozoaires, le centrosome serait un organe qui, entre autres, aurait pour fonction de coordonner stimuli extérieurs et réponses de l'animal. Il est en rapport avec tous les organites qui assurent cette coordination. Pour cette raison, un ensemble d'appareils qui lui sont liés ont été nommés « cinétosomes ».

Pour expliquer enfin comment le centrosome provoque des réactions chez un animal (mouvement vers la lumière, absorption d'une proie, contraction, etc.), il ne faut pas oublier qu'il existe aussi, dans le cytoplasme des protozoaires même très primitifs, des zones qui ressemblent à des fibres et possèdent — comme les fibres musculaires des vertébrés — la possibilité de se contracter ; elles sont même parfois associées en un faisceau qui ressemble presque à un muscle.

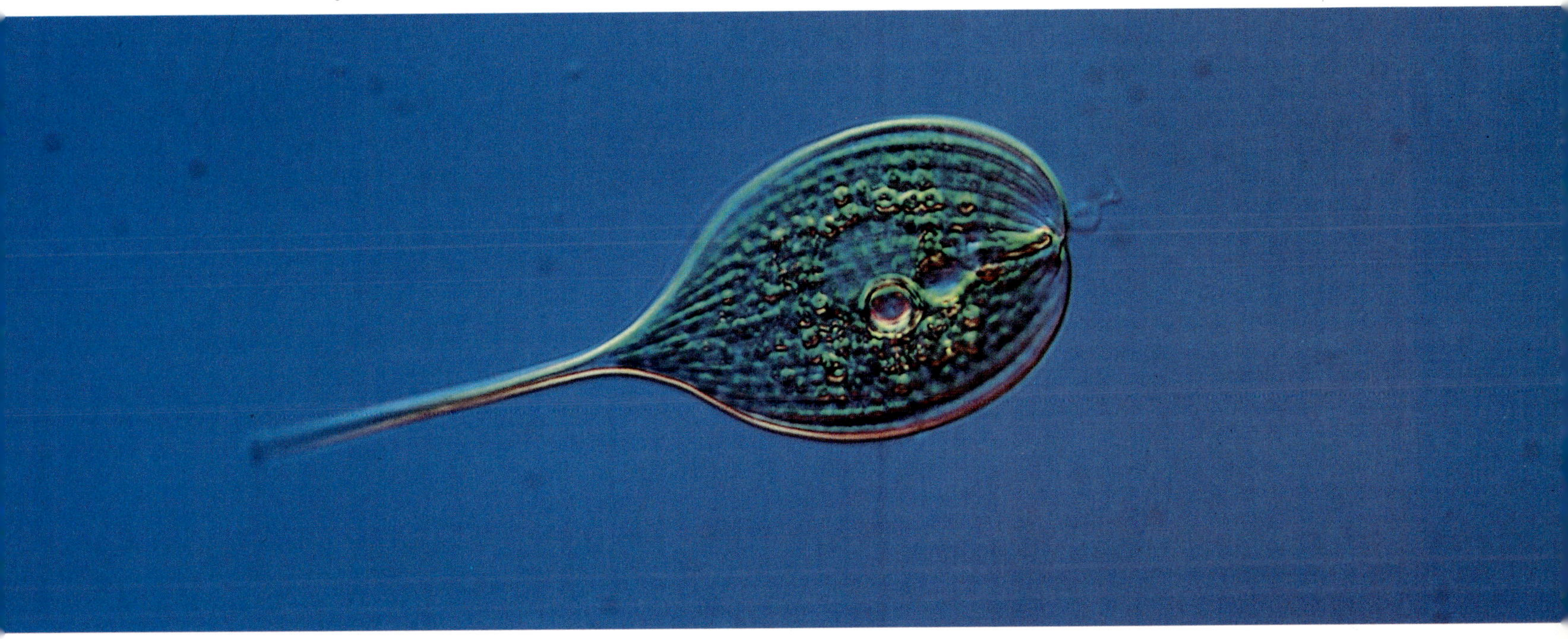

Dans cet autre euglène *(Phacus longicauda)*, on distingue presque le relief de la surface et, par transparence, les composants habituels du cytoplasme.

Ocelloïde *d'Erythropsidinium*

Chez ce dinoflagellé, on reconnaît facilement une structure qui ressemble à un œil d'animal supérieur. On ose utiliser à son propos les mots « rétine », « cornée » ou « cristallin » pour dénommer les parties de cet organe. Pourtant, cet appareil se construit à l'intérieur du cytoplasme d'une cellule unique.

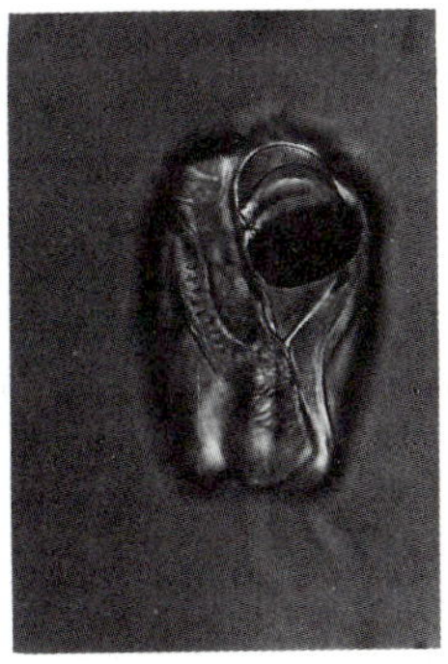

Vue de l'ocelloïde d'Erythropsidinium

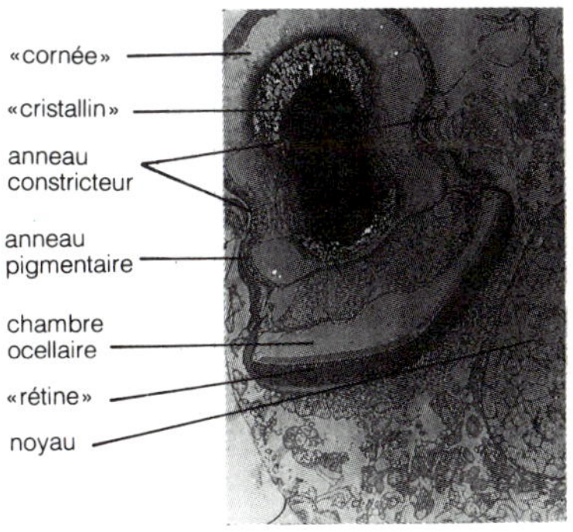

Schéma de l'appareil avec ses organites

La reproduction de la cellule

Être deux: se diviser en deux individus identiques, après avoir autocopié son programme héréditaire, est un processus commencé, pense-t-on, voici plusieurs milliards d'années par des cellules sans noyau, à petit nombre d'instructions génétiques et à grande vitesse de reproduction. Plus tard, des cellules à vitesse de reproduction plus lente ont innové en protégeant et en dédoublant dans un noyau une hérédité complexe répartie sur plusieurs chromosomes.

Les cellules de notre corps se reproduisent en se divisant en deux: une cellule mère donne naissance à deux cellules filles strictement identiques; c'est ce phénomène qu'on appelle la mitose. Les cellules sexuelles résultent d'une division particulière, la méiose, que nous décrirons plus loin (voir p. 106-107).

Lorsqu'on étudie ce que fut probablement la première division des êtres unicellulaires, il est important de noter que, chez les êtres évolués, la mitose varie très peu dans ses modalités, alors que chez les protozoaires, tout au contraire, et même chez les plus simples, elle présente de très nombreuses variantes.

Chez nombre de protozoaires primitifs, il n'y a pas de phénomène qui puisse évoquer la sexualité; par contre, chez les protozoaires évolués où la division présente des phénomènes sexuels, ceux-ci sont extrêmement variés. On a l'impression que les protozoaires ont essayé tous les types possibles de divisions sexuelles.

DIVISIONS ET SCISSIONS

Dans la reproduction asexuée, la cellule se divise en deux parties égales et engendre deux individus plus petits qui bientôt atteindront une taille adulte. Il n'y a donc ici qu'un seul parent, et pas de fécondation.

Cependant, même dans ce type très simple de division, on assiste parfois à une réorganisation complète du corps de l'animal; dans ce cas, le protozoaire, avant de se diviser, perd ses caractères extérieurs; on dit qu'il se dédifférencie. Après la division, les organites cellulaires se reconstituent; le protozoaire se redifférencie. Il y a donc alors une phase de reconstruction de l'être adulte que l'on peut comparer à l'embryogenèse d'un animal supérieur (voir chapitre 12).

Chez d'autres protozoaires, la phase de dédifférenciation n'existe pas. On observe, en même temps que la division du noyau et du cytoplasme, celle de tous les organites de l'animal. On voit, par exemple, le centrosome et les plaquettes du squelette externe se diviser ou se répartir dans chaque individu nouveau.

Dans certains cas, on assiste au phénomène très curieux des scissions multiples. Chez des sporozoaires parasites, par exemple, la cellule présente d'abord une division du noyau; il se constitue un monocellulaire à plusieurs noyaux, puis chaque noyau entouré d'une portion de cytoplasme se sépare et donne un petit individu souvent très simple.

Dans d'autres espèces enfin, la reproduction pourtant asexuée se réalise par un processus de bourgeonnement. Le noyau se divise en deux; l'un des deux noyaux demeure dans le cytoplasme originel et donne l'animal le plus gros; l'autre emporte une petite partie du cytoplasme et constitue un nouvel animal très simple. Il y a en somme ici une scission de la cellule comme dans les cas précédents, mais cette scission est inégale, et l'on a donc l'impression qu'il y a un animal père et un animal fils.

LA REPRODUCTION DES BACTÉRIES

On suppose qu'il y a peut-être 2 ou 3 milliards d'années, les bactéries réalisèrent la première tentative de reproduction cellulaire réussie, puisqu'elle se poursuit de nos jours. Leur programme héréditaire ou génome, composé de deux ou trois mille gènes, s'inscrit au centre

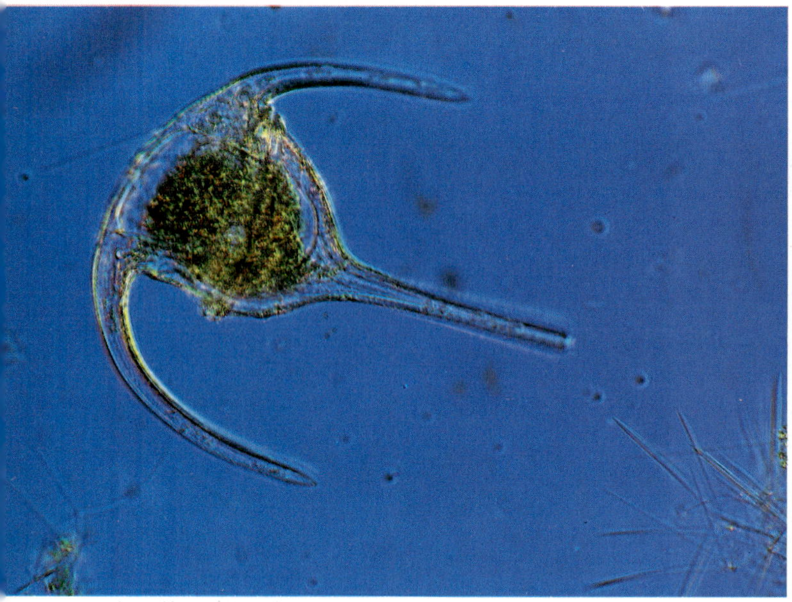

La division du *Ceratium*. Ce protozoaire s'enferme en une masse rhomboïdale recouverte d'une carapace formée de plaques qui ressemblent à des écailles et se prolonge par des expansions analogues à des cornes. La longueur de ces cornes est fonction inverse du taux de substances nutritives de l'eau dans laquelle il vit. On distingue au milieu du corps une dépression en forme d'entonnoir. La division de cette espèce est évidemment compliquée par sa structure étrange. En général, l'animal se divise en suivant les sutures de certaines plaques, et chaque moitié reconstitue ce qui lui manque. Parfois, les individus fils restent associés en chaîne; la corne antérieure de l'individu postérieur se coince alors dans l'entonnoir de l'individu antérieur.

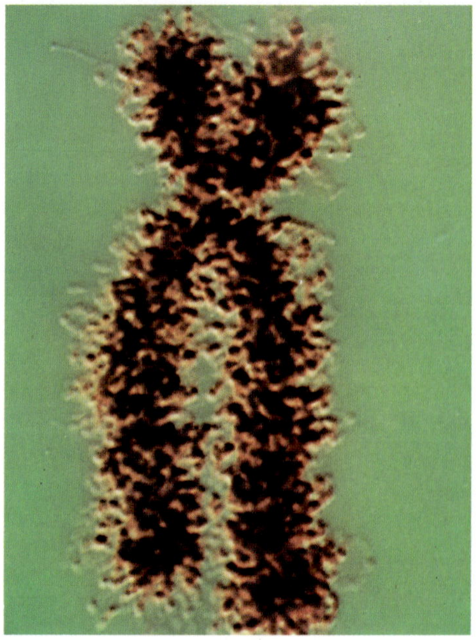

Le chromosome humain. Dès que l'on comprit, vers 1910, que les chromosomes étaient les éléments porteurs de l'hérédité, des chercheurs étudièrent le chromosome humain et la génétique de l'homme. Cependant, nos connaissances en ce domaine demeurèrent longtemps très en retard par rapport à celles relatives à la drosophile. Après 1950, ce retard se combla très vite. Ci-contre, chromosome humain n° 12, avec ses deux chromatides jumelles, à la métaphase, photographié au microscope électronique à transmission. Taille réelle: 5 millièmes de millimètre.

d'une minuscule structure cytoplasmique évoquant une cellule, sur un anneau d'acide désoxyribonucléique (ADN). Les bactéries peuvent se multiplier rapidement au rythme d'une division chaque demi-heure. Après une courte phase de croissance du cytoplasme, l'anneau d'ADN se fixe à un repli interne de la membrane et se duplique. La bactérie se divise alors en deux organismes dont chacun hérite d'une copie conforme du génome originel. Dès lors, identiques entre elles et semblables à la bactérie initiale, elles se diviseront à leur tour et pourront générer ainsi en une journée des millions de bactéries jumelles ou clones, séparées ou accolées en colonies de formes variées.

DIVISION ET MULTIPLICATION DE LA CELLULE A VRAI NOYAU

Plus tardivement, il y a peut-être un ou deux milliards d'années, eut lieu la multiplication de véritables cellules possédant un vrai noyau. Végétales ou animales, elles possèdent souvent plusieurs dizaines de milliers de gènes. Leur génome peut mesurer quelques centimètres chez les végétaux et animaux primitifs, et atteindre près d'un mètre chez les mammifères; il est fragmenté en plusieurs morceaux d'ADN. Ces derniers sont associés à des fibres de protéines et se condensent en filaments épais ou chromatides, pelotonnés en corpuscules observables au microscope optique, qu'on appelle chromosomes. Ce génome, devenu plus complexe et plus fragile, voit sa protection se renforcer; il est enfermé dans un noyau délimité par une enveloppe qui l'isole partiellement du cytoplasme. La cellule à vrai noyau possède un double stock de chromosomes, qui lui permet de conserver en permanence deux versions de son génome.

Les périodes de multiplication cellulaire, ou mitoses, sont divisées en quatre phases résumées par la figure ci-contre et l'encadré: prophase, métaphase, anaphase et télophase. Elles s'étalent sur plus d'une heure et sont séparées par de longs «entractes» pouvant durer une demi-journée pour certaines cellules animales.

Le rythme et la vitesse de reproduction cellulaire varient d'une espèce à l'autre et ralentissent quand les cellules vieillissent ou lorsque l'environnement change.

LES DÉVIANCES DE LA MITOSE

La mitose a aussi ses déviances, génératrices parfois de nouvelles espèces lorsque la cellule duplique ses chromosomes sans avoir dissous l'enveloppe du noyau ou sans avoir formé de fuseau ou de cloison transverse. Elle donne alors des cellules à plusieurs noyaux ou à noyau géant unique avec plus de deux copies de chaque chromosome. Déréglée, elle peut aussi produire des cellules cancéreuses, éternellement jeunes et immortelles, capables de se diviser à un rythme rapide, sans jamais s'arrêter!

Malgré ces accidents de parcours, la mitose, forme évoluée de reproduction virginale et conservatrice, où l'individu produit son double par lui-même, apparaît comme une extraordinaire expression du dynamisme de la vie. Elle assure, en une chaîne ininterrompue de fabrication de cellules jumelles, la perpétuation des végétaux et animaux unicellulaires durant des millénaires.

Ce même procédé allait autoriser le développement, la croissance ou la régénérescence d'organismes pluricellulaires, parfois avant même qu'un nouveau mode de reproduction moins conservateur, celui du sexe, ne surgisse et bouleverse l'évolution.

MICHEL DELSOL ET JANINE FLATIN

Les quatre phases de la mitose d'une cellule animale

PROPHASE

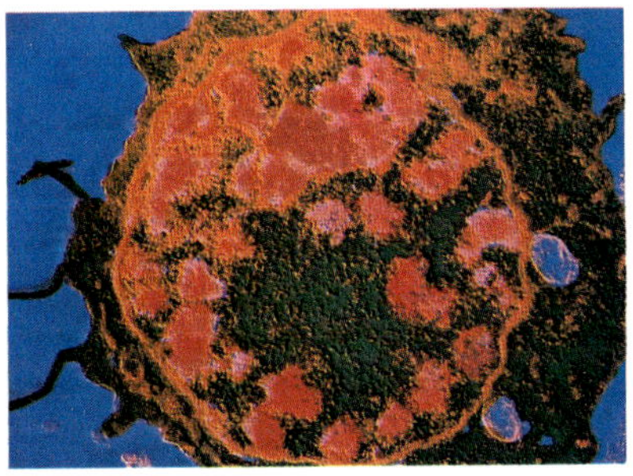

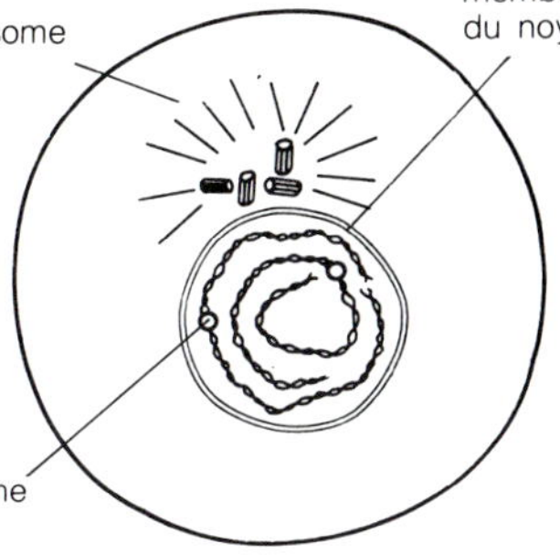

MÉTAPHASE

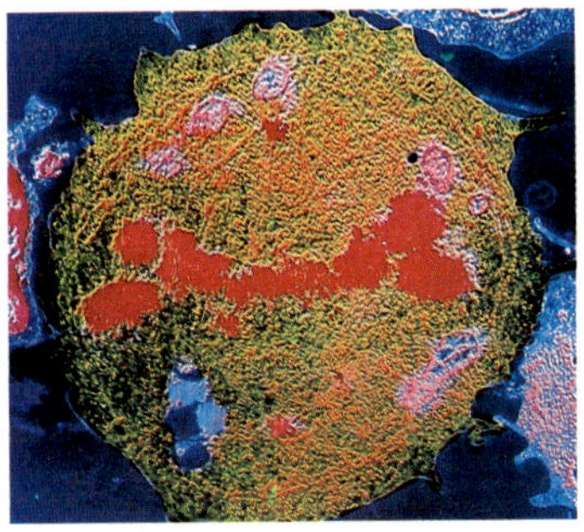

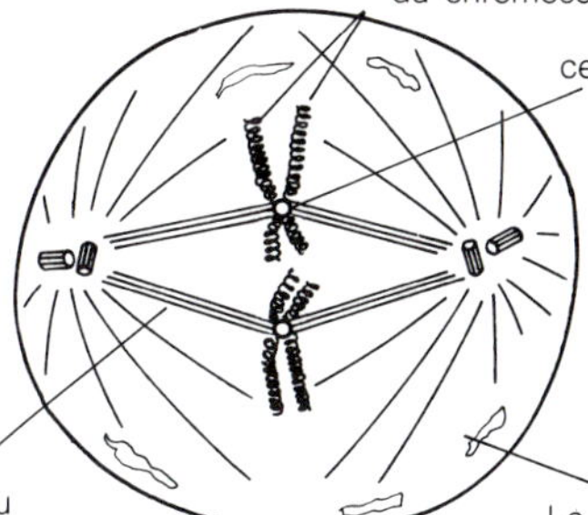

ANAPHASE

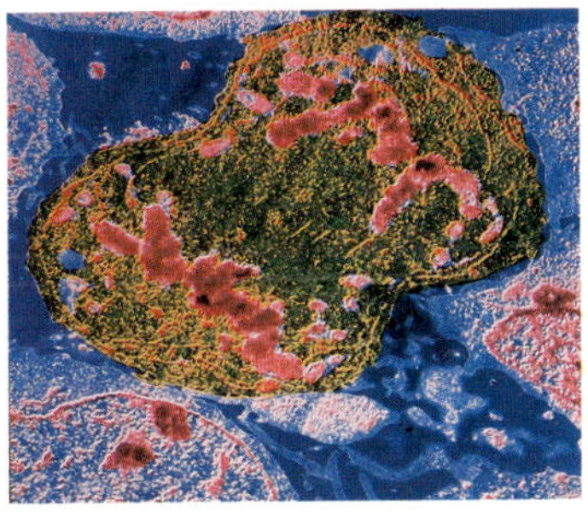

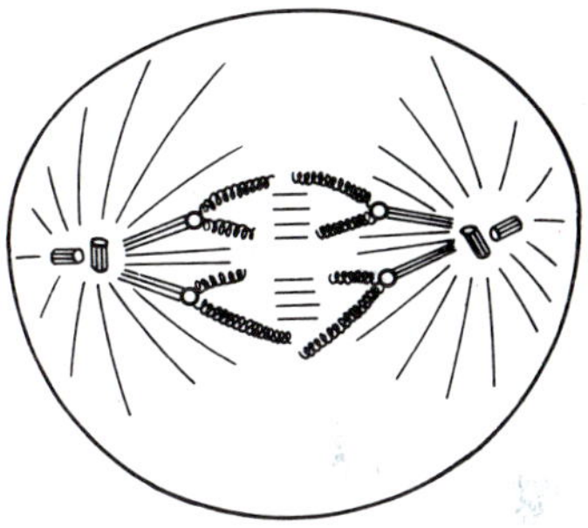

TÉLOPHASE

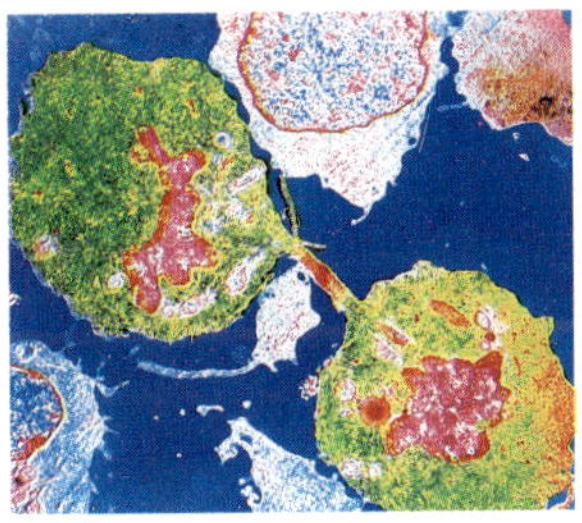

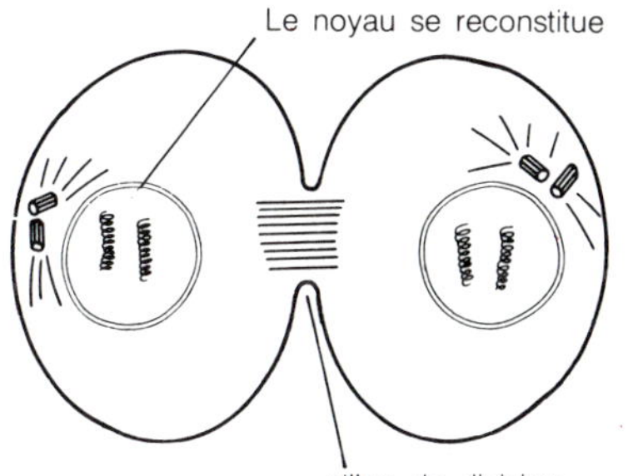

La mitose est un phénomène qui se déroule en continu, mais que l'on divise classiquement en quatre phases. Les interphases, apparents repos séparant deux divisions successives, sont en fait des périodes d'intense préparation chimique à la reproduction cellulaire proprement dite. Le cytoplasme grandit puis, par un signal chimique de nature encore inconnue, il déclenche la duplication des fibres d'ADN déjà présentes en double dans le noyau, dotant ainsi provisoirement la cellule de quatre copies du génome.

Lors de la prophase, la plus longue des étapes de la mitose, les chromatides s'épaississent, par spiralisation, en chromosomes bien distincts, dont la forme et le nombre sont caractéristiques de l'espèce. Chaque chromosome, en double exemplaire, apparaît alors formé de deux chromatides «sœurs», copies l'une de l'autre et restant attachées jusqu'à la métaphase par un point plus ou moins central: le centromère. La répartition des chromosomes, parfois fort nombreux, en deux lots rigoureusement égaux dans deux cellules filles jumelles nécessite, de la prophase à la métaphase, la dissolution de l'enveloppe du noyau et la mise en place, dans le cytoplasme, d'un dispositif particulier: le fuseau, constitué de microtubules de protéines. Fuseau de fibres et réseau de microtubules complexes permettent d'orienter la division de la cellule à partir de son équateur, d'y assurer la fixation des chromosomes dédoublés puis, après séparation des chromatides sœurs, leur migration vers les pôles lors de l'anaphase.

A la télophase, un sillon membranaire coupe la cellule en deux cellules identiques qui, disposant d'une même copie des instructions génétiques initiales, peuvent alors reconstituer les éléments cytoplasmiques manquants.

3e PARTIE

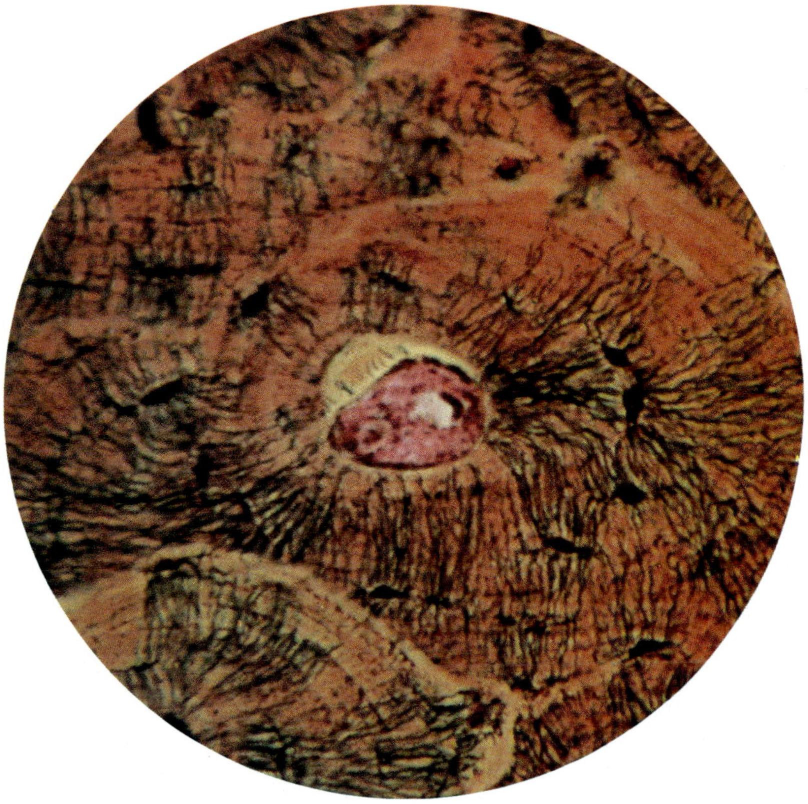

L'AVENTURE DE LA SPÉCIALISATION DES ORGANES

CHAPITRE 7

Les animaux pluricellulaires primitifs

L'éponge, témoin vivant de l'évolution

Classées jusqu'au XIXe siècle parmi les végétaux, les éponges, dont il existe entre 4 000 et 5 000 espèces, sont des animaux très anciens, qui marquent le passage des êtres formés d'une seule cellule aux animaux multicellulaires.

Dans l'histoire et l'évolution du monde animal, l'éponge reste le témoin vivant d'une extraordinaire aventure de la Vie. Jusque-là, l'animal était fait d'une seule cellule: c'était un protozoaire. A partir de l'éponge, il est multicellulaire ou métazoaire.

Il s'agit là d'une véritable révolution. En quoi consiste-t-elle? Chez l'animal fait d'une seule cellule, cette dernière est capable de se diviser en deux, mais les deux cellules ne restent pas associées et mènent une vie indépendante. On connaît, il est vrai, de nombreuses tentatives, plus ou moins réussies, d'association de cellules indépendantes qui coordonnent leur existence, mais il s'agit d'essais non transformés. L'animal multicellulaire, lui, commence sa vie à l'état d'une cellule unique. C'est l'œuf, ou ovocyte. Fécondé par un spermatozoïde, cet œuf se divise, mais les deux cellules ne se séparent pas, adhèrent l'une à l'autre. A chaque division ultérieure, les nouvelles cellules restent adhérentes. Ainsi se forme une boule de cellules, à l'origine de l'animal. L'éponge, malgré sa simplicité relative, provient d'un œuf dont les cellules se divisent, forment un embryon pluricellulaire, qui évolue en un organisme multicellulaire.

La fameuse histoire de l'œuf à la poule ou de la poule à l'œuf commence avec l'éponge. On ne connaîtra jamais l'origine de ce cycle sans fin (voir p. 42-43). Mais on commence à connaître les structures chimiques complexes qui existent à la surface des cellules et qui permettent leur adhérence mutuelle. L'apparition en milieu marin de ce système d'adhérence des surfaces est un fait évolutif majeur encore insuffisamment apprécié.

Les conséquences en sont capitales. Le petit tas de cellules initial formé par des divisions de l'œuf se creuse et se remplit d'un liquide dont la composition est différente de celle de l'eau de mer qui entoure l'animal. Ainsi apparaît un milieu intérieur, distinct du milieu extérieur. Non seulement chaque cellule pompe des molécules du milieu extérieur ou les évacue vers celui-ci, mais le même type d'échanges chimiques se produit entre la cellule et le milieu intérieur. Une situation physiologique nouvelle est créée.

DES CELLULES INTERDÉPENDANTES ET DIFFÉRENCIÉES

En outre, les cellules de l'agrégat initial s'organisent ensemble et ne peuvent plus mener une vie libre. Très rapidement, elles dépendent les unes des autres, ne serait-ce qu'en fonction de leur position. Des vitesses de division inégales entraînent l'apparition de petites et de grandes cellules et, presque toujours, de cellules externes et de cellules internes. Toute la complexité des animaux multicellulaires, jusqu'à l'homme, résulte de ces phénomènes initiaux. L'éponge est ainsi le témoin de l'interdépendance des cellules et de l'apparition d'un nouveau type d'intégration biologique: l'individu multicellulaire.

Mais cette intégration est-elle réelle? On parvient aisément à séparer les cellules d'une éponge et à les faire vivre isolément dans l'eau de mer. Cette survie est possible, mais une cellule isolée ne se transforme jamais en éponge. Cependant, si beaucoup de cellules se rencontrent et adhèrent les unes aux autres, elles constituent rapidement une éponge normale. Cette double propriété est remarquable: elle montre que dans l'individu éponge une cellule a subi, après plusieurs divisions successives, une transformation, une différenciation et n'est plus capable, même en se divisant à son

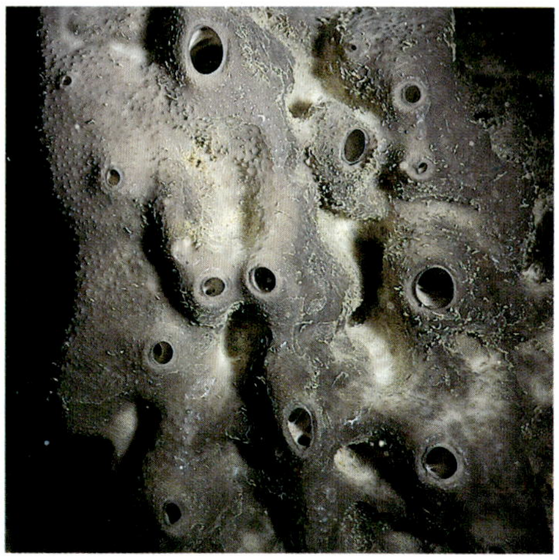

Éponge de «toilette» *(Spongia officinalis)*, commune en Méditerranée. On utilise son squelette, séché et blanchi, pour les propriétés mécaniques de ses fibres formant un réseau aux mailles serrées. La pêche des éponges se maintient en Tunisie, mais décline ailleurs.

1

2

3

1. Espèce du lagon de Nouvelle-Calédonie *(Clathrina)*. Les éponges des récifs sont variées et très colorées. On en extrait des produits antibiotiques, antifongiques et antitumoraux.

2. Cette éponge à squelette siliceux *(Polymastia robusta)* a des papilles aquifères en majorité inhalantes. Les papilles plus longues et plus larges sont exhalantes. Ses œufs, réunis par du mucus, se transforment en larves mobiles ciliées.

3. Cette petite éponge pédonculée *(Clathrina clathrus)* de Méditerranée est soutenue par un squelette composé de spicules calcaires. Elle est formée de tubes dont la paroi interne est composée de cellules flagellées.

tour, de former un organisme. Elle a perdu cette aptitude qu'avait la cellule initiale: l'œuf fécondé. En revanche, en s'associant à d'autres, elle garde ses capacités de vie et reprend sa place dans une éponge intégrée. Cette réintégration ne se fait pas sans dommage, et beaucoup de cellules périssent dans cette épreuve dramatique.

L'adhésion des cellules n'est d'ailleurs possible que si ces cellules proviennent de la même espèce, parfois du même individu. Elles se reconnaissent entre elles par des mécanismes fondamentaux qui intéressent les immunologistes.

La différenciation des cellules, au cours du développement de l'individu par divisions cellulaires successives, est une conséquence cruciale de l'état multicellulaire. Elle s'est raffinée au cours de l'évolution. Cela veut dire, comme on le voit chez l'éponge, que chaque cellule n'est plus capable à elle seule d'être un individu. Cela veut dire aussi qu'en raison de sa position dans l'organisme et de l'histoire de la lignée cellulaire dont elle provient, elle a des fonctions spécialisées. Comme les individus dans une société, les cellules jouent un rôle dans l'individu qu'ensemble elles constituent.

UNE INTÉGRATION SOUPLE, UNE INFORMATION LENTE

Pour que le système formé d'un être multicellulaire soit possible et viable, il ne faut pas qu'il soit anarchique. Il s'y développe donc des systèmes de coordination, d'abord très souples, puis de plus en plus contraignants, et des échanges d'informations, d'abord modestes et lents, puis de plus en plus rapides.

L'éponge est le témoin vivant d'une étape de l'évolution animale pendant laquelle le système d'intégration est resté souple et l'information lente. L'intégration souple signifie que l'éponge peut être amputée fortement et même découpée, chaque fragment poursuivant une vie individuelle normale au prix de quelques réajustements internes.

Ce fond sous-marin des Antilles est caractérisé par la présence de grandes éponges tubulaires, comme les *Verongia*, dont certaines dépassent 1 m de haut.

L'information lente s'explique par l'absence chez l'éponge d'un système nerveux reliant entre eux les différents groupes de cellules. La réaction aux stimulations extérieures est locale et diffuse peu à peu dans l'éponge, qui n'a pas de centre de coordination.

Notons encore que l'apparition d'un état multicellulaire et d'un milieu intérieur a pour conséquence l'accumulation interne de molécules s'organisant entre les cellules en squelette élémentaire. On conçoit qu'un ensemble de cellules molles adhérant entre elles puissent s'étaler sur un support ou flotter en pleine eau. Mais un accroissement important de la taille et du volume de cet ensemble ne peut se concevoir sans une augmentation de la résistance mécanique de l'individu. Chez l'éponge de toilette, qui vit l'essentiel de son existence fixée sur le fond de la mer, des macromolécules s'organisent en fibres entre les cellules et les fibres constituent un squelette solide. Aussi certaines éponges peuvent-elles atteindre un mètre de diamètre.

UN ANIMAL SANS TÊTE

Enfin, il faut manger pour vivre: les cellules de l'individu multicellulaire ont donc besoin d'aliments, comme elles ont besoin d'oxygène pour respirer. Chez l'éponge, la plupart des cellules se ravitaillent directement en puisant les molécules utiles dans l'eau qui baigne la surface ou qui circule dans un vaste réseau de canaux internes qui ressemble à un bassin fluvial (voir dessin ci-dessous). Mais déjà, chez ces animaux primitifs, certaines cellules absorbent des particules qu'elles digèrent et transforment au profit de toutes les autres cellules. Ce système anatomique sera abandonné au cours de l'évolution animale. Tous les autres animaux auront une bouche et un tube digestif. L'éponge, elle, n'a ni bouche, ni cerveau, ni tête.

CLAUDE LEVI

Des milliers d'espèces

Les spongiaires ou éponges sont des animaux aquatiques, dont la grande majorité vit dans la mer depuis les côtes jusqu'aux grands fonds océaniques; mais on en trouve aussi dans les lacs et les rivières dans toutes les parties du monde. On estime qu'il existe actuellement 4 000 à 5 000 espèces différentes.

Leur taille varie du millimètre au mètre. Leurs formes sont très diverses: en boule, en plaque, en buisson, en tube, en éventail, en gâteau... Leurs couleurs sont souvent vives: jaune, orange, rouge, ou bien noir, comme les éponges de toilette vivantes, ou encore gris ou blanc.

Toutes les éponges sont fixées sur le fond, accrochées généralement par leur base aux rochers, aux cailloutis et même à la vase; dans ce cas, elles s'y implantent par un long pédoncule.

Les spongiaires sont des animaux. Ils se nourrissent de particules organiques et de bactéries qui se trouvent dans l'eau où ils vivent. Ils n'ont pas de bouche, mais ils absorbent l'eau par des centaines, voire des milliers de petits orifices. Les espaces et canaux qui leur font suite confluent peu à peu à la manière d'un système fluvial en quelques grands canaux de sortie. Aux oscules, qui sont les orifices de sortie, l'eau est projetée en jets puissants qui écartent l'eau filtrée loin de la surface de l'éponge. Des cellules flagellées assurent le mouvement de l'eau et la capture des aliments (voir figure ci-dessous).

Les éponges sont sexuées, soit mâles ou femelles, soit hermaphrodites. Elles pondent des œufs qui donnent des larves ciliées de 1/10 de millimètre à 1 mm de long; très mobiles, ces larves permettent la dispersion des éponges.

Les spongiaires ont un squelette interne qu'ils sécrètent. Chez la plupart des éponges, ce sont des éléments de silice ou de calcite qui sont associés en charpente. Ces spicules ont des formes très variées et occupent une position déterminée dans la charpente en réseau ou en buisson. D'autres spongiaires comme les éponges de toilette (*Spongia officinalis*) fabriquent une charpente organique fibreuse. L'éponge commercialisée n'est plus qu'un réseau de fibres débarrassé de tout le reste des tissus vivants.

L'éponge, qui n'a pas de système nerveux, peut être découpée en morceaux et chaque morceau est capable de reconstituer un animal normal.

SCHÉMA DE L'ÉPONGE

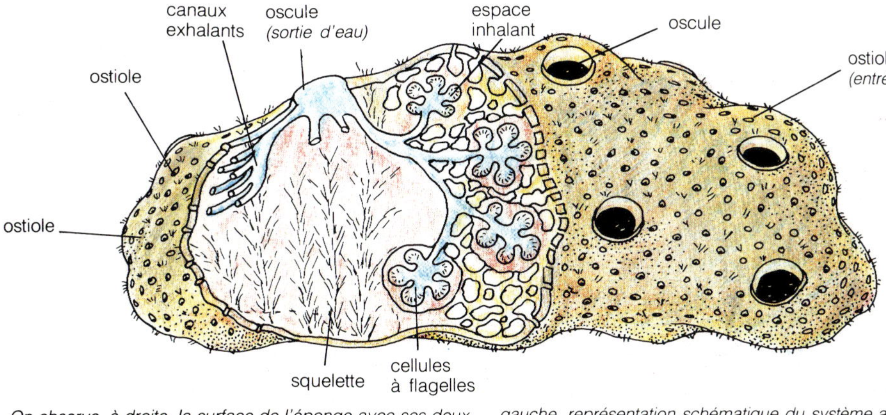

On observe, à droite, la surface de l'éponge avec ses deux types d'orifices: ostioles inhalants et oscules exhalants. A gauche, représentation schématique du système aquifère et du squelette spiculaire.

***Canaux exhalants** convergeant vers un oscule à la surface d'une éponge mince et revêtante (Spirastrella).*

La méduse

« Dômes de soie flottante » : ainsi Paul Valéry désignait-il les méduses, ces étranges créatures gélatineuses et transparentes qui habitent nos mers. Elles représentent la forme libre d'un groupe d'invertébrés très ancien, les cnidaires, qui furent les premiers à avoir des cellules sensorielles et nerveuses leur permettant de se déplacer dans l'eau par des mouvements alternés de contraction et d'extension.

Les méduses sont des représentants communs dans nos mers d'un groupe zoologique très ancien, l'embranchement des cnidaires, qui comprend 10 000 espèces différentes. Cet embranchement regroupe également les hydres, les gorgones, les coraux et les anémones de mer, tous caractérisés par une organisation simple (schématiquement, un sac dont l'orifice est entouré de tentacules) et par la possession de cellules venimeuses très particulières, les cnidocytes (voir encadré page ci-contre). Depuis le précambrien, dont datent certains fossiles rattachés aux cnidaires, les organismes de cet embranchement se sont extrêmement diversifiés, parfois sous des formes coloniales (physalies ou coraux).

Les méduses sont un exemple d'organisation des cnidaires et correspondent le plus souvent à un stade de vie libre et éphémère de l'espèce. Elles représentent en effet le stade de dissémination sexuée d'animaux de petite taille, les polypes, qui ont l'aspect de petites hydres solitaires ou groupées en colonies, sans ressemblance morphologique avec leurs méduses. On pourrait ainsi assimiler les méduses à des gonades mobiles libérées par les polypes dans le milieu.

Parmi les cnidaires, qui ont peu quitté le milieu marin originel, seules quelques hydres et méduses ont colonisé les fleuves et les lacs. C'est ainsi qu'en juillet-août on peut observer dans nos plans d'eau une méduse de quelques centimètres de diamètre. L'espèce n'est représentée le reste de l'année que par de minuscules polypes translucides de quelques millimètres. Ils bourgeonnent au printemps, donnant de petites méduses qui grossissent après leur libération dans l'eau, développent des gonades et assurent la reproduction de l'espèce, grâce à leurs œufs, qui donneront naissance à une nouvelle génération de polypes.

DES SYMÉTRIES PAR QUATRE, SIX OU HUIT

Une méduse est schématiquement constituée d'une cloche, ou ombrelle, gélatineuse d'où pendent quatre tentacules périphériques. Elle porte à sa face concave une bouche carrée prolongée par une cavité digestive. De cette cavité, ou estomac, partent quatre canaux radiaires qui irriguent l'ombrelle en produits de la digestion et en gaz dissous permettant la respiration. Chez certaines espèces, l'hypertrophie de l'estomac, l'augmentation du nombre de canaux radiaires ou des tentacules concourent au polymorphisme des méduses. Toutes conservent néanmoins cette symétrie radiaire qui n'existe pas, généralement, chez leurs polypes.

Trois méduses de nos régions. *Pelagia noctiluca* (en haut), très abondante certains étés en Méditerranée, doit son nom scientifique de « noctiluque » à ses propriétés bioluminescentes faciles à observer la nuit. *Rhizostoma pulmo* (à gauche) et la très grande *Cyanea capillata*, ou crinière de lion (ci-dessous ; dessin sur vélin), sont fréquentes sur nos côtes. Ces trois méduses, réunies dans la classe des scyphozoaires, qui ne comprend que 200 des 1 000 espèces connues, n'illustrent, en dépit de leurs différences d'aspect, qu'une partie de la diversité du groupe des cnidaires.

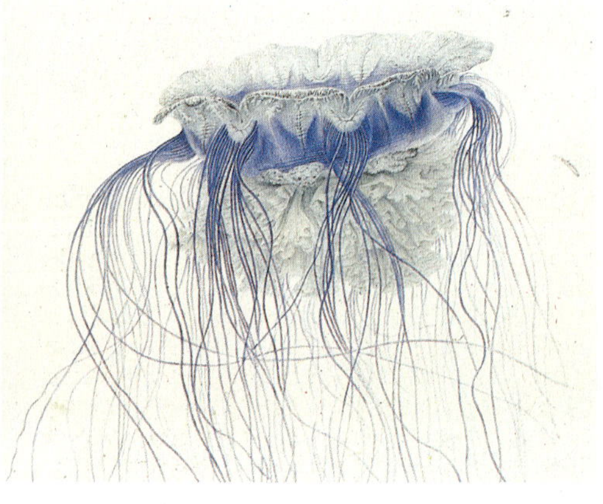

Pourquoi les méduses piquent-elles?

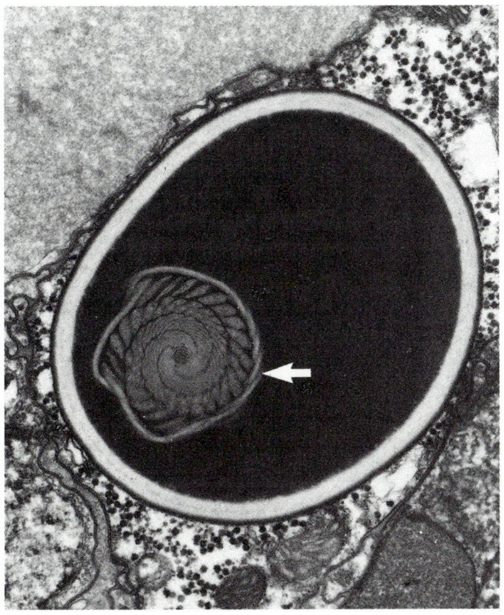

Cellule venimeuse. *Cette vue en coupe au microscope électronique montre le dard (◆) enroulé en spirale prêt à injecter le contenu venimeux de la capsule.*

L'embranchement des cnidaires est caractérisé par la possession de cellules venimeuses, les cnidocytes, responsables de leurs propriétés urticantes, voire mortelles chez certaines méduses et anémones tropicales.

Chaque cnidaire compte de quelques cnidocytes, chez certaines petites hydres, à plusieurs milliers. Il s'agit de cellules spécialisées synthétisant chacune une capsule, appelée cnidocyste, d'un dixième à un centième de millimètre, contenant le venin et un dard capable de l'injecter aux proies ou aux prédateurs. L'efficacité du venin permet de capturer des proies volumineuses et de les paralyser au contact des zones digestives sécrétrices d'enzymes.

Le venin est constitué de différentes petites molécules (polypeptides) ayant les unes une action nécrosante et les autres une action neurotoxique. Celles-ci présentent des convergences avec certaines molécules des venins de scorpions dans leur mode de perturbation de l'influx nerveux.

La structure des cnidocystes est originale et ne présente d'affinité dans le monde vivant qu'avec les colloblastes (cellules à propriétés adhésives, mais non venimeuses), caractéristiques de l'embranchement suivant des cténaires, et avec les capsules de certains protozoaires, les cnidosporidies. L'identité est telle que certains biologistes ont envisagé une filiation évolutive de ces protozoaires vers les cnidaires. D'autres considèrent que de tels protozoaires, après avoir été parasites, ou symbiontes, des cnidaires primitifs, se seraient intégrés à leur patrimoine génétique.

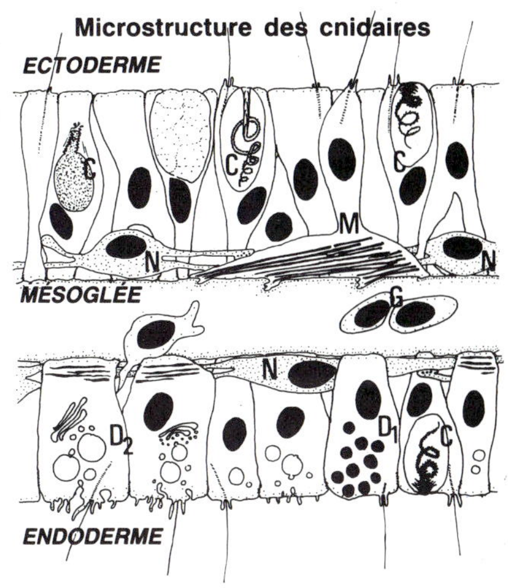

Le schéma montre la structure en deux feuillets cellulaires (ectoderme et endoderme) tapissant la mésoglée, caractéristique de l'organisation primitive des cnidaires. Effectivement dépourvue de cellule chez les méduses d'hydrozoaires, la mésoglée devient richement cellularisée chez les anémones de mer et préfigure le troisième feuillet cellulaire qui existe dans les embranchements supérieurs. C: cnidocyte. D1: cellule digestive sécrétant des enzymes. D2: cellule digestive absorbante. M: cellule musculaire. N: cellule nerveuse. G: gamètes.

Ce type de symétrie radiaire se trouve également chez les autres cnidaires et contribue à définir trois, voire quatre groupes ou classes systématiques.

Les systématiciens distinguent ainsi la classe des hydrozoaires à générations alternantes de polypes et de petites méduses à symétrie d'ordre quatre. Cette classe comprend aussi les hydres d'eau douce, qui se reproduisent sans phase méduse, et les physalies, colonies de polypes flottants que leur aspect fait souvent assimiler à des méduses.

La deuxième classe, celle des scyphozoaires, est constituée par les grandes méduses de nos côtes, où la symétrie d'ordre quatre est accentuée par le développement de quatre cloisons radiaires dans la cavité digestive où se structurent des zones spécialisées. Cette classe comporte la plus grande méduse: *Cyanea capillata,* appelée crinière de lion en raison de l'aspect que lui confèrent ses nombreux tentacules. Son ombrelle atteint 3 mètres de diamètre et ses tentacules 30 mètres de long; c'est, avec certains céphalopodes, le plus grand des invertébrés.

Les cuboméduses, de forme cubique, forment la troisième classe qui comprend les quelques espèces de méduses tropicales mortelles.

La dernière classe est celle des anthozoaires qui regroupent des espèces toujours dépourvues de stade méduse et qui se reproduisent donc sous forme de polypes, solitaires ou coloniaux, à symétrie six: les cériantes, coraux et anémones de mer, ou huit: les gorgones et alcyons.

DES CELLULES AUX ORGANES

Ces symétries radiaires révèlent l'organisation des cellules en masses structurées assurant des fonctions précises. A l'inverse des éponges, les cnidaires se structurent en régions anatomiques dont les spécialisations physiologiques préfigurent les organes des animaux des embranchements supérieurs. A l'intérieur même des cnidaires, la spécialisation des zones en organes croît des hydrozoaires aux anthozoaires pour devenir maximale chez les anémones de mer. L'embryologie confirme que c'est selon cette même direction que l'évolution passe à travers les cnidaires, des hydrozoaires aux anémones.

En 1849, le zoologiste anglais Thomas Huxley découvrit que les méduses ne sont constituées que de deux épithéliums séparés par une lame gélatineuse sans cellules, qu'on appelle la mésoglée (voir dessin ci-dessus). Cette particularité amena à distinguer les méduses de tous les animaux supérieurs qui sont constitués de trois feuillets: l'épithélium externe, ou ectoderme, à rôle protecteur et sensoriel; l'épithélium interne, ou endoderme, à rôle digestif; et un feuillet dont est issue au cours de l'embryogenèse la musculature. Les cnidaires sont ainsi définis comme un embranchement diploblastique, par opposition aux embranchements supérieurs triploblastiques. En réalité, si la lame gélatineuse des hydrozoaires est généralement dépourvue de cellules, celle des grandes méduses des scyphozoaires et celle des anthozoaires sont cellularisées, préfigurant le troisième feuillet qui existe à partir de l'embranchement suivant des cténaires, invertébrés marins planctoniques que l'on confond parfois avec les méduses.

L'APPARITION DU SYSTÈME NERVEUX

Parmi les organes qui commencent à s'élaborer, apparaissent chez les méduses des organes sensoriels de la vision, les ocelles, ainsi que ceux de l'orientation, les statocystes, situés à la périphérie de l'ombrelle (voir p. 160). Chez les autres cnidaires moins mobiles existent néanmoins des cellules sensorielles tactiles et gustatives permettant la détection des proies et des prédateurs. Mais, entre ces récepteurs sensoriels et les muscles, les cellules nerveuses forment des réseaux diffus sans constituer de nerfs structurés. Ces réseaux nerveux situés à la base des épithéliums permettent des réflexes élaborés. Ceux-ci se traduisent par des comportements stéréotypés de capture des proies, de nage et même d'accouplement chez certaines espèces d'anémones.

Avec l'acquisition des cellules et des réseaux nerveux, et donc de réflexes et de comportements, les cnidaires représentent une étape capitale de la progression de la vie animale.

MICHEL VAN PRAËT

L'anémone tomate *(Actinia equina)* est l'anémone de mer la plus commune sur nos côtes rocheuses. Comme les méduses, elle fait partie de l'embranchement des cnidaires. Plus faciles à collecter que les méduses, c'est sur les nématocystes des anémones de mer qu'a porté la majorité des études biochimiques sur la composition du venin des cnidaires. Sur nos côtes, elles sont généralement considérées comme moins urticantes que les méduses (à l'exception d'*Anemonia sulcata*), mais certaines espèces tropicales ont une action nécrosante puissante et quelques-unes sont mortelles.

CHAPITRE 8

Capture et utilisation de l'énergie

Une fonction essentielle: la respiration

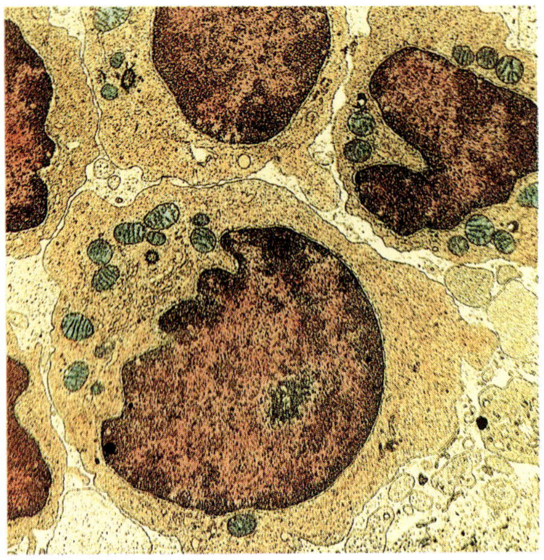

C'est dans les mitochondries, organites qui apparaissent ici en vert dans le cytoplasme de lymphocytes, que s'effectuent les réactions fondamentales de la respiration.

L'argyronète, comme toutes les araignées, possède des poumons où parvient l'air extérieur. Ses mœurs aquatiques l'obligent à se constituer une réserve d'air dans une cloche de soie qu'elle alimente régulièrement en libérant des bulles emprisonnées dans ses poils lorsqu'elle vient à la surface.

Vivre, c'est d'abord respirer. Cette fonction essentielle qu'est la respiration assure les échanges gazeux entre les cellules de l'organisme et le milieu extérieur: l'être vivant utilise l'oxygène de l'air pour créer l'énergie du corps, et rejette de l'eau et du gaz carbonique, indispensable à la photosynthèse des plantes.
Au cours de l'évolution, ces mécanismes d'échanges se sont traduits par des procédés variés, allant des branchies des poissons jusqu'à nos poumons.

Respirer, dans son sens immédiat, c'est vivre. Depuis la plus haute antiquité, les hommes ont observé l'association entre la disparition du souffle et le passage de vie à trépas. On utilise encore le procédé bien approximatif du petit miroir placé devant la bouche du mourant pour déceler un signe de vie. Pourtant, la production du souffle est une fonction qui ne suffit pas par elle-même à comprendre le mécanisme du phénomène de la vie. Bien plus, la respiration ne se manifeste pas obligatoirement par le va-et-vient d'un souffle d'air. C'est seulement en 1777 que Lavoisier, parallèlement à ses travaux sur la composition de l'air et les phénomènes de combustion, réalise les expériences décisives sur la respiration animale, montrant que les échanges gazeux avec le milieu extérieur sont identiques pour une lampe à huile et pour un petit oiseau; pour chacun, de l'oxygène est consommé et du gaz carbonique rejeté, pendant qu'une quantité de matières est brûlée: l'huile de la lampe, les aliments de l'oiseau.

Depuis cette époque, les progrès des sciences physico-chimiques et de la physiologie ont révélé la généralité de ce phénomène, et surtout sa signification réelle au niveau de l'unité vivante: la cellule. Comme Lavoisier l'avait lui-même compris, mais sans pouvoir en expliquer les mécanismes moléculaires, les échanges gazeux sont associés à la production d'énergie. Cette énergie, on ne l'a longtemps saisie que sous une forme dégradée, une sorte de sous-produit dû à l'agitation des molécules, le dégagement d'une quantité de chaleur décelable par une élévation de la température.

Nous devons donc considérer deux niveaux pour parler de la respiration, d'une part, celui de la machinerie chimique fondamentale des êtres vivants et, d'autre part, celui des procédés qui permettent à l'organisme d'assurer pour chacune de ses cellules les apports et les

1

2

3

1. Larve de triton: c'est la phase aquatique de cet amphibien. Les branchies externes disparaissent à la métamorphose: l'animal sort alors de l'eau et, pourvu de poumons, commence une vie terrestre.

2. Souffle de cétacé. Les cétacés sont des mammifères: ils ont une respiration aérienne et une température constante, plus élevée que celle du milieu marin. Entre deux plongées, ces animaux viennent en quelques secondes expirer gaz carbonique et vapeur d'eau, et inspirer de l'air par leurs narines situées sur le dessus de leur tête.

3. Tortue verte. Plusieurs espèces de tortues mènent une vie océanique. Ce sont pourtant des reptiles, vertébrés à poumons. Elles doivent venir régulièrement prendre de l'air en surface.

départs des gaz respiratoires. Ce sont ces procédés qui, apparus successivement au cours de l'évolution, montrent une grande diversité.

LA MACHINERIE CHIMIQUE

C'est la base du fonctionnement de tous les êtres vivants, et la conquête fondamentale au cours de l'évolution de notre planète. Elle repose sur la capacité de dégager de l'énergie de liaison entre des molécules chimiques et, d'utiliser l'énergie ainsi libérée, pour créer des liaisons moléculaires sans recourir à une élévation de température pour produire une agitation moléculaire nécessaire à des réactions chimiques (loi de conservation de l'énergie). En effet, les structures complexes qui sont à l'origine des molécules vivantes ne supportent pas les hautes températures.

Le principe de cette machinerie repose sur les propriétés de certains corps chimiques, les enzymes, qui activent les molécules mises en présence en s'attachant temporairement à chacune d'elles. Pour prendre une image mécanique, disons qu'une enzyme est l'équivalent d'un dispositif qui élèverait une bille, lui donnant plus d'énergie potentielle au début de sa chute, donc plus d'énergie cinétique au moment de son choc sur le sol. Les premières enzymes connues ont été isolées en 1897 par Bachner comme un constituant actif des levures (champignons microscopiques) dans la fermentation du glucose.

Les phénomènes respiratoires

C'est la rupture de molécules à haut potentiel énergétique, comme le glucose, en présence d'oxygène, qui déclenche la respiration; briser d'un coup ces molécules créerait un bouleversement considérable des équilibres chimiques au sein de la matière vivante. Le processus s'effectue donc par petites étapes, et à chacune d'elles intervient une enzyme spécifique. La vitesse dépend de la concentration en enzymes et de la probabilité de rencontre entre molécules de substrat et molécules d'enzymes. La division de l'espace du «récipient» par un système de cloisons microscopiques facilite les rencontres.

Dans les cellules, des organites spécialisés, les mitochondries, constituent les récipients appropriés pour les réactions respiratoires. A chaque étape de ces réactions, une petite quantité de l'énergie de la molécule initiale (glucose ou graisses) est libérée et prise en charge par une coenzyme, puis mise en réserve par la création de liaisons chimiques (phosphoriques) dans une molécule spécialisée, l'adénosinetriphosphorique (ATP). Chacune de ces étapes constitue, sur le plan chimique, un transfert d'hydrogène, que les enzymes passent d'une substance à une autre comme on se passe rapidement un objet brûlant ou explosif. En fin de course, l'oxygène moléculaire va former de l'eau, tandis que le gaz carbonique représente ce qui reste de la molécule initiale. 40 p. 100 de l'énergie potentielle sont ainsi mis à la disposition de la cellule sous forme d'ATP pour son fonctionnement et ses synthèses, 60 p. 100 sont dissipés en chaleur. C'est pourquoi, sans oxygène, les cellules de la plupart des êtres vivants meurent parce qu'elles ne peuvent plus disposer d'énergie (voir tableau page suivante).

LES PROCÉDÉS

La respiration, c'est-à-dire l'utilisation de l'oxygène de l'air et le rejet d'eau et de gaz carbonique, est un perfectionnement de modes plus anciens de libération de l'énergie chimique par les êtres vivants. En effet, l'atmosphère ne contenait semble-t-il que peu d'oxygène libre lorsque la vie est apparue.

Beaucoup d'êtres microscopiques peuvent encore se passer d'oxygène, par exemple les bactéries dites anaérobies. L'oxygène est même un poison pour ces êtres, d'où le rôle désinfectant de substances libérant ce gaz, comme l'eau oxygénée ou l'eau de javel.

Les mécanismes de la respiration

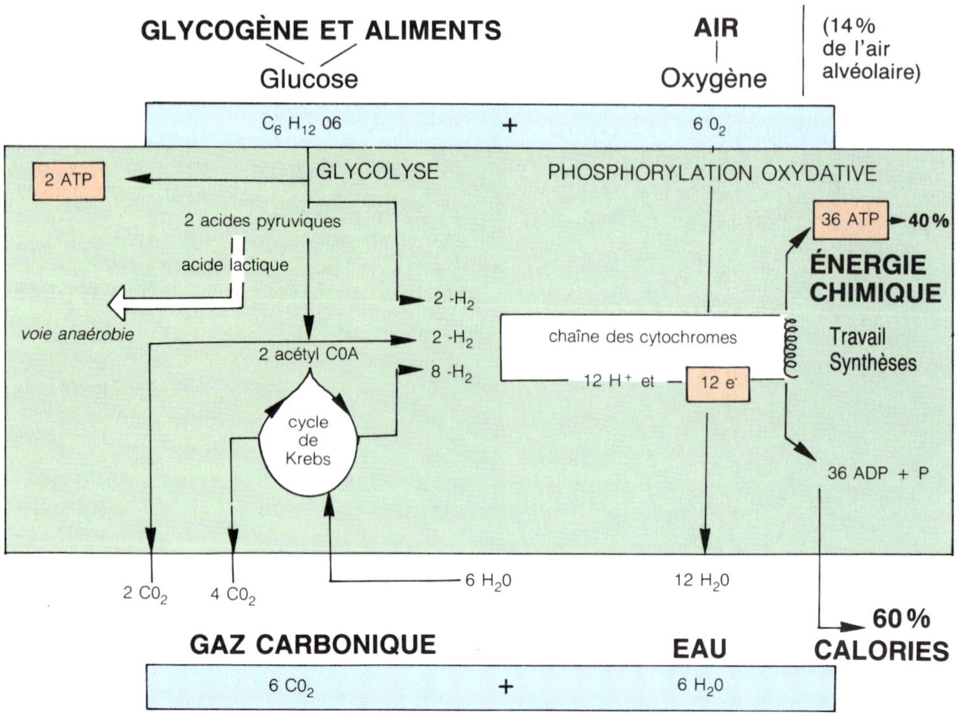

C'est à l'intérieur des mitochondries que se déroulent les réactions qui permettent, pas à pas, la libération de l'énergie contenue dans chaque molécule de glucose en présence d'oxygène. Le principe de la respiration cellulaire réside dans une fragmentation progressive du glucose (glycolyse) qui va céder des groupements associant carbone et oxygène (décarboxylation) et son hydrogène, et dans un transfert de l'énergie sur des liaisons phosphoriques nouvelles. L'oxygène ne sert qu'à fixer l'hydrogène et former de l'eau. Chacun de ces processus fait intervenir une suite de transformations rendues possibles par la présence d'activateurs, les enzymes. Normalement, le système est autorégulé au niveau de l'organisme, car le taux de gaz carbonique libéré dans le sang agit sur les centres nerveux responsables des mouvements de ventilation, donc sur l'apport d'oxygène. L'énergie libérée est distribuée dans les molécules d'ATP et dissipée en chaleur, qui a été domestiquée chez les mammifères et les oiseaux, où elle est réglée et maintient la température du corps indépendante de celle du milieu.

Parmi les nudibranches, mollusques marins sans coquille, on trouve des escargots munis de poumons et ces animaux au corps recouvert d'expansions réalisant les échanges gazeux avec le milieu aquatique.

Quant aux végétaux, s'ils captent l'énergie solaire grâce aux propriétés photochimiques de la chlorophylle pour la mettre en réserve dans les sucres en rejetant de l'oxygène, il ne faut pas oublier qu'ils n'en respirent pas moins très activement, et consomment largement pendant la nuit l'oxygène qu'ils ont rejeté le jour.

L'appareil respiratoire

Au cours de l'évolution, la multiplication des formes de vie et l'apparition d'organismes pluricellulaires ont conduit à l'invention de diverses solutions pour acheminer l'oxygène des cellules et les débarrasser de l'eau et du gaz carbonique.

Chez l'homme, tout un ensemble d'organes participent à ce mécanisme, depuis les narines jusqu'aux alvéoles pulmonaires, en passant par le dispositif complexe du diaphragme et de la cage thoracique. C'est ce qu'on appelle l'appareil respiratoire. Mais, en réalité, cet appareil ne possède pas de cellules spécialisées. Il n'y a pas de cellules respiratoires parce que toutes les cellules de l'organisme respirent pour leur propre compte avec une plus ou moins grande intensité selon leur fonction. Il existe donc diverses sortes d'appareils respiratoires dans le monde animal: ce sont simplement tous les dispositifs facilitant les échanges gazeux entre le milieu extérieur et les cellules de l'organisme. De cette définition, on peut comprendre que l'appareil circulatoire participe nécessairement à la fonction respiratoire: nos globules rouges (ou hématies) sont des wagons chargés de transporter l'oxygène, tandis que le plasma évacue le gaz carbonique.

Vers la spécialisation

Les mécanismes d'échange dépendent du milieu dans lequel vivent les animaux et de leur taille, ou plus exactement du nombre de leurs cellules et de leur degré de spécialisation, mais aussi de leur rythme d'activité, c'est-à-dire de leur besoin instantané en énergie.

Dans le milieu aquatique, qui est le milieu d'origine de la vie, l'oxygène dissous passe de l'eau extérieure à l'eau qui peut représenter jusqu'à 90 p. 100 de la masse d'un animal comme la méduse. Pour un animal de faible volume et relativement passif, un phénomène de diffusion peut suffire. Mais, avec l'apparition d'animaux recherchant activement leur nourriture et de plus grande taille, des dispositifs spécialisés se mettent en place, qui augmentent la surface d'échange, tandis que des substances chimiques avides d'oxygène sont incorporées aux constituants de l'animal: c'est la combinaison du système de branchies et de pigments respiratoires, par exemple les hémoglobines. Les branchies sont des spécialisations de la surface extérieure du corps chez certains vers et larves d'insectes, ou du tube digestif, comme chez les poissons.

Le système pulmonaire

La conquête des milieux terrestres par les invertébrés, puis par les vertébrés, a changé les données du problème: l'oxygène de l'air extérieur doit être capté et dissous dans les liquides de l'organisme. La quantité d'oxygène par unité de volume étant plus importante dans l'air que dans l'eau, les animaux terrestres sont en principe dans des conditions plus favorables que les animaux aquatiques. Toutefois, il leur faut acheminer de l'air jusqu'aux cellules. Chez de nombreux arthropodes, un réseau extraordinairement ramifié de canalisations, appelées trachées, part d'ouvertures (stigmates) situées à la surface du corps et gagne l'intérieur des cellules. Les mouvements du corps assurent la ventilation.

Polypnée thermique du chien. Dépourvus sur le corps de glandes sudoripares, les chiens «transpirent» en évacuant de la vapeur d'eau par la voie respiratoire.

Chez d'autres animaux, araignées, scorpions, escargots et vertébrés terrestres, l'air est aspiré dans des chambres dont les parois plissées sont parcourues par un liquide: les poumons. Les échanges s'effectuent à travers la paroi entre l'air et le liquide convecteur qui est distribué par une pompe aux cellules et revient au poumon. De nombreux cas intermédiaires existent dans la nature, comme il existe aussi une grande diversité de substances chimiques pouvant capter l'oxygène. Cela prouve que les modalités de respiration ont constitué un facteur biologique important dans la concurrence évolutive.

Des dispositifs variés

Des animaux terrestres possèdent à la fois des poumons et des trachées (certaines araignées), des vertébrés terrestres n'ont pas de poumons (forme adulte de certaines salamandres américaines), utilisant la peau comme surface d'échange; c'est le cas aussi des vers de terre. Des animaux aquatiques respirent de l'air et possèdent des poumons (poissons dipneustes, cétacés), ou extraient l'oxygène par leur intestin (certains poissons d'Amazonie). Enfin, chez les animaux parasites, même de grande taille, comme les ténias, aucun dispositif particulier n'assure en général les échanges respiratoires qui se font par diffusion.

La diversité des dispositifs touche encore soit le système d'échange des gaz avec le milieu, soit le système de transport de l'oxygène jusqu'aux cellules. Les oiseaux ont un procédé de ventilation très différent de celui des mammifères: leurs poumons sont ouverts aux deux bouts et communiquent avec des poches logées un peu partout dans le corps. Ces sacs aériens représentent jusqu'à 15 p. 100 du volume corporel chez l'autruche. L'air inhalé passe directement dans les sacs postérieurs, et seulement après dans le tissu pulmonaire, où il donne son oxygène au sang, puis dans les sacs antérieurs. L'expiration s'effectue dans le même sens: il n'y a donc pas de va-et-vient, mais un passage à grande vitesse de l'air. Ce système permet une meilleure utilisation de l'oxygène aux basses pressions atmosphériques et explique que les oiseaux aient la même vigueur en haute altitude.

Pénétration des ramifications bronchiques dans un poumon humain. Cette image est obtenue par la conversion en couleurs des contrastes d'une radiographie.

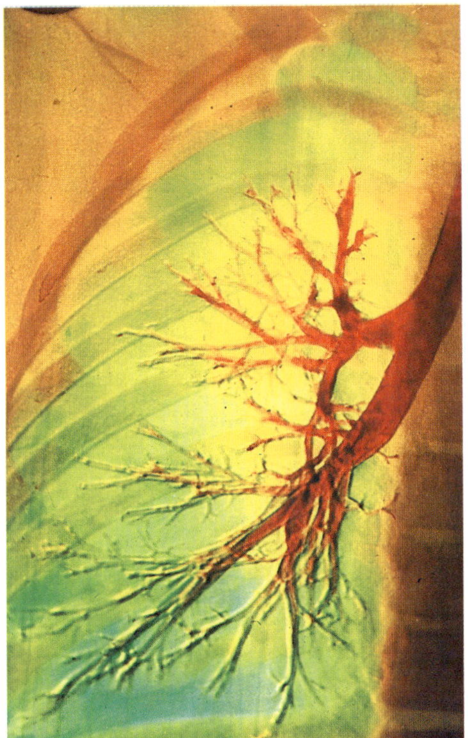

Dans d'autres cas, c'est le pouvoir de fixation du sang vis-à-vis de l'oxygène qui est modifié. Chez la carpe, comme d'ailleurs chez la larve de chirinome (ver de vase), l'hémoglobine est très avide d'oxygène et le fixe même quand il est à l'état de traces dans les eaux peu aérées. La truite a besoin au contraire d'eau au moins 13 fois plus riche en oxygène pour que son hémoglobine en fixe la même quantité. Pour les cachalots et certains oiseaux plongeurs comme le guillemot, ce n'est pas l'affinité de l'hémoglobine qui est modifiée mais la capacité de fixation élevée, jusqu'à 29 p. 100 en volume. Le cas le plus étonnant est représenté par les poissons de l'Antarctique appelés poissons de verre: dépourvus d'hémoglobine, ils paraissent translucides. Vivant dans des eaux dont la température est de 0 °C toute l'année, leur métabolisme est très bas et l'oxygène dissous dans le plasma leur suffit. Néanmoins, leur circulation est rapide grâce à un cœur très gros par rapport au volume de leur corps.

Un consommateur d'énergie: le travail musculaire

D'un point de vue évolutif, l'efficacité des divers dispositifs respiratoires peut se mesurer par la quantité d'oxygène susceptible d'être apportée aux cellules pour couvrir leurs besoins énergétiques. Il existe toujours une limite, même pour les appareils perfectionnés d'animaux complexes comme les mammifères, dont l'homme fait partie. Ainsi le travail musculaire, très grand consommateur d'énergie, dépasse le seuil d'efficacité des appareils respiratoire et circulatoire dans la livraison d'oxygène: la consommation maximale est de 3 litres par minute pour un sujet «normal», et de 5 à 6 litres pour un coureur de marathon. Le cycle de dégradation du glucose est alors dévié vers la voie anaérobie; il consiste en une sorte de fermentation et conduit à l'accumulation d'acide lactique, en même temps que s'épuisent rapidement les réserves de glucose (glycogène). La diffusion de l'acide lactique dans le sang crée des conditions physico-chimiques défavorables au fonctionnement des cellules: c'est la fatigue brutale du coureur de fond. De même, une action rapide et violente, comme une course de 100 mètres, ne permet pas de livrer à temps l'oxygène aux muscles qui fonctionnent alors en anaérobiose. Après la course, une respiration haletante signe le passage à un régime d'utilisation de l'oxygène et de rejet de gaz carbonique: l'acide lactique est alors dégradé avec une libération d'énergie qui se manifeste par une émission de calories. La possibilité de fonctionner temporairement sans oxygène constitue donc un grand avantage biologique pour un effort instantané, par exemple en cas d'attaque ou de fuite rapides.

La digestion et l'excrétion

Les êtres vivants sont traversés par un courant de matières: ils puisent à l'extérieur des éléments chimiques et de l'énergie, et fabriquent ainsi leur propre substance. Au cours de l'évolution, l'appareil digestif s'est spécialisé, tandis que les ressources alimentaires se différenciaient. Parallèlement, des solutions au problème de l'excrétion, fonction nécessaire au maintien de la constance du milieu intérieur, sont aussi apparues, dépendant du milieu extérieur ou du mode d'alimentation des animaux.

La digestion

On a pu comparer les êtres vivants à des seaux percés dans lesquels un robinet laisse couler un filet d'eau. La vie suppose, en effet, qu'un mouvement continu de substances traverse les structures vivantes pour leur fournir les matériaux de base et l'énergie nécessaires à leur simple maintien, à leur construction et reconstruction permanentes. Primitivement, ces échanges s'effectuent par la surface séparant le globule vivant du milieu environnant. Lorsque les êtres unicellulaires atteignent une certaine taille et une plus grande complexité interne, ils deviennent capables d'absorber non plus seulement des molécules, mais des fragments organisés et même d'autres êtres plus petits qu'eux. C'est le début d'une spécialisation à la digestion. Par la déformation de leur surface extérieure, ils englobent le corps étranger qui est détruit chimiquement en ses constituants simples à l'intérieur de la cavité ainsi formée (phagocytose).

A la digestion pratiquée par chacune des cellules s'est substitué, chez la plupart des êtres pluricellulaires, un procédé qui relève de la division du travail physiologique: une certaine catégorie de cellules, regroupées dans la paroi d'une cavité en communication avec l'extérieur, se charge de fragmenter chimiquement les particules piégées et de transmettre les molécules utiles aux autres cellules. L'appareil digestif est donc simple dans son principe, ce qui explique qu'il offre une organisation très semblable chez tous les animaux. Il se forme dans les embryons à partir d'un des deux feuillets cellulaires apparaissant très tôt, l'endoderme. Il comprend trois parties: un piège à aliments, une poche où sont déversées des enzymes produites par des cellules spécialisées et une paroi dont les cellules absorbent sélectivement les produits utiles pour l'organisme. Au cours de l'évolution, la sélection a retenu une grande diversité de modifications de ces parties, allant dans le sens de l'exploitation privilégiée de certaines ressources ou d'une meilleure rentabilité énergétique de leur traitement.

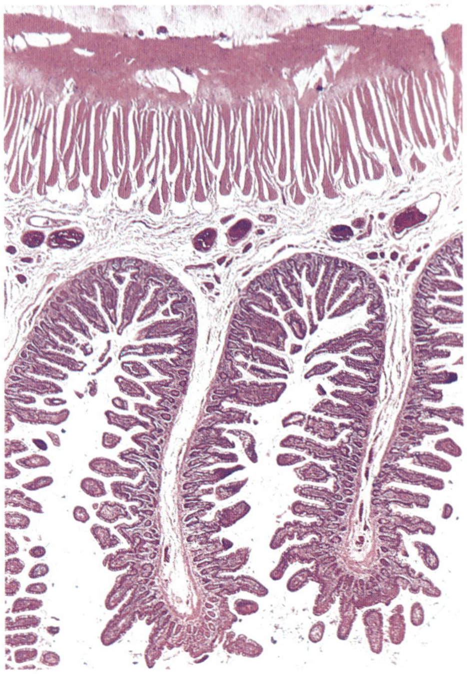

Unité de sécrétion et d'absorption, une villosité intestinale est une protubérance microscopique de la paroi interne de l'intestin grêle, qui plonge dans le contenu de l'organe. Au centre de chaque villosité, un prolongement lymphatique (chylifère) et des capillaires sanguins recueillent les produits de la digestion.

Ce poisson des grands fonds, *Chauliodus sloani*, traduit dans sa forme l'importance des procédés de capture des proies pour la survie des espèces dans un milieu aux conditions extrêmes.

La lamproie marine ne possède pas de mâchoires. Sa bouche, toujours ouverte, forme un entonnoir garni d'aspérités cornées par lequel l'animal se fixe sur les poissons qu'il parasite.

Des entonnoirs aux meules

Pour un animal immobile, l'épuisement des ressources dans son environnement immédiat peut être fatal. Des dispositifs de cils vibratiles ou de contractions rythmiques mettent l'eau en mouvement, piégeant les particules vers l'entrée du tube digestif. A ce mode primitif de capture ont succédé, avec l'accroissement des capacités de déplacement, donc aussi une plus grande demande en énergie, des moyens plus directs. Les vertébrés sans mâchoires (agnathes), dont les seuls représentants aujourd'hui sont les lamproies, ont abouti à des vertébrés à mâchoires (gnathostomes), comme les requins actuels, dont nous sommes les lointains descendants. Chez les invertébrés, la même évolution a eu lieu, mais ce sont des pattes transformées de l'avant vers l'arrière qui capturent puis malaxent les proies et les dirigent vers la bouche, chez les crustacés, par exemple.

Dans chaque lignée animale, le partage des ressources a conduit à une grande diversité des procédés mécaniques de traitement des matériaux alimentaires par la transformation des mêmes organes en divers outils: chez les insectes, la trompe aspirante des papillons, les meules des criquets, les pinces coupantes des guêpes, l'aiguille des punaises.

Mâchoires, dents et becs. L'évolution des mâchoires et des dents a constitué aussi des phases importantes de l'histoire des vertébrés: chez les espèces qui mangent des végétaux, on trouve généralement des dents antérieures tranchantes, comme les incisives du castor, du lapin, du cheval, et des dents postérieures constituant des surfaces broyeuses, les dents de la joue, qui souvent résistent à l'usure par une croissance continue ou par un remplacement successif, comme chez l'éléphant.

Chez les espèces qui mangent d'autres animaux, certaines dents servent à la saisie et à la mise à mort (canines du loup, du lion), les plus postérieures sont des cisailles carnassières. A des régimes particuliers, comme celui des mangeurs de coquilles (la loutre marine ou certains lézards) ou celui des mangeurs de fourmis (tamanoirs, pangolins), correspond une hypertrophie de la couronne dentaire ou, au contraire, son atrophie. Les mangeurs de poissons sont généralement pourvus de dents nombreuses, aiguës et toutes semblables. Une spécialisation remarquable est constituée par les crochets venimeux de certains serpents (vipères, najas), mangeurs de grosses proies qu'ils avalent sans mâcher. Chez les oiseaux, qui sont dépourvus de dents, c'est la forme du bec qui est en rapport avec le type d'aliment: insectes, graines, fruits ou bouillie riche en micro-organismes. Le gésier, portion spécialisée de l'œsophage, joue le rôle de moulin.

La couleuvre vipérine paie cher sa ressemblance avec la vipère, alors qu'elle est inoffensive et se nourrit de proies aquatiques. Les serpents avalent sans mâcher grâce aux mouvements alternés de leurs mâchoires garnies de fines dents dirigées vers l'arrière.

Les acridiens, ici *Decticus albifrons*, ont des mandibules formant cisaille et meule. Ils s'attaquent aux tissus végétaux, dont ils extraient l'énergie nécessaire à leur croissance et à leur grande fécondité. Certains, comme les criquets migrateurs, sont capables de causer des dégâts catastrophiques lorsqu'ils pullulent.

La simplification chimique

Mis à part l'eau et les sels minéraux, les aliments sont constitués par des substances disposées en grosses molécules, et qui, la plupart du temps, appartiennent à des familles chimiques différentes. Ces molécules ressemblent à un jeu de construction dont on peut accrocher dans un certain ordre les pièces élémentaires. L'organisme a besoin de ces éléments pour reconstruire à son profit ses propres matériaux et extraire l'énergie qui a été incorporée lorsque ces éléments ont été synthétisés par les plantes chlorophylliennes sous forme de sucre, principalement de glucose (voir p. 90).

Un travail bien organisé. Le tube digestif des animaux représente ainsi une sorte d'usine où s'effectue le travail de fragmentation mécanique par broyage et brassage, et une attaque par voie chimique qui dissocie les grosses molécules en éléments capables de traverser les cellules de la paroi. Tout ce travail est soigneusement organisé, du début à la fin de ce tube qui représente en quelque sorte un intermédiaire entre le milieu extérieur et le milieu intérieur.

Chez les vertébrés, un principe général préside au fonctionnement de l'appareil digestif: c'est le bol alimentaire lui-même qui, par son contact mécanique et sa composition chimique, déclenche le processus. Chaque étape commande la mise en route de l'étape suivante, grâce à un contrôle précis faisant intervenir à la fois le système nerveux par voie réflexe et la production de messagers chimiques, les hormones. Le déclenchement d'une étape intervient en même temps dans son freinage, ce qui empêche le système de «s'emballer». Par l'intermédiaire du système sympathique et parasympathique, le système nerveux central exerce une action qui peut être perturbatrice, en cas de peur ou d'anxiété, par exemple. Le système digestif est donc le siège fréquent d'affections psychosomatiques chez l'homme. L'efficacité de cette gigantesque usine réside dans sa surface et la complexité de la paroi à plusieurs couches comprenant des cellules spécialisées: fibres musculaires assurant le transit par des mouvements péristaltiques, diverses cellules glandulaires productrices d'enzymes, des récepteurs nerveux et un immense réseau circulatoire sanguin et lymphatique.

Un énorme surplus. L'homme représente un type moyen, susceptible d'accepter une large gamme de ressources alimentaires variées: il est omnivore. Si on admet qu'il ingère, par 24 heures, 800 g de solides et 1 200 ml d'eau, chaque étage du tube digestif va ajouter des quantités considérables de liquides par les sécrétions: 1 500 ml par la salive, 2 000 ml au niveau de l'estomac, 500 ml de bile, 1 500 ml de suc pancréatique, 1 500 ml de sécrétions intestinales. Cet énorme surplus est réabsorbé par la paroi intestinale (8 500 ml dans l'intestin grêle, 350 ml dans le gros intestin). Avec ce flot passent les molécules élémentaires résultant de la digestion qui, après avoir franchi la paroi, sont recueillies soit par la lymphe pour les produits de dégradation des graisses, soit par le sang veineux pour les sucres et le produit de dégradation des protéines (acides aminés), et conduites au foie.

Partage des ressources et spécialisations de l'appareil digestif

Primitivement, les êtres incapables de fixer l'énergie lumineuse (dits hétérotrophes), comme les champignons, devaient se nourrir de débris de dégradation, de boues, ou bien se dévorer entre eux dans le cas des animaux primitifs.

L'apparition des plantes à fleurs et leur diversification se sont accompagnées d'une explosion de formes animales consommatrices des divers produits ainsi offerts: cellulose, amidon, nectar, pollen, par exemple. Certains ont acquis la capacité de produire les enzymes nécessaires au traitement chimique de ces substances. Par exemple, l'escargot (voir page suivante) est particulièrement bien armé pour digérer la cellulose et de façon générale les polymères du glucose.

Les vertébrés posent un problème surprenant: aucun ne possède la cellulase pouvant fragmenter la longue chaîne de cellulose devenue l'une des plus importantes réserves d'énergie dès la fin de l'ère primaire. Pourtant, parmi les grands reptiles du secondaire, il existait des espèces qui, d'après la forme de leurs dents, étaient herbivores. L'importance du volume occupé par la masse abdominale chez ces animaux laisse penser qu'ils avaient inauguré la solution adaptée plus tard par certains mammifères: la transformation d'une partie du tube digestif en cornue de fermentation où grouillent des bactéries vivant en symbiose. Chez certains, la fermentation a lieu dans l'estomac, qui a d'abord été simple, comme celui du tapir et du cheval, puis composé de plusieurs poches (panse, bonnet, feuillet, caillette), comme celui des bovidés. Dans un second type d'animaux, la fermentation a lieu dans des poches de l'intestin postérieur, comme chez les rongeurs et certains primates. Parfois, un second passage est utilisé: le lapin récupère à son anus des pelotes qu'il ingurgite; ainsi est extrait complètement le contenu énergétique de la cellulose.

La radula de l'escargot

Radula vue d'ensemble (ci-contre) et détail fortement grossi (ci-dessous). Comme de nombreux autres mollusques, les escargots sont pourvus d'une langue râpeuse, appelée radula, garnie de petites aspérités cornées rangées en ligne. L'abrasion des tissus végétaux permet aux escargots d'absorber une bouillie nutritive.

Ces procédés entraînent donc des contraintes anatomiques particulières: un tube digestif très long et comprenant de vastes chambres. Si un éléphant sécrétait lui-même la cellulase, il serait aussi svelte qu'un lévrier. Le contenu de l'estomac d'un ruminant représente 10 à 15 p. 100 du poids du corps; il peut atteindre 25 p. cent chez les paresseux, mammifères édentés vivant dans le haut des arbres, qui mangent des feuilles dont la digestion prend jusqu'à 90 heures.

Certains régimes sont très étroitement liés à l'existence d'autres animaux. Par exemple, la mite est un papillon dont la larve digère la kératine des poils des mammifères. On trouve donc dans le domaine de la nutrition de nombreux cas d'évolution couplée, ou coévolution.

La simplification moléculaire de la viande et du pain

	Eau	Sels minéraux	Protéines	Lipides	Glucides	Sucs digestifs
VIANDE	54,8%	1,2%	23,5%	20,4%	—	
Bouche						Salive
Estomac						Suc gastrique acide chlorhydrique
Intestin grêle	Abs	Abs	Abs	Abs		Sucs pancréatique, intestinal, bile
Gros intestin	Abs	Abs				
Produits absorbés	Eau	Sels minéraux	Acide aminés	Acides gras + glycérol	—	
Calories			987	1 873		
			2 860 par kg			
PAIN	35,6%	1,2%	9,3%	1,2%	52,7% (amidon cuit)	
Bouche						Salive
Estomac					Abs	Suc gastrique acide chlorhydrique
Intestin grêle	Abs	Abs	Abs	Abs	Abs	Sucs pancréatique, intestinal, bile
Gros intestin	Abs					
Produits absorbés	Eau	Sels minéraux	Acide aminés	Acides gras + glycérol	Glucose	
Calories			390	110	2 160	
				2 660 par kg		

Abs = absorption — **action enzymatique sur le corps en question.**

La quantité de calories fournie par la viande et le pain est peu différente par unité de poids consommée. Toutefois, seul compte ce que l'organisme pourra effectivement utiliser comme matériau de base, comme énergie, une fois déduits les frais de détoxication et de recyclage, et comme éléments catalytiques (oligo-éléments et vitamines), dont ne tient pas compte le bilan énergétique. Quelle que soit la composition des aliments, l'organisme effectue des transformations et des répartitions en fonction de ses besoins: des graisses (lipides) peuvent être mises en réserve à partir de glucides; en cas d'urgence (inanition), les protéines des tissus peuvent être utilisées. De nombreux animaux récupèrent l'énergie et les éléments de base contenus dans des portions d'eux-mêmes qui n'ont plus d'utilité: certains lézards mangent leur mue, les biches absorbent le placenta après la mise bas. Il existe même des arthropodes (opilioacarides) qui dévorent leurs pattes lorsque le milieu leur devient défavorable, ce qui leur permet d'attendre des jours meilleurs où les pattes repousseront.

L'excrétion

Toutes les substances capturées dans le milieu extérieur, eau et sels minéraux, aliments et oxygène, ne peuvent être totalement utilisées et retenues par l'organisme au cours des transformations métaboliques. La fragmentation et les recombinaisons chimiques produisent un résidu non utilisable ou même nocif. Certains de ces produits peuvent jouer un rôle temporaire dans les limites d'une concentration acceptable. Ainsi le gaz carbonique forme dans le plasma sanguin des bicarbonates qui participent au maintien de l'équilibre entre bases et acides. D'autres entrent dans le jeu d'échange avec des bactéries: c'est le cas de l'urée qui passe dans l'estomac des herbivores et fournit de l'azote aux bactéries qui dégradent la cellulose.

De façon générale, les mécanismes de l'excrétion suivent une règle qui est d'empêcher une accumulation de produits toxiques sans dépenser trop d'énergie dans leur rejet, ni perdre des substances indispensables, l'eau en particulier. Un des sous-produits les plus dangereux est représenté par les radicaux azotés résultant de la dégradation des acides aminés, éléments de base des protéines: il y a production directe de gaz ammoniac, redoutable agent chimique pour les fragiles molécules vivantes.

Chez le fouette-queue, les sels minéraux en excès se déposent en concrétions autour des narines. C'est la marque extérieure du procédé qui permet à ce lézard saharien de conserver de l'eau dans ses tissus.

Les procédés

Trois grands procédés ont été mis au point chez tous les animaux pour se débarrasser de ce gaz toxique: ils utilisent le caractère soluble de l'ammoniac, l'urée et l'acide urique.

Une solution simple. L'ammoniac étant soluble dans l'eau, la plupart des animaux aquatiques ou vivant dans des lieux saturés en eau s'en débarrassent par simple diffusion au niveau des branchies (poissons osseux) ou de la paroi du corps (cloportes, vers de terre). Le départ de cet ammoniac est avantageusement remplacé par l'arrivée de sodium.

L'importance de l'urée. Lorsque les animaux ont quitté le milieu aquatique pour conquérir les continents, les radicaux azotés ont été incorporés dans une molécule particulière: l'urée, moins toxique et pouvant donc être temporairement accumulée. C'est le cas chez les amphibiens et les mammifères.

En réalité, cette molécule existait avant l'apparition des premiers amphibiens, puisque les poissons cartilagineux comme les requins ou le cœlacanthe, descendants de groupes anciens de vertébrés aquatiques, utilisent ce procédé de détoxication. L'urée présente sans doute plus d'avantages que d'inconvénients. Son désavantage majeur est de nécessiter de l'eau pour être rejetée par les urines et de consommer de l'énergie pour sa synthèse, or la vie dans certains milieux continentaux peut poser des problèmes d'économie d'eau. L'avantage majeur est double: d'une part,

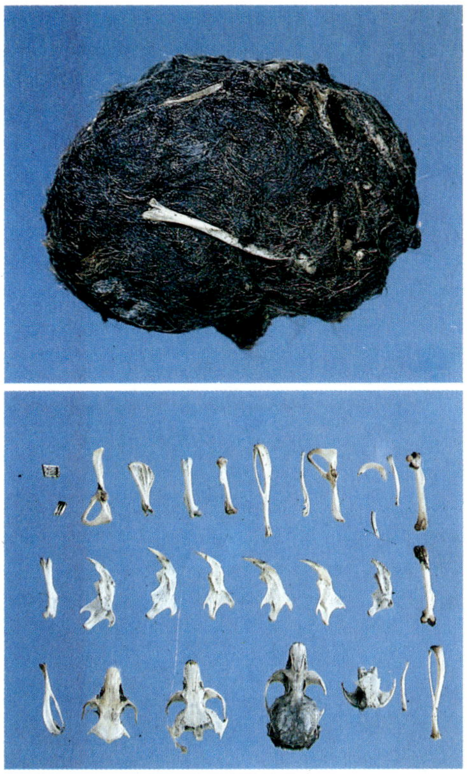

Pelote de régurgitation d'une chouette. C'est la nuit que ce rapace, d'un coup de bec porté à la tête, tue la proie immobilisée par ses serres et l'avale. Les os et les poils ne pouvant être digérés sont compactés sous forme de pelotes rejetées par l'oiseau, qui signale ainsi son lieu habituel de digestion (en haut). Le contenu de ces pelotes constitue un matériel précieux pour la connaissance des petits vertébrés d'une région (en bas).

Les stations d'épuration

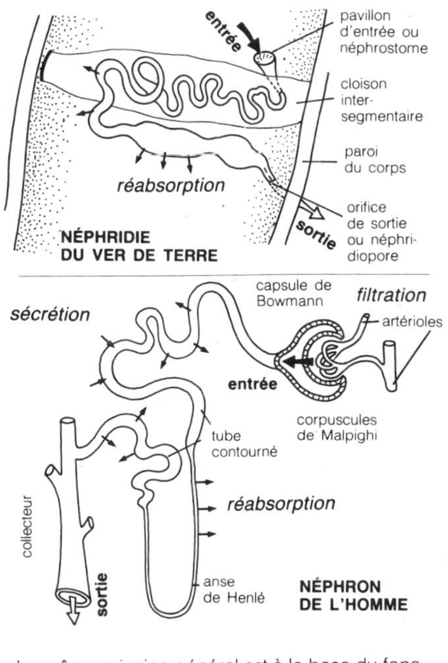

Le même principe général est à la base du fonctionnement de la néphridie de nombreux invertébrés et du néphron des vertébrés: le liquide du milieu intérieur passe par une multitude de petites stations d'épuration constituées de longs tubes. Les produits utiles pour le maintien de la composition chimique interne, comme les sels minéraux, sont réabsorbés, les déchets sont concentrés et rejetés à l'extérieur avec une quantité d'eau qui varie selon le mode de vie de l'animal. Chez les vertébrés une première filtration s'effectue dans les «corpuscules de Malpighi» situés à la périphérie des reins.

l'urée peut être accumulée temporairement, en raison de sa faible toxicité, jusqu'à cinquante fois plus que l'ammoniac, d'autre part, chaque molécule d'urée contient deux molécules d'ammoniac. Enfin, on peut remarquer que l'urée concentrée dans l'organisme (augmentation de la pression osmotique) permet à certains animaux dont la peau est perméable, comme les amphibiens, de capter l'eau dans un milieu faiblement humide.

Colonie de cormorans à ventre blanc en Patagonie. Des raisons climatiques sont responsables de la richesse en poissons des côtes pacifiques du continent sud-américain. Les dépôts considérables créés par l'accumulation des déjections d'oiseaux pêcheurs vivant en colonie ont été exploités par l'homme comme engrais en raison de leur teneur en phosphates et en azote: c'est cet engrais que l'on appelle le guano.

Le rôle de l'acide urique. L'inconvénient de l'urée vis-à-vis des besoins en eau est contourné par un grand nombre d'animaux terrestres, dont beaucoup d'insectes, les reptiles et les oiseaux. Ils sont capables en effet d'incorporer l'ammoniac dans un composé peu soluble et très faiblement toxique, l'acide urique. Cette substance peut être accumulée indéfiniment, sauf si sa concentration s'effectue dans des parties de l'organisme dont elle gêne le fonctionnement, comme dans les espaces articulaires. Elle peut être aussi rejetée sous forme solide.

Cette évolution est résumée chez certains animaux qui partagent leur vie entre deux milieux, ou qui sont soumis à des variations importantes de la richesse en eau extérieure: les têtards des amphibiens utilisent le premier procédé (diffusion de l'ammoniac), alors qu'après la métamorphose ils passent au second (excrétion de l'urée). Le protoptère, un poisson à poumons des lacs temporaires d'Afrique, utilise le premier procédé quand il y a de l'eau, et le second quand, à la saison sèche, il se réfugie dans un cocon de boue. Les tortues terrestres excrètent de l'urée s'il y a suffisamment d'eau disponible dans leur alimentation végétale, sinon elles excrètent de l'acide urique.

L'action de différents organes

Les systèmes qui permettent le rejet des divers produits inutilisables ou nocifs sont également essentiels pour le maintien de la composition physico-chimique du milieu intérieur. Plusieurs organes spécialisés interviennent dans cette fonction et sont réglés dans leur fonctionnement par des hormones. Le foie joue un rôle essentiel chez les vertébrés. Il existe aussi des glandes excrétrices à la base de la deuxième paire d'antennes chez les crustacés. Les filaments des tubes de Malpighi, à la jonction de l'intestin moyen et de l'intestin postérieur des insectes, constituent le lieu de fabrication de l'acide urique. Chez certains vertébrés, des glandes nasales rejettent l'excès en sels minéraux dû au milieu, chez les oiseaux marins, par exemple, ou les lézards des déserts. Nos glandes sudoripares, dispersées dans la peau, participent aussi à l'excrétion.

Un système spécialisé. Mais la plupart des animaux possèdent un système général dont le rôle est de drainer, de filtrer et de rejeter à l'extérieur quelques-unes des substances indésirables ou temporairement en excès. Le principe en est à peu près le même du ver de terre à l'homme: un pôle capteur, petit orifice ouvert dans la cavité générale ou capsule entourant des capillaires sanguins, puis un tube dont les parois sécrètent et absorbent sélectivement les molécules, enfin un petit réservoir débouchant sur l'extérieur (voir encadré et schéma ci-contre). Chez l'homme, il y a plus d'un millier de ces petites unités (néphrons) groupées dans les reins; le ver de terre n'en a qu'une paire par segment (néphridie). Au cours de l'évolution, on passe d'un système segmentaire à un regroupement progressif en une paire de reins globuleux. Chez les mammifères, l'importance relative des diverses parties de l'unité excrétrice est nettement en rapport avec le mode de vie: la portion responsable de la réabsorption de l'eau («anse de Henlé») est très longue chez les animaux désertiques qui ont une urine très concentrée. Ce qui se traduit morphologiquement dans les reins par le développement de la partie centrale qui se projette dans le pavillon de l'uretère.

JEAN-PIERRE GASC

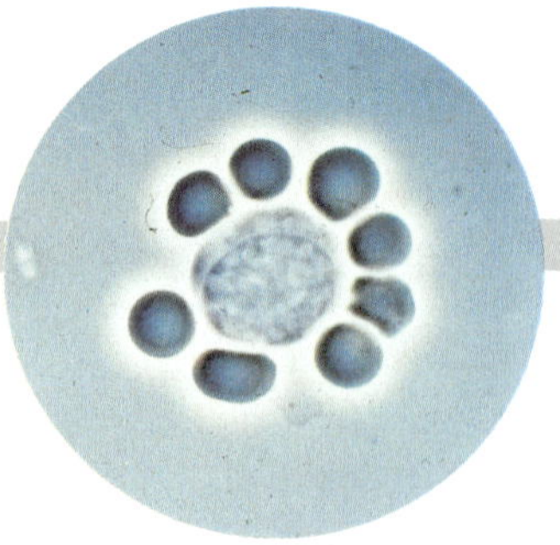

CHAPITRE 9

L'appareil circulatoire et immunitaire

Les systèmes circulatoire et hormonal

Le système circulatoire a pour fonction première de transporter la nourriture puisée dans l'intestin et l'oxygène extrait des branchies ou des poumons dans toutes les cellules du corps. A ces fonctions majeures s'en ajoute une autre, non moins importante: en transportant les hormones, il contribue à assurer l'unité de l'organisme, unité qui est avant tout dépendante du cerveau.

Chez les vivants primitifs de type pluricellulaire, il n'y a pas de système circulatoire caractérisé. Les cellules du corps baignent toutes dans une sorte de milieu intérieur qui ne circule pas de façon organisée, mais qui assure les échanges de matériaux, transportant des unes aux autres la nourriture et l'oxygène.

UN SYSTÈME PRIMITIF

On connaît des vaisseaux sanguins primitifs chez des espèces très simples telles que les némertes et on trouve un premier appareil circulatoire organisé chez des annélides proches du ver de terre.

Chacun connaît les animaux de ce groupe zoologique étrange, formés d'anneaux successifs très semblables entre eux. A une extrémité se trouve la bouche, à une autre l'anus. L'ensemble du corps est parcouru par un tube digestif très simple qui va, sans aucune circonvolution, de la bouche à l'anus. Chez *Aelosoma*, annélide primitif, le système circulatoire est composé fondamentalement de deux vaisseaux principaux, l'un dorsal, l'autre ventral (voir schéma ci-contre). Ils communiquent entre eux par une série de canaux ou de sinus, qui entourent l'intestin. Dans le vaisseau dorsal, le sang s'écoule vers l'avant et dans le vaisseau ventral vers l'arrière. Le sang de ce dernier passe donc dans le dorsal après avoir traversé les sinus qui entourent l'intestin; il s'enrichit alors en nourriture qu'il conduit vers la région antérieure du corps où se trouve le système nerveux. Quant à la propulsion du sang, elle est assurée par de simples contractions des vaisseaux sanguins eux-mêmes.

Ce système devient plus complexe chez les annélides plus évolués. Plusieurs régions des vaisseaux, par exemple, peuvent devenir particulièrement contractiles et jouer un rôle de cœur. Dans certaines espèces, le sang passe à travers des branchies pour s'enrichir en oxygène. Il faut noter, en outre, qu'il n'y a pas de globules sanguins, mais seulement — et même pas dans toutes les espèces — des pigments respiratoires. On est donc frappé de voir, en examinant ces formes primitives, que leur système circulatoire est extrêmement simple alors que, chez les vertébrés évolués, cet appareil atteindra une complexité étonnante et se doublera d'un système lymphatique (voir pages suivantes).

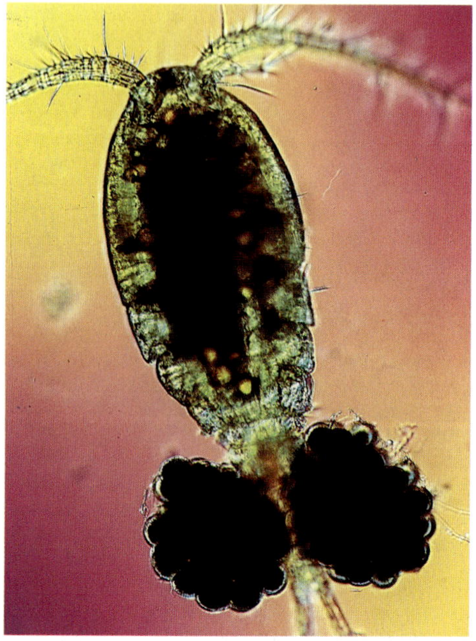

UN APPAREIL ENCORE SIMPLE

Passant des invertébrés aux vertébrés, si l'on examine le système circulatoire des poissons les plus primitifs, on retrouve un schéma relativement simple, mais qui paraît inverse: un vaisseau ventral amène le sang de la queue vers la région antérieure du corps, où le sang passe dans les branchies, s'enrichit en oxygène, arrive dans le vaisseau dorsal et se dirige vers la queue. Ici existent deux catégories de vaisseaux bien caractérisés — des veines et des artères — et le sang contient des globules rouges. Une région du vaisseau ventral est devenue nettement contractile et développée: c'est un cœur, mais il n'y a pas encore de division entre cœur droit et cœur gauche; elle s'ébauche chez les batraciens et les reptiles, mais ne se constitue définitivement que chez les oiseaux et les mammifères.

LES HORMONES

Les glandes endocrines fabriquent des substances nommées hormones qui passent dans le sang et sont ainsi transmises au corps tout entier. Pour que les sécrétions endocrines atteignent leurs cibles, il est donc nécessaire qu'il existe d'abord un système circulatoire sanguin. On trouve d'ailleurs des glandes endocrines chez les invertébrés évolués et chez les verté-

Le cyclops est un crustacé primitif. Il a pourtant aussi une circulation sanguine, un cœur et des vaisseaux visibles par transparence au microscope.

Appareil circulatoire d'*Aelosoma*

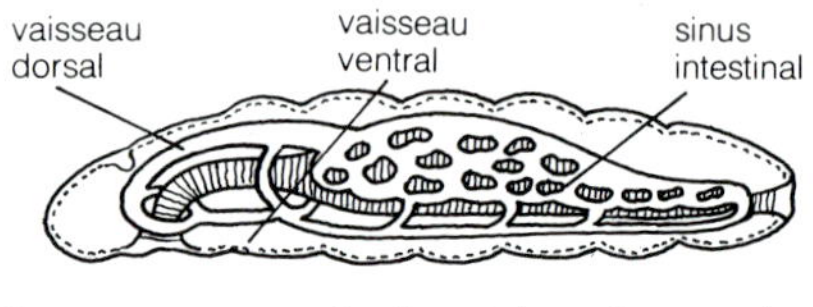

On remarquera que la plupart des vaisseaux de cet annélide primitif qui vont de la région ventrale à la région dorsale sont situés dans la deuxième partie de l'intestin, c'est-à-dire à un niveau où les aliments sont déjà digérés; ils passent donc à travers la paroi intestinale, puis à travers celle du vaisseau sanguin, et sont entraînés par le sang dans toutes les cellules du corps.

Le système circulatoire de l'homme

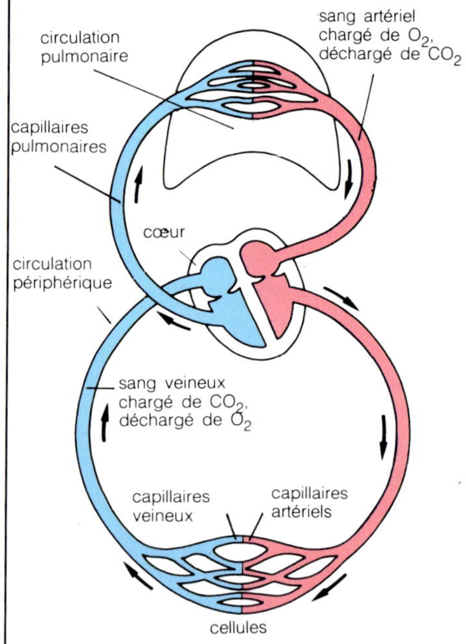

Chez les vertébrés supérieurs, les globules rouges du sang s'enrichissent en oxygène dans les alvéoles du poumon et y rejettent le gaz carbonique pris dans les tissus. Il existe un cœur droit et un cœur gauche, et une double circulation. Le sang qui part du cœur droit sous l'influence des battements cardiaques va vers le poumon en passant par les artères pulmonaires; il est bleu, car désoxygéné. Il traverse le réseau des capillaires pulmonaires qui entoure les alvéoles et, devenu rouge, car enrichi en oxygène, repart vers la cavité gauche du cœur: c'est la petite circulation. Du cœur gauche, le sang est renvoyé vers le plus large vaisseau du corps: l'aorte, et de là vers les artères et les capillaires des organes (foie, rein, intestin, etc.). L'oxygène des globules passe à travers la paroi des capillaires et va aux tissus, le gaz carbonique des tissus rejoint les globules: c'est la grande circulation.

brés, mais il ne semble pas qu'il en existe chez les invertébrés très primitifs (méduses, par exemple).

Une même hormone, fabriquée par la même glande endocrine, peut avoir, chez les vertébrés, des actions parfois très différentes. Ainsi la glande thyroïde a des actions très diverses suivant les groupes zoologiques : chez les batraciens, par exemple, elle est la cause de la transformation de la forme larvaire en adulte. Un jeune têtard auquel on a enlevé cette glande peut très bien vivre pendant des années ; il se nourrira normalement, grossira même à l'excès et deviendra un têtard géant. En sens inverse, en traitant un tout petit têtard avec de l'hormone thyroïdienne, on provoquera une métamorphose anticipée et l'on obtiendra un adulte nain (grenouille ou crapaud).

Un « chef d'orchestre » : l'hypophyse

Il faut bien préciser que les glandes endocrines « dirigées » par l'hypophyse (voir encadré ci-contre, « Le système hormonal ») ne fonctionnent pas de façon indépendante, mais sont sous le contrôle du système nerveux. Celui-ci, par l'intermédiaire des organes des sens, les relie à son tour au monde extérieur. On comprend pourquoi les êtres vivants réagissent grâce à leur système nerveux et à leurs glandes endocrines à la température extérieure, à la lumière, au vent, à l'environnement.

Une expérience ancienne du biologiste français Benoît met bien ces phénomènes en évidence. Le canard possède des testicules qui varient considérablement de taille au cours de l'année ; ils sont très gros au printemps, c'est-à-dire au moment de la reproduction, très petits en automne et en hiver. Benoît pensa que ces différences étaient dues aux variations de luminosité. Il estima que c'était l'œil de l'animal qui les enregistrait et les transmettait à l'hypophyse ; celle-ci, jouant son rôle de « chef d'orchestre » des glandes endocrines, provoquait à son tour des modifications des testicules. Une série d'expériences démontra la réalité de ces hypothèses. Si, à la fin de l'hiver, on place sur la tête d'un canard un capuchon noir, au printemps les testicules ne se développent pas ; si l'on sectionne le nerf optique de l'animal, ils demeurent également très petits. Si, par contre, on éclaire artificiellement l'animal pendant l'hiver, les testicules se développent plus tôt que prévu. En utilisant divers types de rayonnement, Benoît a pu montrer que les rayons rouges du spectre en étaient la portion active.

Cette liaison entre les glandes endocrines et le système nerveux n'est bien établie que depuis le milieu du siècle. Vers les années 40, certains chercheurs remarquent qu'il existe le long des régions nerveuses qui lient le cerveau à l'hypophyse des « gouttelettes », qui paraissent fabriquées par le cerveau lui-même et se dirigent vers l'hypophyse. En sectionnant la région qui relie le cerveau et l'hypophyse, on constate que ces « gouttelettes » continuent à se former et s'accumulent en avant de la section : cette neurosécrétion établit le pont entre le système nerveux et les glandes endocrines.

Ces dernières années, un système de régulation hormonale d'une complexité étonnante a été mis en évidence par les biochimistes. Par exemple, l'hypophyse sécrète une hormone folliculostimulante (FSH). Celle-ci agit sur l'ovaire, qui sécrète alors de la folliculine ; cette dernière hormone prépare l'utérus à recevoir l'œuf fécondé. Dès qu'il y a dans l'organisme un taux trop élevé de folliculine, un mécanisme régulateur se met en marche et bloque momentanément la sécrétion de FSH par l'hypophyse. C'est pourquoi on parle actuellement d'hormones activatrices, d'hormones inhibitrices et de neurosécrétions qui transmettent impulsions ou répressions.

Il n'est donc plus douteux aujourd'hui que, si tout être vivant évolué constitue un tout unitaire relié au monde extérieur, c'est grâce à ses organes des sens, à son système nerveux et à l'ensemble constitué par ses hormones et son système circulatoire.

MICHEL DELSOL ET JANINE FLATIN

Un sang de toutes les couleurs

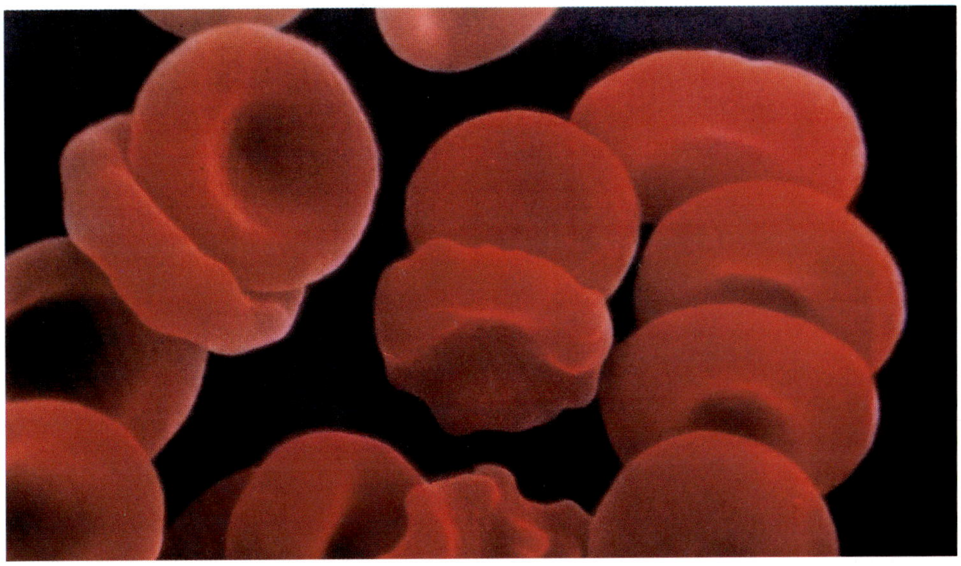

***Les hématies, ou globules rouges, de l'homme**, produites chez l'adulte par la moelle osseuse, ont, lors de leur formation, un noyau très vite rejeté hors du cytoplasme. Ce sont les responsables de la couleur du sang.*

Le sang des vertébrés est formé d'un liquide à peu près incolore qui contient des globules blancs assurant diverses fonctions, notamment celle de la défense de l'organisme, et des globules rouges responsables de sa couleur. Le pigment de ces derniers, appelé hémoglobine, renferme du fer ; il capture l'oxygène au niveau des branchies ou des poumons et le libère au niveau des autres cellules de l'organisme. Les globules rouges ont un diamètre de 3 microns chez la chèvre, de 7 ou 8 microns chez l'homme, de 12 à 25 microns chez plusieurs poissons et atteignent presque un dixième de millimètre chez un batracien cavernicole, le protée. Chez les invertébrés, le transport de l'oxygène peut être assuré par d'autres pigments qui donneront aussi d'autres couleurs au sang et sont le plus souvent dissous dans le liquide et non pas enfermés dans des globules. Ainsi l'hémocyanine pourra teinter en bleu le sang de certains mollusques, la chlorocruorine en vert celui de certains vers, l'hémérythrine en rose garance celui d'un autre annélide polychète. Chez les insectes, la couleur du sang varie aussi ; on connaît un papillon, le *Lymantria*, pour lequel il est jaune chez le mâle et vert chez la femelle.

Le système hormonal

Ce tableau, très simplifié, montre les principales hormones et le rôle de l'hypophyse chez les mammifères supérieurs et chez l'homme, mais n'indique ni les systèmes de régulation, très complexes, ni les actions de l'hypothalamus.

HORMONES SÉCRÉTÉES PAR L'HYPOPHYSE

Hormones agissant directement			Hormones agissant sur d'autres glandes endocrines				
					sur l'ovaire qui sécrète à son tour		
Hormone de la croissance des os longs	Hormone de la sécrétion lactée	Hormone mélanotrope agissant sur la pigmentation	sur le cortex de la glande surrénale qui sécrète les hormones corticoïdes	sur la thyroïde qui sécrète à son tour la thyroxine qui agit sur le métabolisme général de l'organisme	la folliculine qui prépare l'utérus à la réception de l'œuf fécondé	la lutéine qui assure le lien entre le fœtus et l'organisme maternel	sur le testicule qui sécrète à son tour la testostérone qui assure les caractères sexuels du mâle et la spermatogenèse
Absence: nanisme			*Absence:* mort s'il n'y a pas traitement	*Absence:* goître, parfois nanisme ou idiotie	*Absence:* peut entraîner la stérilité		

HORMONES N'AYANT PAS DE RELATIONS CARACTÉRISTIQUES AVEC L'HYPOPHYSE

La calcitonine, sécrétée par la glande thyroïde, agit sur le métabolisme du calcium.	La parathormone, sécrétée par les glandes parathyroïdes, agit aussi sur le métabolisme du calcium.	L'insuline, sécrétée par les « îlots de Langerhans », groupes de cellules spécialisées du pancréas, permet l'utilisation du glucose par les cellules. Absence : diabète	L'adrénaline, sécrétée par la région centrale des glandes surrénales permet de compléter l'action du système nerveux sympathique.

Le système immunitaire

Pour lutter contre les agresseurs, bactéries ou virus, l'organisme dispose d'un formidable système de défense, d'une grande complexité: le système immunitaire, dans lequel interviennent différentes catégories de cellules, dont certaines élaborent des anticorps spécifiques chargés de combattre les éléments étrangers, ou antigènes. Lorsque l'infection est vaincue, les anticorps peuvent demeurer dans le sang et assurer une immunité contre les futures infections du même type.

La contamination par les germes du milieu ambiant est une donnée permanente. Nous sommes constamment en contact, par l'air que nous respirons, les aliments que nous ingérons, avec des éléments susceptibles de nous agresser. L'organisme doit donc établir une surveillance immunitaire destinée à le défendre. Celle-ci va s'exercer à partir de cellules, les macrophages et les lymphocytes, qui vont effectuer un véritable travail d'équipe pour reconnaître l'élément étranger (également appelé antigène) et s'efforcer de le détruire, notamment grâce à l'élaboration des anticorps (voir schéma ci-dessous).

Pour être efficace, la surveillance immunitaire doit être constante et omniprésente. Ces deux conditions sont remplies grâce à la parfaite intégration du système immunitaire à l'organisme, et notamment au système lymphatique. Celui-ci comprend des vaisseaux qui drainent la lymphe issue du liquide qui baigne les cellules du corps et qui trouve son origine dans le plasma sanguin. Sur le trajet des vaisseaux lymphatiques se trouvent les ganglions lymphatiques, peuplés de cellules responsables de la réaction immunitaire, les lymphocytes. La lymphe retourne dans le sang, ce qui permet aux anticorps de passer des ganglions au sang et de transformer ainsi une réaction initialement localisée à quelques ganglions en une défense généralisée à tout l'organisme (voir schéma ci-contre).

Certaines formations qui ne sont pas disposées sur les vaisseaux lymphatiques mais en des points particulièrement importants jouent un rôle identique à celui des ganglions lymphatiques: il s'agit des amygdales situées dans la gorge, à l'orée de la trompe d'Eustache et de l'arbre pulmonaire, de la rate, placée sur la circulation sanguine, et des «plaques de Peyer», localisées dans la paroi de l'intestin grêle. Aucun des points d'entrée éventuels d'un agresseur potentiel n'est ainsi négligé.

Tous ces organes lymphoïdes reçoivent les cellules immunologiquement compétentes à partir de deux autres organes: le thymus (voir encadré page ci-contre) et la moelle osseuse.

DIVERSITÉ, SPÉCIFICITÉ, MÉMOIRE

L'antigène, qu'il s'agisse d'une bactérie, d'une toxine bactérienne ou d'un virus, comporte des structures qui sont interprétées comme des signaux n'appartenant pas à l'organisme (au «soi») et qui sont donc reconnus comme étrangers. L'antigène est absorbé par les macrophages (c'est la phagocytose), puis détruit, et ses signaux antigéniques sont transmis aux lymphocytes. Chaque signal, ou ensemble de signaux, est propre à chaque type de corps étranger. Le système immunitaire est apte à le reconnaître grâce à des structures complémentaires portées par les lymphocytes: c'est la diversité de reconnaissance. Ces structures sont, en outre, capables de se lier à lui, et à lui seul: c'est ce qui constitue la spécificité du système.

Molécule d'anticorps de classe G

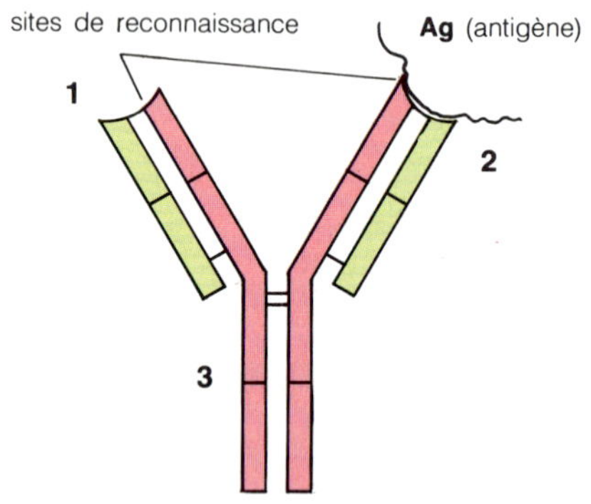

La molécule d'anticorps de classe G comporte deux sites de reconnaissance, marqués ici **1** et **2**, qui lui permettent de se lier à l'antigène (Ag) et qui sont spécifiques de celui-ci. La troisième partie de la molécule (**3**) est responsable des autres propriétés (liaison avec les cellules, activation du système complémentaire qui aboutira à la destruction des bactéries, transfert placentaire).

Drainage lymphatique

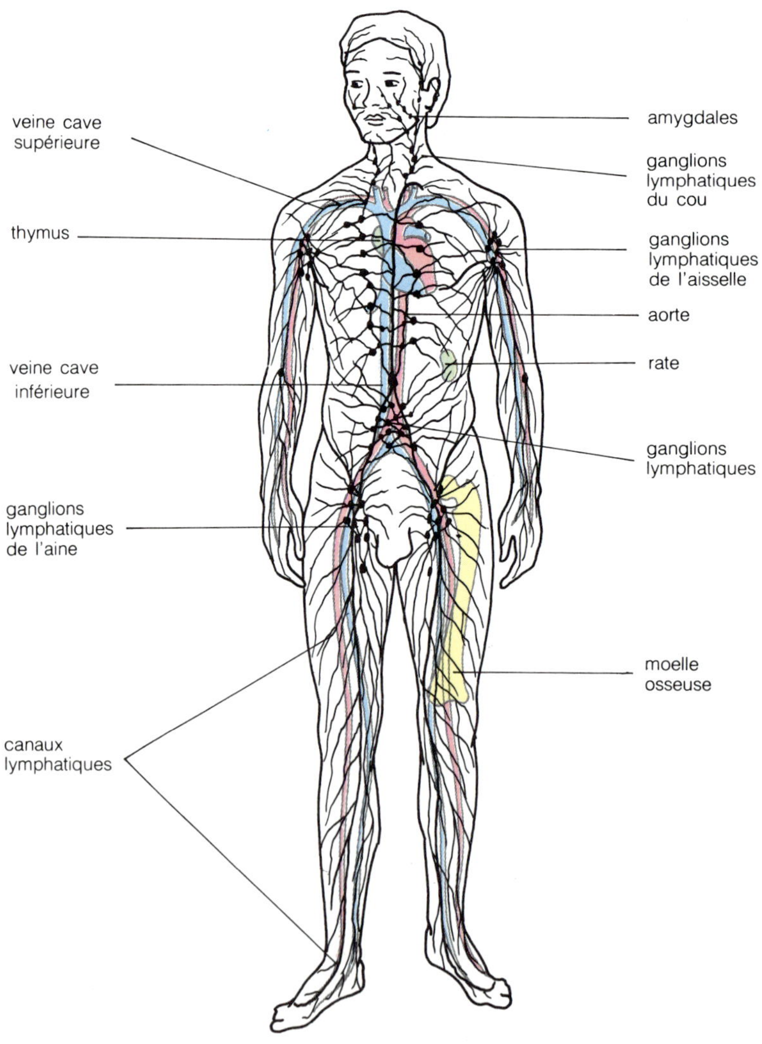

Le drainage lymphatique du tissu sous-cutané, de la cavité abdominale et de la cage thoracique est assuré par les capillaires lymphatiques. Ceux-ci traversent les ganglions lymphatiques souvent disposés en chapelet (chaîne ganglionnaire du cou par exemple), ce qui assure à la fois la captation de l'antigène et la participation de plusieurs ganglions à la réaction immunitaire, qui se trouve ainsi renforcée. La lymphe, liquide incolore qui contient les lymphocytes (variété de globules blancs ou leucocytes) et les anticorps, est déversée dans le sang au niveau des veines sous-clavières.

La liaison du lymphocyte avec l'antigène déclenche la prolifération des cellules chargées de la destruction du corps étranger (antigène). On passe ainsi par une phase d'expansion, qui aboutit à la constitution d'une population cellulaire, spécifique de l'antigène, beaucoup plus importante numériquement que les quelques cellules initialement mises en cause.

Cette population va se scinder en deux parties. L'une sera mobilisée pour la destruction immédiate de l'antigène et disparaîtra en quelques semaines dans la majorité des cas. L'autre restera dans l'état des cellules de départ, conservera la même spécificité que celles-ci et vivra plusieurs années. Cette dernière catégorie cellulaire constitue la mémoire immunologique. Lors d'un contact ultérieur de l'organisme avec le même antigène, la réaction immunitaire sera plus rapide et plus ample. L'infection sera jugulée avant que la maladie ne se déclare. Ce mécanisme est mis à profit dans les vaccinations.

DES RÉACTIONS VARIÉES

Un organisme ne répond pas de façon uniforme aux différentes agressions dont il est l'objet. La synthèse d'anticorps spécifiques est un moyen largement employé, mais ce n'est pas le seul. Dans certains cas, l'immunité contre les virus, en particulier, ce ne sont pas les anticorps qui constituent l'élément principal de défense, mais des lymphocytes tueurs, qui vont détruire les cellules infectées par les virus. Des anticorps dirigés contre les virus apparaissent ensuite. De même, le rejet des greffes est le fait de lymphocytes tueurs, fabriqués par le thymus comme ceux qui interviennent dans l'immunité antivirale.

Il peut exister des réactions d'hypersensibilité, manifestations désagréables de réponses immunitaires normales par elles-mêmes, mais dont certains aspects incommodent l'individu. En outre, il peut se produire une auto-immunisation lorsque les cellules immunitaires ne savent plus faire la différence entre le « soi » et le « non-soi » : il y a alors autodestruction de l'organisme.

LA SOLITUDE GÉNÉTIQUE

La pratique des greffes a mis en évidence le fait que chaque individu est unique. Cette singularité, retrouvée chez tous les vertébrés, repose sur un déterminisme génétique actuellement bien analysé, mais dont la signification présente encore de larges zones d'ombre. Le mécanisme de l'évolution n'a pas conservé, au cours des âges, un système biologique aussi complexe dans le seul objectif de rejeter des greffes. En fait, ce système, appelé système majeur d'histocompatibilité, intervient dans le codage de structures qui permettent aux cellules du système immunitaire de collaborer entre elles et de reconnaître comme faisant partie du « soi » toutes les autres cellules de l'organisme. Il reste à expliquer le rôle de la diversité. Celle-ci présente un intérêt biologique évident dans la mesure où les aptitudes à se défendre contre tel ou tel germe sont en partie codées dans le système majeur d'histocompatibilité. Ainsi, tous les individus d'une même espèce ne présenteront-ils pas la même susceptibilité à une maladie.

L'ÉVOLUTION DU SYSTÈME IMMUNITAIRE

La présence de l'équivalent du système majeur d'histocompatibilité a été retrouvée chez des organismes aussi primitifs que les éponges et les coraux. Chez les organismes coloniaux, les marqueurs de l'identité préviennent la fusion de deux colonies confluentes. Ce système de reconnaissance du « soi » permet à des individus de se côtoyer sans mélange, ce qui entraîne une lutte pour l'occupation de l'espace.

L'arme défensive est alors représentée par la phagocytose qui s'exerce contre tout intrus. Chez les invertébrés, elle représentera l'essentiel du système immunitaire avec, chez les groupes les plus évolués, l'apparition de substances qui participent à l'élimination des microbes, mais qui ne sont pas des anticorps. Ceux-ci apparaissent chez les vertébrés. La mémoire immunologique est également présente très tôt : on a réussi à vacciner des insectes. Mais sa durée n'est que de quelques semaines.

Les grandes caractéristiques du système immunitaire sont donc en place dès l'apparition des êtres pluricellulaires. L'évolution va développer et affiner ces mécanismes de défense, mais il n'est pas prouvé que ceux des mammifères soient les plus efficaces, bien qu'ils soient sans doute les plus complexes.

PIERRE DEPARIS

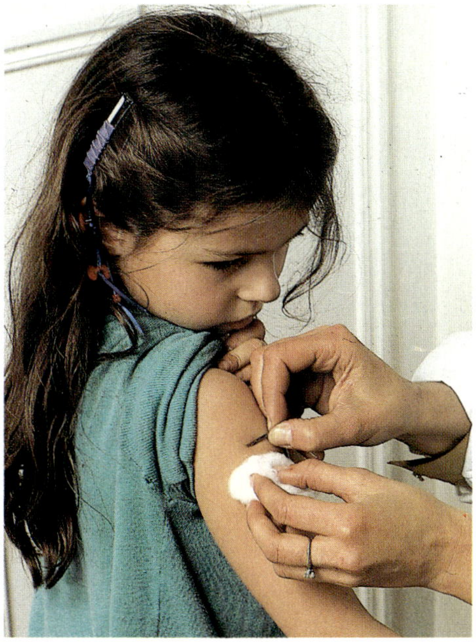

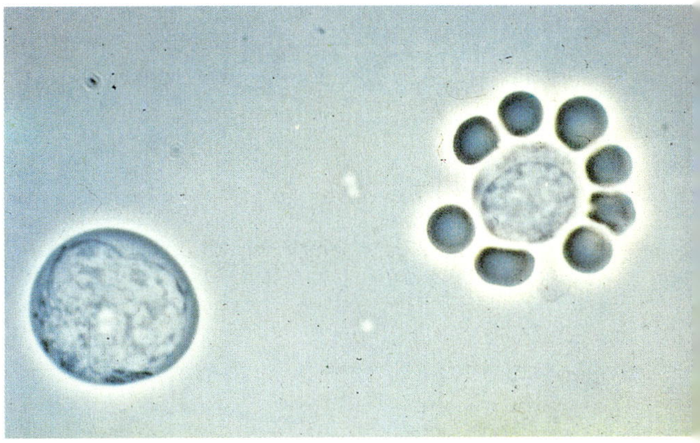

⇧ **Les lymphocytes** possèdent à leur surface des structures appelées récepteurs qui leur permettent de communiquer entre eux et de capter l'antigène. Ici, un lymphocyte T a fixé des globules rouges de mouton.

⇦ **Vaccination** : ce simple geste va immuniser le sujet contre la maladie et lui procurer une protection de plusieurs années. Cela vaut bien un petit moment désagréable.

Le thymus, plaque tournante du système immunitaire

C'est dans le thymus, au cours du développement embryonnaire, que des lymphocytes apprennent à faire la distinction entre le soi et le non-soi. Ils acquièrent en outre des propriétés variées mais spécifiques. Certains d'entre eux permettront à une catégorie différente de lymphocytes de synthétiser les anticorps alors que d'autres inhiberont, au contraire, cette synthèse qui se trouve ainsi modulée. Enfin, une partie des lymphocytes thymiques deviennent aptes à détruire les cellules du corps infectées par un virus ou celles d'un greffon. Tous sont largement disséminés dans l'organisme. La glande fabrique en outre des hormones, ce qui permet une action à distance sur les lymphocytes.

Comme on le voit, rares sont les phénomènes immunitaires qui sont indépendants du thymus, ce qui explique la gravité des affections consécutives à un mauvais fonctionnement de cet organe.

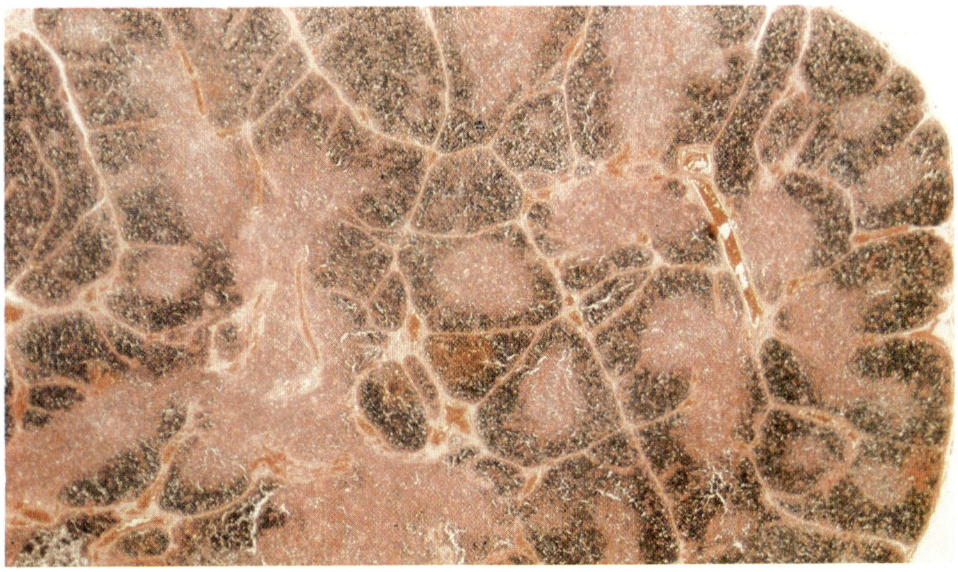

Le thymus est organisé en lobules (L) qui sont les unités de différenciation des lymphocytes T. Ceux-ci émigreront ensuite, par la voie sanguine, vers les organes lymphoïdes et y rempliront leurs fonctions immunitaires.

Les images de la vie

Biologie et motivations sociales

Pour analyser les êtres vivants de façon scientifique, il faut en avoir envie, c'est-à-dire éprouver le réel besoin de parvenir à des connaissances positives sur les phénomènes vitaux. Dans certaines cultures, ce réalisme ne va pas de soi. Au Moyen Age, surtout dans ses débuts, la principale préoccupation concernait le salut de l'âme, le triomphe de certaines valeurs spirituelles. Dans les sociétés industrielles, au contraire, les motivations sont très fortes en faveur d'une biologie expérimentale et efficace. Non seulement les ressources de cette science sont mobilisées au profit de la médecine, mais le génie génétique, par exemple, apparaît comme le moyen de promouvoir d'importantes entreprises industrielles.

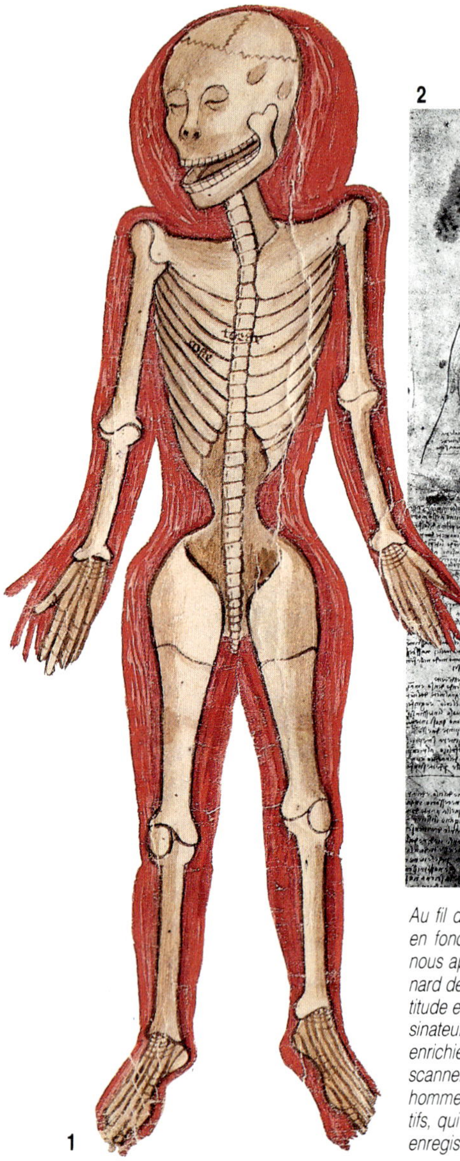

1

2

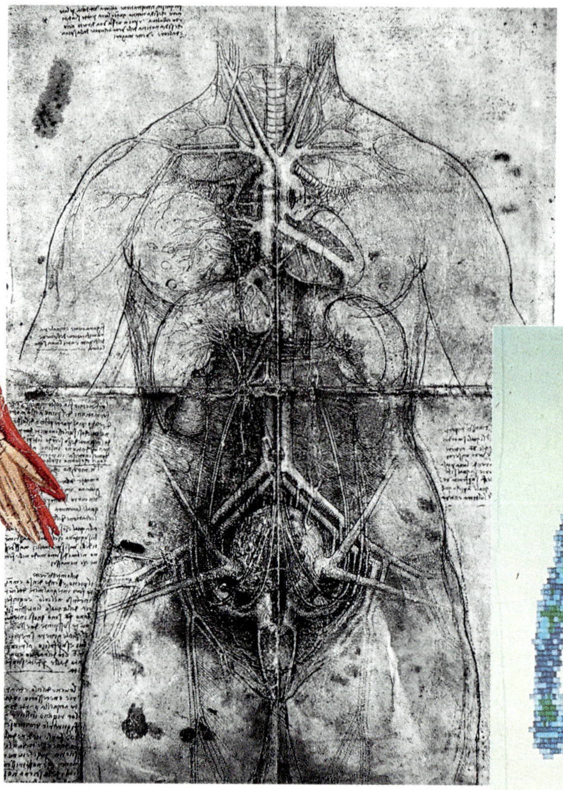

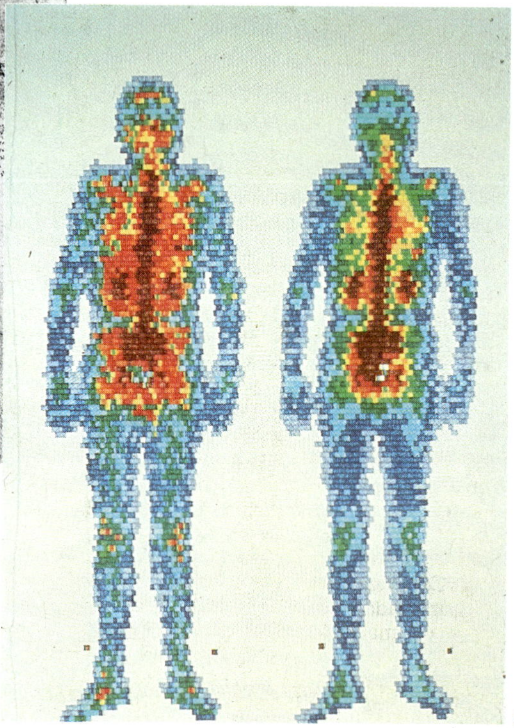

3

Au fil des siècles, la représentation des êtres vivants a évolué en fonction des techniques d'analyse. L'image médiévale ***(1)*** *nous apparaît aujourd'hui comme très schématique. Avec Léonard de Vinci (1452-1519), le progrès dans la précision et l'exactitude est sensible. Grâce à ses talents d'observateur et de dessinateur, il annonce l'anatomie moderne* ***(2)****. Laquelle sera enrichie grâce à de très nombreuses techniques, comme le scanner, par exemple: on voit ici* ***(3)*** *la représentation d'un homme en bonne santé ; on lui a injecté des isotopes radioactifs, qui se sont propagés dans son corps et dont on a ensuite enregistré le rayonnement (rayons gamma).*

Qu'est-ce que la vie? Un dictionnaire usuel donne cette réponse: l'«état d'activité des êtres organisés et ses manifestations», l'«ensemble des phénomènes (assimilation et désassimilation, reproduction, individualité des formes spécifiques, etc.) qui concourent à la croissance et à la conservation d'un organisme» (Dictionnaire usuel illustré Quillet-Flammarion). Ces sortes de définitions ne sont pas sans intérêt. Mais, dans leur sécheresse descriptive, elles laissent échapper des éléments essentiels. La vie, certes, peut être présentée comme un «état d'activité des êtres organisés». Mais qu'est-ce qu'un être organisé? Et, plus précisément, qu'est-ce qui caractérise l'organisation propre à la vie?

En fait, dès qu'il est question de «la vie», plusieurs interrogations fondamentales surgissent, qui concernent son origine, l'existence ou la non-existence de «principes vitaux», la possibilité de la créer artificiellement. Parler de l'image de la vie, c'est évoquer la diversité des interprétations qu'elle a suscitées et suscite encore; c'est accorder attention à la manière dont le regard porté sur elle par les hommes a évolué.

Une enquête complète exigerait qu'on examine tout ce qu'ont raconté sur la vie les grandes mythologies, les grandes religions, les grandes philosophies. Un tel recensement est ici impossible. Mais son intérêt, même du point de vue de l'histoire de la science, ne serait pas sans intérêt. Il est clair, en effet, que les naturalistes et les biologistes n'ont jamais œuvré dans un milieu culturel complètement «aseptisé». Toujours ont circulé des idées, des croyances diverses (et parfois assez fantaisistes) concernant la nature et l'origine de la vie.

UNE NATURE ORIENTÉE

C'est ainsi que la science occidentale, dès ses débuts, s'est trouvée confrontée à des spéculations de toutes sortes qui s'étaient fondées sur la Bible et qui étaient développées en particulier dans de nombreux commentaires théologiques de la Genèse. Non seulement la vie apparaissait comme une réalité *sui generis* créée par Dieu, mais l'accent était mis sur la finalité de la nature vivante, tout se passant comme si la Providence divine avait soigneusement organisé les plantes et les animaux en vue de réaliser un certain «plan» général. Au XIXe siècle encore, cette image d'une nature orientée selon certaines fins a exercé une grande influence, même sur des hommes de science compétents. En certains cas, elle les a conduits à nier ou à critiquer dogmatiquement les théories évolutionnistes de Lamarck ou de Darwin, ainsi que certaines hypothèses physiologiques jugées trop «matérialistes».

Mais, à l'arrière-plan de la biologie occidentale, il y avait d'autres traditions; en particulier, une tradition matérialiste qui proposait aux chercheurs un autre cadre philosophique. A son origine se trouvaient des penseurs grecs et latins tels que Démocrite, Epicure et Lucrèce. L'un de leurs grands thèmes était que tout pouvait s'expliquer par l'existence d'atomes en mouvement. Pour formuler leurs hypothèses et effectuer leurs observations ou expériences, les hommes de science ont besoin de s'appuyer sur certains présupposés généraux; et l'«image de la vie» qu'offrait le matérialisme a sûrement joué, de ce point de vue, un rôle positif. En deux mots, cette conception a servi à éliminer un certain nombre de discours assez stériles concernant par exemple la manière dont Dieu avait adapté les êtres vivants au milieu extérieur; et elle a permis une biologie plus positive, c'est-à-dire moins spéculative et plus soucieuse d'expérimentation méthodique.

BIOLOGIE ET PHILOSOPHIE

Il faut bien voir, cependant, qu'il ne suffit pas d'affirmer le primat absolu de la «matière» pour que tous les phénomènes biologiques deviennent aussitôt transparents. Sans doute, certaines philosophies biologiques sont-elles plus fécondes que d'autres; nul ne songe à réhabiliter celle qui conduisait les médecins de Molière à pérorer gravement sur «la vertu dormitive de l'opium»... Mais l'histoire des sciences montre que les grandes découvertes biologiques ne se sont pas toujours faites comme nous pourrions nous l'imaginer aujourd'hui.

Citons par exemple le cas de William Harvey (1578-1657). Dans ses travaux fondamentaux sur la circulation du sang, il ne s'est pas seulement appuyé sur des considérations mécaniques (comparaison du cœur avec une pompe, mesure du débit sanguin). Il a aussi recouru à des schémas philosophiques empruntés à Aristote! Il faut donc faire preuve d'une certaine prudence quand on évalue l'intérêt de telle ou telle «image de la vie». Claude Bernard lui-même, auteur de la célèbre *Introduction à l'étude de la médecine expérimentale* (1865), était très conscient des difficultés que rencontrent les biologistes dès qu'ils s'interrogent sur les notions de cause, d'origine ou de finalité. Il a expressément déclaré que plusieurs philosophies pouvaient être fécondes sur le plan scientifique. Mieux encore, il lui est arrivé de prendre la défense du vitalisme, une philosophie souvent décriée, selon laquelle la vie est une réalité absolument spécifique, irréductible.

LA MÉCANIQUE BIOLOGIQUE

Aujourd'hui, une «image de la vie» particulière est dominante. A savoir celle qui présente les êtres vivants comme des sortes de mécanismes physico-chimiques extrêmement complexes. Cette conception ne manque pas de force et nul ne doute que les phénomènes vitaux soient mieux connus grâce à la biochimie, à la biologie moléculaire, à la théorie de l'évolution. Mais, d'une part, il reste des zones d'ombre, et certains problèmes «aux limites» ne sont pas totalement élucidés. Même si on laisse de côté la difficile question de l'origine de la vie, il est assez évident qu'on s'interroge encore sur des notions apparemment aussi simples que celles de sélection et d'adaptation.

D'autre part, il importe de se rappeler que la physique et la chimie, malgré leur efficacité, ne suppriment pas la nécessité de prendre en compte la spécificité des phénomènes vitaux. En d'autres termes, la conception mécaniste de la vie constitue un cadre général dans lequel les connaissances ont formidablement progressé. Mais, du point de vue même de la science, il est sans doute essentiel de se garder des simplifications abusives. Comme l'a souligné, entre autres, François Jacob dans *la Logique du vivant*, il existe divers niveaux d'intégration: de la molécule et la cellule à l'organisme individuel et à la population, nombreux sont les degrés d'organisation. D'une certaine façon, la base de la vie est physico-chimique. Mais gare au réductionnisme, c'est-à-dire à cette philosophie qui identifie purement et simplement un organisme à un édifice moléculaire complexe, à un automate biologique dont il suffit d'analyser les rouages. Le risque, avec cette philosophie, c'est qu'on en arrive à considérer la biologie seulement comme un secteur particulier de la physico-chimie. Ce qui peut conduire à une méconnaissance des divers niveaux d'intégration et des particularités propres aux objets biologiques.

LES «VRAIES» EXPLICATIONS

Qu'il n'y ait toutefois pas de malentendu: le succès de la nouvelle «image de la vie» est sans doute irréversible — et la notion même de vie a subi une transformation radicale. Pour mesurer le chemin parcouru, évoquons la conception qui a prévalu chez nos ancêtres et qui, il y a quelques siècles encore, prévalait dans notre culture. En deux mots, la vie était alors la réalité première, une donnée immédiate qui s'imposait et qu'il était inutile d'analyser. Mieux encore, le modèle du cycle vital (naissance, croissance, maladie, vieillesse, mort) servait à tout expliquer. Dans un état où l'homme vivait en étroit contact avec la nature, c'était là une évidence: les plantes et les animaux naissaient, croissaient, vieillissaient, mouraient, et, grâce à une généralisation apparemment raisonnable, l'idée s'imposait que tous les objets naturels, quels qu'ils fussent, étaient également vivants et parcouraient un cycle analogue. La Terre elle-même était considérée comme un être vivant, tout comme les astres et les sources. Les expliquer, c'était formuler un discours décrivant leur génération et leur destruction dans un langage biologique.

Pour nous, la situation s'est inversée. Les sciences fondamentales, celles qui fournissent les «vraies» explications, ce sont la physique et la chimie. Loin de servir à expliquer les autres phénomènes, la vie doit donc être elle-même expliquée; et ce avec référence prioritaire aux lois de la matière, aux atomes et aux molécules. Démystification radicale, et qui ouvre assurément de belles perspectives. Aussi bien en génétique qu'en neurologie, la mécanique biologique a sans doute beaucoup à nous révéler. Mais soyons tout de même assez lucides pour percevoir les éventuelles limites des nouveaux schémas que nous fabriquons.

PIERRE THUILLIER

Comment construire l'image de la vie?

Honoré Fragonard, cousin du peintre, a conçu et réalisé au XVIIIe siècle des préparations anatomiques remarquables (voir M. Ellenberger, *l'Autre Fragonard*, Jupilles, 1981): seules certaines structures sont préservées et mises en évidence, ce qui donne à ces pièces scientifiques un style très particulier. Si leur qualité esthétique est évidente, ces œuvres ont aussi l'intérêt d'évoquer un problème général concernant la philosophie biologique. Tout se passe en effet comme si les biologistes, à chaque époque, procédaient comme des artistes et choisissaient un certain style pour décrire et expliquer la vie. Dans la biologie moderne, l'image de l'automate a joué un rôle fondamental. C'est Descartes qui a donné toute sa force à cette métaphore. Dans son traité *De l'homme*, paru après sa mort, en 1664, il affirmait que l'homme était un mécanisme compliqué, comprenant une pompe, des soufflets, des tuyaux... Les hommes de science étaient donc invités à analyser cette singulière machine. D'une certaine façon, les biologistes d'aujourd'hui ne font pas autre chose.

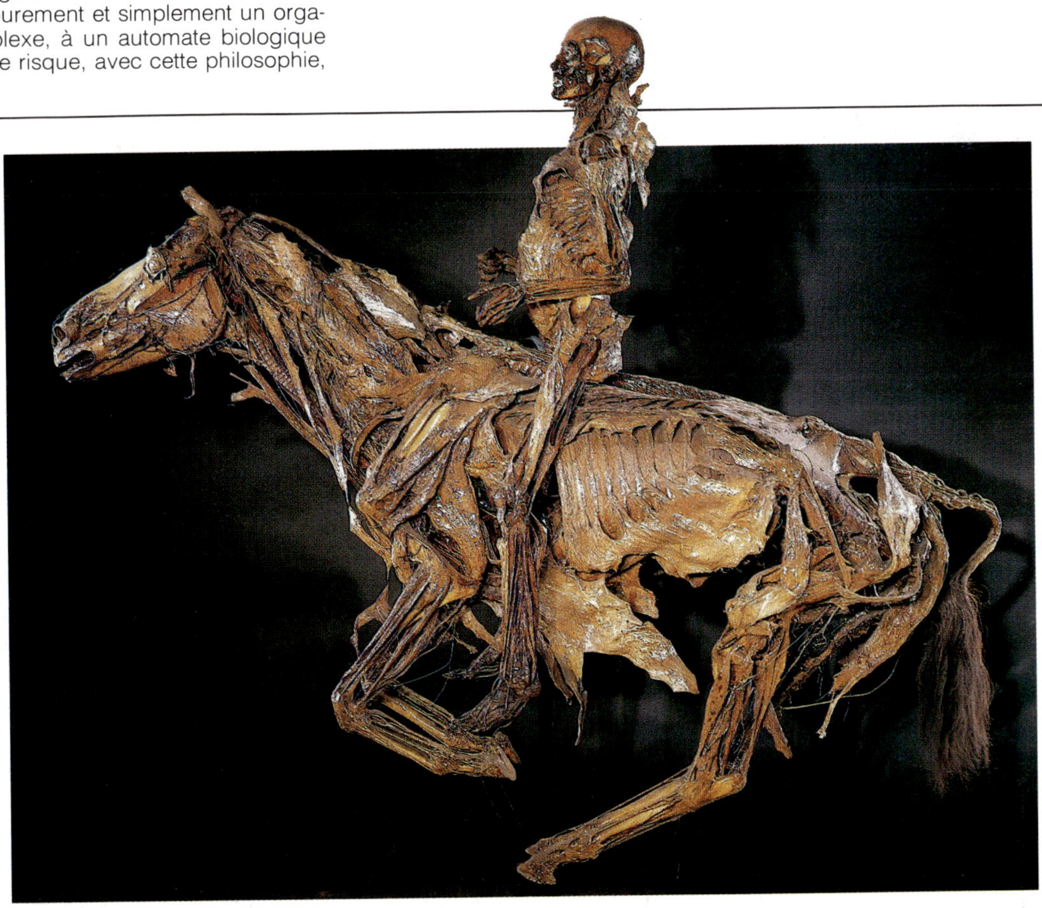

Le Cavalier, *préparation anatomique d'Honoré Fragonard, réalisé au XVIIIe siècle et conservé au musée de l'École vétérinaire d'Alfort.*

CHAPITRE 10

L'apparition des vertébrés

Carapaces et squelettes

Des unicellulaires jusqu'à nous-mêmes, les êtres vivants, devenant de plus en plus gros, ont dû trouver des solutions au problème mécanique de la solidité d'un animal de grande dimension en développant des parties dures: les invertébrés se sont entourés d'une carapace qui les protégeait, tandis que les vertébrés adoptaient le squelette, véritable charpente du corps.

Un certain nombre de facteurs peuvent être invoqués pour justifier de l'avantage pour un être vivant à posséder une certaine rigidité et résistance mécanique. Un rapide panorama révèle néanmoins que ces facteurs ne constituent pas une explication satisfaisante lorsqu'on les examine isolément: la résistance à la pesanteur ne se justifie pas pour les êtres aquatiques qui peuvent librement s'étendre dans les trois dimensions même lorsqu'ils atteignent de grandes tailles; la protection contre les prédateurs est bien limitée, car ceux-ci ont développé des moyens appropriés de vaincre cette barrière; le soutien pour l'exercice des forces motrices est réalisé chez des animaux «mous» par des procédés hydrauliques... En réalité, les organes rigides jouent de multiples rôles, ce qui est bien illustré dans le cas des vertébrés.

UN SQUELETTE EXTERNE

De nombreux êtres unicellulaires vivant dans le plancton marin forment des squelettes microscopiques qui ont parfois des aspects extraordinaires (radiolaires), souvent composés à partir de silice ou de sels de calcium (foraminifères). Les éponges donnent l'image d'un stade évolutif entre unicellulaires et pluricellulaires: chaque cellule fabrique des spicules analogues au squelette des protozoaires et leur association donne à l'ensemble une certaine résistance qui maintient béantes les communications avec l'extérieur. Le pas essentiel a été franchi lorsque les molécules minérales ont été formées en étroite association avec des molécules organiques, aboutissant à des composés mixtes.

Chez les mollusques (huître, escargot) et les arthropodes (crustacés, insectes), le squelette est externe: il enferme le reste de l'organisme et est fabriqué autour de l'animal par son épiderme. La trame organique composée de polymères (chitine) et de protéines peut être imprégnée de sels de calcium, qui assurent la calcification.

Simple contenant chez les mollusques (coquille), le squelette externe ou exosquelette devient une carapace chez les insectes et les crustacés: il intervient autant comme protection que comme ensemble de leviers et d'outils pour des muscles locomoteurs ou masticateurs. Ces carapaces ne sont pas homogènes, mais constituées de couches ayant des propriétés mécaniques (comme les contre-plaqués; voir la photographie de la cuticule de crabe, page ci-contre) ou chimiques (elles assurent l'imperméabilité) différentes. Le mode de formation du squelette externe ne permet pas sa croissance continue: ces animaux muent régulièrement.

L'OS, UN TISSU VIVANT

Avec les vertébrés apparaît une famille de tissus spécialisés: les différentes catégories d'os, de dentine (ivoire) et d'émail. Ils possèdent un squelette dermique et un autre formé dans le mésoderme. Notre propre squelette est constitué d'éléments provenant de ces deux sources et réunis en un seul ensemble au cours de l'évolution.

L'os est un tissu vivant où des molécules organiques fibreuses de collagène sont liées chimiquement à du phosphate de calcium (sous la forme cristalline d'apatite). Il peut se développer, grâce à l'activité de cellules spécialisées, les ostéocytes, soit au sein du cartilage, soit directement dans une membrane. L'existence de cartilage en dehors des vertébrés, chez les mollusques, par exemple, fait penser que ce tissu est plus ancien que l'os, sur le plan évolutif. Il n'en subsiste pas moins un élément important du squelette, soit comme «modèle» de certains éléments squelettiques au cours de l'embryogenèse, soit comme tissu articulaire en raison de sa richesse en eau qui lui confère des propriétés mécaniques particulières: élasticité, diminution du frottement.

La nouveauté évolutive des tissus osseux réside principalement dans leur capacité à se remodeler constamment: ceci permet une croissance continue et dirigée dans l'espace. La forme des os peut ainsi suivre les exigences d'une augmentation de taille de l'animal au cours du temps et se modifier en fonction des besoins de la résistance mécanique. Ce pro-

Les radiolaires sont des unicellulaires marins à l'organisation géométrique: leur cytoplasme sécrète des spicules de silice orientés par rapport au centre d'une sphère, formant parfois un squelette ajouré comme une dentelle (ci-dessus) et prolongé à la périphérie par des pointes facilitant la flottaison. Les radiolaires appartiennent au plancton, mais après leur mort, leurs squelettes participent à la formation de boues siliceuses caractéristiques des fonds à partir de 4 000 m.

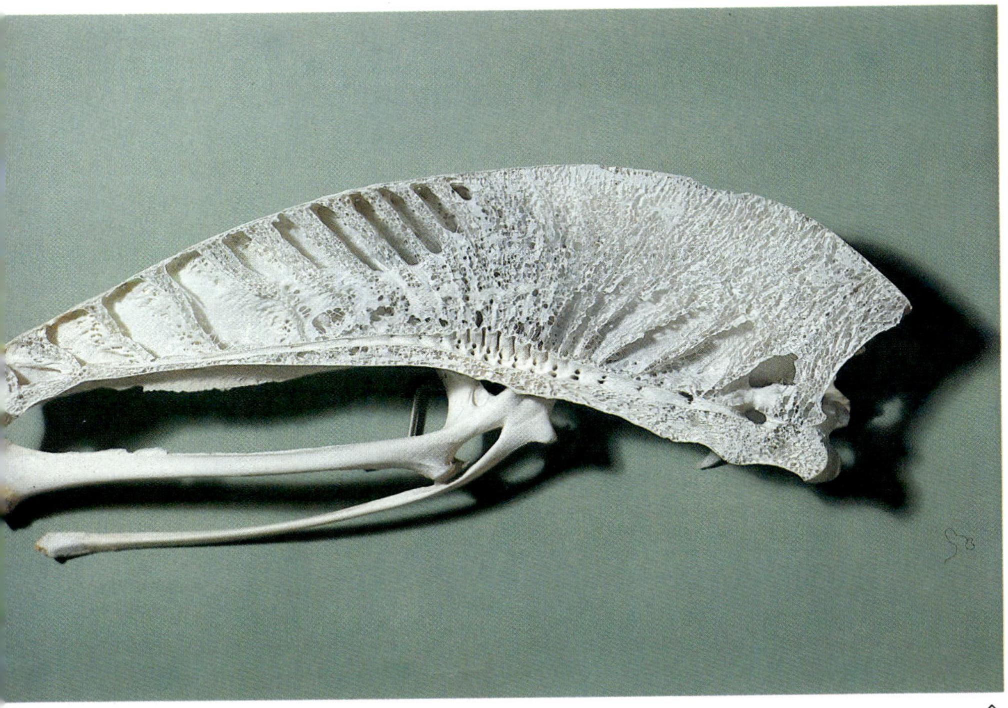

Architecture interne du bassin du casoar. Les oiseaux sont avant tout des bipèdes, avec une colonne vertébrale oblique, le corps en porte-à-faux. Leur bassin est fortement ancré à un grand nombre de vertèbres. Il transmet au corps les forces locomotrices et assure la répartition des forces statiques, importantes chez les espèces de poids élevé, comme le casoar. Le tissu spongieux de l'os est organisé en poutrelles tridimensionnelles qui font face à ces contraintes mécaniques.

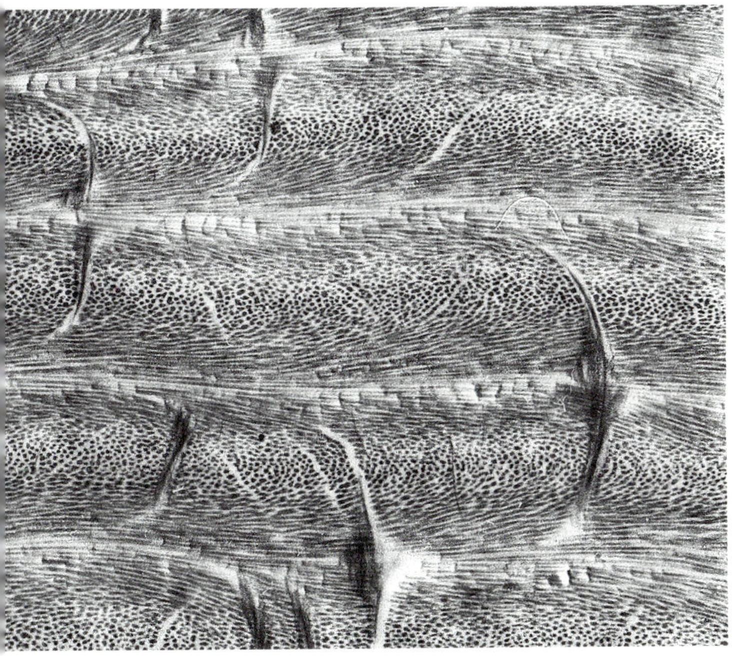

Cuticule décalcifiée de crabe *(Carcinus maenas)*: coupe au microscope électronique grossie 9 000 fois. L'analyse d'une succession de coupes révèle que cette image en arceaux correspond en réalité à une structure analogue à un contre-plaqué. La direction des filaments parallèles disposés en couche tourne progressivement d'une couche à la suivante.

cessus est sous contrôle de plusieurs hormones et le tissu osseux participe étroitement au métabolisme général en constituant un réservoir de substances minérales importantes pour le fonctionnement du système nerveux et des muscles (en particulier les ions de calcium et les phosphates).

L'orientation moléculaire de ce tissu en fait en outre un matériau à la fois résistant et économique dans la mesure où il est organisé dans l'espace par rapport aux contraintes qui résultent des mouvements de l'animal dans son environnement.

Ces liaisons étroites avec le métabolisme général des vertébrés ainsi qu'avec les capacités mécaniques de ces animaux rendent le tissu osseux très riche en information sur leurs restes fossiles, qui le plus souvent sont précisément réduits aux éléments du squelette. La structure complexe à l'échelle microscopique se conserve assez bien et permet de suivre l'évolution des tissus osseux en fonction du mode de vie.

La dentine (ivoire) est un type particulier d'os, plus dense, pour lequel les cellules vivantes restent à la périphérie, n'envoyant que de fins prolongements à l'intérieur de la masse dure.

Les propriétés biologiques et physiques du tissu osseux entrent probablement pour une part importante dans le succès évolutif des vertébrés. Aucun autre groupe animal n'est en tout cas parvenu à atteindre les dimensions des grands dinosaures et des éléphants sur les continents, ni des grands cétacés dans les mers: 33 m de long pour la baleine bleue contre 6 m pour le calmar géant.

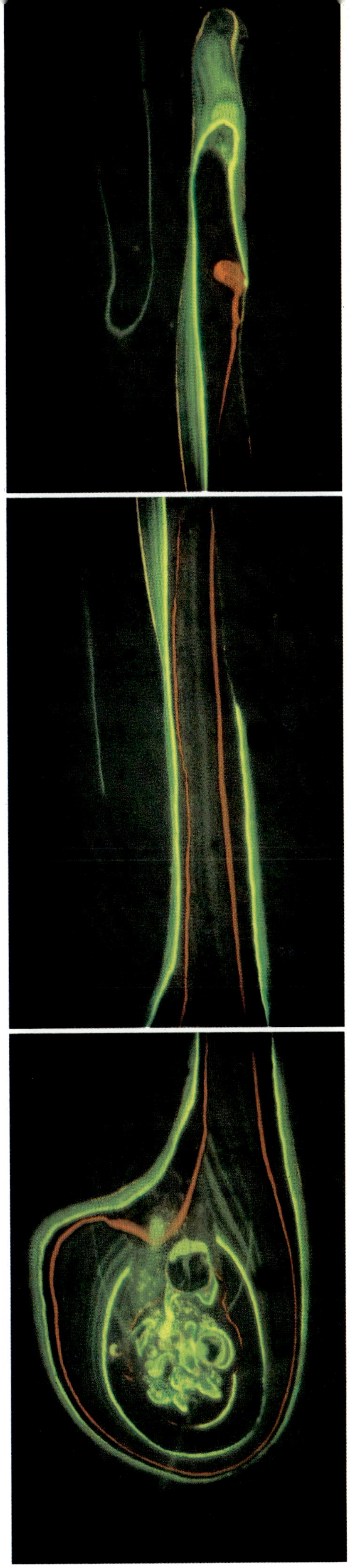

Mandibule de vipère de Russell. Micrographie en lumière fluorescente d'une coupe transversale. A différentes époques de la vie de cet animal à croissance continue, on a injecté des substances (souvent des antibiotiques) qui se fixent sur l'os en formation et le rendent fluorescent dans différentes couleurs. Ceci permet, après la mort de l'animal, de suivre la chronologie de sa croissance et le modelage qui en résulte.

La puissance évolutive des vertébrés

La domination de l'homme sur le monde est telle qu'il a défini négativement tous les animaux qui sont construits sur un plan différent du sien: on les appelle les invertébrés. En réalité, les vertébrés ne représentent qu'un embranchement parmi beaucoup d'autres qui ont connu aussi une évolution complexe.
La puissance évolutive des vertébrés s'est traduite par la conquête de presque tous les milieux disponibles, des grands fonds océaniques à la haute atmosphère, et par des facultés d'adaptation remarquables.

Avec leurs quelque 40 000 espèces, les vertébrés sont loin de représenter en diversité l'ensemble disparate auquel on les oppose, les invertébrés, parmi lesquels les seuls arthropodes comptent environ 1 million d'espèces. Mais le seul fait que c'est un vertébré, l'homme, qui a écrit l'histoire de la vie, explique cette déformation de perspective.

Les vertébrés sont apparus tard, il y a à peu près 500 millions d'années, ce qui veut dire qu'ils ont profité du niveau alors atteint par l'évolution chimique des molécules vivantes, et qu'ils sont entrés en lice à un moment où la concurrence était déjà vive dans les mers de l'ère primaire.

UNE IMAGE DE NOS LOINTAINS ANCÊTRES

On ne possède de cette époque aucun témoignage irréfutable sur leur origine. Il suffit par contre de considérer leurs caractéristiques fondamentales pour les rapprocher d'animaux vivant actuellement et qui nous donnent une image approchée de ces lointains ancêtres, nous permettant ainsi d'imaginer un scénario probable.

Non loin des côtes et à faible profondeur, on trouve en effet deux types de petits animaux qui ont depuis longtemps attiré l'attention des zoologistes. Les premiers ressemblent à des petits sacs de cuir fixés sur le fond, ce sont des ascidies ou tuniciers, dont certaines espèces sont consommées sous le nom de violets. Les seconds sont le plus souvent enfouis dans le gravier et ont l'allure d'alevins translucides, ce sont des lancelets ou amphioxus.

Chez les larves nageuses des premiers comme chez les seconds, on retrouve les mêmes grands traits d'organisation: symétrie bilatérale, tube nerveux en position dorsale, baguette flexible servant d'axe longitudinal (corde dorsale), tube digestif ventral possédant deux ouvertures, bouche et anus, dont la portion antérieure, ou pharynx, dilatée, est percée de chaque côté d'une série d'ouvertures par lesquelles passe un courant d'eau (branchies), fibres musculaires disposées en cases se répétant segmentairement. Cette organisation est exactement celle de la plupart des larves et, sous une forme modifiée, des embryons de vertébrés.

Pour cette raison, les tuniciers et l'amphioxus sont rassemblés dans un même ensemble, celui des cordés. Il se peut que les larves d'un tunicier primitif aient acquis le pouvoir de se reproduire, trouvant avantage à poursuivre leur vie libre, et aient ainsi ouverts la voie vers les vertébrés.

Toute l'évolution de ces derniers est en effet marquée par une capacité considérable à conquérir de nouveaux espaces grâce au perfectionnement de leur appareil locomoteur, squelette, muscles, nerfs et centres nerveux, et des moyens d'information sur le monde extérieur, systèmes sensoriels et centres nerveux d'intégration.

Bouclier dermique d'ostéostracé. Il protégeait la tête de ce vertébré primitif qui ne possédait pas de mâchoires et se nourrissait probablement de détritus ou en filtrant des boues.

Tunicier adulte. Pendant leur phase larvaire, où ils sont mobiles, les tuniciers ou ascidies présentent quelques-uns des caractères structuraux des vertébrés.

Ce plan de base, symétrie bilatérale et pôle buccal, a permis une accentuation continue de la polarité avec concentration à l'avant des organes de prospection du milieu et de capture des aliments, et propulsion par une contraction rythmée des fibres musculaires assurant l'ondulation du tronc. La position ventrale du tube digestif et des viscères crée le lest: on passe à la forme poisson qui répond parfois avec une quasi-perfection aux exigences de l'hydrodynamique.

Le milieu aquatique initial a permis une très grande diversité et reste encore aujourd'hui le lieu où s'épanouit une masse considérable de vertébrés. On doit remarquer qu'à chaque étape évolutive certains représentants de nouveaux stades sont retournés au milieu aquatique: les plésiosaures et ichtyosaures parmi les reptiles, les cétacés et siréniens parmi les mammifères, les manchots parmi les oiseaux.

COMPLEXITÉ ET SPÉCIALISATION

Il est probable que, à l'intérieur du «système vertébré», il existait des facteurs favorables à une évolution relativement rapide, répétée et conduisant à un très haut degré de complexité. Ces facteurs ont pu se renforcer mutuellement: par exemple, l'accroissement de la mobilité fait

⇦ **La salamandre tachetée** donne une image approchée des vertébrés qui ont envahi les terres émergées à la fin de l'ère primaire. Elle appartient au groupe des amphibiens, dont la biologie est encore liée, au moins en partie, au milieu aquatique.

naître des besoins énergétiques ; sont sélectionnées les formes ayant le taux d'efficacité le plus grand entre la dépense effectuée pour la recherche de la nourriture et le montant d'énergie libérée finalement par cette dernière.

Les premiers vertébrés n'avaient pas de mâchoires. Avec l'apparition de celles-ci, on passe d'une alimentation par filtrage de petites particules à la capture d'une proie. Toute l'évolution de la pompe cardiaque et du système d'échanges des gaz respiratoires débute alors. Les vertébrés avaient, dès l'origine, l'avantage de posséder un système circulatoire clos, sans fuite, qui offrait la possibilité de séparer le flot riche en oxygène distribué aux organes consommateurs d'énergie du flot de retour, chargé en déchets ; processus qui sera achevé avec les reptiles.

Le squelette, organisé en un ensemble crânien, boîte protectrice pour les centres nerveux et les annexes de la bouche et du pharynx, et en un ensemble vertébral, formé de pièces articulées autour de la corde qui tend à disparaître et d'appendices pairs (nageoires, puis membres), constitue un matériau de base dont les transformations signent les grandes étapes des conquêtes évolutives.

Les serpents sont des reptiles proches des lézards, dont ils partagent de nombreux caractères. Certains ont encore des restes de membres postérieurs, mais tous montrent une multiplication du nombre de vertèbres dans le tronc, ce qui modifie complètement leurs rapports avec l'environnement. Entre ce fossile du tertiaire (ci-dessus) et le boa de Cook des forêts amazoniennes (ci-contre), de multiples formes se sont diversifiées, assurant aux serpents la maîtrise de biotopes variés.

La sortie des eaux, avec les problèmes qu'elle pose (action de la pesanteur, capture directe de l'oxygène de l'air, notamment), se traduit par la mobilité de la tête, la formation de membres, suite de leviers articulés, l'apparition d'articulations entre les vertèbres sur lesquelles s'attachent les muscles. Tous les modes de vie ouverts par les milieux continentaux se voient alors dans des spécialisations du squelette ; par exemple, l'aile des oiseaux, ou l'existence de plusieurs catégories de dents chez les mammifères.

UN SYSTÈME NERVEUX QUI ÉVOLUE

L'efficacité dans l'action suppose aussi une diminution du nombre des erreurs. L'habitude de capturer des proies s'accompagne d'une évolution du système de perception et des circuits de commande nerveuse : les pieuvres, qui sont des mollusques, sont peut-être parvenues, avant les vertébrés, à juger de la distance et du volume d'une proie. Elles possèdent un système visuel très développé et une forte concentration de cellules nerveuses dans la tête.

Le tube nerveux primitif des vertébrés se forme à partir de l'enveloppe extérieure, l'ectoderme. Il en est toujours ainsi chez l'embryon. Cette liaison primordiale traduit bien l'importance dans la vie de ces animaux du système de réception des messages provenant du milieu.

Puis la tête loge un renflement du tube nerveux, l'encéphale, siège de toutes les connexions responsables de l'intégration des messages. L'évolution est allée dans le sens d'une augmentation fantastique du nombre des cellules nerveuses dans l'encéphale et par conséquent des capacités de connexions. Il n'y a pas eu, comme on le pensait il y a encore quelques années, superposition d'étages nouveaux, mais accroissement de capacité sur un plan de câblage établi très tôt. La nature des informations est beaucoup plus variée qu'on pourrait le soupçonner d'après notre propre expérience. Les sens mécanique, vibratoire, thermique, chimique, lumineux, électrique, magnétique, permettent aux différents vertébrés d'agir avec une probabilité élevée de survie dans des milieux très différents. L'accroissement de liberté vis-à-vis des contraintes extérieures semble ainsi avoir joué un rôle important dans l'expansion du groupe, dès les premiers 200 millions d'années de son histoire et, par la suite, de façon plus évidente avec en particulier la capacité de maintenir constante la température interne.

LA DIVERSIFICATION

Il ne faudrait pas croire que cette évolution s'est effectuée en droite ligne du tunicier à l'homme. Malgré l'extinction d'un nombre considérable d'espèces, parfois massivement comme les dinosaures, la nature actuelle voit se côtoyer des formes qu'on est tenté de juger très diversement efficaces. Rappelons à ce propos que le cœlacanthe est un poisson retrouvé vivant alors qu'il appartient à un groupe de vertébrés que l'on croyait disparus il y a 250 millions d'années, proches parents de ceux qui sont peut-être à l'origine des amphibiens.

La diversification est une règle de l'évolution. Elle permet de ne pas « mettre toutes ses billes dans le même sac », et le partage de l'espace-temps disponible à une période donnée permet la survie d'un nombre plus grand d'espèces. A la faveur de la diversité, certaines stagnent tout simplement parce qu'elles restent en équilibre dans des ensembles d'animaux différents et échappent aux crises. Ainsi, les didelphidés, une famille de marsupiaux d'Amérique du Sud à laquelle appartient la sarigue, prolifèrent malgré le contact avec des mammifères plus évolués apparus plus tard, comme les félins.

C'est pourquoi on peut dire que chaque vertébré actuel est tout autant le produit de l'histoire de sa propre lignée que le produit de l'histoire générale du groupe, et au-delà de l'histoire de la planète.

Les vertébrés actuels sont divisés traditionnellement en plusieurs classes : poissons, amphibiens, reptiles, oiseaux, mammifères. La découverte et l'étude de très nombreux fossiles et les progrès de la biologie évolutive mettent en doute cette classification pratique fondée sur quelques caractères évidents sur un animal entier, mais qui ne garantissent pas leur présence sur un ancêtre, surtout s'il s'applique à un organe qui ne laisse pas de trace chez un fossile. On connaît l'exemple de l'*Archaeopteryx* qui ressemble à un lézard à plumes. Où situer la limite entre reptiles et oiseaux ? Et pourtant aucun animal actuel n'est plus facile à identifier comme un oiseau qu'un oiseau, malgré l'énorme différence entre une autruche et un martinet !

JEAN-PIERRE GASC

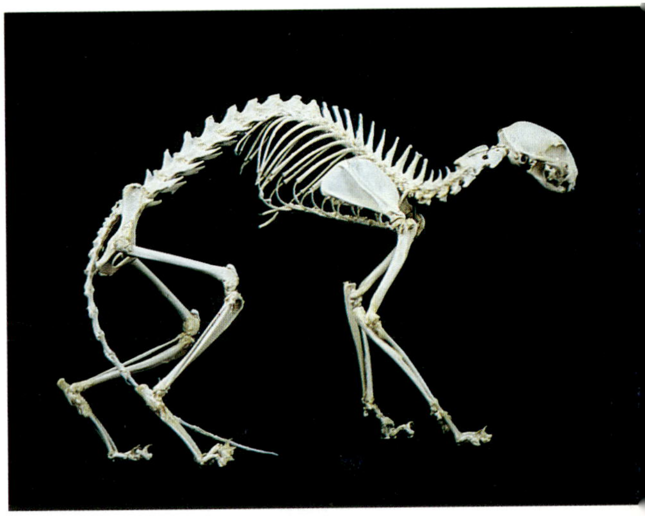

Le chat montre dans son squelette à la fois les grandes lignes de construction d'un mammifère et les spécialisations alimentaires et locomotrices propres aux félins.

Ce cercopithèque, autant quadrupède que grimpeur, conserve une certaine polyvalence locomotrice, mais ses mains interviennent dans de nombreuses autres activités.

Microscope de Leeuwenhoek (1673), qui porta à son sommet la qualité optique de ces appareils simples, connus dès le XVe siècle.

Microscope de Leeuwenhoek (1685). Il s'agissait d'une loupe; mais, parfaite optiquement, elle lui permit d'observer des bactéries.

Microscope composé (XVIIIe siècle, faculté de pharmacie, Paris). La qualité de ces appareils, créés vers 1600, progressa après 1830.

C'est à partir du XVIIe siècle que l'on commença à écarter l'intervention du surnaturel dans les phénomènes de la nature et à construire une véritable science des êtres vivants, indépendante de toute religion et de toute métaphysique. La voie avait été ouverte par Vésale, qui au XVIe siècle provoqua une première révolution de la médecine par ses études de l'anatomie humaine, puis par William Harvey, découvreur, dans la première moitié du siècle suivant, de la circulation sanguine et auteur d'un ouvrage sur la génération des organismes.

Deux noms sont ensuite à remarquer. Grâce à l'Italien F. Redi, tout d'abord, apparut en 1668 la conception de la continuité vitale: toute vie provient nécessairement d'une vie préexistante. Ainsi commença à s'effriter la vieille doctrine qui faisait naître le vivant du non-vivant. Pourtant, cette nouvelle conception, unanimement reconnue maintenant, ne s'imposa vraiment qu'après deux siècles de controverses.

Le second fait saillant du XVIIe siècle fut l'application du microscope à l'observation de la nature par le naturaliste hollandais Antonie Van Leeuwenhoek. Celui-ci observait et dessinait tout ce qui lui passait sous la main: gouttes de sang, sperme, crottes de rat, poudre de diamant, pépins d'orange, etc., sans ordre ni méthode, mais aussi sans idée préconçue. Leeuwenhoek ouvrit ainsi le monde microscopique aux savants. Sa découverte des infusoires fut sans doute celle qui eut la plus grande répercussion sur le développement de la biologie. Elle a été évoquée plus haut dans le chapitre consacré à la génération spontanée (voir p. 70-71).

Quelques années avant les observations de Leeuwenhoek sur les spermatozoïdes, le médecin hollandais R. De Graaf avait découvert le follicule ovarien des mammifères. Dès 1677, l'œuf des mammifères était soupçonné, et son existence presque démontrée.

Néanmoins, il fallut attendre près de deux siècles encore, comme dans le cas de la génération spontanée, pour que le problème reçut une solution satisfaisante.

LES PREMIÈRES THÉORIES

A la fin du XVIIe siècle, deux théories prévalaient en matière de génération des organismes. Dans le préformationnisme, on supposait que le nouvel être existait en entier, très petit, sous l'état d'un corpuscule

Le naturaliste suisse Charles Bonnet découvrit la parthénogenèse du puceron et encouragea Spallanzani. Devenu aveugle, il écrivit des ouvrages théoriques et, le premier, appliqua le mot «évolution» aux êtres vivants.

Les «caleçons» de Réaumur et de Spallanzani

C'est le biologiste italien Spallanzani (1729-1799) qui, le premier, découvrit le secret de la fécondation des crapauds et des grenouilles. Chez ces animaux, la fécondation est externe: le mâle chevauche la femelle et, lorsque celle-ci se débarasse de ses œufs, il les arrose de liquide séminal.

Le biologiste hollandais Swammerdam (1637-1680) avait déjà émis cette hypothèse, mais sans en apporter la preuve expérimentale. Le physicien français Réaumur (1683-1757) voulut vérifier cette assertion. Pour cela, il observa d'abord le derrière des grenouilles en copulation, sans succès. Ensuite, il passa aux mâles des sortes de petites culottes en taffetas, munies de bretelles. Il n'observa rien non plus qui annonçât l'acte de fécondation.

Spallanzani reprit l'expérience avec soin. A son tour, il affubla les mâles de petits caleçons. Après copulation, il constata que, dans ces conditions, aucun œuf ne produisait de têtard; par contre, il trouva des gouttes de liquide au fond des caleçons.

Déposant ce liquide sur des œufs vierges, Spallanzani provoqua leur développement. Il fit même plus: il préleva du liquide directement dans les vésicules séminales du mâle et en badigeonna d'autres œufs vierges. Il broya aussi des testicules et fit la même expérience. Dans les deux cas, les œufs furent fécondés également. C'est ainsi qu'en 1777 Spallanzani réalisa les premières fécondations artificielles de l'histoire.

Au XVIIIe siècle, les travaux de Lazzaro Spallanzani firent progresser la physiologie animale et ouvrirent la voie à Pasteur.

organisé: le germe, et que celui-ci s'accroissait progressivement pour passer de l'invisible au visible. Pour expliquer l'origine de ces germes, deux écoles se disputaient. Les partisans de la «dissémination» estimaient que les germes de toutes les espèces, y compris la nôtre, étaient répandus partout et qu'il leur fallait un terrain favorable pour se développer. L'autre explication était l'«emboîtement», bien décrit par Buffon: «Dans l'ovaire de la première femme étaient contenus les œufs qui non seulement renfermaient en petit tous les enfants qu'elle a faits ou qu'elle pouvait faire, mais encore toute la race humaine, toute sa postérité, jusqu'à l'extinction de l'espèce.» Le raisonnement était le même si les spermatozoïdes étaient considérés comme germes, à la place des ovules.

La seconde théorie était celle de l'épigenèse. Elle avait pour origine les observations de Harvey sur le développement du poulet: l'embryon se constituait graduellement dans l'œuf par adjonction de parties nouvelles. Au XVIIIe siècle, le naturaliste suisse Charles Bonnet, qui par ailleurs découvrit la parthénogenèse (ou reproduction virginale) chez le puceron, était préformationniste. Cependant, pour lui, l'animal ne provenait pas d'un animal identique et minuscule, mais d'un véritable «germe», capable d'assurer à l'espèce immutabilité et immortalité. Bonnet a su marquer la distinction que ferait le siècle suivant entre préformation et organisation germinale: dans nos cellules, il n'aurait pas manqué de reconnaître ses germes.

Vers la même époque, l'Allemand Caspar Friedrich Wolff montra que des structures ou des organes qui n'existaient pas auparavant, même à l'état d'ébauches, apparaissaient progressivement dans l'embryon de poulet. Il mettait donc en cause le préformationnisme et, en même temps, jetait les bases de la science du développement.

LA THÉORIE CELLULAIRE

L'œuf des mammifères ne sera trouvé qu'en 1827, et ce n'est que douze ans après encore, en 1839, que naîtra la théorie cellulaire. Le mot «cellule» avait été créé par l'Anglais Robert Hooke en 1665, par analogie avec la structure des rayons d'une ruche, après qu'il eut examiné au microscope une coupe de liège. Mais il fallut attendre les Allemands Schleiden et Schwann, qui montrèrent vraiment que la cellule était l'unité élémentaire de la vie, pour que la théorie vît le jour. Cette théorie ouvrit des perspectives immenses aux physiologistes et aux médecins, et leur permit d'expliquer les phénomènes normaux ou pathologiques de l'organisme par les propriétés de ses éléments cellulaires. Elle permit aussi une interprétation correcte du développement embryonnaire.

LES CHROMOSOMES ET LA THÉORIE DES GÈNES

Malgré tout, il restait encore beaucoup à trouver. Dès le milieu du XVIIIe siècle, le biologiste italien Spallanzani avait réussi des fécondations artificielles sur les œufs de grenouille (voir encadré ci-contre), mais il n'en avait pas compris les mécanismes. Il fallut attendre 1860 pour savoir que l'intervention de deux cellules (ovule et spermatozoïde) était nécessaire pour donner un nouvel organisme. Mais ce ne fut qu'en 1875 que le biologiste allemand Oscar Hertwig constata pour la première fois au microscope la fusion des noyaux mâle et femelle de l'œuf d'oursin. La même année, le botaniste polonais Edward Strasburger observait la division, ou mitose, des cellules végétales, et particulièrement celle du noyau en ses deux noyaux fils. Ce phénomène complexe s'accompagnait toujours de l'apparition dans le noyau de particules facilement colorables, qui se divisaient chaque fois en deux, dans le sens de la longueur: on désigna ces particules du nom de chromosomes (1888).

Vers la même époque, le zoologiste et embryologiste belge Edouard Van Beneden montra que les chromosomes se trouvaient en nombre égal dans le noyau de l'ovule et dans celui du spermatozoïde, mais que les cellules germinales en contenaient deux fois plus que les cellules reproductrices. La réduction chromatique fut découverte en 1887 par l'Allemand Boveri. Puis, très vite, on pensa que le noyau cellulaire était le siège des propriétés héréditaires. L'Allemand Weismann développa alors la théorie chromosomique de l'hérédité et pressentit la prodigieuse architecture des chromosomes.

Quant au mécanisme proprement dit de l'hérédité, il fut découvert par l'Autrichien Mendel dès 1865, et redécouvert, notamment par le Hollandais De Vries, à partir de 1900. Le même De Vries observa ensuite le processus de la mutation. C'est-à-dire l'apparition d'espèces nouvelles à la suite d'une variation brusque du potentiel héréditaire de l'espèce. En France, L. Cuénot étendit les lois de l'hérédité, découvertes sur les plantes, au domaine zoologique. Puis, vers 1910, l'Américain Morgan établit la théorie du gène en étudiant la drosophile, ou mouche du vinaigre, qui possède des chromosomes géants: il dressa de véritables cartes des chromosomes de cet insecte. Avec la théorie des gènes, découverte aussi considérable que la théorie cellulaire, on se rapprochait des préformationnistes qui considéraient le «germe» comme éternel: en effet, le gène assure la pérennité germinale durant toute l'existence de l'espèce.

LA DÉCOUVERTE DES HORMONES

Simultanément, l'embryologie expérimentale, déjà abordée par Spallanzani, à l'instigation de Charles Bonnet, prenait son essor. Cependant, une autre découverte marqua la seconde moitié du XIXe siècle: ce fut celle des hormones, par le Français Brown-Séquard.

Buffon pensait déjà qu'il y avait des rapports entre certains organes, mais on estimait alors que le système nerveux était seul responsable de la coordination des fonctions vitales. Or, dès 1856, Brown-Séquard montra que l'ablation des glandes surrénales conduisait l'animal à la mort: donc certaines glandes déversaient des principes indispensables dans le sang. En 1891, avec d'Arsonval, il étendit la portée de ses observations en affirmant que «toutes les glandes, pourvues ou non de conduits excréteurs, donnent au sang des principes utiles, dont l'absence se fait sentir après leur extirpation ou leur destruction par la maladie...» On a montré plus tard que non seulement les glandes, mais aussi toutes les cellules pouvaient avoir une sécrétion interne, depuis les tissus embryonnaires jusqu'aux tissus adultes; mais, dès Brown-Séquard, l'endocrinologie était née.

Très rapidement brossées, voilà quelques-unes de ces découvertes essentielles de la biologie, qui ont conditionné tous les progrès que nous connaissons. Jean Rostand a insisté sur la diversité extraordinaire des hommes qui ont construit la science de la vie. Concluons avec lui: «Tous, si dissemblables qu'ils soient, furent habités d'une même passion, travaillés d'un même souci; tous, ils furent tendus vers cette joie de connaître, dont la poursuite est l'honneur de l'esprit humain.»

RICHARD MOREAU

4e PARTIE

LA RÉVOLUTION DU SEXE ET LE DÉVELOPPEMENT

La méiose

La reproduction sexuée permet la transmission et le brassage de l'information génétique. Le patrimoine héréditaire d'un individu est représenté en deux exemplaires (2N chromosomes), l'un apporté par son père, l'autre par sa mère. Les deux lots ne sont pas identiques, par exemple pour la couleur des yeux (voir schéma ci-dessous). Un lot peut contenir le caractère «yeux bleus», l'autre le caractère «yeux bruns». Le caractère brun dominant le bleu, l'individu aura donc des yeux bruns. Mais il pourra transmettre à sa descendance les caractères brun ou bleu.

Cette transmission de l'un ou de l'autre caractère résulte d'un long processus qui se déroule dans les glandes sexuelles, les gonades (ovaires et testicules). Les cellules germinales, les spermatozoïdes masculins et les ovules féminins, vont y subir une réduction du nombre de leurs chromosomes qui sera divisé par deux: c'est ce processus qu'on appelle la méiose. Les cellules issues de cette réduction ne posséderont qu'un lot de chromosomes homologues. Pour reprendre notre exemple de la couleur des yeux, la moitié des cellules ne portera que le caractère bleu et l'autre moitié que le caractère brun. Lors de la fécondation, spermatozoïdes et ovules se rencontreront, ce qui donnera un nouvel individu possédant son jeu normal de chromosomes (2N chromosomes).

La préparation de la méiose est caractérisée par une synthèse d'ADN (la replication). A ce stade, chaque chromosome devient constitué de lui-même et de sa copie nouvellement synthétisée. On dit que ce chromosome est formé de deux chromatides.

La méiose comprend deux divisions successives, chacune constituée de plusieurs phases, comme dans la mitose: la prophase, la métaphase, l'anaphase et la télophase (voir encadré p. ci-contre).
La méiose permet la formation de quatre cellules à N chromosomes à partir d'une seule cellule à 2N chromosomes: elle assure une réduction de moitié du nombre des chromosomes. On appelle ce mécanisme la réduction chromatique.

D'autre part, la méiose aboutit à créer de nouvelles associations de caractères génétiques au sein des chromosomes. Deux mécanismes concourent à cela:

— au pachytène (troisième partie de la première prophase), les chiasmas (entrecroisements de chromatides) montrent qu'il y a eu des échanges de morceaux de chromatides entre chromosomes homologues. Ce mécanisme, qui assure un brassage à l'intérieur même des chromosomes, est appelé brassage intrachromosomique.

— lors de la séparation des chromosomes homologues, pendant l'anaphase de la première division de méiose, leur répartition d'un côté ou d'un autre se fait au hasard, chaque cellule se divisant aura une composition en chromosomes homologues différente d'une autre cellule en méiose. Ce mécanisme est un brassage interchromosomique.

C'est donc grâce à la méiose, division spécifique de la reproduction sexuée, que le nombre de chromosomes ne se multiplie pas par deux d'une génération à l'autre, ce qui aurait lieu si les cellules sexuelles, ovules et spermatozoïdes, naissaient d'une mitose ordinaire. C'est aussi grâce à elle que l'enfant reçoit certains caractères héréditaires de son père et d'autres de sa mère, ce qui permet une infinie variété des individus d'une même espèce, et par là même favorise l'évolution des animaux et des végétaux.

RAPHAËL FRANQUINET

Chromosomes et sexe

Les chromosomes, situés dans le noyau des cellules, assurent la transmission du message héréditaire. Ils apparaissent dans chacune des cellules de l'organisme chaque fois qu'elles se reproduisent. Toutes les cellules de l'organisme, à l'exception des cellules sexuelles, contiennent le même nombre de chromosomes que leurs cellules mères, puisque une cellule se reproduit en se divisant en deux parties identiques qui vont grandir séparément (voir le chapitre «La reproduction de la cellule», p. 76-77). Les cellules sexuelles reproductrices, spermatozoïdes chez l'homme et ovules chez la femme, ne contiennent que la moitié des chromosomes des cellules habituelles de l'organisme.

Lors de la fécondation, l'union du spermatozoïde et de l'ovule, qui contiennent chacun la moitié des chromosomes d'une cellule humaine, donne naissance à la première cellule de l'embryon, qui aura le nombre normal et complet de 46 chromosomes. Chacune des cellules humaines non reproductrices possède 46 chromosomes, dont 44 sont appelés autosomes, les deux derniers, chromosomes X ou Y, déterminent le sexe. Les cellules non reproductrices de la femme renferment 44 autosomes et 2 chromosomes X, alors que celles de l'homme contiennent 44 autosomes, 1 chromosome X et 1 chromosome Y. Si les ovules contiennent tous 22 autosomes et 1 chromosomes X, il existe par contre deux catégories de spermatozoïdes, puisque les uns renferment 22 autosomes et 1 chromosome X, comme les ovules, et les autres 22 autosomes et 1 chromosome Y.

La fécondation d'un ovule par un spermatozoïde à chromosome X donne une cellule féminine, qui contient 44 autosomes et 2 chromosomes X, et détermine donc la naissance d'une fille; s'il s'agit au contraire d'un spermatozoïde à chromosome Y, on obtient une cellule mâle, renfermant 44 autosomes, 1 chromosome X et 1 chromosome Y, et dans ce cas c'est un garçon qui naîtra.

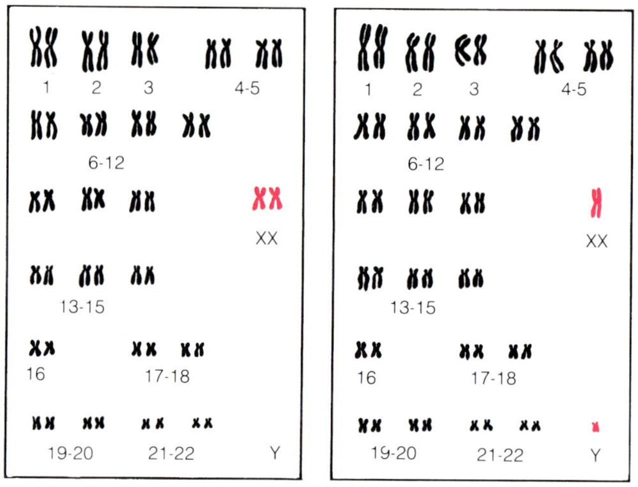

On appelle caryotype l'arrangement des chromosomes d'une cellule. Son étude précise le sexe et permet de dépister les aberrations chromosomiques. On l'obtient par photomicrographie; les chromosomes sont rangés par paires, suivant une numérotation conventionnelle. Ci-dessus, deux caryotypes normaux: féminin, à gauche, et masculin, à droite.

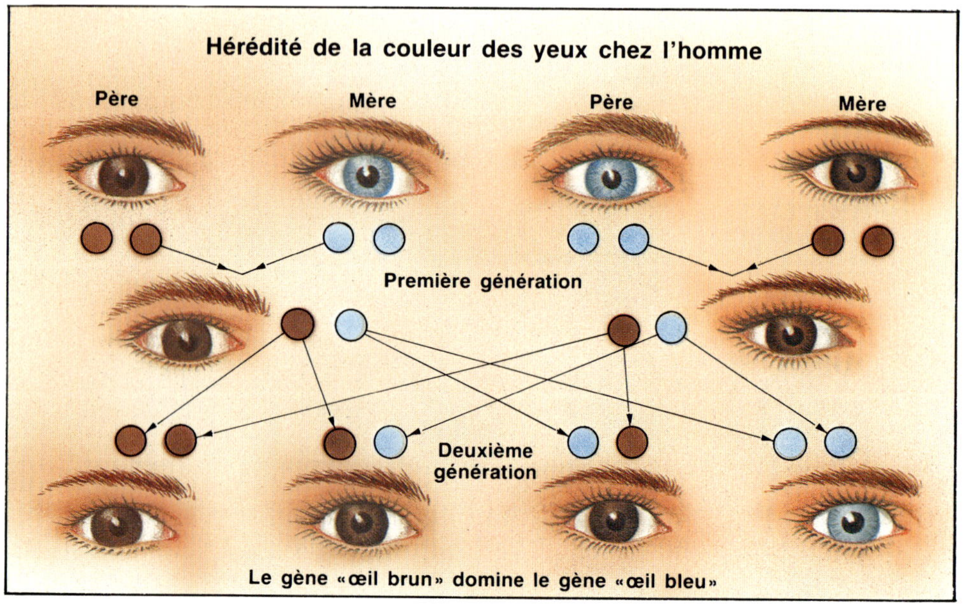

Télophase II d'un grain de pollen: au dernier stade de la méiose se forment 4 cellules filles.

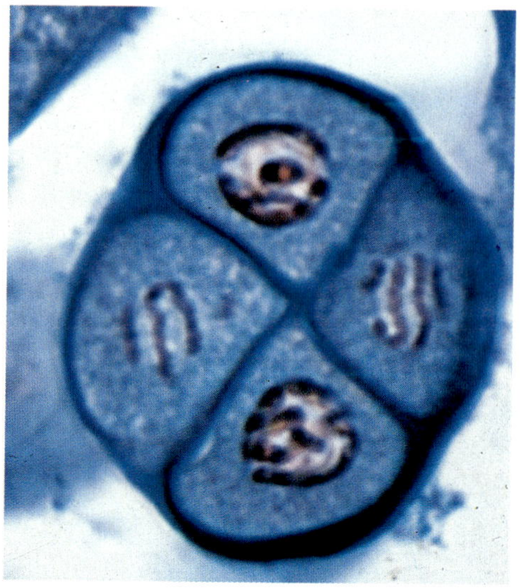

LE DÉROULEMENT DE LA MÉIOSE

La méiose se déroule en deux phases successives, dont chacune se compose de quatre étapes.

LA PREMIÈRE DIVISION DE LA MÉIOSE

Prophase I.

C'est l'étape la plus longue et la plus complexe. Elle se divise en cinq parties:

Leptotène. Les chromosomes sont constitués de nucléofilaments composés d'ADN et de protéines, qui apparaissent comme de fins filaments diffus. Les nucléofilaments s'enroulent en spirale: ce mécanisme a pour effet de faire apparaître les chromosomes plus courts et plus épais. Les deux chromatides d'un chromosome sont attachées ensemble au niveau d'une structure particulière, le centromère.

Zygotène. Au cours de cette étape, les deux chromosomes homologues se rejoignent et s'accolent: on dit qu'ils s'apparient. Cet accolement est extrêmement précis: il se fait au niveau moléculaire, point par point exactement, comme l'on pourrait appliquer deux photographies issues d'un même négatif. Dans le noyau, à la fin de ce stade, il y a N paires de chromosomes, chacune constituée de 4 chromatides. Les chromosomes homologues appariés point par point sont appelés bivalents. Les chromosomes poursuivent leur spiralisation et deviennent encore plus épais et plus courts.

Pachytène. Les chromosomes appariés continuent de se condenser, l'appariement est à son point culminant. Cet accolement extrêmement précis permet des échanges de morceaux de chromatides équivalents entre chromosomes homologues (ces échanges ne peuvent pas être vus à ce stade).

Diplotène. Cette étape est caractérisée par les forces de répulsion qui apparaissent et qui tendent à séparer les chromosomes homologues qui s'étaient appariés précédemment. Cette séparation n'est pas totale, les chromosomes restent attachés aux endroits où ont eu lieu les échanges de chromatides: cela se passe comme pour une ficelle à plusieurs brins entortillés dont on veut prélever l'un des brins. Les endroits où ces chromatides sont entremêlées s'appellent les chiasmas. Une seconde caractéristique de cette étape est la possibilité pour certains gènes d'être transcrits. En effet, le chromosome qui est en train de se condenser en se spiralisant se comporte comme un ressort dont on déroulerait latéralement quelques-unes des spires. Les chromosomes prennent un aspect en écouvillon. Cet ADN (acide désoxyribonucléique) non condensé peut être transcrit (voir p. 48-49).

Diacinèse. Les chromosomes sont de plus en plus écartés, les chiasmas glissent vers les extrémités des chromosomes. Ceux-ci sont à leur maximum de condensation; les boucles non spiralisées du stade précédent n'existent plus.

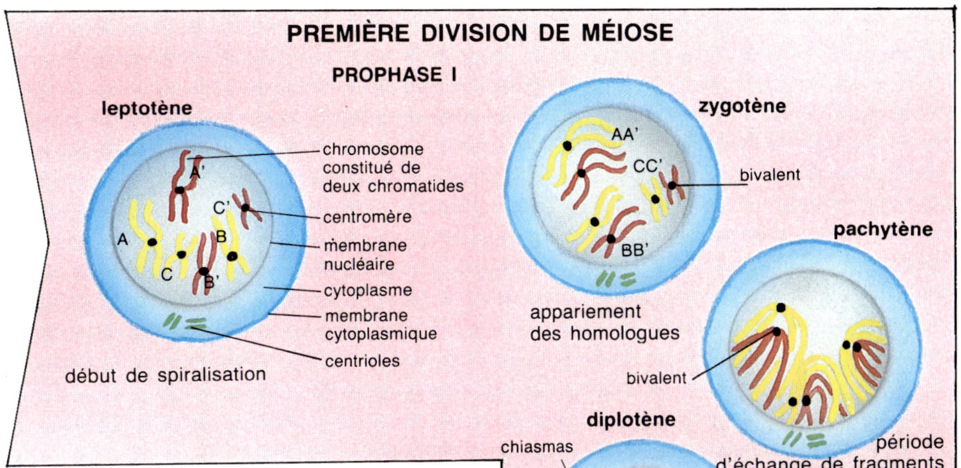

Métaphase I

Comme dans une mitose normale, les nucléoles ainsi que l'enveloppe nucléaire disparaissent, le fuseau de division, constitué de centrioles et de microtubules, se forme (voir p. 77). Les chromosomes homologues d'un bivalent se placent de part et d'autre du plan équatorial.

Anaphase I

Les chromosomes situés d'un côté du plan équatorial migrent vers l'un des pôles; les chromosomes situés de l'autre côté migrent vers l'autre pôle cellulaire. C'est au cours de cette étape que les chromosomes, liés par le chiasma, se séparent totalement.

Télophase I

Lorsque les deux lots de N chromosomes se retrouvent chacun à l'un des pôles cellulaires, ils s'entourent d'une enveloppe nucléaire, les fuseaux se désorganisent, les deux cellules se séparent.

Cette première division de la méiose est dite réductionnelle, puisqu'elle aboutit à la séparation des chromosomes homologues en deux lots de N chromosomes.

LA DEUXIÈME DIVISION DE LA MÉIOSE

Une seconde division va suivre celle que nous venons de voir. C'est une mitose normale, à ceci près que dans chaque cellule il n'y a plus qu'un homologue de chaque paire de chromosomes, chaque homologue étant constitué de deux chromatides.

Prophase II

C'est la première étape; elle est courte, puisque les chromosomes sont déjà spiralés.

Métaphase II

La membrane nucléaire disparaît, le fuseau de division se forme, les chromosomes se placent sur la plaque équatoriale avec leurs centromères.

Anaphase II

Les centromères se divisent en deux, et chacun d'eux se dirige vers l'un des pôles cellulaires avec l'une des chromatides.

Télophase II

Lorsque les lots de chromatides, devenus chromosomes, se retrouvent aux pôles cellulaires, le fuseau de division disparaît, une enveloppe nucléaire se forme, les chromosomes se décondensent: chaque cellule est alors divisée en deux cellules dotées de chromosomes identiques.

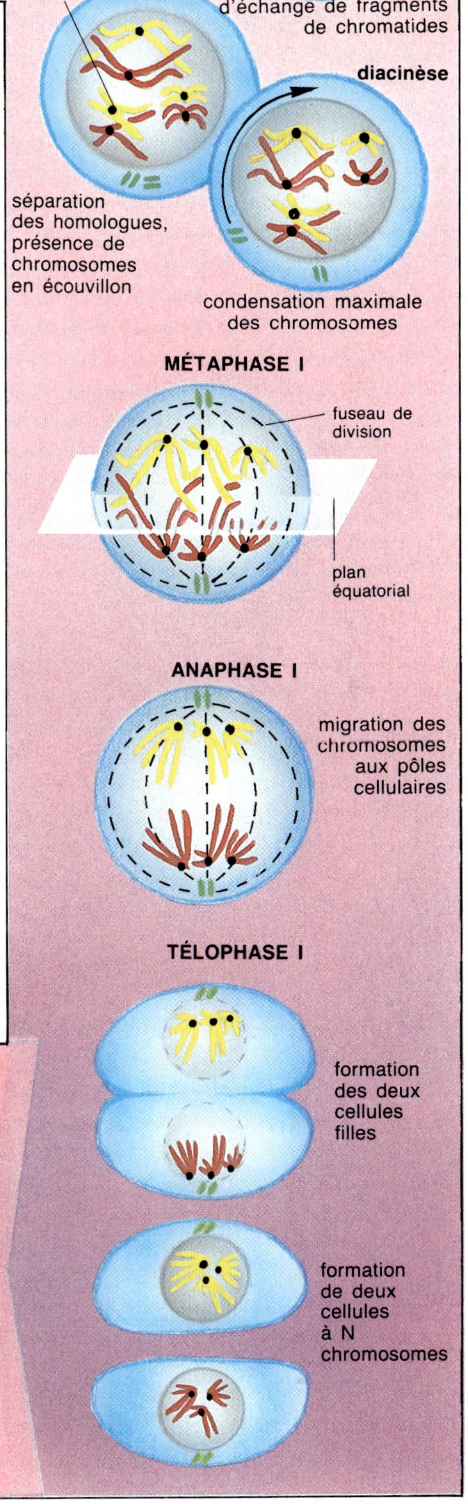

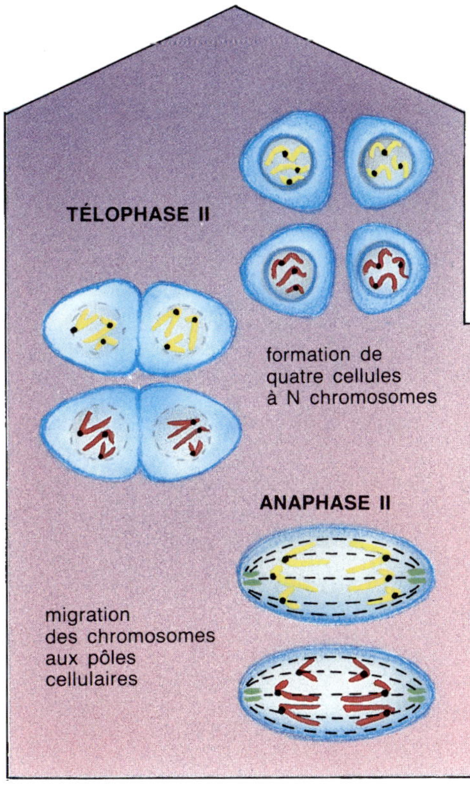

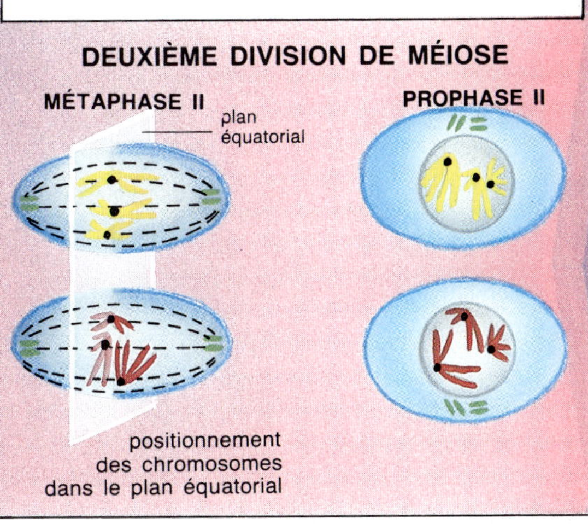

CHAPITRE 11

De la reproduction à la sexualité

Les végétaux : de l'eau à l'air

Il y a plus d'un milliard d'années, les premières algues vertes étaient déjà capables de se reproduire en se divisant. Mais la véritable reproduction s'effectue par un mélange des caractères héréditaires de chacun des parents.

La reproduction est le processus par lequel un seul individu donne naissance à un, deux, voire même plusieurs individus strictement identiques à lui-même (voir le chapitre « La reproduction de la cellule »). La sexualité, elle, aboutit à la création d'un être différent, issu de deux individus de sexes différents. Phénomène général et obligatoire chez la plupart des êtres vivants, elle a permis l'apparition des formes de vie les plus organisées, et elle assure la permanence de nombreuses espèces par succession de générations, qu'il s'agisse de végétaux, d'invertébrés ou de mammifères.

Il y a plus d'un milliard d'années, certaines algues vertes unicellulaires primitives étaient capables, en se divisant, de produire des cellules contenant moitié moins de chromosomes que la cellule d'origine. Certaines souches, de type mâle, produisirent des cellules de petite taille capable de nager grâce aux battements d'un flagelle, les spermatozoïdes, ou gamètes mâles. D'autres souches, de type femelle, produisirent, elles, des cellules de plus grosse taille et immobiles : les gamètes femelles. L'union et la fusion de ces cellules sexuelles primitives constituèrent ce qu'il faut bien appeler les premiers œufs, réunissant dans une même cellule la moitié des chromosomes de chacun des parents.

UNE FÉCONDATION EXTERNE

Aujourd'hui, chez les algues, le même mécanisme continue avec des variations selon les espèces. Les individus, haploïdes (dont les chromosomes ne sont pas homologues deux à deux) ou diploïdes (qui ont deux lots de chromosomes homologues), forment des gamètes qui se rencontrent généralement dans le milieu ambiant, l'eau. Les individus sont parfois hermaphrodites, c'est-à-dire fabriquent à eux seuls les deux types de gamètes. Chez d'autres espèces, les sexes sont séparés, mais les individus sont identiques, et les gamètes émis tous semblables. Les deux types d'individus ne se distinguent souvent que parce que la fécondation ne peut avoir lieu qu'entre certains couples de gamètes.

Les gamètes peuvent être de formes identiques, ciliés, flagellés, mobiles, ou bien immobiles et mus par des courants. Dans d'autres cas, les gamètes femelles sont immobiles et les gamètes mâles viennent à leur rencontre, comme chez les espèces animales. La méiose (voir pages précédentes) a lieu immédiatement après la fécondation, l'œuf fécondé se divisant aussitôt en cellules possédant deux fois moins de chromosomes, qui donnent ensuite naissance à des individus possédant le même nombre de chromosomes que les gamètes. Chez d'autres algues, comme le fucus vésiculeux (le goémon des plages), la méiose ne s'effectue que dans des organes spécialisés producteurs de gamètes de type mâle ou femelle, le fucus étant une espèce à sexes séparés.

Les champignons supérieurs constituent un exemple particulier. Chez eux, la rencontre de deux filaments provoque une pseudo-fécondation, les cellules haploïdes fusionnant en un œuf dont les deux noyaux restent indépendants. Cet œuf diploïde (contenant « n et n » chromosomes plutôt que « 2 n ») se divise en multipliant sa structure et forme un individu diploïde dont toutes les cellules ont aussi « n et n » chromosomes. Certaines cellules, après fusion des deux noyaux qu'elles contiennent, subissent une méiose et forment des spores haploïdes. Ces spores, en germant, produisent de nouveaux filaments.

LE RÔLE DE LA PLUIE ET DE LA ROSÉE

Si les algues ont adopté une fécondation dite externe, puisque les gamètes se rencontrent dans l'eau, des végétaux plus évolués, comme les mousses ou les fougères, ont adopté, eux,

Le transport du pollen d'une fleur à une autre est indispensable à leur fécondation. Les insectes effectuent fréquemment ce transport, comme l'abeille que l'on voit ici butinant une fleur de sauge.

Algue brune très commune fixée aux rochers, le fucus vésiculeux est parsemé de renflements remplis de gaz, les flotteurs. D'autres renflements, reproducteurs, sont visibles aux extrémités de l'algue.

une fécondation qui a lieu dans les organes reproducteurs des individus femelles.

Les individus mâles ou femelles des mousses, haploïdes, produisent donc deux types de gamètes stockés dans deux types d'organes: les anthéridies (mâles), pour les spermatozoïdes, et les archégones (femelles), en forme de bouteille, contenant un gamète femelle chacun. Quand les anthéridies s'ouvrent et libèrent les spermatozoïdes, c'est en nageant dans les gouttes de pluie ou de rosée qui mouillent les feuilles que ces derniers rejoignent le col de l'archégone et y pénètrent pour féconder le gamète femelle. Un œuf diploïde est ainsi formé, qui se développera dans l'archégone, le déchirant en grandissant. Après division de cet œuf initial, l'embryon qui en est issu subit une méiose dans certaines de ces cellules, donnant des spores. Ce sont ces spores qui, tombant sur le sol, germent et donnent naissance à de nouveaux individus haploïdes mâles ou femelles. Les mousses constituent donc un exemple d'êtres aériens dépendants du milieu aquatique pour leur fécondation.

Il en est de même pour les fougères, même si leur fécondation a lieu dans les organes femelles d'individus hermaphrodites. Les pieds de fougères, diploïdes, produisent après méiose des spores haploïdes regroupées en petits sacs, visibles sous les feuilles de fougères. Ces spores, en germant sur le sol, forment de petites plantes hermaphrodites de moins de 5 cm, porteuses à la fois d'anthéridies (fabriquant des gamètes mâles) et d'archégones (contenant les gamètes femelles). C'est encore grâce à la pluie ou à la rosée que les spermatozoïdes vont féconder les gamètes femelles, formant un œuf diploïde qui se développe sur la petite plante et qui devient à son tour un pied de fougère porteur de spores.

DE LA FLEUR À LA GRAINE

Chez les végétaux les plus évolués, les plantes à fleurs, la sexualité est un phénomène compliqué. Ces plantes, diploïdes, portent des fleurs, qui sont leurs organes sexuels. Ceux-ci sont constitués d'étamines (mâles) et d'un ovaire (femelle). Certaines fleurs, ne portant que des étamines, sont dites fleurs mâles. D'autres, ne portant que des ovaires, sont dites fleurs femelles. De nombreuses fleurs, encore, sont hermaphrodites: elles portent à la fois des étamines et un ovaire.

Les ovaires, organes sexuels femelles, contiennent des «ovules», ensemble de cellules qui donnera la graine après fécondation. Cette dénomination d'ovule est très malencontreuse, car il ne s'agit pas d'une seule cellule sexuelle, comme l'ovule des animaux. A l'intérieur de chaque «ovule» végétal s'effectue une méiose particulière, qui donne naissance à un ensemble de cellules contenant toutes des noyaux à n chromosomes, mais ne jouant pas le même rôle. Il s'agit du gamète femelle, d'une cellule contenant deux noyaux, et de cinq autres cellules jouant des rôles subalternes.

De leur côté, les organes sexuels mâles, les étamines, produisent, après une méiose suivie d'une autre division, des grains de pollen. Ceux-ci contiennent deux noyaux différents mais porteurs chacune de n chromosomes. Le grain de pollen, libéré dans l'atmosphère par les étamines, est conduit par le hasard, le vent, les eaux, les insectes ou d'autres animaux jusqu'aux organes femelles de la fleur. Au contact de l'organe femelle, le grain de pollen germe et forme un tube où progressent deux spermatozoïdes issus d'un de ses noyaux cellulaires. La fécondation a lieu d'une façon particulière: un spermatozoïde (n) fusionnant avec le gamète femelle (n) donne naissance à un œuf contenant 2 n chromosomes. L'autre spermatozoïde (n) entrant en contact avec la cellule femelle contenant deux noyaux (n + n) donne naissance à un second «œuf» contenant 3 n chromosomes. L'ensemble de ces deux œufs et d'autres tissus de la plante mère est appelé graine. A la germination de cette graine, c'est l'embryon diploïde qui formera la future plante, le second embryon et les autres tissus ne servant que de réserves nutritives au premier.

LE TRANSPORT DU POLLEN

Les plantes n'étant généralement pas mobiles, le vent et le hasard amènent souvent la rencontre du pollen et des organes femelles. Le pollen doit alors être produit en quantités considérables. Chez les fleurs hermaphrodites, l'autofécondation, c'est-à-dire la fécondation d'une fleur par son propre pollen, est souvent impossible, le pollen ne pouvant féconder l'ovule, ou l'œuf produit avortant. Dans la plupart des cas, le pollen est transporté de plante à plante, imposant ainsi des recombinaisons génétiques et permettant, à chaque génération, de nouvelles possibilités d'adaptation.

Le transport du pollen est très souvent effectué par un animal, généralement un insecte, parfois un oiseau, un escargot, une chauve-souris, voire un homme. L'association fleur-insecte pollinisateur donne lieu le plus souvent à bénéfices réciproques, l'insecte tirant sa nourriture des fleurs. Certaines orchidées semblent déployer une véritable stratégie pour attirer les insectes, leur forme rappelant celle de l'abdomen de l'insecte femelle. Le mâle tente de s'y accoupler et féconde ainsi la fleur avec le pollen d'une autre. Une espèce d'orchidée va même jusqu'à fabriquer une substance chimique odorante semblable à celle émise par l'insecte femelle pour attirer le mâle.

Outre l'animal, la sexualité des plantes, saisonnière, dépend aussi du milieu physique (température, lumière, humidité) et biologique. Des mécanismes de coordination et de maturation interviennent aussi. Enfin, il faut souligner que si les plantes à fleurs abandonnent le milieu aquatique nécessaire à d'autres végétaux et réalisent une fécondation aérienne, elles restent dépendantes, et parfois totalement, du comportement de l'animal pollinisateur.

Mâles et femelles

Deux types d'organes sexuels étant nécessaires pour fabriquer les gamètes mâles et femelles, les espèces animales et végétales peuvent les posséder soit sur un seul, soit sur deux sortes d'individus. Les êtres hermaphrodites portent à la fois les deux sexes, mais la plupart des animaux et un certain nombre de végétaux sont «à sexes séparés»: ils comprennent des individus mâles et femelles. Chez certaines espèces, l'aspect des individus mâles et femelles est, toute leur vie, quasiment identique. Chez beaucoup d'oiseaux, par exemple, seule une dissection permet de distinguer le sexe d'un individu. Chez d'autres espèces, par contre, mâles et femelles ont des différences de forme, de taille ou de couleur telles qu'il est difficile d'imaginer entre eux la moindre parenté: c'est le cas notamment de la bonellie, ver marin dont le mâle nain (1 à 2 mm) vit en parasite sur la femelle, pourvue d'une longue trompe. Très souvent, les individus diffèrent donc par des organes autres que les glandes sexuelles, par exemple le plumage ou la forme, qui constituent alors des caractères sexuels secondaires. Ce dimorphisme peut aller plus loin, jusque dans le comportement, où chants, odeurs, attitudes concernent exclusivement l'un ou l'autre des sexes.

***Exemple de dimorphisme** dans ce couple de mollys à nageoire-voile: le mâle, plus gros, a une nageoire dorsale hypertrophiée, la femelle, plus petite, en a une normale.*

Les amours des invertébrés

Chez les invertébrés, la nature montre une extraordinaire foison d'exemples qui révèlent l'étonnante diversité des stratégies par lesquelles mâles et femelles se reproduisent en favorisant, à chaque fois, la recombinaison de leur patrimoine génétique.

Les invertébrés constituent toute une gamme d'exemples, depuis la fécondation externe, où les gamètes se rencontrent dans le milieu ambiant, jusqu'à la fécondation interne, qui a lieu à l'intérieur du corps de la femelle, quelle que soit la manière dont le sperme y a été introduit.

UNE FÉCONDATION ALÉATOIRE

La fécondation externe avec rencontre au hasard des gamètes mâles et femelles n'est possible que si le milieu est aquatique et si les individus vivent rassemblés. Mais elle est très aléatoire: la durée de vie des gamètes étant très courte et leur production n'étant pas permanente, des mécanismes de synchronisation de lâcher des gamètes par le mâle et la femelle, et d'orientation de ces gamètes les uns vers les autres sont nécessaires. Ceci existe chez les oursins, par exemple, où la diffusion des ovules dans l'eau de mer s'accompagne de la libération d'une substance qui agit sur les individus mâles, provoquant le lâcher des spermatozoïdes. Ces derniers sont à leur tour attirés chimiquement par les ovules qu'ils fécondent. Ainsi, malgré une apparente indifférence entre les individus ayant recours à ce type de fécondation, il existe une communication, chimique, entre les gamètes.

Parmi les animaux très dispersés et très mobiles, comme de nombreuses espèces d'invertébrés marins, la mise en présence des gamètes n'est rendue possible que par les rencontres massives et périodiques des individus des deux sexes d'une espèce, lâchant leurs gamètes. Parfois encore, comme dans le cas de certains invertébrés vivant sous forme de polypes, ce sont les gonades elles-mêmes qui se déplacent sous forme de méduses avant d'émettre leurs gamètes.

TRANSFERTS DIRECTS ET INDIRECTS

Chez la quasi-totalité des espèces aériennes, le principe de la fécondation interne a été adopté. Le mécanisme fondamental d'introduction du sperme à l'intérieur du corps de la femelle est désormais acquis, assurant une protection au gamète femelle qui ne quitte plus son milieu d'origine pour être fécondé. Seules changent les conditions de transfert du sperme du mâle à la femelle, les arthropodes (insectes, crustacés, araignées, scorpions) collectionnant, dans ce domaine, les exemples les plus sophistiqués ou les plus saugrenus.

Un premier exemple de transfert indirect du sperme est ce que l'on pourrait appeler la fécondation «au hasard» des femelles par du sperme «abandonné» par les mâles. Le polyxène, mille-pattes vivant sous les écorces de platane, illustre bien ce type de transfert. Le mâle, après avoir construit une petite toile de quelques fils odorants, dépose en son milieu deux gouttelettes de sperme. La femelle, attirée par l'odeur, parvient au sperme qu'elle ramasse et introduit dans son appareil sexuel. Ainsi, une fécondation interne est réalisée sans que les partenaires se soient rencontrés.

Un autre type de transfert de sperme est réalisé par le *Machilis*, un petit insecte vermiforme sans ailes, mais cette fois-ci avec rencontre entre les partenaires. Lorsque le mâle et la femelle se rencontrent, ils s'immobilisent flanc à flanc, tête-bêche, se tenant par leurs pattes antérieures. Le mâle dépose alors à terre l'extrémité de son abdomen et forme un fil de soie qu'il attache au sol, par exemple à un gravier. Il redresse ensuite son abdomen verticalement et émet alors, au sommet du fil, quelques gouttes de sperme qui coulent lentement, tandis que la femelle se met à balayer le fil avec son propre abdomen. Elle recueille ainsi le sperme, et s'en trouve fécondée.

Si certains insectes n'ont pas d'accouplement pour introduire le sperme chez la femelle et la féconder, la majorité y a recours, tel ce couple de libellules.

LE SPERMATOPHORE

Le spermatophore est un type de transfert de sperme très répandu chez les arthropodes. Il s'agit d'une capsule cornée, fabriquée par le mâle, où celui-ci émet son sperme, et qu'il abandonne ensuite. Cela est commun chez les collemboles, petits insectes sauteurs dépourvus d'ailes qui vivent au milieu des feuilles mortes ou dans les sols. Les mâles de certaines espèces, beaucoup plus petits que les femelles, déposent sur le sol les spermatophores contenant le sperme. Attirant ensuite l'attention des femelles sur ces spermatophores, ils les bousculent ou les soulèvent, allant parfois jusqu'à les transporter, malgré leur poids. Enfin, les femelles passent sur les spermatophores et, grâce à une anatomie bien conçue, récupèrent le sperme et se fécondent au passage.

D'autres arthropodes que les insectes réalisent ce type de fécondation: par exemple les pseudoscorpions, sortes de petits arachnides sans queue, ne mesurant que quelques millimètres de long, vivant dans les parquets. Le mâle, après avoir posé son spermatophore au sol, et une fois le consentement de la femelle acquis, l'accroupit dessus. L'extrémité supérieure du spermatophore coïncidant exactement avec la forme des organes génitaux, la femelle est fécondée.

Enfin, toujours chez les arachnides, citons le solifuge, qui vit dans les déserts et qui est beaucoup plus brutal. En effet, le mâle immobilise d'abord la femelle en la frappant contre le sol et, après avoir posé à terre son spermatophore, le récupère avec ses deux grosses pièces buccales pointues et crochues, et l'introduit dans le corps de la femelle.

LE TRANSFERT PAR LE MÂLE

D'autres cas de transfert indirect de sperme existent dans la nature. Mais, cette fois-ci, c'est le mâle lui-même qui introduit le sperme dans l'appareil génital de la femelle, sans l'intermédiaire d'un spermatophore.

Le glomeris, sorte de mille-pattes des forêts, saisit la femelle au moyen de ses deux pattes spéciales situées à l'extrémité de son abdomen, et formant une sorte de pince. Avec ses pattes de devant, il fabrique une boulette de terre qu'il fait cheminer, de patte en patte, jusqu'à ses deux pénis qui arroseront la boulette de sperme. Enfin, toujours de patte en patte, la boulette sera acheminée jusqu'aux deux vulves de la femelle, à l'intérieur desquelles sera introduit le mélange de sperme et de terre. Si le cas du glomeris mérite d'être cité, il n'en reste pas moins une exception dans les modalités de transfert du sperme.

Quelques animaux aquatiques réalisent couramment des cas d'introduction de sperme par le mâle, sans artifice tel que la terre. Chez les crabes, par exemple, le sperme, émis par un orifice situé à la base d'une des pattes, est recueilli dans une autre patte transformée en gouttière. Un troisième appendice, transformé en balayette, fait progresser les paquets de spermatozoïdes dans la gouttière, vers les orifices génitaux de la femelle avec laquelle le mâle s'est préalablement accouplé. Chez les mollusques tels que la seiche, le mâle introduit, grâce à un bras spécialisé, les paquets de spermatozoïdes sous le manteau de la femelle. Chez les araignées mâles, de petites pattes, situées sur la tête, servent de réservoir et introduisent le sperme dans le corps de la femelle.

UNE INSÉMINATION TRAUMATIQUE

Enfin, après ces derniers exemples qui constituent véritablement une préfiguration du pénis, il est intéressant de citer le cas de certaines punaises pratiquant une extraordinaire «insémination traumatique». Ces insectes possèdent un pénis qui est en réalité un dard parfois appelé canon à sperme, qu'ils ne font pas pénétrer dans l'organe génital femelle correspondant. Chez ces espèces, les mâles ne sont d'ailleurs pas toujours capables de distinguer les femelles (qui ne constituent parfois que 30 p. 100 de la population). Ils injectent leur sperme dans le dos de leur partenaire, qu'il s'agisse de mâles ou de femelles, et ensuite les spermatozoïdes vont n'importe où: dans les tubes respiratoires, dans divers organes, voire même dans les ganglions du «cerveau». C'est le sang qui transportera des spermatozoïdes jusqu'aux éventuels organes femelles, où la fécondation a lieu. Si, ce qui arrive souvent, l'inséminé n'était pas une femelle, c'est encore par le sang que les spermatozoïdes sont transportés jusqu'aux réserves de sperme du mâle, auxquelles ils viennent s'ajouter.

COPULATION ET FÉCONDATION

La copulation, mécanisme général chez beaucoup d'insectes et les vertébrés supérieurs, consiste en un transfert direct du sperme, de l'organe génital mâle à l'organe génital femelle. Chez les insectes, le pénis et le vagin, de formes assez sophistiquées, s'adaptent étroitement l'un à l'autre. La copulation peut être extrêmement brève, comme chez certaines mouches, ou durer plus d'une journée, comme chez certains papillons qui s'accouplent souvent une seule fois dans toute leur existence. Chez de nombreux insectes, la femelle, beaucoup plus grosse que le mâle, poursuit ses activités pendant l'accouplement, se promenant, mangeant, voire même, cas bien connu pour les mantes religieuses, dévorant son mâle.

On citera enfin les espèces hermaphrodites, même si elles sont relativement rares dans le monde animal. Les copulations et les fécondations sont souvent réciproques, un individu fécondant son partenaire est fécondé par lui au cours de la copulation, comme chez les escargots, qui sont le cas le plus connu. L'autofécondation, c'est-à-dire la fécondation d'un individu par lui-même, est un phénomène exceptionnel chez les animaux, et est surtout pratiquée par des parasites vivant isolés, comme le ténia ou ver solitaire. Chez eux, la rencontre d'un partenaire sexuel est problématique ou même impossible.

Évitant en général l'autofécondation, le monde animal favorise la recombinaison génétique à chaque génération.

Les bactéries se distinguent

Les bactéries, cas particulier spécialement intéressant, sont capables, soit au cours d'accouplements entre elles, soit par l'intermédiaire d'un virus, ou soit encore directement, d'incorporer des fragments d'ADN dans leur chromosome unique. Des recombinaisons génétiques sont ainsi réalisées par une sexualité «partielle». Nul ne peut dire s'il s'agit d'un balbutiement de l'évolution au cours de l'invention de la sexualité, d'une dégénérescence de celle-ci ou d'un phénomène exceptionnel indépendant. Toujours est-il que, si ce phénomène mérite à peine le nom de sexualité, il en possède déjà les principales caractéristiques. Il permet certaines adaptations aux variations du milieu, en particulier par l'acquisition de résistances multiples aux antibiotiques.

Chez les bactéries, *il existe aussi une sexualité, la «conjugaison», qui permet l'échange de matériel génétique.*

Les crabes offrent la particularité de ne pas émettre leur sperme par un pénis, mais par un orifice situé à la base d'une de leurs pattes. Il y a néanmoins accouplement, comme chez ces crabes enragés.

Chez ces mantes religieuses, dont le mâle finira peut-être dévoré après accouplement, la femelle est plus grosse et plus foncée.

La sexualité des vertébrés

Chez les vertébrés, l'accouplement devient la règle pour la perpétuation de l'espèce. Mais on voit encore des méthodes pour le moins étranges régler cet accord sexuel.
Chez les mammifères, seule la femme est fertilisable en permanence.

Chez les vertébrés aquatiques (poissons, amphibiens), la fécondation est souvent externe. Les femelles pondent leurs gamètes, les ovules, dans l'eau, et les mâles libèrent leurs spermatozoïdes à proximité des ovules, les fécondant au hasard. Mais, chez la grande majorité des vertébrés, qu'il s'agisse de reptiles, d'oiseaux, de mammifères, voire même de certains poissons ou amphibiens, le mâle et la femelle s'accouplent, le mâle éjaculant son sperme dans le cloaque ou le vagin de la femelle. Le plus souvent, l'accouplement, ou coït, est réalisé grâce à la présence chez le mâle d'un organe érectile, le pénis.

DE QUELQUES PARTICULARITÉS ANATOMIQUES

Contrairement aux invertébrés, les reptiles et les mammifères présentent assez peu de particularités remarquables, en dehors de quelques curiosités tenant à l'anatomie ou au mode de vie de certaines espèces.

Les serpents partagent avec les mille-pattes le fait de posséder deux pénis, mais, contrairement à ces derniers, ils n'en utilisent qu'un seul à la fois.

Beaucoup de mammifères mâles possèdent un os pénien, contribuant à la rigidité du pénis, en particulier chez les carnivores. Chez le chien, par exemple, cet os est relativement important. Chez le raton laveur aussi, il est grand et a une curieuse forme en S. Chez les pinnipèdes (phoques, otaries, éléphants de mer, morses), l'os pénien est énorme et, dans le cas du morse, mesure 50 cm de long. On serait tenté d'y voir une adaptation à la copulation aquatique, qui pose des problèmes de pression hydrostatique lors de l'érection. Toutefois, il faut reconnaître que ces animaux s'accouplent souvent à terre et que les cétacés (baleines), qui, eux, s'accouplent dans l'eau, ne possèdent rien de semblable. Mais, fait à souligner, le pénis de ces derniers, qui atteint 3,70 m de long chez les plus grandes espèces, possède une adaptation remarquable: il se rétracte complètement en cercle dans une poche spéciale.

Les oiseaux, eux, ne possèdent pas même de véritable pénis constitué comme un organe spécialisé. Les chauves-souris et les primates ont un os pénien très réduit. Cet os est présent chez tous les singes supérieurs, mais il est si petit qu'il constitue sans doute un résidu bien inutile quant à la rigidité du pénis.

Enfin, l'homme est le seul primate anthropoïde qui ne possède pas d'os pénien bien qu'il soit muni, en dimension relative, du plus grand pénis connu chez les primates.

Quant à la femme, si l'on voulait à son tour la définir, on pourrait dire qu'elle est le seul anthropoïde femelle à connaître une ménopause!

Mais, avant de décrire cette ménopause et le cycle ovarien en général, il serait bien injuste de ne pas mentionner le cas de l'hippocampe, exception à la règle, où l'ordre habituel des sexes est inversé. La femelle possède un tube de ponte que l'on doit qualifier d'organe inséminateur puisqu'elle l'introduit dans une sorte de poche incubatrice située sur le ventre du mâle et lui injecte ses ovules. Le sperme, ruisselant dans cette poche, les féconde, et c'est le mâle qui porte les œufs et les jeunes et accouchera apparemment dans la douleur!

UN CYCLE COMPLEXE

La sexualité humaine n'est pas soumise à un rythme saisonnier. L'homme adulte produit des spermatozoïdes en permanence, tandis que la femme adulte «pond», chaque mois, un ovule mûr, susceptible d'être fécondé pendant deux ou trois jours seulement. La ponte d'un ovule est déterminée chaque mois par un cycle physiologique nerveux d'une région située à la base du cerveau. Il existe également un contrôle hormonal de l'hypophyse (glande située sous le cerveau) et des glandes sexuelles. Ce cycle physiologique permet, simultanément, l'émission dans les trompes ovariennes d'un ovule mûr, issu de l'ovaire, et la préparation de l'appareil génital à la gestation, c'est-à-dire à la réception et au port de l'embryon, si l'ovule a été fécondé.

L'utérus, en particulier, subit cette préparation, car c'est lui qui recevra le jeune embryon lors de la nidation, quand ce dernier s'implante dans la muqueuse utérine. Par contre, s'il n'y a pas eu fécondation, l'ovule est expulsé, ce qui est accompagné chez la femme d'une hémorragie durant quelques jours: c'est la menstruation. Cette hémorragie est le résultat de la destruction et de l'expulsion de tissus. La maturation d'un ovule est accompagnée, sous l'action d'hormones, d'une hypertrophie de la muqueuse utérine qui, s'il n'y a pas fécondation, reprend son aspect normal en éliminant les tissus supplémentaires. Un nouveau cycle recommence alors.

La ménopause. La ménopause, arrêt du cycle ovarien chez les femmes, est une caractéristique exclusive de l'espèce humaine. Pour tenter d'expliquer ce fait, on a proposé de la rapprocher de la durée d'éducation des jeunes. En effet, un groupe social, dans lequel une longue éducation est nécessaire, devrait avoir avantage à ce que les femmes trop âgées pour pouvoir assurer cette éducation ne se reproduisent plus. Il ne s'agit toutefois que d'une hypothèse invérifiable.

DES MÉCANISMES LIÉS AUX SAISONS

Chez la femme, l'ovulation semble être déclenchée par un mécanisme purement interne et indépendant des rapports sexuels. Il n'en est pas de même chez la plupart des mammifères. Pour beaucoup d'entre eux, l'ovulation détermine des périodes de «chaleurs» qui sont les seules périodes où la femelle accepte l'accouplement. Chez d'autres, c'est l'accouplement qui provoque l'ovulation de la femelle et la fécondation est immédiate, comme chez la lapine ou la chatte. A l'opposé, les chauves-souris s'accouplent et conservent le sperme très longtemps, jusqu'à leur ovulation.

Les oreillards s'accouplent en automne, mais le sperme, stocké chez la femelle, ne sera utilisé que plus tard, pour que les jeunes ne naissent qu'au printemps.

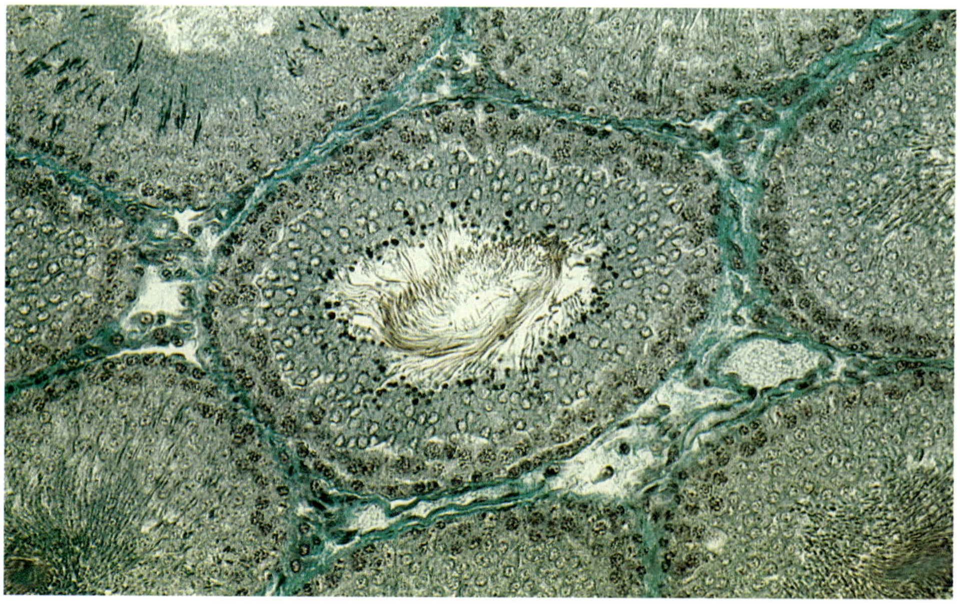

Coupe histologique dans un testicule de rat montrant, au centre, les spermatozoïdes mûrs et leur flagelle flottant librement dans le tube séminifère.

Pour bien des espèces des pays tempérés, où les saisons sont marquées, «chaleurs» et accouplements ne se produisent qu'une fois par an et à une période donnée, printemps, automne ou hiver, suivant les espèces.

Cette périodicité existe aussi chez les oiseaux, dont le cycle physiologique est annuel. La sexualité s'exprime au printemps par un changement complet du comportement individuel et social. En effet, les groupes formés en hiver se séparent en couples, les gonades fabriquent les gamètes, les individus s'accouplent et se préparent à la ponte des œufs et à l'élevage des jeunes. Des expériences effectuées chez le canard ont montré que la durée d'ensoleillement, agissant sur les centres nerveux et, par leur intermédiaire, sur les sécrétions hormonales, détermine la maturation des testicules. Ceux-ci, atrophiés le reste de l'année, peuvent atteindre un poids de 125 grammes à la saison des amours.

LA DÉTERMINATION DU SEXE

Après l'accouplement et ses modalités anatomiques, le cycle physiologique et les différents aspects qu'il peut revêtir, il ne faudrait pas clore ce chapitre concernant la sexualité des vertébrés sans parler de la détermination du sexe. En effet, chez beaucoup d'espèces, il existe une différence entre les chromosomes des individus mâles et femelles. Chez l'homme, par exemple, les individus de sexe féminin possèdent une paire de chromosomes de type X tandis que, pour la même paire, les individus de type masculin possèdent un chromosome de type X et un autre, beaucoup plus petit, de type Y. Chez d'autres espèces, ce sont les mâles qui possèdent deux chromosomes identiques, les femelles en ayant deux différents. Dans un troisième groupe d'espèces, enfin, les chromosomes du mâle sont semblables à ceux de la femelle.

Bien que le patrimoine génétique d'un individu soit souvent à l'origine des différences entre les sexes, de nombreux faits montrent qu'il n'est pas le seul responsable (ni même, souvent, le principal) de cette différenciation. En effet, même si le sexe d'un individu paraît totalement déterminé par une paire de chromosomes, qui provoquent chez le mâle la transformation de la gonade indifférenciée en testicule, il arrive que le «sexe apparent» d'un individu soit différent de son sexe génétique. Ceci s'explique par le fait que ce sexe apparent dépend de ses sécrétions hormonales, en qualité et en quantité, à certaines étapes déterminantes de son développement. Chez les mammifères supérieurs, le fœtus indifférencié, et d'aspect plutôt femelle, passe par une série de «périodes critiques» au cours de la grossesse et juste après la naissance, pendant lesquelles la concentration d'hormone mâle, la testostérone, va déterminer l'apparition de caractères mâles ou femelles. Cette sécrétion d'hormone mâle dépend, par l'intermédiaire de l'hypophyse, d'un système de régulation nerveuse qui, lui-même, est sexualisé par les hormones et, à l'origine, par les gènes causant la différenciation sexuelle.

On pense actuellement que l'état femelle correspond, chez la plupart des espèces, à l'évolution normale de l'embryon, et que c'est la perturbation de ce développement, par des mécanismes hormonaux, qui provoque l'apparition de mâles. Mais, pour de nombreuses espèces, les mécanismes de différenciation sexuelle sont fragiles, et les cas d'erreurs génétiques ou physiologiques sont fréquents. Chez l'homme, en particulier, les individus peuvent présenter des nombres anormaux de chromosomes sexuels, par excès ou par défaut, tandis que d'autres ont, sans doute par suite d'accidents hormonaux, un sexe apparent différent de leur sexe génétique, ou sont «intersexués».

Les enfants de la science

Depuis quelques années se développent des techniques qui font naître des enfants d'une façon différente de celle que la nature utilise depuis deux millions d'années dans le genre humain. Ces méthodes ont été mises au point pour venir en aide à ceux et à celles qui ne peuvent avoir naturellement une descendance.

Lorsqu'un homme est stérile, le couple peut avoir recours à la «banque du sperme», où des donneurs anonymes font le don gratuit de leurs spermatozoïdes. La femme peut ainsi avoir un enfant qui sera, socialement, celui de son mari. Cela se pratique, depuis plus de dix ans, aussi bien dans les centres spécialisés que dans les cabinets des médecins.

Le parallèle féminin commence à peine: c'est le don d'ovule, par lequel une femme peut offrir à celle qui n'en produit pas naturellement l'ovule qui sera fertilisé artificiellement en éprouvette par les spermatozoïdes de son mari. Si cela est moins fréquent, c'est en grande partie parce que le prélèvement de ces ovules nécessite une intervention chirurgicale, légère mais compliquée techniquement et non dépourvue de risques.

Lorsque, pour une raison physiologique, la fécondation ne peut se faire dans les organes féminins, on procède à la fertilisation *in vitro*: c'est ainsi que naissent les «bébés-éprouvette». Pratiquement, on prélève plusieurs ovules dans les ovaires de la femme et ils sont fertilisés dans une éprouvette de verre par les spermatozoïdes du mari. Généralement, trois de ces ovules fécondés sont ensuite placés dans l'utérus de la future mère. S'il en reste, ils forment ce que l'on appelle des «embryons congelés», conservés au froid: certains peuvent être réutilisés par la mère si elle souhaite avoir, plus tard, un autre enfant de la même façon.

Enfin, dernier recours, qui soulève de nombreux problèmes moraux et juridiques: la solution d'une «mère porteuse», qui est inséminée avec les spermatozoïdes du mari d'une femme stérile et qui portera, pour le compte de cette dernière, l'enfant qu'elle lui remettra à la naissance.

Fécondation d'un ovule chez la femme

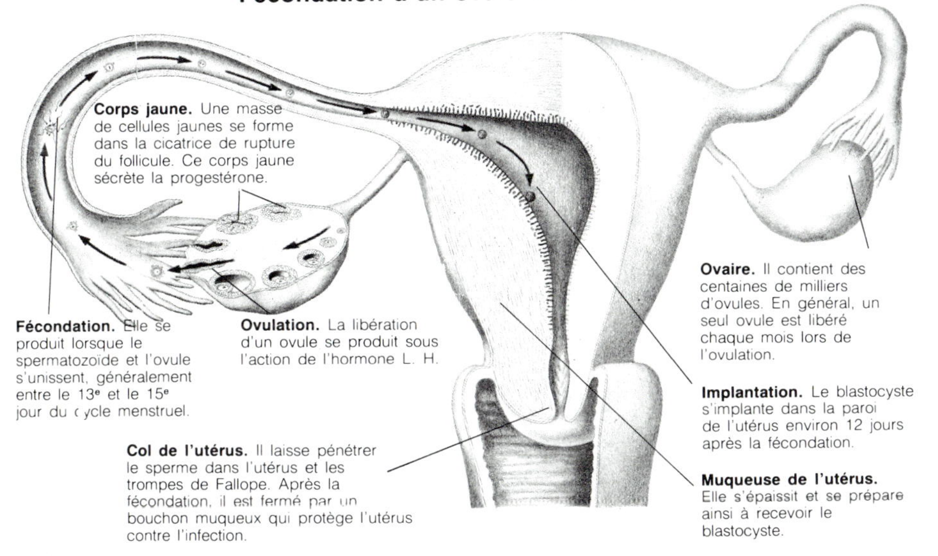

L'ovulation libère, à chaque cycle, un ovule produit par l'ovaire. Cet ovule, migrant dans la trompe de Fallope, rencontre les spermatozoïdes, émis dans le vagin et remontant de l'utérus. La fécondation a généralement lieu dans la partie moyenne de la trompe, entre le 13e et le 15e jour du cycle.

Migrations et changements de sexe chez les poissons

Les saumons représentent un cas étonnant de sexualité. Nés en rivière, les jeunes saumons y vivent deux à trois ans avant de gagner la mer où ils poursuivent leur croissance. A l'âge adulte, ils cessent de s'alimenter et regagnent, avec une précision étonnante, la rivière qui leur a donné naissance, et où ils vont se reproduire à leur tour. Enfin, ceux qui en ont encore la force regagnent la mer pour une nouvelle période de vie marine.

Des migrations comparables, mais en sens contraire, se produisent chez les anguilles, qui regagnent leur mer d'origine, la mer des Sargasses, pour s'y reproduire.

Les changements de sexe sont particulièrement fréquents chez d'autres poissons, qu'ils soient systématiques ou accidentels. Chez les xiphos, par exemple, de nombreuses femelles se transforment en mâles en vieillissant, tandis que chez les labres tous les individus sont successivement femelles puis mâles, la sexualité intervenant entre des individus d'âges différents.

Développement de deux embryons de saumon.

1

En dehors de la sexualité

Chez de très nombreuses espèces, la multiplication se fait en dehors de la rencontre de deux sexes, par division, ou par bourgeonnement. Certaines peuvent d'ailleurs passer d'un système à l'autre.

Si la sexualité doit être considérée comme une propriété fondamentale du règne animal, la multiplication asexuée, elle, doit y être considérée comme un phénomène apparu secondairement, exploitant le milieu et permettant une augmentation rapide des populations. Mais cette production d'individus génétiquement identiques constitue des populations très homogènes qui ne peuvent guère supporter de modifications des conditions du milieu.

La multiplication asexuée peut être définie comme étant le processus par lequel un individu donne naissance à d'autres individus sans faire intervenir de gamètes ni de fécondation. Chez les animaux pluricellulaires, elle est étroitement liée au pouvoir de régénération. Chez certaines espèces qui n'ont pas un haut degré d'organisation, ce phénomène de régénération est rendu possible par l'existence de certaines cellules, qui sont dites totipotentes, c'est-à-dire qu'elles peuvent engendrer n'importe quel organe. La multiplication asexuée, fréquente chez les invertébrés aquatiques, s'exprime suivant deux modalités principales : la scissiparité et le bourgeonnement.

LA SCISSIPARITÉ

La scissiparité est la séparation d'un individu en deux ou plusieurs fragments qui reconstituent chacun la partie manquante. Cela existe chez les protozoaires, animaux unicellulaires, et nécessite la reconstitution des organites cellulaires manquants, la division pouvant précéder ou suivre cette reconstitution d'organites. Chez certaines espèces possédant un flagelle, une des moitiés de la cellule le garde, l'autre le reconstitue, puis la cellule se divise. La paramécie, protozoaire de forme ovale, commence par s'allonger, cet étirement dessinant un étranglement médian. Les deux cellules obtenues finissent par se séparer et reconstituent les organites qui ne se sont pas divisés pendant l'étirement.

Chez les métazoaires, animaux pluricellulaires, la scissiparité est aussi fréquente, comme chez les planaires, vers d'eau douce de forme plate. Les individus se séparent préférentiellement dans la région du pharynx, la partie postérieure de la planaire se fixant au substrat pendant que la partie antérieure s'étire. C'est cette traction qui provoquera la séparation. Au niveau de cette blessure, des cellules, qui ont gardé leurs caractères embryonnaires, se divisent, régénérant ainsi une région caudale pour un individu, et une région céphalique pour l'autre.

Les annélides, vers à anneaux, se divisent, eux, transversalement. Pour assurer la régénération des parties manquantes, les cellules des annélides gardent un caractère embryonnaire ou bien, après avoir été différenciées, peuvent acquérir à nouveau un état indifférencié. Les cellules régénératrices sont localisées le long de la chaîne nerveuse mais, chez certaines espèces, seuls les anneaux de la région moyenne du corps peuvent régénérer une région manquante. Ces phénomènes de régénération restent assez complexes car ils précèdent la séparation. Chez d'autres annélides de petite taille, vivant dans la vase, les *Lumbriculus*, des anneaux peuvent être égrenés et régénérer chacun un individu entier, par un véritable bouturage. Certains autres vers se marcottent littéralement, la régénération précédant là encore la séparation. Les individus se forment à partir d'un anneau, se différencient, et constituent une chaîne qui se désarticule tôt ou tard.

LE BOURGEONNEMENT

Le second mode de multiplication asexuée, le bourgeonnement, voit la formation, sur une partie d'un individu, d'une petite excroissance qui donnera naissance à un ou plusieurs individus. Ce phénomène fait aussi intervenir des cellules indifférenciées. Il existe aussi bien chez les protozoaires que chez l'hydre, les éponges, les bryozoaires (vertébrés vivant en colonies fixées). Les bourgeons peuvent être externes, comme chez l'hydre, petit individu de quelques millimètres de haut, en forme de sac allongé terminé par des tentacules. Les cellules régénératrices sont situées dans le tissu externe enveloppant l'animal. Si l'on découpe une hydre en plusieurs fragments (jusqu'à une cinquantaine !), chaque fragment régénère un nouvel individu. Les individus bourgeonnés peuvent rester attachés à l'hydre mère ou se détacher pour être indépendants. Les bourgeons peuvent également être internes, comme c'est le cas chez les bryozoaires et les éponges, et être ensuite libérés par le mouvement des parents.

Le bourgeonnement aboutit souvent à la réalisation de colonies, où les individus ne se séparent pas. Mais, quelles que soient les modalités finales, les phénomènes de bourgeonnement suivent certaines règles, les individus pouvant être regroupés en colonies mais garder leur autonomie, ou avoir des organes communs. Chez les ascidies par exemple, qui sont de petits invertébrés marins, les individus se regroupent très rapidement en ensembles dont le siphon cloacal est commun. Autre cas particulier : celui des Hydractinia, voisines des hydres, qui vivent en colonies encroûtantes sur les coquilles des bernard-l'hermite et présentent des individus très différenciés. Certains, munis d'un orifice servant à la fois de bronche et d'anus, contribuent à l'alimentation de la colonie, tandis que d'autres assurent une sexualité par bourgeonnement de méduses.

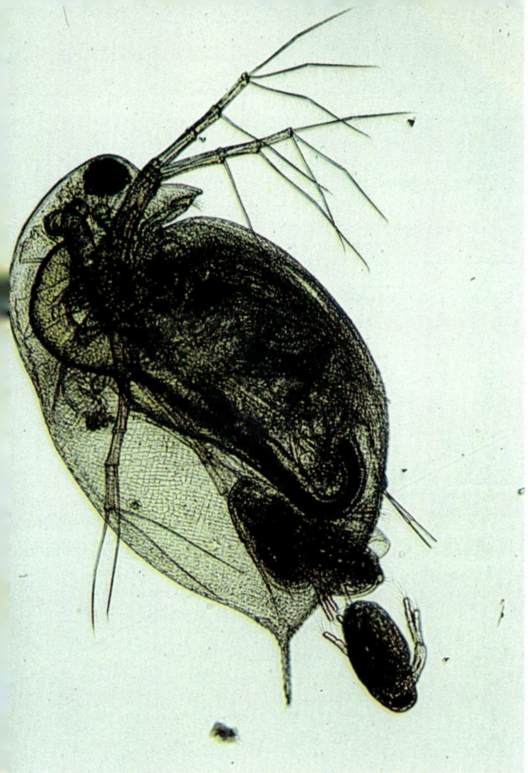

3

2

1. **La sexualité** n'est pas le mode de reproduction le plus fréquent chez la paramécie. Elle se reproduit généralement par division.

2. **Petit crustacé** vivant dans les eaux douces stagnantes, la daphnie (à gauche en train d'accoucher) doit à sa locomotion saccadée son autre nom de puce d'eau.

3. **Plusieurs hydres sont en bourgeonnement** parmi ces hydres vertes. Ici, les individus bourgeonnés restent attachés à l'hydre mère et vivent en colonie.

UN ŒUF, PLUSIEURS INDIVIDUS

Après la scissiparité et le bourgeonnement, une autre modalité de la multiplication peut être envisagée: la polyembryonie, c'est-à-dire la constitution de plusieurs individus à partir d'un seul œuf. Cela existe chez différentes espèces, comme certains insectes volants parasites, où la femelle pond un œuf dans une chenille qui sert d'hôte. L'œuf s'y développe puis se découpe pour donner des groupes de cellules qui donneront des individus parasites. Ce phénomène, appelé clonage, est aussi présent chez des mammifères comme le tatou, et chez l'homme, où les vrais jumeaux sont issus d'un seul œuf qui s'est scindé en deux.

DES CYCLES LIÉS AU MILIEU

Multiplication asexuée et sexualité sont souvent associées dans la nature et alternent alors cycliquement. Cela est souvent lié aux conditions du milieu. Chez les protozoaires tels que la paramécie, si les conditions de température et d'éclairage sont suffisantes, et si la nourriture est abondante, le rythme des divisions sera rapide et les individus pulluleront. Si par contre ces conditions ne sont pas remplies, il apparaît alors une sexualité conduisant à l'apparition de formes résistantes. Chez les hydres, c'est aussi la température qui intervient pour déterminer s'il y aura bourgeonnement ou sexualité, et ceci d'une manière très stricte. Chez certaines, la sexualité s'exercera si la température dépasse 19 °C, chez d'autres si elle descend en dessous de 10 °C.

Les cycles de reproduction asexuée et sexuée peuvent également être liés aux saisons, comme chez le scyphozoaire *Aurelia.* Au printemps, les gonades, sous forme de méduses, permettent une sexualité. La larve ainsi formée se fixe sous forme de polype qui, en été, bourgeonne, formant des individus qui restent fixés. Après une vie végétative pendant l'automne, c'est en hiver que les individus, se découpant comme une pile d'assiettes, libèrent les méduses.

Chez les hydres, c'est aussi par l'intermédiaire de méduses que la sexualité se réalise, les individus regroupés en colonies sous forme de polypes fixés se reproduisent le reste du temps par bourgeonnement.

Des cycles multiplication asexuée-sexualité s'observent aussi chez les animaux parasites, unicellulaires ou pluricellulaires. Certains protozoaires infestent l'intestin grêle du lapin, d'autres, comme le ténia ou ver solitaire, l'intestin grêle de l'homme ou du chien. Le ténia, ver hermaphrodite qui a recours à l'autofécondation pour produire ses œufs, assure aussi une multiplication asexuée par un phénomène de bourgeonnement des larves issues des œufs.

LA PARTHÉNOGENÈSE

Enfin, il existe une forme de reproduction qui simule la sexualité, et que l'on placera dans la catégorie multiplication asexuée, même si elle met en jeu les ovules. Il s'agit de la parthénogenèse, fréquemment observable chez les pucerons ou les daphnies. Ces dernières, petits crustacés d'eau douce de quelques millimètres de long, n'existent que sous forme d'individus femelles pendant l'été. Les ovules qu'elles portent donnent, sans fécondation, des œufs à coque mince qui donneront de nouvelles femelles, et cela jusqu'à l'automne. Ce phénomène est appelé parthénogenèse (du grec *parthenos*, «vierge»). En automne, la dernière génération ainsi formée comprend des mâles et des femelles qui, après accouplement, donnent des œufs à coque épaisse. Ces œufs d'hiver passent la mauvaise saison à l'état de vie ralentie. Au printemps, ils éclosent, donnant chacun une femelle qui assure une multiplication rapide des individus, par parthénogenèse, pendant la belle saison. Ainsi les daphnies, comme d'autres espèces alternant multiplication asexuée et sexualité, assurent des recombinaisons génétiques périodiques et préservent ainsi leur variabilité et, par conséquent, leurs possibilités d'adaptations à long terme.

SOPHIE MAILLACH ET ANDRÉ LANGANEY

Les plantes aussi

La multiplication asexuée se rencontre chez beaucoup de végétaux. Chez les plus simples, telles les algues, il y a multiplication par division cellulaire, comme chez le pleurocoque, algue microscopique des troncs d'arbres. Chez les champignons, la levure de bière ou la moisissure de pain engendrent, par bourgeonnement, d'autres individus, formant de véritables chapelets de cellules si la multiplication est rapide. Chez les végétaux supérieurs, les exemples de multiplication végétative sont abondants, que cette multiplication s'opère à partir de racines (dahlia), de tiges (pomme de terre), de bourgeons (ail) ou de fleurs (bourgeonnement de pépins d'oranger). Ceci permet beaucoup d'applications agricoles et horticoles. Chez les végétaux aussi, deux types de reproduction existent, sexuée et asexuée, qui permettent à la fois une pérennité et un renouveau des espèces.

***Le topinambour** est un exemple de multiplication végétative à partir de tiges souterraines dont les extrémités se renflent en tubercules. Ceux-ci, mis en terre, assurent une récolte bien plus importante qu'en semant les graines.*

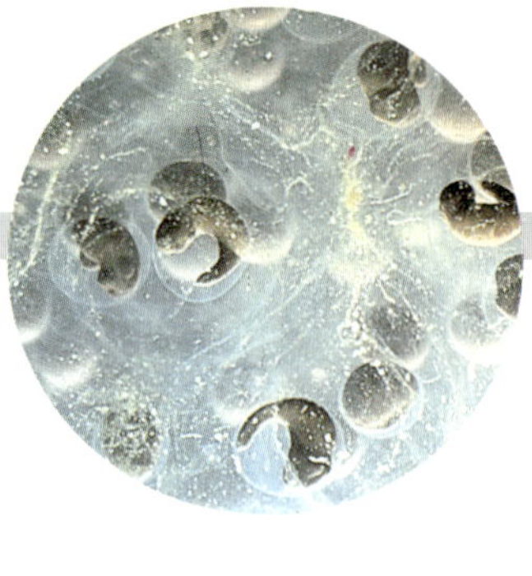

CHAPITRE 12

Histoire du développement embryonnaire

Une seule loi pour tous : de la cellule initiale à l'animal adulte

Le monde vivant nous émerveille par l'extraordinaire diversité des individus qui le composent : diversité des formes, des adaptations physiologiques à l'environnement, des habitats, des comportements. Diversité aussi dans les modalités du développement d'un individu. Pourtant, l'embryologie nous apprend que, sous la variété, se cache une remarquable homogénéité. D'un groupe animal à l'autre, du pluricellulaire le plus primitif à l'animal le plus évolué, le développement se déroule selon le même schéma d'ensemble, dans lequel se retrouvent les mêmes étapes principales.

Tout métazoaire, ou animal pluricellulaire (par opposition aux protozoaires, dont l'organisme est formé d'une seule cellule), issu de la reproduction sexuée, provient d'une cellule unique, l'œuf. L'ontogenèse est le passage de ce germe initial à l'individu adulte capable de se reproduire. Cette histoire est marquée dans tout le règne animal par la succession de phases essentielles :

— la segmentation de l'œuf, ou division cellulaire ;

— la gastrulation, ou formation des feuillets embryonnaires, accompagnée de mouvements cellulaires ;

— l'organogenèse, avec la différenciation des cellules et des tissus.

La première étape est l'acquisition de l'état pluricellulaire ; au cours de la deuxième phase, le plan d'organisation du futur animal est établi dans ses grandes lignes ; enfin, c'est pendant l'organogenèse que les cellules effectuent leur différenciation terminale et deviennent fonctionnelles.

LA SEGMENTATION

La première division de segmentation, au cours de laquelle la cellule œuf donne naissance à deux cellules filles, qu'on appelle blastomères, est une conséquence de la fécondation, et plus précisément de la fusion des noyaux des gamètes mâle et femelle. Les deux premières cellules filles vont se diviser à leur tour. Par clivages successifs, l'œuf passera ainsi du stade 2 au stade 4, puis 8, 16, 32 cellules, pour aboutir, sans que le volume de l'ensemble ait augmenté, à une sphère ressemblant à une mûre, qu'on nomme la « morula ». Celle-ci va se creuser d'une cavité primitive de segmentation, ou blastocèle, autour de laquelle s'ordonnent les cellules. Le germe est devenu une « blastula », tandis que la division cellulaire se poursuit.

Ce schéma de segmentation s'applique à tous les œufs. Toutefois, il existe différents types d'œufs dans le règne animal. Certains sont pourvus d'abondantes réserves nutritives, ou vitellus, comme ceux des oiseaux, d'autres en ont peu ou pas du tout. La segmentation revêt différentes formes selon l'importance du matériel de réserve. La segmentation de l'œuf d'oursin (voir page ci-contre) illustre le cas de l'œuf peu chargé en réserves nutritives et intéresse la totalité de l'œuf. A ce type appartient également l'œuf de grenouille. Lorsque l'œuf est très riche en matériel nutritif, la segmentation est partielle. C'est le cas de l'œuf d'oiseau (voir schémas ci-dessous), où le clivage n'intéresse qu'un petit disque de cytoplasme, le blastoderme, qui donnera naissance à l'embryon proprement dit, tandis que la masse vitelline ne se segmente pas. La segmentation partielle se rencontre également chez les insectes. L'œuf des mammifères est très petit (0,1 mm, ou 100 microns de diamètre pour l'œuf humain, par exemple). Dépourvu de réserves, il a une segmentation totale (voir schéma ci-dessus).

Coupe d'un embryon de rat au stade blastula

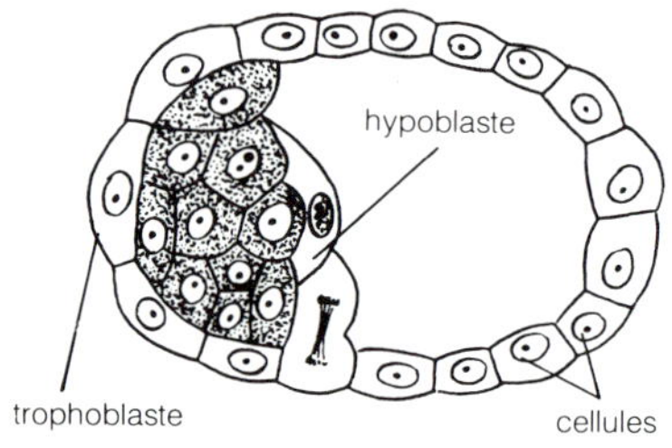

L'embryon proprement dit est formé par une masse cellulaire interne, entourée par le trophoblaste (ou trophectoderme) périphérique qui produira les annexes embryonnaires.

LA GASTRULATION

Les cellules nées des premières divisions de l'œuf entreprennent d'importantes migrations. Ces mouvements aboutiront à la séparation de deux groupes cellulaires, ou feuillets, l'un externe, appelé ectoderme, l'autre interne, dit endoderme. Chez les métazoaires primitifs que sont les éponges, les hydres, les méduses ou les coraux, la gastrula est constituée de ces deux seuls feuillets. Chez tous les autres métazoaires, la gastrulation va se compliquer par la formation d'un troisième feuillet, intermédiaire, le mésoderme. La gastrulation a été particulièrement bien étudiée chez les amphibiens (voir schéma p. 118).

La gastrula va ensuite se transformer en « neurula ». Au cours de la neurulation, l'ectoderme se subdivise en deux feuillets : l'ectoderme proprement dit, et le neuroderme.

A ce stade, les cellules constituant les

Segmentation partielle de l'œuf de poule

Stade 8 (vue polaire)

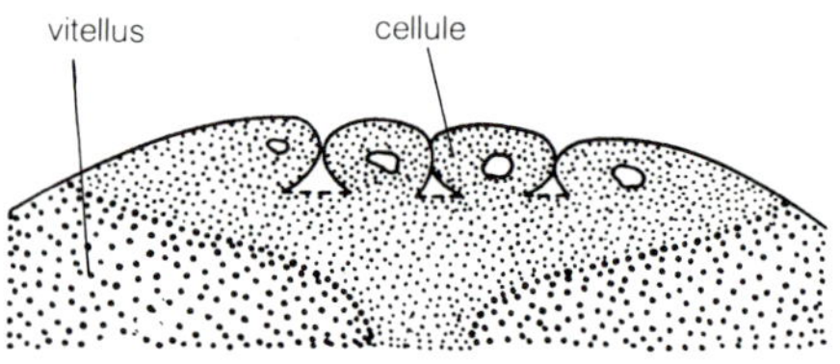

Coupe au stade 8

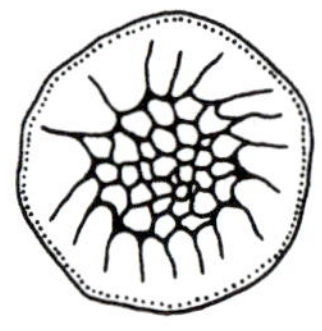

Stade 64-128 (vue polaire)

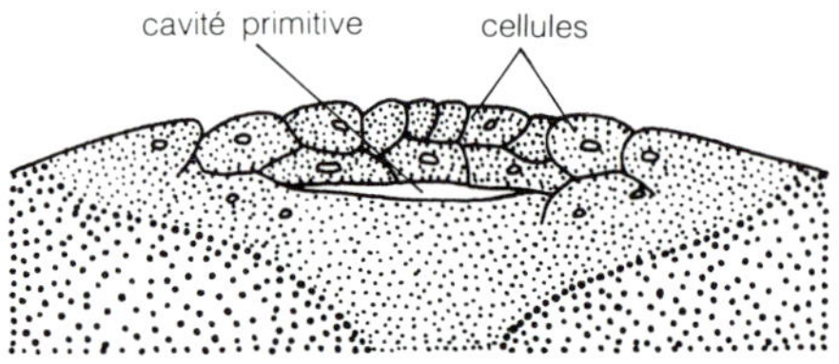

Coupe au stade 64-128

Dans cet œuf, seule une toute petite région se segmente pour donner l'embryon. Au stade 8 blastomères, les cellules ne sont que partiellement isolées du jaune.

Au stade morula, les blastomères se sont multipliés. Ils forment plusieurs couches de cellules et ménagent une cavité entre le jaune et eux-mêmes.

Le développement de l'oursin

Les échinodermes, groupe d'animaux marins dans lequel on classe les étoiles de mer et les oursins, sont considérés comme des métazoaires évolués, dont le plan d'organisation et l'ontogenèse annoncent ceux des vertébrés. Ce sont des animaux à trois feuillets (triploblastiques), qui, au cours de leur développement, passent par des stades larvaires et des métamorphoses.

L'œuf d'oursin, facile à récolter sur les côtes, très favorable à l'observation au laboratoire, est un excellent matériel pour les embryologistes. Aussi le développement de l'oursin est-il l'un des mieux décrits.

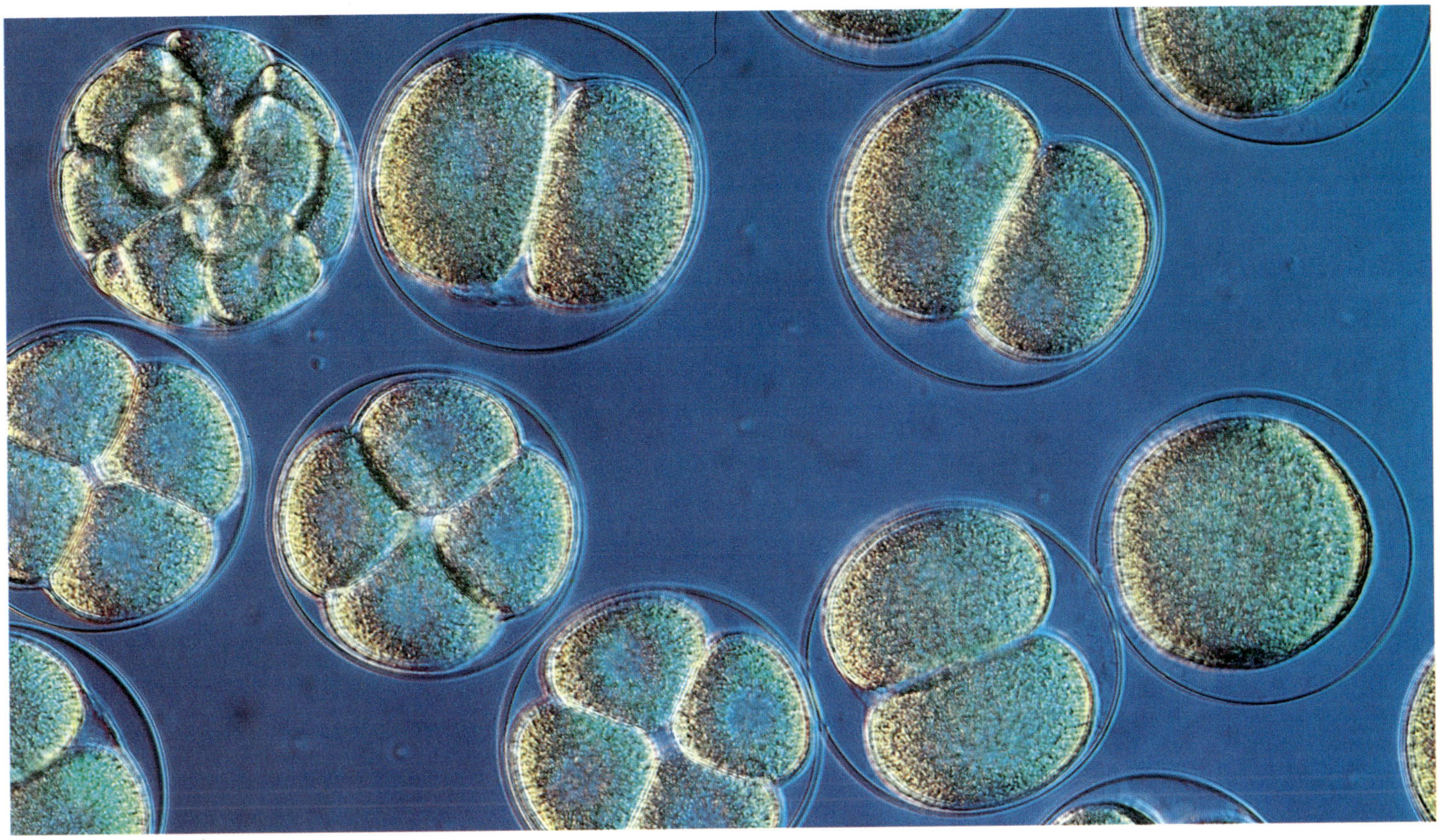

1

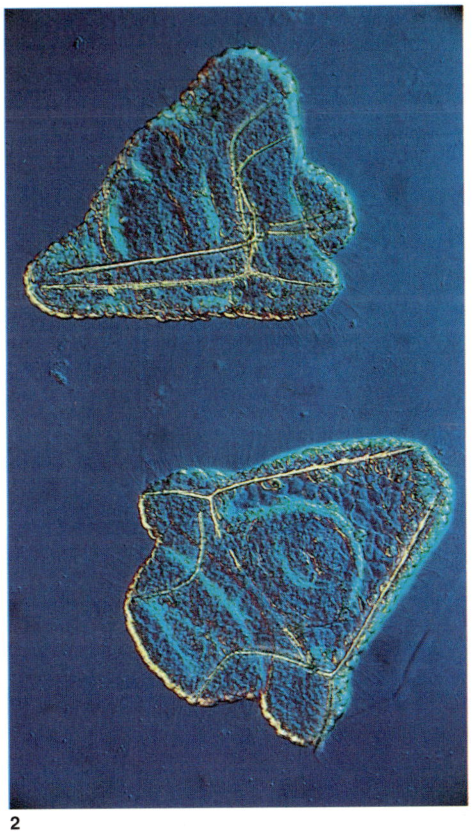

2

*1. **Les premiers stades de la segmentation de l'œuf d'oursin** (Paracentrotus lividus) sont très visibles sur cette photographie. Nous reconnaissons à droite un œuf indivis, trois œufs au stade 2 cellules (blastomères) et au stade 4 cellules, et également un œuf au stade 8 cellules, après la deuxième division de segmentation. La segmentation, totale, intéresse l'ensemble de l'œuf, peu chargé en réserves nutritives. A partir du stade 16 blastomères, la segmentation, désormais inégale, donne naissance à des blastomères de tailles différentes.*

*2. **L'embryon s'est métamorphosé en larve ou pluteus,** vue ici de face et de profil. Le pluteus nage en tournant sur lui-même, grâce aux battements de ses cils. Les quatre bras, soutenus par des baguettes calcaires, servent de flotteurs. Le développement de l'oursin jusqu'au stade pluteus dure trois jours.*

*3. **Une nouvelle métamorphose** a maintenant transformé le pluteus en oursin adulte. La larve à symétrie bilatérale s'est changée en un animal à symétrie radiaire.*

3

Gastrulation de l'embryon de grenouille

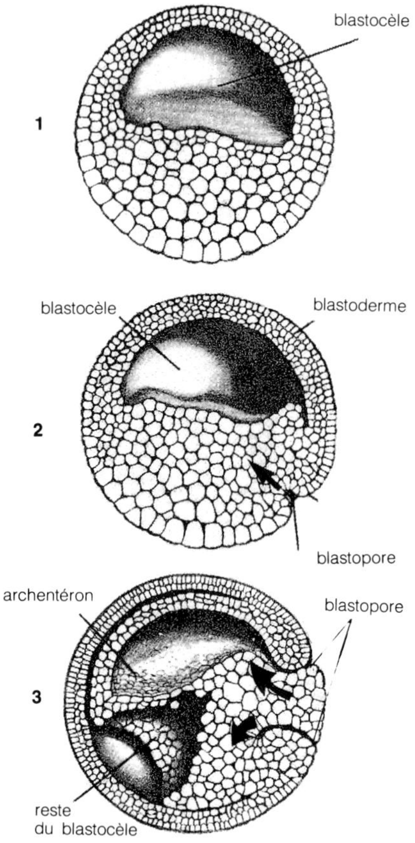

Trois stades du développement de l'œuf de grenouille vus en coupe. **1.** Les cellules ménagent entre elles une cavité, le blastocèle. **2.** Le mouvement de gastrulation s'amorce au niveau du blastopore. **3.** La gastrulation est en cours, une partie des cellules migrent de l'extérieur vers l'intérieur de l'embryon, où elles formeront les organes internes de l'animal.

Gastrulation de l'embryon de poulet

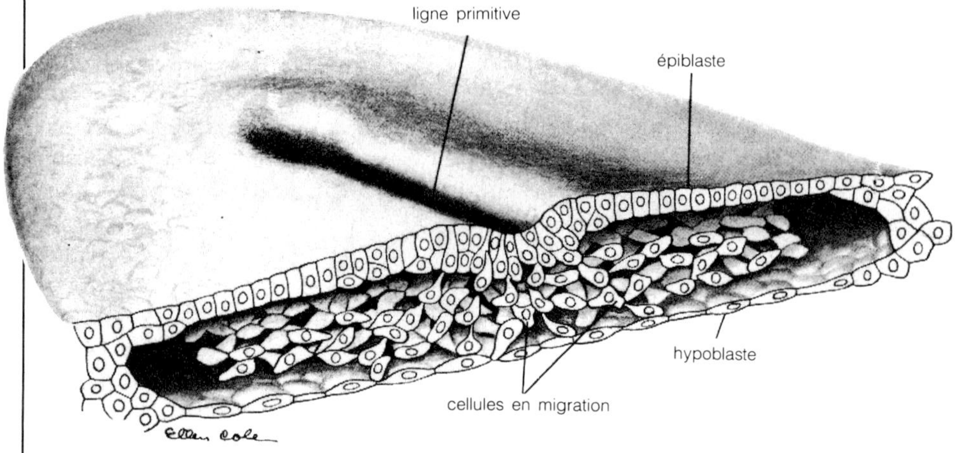

Ce schéma représente, en coupe et en perspective, un embryon de poulet au stade gastrula. Comme l'indiquent les flèches, les cellules de l'épiblaste migrent de l'extérieur vers l'intérieur le long d'un sillon médian, la ligne primitive, qui est l'homologue du blastopore de l'œuf de grenouille.

La destinée des feuillets embryonnaires

GASTRULA	ORGANOGENÈSE
Ectoderme	Épiderme (partie superficielle de la peau) Dérivés cutanés Cristallins, vésicules olfactives, otiques Ganglions nerveux Cerveau Moelle épinière Rétine
Mésoderme	Corde dorsale (dégénère en partie, s'intègre à la colonne vertébrale: disques vertébraux) Vertèbres, squelette Muscles striés (volontaires, associés au squelette) Derme (partie profonde de la peau) Appareil urinaire et génital Muscles lisses (involontaires) Cœur
Endoderme	Fentes branchiales, poumons Appareil digestif et glandes annexes (foie, pancréas)

Comment se forme l'œil des vertébrés?

L'organogenèse de l'œil a été particulièrement étudiée chez l'amphibien, mais elle s'effectue à peu près de la même manière chez tous les vertébrés.

L'œil résulte de la coopération d'éléments d'origines différentes: la rétine, d'origine nerveuse; le cristallin et la cornée, d'origine ectodermique; les enveloppes et les vaisseaux sanguins, d'origine mésodermique.

Les ébauches des yeux sont d'abord, au stade neurula, deux saillies du cerveau antérieur, ou diencéphale, qu'on appelle vésicules optiques et dont la formation est due à l'induction du mésoderme sous-jacent sur la plaque neurale. L'ablation du mésoderme céphalique entraîne l'absence d'ébauches oculaires.

Au stade du bourgeon caudal, la face externe des vésicules optiques s'épaissit, puis se déprime en cupule. L'ectoderme appuyé contre la cupule s'épaissit à son tour, formant la placode cristalline. Celle-ci se détache de l'ectoderme et donne le cristallin. Au-dessus du cristallin, l'ectoderme aminci devient transparent et forme la cornée. Le feuillet externe de la cupule optique s'épaissit et constitue la rétine nerveuse où se différencieront les neurones photosensibles, tandis que le feuillet interne, resté mince, se chargera de pigments et donnera l'épithélium pigmentaire de la rétine.

Si la vésicule optique est excisée à un stade précoce, le cristallin ne se forme pas. En revanche, si l'on greffe une vésicule optique sous l'ectoderme ventral, ou si l'on implante de l'ectoderme ventral à la place de l'ectoderme céphalique en face de la vésicule optique, un cristallin se différencie: il y a induction d'un cristallin par la vésicule. L'ectoderme capable de répondre à cette induction est dit compétent. Il perd cette compétence avec le vieillissement de l'embryon au stade du bourgeon caudal. A son tour, le cristallin va être inducteur: il est responsable de la transformation du feuillet externe de la cupule optique en rétine nerveuse, tandis que le mésoderme environnant induit la différenciation de l'épithélium pigmentaire.

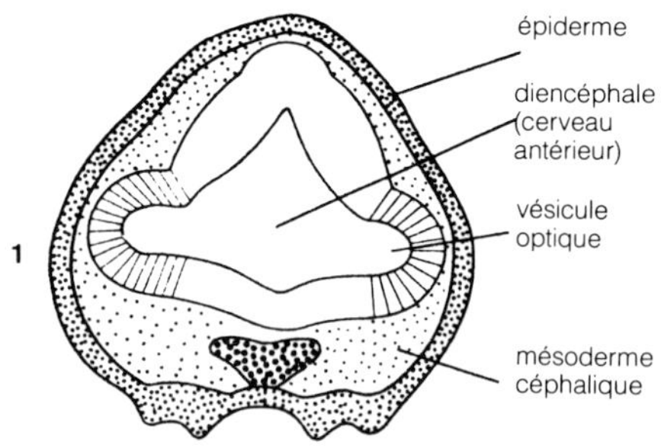

Coupe transversale

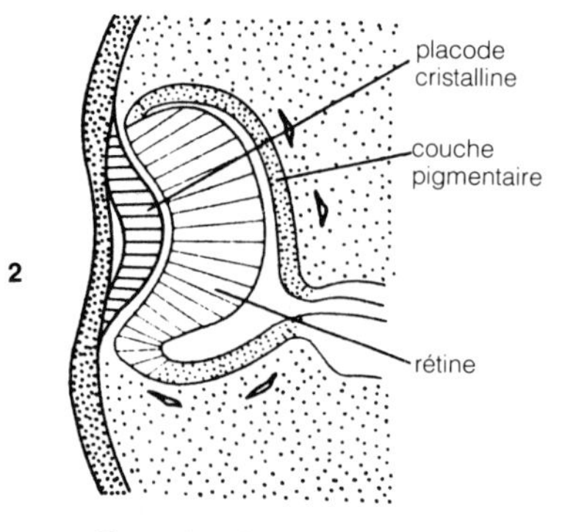

Formation du cristallin

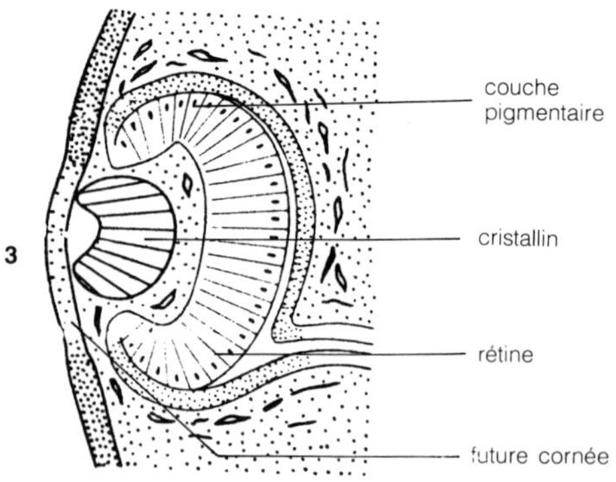

Cristallin isolé

Ces trois schémas montrent la formation de l'œil chez la grenouille à différents stades:
1. *Coupe transversale de la tête d'un embryon au stade neurula: les ébauches oculaires sont deux évaginations latérales du cerveau.*
2. *Les mouvements morphogénétiques façonnent la vésicule en cupule optique. En même temps, le cristallin s'ébauche à partir de l'ectoderme.*
3. *Le cristallin est isolé de l'ectoderme, qui a donné la cornée. La cupule optique s'est différenciée en deux feuillets, la rétine nerveuse et l'épithélium pigmentaire.*

La peau des vertébrés et ses phanères

L'organogenèse de la peau des vertébrés est un excellent exemple de dialogue entre tissus différents qui échangent les informations nécessaires à leur devenir et à l'édification harmonieuse d'un tout fonctionnel.

La peau est l'organe le plus grand du corps. Ses fonctions sont multiples et essentielles: outre la protection contre les agressions, elle assure des échanges respiratoires et thermorégulateurs. Son rôle est également primordial dans la communication de l'individu avec les autres animaux.

Elle est formée de l'épiderme, qui dérive de l'ectoderme, et du derme, qui provient du mésoderme. L'épiderme est caractérisé par sa couche externe, cornée, qui s'orne de divers phanères: écailles des reptiles, plumes des oiseaux, poils des mammifères. Le derme, partie profonde de la peau, est un tissu de soutien riche en collagène (protéine constitutive du cuir).

Les rôles respectifs du derme et de l'épiderme dans l'édification des phanères au cours du développement embryonnaire ont été très bien étudiés chez les vertébrés supérieurs et surtout chez l'oiseau (embryon de poulet).

Les expériences consistent à séparer le derme de l'épiderme de la peau embryonnaire, puis à réaliser des recombinaisons artificielles entre épiderme et derme de régions du corps, d'espèces animales et de stades différents. Le développement de ces peaux «chimères» apporte les enseignements suivants:

— l'interaction du derme et de l'épiderme est nécessaire pour l'édification d'un phanère, une plume, par exemple; le derme et l'épiderme sont tour à tour inducteur et induit;

— derme et épiderme d'origines différentes sont capables d'échanger des messages morphogènes: ils se comprennent. La réassociation entre derme et épiderme de canard et de poulet donne des plumes chimères possédant des caractères de l'une et l'autre espèce d'oiseau;

— des combinaisons dermo-épidermiques interspécifiques entre classes de vertébrés différentes (souris, poulet, lézard) montrent que le type de phanère réalisé dépend de l'épiderme: l'épiderme de lézard fait des écailles, celui de poulet des plumes et celui de souris des poils. Mais c'est le derme qui prescrit la taille, le nombre et la répartition des phanères. On peut avoir ainsi des écailles reptiliennes arrangées comme des plumes d'oiseau. Toutefois, les peaux chimères interclasses ne produisent pas des appendices cutanés complètement achevés: écailles, plumes et poils restent à l'état d'ébauches. Épiderme et derme de classes différentes ne se comprennent qu'imparfaitement: un premier message émis par le derme est correctement interprété par l'épiderme et permet le déclenchement de la morphogenèse, mais un second message est nécessaire à la construction achevée de l'appendice et n'est compris que par un épiderme de la même classe.

1

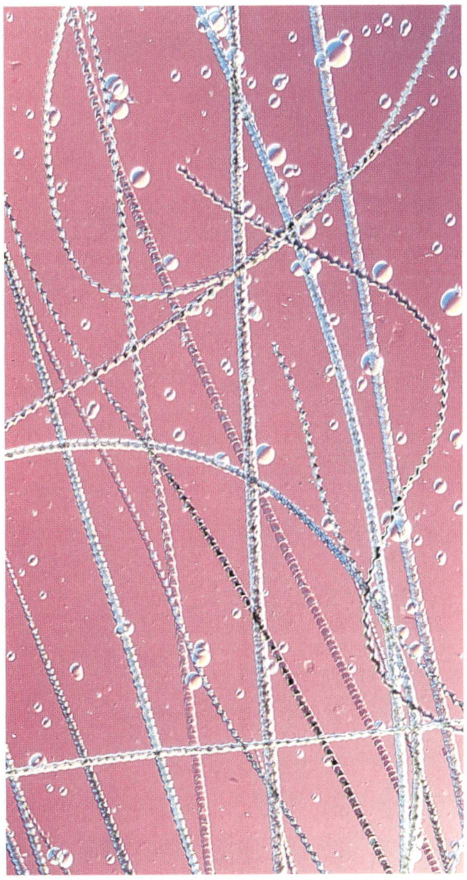
2

3

La peau des vertébrés est constituée de deux éléments: le derme, partie profonde, et l'épiderme, partie externe et protectrice. La couche extérieure de l'épiderme est parée d'appendices, les phanères, caractéristiques de chaque classe, dont nous voyons ici trois exemples:

***1. Détail de plumes d'oiseau** (pigeon) observées au microscope: on remarquera le rachis de chaque plume, sur lequel sont régulièrement rangées les barbes.*
***2. Poils d'un mammifère,** la chauve-souris, très agrandis.*
***3. Écailles d'un reptile,** la vipère, photographiées au microscope électronique à balayage.*

différents feuillets ne présentent encore aucune différenciation observable histologiquement, mais elles ont acquis leur détermination. Autrement dit, la destinée de chaque feuillet est désormais fixée. Ainsi, l'ectoderme va donner le revêtement externe (épiderme) et ses dérivés cutanés, le neuroderme formera le système nerveux. Les poumons, le tube digestif et ses annexes seront issus de l'endoderme (voir tableau page ci-contre).

L'ORGANOGENÈSE

Au stade suivant, dit «bourgeon caudal», l'embryon s'allonge de la tête vers la queue. Les mouvements morphogénétiques se poursuivent et se diversifient. On observe des plissements, des découpages, des déplacements tissulaires par suite de croissance différentielle des diverses plages cellulaires. Les tissus vont se différencier et s'associer pour édifier les organes: c'est l'organogenèse. La plupart des organes sont des ensembles complexes qui résultent de la coopération de deux ou de plusieurs feuillets cellulaires. Amenés en contact par les mouvements morphogénétiques, ceux-ci vont agir les uns sur les autres, évoluer en fonction les uns des autres et être tantôt inducteurs et tantôt réacteurs, comme le montrent la formation de l'œil et de la peau des vertébrés (voir encadrés ci-dessus et page ci-contre).

Les principaux types de développement dans le règne animal

Dans le monde animal, la différence entre le jeune et l'adulte n'est pas seulement une question de taille. La plupart des invertébrés et les amphibiens subissent une ou plusieurs métamorphoses qui les feront passer de l'état larvaire à leur état définitif. Les vertébrés supérieurs, eux, naissent sous une forme proche de celle de l'adulte: c'est leur embryon qui a pu se développer, grâce aux « annexes embryonnaires » (amnios et placenta).

En même temps que s'accomplit l'organogenèse, c'est-à-dire que les organes commencent à se former, la croissance de l'embryon s'accentue considérablement. Toutefois, à la naissance, c'est-à-dire au moment où le jeune animal devient autonome, son développement n'est en général pas achevé. Il se poursuit jusqu'à l'état adulte, qui se caractérise par l'acquisition de la maturité sexuelle et l'arrêt de la croissance.

Chez la plupart des invertébrés et chez certains vertébrés inférieurs (amphibiens), le jeune à la naissance est très différent de l'adulte. C'est une larve qui subira une ou plusieurs métamorphoses avant d'atteindre la morphologie et la physiologie adultes. L'état larvaire est intermédiaire entre la phase embryonnaire et l'état mature définitif.

Les jeunes des vertébrés supérieurs que sont les reptiles, les oiseaux et les mammifères naissent sous une forme proche de celle de l'adulte. Leur embryogenèse s'effectue à l'aide d'un ensemble d'organes particulier, ébauchés chez les poissons, les annexes embryonnaires. Celles-ci sont des expansions qui se produisent au cours du développement de l'œuf et qui permettent les échanges de l'embryon avec son milieu: l'œuf riche en réserves nutritives dans le cas des reptiles et des oiseaux, et l'organisme de la mère chez les mammifères.

La métamorphose

Nous allons décrire le phénomène de la métamorphose successivement chez les cnidaires, les insectes et les amphibiens.

Du polype à la méduse

Les cœlentérés ou cnidaires sont un groupe de métazoaires très primitifs. L'organisme de ces animaux aquatiques, parmi lesquels on trouve l'hydre d'eau douce, l'anémone de mer, les méduses, les coraux, est constitué de deux tissus seulement, l'épiderme extérieur et le gastroderme intérieur, provenant, comme nous l'avons vu, des deux feuillets de la gastrula. Le corps est un simple sac, avec une ouverture servant à la fois de bouche et d'orifice excréteur. Le gastroderme digère la nourriture

Ce dessin représente le cycle de développement d'un cœlentéré méditerranéen (*Staurocladia*). Le polype, forme asexuée, est en bas, avec une jeune méduse en formation, à gauche. Au-dessus, deux méduses sexuées, la femelle avec ses œufs, en haut, le mâle au milieu.

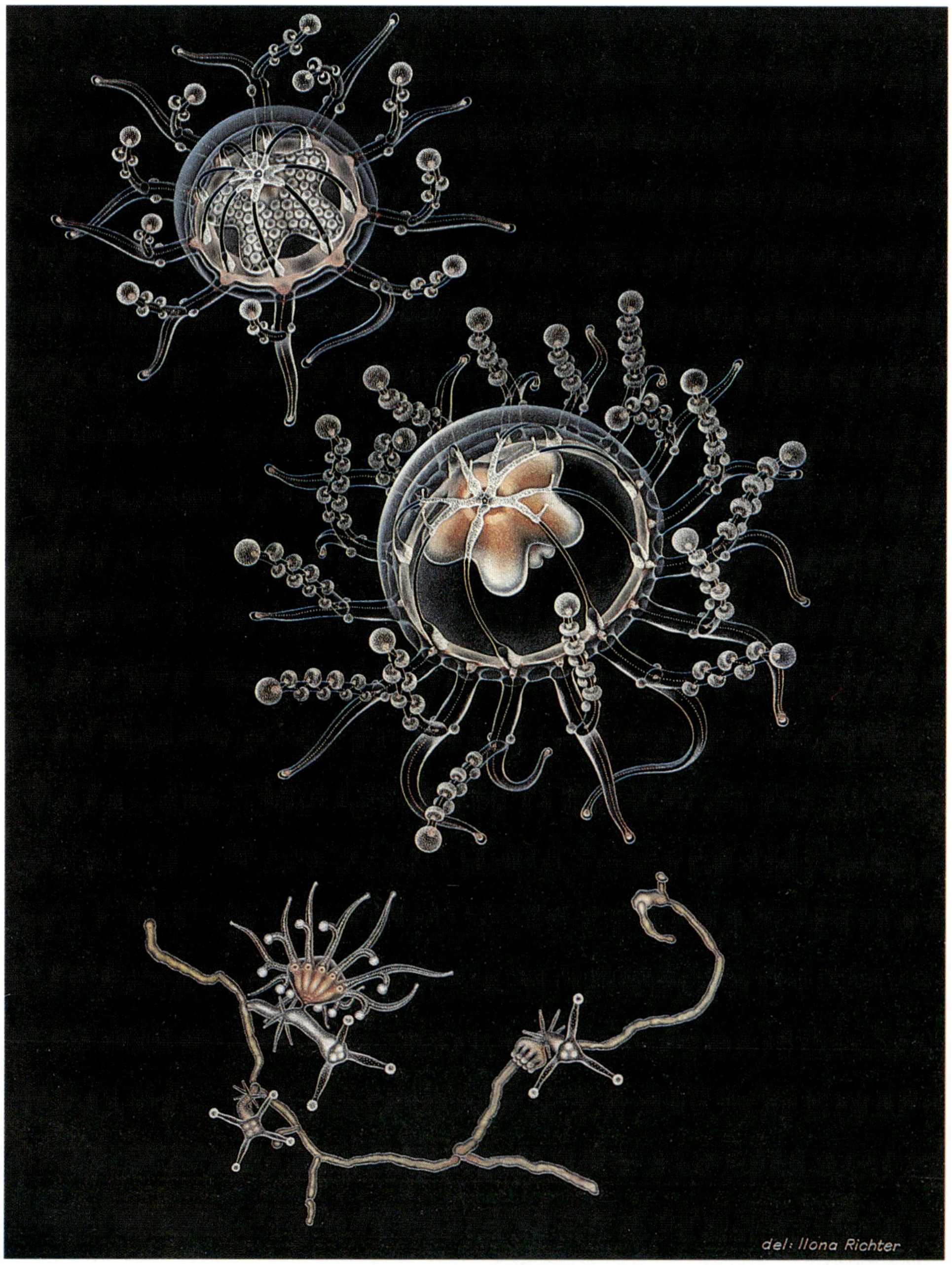

Ce polype d'*Obelia* comporte six individus adultes et un jeune en cours de bourgeonnement. Les animaux sont attachés au substrat par l'intermédiaire d'un stolon.

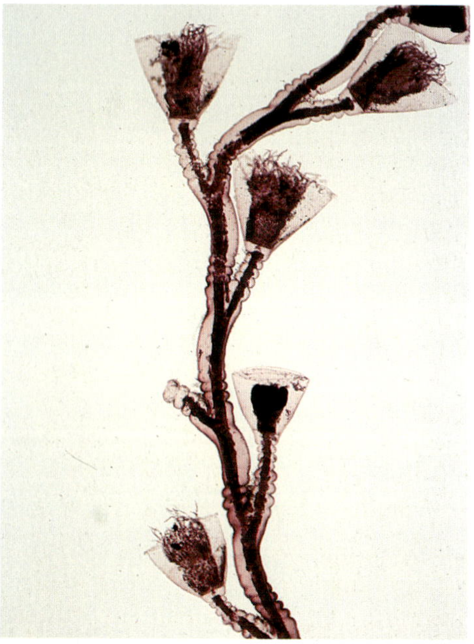

Développement d'un moustique africain. Il existe quelque 2 500 espèces de moustiques qui pondent leurs œufs dans l'eau ; c'est dans cet élément que les larves se nourrissent et croissent, pour se transformer en nymphes inactives avant de devenir des adultes ailés. Les quatre photographies ci-contre et ci-dessous illustrent le développement d'un moustique, *Aedes aegypti*, qui est le vecteur de la fièvre jaune.

1. Grouillement de larves, une heure après l'éclosion des œufs.

2. Photographiées sous la surface de l'eau, une larve (à gauche) et deux nymphes (à droite).

3. Émergence de l'insecte adulte. La nymphe s'est métamorphosée en moustique, qui se prépare à prendre son envol après être sorti de l'eau.

4. Un moustique adulte femelle se gorge de sang sur une peau humaine.

1

2

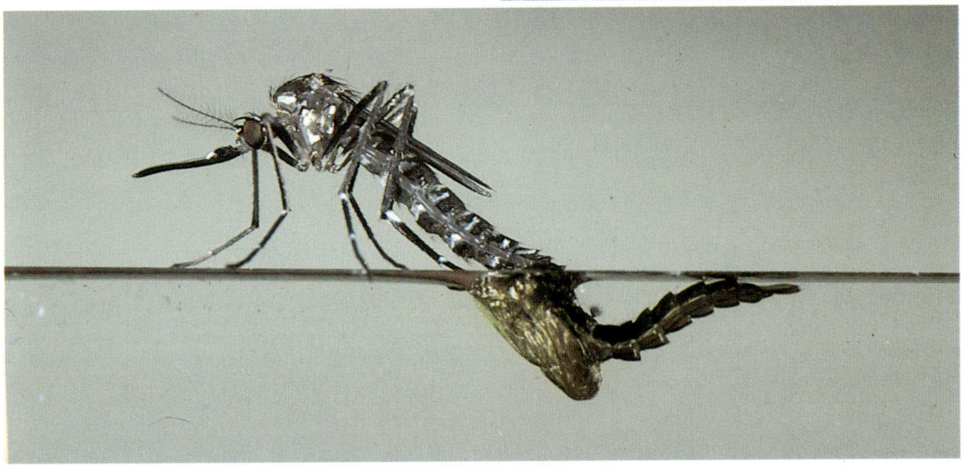

3

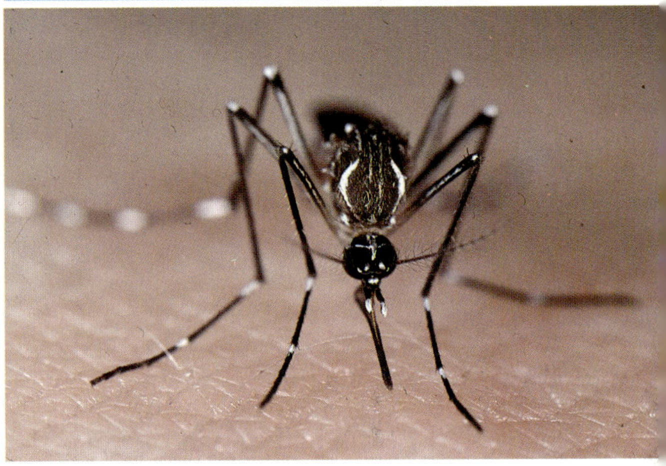

4

amenée à l'intérieur du sac par la bouche.

Un cœlentéré se présente sous deux formes à l'état adulte : le polype, attaché au substrat, et la méduse, forme libre nageante. Polype et méduse sont deux variantes de la même structure de base en forme de sac. Chez le polype, l'extrémité fermée du sac est fixée au support, la bouche s'ouvrant vers le haut. La bouche de la méduse, au contraire, est dirigée vers le bas. Dans les deux formes, l'orifice est entouré de tentacules mobiles pourvus de cellules urticantes qui produisent des venins parfois dangereux. Chacun sait combien les proliférations de méduses près des plages peuvent rendre les bains de mer désagréables !

Le dessin de la page ci-contre résume le cycle de *Staurocladia*, un cœlentéré commun dans les eaux de la Méditerranée. Les polypes vivent en colonies composées de deux types d'individus : les polypes nourriciers et les

Métamorphose d'un papillon. La chenille, qui est la larve du papillon, s'enferme le moment venu dans un cocon sécrété par ses glandes salivaires (le ver à soie, larve du bombyx du mûrier, produit un cocon constitué par l'enroulement d'un fil de soie). Immobilisée dans son cocon, la chenille, devenue chrysalide, accomplit sa métamorphose imaginale, dernière transformation d'où naîtra l'insecte adulte parfait, l'imago. Le papillon ci-dessous est un jason ou pacha à deux queues (*Charaxes jasius*), aux ailes très colorées, qui vit sur le littoral méditerranéen. Il a été photographié alors qu'il était en train de sortir de son cocon. ⇩

gonanges. Ceux-ci produiront les méduses. Polypes et méduses ont chacun leur propre mode de reproduction. Une colonie de polypes prolifère par bourgeonnement. Il s'agit dans ce cas de reproduction asexuée, comparable à la croissance d'un végétal. Quant à la reproduction sexuée, chez *Staurocladia* comme chez la plupart des cœlentérés, elle est dévolue à la forme méduse. La fécondation, la segmentation, la formation de la blastula et la gastrulation sont conformes chez *Staurocladia* au schéma général exposé dans le chapitre précédent. La gastrula est une larve nageante, la

La larve va subir plusieurs mues, qui lui permettront de quitter son enveloppe devenue trop petite et d'en confectionner une nouvelle plus grande: il y a par exemple trois stades larvaires chez la mouche du vinaigre, la drosophile. Parvenue au terme de sa croissance, cette larve s'immobilise, devient nymphe, pupe (mouche) ou chrysalide (papillon). C'est alors que se fait la métamorphose proprement dite, qui produira l'imago, l'adulte sexué capable de se reproduire et qui, enfermé dans une cuticule, ne grandira plus. Une petite mouche n'est pas une jeune mouche! La croissance lar-

et des branchies, que le cœur commence à battre et le sang à circuler. L'embryon va éclore, quatre jours après la ponte, sous la forme d'un têtard à branchies externes.

L'organogenèse se poursuit au cours de ce premier stade larvaire qui dure une dizaine de jours. Vient ensuite le stade du têtard à branchies internes. Celui-ci subira, en l'espace de trois semaines environ, une longue métamorphose. Le têtard s'alimente grâce à une bouche cornée qui lui permet de brouter les végétaux. Il grandit, passant de 10 mm de longueur à 25 mm.

1

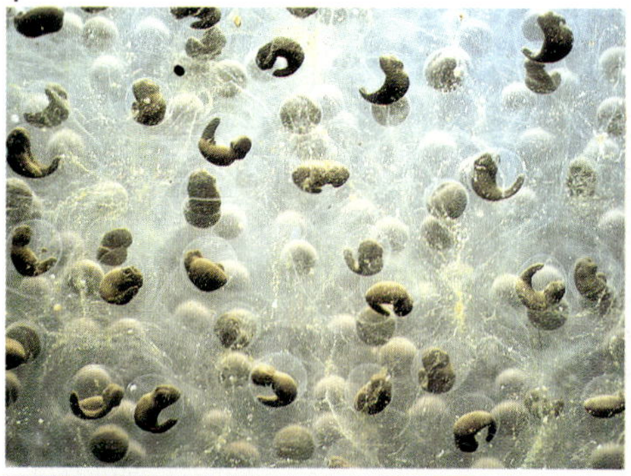

2

3

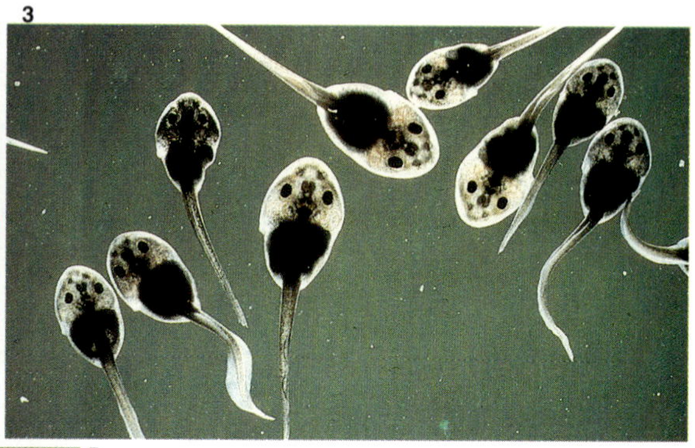

4

5

Les métamorphoses du têtard en grenouille. 1. Dans cette ponte de grenouille, on distingue les embryons déjà développés à l'intérieur des gangues transparentes. L'œuf de grenouille se prête particulièrement bien à l'observation. **2.** Le têtard est encore dans son œuf. Il est doté de branchies externes, bien visibles. **3.** Ces jeunes têtards éclos sont capables de nager librement, grâce aux mouvements de leur longue queue. Les branchies sont devenues internes. **4.** Les pattes postérieures sont apparues, mais le têtard continue à utiliser sa queue pour se déplacer. **5.** Le têtard est maintenant pourvu de quatre pattes. **6.** Dernière étape de la métamorphose: la queue régresse, l'animal a l'apparence d'une petite grenouille. Les branchies ont disparu, les poumons se sont développés, la respiration devient aérienne et la grenouille sort de l'eau.

6

planula, dans laquelle se distinguent les deux feuillets embryonnaires interne et externe. A ce stade s'achève le développement embryonnaire de *Staurocladia*. La planula va nager pendant quelques heures ou quelques jours, puis elle se fixera et se métamorphosera en polype.

Les métamorphoses des insectes

Les invertébrés offrent de nombreux autres exemples de développement à métamorphoses. Les insectes, animaux très évolués et extrêmement spécialisés, passent au cours de leur développement par des stades morphologiquement et physiologiquement très différenciés, et très différents aussi de la forme adulte, appelée imago (voir, page précédente, le développement d'un moustique africain). Le développement embryonnaire proprement dit — segmentation, gastrulation, morphogenèse — a lieu dans l'œuf, duquel sortira la larve (asticot de la mouche ou chenille du papillon) qui se nourrit activement et grandit beaucoup.

vaire, les mues et la métamorphose des insectes font intervenir des mécanismes hormonaux complexes et très étudiés, dans lesquels l'hormone de mue, appelée ecdysone, joue le rôle principal.

Du têtard à la grenouille

Les métamorphoses ne sont pas l'apanage des invertébrés. Quel est l'enfant qui n'a essayé, au printemps, d'élever des têtards après avoir trouvé dans une mare ou un ruisseau une de ces volumineuses pontes de grenouille composée de centaines d'œufs noirs?

L'œuf de grenouille est relativement gros, facile à récolter et à observer. Comme l'œuf d'oursin, c'est un matériel de choix pour l'expérimentateur. Les photographies ci-dessus montrent les principales étapes du développement de la grenouille. La segmentation, totale, dure 24 heures, ainsi que la gastrulation qui lui fait suite. La neurulation marque le début de l'organogenèse. A partir de l'ectoderme se constitue la plaque neurale avec ses bourrelets médullaires latéraux qui s'épaississent. La plaque devient gouttière neurale, puis les bourrelets se soudent l'un à l'autre, formant le tube neural. C'est l'ébauche du système nerveux de l'animal (cerveau et moelle épinière). La neurulation s'accomplit également en une journée environ. Au stade suivant, appelé bourgeon caudal, l'embryon s'allonge, surtout dans la région postérieure qui va former une queue. C'est alors que débute la segmentation du mésoderme, visible sous le revêtement ectodermique. Apparaissent alors les ébauches des vertèbres. C'est aussi au stade du bourgeon caudal qu'apparaissent les ébauches de l'œil

La métamorphose correspond chez la grenouille au passage de la vie aquatique à la vie aérienne. Elle comporte des changements morphologiques et physiologiques profonds, qui se manifestent notamment par des dégénérescences: le bec corné est remplacé par une bouche, les branchies disparaissent, la queue régresse complètement. Parallèlement apparaissent de nouveaux organes fonctionnels: les poumons et les membres: la grenouille va pouvoir sortir de l'eau.

Ces modifications sont commandées par un mécanisme hormonal qui a été très bien étudié. La métamorphose du têtard est déclenchée par l'hormone thyroïdienne, la thyroxine. L'activité de la thyroïde, comme celle de beaucoup d'autres glandes endocrines chez les vertébrés, est contrôlée par l'hypophyse, elle-même sous la dépendance de l'hypothalamus, région du cerveau dotée d'une activité neurosécrétoire.

L'ablation de l'hypophyse ou de la thyroïde sur des têtards ainsi que le traitement par des substances antithyroïdiennes empêchent la métamorphose. Mais la croissance se poursuit et l'on obtient des têtards géants qui peuvent survivre plusieurs années. Le cas de l'axolotl, amphibien des hauts plateaux mexicains, est une «expérience naturelle»: c'est un têtard géant existant à l'état naturel et qui normalement ne se métamorphose pas. On peut obtenir expérimentalement la métamorphose de cet animal en ajoutant de la thyroxine à l'eau d'élevage. En fait, il a été démontré que l'absence de métamorphose chez l'axolotl est due à une déficience hypophysaire, qui entraîne la réduction de la thyroïde.

Les vertébrés amniotes

Une distinction s'impose entre les vertébrés inférieurs, poissons et amphibiens (grenouille), d'une part, et les vertébrés supérieurs, reptiles, oiseaux et mammifères, d'autre part. Le développement des premiers s'effectue en l'absence d'annexes embryonnaires, ces organes qui permettent des échanges avec le milieu environnant, en particulier l'amnios, alors que les embryons des seconds en sont pourvus. Poissons et amphibiens sont des vertébrés dits anamniotes; reptiles, oiseaux et mammifères sont des vertébrés amniotes.

Le développement du poulet

On peut prendre comme exemple de type de développement d'un vertébré amniote celui du poulet. Autre objet d'observation favori des chercheurs, l'embryon de poulet a été et continue à être très étudié. D'une part, il est facile de se procurer des œufs de poule en grande quantité, d'autre part, on peut aisément faire des observations et des opérations sur l'embryon dans l'œuf en pratiquant une fenêtre dans la coquille. Après avoir refermé l'ouverture avec un matériau transparent (ruban adhésif, par exemple), on remet l'œuf en incubation dans une couveuse et on peut observer son développement jusqu'à l'éclosion, qui a lieu 21 jours après la mise en incubation (voir photographies ci-contre).

Développement du poulet

1

3 jours

2

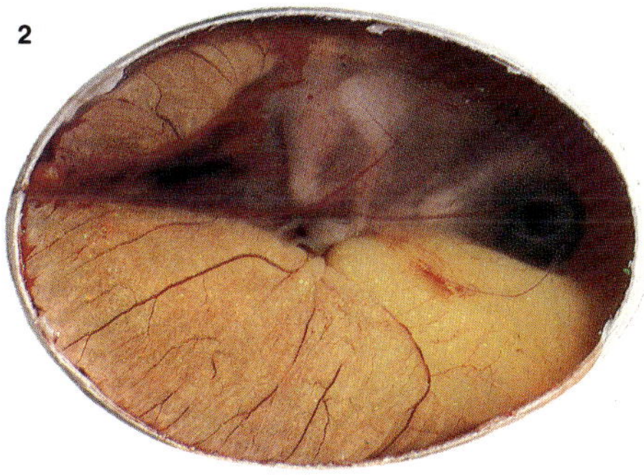

10 jours

3

21 jours

Développement du poulet à l'intérieur de l'œuf.

L'embryon de poulet a été et est toujours particulièrement bien étudié. On peut en effet facilement observer son développement à l'intérieur même de l'œuf en ouvrant une fenêtre dans la coquille, comme le montre cette série de photographies:

1. A 3 jours d'incubation, on distingue nettement la circulation sanguine de l'aire vasculaire, qui entoure l'embryon proprement dit. **2.** Embryon à 10 jours d'incubation. **3.** A 21 jours, le poussin est prêt à éclore. Les réserves, jaune et blanc d'œuf, ont été complètement absorbées.

1

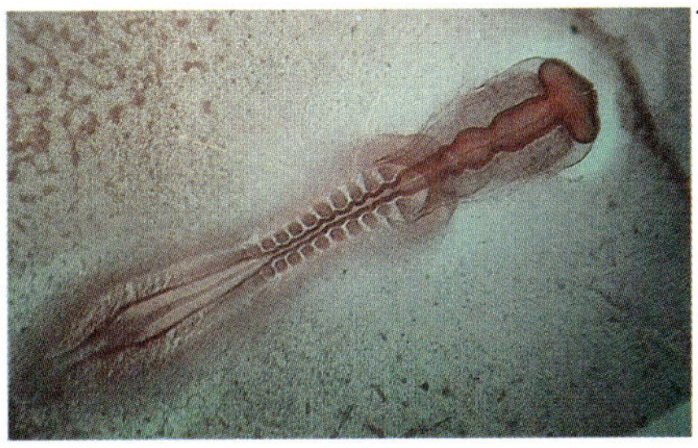

32 heures

2

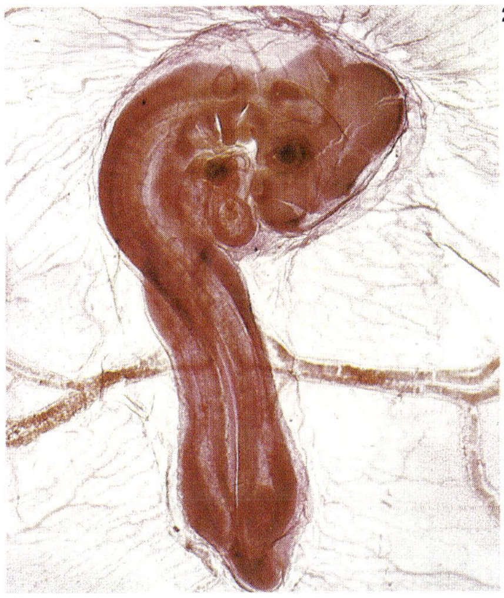

60 heures

3

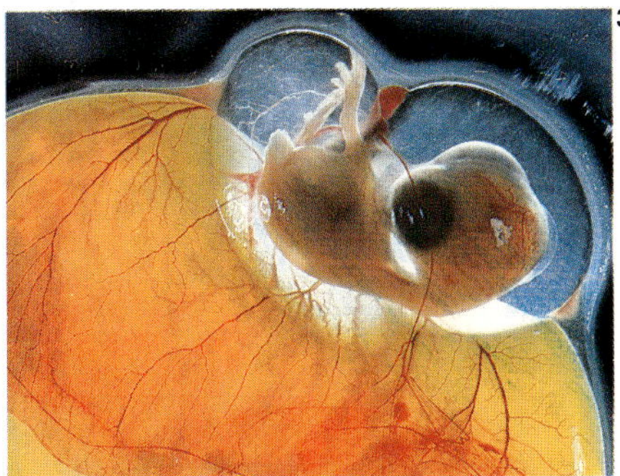

5 jours

Trois autres stades de la morphogenèse de l'embryon de poulet.

1. A 32 heures d'incubation, la morphogenèse est en cours. Le cerveau s'esquisse, on distingue en particulier les vésicules optiques. La colonne vertébrale en formation comporte dix segments, de part et d'autre de la future moelle épinière. **2.** Vers 60 heures, on reconnaît le cerveau, l'œil, le cœur. **3.** Embryon de 5 jours enveloppé dans son amnios transparent. L'œil est pigmenté, les membres formés. L'embryon repose sur le jaune, qu'il digère grâce à sa circulation sanguine extra-embryonnaire.

La segmentation est partielle (voir schéma p. 116). Elle ne concerne qu'une très petite zone à la surface de l'œuf, le disque germinatif, qui deviendra le blastoderme. Jusqu'au stade 32 cellules (ou blastomères), celles-ci ne sont pas séparées du jaune (vitellus) par une membrane cellulaire. A partir du stade morula, les cellules centrales sont pourvues de limites nettes, tandis que les cellules périphériques restent en continuité avec le jaune de l'œuf, siège des réserves nutritives. Plusieurs assises cellulaires se forment. La phase blastula se subdivise en deux stades: d'abord les cellules centrales ménagent entre elles-mêmes et le jaune une première cavité, le blastocèle primaire; puis deux feuillets cellulaires, un externe (épiblaste) et un interne (hypoblaste), se séparent, formant entre eux une seconde cavité, le blastocèle secondaire. C'est à ce moment que l'œuf est pondu.

S'il est couvé par la mère, ou mis en incubation, l'œuf poursuit son développement. La gastrulation, au cours de laquelle se formera le troisième feuillet, s'effectue en quatre mouvements morphogénétiques: la convergence de matériel superficiel vers la zone postérieure de l'embryon; l'immigration de cellules du feuillet externe le long d'une ligne centrale légèrement déprimée en gouttière, appelée ligne primitive; l'élongation générale; la divergence des cellules devenues internes par suite de l'immigration (voir schéma p. 118).

Certaines de ces cellules iront s'installer dans le feuillet sous-jacent qui formera avec elles l'endoderme, tandis que la majorité d'entre elles constitueront le mésoderme. Au fur et à mesure que l'invagination s'achève, la ligne primitive régresse vers la future région postérieure de l'embryon, tandis qu'à l'avant débute la neurulation. Comme chez l'embryon d'amphibien, il se forme à partir de l'ectoderme une plaque neurale, avec des bourrelets médullaires latéraux, une gouttière, puis un tube neural, de part et d'autre duquel le mésoderme se fragmente en segments réguliers, les somites.

Les annexes embryonnaires

Ce sont elles qui assurent les relations entre l'embryon et son environnement: la nutrition, l'élimination des déchets, la protection, la respiration. La vésicule vitelline résulte de l'extension progressive sur le jaune d'une lame endodermique doublée de mésoderme. Elle va finir par englober complètement le jaune. Sa riche vascularisation, connectée à la circulation intraembryonnaire, permet l'absorption du jaune. La vésicule vitelline est le principal organe nutritionnel de l'embryon. C'est aussi au niveau de la circulation vitelline que prennent naissance les premiers éléments sanguins.

L'amnios est une membrane à double paroi qui enveloppe complètement l'embryon. La cavité ménagée entre l'embryon et la paroi interne est remplie de liquide amniotique. Le rôle de l'amnios et de la cavité amniotique est de protéger l'embryon, en particulier contre la dessiccation. Il se forme chez l'embryon de poulet après 30 heures d'incubation. C'est un repli ectodermique doublé de mésoderme qui va recouvrir l'embryon à la manière d'un capuchon, d'abord au-dessus de la tête, puis dans la région caudale et enfin latéralement. A quatre jours, le sac amniotique est complètement fermé. Sa paroi externe constitue la séreuse.

Comme la vésicule vitelline, l'allantoïde est un diverticule de l'endoderme qui se forme à partir de l'intestin postérieur au cours du troisième jour. Sa croissance est rapide et importante: à 14 jours, il est devenu un vaste sac à double paroi qui enveloppe tout l'embryon et les autres annexes. Sa paroi externe s'accole à la séreuse, formant une membrane richement vascularisée. C'est là que se font les échanges respiratoires. D'autre part, cette membrane assure l'absorption, à partir de la coquille, de sels de calcium qui seront utilisés pour l'édification du squelette. L'allantoïde réalise également l'assimilation d'une partie de l'albumen (blanc d'œuf). Enfin, outre son rôle en matière de respiration et de nutrition, l'allantoïde est le lieu de stockage des produits de l'excrétion de l'embryon.

En fin d'incubation, lorsque le poussin éclôt après avoir découpé la coquille avec le «diamant», organe dur et pointu dont son bec supérieur est pourvu, les trois annexes devenues inutiles restent collées à l'intérieur de la coquille et sont éliminées en même temps qu'elle.

Comment se développent les mammifères

Le développement des mammifères présente de nombreuses analogies avec celui des oiseaux. On retrouve en particulier les mêmes annexes embryonnaires, avec toutefois une nouvelle structure, liée au développement dans l'organisme maternel: le placenta, qui assure les échanges entre l'embryon et la mère.

La segmentation de l'œuf des mammifères est totale. Elle s'effectue à l'intérieur des enveloppes de l'œuf, qui est sphérique et évolue librement dans l'oviducte, ou trompe de Fallope. L'implantation dans la paroi de l'utérus aura lieu après le stade blastula. Pendant la phase libre, l'œuf de mammifère est appelé blastocyste. C'est l'homologue du blastoderme des oiseaux.

Au stade blastula, on distingue deux catégories de cellules. Les unes forment une masse interne, le bouton embryonnaire, qui donnera l'embryon proprement dit. Les autres s'aplatissent, deviennent périphériques et constituent le trophectoderme, dont le rôle est nourricier, et qui produira les annexes embryonnaires.

Les processus de gastrulation, de neurulation et de morphogenèse sont très semblables à ceux que nous avons obervés chez l'oiseau. La chronologie des phénomènes est toutefois différente. En particulier, la segmentation est beaucoup plus lente chez les mammifères.

Les premières étapes du développement humain, par exemple, se déroulent selon la chronologie suivante:

— première semaine: segmentation, blastocyste libre;

— deuxième semaine: implantation dans la muqueuse utérine;

— troisième semaine: gastrulation;

— quatrième semaine: neurulation;

— cinquième semaine: bourgeon caudal.

Le schéma de la page ci-contre montre deux stades du développement humain. Le cœur commence à battre à quatre semaines environ (chez l'embryon de poulet, les premiers battements s'observent vers 35 heures d'incubation). L'embryogenèse humaine se poursuit jusqu'à la fin du second mois de gestation. L'organogenèse proprement dite est achevée dans ses grandes lignes à cette date, et l'embryon prend le nom de fœtus.

La formation de l'amnios

La formation des annexes chez les mammifères est très précoce: elle a lieu dès le stade gastrula, et permet à l'embryon dépourvu de réserves de recevoir très tôt un apport nutritionnel de la part de la mère. Selon les espèces, l'amnios se forme par plissement, ou par cavitation (voir figure page ci-contre). L'amniogenèse par plissement s'effectue de la même manière que chez les oiseaux. La cavitation s'observe chez les mammifères les plus évolués, en particulier chez les primates. Bien que n'ayant pas de réserves propres (vitellus),

Les chimères

Les chimères sont des animaux composites constitués de cellules dérivant de plus d'un œuf (ou zygote). La construction de tels animaux est une méthode qui a été utilisée de longue date dans l'étude du développement embryonnaire.

Au début de ce siècle, les pionniers de l'embryologie expérimentale ont associé des cellules de deux espèces de tritons différant par leur pigmentation, afin de reconnaître la destinée précise des cellules du germe au cours des processus complexes de l'organogenèse. C'est aussi grâce à de telles combinaisons cellulaires qu'on a pu démontrer que les cellules de l'embryon ne se développent pas d'une manière indépendante, mais, au contraire, que leurs interactions jouent un rôle décisif dans leur différenciation ultérieure.

L'utilisation des chimères en biologie du développement a subi par la suite une très grande expansion lorsque Tarkowski en Pologne, Béatrice Mintz en Amérique démontrèrent au début des années 1960 qu'on peut obtenir à partir de deux œufs de souris — que l'on oblige à s'agréger pour n'en former qu'un seul — une souris normale, quoique chimérique, et de la même taille qu'un animal issu d'un seul œuf.

En combinant entre eux des œufs de souris porteuses de marqueurs génétiques déterminés, on a pu étudier sous un angle nouveau le développement des mammifères, peu accessibles à l'expérimentation pendant la gestation.

A partir de 1969, une nouvelle méthode a été mise au point, qui a permis de suivre d'une manière sélective le développement des cellules embryonnaires individuellement marquées dans la structure même de leur noyau cellulaire. Ceci a été réalisé à la suite d'une découverte d'une particularité des noyaux cellulaires chez une espèce d'oiseau dont on peut se procurer facilement les œufs: la caille japonaise. Toutes les cellules de caille possèdent aussi bien chez l'embryon que chez l'adulte une partie de leur ADN sous une forme très condensée (hétérochromatine), associé avec le nucléole. Une telle caractéristique ne se rencontre que très rarement dans le règne animal, et en particulier pas chez le poulet où, comme c'est le cas chez l'homme et la souris par exemple, l'hétérochromatine est plus dispersée.

L'association de cellules de caille et de poulet réalisée en culture *in vitro* ou bien dans l'embryon *in ovo* permet de distinguer l'évolution respective des cellules de chacune de ces espèces qui peuvent être reconnues par la structure de leur noyau, quelle que soit la durée de l'association.

Cette méthode a permis d'étudier dans le détail les migrations cellulaires, particulièrement celles qui interviennent dans le développement du système nerveux. On peut ainsi construire des embryons chimères dont une partie du cerveau ou de la moelle épinière appartiendra à l'hôte poulet, et une partie à l'embryon donneur caille. De telles chimères sont capables d'éclore et de rester en bonne santé un certain temps après la naissance, comme le montre la photographie ci-dessous. Ces animaux ont un comportement en tous points identique à celui des poulets normaux, montrant ainsi que les interactions cellulaires, aussi complexes soient-elles, intervenant dans la mise en place des réseaux neuronaux, peuvent s'effectuer correctement entre cellules d'espèces différentes. Les processus moléculaires et cellulaires de la morphogenèse n'ont pas varié d'une manière significative au cours de la spéciation à l'intérieur de la classe des oiseaux.

A partir de deux mois environ après la naissance, les oiseaux dont la moelle épinière est chimérique présentent des troubles neurologiques carctérisés par la paralysie des ailes puis des pattes. L'examen de leurs systèmes nerveux central et périphérique montre qu'ils sont atteints d'une maladie démyélinisante concernant dans un premier temps le tissu de caille greffé, puis d'étendant à celui de l'hôte. Cette maladie, dont la cause primaire est le rejet immunologique du tissu étranger survenant après que le système immunitaire du poulet hôte s'est développé, présente certains des signes histopathologiques de maladies humaines démyélinisantes comme la sclérose en plaques.

A cet égard, les chimères nerveuses que nous construisons constituent un modèle expérimental d'étude de ces maladies.

NICOLE LE DOUARIN

Chimère caille-poule de quelques semaines et ses témoins poulet et caille.

1

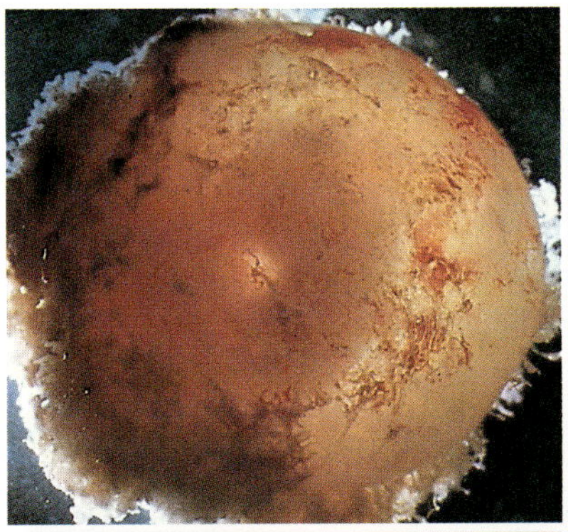

2

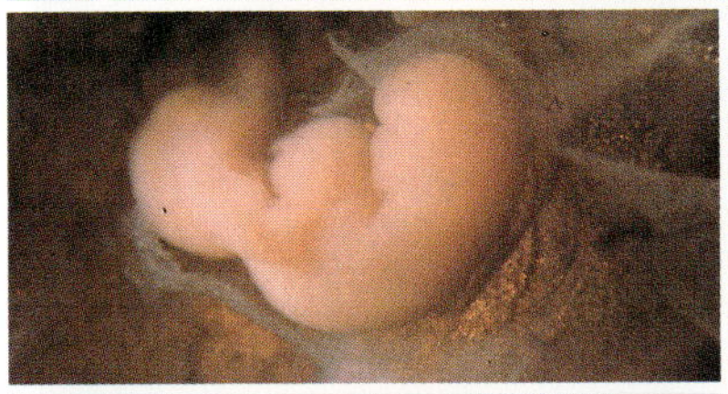

3

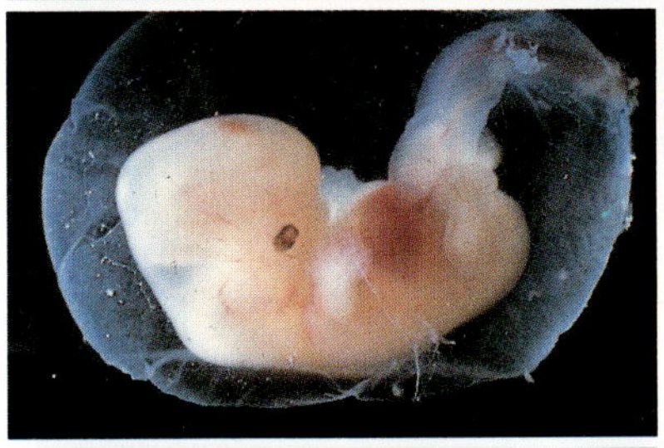

4

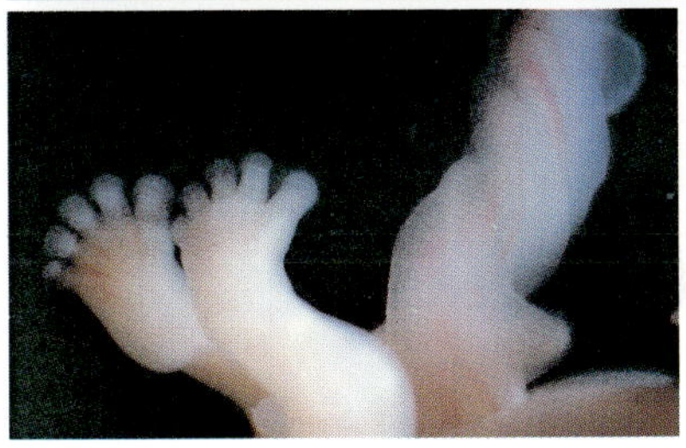

5

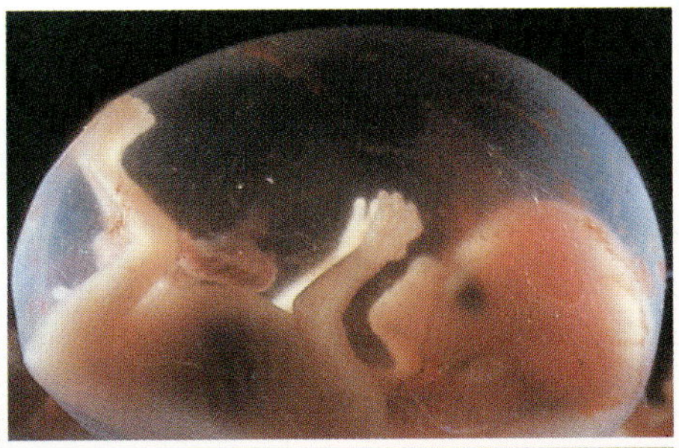

6

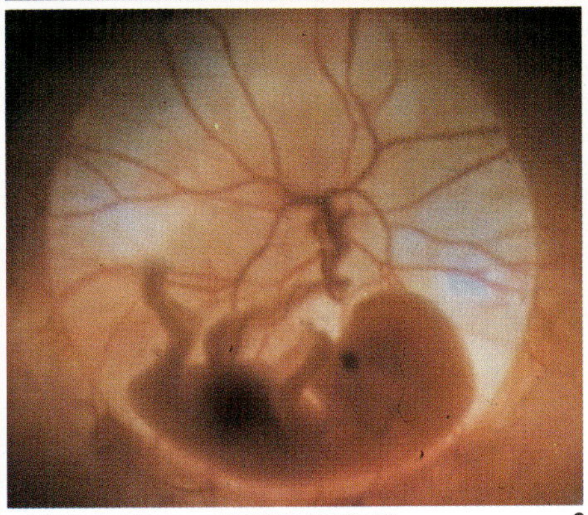

7

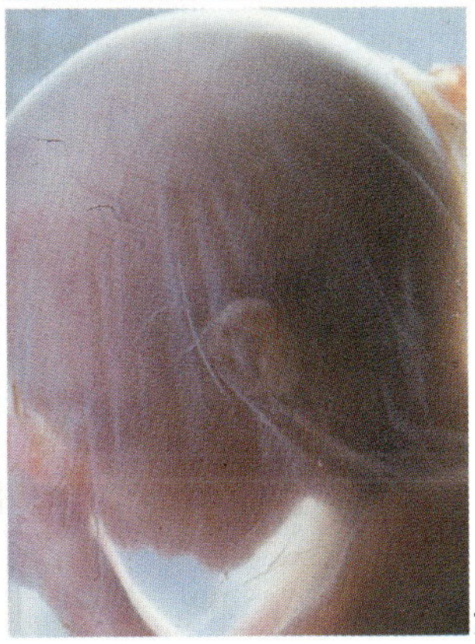

8

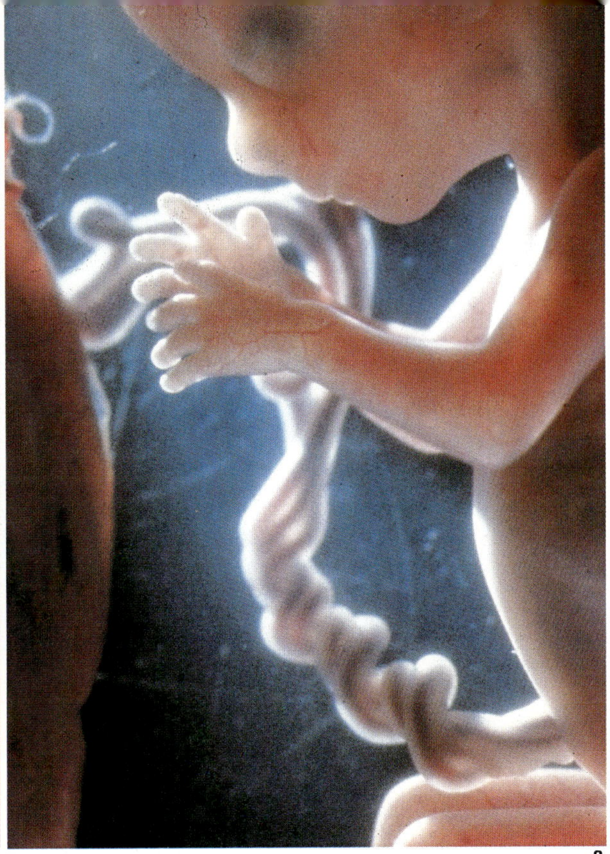

Formation des annexes embryonnaires

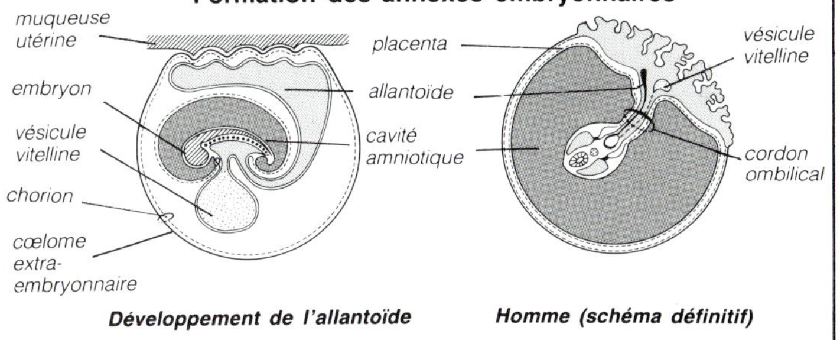

En se développant chez l'homme, le placenta et la muqueuse utérine s'interpénètrent par des villosités dont le dessin se complique avec l'âge.

De l'embryon au fœtus humain. Cette série de photographies montre différents stades du développement de l'embryon et du fœtus humains:

1. Œuf humain vu dans son ensemble, vers la quatrième semaine.
2. Embryon à quatre semaines, photographié à un plus fort grandissement.
3. Embryon au cours de la sixième semaine.
4. A deux mois et demi, les pieds et les orteils sont bien formés. Sur ce document, on distingue aussi le cordon ombilical.
5. A 14 semaines, embryon dans sa poche amniotique («poche des eaux»).
6. A quatre mois et demi, on reconnaît bien l'œil, les membres, le cordon ombilical et la circulation sanguine ombilicale.
7. Tête d'un fœtus de cinq mois et demi, coiffée de sa membrane amniotique.
8. Cette dernière photographie montre des détails de la tête, du bras, de la main et du cordon ombilical d'un fœtus de cinq à six mois.

l'embryon des mammifères possède une vésicule vitelline, dérivée de l'endoderme comme chez les oiseaux. Peu développée en général, très réduite chez l'homme, elle est considérée comme une survivance prouvant que les œufs des ancêtres des mammifères étaient dotés de ces réserves. Cette vésicule n'a plus de rôle nutritionnel, mais sa fonction est de produire les premiers éléments sanguins. Par la suite, lorsque la vésicule vitelline aura disparu, le sang prendra naissance dans le foie du fœtus.

Le placenta

C'est une annexe embryonnaire spécifique des mammifères, qui va assurer la nutrition de l'embryon et permettra à l'œuf, qui pèse 1 microgramme, c'est-à-dire un millionième de gramme, de produire un jeune qui pèsera à la naissance des millions, voire des milliards de fois plus.

Le placenta est formé par la collaboration de structures provenant de l'embryon et du tissu utérin maternel. Le placenta fœtal résulte de l'accolement de l'allantoïde avec le chorion. Ce dernier n'est autre que le trophectoderme doublé de mésoderme. Le chorion se garnit de nombreuses villosités dans lesquelles s'insinue le mésoderme allantoïdien avec sa vascularisation très étendue. Aux villosités du chorion fœtal correspondent des anfractuosités dans la muqueuse utérine, où circule le sang maternel: c'est ainsi que se réalisent les échanges entre la mère et l'embryon. Ces échanges s'effectuent dans un sens comme dans l'autre; ils comportent non seulement la nutrition de l'embryon, mais aussi l'excrétion des déchets de son métabolisme (urée) et sa respiration, c'est-à-dire l'apport d'oxygène et l'élimination de son gaz carbonique.

Chez l'homme, l'implantation de l'œuf dans la muqueuse utérine a lieu six à sept jours après la fécondation. L'allantoïde apparaît sous la forme d'un diverticule endodermique à la fin de la deuxième semaine, et constitue l'axe du massif mésenchymateux allantoïdien. C'est à cet endroit du blastocyste que les villosités sont les plus nombreuses. Par la suite, elles ne persisteront d'ailleurs que dans cette région, qui constituera le placenta proprement dit. Le placenta est relié à l'embryon par le cordon ombilical. Celui-ci est un organe complexe formé par un revêtement provenant de l'amnios et par les pédicules de l'allantoïde et de la vésicule vitelline (voir figure ci-dessus). C'est cette voie qu'empruntent les vaisseaux sanguins qui relient la vascularisation placentaire à la circulation de l'embryon lui-même.

Au moment de la naissance du petit mammifère, les annexes, y compris le placenta, sont expulsées de l'utérus maternel en même temps que le fœtus. Toutefois, la partie maternelle du placenta, appelée décidue, subit un sort différent selon les espèces. Dans certains cas (chez les ruminants, par exemple), la décidue se conserve plus ou moins intacte pendant la gestation et la parturition. Dans d'autres, elle fait corps avec la partie fœtale du placenta et sera expulsée à l'accouchement: c'est ce qui se produit chez les carnivores, les rongeurs et les primates, notamment chez l'homme.

CATHERINE ZILLER

Comment ont évolué les idées sur l'évolution

De nos jours, lorsqu'on aborde le sujet de l'évolution, on pense spontanément à Darwin. N'est-ce pas lui qui, vers le milieu du XIXe siècle, a expliqué une fois pour toutes comment les diverses formes vivantes s'étaient constituées? Il ne faudrait pas, toutefois, que le célèbre livre *De l'origine des espèces*, paru en 1859, fasse oublier la richesse de l'histoire du transformisme. Car cette histoire a commencé avant Darwin, s'est prolongée bien après lui et n'est sans doute pas close. Pour reprendre une formule courante, l'évolutionnisme a évolué... Darwin en était d'ailleurs conscient, comme le prouve la «notice historique» qu'il a ajoutée à *l'Origine des espèces*.

Dans cette notice, il commence par faire allusion à quelques auteurs de l'Antiquité. Effectivement, certains philosophes grecs ont vaguement pressenti que les organismes vivants avaient pu se transformer. Anaximandre de Milet, au VIe siècle av. J.-C., pensait que l'homme, à l'origine, était «né d'animaux d'un autre genre». D'après lui, cela était prouvé par le fait que les êtres humains, dans leur jeune âge, sont longtemps incapables de se nourrir par leurs propres moyens. Un autre penseur grec, Empédocle d'Agrigente, émit, au Ve siècle av. J.-C., de curieuses idées sur la formation des organismes: «Des têtes sans cou apparaissaient sur la terre, des bras sans épaules erraient, et des yeux se déplaçaient çà et là, qui n'avaient pas de front...» Selon cet auteur, ces organes détachés s'étaient réunis sous l'action de l'Amour; ainsi se seraient formés les êtres vivants. On trouve chez lui l'idée d'une sorte de sélection naturelle: les organismes non viables ont été éliminés (par exemple, les bovins à tête d'homme!), tandis que les organismes correctement formés ont survécu. Certains historiens, pour cette raison, ont pensé qu'Empédocle était un précurseur du darwinisme. C'est une opinion difficile à maintenir.

Quelques auteurs anciens ont eu des intuitions parfois remarquables. Ainsi le poète et philosophe latin Lucrèce, au Ier siècle av. J.-C., a décrit de façon très vivante la «lutte pour la vie». Il pensait qu'il était possible d'expliquer la naissance des animaux par les seules lois de la nature, sans recourir à l'intervention des dieux. Mais ces idées, si intéressantes qu'elles fussent, ne furent jamais développées méthodiquement et systématiquement. Pour qu'apparaissent des spéculations plus précises, il faut attendre de nombreux siècles. Ce n'est guère qu'au XVIIIe siècle que s'annonce le transformisme moderne.

UNE NOUVELLE MANIÈRE DE PENSER

Il est vraisemblable que le développement du sens historique a joué un rôle dans la maturation de nouvelles idées biologiques. Petit à petit, les théoriciens s'habituaient à penser la réalité sociale (mœurs, institutions, productions culturelles...) en termes d'évolution. Il n'est pas trop surprenant que cette manière de penser ait été appliquée aussi à l'étude de la nature. A cette époque, rappelons-le, la religion chrétienne dominait la culture occidentale. D'après l'interprétation la plus courante de la Bible, les diverses espèces végétales et animales avaient été créées directement par Dieu et étaient absolument stables. Il fallait donc de l'audace pour s'attaquer à cette doctrine, d'autant plus que des sciences comme la paléontologie et l'embryologie en étaient à leurs balbutiements. Quelques esprits hardis se risquèrent malgré tout à suggérer que les êtres vivants pouvaient subir des «transmutations» au fil des générations.

Dans un livre qui parut seulement après sa mort, en 1748, le Français Benoît de Maillet suggérait par exemple que toutes les espèces terrestres venaient peut-être d'espèces marines correspondantes. D'après lui, des poissons s'étaient habitués à vivre sur terre et avaient donné naissance à de nouveaux animaux (entre autres à des oiseaux). De même, des éléphants de mer avaient engendré les éléphants terrestres; et les hommes, eux aussi, provenaient de créatures marines (les tritons!). Benoît de Maillet, évidemment, nous apparaît maintenant comme un doux rêveur, doué d'une imagination excessive. Mais d'autres auteurs, à peu près à la même époque, formulèrent des idées d'un très grand intérêt.

Ainsi des historiens des sciences ont noté que Pierre de Maupertuis, vers le milieu du XVIIIe siècle, paraît «avoir eu une notion assez nette des processus de mutation et de sélection». D'une part, les êtres vivants peuvent se modifier de façon accidentelle au fil des générations; d'autre part, les modifications utiles peuvent se conserver et s'accumuler, les individus inaptes étant au contraire condamnés à disparaître. Le naturaliste Buffon, de son côté, semble avoir admis qu'un transformisme limité était possible. Il a même écrit qu'on pouvait supposer que «tous les animaux sont venus d'un seul animal qui, dans la succession des temps, a produit, en se perfectionnant et en dégénérant, toutes les races des autres animaux». Il faut se garder d'exagérer l'importance des énoncés de ce genre. Mais il est clair que, dès le XVIIIe siècle, beaucoup de naturalistes ont envisagé l'hypothèse de la variabilité des espèces. Le propre grand-père de Charles Darwin, Erasmus Darwin, s'appuya sur diverses considérations (tirées de l'anatomie comparée, de l'embryologie, etc.) pour formuler une théorie évolutionniste. Généralement, on le considère comme un prédécesseur de Lamarck, qui publia en 1809 un ouvrage particulièrement important, sa *Philosophie zoologique*.

Le lamarckisme caricaturé

— Dis donc, papa, pourquoi que les palmiers sont si grands?
— C'est pour que les girafes puissent les manger, mon enfant, car...

... si les palmiers étaient tout petits, les girafes seraient très embarrassées.

— Mais alors, papa, pourquoi que les girafes ont le cou si long?
— Eh bien! C'est pour pouvoir manger les palmiers, mon enfant, car...

... si les girafes avaient le cou court elles seraient encore bien plus embarrassées.

La *Philosophie zoologique* de Lamarck (1809) marque une date importante pour l'évolutionnisme. Cette caricature de Caran d'Ache fait allusion au fameux exemple de la girafe (transmission héréditaire de modifications acquises). La plupart des biologistes rejettent aujourd'hui cette idée de Lamarck. Mais n'oublions pas que Darwin, lui aussi, croyait à l'hérédité des caractères acquis.

LAMARCK ET LE TRANSFORMISME

On résume souvent la pensée de Lamarck de la façon suivante: afin de s'adapter à leur environnement, les animaux acquièrent de nouveaux caractères physiques, caractères qui sont ensuite transmis héréditairement à leur descendance. Comme exemple, on cite le cas de la girafe: pour atteindre des feuilles de plus en plus hautes, pour répondre à de nouveaux «besoins», elle aurait pris l'habitude d'étirer son cou et aurait transmis à ses rejetons la modification ainsi produite. Mais la théorie de Lamarck est beaucoup plus complexe. Il admet, certes, que les changements de circonstances provoquent indirectement une certaine forme d'évolution; mais il affirme aussi que la vie elle-même, par ses propres lois, engendre une sorte de «progression» dans les êtres vivants. Autrement dit, la nature tend spontanément à compliquer la «série générale des animaux». Tout compte fait, les variations du milieu ont plutôt une influence perturbatrice: elles introduisent des «anomalies» dans le «plan général de la nature». Lamarck ne réussit pas à persuader tous ses confrères naturalistes; mais il exerça une influence durable, même après que son système eut subi des critiques très sévères.

Pendant la première moitié du XIXe siècle, d'autres interprétations transformistes furent proposées. On peut citer le Français Étienne Geoffroy-Saint-Hilaire et l'Anglais Robert Chambers, qui fit paraître en 1844, sans nom d'auteur, un ouvrage intitulé *les Vestiges de l'histoire naturelle de la création (The Vestiges of the Natural History of Creation*). Mais pour qu'un nouveau pas décisif soit franchi, il faut parvenir à l'année 1858. C'est à cette date, en effet, que furent présentés devant la Société linnéenne de Londres des textes de Charles Darwin et d'Alfred Russel Wallace où était nettement exposée la théorie de la sélection naturelle (voir encadré p. 128). L'année suivante paraissait *De l'origine des espèces*. Cette fois-ci, avec un grand nombre d'exemples concrets tirés de la paléontologie, de l'embryologie, de l'anatomie comparée et de la biogéographie, une théorie bien structurée donnait une explication détaillée de la formation des espèces.

La croisière du *Beagle*: cinq ans de formation pour Darwin

Darwin eut la chance de faire le tour du monde à bord du *Beagle* en tant que naturaliste. Le voyage dura cinq ans, du 27 décembre 1831 au 2 octobre 1836. Il permit au jeune homme, encore bien peu avancé dans les sciences, d'observer, de réfléchir, bref, de se former.

Laissons la parole à Jean Rostand: «Tour à tour, il se révèle zoologiste, botaniste, géologue; et, mieux que cela, tout cela à la fois. Car il est vraiment naturaliste dans le sens le plus large et le plus complet du terme. Ce jeune voyageur a un sens extraordinaire des rapports entre les êtres, entre les choses, entre les phénomènes. [...] Son attention, constamment en éveil, lui propose toutes sortes de problèmes généraux: adaptation, distribution, déplacement et transport des animaux, extinction des espèces, origine des îles volcaniques, formation des récifs de corail, etc.»

Le père de Darwin, pourtant, n'avait pas été facile à convaincre; et Darwin faillit rester en Angleterre. Les sciences naturelles, assurément, y auraient perdu...

Cette gravure provient du volume où Darwin consigna les observations zoologiques qu'il avait faites pendant son voyage sur le Beagle. *Il avait découvert cette espèce particulière d'oiseau coureur* (Rhea darwinii) *en Amérique du Sud.*

Les animaux des Galapagos *(tortues ou iguanes, comme ici) présentent de légères différences d'une île à l'autre. Par sa théorie de la sélection naturelle, Darwin expliquait ingénieusement cette diversité.*

LE DARWINISME

Darwin, tout d'abord, affirmait que les espèces étaient des populations composées d'individus susceptibles de varier à travers les générations successives. Puis il décrivait la «lutte pour la vie» qui s'exerce en permanence dans la nature. Non seulement les animaux doivent affronter leurs concurrents, mais ils doivent résister aux intempéries, à la chaleur, à la sécheresse, etc. Alors est introduite l'idée de sélection naturelle, qui est fondée sur une analogie avec la sélection artificielle: de même que les éleveurs améliorent leur cheptel en opérant une sélection méthodique, de même la nature produit de nouvelles espèces en triant les individus. Ceux qui portent des variations favorables survivent et se multiplient, ceux qui portent des variations défavorables disparaissent. Imaginons que ce mécanisme de sélection fonctionne pendant des milliers de générations; alors par accumulation de petites modifications, de nouvelles populations vont se former (c'est-à-dire de nouvelles espèces).

Darwin admettait l'existence de plusieurs autres processus évolutifs (sélection sexuelle, usage et non-usage des organes, action directe des conditions...). Mais, à ses yeux, la sélection naturelle jouait le rôle principal. A proprement parler, ainsi que Darwin le reconnaissait, cette théorie n'était pas «prouvée». Parmi d'autres objections, celle-ci revenait souvent: on n'avait jamais vu une espèce se transformer en une autre espèce. Mais Darwin avait raison de dire que ses explications rendaient intelligibles une foule de faits observés par les spécialistes de la paléontologie, de l'embryologie et de quelques autres disciplines. Plusieurs hommes de science s'opposèrent cependant à la nouvelle théorie. Mais, en quelques années, elle réussit à s'imposer dans de nombreux pays.

On crut d'abord que le jeune Charles Darwin deviendrait médecin ou clergyman. Mais, vers l'âge de vingt ans, il découvrit les sciences naturelles. Il collectionna les insectes, s'intéressa à la géologie et se mit à réfléchir au grand problème de la formation des espèces. Il travailla vingt ans sur sa théorie avant de la publier (1859).

Contrairement à ce que l'on dit parfois, le darwinisme ne fut pas systématiquement refusé par les autorités en place. Mais, spécialement en France, il eut beaucoup de mal à s'implanter, comme en témoigne cette caricature due à Gill, et publiée en 1878 dans *la Lune Rousse*. En voici la légende: «Où s'arrêteront les magnificences de l'Hippodrome? On y parle de l'engagement du célèbre Darwin qui viendrait fournir la preuve de sa généalogie en exhibant l'agilité prestigieuse qu'il tient de ses aïeux (les singes). — M. Littré, qui partage *la foi* et les ancêtres du savant Anglais, le seconderait dans ses exercices.»

L'APPORT DE LA GÉNÉTIQUE

Le darwinisme présentait cependant des faiblesses. Cela s'explique en particulier par le fait que, à l'époque de Darwin, les connaissances dans le domaine de la génétique étaient insuffisantes. La fameuse étude de Mendel sur les plantes hybrides, qui marque les débuts de la génétique moderne, ne parut qu'en 1865; Darwin n'a jamais utilisé les idées qu'elle contenait. Mais d'autres hommes de science, bientôt, allaient entreprendre une révision de la théorie exposée dans *l'Origine des espèces*. Alors que Darwin croyait à l'hérédité des caractères acquis, par exemple, l'Allemand August Weismann affirma, dans les dernières années du XIXe siècle, qu'elle était impossible. Cela entraînait le rejet des idées concernant l'usage et le non-usage des organes; mais la théorie de la sélection naturelle proprement dite demeurait intacte.

En 1900, la génétique prit un nouvel essor grâce à la «redécouverte» des lois de Mendel, qu'opérèrent l'Autrichien Tschermak, l'Allemand Correns et le Hollandais De Vries. Mais, paradoxalement, ces progrès ne contribuèrent pas immédiatement à l'amélioration de la théorie darwinienne. Bien au contraire, ce fut l'occasion d'un conflit concernant la nature des *variations* utilisées par la sélection naturelle. Selon les partisans du mendélisme, ces variations étaient brusques et de grande ampleur. Hugo De Vries, par exemple, pensait que l'évolution s'expliquait par des «mutations» discontinues, par des «sauts» qui produisaient soudainement des formes nouvelles (mutationnisme). Mais Darwin, lui, avait déclaré que l'évolution se réalisait de façon continue, par accumulation de variations minimes. C'est pourquoi il se produisit au début du XXe siècle une crise dans la pensée biologique. Elle ne fut vraiment résolue que dans les années 1920-1930, lorsque R. A. Fisher, S. Wright et J. B. S. Haldane constituèrent la génétique des populations.

LA THÉORIE SYNTHÉTIQUE

Grâce à cette discipline, qui étudie comment les gènes se diffusent dans les populations, il devenait possible de présenter le darwinisme sous une forme plus satisfaisante. Autour de l'année 1940 apparut une nouvelle conception d'ensemble, qu'on appelle couramment la théorie synthétique de l'évolution. Elle se fondait essentiellement sur les travaux de Theodosius Dobzhansky, d'Ernest Mayr et de George Gaylord Simpson. Désormais, les variations chères à Darwin étaient définies comme des *mutations*, c'est-à-dire comme des accidents survenant au hasard et affectant certains gènes. La nouvelle synthèse ne tenait pas seulement compte des progrès de la génétique, mais de divers résultats concernant la notion d'espèce, la biogéographie, la paléontologie, etc. Elle fut acceptée par un grand nombre de scientifiques. De nos jours encore, elle constitue, dans ses grandes lignes, l'interprétation orthodoxe.

Les développements récents de la biologie moléculaire et de la biochimie ont permis d'affiner et de préciser l'analyse des phénomènes d'évolution. Il est devenu possible de suivre à la loupe, en quelque sorte, l'évolution de certaines molécules (par exemple, l'hémoglobine).

Wallace a-t-il devancé Darwin?

Pour désigner la théorie de l'évolution par sélection naturelle, c'est le mot «darwinisme» qui est couramment utilisé. Mais il s'en est fallu de peu; et cette même théorie aurait tout aussi bien pu porter le nom de «wallacisme». Alfred Russel Wallace (1823-1913) était en effet un naturaliste anglais, admirateur de Darwin, qui découvrit indépendamment de ce dernier comment l'idée de sélection naturelle pouvait expliquer la formation de nouvelles espèces. Alors qu'il se trouvait dans l'archipel malais, en 1858, il envoya à Darwin un article intitulé «De la tendance des variétés à s'écarter indéfiniment du type primitif», article dans lequel se trouvait développée une théorie tout à fait semblable à celle que Darwin était en train de mûrir. Ce dernier fut très surpris et crut un instant que Wallace l'avait définitivement devancé. Heureusement pour lui, le botaniste Hooker et le géologue Lyell arrangèrent les choses très habilement: ils présentèrent à la Société linnéenne de Londres, le 1er juillet 1858, à la fois deux textes fournis par Darwin et l'article de Wallace. Ainsi fut sauvée la priorité du darwinisme.

Le naturaliste anglais Alfred Russel Wallace formula dès 1858 une théorie analogue à celle de Darwin.

Le créationisme

Bien que des discussions aient encore lieu sur certains points, les spécialistes sont pratiquement tous d'accord pour admettre que Darwin avait raison. De façon générale, la «théorie synthétique» de l'évolution constitue l'une des grandes bases de la biologie moderne telle qu'elle est enseignée dans les écoles, les lycées et les universités. Et pourtant, il existe ce que l'on peut appeler des îlots de résistance. Le cas du créationisme est à cet égard exemplaire: selon cette doctrine, qui s'appuie sur une interprétation particulière de la Bible, il faut récuser la théorie darwinienne et considérer les diverses espèces végétales et animales comme des créations directes de Dieu. Du temps de Darwin, cette croyance était très répandue; et il avait précisément conçu sa théorie pour ruiner le dogme des «créations séparées». De nos jours, et spécialement aux États-Unis, certains groupes de croyants s'efforcent de maintenir le créationisme. Selon eux, il est anticonstitutionnel d'imposer aux étudiants l'enseignement du darwinisme. La Bible et le darwinisme, affirment-ils, doivent être mis sur le même pied: ce sont deux théories qui doivent bénéficier des mêmes avantages. C'est pourquoi plusieurs États américains ont officiellement pris des mesures pour que les créationistes puissent enseigner leurs conceptions, au même titre que les professeurs de biologie. Depuis le début du XXe siècle, d'ailleurs, cette tradition anti-darwinienne est vivace aux États-Unis, en particulier dans les États du Sud. Dans les années 1970, le nouvel essor du créationisme a suscité diverses réactions. Plusieurs procès ont eu lieu récemment. En général, les créationistes ont dû reculer; diverses législations favorables à la Bible ont été annulées ou modifiées. Mais il importe de souligner que les créationistes ont malgré tout réussi à créer un mouvement d'opinion d'une certaine ampleur. Ronald Reagan leur a même apporté publiquement son soutien. Leur principale victoire a été remportée dans le domaine de l'édition scolaire. Pour ne pas compromettre leurs ventes, beaucoup d'éditeurs ont en effet publié des manuels plus ou moins «expurgés», c'est-à-dire où l'évolution darwinienne est passée sous silence (ou mentionnée de façon très discrète). Il y a là, évidemment, une sorte de paradoxe: alors que les États-Unis sont une grande puissance scientifique, l'enseignement de la biologie y souffre d'un réel handicap dans un secteur important.

Il existe encore des «créationistes», en particulier aux États-Unis, qui croient que les espèces ont été créées séparément par Dieu (l'Arche de Noé, *imagerie musulmane actuelle).*

Dans l'ensemble, les résultats obtenus par les diverses sciences de la vie ont confirmé les schémas théoriques mentionnés précédemment. Il ne faut pourtant pas s'imaginer que tous les problèmes sont résolus et que la théorie néo-darwinienne (ou néo-néo-darwinienne...) a atteint sa forme parfaite et définitive.

Même des concepts apparemment aussi simples que ceux d'adaptation et de sélection naturelle font l'objet de critiques plus ou moins virulentes. Certains biologistes, par exemple, font remarquer qu'il est très difficile de déterminer avec exactitude si tel ou tel gène a réellement été sélectionné à cause de son «utilité» biologique. Mentionnons à ce propos la théorie «neutraliste» du Japonais M. Kimura, selon laquelle de nombreux gènes ne sont ni utiles ni nuisibles, mais neutres du point de vue évolutif. Les Américains Gould et Eldredge, en outre, ont récemment proposé une théorie (dite «des équilibres ponctués») qui va à l'encontre des idées généralement reçues. Selon eux, l'évolution n'a pas eu lieu de façon régulière et continue, mais par des «sauts» évolutifs relativement brusques. Sur ces points et plusieurs autres, de nombreuses discussions sont en cours. Il se pourrait donc que la théorie néo-darwinienne, dans les années à venir, subisse d'importantes révisions.

LA SOCIOBIOLOGIE

Une nouvelle discipline, qui se situe aussi dans la tradition darwinienne, a beaucoup fait parler d'elle ces temps derniers: la sociobiologie. Son objectif est d'expliquer par la biologie les comportements sociaux des animaux en général et des hommes en particulier. Dans la naissance de cette science, l'Américain Edward O. Wilson a joué un rôle prépondérant (*Sociobiology: the new synthesis,* 1975). Il a formulé une vaste théorie qui reprend les thèmes essentiels du darwinisme et s'appuie entre autres sur la génétique, l'écologie et l'éthologie. Selon lui, tous les comportements sociaux ont une base génétique et il faut les expliquer grâce à cette hypothèse fondamentale: du point de vue biologique, tout se passe comme si les organismes individuels ne servaient qu'à assurer la reproduction maximale des gènes. En d'autres termes, les gènes sont «égoïstes». Ils utilisent les animaux (termites, oies, chèvres, chimpanzés, hommes...) pour se multiplier; et les comportements sociaux (sexualité, agression, religion...) doivent être compris comme des stratégies qui optimisent le «profit génétique».

Mais E. O. Wilson ne s'est pas contenté de formuler des interprétations théoriques. Partant du principe que les sociobiologistes sont les experts les plus compétents dans le domaine des comportements humains, il a affirmé qu'ils devaient devenir les «nouveaux moralistes» et guider la planification de la société. Ce projet ambitieux soulève de nombreuses questions.

Tout d'abord, il faudrait savoir si cette nouvelle formule de darwinisme a des bases solides. Là-dessus, certains doutes sont permis. Ainsi, il n'est nullement prouvé qu'il existe des gènes de l'altruisme, des gènes du conformisme, des gènes de l'homosexualité. Il n'est pas évident non plus qu'on puisse expliquer l'évolution des sociétés humaines (qui est parfois très rapide) par l'évolution biologique (dont le rythme, en comparaison, est très lent).

Une autre question se pose aussitôt: appartient-il aux scientifiques (aux biologistes en l'occurrence) de dicter à l'humanité des normes éthiques et politiques? Le cas de Wilson a l'intérêt de nous rappeler que ce problème majeur n'est pas nouveau. Déjà Darwin avait appliqué à l'espèce humaine sa théorie de l'évolution. Cela l'avait amené à parler de «races inférieures». Et à déclarer que la femme, elle aussi, était inférieure à l'homme: moins intelligente, moins inventive, moins courageuse... A partir de là, il était facile de formuler des arguments plus ou moins «scientifiques» en faveur du racisme et du sexisme! De même, l'idée de sélection pouvait aisément engendrer de redoutables projets eugénistes, destinés à produire des populations de «surhommes».

Bien sûr, Darwin n'avait pas voulu cela. Mais l'histoire montre que des idéologies dangereuses se sont souvent développées autour de thèmes «darwiniens» plus ou moins douteux. Peut-être y a-t-il une leçon à en tirer: le développement des théories évolutionnistes n'est pas seulement «une belle aventure scientifique», mais une entreprise culturelle qui concerne l'humanité de façon très concrète. Admirons donc ceux qui, d'Anaximandre à nos jours, ont jeté un peu de lumière sur les origines de la vie et sur nos propres origines. Mais n'oublions pas que les théories sont seulement des constructions humaines. Elles peuvent nous aider à y voir plus clair; mais notre avenir dépend de choix moraux et sociaux qui dépassent la science, même darwinienne...

PIERRE THUILLIER

Extrait du «Courrier de l'UNESCO», mai 1982, avec l'autorisation de l'auteur.

Les moteurs de l'évolution

Pour la majorité des biologistes actuels, la théorie synthétique de l'évolution, dérivée de celle donnée par Darwin il y a plus d'un siècle (voir p. 128), fournit l'explication du phénomène de l'évolution biologique; elle réalise la synthèse des observations des naturalistes et des travaux des généticiens. Le naturaliste moderne observe le visage du monde; la génétique représente le moule en creux dans lequel ce visage paraît avoir été coulé. De même qu'un moule permet de construire un objet d'une certaine forme, la génétique des populations a permis de comprendre les curiosités de la nature.

DES ESPÈCES PAR MILLIONS

Certains des êtres vivants qui peuplent la terre sont semblables entre eux: on dit qu'ils font partie de la même «espèce»; ils ne peuvent se croiser qu'entre eux. Cependant, lorsque les biologistes ont voulu définir l'espèce, ils se sont aperçus que ces critères — ressemblance et fécondité — étaient trop simples, voire faux. Le problème de la définition de l'espèce est infiniment plus complexe qu'on ne le pensait (voir p. 134-135).

On a d'abord constaté que, contrairement à ce que l'on croyait jusqu'à ces derniers siècles, il existe un nombre considérable d'espèces, certainement plusieurs millions, dont beaucoup n'ont pas encore été décrites. Dès qu'un naturaliste s'aventure en Amérique du Sud ou en Afrique, il découvre des insectes ou des plantes que personne n'avait encore recensés. Chez les insectes (qui comportent, il est vrai, plus de la moitié de toutes les espèces animales répertoriées), on décrit chaque année plus de 15 000 espèces nouvelles.

Les vieilles idées relatives à la morphologie des espèces, laissant croire que les sujets d'une même espèce étaient si semblables entre eux que l'on pouvait, pour les reconnaître, en garder dans un Muséum quelques exemplaires servant d'unités étalons, doivent, elles aussi, être remises en question. Les sujets d'une même espèce présentent, en général, d'une région à l'autre, des variations importantes. On dit alors qu'elles sont polytypiques et, suivant les cas, on nomme chaque sous-ensemble: sous-espèce, variété, race. Par contre, les espèces composées d'être tous semblables, dites espèces monotypiques, sont rares.

Une autre série d'observations issues des travaux des zoologistes est venue troubler les tranquilles conceptions antérieures. On croyait autrefois qu'avec le critère de la morphologie et surtout avec celui du croisement, on pouvait toujours savoir si deux ensembles de populations voisines A et B étaient de la même espèce ou d'espèces différentes. Aujourd'hui, on s'aperçoit que souvent ces deux critères ne sont pas suffisamment déterminants.

Le périophthalme est un poisson très curieux qui, grâce à ses nageoires transformées en béquilles, sautille sur le sable à marée basse et se cache à la moindre alerte entre les pierres du rivage. Son système oculaire et son système respiratoire sont également adaptés à la vie terrestre.

LES DIFFICULTÉS DE LA CLASSIFICATION

Si les différences entre espèces sont souvent difficiles à saisir, la classification en ensembles supérieurs (genre, famille, ordre, classe) n'est pas toujours facile à établir non plus (voir p. 138-141).

Autrefois, on mettait en évidence l'animal type, l'organe type d'un genre ou d'une classe. Certes, depuis que l'évolution est acceptée par presque tous les biologistes, on décrit toujours des espèces intermédiaires; malgré cela, on oublie trop souvent que les coupures des classifications sont le plus souvent arbitraires. Le zoologiste, comme le botaniste, rencontre des espèces que l'on pourrait tout aussi bien loger dans la famille A que dans la famille B, car elles en sont un intermédiaire parfait.

Par exemple, certains poissons, les dipneustes, peuvent respirer à la fois par leurs branchies et par leurs vessies natatoires; ces dernières font alors plus ou moins office de poumons. On pourrait donc classer ces poissons dans le groupe des amphibiens, c'est-à-dire des animaux qui vivent et qui respirent aussi bien dans l'air que dans l'eau (voir encadré p. 139).

Les naturalistes rencontrent aussi des organes qui paraissent incomplets ou mal faits, c'est-à-dire, suivant le mot de François Jacob, «bricolés».

Parmi ces curiosités qui montrent les capacités de bricolage de la nature, il existe un cas célèbre: le poisson périophthalme. C'est un vrai poisson, phylogénétiquement très éloigné des batraciens, mais qui, comme eux, vit très souvent hors de l'eau et court dans les mangroves d'Afrique ou de Madagascar aussi vite qu'une souris; ses nageoires se sont transformées en appareils qui ressemblent à des béquilles. Pour marcher, le périophthalme a su «bricoler».

DES ESPÈCES QUI CHANGENT?

Les observations des paléontologistes nous amènent à penser que des populations animales correspondant à une espèce bien déterminée ne sont pas stables mais changent lentement d'une époque à l'autre.

Il existe à Margate, dans le sud de l'Angleterre, des falaises où se sont accumulés en nombre considérable des fossiles d'oursins faciles à étudier car très bien conservés. On a constaté, il y a longtemps déjà, que, de la base au sommet des falaises, ces fossiles changent de forme peu à peu, très lentement, de millions d'années en millions d'années. Ont-ils pour autant changé d'espèces? Dans les années 1930, un zoologiste français spécialiste des oursins, Lucien Cuénot, avait estimé que ces changements, examinés en comparaison avec les oursins actuels, n'étaient pas suffisants pour correspondre au passage d'une espèce à une autre. Quarante ans plus tard, en 1972, cette opinion fut de nouveau émise par les paléontologistes américains Gould et Eldredge (voir p. 129).

Nous avons, depuis quelques décennies, d'autres exemples de fossiles (chez les foraminifères, notamment) où il pourrait y avoir eu changement d'espèce. D'autre part, dans certaines lignées d'espèces actuellement vivantes, les zoologistes ont décrit des changements d'espèces en suivant des séries géographiques.

En théorie, même si les paléontologistes ne possédaient pas de tels exemples, les faits décrits par les zoologistes suffiraient à établir que, dans de nombreux cas, les espèces changent lentement et se transforment de l'une à l'autre sans saut brusque ni coupure. Le paléontologiste, en effet, ne peut pas étudier les changements lents, car il ne connaît que les sujets qui se sont fossilisés: il ne possède donc qu'un infime pourcentage des espèces qui ont réellement existé dans la nature.

LA GÉNÉTIQUE MODERNE, EXPLICATION DE L'ÉVOLUTION

Pendant que se construisait le panorama du monde vivant que nous venons d'évoquer, les recherches sur l'hérédité, qui avaient longtemps piétiné autour de théories abstraites, notamment au temps de Darwin, allaient aboutir à une explication des mécanismes héréditaires dont les lois de Mendel, le rôle des gènes et des chromosomes sont le fondement (voir notamment p. 106, 128 et encadré page ci-contre). A partir de là devait se concevoir l'interprétation génétique de l'évolution.

Il existe, dans le noyau des cellules de l'être vivant, des chromosomes qui supportent, sous la forme d'un double système codé, tous les caractères de l'être, ses gènes. Les gènes et les chromosomes d'un individu sont les mêmes dans toutes ses cellules. Mais, dans les spermatozoïdes et les ovules, où existe seulement un lot du code de ses caractères, il peut se produire une modification d'un gène ou d'une portion plus ou moins grande de chromosome : c'est une mutation, qui fera que le descendant possédera un caractère que ses ancêtres ne possédaient pas.

Les mutations sont en général destructrices d'un organe et donc défavorables ; dans quelques cas très rares, elles sont constructrices et peuvent être favorables au porteur lorsqu'elles permettent une meilleure adaptation à l'environnement, par exemple. Une mutation peut être favorable dans un certain milieu, et défavorable dans un autre. On a pu prouver aujourd'hui qu'elles étaient assez nombreuses : chaque homme naîtrait avec cinq à dix mutations.

Lorsqu'on examine des espèces très proches, on a l'impression que les différences qui permettent de les distinguer sont seulement le fruit de petites mutations. En outre, comme les mutations proviennent de changements dans le dispositif des chromosomes, il est facile de comprendre que deux sujets qui diffèrent par beaucoup de petites mutations ne peuvent plus se croiser entre eux ou ne se croisent que difficilement, car leurs chromosomes ne peuvent pas s'apparier au moment de la fécondation.

L'idée que les gènes sont à la base de tous les caractères héréditaires et l'idée que les mutations modifient les structures morphologiques, anatomiques, biochimiques de l'être, d'une part, et limitent ou empêchent les croisements de l'être muté avec ses «cousins» non mutés, d'autre part, sont les fondements de la théorie synthétique.

LA SÉLECTION NATURELLE

Beaucoup d'êtres vivants ont une fécondité très importante. Les grenouilles de l'espèce *Rana temporaria* (grenouille rousse) pondent 10 000 œufs par vie, environ. Dans un pays comme la France, si tous les œufs donnaient des adultes, il y aurait en quelques années, 12 à 15 mètres de grenouilles à la surface de notre territoire. Or, malgré ces

Les oursins constituent un groupe zoologique original, que caractérise notamment un squelette externe qui se fossilise très bien. Dans cette espèce fossile de l'Angola, *Rotula orbiculus* (début du quaternaire), des sortes d'épines servent à l'animal de béquilles locomotrices.

Mendel et les lois de la génétique

Tout le monde connaît le nom de Mendel ; moins nombreux sont ceux qui savent que ses travaux sur l'hybridation des végétaux et les «lois» qu'il en a tirées ont vraiment permis la naissance de la génétique. Publiés en 1865 et 1869, ils n'ont été véritablement reconnus et utilisés qu'à partir de 1900, au moment où trois autres biologistes, De Vries, Correns et Tschermak, ont retrouvé dans leurs expériences les mêmes lois.

Fils d'une famille paysanne de Moravie, Mendel étudie les sciences naturelles à l'université de Vienne, puis revient au couvent des augustins de Brunn (actuellement Brno), foyer intellectuel alors renommé. Religieux modèle et pieux, il devint père abbé du couvent, mais n'en continua pas moins ses travaux scientifiques.

Le génie de Mendel se manifesta alors de plusieurs façons, mais tout d'abord par le choix de sa méthode expérimentale. Le premier, il eut l'idée d'étudier le croisement et la reproduction de variétés de races pures qui ne se différenciaient que par un ou deux caractères, facilement décelables et bien définis : les graines lisses ou ridées des pois (voir ci-contre). Ensuite, il poursuivit ses expérimentations sur un grand nombre de sujets et pendant plusieurs générations. Cela lui permit d'obtenir des résultats nombreux, qu'il put exploiter mathématiquement, et, en ce domaine aussi, il fut un pionnier. Ses travaux précis l'amenèrent à penser que les facteurs héréditaires déterminants étaient portés par de petits corpuscules qui pouvaient ou non entrer en jeu et commandaient un caractère entier : il avait entrevu l'existence de ce que l'on appellera plus tard le gène et avait repoussé l'idée encore fréquemment admise, notamment par Darwin, du mélange des caractères héréditaires. Il fit enfin faire de grands progrès à la science de l'hérédité en établissant la notion de caractères dominants et de caractères récessifs.

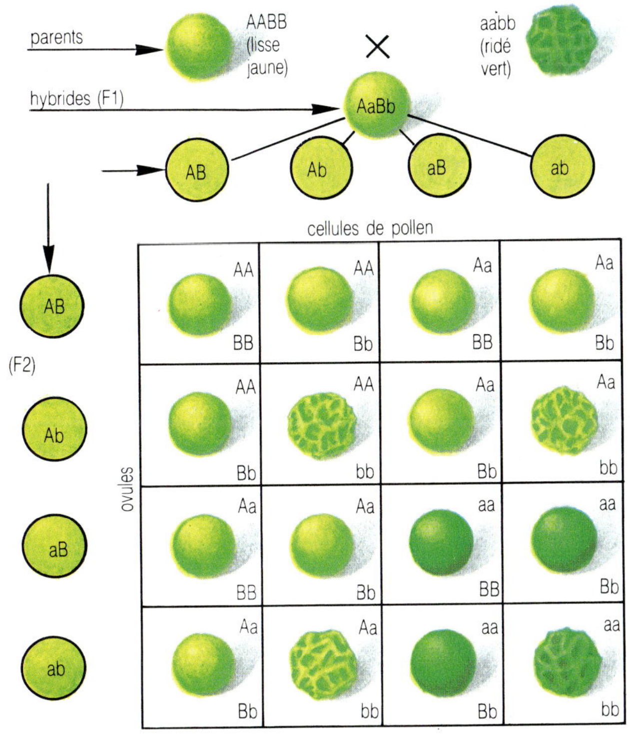

Mendel a croisé deux variétés de pois différant par deux caractères indépendants, l'aspect et la couleur. Cette expérience de dihybridisme montre les proportions numériques réelles des descendants : 9 lisses et jaunes, 3 ridés et jaunes, 3 lisses et verts, 1 ridé et vert.

potentialités étonnantes, le nombre de couples de *Rana temporaria* n'augmente pas d'une année sur l'autre. On peut étendre les raisonnements de ce type à la grande majorité des espèces.

On peut se demander si, parmi les populations, la mort frappe au hasard ou bien touche les plus faibles, et notamment ceux qui sont atteints de mutations défavorables. Il est évident que le hasard agit souvent. Des pontes entières de grenouilles meurent parce que la mare où elles ont été déposées s'est asséchée. La thèse darwinienne, que reprennent aujourd'hui les synthéticiens, consiste à penser que les sujets qui sont atteints des mutations les plus favorables ont en général plus de chances de survivre que les autres. Ils sont «sélectionnés».

Pendant longtemps, ce schéma a paru trop simple. Cependant, une série d'arguments allait le confirmer. En 1907, deux biologistes, Hardy et Weinberg, montrent, par des lois mathématiques dérivées des lois de Mendel, que si, dans la nature, il n'y avait pas de sélection, les apports de nouveautés favorables que constituent certaines mutations nouvelles n'auraient aucune chance de s'intégrer à une population. En somme, en l'absence de sélection, les générations doivent se

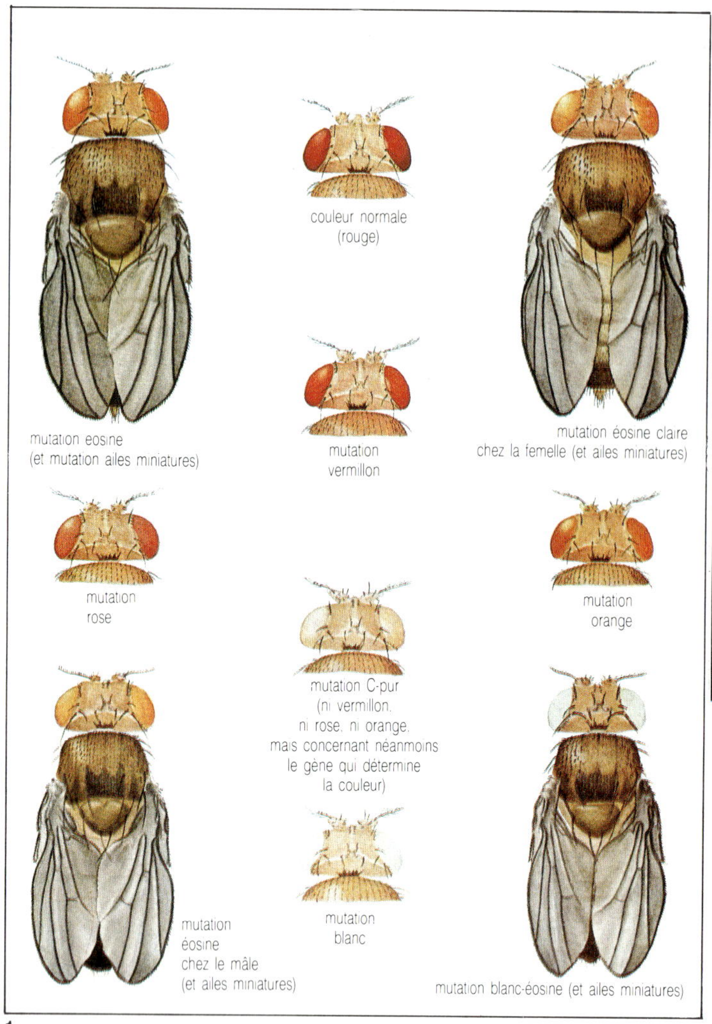

1

2

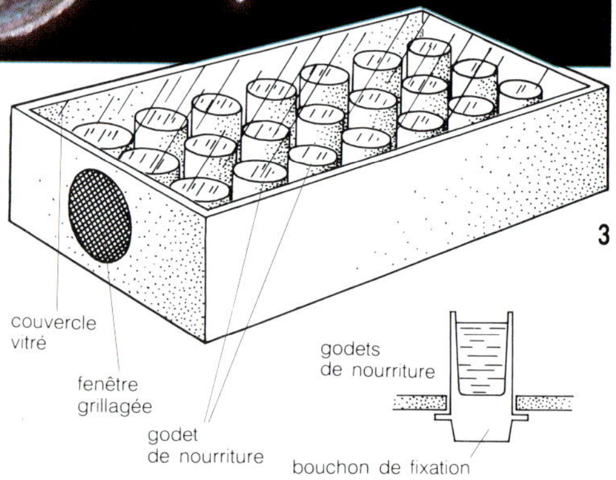

Cage à populations.
Le fond est fermé par 21 bouchons porteurs de godets pleins de nourriture. Chaque jour, un godet empli de nourriture fraîche remplace un godet vieux de trois semaines, dans lequel les œufs pondus ont eu le temps de se développer et de donner des drosophiles adultes.

3

La drosophile, ou mouche du vinaigre, est un insecte diptère, c'est-à-dire à deux ailes, dont on connaît actuellement plus de seize familles et environ un millier d'espèces. *Drosophila melanogaster* (2) est la plus employée dans les laboratoires en raison de sa facilité d'élevage et de sa vitesse de reproduction, mais d'autres espèces ont été aussi utilisées.
C'est en étudiant les mutations affectant l'œil de la drosophile (1) que le biologiste américain T.H. Morgan put formuler la théorie chromosomique de l'hérédité qui intégrait et complétait les lois de Mendel. Dans son laboratoire de l'université Columbia, à New York, il observa, en examinant à la loupe, un par un, tous les animaux de l'élevage, des mutants, notamment une mutation qui devint un extraordinaire objet d'étude: la mutation «œil blanc», découverte en 1910. C'est grâce à elle, et en particulier à la dominance œil rouge sur œil blanc, que Morgan retrouva pour la première fois les résultats et les conclusions de Mendel. Rapidement, le nombre de mutations découvertes se chiffrera par centaines; on trouvera des procédés pour accroître le nombre de mutants d'un élevage, notamment par l'action de certains rayonnements. En outre, les glandes salivaires de la drosophile possèdent des chromosomes géants, facilement observables au microscope, qui ont été utilisés pour établir la carte de l'emplacement des gènes sur les chromosomes.
Les cages à populations (3) permettent d'élever et de conserver un nombre précis de drosophiles (2 000 à 3 000) avec un apport de nourriture contrôlé qui laisse survivre un nombre déterminé d'individus pendant des dizaines de générations pour étudier les phénomènes de sélection.

succéder sans changement: il ne devrait pas y avoir d'évolution.

On a alors essayé d'imaginer ce qui se passerait s'il y avait sélection et ce que donnerait l'évolution d'une population où l'on pourrait évaluer en pourcentage la «pression sélective» de certains mutants. Vers les années 1930, les statisticiens calculèrent comment devaient évoluer des populations dans lesquelles seraient mélangés des individus très proches, mais différant par de petites mutations et possédant des coefficients de sélection que l'on pourrait chiffrer. Cependant, ces raisonnements correspondaient encore à une argumentation purement intellectuelle.

Vers le milieu des années 1930, une découverte fondamentale vint étayer ces spéculations mathématiques. Elle fut réalisée à la Sorbonne par Teissier et L'Héritier. Ces auteurs ont réussi à vérifier les résultats mathématiques imaginés par les statisticiens. Pour cela, ils ont construit des cages à mouches drosophiles, que l'on nomma «cages à population»: si l'on place une quantité déterminée de nourriture, un nombre déterminé de mouches (3 000, par exemple) peuvent vivre. Comme les mouches pondent chacune un nombre considérable d'œufs, il devait y avoir beaucoup d'embryons et de jeunes, et peu de survivants adultes. En mélangeant des mouches différant par de petites mutations dont l'avantage avait pu être calculé par des procédés indirects, on devait voir, à la longue, des mutants en remplacer d'autres et même calculer la vitesse de remplacement d'une population par une autre.

L'expérience réalisée dans divers types de circonstances donna des résultats surprenants: en mélangeant, par exemple, des drosophiles de type «bar» (c'est-à-dire atteintes d'une mutation relative à l'œil) et des drosophiles de type normal appelées «sauvages», on vit les sauvages reprendre la cage aux bars en un nombre de générations qui correspondait à peu près à ce que laissait prévoir le calcul mathématique.

On peut concevoir que ce qui se passe dans les cages peut se réaliser aussi dans la nature. A la même époque, des observations naturelles, réalisées notamment sur des papillons en Angleterre, donnèrent des résultats qui rappelaient ceux observés dans les cages à population.

Il faut souligner que la sélection qui se pratique entre sujets de la même espèce et fait survivre «les plus aptes» se pratique aussi entre sujets d'espèces différentes, mais se nomme alors «compétition» entre espèces.

Ainsi, l'idée que la sélection était une clé fondamentale de l'évolution, imaginée d'abord par Darwin sur la base de simples réflexions et d'observations sommaires, puis suggérée par des calculs mathématiques parfaitement théoriques, était désormais établie comme une réalité par des expériences et des observations naturelles, mesurées et chiffrées.

La nature n'est jamais stable; mais mieux l'animal est adapté à un milieu — et si ce milieu ne change pas —, moins il y a de chances qu'apparaisse chez lui une mutation plus favorable encore que celle grâce à laquelle il s'est adapté. Il y aura donc, dans l'hypothèse où le milieu ne change pas, des périodes de stabilité, où les mutations nouvelles seront presque toujours défavorables et donc éliminées. Dans

Organes analogues, organes homologues

L'architecture fonctionnelle du corps des insectes et de celui des vertébrés n'est pas du tout conçue sur le même schéma. Le vertébré a un squelette interne (colonne vertébrale, os des membres) sur lequel sont attachés des organes tels que les muscles qui lui permettent de se mouvoir.

L'insecte, au contraire, a un squelette externe qui ressemble à une carapace ou, si l'on veut, à une armure. Les organes mous (intestin, cœur, muscles) sont à l'intérieur de cette carapace.

Dans les deux groupes, il y a des appendices locomoteurs que l'on nomme pattes ou membres. Les premiers zoologistes ont donné des noms semblables aux différentes parties des appendices locomoteurs des deux groupes d'animaux. Chez les mammifères, tibia, fémur, tarse sont des os du membre; chez les insectes, on emploie les mêmes mots pour désigner des pièces de la carapace qui font fonction de membres marcheurs.

Or, ces organes n'ont aucune parenté, car les deux groupes — vertébrés et insectes — descendent d'animaux différents, qui n'avaient pas de membres. Ces derniers se sont donc constitués dans les deux groupes à partir d'ébauches embryonnaires très différentes. On dit que les membres de ces deux groupes d'animaux sont analogues.

Chez les vertébrés supérieurs, l'aile des oiseaux correspond aux membres antérieurs des reptiles quadrupèdes dont ils descendent. Ce membre antérieur s'est transformé en aile, mais on y reconnaît, très simplifiés, les os de la patte antérieure des vertébrés. On dit que — bien que très différents sur le plan fonctionnel — l'aile qui sert à voler et le membre antérieur qui sert à marcher (et chez l'homme à saisir les objets) sont homologues.

Membre d'un vertébré terrestre

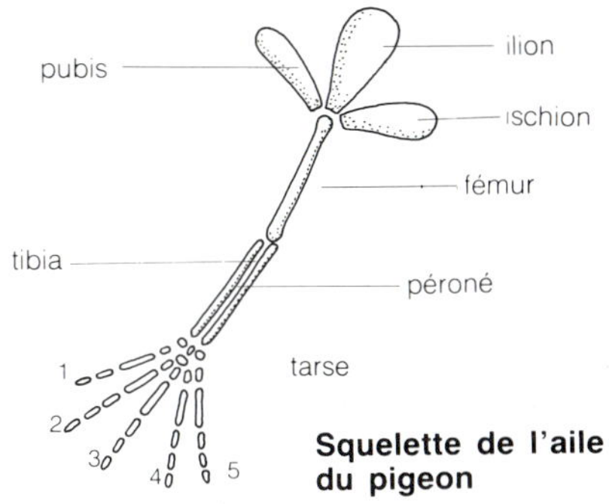

Squelette de l'aile du pigeon

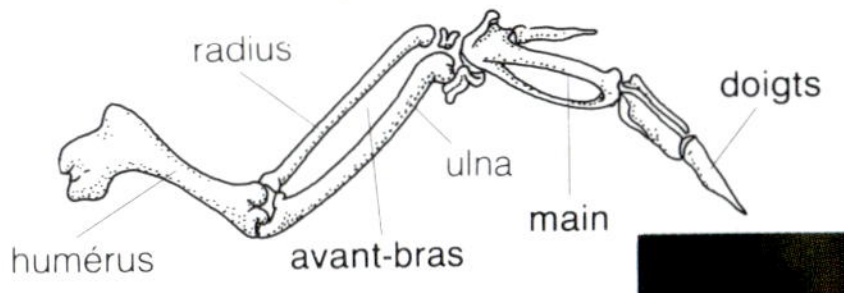

1

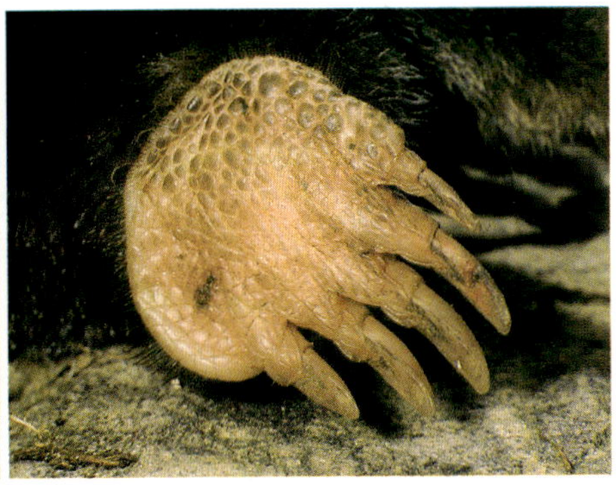
2

La courtilière ***(1)*** *est un insecte orthoptère appelé aussi taupe-grillon, qui vit sous terre, comme* ***la taupe (2),*** *petit mammifère insectivore: toutes deux creusent le sol à l'aide de pattes en forme de pelles dentées.* ***Le criquet (3),*** *insecte volant orthoptère, et* ***la grenouille (4),*** *amphibien nageur, sont tous deux sauteurs: on notera les ressemblances entre leurs pattes arrière.*

Patte de guêpe

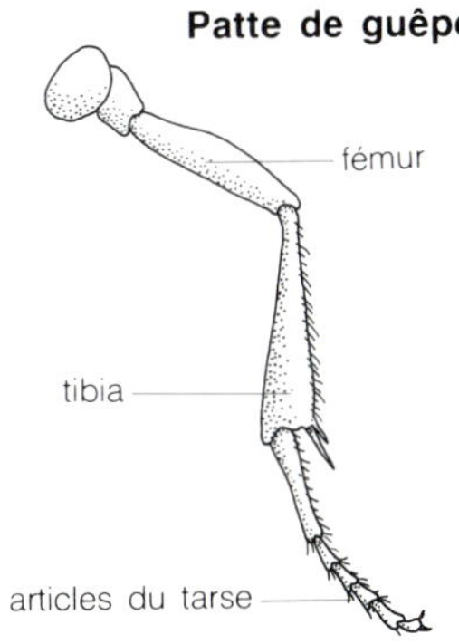

3

4

ce cas, la sélection stabilise la nature au lieu de la faire évoluer.

Mais, à cette évolution essentiellement basée sur la sélection, on reconnut très vite des exceptions. Dans de petites populations, ou lorsque les fondateurs d'une colonie sont peu nombreux, il peut y avoir des évolutions très rapides, quoique toujours graduelles, où le hasard joue davantage que la sélection elle-même. En outre, chez les végétaux, il existe des mutations géantes, correspondant à un dédoublement des chromosomes: la polyploïdie. Dans ce cas, il y a changement d'espèces en une ou deux générations. Dobzhansky, le spécialiste de la théorie synthétique, a longuement décrit ce phénomène et attiré l'attention sur le fait que plus de la moitié des espèces végétales ont pu apparaître par polyploïdie.

LES CRITIQUES DE LA THÉORIE SYNTHÉTIQUE

Un certain nombre de critiques ont été adressées à la théorie synthétique de l'évolution, dont voici les principales (voir aussi p. 129, 137).

Certains ont suggéré que ce qui était valable pour des mutations de peu d'importance (couleur du corps ou nombre des facettes des yeux de la drosophile) ne pouvait pas expliquer l'apparition d'organes complexes tels que l'œil, le cerveau ou l'oreille. Cependant, l'histoire de ces organes est certainement très ancienne; elle ne s'est nullement déroulée dans une direction unique, mais donne au contraire l'impression d'un schéma buissonnant. Pour l'œil, par exemple, on trouve dans la nature tous les systèmes oculaires possibles. On a l'impression, en étudiant ces systèmes, que partout ont joué, sur des temps très longs et d'immenses populations, des mutations dues au hasard, triées ensuite par la sélection.

Tout récemment, certains paléontologistes, les ponctualistes (partisans de la théorie dite «des équilibres ponctués»), ont affirmé qu'il y aurait dans la nature des sauts brusques et des périodes de stabilisation qui ne peuvent pas s'intégrer dans les thèses des synthéticiens (voir p. 137). Ils ont oublié que si le paléontologiste peut, mieux que le zoologiste, étudier la phylogénèse générale — rechercher, par exemple, les origines des mammifères —, il ne doit pas ignorer pour autant les aléas de la fossilisation, qui lui masquent sans doute une partie de l'évolution que le zoologiste voit sur le vivant. Le paléontologiste constate parfois des sauts dans les lignées; cela ne veut nullement dire qu'ils ont réellement existé: certains intermédiaires ont fort bien pu ne pas se fossiliser.

Enfin, des chercheurs humanistes — prônant l'égalitarisme sociologique au niveau des populations humaines — ont parfois refusé l'idée que la sélection ait pu mener l'évolution, parce qu'ils craignaient que cette loi de la nature soit reconnue aussi comme une loi humaine. Cette erreur de jugement a été commise par certains philosophes: leur thèse a été appelée le darwinisme social. Ces chercheurs ont confondu les faits scientifiques avec cette branche de la philosophie qu'est la morale et dont les fondements sont autrement complexes. On ne peut accepter que la morale prenne pour modèle les mœurs du monde animal.

JANINE FLATIN ET MICHEL DELSOL

L'APPARITION DES ESPÈCES

Si c'est à Linné que nous devons, au milieu du XVIIIe siècle, la première définition scientifique de l'espèce, le grand naturaliste suédois ne faisait que codifier une notion du sens commun, connue dès l'Antiquité : le fait que les êtres vivants, malgré leur immense variété, ne constituent pas une chaîne continue, mais se distribuent en groupes relativement homogènes, distincts les uns des autres et stables, en apparence au moins, dans la limite de la mémoire humaine.

Ce fait d'observation est concrétisé par le langage, puisque chaque espèce porte un nom. Le biologiste E. Mayr raconte que, de retour d'une mission ornithologique en Nouvelle-Guinée, il constata, en confrontant ses résultats avec ceux de ses collègues linguistes, que le vocabulaire des indigènes contenait 136 noms d'oiseaux, alors qu'il en avait reconnu 137 ! Rien n'exprime mieux la réalité objective de l'espèce.

Une notion variable selon les époques

A l'époque de Linné, rien n'est connu du passé de la Terre ni de l'histoire de la vie. L'espèce est alors conçue comme parfaitement stable, et les individus qui la composent, comme la reproduction plus ou moins fidèle d'un type créé dès l'origine. La variabilité n'est qu'un accident qui ne modifie pas l'essence de l'espèce, dont les membres partagent une similitude fondamentale. La notion d'espèce repose alors sur la ressemblance morphologique.

Au cours du XIXe siècle, deux séries de données rendent cette conception difficilement soutenable. D'une part, l'inventaire de plus en plus complet du monde vivant entraîne la découverte de formes nouvelles qui, comparées aux types préexistants, s'avèrent différentes et seront donc décrites comme des espèces nouvelles. On assiste alors à une multiplication sans fin d'espèces de plus en plus étroites, ignorant toute variabilité. A la limite, l'espèce se confond avec l'individu et perd toute signification et toute utilité. D'autre part, la découverte du phénomène de l'évolution, solidement implanté depuis Darwin, amenait à admettre un passage progressif entre espèces.

Ce moustique, *Anopheles maculipennis,* regroupe six espèces jumelles, indistinguables chez l'adulte, mais vivant dans des régions et des milieux différents, dont trois seulement transmettent le paludisme.

Ces deux influences conduisirent de nombreux naturalistes à nier la réalité objective de l'espèce, considérée comme un artifice créé par l'homme pour manipuler la complexité d'un monde vivant où seuls les individus existent. Ici encore, c'est sur des bases morphologiques que se font les regroupements des individus en espèces. Cependant, une telle conception est difficilement compatible avec les données de l'observation.

Depuis 1940, grâce aux progrès de la génétique, de la biogéographie et de l'écologie, est apparue une conception plus biologique de l'espèce, liée à l'introduction de la notion de population, groupe d'individus vivant et se reproduisant ensemble. L'interfécondité, déjà évoquée par Buffon au XVIIIe siècle, devient la pierre de touche de l'espèce, et la raison d'être de la ressemblance. Ce n'est pas parce que des individus se ressemblent qu'ils appartiennent à une même espèce. C'est, au contraire, parce qu'ils sont apparentés qu'ils descendent d'ancêtres communs, partagent une même constitution biochimique, un même patrimoine génétique, qu'ils présentent des ressemblances morphologiques.

Cette similitude n'est qu'une conséquence fréquente, mais non nécessaire, d'une réalité plus profonde. Il existe en effet de nombreux cas d'indépendance entre espèce et morphologie. Des individus pratiquement identiques refusent parfois de se croiser et doivent être considérés comme appartenant à des espèces différentes : c'est le cas des espèces jumelles, dont l'exemple le plus frappant est celui des moustiques vecteurs du paludisme (*Anopheles maculipennis*). Parfois, au contraire, l'espèce montre, dans une même population interféconde, des formes morphologiquement très différentes et souvent séparées par des discontinuités considérables. On parle alors de polymorphisme, dont le cas le plus simple et le plus fréquent est celui du dimorphisme sexuel (voir p. 109), mais dont les exemples non sexuels se trouvent dans de nombreux groupes zoologiques (papillons, insectes sociaux, espèces domestiques).

A une conception typologique, basée sur la similitude des morphologies, se substitue donc une conception biologique, fondée sur l'existence de relations d'interfécondité et de descendance.

⇧

Au sein d'une même espèce (un escargot forestier de Cuba, *Polymicta picta*) peuvent cœxister des individus de couleur ou d'ornementation variées. Le critère de l'espèce n'est pas la morphologie, mais l'interfécondité.

Variation géographique d'une espèce de pouillot ⇨

L'oiseau asiatique *Phylloscopus trochiloides* forme une chaîne de sous-espèces autour des massifs du Tibet et du Sin-kiang. La forme type (T) vit au nord de l'Inde et donne naissance à quatre sous-espèces s'étendant autour des massifs. Dans leurs zones de contact, ces sous-espèces sont parfaitement interfécondes. Mais là où les deux extrémités de la chaîne se trouvent en contact, dans le sud de la Sibérie (haute vallée de l'Ienisséi), les deux sous-espèces *viridianis* (V) et *plumbeitarsis* (P) ne peuvent plus se croiser et se comportent comme deux vraies espèces. Cet exemple illustre bien l'un des mécanismes qui permettent l'apparition d'espèces nouvelles par isolement géographique.

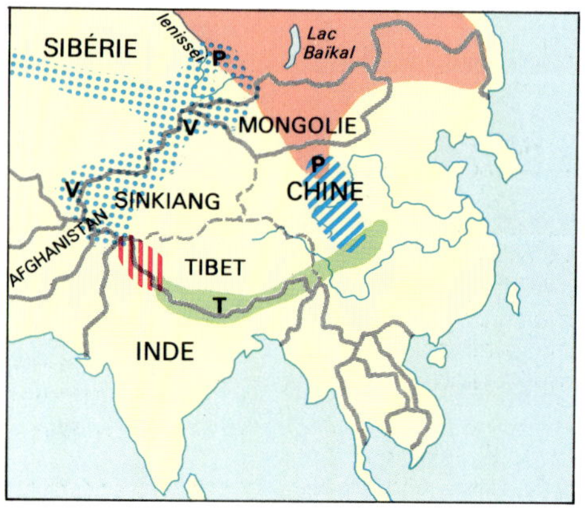

L'espèce dans l'espace

Si certaines espèces sont constituées par une seule population étroitement localisée, la plupart présentent une extension géographique considérable et sont formées de nombreuses populations éparses, entre lesquelles les communications sont plus ou moins faciles. En l'absence de barrières, l'espèce peut rester homogène: on dit qu'elle est monotypique. Mais souvent, notamment si son extension s'accompagne de variations climatiques ou écologiques, on observe, suivant certaines directions, des modifications progressives de la structure génétique, et, par suite, de la morphologie de l'espèce: de telles modifications sont connues sous le nom de variations clinales.

Lorsque des barrières plus ou moins étanches isolent, partiellement ou totalement, des groupes de populations, celles-ci peuvent différer de façon notable. On parle alors de sous-espèces, et l'espèce est dite polytypique. Les différences entre ces sous-espèces peuvent être aussi importantes que celles observées entre de vraies espèces, mais les individus qui les composent demeurent interféconds.

Le critère d'interfécondité, facilement vérifiable sur le terrain lorsque les populations ne sont qu'incomplètement isolées et viennent en contact, est inapplicable lorsque l'isolement est total, dans le cas de formes insulaires, par exemple.

La même difficulté se retrouve en cas de variations sur de longues distances, où la possibilité de croisement entre individus vivant dans des régions très éloignées est impossible à vérifier. L'exemple des chaînes de sous-espèces montre que la continuité du flux génique n'empêche pas les extrémités d'une telle chaîne de diverger au point que leurs extrémités refusent de se croiser.

L'interfécondité semble d'ailleurs plutôt le résultat que la cause de l'isolement: le refus du croisement, pour des raisons éthologiques ou écologiques, précède souvent son impossibilité. Aussi beaucoup d'espèces voisines sont-elles encore capable de se reproduire en captivité ou par l'intervention de l'homme (exemple du mulet), alors que, dans la nature, elles ne se croisent jamais. Ici encore, il semble y avoir tous les intermédiaires entre l'interfécondité complète et la stérilité qui apparaît lorsque les différences génétiques induites par l'isolement deviennent trop importantes.

HENRI TINTANT

LES MODÈLES DE FORMATION

Darwin, en intitulant son livre *De l'origine des espèces*, avait bien perçu que le problème de la formation et de la multiplication des espèces était un phénomène fondamental de l'histoire évolutive du vivant.

L'analyse de la formation d'une espèce revient à mettre en évidence les conditions et les phénomènes qui amènent le «pool» génétique d'une espèce à se diviser pour donner naissance à deux nouveaux ensembles génétiques qui ne peuvent plus se croiser. Le point crucial de la formation d'une nouvelle espèce est donc la mise en œuvre d'une barrière qui implique l'isolement reproductif. Celui-ci empêche la nouvelle espèce fille de se croiser avec l'espèce souche.

Des hypothèses variées ont été proposées pour expliquer la formation des espèces. Un certain nombre d'auteurs, dont des généticiens comme Bateson, De Vries, Morgan ou Goldschmidt, ont tenté d'expliquer la formation des espèces par des mutations de très grande amplitude, dénommées macromutations. D'autres, au contraire, comme Dobzhansky, pensaient que l'on passait graduellement d'une espèce à une autre par un changement continu de la fréquence des gènes au sein de populations successives. On considérait alors que chaque gène assurait la mise en œuvre d'un unique caractère chez l'individu, et il fut possible de modéliser mathématiquement le devenir des patrimoines génétiques dans des séries de générations successives: ainsi naquit la génétique des populations.

A part de rares cas de mutations chromosomiques, sur lesquels nous reviendrons plus loin, la formation des espèces est un phénomène difficile à observer directement en raison de sa lenteur. Il sera appréhendé de façon différente selon les méthodes d'étude utilisées: le biologiste travaille à l'échelle des générations, le paléontologiste à celle de milliers, voire de millions de générations.

On distingue actuellement deux grands types de modèles de formation des espèces: ceux où l'isolement reproductif est la conséquence de facteurs géographiques, et ceux où il résulte de facteurs internes à l'espèce.

Les modèles géographiques de formation des espèces

Ces modèles impliquent la fragmentation de l'ère de répartition géographique d'une espèce en deux ou plusieurs parties isolées par une barrière géographique. Les isolats vont plus ou moins vite diverger les uns des autres selon leur taille respective. Ceci amène à distinguer deux modèles.

Un modèle symétrique: le modèle «en haltère». Dans un premier cas, on distingue un modèle symétrique, où une espèce ayant une vaste répartition géographique se trouve scindée en deux parts à peu près égales par une barrière physique (montagne, mer, etc.). Il s'agit là d'un modèle classique de spéciation, dit modèle «en haltère». Ce mode de formation d'espèces, qui fait intervenir deux sous-populations de grande taille, nécessite des mécanismes génétiques contraignants et ne semble pas avoir fonctionné fréquemment. On en connaît des exemples au quaternaire, lorsque l'ouverture du détroit de Béring a scindé en deux l'aire de répartition des espèces qui couvraient tout l'hémisphère nord, isolant un ensemble en Amérique du Nord et l'autre en Eurasie. Les sous-populations ainsi formées ont ensuite divergé lentement, constituant d'abord des sous-espèces, puis de vraies espèces.

A la limite, la barrière correspond à un simple étirement de l'aire de répartition de l'espèce, et il peut y avoir, du fait des distances, interruption du flux génique entre les extrémités d'une série continue de populations: c'est ce que l'on nomme le modèle du cline, ou clinal.

Un modèle dissymétrique. Un second modèle de spéciation, dissymétrique celui-là, semble avoir joué le rôle le plus important dans l'histoire évolutive: il s'agit du modèle dit «de spéciation péripatrique».

Lorsque l'on étudie un groupe d'espèces apparentées, ce sont les espèces les plus distantes les unes des autres qui sont les plus différentes. Dans une espèce à grande variabilité morphologique, ce sont les populations qui vivent sur la bordure de son aire de répartition qui sont les plus distinctes. Ainsi, la formation d'un nouveau «pool» génétique et l'isolement reproductif qui l'accompagne se réalisent-ils plus facilement dans une petite population marginale que dans des populations à grands effectifs. En fait, la plupart des petites populations isolées s'éteignent, et seules quelques-unes trouvent les conditions favorables qui leur permettent de donner naissance à de nouvelles espèces. C'est la petite taille de leur effectif qui crée une situation propice à de grands remaniements génétiques par mutations géniques ou chromosomiques (révolution génétique).

Il existe en fait tous les intermédiaires possibles entre ces deux modèles de formation d'espèces, celui que l'on appelle «en haltère», où les deux sous-populations ont une taille équivalente, et le second modèle, dit «péripatrique». Le cas extrême de ce dernier modèle est celui où

Modèle de spéciation géographique symétrique, dit «en haltère»

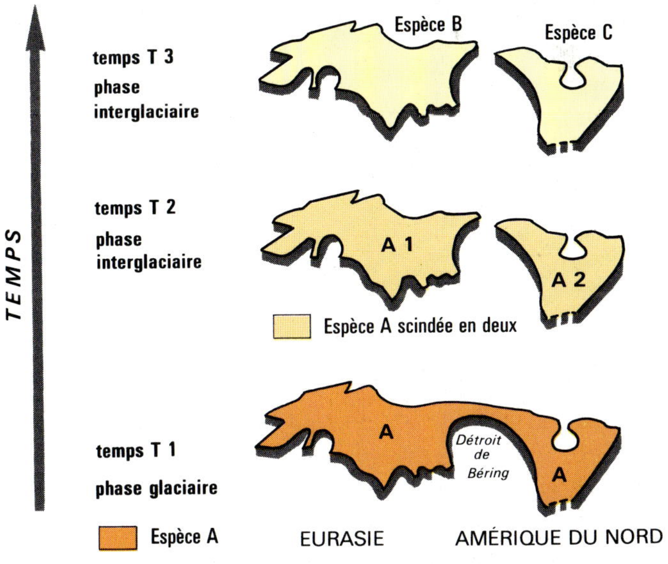

Ce modèle de formation d'espèce (ou spéciation) par isolement géographique se réalise à partir d'une espèce A, qui a une vaste répartition géographique au temps T 1. Au temps T 2, elle se trouve scindée par une barrière géographique en deux parts à peu près égales A 1 et A 2. Le flux génique interrompu entre les deux sous-populations de grande taille entraîne leurs divergences progressives et la formation de deux espèces distinctes, B et C. Concrètement, ce modèle a fonctionné au pliocène et au quaternaire entre l'Eurasie et l'Amérique du Nord à chaque phase glaciaire mettant en communication les deux continents (temps T 1) et à chaque phase interglaciaire (temps T 2: formation du détroit de Béring, et T 3) les isolant.

Modèle de spéciation péripatrique ou insulaire

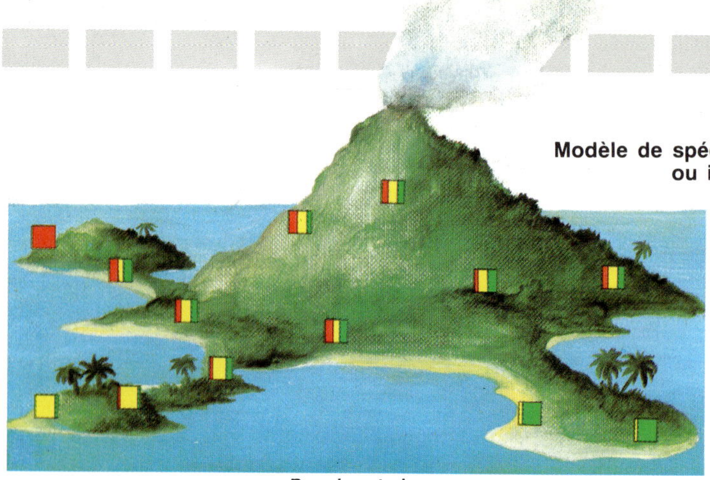

Premier stade

Deuxième stade

Soit une espèce représentée sur une île par des populations (carrés) entre lesquelles le brassage génétique tend à maintenir la diversité des caractères (bandes colorées) des individus. Certaines sous-populations, vivant dans les presqu'îles, ne possèdent qu'une partie de la variabilité générale de l'espèce: certains caractères n'y sont que très peu ou pas représentés.

A la suite de bouleversements (remontée de la mer) transformant les presqu'îles en îlots, les sous-populations n'auront plus d'échanges géniques avec l'île. En raison de leurs faibles effectifs, ces isolats, qui ne possèdent qu'une faible partie de l'ensemble des facteurs génétiques (génôme) de l'espèce disparaîtront ou donneront naissance à de nouvelles espèces.

la nouvelle espèce est fondée par quelques individus, voire une seule femelle fécondée (voir illustration ci-dessus).

Les modèles non géographiques de formation des espèces

Bien que les modèles géographiques semblent pouvoir expliquer la plupart des cas de formation d'espèces, dans certaines circonstances interviennent des barrières non plus géographiques, mais internes à l'espèce. Plusieurs autres modèles ont alors été décrits.

Bien avant que Darwin élabore sa théorie, l'idée que les espèces pouvaient naître par saut brusque (saltation) était connue et très populaire. Cette théorie a été reprise dans les années 1940 par le généticien Goldschmidt, qui affirmait qu'il suffisait d'un individu porteur d'une grande mutation pour donner naissance à une nouvelle espèce. Il appelait de tels individus des «monstres prometteurs». Si ce processus est plausible chez les plantes, où la multiplication brutale du nombre des chromosomes (polyploïdie) peut engendrer une nouvelle espèce, il semble plus difficile à envisager dans le monde animal. En effet, les mutations génétiques ou chromosomiques ayant une trop grande envergure sont le plus souvent mortelles.

Un autre modèle proposé récemment, et dit de «spéciation stasipatrique», suggère qu'une espèce puisse naître à partir de quelques individus, placés par de petites mutations en situation d'isolement reproductif au sein même de leur espèce souche.

JEAN CHALINE

LES THÉORIES ACTUELLES DE L'ÉVOLUTION

Les processus de formation des espèces (ou spéciation) qui viennent d'être décrits participent à l'histoire et à la diversification du monde vivant. Ce sont eux qui ont abouti, depuis 3,5 milliards d'années, à la formation et au renouvellement des quelque deux millions d'espèces qui ont peuplé la Terre.

Les paléontologistes, qui observent la succession des espèces à l'échelle des temps géologiques (milliers à millions d'années, voire de générations), tentent de transposer les modèles de spéciation élaborés par les généticiens aux espèces fossiles. Certaines séries paléontologiques bien documentées leur permettent de mieux comprendre comment l'évolution des organismes a pu se faire.

L'évolution par «dérive» progressive

Au quaternaire, les campagnols du genre *Mimomys* ont évolué en acquérant progressivement un régime alimentaire grâce auquel ils ont pu survivre dans les environnements steppiques d'Eurasie. La morphologie de leurs molaires a particulièrement bien enregistré cette tendance évolutive. Les espèces les plus anciennes possédaient des dents à racines et à couronne basse (voir illustration ci-contre). Au cours du temps, les racines ont peu à peu disparu, laissant la place à une couronne de plus en plus haute. La croissance de la dent est devenue continue, palliant ainsi l'usure qu'occasionnait le broyage de graminées abrasives. Parallèlement, la résistance de la dent était accrue par l'élaboration de renforts d'émail. Les restes de rongeurs conservés dans de nombreux gisements ont permis de suivre pas à pas cette évolution, qui se déroule sur une période de plus de 3 millions d'années. Par analogie avec les modèles géographiques décrits plus haut, cette lente modification est une projection dans le temps de la variation clinale. Ce mode évolutif, nommé anagenèse, correspond à une transformation lente et continue d'une espèce au cours du temps. De génération en génération s'accumulent de petites variations. Sous l'effet de la sélection naturelle, les plus favorables sont retenues et modifient peu à peu les caractères des descendants. Progressivement, les changements deviennent tels que le descendant peut être considéré comme une espèce différente (voir illustration page ci-contre). Il se dessine ainsi des tendances évolutives, généralement contrôlées par les transformations de l'environnement auxquelles seuls survivent les individus les plus aptes. Lorsque ce type de dérive succède à la division de l'aire de répartition d'une espèce (comme l'envisage le modèle «en haltère» décrit p. 135), les deux isolats peuvent évoluer indépendamment l'un de l'autre et diverger peu à peu jusqu'à former des espèces distinctes. Ce mode évolutif est nommé

Le campagnol commun (Microtus œconomus) est le descendant des formes fossiles illustrées ci-contre.

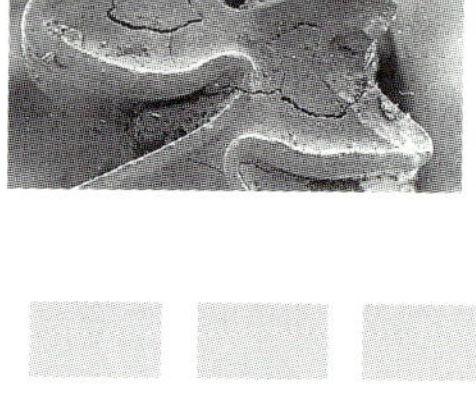

Table d'usure d'une molaire de campagnol vue au microscope électronique à balayage.

Comment ont évolué les molaires des campagnols

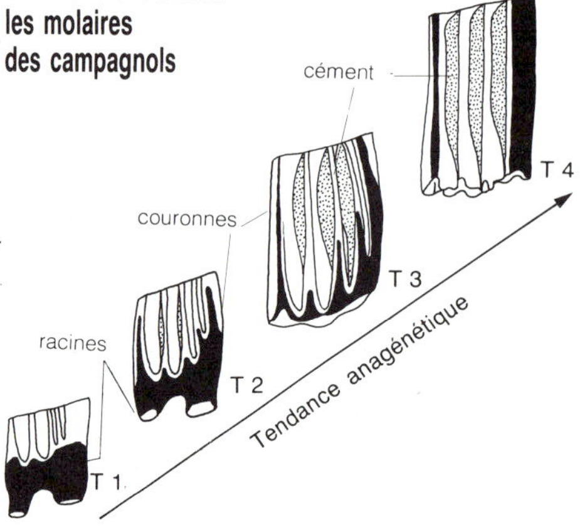

Evolution anagénétique de la morphologie de la molaire chez les campagnols: en 3 millions d'années, l'élévation de la couronne et la disparition des racines marquent une adaptation aux environnements steppiques liés aux glaciations. T 1 à T 4 représentent les principales étapes évolutives de la lignée.

Théorie synthétique

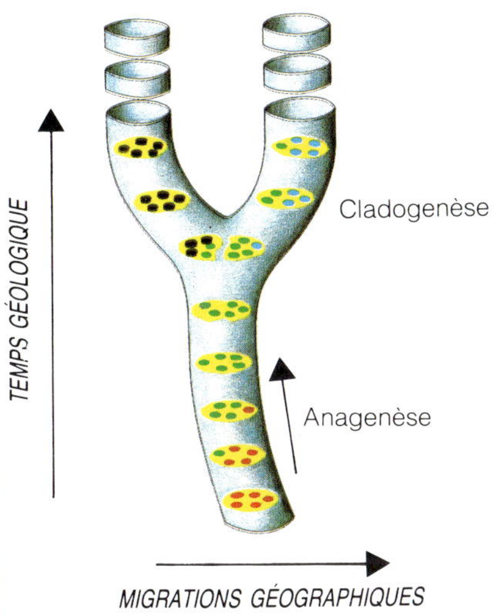

L'évolution résulte de la transformation progressive des populations sous le contrôle de la sélection naturelle. Tant que les individus sont en contact, les échanges entre eux restent possibles, et l'espèce se transforme en conservant son unicité: c'est l'anagenèse. Si l'aire de répartition de l'espèce est scindée par une barrière, la transformation de chaque sous-ensemble peut aboutir à une diversification et à l'apparition de deux nouvelles espèces: c'est la cladogenèse. Chaque ellipse jaune représente une population; les points colorés symbolisent les caractères des individus.

Équilibres ponctués

Les espèces nouvelles apparaissent à partir de petites populations où les mutations se transmettent rapidement à un maximum d'individus. Ainsi des mutations sont apparues (rouge ou bleu) dans de petites populations de l'espèce verte. L'une d'elles (rouge) s'est développée en une nouvelle espèce stable qui a recolonisé le domaine de son espèce mère (verte) lorsque celle-ci s'est éteinte.

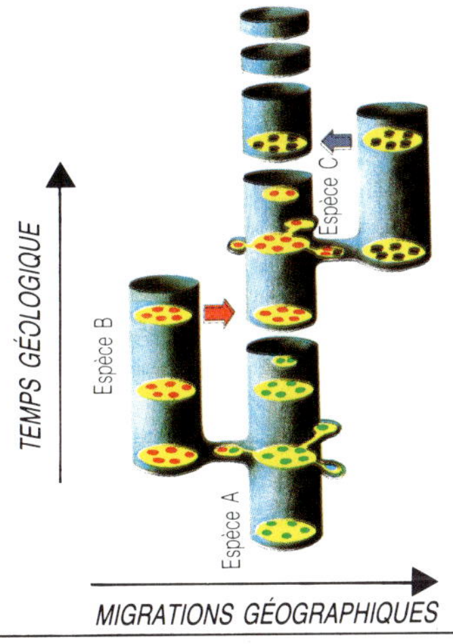

cladogenèse, mais, comme l'anagenèse, il résulte de l'accumulation de nombreuses variations élémentaires.

La cause de ces variations, déjà envisagée par Darwin, a été expliquée grâce aux développements de la génétique et de la génétique des populations durant la première moitié du xxe siècle. Ils ont montré que de petites mutations, affectant le patrimoine génétique de l'espèce, sont la cause des variations élémentaires observées dans les lignées fossiles. Cette interprétation, due à la confrontation des données de la paléontologie, de la zoologie et de la génétique, a été formulée dans la théorie synthétique de l'évolution, longuement décrite précédemment (voir p. 128-129, 130-133).

Les modèles de l'anagenèse et de la cladogenèse ont été utilisés pour expliquer l'évolution de nombreux groupes fossiles. Cependant, la reconnaissance de la grande longévité de nombreuses espèces et de l'ampleur de la diversification du monde vivant suggèrent qu'ont dû se produire des épisodes de spéciation assez rapides, qui apparaissent comme autant d'inadéquations à ces modèles. Celles-ci étaient alors imputées aux aléas de la conservation des fossiles les plus anciens. En effet, plus on remonte dans les temps géologiques, moins les restes fossiles permettent de suivre le cheminement précis des modifications des espèces. En réalité, il est apparu que les modèles eux-mêmes devaient être remis en question. Par ailleurs, les progrès de la génétique ont montré que la relation gène-caractère sur laquelle s'appuyait la théorie synthétique était trop sommaire, car le jeu des mutations et de la sélection aurait dû tendre vers l'uniformisation du patrimoine génétique des espèces. En fait, celles-ci conservent une variabilité importante, comme en témoignent toutes les expériences de sélection artificielle (agronomie, horticulture, élevage, etc.). Ces réserves faites à la théorie synthétique ont amené à formuler d'autres modèles qui la nuancent sensiblement, tout en restant dans la logique darwinienne de l'évolution.

La théorie des équilibres ponctués

La limule, ou crabe des Moluques, est un arthropode marin à carapace dont les plus anciens représentants sont apparus il y a environ 400 millions d'années. Ce groupe, très diversifié au primaire, est actuellement représenté par quatre espèces, dont certaines diffèrent très peu de leurs ancêtres. Ces curieux animaux illustrent une des prémisses de la théorie des équilibres ponctués, qui admet que, dans de nombreux groupes d'organismes, les espèces restent inchangées durant de longues périodes. Elles sont en stase.

Aujourd'hui disparus, les trilobites sont des arthropodes marins qui ont peuplé les mers du primaire. Il y a environ 350 millions d'années, au dévonien, des espèces du genre *Phacops* se sont succédé dans la mer qui couvrait le centre des États-Unis. Chacune d'elles a vécu pendant une période assez longue, de l'ordre de 4 millions d'années, au cours de laquelle elle est restée inchangée. La naissance de chaque espèce a eu lieu dans une région bordière moins profonde où aucune forme intermédiaire n'a cependant été trouvée. Les espèces nouvellement apparues ont ensuite gagné l'ensemble du domaine marin où elles se sont successivement remplacées.

A la lumière de ces exemples, le cheminement de l'évolution des espèces peut être compris comme l'enchaînement de périodes de stase (phases d'équilibre), ponctuées de processus de création rapide d'espèces nouvelles. Cette vision de l'évolution se retrouve dans la théorie des équilibres ponctués, qui s'appuie sur le modèle de la spéciation péripatrique (voir p. 135-136). Les processus de formation des espèces, quasi instantanés à l'échelle géologique, font intervenir un mécanisme de renouvellement important et rapide du patrimoine génétique, au sein de petites populations périphériques isolées (révolution génétique). Il se forme ainsi de nombreuses espèces potentielles, dont la plupart disparaîtront sans laisser de traces. Seules certaines se développeront et persisteront à leur tour sans modification pendant de longues périodes (voir illustration ci-contre).

Contrairement à ce qui est admis par la théorie synthétique de l'évolution, la réussite d'une forme n'apparaît pas uniquement due à ses qualités fonctionnelles: dans le cadre de cette théorie, il n'y a pas adaptation, au sens de la seule survie du plus apte, mais l'espèce qui réussit le doit en partie au hasard. Le modèle des équilibres ponctués suppose que les spéciations aient été extrêmement nombreuses: il explique bien la diversité observée du monde vivant. La direction générale des tendances évolutives est déterminée par la divergence morphologique qui s'accumule au travers de la succession d'espèces différentes à chaque étape et non plus de populations se transformant graduellement. Au-delà de la compétition individuelle mise en jeu par la sélection naturelle darwinienne, il existe vraisemblablement un niveau supérieur de sélection (sélection des espèces) et c'est cette «compétition» entre espèces qui serait le moteur essentiel de l'évolution.

BRUNO DAVID ET BERNARD LAURIN

Limule fossile du jurassique supérieur d'Allemagne (150 millions d'années), morphologiquement très proche de la limule actuelle (longueur: 6 cm). ⇨

La limule actuelle est une espèce d'arthropode des mers tropicales dont le plan d'organisation est resté inchangé depuis des centaines de millions d'années. ⇩

La classification, langage du biologiste

L'idée de classer les êtres vivants, généralement en fonction de leurs ressemblances ou de leur mode de vie, est extrêmement ancienne. On la trouve dans les écrits des Grecs de l'Antiquité, mais aussi dans les coutumes de nombreuses ethnies actuelles, surtout chez celles qui sont en prise directe avec la nature, comme les chasseurs forestiers.

Pour les biologistes contemporains, la classification est un langage par lequel on exprime tel ou tel aspect de la structure du monde vivant. Les biologistes choisissent ainsi, en fonction de leurs axes de recherche, la classification la plus pratique tant pour leur communication que pour leur recherche.

On distingue actuellement trois grands types de classification biologique: la classification phénétique, la classification évolutive et la classification phylogénétique, dite aussi cladistique.

Tarsier spectre (*Tarsius*). Ce petit primate asiatique a longtemps été regroupé avec les lémuriens dans le groupe des prosimiens, sur la base de caractères primitifs de primate. En revanche, il partage avec les singes vrais plusieurs caractères évolués, comme la présence d'un nez vrai, alors que les lémuriens ont une truffe. Dans une classification phylogénétique, la référence aux prosimiens doit donc disparaître et *Tarsius* doit être classé avec les singes dans le groupe des haplorhiniens.

LA CLASSIFICATION PHÉNÉTIQUE

A l'origine, cette classification a un but pratique: permettre l'identification rapide d'un animal ou d'une plante, sans forcément refléter les relations de parenté de cet organisme avec tel ou tel autre. Elle est fondée sur le degré maximal de ressemblance générale entre les organismes, quelle que soit la signification des caractères pris en compte.

Un bon exemple de classification phénétique est fourni par les «clés de détermination» souvent utilisées pour définir les plantes: plantes à fleurs ou sans fleurs, avec ou sans corolle, pétales libres ou soudés, taille et forme des feuilles, etc. Plus récemment, les partisans de la classification phénétique ont pensé que l'accumulation d'un grand nombre de données (caractères morphologiques, mais aussi biochimiques) sur les organismes, et leur traitement par l'informatique, pouvait permettre d'obtenir une classification qui reflète aussi fidèlement l'évolution du monde vivant. Malheureusement, toutes les tentatives faites dans ce sens se sont heurtées à d'insurmontables contradictions. En effet, l'absence de distinction entre caractères primitifs et caractères évolués conduit toujours à la création de groupes présentant aussi une partie des caractères des autres groupes.

LA CLASSIFICATION ÉVOLUTIVE

Elle a pour but de refléter l'évolution des êtres vivants, et en particulier les processus d'apparition des groupes nouveaux. Pour cette raison, une classification évolutive comprend des groupes ancestraux et des groupes plus évolués qui «descendent» de ces derniers. Ainsi, les classes des oiseaux et des mammifères descendent-elles de la classe ancestrale des reptiles qui, à son tour, descend de celle des amphibiens, etc. (voir schéma page ci-contre).

Cette classification est assez pratique lorsqu'il s'agit de classer des formes fossiles dont on connaît mal les affinités (c'est le cas, par exemple, pour bon nombre de reptiles fossiles). En revanche, elle présente l'inconvénient majeur de comporter des groupes non définis — ou, du moins, définis par l'absence des caractères de leurs descendants — et qui, par conséquent, ne sont pas des groupes naturels. Ainsi, les reptiles ne sont-ils définis que par l'absence des caractères des oiseaux et des mammifères (voir schéma page ci-contre). Par conséquent, l'ancêtre commun des reptiles est aussi, indirectement, l'ancêtre des mammifères et des oiseaux.

Lorsqu'on lit une classification évolutive, il est impossible de distinguer les groupes naturels (issus d'un ancêtre commun qui leur est propre), tels que mammifères et oiseaux, des groupes non naturels, tels que poissons, amphibiens ou reptiles.

LA CLASSIFICATION PHYLOGÉNÉTIQUE

Elle se propose de refléter exactement les relations de parenté entre les organismes, et laisse de côté l'expression des processus évolutifs, tels que la descendance. Les groupes ainsi constitués sont tous définis par des caractères évolués (dits caractères apomorphes), partagés par plusieurs espèces et témoignant de leur origine commune. Les mammelles des mammifères et les plumes des oiseaux sont des caractères apomorphes, des spécialisations, qui définissent ces deux groupes respectifs et sont apparus chez leurs ancêtres communs respectifs. En revanche, les écailles ou le «sang froid» des reptiles sont des caractères primitifs, ou plésiomorphes, que l'on rencontre aussi bien chez les amphibiens et les poissons, et qui ne permettent pas de définir de groupe. Par conséquent, dans une classification phylogénétique des tétrapodes (vertébrés quadrupèdes terrestres), le nom de «reptile» n'apparaîtra pas. Une telle classification comprendra un emboîtement de groupes, tous monophylétiques, c'est-à-dire dont toutes les espèces sans exception descendent d'un même ancêtre qui n'est pas aussi l'ancêtre d'un autre groupe (voir schéma page ci-contre).

La classification phylogénétique présente l'avantage d'être la plus rigoureuse dans son mode d'expression. En forçant les biologistes et les paléontologistes à bien définir les groupes, ou taxons, dont ils parlent, cette classification a été la source de nombreuses découvertes au cours de ces dernières années. Parmi elles, on peut citer la mise en évidence des relations de parenté entre les amphibiens actuels et un groupe fossile très ancien, les Lépospondyles, ou encore, en botanique, la mise en évidence du statut de groupe souche des charophytes, qui serait à l'origine des plantes supérieures (mousses et plantes vasculaires). Cette classification a surtout montré son utilité en biogéographie, science qui étudie l'origine de la répartition des êtres vivants à la surface du globe.

DES CLASSIFICATIONS HIÉRARCHIQUES

Toutes ces classifications sont hiérarchiques, car elles comprennent, soit à un niveau particulier, soit à un niveau général, un emboîtement des groupes allant du plus grand au plus petit, ce dernier étant généralement l'espèce biologique.

Pour exprimer cette structure, on utilise habituellement la hiérarchie linnéenne (du nom de Carl von Linné, ou Linnaeus, naturaliste suédois du XVIIIe siècle), où les espèces, nommées grâce à un nom de genre et à un nom d'espèce, sont regroupées en genres, les genres en familles, les familles en ordres, les ordres en classes, etc. Chaque nom est donné, par tradition, en latin, la langue internationale du XVIIIe siècle. Cette utilisation d'une langue morte permet, malgré un aspect désuet, d'éviter des jalousies dues au chauvinisme.

Ainsi, la place de l'homme dans une hiérarchie linnéenne serait la suivante:

Phylum Vertebrata
Sous-phylum Tetrapoda
Super-classe Amniota
Classe Mammalia
Sous-classe Placentalia
Ordre Primates
Sous-ordre Catarrhini
Super-famille Hominoidea
Famille Hominidae
Genre Homo
Espèce Homo sapiens

Toutefois, devant l'abondance des catégories au sein de certains groupes (notamment les insectes), quelques biologistes utilisent une hiérarchie numérique :

1. Primates
1.1. Strepsirhini
1.2. Haplorhini
1.2.1. Platyrhini
1.2.2. Catarrhini, etc.

Quel que soit son mode d'expression, la classification est un outil indispensable au biologiste, et bien des erreurs sont nées du mépris qu'on en avait dans les années 1950-1960. Ces erreurs peuvent être du domaine de la recherche fondamentale (mauvaise interprétation des relations de parenté de certaines espèces fossiles ou actuelles, perte d'information due à des idées préconçues sur la classification d'un groupe), mais aussi du domaine de la recherche appliquée, notamment dans la lutte biologique, où l'introduction artificielle d'un parasite d'une espèce d'insecte nuisible a échoué en raison de confusions dans la place de cette espèce au sein d'un groupe plus large.

L'avènement de l'informatique a montré que la systématique, science des méthodes de classification, est en fait une science de l'information. C'est en cela qu'elle prend actuellement un essor considérable, notamment aux États-Unis et en Grande-Bretagne.

PHILIPPE JANVIER

Les trois types de classification utilisés en biologie : L'exemple des tétrapodes

*1. **Classification phénétique**. Les groupes sont classés en fonction de leurs ressemblances, quelle que soit la signification de ces ressemblances (dues à des caractères primitifs ou évolués). Ainsi une classification basée sur la température du corps et les téguments rapprocherait-elle les reptiles des amphibiens. Bien sûr, cet exemple est caricatural, et les phénéticiens utilisent toujours un nombre beaucoup plus grand de caractères.*

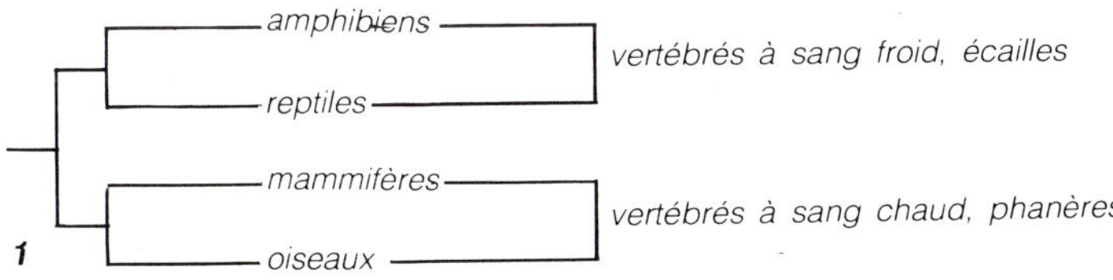

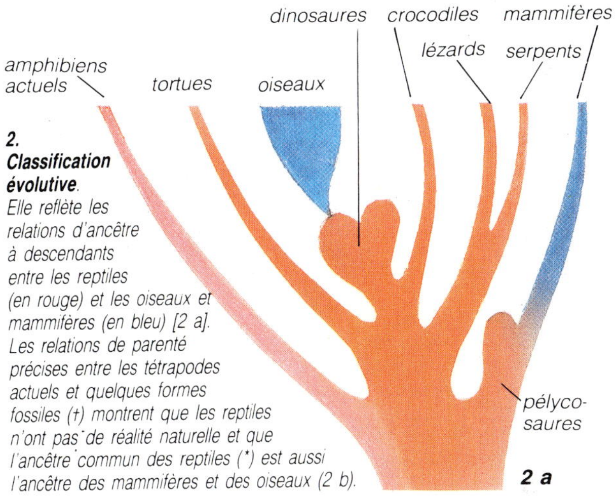

2. Classification évolutive. *Elle reflète les relations d'ancêtre à descendants entre les reptiles (en rouge) et les oiseaux et mammifères (en bleu) [2 a]. Les relations de parenté précises entre les tétrapodes actuels et quelques formes fossiles (†) montrent que les reptiles n'ont pas de réalité naturelle et que l'ancêtre commun des reptiles (*) est aussi l'ancêtre des mammifères et des oiseaux (2 b).*

*3. **Classification phylogénétique.** Elle reflète rigoureusement les relations de parenté phylogénétique entre les groupes. Elle ne comprend ainsi qu'un emboîtement de groupes strictement monophylétiques, c'est-à-dire qui ne partagent leur ancêtre commun avec aucun autre groupe.*

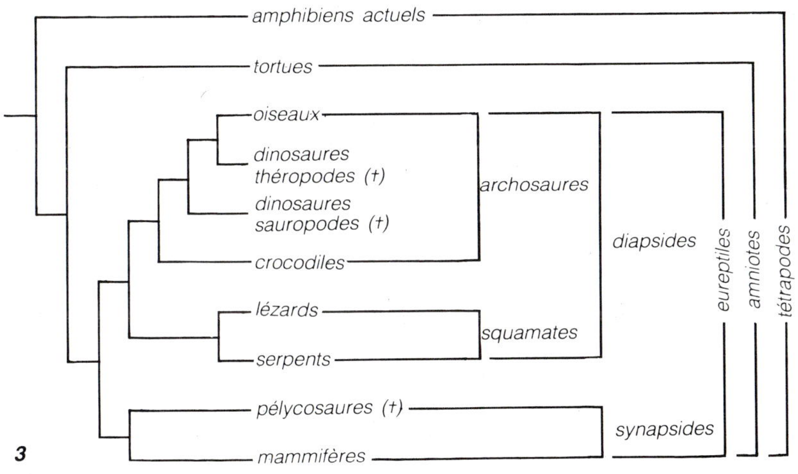

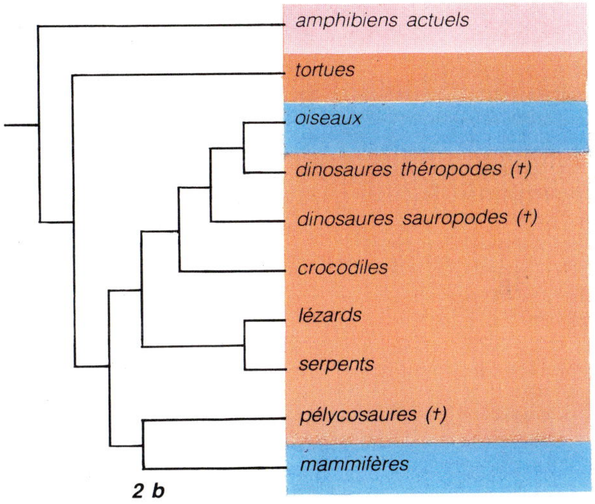

Le dipneuste, un vagabond de la classification

Les dipneustes actuels sont des poissons à poumons vivant dans les eaux douces d'Afrique, d'Amérique du Sud et d'Australie, et qui sont capables de respirer soit par leurs branchies, soit par leurs poumons. Ils constituent un groupe très ancien, puisqu'ils existaient déjà, pourvus de leurs spécialisations (crâne massif, grosses plaques dentaires broyeuses), il y a près de 350 millions d'années.

Lors de leur découverte, au début du XIXe siècle, les dipneustes actuels ont été l'objet d'un vif débat, certains savants les rapprochant des poissons, d'autres des amphibiens. Peu à peu, au fur et à mesure que progressait la connaissance de leur anatomie et de leur physiologie, il s'est établi un consensus sur l'hypothèse d'une relation de parenté étroite entre les dipneustes et les tétrapodes (vertébrés terrestres quadrupèdes : amphibiens, reptiles, oiseaux et mammifères), et l'on a même classé les dipneustes avec les tétrapodes dans le groupe des choanates (vertébrés pourvus de narines internes à la bouche), le terme de poisson n'ayant aucune signification phylogénétique. Mais d'autres biologistes ont considéré que toutes les ressemblances entre dipneustes et tétrapodes étaient apparues indépendamment dans ces deux groupes, et que les dipneustes étaient en fait des poissons osseux très primitifs, voire des proches parents des requins !

On peut dire que ce groupe des dipneustes s'est vu attribuer toutes les positions possibles dans la classification des vertébrés à mâchoires. Actuellement, une analyse détaillée de tous les caractères anatomiques, physiologiques et biochimiques des dipneustes est en cours et semble largement confirmer leurs étroites relations avec les tétrapodes, même si certains caractères, comme les narines internes, pouvaient effectivement être le résultat d'une évolution convergente.

__Les dipneustes__ (ici, Protopterus annectens) sont des poissons à poumons qui sont considérés comme les plus proches parents des vertébrés quadrupèdes, ou tétrapodes. Dans une classification phylogénétique, ils représentent donc le groupe frère de ces derniers.

Deux exemples de cladogrammes

LES VERTÉBRÉS ACTUELS

Qu'est-ce qu'un cladogramme?
On appelle cladogramme un mode de représentation graphique des relations de parenté entre des groupes ou des espèces telles qu'elles sont indiquées par le partage des caractères évolués (vertèbres, mâchoires, amnios, etc.). Un cladogramme diffère d'un arbre évolutif en ce qu'il est intemporel et ne suggère aucun processus évolutif particulier (sélection naturelle, etc.).
Il exprime donc, en fait, une hypothèse de classification phylogénétique dictée par les faits bruts, c'est-à-dire la répartition la plus parcimonieuse possible des caractères observables.

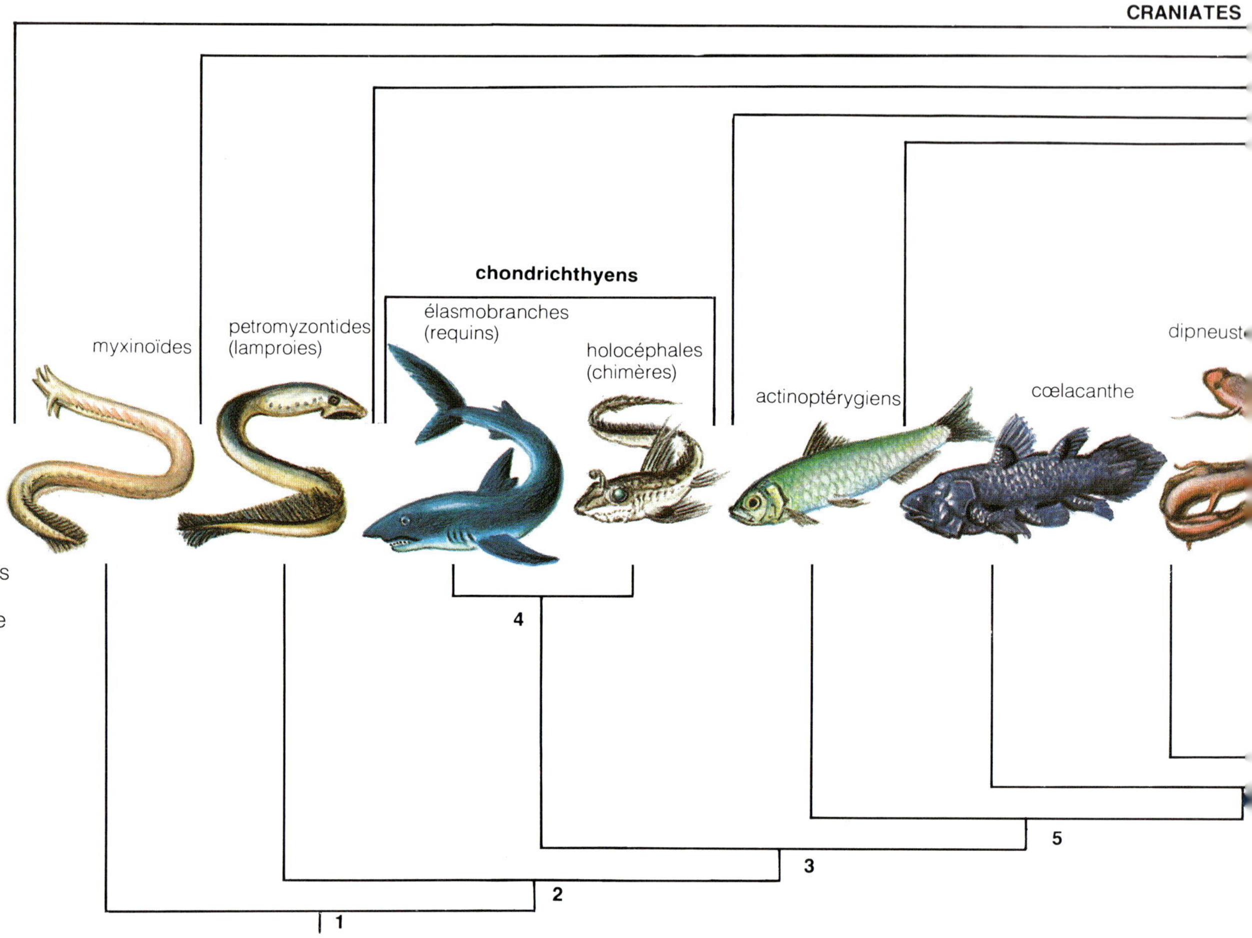

Principaux caractères utilisés pour la construction de ce cladogramme
1. Crâne enfermant les capsules sensorielles et le cerveau.
2. Vertèbres, nageoires pourvues d'une musculature, muscles de l'œil, système sensoriel «latéral».

LES PLANTES TERRESTRES ACTUELLES

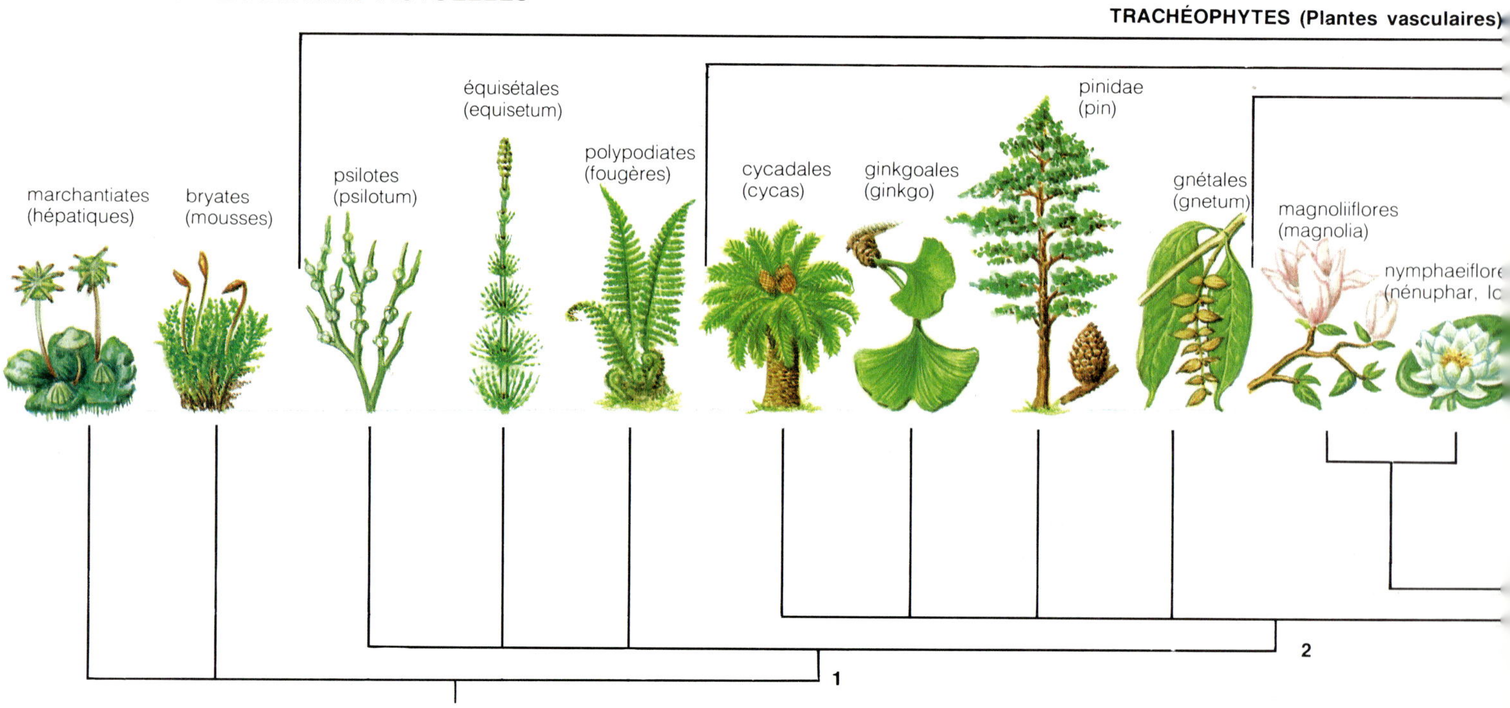

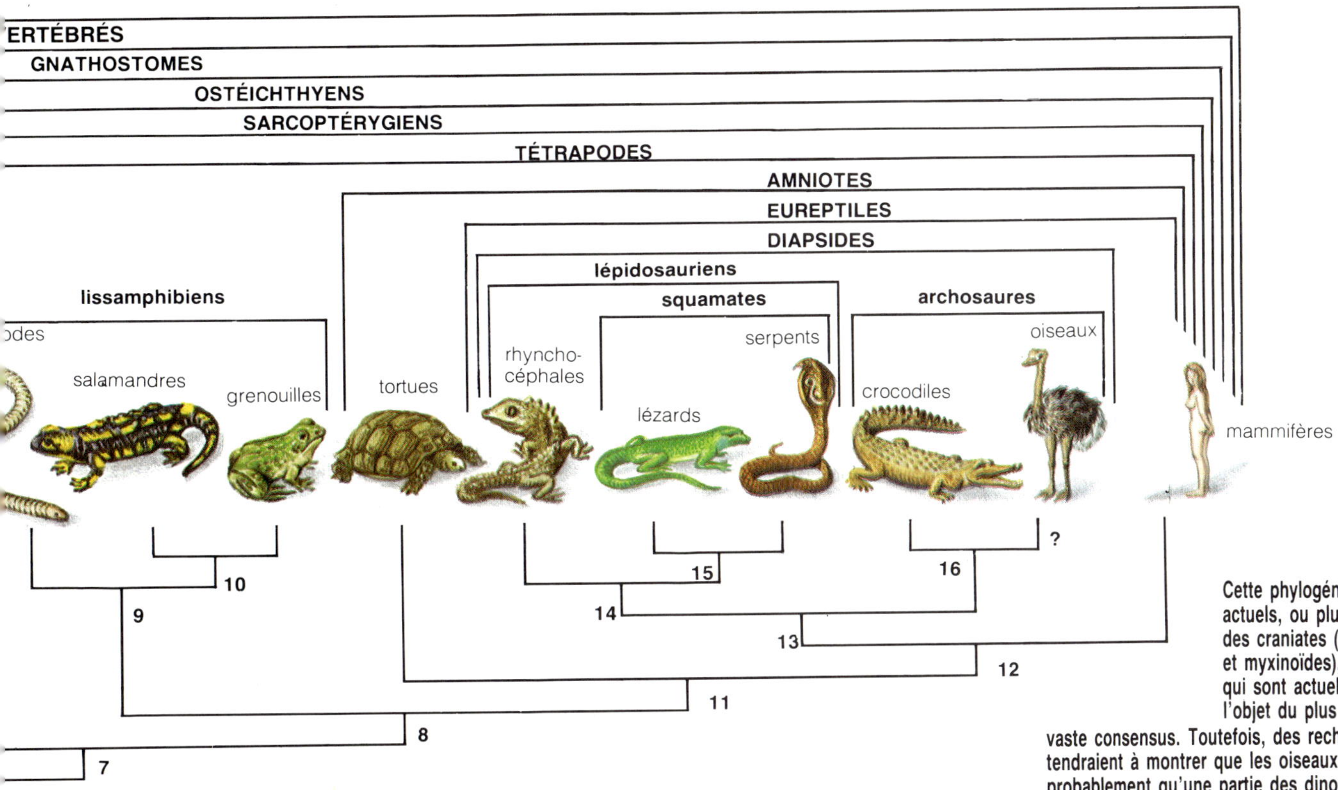

Cette phylogénie des vertébrés actuels, ou plus précisément des craniates (vertébrés et myxinoïdes), est l'une de celles qui sont actuellement l'objet du plus vaste consensus. Toutefois, des recherches récentes tendraient à montrer que les oiseaux (ainsi probablement qu'une partie des dinosaures) seraient en fait le groupe frère des mammifères, et que les archosaures ne seraient pas un groupe monophylétique. De même, pour certains scientifiques, les lépidosauriens seraient les plus primitifs des amniotes, tandis que les tortues seraient plus étroitement apparentées à l'ensemble crocodiles-oiseaux-mammifères (euamniotes). Enfin, quelques chercheurs défendent encore l'idée selon laquelle les lamproies et les myxines formeraient un groupe monophylétique (naturel), celui des cyclostomes. De même, un chercheur soutient que le cœlacanthe est plus étroitement apparenté aux tétrapodes que les dipneustes.

3. Mâchoires, canal semi-circulaire horizontal.
4. Cartilage calcifié prismatique.
5. Os endochondral, dents fixées sur de grands os dermiques (maxillaire, prémaxillaire, dentaire).
6. Squelette interne des nageoires paires s'articulant sur les ceintures par l'intermédiaire d'un seul os (humérus ou fémur).
7. Poumons fonctionnels à alvéoles, cône artériel du cœur en S, même type d'hormones hypophysaires.
8. Membres locomoteurs à cinq doigts.
9. Dents articulées sur un petit pédoncule.
10. «Operculum» reliant le crâne à l'omoplate.
11. Œufs pourvus d'un amnios et pondus hors de l'eau.
12. Organe de Jacobson pourvu d'une conque, fosses temporales.
13. Deux paires de fosses temporales s'ouvrant dans le crâne.
14. Os carré relativement libre par rapport au crâne.
15. Fosse temporale inférieure ouverte ventralement.
16. Fosse préorbitaire (en avant de l'œil).

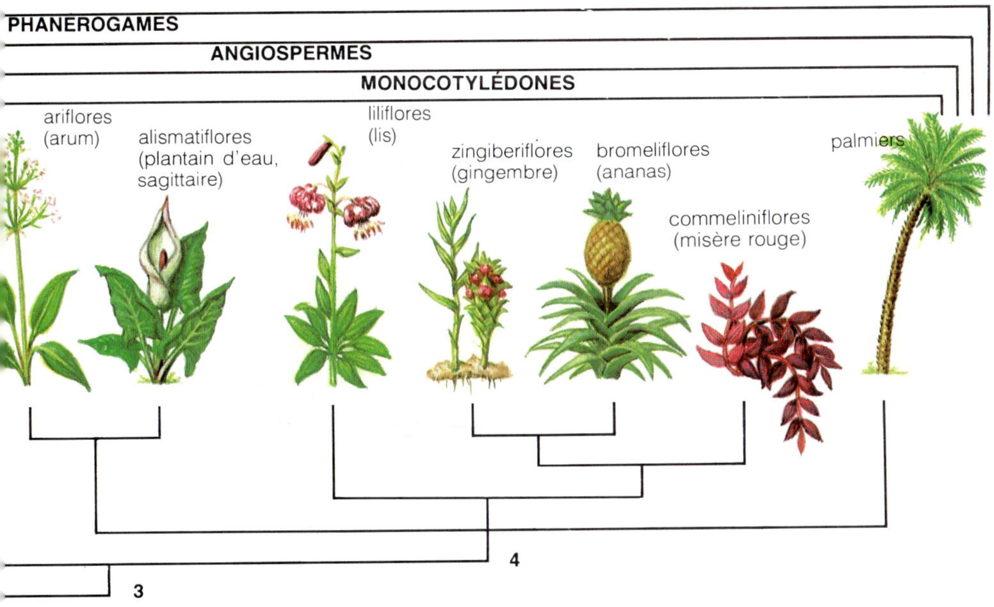

Principaux caractères dérivés
1. Apparition de trachéides parcourues par la sève brute.
2. Apparition des fleurs.
3. Ovules enfermés dans une enveloppe.
4. Un seul cotylédon.

Cette phylogénie des plantes supérieures actuelles est la première qui soit fondée sur une analyse cladistique. Proposée en 1981 par les botanistes suédois Bremer et Wanntorp, elle est actuellement en cours d'amélioration. On tente notamment de résoudre les «multifurcations» qui témoignent d'affinités incertaines (par exemple, entre cycas, ginkgos, pins, gnétales et angiospermes). En raison de la méthode employée (analyse cladistique), une grande partie des groupes botaniques classiques (bryophytes, gymnospermes, dicotylédones) n'apparaissent plus, car elles ne correspondent pas à des groupes monophylétiques, c'est-à-dire à des groupes dont tous les membres descendent d'un ancêtre commun, qui n'est pas aussi l'ancêtre d'un autre groupe (voir pages précédentes, «La classification»).

Les grandes tendances de l'évolution

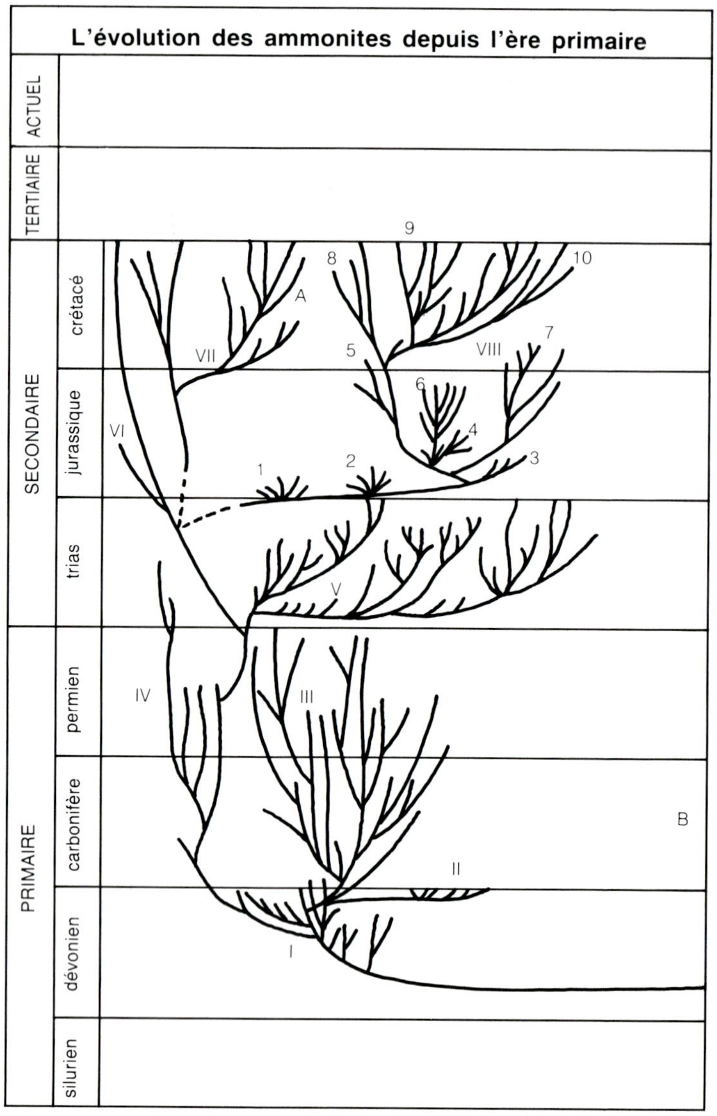

Les chiffres romains indiquent les principaux sous-ordres, et les chiffres arabes les superfamilles. On notera deux profondes coupures, à la fin du permien et à la fin du trias, suivies de phases «explosives», puis d'évolutions plus lentes, et enfin de la disparition.

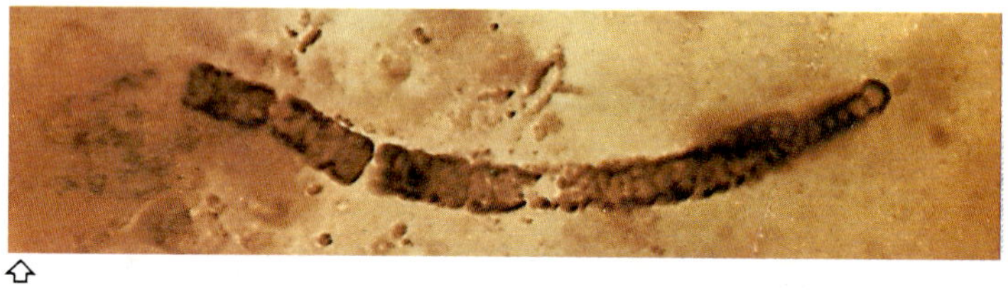

Les premiers êtres vivants sur la Terre furent des algues microscopiques dépourvues de noyau (procaryotes), comparables aux cyanophycées actuelles (algues bleues) et aux bactéries. Celle-ci, vieille de 850 millions d'années, vient du centre de l'Australie (formation Bitter Spring).

Phénomène historique se déroulant sur la Terre au cours d'un passé dont la longueur se compte en milliards d'années, l'évolution de la vie nous est révélée par les restes fossiles qu'étudie la paléontologie, et que la géologie situe avec précision dans leur cadre chronologique et écologique.

C'est une histoire complexe et multiforme, maintenant assez bien connue dans ses grandes lignes, sur lesquelles l'accord des spécialistes est satisfaisant. Mais, dans le détail, beaucoup de lacunes persistent, d'autant plus que nous cherchons à remonter plus loin dans le passé, là où les documents sont de plus en plus rares et de plus en plus fragiles. En effet, seules les parties dures — carapaces, coquilles, os ou dents — sont généralement fossilisées. Or les premiers vivants en étaient totalement dépourvus, comme le sont également certains groupes plus évolués, les vers par exemples, qui de ce fait échappent presque totalement à nos investigations.

Ainsi notre image de la vie passée reste-t-elle nécessairement incomplète et souvent déformée. Il est cependant possible d'en dégager, avec prudence et dans la mesure de nos connaissances actuelles, quelques tendances incontestables.

L'unité du monde vivant

La vie, phénomène que tous les biochimistes s'accordent à considérer comme un phénomène naturel, mais hautement improbable, est pourtant apparue très tôt dans l'histoire de la planète. Ses premières traces sont contemporaines des plus anciennes roches sédimentaires connues (voir chapitre 4), voici plus de 3,5 milliards d'années. Ces premiers vivants sont certes les plus simples possibles, des unicellulaires dépourvus de noyau vrai (procaryotes): algues bleues et bactéries. Mais ils impliquent déjà les mêmes mécanismes que nous trouvons dans toutes les formes actuelles, et notamment le code génétique. Ils confirment la remarquable unité du monde vivant.

La multiplication des lignées

Après ce commencement difficile à saisir, l'évolution de la vie est marquée par une multiplication incessante des lignées. Pour en expliquer le déroulement, la paléontologie a longtemps cherché des lois permettant, à l'instar des sciences physiques, d'en prévoir le fonctionnement dans une perspective déterministe: loi de spécialisation et de complexification croissante des lignées, d'accroissement de taille, de récapitulation, et bien d'autres, qui se ramènent toutes à l'idée que l'évolution se fait selon des directions linéaires et très graduellement.

Cependant, les progrès de la recherche montrent le caractère très relatif de telles lois, qui sont au mieux des modalités fréquentes, mais sans aucune généralité. Ceci s'explique aisément par la nature même du donné paléontologique. Pour établir des lois, il faut pouvoir observer des répétitions de phénomènes identiques, se succédant suivant des séquences toujours constantes. A ceci s'oppose le caractère historique des processus évolutifs, dont le cours est jalonné d'événements uniques, non répétables. La seule loi de l'évolution qui reste valable est la loi d'irréversibilité, qui signifie que jamais situations ni phénomènes ne se répètent à l'identique au cours du temps.

Une évolution aléatoire

Ainsi, l'histoire de la vie nous apparaît plutôt comme un phénomène contingent, où rien n'est nécessaire, où chaque événement explore le monde indéfini des possibles et entraîne des solutions originales, imprévisibles, même si elles sont justifiables après coup.

Restée deux milliards d'années au stade procaryote, la vie aurait très bien pu en demeurer là et ne pas inventer le noyau. L'apparition de groupes entiers, comme les échinodermes ou les vertébrés, aurait pu ne pas se produire, ou ils auraient pu être supplantés par d'autres groupes, tous différents. La disparition de tant de groupes autrefois très prospères, comme les trilobites au primaire ou les reptiles au secon-

daire, tient plus au hasard des circonstances et de la concurrence qu'à des déficiences fonctionnelles. Le rôle du hasard, dans la naissance comme dans la mort des lignées, ne peut être négligé.

Innovation et adaptation

Ce caractère aléatoire de l'évolution explique l'irrégularité de son cours, où les développements linéaires sont rares et toujours limités dans le temps comme dans leur extension.

L'analyse des phénomènes évolutifs y montre toujours une alternance irrégulière de phases rapides, voire explosives, qui correspondent à l'apparition d'innovations importantes, bien que souvent non adaptatives, et de phases plus lentes d'exploitation adaptative de ces nouveautés.

Ces innovations échouent parfois, mais, lorsque la sélection s'en empare, elles peuvent donner naissance à des groupes importants, à de nombreuses lignées dont l'évolution se traduit surtout par un perfectionnement continu de l'adaptation du groupe aux conditions ambiantes, mais n'impliquent pas de nouveautés fondamentales.

Pour emprunter le langage des informaticiens, on pourrait dire que les phases d'innovations correspondent à la mise en place d'un logiciel qui, par la suite, fournit aux lignées des programmes s'adaptant à la demande.

Mais le nombre de ces programmes est nécessairement limité, et le développement des lignées se trouve canalisé dans un petit nombre de solutions. Ainsi s'explique le caractère souvent répétitif de ces phases d'adaptation.

Autant le premier de ces types d'évolution se montre rapide, imprévisible, aléatoire, autant le second tend à être plus graduel et plus proche d'un certain déterminisme.

Progrès ou progression?

Pendant longtemps, évolution a été synonyme de progrès. Les observations précédentes conduisent à nuancer cette affirmation. En effet, la notion de progrès est scientifiquement ambiguë, dans la mesure où elle risque d'impliquer un jugement de valeur. Du point de vue scientifique, on ne peut utiliser que des critères objectifs, testables, tels que complexité, autonomie, et dans ces conditions il vaut mieux parler de progression plutôt que de progrès. Mais même dans ce sens, il ne semble pas que la progression soit un facteur constant et nécessaire de l'évolution.

Certes, la plupart des innovations peuvent être qualifiées de progressistes, dans la mesure où elles ouvrent des possibilités nouvelles au développement biologique. Encore ces innovations, à côté d'incontestables exemples de complexification, d'autonomie accrue, montrent-elles de fréquents exemples de simplifications, de pertes, de régressions dont la signification «progressiste» est contestable.

Mais surtout, dans la plupart des groupes, en dehors de ces brèves phases d'évolution novatrices, on observe de longues périodes de stabilité, d'équilibre, qui peuvent être accompagnées de différenciations adaptatives mineures, de niveau spécifique, générique, voire familial, mais sans autre signification que la recherche d'un équilibre adaptatif. Aucun progrès notable, par exemple, dans l'évolution de nombreux insectes au tertiaire, ou des vers de terre. La plupart des groupes, une fois installés dans leur solution personnelle, paraissent y jouir d'une stabilité, pour ne pas dire d'une inertie complète.

Certes, une progression incontestable existe dans l'ensemble des vivants, des premiers fossiles à l'homme, et le progrès y est toujours possible. Mais il semble correspondre à une possibilité heureusement réalisée plutôt qu'à une nécessité absolue. Évitons de projeter sur l'ensemble de la vie ce qui n'est que la particularité d'une lignée, la nôtre, et de faire une loi générale d'une réussite particulière à qui nous devons d'être ce que nous sommes.

HENRI TINTANT

Les trilobites, arthropodes assez semblables aux crustacés, mais montrant des caractères plus primitifs, vivaient dans les mers du début du primaire, avant de se raréfier pour disparaître complètement au permien, victimes sans doute de la concurrence des crustacés et des poissons.

Le phalène du bouleau *(Biston betularia)*, papillon vivant sur le tronc clair des bouleaux, a normalement des ailes blanches tachetées de noir. Une mutation peut entraîner l'apparition de rares formes aux ailes noires, immédiatement détruites par les oiseaux prédateurs. Dans les régions où la pollution industrielle a noirci le tronc des arbres, cette forme sombre, mieux camouflée, devient de plus en plus fréquente et peut remplacer complètement la forme blanche. Cet exemple illustre l'action de la sélection.

Famille de babouins. Les singes représentent le sommet de l'évolution des mammifères, qui culmine avec l'apparition des hominidés. Mais leur mode de vie essentiellement arboricole et leurs faibles effectifs rendent très improbable la fossilisation de leurs restes, si bien que leur histoire paléontologique est encore mal connue.

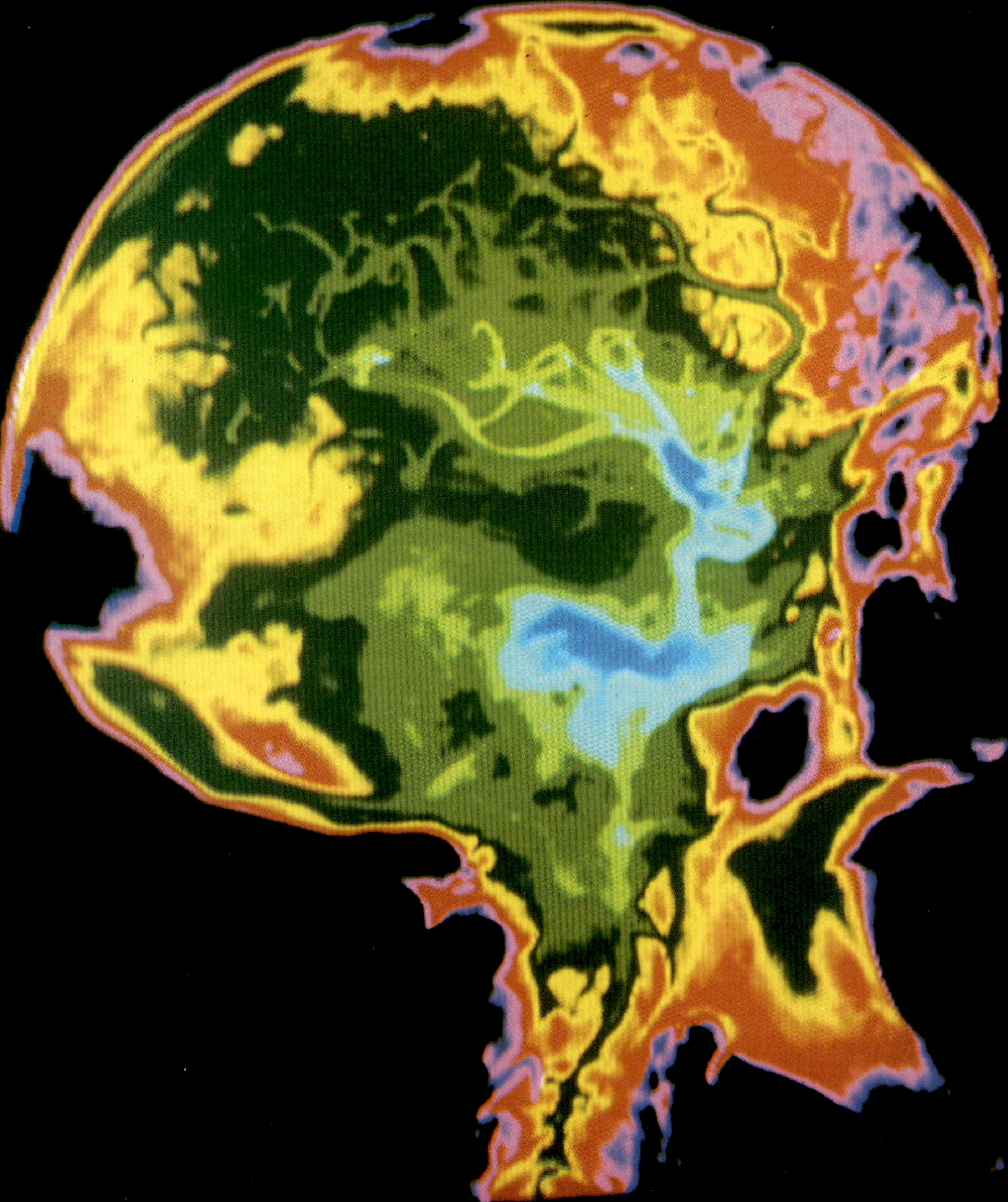

5e PARTIE

DU SYSTÈME NERVEUX ANIMAL A L'INTELLIGENCE DE L'HOMME

Le système nerveux

Le système nerveux est formé d'un ensemble de cellules nerveuses, ou neurones, qui mettent en connexion les cellules réceptrices des divers organes sensoriels avec des cellules effectrices, notamment musculaires et glandulaires. Les neurones sont des cellules très spécialisées, comportant le plus souvent un ou plusieurs prolongements, appelés neurites, le long desquels se déplace un signal électrique. Le métabolisme des neurones est assuré par d'autres cellules spécialisées, les cellules névrogliques.

Les neurones communiquent avec les récepteurs sensoriels, avec les effecteurs ou entre eux par des structures particulières, les synapses, au niveau desquelles sont libérées des substances spécifiques, les neurotransmetteurs.

Le système nerveux a pour rôle le traitement des informations sensorielles et leur intégration, puis l'élaboration des comportements de l'organisme. Sa structure permet à la fois l'existence de réflexes innés, stockés dans la mémoire génétique de l'espèce, et la mise en place de réflexes conditionnés, formant la mémoire historique.

LE TISSU NERVEUX

Le tissu nerveux comporte, outre les neurones et les cellules névrogliques, ou névroglie, quelques fibroblastes, et surtout des vaisseaux sanguins. Ces derniers ont la particularité, chez de nombreux animaux, d'être tapissés intérieurement d'un endothélium non fenêtré qui s'oppose au passage de la plupart des molécules et constitue ainsi la barrière hémo-encéphalique, qui empêche les éléments nuisibles d'arriver jusqu'au cerveau.

Le neurone

Le neurone possède tous les caractères d'une cellule normale (voir p. 54-59), avec noyau, réticulum endoplasmique très important (corps de Nissl), mitochondries, appareil de Golgi et cytosquelette très différencié (voir illustration ci-contre).

Outre la portion de cytoplasme proche du noyau (formant le péricaryon), le neurone comporte aussi des prolongements, les uns peu différenciés, courts et ramifiés, les dendrites, les autres fréquemment engainés, plus longs, assurant la conduite du signal nerveux, les axones. Dendrites, axones et péricaryons peuvent porter les éléments constitutifs des synapses.

Les cellules névrogliques

Les cellules névrogliques sont de plusieurs types:

— **astrocytes,** qui assurent le maintien et le métabolisme des neurones en jouant le rôle d'intermédiaires entre ces derniers et les capillaires sanguins;

— **oligodendrocytes** (cellules de Schwann dans le système nerveux périphérique) qui constituent des gaines isolantes autour des axones;

— **cellules épendymaires,** qui sécrètent le liquide céphalo-rachidien;

— **microglie,** qui assure l'élimination des éléments indésirables.

La synapse

La synapse, zone de contact entre deux neurones, entre cellule sensorielle et neurone, ou entre neurone et effecteur, assure la transmission du message nerveux (voir schéma page ci-contre). Au niveau musculaire, la synapse prend le nom de plaque motrice. La plupart des synapses fonctionnent à sens unique. On distingue la membrane présynaptique de la membrane postsynaptique, séparées par la fente synaptique, d'une largeur moyenne de 10 à 50 nanomètres. La membrane présynaptique contient des vésicules où est stocké le neurotransmetteur. La membrane postsynaptique possède, à sa surface externe, des récepteurs, molécules sur lesquelles viennent se fixer les molécules du neurotransmetteur. Cette fixation déclenche divers processus, comme l'ouverture de canaux ioniques (voir encadré p. 151) ou la phosphorylation des protéines, pouvant faire naître un nouveau message nerveux dans le neurone en aval.

On connaît actuellement un grand nombre de neurotransmetteurs. Le plus fréquemment rencontré est l'acétylcholine, dont il existe deux types de récepteurs, les uns dits nicotiniques liés à l'ouverture de canaux ioniques, les autres dits muscariniques intervenant sur le métabolisme de la cellule, et qui ont donc une action non fugace. L'acétylcholine, neurotransmetteur des plaques motrices, des fibres autonomes préganglionnaires et du système nerveux parasympathique, intervient également dans le système nerveux central.

Parmi les autres neurotransmetteurs importants, citons les amines, comme la noradrénaline, la dopamine ou la sérotonine, les acides aminés, comme les acides glutamique ou aspartique, et les neuropeptides, découverts en tant qu'hormones locales du tractus digestif et retrouvés depuis dans le système nerveux central. Parmi eux, le polypeptide intestinal vaso-actif joue un rôle très important par le contrôle qu'il exerce sur les vaisseaux sanguins du tissu nerveux. Certains neurotransmetteurs sont non pas excitateurs mais inhibiteurs (acide gammaaminobutyrique, glycine).

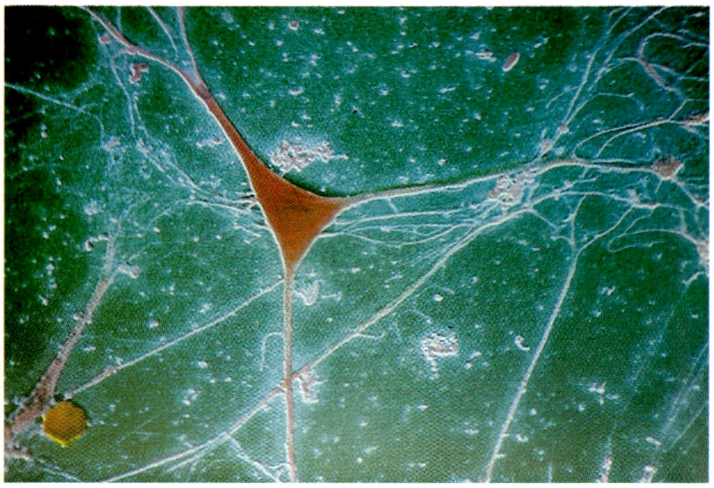

1

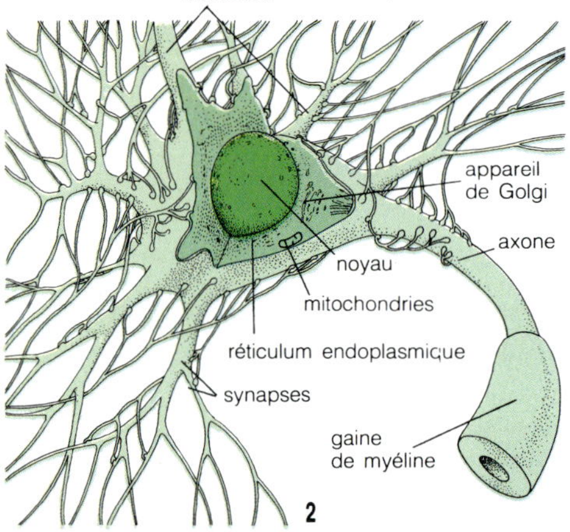

2

3

La cellule nerveuse: le neurone.
1. Dans ce neurone pyramidal de néocortex humain, l'imprégnation argentique colore la totalité de la cellule, dont trois grosses dendrites. L'axone est à peine visible. 2. Schéma d'un neurone: à la profusion des dendrites s'oppose l'axone unique, qu'entoure sa gaine de myéline. Le corps cellulaire comporte les organites habituels: noyau, mitochondries, réticulum endoplasmique. 3. Cellule de Purkinje du cortex cérébelleux: l'axone n'est pas visible. L'arborisation dendritique est située dans un seul plan.

LE FONCTIONNEMENT DU SYSTÈME NERVEUX

L'unité fonctionnelle du sytème nerveux est la synapse. Chaque neurone peut être en contact avec d'autres neurones par des centaines, voire des milliers de synapses. Par le jeu de divers neurotransmetteurs (un neurone peut en synthétiser deux ou trois) et des récepteurs (il existe souvent plusieurs récepteurs pour un même neurotransmetteur), une synapse peut laisser passer un message sans le modifier ou le bloquer totalement. Elle peut aussi l'affaiblir ou le renforcer, le raccourcir ou le prolonger: on qualifie alors la substance libérée de neuromodulateur. Ainsi, dans la moelle épinière des vertébrés, des fibres périphériques porteuses de messages nociceptifs, c'est-à-dire ressentis comme douloureux, peuvent voir ce message bloqué par inhibition de la libération du neurotransmetteur (la substance P), grâce à de petits neurones qui libèrent, sur l'ordre du cerveau, des substances opiacées endogènes (les encéphalines). La découverte de ce mécanisme a permis de comprendre l'action analgésique de la morphine.

Les différents neurones

Tout système nerveux possède trois grandes catégories de neurones:

— **les neurones sensoriels,** qui apportent les afférences sensorielles d'origine diverse. On distingue celles qui enregistrent les modifications du milieu externe à l'organisme, qui sont dites extéroréceptives, celles qui renseignent le système nerveux central sur l'état de contraction des muscles et la position des diverses articulations, appelées proprioceptives, et celles qui enregistrent les stimulus du milieu intérieur (récepteurs viscéraux), et dites interoceptives;

— **les neurones moteurs,** ou motoneurones, dont les axones sont dirigés vers les effecteurs;

— **les interneurones,** qui s'interposent entre les deux premiers.

Sur 100 neurones, 90 sont des interneurones, 9 des neurones sensoriels et le dernier un motoneurone.

Fonctionnement d'une synapse chimique

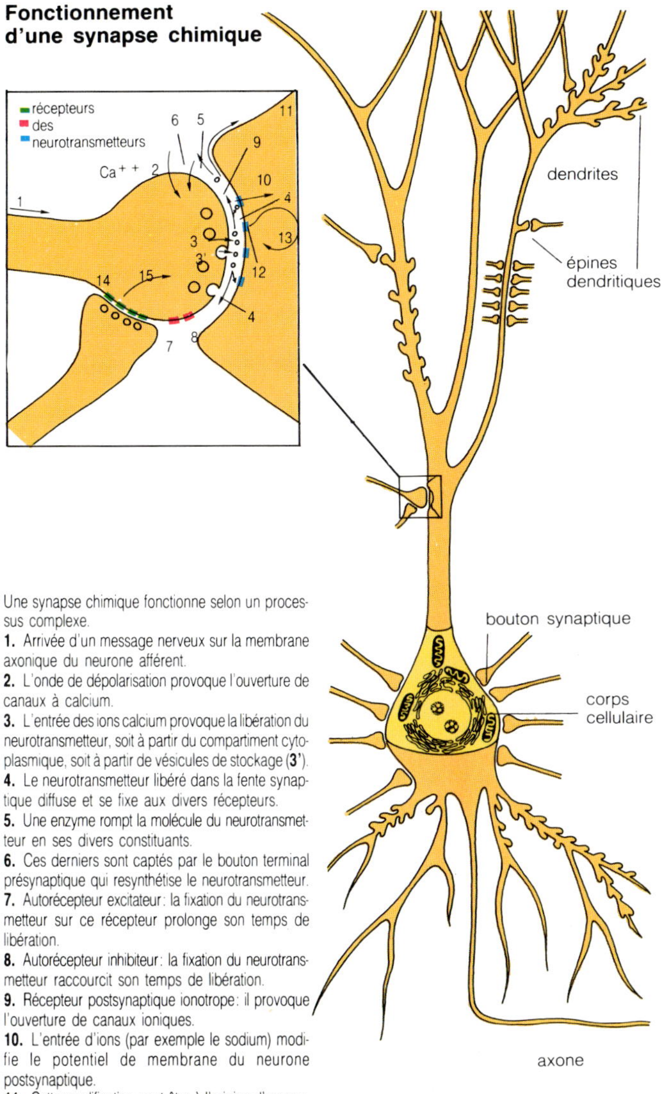

Une synapse chimique fonctionne selon un processus complexe.

1. Arrivée d'un message nerveux sur la membrane axonique du neurone afférent.

2. L'onde de dépolarisation provoque l'ouverture de canaux à calcium.

3. L'entrée des ions calcium provoque la libération du neurotransmetteur, soit à partir du compartiment cytoplasmique, soit à partir de vésicules de stockage (**3'**).

4. Le neurotransmetteur libéré dans la fente synaptique diffuse et se fixe aux divers récepteurs.

5. Une enzyme rompt la molécule du neurotransmetteur en ses divers constituants.

6. Ces derniers sont captés par le bouton terminal présynaptique qui resynthétise le neurotransmetteur.

7. Autorécepteur excitateur: la fixation du neurotransmetteur sur ce récepteur prolonge son temps de libération.

8. Autorécepteur inhibiteur: la fixation du neurotransmetteur raccourcit son temps de libération.

9. Récepteur postsynaptique ionotrope: il provoque l'ouverture de canaux ioniques.

10. L'entrée d'ions (par exemple le sodium) modifie le potentiel de membrane du neurone postsynaptique.

11. Cette modification peut être à l'origine d'un nouveau message nerveux, parcourant la membrane du neurone postsynaptique.

12. Récepteur postsynaptique métabolotrope. Il déclenche une chaîne de modifications métaboliques: ouverture de canaux ioniques après délai, synthèses cytoplasmiques diverses, action sur l'ADN du noyau et synthèses de protéines diverses (**13**).

14. Récepteur présynaptique des neurotransmetteurs d'un neurone tiers: il agit en modulant l'activité du neurone présynaptique, en facilitant ou inhibant la libération du neurotransmetteur (**15**).

Les synapses se situent le plus souvent soit sur l'arborisation dendritique, soit sur le corps cellulaire; elles mettent en contact avec la membrane postsynaptique un élargissement axonique dit bouton terminal. Certains neurones, comme ceux du cortex, comportent des expansions en face de ces boutons, les épines dendritiques.

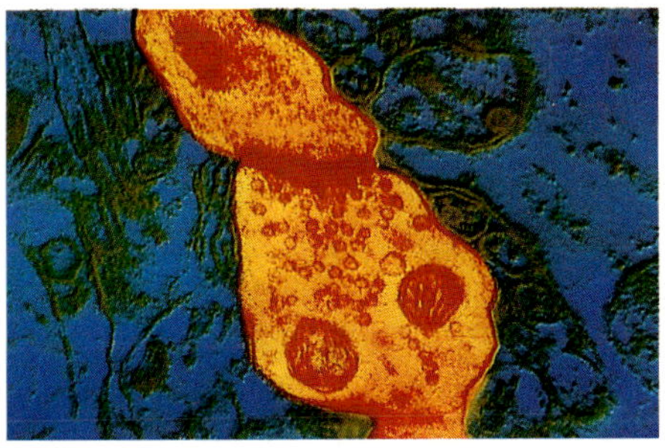

⇦ *Cette coupe tangentielle en microscopie électronique d'un bouton synaptique montre deux mitochondries et de nombreuses vésicules synaptiques qui contiennent le neurotransmetteur, peut-être ici l'acétylcholine.*

***Dans les cnidoblastes,** cellules qui sont à l'origine des brûlures provoquées par les méduses, l'attouchement d'un cil déclenche l'ouverture d'un clapet et la sortie d'un fouet barbelé baignant au repos dans une vacuole emplie de liquide urticant.*

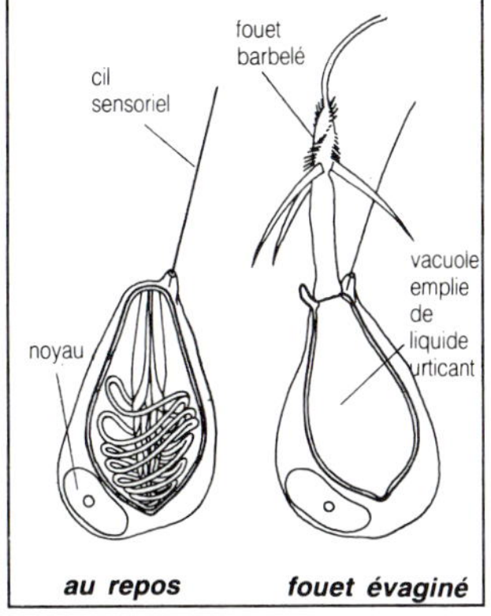

***La face ventrale d'une planaire polyclade** montre les relations du plexus nerveux avec les cordons longitudinaux issus du cerveau et les commissures transversales (système orthogonal)* ⇩

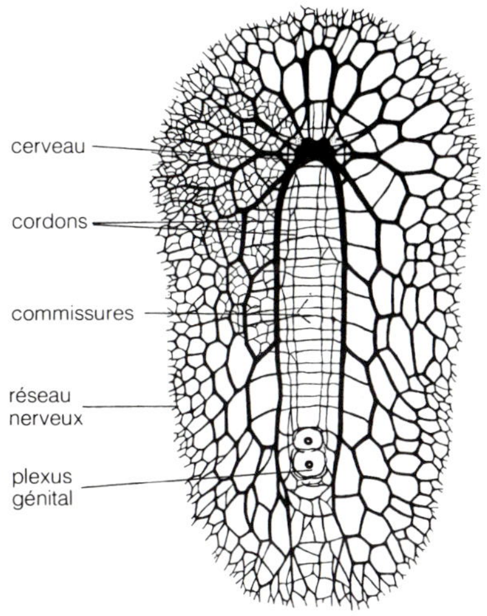

L'ÉVOLUTION DU SYSTÈME NERVEUX

Il n'y a évidemment pas de système nerveux chez les êtres unicellulaires (protistes), dont la cellule assume à la fois les fonctions sensorielles et effectrices (voir p. 72-73, 150-151). Chez les plus primitifs des animaux pluricellulaires, les spongiaires, on n'a pas davantage pu mettre en évidence de système nerveux: un stimulus porté en un point d'une éponge ne se transmet que lentement et avec perte d'intensité aux cellules voisines (voir p. 81).

Le premier embranchement animal à posséder un système nerveux est celui des cnidaires, qui regroupe polypes et méduses (voir p. 82-83). On a pu mettre en évidence, chez ces animaux, divers stades de différenciation dans le sens d'une plus grande spécificité nerveuse. Les cnidoblastes, cellules urticantes qui sont à l'origine des brûlures provoquées par le contact avec ces animaux, sont à la fois réceptrices (cil tactile) et effectrices (voir schéma ci-dessus; voir aussi l'encadré «Pourquoi les méduses piquent-elles?», p. 83). Les neurones forment à la base des épithéliums externe (ectoderme) ou interne (endoderme digestif) un réseau de cellules nerveuses. Chez les méduses, on trouve aussi des fibres géantes, courant à la périphérie de l'ombrelle et assurant le synchronisme des contractions musculaires nécessaires à la locomotion, ainsi que de gros neurones à activité rythmique, qui fournissent la cadence de ces contractions.

Les cnidaires sont des animaux sessiles ou peu mobiles, à symétrie radiaire et dépourvus de toute formation céphalique. La mobilité, acquise par les vers plats (planaires, douves et ténias parasites), entraîne l'acquisition d'une symétrie bilatérale et la concentration des organes sensoriels dans la région qui est située en avant pendant la locomotion. Cette région, également riche en neurones, se «céphalise» (mais la bouche, chez les vers plats, est encore située vers le milieu du corps) et comporte donc une première concentration nerveuse à laquelle on donne le nom de cerveau. De cette masse antérieure partent des cordons nerveux qui l'unissent aux deux réseaux sous-épithéliaux (voir schéma ci-dessus). Il y a primitivement quatre paires de ces cordons. Tout le long du corps, cordons et réseaux sont unis transversalement par des commissures. On donne à une telle organisation, où cordons et commissures se coupent à angle droit, le nom de système nerveux orthogonal. Dès ce stade primitif, on peut assimiler le réseau ectodermique au système nerveux cérébrospinal des vertébrés et le réseau endodermique au système nerveux autonome (sympathique). Le cerveau exerce, chez ces animaux, un effet tonique sur le reste du système nerveux et son ablation rend l'animal inerte, bien qu'il reste capable de répondre aux stimulations par des réflexes locaux.

Chez les autres invertébrés, le système nerveux diffère essentiellement de celui des vers plats, notamment chez les annélides et les arthropodes, par son organisation métamérique (une paire de ganglions par segment), par sa position ventrale (seuls les deux cordons ventraux des vers plats ont subsisté) et par son enfoncement sous le tégument. Les cellules névrogliques, apparues chez les vers plats, se diversifient. Dans les ganglions, les neurones forment un cortex périphérique, tandis que le centre est occupé par une zone riche en synapses, appelée neuropile. Alors que les neurones sont en général pourvus de plusieurs axones et que les synapses ne sont pas orientées chez les cnidaires, les vers plats inventent le neurone en T (encore présent dans les ganglions spinaux des vertébrés), et les mollusques et arthropodes le neurone multipolaire classique.

Le cerveau, qui avait un rôle tonique chez les animaux primitifs, acquiert un rôle inhibiteur chez les annélides: son ablation entraîne désormais l'hyperactivité de l'animal. Les annélides sont aussi les premiers animaux à posséder de petits neurones ni sensoriels ni moteurs (les corps pédonculés), dont l'ablation est apparemment sans effet, mais qui rend l'animal incapable de tout apprentissage. Les corps pédonculés assurent donc la mémorisation, sans être pour autant le siège des réflexes acquis.

Le système nerveux des vertébrés

En taille et en complexité, l'encéphale des vertébrés les plus primitifs, les poissons, est comparable à celui des invertébrés les plus encéphalisés, les céphalopodes.

L'ORIGINE

Le système nerveux se forme, au cours du développement de l'embryon, aux dépens de l'ectoderme dorsal: celui-ci s'épaissit en une plaque neurale, qui se creuse d'abord en gouttière, puis se ferme en un tube creux. Ce tube est élargi vers l'avant en une vésicule encéphalique, qui formera l'encéphale, tandis que l'arrière formera un cordon creux, la moelle épinière. Au cours de cette neurulation, deux cordons de cellules voisines s'invaginent et s'enfoncent en même temps que se ferme le tube: ce sont les bandelettes ganglionnaires, ou crêtes neurales. Enfin, dans la région antérieure, se forment des épaississements épidermiques, les placodes, à l'origine de la plupart des organes sensoriels.

La vésicule céphalique s'étrangle peu après en trois, puis cinq vésicules successives. Les cellules du tube nerveux se différencient en neuroblastes, qui donneront les neurones, et en glioblastes, qui donneront les cellules névrogliques. Les cellules se multiplient activement et se différencient peu à peu pour fournir les diverses parties de l'encéphale de l'adulte. Chez les vertébrés plus que chez les autres animaux, la production de neurones est énorme chez le jeune embryon. On constate ensuite la disparition d'une proportion importante de ces cellules (parfois plus de 50 p. 100). Cette mort cellulaire est un processus normal qui permet à l'organisme d'ajuster à moindres frais le nombre de ses neurones et de réaliser, par la méthode des essais et des erreurs, les projections sensorielles ou motrices. Ainsi, les projections de la rétine sur le toit optique ne se font pas au hasard: on constate, à la surface de ce toit, une répartition ordonnée des neurones, telle qu'on y retrouve l'organisation du champ visuel. Il en va de même des autres projections sensorielles, aussi bien tactiles qu'auditives, par exemple. Il n'est pas indifférent non plus que les connexions entre les motoneurones et les divers muscles antagonistes d'une articulation ne soient pas distribuées au hasard. Tout se passe comme si le système nerveux central lançait un grand nombre de fibres pour l'innervation musculaire et ne conservait que les connexions adéquates, les autres étant éliminées.

Vésicule encéphalique et tube nerveux postérieur fournissent motoneurones et interneurones. Les neurones sensoriels proviennent des crêtes neurales, qui sont également à l'origine d'un grand nombre d'autres structures, nerveuses ou non. Ces crêtes neurales sont si spécifiques des vertébrés qu'on pourrait définir ces derniers par leur seule présence chez l'embryon.

La vésicule antérieure, ou télencéphale, se différencie et donne les hémisphères cérébraux (voir p. 166-167). Le diencéphale comprend notamment le thalamus dorsal et l'hypothalamus ventral. Le mésencéphale est lui aussi subdivisé en une portion dorsale, ou tectum (toit), et une portion ventrale, ou tegmentum (calotte). Le métencéphale devient le cervelet, et le myélencéphale la moelle allongée (bulbe rachidien).

LA CROISSANCE

La vitesse de croissance du système nerveux est très différente de celle du reste du corps. A l'intérieur d'une espèce, il faut distinguer deux périodes, l'une prénatale, à croissance nerveuse rapide, l'autre juvénile, à croissance plus lente. C'est l'arrêt des mitoses des neurones qui marque cette inflexion dans la croissance encéphalique. La croissance beaucoup plus lente qui lui fait suite correspond à l'augmentation de taille des neurones, à la myélinisation des axones, à l'extension des champs dendritiques et à l'augmentation de la vascularisation. En revanche, espaces extracellulaires et volumes ventriculaires diminuent pendant cette même période juvénile. La croissance encéphalique s'achève quand est atteint l'état adulte chez les oiseaux et les mammifères; elle se poursuit au contraire, mais à un taux très ralenti, chez les poissons, les amphibiens et les reptiles.

La comparaison d'espèces différentes fait intervenir une croissance encéphalique non plus ontogénétique, c'est-à-dire liée au développement de l'individu lui-même, mais phylogénétique, c'est-à-dire liée au développement des espèces. Le volume du cerveau croît comme la surface corporelle, qui contient la plupart des récepteurs sensoriels tactiles. On ne peut donc pas comparer les volumes encéphaliques de deux animaux de taille différente, ni directement (poids absolus) ni par rapport au volume corporel (poids relatifs). Le rapport du volume encéphalique à la surface corporelle (l'indice d'encéphalisation) montre que

Croissance encéphalique chez le rat blanc (doubles coordonnées logarithmiques)

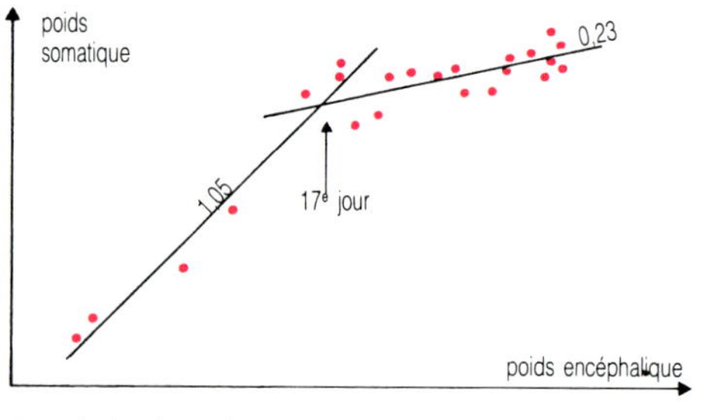

Lors de la phase fœtale, le cerveau croît comme le corps (croissance isométrique). Lors de la phase juvénile, la croissance du cerveau est plus lente que celle du corps (croissance allométrique négative). Le passage entre ces deux types de croissance se situe aux environs de l'éclosion ou de la mise bas. Il est précoce chez les espèces dites nidifuges, dont les jeunes sont relativement autonomes dès la naissance, tardif chez les espèces nidicoles comme le rat, dont les jeunes dépendent plus ou moins longtemps, pour leur survie, des soins apportés par les parents.

Indice d'encéphalisation des vertébrés

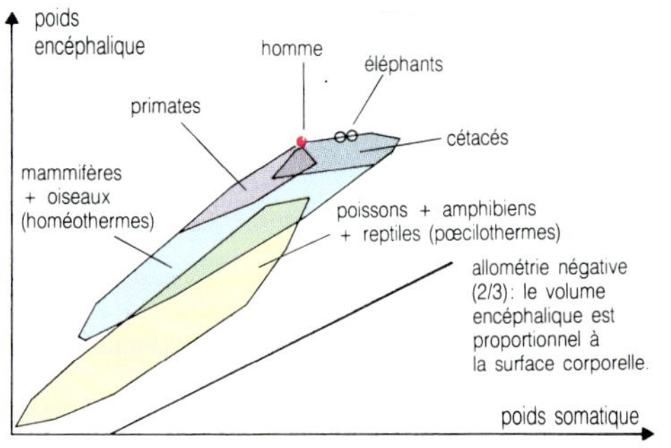

Représenté en doubles coordonnées logarithmiques, l'indice d'encéphalisation des divers vertébrés permet de regrouper les oiseaux et les mammifères (animaux à sang chaud ou homéothermes) d'une part, les poissons, amphibiens et reptiles (animaux à sang froid ou pœcilothermes) d'autre part. L'homme a l'encéphalisation la plus importante, mais les singes, les cétacés odontocètes puis les éléphants en sont peu éloignés.

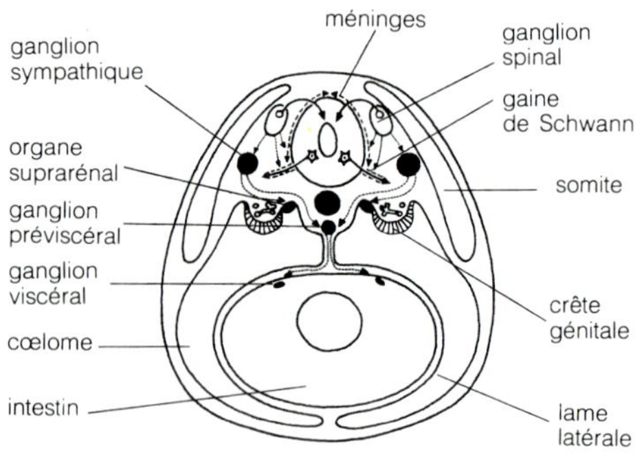

***Des crêtes neurales mises en place lors de la neurulation,** stade du développement embryonnaire où s'ébauche le système nerveux, dérivent notamment les cellules de Schwann, formant la gaine des axones des nerfs, la pie-mère et l'arachnoïde des méninges qui entourent le système nerveux central, les ganglions spinaux et sympathiques, les ganglions préviscéraux et viscéraux, ainsi que la médullosurrénale et les paraganglions, sécréteurs d'adrénaline.*

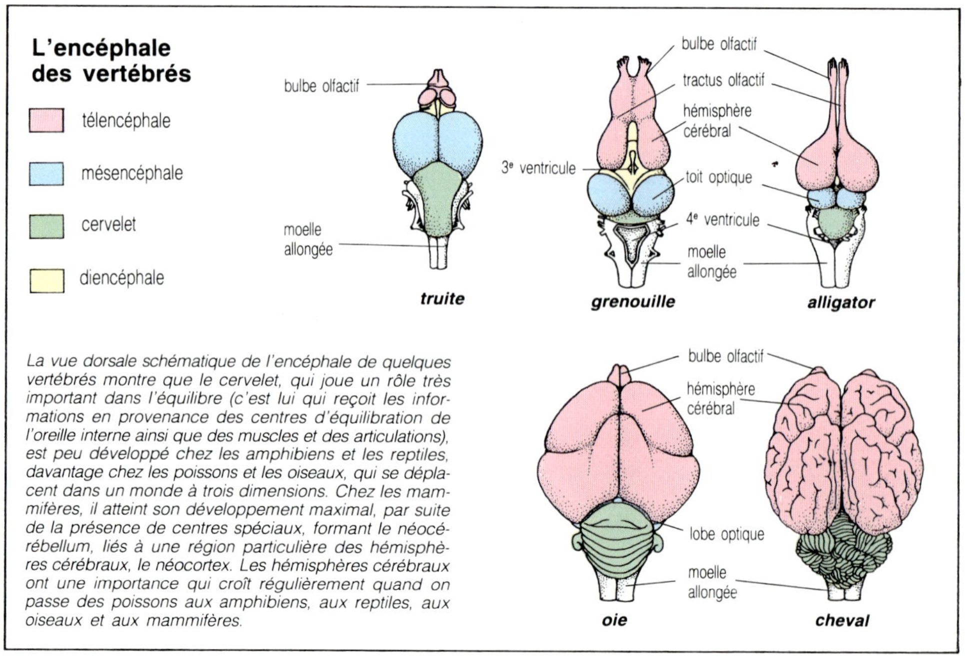

La vue dorsale schématique de l'encéphale de quelques vertébrés montre que le cervelet, qui joue un rôle très important dans l'équilibre (c'est lui qui reçoit les informations en provenance des centres d'équilibration de l'oreille interne ainsi que des muscles et des articulations), est peu développé chez les amphibiens et les reptiles, davantage chez les poissons et les oiseaux, qui se déplacent dans un monde à trois dimensions. Chez les mammifères, il atteint son développement maximal, par suite de la présence de centres spéciaux, formant le néocérébellum, liés à une région particulière des hémisphères cérébraux, le néocortex. Les hémisphères cérébraux ont une importance qui croît régulièrement quand on passe des poissons aux amphibiens, aux reptiles, aux oiseaux et aux mammifères.

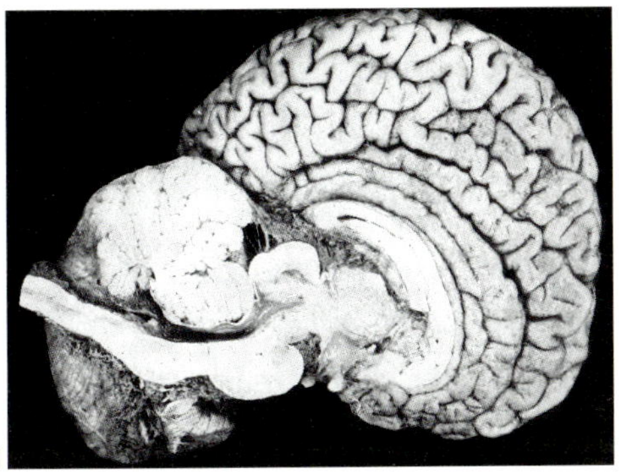

1

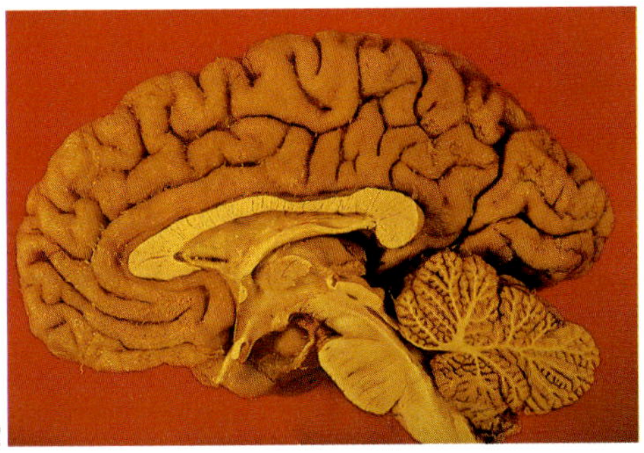

2

Coupe sagittale d'encéphale de baleine (1) et d'homme (2): le premier est beaucoup plus circonvolutionné que le second. La richesse en circonvolutions cérébrales dépend davantage de la taille de l'encéphale que du niveau psychique de l'espèce.

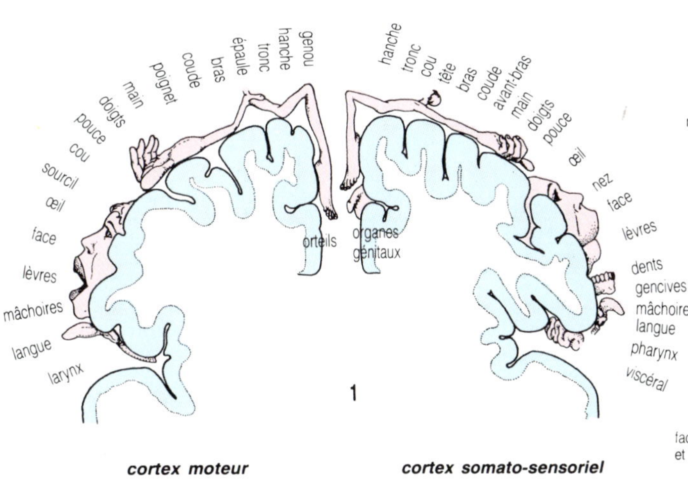

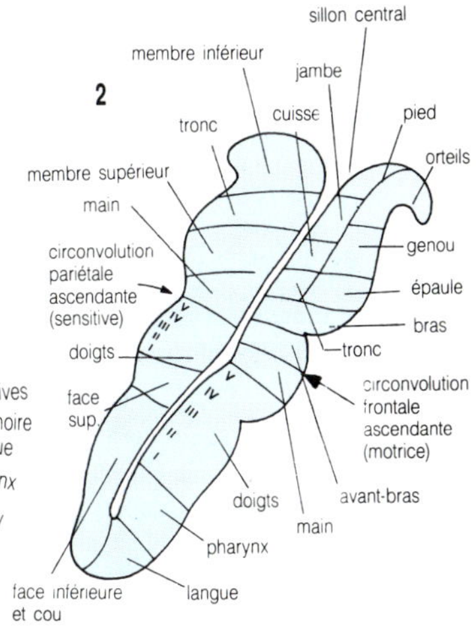

Cortex somesthésique et cortex moteur
1. Représentation classique des homoncules sensoriel et moteur. La taille des diverses parties du corps est proportionnelle à la richesse de son innervation. Notons l'importance de la main et des doigts, ainsi que celle de la région buccale.
2. Schéma des circonvolutions frontale et pariétale ascendantes, séparées par le sillon central. Il n'y a pas de correspondance étroite entre les zones somesthésiques postérieure (à droite) et motrice antérieure (à gauche).

les animaux à sang froid sont tous moins encéphalisés que les homéothermes (mammifères et oiseaux). Parmi les mammifères, les espèces les plus encéphalisées sont, après l'homme, les singes anthropomorphes, comme le chimpanzé, les cétacés odontocètes, comme le dauphin, puis les éléphants.

L'ORGANISATION DE L'ENCÉPHALE

L'encéphale de tous les vertébrés est bâti sur le même plan fondamental, mais on observe des différences considérables d'architecture et de proportions qui ont une grande importance fonctionnelle (voir schémas page ci-contre).

Chez les poissons, l'encéphale a sa largeur maximale au niveau du toit, alors que les hémisphères cérébraux sont bien plus petits. On en a déduit qu'à l'origine, chez un vertébré ancestral hypothétique, le télencéphale n'avait probablement que des fonctions olfactives, le diencéphale des fonctions visuelles, le toit jouant le rôle de centre d'intégration. En réalité, dès les vertébrés inférieurs, les hémisphères cérébraux acquièrent un rôle intégrateur, et l'on distingue les centres olfactifs (paléopallium ou paléocortex) des centres intégrateurs (archipallium ou archicortex). Les formations ventrales du télencéphale (subpallium ou striatum) constituent un centre prémoteur, à l'origine des comportements de l'animal. L'archicortex joue un rôle important dans l'apprentissage et correspond aux corps pédonculés des vers annelés et des arthropodes. Une telle organisation ne se modifie guère chez les amphibiens ou les reptiles. Quand on passe aux homéothermes, il faut en revanche distinguer les oiseaux des mammifères. Chez les premiers, le développement du télencéphale se fait par croissance isotrope, dans toutes les directions, tandis que chez les mammifères a lieu une corticalisation étendue, avec naissance d'une nouvelle formation, le néocortex.

LE NÉOCORTEX

Le néocortex, spécifique des mammifères, a une organisation histologique très uniforme, avec six couches de neurones alternant avec des zones de neuropile, riches en synapses. De ce fait, l'épaisseur du néocortex ne pouvant être augmentée, l'accroissement néocortical, tant pendant le développement de l'embryon qu'au cours de l'évolution, ne se fait qu'en augmentant sa surface, ce qui entraîne le plissement néocortical, avec circonvolutions séparées des sillons, ou scissures. Ainsi, un cerveau peut avoir beaucoup de circonvolutions pour deux raisons très différentes, suivant qu'il appartient à une espèce très encéphalisée ou à une espèce de grande taille. Ce n'est pas l'homme qui possède l'encéphale le plus circonvolutionné, mais les baleines qui, avec un encéphale de 5 à 7 kg, ont un volume néocortical bien supérieur à celui de l'homme, dont le cerveau pèse, en moyenne, 1 350 g.

Le néocortex vient, en quelque sorte, doubler tous les autres centres nerveux dont il module l'activité. On y trouve des zones de projection sensorielle, visuelle (cortex occipital), somesthésique (cortex pariétal) ou auditive (cortex temporal), ainsi que, dans la circonvolution frontale ascendante, le cortex moteur primaire, dont l'excitation, par électrodes, provoque des contractions musculaires.

Les projections sensorielles sont ordonnées: le système nerveux a une image du corps conforme à sa réalité; les afférences tactiles sont dites somatotopiques, les afférences visuelles rétinotopiques, les afférences auditives tonotopiques. Quand on fait l'atlas des projections somesthésiques (afférences tactiles, thermiques, algiques), on voit se dessiner une curieuse figure au corps tout petit, aux mains et à la langue énormes: cet homoncule traduit la richesse de l'innervation sensorielle des diverses parties du corps. L'homoncule moteur, situé en regard du précédent, est légèrement différent, mais aussi disproportionné (voir schémas ci-dessus).

La représentation de la surface corporelle sensible dans le thalamus dorsal, relais de la projection des afférences tactiles sur le cortex, montre l'importance des moustaches chez le lapin et le chat, et celle des membres chez le singe.

Le néocortex contient également, outre ces zones sensorielles ou motrices, des zones étendues aux fonctions moins précises, comme les cortex préfrontal, pariéto-occipital ou temporal. Ces régions assurent l'intégration de diverses sensations, les processus d'apprentissage ou ce qui fait la particularité de chacun des individus d'une espèce donnée (voir, au chapitre 14, «Une taille exceptionnelle, un cortex surdéveloppé», p. 164-165).

La croissance en volume du néocortex, des mammifères primitifs (insectivores comme le hérisson ou la musaraigne) à l'homme, est énorme, malgré certaines particularités dont l'effet est d'économiser de la place. Ainsi, alors que la plupart des fonctions sensorielles et motrices sont symétriques (l'hémisphère gauche reçoit les liaisons provenant de la moitié droite du corps et lui envoie ses ordres, et réciproquement), certaines des fonctions les plus complexes sont latéralisées et n'existent que dans un seul hémisphère. Il en va ainsi du langage, comme le montra Broca en 1861, en attribuant l'aphasie d'un de ses patients au ramollissement d'une région de son cortex préfrontal gauche. L'existence d'une puissante commissure néocorticale, le corps calleux, permet aux deux hémisphères d'échanger leurs informations. Mais si, pour une raison quelconque, notamment à la suite d'interventions chirurgicales chez certains épileptiques, on isole les deux hémisphères par section de ce corps calleux, on constate que le patient manifeste deux personnalités: il possède notamment un hémisphère «qui parle» (généralement le gauche) et son symétrique qui en est incapable (voir, au chapitre 14, «Les deux hémisphères», p. 166-167).

ROLAND BAUCHOT

CHAPITRE 13

L'histoire des sens

Des sensibilités inséparables de la vie

Aucun être vivant ne peut survivre sans organes des sens. Ils sont indispensables pour réagir vis-à-vis de l'environnement. Pour fuir l'ennemi, sitôt décelé. Pour voir, sentir la nourriture, les proies. Pour réagir face à ce qui pourrait blesser, tuer. Dès les formes les plus rudimentaires de vie, dès les premiers microbes, on découvre l'existence de ces sensibilités inséparables de la vie.

La fonction des systèmes sensoriels est de fournir à l'organisme des informations sur le milieu environnant afin qu'il adapte efficacement son comportement aux variations de ce milieu. Il s'agit, pour l'essentiel, de déceler et d'éviter les obstacles et les environnements dangereux, de détecter et de saisir les aliments, voire de pourchasser des proies, et — pour ces dernières — de détecter et de fuir les prédateurs.

Pour les organismes sexués dits gonochoriques, c'est-à-dire ceux dont les organes mâles et femelles appartiennent à des individus différents, l'équipement sensoriel intervient également dans la recherche du partenaire, comme nous le verrons au chapitre 15 «Sexualité et communication» (p. 168-169).

LE CAS DES ORGANISMES UNICELLULAIRES

L'existence de récepteurs sensoriels différenciés et d'un système nerveux est le cas normal des organismes pluricellulaires; chez les bactéries ou les unicellulaires (protistes), toute partie de la cellule paraît être sensible à l'action des agents extérieurs, et c'est la cellule en totalité qui réagit aux stimulations. On a tendance à interpréter cette réaction comme la manifestation de ce que Claude Bernard appelait l'irritabilité, sorte de propriété diffuse dépourvue de spécificité. Une telle interprétation n'est plus valable aujourd'hui à l'échelle moléculaire, comme le montre la biologie des membranes cellulaires.

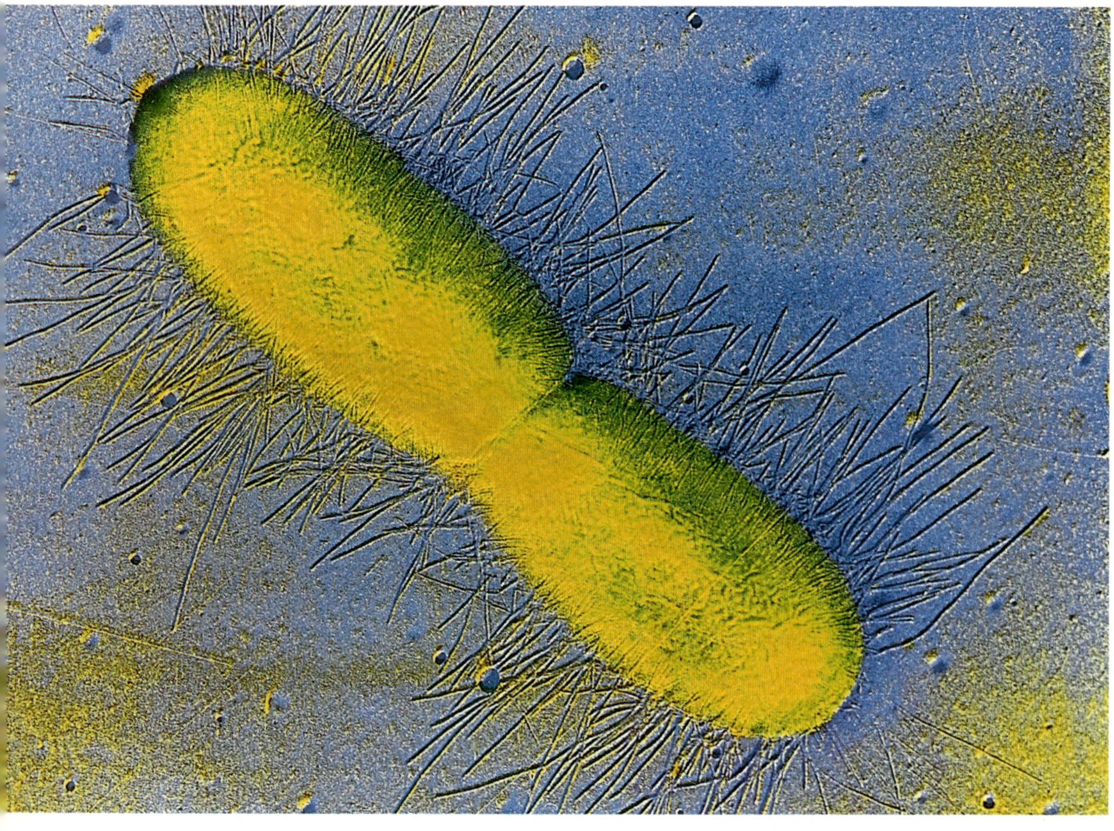

***Escherichia coli* est une bactérie intestinale,** dite colibacille, grossie ici environ 60 000 fois. Des protéines particulières de sa membrane sont sensibles à des substances chimiques attractives, notamment à certains sucres. Une autre protéine membranaire change de forme quand elle est soumise à la chaleur.

Les sensibilités d'une bactérie: *Escherichia coli*

Lorsqu'une bactérie comme *Escherichia coli* se dirige — par mouvements de ses flagelles — vers sa nourriture, elle répond à la stimulation de récepteurs de substances chimiques (chimiorécepteurs) particuliers. On a identifié 25 récepteurs de substances chimiques attractives. Les mieux connus sont des protéines qui se lient spécifiquement aux molécules de sucres comme le ribose, le galactose ou le maltose. Les récepteurs de substances chimiques répulsives sont moins nombreux, moins spécifiques et plus difficiles à étudier. On a néanmoins montré l'existence d'un chimiorécepteur impliqué quand la bactérie fuit les acides organiques, l'acide acétique par exemple.

Dans le cas de la sensibilité à la chaleur, on pourrait penser qu'une variation de température affecte l'ensemble des réactions métaboliques cellulaires. Or, toujours chez *Escherichia coli,* il existe une protéine dont la conformation est modifiée par les variations de température et qui semble bien être un récepteur spécialisé vis-à-vis de la chaleur (thermorécepteur), puisque les mutants qui en sont dépourvus ne manifestent pas de réponse à la température.

Chez un organisme aussi élémentaire qu'une bactérie, qui ne possède pas encore de noyau différencié, ce qui apparaissait comme irritabilité diffuse relève donc de mécanismes et de structures moléculaires spécifiques.

La paramécie

La relation entre la stimulation sensorielle et la réponse motrice, assurée chez *Escherichia coli* par l'action des flagelles, a été particulièrement analysée chez la paramécie, unicellulaire dont la membrane est garnie de cils vibratiles (voir p. 73). Divers stimulus ont été utilisés, mais nous considérerons surtout la manière dont s'effectue la réponse motrice à une stimulation mécanique.

Dès le début de ce siècle, le zoologiste américain H. S. Jennings, observateur minutieux du comportement des organismes primitifs, avait remarqué, lorsqu'il touchait la partie antérieure d'une paramécie au repos avec une fine aiguille de verre, qu'il provoquait un mouvement de recul, alors qu'un choc porté à la partie postérieure provoquait un mouvement vers l'avant. Quand la paramécie se déplace et que son pôle antérieur heurte un obstacle, on observe une inversion temporaire du battement de ses cils, d'où recul, puis reprise du mouvement dans une direction différente, ce qu'on appelle une réaction d'évitement. Si l'animal est heurté à son pôle postérieur, on observe une accélération temporaire du rythme des battements ciliaires: il y a alors réaction de fuite.

Si l'on empale la paramécie sur la pointe d'une micro-électrode, on enregistre, en réponse à un choc à la partie antérieure, une dépolarisation transitoire de la membrane cellulaire (pour un choc léger, le potentiel de membrane passe de − 30 millivolts (mV) au repos à − 15 mV). Un choc à la partie postérieure provoque au contraire une hyperpolarisation (on passe alors de − 30 à − 45 mV). L'inversion des battements est donc liée à la dépolarisation et l'accélération du rythme à l'hyperpolarisation. En poussant l'analyse, on a pu montrer que la dépolarisation était elle-même produite par une entrée dans la cellule d'ions calcium (Ca^{++}): la membrane du pôle antérieur est riche en canaux qui s'ouvrent et laissent entrer les ions calcium, plus nombreux à l'extérieur qu'à l'intérieur, lorsqu'elle est déformée par un choc. A l'inverse, l'hyperpolarisation est due à une sortie d'ions potassium (K^+): la membrane du pôle postérieur est riche en canaux qui s'ouvrent et laissent sortir les ions potassium, plus nombreux à l'intérieur de la cellule qu'à l'extérieur, lorsqu'elle est déformée par un choc (voir p. 55-56 et schéma ci-contre). Ces canaux membranaires qui s'ouvrent en réponse à un choc mécanique sont bien localisés sur la membrane et non sur les cils, comme on avait pu le penser: une paramécie ayant perdu ses cils reste capable de dépolarisations ou d'hyperpolarisations en réponse à des stimulus mécaniques.

Ce qui est valable pour les réactions aux stimulations mécaniques le reste pour les réactions aux substances chimiques. Les substances répulsives provoquent une dépolarisation de la cellule, avec inversion du battement des cils et donc recul; les substances attractives, une hyperpolarisation, avec accélération du rythme des battements et donc mouvement plus rapide vers la source de ces substances. Il reste bien sûr à identifier, comme on le fait pour les bactéries, les arrangements moléculaires récepteurs de ces molécules répulsives ou attractives. On aurait pu, de la même façon, étudier les formes primitives de la photoréception sur un protiste à affinités végétales, l'euglène (voir p. 74-75).

Ces exemples montrent le chemin parcouru au cours des quinze dernières années dans l'analyse de phénomènes apparemment d'une grande banalité et dont l'intérêt n'était pas évident. Nous verrons, en étudiant les récepteurs sensoriels des métazoaires, notamment des mammifères (homme compris), que les mécanismes ioniques décrits chez la paramécie constituent, à quelques variantes près, un bon modèle de l'excitation sensorielle dans le monde animal.

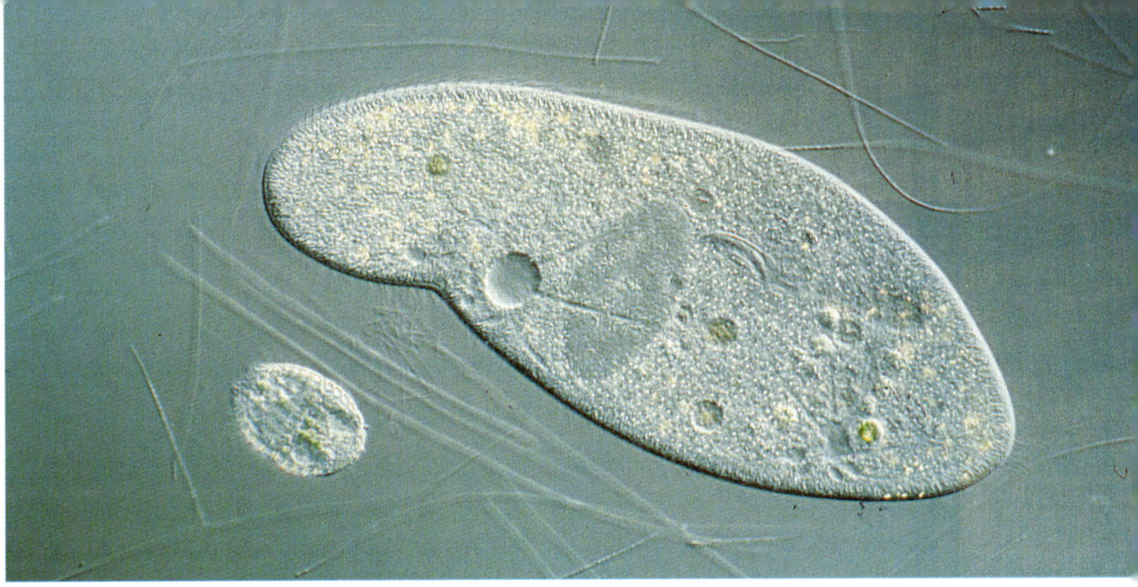

La paramécie est un unicellulaire dont la membrane est garnie de cils vibratiles. La réponse motrice qu'elle fournit à une stimulation mécanique ou ses réactions à des substances chimiques a été particulièrement étudiée.

Comment la membrane d'une paramécie répond électriquement à des stimulations mécaniques

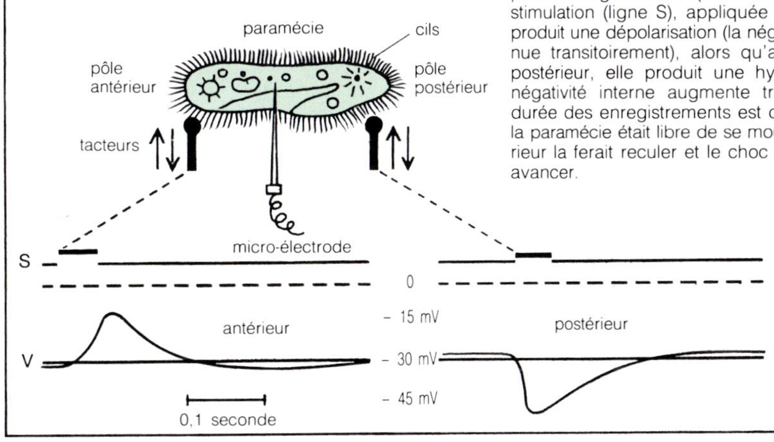

Ces réponses (ligne V) sont enregistrées grâce à une micro-électrode dont la pointe est introduite dans la cellule. Au repos, l'intérieur de la cellule est polarisé négativement (− 30 millivolts environ). La stimulation (ligne S), appliquée au pôle antérieur, produit une dépolarisation (la négativité interne diminue transitoirement), alors qu'appliquée au pôle postérieur, elle produit une hyperpolarisation (la négativité interne augmente transitoirement). La durée des enregistrements est de 0,3 seconde. Si la paramécie était libre de se mouvoir, le choc antérieur la ferait reculer et le choc postérieur la ferait avancer.

LES DIVERS TYPES DE SENSIBILITÉ

Il y a plusieurs façons de classer les diverses sensibilités chez les êtres vivants. Celle qui fait appel à la perception consciente ne s'applique guère qu'à l'homme, qui en juge par introspection: ainsi en est-il des vibrations sonores les plus graves, qui peuvent être perçues simultanément comme des sons et comme des stimulations mécaniques.

Chez l'animal, on ne peut juger de la nature des sensibilités qu'aux réactions qu'il manifeste, et il est difficile d'éviter tout anthropomorphisme. De plus, la morphologie des organes sensoriels n'est pas toujours un critère sûr. Si les organes photorécepteurs, même les plus rudimentaires, sont aisément identifiables, il est souvent impossible, sauf chez les insectes et les vertébrés, de distinguer les organes olfactifs des organes gustatifs. Il est même souvent difficile, chez de nombreux invertébrés, à moins d'une analyse microphysiologique très précise, de séparer les chimiorécepteurs des mécanorécepteurs.

Quoi qu'il en soit, les grandes subdivisions parmi les organes sensoriels séparent les récepteurs suivants:

— **les mécanorécepteurs:** organes tactiles, récepteurs musculaires et articulaires, organes d'équilibration, récepteurs de mouvement, auxquels on peut adjoindre les récepteurs auditifs;
— **les photorécepteurs,** sensibles aux ondes électromagnétiques visibles ou proches du visible (ultraviolets chez certains insectes, infrarouges chez certains serpents);
— **les chimiorécepteurs,** olfactifs ou gustatifs;
— **les thermorécepteurs,** sensibles au froid ou à la chaleur;
— **les électrorécepteurs,** sensibles aux perturbations du champ électrique des milieux aquatiques.

On fera une place à part aux **récepteurs nociceptifs,** qui enregistrent la douleur et dont les mécanismes sont mal connus, ainsi qu'à la **magnétoréception,** dont on ignore jusqu'à la nature des organes sensibles aux variations du champ magnétique terrestre.

Les manifestations électriques de l'excitation

Toute cellule vivante établit, de part et d'autre de sa membrane cytoplasmique, une différence de potentiel électrique appelée potentiel de repos. Cette différence de potentiel, qui permet de comparer la cellule à une pile, est due à la différence de concentration d'un certain nombre d'ions de part et d'autre de cette membrane. Les ions les plus importants dans ce cas sont les ions sodium (Na^+), potassium (K^+), calcium (Ca^{++}) et chlore (Cl^-).

La cellule parvient à maintenir un tel déséquilibre des deux côtés de sa membrane, d'une part grâce à la faible perméabilité de cette dernière, d'autre part par le jeu de mécanismes coûteux en énergie, les **pompes ioniques,** qui transportent en permanence les ions à travers la membrane en sens inverse des courants de diffusion.

La membrane cellulaire comporte également des protéines spécialisées, appelées **canaux ioniques,** normalement fermés au repos, mais qui, sous des influences diverses (déformations mécaniques ou variations de potentiel électrique, par exemple), peuvent s'ouvrir et qui provoquent, suivant la nature de l'ion, soit une dépolarisation, soit une hyperpolarisation du potentiel de repos de la membrane. La valeur de ce dernier est de l'ordre de quelques dizaines de millivolts, le pôle négatif étant situé du côté cytoplasmique, le pôle positif du côté extracellulaire.

Les cellules réceptrices, musculaires et nerveuses sont particulièrement riches en ces structures complexes que sont les pompes et les canaux ioniques. De plus, les cellules nerveuses se sont spécialisées dans la conduction, le long de leurs prolongements, de ces modifications de potentiels électriques (voir schéma d'une synapse, p. 147).

La vision : une remarquable variété d'organes

La vision est un sens que possèdent presque tous les animaux, même si la plupart ne sont sensibles qu'à la lumière et ne voient pas d'images. En revanche, les organes qui permettent cette vision sont d'une grande variété, l'œil le plus complexe étant celui des vertébrés. Chez de nombreux animaux, la vision joue un rôle essentiel.

Des infrarouges pour détecter les proies

Fossette thermosensible du serpent à sonnette.

Les photons des radiations infrarouges, trop peu énergétiques pour déclencher les réactions chimiques des photorécepteurs, provoquent une élévation locale de la température que des récepteurs spécialisés peuvent détecter. Il en va ainsi de la chaleur irradiée par les corps chauds : certains vertébrés utilisent cette propriété pour détecter ou pister leurs proies, quand ces dernières sont des animaux à sang chaud (homéothermes), comme les mammifères ou les oiseaux.

Deux groupes de serpents ont des récepteurs d'infrarouges : les crotales d'une part, qui possèdent entre œil et narine une fossette réceptrice, les boas et pythons d'autre part, dont les organes sont situés dans la région labiale. Chez les crotales, la fossette donne accès à un vestibule séparé en deux chambres par une fine membrane richement innervée par le trijumeau. Les terminaisons nerveuses réagissent à de très faibles variations de température (moins de 0,005 °C). On ne connaît pas les mécanismes de transduction en cause. Les récepteurs des boas, plus primitifs, ont un fonctionnement identique : ils détectent la chaleur irradiée par les surfaces chaudes et permettent au serpent de s'orienter par rapport à sa proie ; chez le crotale, leur présence est nécessaire à la morsure.

La vision, forme élaborée de réception de la lumière (photoréception), c'est-à-dire d'aptitude à détecter les variations d'éclairement du milieu extérieur, suppose la formation d'une image et l'analyse des informations qu'elle contient. Il faut distinguer les photorécepteurs, présents chez la plupart des êtres vivants, des organes susceptibles de capter l'énergie lumineuse, comme les chloroplastes des végétaux (voir p. 61-62) ou les chromatophores des bactéries. La formation de l'image résulte de dispositifs variés : petite ouverture chez le nautile, système réfringent chez la pieuvre ou les vertébrés, tubes rayonnants à partir d'une calotte convexe chez les arthropodes. La vision nécessite, outre l'existence de cette image, des centres nerveux assez développés pour en assurer l'analyse, discriminer les mouvements, les formes et les couleurs, et pour obtenir une vision stéréoscopique.

Tous les intermédiaires existent entre le photorécepteur primitif, qui ne détecte que les variations d'éclairement, et l'œil complexe des arthropodes, des céphalopodes et des vertébrés, qui perçoit les multiples caractéristiques spatiales et chromatiques du monde extérieur.

LA LUMIÈRE

La sensibilité à la lumière résulte de la propriété qu'ont certaines ondes électromagnétiques de provoquer des modifications réversibles d'ordre biochimique de protéines membranaires. Chez l'homme, les radiations visibles vont de 0,38 à 0,76 micromètres (µm) environ, entre ultraviolets et infrarouges (voir schéma ci-dessous) ; l'énergie des photons varie en proportion : en lumière violette (0,38 µm), elle est le double de celle d'un photon en lumière rouge (0,76 µm).

La principale source de lumière, qui vient du Soleil, parvient à la surface de la Terre après avoir traversé, en haute atmosphère, les couches d'ozone qui absorbent les ultraviolets de longueur d'onde inférieure à 300 nm. Bien que les photons de grande énergie soient dangereux pour les cellules et provoquent des lésions, les yeux composés des insectes sont capables de recevoir les ultraviolets proches (0,30-0,385 µm), alors que chez les mammifères les milieux transparents de l'œil, cornée et cristallin, les absorbent. Du côté des grandes longueurs d'onde (infrarouges), l'énergie des photons est trop faible pour provoquer autre chose qu'une élévation de température (voir encadré ci-contre).

La lumière est une vibration électromagnétique dont le plan de vibration peut occuper toutes les directions de l'espace, sauf quand elle est polarisée, comme c'est le cas après réflexion sur un plan d'eau ou diffusion dans les masses nuageuses. Certains arthropodes sont sensibles à cette polarisation partielle de la lumière.

Lumière visible et ondes électromagnétiques

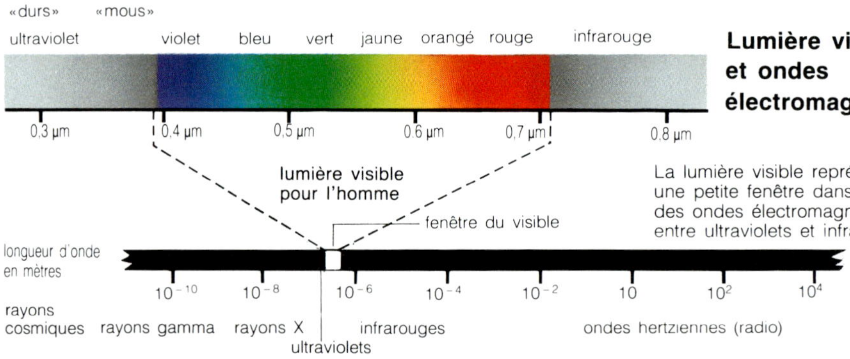

La lumière visible représente une petite fenêtre dans l'ensemble des ondes électromagnétiques, entre ultraviolets et infrarouges.

LES PHOTORÉCEPTEURS

Un photorécepteur comporte en général des cellules réceptrices, porteuses de photopigments décomposables par la lumière, et des cellules annexes, qui jouent l'un des trois rôles suivants :

— isolement de l'organe de toute source de lumière parasite par des pigments protecteurs, le plus souvent de la mélanine ;

— protection mécanique de l'organe, par exemple par les paupières, la cornée ou d'autres dispositifs ;

— focalisation des rayons lumineux pour la formation d'une image, par la cornée et le cristallin.

Chez les protistes, êtres unicellulaires, tout l'organisme est sensible à la lumière. Mais certains, comme les flagellés, possèdent des organites spécialisés : des taches oculaires ou stigmas jouent le rôle d'organe annexe pour l'épaississement paraflagellaire qui représente l'organe photosensible proprement dit (voir p. 74-75).

De nombreux invertébrés réagissent à la lumière sans posséder de récepteurs différenciés : des cellules épithéliales ou nerveuses sont alors sensibles à la lumière. Parmi les animaux qui possèdent des organes différenciés, on oppose les invertébrés, chez lesquels les photorécepteurs sont d'origine ectodermique, aux vertébrés, chez lesquels ils sont d'origine nerveuse (voir p. 118).

Les photorécepteurs des invertébrés

On distingue les yeux simples, ou ocelles, des yeux composés, propres aux arthropodes.

Les ocelles. Les ocelles peuvent être unicellulaires ou multicellulaires (voir encadré et illustrations page ci-contre).

Les yeux composés. Ils ne se rencontrent que chez les arthropodes. On les trouve, dès l'ère primaire, chez des arthropodes fossiles comme les trilobites ou les euryptérides.

L'unité fonctionnelle de l'œil composé est l'ommatidie, ensemble de cellules photoréceptrices et de formations annexes (voir schéma

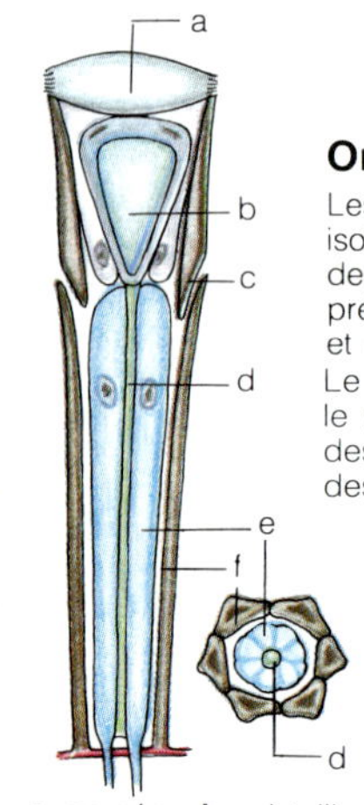

Ommatidie d'insecte.

Les cellules sensorielles, isolées par un manchon de mélanine, sont précédées d'une cornée et d'un cristallin. Le rhabdome est formé par le rapprochement des zones photosensibles des cellules sensorielles.

a cornée. **b** cristallin. **c** cellule pigmentaire. **d** rhabdome. **e** cellule sensorielle. **f** cellule pigmentaire.

Les ocelles des invertébrés

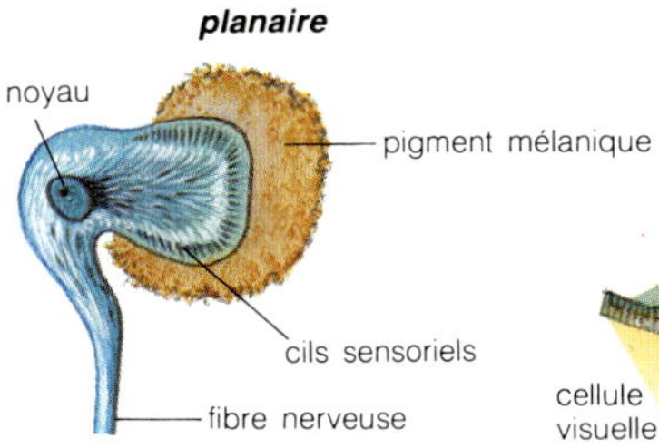

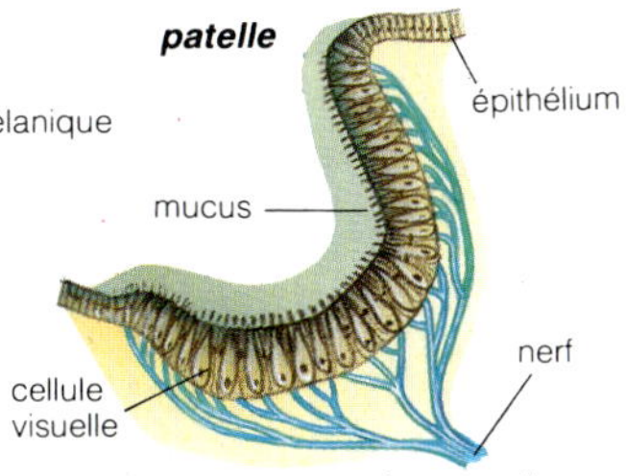

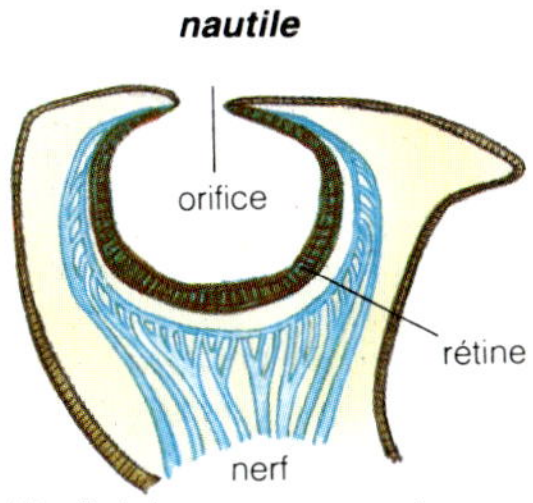

On appelle ocelles les yeux simples des invertébrés. Les ocelles peuvent être unicellulaires chez des animaux primitifs, comme dans le tégument des vers de terre ou sur le bord du siphon des mollusques lamellibranches. Ces cellules renferment une sorte de vacuole, due à une invagination de la membrane, et qui porte des microvillosités qui constituent le site récepteur. Elles sont souvent associées à une cellule pigmentaire en cupule qui les isole ainsi de la lumière parasite.

Œil de pieuvre. *Quelle que soit la position de l'animal, la pupille de son œil est horizontale.*

Les ocelles multicellulaires regroupent un nombre variable de photorécepteurs et des cellules annexes. Le plus simple est l'ocelle plat des planaires et de certaines annélides (ci-dessus à gauche). Cette plaque photosensible s'invagine en cupule, que des cellules glandulaires recouvrent d'un mucus protecteur, chez la patelle (ci-dessus). L'invagination s'accentue et ne laisse plus qu'un orifice étroit qui joue le rôle de lentille chez le nautile (ci-dessus). Parfois, comme chez la néréide, la cavité interne est emplie d'une sécrétion hyaline, appelée vitré.

Les arthropodes possèdent souvent des ocelles simples, présentant un épaississement cuticulaire qui joue le rôle de cristallin. La fermeture de l'invagination fournit l'œil vésiculaire, présent chez des annélides et de nombreux mollusques. La portion externe de la vésicule devient transparente. L'épithélium rétinien comporte une alternance de cellules photoréceptrices et de cellules de soutien riches en mélanine.

L'œil des invertébrés se perfectionne chez les céphalopodes dibranches (seiche, calmar, pieuvre). Il est devenu mobile et comporte cristallin et mécanisme accommodateur: la formation d'une image fait passer de la photoréception à la vision. L'œil de ces céphalopodes (ci-contre et ci-dessous), bon exemple de convergence évolutive avec l'œil des vertébrés, a une structure très différente de celui-ci. Il comporte deux vésicules superposées: la plus profonde fournit la rétine et la portion postérieure du cristallin, la plus superficielle, emplie d'eau de

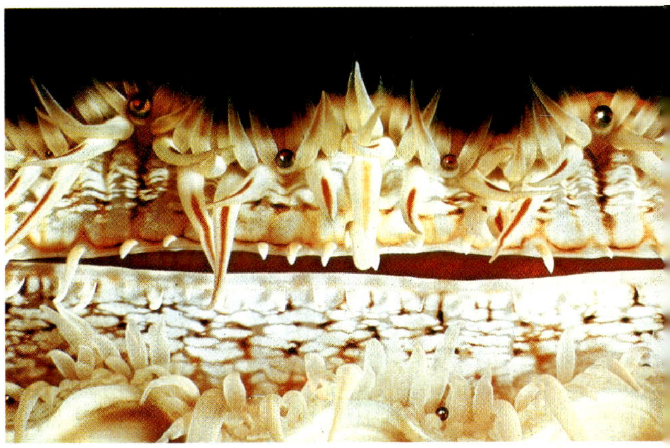

Chez la coquille Saint-Jacques, *le bord du manteau entre les valves porte un grand nombre d'ocelles.*

mer, fournit l'autre partie du cristallin et la cornée.

Chez la plupart des invertébrés, les cellules photoréceptrices sont orientées de telle sorte que le site sensible à la lumière est dirigé vers la lumière incidente: on dit que ces rétines sont directes. Chez les vertébrés, au contraire, les cellules visuelles, cônes ou bâtonnets, ont leurs formations ciliaires photoréceptrices opposées à la lumière incidente: ce sont des rétines inverses. Quelques invertébrés possèdent des rétines inverses, comme *Onchidium* (mollusque gastéropode). La coquille Saint-Jacques, mollusque lamellibranche, possède une cinquantaine d'ocelles situés au bord du manteau, avec chacun une cornée, un cristallin, une double rétine regroupant 5 000 cellules sensorielles environ et un tapis réfléchissant. La rétine proximale est inverse, tandis que la rétine distale est directe (ci-dessus et ci-dessous).

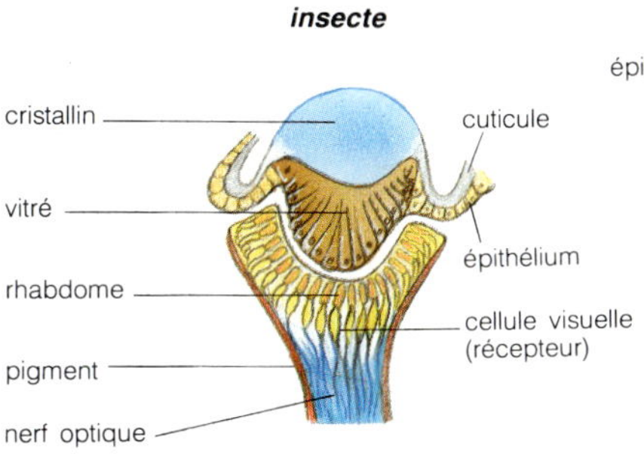

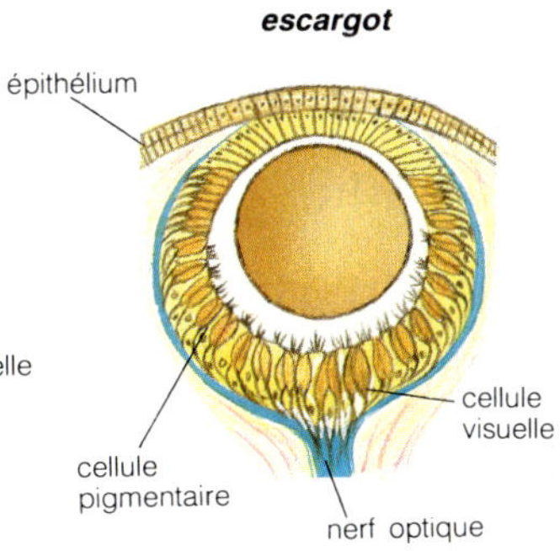

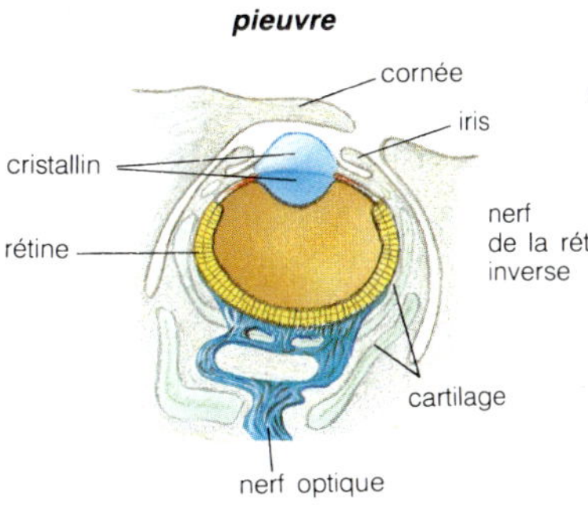

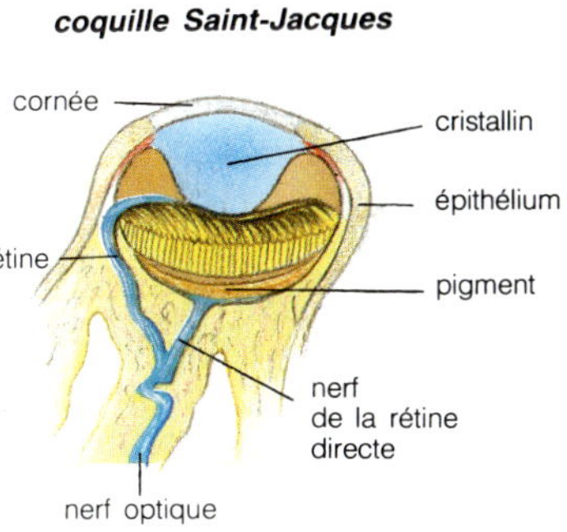

page ci-contre). L'œil composé comporte quelques dizaines ou centaines d'ommatidies (jusqu'à 2 000 chez la libellule). Il coexiste chez les arthropodes avec des ocelles. Le plus souvent, l'œil composé de grande taille a ses ommatidies disposées sur une surface convexe, ce qui donne un champ visuel très étendu sans que l'œil soit mobile. Chez les crustacés décapodes, comme le homard, l'œil composé est porté par un pédoncule orientable qui accroît fortement le champ visuel de l'animal. Chaque ommatidie fait avec ses voisines un angle qui mesure l'acuité de l'œil dans la formation de l'image. Cet angle varie de 50' chez la libellule à plus de 7° chez le phasme.

L'ommatidie a une structure très homogène chez les arthropodes. Elle comprend:

— un système dioptrique composé d'une lentille cornéenne faite de chitine et d'un cristallin piriforme profond;

— des cellules photoréceptrices, dont le nombre varie de 4 à 12, groupées et participant à la formation d'un organite photorécepteur, le rhabdome. Celui-ci est formé par les rhabdomères des diverses cellules visuelles, qu'ils soient contigus ou non; chaque rhabdomère est fait de microtubules de section hexagonale et porte le pigment photosensible;

— enfin, un manchon pigmentaire de mélanine, qui isole l'ommatidie de ses voisines. Chez les espèces diurnes, cet isolement est total et chaque ommatidie fournit de l'espace visuel une image ponctuelle: un tel œil est dit «à apposition». Chez les espèces nocturnes, le pigment est concentré au niveau du cône cristallin, et la lumière peut donc diffuser vers les ommatidies voisines: c'est l'œil dit «à superposition». La résolution spatiale de cet œil est moins bonne, mais son seuil de détection plus bas est adapté aux faibles luminosités.

L'ŒIL DES VERTÉBRÉS

A l'inverse des autres animaux, les vertébrés ont des photorécepteurs d'origine nerveuse. (voir l'encadré «Comment se forme l'œil des vertébrés?», p. 118). Les méninges qui accompagnent l'évagination oculaire deviendront la choroïde (pie-mère) et la sclérotique (dure-mère); cette dernière peut devenir cartilagineuse ou s'ossifier chez certaines espèces (voir schéma p. 155).

L'évagination nerveuse comporte deux feuillets: le feuillet direct se charge en mélanine et devient la rétine pigmentaire. Cette dernière (ou la choroïde) peut contenir des cristaux de guanine qui constituent le «tapis»: présent chez les espèces nocturnes, ce tapis réfléchit la lumière et fait que les yeux de ces animaux brillent dans l'obscurité. Le feuillet réfléchi, ou rétine nerveuse, contient les photorécepteurs.

La partie de la vésicule optique située au voisinage du cristallin se différencie en organes divers:

— l'iris chargé de mélanine, qui donne aux yeux leur couleur; celle-ci va du brun très sombre, lorsque la mélanine est en abondance, au bleu dû à la diffraction des rayons lumineux sur de fines particules de mélanine;

— des muscles, qui assurent soit la contraction (sphincter), soit la dilatation (fibres radiaires) de la pupille pour régler la quantité de lumière qui pénètre dans l'œil;

— un organe ciliaire, qui peut se contracter pour modifier la courbure du cristallin chez les vertébrés terrestres; chez les poissons, le cristallin est sphérique et indéformable; un muscle postérieur peut le tirer vers l'arrière et assurer l'accommodation pour les objets proches.

Dans tous les cas, la région qui sépare le cristallin de la rétine est occupée par un gel, le vitré, formation fluide riche en fibres. Les vertébrés terrestres ont aussi une chambre antérieure, en avant de l'iris, entre ce dernier et la cornée bombée: elle assure, avec le cristallin, la convergence des rayons lumineux sur la rétine.

L'œil des vertébrés comporte d'autres organes annexes, surtout présents chez les espèces terrestres:

— les paupières, généralement au nombre de trois (supérieure, inférieure et nictitante — rudimentaire chez l'homme et située à l'angle nasal);

— les glandes lacrymales: leur sécrétion humidifie en permanence la cornée et l'excédent s'écoule par le canal lacrymonasal dans la cavité olfactive, où il fluidifie le mucus recouvrant l'organe sensoriel.

La rétine comporte plusieurs couches de cellules. La plus externe est celle des photorécepteurs. Viennent ensuite les bipolaires, qui forment avec les horizontales et les amacrines la couche des grains, et les ganglionnaires, dont les axones forment les fibres du nerf optique. L'organisation de la rétine est complexe: les connexions entre les diverses catégories de cellules et la nature des neurotransmetteurs libérés au niveau des synapses font l'objet d'études actuellement très poussées (voir schéma ci-dessous et encadré ci-contre).

On subdivise les photorécepteurs en cônes et en bâtonnets, suivant la forme des structures qui portent le pigment photosensible. Il s'agit d'empilements membranaires, d'origine ciliaire: dans le cas des bâtonnets, de nouveaux saccules se forment à la base et le renouvellement est continu. Dans le cas des cônes, le renouvellement est plus complexe.

La proportion relative des cônes, permettant la détection de la lumière en fort éclairement, et des bâtonnets, à seuil bien plus faible, qui assurent la vision «en noir et blanc», varie d'un point à l'autre de la rétine. Chez l'homme, par exemple, la zone située sur l'axe optique comporte davantage de cônes que la périphérie, qui s'enrichit progressivement en bâtonnets. Il se forme ainsi une «tache jaune», due à la fois à l'absence de la couleur pourpre normale des bâtonnets et à la présence d'un pigment jaune. Fréquemment, cette même région centrale est déprimée en une fovéa, par écartement des neurones qui laissent ainsi plus facilement pénétrer les rayons lumineux. Il ne faut pas oublier en effet que la rétine des vertébrés est inverse: la lumière doit traverser les diverses couches de neurones et les cellules photoréceptrices avant d'atteindre les cônes ou les bâtonnets.

Les cellules photoréceptrices

En dépit des formes très variées des organes visuels, les cellules photoréceptrices possèdent un caractère commun: la présence, dans leur membrane lipoprotéique, augmentée en surface par des processus variés, de molécules de pigments photosensibles, qui constituent le système responsable de la détection des radiations lumineuses.

LES MÉCANISMES DE LA VISION

Les pigments photosensibles, en dépit de la grande diversité des organes récepteurs, diffèrent peu d'un embranchement animal à l'autre. A l'exception de quelques vertébrés — poissons des récifs coralliens, tortues, lézards et primates diurnes notamment — et de certains arthropodes, qui possèdent des pigments de vision chromatique spéciaux, on trouve chez tous les animaux deux types de pigments: la rhodopsine ou la porphyropsine.

La rhodopsine, ou pourpre visuel, est présente dans les bâtonnets des vertébrés marins ou terrestres. Elle comporte une protéine liée à un chromophore, le rétinal, aldéhyde de la vitamine A. La porphyropsine, voisine, est présente dans la rétine des vertébrés d'eau douce. Le maximum d'absorption lumineuse de ces pigments se situe vers 0,50 μm pour la rhodopsine; il est décalé vers le rouge (0,52-0,54 μm environ) pour la porphyropsine. Au moment de la métamorphose chez les amphibiens, ou au cours de la migration des eaux douces à la mer ou inversement chez l'anguille ou le saumon, on constate le passage d'un pigment à l'autre. Chez les invertébrés, chaque fois qu'on peut en faire la détermination (chez les céphalopodes et les crustacés, notamment), on trouve de la rhodopsine.

Le maximum d'absorption n'est pas le même dans le cas de la vision chromatique. Bien que le chromophore soit identique (rétinal), les pics d'absorption permettent d'identifier plusieurs catégories de récepteurs, trois le plus souvent. Ainsi, chez le poisson rouge, ces pics se situent vers 0,455, 0,530-0,535 et

La mouche possède de gros yeux formés de la réunion, sur une surface convexe, de centaines d'ommatidies. Son champ visuel est important. L'acuité est égale à l'angle de deux ommatidies voisines.

Le traitement de l'information visuelle

C'est surtout chez les vertébrés qu'a été étudié le traitement de l'information visuelle. La rétine étant une partie du système nerveux central, il n'est pas étonnant qu'elle renferme non seulement les cellules photoréceptrices, dont nous avons vu le rôle page ci-contre, mais aussi des cellules névrogliques spéciales (cellules de Müller) et des neurones capables d'opérations d'intégration. Les cellules bipolaires et ganglionnaires ont une orientation radiaire, les cellules horizontales et amacrines une orientation tangentielle.

On distingue les cellules bipolaires naines, connectées chacune à un seul cône, des cellules bipolaires diffuses, en relation soit avec 5 à 7 cônes, soit dans la région proche de la fovéa, avec 20 à 70 bâtonnets. Dans la fovéa même, où ne sont présents que des cônes, on observe une correspondance étroite cône-bipolaire-ganglionnaire telle que chaque récepteur a sa ligne propre pour envoyer son message aux centres nerveux: la fovéa est donc le centre rétinien qui permet à la fois la vision des couleurs et la fine discrimination spatiale. En dehors de la fovéa, les cônes sont entourés de bâtonnets, dont le nombre augmente vers la périphérie de la rétine. De plus, chaque cellule bipolaire diffuse est connectée à davantage de cellules réceptrices, et il en va de même des cellules ganglionnaires avec les bipolaires. Cette convergence permet la sommation sur une cellule ganglionnaire de l'activité d'un grand nombre de récepteurs, en majorité des bâtonnets: la rétine périphérique est donc sensible à de très faibles stimulations lumineuses, mais aux dépens de la discrimination spatiale.

A cette organisation radiaire vient se superposer celle des cellules horizontales et amacrines, d'orientation tangentielle. Par le jeu de ces deux types de connexions, une cellule ganglionnaire est ainsi en relation avec un certain nombre de récepteurs, dont l'ensemble constitue son champ récepteur.

En détectant avec une microélectrode l'activité des cellules ganglionnaires, on peut étudier les propriétés de leur champ récepteur. On observe à l'obscurité une activité spontanée, qui est modulée par la stimulation lumineuse. Très souvent, le champ récepteur est organisé de telle façon qu'un spot lumineux qui tombe en son centre provoque une accé-

Rétine de mammifère

1. Coupe histologique de rétine, montrant les diverses couches, des cellules à cônes ou à bâtonnets (en haut) aux neurones ganglionnaires (en bas). **2.** Schéma correspondant montrant les connexions entre les diverses cellules. **3.** Schéma de la structure d'un bâtonnet: ce dernier est un cil modifié, formé d'un grand nombre de saccules portant le pigment visuel.

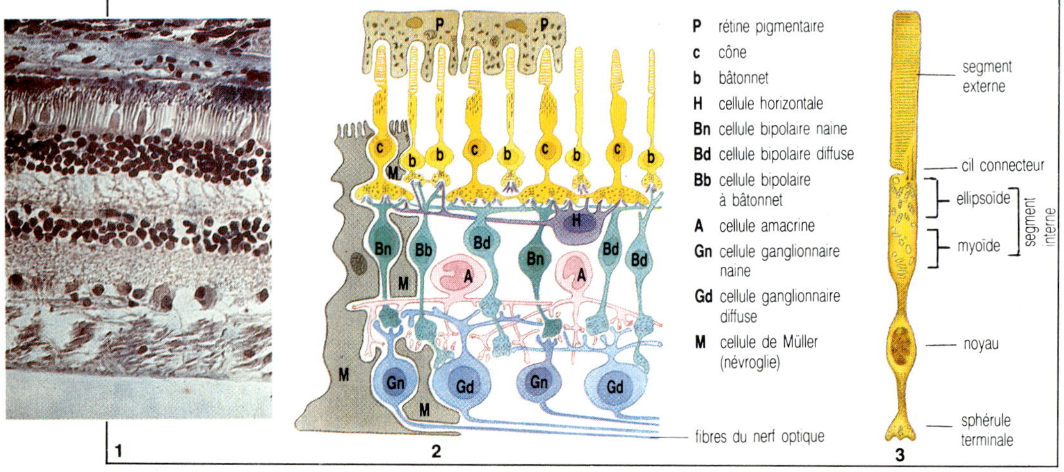

0,620-0,625 μm. Ils sont de 0,44, 0,535 et 0,575 chez l'homme. C'est la nature de l'opsine qui est à l'origine de la diversité d'emplacement des pics. Ainsi se trouve confirmée l'hypothèse formulée par Young en 1802, puis reprise par Helmholtz, sur la nécessité de trois pigments, respectivement sensibles au bleu, au vert et au rouge, pour assurer la vision des couleurs.

Chez certains animaux, comme la mouche, on trouve des spectres d'absorption différents: les rhabdomères périphériques ont un pic vers 0,515 μm et un second dans l'ultraviolet à 0,360 μm, tandis que le rhabdomère central a son maximum dans le bleu (0,470 μm). On trouve une même sensibilité à l'ultraviolet (vers 0,380 μm) chez certains poissons et oiseaux.

La rétine des vertébrés a une couleur pourpre qu'elle perd à l'illumination, puis retrouve à l'obscurité. Ces modifications résultent de la décomposition du pigment par la lumière, suivie de sa régénération. L'effet du photon lumineux sur la rhodopsine est de déclencher une suite de réactions chimiques, indépendantes de la lumière, à l'origine du message nerveux.

Chez les invertébrés, et notamment dans l'ocelle latéral de la balane, la lumière provoque une dépolarisation de la membrane des photorécepteurs, associée à une diminution de la résistance de la membrane, par suite d'une perméabilisation aux ions sodium. Chez les vertébrés, en revanche, la lumière provoque l'hyperpolarisation des photorécepteurs, qui sont dépolarisés en permanence à l'obscurité. La stimulation lumineuse réduit la conductance au sodium et l'on commence à élucider la suite complexe des réactions d'où résulte la fermeture des canaux à sodium.

Le seuil de sensibilité lumineuse à l'obscurité correspond en moyenne à la détection d'un photon par bâtonnet pour une dizaine de bâtonnets. Le cône, en revanche, a une sensibilité en moyenne cent fois plus faible: l'activation des cônes, qui assure la vision des couleurs, nécessite donc une luminosité bien plus forte: la nuit, tous les chats sont gris.

La rôle de la vision

La vision a un tel rôle dans le comportement quotidien de l'homme qu'on est tenté de minimiser les autres sens. On dit souvent que le poisson «voit» avec sa ligne latérale ou son sens électrique, que le cétacé ou la chauve-souris «voient» avec leur sonar (émission d'ultrasons et écholocalisation). Il est probable qu'un insectivore, s'il en avait la possibilité, dirait que l'homme, au sens olfactif peu développé, «sent» avec ses yeux. Un grand nombre de processus psychiques font appel à cette modalité visuelle si développée chez l'homme: nous voyons nos rêves, nous raisonnons avec des images internes. La vision est bien le premier de nos sens.

L'œil humain

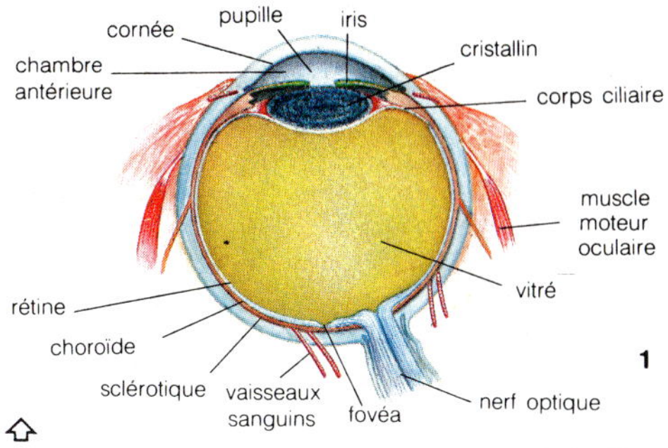

1

La pupille, noire, est l'orifice qui laisse entrer la lumière (**1** et **2**). L'iris qui l'entoure renferme de la mélanine: sa couleur dépend de la quantité de ce pigment brun. Dans l'angle nasal (ci-dessous à gauche) on voit la membrane nictitante, vestige d'une troisième paupière horizontale.

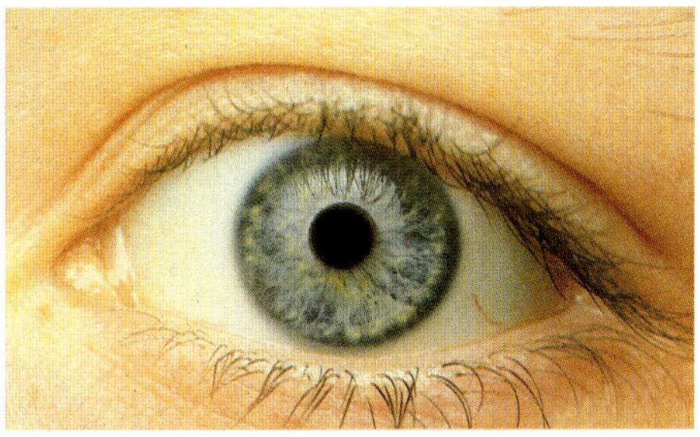
2

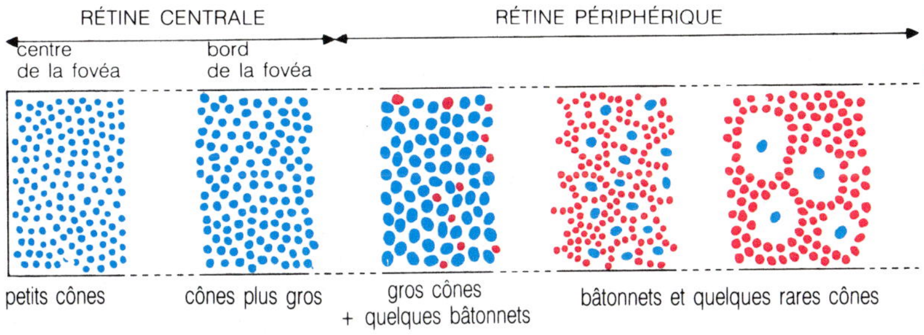

La répartition des cônes et des bâtonnets varie dans la rétine. La région fovéale ne comporte chez les primates que des cônes.

lération de l'activité spontanée, tandis que le même spot parvenant dans la couronne périphérique entraîne une inhibition de cette activité, suivie d'une accélération à la fin de la stimulation. La réponse de la cellule peut persister tout le temps de la stimulation (cellules de type X) ou n'être que transitoire (cellule de type Y). Les cellules Y, plus nombreuses à la périphérie rétinienne, réagissent à chaque renversement de contraste et sont donc un bon détecteur de mouvement. Les cellules X, abondantes au centre de la rétine, sont sensibles aux niveaux d'éclairement et aux contrastes de luminosité et de couleur.

On parvient à expliquer les propriétés des cellules ganglionnaires et de leur champ récepteur par la nature des synapses liant entre elles les diverses cellules réceptrices, horizontales et bipolaires. Les synapses excitatrices ou inhibitrices entre récepteurs et bipolaires expliquent qu'on ait des champs à centre soit inhibé, soit excité par un spot lumineux. Le renversement de la réaction de la cellule ganglionnaire quand le spot lumineux passe de la périphérie au centre s'explique par l'action des cellules horizontales qui jouent donc, dans le processus intégrateur de la rétine, un rôle important. Les cellules amacrines ont probablement, entre cellules bipolaires et ganglionnaires, un rôle aussi important mais encore mal explicité.

Les axones des cellules ganglionnaires forment les fibres du nerf optique qui gagnent, après croisement total ou partiel dans le chiasma, le système nerveux central. On distingue un système tectal, les fibres formant des synapses dans le toit mésencéphalique, et un système thalamique, les fibres se projetant sur le corps genouillé latéral du thalamus dorsal. Ce dernier système est surtout développé chez les mammifères.

Le corps genouillé latéral, centre thalamique visuel, est formé chez les primates de six couches de cellules: les deux couches les plus profondes, à grosses cellules, reçoivent les terminaisons des fibres Y, tandis que les quatre autres couches, à petites cellules, reçoivent celles des fibres X. De plus, les couches 1, 4 et 6 reçoivent les projections de l'œil contralatéral, c'est-à-dire situé dans la moitié opposée du corps, tandis qu'aux couches 2, 3 et 5 parviennent les fibres de l'œil ipsilatéral, situé dans la même moitié du corps. De plus, sur ce centre thalamique comme sur le toit mésencéphalique des vertébrés inférieurs, on observe que les terminaisons des fibres optiques respectent les relations spatiales qu'ont entre elles les cellules ganglionnaires sur la rétine: on appelle ce processus rétinotopie.

Le centre thalamique accentue les contrastes lumineux et colorés et transmet l'information reçue au cortex visuel primaire ou cortex strié. Cette projection du thalamus vers le cortex respecte la ségrégation ipsilatérale-contralatérale des champs visuels: on observe ainsi dans le cortex strié des bandes de dominance d'une largeur moyenne de 0,4 mm environ. Contrairement aux champs récepteurs du corps genouillé, qui sont circulaires, un grand nombre de champs récepteurs corticaux sont allongés, et les neurones répondent donc préférentiellement à des barres lumineuses d'une orientation donnée. On constate que ces bandes d'orientation ne se superposent pas aux bandes de dominance.

Les neurones du cortex visuel primaire peuvent encore être distingués sur d'autres critères: les cellules simples ont un champ récepteur allongé avec une région excitatrice flanquée de deux régions inhibitrices périphériques, alors que les cellules complexes sont sensibles au mouvement d'une barre correctement orientée. On peut aussi trouver, superposée aux bandes de dominance et interrompant les bandes d'orientation, des îlots de sélectivité très nette à la couleur. Enfin les neurones corticaux qui sont inégalement excités par les stimulations provenant de chacun des deux yeux sont à l'origine de la perception du relief.

Mais le traitement de l'information visuelle ne s'achève pas au cortex strié: d'autres processus se manifestent dans les cortex visuels secondaires, dans les aires inférotemporale ou inféropariétale. Chez l'homme, on estime que près de 50 p. 100 de tous les neurones corticaux sont impliqués dans de tels processus.

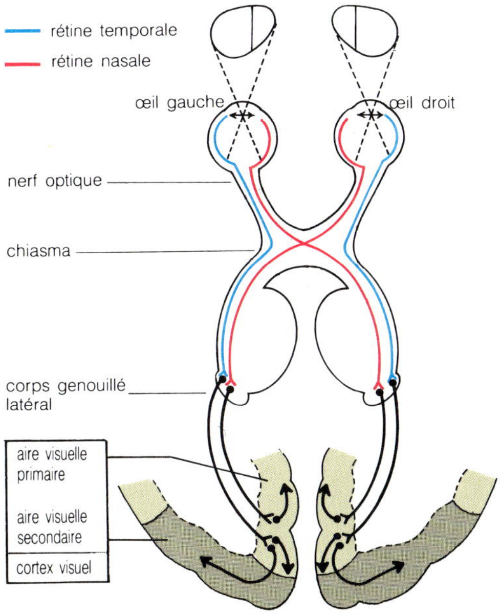

Chez les primates, les fibres des nerfs optiques se croisent ou restent ipsilatérales, si bien que celles de la moitié gauche du champ visuel vont à l'encéphale droit et inversement. Ce processus permet la vision en relief et l'appréciation des distances.

L'audition, élément essentiel du comportement

La plupart des animaux réagissent aux sons, mais par des systèmes souvent très différents. Les animaux terrestres sont surtout sensibles aux vibrations de l'air, et certains reconnaissent les ultra-sons. Chez les vertébrés, l'oreille est un organe complexe, dont une partie est également un organe de l'équilibre. L'audition est un élément important du comportement de bon nombre d'animaux.

Le souffleur est l'un des dauphins les plus communs des delphinariums. Les cétacés émettent des ultra-sons. Les échos en sont recueillis par la mâchoire inférieure qui les conduit jusqu'à l'oreille. Les obstacles sont ainsi localisés en direction et en distance, et l'effet Doppler permet de savoir s'ils se rapprochent ou s'ils s'éloignent.

Les organes auditifs ne sont pas présents chez tous les animaux. Cette modalité sensorielle n'est en effet qu'une forme de réception des phénomènes vibratoires. Chez l'homme, les vibrations de faible fréquence peuvent ainsi être perçues soit comme des sons (par voie aérienne), soit comme des pulsations (par contact tactile). La plupart des animaux réagissent aux sons. Certains même, comme de nombreux insectes, les chauves-souris et les dauphins et, dans une moindre mesure, des carnivores comme le chien ou le chat, réagissent à des sons de haute fréquence, dits ultra-sons. Mais il est impossible de savoir quelle perception ils en ont, et c'est pourquoi on limite en général aux insectes, arthropodes terrestres, ainsi qu'à l'ensemble des vertébrés, mais surtout aux vertébrés terrestres, la possession d'organes auditifs.

Une seconde difficulté dans l'étude de l'audition est qu'on est tenté de l'associer, chez les vertébrés, à l'oreille. Or ce dernier organe est avant tout un organe d'équilibration, et l'audition, bien que présente chez les poissons, ne se développe vraiment que chez les vertébrés terrestres, notamment chez les mammifères.

LES ORGANES AUDITIFS DES INSECTES

Ce sont les **organes** dits **chordotonaux,** sensibles aux vibrations aériennes. Leur structure les apparente à d'autres organes sensoriels, récepteurs des stimulus mécaniques, comme les organes d'étirement musculaire, formés d'unités élémentaires, appelées scolopidies.

Une **scolopidie** comporte trois types de cellules: neurosensorielle, scolopidienne (qui enveloppe l'extrémité réceptrice du neurone) et distale, assurant la fixation à la cuticule. La cellule sensorielle réagit aux mouvements relatifs des cellules scolopidiennes et distales (voir schéma ci-contre). Les scolopidies sont très nombreuses chez les insectes: elles renseignent le système nerveux central sur les positions relatives des divers segments du corps, notamment dans l'abdomen, le thorax et les appendices, ou sur les mouvements respiratoires.

Les organes chordotonaux sont des structures complexes, qui peuvent regrouper plusieurs dizaines de scolopidies.

L'organe sous-genouillé, présent dans le tibia, comporte 10 à 40 scolopidies logées dans le sinus sanguin séparant la cuticule externe d'une trachée. Cellules sensorielles et scolopidies sont solidaires de la trachée, tandis que les cellules distales sont fixées à la cuticule (voir schéma ci-contre). Ces organes sont sensibles aux vibrations sonores assez intenses pour faire vibrer le substrat ou la patte de l'insecte. Chez la blatte, les vibrations efficaces optimales ont une fréquence de 1 500 Hz, mais l'organe reste sensible jusqu'à 8 000 Hz.

L'organe de Johnston, situé à la base des antennes chez les insectes qui volent, leur permet d'évaluer leur vitesse relative dans l'air. Il sert aussi d'organe auditif chez le moustique: le mâle peut ainsi identifier et localiser la femelle au bruit qu'elle fait en volant.

Les plus perfectionnés des organes auditifs des insectes sont les **organes tympaniques.** Les organes chordotonaux y sont fixés sur une fine membrane, ou tympan, tendue entre l'air externe et un sac aérien en connexion avec le système des trachées. Les vibrations sonores font vibrer le tympan et excitent ainsi les scolopidies. On trouve ces organes sur les pattes antérieures, le thorax ou l'abdomen des cigales, sauterelles et papillons (voir schéma ci-contre). Chez le criquet, le tympan, situé sur le premier segment abdominal, porte un organe complexe comprenant un ganglion de 80 neurones et des scolopidies réparties en quatre groupes. Chez les noctuidés, papillons nocturnes, la sensibilité de ces organes s'étend de 1 000 à 240 000 Hz (ultra-sons) et permet à ces insectes de détecter et de fuir les chauves-souris qui recourent à l'écholocalisation des ultra-sons qu'elles émettent pour repérer leurs proies dans l'obscurité.

On connaît mal le mécanisme du fonctionnement des scolopidies. On pense que la transduction s'y fait par l'entrée d'ions sodium favorisée par le cisaillement de la dendrite entre cellules scolopidienne et distale. Les diverses scolopidies d'un organe chordotonal sont adaptées, par leur structure et leur taille, à la détection d'une vibration de fréquence fixe mais particulière, ce qui rend ces organes sensibles aux stridulations émises par les divers organes sonores des insectes. Ils peuvent ainsi favoriser les rapprochements sexuels.

CHEZ LES VERTÉBRÉS

Chez les mammifères, l'oreille comporte trois parties distinctes: **l'oreille externe,** avec pavillon et conduit auditif, qui se termine en cul-de-sac sur le tympan; **l'oreille moyenne,** située au-delà du tympan, en relation avec la cavité buccale par la trompe d'Eustache, et qui contient les osselets; **l'oreille interne,** enfin, communiquant avec l'oreille moyenne par deux ouvertures de la paroi crânienne, les fenêtres ronde et ovale (voir schéma ci-contre).

Seuls les mammifères ont un pavillon, que des muscles permettent d'orienter vers une source sonore. Le conduit auditif externe n'existe que chez les mammifères, oiseaux et crocodiles. Chez les autres reptiles et les amphibiens, le tympan, quand il existe, est à fleur de peau. L'oreille moyenne, qui apparaît chez les amphibiens, après la métamorphose, provient, comme l'oreille externe, de l'évolution de la première fente branchiale embryonnaire. L'oreille moyenne renferme de l'air: le tympan est ainsi tendu, comme la peau d'un tambour, entre deux milieux aériens. Les mammifères possèdent trois osselets dans l'oreille moyenne: le marteau, appuyé sur le tympan, l'enclume et l'étrier, dont la plaque basale pénètre dans la fenêtre ovale. Les autres vertébrés terrestres n'ont qu'un seul osselet, ou columelle, reliant le tympan à la fenêtre ovale.

Ces deux premières parties de l'oreille, présentes uniquement chez les vertébrés terrestres, jouent un rôle purement auditif. Le pavillon et le conduit auditif canalisent les vibrations sonores sur le tympan qui vibre. Le ou les osselets transmettent ces vibrations à la fenêtre ovale, passivement dans le cas de la columelle, avec amplification par le jeu d'articulations et de leviers dans le cas des mammifères.

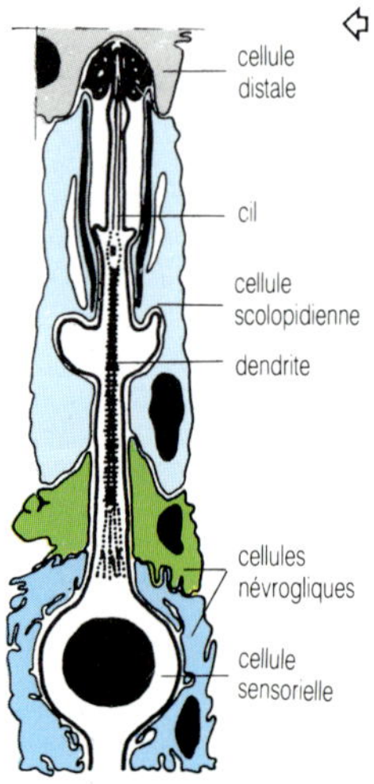

Une scolopidie d'insecte. Les trois éléments essentiels en sont le neurone sensoriel, la cellule scolopidienne, qui enveloppe la dendrite réceptrice, et la cellule distale fixée à la cuticule. Le cisaillement entre scolopidie et cellule distale est à l'origine de la transduction.

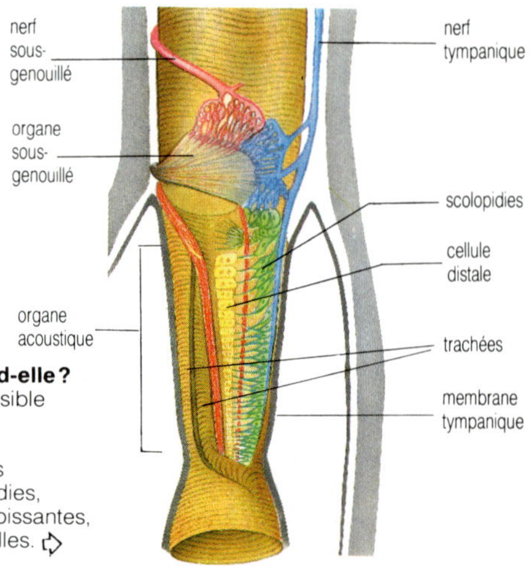

Comment la sauterelle entend-elle? L'organe sous-genouillé est sensible aux vibrations du substrat, alors que l'organe tympanique enregistre les vibrations sonores aériennes. Les diverses scolopidies, de tailles progressivement décroissantes, permettent la perception des trilles.

L'oreille humaine

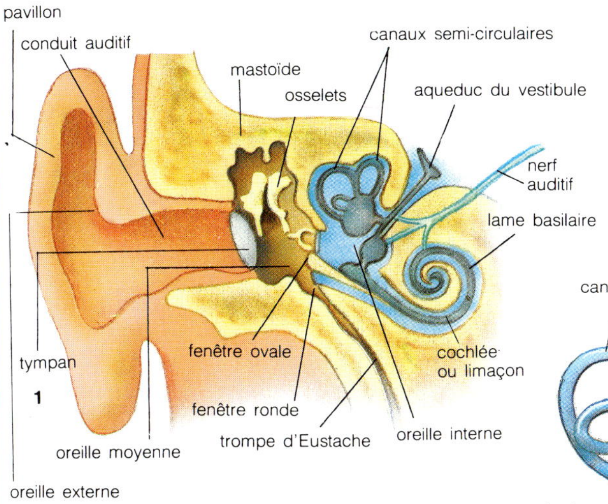

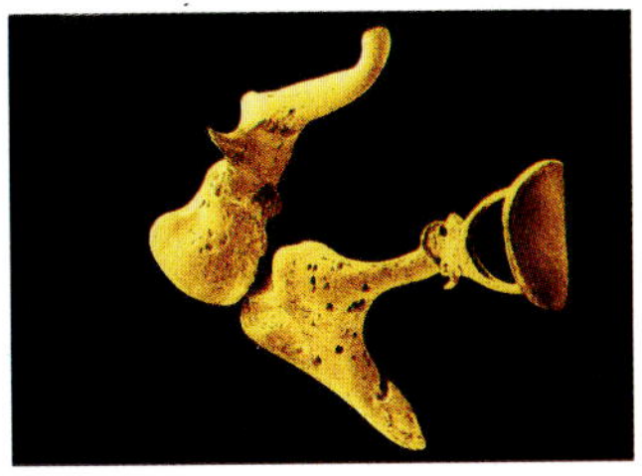

Les trois osselets de l'oreille moyenne de l'homme: de gauche à droite, le marteau, l'enclume et l'étrier.

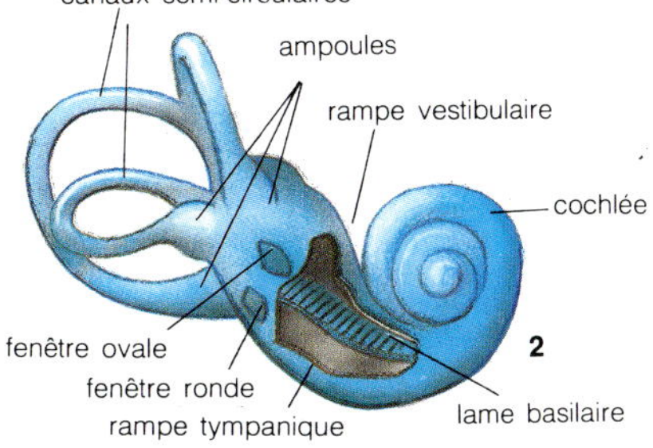

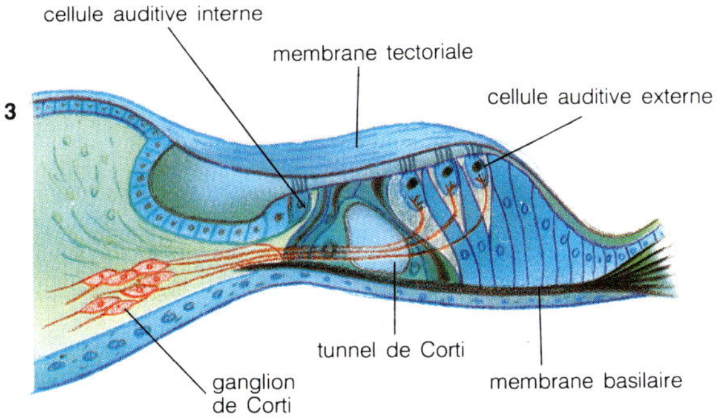

1. Les trois parties de l'oreille des mammifères: oreille externe (pavillon et conduit auditif externe), oreille moyenne, ou caisse du tympan, communiquant avec la bouche par la trompe d'Eustache et renfermant les trois osselets, oreille interne ou labyrinthe. **2.** Oreille interne, avec ses trois canaux semi-circulaires et sa cochlée ouverte montrant la lame basilaire entre les rampes vestibulaire et tympanique. **3.** Organe auditif de la cochlée montrant, sous la lame tectoriale, la rangée interne et les trois rangées externes de cellules auditives contenues dans le canal cochléaire.

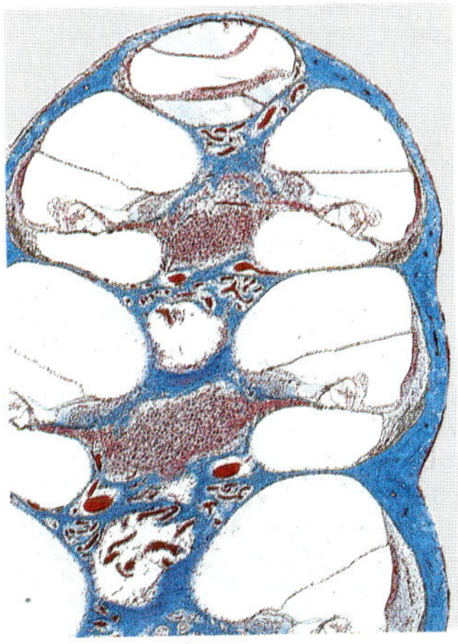

Coupe de cochlée, montrant les rampes vestibulaires et le canal cochléaire enroulé sur trois tours.

L'oreille interne

L'oreille interne, commune à tous les vertébrés, est un organe complexe appelé labyrinthe, entouré de toutes parts par le squelette du crâne. Elle comporte un sac empli d'un liquide, l'endolymphe, et isolé du squelette par un autre liquide, la périlymphe. On y trouve trois canaux semi-circulaires débouchant dans une cavité commune: l'utricule, une autre cavité, le saccule, et des formations annexes, les papilles. De l'ensemble part un canal endolymphatique qui s'ouvre à l'extérieur chez les sélaciens, mais se termine en cul-de-sac chez les autres vertébrés. Chaque canal semi-circulaire comporte un organe sensoriel, la crête acoustique, qui est en fait un détecteur d'accélération tangentielle. Utricule et saccule, ainsi qu'un diverticule de ce dernier, la lagéna, renferment chez les poissons un autre organe sensoriel, la tache acoustique, qui est un détecteur d'accélération linéaire (de la pesanteur, notamment). Les cellules sensorielles de ces taches acoustiques viennent au contact de concrétions calcaires, les otolithes. L'oreille des poissons est ainsi un organe dévolu à l'équilibration. Toutefois, on a récemment constaté que les cellules sensorielles de la tache sacculaire réagissaient aux sons, mais uniquement pour des vibrations de faible fréquence (moins de 800 Hz).

Chez les amphibiens, l'oreille interne comprend deux autres papilles, dont la papille basilaire. Les canaux semi-circulaires et les taches utriculaire et sacculaire conservent leurs fonctions d'équilibration, tandis que la papille basilaire se spécialise dans la détection des vibrations sonores. La papille s'allonge vers l'arrière chez les reptiles et les oiseaux, mais s'enroule en une formation spiralée chez les mammifères, la cochlée. La région périlymphatique est subdivisée par une lame en deux rampes dites vestibulaire et tympanique. Dans la première s'enfonce un diverticule, le canal cochléaire. Tout le long des trois tours de la cochlée se trouve l'organe sensoriel auditif, disposé sur la membrane basilaire, dont la largeur croît régulièrement de la base au sommet de la cochlée (voir schéma ci-contre).

La cellule auditive a la même structure que la cellule sensorielle des taches et crêtes acoustiques et que celle des neuromastes de la ligne latérale. La membrane distale de la cellule, épaissie, porte des cils raides, les stéréocils, rangés en trois ou quatre colonnes (voir schéma ci-contre).

PHYSIOLOGIE DE L'AUDITION

Les vibrations sonores, captées par le pavillon et conduites jusqu'au tympan, mettent en mouvement, par les osselets de l'oreille moyenne, la plaque de l'étrier dans la fenêtre ovale. La périlymphe ainsi déplacée déforme la membrane basilaire, en des endroits différents suivant la fréquence du son. Les mouvements relatifs de cette membrane (et des cellules auditives qu'elle porte) et de la membrane tectoriale, située dans le canal cochléaire, sont à l'origine de la transduction auditive.

Bien que les poissons aient une oreille très peu auditive, certains d'entre eux ont amélioré leur perception des sons par des dispositifs annexes. Chez les cyprinidés, comme la carpe, des osselets de Weber, empruntés aux quatre premières vertèbres du tronc, relient la paroi antérieure de la vessie natatoire à la région périlymphatique et transmettent les vibrations que les ondes sonores aquatiques imposent à la paroi vésicale. Ainsi, ces poissons ont une amplitude de fréquences audibles proche de celle de l'homme. Chez d'autres espèces, comme le hareng, des diverticules de la vessie natatoire viennent directement au contact de l'oreille interne. Enfin, tous les poissons possèdent un organe particulier, la ligne latérale, qu'on peut qualifier de «tact à distance» (voir p. 161), mais qui est également capable d'enregistrer les vibrations sonores de fréquence relativement faible (inférieures à 700-800 Hz).

Un certain nombre de mammifères détectent des sons bien plus aigus que ceux que l'homme peut percevoir: on les appelle ultrasons. Les chauves-souris et les cétacés utilisent les ultra-sons qu'ils émettent pour identifier et localiser les objets sur lesquels ces ondes sonores se sont réfléchies (écholocalisation). Ils peuvent ainsi non seulement éviter les obstacles, mais détecter et identifier les proies. L'effet Doppler leur permet de savoir si celles-ci se rapprochent ou s'éloignent et favorise donc la chasse.

AUDITION ET COMPORTEMENT

L'audition a un grand rôle dans le comportement des vertébrés supérieurs. L'émission de sons permet d'établir des relations sociales. Le chant des oiseaux traduit ainsi le comportement territorial de ces animaux. Les phénomènes de dominance et les tentatives d'éloignement des prédateurs font aussi fréquemment appel à ces émissions sonores (voir chapitre 15, p. 168, 170, 171).

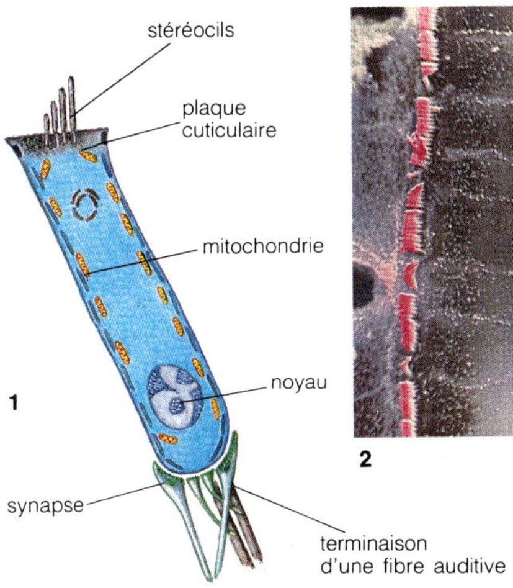

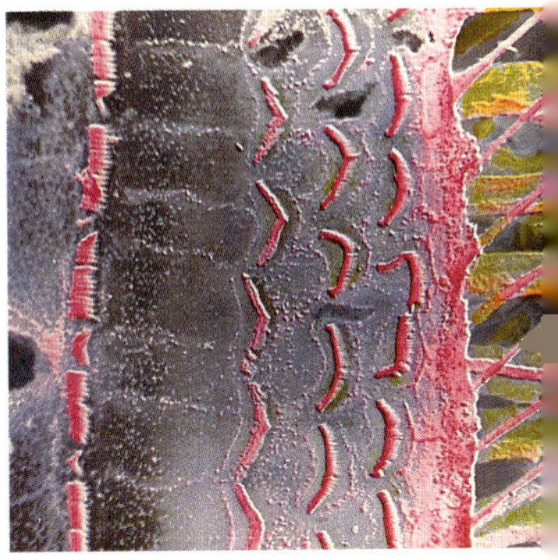

Organe de Corti. 1. Schéma d'une cellule auditive, avec ses cils raides (stéréocils) venant frotter la lame tectoriale et les contacts synaptiques avec le neurone du nerf auditif. **2.** Vue en microscopie à balayage de la surface de l'organe de Corti, avec les trois rangées externes et la rangée interne de cellules auditives avec leurs stéréocils.

Le goût et l'odorat

Le goût et l'odorat sont des sens très voisins, parfois même confondus chez certains animaux. Il existe des insectes infiniment plus sensibles que nous à certaines odeurs, par lesquelles ils détectent leur partenaire sexuel à des dizaines de kilomètres. Si les organes de l'olfaction et de la gustation sont bien étudiés, leurs mécanismes, en revanche, sont encore mal connus.

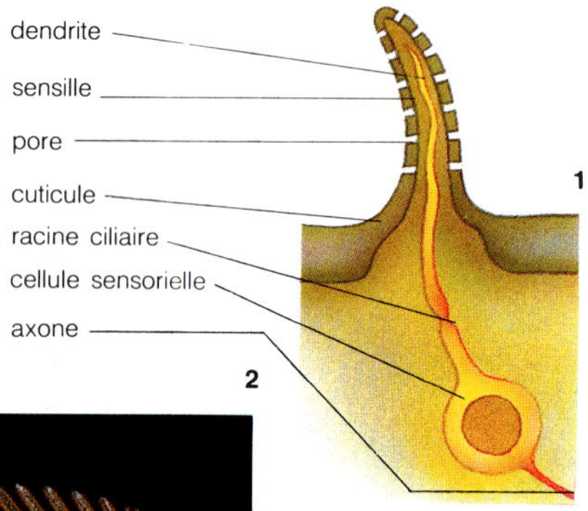

2

3

Antennes d'insectes. **1.** Schéma d'un sensille olfactif d'antenne de papillon. On n'a figuré qu'une seule cellule neurosensorielle. La cuticule percée de pores permet l'accès des molécules odorantes aux sites récepteurs de la dendrite. **2.** Antenne de papillon de nuit (saturnidé). Les longues soies forment l'organe de Johnston. **3.** Antenne d'anophèle (moustique) en microscopie électronique à balayage (grossie 800 fois). On voit les diverses fossettes olfactives à la base de chacun des éventails de soies de l'antenne.

La distinction entre goût et odorat, entre gustation et olfaction, comme disent les biologistes, est aisée chez les animaux terrestres, car récepteurs et modalités de fonctionnement sont différents. Il n'en va pas de même chez les animaux aquatiques, et notamment chez les invertébrés, car les récepteurs sont peu différents et il s'agit, dans les deux cas, de détecter des molécules dans le même milieu vecteur. C'est pourquoi on groupe ces deux modalités sensorielles sous le terme plus général de chimioréception.

LA CHIMIORÉCEPTION

On appelle chimiorécepteurs des organes sensoriels qui répondent de façon spécifique à un certain nombre de molécules. Chez les animaux terrestres, vertébrés tétrapodes et insectes, la gustation a lieu en milieu liquide (qui peut être la salive), tandis que l'olfaction se fait en milieu aérien. Chez les animaux aquatiques, le milieu est le même, et la distinction fonctionnelle plus délicate.

Chez les vertébrés supérieurs, on associe l'olfaction à l'action de flairer et la gustation à celle de lécher. A la distinction morphologique des organes récepteurs, muqueuse nasale dans un cas, épithélium lingual dans l'autre, s'ajoute donc une différence de comportement. Le poisson, au contraire, peut sentir du fait du simple passage de l'eau dans son sac olfactif quand il nage, et goûter par des bourgeons gustatifs, dont la répartition sur le corps ne se limite pas à la muqueuse buccale, mais peut couvrir le corps tout entier. L'organe olfactif a une sensibilité élevée et peut détecter des molécules diffusant d'une source odorante éloignée (chimioréception à distance). L'organe gustatif a une sensibilité faible et ne détecte que des substances en concentration élevée (chimioréception par contact). Si l'on jette à une roussette (petit requin de nos côtes) une sardine, elle la recherche activement et l'avale. Si l'on a saupoudré la sardine de quinine, substance très amère et peu soluble dans l'eau, la roussette la recherche aussi activement, mais la rejette après l'avoir happée.

Chez les vertébrés, organes olfactifs et gustatifs sont très différents, ce qui permet de les identifier facilement, même chez les espèces aquatiques. Chez les arthropodes, les différences sont plus subtiles : ces deux types d'organes ont la forme générale de sensilles (appelées communément soies ou poils), qu'ont aussi les récepteurs tactiles, et l'on fait souvent appel à leur localisation pour préjuger de leurs fonctions. Chez les autres invertébrés, les récepteurs chimiques sont aussi représentés par des cellules à cils, peu différentes des cellules tactiles, et seule une analyse physiologique pourrait dire de quel type de chimiorécepteurs il s'agit. On qualifie souvent ces récepteurs d'olfactifs : on pense que la gustation, modalité sensorielle moins primitive que l'olfaction, serait apparue plus tard au cours de l'évolution.

En dehors des vertébrés et, dans une certaine mesure, des arthropodes, la distinction entre olfaction et gustation est non seulement difficile, mais souvent impossible.

LES ORGANES OLFACTIFS

On les trouve chez tous les animaux : des expériences de comportement mettent en évidence

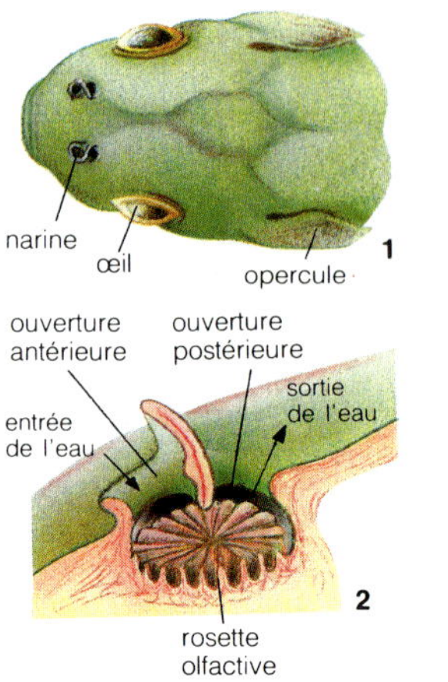

L'olfaction chez les poissons. Vue dorsale de la tête du vairon montrant l'emplacement des narines (**1**) et vue cavalière du sac olfactif (**2**). Les deux orifices de la narine permettent un passage à sens unique de l'eau. Les replis de la rosette olfactive ont pour effet d'augmenter la surface et la sensibilité de l'épithélium olfactif.

la modalité olfactive dès les cnidaires (hydres, méduses), sans qu'on sache pour autant identifier les récepteurs correspondants. La localisation de cellules ciliées dans des régions particulières du corps, comme les tentacules des mollusques, laisse présumer de leur fonction olfactive.

Chez les arthropodes, la morphologie de ces organes varie d'un groupe à l'autre. Chez les myriapodes (mille-pattes), les cellules ciliées sont contenues dans un étui de chitine percé de pores qui mettent les zones dendritiques de ces cellules en communication avec l'extérieur. Des expériences récentes montrent que ces organes peuvent être aussi sensibles à l'humidité de l'air (hygrorécepteurs). Chez les chélicérates, comme les araignées, on trouve aussi des sensilles avec chitine percée de pores, qu'on interprète comme olfactifs, par analogie avec ceux des insectes. De même, chez les crustacés, on assimile à des organes olfactifs les organes sensoriels des antennules.

Chez les insectes, les organes olfactifs sont des sensilles (soies chitineuses) de formes très variées, comme la sensille de la blatte, dont la paroi cuticulaire est percée sur toute sa longueur de pores minuscules mettant en relation avec l'extérieur les dendrites de deux ou trois cellules sensorielles, ou les sensilles du papillon (voir schéma ci-dessus, en haut à gauche). Ces organes olfactifs sont surtout portés par

Anatomie des fosses nasales

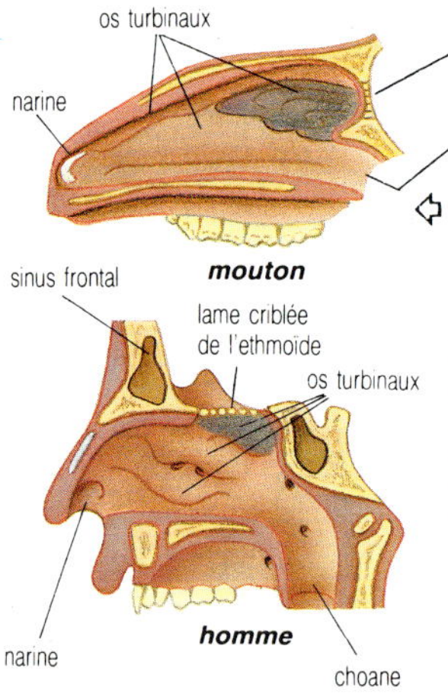

Le choane fait communiquer la fosse nasale avec la cavité buccale. Des os turbinaux augmentent la surface des épithéliums respiratoire et olfactif. La lame criblée de l'ethmoïde laisse passer les fibres vers les bulbes olfactifs de l'encéphale.

les antennes. Les récepteurs sensibles aux taux d'oxygène ou de gaz carbonique de l'air diffèrent peu des sensilles olfactifs.

Chez les vertébrés, l'organe olfactif, situé dans la région antérieure de la tête, a pour origine une placode olfactive, qui en s'invaginant entraîne l'épithélium banal voisin. Chez les vertébrés aquatiques se forment ainsi le sac olfactif en cul-de-sac, le vestibule qui le précède, et la narine souvent dédoublée par prolifération de la paroi externe (voir schéma page ci-contre). Chez les tétrapodes, deux processus viennent compliquer cet organe:

— un diverticule du fond du sac olfactif vient déboucher au plafond de la cavité buccale, le choane, si bien que l'organe olfactif devient également conduit respiratoire. Le choane s'ouvre à l'aplomb de la narine chez les amphibiens. Chez les amniotes, il recule peu à peu, par formation du palais secondaire, et vient se situer au voisinage de la glotte, orifice d'entrée de la trachée (voir schéma page ci-contre);

— le sac olfactif forme un diverticule, l'organe voméro-nasal, qui s'ouvre secondairement dans la cavité buccale. Il manque chez bon nombre d'adultes, mais a, quand il subsiste, d'intéressantes fonctions d'identification du partenaire sexuel.

L'organe olfactif est simple chez les poissons: le fond du cul-de-sac est tapissé d'une rosette d'épithélium olfactif. A partir des amphibiens et surtout chez les amniotes, des replis de la paroi, souvent soutenus par des supports osseux, les cornets ou os turbinaux, viennent augmenter fortement la surface olfactive.

L'épithélium olfactif est de structure très homogène chez les vertébrés: il comporte des cellules de soutien, des cellules glandulaires, souvent organisées en glandes muqueuses, et des cellules olfactives neurosensorielles, en perpétuelle régénération, assurant à la fois la transmission du stimulus et celle du potentiel ainsi formé jusqu'au système nerveux central (bulbe olfactif).

La cellule olfactive a une disposition régulière à l'angle de trois cellules de soutien de forme polygonale. Elle porte une vésicule terminale, saillant au-dessus de l'épithélium recouvert de mucus, et portant 5 à 7 cils, longs chez les animaux aquatiques, plus courts chez les terrestres. Les axones de ces cellules, qui forment le nerf olfactif, très fins, sans myéline, sont entourés en très grand nombre par des cellules de Schwann.

1

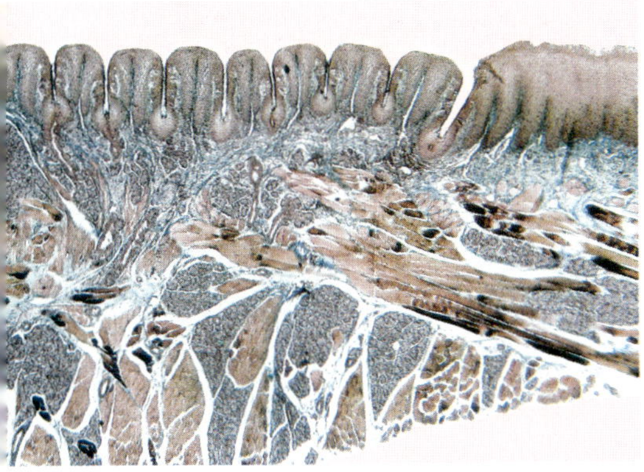

Langues de mammifères. 1. Coupe histologique de langue de lapin, montrant les bourgeons du goût le long des sillons de l'organe folié. **2.** Schéma d'un bourgeon du goût montrant, entre les cellules de soutien, les cellules gustatives et leurs microvillosités. **3.** Diagramme de langue de chat, montrant les divers types de papilles. Les bourgeons du goût sont situés dans les zones profondes de ces papilles et ainsi protégés, à l'exception des papilles filiformes, portant des récepteurs tactiles.

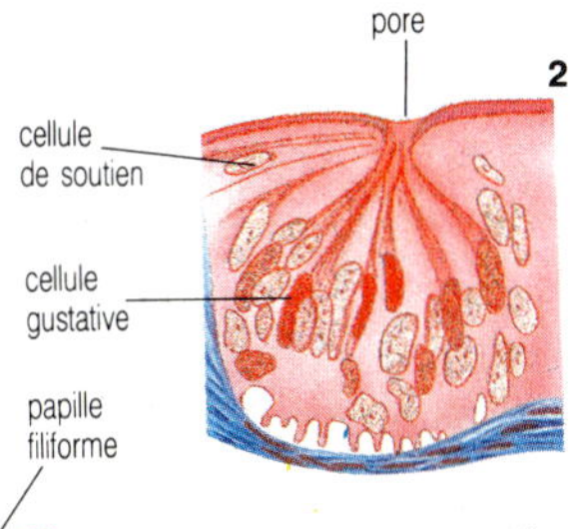

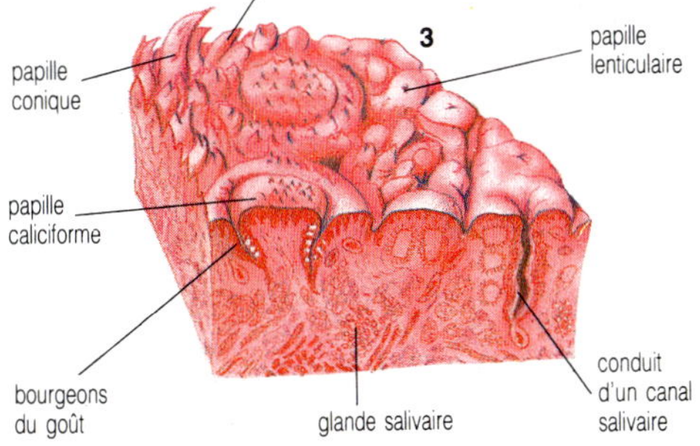

L'OLFACTION

La physiologie de l'olfaction est encore mal connue. Au niveau de la muqueuse olfactive, on enregistre, avec une électrode de surface, la réponse globale d'un grand nombre de récepteurs. Pour une bouffée d'air d'une seconde environ, la variation négative enregistrée dure 5 à 6 secondes. Un stimulus prolongé n'entraîne pas de fatigue de l'épithélium, mais on observe une adaptation, correspondant chez l'homme à un arrêt total de la sensation olfactive, qui est d'origine centrale. Par rapport à l'activité spontanée au repos, une bouffée odorante peut provoquer une augmentation de la fréquence des potentiels d'action (excitation), une diminution (inhibition), ou se révéler sans effet.

Dans le bulbe olfactif, les cellules mitrales sont très peu spécifiques des diverses odeurs offertes à la muqueuse olfactive, mais la répartition des cellules activées change d'une odeur à l'autre. On pense que cette répartition permet au système nerveux d'identifier les diverses molécules. Cependant, on ignore toujours les mécanismes qui assurent les principaux processus de l'olfaction: la relation entre la structure moléculaire d'une substance odorante et le nombre minimal de molécules efficaces; la succession des étapes qui séparent la mise en solution d'une substance odorante dans le mucus de l'épithélium olfactif de la naissance des potentiels d'action; enfin la discrimination des diverses odeurs. Cette dernière fait qualifier l'olfaction de sens moléculaire, à la fois parce qu'une molécule «odorante» peut être identifiée comme distincte d'une autre molécule très proche chimiquement, et que la sensibilité olfactive est telle qu'un très petit nombre de molécules suffit pour en assurer la détection.

Olfaction et comportement

Quelques espèces sont dépourvues d'odorat (anosmiques), comme les cétacés odontocètes, ou peu sensibles aux odeurs (microsmatiques), comme certains oiseaux, la plupart des poissons des récifs coralliens et, dans une moindre mesure, les primates et l'homme. Chez les autres espèces, l'olfaction joue un rôle très important dans la recherche de la nourriture, celle du partenaire sexuel ou pour la vie en société. De nombreux mammifères marquent leur territoire pour en éloigner les intrus. D'autres glandes sécrètent soit une odeur de groupe, soit une odeur individuelle.

LES ORGANES GUSTATIFS

Les organes gustatifs ne sont définis morphologiquement que chez les vertébrés, où ils ont la forme de petits tonnelets, les bourgeons du goût. Dans les autres embranchements, on ne les distingue pas des organes olfactifs, sauf chez les arthropodes, où leur identification est souvent fondée sur leur emplacement, notamment sur les palpes ou les pattes, ou sur le fait que les cellules gustatives sont associées à des cellules tactiles. Chez les insectes, les organes gustatifs sont situés sur les pièces buccales ou les tarses.

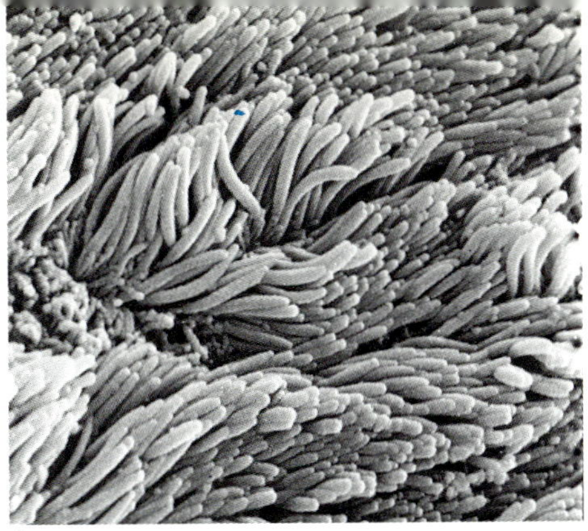

⇧ **Muqueuse olfactive de cobaye,** en microscopie à balayage. Les cils olfactifs sont tous orientés dans la même direction pour l'écoulement des larmes.

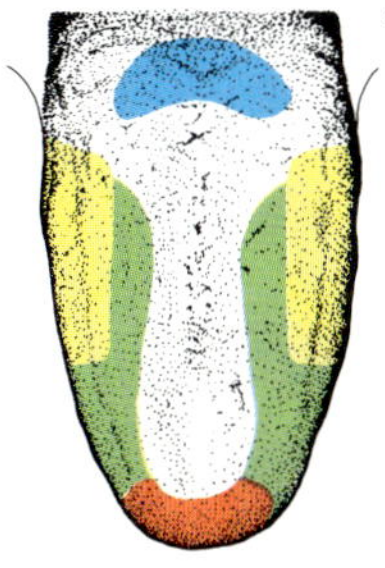

⇦ **Comment nous détectons les saveurs.** La pointe de notre langue est surtout sensible aux substances sucrées (en rouge) ou salées (en jaune), tandis que la région postérieure détecte plutôt les substances amères (en bleu) et les zones latérales les substances acides (en vert) ou salées (en jaune).

Chez les vertébrés, les bourgeons du goût sont de structure très uniforme d'une classe à l'autre. Ils sont portés par le tégument lingual, buccal, pharyngien ou œsophagien chez les espèces terrestres, mais peuvent se trouver chez les poissons en bien d'autres endroits: barbillons des poissons-chats, tentacules, membranes unissant les rayons des diverses nageoires, etc.

Dans tous les cas, chaque bourgeon comporte des cellules de soutien et des cellules gustatives portant des microvillosités qui font saillie au sommet du tonnelet. A l'inverse des cellules olfactives, les cellules gustatives, purement sensorielles, forment des synapses avec l'extrémité d'un neurone qui assure la conduction du message nerveux. Comme les cellules olfactives, les cellules gustatives sont constamment renouvelées pendant la vie des individus.

Physiologie de la gustation

On parle souvent de la «saveur» des aliments et on lui attribue une nature gustative. En réalité, la saveur est essentiellement olfactive, l'organe gustatif se contentant d'apprécier les qualités acide, salée, sucrée ou amère. La répartition des récepteurs gustatifs à la surface de la langue, chez l'homme, n'est d'ailleurs pas quelconque. On peut définir des régions plus particulièrement dévolues à une qualité: sucrée et salée à la pointe de la langue, amère dans la région postérieure, acide et salée dans les zones latérales (voir schéma ci-dessus).

Le mécanisme de la perception gustative est encore mal connu. Il semble établi que la transmission se fait par l'entrée d'ions sodium. L'enregistrement des nerfs gustatifs montre qu'aucune fibre ne conduit de message nerveux correspondant à une seule qualité. La discrimination gustative pourrait être due, elle aussi, à la distribution différentielle des réponses de diverses fibres gustatives.

Les « sixièmes sens » des animaux

La sagesse populaire affirme que l'homme n'a que cinq sens. Les autres animaux en ont bien davantage. Certains sont sensibles au champ magnétique, d'autres aux courants électriques. Tous réagissent, plus ou moins, au mouvement, aux vibrations, à l'étirement de leurs muscles. Ces sensations sont captées par des organes très divers, qui vont de cellules élémentaires à des structures très complexes, et dont toutes ne sont pas encore complètement étudiées.

Vision, audition, goût et odorat représentent quatre des cinq sens classiques de l'homme, le cinquième étant le toucher. Il existe en réalité, chez l'homme ou chez les animaux, bien d'autres sens : le sens électrique des poissons (électrorécepteurs), les récepteurs du chaud et du froid (thermorécepteurs) ou la sensibilité au champ magnétique, dont on a récemment commencé l'étude. Quant au toucher, il recouvre des modalités sensorielles variées, qui ont en commun de répondre à des stimulus de nature mécanique, et qu'on réunit sous le nom de mécanoréception.

Pour mettre un peu d'ordre dans cet ensemble disparate, on peut considérer :

— **l'emplacement des récepteurs sensoriels.** On distingue ainsi les extérocepteurs, situés dans la peau, les propriocepteurs, situés dans les muscles et les articulations, et les intérocepteurs, à localisation viscérale. Certains organes à sensibilité tactile comme les corpuscules de Pacini sont présent à la fois dans la peau, les articulations et la muqueuse de certains viscères.

— **la fonction assurée par les récepteurs :** il peut s'agir de récepteurs d'étirement musculaire ou tendineux, de récepteurs tactiles, de récepteurs de position et d'accélération (statocystes), de récepteurs de mouvement relatif (organes de contrôle du vol ou de la nage) ou de récepteurs de vibrations (dont les récepteurs auditifs ; voir p. 156). Un même récepteur peut avoir plus d'une fonction. Ainsi la ligne latérale des poissons, organe de contrôle de la nage, enregistre aussi les sons graves. Les organes de Johnston des insectes, organes de contrôle de vol, sont aussi des organes auditifs (voir page ci-contre).

— **la structure des sites récepteurs** des cellules sensorielles. On distingue deux types :

— le type dendritique, présent dans le corpuscule de Pacini ou le récepteur d'étirement musculaire. La portion réceptrice de la cellule ne comporte nulle spécialisation structurale autre que la présence de canaux ioniques nécessaires à la transduction ;

— le type ciliaire, présent dans les statocystes, les scolopidies des insectes, la ligne latérale des poissons, l'oreille interne des vertébrés et, plus généralement, chez un très grand nombre d'invertébrés.

LES MÉCANORÉCEPTEURS

Récepteurs d'étirement

Ce sont les récepteurs musculaires ou tendineux. Bien connus chez les vertébrés et les arthropodes, ils sont soupçonnés chez les vers annélides ou les mollusques, et probables ailleurs.

Chez les arthropodes, et notamment les crustacés, ces récepteurs se situent sur des faisceaux musculaires liant deux à deux les segments, divers métamères ou des appendices. La flexion de l'abdomen ou de la patte étire le faisceau auquel sont associées la cellule sensorielle, l'arborisation motrice, ainsi que deux fibres inhibitrices.

Chez les insectes, le faisceau musculaire est remplacé par un faisceau de tissu conjonctif élastique, et l'organe sensoriel a une structure particulière, également présent dans les récepteurs auditifs, la scolopidie (voir p. 156). L'étirement du faisceau musculaire ou conjonctif entraîne celui de la dendrite sensorielle, point de départ du message nerveux.

Chez les vertébrés, on trouve des récepteurs d'étirement musculaire (fuseaux neuromusculaires) et tendineux (organes de Golgi), surtout chez les mammifères. Les fuseaux neuromusculaires, pratiquement absents chez les poissons, laissent penser que leur présence est liée à l'effet de la pesanteur, très important dans l'air, très réduit chez ces animaux dont le poids spécifique est voisin de celui de l'eau.

La structure et le fonctionnement des fuseaux sont très complexes : ils ont une innervation multiple, avec plusieurs fibres sensorielles, des fibres fusimotrices, contrôlant la tension du fuseau, et des fibres inhibitrices. Les fuseaux assurent la régulation du tonus musculaire et le maintien de la posture (voir schéma ci-dessous). On trouve aussi, dans les articulations des vertébrés, des récepteurs comme les organes de Golgi ou les corpuscules de Ruffini et de Pacini.

Récepteurs tactiles

Ils existent chez tous les animaux, mais on connaît mal leur fonctionnement. Leur structure est le plus souvent ciliaire, mais probablement dendritique chez certains groupes. Seuls les insectes et les vertébrés sont bien étudiés à cet égard.

Chez les insectes, ces récepteurs sont des sensilles dont l'unité fonctionnelle est la scolopidie. Nombreux dans les appendices, ils jouent le rôle des organes articulaires des vertébrés. D'autres, sensibles aux pressions et présents chez les insectes aquatiques, agissent comme des récepteurs de profondeur de plongée.

Chez les vertébrés, les récepteurs tactiles de type dendritique montrent tous les intermédiaires entre les terminaisons nues et celles qui, dans le derme, sont enveloppées de couches de cellules névrogliques, comme les corpuscules de Pacini. Certains de ces récepteurs sont associés aux poils tactiles ou vibrisses des mammifères, comme les moustaches du chat (voir photographie page ci-contre).

Récepteurs de position et d'accélération

Ce sont les statocystes. L'oreille interne des vertébrés, dans sa portion non auditive, appartient à ce type d'organes sensoriels. Les statocystes les plus simples, présents chez la plupart des invertébrés, ne sont sensibles qu'à la pesanteur. Les plus complexes, présents chez les crustacés, les céphalopodes et tous les vertébrés, sont aussi sensibles aux autres accélérations.

Un statocyste simple est celui des méduses : à la base de chaque tentacule, un renflement de cellules sensorielles comprend, outre des récepteurs unicellulaires tactiles et olfactifs, soit un ocelle, organe photorécepteur primitif, soit un statocyste. Ce dernier, de forme très variable, comporte toujours à la fois des cellules à concrétion calcaire, les lithocytes, et des cellules ciliées, sensibles à leur mouvement (voir schéma ci-dessous).

Le statocyste des céphalopodes est comparable à l'oreille interne des poissons. Il est entouré d'une capsule cartilagineuse emplie de périlymphe. Cette dernière entoure le sac statique, lui-même empli d'endolymphe et porteur de deux organes sensoriels : une plage ciliée, la macula, proche du statolithe appendu verticalement, et la crista, avec ses trois segments perpendiculaires deux à deux, qui évoque les canaux semi-circulaires (voir p. 157).

Chez les arthropodes, seuls les crustacés mysidacés et décapodes ont des statocystes, dont l'emplacement est variable. L'organe résulte de l'invagination du tégument en une cavité renfermant un volumineux statolithe. La paroi porte non des cellules ciliées, mais des sensilles (soies ou « poils ») de longueurs variées. L'animal se fie uniquement à ces statocystes pour s'orienter, comme le montre l'expérience de Kreidl (1893) : on peut introduire dans le statolithe, lors d'une mue, de la limaille de fer et obliger l'animal à modifier sa position grâce à un aimant. Ce statocyste est également sensible aux accélérations autres que celles de la pesanteur.

Dans l'oreille interne des vertébrés (voir p. 157), les maculas, ou « taches acoustiques »,

Fuseau neuromusculaire d'un vertébré

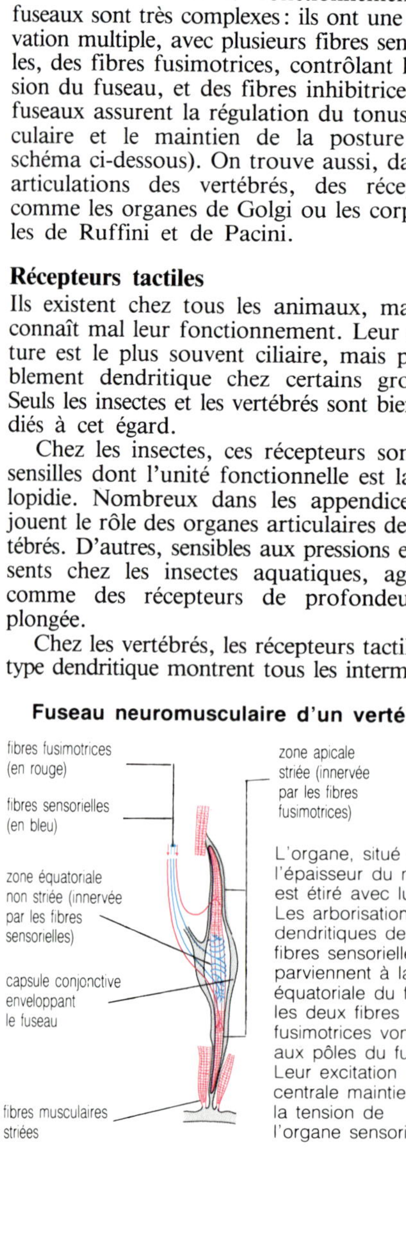

L'organe, situé dans l'épaisseur du muscle, est étiré avec lui. Les arborisations dendritiques des deux fibres sensorielles parviennent à la zone équatoriale du fuseau les deux fibres fusimotrices vont aux pôles du fuseau. Leur excitation centrale maintient la tension de l'organe sensoriel.

Statocyste de méduse

Le statocyste, récepteur de position et d'accélération, appartient à un complexe d'organes sensoriels comprenant également des récepteurs de substances chimiques et des récepteurs tactiles. Un corpuscule mobile, le statolithe, contenu dans le lithocyte, excite par contact les cellules sensorielles formant la paroi de la vésicule.

Les vibrisses ou moustaches de nombreux mammifères comme les rongeurs, les pinnipèdes ou le chat sont des poils tactiles très sensibles. Leur longueur, égale à la largeur maximale de l'animal, leur permet de ne pas s'engager dans les passages qui seraient trop étroits. C'est un détecteur d'encombrement.

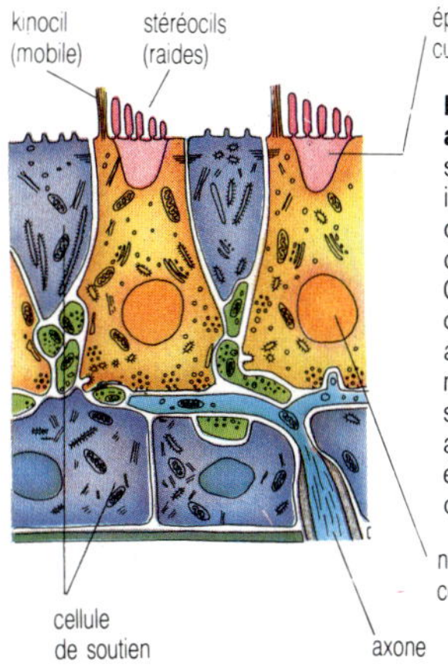

La macula, ou tache acoustique, zone sensorielle de l'oreille interne des poissons, détecte la direction de la pesanteur. Ci-contre, détail des cellules sensorielles, avec leur kinocil mobile et les stéréocils raides associés à un fort épaississement de la cuticule.

Antenne de moustique

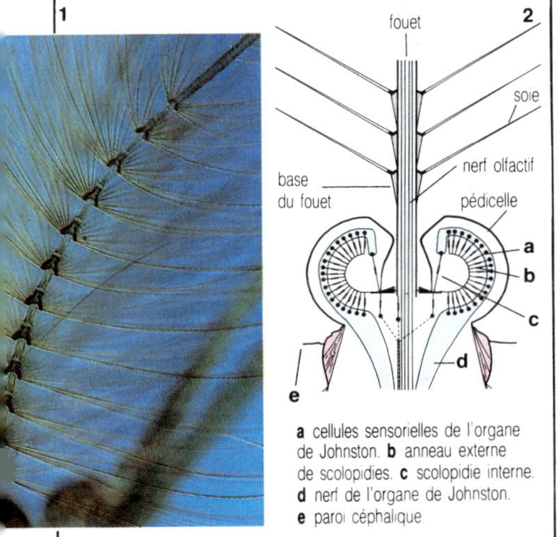

a cellules sensorielles de l'organe de Johnston. **b** anneau externe de scolopidies. **c** scolopidie interne. **d** nerf de l'organe de Johnston. **e** paroi céphalique.

1. Antenne de moustique. A la base du fouet se trouve l'organe de Johnston. **2.** Organe de Johnston. Il détecte à la fois le degré de courbure du fouet pendant le vol et les sons qui font vibrer le fouet. Le gros nerf sensoriel est olfactif.

sont les zones sensorielles qui détectent la direction de la pesanteur, tandis que les cristas, ou « crêtes acoustiques », à la base de chacun des trois canaux semi-circulaires, sensibles aux accélérations tangentielles et réagissant notamment aux mouvements de rotation de la tête, sont à l'origine de réflexes complexes liant les muscles moteurs de l'œil à l'oreille interne.

Récepteurs de mouvement relatif

Ces récepteurs permettent le contrôle des mouvements, soit en vol, chez les insectes, soit pendant la nage, chez les poissons.

Chez les insectes, le contrôle du vol est le fait de plusieurs organes. Chez les diptères (mouches et moustiques), l'aile postérieure est transformée en haltère, organe rigide et de petite taille, dont la base comporte un grand nombre de sensilles campaniformes. Les haltères battent en opposition de phase avec les ailes ; les sensilles détectent surtout la composante verticale de ces mouvements. L'unité structurale de ces organes est la scolopidie.

Un autre organe de contrôle du vol, présent chez tous les insectes volants, l'organe de Johnston, est situé entre le pédicelle de l'antenne et le fouet. Chez les moustiques, il comporte plusieurs scolopidies disposées sur deux demi-cercles. Plus le fouet est déformé au cours du vol, plus grand est le nombre de scolopidies excitées. On a donc là un mode simple de codage de l'intensité du stimulus (voir schéma ci-contre). Cet organe enregistre aussi les sons de fréquence voisine de la fréquence de vibration de l'antenne : c'est le cas des battements du vol de la femelle.

Les vertébrés aquatiques, poissons ou larves et têtards d'amphibiens, possèdent un organe spécial de contrôle de la nage, la ligne latérale. Les amas de cellules sensorielles, ou neuromastes, sont situés dans un canal qui parcourt les flancs de l'animal et communique avec l'extérieur par des écailles spéciales percées de pores. Les cellules sensorielles, en tout point semblables aux cellules auditives, sont toutes orientées avec les stéréocils situés soit vers l'avant soit vers l'arrière du poisson. La ligne latérale est un détecteur des mouvements relatifs du poisson dans l'eau : les récepteurs sont soumis aux déplacements d'un amas muqueux qui surmonte chaque neuromaste et englobe les cils sensoriels. C'est aussi un organe auditif, capable de détecter les sons relativement graves qui font vibrer les neuromastes (fréquences en général inférieures à 700-800 Hz). Enfin, la ligne latérale peut aussi être qualifiée d'organe de tact à distance, car tout obstacle relativement volumineux qui s'en approche provoque des ondes détectables. Grâce à cet organe, le poisson ne heurte pas la paroi de verre de son aquarium, qu'il ne voit pas, et peut détecter les prédateurs qui s'approchent trop vivement de lui (voir schéma ci-contre).

LES THERMORÉCEPTEURS

La thermoréception a été étudiée surtout chez les mammifères qui possèdent sur la peau des points de froid et des points de chaud répartis différemment. Il semble que des terminaisons dépourvues de myéline, présentes dans le derme au niveau des points de froid, soient sensibles à un abaissement de la température. On n'a pas identifié avec certitude les points sensibles à une augmentation de la température de la peau. Les mécanismes de transduction de cette modalité sensorielle sont inconnus.

LES ÉLECTRORÉCEPTEURS

L'étude de l'électroréception, conduite depuis vingt ans, a apporté une somme importante d'informations tant anatomiques que biologiques. Cette modalité sensorielle avait été soupçonnée dès 1935 par Dijkgraaf : un requin aveuglé s'enfuit devant une tige de métal qu'on approche de lui, mais ne réagit pas à une tige de verre. C'est en 1958 que Lissman a découvert l'électrolocalisation chez le mormyre ; dès cette date, on a cherché à en identifier les récepteurs.

Les électrorécepteurs existent chez de nombreuses espèces de poissons d'eau douce et chez une espèce marine au moins, un poisson-chat du genre *Plotosus*. Les requins possèdent ces organes sans être capables de créer un champ électrique, alors que certaines raies et

Un organe très sensible : la ligne latérale

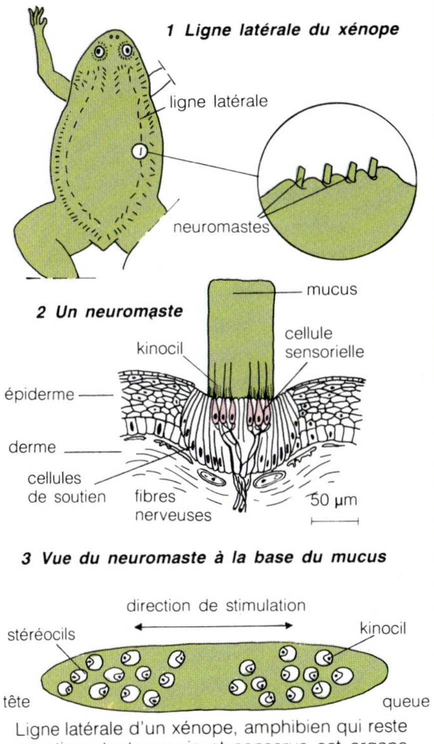

Ligne latérale d'un xénope, amphibien qui reste aquatique toute sa vie et conserve cet organe de contrôle de la nage à l'état adulte. **1.** Emplacement de la ligne latérale. **2.** Un neuromaste avec ses cellules sensorielles au milieu des cellules de soutien ; les cils sensoriels sont englués dans un bouchon de mucus. **3.** Chaque cellule sensorielle d'un neuromaste a l'organisation typique des cellules acoustiques. Le kinocil est situé vers l'avant ou vers l'arrière de l'animal. Suivant que les stéréocils sont couchés vers le kinocil ou loin de lui, la cellule sensorielle se trouve dépolarisée ou hyperpolarisée.

des téléostéens possèdent des organes électriques, muscles modifiés capables de créer, autour d'eux, un tel champ. Dans le premier cas, les électrorécepteurs détectent la composante électrique des mouvements, respiratoires ou autres, de proies éventuelles. Un requin est ainsi capable de trouver un émetteur électrique enfoui dans le sable et non détectable par la vue ou l'olfaction. Dans le second cas, le poisson émet des impulsions électriques, de fréquence variable (0,1 à 1 000 Hz) selon les espèces et les circonstances, que tout obstacle, tout être vivant voisin vient perturber. Ce sens électrique permet ainsi non seulement de détecter les obstacles dans des milieux très boueux et obscurs, mais aussi d'identifier les proies (électrolocalisation) ou de rechercher les partenaires sexuels et d'établir des relations sociales de dominance entre individus voisins (électrocommunication).

LA MAGNÉTORÉCEPTION

La sensibilité au champ magnétique, démontrée chez de nombreuses espèces, est surtout étudiée chez le pigeon voyageur. Quand les autres repères font défaut — paysages, soleil ou constellations —, le pigeon est capable d'orienter son vol dans le champ magnétique terrestre. On ignore les récepteurs et le mécanisme de cette nouvelle modalité sensorielle, mais des recherches en cours ont montré la présence de magnétite, non seulement chez certaines bactéries marines, mais également dans la région cervicale des pigeons.

ROLAND BAUCHOT

La locomotion

La locomotion est la fonction qui assure, de manière active, le déplacement de l'organisme dans son milieu. Elle présente de multiples formes, décrites avec une bonne précision depuis l'utilisation de méthodes d'enregistrement photographique (Marey) ou cinématographique.

LES ASPECTS BIOMÉCANIQUES DE LA LOCOMOTION

L'organisme est soumis aux influences du milieu extérieur et peut les utiliser à son profit. Ainsi, des déplacements passifs peuvent résulter d'une différence de densité de l'organisme par rapport au milieu, comme les déplacements verticaux des poissons, grâce à leur vessie natatoire, ou le vol plané des oiseaux. Ils peuvent résulter aussi de déplacements de ce milieu, comme l'entraînement par les courants, ou les déplacements du support chez les animaux fixés. Inversement, l'organisme peut agir sur le milieu extérieur ou réagir contre ses influences. Dans ce cas, l'animal effectuera un travail moteur, des mouvements, pour créer des déplacements ou s'opposer à ceux qu'impose le milieu. Il pourra s'agir soit d'une poussée, soit d'une traction dont l'efficacité dépendra, en milieu fluide, de la surface d'appui.

La locomotion est donc une activité cyclique constitué d'une alternance de phases de propulsion utilisant les forces de frottement, éventuellement un accrochage, et de phases de retour, où ces frottements sont réduits.

Les déplacements en fonction du milieu

On peut distinguer les types fondamentaux de locomotion d'après la nature physique du milieu et d'après les parties du corps mises en jeu.

En milieu liquide existe une nage par ondulations du corps, qui refoule l'eau selon le principe de la godille ou de l'hélice, et que pratiquent des poissons, des amphibiens (triton, salamandre), des reptiles (crocodile, certains serpents) et des mammifères aquatiques. La résistance à la progression due aux phénomènes de turbulence est en général faible, en raison notamment de la forme du corps. La nage peut aussi s'effectuer à l'aide des nageoires pectorales (raie) ou des membres antérieurs (tortue, manchot). Elle s'apparente alors jusqu'à un certain point, au vol. D'autres animaux utilisent les membres postérieurs pour une nage proche du saut (grenouille) ou pour une nage en surface (oiseaux aquatiques).

En milieu aérien, le vol vrai (battu ou ramé) est réalisé chez les oiseaux et les chauves-souris grâce aux membres antérieurs transformés en ailes, qui effectuent des mouvements circulaires ou en 8 et subissent des changements de forme complexes dans lesquels, chez les oiseaux, les plumes jouent un rôle très important.

En milieu solide, le fouissage s'effectue généralement à l'aide de la tête (serpents) ou des membres antérieurs (taupe, rongeurs).

Sur support solide existent diverses formes de reptation: par ondes de contraction se propageant d'avant en arrière avec ancrage au support par l'intermédiaire des écailles ou des boucles formées par le corps au niveau des points d'appui.

Nage de l'anguille

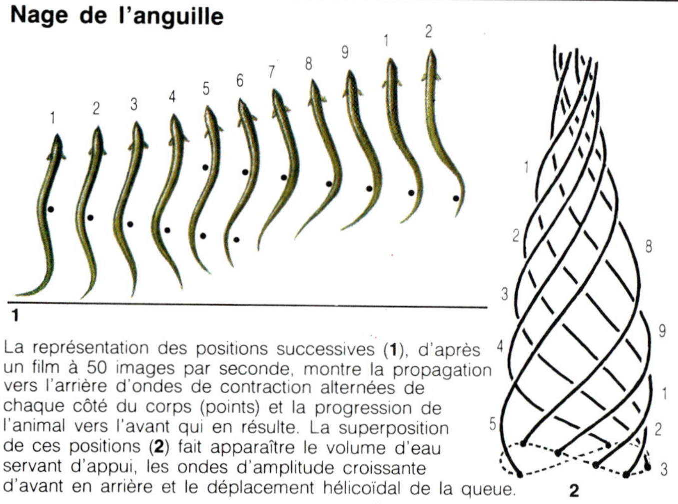

La représentation des positions successives (**1**), d'après un film à 50 images par seconde, montre la propagation vers l'arrière d'ondes de contraction alternées de chaque côté du corps (points) et la progression de l'animal vers l'avant qui en résulte. La superposition de ces positions (**2**) fait apparaître le volume d'eau servant d'appui, les ondes d'amplitude croissante d'avant en arrière et le déplacement hélicoïdal de la queue.

Marche d'un tétrapode à membres transversaux

La locomotion des quadrupèdes terrestres primitifs est encore fondée sur les ondulations latérales du corps rappelant la nage. Les membres permettent l'appui et la poussée latérale, mais participent peu à l'avancée. La distance parcourue grâce aux courbures du corps (**1**) est supérieure à celle qui résulterait de mouvements des membres seuls (**2**).

Avec la locomotion bipède, l'homme fournit un exemple de l'évolution tendant à réduire à quelques parties spécialisées la participation du corps à une fonction déterminée. La répétition cyclique des diverses phases de mouvement suggère l'existence d'un automatisme du rythme, de la coordination des activités dans chaque membre et de la coordination des membres entre eux.

Différents types de locomotion quadrupède

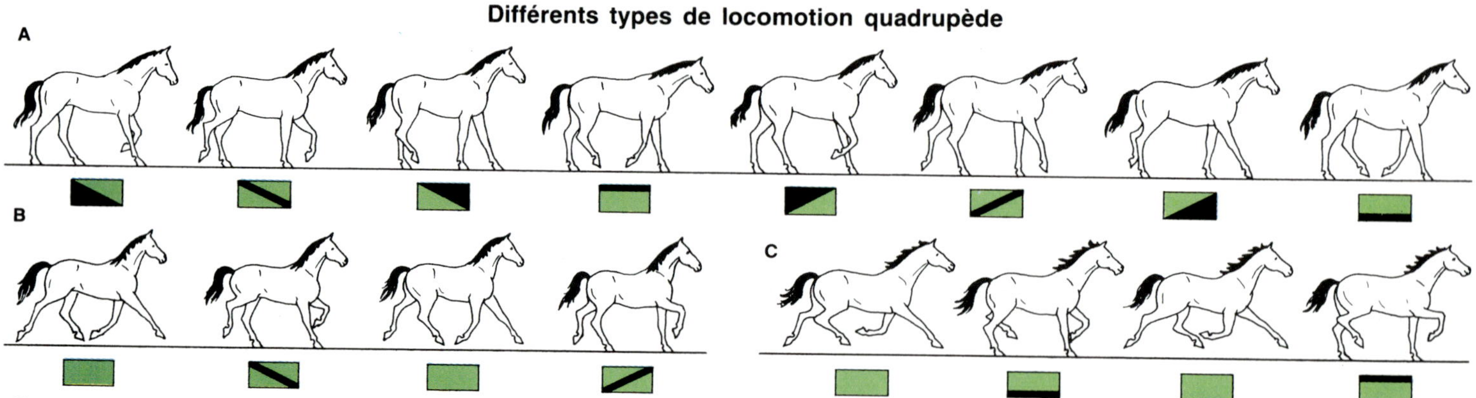

Chez les mammifères, les membres effectuent des mouvements dans un plan vertical parallèle à l'axe du corps. La coordination des mouvements des quatre membres présente plusieurs formes selon les espèces et, chez un même animal, principalement selon la vitesse. Le nombre de points d'appui, et par conséquent la surface d'appui

Évolution des conceptions sur la locomotion

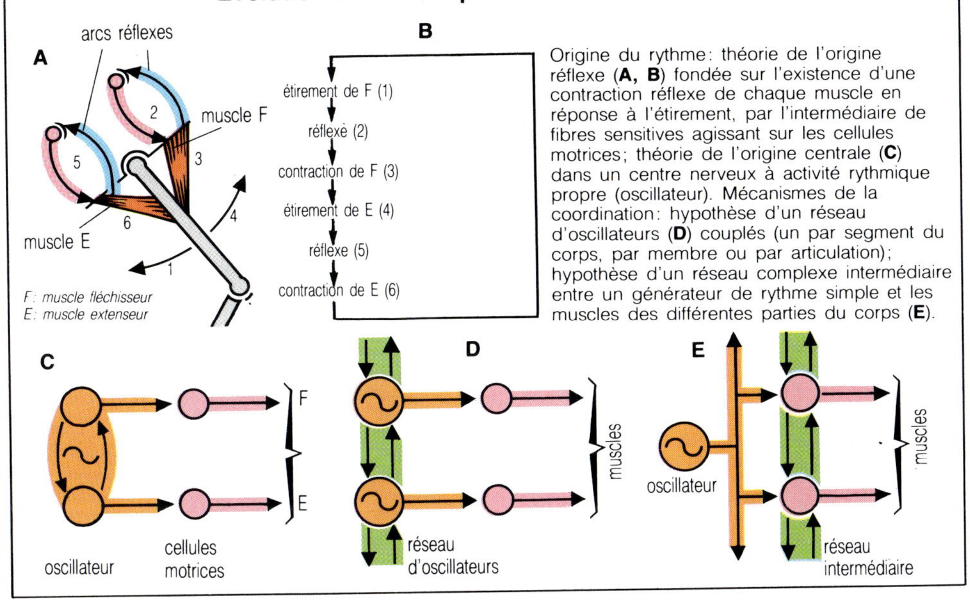

Origine du rythme: théorie de l'origine réflexe (**A, B**) fondée sur l'existence d'une contraction réflexe de chaque muscle en réponse à l'étirement, par l'intermédiaire de fibres sensitives agissant sur les cellules motrices; théorie de l'origine centrale (**C**) dans un centre nerveux à activité rythmique propre (oscillateur). Mécanismes de la coordination: hypothèse d'un réseau d'oscillateurs (**D**) couplés (un par segment du corps, par membre ou par articulation); hypothèse d'un réseau complexe intermédiaire entre un générateur de rythme simple et les muscles des différentes parties du corps (**E**).

Il existe aussi différentes formes de locomotion utilisant les quatre membres ou, dans certains cas, les membres postérieurs seuls (certains lézards, oiseaux, le kangourou, l'homme), les membres antérieurs seuls (brachiation de l'orang-outan, du chimpanzé). Chez les tétrapodes primitifs (triton, lézard), à membres transversaux, la marche est encore proche de la reptation: des ondulations axiales amplifient les déplacements des membres et transforment leur poussée latérale en déplacement du corps vers l'avant. Des courbures dans le plan vertical jouent le même rôle au cours du galop des mammifères. De multiples formes de coordination peuvent être observées dans une même espèce. Mais une spécialisation peut apparaître pour la course: les membres fins, de masse réduite, donc à déplacements plus rapides, ou pour le saut, avec des membres postérieurs allongés, chez la grenouille, le kangourou, le lièvre, ou encore pour le grimper, favorisé par des dispositifs d'accrochage (les ventouses chez la rainette).

UNE ACTIVITÉ COMPLEXE

On peut concevoir la locomotion comme une manifestation de l'activité et de l'excitabilité générales, que l'on pourra donc mesurer, par exemple chez le rat, par le nombre de tours effectués dans une «cage à écureuil» au cours de la journée. En fait, c'est une activité motrice complexe à la fois dans sa réalisation et dans son déterminisme. Ainsi c'est un élément inné du comportement alimentaire: la recherche de nourriture; du comportement sexuel: la recherche d'un partenaire; du comportement «affectif»: fuite ou attaque. C'est aussi, chez l'homme, un élément de l'activité motrice sportive et de l'expression artistique, comme la danse. On peut penser aussi à la variété des allures du cheval dressé.

Au centre des problèmes posés se situe le système nerveux, dont les centres contrôlent d'une part le déclenchement des mouvements locomoteurs, d'autre part leur réalisation: répartition, amplitude, durée, vitesse des contractions musculaires. Indépendamment des variations du rythme, l'organisation du cycle peut revêtir différents aspects, liés aux caractéristiques du déplacement (vitesse, direction) et aux conditions imposées par le milieu (obstacles, pente).

LES MÉCANISMES DE LA LOCOMOTION

La locomotion apparaît comme une forme primitive d'activité motrice. En effet, chez la plupart des vertébrés — mais pas chez l'homme —, lorsque la moelle épinière est privée des influences de l'encéphale, elle peut se manifester spontanément, comme chez les poissons, ou en réponse à diverses stimulations. Cependant, elle apparaît beaucoup plus facilement lorsque les influences de certains centres nerveux de l'encéphale sont intactes: il existe des «régions locomotrices» dont la stimulation déclenche l'apparition de l'activité.

Le déplacement d'une articulation peut provoquer la contraction réflexe de muscles tendant à produire un déplacement en sens opposé. On a longtemps pensé que les mouvements locomoteurs résultaient d'une succession auto-entretenue de ces réflexes. Bien que les influences sensorielles mises en jeu lors des déplacements puissent intervenir dans le contrôle de la locomotion, elles ne sont pas indispensables: après leur suppression, les centres nerveux sont encore capables de produire une activité rythmique organisée à caractère locomoteur (maintien de la coordination entre segments successifs propre à la nage, maintien des coordinations dans un membre et entre les membres, caractérisant de la marche quadrupède).

Chez la lamproie, où l'on peut étudier les activités nerveuses de la moelle épinière isolée, et chez les poissons, le décalage causant la propagation de l'onde de contraction le long du corps suggère l'existence d'oscillateurs répartis le long de la moelle épinière et couplés de façon à échelonner dans le temps le début de leur cycle d'activité. Chez les tétrapodes, le mécanisme de la coordination entre les membres antérieurs et postérieurs pourrait dériver de ce même principe.

La même théorie a été également proposée pour expliquer la succession des activités des différents muscles de chaque membre. Précédemment, le mouvement locomoteur était classiquement considéré comme consistant essentiellement en une alternance flexion-extension et résultant donc d'une organisation centrale simple. Il faut cependant remarquer que les deux phases fondamentales du cycle ne sont pas équivalentes: la durée de la flexion est pratiquement constante, celle de l'extension varie avec la vitesse. De plus, dans un membre, certains muscles (épaule, genou) reçoivent des influences centrales complexes et variables correspondant à la complexité et à la variabilité du mouvement. Cette organisation est explicable à partir de l'activité d'un seul générateur de rythme (pace-maker) pour chaque membre, initialement simple, mais modifiée par les circuits complexes qui la conduisent aux cellules motrices. L'adaptation du mouvement aux caractéristiques anatomiques de chaque membre et aux conditions de la locomotion (changements de direction, pente, vitesse...), indépendamment de la fréquence, serait réalisée par action sur ces circuits des influences sensitives ou descendant de l'encéphale.

Des recherches sont actuellement entreprises pour essayer de reproduire le mouvement locomoteur, soit de manière totalement artificielle (robots marcheurs, orthèses), soit par stimulation des muscles des membres dans le but de rétablir une activité locomotrice chez les sujets paralysés à la suite d'une lésion de la moelle épinière.

CLAUDE PERRET

Différents types de locomotion quadrupède

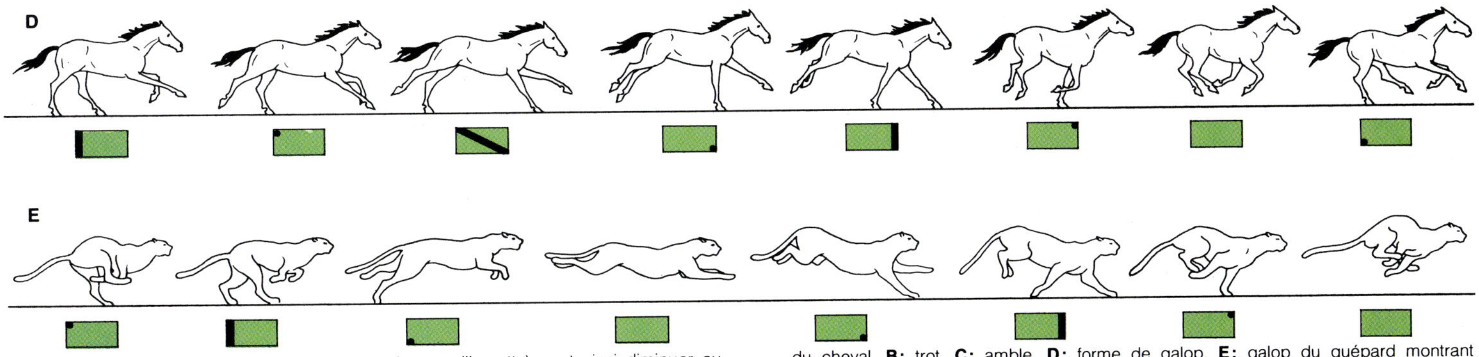

(polygone de sustentation, schématisé sous chaque silhouette) peut ainsi diminuer ou s'annuler au cours de certaines phases du cycle locomoteur. **A:** marche normale du cheval. **B:** trot. **C:** amble. **D:** forme de galop. **E:** galop du guépard montrant les variations de courbure du corps qui augmentent la distance entre appuis successifs.

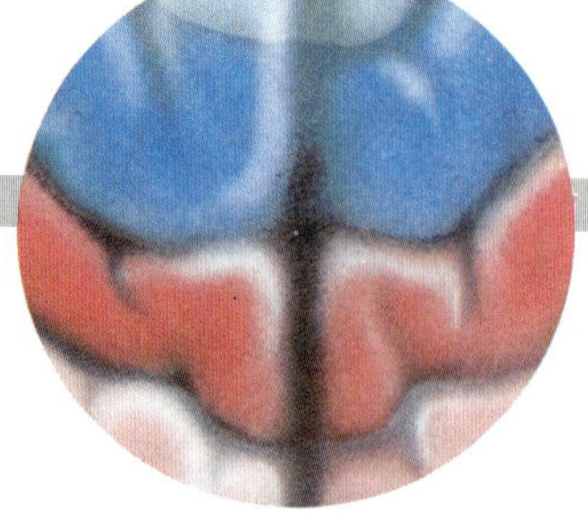

CHAPITRE 14

Le cerveau de l'homme

Une taille exceptionnelle, un cortex surdéveloppé

Le cerveau humain possède une caractéristique unique: il est celui qui est le plus gros et le plus lourd, par rapport au poids moyen de l'individu en comparaison avec tous les autres animaux. Son écorce, le cortex, lui aussi d'une taille exceptionnelle, est probablement le siège des fonctions nobles, propres à l'homme.

Le cerveau humain représente l'aboutissement d'un long processus évolutif. Semblable aux autres cerveaux de vertébrés par ses constituants élémentaires et ses principales divisions, le cerveau de l'homme est en même temps unique par sa taille, le développement de son cortex et le degré d'asymétrie entre ses deux hémisphères.

LA TAILLE DU CERVEAU

Sur un graphique représentant le poids du cerveau par rapport au poids du corps chez les diverses espèces de primates, on constate que le cerveau de l'homme occupe une position à part. Notre cerveau pèse trois fois plus lourd que celui d'un primate qui aurait la même taille que nous. Le rapport entre le poids du cerveau et le poids du corps constitue le «quotient d'encéphalisation». Ce quotient permet de comparer la taille du cerveau d'une espèce donnée à la taille théorique qu'on devrait attendre au vu du poids du corps de cette espèce. Si le quotient d'encéphalisation est inférieur à 1, c'est que le cerveau de cette espèce est d'une taille inférieure à la moyenne des espèces de même poids du corps; si le quotient d'encéphalisation est supérieur à 1, c'est au contraire que le poids du cerveau est supérieur à la moyenne pour des animaux de même poids. Cet indice, qui se trouve autour de 1 pour les ongulés, les carnivores, les prosimiens, autour de 2 pour les simiens, se trouve à 8 pour l'homme.

D'autres indices quantitatifs mettent aussi en évidence la spécificité du cerveau humain, comme par exemple l'indice calculé à partir du poids du cerveau sur le poids de la moelle épinière. La moelle épinière et le bulbe contiennent la majorité des fibres nerveuses qui entrent dans le cerveau et qui en sortent. Son poids représente par conséquent une image de la quantité d'informations que le cerveau va devoir traiter, ou de la quantité d'ordres qu'il est capable d'émettre vers l'extérieur. Le rapport entre le poids du cerveau et le poids de la moelle constitue donc un indice fidèle de la façon dont le cerveau prend en charge les relations entre un individu et son environnement. Là encore, l'homme se trouve fortement avantagé par rapport aux autres primates, puisque son indice poids du cerveau/poids de la moelle est de deux à six fois supérieur à celui des autres membres du groupe des primates.

On peut encore comparer le cerveau de l'homme au cerveau des autres espèces en étudiant la taille relative des différentes subdivisions cérébrales, et plus particulièrement du cortex. Il s'agit en d'autres termes de déterminer, pour chacune des parties du cerveau, la taille qu'elle devrait théoriquement avoir chez un primate pesant le même poids que l'homme. Si la valeur calculée est proche de 1 pour une zone donnée du cerveau, c'est que cette zone occupe chez l'homme un volume comparable à celle qu'elle occupe chez d'autres primates. De fait, ce coefficient est proche de 1 pour le bulbe (1,03), ou même le diencéphale (1,6) et la région des noyaux gris (1,7). Par contre, il s'élève considérablement au-dessus de la valeur moyenne des autres primates pour ce qui concerne les différentes parties du cortex cérébral, qu'il s'agisse des parties les plus «anciennes» du cortex, comme l'hippocampe (2,1), ou des parties les plus récentes, comme le néocortex (3,2). Cette augmentation de la taille relative du néocortex semble donc bien constituer une des particularités essentielles du cerveau humain. Si l'on représente sur un graphique la taille du néocortex par rapport à la taille totale du cerveau chez les différents primates (voir ci-dessous au centre), on constate que l'homme possède à la fois la plus grande quantité de néocortex et le plus gros cerveau du groupe: mais le point représentant l'homme est situé sur la même droite que l'ensemble de la population des primates. On peut donc logiquement en conclure que si le cerveau humain a des proportions différentes de celles du cerveau d'un grand singe, ces différences sont en quelque sorte prévisibles: elles peuvent être extrapolées à partir des mesures effectuées chez les autres primates.

Une taille exceptionnelle

Taille comparée du cerveau du macaque (à gauche), du chimpanzé (au centre) et de l'homme (à droite). Les trois cerveaux sont représentés à la même échelle.

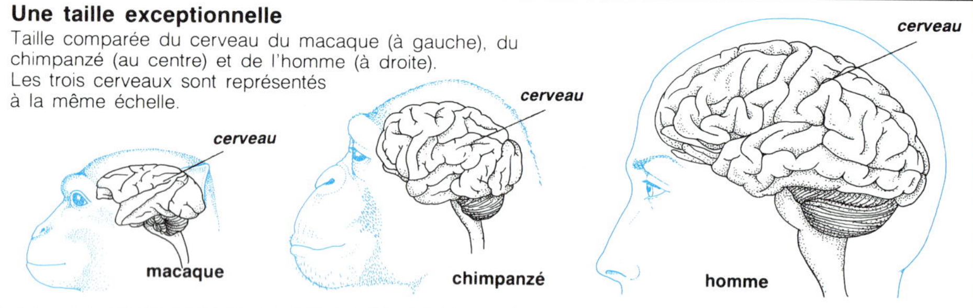

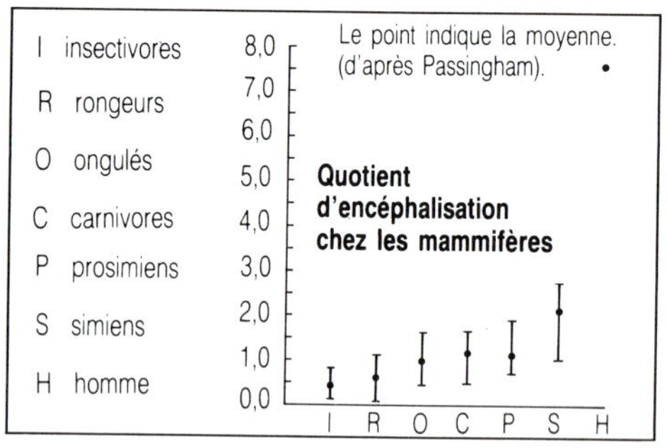

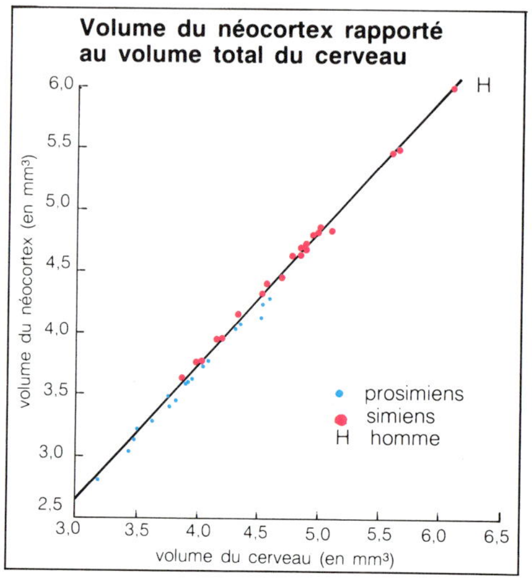

L'ÉVOLUTION DU CORTEX

Chez les primates et chez l'homme, le cortex, c'est-à-dire l'écorce du cerveau, et plus particulièrement le néocortex, subit une expansion remarquable. Son plissement lui permet d'augmenter sa surface sans un accroissement notable de la capacité de la boîte crânienne. On subdivise généralement le néocortex en fonction de la provenance des fibres qui s'y terminent et de la destination de celles qui en sortent. Certaines zones, dites aires primaires, reçoivent leurs connexions de la périphérie, qu'il s'agisse de la rétine pour l'aire visuelle primaire, de la cochlée pour l'aire auditive primaire, ou de la peau pour l'aire primaire somesthésique. Les fibres correspondant à ces modalités sensorielles sont groupées en systèmes bien identifiés, qui possèdent chacun leur relais au niveau du thalamus, et dont la projection au niveau du cortex constitue une représentation topographique ordonnée, une « carte » de ces surfaces sensorielles (voir ci-dessous et p. 149). Le cortex moteur primaire, quant à lui, se projette directement sur le tronc cérébral et sur la moelle par l'intermédiaire du faisceau pyramidal.

Les autres aires, qui occupent en fait la plus grande partie du cortex, ne suivent pas la même règle. Les fibres qui leur parviennent ne sont pas directement issues des différents canaux que nous avons énumérés, mais sont issues d'autres aires corticales ou de régions du thalamus qui ne sont pas connectées directement aux organes des sens. Ces aires corticales, dites « associatives », largement réparties chez le singe et surtout chez l'homme, sont au contraire de surface très réduite par rapport aux aires primaires sur des cortex plus primitifs, comme celui des rongeurs, par exemple.

On peut donc penser que l'accroissement du volume et de la surface du cortex chez les primates s'est fait à partir de ces zones associatives, localisées dans les régions pariétales et frontales des hémisphères cérébraux. On continue toutefois à s'interroger sur la contribution de ces aires aux capacités sensorielles, motrices ou cognitives des différentes espèces. La terminologie d'aires associatives utilisée pour les définir jusque-là laissait entendre que chacune d'entre elles recevait des informations provenant de plusieurs aires primaires, c'est-à-dire en définitive réalisait l'association de plusieurs modalités sensorielles. A partir de ces informations convergentes, il était admis que les aires associatives étaient capables d'effectuer un traitement d'un niveau hiérarchiquement plus élevé que les aires sensorielles de caractère primaire. C'est ainsi qu'étaient conçues les opérations nerveuses les plus complexes comme celles responsables de la reconnaissance des objets, ou de la compréhension et la production du langage chez l'homme.

On sait maintenant, cependant, que les aires associatives contiennent, elles aussi, des représentations topographiques d'une seule modalité sensorielle, permettant certes des traitements élaborés, mais en l'absence de convergence réelle d'informations provenant de plusieurs modalités. En outre, on sait depuis peu que les voies nerveuses qui amènent l'information sensorielle au niveau des aires primaires possèdent des bifurcations qui permettent à cette information de gagner simultanément les aires associatives. Ces dernières reçoivent donc une information double, d'une part, directement en provenance de la périphérie, et d'autre part par l'intermédiaire des connexions qui les unissent aux aires primaires. L'information sensorielle est donc transmise presque instantanément dans toutes les aires corticales, primaires ou non, correspondant à la même modalité : elle n'est pas traitée de façon « séquentielle », chaque étape correspondant à un niveau de traitement plus complexe, mais plutôt de façon « parallèle » et « distribuée », avec des échanges multiples d'informations entre les différentes représentations corticales.

Les aires de traitement de l'information sensorielle se sont donc multipliées au cours de l'évolution. C'est l'addition de nouvelles représentations de la surface sensorielle sur le cortex qui a permis des traitements plus poussés de l'information, en augmentant progressivement le nombre de connexions disponibles pour ce traitement. On peut imaginer en effet que la complexité du traitement au sein d'une aire sensorielle peut augmenter tant que le nombre de connexions le permet. Lorsque cette limite est atteinte, le seul moyen d'augmenter encore la complexité du traitement est d'ajouter une nouvelle aire à la précédente, ouvrant ainsi un nouvel espace synaptique à la modalité qui a évolué.

Carte fonctionnelle du cortex cérébral chez l'homme
(vue latérale de l'hémisphère gauche)

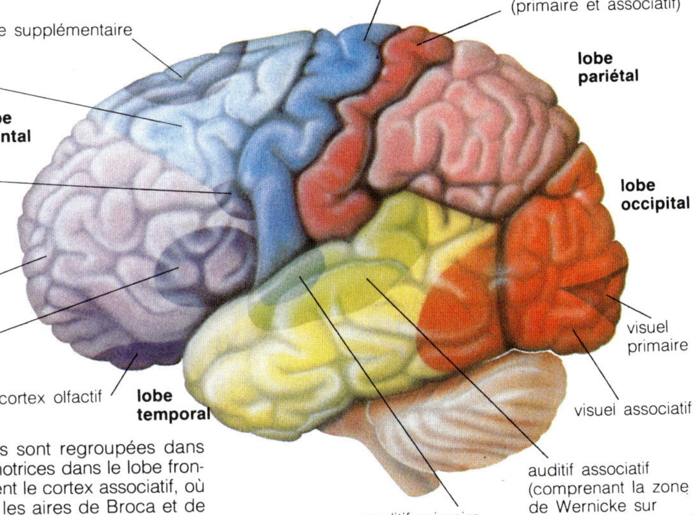

Les aires sensorielles primaires sont regroupées dans la partie postérieure, les aires motrices dans le lobe frontal. Les autres régions constituent le cortex associatif, où l'on individualise en particulier les aires de Broca et de Wernicke, responsables de la production du langage.

Les images du cerveau

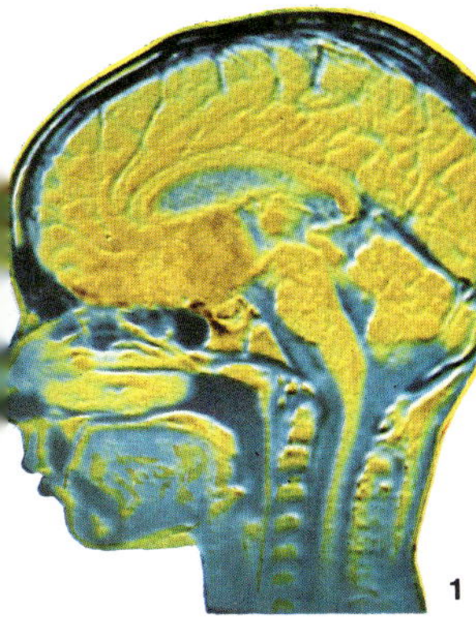
1

De nombreuses techniques sont utilisées pour visualiser le cerveau sain ou malade. La tomographie axiale transverse (scanner) exploite la différence de pénétration des rayons X dans les diverses structures du cerveau. L'imagerie par résonance magnétique (IRM), en faisant entrer en résonance le noyau de l'atome d'hydrogène, modifie la densité optique des différentes structures du cerveau en fonction de leur teneur en eau. La tomographie par émission de positons (TEP) visualise la répartition de molécules marquées (oxygène 15, fluor 18, par exemple) dans le cerveau et permet ainsi d'en déterminer le niveau de fonctionnement.

Coupes du cerveau en IRM. La coupe sagittale (1) passe près de la ligne médiane et montre de haut en bas la section d'un hémisphère cérébral, du corps calleux, du cervelet et du tronc cérébral. La coupe horizontale (2) passe par les globes oculaires et les nerfs optiques, la partie inférieure des hémisphères et le haut du tronc cérébral.

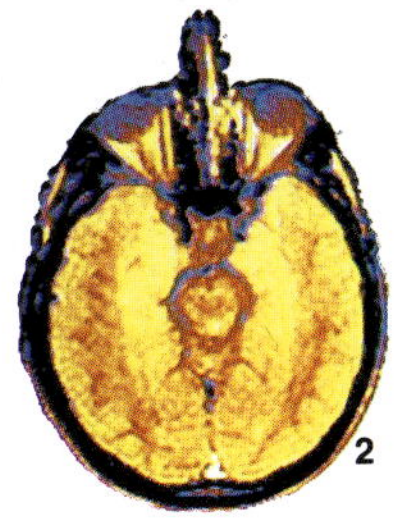
2

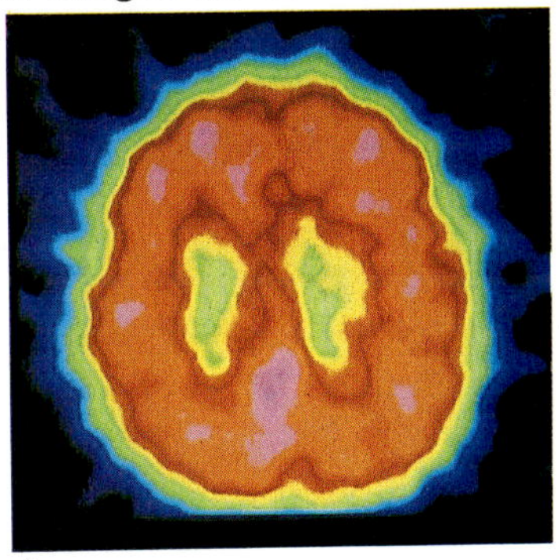

Coupe horizontale d'un cerveau sain en TEP (tomographie par émission de positons).

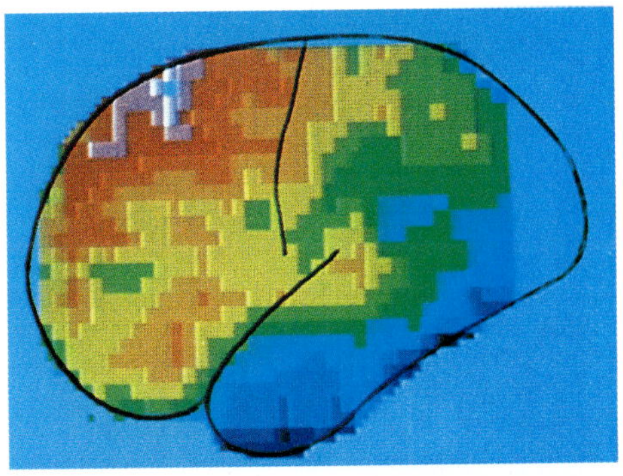
1

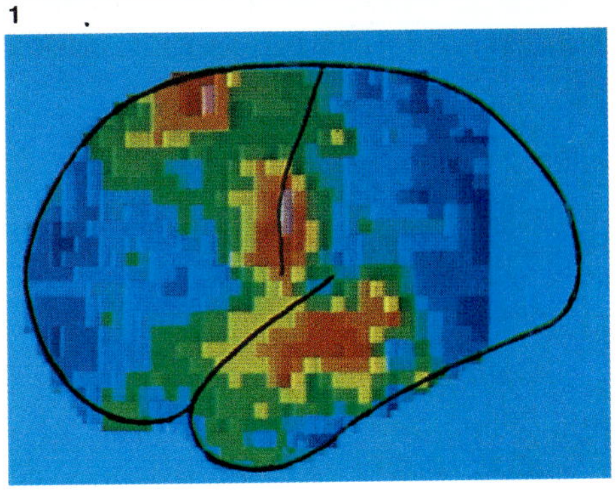
2

Mesure du débit sanguin cérébral local de l'hémisphère gauche obtenue par le taux de diffusion d'un corps radioactif injecté par voie générale chez un sujet au repos et chez un sujet engagé dans une activité de verbalisation. Au repos (1), les zones actives, où le débit sanguin est le plus élevé et qui sont colorées en couleurs chaudes, sont situées dans la région du lobe frontal. Pendant le langage (2), les zones corticales correspondant aux aires de Broca et de Wernicke, ainsi qu'une des aires motrices, sont les plus actives.

Les deux hémisphères

Le cerveau humain est divisé en deux hémisphères, reliés par un pont de substance blanche, composé de fibres nerveuses et que l'on appelle le « corps calleux ». Des observations ont montré que les deux hémisphères n'ont pas les mêmes fonctions. Le langage, par exemple, se situe à gauche, tandis que la représentation de l'espace est située dans l'hémisphère droit.

La partie antérieure du cerveau, celle qui contient le cortex cérébral, est constituée, chez toutes les espèces de vertébrés, par deux hémisphères distincts, reliés par d'abondants faisceaux de fibres, dont le plus important est le corps calleux. La quantité des informations qui transfère par le corps calleux doit être considérable, si l'on pense que ce faisceau contient, chez le chat, 700 000 fibres par millimètres carrés de section.

Chez l'animal, les deux hémisphères sont en principe identiques. Mais l'importance de la voie de communication qui les unit force à admettre que chaque hémisphère doit avoir une fonction propre et qu'il doit communiquer à l'autre des informations sur cette fonction. C'est ainsi que chaque hémisphère est connecté en priorité à la moitié opposée du corps et du champ visuel: il est donc spécialisé pour le traitement des informations provenant de la moitié du corps et de l'espace, et pour la production des mouvements des membres de ce même côté. Cette spécialisation, toutefois, est symétrique. Les vertébrés sont constitués à partir d'un axe de symétrie qui divise le corps et l'espace attenant en deux moitiés équivalentes. L'analyse des signaux sensoriels provenant de chacune de ces deux moitiés et le contrôle des mouvements correspondants doivent donc logiquement être assurés par des ensembles nerveux identiques siégeant de chaque côté. Le fait qu'un hémisphère soit effectivement spécialisé n'implique donc pas qu'il soit fonctionnellement différent de l'autre.

UNE ASYMÉTRIE FONCTIONNELLE

Il en va tout autrement chez l'homme où, à côté de cette spécialisation de chaque hémisphère pour la moitié du corps et de l'espace, on observe une véritable asymétrie fonctionnelle, de telle sorte que certaines fonctions sont représentées dans un hémisphère et pas dans l'autre. D'une manière générale, celles qui sont représentées d'un seul côté sont des fonctions relativement indépendantes des contraintes du monde environnant, et qui ne requièrent donc pas une participation équivalente des deux hémisphères. Chez l'homme, dont l'adaptation au milieu dépend pour une large part de capacités cognitives et non plus seulement de capacités motrices ou sensorielles, le principe de fonctionnement hémisphérique symétrique a pu être partiellement abandonné et remplacé par un autre principe plus évolué, impliquant un fonctionnement différent pour chaque hémisphère. L'asymétrie hémisphérique prend ainsi une valeur adaptive évidente, puisque le contenu informationnel de deux hémisphères différents est le double de celui de deux hémisphères identiques. Parmi ces capacités cognitives représentées de façon asymétrique sur les hémisphères cérébraux, nous envisagerons celles qui relèvent du langage et celles qui relèvent de la représentation de l'espace.

LE LANGAGE

Paul Broca, en 1861, avait constaté la perte du langage chez un patient qui, à l'autopsie, s'était révélé être porteur d'une lésion relativement limitée de la région frontale de l'hémisphère gauche. Par la suite, Broca, ayant observé de nouveaux cas, confirma la localisation préférentielle du côté gauche des lésions qui produisaient les troubles du langage (maintenant dénommés par le terme global d'aphasie). Ces données classiques ont depuis été abondamment corroborées par les études de cas ainsi que par la pratique d'un test clinique, le test de Wada, qui a permis de recueillir des données statistiques sur ce problème. Le test de Wada, pratiqué comme contrôle avant une intervention chirurgicale sur l'un ou l'autre hémisphère, consiste à injecter une faible dose d'un barbiturique (Amytal) dans l'une des carotides. Si la carotide injectée irrigue l'hémisphère contrôlant le langage, on observe, au cours de l'injection, une aphasie transitoire. Ce phénomène est observé dans 95 p. 100 des cas lorsque l'injection est effectuée à gauche chez un sujet droitier, confirmant la latéralisation préférentielle du côté gauche des structures nerveuses responsables du langage. Chez les sujets gauchers, le langage est également perturbé par une injection dans la carotide gauche, comme chez les droitiers, dans 69 p. 100 des cas. Chez 13 p. 100 des sujets gauchers, le langage n'est que légèrement perturbé par l'injection d'Amytal aussi bien du côté gauche que du côté droit, ce qui indique que chez ces sujets la représentation des fonctions du langage pourrait bien être bilatérale. Ce n'est que dans 18 p. 100 des cas de sujets gauchers que le langage est éteint ou perturbé par une injection d'Amytal dans la seule carotide droite, révélant ainsi la rareté d'une localisation des fonctions du langage dans l'hémisphère droit.

Ces différences fonctionnelles ont amené à rechercher des différences anatomiques entre les deux hémisphères. Ce n'est qu'en 1968 qu'une telle asymétrie a pu être finalement mise en évidence (voir encadré ci-dessous). On sait maintenant que la région du « plan temporal » de l'hémisphère gauche, une des zones dont la lésion provoque d'un type particulier d'aphasie (la zone de Wernicke), est en général plus grande que son homologue du côté droit. La différence au profit du côté gauche s'observe dans 65 à 75 p. 100 des cas, alors que la symétrie inverse (plan temporal plus grand à droite) ne se voit que dans 10 p. 100 des cas. Dans les autres cas, enfin, aucune asymétrie ne peut être décelée.

On peut se demander si cette région particulière à l'hémisphère gauche est bien celle dont dépendent l'acquisition, puis l'exercice du langage. La réponse à cette question doit être nuancée, puisqu'il faut tenir compte aussi bien des facteurs prénataux (génétiques) que postnataux (liés à l'expérience individuelle) qui interviennent dans le développement de la fonction. D'une part, en effet, l'asymétrie anatomique du plan temporal préexiste au langage et s'observe nettement chez le fœtus. D'autre part, toutefois, la lésion précoce de l'hémisphère gauche n'entraîne pas nécessai-

L'asymétrie anatomique des deux hémisphères

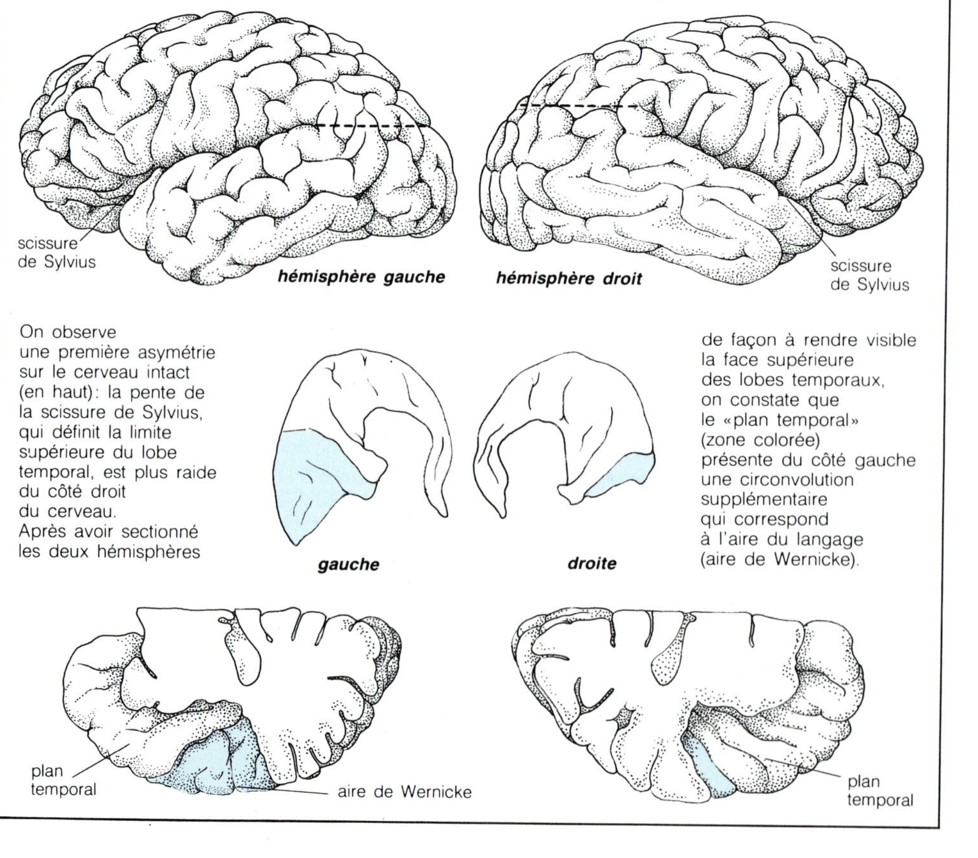

On observe une première asymétrie sur le cerveau intact (en haut): la pente de la scissure de Sylvius, qui définit la limite supérieure du lobe temporal, est plus raide du côté droit du cerveau. Après avoir sectionné les deux hémisphères de façon à rendre visible la face supérieure des lobes temporaux, on constate que le « plan temporal » (zone colorée) présente du côté gauche une circonvolution supplémentaire qui correspond à l'aire du langage (aire de Wernicke).

rement de déficit du langage. Ce fait est bien illustré par les observations d'enfants ayant subi l'ablation d'un hémisphère dans les premières années qui suivent leur naissance, opération qui est pratiquée pour des syndromes épileptiques qui résistent à tout autre traitement. Lorsque l'ablation de l'hémisphère gauche est pratiquée avant l'acquisition du langage, ou en tout cas avant l'âge de dix ans, elle n'affecte pratiquement pas l'exercice du langage par la suite, si bien que ces enfants sans hémisphère gauche ont des capacités phonétiques, sémantiques et même syntaxiques à peu près identiques à celles d'enfants qui ont subi l'ablation de l'hémisphère droit. En somme, l'ablation précoce des zones spécialisées pour le langage, et en particulier celles du plan temporal de l'hémisphère gauche, n'empêchent pas l'apparition de capacités linguistiques normales.

Lorsque l'ablation de l'hémisphère gauche est pratiquée tardivement, c'est-à-dire après l'apparition du langage, elle provoque une aphasie, au même titre qu'une lésion vasculaire ou autre de l'hémisphère gauche chez un adulte. En dehors du cadre un peu particulier de l'ablation d'un hémisphère, les aphasies de l'enfant dues à des lésions traumatiques ou autres correspondent dans 75 p. 100 des cas à des lésions situées du côté gauche, comme chez l'adulte. On doit donc admettre que les deux hémisphères, bien que fortement asymétriques au plan anatomique dès avant la naissance, restent pendant quelque temps fonctionnellement équivalents. La lésion des zones du langage situées à gauche n'empêchera pas l'acquisition du langage, la fonction se répartissant dans d'autres régions cérébrales, probablement dans l'hémisphère droit.

LA REPRÉSENTATION DE L'ESPACE

A côté du langage, l'organisation du comportement dans l'espace constitue un autre ensemble d'opérations nerveuses d'un ordre relativement abstrait, reposant sur une représentation mentale de l'environnement et de ses relations avec le corps, que les psychologues ont appelé « carte cognitive ». Cette organisation, comme le langage, semble indépendante d'une spécialisation hémisphérique symétrique : une seule carte suffit pour représenter l'espace, et une duplication de la carte dans chaque hémisphère ne présenterait pas d'avantage. Le support anatomique de cette représentation de l'espace n'a cependant été découvert que relativement récemment. Ce n'est qu'à partir de la dernière guerre qu'ont commencé à être identifiés des symptômes apparaissant après une lésion localisée à la partie postérieure de l'hémisphère droit, et en principe pas à la suite d'une lésion symétrique de l'hémisphère gauche. Ces symptômes ont été regroupés sous le nom d'« apractognosie », terme qui recouvre une incapacité à s'orienter dans l'espace et surtout à manipuler les notions spatiales par le dessin, le langage ou la mémoire. Les malades qui portent ces lésions sont incapables de dessiner, surtout s'il s'agit d'un dessin comportant une perspective. Ils sont également incapables de recopier le dessin d'un objet complexe alors même qu'ils l'ont reconnu et dénommé. Ils sont incapables de dresser le plan d'une pièce, de décrire un itinéraire familier, de placer une ville sur une carte de géographie. L'hémisphère droit serait ainsi spécialisé dans les opérations qui permettent de s'orienter dans l'espace proche et de se représenter l'espace lointain.

La recherche d'une asymétrie anatomique, cette fois au profit du côté droit, et qui pourrait rendre compte de cette asymétrie fonctionnelle, n'a pas encore donné de résultats très convaincants. On sait cependant que certaines régions de la partie postérieure du lobe pariétal où siègent les lésions responsables de l'apractognosie sont nettement plus développées dans l'hémisphère droit que dans l'hémisphère gauche, chez le sujet humain normal.

L'étude de l'asymétrie fonctionnelle entre les deux hémisphères a bénéficié de l'observation de malades porteurs d'une section du corps calleux. Cette intervention chirurgicale, la commissurotomie, qui se pratique (rarement) sur des sujets porteurs d'une épilepsie rebelle, permet d'isoler fonctionnellement les deux hémisphères l'un de l'autre et, grâce à un examen approfondi, de faire apparaître la spécialisation de chacun d'entre eux. Chez de tels sujets, on a l'assurance qu'un stimulus visuel présenté d'un côté, ou qu'un stimulus tactile présenté à l'une des mains, ne parviendra effectivement qu'au seul hémisphère correspondant au champ visuel ou à la main stimulés. De même, les canaux utilisés pour donner la réponse au stimulus (canal verbal ou canal gestuel de la main droite ou de la main gauche) refléteront l'activité d'un seul hémisphère. On peut ainsi, chez ce type particulier de patients, inventorier la nature de la spécialisation de chaque hémisphère.

Ainsi, la présentation à l'hémisphère gauche (par le canal de la moitié droite du champ visuel) de l'image d'un objet donne lieu immédiatement à une reconnaissance verbale correcte. La même présentation dans la moitié gauche du champ visuel (et donc à l'hémisphère droit) ne donnera pas lieu à une reconnaissance verbale : le sujet ne pourra dire ce qu'il a vu, mais sera en revanche capable d'identifier l'objet avec sa main gauche à l'aide des seuls indices tactiles. Cet objet, reconnu de manière tactile et palpé à loisir par la main gauche, ne pourra toujours pas être nommé. Il faudra pour cela que le sujet le transfère dans sa main droite.

Ce résultat montre bien que l'hémisphère gauche détient le monopole du langage, mais que l'hémisphère droit, s'il ne peut les nommer, sait identifier les objets, reconnaître leurs formes, les apparier entre eux. On peut rendre ce résultat encore plus spectaculaire avec la présentation de chimères, c'est-à-dire d'images composées de deux moitiés d'objets différents ou de deux moitiés de visages, de telle sorte que chaque demi-image tombe dans une moitié différente du champ visuel. Dans ce cas, chaque hémisphère reconnaît l'objet dont la moitié lui a été présentée et ignore l'autre. En outre, la réponse donnée par le sujet sera différente selon l'hémisphère interrogé. Si l'on demande au sujet une réponse verbale, elle concernera le nom de l'objet qu'aura vu l'hémisphère gauche. Si l'on demande au sujet d'utiliser sa main gauche pour choisir l'objet qu'on lui aura montré, c'est celui qu'aura vu l'hémisphère droit qui sera sélectionné.

Le cerveau humain révèle peu à peu ses secrets. Même si le fonctionnement du cerveau « dédoublé » par la section du corps calleux ne donne qu'une image approximative du fonctionnement du cerveau normal, son étude a cependant permis d'aborder les mécanismes de l'activité mentale et psychique. L'hémisphère droit, hémisphère silencieux, longtemps négligé, trouve maintenant sa vraie place à côté de l'hémisphère gauche (voir schéma ci-contre). Des processus tels que la reconnaissance des visages et des expressions, la reconnaissance du contenu esthétique ou émotionnel d'un objet ou d'une situation sont liés en grande partie à l'activité de l'hémisphère droit. Ainsi l'évolution du cerveau vers l'asymétrie des hémisphères aurait-elle favorisé l'émergence de nouvelles capacités de communication entre individus en ajoutant au canal verbal un autre canal capable, lui, d'extraire la signification émotionnelle de la rencontre.

MARC JEANNEROD

Les fonctions de chaque hémisphère

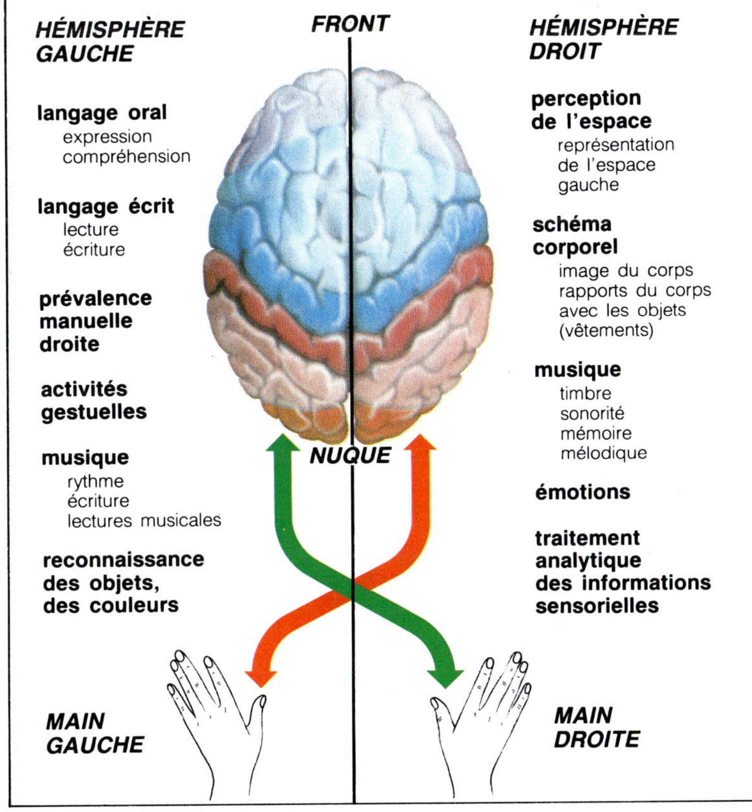

Les deux hémisphères du cerveau humain présentent une asymétrie fonctionnelle. Le schéma ci-contre résume les connaissances actuelles en matière de représentation des fonctions cognitives chez l'homme. L'hémisphère gauche est dominé par la spécialisation pour le langage. Il joue aussi un rôle important dans la programmation des mouvements complexes. L'hémisphère droit intervient dans la représentation de l'espace, la perception des visages et des expressions, la production des composantes expressives du langage (intonation).

D'après Document TF1 « L'Avenir du Futur »

CHAPITRE 15

Du comportement animal à l'homme

Sexualité et communication

Pour procréer, mâle et femelle doivent se rencontrer, donc se reconnaître. La sexualité a donc comme corollaire des systèmes de communication qui prennent, selon les animaux, des formes très diverses. Certaines espèces de papillons se reconnaissent à des kilomètres de distance, par l'odeur. D'autres le font grâce aux parures spécifiques des mâles ou des femelles. Les grillons utilisent des messages sonores codés, qui diffèrent suivant les espèces. Le ver luisant fait de même à l'aide de systèmes lumineux.

La sexualité nécessite le plus souvent le rapprochement et la reconnaissance mutuelle des individus des deux sexes. Un problème de communication se pose donc pour réaliser l'accouplement. Les animaux dispersés sur de vastes espaces doivent pouvoir signaler leur présence à de longues distances. Ils y parviennent grâce à trois types de signaux essentiellement: odeurs, sons et lumières.

DES SIGNAUX ODORANTS

Bien que cela paraisse étonnant *a priori*, les odeurs peuvent être des signaux de communication à très longue distance. Certains papillons de nuit, comme les sphinx ou le bombyx du mûrier (papillon du ver à soie), en sont des exemples. La femelle possède, à l'extrémité de son abdomen, deux glandes à parfum. Le mâle est pourvu d'antennes très développées, susceptibles de reconnaître la présence, dans l'air ambiant, de quelques molécules seulement de parfum. Il peut ainsi repérer une femelle éloignée d'une douzaine de kilomètres. Guidé par le vent qu'il remonte et par l'augmentation de la concentration de parfum dans l'atmosphère, il parvient à s'en rapprocher.

Les mammifères ont aussi très fréquemment recours aux odeurs pour se repérer. Chez eux, les mâles et les femelles à la fois émettent des odeurs très spécifiques, surtout pendant leur période de rut. Là encore, les éventuels partenaires peuvent s'identifier de loin.

DES MESSAGES SONORES

Les cigales sont l'exemple le plus classique de communication par messages sonores. Leurs organes émetteurs de sons, très sophistiqués, ne sont pas l'apanage des mâles, comme on a tendance à le croire. Cela est vrai pour les cigales de Provence, où le mâle émet et où la femelle, attirée, vient s'accoupler. Mais, chez certaines cigales africaines, c'est la femelle qui chante et attend le mâle.

Nous n'avons jusqu'ici envisagé que les cas de signaux, de tel ou tel type, émis par des individus seuls. Il existe néanmoins bien des cas où les individus de même sexe émettent en chœur leurs signaux. Ils renforcent ainsi l'effet du message individuel sur les partenaires de l'autre sexe. Certaines chauves-souris africaines mâles se réunissent ainsi le soir, au bord des rivières, pour former des chœurs qui attirent collectivement les femelles. Celles-ci circulent parmi les chanteurs et viennent s'accoupler avec celui qui a leur préférence. Grenouilles et crapauds forment aussi souvent des chœurs. Mais, détail amusant, les mâles manquent souvent de discernement et s'accouplent entre eux. C'est par son chant que la victime tente alors de faire rectifier l'erreur.

LE REPÉRAGE PAR LA LUMIÈRE

Les messages lumineux constituent également un moyen de repérage. Ces signaux, en particulier s'ils sont nocturnes, peuvent être un moyen de communication à longue distance. Un exemple très connu est celui du ver luisant, dont la femelle émet une lumière continue à l'extrémité de son abdomen. Les mâles qui, eux, possèdent des ailes, détectent à distance la lumière des femelles et volent jusqu'à elles pour s'accoupler. Quelques perfectionnements techniques de ce système existent chez certains vers luisants d'Amérique du Nord. Au lieu d'émettre une lumière fixe, les femelles clignotent à des rythmes réguliers, différents d'une espèce à l'autre. Les mâles retrouvent ainsi, par un système qui tient du morse, les femelles de leur espèce. Mais, malgré cette ingéniosité, les mâles sont souvent dévorés par une espèce cannibale qui, elle, imite les fréquences des autres...

L'IMPORTANCE DE LA COULEUR

Outre les signaux, l'aspect même de l'individu, en particulier sa couleur, joue souvent le rôle le plus important. Chez certaines espèces, des moyens de reconnaissance à courtes distances y sont ajoutés. Mais, chez les espèces disposant de la meilleure vue, tels les rapaces diurnes, aucun dispositif autre que la vision n'est nécessaire. Chez les papillons de jour, par contre, les différences de coloration entre le mâle et la femelle ne sont pas systématiques. Le mâle doit parfois, pour inciter la femelle à se poser et à accepter l'accouplement, l'asperger d'écailles parfumées aphrodisiaques.

Chez certains poissons, le mâle met en valeur ses couleurs lors des pariades. Ces couleurs, généralement renforcées en période de procréation, peuvent varier très rapidement, par un système très compliqué de cellules pigmentaires spécialisées. Certaines n'apparaissent même qu'au moment de la pariade.

Les oiseaux aussi possèdent souvent des plumages colorés différemment entre mâles et

Le bombyx du chêne, dont le mâle a des antennes plumeuses détectant l'odeur des femelles, possède aussi d'autres organes des sens lui fournissant des sensations visuelles, gustatives, tactiles et auditives.

femelles. Ces différences peuvent être spectaculaires, comme chez le paon et l'oiseau-lyre. Elles peuvent être parfois très discrètes, comme chez la fauvette à tête noire, où le mâle dispose d'une calotte de plumes noires, la femelle d'une calotte de plumes marron. Chez les mésanges charbonnières, c'est la largeur de la tache noire ventrale qui varie. Ces différences sont, selon les cas, permanentes ou limitées à la saison de procréation. Elles sont parfaitement reconnues par les intéressés, même si nous-mêmes avons parfois du mal à les percevoir. Enfin, les différences de couleur sont renforcées par les comportements de séduction lors de la pariade, où les oiseaux ébouriffent sélectivement certaines plumes, ou montrent des parties cachées de leur corps.

Les hippopotames, mammifères amphibies vivant dans les fleuves et les lacs africains, s'accouplent et mettent bas également dans l'eau, ou tout au moins en partie, et le bébé hippopotame naît à la saison des pluies.

Séduire pour procréer

Ornementation et séduction sont souvent liées. Ce sont les animaux les plus colorés, par exemple, qui accomplissent la plus grande partie du travail de séduction. Il s'agira du mâle, chez presque tous les insectes, poissons, reptiles et oiseaux. Mais la femelle ne se contente pas toujours d'accepter et émet quelquefois, elle aussi, des signaux attractifs. Chez une espèce de canards, cas exceptionnel, c'est la femelle qui est colorée et qui fait l'essentiel de la pariade. Chez les mammifères, les avances, souvent soigneusement partagées entre les sexes, suivent peu de règles générales.

Décoré d'objets variés, *le berceau de l'oiseau satin est une véritable avenue bordée de brindilles. On voit ici (en haut, à droite) le mâle parader, une plume au bec, devant la femelle.*

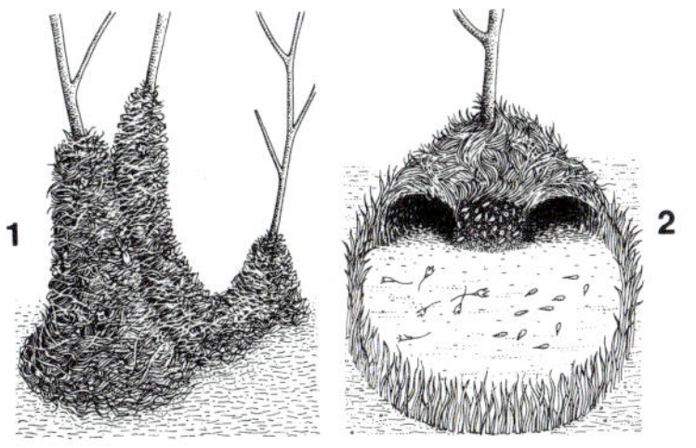

Pour attirer une partenaire, *le prince d'Orange empile des brindilles autour d'un arbre* ***(1)****. Quant à l'oiseau jardinier, il parade dans un jardin entouré de brindilles* ***(2)****.*

COMMENT SE FAIRE ACCEPTER

De multiples modes de repérage ou de reconnaissance, comme le plumage des oiseaux, sont donc autant de modes de séduction. Il est vrai que dans un certain nombre de cas les animaux de même espèce et de sexes compatibles s'accouplent dès qu'ils sont sexuellement mûrs et physiologiquement prêts. Dans beaucoup d'autres cas, le problème du mâle sera de se faire accepter par la femelle. Chez la mouche du vinaigre, le mâle se livre, devant toute femelle, à une danse de pariade: il se présente face à elle, avec des orientations précises, puis tourne en inclinant une aile et en vibrant de l'autre. Mais la femelle n'accepte pas les avances de n'importe quel mâle pour autant, que sa pariade ne soit pas conforme ou pour d'obscures raisons. Des phénomènes analogues existent chez les poissons, mais surtout chez les mammifères, où les femelles marquent de très fortes préférences individuelles pour certains mâles. Même en présence de nombreuses femelles prêtes à s'accoupler, il arrive que des mâles soient rejetés, preuve que le hasard des rencontres ne décide pas des accouplements. Si les mâles n'utilisent pas la force, il semble que le choix des femelles (qui perçoivent des stimulations qui nous échappent) soit déterminant. Il faut bien admettre que les mâles en rut refusent rarement l'accouplement, contrairement aux femelles.

DES OFFRANDES POUR SÉDUIRE

Les mâles utilisent parfois un mode de séduction: l'offrande, qui, accessoirement, peut servir de mode de reconnaissance. L'offrande la plus classique chez les animaux (y compris l'homme!) est celle de la nourriture. Dans le schéma le plus courant, le mâle offre la nourriture à la femelle, et s'y accouple pendant qu'elle la consomme. Certaines punaises mâles préparent ainsi une graine de figue mêlée de salive. De petits moucherons carnivores offrent des proies. D'autres enveloppent les petites proies d'un ballon de soie qu'ils ont fabriqué, et s'accouplent avec la femelle pendant qu'elle déballe son paquet-cadeau. D'autres, enfin, offrent des ballons de soie vides, ou quelque chose de ressemblant, telle une fleur de saule, et piègent ainsi les femelles!

Les oiseaux, dans le même ordre d'idées, ont quasiment recours aux estampes japonaises. Pour attirer les femelles, les oiseaux à berceaux décorent, avec leur collection d'objets souvent bleus, l'espace utilisé pour la pariade: chaque espèce a son type de décor particulier. D'autres oiseaux, plus classiques, offrent de la nourriture. Certains, plus originaux, offrent des matériaux pour la construction du nid, tels que des cailloux chez le manchot Adélie, des branchages ou des algues chez les cormorans. Dans ce dernier cas, lors des relais entre sexes pour la couvaison des œufs, l'individu, s'il revient couver sans son cadeau, se fait violemment chasser par son conjoint. La fonction du cadeau ne fait donc pas de doute: ce type d'offrande sert également de mode de reconnaissance.

L'offrande de poisson à la femelle par ce martin-pêcheur fait partie des parades nuptiales. Chez certaines espèces, le mâle donne la becquée à la femelle avant, pendant ou après l'accouplement.

La vie en société

L'apparition de la sexualité a dû jouer un rôle dans le développement d'autres comportements importants de l'être vivant. L'agressivité, par exemple, qui va jouer un rôle essentiel dans la vie sociale de nombreux animaux. La plupart d'entre eux défendent avec ardeur le territoire où ils procréent et qui se confond souvent avec celui où ils prélèvent leur nourriture. Au travers des espèces, on voit se développer des formes variées et souvent complexes de marquage et de défense de ce territoire.

Le crabe violoniste de Mauritanie assure la défense de son territoire grâce à une grosse pince très développée, le «violon». Chez d'autres espèces, certaines pattes sont développées en palettes natatoires.

Les premiers êtres sexués étaient certainement nombreux et indifférents les uns aux autres, comme le sont aujourd'hui les bactéries et les protistes. Mais la sexualité, nécessitant des rencontres entre les individus, après avoir «provoqué» leur rapprochement, «incite» à vivre en société.

Vivre en société, d'un point de vue sexuel, ne va pas sans compétition. Ceci existe même chez les espèces où les individus ne se reconnaissent pas, comme les poissons. Dans le frai, les mâles se bousculent auprès des femelles, et une compétition en résulte, qui n'est qu'un phénomène purement mécanique au sein du banc de poissons.

L'AGRESSIVITÉ

Dans tous les autres cas, la compétition n'est pas seulement une conséquence du nombre des individus. Une composante essentielle s'exerce: l'agressivité. Celle-ci n'est pas spécifique à la sexualité. Elle peut s'exercer dans d'autres domaines, tel l'accès à la nourriture. Mais on est toutefois en droit de se demander si la compétition sexuelle est une origine possible des phénomènes d'agression.

Dans ce cadre, trois contraintes viennent limiter l'agressivité. Elle ne doit d'abord pas s'exercer à l'égard des femelles, ni être systématiquement mortelle, pour des raisons évidentes de survie de l'espèce. Et enfin, dans le cas où des femelles choisissent leur partenaire, l'agressivité ne constitue pas obligatoirement un avantage pour celui qui la manifeste. Quoi qu'il en soit, l'agressivité conditionne le mode de vie des espèces, et est conditionnée par celui-ci. Certaines vivent solitaires, d'autres en groupes ou en familles. L'agressivité peut se développer au point de rendre toute vie commune impossible, en dehors d'une courte période consacrée aux activités sexuelles. C'est le cas du caméléon qui, en dehors de brefs moments consacrés à l'accouplement, ne supporte aucun individu, mâle ou femelle, dans son espace vital. L'espace est ainsi partagé en territoires personnels que chacun défend en attaquant systématiquement tout intrus mâle ou femelle. Dans d'autres cas, l'agressivité systématique est le propre des mâles, dont les individus s'isolent. Les femelles et les jeunes vivent alors en groupes plus ou moins importants. Enfin, les animaux vivent souvent en groupes familiaux ou sociaux dans lesquels l'agressivité persiste et conduit à l'établissement de hiérarchies sexuelles et sociales.

Parfois, cependant, les actes d'agression entre individus ne semblent pas exister. Cela s'observe chez certaines populations d'invertébrés, ou chez les poissons vivant en bancs. Chez ces derniers, les agressions se limitent à quelques «prises de bec» pour la nourriture ou lors de la poursuite de femelles du frai. La défense de l'individu menacé par un prédateur est facilitée par l'aspect de masse du banc et par son anonymat parmi ses semblables.

LA DÉFENSE DU TERRITOIRE

Chaque animal possède un territoire personnel. Espace, agression et sexualité sont donc liés. La notion de territoire, très importante, est extrêmement variable d'une espèce à l'autre. Marquage et défense du territoire, aussi, revêtent des aspects très différents.

Parmi les animaux territoriaux, on peut citer les crabes violonistes, qui vivent sur les plages des tropiques. Ils répartissent l'espace en terriers, creusés à quelques mètres les uns des autres. Ces animaux courent très vite sur le sable et les mâles sont dotés d'une énorme pince, leur «violon», disproportionnée avec le reste du corps. Ils se tiennent à l'entrée ou au voisinage de leur terrier et brandissent leur pince dès qu'un rival s'approche. De sévères combats se produisent en cas d'incursion ou de contestation de frontière. Lorsqu'une femelle vient, la pince sert aussi à la pariade. Le passage d'une femelle est alors souvent la cause de combats entre mâles.

Le grillon est lui aussi un animal très territorial. Il creuse un terrier au centre de son territoire et, en chantant, signale sa présence tant aux femelles qu'à d'éventuels concurrents. L'approche d'un de ceux-ci, et encore plus son chant, déclenchent un combat farouche suscité par l'attaque du propriétaire. C'est d'ailleurs ce dernier qui, dans la grande majorité des cas, sort vainqueur du pugilat, tandis que le vaincu s'enfuit. Il faut toutefois signaler que ces combats ne sont généralement pas mortels.

Les poissons peuvent se rassembler en bancs pour frayer, c'est-à-dire déverser dans l'eau leurs gamètes, ou pour effectuer de grands déplacements, les migrations.

Le maître du poulailler

Les troupes artificielles que constituent les basses-cours sont toujours dominées par un despote qui empêche les autres mâles de s'exprimer et choisit poules et nourriture. Affirmant sans cesse sa supériorité hiérarchique par une répression systématique à l'égard des autres, sa suprématie n'est remise en cause que par le vieillissement, les maladies ou le hasard d'un combat qui aura inversé les rôles. Les autres mâles, entre eux, établissent également des relations de dominance mais, curieusement, non linéaires. Si un mâle en domine un autre qui en domine un troisième, ce dernier peut parfois dominer le premier. Il faut voir en cela que les gallinacés, animaux très territoriaux, sont contraints en captivité à cohabiter sur un espace réduit artificiellement et luttent violemment pour voir cet espace s'agrandir et devenir leur territoire exclusif. Des phénomènes analogues, mais encore plus violents, s'observent entre certains poissons tropicaux des aquariums.

La basse-cour: une société artificielle.

LE PARTAGE DE L'ESPACE

Les poissons qui vivent en surface ou entre deux eaux ne disposent évidemment pas de repères territoriaux. Par contre, ceux qui vivent plus ou moins près du fond de l'eau ou dans les parois rocheuses manifestent souvent un instinct territorial très développé et lié à la géographie du substrat. Les poissons des récifs coralliens partagent l'espace comme un lotissement, attaquant tout intrus. Les femelles étant aussi colorées que les mâles n'échappent pas à ces agressions. Ceci pourrait, à première vue, aller à l'encontre de ce qui était dit plus haut, à savoir la non-agressivité à l'égard des femelles. Pour éviter ce problème, il arrive que les femelles se décolorent complètement avant de pénétrer dans l'enceinte du mâle, se différenciant ainsi des autres poissons. Il faut tout de même préciser que, chez les poissons, l'apparence et le comportement des femelles sont en général assez différents pour éviter ce genre de problème. Il arrive cependant que la densité des individus réduise les territoires. On a pu constater, chez les *Tilapia* du Mozambique, qui vivent sur un fond sableux, que les territoires individuels tendent alors à prendre une forme hexagonale. Cette forme, marquée dans le sable, est celle qui permet d'entasser le maximum de sujets dans un minimum de place sans perdre d'espace.

NIDS COLLECTIFS ET COLONIES

Les territoires des oiseaux peuvent être très exigus, comme chez les républicains qui construisent des nids collectifs où l'espace vital de chaque couple est très réduit. Chacun défend sa place contre les autres «copropriétaires», mais le nid est aussi défendu collectivement contre les intrus. Il en est de même dans les héronnières, ensembles de nids de hérons perchés dans un arbre ou un groupe d'arbres et qui, fait remarquable, peuvent comporter des nids de plusieurs espèces différentes.

Les oiseaux de mer nichent souvent, eux aussi, en colonies, à terre, au flanc des falaises. Ce n'est sans doute pas par hasard que, chez les fous de Bassan, l'espace territorial qui sépare deux nids correspond à la longueur d'un cou prolongé d'un bec. Beaucoup d'autres oiseaux ne sont pas sociaux, au moins pendant la période de procréation et d'élevage des jeunes. Leur territoire, au sens sexuel, se confond alors avec l'espace sur lequel ils prélèvent leur nourriture, territoire de chasse ou de cueillette. Chez les grands rapaces diurnes, doués d'une vision remarquable, ces territoires peuvent s'étendre sur plusieurs kilomètres de diamètre.

C'est probablement pour une raison de compétition sexuelle pour l'espace, plutôt que pour la chasse (car certaines proies sont abondantes), que ces animaux ne peuvent atteindre des densités et des effectifs considérables. Les petits passereaux des jardins sont, eux aussi, loin d'être paisibles. Leur territoire, marqué par une branche d'arbre, une clôture ou une cheminée, est défendu par des chants de menace pouvant aboutir à de sévères combats. Les actes d'agression peuvent être saisonniers, comme chez les mésanges au moment de la nidification, ou permanents, et exceptionnellement mortels, comme chez les rouges-gorges.

Le choix de l'emplacement du nid, les matériaux utilisés, sa construction par le mâle ou la femelle constituent un comportement complexe chez les oiseaux (ici, mouettes tridactyles), transmis héréditairement.

UN MARQUAGE PERSONNALISÉ

Les poissons et les reptiles utilisent le plus fréquemment les couleurs, les danses, les menaces et les agressions pour défendre leur territoire. Les mammifères, eux, utilisent essentiellement les odeurs et procèdent à un marquage personnalisé de l'espace. Il est très important de souligner que, souvent, nos sens et nos appareils de mesure sont incapables de nous renseigner sur les modes de communication utilisés entre les animaux, tels que les ondes, les vibrations, les odeurs, une substance libérée ou une attitude non observée. D'autre part, plusieurs types de signaux peuvent être émis à la fois, et, si un seul est détecté, il peut être pris à tort pour le principal. Les signaux les plus discrets sont parfois les plus importants. Aussi sommes-nous particulièrement mal placés pour étudier les comportements territoriaux des mammifères dont l'odorat est très

Le territoire humain

L'homme est sans doute l'espèce dont les comportements territoriaux, parfois subtils, sont les plus variés et souvent les plus caricaturaux. La défense du territoire, souvent acharnée, s'exprime là en procès de mitoyenneté ou guerre des nerfs entre voisins pour une barrière, un mur ou un arbre dont les fruits tombent chez l'adversaire. A une plus grande échelle, les mêmes notions peuvent s'appliquer aux communes, aux départements, aux régions ou aux Etats. On pourrait également disserter sur les comportements sexuels et leurs composantes agressives, territoriales et compétitives, mais l'on se contentera de citer les combats souvent vains pour une propriété des créations, du pouvoir et des idées.

utilisé. Cet odorat, souvent beaucoup plus développé que le nôtre, permet aux animaux de repérer des odeurs qui subsistent après le passage de ceux qui les ont émises. Enfin, les comportements territoriaux des mammifères sont beaucoup moins stéréotypés que ceux des autres espèces. Des variations individuelles ou locales existent. Chez un grand nombre d'espèces, ces variations tendent à se détacher du contexte strictement géographique, comme chez les poissons ou les oiseaux.

Outre les marques odorantes « naturelles », comme l'urine ou les excréments, les mammifères sauvages disposent très souvent de glandes odorantes spécialisées. Suivant les cas, elles peuvent se situer aux pattes (chez certaines antilopes), sous la queue, sous les bois, sous le cou (chez certains lémuriens), ou près des yeux, comme les glandes lacrymales du cerf. Les objets marqués par frottement peuvent être des pierres, des herbes, des troncs d'arbres, ou simplement le sol. Chez les otaries ou les éléphants de mer, ainsi que chez certaines espèces terrestres, la notion de territoire semble parfois disparaître au sens physique, pour se transformer en pouvoir sur un « harem » ou sur une troupe plus ou moins grande d'individus.

COUPLES TEMPORAIRES OU PERMANENTS

Harem, troupe... : le type de structure sociale est fortement lié à la territorialité. Entre la solitude permanente de certaines espèces et les foules dépersonnalisantes d'autres, toute une série d'intermédiaires existent depuis le couple temporaire jusqu'à la troupe différenciée. Chez les poissons, l'établissement de couples temporaires ne s'observe que dans un nombre limité d'espèces évoluées, territoriales et ovipares. Quelquefois des couples, que l'on peut alors à peine qualifier de tels, ne durent que le temps de l'accouplement. Chez les poissons combattants, le mâle chasse la femelle dès la fin de la ponte et s'occupe de surveiller les œufs et les jeunes dans le nid de bulles qu'il a construit avant l'accouplement. Chez la bouvière ou l'épinoche, plusieurs femelles (probablement non reconnues individuellement) peuvent contribuer à une même ponte dans le nid du mâle. Seuls quelques poissons africains semblent former des couples stables de plus longue durée, où les deux parents participent à la défense du territoire et à la protection des œufs et des jeunes.

Chez les oiseaux, beaucoup de variantes existent, et aucune règle n'est générale. Parmi les couples, les cigognes et les oies, constituant une exception, ne se séparent qu'à la mort de l'un des partenaires, malgré leurs migrations importantes. Chez beaucoup de passereaux, tels que les mésanges ou les rouges-gorges, les couples restent stables pendant cinq à sept mois. Il y a souvent deux portées au cours de la belle saison, et les deux parents contribuent à la construction du nid et à l'élevage des jeunes. Les couples se dissolvent généralement à l'automne, lors de l'abandon des territoires. On ne fera que citer les « couples échangistes » formés par certains bécasseaux, où une femelle peut pondre sur les territoires de deux mâles différents, car il ne s'agit là, sans doute, que d'un problème de reconnaissance entre individus.

Enfin, chez le troglodyte, petit oiseau des jardins, rien ne prouve qu'il y ait reconnaissance individuelle. Défendant son territoire par des chants puissants, le mâle ébauche un nid. Puis il attire une femelle, qui termine l'aménagement du nid, et l'abandonne après l'accouplement. C'est la femelle seule qui s'occupe de la couvaison et de l'élevage des jeunes, tandis que le mâle construit d'autres ébauches de nids et cherche à y introduire de nouvelles partenaires. La vie de couple est donc particulièrement limitée dans le temps dans ce dernier cas.

Quant aux groupes formés de plus de deux individus, ils peuvent être aussi temporaires ou permanents. Il y a néanmoins reconnaissance individuelle d'une partie au moins des membres du groupe, en particulier des concurrents du même sexe.

Beaucoup d'oiseaux de mer (mouettes, sternes, goélands...) forment des colonies qui sont en réalité de simples juxtapositions de nids occupés par des couples. Ceci permet une défense collective mais, en contrepartie, donne lieu à une attaque systématique par les voisins des jeunes égarés hors du territoire étroit de leurs parents. Un exemple de groupes très éphémères est ce qu'on appelle « leks », ou rassemblements de pariade de certains oiseaux tels que les coqs de bruyère. Les mâles se réunissent dans une clairière, les plus forts occupant des territoires précis vers le centre, les plus faibles la périphérie. Les femelles se répartissent ensuite entre les mâles, avec une préférence marquée pour ceux du centre. Mais les observations ont montré que les rapports de dominance ainsi créés sont, eux aussi, éphémères. Chez les oies sauvages, par contre, les animaux se reconnaissent individuellement et, lors des migrations, suivent des leaders.

DU SOLITAIRE AU « HAREM »

Les mammifères ont, de beaucoup, les comportements sociaux les plus structurés et les plus variables d'une espèce à l'autre. Les cerfs ou les vieux éléphants mâles, par exemple, sont tellement agressifs qu'ils vivent généralement isolés. L'essentiel de leurs rapports sociaux est alors réduit aux pariades, accouplements et combats. Les femelles et les jeunes se regroupent en communautés dans lesquelles s'instaurent des leaders et des hiérarchies, quelques mâles contribuant parfois à la protection du groupe. Par contre, chez les lions, les otaries et de nombreux singes, les mâles sont la base du groupe et règnent sur les femelles et les jeunes. De telles associations peuvent être temporaires ou saisonnières, liées à la période de mise bas et de procréation

1

2

3

1. Le chevreuil porte des bois moins imposants que le cerf, mais avec de fortes rugosités. Plutôt monogame, alors que le cerf est polygame, le mâle est attiré par les petits cris que pousse la femelle en période de rut.

2. De quelques semaines à plusieurs mois, la durée de l'élevage des jeunes chez les mammifères peut atteindre jusqu'à sept ans chez le chimpanzé. Exemple, jeu, répression sont observables, mais aussi des soins attentifs, comme la sécurisation de ce jeune babouin.

3. Les oiseaux nourrissent leurs petits de différentes façons. Certains, tels ce gorge-bleue mâle, leur donnent la becquée. D'autres sécrètent un «caseum» que les petits vont prendre dans le jabot du père ou de la mère.

4. Chez les scorpions, après l'accouplement, le mâle est souvent dévoré par la femelle. Les embryons se développent dans le corps de la femelle mais les jeunes scorpions, à la naissance, doivent briser l'enveloppe qui les entoure avant de gagner le dos de leur mère.

4

comme chez les otaries et les éléphants de mer. Chez ceux-ci, lors de la migration, les mâles se battent pour conquérir le bord de mer, les plus faibles et les plus jeunes étant refoulés vers l'intérieur des terres. Les femelles arrivées plus tard choisissent les plus forts et les plus gros, formant ainsi les «harems» (de 50 à 80 individus) que nous avons évoqués précédemment. Le mâle tourne sans cesse autour des femelles, tentant de rassembler son lot, et accepte aussi, parfois, un jeune mâle pour l'aider dans sa tâche.

Enfin, les sociétés de singes présentent une grande variété et sont extrêmement compliquées. Les lémuriens ou «pré-singes» ne suivent, eux non plus, aucune règle, et l'on rencontre des couples territoriaux permanents à vie, des cas de polygamie et des groupes familiaux plus larges. Chez les gorilles, plusieurs mâles sont présents dans la troupe, mais un seul la domine. Les relations sexuelles, très rares, semblent respecter la hiérarchie. Chez les babouins, les immenses groupes subissent parfois les dominances collectives de deux ou trois mâles associés.

D'autre part, des hiérarchies existent entre mâles et entre femelles, mais ne sont pas la seule conséquence de la force, des menaces et des combats. Elles dépendent, curieusement et dans une large mesure, de la position sociale de la mère des intéressés, et non de celle du père. Cela vient sans doute du fait que le père n'a pas, avec les jeunes, les rapports personnalisés et permanents qu'a la mère avec eux. Chez les babouins, les rapports hiérarchiques gèrent l'accès aux femelles et surtout l'acceptation de celles-ci, mais sans toutefois aller jusqu'à une exclusivité des individus dominants. Les chimpanzés, eux, vivent en communautés libérales où les préférences individuelles ont libre cours. Les relations de dominance n'influencent pas clairement les relations sexuelles. Enfin, les orangs-outans mâles vivent à l'écart des femelles, à l'exception des moments d'accouplement, tandis que les gibbons sont monogames.

Quant à l'homme, il semble que ses sociétés présentent la particularité, unique dans le monde animal, de changer profondément de structure d'une population à l'autre, bien qu'appartenant toutes à la même espèce.

Des habitats aux formes variées

La plupart des animaux se protègent contre leurs ennemis en élaborant un abri. Ils savent aussi mettre leur progéniture dans des nids, afin de la soustraire aux prédateurs. Cette protection prend des formes très diverses, de la coquille des escargots ou des terriers des lapins aux cavernes des ours.

Le besoin de protection contre les prédateurs conduit de nombreux animaux à élaborer des constructions naturelles ou artificielles. Celles-ci ont pour effet de protéger leur organisme ou, plus souvent encore dans les espèces évoluées, leur progéniture. Il existe une véritable continuité dans ce domaine entre la présence d'un squelette externe résistant, constituant une véritable maison transportable, la construction d'abris provisoires temporaires ou permanents, et la construction de structures individuelles, de couples ou collectives, où l'on se réfugie et où l'on élève sa progéniture. Chez les espèces territoriales, il existe des relations étroites entre l'habitation et la répartition de l'espèce où elle se trouve.

CARAPACES ET COQUILLES

De la tortue à l'escargot, beaucoup d'animaux portent leur maison sur leur dos et s'y réfugient lorsque le danger s'approche. Mais il n'existe pas de véritable différence entre ces abris transportés et les squelettes externes ou cuirasses que possèdent d'autres animaux: les hannetons se protègent par leurs ailes externes, les crocodiles par leur cuir, et seuls les hérissons ou les échidnés font preuve, avec les oursins, d'une certaine originalité en adoptant la défense offensive. Les bivalves fixés, comme les moules et les huîtres, habitent des coquilles sédentaires et non plus des «caravanes» accompagnant leurs occupants. Bien que minérales, ces demeures sont fabriquées par les replis de leur manteau, un de leurs organes. Certains animaux utilisent des coquilles, mais sans les fabriquer eux-mêmes. Des vers marins habitent en parasites ou en commensaux dans des coquilles d'escargots ou d'autres mollusques. Les bernard-l'hermite récupèrent des coquilles abandonnées d'escargots marins; ils doivent en changer assez souvent pour en acquérir de plus grosses au fur et à mesure de leur croissance. Comme ils sont souvent très nombreux, la concurrence est vive et chacun s'accroche à sa coquille. En changer est une rude épreuve, et malheur à celui qui se retrouvera dehors, son ventre mou exposé parce qu'il n'aura pas pu entrer à temps dans sa nouvelle demeure!

Des larves d'insectes vivant dans les eaux douces fabriquent des sortes de coquilles artificielles, faites, selon les cas, de collages de brindilles de bois, de sable ou de très petits cailloux. Les plus connues sont celles de phryganes, que les pêcheurs recueillent sous le nom de porte-bois. Des vers marins fixés au fond pratiquent aussi ce genre de protection: ils fabriquent les tubes que l'on voit dépasser du sable, sur les plages, à marée basse. D'autres vers vivent dans des tubes calcaires ou cornés fabriqués par leurs propres sécrétions.

DES NIDS ET DES TERRIERS

La fabrication de nids ou de terriers pour la ponte ou l'élevage des jeunes est un usage des plus répandus dans la nature. On le trouve aussi bien chez des insectes ou des araignées que chez toutes les grandes catégories de vertébrés: poissons, amphibiens, reptiles, oiseaux et mammifères. Dans certains cas, le nid est simplement un endroit où l'on abandonne des œufs sans y habiter. C'est le cas des escargots ou des tortues de mer, qui creusent un trou, déposent les œufs, rebouchent et s'en vont. D'autres, comme les crocodiles, surveillent l'endroit jusqu'à l'éclosion des jeunes, même s'ils ne couvent pas.

Des poissons vont plus loin, en construisant des nids avec des débris de plantes, comme l'épinoche mâle de nos rivières, ou en surface de l'eau, avec des bulles, comme le combattant. Ces bons pères séduisent une femelle, récupèrent les œufs, puis la chassent et s'occupent avec zèle de leur descendance tant que les alevins issus des œufs ne se dis-

Différents types de nids existent. Certains sont construits à partir de végétaux variés, comme ces nids de cormorans pygmées. D'autres oiseaux creusent des terriers, utilisent des cavités naturelles ou des troncs d'arbres.

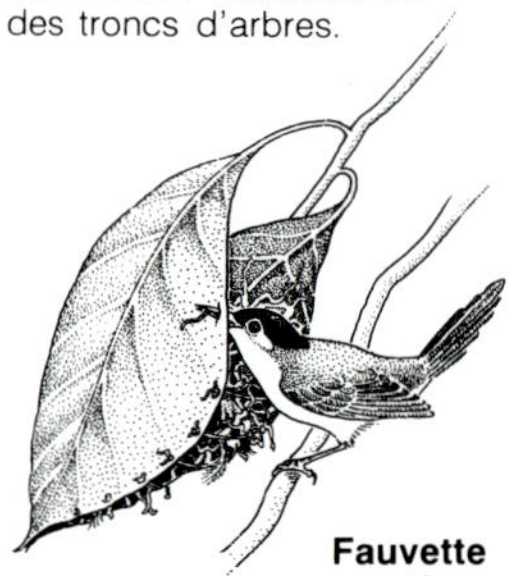

Fauvette couturière. Elle niche dans un cornet fait de deux feuilles cousues.

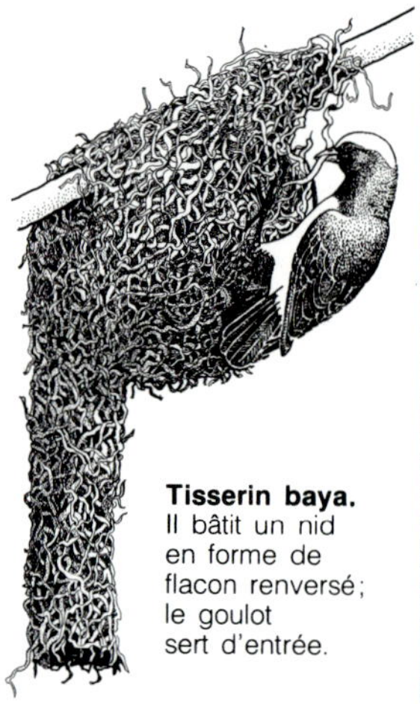

Tisserin baya. Il bâtit un nid en forme de flacon renversé; le goulot sert d'entrée.

Les grands gravelots sont des oiseaux qui ont la particularité de gratter le sol pour creuser une cuvette, qu'ils garnissent de coquillages entiers ou en morceaux, de petits cailloux ou de galets, avant d'y déposer leur ponte.

intempéries. Dans certains cas, le local est utilisé tel quel, sans aménagement, comme le font les rapaces nocturnes qui déposent leurs œufs à même le sol ou les poutres des greniers. Dans d'autres cas, les occupants reconstruisent ou meublent avec des matériaux divers. Plusieurs espèces ont pratiquement abandonné leurs habitats naturels pour nicher en milieu humain, généralement plus favorable. Il s'agit par exemple des martinets, qui trouvent plus d'abris dans les gratte-ciel que dans les falaises, des moineaux et des pigeons domestiques, mais aussi des goélands argentés qui ont, pour la plupart, abandonné la pauvreté des bords de mer pour la richesse de nos tas d'ordures !

Les habitats des mammifères peuvent être naturels, comme les cavernes des ours, ou aménagés, comme les terriers des rongeurs ou des carnivores. Les renards mettent bas dans des terriers, comme les blaireaux, qui reviennent chaque année au même endroit. Les lapins construisent de grands réseaux souterrains, comme les taupes, mais les font plutôt de manière collective, tandis que les petits insectivores aveugles sont plus individualistes.

Le collectivisme, en matière d'habitat, est très répandu dans la nature. Il peut s'agir des constructions communes à toute une ruche ou toute une fourmilière, ou bien simplement de la juxtaposition de nids voisins comme chez les corbeaux ou de nombreux oiseaux marins. Certains d'entre eux vont jusqu'à réutiliser collectivement des galeries de lapins, tels les macareux ou les puffins des Anglais. Les républicains sont plus courageux, puisqu'ils construisent collectivement des nids énormes, véritables H.L.M. dans lesquels chaque couple d'oiseaux dispose de son petit « studio » et se chamaille beaucoup avec les voisins.

Parfois les nids ont une fonction beaucoup plus passagère que temporaire. Ceux des chimpanzés, des gorilles ou des orangs-outans, sont, le plus souvent, de simples plates-formes de branches et feuillages sur lesquelles on peut s'installer, dans les arbres, pour passer la nuit en sécurité. Seuls les gros mâles, trop lourds et peu menacés, préfèrent habituellement dormir à terre.

Sommaires ou admirables, les habitats des animaux remplissent déjà beaucoup de fonctions principales de nos maisons : climatisation, protection des individus ou des jeunes contre les prédateurs ou les compétitions de la même espèce. Eléments de sécurité devenus éléments de rivalité, avec la rareté du territoire ou des matériaux, ils sont aussi des éléments stratégiques dans l'expression des comportements de prédation, de défense et d'agression.

persent pas trop. L'araignée argyronète fabrique sous l'eau un nid d'autant plus original que c'est un animal à respiration aérienne ! Le nid est constitué d'une toile dans laquelle sont descendues et coincées les bulles d'air qui permettront à notre plongeur et à sa descendance de survivre dans ce milieu hostile mais bien protégé de ses principaux ennemis (voir p. 84).

Les araignées terrestres construisent plusieurs types de nids, selon les espèces. Les plus simples sont des cocons de soie où sont disposés les œufs et que la mère promène sans cesse avec elle. Dans d'autres cas, il s'agit de toiles ou de cocons abandonnés. D'autres fois, le tout est disposé sous des écorces ou dans des terriers creusés à cet effet.

Les insectes et les crustacés sont souvent de grands constructeurs de terriers, parfois sophistiqués. Le plus souvent, cependant, il s'agit de simples trous, plus ou moins longs, permettant la retraite de l'occupant en cas de danger. Dans de nombreux cas, la présence de ces terriers est associée à des compétitions entre leurs propriétaires qui n'hésitent pas à se les dérober quand l'occupant est absent ou même à attaquer pour en déloger celui-ci. De tels combats sont fréquents entre les grillons mâles, qui y laissent souvent des pattes, ou entre les crabes violonistes des plages tropicales. Cependant, le propriétaire du terrier gagne plus souvent le combat qu'il ne le gagnerait si les forces respectives des adversaires étaient seules en cause.

Les oiseaux sont, bien sûr, les constructeurs de nids les plus connus, mais on ignore souvent la variété des matériaux qu'ils utilisent : pierres chez les manchots Adélie, branches mortes chez les pies ou les cormorans, herbes tressées chez les tisserins, lichens chez les mésanges à longue queue, et même parfois des toiles d'araignées... ou du fil de fer, comme pour certains pigeons des villes. Dans ce domaine, les installations humaines sont utilisées avec un grand opportunisme, qu'il s'agisse de nichoirs volontaires, de poteaux creux, de rebords de toits, de boîtes aux lettres, de greniers ou de tout autre espace, si possible confiné et abrité des prédateurs et des

⇧ **Les nids des tisserins,** oiseaux de la savane africaine, sont caractéristiques, l'accès se faisant par le dessous. Les termitières, les plus grands édifices construits par les animaux, peuvent atteindre 6 m de haut et 30 m de diamètre à la base.

La taille et la forme des toiles d'araignées ⇨ (ici, une ségestrie à l'affût à l'entrée de sa toile) varient suivant les espèces. La soie dont elles sont faites est produite par des glandes qui émettent un liquide visqueux qui sort de l'abdomen et se solidifie à l'air.

L'utilisation de l'outil

La faculté de prolonger son corps par un outil fait d'un objet prélevé dans l'environnement est apparue fréquemment au cours de l'évolution.

Quelques insectes, comme certaines guêpes solitaires, utilisent un caillou pour damer la terre de leur terrier. Chez les oiseaux, la sittelle américaine ramasse à terre des morceaux d'écorce de pin qu'elle utilise comme levier pour soulever d'autres écailles des troncs. Le pinson pic des îles Galapagos creuse, avec son bec, des trous dans les troncs d'arbres, où vivent les insectes dont il se nourrit. Il va ensuite couper de longues épines sur les cactus et les introduit dans les trous pour en déloger les insectes. Chez les mammifères, les chimpanzés sauvages utilisent baguettes et brindilles ramassées à terre ou coupées et effeuillées qu'ils introduisent délicatement à la main dans des termitières et lèchent lorsqu'elles sont couvertes d'insectes.

De l'inné à l'acquis

La plupart des animaux inférieurs sont des robots, qui n'agissent qu'en fonction d'instincts stéréotypés, qui commandent toujours les mêmes réflexes, déclenchés par des stimuli externes ou internes. Cependant, à partir des oiseaux, on voit apparaître les premiers apprentissages, qui se développeront plus encore avec les mammifères: l'acquis va, peu à peu, compléter l'inné.

Le nombre de petits par portée varie chez les mammifères. Si les éléphants ou les singes n'en ont généralement qu'un, certains rongeurs, comme le hamster, peuvent donner le jour à près de vingt petits en une portée. Ici, une truie allaitant ses petits.

Lors de la fécondation, les cellules sexuelles se reconnaissent par un ensemble de messages chimiques et physiques au niveau des membranes. Ces mécanismes permettent aux cellules de s'identifier entre elles, évitant des cellules de types inadéquats ou génétiquement anormales. Le codage génétique de ces phénomènes de reconnaissance est très probable et parfois connu.

Les nombreux cas d'invariance des comportements sexuels des individus d'une même espèce suggèrent aussi un codage génétique. En effet, ces comportements, déclenchés par un ou plusieurs éléments du milieu extérieur (partenaire, odeur, lumière, température), sont en général très stéréotypés. Le déroulement en est programmé, invariable, sans correction possible en cas de perturbation. On peut le comparer à d'autres comportements stéréotypés, comme celui d'une araignée qui est incapable de terminer une toile qu'elle n'a pas commencée depuis le début. Elle agit en automate programmé pour une tâche comprenant un commencement et une fin. Si le milieu, pour une raison quelconque, ne permet pas de réaliser le comportement, celui-ci échoue.

Ces comportements, standardisés, n'admettent aucune improvisation individuelle au sein d'une espèce. Les petits moucherons carnivores, qui offrent à leurs femelles des proies emballées dans un cocon de soie qu'ils ont fabriqué, en sont un exemple. Ceux qui offrent des proies emballées, ceux qui offrent des cocons vides et ceux qui offrent quelque chose ressemblant à un cocon appartiennent à des espèces différentes. Un mâle de l'espèce qui offre des proies emballées n'offre jamais un cocon vide ou un leurre, et réciproquement.

DES «AUTOMATES» GÉNÉTIQUES

L'invariabilité des comportements stéréotypés au sein d'une espèce est une bonne présomption de leur détermination génétique. Mais le comportement étant un ensemble d'événements compliqués depuis son déclenchement jusqu'à la réalisation des actes de l'animal, ce processus ne peut pas être commandé de façon simple par un petit nombre de gènes. A ce stade, ces gènes deviennent difficilement identifiables par leurs effets. Malgré cela, et grâce à de multiples preuves indirectes, on peut qualifier d'«automates» génétiques les animaux dont les comportements sont codés génétiquement, qu'il s'agisse de protistes, de crustacés, d'insectes, de poissons, de reptiles, d'amphibiens ou même de certains oiseaux. Les individus de ces espèces n'apprennent pas leurs comportements, ni par l'intermédiaire de congénères, ni par une mémorisation d'expériences propres à chacun d'eux.

Il faut toutefois souligner qu'il existe des différences dans l'intensité des réactions des individus. Certaines épinoches mâles sont plus agressives que d'autres, la pariade de tel poisson ou de tel oiseau peut comporter des mouvements plus amples que ceux d'un autre. Mais des expériences ont montré que l'intensité des réponses est, elle-même, sous contrôle génétique. D'autre part, certains comportements saisonniers peuvent être programmés dans le temps, simultanément par l'action du milieu extérieur et du patrimoine génétique. Des expériences remarquables ont montré que les yeux des canards percevaient l'allongement des jours qui, par l'intermédiaire du cerveau, augmente la concentration en hormone mâle du sang. Cette augmentation entraîne la reprise d'activité des testicules, qui déclenche les comportements agressifs et territoriaux.

LES OISEAUX: UN GROUPE CHARNIÈRE

La frontière entre les automates génétiques et les animaux supérieurs n'est pas nette. Toute une gamme d'individus intermédiaires existe, pouvant choisir des options dans le comportement ou stocker des informations en une mémoire plus ou moins développée. Les oiseaux constituent un groupe charnière, car chez eux commencent, avec les soins durables aux jeunes, les possibilités d'apprentissage. Certains jeunes oiseaux apprennent à voler ou à se nourrir au contact de leurs parents. Cet apprentissage est nécessaire, bien que les séquences motrices de ces comportements soient certainement innées et codées génétiquement. Des expériences d'isolement des jeunes pendant leur croissance ont montré que, chez

L'indétermination de l'enfant

Chez les animaux qui le pratiquent, l'apprentissage *se fait par le jeu et par l'invitation gestuelle des parents. Chez l'homme, l'absence ou l'oubli de l'automatisme dans les comportements permet, au cours d'une éducation deux à trois fois plus longue que celle des autres espèces évoluées, d'anticiper les événements et de prévoir les conséquences des actes.*

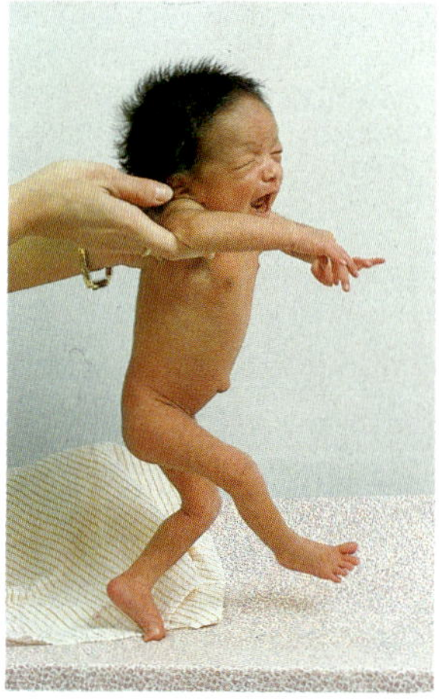

S'il n'est pas aveugle comme les chatons ou certains oisillons, le nouveau-né humain présente presque tous les caractères de la prématurité. Il est, de beaucoup, celui dont les talents mettent le plus de temps à se manifester. Ses connaissances innées se limitent à bien peu de chose, et il trouve encore le moyen d'oublier assez rapidement les réflexes de marche et de nage automatiques qu'il possède les premiers jours de son existence. Il devra donc presque tout apprendre, tant sur le plan moteur que sur le plan culturel. Il possède la caractéristique d'être, au départ, totalement indéterminé. Si certaines attitudes ou expressions, d'ailleurs partagées avec les grands singes, semblent être codées génétiquement, c'est pour beaucoup par l'essentiel de son activité que l'enfant, puis l'adulte, apprend, sous le contrôle toutefois de ses caractéristiques physiologiques (en particulier de ses hormones). Cela dit, le moins doué des animaux, au départ, a acquis, dès l'âge de deux ans, des capacités intellectuelles qui dépassent largement celles de n'importe quelle autre espèce à l'âge adulte.

La plupart des oiseaux nidicoles naissent nus, aveugles et restent au nid, comme la guifette. Les nidifuges se déplacent et quittent le nid dès la sortie de l'œuf.

certaines espèces, le chant est appris. Les oiseaux, s'ils sont donc capables d'apprendre des comportements de leurs parents et des autres membres de leur espèce, peuvent aussi apprendre à exploiter des modifications de leur milieu et même inventer. L'exemple des mésanges bleues d'Angleterre qui se sont mises à percer les capsules des bouteilles de lait pour en extraire la crème est bien connu. D'autre part, la mésange qui découvre une source importante de graines ou de gras dans un jardin émet un appel qui déclenche l'arrivée des autres, permettant ainsi la diffusion de telles informations. L'apprentissage consiste donc essentiellement à recevoir une information, à la stocker, et à la réutiliser ultérieurement. Des êtres simples sont susceptibles de répondre, au moins statistiquement, à des conditionnements, tels certains invertébrés, ou les poissons des aquariums, qui peuvent associer la faim, l'endroit où la satisfaire et un mouvement extérieur. Ceci n'est pas inné, mais a été mémorisé. Il faut cependant insister sur le fait que ces conditionnements consistent à enregistrer un stimulus et à le retenir comme déclencheur de comportement. On ne doit pas considérer cela comme un apprentissage, au même titre que ceux qui interviennent durant l'élevage des jeunes mammifères.

Un autre phénomène important est l'empreinte qui a été découverte chez les oiseaux. Si, pendant les premiers jours de leur vie, on ne présente à des poussins mâles que des leurres grossiers ressemblant à peine à des volailles, les mâles tenteront, à maturité sexuelle, de s'y accoupler, se désintéressant des poules. Ceci prouve que certains oiseaux, définitivement sortis du monde des automates génétiques, sont capables de déterminer leur objectif sexuel sur des bases autres qu'un codage génétique. D'autre part, les jeunes oiseaux dépendent étroitement de leurs parents pour leur protection et leur alimentation, contrairement à presque tous les poissons, amphibiens et reptiles. Cette cohabitation, limitée dans le temps, fournit néanmoins l'occasion de certains apprentissages.

UN APPRENTISSAGE PLUS LONG

Chez les mammifères, la durée de l'apprentissage est souvent beaucoup plus longue. L'allaitement s'accompagne d'un contact corporel plus étroit et d'une vie commune avec la mère. Si des comportements innés, stéréotypés, subsistent chez les mammifères les plus primitifs, les possibilités d'apprentissage s'accroissent avec la durée de l'élevage des jeunes. La transmission des connaissances, ainsi assurée, permet une continuité des comportements d'une génération à l'autre. Chez les automates génétiques, l'innovation ne peut survenir que par mutation ou recombinaison génétique. Elle ne peut se diffuser que par un processus de sélection naturelle très lent et incertain, et ne dure souvent que le temps d'une génération.

L'innovation transmise aux jeunes explique que les comportements des mammifères aient pu évoluer beaucoup plus vite et plus loin que ceux des autres espèces. Là où il faut des centaines de générations de sélection naturelle pour généraliser un comportement nouveau chez une espèce d'automates génétiques, il suffit parfois d'une génération ou moins pour produire un résultat comparable chez un mammifère. En contrepartie, une longue période d'apprentissage et d'actes exploratoires est nécessaire aux jeunes. Enfin, la différence essentielle entre l'homme et les animaux supérieurs n'est pas une question de caractéristiques qualitatives comme celles qui séparent les automates génétiques des animaux supérieurs. Elle vient de la quantité d'options possibles dans les comportements, de performances, très supérieures, en capacité et durée de stockage, de sa mémoire et des performances très supérieures de son cerveau associatif.

SOPHIE MAILLACH ET ANDRÉ LANGANEY

L'éléphant des savanes africaines est le plus gros mammifère terrestre actuel: il peut atteindre 3,70 m au garrot et peser jusqu'à 6 t.

CHAPITRE 16

Le propre de l'homme

La bipédie et la station debout

La station debout et la bipédie ont été pour les premiers hommes des atouts considérables, leur permettant de mieux voir l'ennemi et la proie, et d'avoir les mains libres. Ils ont pu ainsi survivre en s'adaptant à un milieu qui changeait.

Les modes de déplacement des primates actuels sont complexes et très variés. Des classifications en ont été proposées par de nombreux scientifiques et, bien qu'ils ne soient pas tous d'accord, on reconnaît généralement les types suivants : des sauteurs verticaux, des quadrupèdes, des brachiateurs et des bipèdes.

Chez les sauteurs verticaux, comme les lémurs malgaches, le corps est pratiquement toujours vertical. L'animal est agrippé au tronc et aux branches par les mains et par les pieds.

Dans la quadrupédie, l'animal se déplace sur les quatre membres, soit au sol, soit dans les arbres, et les adaptations sont alors très différentes. On reconnaît des grimpeurs lents, comme le loris, des grimpeurs-coureurs (c'est le cas de la plupart des singes sud-américains), des marcheurs terrestres, comme le babouin.

La brachiation est un mode de locomotion très spécialisé. Elle consiste en un déplacement acrobatique dans les arbres à l'aide exclusive des membres supérieurs. Seuls les gibbons et le siamang se déplacent fréquemment de cette manière. Cependant, certains singes sud-américains, comme les atèles, pratiquent une brachiation modifiée et utilisent leur queue comme cinquième membre.

Certains grands singes, comme le chimpanzé ou le gorille, ont développé au sol un mode de locomotion tout à fait particulier et que l'on appelle *knuckle-walking*. Il s'agit d'une marche sur les quatre membres, les bras s'appuyant sur l'articulation des phalanges antérieures repliées. Dans les arbres, ils grimpent ou se suspendent, mais ne pratiquent pas la brachiation caractéristique, principalement en raison de leur poids, qui peut atteindre plus de 180 kg chez le gorille mâle adulte.

Dans la bipédie enfin, le corps est supporté exclusivement par ses membres inférieurs et le déplacement s'effectue alternativement d'un pied sur l'autre avec balancement du corps.

L'homme est le mammifère qui a le mieux réalisé cette adaptation, mais d'autres primates peuvent occasionnellement se déplacer ainsi sur de courtes distances (gibbons et chimpanzés, en particulier).

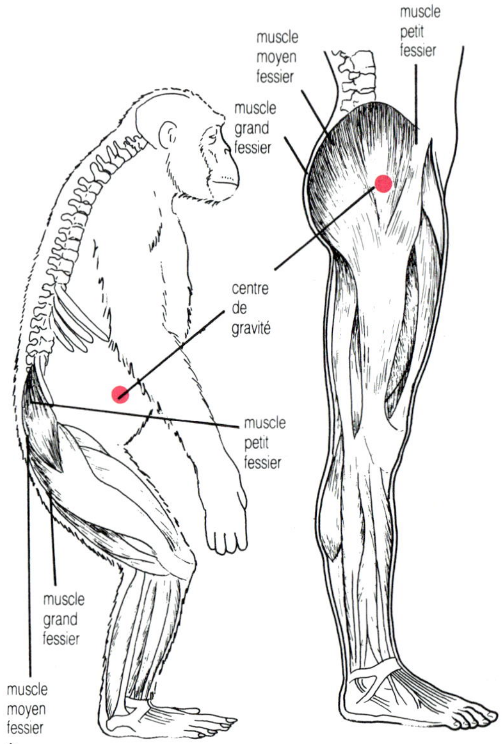

Membres inférieurs du chimpanzé et de l'homme. La forme élargie du bassin permet aux viscères d'être maintenus lors de la marche bipède et offre une meilleure surface d'insertion aux muscles stabilisateurs du membre inférieur : ainsi les muscles fessiers de l'homme sont mieux développés.

Certains singes, tel ce chimpanzé, ont développé au sol un mode de locomotion particulier appelé *knuckle-walking* : il s'agit d'une marche sur l'articulation des phalanges antérieures repliées.

DES SINGES A L'HOMME

Chaque animal adapté à un mode de déplacement particulier présente des modifications du squelette et des muscles qui lui sont propres. Ainsi, un membre de babouin (marcheur quadrupède) est très différent de celui d'un gibbon (brachiateur). Chez l'homme, l'acquisition de la bipédie et de la station verticale a entraîné une série de modifications anatomiques affectant la tête, la colonne vertébrale et les membres.

La première différence visible entre un homme et un singe est la longueur importante des membres inférieurs chez l'humain. Sur le crâne, le trou occipital, qui permet le passage de la moelle épinière, est horizontal et placé en position médiane chez l'homme. La tête est bien stabilisée. Chez le singe, ce trou, oblique, est situé à l'arrière du crâne.

La colonne vertébrale, axe vertical, soutient le corps, mais permet aussi à ce dernier de bouger grâce aux vertèbres articulées entre elles et séparées par des disques intervertébraux souples qui améliorent la flexibilité. On peut la comparer à un ressort élastique relâché. Elle présente quatre courbures compensatrices : une cervicale à concavité postérieure, une dorsale convexe vers l'arrière, une courbure lombaire également à concavité postérieure, et enfin une courbure sacrée. A la jonction des colonnes lombaire et sacrée, on observe une brusque angulation : le promontoire qui supporte tout le poids de la partie supérieure du corps.

Le bassin est également modifié : en forme de corbeille chez l'homme, il est long et étroit chez les grands singes. Sa forme élargie permet aux viscères d'être maintenus et offre une meilleure surface d'insertion aux muscles stabilisateurs du membre inférieur. Les muscles fessiers, et spécialement le grand fessier, sont beaucoup mieux développés chez l'homme. Lors de la marche bipède, la totalité du poids corporel est transmise alternativement d'une jambe à l'autre. A chaque pas, il faut donc éviter la chute du corps : il en résulte un balancement du bassin. Les pieds pouvant être rapprochés de l'axe du corps, ce balancement est faible. Chez les grands singes, il n'y a pas de balancement d'un pied sur l'autre lors de la marche typique du *knuckle-walker*. Mais lorsqu'ils se déplacent sur les deux membres inférieurs, les deux pieds étant très éloignés de l'axe du corps, le balancement est beaucoup plus important, et il en résulte une démarche chaloupée caractéristique.

Le fémur est également modifié : il est plutôt court, robuste, rectiligne chez le grand singe, alors qu'il est allongé, plus grêle et orienté en oblique vers le bas et l'intérieur chez l'homme. Ce rétrécissement au niveau des genoux amène les articulations du bassin et du genou presque dans l'alignement, et les deux pieds de l'homme peuvent être rapprochés jusqu'à se toucher.

La position du centre de gravité du corps est un autre caractère à considérer lorsqu'on parle de bipédie. Chez le chimpanzé, il est situé assez haut, car le maximum de poids se trouve dans la partie supérieure du corps. Chez l'homme, sa position est plus basse, car le poids du corps est plus important dans les membres inférieurs. Cette position confère une plus grande stabilité lors de la marche.

Le pied supportant la totalité du poids du corps présente des modifications non négligeables : le premier doigt est large et robuste, parallèle aux autres orteils ; la voûte plantaire présente deux courbures. Lors du déplacement, le poids est transmis du talon au premier doigt par le premier métatarsien, au lieu de porter complètement sur la face externe du pied comme chez les grands singes. Par ailleurs, le gros orteil est écarté du reste du pied chez les chimpanzés et ce dernier constitue une véritable pince permettant à l'animal de s'accrocher dans les arbres. Le pied humain représente une plate-forme stable.

Tous ces caractères confèrent à l'homme son originalité de bipède permanent.

COMMENT MARCHAIENT LES PREMIERS HOMMES

Chez les fossiles, le mode de locomotion peut être reconstitué grâce aux éléments du squelette qui restent conservés. La comparaison de ces os fossiles avec certains animaux actuels nous permet d'imaginer le mode de déplacement. Par ailleurs, les insertions des muscles laissant des traces sur les os nous permettent en quelque sorte de « rhabiller » l'os de ses muscles et ensuite de reconstituer l'animal, et donc certains de ses mouvements.

Les plus anciennes traces de bipédie nous ont été révélées chez les australopithèques, premiers hominidés véritables, qui ont peuplé l'Afrique entre 3,5 et 1 million d'années. Leur bassin a une forme de corbeille très nette rappelant la forme humaine ; leur fémur présente l'obliquité caractéristique des bipèdes. Leur crâne, cependant, montre un trou occipital qui n'est pas encore parfaitement central, mais nettement déplacé en position inférieure. Même si ces individus sont bipèdes, ils ne semblent pas l'être parfaitement. Ainsi les orteils présentent des courbures plus importantes que chez l'homme et sont également plus longs. Les articulations du membre inférieur sont un peu moins bien stabilisées que celles de l'homme moderne. Par ailleurs, les articulations du membre supérieur montrent une adaptation certaine au grimper. Bipèdes, certes, les australopithèques n'étaient cependant pas libérés totalement du milieu arboricole.

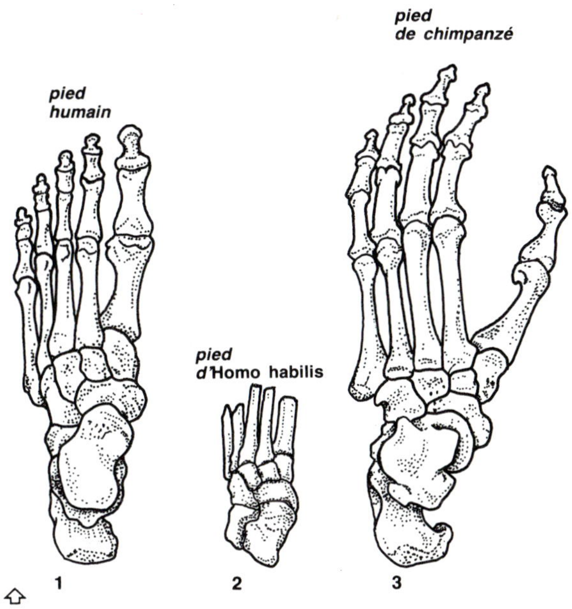

Bipédie des hominidés anciens : pied humain (**1**), pied de chimpanzé (**3**) et pied d'*Homo habilis* d'Olduvai en Tanzanie (**2**). On remarque chez ce dernier que le gros orteil est collé aux autres doigts, et que les os du tarse et du métatarse sont plus proches de ceux de l'homme que du singe. A droite, Mary Leakey et les traces de pas de Laetoli (Tanzanie).

Coureur de marathon. L'homme est le primate qui a le mieux réalisé son adaptation à la bipédie.

Les tout premiers indices de la bipédie ne sont cependant pas des restes osseux, mais des traces imprimées dans le sol. C'est en 1976 que Mary Leakey mettait au jour dans le gisement de Laetoli (Tanzanie), daté de 3,8 millions d'années, une série de traces de pas animales, parmi lesquelles figuraient quelques empreintes humaines. Celles-ci ont révélé que le gros orteil était collé aux autres doigts de pied et que la voûte plantaire à double courbure était présente. On a pu reconstituer le chemin que ce premier être humain a parcouru et saisir quelques instants de sa vie.

Les premiers *Homo habilis*, premiers représentants du genre auquel nous appartenons, montrent tous les caractères d'une bonne bipédie : pied de type humain, articulation du genou proche de la nôtre, par exemple. Ses successeurs, *Homo erectus* et *Homo sapiens*, seront également de bons bipèdes, comme le prouvent les restes crâniens et postcrâniens.

POURQUOI LA BIPÉDIE ?

Il est bien difficile de répondre à une telle question. Cependant, on peut apporter quelques faits. Au moment où apparaissent les australopithèques, on constate que le milieu, qui jusque-là avait été relativement boisé, va s'éclaircir. Une nouvelle forme de végétation fait son apparition : la savane. La forêt se clairsème : le milieu devient plus découvert, donc plus dangereux. C'est à ce moment que le cerveau des primates s'élargit. Il y a donc corrélation : apparition d'individus à cerveau plus grand, se déplaçant sur deux jambes, et présence d'un milieu plus ouvert.

Nous ne pouvons pas affirmer que l'apparition de la savane est la cause du changement, mais il y a une relation certaine. L'homme a-t-il besoin de se redresser pour mieux s'orienter dans les herbes hautes ? Son cerveau est-il plus sollicité ?

BRIGITTE SENUT

La tête et les mains

Des muscles masticateurs qui se réduisent, une augmentation du volume cérébral, des mouvements de main qui s'affinent, l'acquisition de la bipédie, le passage de la forêt à la savane et le changement de régime alimentaire, autant de faits liés entre eux et qui ont contribué à l'hominisation.

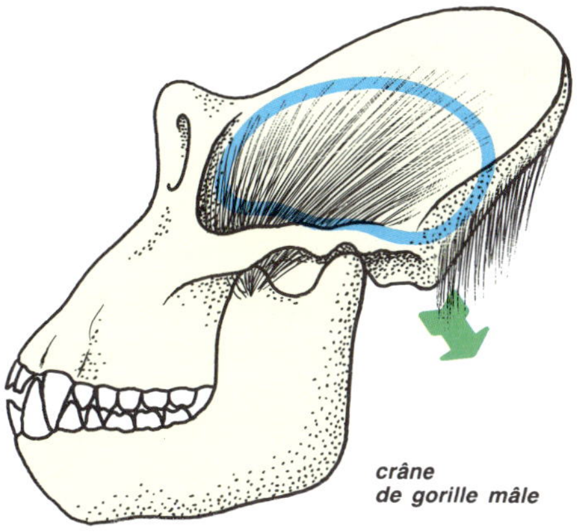
crâne de gorille mâle

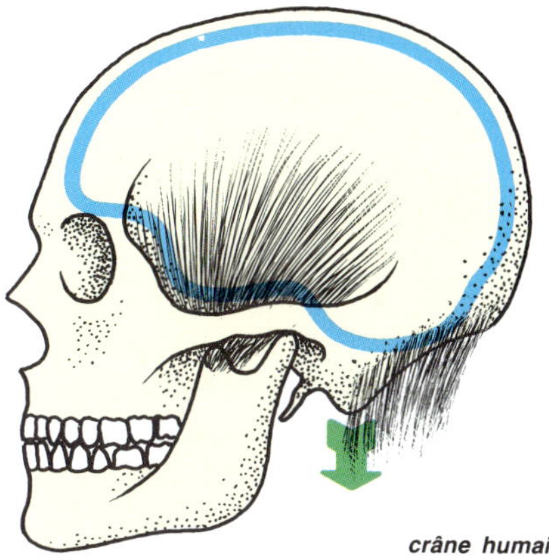
crâne humain

Le crâne humain (ci-dessus, à droite) se distingue de celui du gorille (à gauche) par le plus grand volume cérébral (en bleu), la moindre étendue des muscles masticateurs (en rouge), l'orientation du trou occipital, liée à la station debout (flèche verte). Ci-dessous, illustration du dimorphisme sexuel chez le gorille : le mâle (de profil), plus grand, possède une crête osseuse sur le sommet du crâne, et de plus fortes canines.

On décompose le crâne des mammifères en deux parties : le crâne cérébral, qui enferme les centres nerveux supérieurs, cerveau et cervelet, et le crâne facial, composé principalement des mâchoires, des cavités nasales et des orbites. Les variations relatives de volume de ces composants reflètent l'adaptation de l'animal à son mode de vie.

Chez les primates inférieurs, comme les lémuriens, l'odorat, dont la finesse tient au grand développement de la muqueuse nasale, joue un rôle capital : leur nez en museau ressemble à celui d'un chien. Chez les singes, ce sens est relayé par la vision : les orbites se placent dans un plan frontal, permettant la restitution du relief sur la plus grande partie du champ visuel. Le museau est très effacé, sinon absent. Chez certains singes, et en particulier chez les grands singes africains, gorille et chimpanzé, les orbites sont surmontées d'une sorte de visière dont la fonction précise est inconnue. Elle sert peut-être à la protection des orbites et au renforcement de l'architecture crânienne. Les mâchoires font largement saillie en avant du crâne : c'est le prognathisme. Les dents sont robustes, les canines toujours beaucoup plus grosses que les autres dents. Les grands singes ont des incisives élargies, adaptées à la saisie des feuilles et des fruits, de sorte que les dents broyeuses, prémolaires et molaires, se disposent en deux rangées parallèles en U, et non plus en V comme chez la plupart des mammifères. La mâchoire inférieure est actionnée par des muscles puissants (temporaux et masséters). Les muscles temporaux s'insèrent sur toute la paroi latérale de la boîte crânienne. Le droit et le gauche se rejoignent souvent sur le sommet du crâne et peuvent y induire la formation d'une crête osseuse verticale, seul moyen d'augmenter la surface d'insertion. Une crête semblable peut se former transversalement au-dessus de l'occipital, résultat de l'affrontement des muscles temporaux et nucaux. Ces derniers, qui relient la tête à la colonne vertébrale, à la clavicule et à l'omoplate, sont très développés chez les grands singes, non pas tant, comme on le croit souvent, parce qu'ils doivent maintenir la tête en équilibre sur l'axe vertébral, mais parce qu'ils contribuent à consolider la ceinture scapulaire, qui supporte les plus fortes contraintes dans la locomotion aérienne, et même quadrupède. Renforcé par ces superstructures, le crâne du gorille mâle s'accorde avec la réputation de férocité qu'avait ce paisible animal.

On imagine volontiers le cerveau du singe prisonnier de ces masses musculaires, dont la réduction aurait permis son épanouissement. C'est cependant avoir là une conception bien mécaniste, même si elle est parfois poétique, de l'évolution. En réalité, bien des singes ont une musculature crânienne moins puissante que le gorille, qui est pourtant l'un des primates dont le cerveau est le plus volumineux. D'un point de vue mécanique, le crâne cérébral est donc largement indépendant de la musculature masticatrice.

LE CRÂNE HUMAIN

Plaçons côte à côte un crâne humain et un crâne de chimpanzé, son plus proche parent — à défaut de pouvoir disposer du crâne de leur ancêtre commun. L'homme ne descend pas du chimpanzé, même si ce dernier est moins évolué, au moins dans son anatomie crânienne. La différence la plus immédiate réside dans les changements de proportion des deux composants du crâne.

La face humaine est de dimensions très réduites et vient se loger, non plus en avant, mais sous le crâne cérébral. Le bourrelet sus-orbitaire a disparu, mais les os du nez font maintenant saillie. En revanche, les mâchoires ont régressé et ne se projettent pas en avant ; le bord antérieur de la mâchoire

crâne de gorille femelle

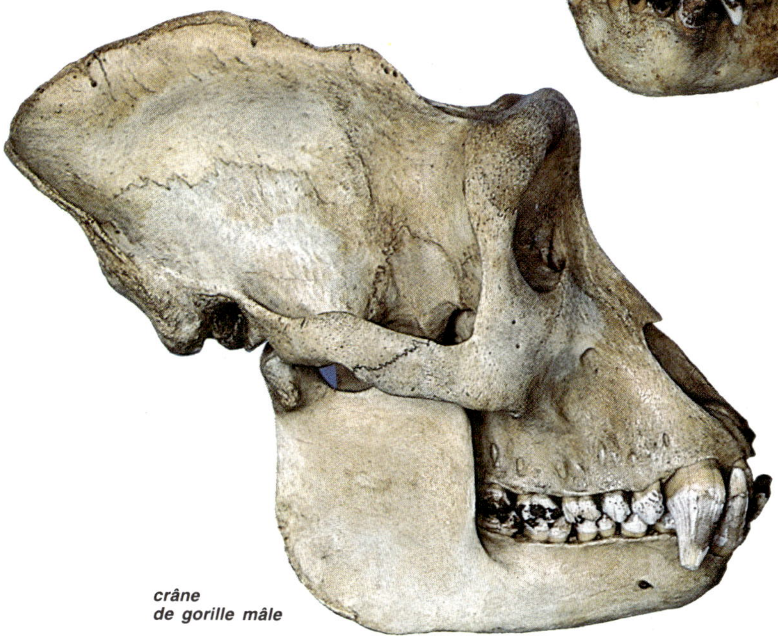
crâne de gorille mâle

⇦ **Un mandrill mâle,** singe terrestre des forêts humides d'Afrique de l'Ouest, exhibe ses impressionnantes canines, dont le rôle est à la fois alimentaire et social.

Cromwell possédait un cerveau énorme, presque double de celui d'Anatole France, par exemple, mais peut-on dire qu'il était deux fois plus intelligent? L'intelligence n'est pas liée au volume cérébral.

inférieure n'est pas fuyant vers l'arrière, mais s'est redressé pour former un menton.

Le nombre et la forme générale des dents sont les mêmes, mais leur taille a diminué. L'arcade dentaire est parabolique, en raison de la petitesse des incisives, insérées verticalement, et surtout des canines, qui dépassent à peine le niveau des autres dents. Les espaces entre certaines dents, qui permettaient de loger chez le singe la pointe des fortes canines de la mâchoire opposée se sont comblés: toutes les dents sont contiguës. La première prémolaire inférieure, étroite, allongée et pointue chez le chimpanzé, ressemble beaucoup plus, chez l'homme, à la deuxième prémolaire: c'est donc une dent tout à fait broyeuse. Les molaires, à part la taille, ne se distinguent guère que par des détails, d'ailleurs inconstants, de la disposition des tubercules, et par la forte épaisseur de l'émail chez l'homme.

Les muscles temporaux s'étendent moins sur la boîte crânienne: ils ne se rejoignent jamais au sommet. Leur action est néanmoins facilitée par une disposition plus efficace des leviers, liée au recul des mâchoires. De même, on note la disjonction entre le muscle temporal et les muscles nucaux, qui peuvent se consacrer davantage aux mouvements de la tête.

La boîte crânienne est trois ou quatre fois plus grosse et constitue maintenant l'essentiel du crâne osseux. L'augmentation de volume du cerveau s'accompagne d'un changement de forme. La surface du cortex cérébral, siège, entre autres, des facultés d'intégration, s'accroît; les replis s'accentuent, s'approfondissent, se ramifient. On note aussi un changement dans l'importance relative des lobes (frontal, pariétal, temporal, occipital). Les centres optiques, localisés en surface chez le singe, passent en profondeur chez l'homme, réduisant ainsi l'extension du lobe occipital. Le lobe pariétal s'étend transversalement, élargissant le crâne à son niveau. Il en résulte une forme différente de l'os correspondant. Alors que les parois du crâne du singe, vues de l'arrière, convergent vers le haut (forme dite «en tente»), celles du crâne de l'homme sont d'abord parallèles, ou même un peu divergentes, jusqu'au niveau des «bosses pariétales», avant de se rejoindre au sommet (forme dite «en maison»).

Le lobe frontal est peut-être celui dont l'expansion est la plus significative: c'est en effet le siège des fonctions d'association, et on peut admettre que son développement est grossièrement parallèle à celui de l'intelligence. Tout se passe comme si le cerveau s'était déployé en tous sens autour d'un point situé au voisinage de l'hypophyse. En avant, il vient presque combler la constriction postorbitaire livrant passage au muscle temporal, et se développer en hauteur au-dessus des orbites: le front n'est plus fuyant vers l'arrière, mais vertical. Dans la région postérieure, on observe une réduction et un basculement de la zone d'insertion des muscles nucaux, dont la limite supérieure migre vers le bas. Le trou occipital, par où l'axe nerveux pénètre dans la cavité cérébrale, regardait vers l'arrière chez les singes, conséquence de leur posture quadrupède. Chez l'homme, il s'ouvre directement sous le crâne, conséquence de la bipédie; il a donc suivi le même mouvement de translation que le reste de la région occipitale, dont les changements ont précédé, dans l'évolution humaine, ceux portant sur les régions frontale et pariétale.

LE CERVEAU DES HOMMES FOSSILES

Ces modifications extérieures de la boîte crânienne ne donnent qu'une image très incomplète de celles subies par son contenu. Hélas! le cerveau lui-même ne se fossilise jamais, et le paléoanthropologue en est donc réduit à étudier l'emplacement qu'il occupait.

La voie la plus simple consiste à mesurer et à calculer le volume de l'endocrâne (supérieur de 10 à 20 p. 100, en raison de l'existence des méninges, à celui du cerveau proprement dit). Les valeurs moyennes sont d'environ 400 cm^3 chez le chimpanzé et l'orang-outan, 500 chez le gorille et les australopithèques, 700 chez *Homo habilis*, 920 (800 à 1 100) chez *Homo erectus*, 1 400 (1 000 à 2 000) chez *Homo sapiens*. Ces valeurs doivent évidemment être rapportées au poids du corps, mais la relation n'est pas simple. Si un gorille pèse environ dix fois plus que les plus petits australopithèques, il ne faut pas s'attendre non plus à ce qu'il ait un cerveau dix fois plus lourd, celui-ci étant toujours proportionnellement plus gros chez les petits animaux. Même en tenant compte du principe qui veut que tous les organes ne croissent pas au même rythme, le cerveau de tous les hominidés est plus gros que celui de n'importe quel singe.

Ces valeurs montrent cependant que le prétendu «Rubicon cérébral», seuil de l'hominisation, qu'on fixait autour de 750 cm^3, n'existe pas, puisqu'aucun des australopithèques, pourtant bien humains, ni même *Homo habilis*, n'atteignent cette valeur. L'augmentation du volume cérébral, sans doute à peu près parallèle à celle de l'intelligence, semble s'être déroulée progressivement.

Si on veut aller plus loin et suivre l'évolution des principales fonctions cérébrales, il faut pouvoir reconnaître les diverses aires de circonvolutions. A cet effet, on peut réaliser des moulages endocrâniens artificiels restituant la morphologie de l'ensemble cerveau et méninges. Le modelé de surface du volume ainsi obtenu est malheureusement très indistinct, et seuls quelques-uns des principaux sillons peuvent être reconnus. On suit en revanche assez bien le tracé des vaisseaux méningés irriguant le cortex. On observe que ceux-ci se ramifient considérablement, surtout vers l'arrière du lobe frontal (branche antérieure de l'artère méningée moyenne), où se situent, entre autres, les centres moteurs de la main, dont le rôle est maintenant essentiel.

LA MAIN

Chez tous les primates non humains, la main est utilisée pour le déplacement. Elle permet aux lémurs et au tarsier de s'agripper aux branches, à l'atèle et au gibbon de s'y suspendre, mais elle sert le plus souvent dans la locomotion quadrupède chez presque tous les *Haplorhini,* y compris les grands singes. Comme chez la plupart des mammifères, les mâchoires jouent encore un rôle dans la préhension. Le pouce, toujours beaucoup plus petit que chez l'homme, surtout chez les espèces brachiatrices, est incapable de mouvements aussi précis que le nôtre. Bien des singes ne peuvent saisir un objet entre le pouce et l'index, et aucun ne parvient à l'opposer aux quatre autres doigts pour former la puissante pince propre à l'homme. La finesse des mouvements de la main et des doigts humains est bien illustrée par l'étendue des aires du cerveau associées, qui sont aussi vastes que celles correspondant au reste du corps, tête exceptée.

La relation entre perfectionnement de la main et apparition de l'outil ne fait pas de doute. Le chimpanzé serait anatomiquement incapable de tailler et d'utiliser, comme l'homme, un éclat de pierre ne dépassant souvent pas 2 ou 3 cm. On constate en effet que, dès qu'apparaît l'outil, la main est tout à fait moderne (comme à Laetoli). Les recherches dans ce domaine sont très difficiles, les mains relativement complètes (la main est constituée de 27 petits os) étant, bien sûr, très rares.

1

2

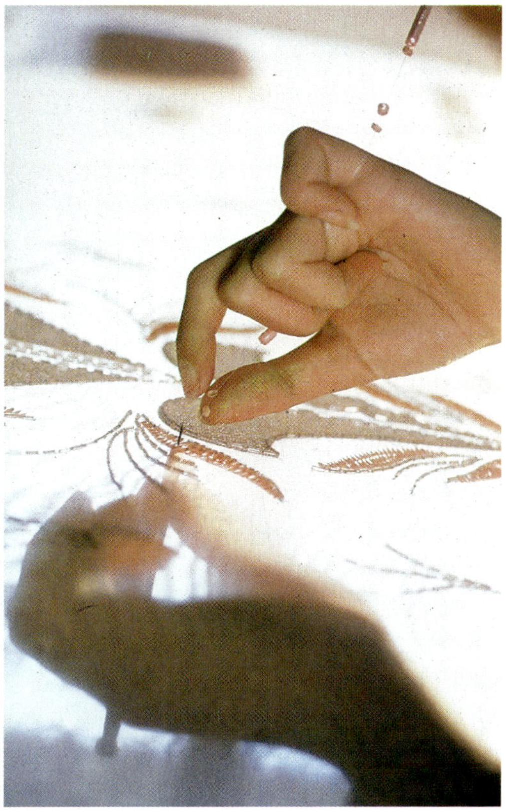

La main du chimpanzé, avec son pouce réduit (**1**), est d'abord adaptée à la suspension et n'est capable ni d'une prise puissante ni de mouvements précis et délicats réservés à l'*Homo sapiens*... et aux fées, telle cette brodeuse (**2**).

LES CAUSES DE L'HOMINISATION

De multiples théories ont été proposées pour tenter de définir les causes de l'hominisation. Schématiquement, on peut les diviser en trois classes: anatomique, éthologique et écologique.

Pour ceux qui mettent l'accent sur le premier aspect, les transformations sont surtout dues à des réorganisations mécaniques. L'architecture de la tête est remodelée par la station verticale, qui explique la position du trou occipital, la bascule occipitale, la réduction des muscles nucaux, celle du prognathisme. Nous avons vu un autre exemple de cette manière de voir avec la réduction des muscles masticateurs libérant le cerveau. Les tenants de ces théories invoquent souvent les résultats d'expériences chirurgicales, montrant par exemple la relation entre section du muscle temporal et augmentation du volume cérébral chez des rats, dont la signification évolutive est cependant fort douteuse.

Pour les «éthologistes», c'est à un changement de comportement que l'on doit relier les transformations anatomiques. L'arme, l'outil remplacent les fortes canines des singes. La réduction des muscles masticateurs résulte de la consommation de viande, aliment très nutritif: les mâchoires n'ont donc plus à fonctionner plusieurs heures par jour comme chez de nombreux primates. Le cerveau se développe avec la vie de relation en société, liée en particulier à la pratique de la chasse. Pour d'autres, le comportement sexuel explique de nombreux traits humains, comme les seins, la rareté des poils, et même le menton.

Les «écologistes», enfin, ont coutume de faire intervenir un changement de milieu. A la fin du miocène, il y a 5 à 10 millions d'années, les forêts se sont éclaircies dans de vastes régions de l'Ancien Monde, faisant place à une savane plus ou moins arborée. Les singes est-africains ont dû s'adapter ou disparaître. Certains ont trouvé refuge à l'ouest, dans les grandes forêts africaines: ce sont les ancêtres du gorille et du chimpanzé. D'autres, les ancêtres de l'homme, ont dû faire face au formidable accroissement de la compétition entre espèces que représente le passage à un milieu découvert. La bipédie a peut-être facilité les déplacements sur de longues distances; elle a sûrement permis au champ de vision de s'étendre, avantage capital pour un chasseur chez qui ce sens était déjà primordial.

Chacune de ces explications éclaire un aspect du processus de l'hominisation. L'influence de la bipédie sur le squelette, le changement de régime alimentaire, l'ouverture des milieux il y a 5 à 10 millions d'années sont des certitudes. Ces phénomènes sont certainement liés, et ils ont même dû exercer les uns sur les autres des rétroactions positives. On sait que le passage de la forêt à la savane, ainsi que la bipédie, ont précédé dans le temps les autres transformations. La main libérée, guidée par un cerveau plus efficace, a pu fabriquer les armes et les outils pour la chasse. En retour, cette activité favorise le développement de l'intelligence: les chimpanzés vivant en milieu découvert, qui capturent volontiers de petits animaux, lièvres ou gazelles, sont plus «éveillés» que ceux qui vivent en forêt. Corrélations et rétroactions étaient assurément la règle, et aucune modification n'était dépourvue de conséquences.

Crâne humain et néoténie

La néoténie a été mise en évidence au siècle dernier chez une salamandre du Mexique, dont la larve, l'axolotl, peut se reproduire sans se métamorphoser. On appelle par extension néoténie la conservation à l'état adulte de caractères infantiles. Chez le chimpanzé, les proportions du crâne varient fortement au cours de la croissance postembryonnaire (la face et les mâchoires se développent plus que le crâne cérébral), le trou occipital se déplace vers l'arrière, le bourrelet sus-orbitaire apparaît. Les transformations sont moins sensibles au cours de la croissance de l'homme, chez qui le crâne adulte ressemble plus à celui du fœtus (lui-même très semblable à celui du fœtus du chimpanzé). L'hominisation ne peut cependant pas se réduire à un processus néoténique: la bipédie, acquisition primordiale, s'en écarte radicalement. Ce qui est certain, c'est que les caractères d'adulte (éruption des dernières molaires, ossification des sutures crâniennes) apparaissent plus tardivement chez l'homme. Surtout, la croissance cérébrale se prolonge bien au-delà de la naissance, permettant une lente maturation du cerveau.

L'axolotl se reproduit sans s'être métamorphosé: il conserve les branchies externes d'une larve.

Du langage à la culture

Si bien des traits rapprochent l'homme des grands singes, l'espèce humaine se distingue cependant par certaines caractéristiques qui lui sont propres: l'utilisation d'un langage articulé et perfectionné et le développement de l'intelligence, qui a entraîné celui du savoir et de la culture.

Communication: de l'animal à l'homme

« Parle et je te baptise », aurait dit, il y a cent cinquante ans, un évêque à l'orang-outan, nouvel hôte du Jardin des Plantes, à Paris. Depuis, de nombreux modes de communication ont été découverts dans tout le règne animal, mais la capacité d'émettre des sons articulés et organisés demeure le propre de l'homme.

Un langage lié à la fonction

De nombreux animaux sont capables d'émettre des sons de fréquence et d'intensité variées. On a pu, grâce à des enregistreurs couplés à des analyseurs numériques, distinguer plusieurs dizaines de nuances dans le « langage » naturel de notre plus proche parent, le chimpanzé. Les dauphins, qui communiquent par ultrasons, font preuve de dons encore supérieurs. Expression de sentiments ou de sensations, comme la satisfaction ou la frayeur, et rôle social d'alarme ou d'intimidation sont les principales fonctions du langage chez les mammifères. Plus on s'éloigne de ces derniers, plus les activités deviennent stéréotypées. Le chant des oiseaux, bien qu'il doive parfois être appris par le jeune, s'apparente plus aux parades nuptiales ou autres comportements innés qu'à un véritable langage. Il en est de même de la danse de l'abeille, qui n'a pour but que d'indiquer à ses congénères l'emplacement et la nature des fleurs à butiner.

Ces quelques exemples montrent que les caractéristiques du langage animal dépendent étroitement de sa fonction: celui de l'abeille est exclusivement descriptif, celui du chimpanzé exprime bien davantage sa « vie intérieure ». En quoi celui de l'homme s'en distingue-t-il donc — ou plutôt que possède-t-il de plus? A cette question on répond classiquement: l'aptitude à véhiculer des symboles, des idées, des notions abstraites. On pourrait traduire en certains langages animaux: « Donne-moi une pomme », mais aucun d'eux ne possède la capacité à exprimer une phrase comme: « Je crois qu'il sait que je pense ce qu'il dit. » Il n'est cependant pas certain qu'il s'agisse d'une différence de nature, le pouvoir de symbolisation n'étant sans doute pas entièrement absent chez les animaux, et les langues des peuples « primitifs » étant davantage tournées vers le concret.

On peut penser que ces aspects du langage humain, comme l'étendue du vocabulaire, se sont développés progressivement à mesure que le besoin s'en faisait sentir, ou que simplement s'accroissaient les connaissances, la culture, le temps consacré aux activités non vitales. De nos jours encore, il existe de grandes différences, dans un même peuple, dans les capacités d'expression orale. Elles sont possibles parce que le langage, même si un fonds génétique permet son acquisition, est essentiellement appris. On sait que cet apprentissage commence, dès avant la naissance, chez le fœtus qui entend parler sa mère. Du babillage (lallation) aux premiers mots puis aux phrases, il se déroule en harmonie avec le développement physiologique du cerveau et des organes de la phonation. Nous ne savons pas exactement comment s'opère cette maturation, mais il est certain qu'il existe une interaction étroite: passé le tout jeune âge, apprendre à parler devient presque impossible.

Les bases anatomiques du langage

La véritable différence entre le langage articulé humain et les langages animaux tient à la prodigieuse richesse du premier, dont les possibilités sont presque infinies. Seul l'homme sait asssembler des phonèmes (consonnes et voyelles) en syllabes, les syllabes en mots puis en phrases. De l'arrangement de quelques dizaines de sons fondamentaux associés à un rythme très rapide va naître la parole. La production des sons est assurée par le larynx, ensemble constitué de cartilages, dont la pomme d'Adam, et de muscles, dont certains forment les cordes vocales, suspendus à un os, l'hyoïde. Mais le larynx ne sait faire varier que la fréquence; l'air expiré passe ensuite dans le pharynx, puis dans les cavités nasale et surtout buccale. Les changements de configuration de ce conduit vocal, grâce aux mouvements de la langue, du voile du palais et des lèvres, permettent la différenciation des phonèmes.

Naturellement, les anthropologues se sont tournés vers les fossiles humains pour tenter de déterminer la date d'apparition du langage articulé. Malheureusement, ni le cartilage ni les muscles ne se conservent longtemps après la mort. Il faut donc se fier à des reconstitu-

Comment le chimpanzé apprend à « parler »

Les premières tentatives de communication avec le chimpanzé remontent à près de cinquante ans. On a d'abord essayé de leur apprendre l'anglais, sans beaucoup de succès, car si le singe peut comprendre de nombreux mots, il est incapable d'en prononcer plus de trois ou quatre.

A. R. et B.T. Gardner choisirent alors d'enseigner à leur guenon un langage par gestes employé par des sourds. D. Premack utilisa des morceaux sur des claviers. Malgré la difficulté que représente le plus souvent l'absence de véritable motivation chez le singe, les résultats obtenus à ce jour sont remarquables. Même si l'animal n'ajoute aucun « mot » nouveau au langage qu'il a appris, il arrive à manier non seulement des noms d'objets, mais aussi des qualificatifs, des verbes, et même des relations complexes. Il semble bien, même si la question est encore débattue, que le chimpanzé possède le pouvoir de symbolisation, qu'on croyait naguère propre à l'homme. Il sait réclamer un fruit (même si celui-ci ne se trouve pas dans la pièce), reconnaître sa forme, sa couleur, exprimer un ordre, un refus, demander le nom d'un objet. Ce qui prouve sa capacité à concevoir et à associer des notions abstraites. Le plus étonnant n'est-il pas qu'une fois qu'ils manient bien un langage, les chimpanzés l'utilisent spontanément entre eux, même en l'absence de l'expérimentateur?

Les chimpanzés communiquent par mimiques faciales, *mais ne peuvent pas prononcer plus de deux ou trois mots.*

tions de ces «parties molles», basées sur l'anatomie osseuse, comme la face interne de la mâchoire inférieure, le palais, l'orientation d'une épine de la base du crâne. Un chercheur américain, P. Lieberman, pense que la position haute du larynx et la morphologie non coudée du conduit vocal des Néandertaliens, il y a seulement 100 000 ans, ressemblaient beaucoup plus à ceux d'un nouveau-né qu'à ceux d'un adulte actuels, et qu'il leur était donc impossible de prononcer certaines voyelles. Quant à l'australopithèque, il y a 2 millions d'années, son conduit vocal aurait été très semblable à celui d'un singe: le langage articulé lui était certainement interdit. Il ne s'agit cependant là que d'hypothèses, même si elles semblent bien étayées.

Une autre voie de recherche du langage chez les hommes préhistoriques consiste à étudier non l'aspect mécanique, mais la commande et la coordination nerveuses. Le langage humain est sous la dépendance du cortex cérébral, et le développement de celui-ci, au cours de l'évolution humaine, a donc accru les possibilités. Comme pour tout mouvement complexe, l'activité des zones corticales qui commandent aux divers éléments producteurs du langage est coordonnée par un centre unique. Celui du langage est situé dans l'hémisphère gauche, chez les droitiers (voir p. 166-167). On l'appelle centre de Broca, ce médecin français ayant découvert en 1861 que sa lésion entraînait l'aphasie, ou perte du langage. L'aire de Broca existe chez tous les primates, mais elle n'est bien développée que chez l'homme. On a tenté de la retrouver sur les moulages endocrâniens, naturels ou artificiels, des hommes fossiles. On pense percevoir un accroissement de sa surface dès *Homo habilis*, il y a 2 millions d'années: celui-ci devait déjà posséder un langage plus élaboré que celui des singes.

Le perfectionnement du langage

Si on quitte le domaine des hypothèses pour entrer dans celui de la pure spéculation, on peut tirer argument de la vie sociale de nos lointains ancêtres pour leur accorder un instrument de communication perfectionné. La fabrication d'outils, la production et l'entretien du feu, l'entente nécessaire à la chasse impliqueraient un intense échange d'informations, d'ordres, d'explications, irréalisables sans langage articulé.

Selon André Leroi-Gourhan, le langage se serait perfectionné parallèlement à l'outillage. La relation entre l'évolution du langage et l'évolution du mode de vie est probable, mais la construction d'une termitière, si complexe et apparemment si coordonnée, ne met en jeu qu'un langage rudimentaire. Un langage articulé, même imparfait, existait certainement il y a 50 000 ou 100 000 ans; au-delà, les fossiles ne sont pas assez «parlants» pour nous fournir des éléments scientifiquement certains.

C'est la poursuite de la croissance cérébrale et de la mise en place des connexions nerveuses après la naissance qui permet l'acquisition du langage.

1

2

Invention, apprentissage, culture

Avant que zoologistes et psychologues commencent à s'intéresser de près aux comportements animaux, on pensait que ceux-ci étaient commandés par l'instinct, sorte de programmation innée, automatique. Selon cette conception, qui est encore parfois défendue, les activités humaines, à l'inverse, ne sont plus de ce type, mais mettent en œuvre des capacités de réflexion, la possibilité de soupeser les données extérieures, de se représenter les réponses possibles, puis de choisir parmi elles. Cette liberté, dont découle sa responsabilité, fait de l'homme une sorte de petit dieu. Il n'est pas sûr, en réalité, que la distinction soit aussi nette. Rappelons que l'instinct ne permet de résoudre que des problèmes déjà entrevus; l'intelligence, au contraire, a été définie comme la capacité à s'adapter à des situations nouvelles. L'être intelligent sait utiliser ses aptitudes, ses connaissances, non pour y trouver directement la réponse, mais pour construire grâce à elles, grâce à son expérience, une solution adaptée originale.

La recherche d'une solution

Au cours de leur histoire, l'homme comme l'animal ont sans cesse eu à faire face à des pressions extérieures. Elles ont eu, chez l'un comme chez l'autre, des effets biologiques, entraînant indirectement l'évolution physique des espèces. Mais ces modifications ont toujours été subies passivement. Cependant, les stimulations externes peuvent parfois susciter chez l'animal des initiatives intellectuelles aboutissant à des comportements nouveaux. Ainsi, le chimpanzé utilise une brindille pour aller chercher dans la termitière les insectes dont il est friand: dans l'impossibilité d'exploiter, grâce à une adaptation biologique comme la longue langue gluante du fourmilier, cette source inhabituelle de nourriture, le chimpanzé crée non seulement un outil, mais surtout une réponse à un problème nouveau.

Les nombreuses expériences menées sur les grands singes ont montré que cette capacité à effectuer une démarche mentale complexe, à se représenter ce que devra être la solution avant de l'avoir entrevue, à projeter une idée, une situation, dans le futur, ne leur est pas étrangère. L'illumination soudaine, l'éclair de génie, ne sont pas l'apanage du savant, ni même de l'homme.

Il est cependant clair que ce type de construction mentale, s'il n'est qu'occasionnel, et sans doute même très rare dans la nature chez l'animal, constitue dans notre espèce, à des degrés divers, la trame de toutes les phases non répétitives de notre vie. L'homme a besoin de cette activité qui consiste à chercher la solution à un problème. Dans certains cas (jeux de réflexion, échecs ou mots croisés), cette occupation est purement intellectuelle, mais elle trouve souvent encore une application pratique, comme elle l'était à l'origine. La création, l'invention, ne se limitent pas au concours Lépine et aux prix Nobel. Dans toutes les professions, tous les travaux ou loisirs quotidiens, se manifeste notre «inventivité», partie intégrante de notre pensée.

Un savoir acquis

Dans notre vie, si complexe comparativement à celle de nos cousins les grands singes, nous n'avons heureusement pas à tout découvrir. Dans son évolution biologique, dans sa recherche d'une meilleure adaptation à son milieu, l'être vivant bénéficie des acquis des nombreuses générations antérieures, inscrites, grâce au code génétique, sur ses chromosomes. A son tour, il transmettra ces informations à sa descendance.

A l'échelle de l'histoire humaine, on peut admettre que l'évolution biologique s'est arrêtée: notre aspect physique ne s'est pas sensiblement modifié depuis au moins 10 000 à 20 000 ans. Le culturel a pris le relais du biologique, mais, pour pouvoir progresser comme celui-ci, il doit disposer d'un système équiva-

Certains comportements souvent présentés comme propres à l'homme se rencontrent occasionnellement chez les singes. Le chimpanzé peut utiliser comme outil une baguette de bois pour rechercher des termites (**1**); les babouins apprennent parfois à chasser aux jeunes (**2**).

lent, bien que différent, du programme génétique, où chaque nouveauté soit enregistrée.

Plus encore que l'étendue des facultés intellectuelles, c'est la capacité à emmagasiner les nouvelles découvertes qui nous distingue de l'animal. Chez celui-ci, la transmission d'un savoir d'une génération à une autre est exceptionnelle. On connaît l'exemple des macaques enseignant à leurs descendants à laver les aliments, celui des babouins apprenant aux autres à chasser, mais, en l'absence de langage articulé et d'écriture, les connaissances ne peuvent s'accroître beaucoup et chaque génération repart à peu près de zéro.

Chaque génération humaine, au contraire, bénéficie de ce que toutes les précédentes ont accumulé. L'enfance et l'adolescence sont chez l'homme des périodes particulièrement longues, qui représentaient naguère, avant les progrès de la médecine allongeant considérablement l'espérance de vie moyenne, la moitié de l'existence. Cette durée permet la lente assimilation d'un savoir infiniment plus étendu que celui de nos cousins animaux. Cette phase d'apprentissage se déroule en harmonie avec la croissance physique, et spécialement avec la maturation cérébrale, qui ne s'achève que très tardivement: si le cerveau du singe cesse de croître peu après la naissance, celui de l'homme augmente encore de volume jusque vers dix-huit ans. L'enfant passe de longues années en famille, dans le village, la tribu, à l'école, pour y acquérir le support sur lequel sa propre vie va s'édifier.

2

1

Au contraire de celui de nos «frères inférieurs», notre savoir incorpore ce que les générations précédentes ont accumulé. Le langage, l'écriture, aujourd'hui les techniques audiovisuelles permettent la transmission de cette (ou plutôt de ces) culture(s) qui sont notre patrimoine à l'école (**1**) ou dans des bibliothèques (**2**).

Des cultures par milliers

Le savoir de l'humanité est cependant plus que la simple somme des connaissances individuelles. Les musées, les livres, les enseignants et surtout la vie quotidienne entretiennent et diffusent une culture, patrimoine collectif sans équivalent dans le monde animal. Aussi loin qu'on remonte dans le temps, la culture humaine n'a cependant jamais été unique: dès qu'elle apparaît, elle se diversifie avec les groupes ethniques. A mesure que les techniques de taille de l'outil se perfectionnent, les particularités s'affirment. En fonction des ressources locales, du climat, du milieu animal et végétal, les styles d'armes, d'outils, d'objets usuels évoluent. La structure du groupe social, l'habitat s'adaptent à l'environnement. Des milliers de cultures, plus ou moins différentes, se sont ainsi établies sur tous les continents. Les échanges culturels, souvent indépendants des mouvements de populations, ont sans cesse enrichi les civilisations. De tout temps aussi, ils ont pu en détruire. Comme nous sommes en train d'effacer les civilisations primitives amazoniennes ou australiennes, les Espagnols ont anéanti la culture aztèque, et les hommes du paléolithique supérieur n'ont pas laissé grand-chose du moustérien. Enrayer un processus qui apparaît inéluctable serait à l'honneur de notre siècle.

DENIS GERAADS

La maîtrise de l'outillage en pierre

Avec l'invention de l'outil, il y a environ 2,5 millions d'années, naît véritablement l'homme. C'est en effet dans la savane arborée de l'Est africain, au bord des grands lacs de la vallée du Rift, il y a 100 000 générations, qu'un inventeur de génie, un hominidé dont les ancêtres marchaient debout depuis déjà plusieurs millions d'années, fabriqua le premier outil. Cette première découverte allait marquer de son empreinte toute l'histoire de l'humanité.

Biface acheuléen en silex (Seine-Maritime). Le biface est un outil auquel des retouches sur les deux côtés et les deux faces ont donné une forme d'amande, d'ovale ou de triangle. Caractéristique des cultures acheuléennes de l'*Homo erectus*, il témoigne de l'acquisition de la notion de symétrie par l'homme.

Les premiers hominidés, primates qui ont acquis la station érigée bipède, apparaissent entre 15 et 7 millions d'années. Ils ont quitté la forêt, habitat naturel de leurs lointains ancêtres, pour s'installer dans la savane arborée de l'Afrique de l'Est à proximité des grands lacs et sur les berges des fleuves.

Les australopithèques, *Australopithecus afarensis* (4 à 3 millions d'années) et *Australopithecus africanus* (3 à 2 millions d'années), sont présents dans toute l'Afrique de l'Est, ainsi qu'en Afrique australe, où ils habitent aussi à l'intérieur des grottes (Sterkfontein, Makapansgat).

Essentiellement végétariens, ces premiers hominidés peuvent utiliser des blocs de pierre ou des galets pour briser des graines et des végétaux. Ils ne fabriquent pas encore d'outils, mais, à l'instar des grands singes, ils savent utiliser les objets qui les entourent. Ainsi, le célèbre paléontologue Louis Leakey a découvert à Fort Ternan, au Kenya, dans des dépôts datés de 12 millions d'années, des blocs de quartz qui présenteraient certaines traces d'utilisation.

HOMO HABILIS INVENTE L'OUTIL

Dérivant de l'*Australopithecus, Homo habilis* apparaît vers 2,5 millions d'années. Il a une capacité cérébrale plus importane (650 à 700 cm^3) avec une voûte crânienne plus haute, un front plus bombé et un arrière-crâne plus arrondi. Sa face est haute et projetée en avant, ses dents sont plus petites que celles des australopithèques et adaptées à un régime omnivore. *Homo habilis* a une démarche érigée bipède parfaite, bien que sa taille soit encore petite — environ 120 cm.

C'est cet hominidé qui a introduit l'outil dans l'histoire de la vie. Les plus vieux outils actuellement connus ont été découverts en Éthiopie, au Kenya et en Tanzanie. Dans l'Afar éthiopien, à proximité du Kada Gona, affluent saisonnier de l'Awash, des outils aménagés sur galets ont été découverts dans un dépôt daté d'environ 2,4 millions d'années (formation d'Hadar).

Le site Omo 71, en Éthiopie, daté de 2,1 millions d'années, correspond à un camp provisoire, installé sur une plage de l'ancien lac Turkana. Il a livré des ossements d'animaux associés à des galets brisés et à un petit chopping-tool.

Au Kenya, à Koobi Fora, au bord de l'ancien lac Turkana, plusieurs gisements, dont le site KBS, ont livré quelques outils et éclats débités en quartz, dont l'âge est compris entre 1,9 et 1,8 million d'années.

A Olduvai, en Tanzanie, plusieurs campements comprenant de nombreux outils lithiques ont été datés d'environ 1,8 million d'années. Ces sites ont permis de donner le nom d'oldowayen aux premières cultures de l'histoire de l'humanité.

Dans le Transvaal, en Afrique du Sud, l'ensemble V de la grotte de Sterkfontein, daté d'environ 1,8 million d'années, a livré des outils taillés associés à *Homo habilis*. Dans la grotte voisine de Swartkrans, des outils ont également été mis au jour dont l'âge est évalué à 1,6 million d'années.

Les plus anciens outils étaient souvent constitués par des galets aménagés. Le chopper, outil le plus simple, est un galet sur lequel un tranchant a été façonné par des enlèvements adjacents sur une seule face. Le chopping-tool est un galet aménagé plus complexe, dont le tranchant est obtenu par des enlèvements sur les deux faces.

Les éclats de débitage, provenant soit de la taille des galets aménagés, soit de nucléus spécialement préparés pour les obtenir, sont très nombreux dans les plus anciennes industries.

L'outil: témoin de la pensée conceptuelle

L'outil, instrument fabriqué, témoigne de l'existence d'une pensée conceptuelle. En effet, à la différence du simple objet utilisé, comme peuvent s'en servir certains animaux et en particulier les singes et les premiers hominidés, l'outil est un objet manufacturé qui correspond à un modèle, à un concept. Conçu par l'esprit avant sa réalisation, il a été fabriqué dans un bloc de matière première par une série de gestes effectués dans un certain ordre et dans une certaine direction, obéissant à des règles, à un certain savoir-faire, qui transforment un bloc de matière informe en un objet manufacturé, c'est-à-dire en un outil qui a été conçu à l'avance.

Depuis 2,5 millions d'années, l'outil donne aux hominidés le droit au titre d'homme.

A la différence de l'objet utilisé, l'outil est un instrument manufacturé, correspondant à un modèle conçu avant d'être réalisé. Les plus anciens outils sont fabriqués avec des galets de quartz, quartzite ou calcaire.

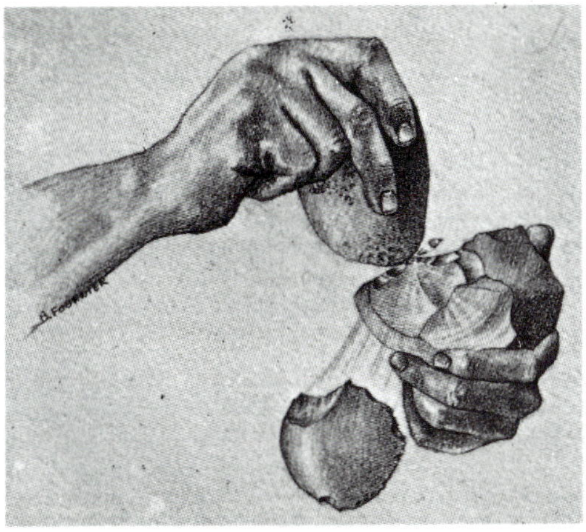

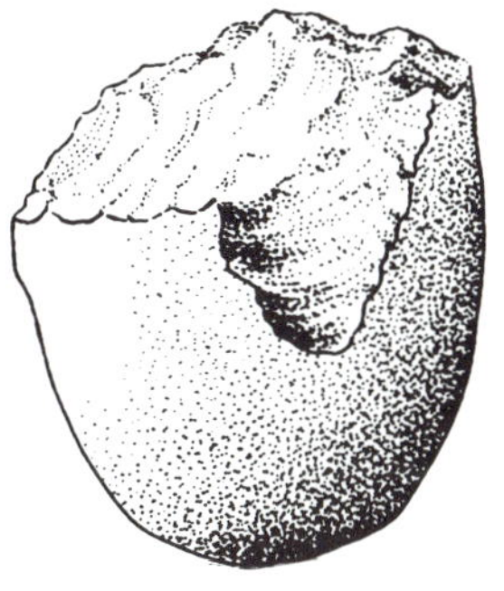

Galet aménagé (Olduvai, Tanzanie). Un tranchant est façonné par des enlèvements adjacents sur une face (chopper) ou sur les deux faces (chopping-tool). Ce prototype, dû à Homo habilis, *sera utilisé pendant des millénaires.*

Dès que l'outil apparaît, il devient multitude. Associé aux débris de sa fabrication, il jonche les aires d'habitation des premiers hommes.

LA NOTION DE SYMÉTRIE

Dérivant de l'*Homo habilis, Homo erectus* apparaît il y a un peu plus de 1,5 million d'années (voir p. 284-285). Sa capacité crânienne varie entre 800 et 1 200 cm³. Sa stature est plus élevée, son front est plus haut. Sa face présente un puissant bourrelet audessus des orbites.

Dès 1,3 million d'années en Afrique et vers 800 000 ans en Europe, il acquiert la notion de symétrie et invente le biface, outil à bords latéraux tranchants et convergents, aménagés par des enlèvements sur les deux faces et présentant une symétrie bilatérale et bifaciale. Le biface est l'outil caractéristique des cultures acheuléennes.

La variété des types d'outils sur éclats ou débris est très grande: racloirs, denticulés, encoches, etc., mais les pièces sont encore peu stéréotypées. Il est difficile de définir des outils caractéristiques. Progressivement, *Homo erectus* fabrique des outils mieux définis, et c'est lui qui, vers 300 000 ans, va inventer une technique révolutionnaire du débitage de la pierre: le débitage levalloisien. Grâce à cette technique, il obtient des éclats très plats et tranchants sur presque toute leur périphérie.

Dérivant de l'*Homo erectus,* l'homme de Neandertal, dont la capacité crânienne dépasse 1 300 cm³, occupe l'Europe, le Proche-Orient et l'Asie centrale entre 80 000 et 35 000 ans. Cet homme de Neandertal, ainsi que les groupes néandertaloïdes contemporains, fabrique des outils aux types bien définis et stéréotypés.

L'objet utilisé

Certains animaux se servent d'un objet naturel pour effectuer certains travaux: ainsi, aux Galápagos, le pinson de Darwin utilise une brindille pour déloger les insectes dont il se nourrit. Le vautour d'Égypte brise un œuf avec une pierre. La loutre marine casse un coquillage à l'aide d'un galet. Les grands singes peuvent utiliser un bâton pour décrocher un fruit, ou effeuiller une branche pour attraper des termites au fond de leur galerie.

Ces animaux ne fabriquent pas d'outils, ils utilisent un objet naturel. Les premiers hominidés euxmêmes ont utilisé des pierres ou des branches bien avant d'inventer l'outil, il y a 2,5 millions d'années.

Le petit outillage sur éclat se développe: pointes, racloirs, denticulés, grattoirs, couteaux à dos. Les bifaces deviennent rares ou sont absents. Ces outils, plus variés, plus élaborés, plus spécialisés, caractérisent les industries moustériennes (voir p. 291).

L'HOMME MODERNE INVENTE L'OUTILLAGE EN OS

Les premiers hommes modernes, qui apparaissent vers 34 000 ans avant notre ère et qui ont un front haut et bien développé, apportent au patrimoine culturel de l'humanité de nouvelles inventions étonnantes.

Les outillages du paléolithique supérieur (aurignacien, gravettien, solutréen, magdalénien, épigravettien, azilien), avec l'adoption du débitage en lames et la généralisation de certains types d'outils, tels que les grattoirs, les burins, les perçoirs et les couteaux à dos, présentent une grande différence avec ceux des civilisations du paléolithique inférieur et moyen, généralement taillés sur éclats et comprenant essentiellement des racloirs et des denticulés. Quelques-uns des outils nouveaux, comme les burins et les perçoirs, sont vraisemblablement liés au développement de certaines activités artisanales: travail des peaux et couture pour les perçoirs; travail du bois, de l'os et sculpture pour les burins.

L'industrie en os, en bois de cervidé ou en ivoire fait son apparition, et très rapidement de nouveaux outils se diversifient: poinçons, sagaies, propulseurs, harpons, aiguilles à coudre, lissoirs, redresseurs, etc.

C'est vers 17 000 ans av. J.-C. qu'apparaît l'aiguille à chas, dans les dernières phases des civilisations solutréennes, et à partir de 13 000 ans av. J.-C. qu'est inventé le harpon en bois de renne.

Dès le magdalénien ancien dans certaines régions, et dans toute l'Europe à partir de l'épipaléolithique, se répandent des outils composites, formés de microlithes géométriques ou de lamelles, insérés dans des hampes en bois constituant des armes particulièrement efficaces: sagaies barbelées ou harpons.

Si l'outillage des premiers agriculteurs est toujours essentiellement constitué de pierres taillées, des activités nouvelles (défrichage, agriculture) entraînent la création de nouveaux types d'outils en pierre polie: haches, herminettes, houes.

C'est ainsi que les premiers préhistoriens avaient appelé «âge de la pierre polie» les civilisations des premiers peuples pasteurs et agriculteurs.

L'allègement progressif de l'outillage

La maîtrise de la technique de taille de la pierre se caractérise tout au long de l'évolution des cultures préhistoriques par une progression du rapport entre la longueur du tranchant utilisable et le poids de l'outil qui traduit l'allègement progressif de son outillage.

Outil	Période	Tranchant utile (pour 1 000 g)
Chopper	depuis 2,5 millions d'années	20 cm
Biface	depuis 1,3 million d'années	100 cm
Racloir	depuis 1 million d'années	200 cm
Couteau à dos	depuis 0,2 million d'années	400 cm
Lame	depuis 35 000 ans	2 000 cm
Microlithe géométrique	depuis 14 000 ans	3 000 cm

Industrie osseuse magdalénienne (Laugerie-Basse, Dordogne): harpons, sagaie, aiguille à chas (16 000 à 10 000 ans av. J.-C.). L'industrie en os, en bois de cervidé et en ivoire fait son apparition au paléolithique supérieur avec *Homo sapiens sapiens.*

L'habitat et la maîtrise du feu

Reconstitution de l'habitat de l'homme de Pékin (Zhoukoudian, Chine). La présence de cendres, de charbon de bois et d'os brûlés localisés attestent l'existence de foyers aménagés. L'homme domestique le feu vers 400 000 ans, en Eurasie.

Organiser son lieu d'habitation et maîtriser le feu vont être deux grandes inventions qui caractérisent les premiers hommes. On a retrouvé des traces de campement datées de 1,8 million d'années, en Afrique orientale. Mais les restes indiscutables de foyers remontent seulement à 400 000 ans.

Comme les grands singes, les premiers hominidés ne devaient pas avoir d'habitat structuré, et de leurs simples haltes nocturnes nous n'avons aucun témoignage.

Organiser l'espace habité est un comportement typiquement humain. Dès l'émergence physique et culturelle de l'homme, la localisation de son habitat peut être mise en évidence.

LES PREMIÈRES STRUCTURES D'HABITAT

L'hominidé devenant homme fabrique des outils, adopte un campement de base et structure l'espace habité. Comme les premiers outils, les plus anciens habitats ont été découverts en Afrique de l'Est.

A proximité du lac Turkana, près de Koobi Fora, au Kenya, le site KBS, daté de 1,9 à 1,8 million d'années, a livré les vestiges d'un campement sur les bords d'un ruisseau proche des rives du lac. De nombreux restes de mammifères (hippopotames, antilopes, girafes) ont été recueillis à l'intérieur d'une structure de 12 à 15 m de diamètre, mêlés à plus de 200 pièces lithiques.

A Olduvaï, en Tanzanie, sur le site DK1, daté de 1,8 million d'années, a été mis au jour un sol d'habitation sur lequel avaient été accumulées de grosses pierres disposées sur une surface circulaire. Il était jonché de déchets culinaires composés d'os de petits animaux brisés et d'outils. Cette structure devait être destinée à maintenir des branchages pour protéger l'aire d'habitation.

Le site de Gomboré IB, à Melka Kunturé, en Éthiopie, daté de 1,7 million d'années, a livré un sol d'habitat oldowayen jonché d'outils lithiques: choppers, polyèdres, nucléus, éclats, ainsi que des ossements d'hippopotames, d'antilopes, de bovidés, de chevaux. L'emplacement d'un abri construit et diverses aires d'activités spécialisées ont pu être mis en évidence.

Ces premières structures d'habitat témoignent d'un comportement typiquement humain. L'adoption d'un campement de base implique une meilleure structuration du groupe et le partage des tâches. Alors que les enfants et vraisemblablement certaines femmes restaient sur le campement, les hommes et peut-être des femmes étaient chargés de la quête de la nourriture: collecte, charognage, chasse. Ce comportement différencie l'homme des grands singes, qui s'installent la nuit là où ils se trouvent et aménagent sommairement leur halte nocturne.

En Europe, dès le pléistocène inférieur, entre 1,5 million d'années et 700 000 ans, la localisation de l'habitat peut être mise en évidence soit en grotte (Vallonnet dans les Alpes-Maritimes, Sandalja en Yougoslavie), soit en plein air, à proximité des berges d'un cours d'eau (stations à industries archaïques sur galet des hautes terrasses du Roussillon), soit sur les berges d'un lac (Soleilhac).

Le plus ancien sol d'habitat connu à ce jour. Dans le niveau DK1 d'Olduvai, en Tanzanie, un cercle de pierres témoigne de l'installation d'un campement de base il y a 1,8 million d'années.

Sur les hautes terrasses du Roussillon, plus de cent stations ont jusqu'à présent été découvertes. La concentration des outils sur des surfaces très restreintes évoque des campements localisés, installés sur les alluvions, à proximité des berges du fleuve.

Dans la grotte du Vallonnet, à Roquebrune-Cap-Martin, il y a 950 000 ans, l'homme était venu se réfugier dans la caverne, comme dans une tanière, et l'organisation de son habitat était des plus élémentaires.

A Soleilhac, près du Puy, des alignements de blocs de basalte et de granit témoignent d'un campement de chasseurs d'éléphants, de rhinocéros et d'hippopotames. A ce moment-là, les hommes n'avaient pas encore domestiqué le feu et leurs structures d'habitat étaient très rudimentaires.

Dans la Caune de l'Arago, à Tautavel, dans les Pyrénées-Orientales, et dans la grotte d'Aldène, à Cesseras, dans le Minervois, les chasseurs anténéandertaliens empierraient leur habitat avec d'importantes quantités de pierres et de galets ramassés à l'extérieur de la caverne. Dans la Caune de l'Arago, certains de ces empierrements peuvent atteindre une grande épaisseur et témoignent d'un campement relativement continu pendant une longue période. Des blocs de grande taille étaient parfois apportés de l'extérieur et disposés sur les sols d'habitat. Certaines zones où sont amoncelés des ossements d'animaux en très grand nombre, associés à de nombreux choppers, correspondent à des lieux de dépeçage. La découverte de certains ossements encore en connexion anatomique permet de reconstituer les modes de dépeçage du gibier.

HOMO ERECTUS DOMESTIQUE LE FEU

C'est en Eurasie, vers 400 000 ans, que l'homme a découvert l'usage du feu. Les plus anciens foyers construits (Terra Amata, en France, Vertesszöllös, en Hongrie, et Zhoukoudian, en Chine) peuvent être datés de cette période. Autour du foyer qui réchauffe et qui prolonge l'été aux dépens de l'hiver, qui éclaire et qui prolonge le jour aux dépens de la nuit, à proximité des ateliers de taille, s'organise alors la vie sociale. Le feu cesse peu à peu d'être redouté et craint pour devenir un élé-

ment maîtrisé et intégré à l'univers humain.

Ainsi, dans les formations de Terra Amata (Nice), datées de 380 000 ans environ, ont été découverts plusieurs sols d'habitat correspondant à des campements temporaires, qui ont livré plusieurs foyers. C'est au centre même de la hutte que les hommes préhistoriques allumaient leurs feux, soit sur un sol préalablement dallé avec des galets, soit dans une petite fosse creusée dans le sable. Pour protéger le feu des vents dominants, ils élevaient une petite murette en pierres ou en galets.

L'AMÉNAGEMENT DE L'ESPACE INTÉRIEUR

A partir de 150 000 ans, les structures d'habitat s'améliorent et l'homme aménage des structures internes dans son habitation. Ainsi, dans la grotte du Lazaret, à Nice, les chasseurs acheuléens ont installé, il y a environ 130 000 ans, une vaste cabane de 11 m de longueur sur 3,50 m de largeur, construite contre la paroi, à proximité du porche. La superficie au sol était d'environ 35 m^2.

Les limites de l'aire d'habitation ont été repérées en étudiant la répartition des objets abandonnés par l'homme préhistorique sur le sol de la grotte. Outils en pierre et ossements sont en effet dispersés sur une surface au contour précis. Celui-ci est souligné par une ceinture de pierres qui circonscrit exactement l'aire à grande concentration d'objets.

La répartition sur le sol de l'industrie et des ossements met en évidence deux zones pauvres en objets, situées à proximité de la paroi rocheuse, dans lesquelles et autour desquelles les fragments de charbon de bois et les cendres étaient très abondants. Aucun foyer construit n'avait cependant été aménagé. Deux feux avaient été allumés, à même le sol de la tente, dans de petites dépressions naturelles, légèrement creusées dans l'argile. Des litières constituées d'herbes marines et vraisemblablement recouvertes de peaux avaient été disposées autour des foyers.

Ainsi l'aménagement de l'espace intérieur transforme le campement en une habitation relativement confortable. L'évolution des structures d'habitat témoigne de l'évolution des structures des sociétés préhistoriques, qui, à la fin de l'acheuléen, chez les derniers *Homo erectus*, a atteint un développement remarquable.

L'HABITAT DES NÉANDERTALIENS

Bien que les habitats des civilisations moustériennes soient encore mal connus, il semble que les chasseurs néandertaliens savaient construire des campements confortables où ils vivaient, entourés de carcasses de gibier.

A Molodova I, en Ukraine, une cabane ovale de 10 m sur 7 était limitée par un grand nombre d'ossements d'éléphants qui devaient servir à maintenir les parois et les peaux tendues sur une structure en bois. A l'intérieur, 15 foyers, 29 000 pièces en silex et des restes de déchets culinaires ont été dégagés.

A la Baume des Peyrards, dans le Vaucluse, de gros blocs ceinturaient une hutte appuyée contre la paroi rocheuse de l'abri dont le sol était recouvert de cendres, d'ossements et d'outils.

A Mezhiritch, en Ukraine (U.R.S.S.), où il n'existe pas de grottes et où les arbres sont rares, les chasseurs construisent, avec des ossements de mammouths, des cabanes partiellement enterrées dans le lœss pour se protéger du vent.

A l'intérieur de la grotte du Lazaret, à Nice, les chasseurs acheuléens ont installé, il y a environ 130 000 ans, une vaste cabane. Des litières avaient été disposées autour des foyers.

Les premiers campements organisés, en plein air ou en grotte, font alors leur apparition. Ils sont à l'origine d'un véritable bouleversement psychique de l'humanité et d'un rapide développement des structures sociales. Dans l'habitat, autour du foyer, au cours des longues soirées d'hiver, les chasseurs vont conter leurs exploits, prévoir la chasse du lendemain, évoquer les souvenirs lointains de quelque héros de chasse fabuleux, et ainsi vont se renforcer les liens qui unissent la famille, la tribu. Des traditions culturelles communes vont unir ces hommes qui se transmettent alors leurs techniques, leur savoir-faire.

Ainsi, dès cette époque, vont se développer de grandes traditions culturelles régionales, sources de diversité et de pluralisme chez les hommes. Des civilisations vont ainsi naître, se développer, évoluer indépendamment les unes des autres, se côtoyer sans perdre leur identité.

En renforçant la cohésion du groupe, en favorisant les échanges et la transmission du savoir, la domestication du feu a été un facteur essentiel d'hominisation.

A Terra Amata, les hommes construisaient des huttes temporaires, soutenues par des poteaux ou des piquets, dont les empreintes ont été retrouvées au cours des fouilles. Les piquets, placés à la périphérie de l'habitat, taillés en biseau, étaient souvent associés deux par deux. Des blocs de pierre, qui devaient fixer au sol les parois de la hutte, précisent le contour de l'habitat. Celui-ci est, d'autre part, souligné par la répartition de l'outillage et des déchets culinaires qui jonchaient le sol de l'aire d'habitation. Ces huttes, ovales, mesuraient 7 à 15 m de longueur sur 4 à 6 de largeur. L'un des habitats les plus anciens était entouré par une ligne de gros blocs (30 cm de diamètre), parfois superposés, qui ceinturait une épaisse couche de matières organiques et de cendres.

L'HABITAT DES PREMIERS HOMMES MODERNES

Les hommes s'installent soit dans des abris sous roche, soit à l'entrée des cavernes, où ils construisent le plus souvent un abri secondaire appuyé contre l'une des parois. Les campements en plein air sont cependant beaucoup plus nombreux, en particulier dans les steppes d'Europe orientale, en Ukraine et dans la grande plaine russe, où il n'existe pas de grottes. Les chasseurs construisent alors de grandes cabanes arrondies ceinturées de pierres (Villerest). En Europe centrale et orientale, de grandes cabanes arrondies, partiellement enterrées dans le lœss pour protéger leurs occupants du vent, sont construites avec des ossements de mammouths, récupérés dans la steppe, sur des squelettes d'animaux morts (Mezhiritch, Mezine, Kostienki). Dans les régions où les arbres étaient rares, les chasseurs utilisaient l'os comme combustible. Les foyers découverts sont alors très riches en fragments d'ossements brûlés. Les sols d'habitat étaient généralement saupoudrés d'ocre rouge.

Lorsque l'homme devient agriculteur et pasteur, il abandonne sa vie d'éternel nomade. Le campement temporaire va devenir permanent, l'homme se sédentarise.

Déjà, dans certaines régions, en particulier au Proche-Orient, au début du Xe millénaire, des peuples collecteurs, comme les Natoufiens, spécialisés dans la récolte intensive des céréales sauvages, construisaient des cabanes ovales et en partie enterrées.

A partir de 7 700 ans, à Mureybet, en Syrie, et à Jéricho, en Palestine, l'homme devient agriculteur: la cabane arrondie se transforme en maison de plan carré, construite en pierre, en bois et même en brique au Proche-Orient. De la concentration de plusieurs maisons naissent les premiers villages.

L'homme à la recherche de sa nourriture: de la chasse à l'agriculture

D'abord chasseur et cueilleur, l'homme préhistorique sait très vite varier sa nourriture. Contrairement à ses cousins les grands singes, purement herbivores, il apprend à manger la viande. Il devient ainsi moins vulnérable et peut occuper des environnements très différents. L'agriculture ne date que de 10 000 ans, ainsi que l'élevage des animaux.

Collecte, chasse et pêche

A l'origine, il y a plus de 2,5 millions, les premiers hominidés, constitués de petits groupes sans habitat fixe, se déplaçaient dans la savane arborée le long des berges des rivières ou sur les rives des lacs du Rift à la recherche de leur nourriture ou d'un nouveau point d'eau.

Depuis longtemps, ils n'occupent plus la forêt tropicale, habitat naturel de leurs lointains ancêtres, et ils ne disposent plus des fruits, des racines, des tubercules que leur procurait la sylve nourricière. Ils s'adaptent à une nouvelle alimentation, essentiellement composée de graines et de graminées, sans toutefois négliger les autres graines et fruits que peut livrer la savane. L'étude de l'usure dentaire de ces premiers hominidés a mis en évidence une importante abrasion de la surface masticatrice des dents par la silice de l'enveloppe des graines de graminées.

Homo habilis devient omnivore

Sur les sols d'habitat d'*Homo habilis*, dont l'âge est compris entre 2,5 et 1,5 million d'années, ont été découverts des ossements d'animaux — très souvent de petits vertébrés — brisés et fracturés, associés à des outils. Il n'y a pas de doute: nous sommes là en présence des déchets culinaires de ces premiers hommes, qui sont maintenant des consommateurs de viande.

L'observation de l'usure dentaire met en évidence qu'ils ont une nourriture plus variée et qu'ils consomment, en plus des végétaux, une grande quantité d'éléments carnés. L'analyse des ossements brisés sur ces sols d'habitat montre qu'il s'agit essentiellement de petits vertébrés, parfois de grands animaux très âgés, peut-être morts naturellement. L'homme n'a-t-il pas commencé par être un peu charognard avant de devenir un habile chasseur? Il pouvait disputer l'animal blessé ou mort aux grands fauves.

En Éthiopie, à proximité de l'ancien lac Turkana, le site HAS (hippopotamus artefact site), éloigné de quelques kilomètres seulement du site KBS (voir p. 190) et daté comme lui de 1,9 à 1,8 million d'années, a livré de nombreux os d'hippopotame attribués à un seul individu, étroitement associés à des pièces lithiques et répartis sur une zone d'environ 7 m de diamètre. Il s'agit manifestement d'un lieu de dépeçage.

Petit à petit, l'homme saura améliorer ses techniques de chasse, et les déchets culinaires constitués par les ossements de grands mammifères deviennent progressivement de plus en plus abondants sur les sols des habitats préhistoriques.

Dans la Caune de l'Arago, à Tautavel, au sud des Corbières, les chasseurs se trouvaient à un poste de guet idéal d'où ils pouvaient repérer les animaux, en contrebas dans la plaine, dans les massifs escarpés autour de la grotte et sur le plateau qui la surplombe.

Un campement de chasseurs

Il y a 450 000 ans, les hommes sont devenus de remarquables et d'habiles chasseurs, capables d'abattre des animaux aussi redoutables que la panthère, le lion ou l'ours, aussi puissants que le rhinocéros et le bison, aussi agiles et sauvages que le mouflon, le thar et le chamois. Ils organisent des chasses en commun, ce qui implique la constitution de groupes de chasseurs bien structurés, donc une organisation sociale évoluée. Pour attraper les petits mammifères, lynx, chats sauvages, renards, lapins, et les oiseaux, ils utilisaient probablement des pièges, lacets ou filets.

C'est en raison de sa situation privilégiée que la Caune de l'Arago, à Tautavel, dans les Corbières méridionales (Pyrénées-Orientales), était alors régulièrement occupée par des tribus de chasseurs qui y établissaient des campements temporaires. Ouverte sur une corniche escarpée, à quelques mètres en contrebas du plateau, cette grotte, véritable nid d'aigle, surplombe la plaine de 80 m. Située à la limite de différentes niches écologiques, elle constituait une halte de chasse idéale.

A proximité immédiate de la caverne, située dans l'aire même des animaux de montagne, les chasseurs traquaient le mouflon antique, le thar et parfois le chamois. Par une cheminée abrupte, ils accédaient facilement sur le plateau, où ils pouvaient chasser le bœuf musqué primitif, le renne, les bandes de loups étrusques ou les cuons (sorte de chiens sauvages) parfaitement adaptés aux vastes étendues balayées par le vent.

La grotte elle-même était un observatoire privilégié d'où ils surveillaient les déplacements dans la plaine, couverte d'une steppe de graminées et de composées, des troupeaux de chevaux, particulièrement abondants, de bisons, de rhinocéros de la prairie et d'éléphants. Dans les zones mieux abritées, où se développait la forêt, les chasseurs pouvaient rencontrer le cerf, le rhinocéros de Merck et parfois même la panthère. Au cours de leurs randonnées de chasse, ils pouvaient surprendre, dans des grottes isolées, l'ours de Deninger et le lion des

1

2

L'environnement de la Caune de l'Arago a pu être reconstitué grâce aux restes de faune et à l'étude des pollens contenus dans la terre des sols d'habitat. Les hommes ont traqué dans les rochers autour de la grotte les mouflons antiques (**1**). Un crâne de mouflon vient d'être dégagé dans la zone E 18 (**2**).

cavernes. C'est vraisemblablement à l'aide de pièges qu'ils pouvaient attraper le lynx des cavernes, le chat sauvage, le renard polaire archaïque.

Au pied même de la grotte, au bord du Verdouble, ils pouvaient chasser le castor ou surprendre les animaux qui venaient boire. Par ailleurs, les hommes ne négligeaient pas les animaux plus petits, tels que le lapin ou les oiseaux. Le tableau de chasse de l'homme de Tautavel était donc remarquablement varié.

Les chasseurs d'éléphants de Terra Amata

Il y a 380 000 ans, l'homme sait domestiquer, le feu. A Terra Amata, sur une plage de Nice, dans une petite crique abritée, non loin du débouché du delta du Paillon, au bord de la Méditerranée, un petit groupe de chasseurs installe des campements temporaires, brèves haltes saisonnières fréquentées à la fin du printemps ou au début de l'été.

Les hommes de Terra Amata étaient essentiellement des chasseurs d'éléphants et de cerfs, plus rarement de grands bœufs et de rhinocéros de prairie, qu'ils traquaient dans les espaces découverts de la plaine de Nice. Après une halte de quelques jours, les chasseurs quittaient leur campement temporaire pour de nouveaux territoires de chasse.

Dans tout l'Ancien Monde, les *Homo erectus* sont devenus de remarquables chasseurs, spécialisés dans la chasse de l'éléphant et des grands herbivores. Les sites de Torralba et d'Ambrona, près de Medinacelli, en Espagne, datés d'environ 300 000 ans, ont mis en évidence que les chasseurs acheuléens chassaient les éléphants dans les marécages environnants où les lourdes bêtes s'enlisaient et devenaient des proies plus faciles. Un très grand nombre d'ossements et de défenses de ces grands pachydermes ont été découverts associés à des outils variés.

Il y a 380 000 ans, les chasseurs d'éléphants de Terra Amata, à Nice, ont installé leur campement à proximité de la mer. De leurs randonnées de chasse, ils ont rapporté dans leur hutte des cerfs et des éléphanteaux, probablement plus faciles à chasser.

Provinces archéologiques et territoires de chasse

Dans les civilisations des derniers *Homo erectus* (acheuléen supérieur) et des Néandertaliens (moustérien), il est possible de mettre en évidence différents groupes ethniques, qui occupaient un territoire de chasse strictement délimité, comportant au centre un ou plusieurs habitats principaux et, tout autour, des haltes de chasse ou des habitats secondaires. Ainsi, dans le Midi méditerranéen de la France, pendant le würmien II, plusieurs groupes culturels ont coexisté dans des zones géographiques bien déterminées, qui peuvent être considérées comme de véritables territoires de chasse.

Les chasseurs appartenant au charentien de type Ferrassie oriental occupaient le Luberon ; ceux appartenant au charentien de type Quina étaient largement répandus dans le bassin du Gardon ; ceux appartenant au complexe de l'Aubestier occupaient les gorges de la Nesque et les monts de Vaucluse. Les chasseurs appartenant au complexe de l'Hortus occupaient en Languedoc méditerranéen un vaste territoire, entre la mer et les Cévennes, qui se prolongeait vers l'ouest en bordure de la côte méditerranéenne.

Grâce à ces territoires de chasse, les diverses ethnies de l'acheuléen supérieur et du moustérien ont pu se côtoyer pendant des millénaires et évoluer parallèlement sans perdre leur individualité. Les échanges entre ces groupes ont certainement été nombreux mais insuffisants pour noyer dans un même complexe l'ensemble des civilisations de l'acheuléen supérieur et du moustérien.

A Kostienki, près de Voronej (U.R.S.S.), l'étude des structures d'habitat a permis de localiser, en bordure d'une cabane principale, de petites fosses (à provisions?) renfermant des ossements de mammouths.

Les premiers hommes modernes : chasseurs et pêcheurs

De 30 000 à 8 000 ans avant notre ère, des groupes de chasseurs de grands herbivores se multiplient dans les plaines et les toundras de toute l'Europe. Un gibier varié figure au tableau de chasse des peuples des civilisations du paléolithique supérieur : renne, cerf, bison, bouquetin, cheval, et même rhinocéros et mammouth. Une chasse sélective était parfois pratiquée, et certains groupes n'abattaient que des rennes, d'autres que des chevaux.

A partir de 13 000 ans avant notre ère, pendant le magdalénien, l'homme invente un nouveau type d'arme de chasse particulièrement efficace : le propulseur. Celui-ci est composé d'un corps plus ou moins long et d'une extrémité munie d'une butée destinée à propulser une arme de jet avec une très grande force. Beaucoup d'entre eux étaient sculptés d'une figure animale, comme le propulseur au coq de bruyère du Mas-d'Azil ou celui au cheval cabré de la grotte de Bruniquel. De tels instruments sont restés en usage jusqu'à nos jours chez les Esquimaux et les Australiens.

Alors que, pendant le paléolithique inférieur et moyen, la pêche et la récolte des coquillages n'étaient qu'exceptionnelles, dans les civilisations du paléolithique supérieur, et surtout à partir du magdalénien, vont se développer les activités de pêche qui seront facilitées par l'invention du harpon ou la hampe barbelée de microlithes géométriques. De véritables

hameçons en os apparaissent dans le magdalénien moyen, il y a environ 14 000 ans.

Les derniers peuples chasseurs : le temps des archers

Après la dernière période glaciaire, vers 8 000 ans avant notre ère, le climat se radoucit et, dans les plaines de l'Europe, la forêt remplace progressivement la steppe. Les troupeaux de grands herbivores se réduisent et sont remplacés par le cerf, le chevreuil, le sanglier et une petite faune variée : lapins, oiseaux.

Les hommes des civilisations mésolithiques et les premiers peuples agriculteurs s'adaptent à ces nouvelles faunes qu'ils vont maintenant chasser au moyen d'une arme nouvelle : l'arc, qui est attesté par la présence de petites pointes de flèches en silex (microlithes géométriques, flèches tranchantes) et qui est même figuré dans l'art mésolithique du Levant espagnol. Le développement de la forêt a certainement favorisé l'utilisation de l'arc.

Certains groupes humains vont vivre presque exclusivement d'une récolte intensive de coquilles et de mollusques marins ou terrestres et de pêche.

Naissance de l'agriculture et de l'élevage

De 13 000 à 10 000 ans av. J.-C., un réchauffement général du climat dans le Bassin méditerranéen favorise le développement des céréales sauvages : orge, engrain, blé amidonnier, dans les zones semi-arides du Proche-Orient qui s'étend en contrebas des monts du Taurus et du Zagros, de la vallée du Jourdain au plateau iranien, en passant par le moyen Euphrate.

Dans cette région, à partir du Xe millénaire, des chasseurs-cueilleurs, les Natoufiens, exploitent de façon extensive les céréales sauvages, sans négliger la chasse à la gazelle et la pêche. Ils construisent les premiers villages, comme à Mallaha, dans la vallée du Jourdain, où ont été découverts des silos qui servaient à stocker les céréales sauvages. Dans cette région, la sédentarisation a précédé l'agriculture.

Les premiers cultivateurs

C'est dans les zones périphériques, moins riches en céréales sauvages, qu'apparaissent au VIIIe millénaire les premiers cultivateurs. Dès 7 800 ans av. J.-C., l'orge et l'engrain sont cultivés à Mureybet, dans la moyenne vallée de l'Euphrate en Syrie, l'orge, les pois et les lentilles à Tell Aswad, dans l'oasis de Damas, le blé amidonnier à Jéricho, dans la vallée du Jourdain.

On assiste alors à Mureybet comme à Jéricho à une extraordinaire explosion démographique et à une grande extension de la surface des villages. A partir de 7 000 ans av. J.-C., l'agriculture s'étend à tout le Proche-Orient semi-aride et, à partir de 6 000 ans av. J.-C., progressivement à tout le Bassin méditerranéen.

Le mouton, qui existait à l'état sauvage (*Ovis orientalis*) en Iran et en Anatolie, aurait été domestiqué dès le Xe millénaire à Zawi Chami-Shanidar, à la fin du VIIIe à Argissa, en Thessalie et dès le début du VIIe à Cayonü, en Anatolie. La chèvre, qui dérive de l'aegagre (*Capra hircus aegagrus*), est domestiquée à partir du début du VIIe millénaire, à Jéricho et dans de nombreux autres sites du Proche-Orient. Le porc est domestiqué dès le VIIe millénaire et le bœuf à partir du VIe. Le cheval ne sera domestiqué qu'à la fin du néolithique en Europe orientale (vers 3000 av. J.-C.) et au chalcolithique (vers 2500 av. J.-C.) sur les bords de la Méditerranée occidentale.

Ainsi on assiste, dans le Bassin méditerranéen, au passage progressif de l'économie des chasseurs-collecteurs à celle des producteurs de nourriture pratiquant l'agriculture et l'élevage.

A la fin du VIe et au Ve millénaire, l'économie de production favorisée par la navigation a envahi tout le Bassin méditerranéen, et en particulier la Méditerranée occidentale — Italie, sud de la France, Espagne, Portugal. L'Europe septentrionale n'accédera à ce type d'économie qu'à partir de la seconde moitié du IVe millénaire.

Parallèlement, d'autres régions du monde, très éloignées, ont constitué d'autres foyers de néolithisation, où l'économie de production a rapidement remplacé celle des chasseurs-collecteurs. Ainsi, dans l'Afrique sud-saharienne, la culture du mil a été mise en évidence à partir du VIIe millénaire. En Mésoamérique, la domestication des plantes, et en particulier du maïs, de la courge et du haricot, apparaît au VIIe millénaire dans les hautes terres du Chiapas (grotte de Santa Marta). En Chine, la culture du millet se développe à partir du Ve millénaire dans la civilisation de Yangshao, mise en évidence sur le site de Banpo, près de Xi'an (Shânxi). Dans l'Asie du Sud-Est, en Thaïlande, la culture du riz serait attestée à partir du IVe millénaire (civilisation de Ban Kao).

Il est particulièrement remarquable que l'homme moderne ait résolu le problème essentiel de sa survie, celui de la production de nourriture, entre le VIIe et le Ve millénaire, simultanément en de nombreux points du globe. Partout, ce nouveau mode de vie va entraîner une explosion démographique, l'extension des villages et très rapidement la naissance des premières cités.

Propulseur magdalénien du Mas-d'Azil (Ariège). Le chasseur place sa sagaie sur le propulseur muni d'un crochet à l'une de ses extrémités. Ainsi, en maintenant le propulseur dans sa main, il projette la sagaie avec une grande vitesse. Cet instrument, objet personnel du chasseur, présente quelquefois une sculpture de qualité exceptionnelle, comme cette tête de cheval.

L'homme à la conquête de la planète

Les hommes vont, rapidement, partir à la conquête du monde. Ils quittent ce qui semble être le berceau de l'humanité, l'Afrique orientale, pour parcourir l'Asie et l'Europe, puis l'Amérique, il y a seulement 30 000 ans.

Dans le grand fossé d'effondrement appelé vallée du Rift, qui déchire l'Afrique orientale depuis le lac Tanganyika, en Tanzanie, au sud, jusqu'à la vallée du Jourdain, en Palestine, au nord, en passant par le Kenya et l'Éthiopie, s'est produit au miocène, entre 15 et 7 millions d'années, un événement considérable dans l'histoire de la vie: l'acquisition de la station érigée bipède.

Sous l'influence d'un climat de plus en plus sec, la grande forêt disparaît progressivement de l'Afrique de l'Est et, autour des grands lacs qui ponctuent la vallée du Rift, se développe la savane arborée.

C'est dans ce paysage que les primates supérieurs, proches des grands singes actuels, acquièrent progressivement la station verticale bipède. A la différence de leurs ancêtres et de leurs proches cousins les grands singes, liés au milieu arboricole, ils ont définitivement abandonné la forêt pour s'adapter à une nouvelle niche écologique: la savane arborée. Leurs membres antérieurs, libérés des tâches de locomotion, s'associent au système cérébral, et c'est de ce dialogue entre le cerveau qui ordonne et la main qui agit que va naître, plusieurs millions d'années plus tard, la pensée réfléchie (voir p. 178-187).

Le premier hominidé a-t-il quitté la forêt parce qu'il s'était redressé ou bien s'est-il redressé parce que la savane a remplacé la forêt? Il semble que l'hominidé primitif peut être considéré comme un fruit de la sécheresse.

Ces premiers hominidés devaient constituer de petits groupes, éparpillés sur de vastes territoires, dans un paysage de savane arbustive, parcouru par de nombreux fleuves et semé de très grands lacs. La population totale de ces premiers groupes, de l'ordre de 1 habitant pour 70 à 160 km^2, ne devait pas dépasser 400 000 individus.

L'EXPANSION DES PREMIERS HOMMES

Il y a 2,5 millions d'années, avec les deux acquisitions fondamentales de l'invention de l'outil manufacturé et de l'apparition du langage articulé, débute la fabuleuse aventure de l'homme. Le territoire occupé par les *Homo habilis* va s'agrandir. Il s'étend non seulement à l'Afrique orientale et à l'Afrique australe, mais vraisemblablement à une grande partie du continent africain.

Capable de construire des campements de base, susceptible de s'installer dans des cavernes, il occupe des paysages plus variés et étend progressivement sa niche écologique. La population est un peu plus importante et l'effectif total est estimé à 500 000 individus.

Dès 1,5 million d'années, les *Homo erectus,* après avoir envahi tout le continent africain, vont pour la première fois quitter le berceau de l'humanité pour s'aventurer dans les zones tropicales et tempérées chaudes de l'Eurasie. Nous le retrouvons dans le Sud-Est asiatique, à Java avec les pithécanthropes, en Chine avec les sinanthropes, dans le sous-continent indien avec l'homme de la Narmada, et sur les rivages méridionaux de l'Europe (grotte du Vallonnet, dans les Alpes-Maritimes), avec les anténéandertaliens.

A partir de 700 000 ans, les hommes s'aventurent dans les zones septentrionales de l'Europe pendant les phases interglaciaires et chaudes du quaternaire. Nous les trouvons alors en Angleterre, en Belgique, en Allemagne, en Tchécoslovaquie. Pendant les périodes glaciaires, par contre, leurs habitats sont essentiellement localisés dans les régions méridionales.

La niche écologique de l'homme couvre de nouvelles zones climatiques, outre les régions équatoriales et tropicales, les régions tempérées chaudes de l'Ancien Monde. La population du globe est un peu plus importante, compte tenu de l'accroissement de la surface occupée par les hommes. Elle est de l'ordre de 700 000 individus.

LA CONQUÊTE DE NOUVEAUX TERRITOIRES

C'est à la limite nord des zones tempérées chaudes, en Chine (Zhoukoudian), en Hongrie (Vertesszöllös) et sur les rivages méditerranéens (Terra Amata) qu'*Homo erectus* domestique le feu il y a 400 000 ans (voir p. 190). Grâce à cette nouvelle invention, qui va lui permettre de s'adapter à des climats plus rigoureux, il ouvre à l'humanité de nouveaux territoires et pénètre alors pour la première fois dans les zones tempérées froides de l'Eurasie. Des habitats de l'*Homo erectus* ont été retrouvés jusqu'au 53e degré de latitude nord à Pontnewyd dans le pays de Galles, par exemple. La population mondiale est alors estimée à 1,5 million d'individus.

C'est l'homme de Néandertal qui le premier a su s'adapter, en Europe occidentale, aux conditions les plus rigoureuses du climat au cours de la première partie de la dernière période glaciaire (Würm ancien), donnant à l'humanité la possibilité d'accéder aux zones polaires. Des habitats spécialisés et confortables, comme la cabane de Molodova I, en Ukraine, lui permettent maintenant de survivre dans un environnement hostile.

Les hommes du paléolithique supérieur envahissent de nouveaux territoires et, pour la première fois, pénètrent dans les zones périglaciaires et les régions arctiques. Ils colonisent le nord-est de l'Europe et la Sibérie.

L'homme peut habiter maintenant sur le sol gelé permanent (permafrost). Ses acquisitions culturelles, construction de cabanes confortables, confection de vêtements ajustés et cousus, techniques de chasse améliorées, lui permettent de survivre dans le paysage particulièrement inhospitalier qui occupait alors les régions de latitudes moyennes et hautes de

1

Site KNM ER 3733, est du lac Turkana, Kenya (1), où a été trouvé ce crâne, daté de 1,5 million d'années, le plus ancien crâne d'*Homo erectus* actuellement connu (**2**). Sa capacité crânienne d'environ 850 cm^3 est légèrement plus élevée que celle des hominidés qui l'ont précédé. C'est à ces *Homo erectus* que l'on doit la conquête des zones tempérées et une expansion hors du territoire africain pour occuper peu à peu la surface de la terre.

2

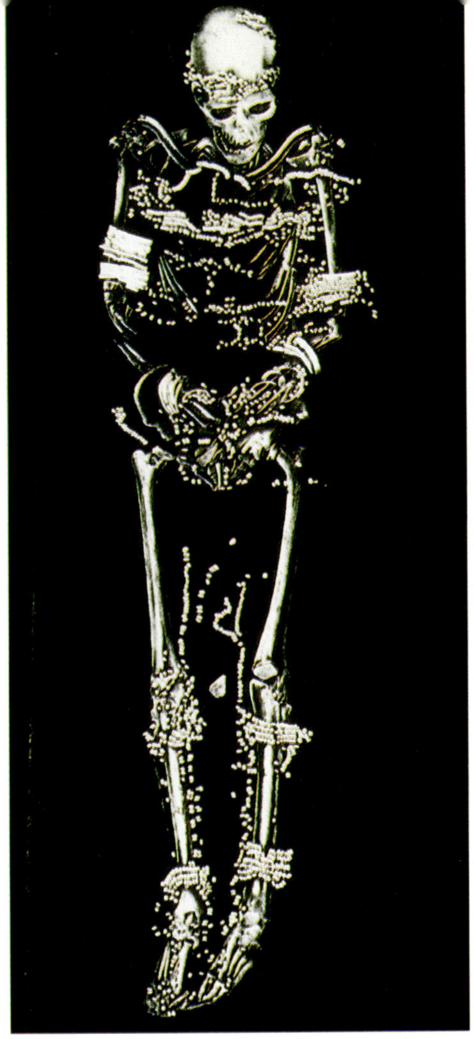

Individu inhumé à Sounguir (U.R.S.S.), d'époque gravettienne (environ 25 000 ans). Plus de 1 500 rondelles perforées en ivoire de mammouth, disposées en six rangées horizontales, le long des jambes et des pieds, suggèrent les vêtements: veste, pantalon et mocassins.

L'évolution démographique depuis 2,5 millions d'années

Chez les peuples chasseurs, les ressources naturelles représentées par la biomasse végétale mise à la disposition des grands troupeaux d'herbivores conditionnent le nombre d'individus au kilomètre carré.

Le besoin des hommes peut être comparé à celui des prédateurs, dont le régime alimentaire est proche du leur. La quantité énergétique journalière est comprise dans une fourchette de 2 000 à 3 000 calories. Ce qui permet d'évaluer la densité de la population dans une savane arborée riche en herbivores à un habitant pour 70 à 160 km^2.

Durant tout le paléolithique, la densité de population sur les espaces habités est restée très faible et de petits groupes d'hommes vivaient sur de vastes territoires. La chasse et la cueillette maintenaient les populations nomades en équilibre avec les ressources naturelles. La durée de vie était courte (elle dépassait rarement 25 à 30 ans) et la mortalité infantile était élevée. En 2,5 millions d'années, la population du globe a crû très lentement: elle est passée de 400 000 à 10 millions d'individus à la fin de l'ère des grands peuples chasseurs-collecteurs.

Chez les premiers peuples producteurs, la disponibilité de nourriture sur des surfaces réduites — stockage de céréales, troupeaux —, le changement de régime alimentaire, le mode de vie sédentaire provoquèrent à la fois un allongement de la durée de la vie et une baisse de la mortalité infantile, ce qui a entraîné une formidable explosion démographique. Naquirent alors de grands villages, des bourgades, puis des villes. En moins de 10 000 ans, la population du globe est passée de 10 millions d'habitants au début de la révolution agricole à un chiffre qui dépasse aujourd'hui 4 milliards d'individus.

l'Europe et de l'Asie du Nord. Ces régions connurent un important refroidissement climatique au cours duquel la température s'abaissa de 5 à 16 °C. Autour des fronts glaciaires, les zones périglaciaires désertiques prirent une grande importance, le froid et surtout l'assèchement du climat favorisèrent un important recul des forêts en même temps qu'une grande extension des espaces découverts qui permit le développement des grands troupeaux d'herbivores. Des lœss, limons calcaires très fins d'origine éolienne, se déposèrent alors dans les steppes froides et venteuses (bassin de Paris, Europe centrale, Asie centrale et Chine).

Face à ces difficultés et à cet environnement inhospitalier, l'homme moderne a fait front. Il s'est parfaitement adapté en prenant un nouvel essor culturel, caractérisé en particulier par l'invention de l'outillage en os, de la parure et de l'art: gravures, peintures et sculptures, qui témoignent du développement de la pensée symbolique (voir p. 198-203).

Les premiers hommes modernes osent s'aventurer loin des côtes, sur de frêles embarcations, et s'installent sur des îles encore inhabitées (Sardaigne) ou sur de nouveaux continents. D'audacieux navigateurs vont chercher des blocs d'obsidienne sur des îles lointaines pour la fabrication de certains outils.

Vers 35 000 ans, franchissant le détroit de Weber, large bras de mer de 80 à 100 km, les hommes modernes venus de la péninsule de la Sonde, extrême avancée du continent asiatique vers le Sud-Est, atteignent la terre de Sahul (ou Grande-Australie), continent qui reliait alors la Nouvelle-Guinée, l'Australie et la Tasmanie. Vers 30 000 ans, grâce à un pont continental, les hommes, partis de Corée, arrivent au Japon.

C'est aussi à pied sec, passant par la Beringie, bras de terre de 1 000 km de largeur, unissant l'Asie à l'Amérique, ou par l'Arctique recouvert de glace à cette époque, que les hommes modernes pénétrèrent, il y a plus de 30 000 ans, sur le continent américain.

Mises à part quelques îles de l'Océanie, à la fin du pléistocène supérieur, vers 8 000 ans avant notre ère, tous les territoires de la planète sont occupés par l'homme moderne. La population du globe pendant cette période a été estimée à 10 millions d'habitants, et la densité de ces derniers peuples chasseurs va s'accroître lentement.

Ce n'est qu'avec l'apparition, il y a quelques millénaires, des premiers producteurs de nourriture: agriculteurs et pasteurs, que se produira une véritable explosion démographique, faisant passer brusquement la population du globe de 10 millions d'habitants à 100 millions.

Le développement des activités de production, l'hyperconcentration des groupes humains dans certaines régions du monde où la nourriture produite par l'homme était plus abondante: Bassin méditerranéen, bassin de l'Indus, Mexique, vont infléchir progressivement la courbe de croissance de l'humanité, qui va passer de 200 millions d'hommes au 1er millénaire av. J.-C. à 500 millions au milieu du XVIIe siècle, à 1 milliard en 1800, à 2 milliards en 1940, pour atteindre aujourd'hui 4 milliards et peut-être, demain, en l'an 2000, près de 6 milliards d'individus.

MARIE-ANTOINETTE
ET HENRY DE LUMLEY

Le front d'extension du territoire humanisé

L'humanité a conquis progressivement la planète, à la manière de la tache d'huile qui se diffuse sur un buvard. Il y a quelques millions d'années à peine, aucun être humain n'était présent sur la Terre. Puis quelques groupes d'hominidés occupent la savane arborée de l'Est africain; ce sont de petits groupes d'une vingtaine d'individus. S'ils deviennent trop nombreux, le groupe se scinde et envahit les territoires voisins inoccupés. Par contre, lorsqu'il n'y a plus de possibilité d'expansion, le groupe doit s'autoréguler et rester en équilibre avec la nature.

Ainsi le territoire occupé par l'humanité primitive s'est progressivement agrandi à toute la planète. Lorsque les circonstances sont favorables, le front du territoire humanisé peut avancer de la longueur d'un territoire de chasse, c'est-à-dire 80 km par génération, soit 400 km par siècle, et 4 000 km par millénaire. Ainsi, par exemple, il a fallu moins de 4 000 ans à l'homme venu de Beringie pour se répandre à travers le territoire américain jusqu'à la Terre de Feu.

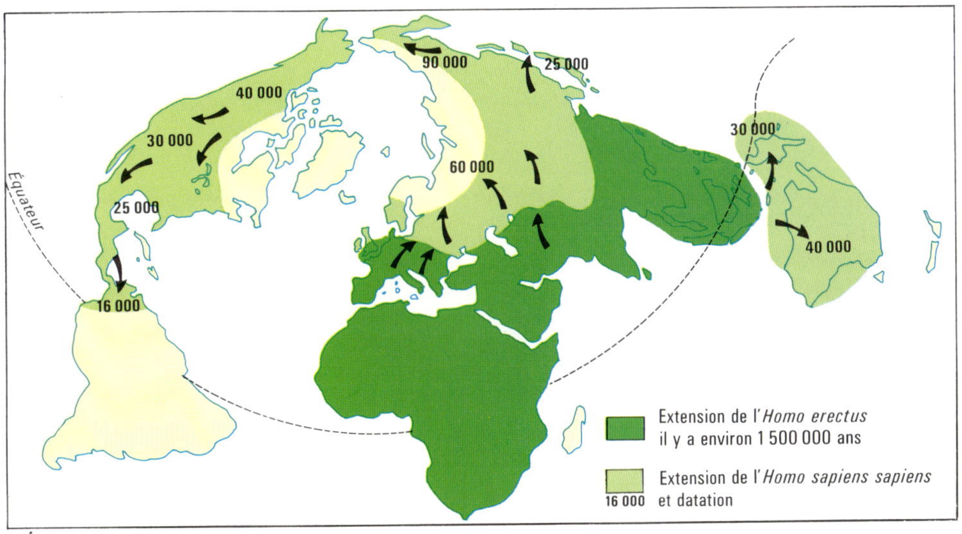

L'art paléolithique, un message codé

Blotti le long de hautes falaises dorées, entre Beune et Vézère, au cœur du Périgord noir, le petit village des Eyzies de Tayac se mue chaque été en capitale mondiale, celle de la préhistoire. Des dizaines de milliers de Français et d'étrangers viennent y visiter le richissime musée national de Préhistoire, les grottes, abris et sites ouverts au public, en plus grand nombre dans cette région que partout ailleurs.

A une trentaine de kilomètres en amont, à Montignac-sur-Vézère, la grotte de Lascaux a vécu pendant quelques années cet engouement populaire, cette passion pour l'art préhistorique — elle en a souffert et s'est refermée pour mieux se sauvegarder, mais sa réplique, récemment inaugurée, connaît un succès égal et largement mérité.

Pech-Merle et Cougnac dans le Lot, Niaux et Le Mas-d'Azil dans les Pyrénées ariégeoises, Isturitz en Pays basque, Altamira et le Castillo en Espagne cantabrique, et bien d'autres sites d'art pariétal paléolithique de France, d'Espagne et d'Italie, attirent aussi chaque année une multitude de visiteurs attentifs et intéressés, souvent bons connaisseurs de la préhistoire.

Incontestables centres touristiques, il est permis de se demander si toutes ces grottes, ces abris, ces salles de musée remplies de statuettes, d'outils et d'armes préhistoriques décorés ne sont pas également des lieux de pèlerinage. Qu'allons-nous y voir, y chercher, y comprendre? La beauté, le mystère, l'aube de nos religions et de nos arts, la source ancienne de nos pensées et croyances, de nos mythes et symboles? En un mot, l'archéologie de nous-mêmes?

S'interroger ainsi, c'est tenter de connaître, à travers l'activité symbolique des hommes préhistoriques, ce que furent l'art pariétal (peintures, gravures et sculptures dans les grottes et les abris) et l'art mobilier, celui des objets décorés, des statuettes.

Le plus souvent, le préhistorien étudie des vestiges, voire des restes dérisoires d'activités triviales, domestiques, telles des installations d'habitats: huttes, pavages, foyers, zones spécialisées dans le dépeçage des animaux chassés, dans le débitage des matériaux choisis pour confectionner armes et outils.

Par ailleurs, hors des sanctuaires ou des lieux de culte, les symboles sensibles des réflexions métaphysiques ou religieuses ne sont jamais abondants; quelques croix, des icônes, des masques. La probabilité de trouver les témoins de ces activités est infiniment faible par rapport à l'ensemble des faits archéologiques observables, c'est-à-dire conservés.

Ceci explique pourquoi les faits dûment analysés permettant de se référer aux comportements symboliques des hommes préhistoriques sont rares, et aussi pourquoi l'étude des grottes ornées est essentielle pour leur compréhension.

L'ÉVEIL AU SYMBOLE

La création d'images durables, inscrites sur ou dans la pierre comme pour durer, à l'inverse donc des dessins fugaces faits dans le sable pour être effacés après les jeux ou les rites, comme le font certains aborigènes australiens, cette invention est fort récente au regard de l'évolution des hommes depuis quelque 3 millions d'années: entre 30 000 et 40 000 ans pour les plus anciens témoins, souvent frustes; généralement moins de 15 000 à 20 000 ans sur tous les continents enfin conquis.

Cette modernité de l'acte de représenter correspond très exactement à la modernité du type humain: *Homo sapiens sapiens*. Parallèlement au développement du cerveau et à sa complexification croissante, notamment dans la zone frontale, se produit une sorte de libération de l'image, liée à un pouvoir nouveau d'organisation et de structuration symboliques. Les peintres et les graveurs de Lascaux et des autres grottes paléolithiques surent concrétiser, c'est-à-dire représenter, non seulement des animaux et des hommes, mais aussi des

Au fond d'une galerie latérale de la grotte de Lascaux (Dordogne), un dessinateur magdalénien a raconté l'histoire malheureuse d'un chasseur chassé. Le bison éventré charge l'homme; sa tête est rabattue violemment sur le côté; l'homme est bousculé, dérisoire, et, à gauche, un rhinocéros s'écarte, indifférent; mais un oiseau perché et un signe géométrique d'un type courant à Lascaux rendent ésotérique cette scène dramatique.

Quelques centaines de gravures forment aux Combarelles (Dordogne) une fresque impressionnante d'animaux, d'humains et de signes. Sur des vestiges d'un signe ponctué noir, un Magdalénien grava en détail un grand cheval dont la tête est fort expressive.

idées symboles sous forme de signes géométriques ou abstraits, en tout cas non figuratifs.

Avant l'apparition de l'art préhistorique proprement dit, les allusions graphiques symboliques dues à des *Homo sapiens neandertalensis* ou à des représentants anciens d'*Homo sapiens sapiens* sont modestes: séries d'entailles ou d'incisions sur os et sur pierre, parfois déposées en séquences rythmées, formant une sorte de système primitif de comptage; éléments de parure corporelle, vestimentaire ou domestique: perles, pendeloques, anneaux; utilisation d'ocre rouge pour certains sols d'habitat et des sépultures.

Des rites de la mort sont manifestes dans quelques-unes de ces sépultures de *sapiens* et de Néandertaliens antérieures à l'art préhistorique: outre l'ocre tapissant les parois de la cavité creusée ou aménagée, on a noté à plusieurs reprises des offrandes animales, voire des dépôts de fleurs; autant de signes symboliques renvoyant dans l'au-delà de la vie, dans le sur-naturel.

Jusqu'à présent, rien de comparable n'a été trouvé avant l'avènement des *sapiens*, c'est-à-dire au-delà de 100 000 ans. En ce sens, il y a ascension vers la création et l'utilisation de symboles, rituels et graphiques. Cette acquisition est étroitement liée à l'évolution du cerveau: en cela, elle est une expression culturelle parfaite de l'«hominisation», c'est-à-dire du processus évolutif propre aux différents types humains depuis *Homo habilis*.

NATURE ET ART PALÉOLITHIQUE

Chasseurs-collecteurs peuplant des paysages encore entièrement sauvages, les hommes du paléolithique supérieur ont réalisé un «art dans la nature», complètement différent des formes historiques de l'art occidental ou oriental, mais proche de certaines activités de peuplades indigènes d'Asie, d'Amérique, d'Afrique et d'Océanie. Les supports sont naturels: parois de grottes, d'abris le plus souvent calcaires; pierres, blocs ou plaques calcaires, mais aussi fréquemment schisteuses ou gréseuses (roches tendres aptes à recevoir des incisions, des gravures); peaux, ossements, ramures, dents d'animaux, très incomplètement et inégalement conservés, il est vrai.

L'utilisation de colorants minéraux naturels et de charbons végétaux, pour les dessins au trait et les peintures, d'outils de pierre pour les gravures et les sculptures, d'argile pétrie pour les modelages accuse encore davantage le lien avec la nature brute, source pure de vie.

LES ANIMAUX: UN THÈME PRIVILÉGIÉ

Dans la fameuse grotte de Lascaux, qui date du début de la culture magdalénienne, 17 000 ans avant nous, un seul être humain a été dessiné, de façon schématique, alors que nous avons décompté récemment près de 600 gravures et peintures d'animaux, dont 355 chevaux, 87 aurochs, 85 cerfs et 35 bouquetins, tous traités en style réaliste-naturaliste, c'est-à-dire selon des formes figuratives «objectives». Les aurochs de la Rotonde, gigantesques pour l'art préhistorique — jusqu'à 5,50 m de longueur pour l'un d'eux —, les chevaux de l'Abside de la Nef, du Diverticule axial, sont spectaculaires de beauté et de mouvement. Il faut descendre dans le puits pour y rencontrer le dessin hâtif de cet homme nu renversé par le bison dont il vient de percer les entrailles: une scène de mort, peu honorable pour le chasseur, placé à l'écart des grandes frises animales qui courent le long des axes de circulation ou d'accès dans la grotte. A la disproportion numérique énorme s'ajoute une disparité figurative patente: partout à Lascaux, l'animal domine, impose sa beauté ou sa puissance. Il en est de même dans les quelque 150 grottes ornées de l'aire franco-cantabrique, appartenant aux trois cultures d'*Homo sapiens* répandues principalement en Espagne septentrionale et en France méridionale: le gravettien, de 25 000 à 20 000 ans; le solutréen, entre 20 000 et 18 000; le magdalénien, de 17 000 à 10 000, jusqu'à la fin de la grande période glaciaire.

Dans Font-de-Gaume, près des Eyzies, mammouths, bisons, chevaux, rennes forment un ensemble magdalénien peint et gravé de tout premier ordre, sans figuration humaine. Rouffignac et ses mammouths, les chevaux gravés des Combarelles, les bisons dessinés de Niaux, ceux peints d'Altamira, les cerfs de Las Chimenas et les chevaux bichromes d'Ekaïn, les bouquetins et mégacéros de Cougnac, les chèvres sauvages d'Ussat, les bisons, rennes, chevaux des Trois-Frères et du Tuc-d'Audoubert sont également fameux et constituent l'essentiel figuratif des dispositifs pariétaux. Sur ce plan, il est exact de dire que l'art paléolithique, comme d'ailleurs la plupart des arts préhistoriques plus récents répandus dans le monde, est animalier.

DES CHEVAUX, DES BISONS, DES RENNES ET DES CERFS

Cependant, les Paléolithiques n'ont pas représenté tous les animaux qu'ils côtoyaient; ils ont opéré des choix, comme en témoignent leurs objets et les ensembles peints et gravés des grottes et abris.

Poissons, reptiles, batraciens, oiseaux sont rares par rapport à l'abondance des mammifères, tandis que les invertébrés sont quasi absents. On connaît tout au plus une fine gravure de sauterelle sur un os trouvé dans la caverne magdalénienne d'Enlène (Pyrénées). Il n'existe aucune représentation de mollusques, alors même que l'art de la parure déjà florissant atteste le ramassage, le troc, l'utilisation de coquillages marins et terrestres.

Au sein des mammifères, seules quelques espèces sont présentes, avec une préférence très marquée pour certains herbivores: les chevaux sont les plus nombreux sur les parois des grottes, mais, selon les cultures et les régions, il arrive que les bisons abondent et dominent même le bestiaire régional ou local et partagent avec les chevaux l'essentiel des thèmes animaliers choisis.

Les rennes sont fréquents dans l'art mobilier mais plutôt rares dans les grottes. Cette différence de traitement, lorsqu'elle est bien attestée au sein d'un même ensemble culturel correctement défini, montre que les rôles symboliques impartis aux objets et aux grottes étaient différents et distincts, tout en reposant sur des thématiques animalières largement communes. On sait que les rennes ont fourni aux chasseurs paléolithiques une source remarquable de nourriture et de matières premières — ramures et os pour les instruments, peaux pour les vêtements, au moins pendant les épisodes froids de la grande glaciation. Les migrations des troupeaux devaient rythmer et structurer en partie la vie des peuplades entre basses montagnes, collines et plaines. Les fluctuations numériques des représentations de rennes pourraient être corollaires de ces alternances écologiques.

Les cerfs sont souvent représentés (et de même consommés) lors de périodes plus tempérées; ils n'ont que rarement l'importance thématique et figurative des chevaux et des bisons dans les grottes. Par contre, en raison de la discrimination sexuelle facilement repérable à

⇧ La grotte aux 150 mammouths de Rouffignac (Dordogne) possède également quelques superbes dessins de rhinocéros laineux, parfois disposés en file entre un lit de rognons de silex et la base de la paroi.

⇦ Les têtes des propulseurs inventés par les Magdaléniens sont souvent sculptées, comme celle de cette pièce trouvée dans la grotte d'Enlène, dans l'Ariège, qui montre deux bouquetins en train de lutter.

l'absence ou à la présence de ramure, les représentations de cerfs sont pratiquement les seules de tout l'ensemble animalier paléolithique à nous renseigner sur les options figuratives des artistes en cette matière. Les signes sexuels secondaires des autres animaux représentés sont rarement identifiables, et les représentations dûment sexuées peu fréquentes (il s'agit alors de bisons mâles).

Les caprinés, bouquetins et chèvres sauvages, étaient liés aux reliefs montagneux, comme les Pyrénées, et aux zones accidentées, comme les Causses et une partie du Périgord. Dans ces régions, leurs représentations égalent, voire dépassent en nombre celles des cervidés, sans atteindre les fréquences des chevaux et des bisons.

Comme les rennes qui ont migré, les mammouths et les rhinocéros laineux, espèces disparues, ont servi à authentifier l'art préhistorique, à lui accorder une ancienneté encore inqualifiable au siècle dernier lors des premières découvertes. Les rhinocéros sont exceptionnels: Rouffignac en Périgord en recèle des spécimens véritablement remarquables. C'est aussi Rouffignac qui rassemble la majeure partie des mammouths pariétaux, en offrant sur plusieurs kilomètres de galeries quelque 150 de ces proboscidiens impressionnants, peints et gravés.

Les carnivores sont illustrés par des ours — l'ours brun — et des félins — le lion des cavernes, espèce fossile. Les pierres calcaires finement gravées de la grotte magdalénienne de La Marche (Vienne) supportent quelques très belles représentations de ces animaux, rares partout et pendant toute la durée de l'art paléolithique.

Les inventaires descriptifs des représentations pariétales et mobilières menés ces dernières années indiquent clairement des choix thématiques: l'art animalier paléolithique n'est pas le reflet de la faune existante ni celui de la faune chassée et consommée: il traduit un rapport complexe avec la nature; il est chargé de sens.

MAIS AUSSI DES HOMMES...

Toutefois, il ne faudrait pas sous-estimer le poids symbolique des représentations humaines en ne tenant compte que des données numériques ou des qualités figuratives enregistrées dans les grottes et sur les objets, largement favorables aux animaux.

En effet, non seulement le thème humain est généralement présent, mais il fut aussi affirmé dès les premières réalisations pariétales et mobilières au cours de l'aurignacien, entre 30 000 et 25 000 ans environ.

Plusieurs abris aurignaciens de la région de Sergeac, sur la Vézère, ont livré des blocs calcaires, peu mobilisables pour la plupart, portant profondément gravés des signes sexuels féminins (exceptionnellement masculins). D'entrée, la sexualité humaine est affirmée dans le domaine figuratif, et le restera jusqu'au magdalénien et par la suite. Cette différence de traitement symbolique entre les humains et les animaux est notable et caractérise le statut particulier de l'iconographie humaine.

Les représentations segmentaires de la main, très abondantes au cours de la préhistoire, témoignent également de ces propriétés figuratives des humains paléolithiques. A Gargas (Hautes-Pyrénées), des centaines de mains négatives (la couleur entoure l'ombre de la main sur la paroi) ont été peintes surtout en rouge et en noir, et groupées en panneaux. Au Pech-Merle, le couple célèbre de chevaux pommelés est cerné de mains négatives soigneusement exécutées.

Dans le lot de près de 120 gravures humaines complètes ou partielles sur pierres calcaires de La Marche, constituant un ensemble figuratif plus important que celui de chacune des espèces animales figurées dans ce site, ce qui est tout à fait exceptionnel pour l'art paléolithique, la plupart sont traitées selon des formes figuratives, en rapport assez étroit avec les données anatomiques. Ceci montre que les Magdaléniens savaient aussi représenter l'homme, malgré sans doute tous les obstacles psychologiques et les interdits culturels qui pouvaient intervenir. L'une de ces silhouettes humaines, un homme jeune, aux bras levés, ouvre des mains remarquablement bien dessinées, parmi les plus belles de toute l'iconographie paléolithique.

Cette qualité figurative et même esthétique n'est guère égalée dans les autres sites paléolithiques ou sur les objets offrant des images humaines gravées. Bien sûr font exception les fameuses statuettes féminines sculptées par des gravettiens (au-delà de 20 000 ans) dans des pierres diverses ou des ivoires de mammouth: plusieurs dizaines disséminées dans toute l'Europe de l'Atlantique à l'Oural et même au-delà, construites selon des canons plastiques élaborés. Beaucoup de ces «Vénus» furent découvertes trop tôt, à une époque où l'on ne tenait guère compte du contexte archéologique. La fouille moderne et attentive de l'abri du Facteur, à Tursac, en Dordogne, mit en valeur une de ces statuettes, admirablement sculptée en calcite: elle était déposée dans un recoin de l'abri et une offrande, une patte de bison, l'accompagnait dans son au-delà. Plus qu'un objet d'art, la Vénus de Tursac fut objet de culte.

Les dessins limités à la tête ne sont pas rares. A Lascaux, par exemple, le stock des 125 chevaux, gravés et peints, de l'Abside recouvre seulement 38 représentations complètes pour 39 dessins de têtes. Mais les têtes humaines sont doublement originales: beaucoup sont figurées de face et aucune ne peut prétendre à un réalisme figuratif fidèle; ce ne sont pas des portraits.

DES MONSTRES ET DES MASQUES...

Au contraire, les artistes magdaléniens ont à plusieurs reprises déformé les visages, les profils, jusqu'à les bestialiser comme pour confondre la bête dans l'homme. Une ambiguïté figurative surgit: elle renvoie aux quelques êtres composites et aux monstres des sites magdaléniens d'Ariège ou du Périgord, hybrides symboliques d'hommes et d'animaux, tels les sorciers et chamans régnant sur les âmes des hommes qui leur sont soumises.

Certains de ces êtres magiques sont composés de segments anatomiques correctement figurés. Seule leur réunion iconographique est aberrante: ce sont les trois «sorciers» de la caverne des Trois-Frères, avec leurs pieds, leurs jambes parfaitement humains, leur corps de bison, leur tête de bison ou coiffée de ramure, leur queue touffue et leur sexe de félin. D'autres sont des êtres purement fantastiques, sans référence réaliste, tels les «diablotins» gravés sur un bâton percé magdalénien de l'abri Mège à Teyzat, ou encore certaines silhouettes gravées de la grotte des Combarelles, plus simiesques qu'humaines.

Le glissement figuratif de l'iconographie humaine paléolithique vers ce qui n'est plus identifiable, ce qui est caché, est accentué par les représentations de «masques», ou plutôt de visages réduits à une structure élémentaire réunissant des yeux, un nez, parfois une bouche. Dans les grottes, cette évocation humaine réduite à l'essentiel de la vie — la vue — se confond avec le rocher ou la paroi choisis pour leurs formes déjà suggestives d'une face, d'un regard.

La dérive figurative des images humaines s'est opérée dans un autre sens: celui de la schématisation géométrique aboutissant à une abstraction de la forme telle que l'identification n'est assurée que par approches successives des étapes figuratives. Ainsi passe-t-on dans un même site — comme dans la grotte des Combarelles, en Dordogne, ou sur les quelque 300 plaques schisteuses du gisement magdalénien de Gönnersdorf, en Rhénanie, attestant le thème humain — de silhouettes féminines parfaitement reconnaissables à leurs jambes, fesses, tronc et seins (l'extrémité céphalique est le plus souvent éludée) à des signes losangiformes verticaux.

... ET SURTOUT DES SIGNES!

Généralement beaucoup plus petits que les animaux et surtout nettement moins spectaculaires et peu intelligibles, les signes paléolithiques, pariétaux et mobiliers, ont moins retenu l'attention des préhistoriens et du public. Ils sont pourtant passionnants à étudier tant ils sont nombreux — trois à quatre fois plus que les animaux dans les grottes — et variés — plusieurs dizaines de types distincts.

1

Les signes élémentaires présents dans toutes les cultures paléolithiques, mais surtout lors du magdalénien, se répartissent en deux familles: les signes ponctués et les signes linéaires. Le type «point» et ses dérivés par construction, comme les alignements simples, doubles, multiples, les groupes, sont abondants dans les grottes, généralement peints en rouge et dispersés dans les galeries. Cupules et cercles gravés paraissent leurs analogues, soit imprimés au doigt ou avec un instrument dans les sols argileux (grottes magdaléniennes des Pyrénées), soit alignés sur des manches d'instruments en os ou en bois de renne.

2

Les tirets, bâtonnets, barres et leurs composés, paires, séries de lignes parallèles, indifféremment peints ou gravés dans les grottes et abris, incisés sur des os et des pierres manipulables, sont aussi fréquents que les types ponctués, plus souvent insérés dans les panneaux figuratifs.

Les signes élaborés ou construits sont plus inconstants d'une région à une autre et d'une époque à une autre au sein même d'une grande civilisation comme le magdalénien en Europe occidentale, centrale et orientale.

Certains types, telles les «flèches», c'est-à-dire des signes linéaires et angulaires emboîtés, sont encore relativement communs à plusieurs cultures régionales. D'autres sont au contraire spécifiques d'une région bien circonscrite dans le temps et l'espace: les grands signes rouges en accolade du magdalénien cantabrique (Espagne), les

3

1. Il y a un peu plus d'un siècle, on qualifia d'«impudique» cette Vénus trouvée dans les fouilles de Laugerie-Basse, en Dordogne; d'âge magdalénien, cette statuette d'ivoire sans tête ni bras offre une silhouette élancée, opposée à celles des Vénus gravettiennes, ses aînées d'une bonne dizaine de milliers d'années, à l'obésité caractéristique.

2. Dans la grotte d'Altamira (province de Santander, Espagne), de nombreux signes ont été peints ou gravés sur le fameux plafond aux bisons, mais aussi dans les galeries. On note ici l'étroite association de ce grand signe complexe rouge avec la forme géométrique de son support.

3. Le docteur L. Pales déchiffra plus d'une centaine de représentations humaines sur les 1 500 pierres et blocs gravés de la grotte de La Marche (Vienne) surchargés de dizaines de milliers de traits finement serrés. Sur cette pierre, le profil humain tourné vers la droite est bien perceptible.

Les principaux types de signes paléolithiques pariétaux

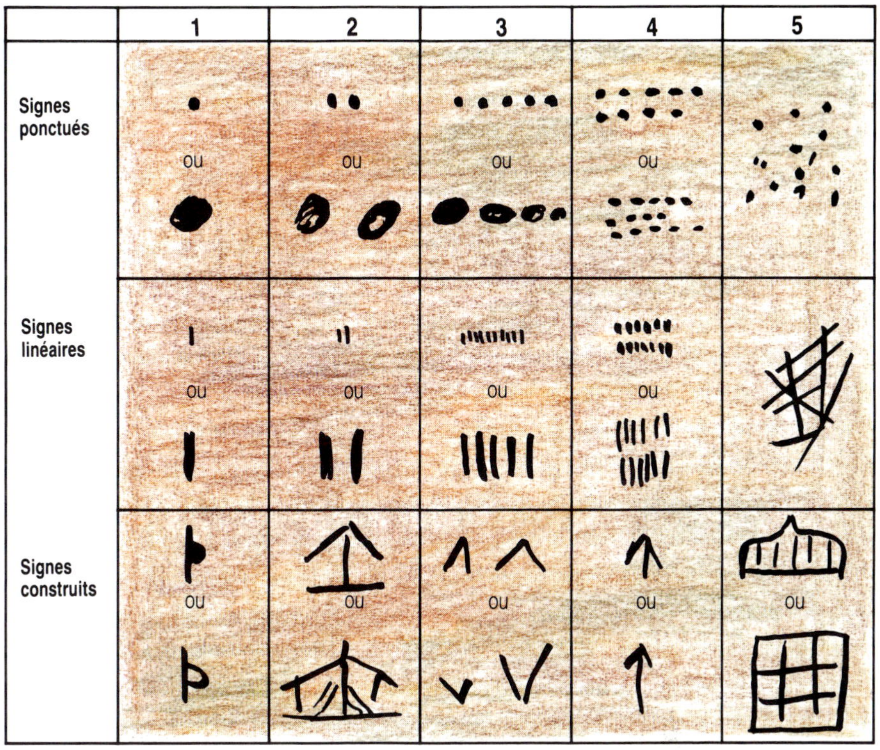

Cette classification élémentaire regroupe les principaux types de signes ponctués, linéaires et construits.

1
- point isolé ou tache isolée
- tiret court (gravé ou peint), bâtonnet peint
- claviforme à protubérance ou à boucle

2
- paire de points ou de taches
- paire de tirets ou de bâtonnets
- tectiformes

3
- alignement de points ou de taches
- alignement d'incisions courtes ou de bâtonnets
- signes angulaires

4
- doubles alignements de points
- doubles alignements d'incisions
- signes angulaires ou «flèches»

5
- nappe de points (ou taches)
- lignes croisées
- signes à remplissage géométrique

Ce signe tectiforme élaboré a été peint sur un grand bison rouge de la galerie principale de la grotte de Font-de-Gaume (Dordogne).

claviformes (en forme de massue ou de clé) peints ou gravés de l'Ariège madgalénienne, les tectiformes (en forme de toit, c'est-à-dire de hutte) des grottes magdaléniennes du Périgord, par exemple.

Ces types particuliers, ainsi que leurs liaisons originales avec d'autres signes et avec les animaux (et des humains), sont précieux, car ils nous servent d'une part à distinguer et à définir des ethnocultures, d'autre part à comprendre que l'art paléolithique est bien davantage qu'un art, qu'un ensemble de figures belles et émouvantes.

UN DISCOURS MUET

Comme des histoires sans paroles, il existe des scènes préhistoriques racontant des événements, chasse ou guerre, ou illustrant des gestes de danse ou de procession, par exemple. Ces récits en images sont fréquents dans les arts préhistoriques du monde entier, depuis quelques millénaires surtout; ils sont absents de l'art paléolithique, pariétal ou mobilier! Tout au plus pourrait-on mentionner l'histoire courte du chasseur chassé de Lascaux, histoire répétée trois ou quatre autres fois par des Solutréens et des Magdaléniens. L'art paléolithique n'est pas narratif, ni événementiel, ni commémoratif; il est structuré de façon purement symbolique, comme le montrent fortement les panneaux les plus complexes des grottes magdaléniennes.

Ces ensembles picturaux ou gravés furent composés des thèmes animaliers et abstraits selon des normes variables d'une ethnie à une autre. Ici, ce sont les bisons et flèches associées qui dominent sur les chevaux; là, ce sont ceux-ci, des chevrons et des cerfs; ailleurs encore, les tectiformes et les mammouths. Tout se passe comme si, au cours du paléolithique supérieur, les hommes, à partir des mêmes mots — les thèmes figuratifs et les signes élémentaires —, avaient construit des phrases simples, intelligibles pour eux tous, puis, peu à peu, les avaient enrichies de leur propre jargon, les signes complexes et les animaux rares, les humains composites, et finalement les avaient reformulées à leur manière.

L'étude de l'art pariétal et celle des arts mobiliers conduisent à identifier des ensembles régionaux, voire locaux — en effet, aucune grotte ornée n'est identique à une autre, chacune est originale; de même, les objets gravés magdaléniens que l'on trouve dans les grands sites-métropoles de La Madeleine en Périgord et du Mas-d'Azil en Ariège ne constituent pas des ensembles homogènes, même si bon nombre d'instruments sont communs.

Reconnaître les mots répétitifs et les expressions originales, considérer leur organisation symbolique en étudiant les répartitions spatiales, les fréquences de liaisons, de répétitions, c'est progresser peu à peu vers l'interprétation de ces discours perdus dans le temps de la préhistoire.

Malgré sa lenteur, cette méthode est plus sûre que toutes les paroles que l'on prête trop complaisamment à nos ancêtres pour dire ce que signifient leurs dessins. L'art paléolithique est beau mais discret, reflet le plus intime des pensées et des croyances des peuples chasseurs.

DENIS VIALOU

CHAPITRE 17

L'aube de la civilisation

Les grandes inventions du néolithique

Il y a plus de 5 000 ans, au moment où naissaient les premières villes, l'homme avait déjà inventé l'essentiel de ce qui forme notre civilisation: l'agriculture, l'installation fixe dans des villages, la métallurgie, l'organisation sociale basée sur la richesse et sur l'inégalité.

Des révolutions parallèles

L'homme a inventé, il y a plus de 5 000 ans, l'essentiel de ce qui constitue aujourd'hui encore notre civilisation. Il y a 5 000 ans, en effet, se produit cette révolution considérable — la plus importante, sans doute, de l'histoire de l'humanité: l'homme sort de la préhistoire, pour entrer dans l'histoire.

Certes, cela ne s'est pas fait en un jour et il conviendrait mieux d'utiliser un autre terme que celui de révolution. Comme toutes les grandes transformations qui ont marqué, au fil des millénaires, la longue épopée de l'homme, celle-là fut une lente évolution. Nos ancêtres se sont peu à peu arrachés à leur vieille condition de nomades chasseurs et cueilleurs pour cultiver la terre et se regrouper en villages, puis en villes. Ils ont, parallèlement, appris à maîtriser un nouveau matériau, le métal, qui leur a apporté, avec la richesse, toutes les inégalités.

Cette évolution s'est déroulée pendant cette période clé de l'histoire humaine qu'on appelle le néolithique. Elle a eu des conséquences immédiates sur l'organisation de la société. En perdant la liberté de courir le monde, l'homme adopte un statut nouveau qui va non seulement le lier à la terre, mais aussi susciter d'autres transformations, qui vont former les fondements de la société: l'accumulation de réserves, la richesse, le commerce, la plus grande diversité des occupations, les hiérarchies sociales, la guerre.

Pour les chasseurs nomades, dont le mode de vie s'est étendu sur la plus grande partie — plusieurs millions d'années — de l'histoire de l'homme, la possession de biens n'avait pas de sens. Comme ils se déplaçaient souvent, qu'ils fabriquaient sur place les outils de pierre dont ils avaient besoin, ils ne s'encombraient de rien. Ils voyageaient avec leurs peaux de bêtes et leurs pendeloques. Les enfants et les vieillards formaient déjà une charge bien suffisante.

Il est probable, d'après ce que nous apprennent les préhistoriens, que les premiers groupes de paysans, qui datent de 10 000 ans au Proche-Orient, de 7 000 ans chez nous, étaient organisés selon une économie communautaire. Si les stocks de nourriture existaient, ils étaient propriété du groupe, et l'entraide devait être la règle nécessaire à la bonne survie du groupe. Ne produisant très probablement que ce qui leur était nécessaire, ces premiers paysans ne pouvaient s'offrir le luxe d'une hiérarchie, d'une inégalité sociale basée sur la plus ou moins grande richesse de certains.

Mais il est certain que, dès cette époque, les aléas de l'environnement, les conditions climatiques changeantes vont permettre, certaines années, de faire des réserves, lesquelles vont préparer ce qui formera plus tard les richesses.

Les abris circulaires, découverts par l'archéologue français Jean Perrot à Mallaha, en Israël, forment les plus anciens vestiges d'un habitat permanent au Proche-Orient, 10 000 ans avant Jésus-Christ. Ces maisons rondes possédaient probablement déjà une charpente. Leur sol était partiellement dallé, les parois enduites de chaux et ornées de peinture rouge. Les hommes qui vivaient là étaient des chasseurs et des cueilleurs.

Les premiers villages

Cela se voit dans l'évolution, très rapide comparée aux lents progrès antérieurs, avec laquelle se transforment les villages des premiers agriculteurs. On a longtemps cru que cette sédentarisation avait été la conséquence de la transformation de la condition des hommes et de leur passage du statut de chasseurs nomades à celui d'agriculteurs attachés à une parcelle. En fait, tout semble montrer que les premières maisons, les premiers vrais villages sont antérieurs à l'invention de l'agriculture. Un archéologue français, Jacques Cauvin, a fouillé pendant une quinzaine d'années, sous des vents de sable très pénibles, par des températures qui descendent rarement, l'été, au-dessous de 40 °C, au bord de l'Euphrate, en Syrie. Là, à Mureybet, il a découvert les traces de l'une des plus anciennes maisons du monde.

Pourquoi l'homme s'est-il ainsi groupé? A-t-il dû se serrer les coudes face à des conditions extérieures plus difficiles? Il est probable qu'il a, au contraire, profité de l'abondance des céréales sauvages de la région, des poissons des fleuves et du gibier pour s'installer de façon plus continue dans une région qui lui apparaissait privilégiée.

A Mallaha, en Palestine, un autre chercheur français, le professeur Perrot, a découvert les traces d'une cinquantaine de huttes, groupées là il y a environ 11 000 ans. Mais ce sont encore des huttes très semblables à celles que l'homme avait appris depuis 300 000 ans à construire. La «maison» de Mureybet est très différente: elle a été construite avec des troncs d'arbres enfoncés solidement dans le sol et protégés par un petit mur d'argile. C'est bien là l'exemple clair d'une invention architecturale, différente de tout ce qui avait été fait précédemment.

Il faudra des milliers d'années pour que

1

cette installation en villages gagne l'Ouest, l'Europe. On trouve des maisons rectangulaires, bien alignées le long de ruelles, 5 000 ans avant notre ère, en Roumanie, en Tchécoslovaquie. Il semble que l'invention, comme celle de l'agriculture, ait suivi la vallée du Danube. On voit en France, dans l'Aisne, à Cuiry-lès-Chaudardes, les restes fort bien conservés d'un village d'agriculteurs, qui s'étaient installés là

2

3

1. On a retrouvé en plusieurs endroits des dessins montrant la vie des premiers paysans. Celui-ci, découvert à Main Cave, près de Johannesburg, en Afrique du Sud, traduit la façon dont les bovins étaient domestiqués.

2. Cette meule de pierre trouvée en Mauritanie est l'un des plus anciens instruments des premiers agriculteurs. Ils ne possédaient encore que des outils de pierre, pour cultiver leurs champs et écraser le blé.

3. Les maisons construites à Cuiry-lès-Chaudardes (Aisne) par les premiers paysans installés sur le sol français, il y a 6 000 ans, ont pu être reconstituées d'après les éléments trouvés sur le terrain.

il y a 6 000 ans, bien avant « nos ancêtres les Gaulois », avec les animaux qui étaient déjà leurs familiers: les chiens, les porcs, les moutons.

Il semble donc bien que la sédentarisation, comme l'agriculture, aient été des inventions qui ne sont pas nées d'un besoin, comme on l'a cru longtemps. Ces transformations essentielles de la condition humaine ont été décidées par les hommes eux-mêmes. Ce sont des manifestations de leur volonté, de leur esprit inventif: elles sont des preuves éclatantes que, désormais, la culture agit de façon déterminante sur le destin des hommes — cette culture étant, bien entendu, le fruit même de l'imagination créatrice.

Un grand voyageur

Ces techniques et ces inventions se sont répandues partout assez rapidement, car l'homme était déjà un grand voyageur. C'est à peu près à la même époque — 8 000 ans en arrière de nous — que semble avoir été découverte la navigation. Les hommes s'aventurent en Méditerranée, sur des embarcations qui ont disparu, pour peupler la Corse, la Sardaigne, les îles grecques, où l'on découvre les traces évidentes de ces conquêtes. Dès 7000 avant notre ère, l'île grecque de Melos envoie vers le continent ses pierres dures, et notamment de l'obsidienne noire qui se taille comme le silex et permet de faire des lames très fines qui seront les plus beaux couteaux de la préhistoire.

Ce n'est pas ainsi que l'homme a peuplé l'Amérique: il est simplement passé par le détroit de Béring, qui, il y a 50 000 ans, n'était qu'un pont de glace, en poursuivant probablement les mammouths, comme il avait l'habitude de le faire en Sibérie. L'homme trouva dans le nouveau continent un fabuleux terrain de chasse, jamais prospecté. Il y vécut facilement, descendant rapidement vers le sud, atteignant la Terre de Feu il y a environ 20 000 ans, comme l'attestent les silex qui y sont retrouvés.

Chose curieuse, ces « Américains » d'il y a 10 000 ans ont découvert, à peu près à la même époque, ce qu'inventaient leurs congénères européens: la domestication des animaux, la poterie, l'agriculture. On a trouvé au Mexique des pollens de plantes domestiques datant de 7 000 ans avant notre ère. Une preuve nouvelle, s'il en fallait, que ces inventions n'ont rien eu à voir avec des conditions localement difficiles, mais qu'elles étaient bien le fruit d'une évolution naturelle de l'esprit inventif de l'homme. On observe le même phénomène en Extrême-Orient, où le riz a été inventé à peu près en même temps que le blé, et certainement de façon indépendante, puisque toutes les grandes migrations se sont presque toujours faites d'est en ouest et non inversement.

L'homme a fait le chien

Il semble bien que le chien ait été le premier animal domestiqué par l'homme. Il y a très longtemps, 20 000 ans peut-être, que l'homme préhistorique s'est aperçu que de petits louveteaux, élevés avec la tribu, devenaient d'excellents auxiliaires pour les chasseurs. Ils savaient fort bien découvrir le gibier et l'attaquer. C'est donc bien l'homme qui a « fabriqué » le chien, en sélectionnant, au fil des siècles, les types de jeunes loups les plus aptes à vivre avec lui. La plus ancienne trace de chien retrouvée jusqu'ici est celle d'une grotte de Syrie qui remonte à 14 000 ans. On en a découvert d'autres au Japon, aux États-Unis, comme si, ici encore, on était en présence d'un phénomène qui s'est développé dans plusieurs régions à peu près à la même époque.

C'est probablement ce qui s'est produit aussi avec la domestication des autres animaux. On la date généralement de 9 000 ans avant nous. Il est probable que les chasseurs qui vivaient alors entre la Turquie et le golfe Persique ont pris l'habitude, peu à peu, de parquer des animaux en troupeaux — ânes, gazelles, daims, sangliers. Cela permettait de les utiliser mieux, sans avoir perpétuellement à courir à leur poursuite. Ils apprirent ainsi qu'il était préférable d'épargner les femelles, de laisser grandir les jeunes.

C'est probablement par une transition insensible, au fil des millénaires, que l'homme a complété son activité de chasse par celle de la domestication de certains animaux. En France, les premières traces de bœufs et de moutons domestiqués ont été retrouvées près de Marseille et sont datées d'environ 5 600 ans avant notre ère.

L'apparition de l'agriculture

Personne ne peut répondre avec précision à la question : « Comment a été inventée l'agriculture ? » Ce que l'on sait, à la lumière des fouilles faites dans ce Croissant fertile qui va du Caucase à l'Égypte, c'est que cette agricultre est apparue, au Proche-Orient, dans des régions privilégiées où l'homme s'était déjà installé dans des villages et vivait fort bien en chassant, en pêchant, en ramassant des graines et des fruits abondants.

Un développement lent

L'agriculture n'est donc pas née de la faim, d'un besoin pressant. Elle s'est développée lentement, à partir de ces graminées sauvages dont on a retrouvé trace en Irak ou en Syrie. Cette invention capitale a peut-être été un choix délibéré d'hommes qui n'avaient pas besoin de cela pour vivre. Un choix fait par des gens qui avaient pris le temps d'observer ce qui se passait autour d'eux, qui avaient peut-être compris qu'en jetant des graines sur un tas d'humus il en poussait des herbes qui, à leur tour, donnaient plus tard d'autres graines, en plus grande abondance. Des hommes qui voyaient peut-être dans ce nouveau moyen de subsister une façon de mieux organiser leur existence, dans une coopération plus forte. L'invention est-elle, comme certains le disent, le fait des femmes ? On ne le saura probablement jamais. Mais il n'est pas indifférent de constater que les premières statuettes de « déesses nourricières » retrouvées au Proche-Orient et dans les Balkans remontent à ces débuts de l'agriculture.

Cette agriculture, on l'a vu, semble être apparue presque à la même époque en plusieurs endroits du monde : au Proche-Orient, les premiers champs cultivés donnaient du blé, en Chine du riz, en Amérique du maïs. On sait aujourd'hui qu'elle est parvenue chez nous par deux voies. L'une a suivi le Danube pour aboutir dans l'est de ce qui devait devenir la Gaule. L'autre est passée par la Méditerranée et a donné naissance aux premiers paysans provençaux.

Une nouvelle façon de vivre

Peu à peu, l'agriculture va transformer à la fois les hommes et leur milieu. Non seulement le paysan est attaché à sa terre, mais il a besoin de main-d'œuvre et il est essentiel pour lui que l'entraide existe dans le groupe où il vit, pour parer aux désastres naturels. Les premières sociétés paysannes furent donc basées sur la communauté de vie et de biens, sur le partage des animaux et des terres. Il faut aussi que l'agriculteur connaisse bien la nature, qu'il sache observer les nuages, calculer le retour des saisons : la vie paysanne a préparé l'esprit scientifique.

Mais les paysans doivent aussi, peu à peu, déboiser autour d'eux, pour conquérir des terres nouvelles au fur et à mesure que leurs champs s'épuisent. L'agriculture fait de l'homme le destructeur de la forêt qu'il respectait jusque-là : il commence cette lente dégradation de l'environnement qu'il n'a cessé depuis de poursuivre.

La première métallurgie

⇧ **Cette jarre en bronze, ornée de cordons,** a été découverte dans le tumulus de Magny-Lambert, en Côte-d'Or. Elle date de l'âge du fer et traduit l'art des ferronniers européens qui vivaient il y a 3 000 ans.

Les premiers objets de métal dont l'homme s'est servi n'ont été ni des outils ni des armes. De ce côté, il avait tout ce qu'il lui fallait, en os, en pierre, en bois. Lorsqu'il découvrit, dans le lit d'un torrent, une pépite d'or ou un mince filon de cuivre natif dans le creux d'une montagne, l'homme du néolithique fut probablement séduit par le brillant, la beauté de ces métaux, dont il fit tout naturellement des parures, des bijoux. On a retrouvé en Iran, en Turquie, des perles, des alênes, des épingles faites avec ce cuivre natif et cet or des torrents.

Une invention mystérieuse

La véritable métallurgie commence avec l'extraction du cuivre à partir des pierres bleues et vertes qui en forment le minerai. C'est là une des plus mystérieuses inventions de l'humanité. Car il n'y a rien de commun, en apparence, entre ces cailloux et le métal qu'ils contiennent. Le mystère qui entoure le rapprochement qu'en firent les hommes du néolithique ne peut se comparer qu'avec la graine placée dans le sol et la plante, si différente, qui en sortira plus tard. Dans les deux cas, aucun raisonnement, aucune évidence ne peut guider : il faut imaginer soit un heureux hasard, soit une longue et patiente expérimentation.

On a dit que l'homme, qui savait cuire l'argile dans des fours pour faire des poteries, a pu jeter par inadvertance un morceau de minerai dans un four de potier. Mais la chaleur d'un tel four ne dépasse généralement pas 700 °C, alors qu'il faut atteindre 1 000 °C pour que le cuivre s'échappe de sa gangue minérale. Il faut donc imaginer que les hommes, curieux et déjà expérimentateurs, ont jeté des pierres dans les fours, mais qu'ils ont aussi trouvé des moyens d'accroître la chaleur de ces fours. On a retrouvé de petits entonnoirs d'argile, dont on s'est longtemps demandé à quoi ils servaient, avant de comprendre qu'ils formaient les embouts de soufflets de cuir avec lesquels les potiers accéléraient la combustion dans leurs fours et en augmentaient ainsi la température.

Quoi qu'il en soit, la métallurgie du cuivre était acquise il y a 5 000 ans et était devenue

Les premiers bijoux connus ont été en or et en cuivre, ces deux métaux étant trouvés à l'état naturel sous forme de filons ou de pépites, il y a 8 000 ans. Cette lunule d'or a été trouvée à Saint-Potan (Côtes-du-Nord) et est plus récente. ⇨

⇦ **Les populations de la culture de Fontbouisse** (Gard) qui ont fabriqué ce joli vase furent parmi les premières à pratiquer en France la métallurgie du cuivre. On trouve encore les restes de leurs villages, parfois forts de 50 maisons, dans la garrigue languedocienne.

Cette faucille, faite de bois et de pierre, qui se trouve au musée d'Oslo, en Norvège, permettait aux premiers paysans d'il y a 5 000 ans de récolter avec beaucoup d'efficacité les céréales qu'ils cultivaient.

Ce squelette de femme âgée enterrée avec un petit canidé (chien ou loup) sur l'échine duquel elle pose une main affectueuse a été retrouvé à Mallaha, en Galilée. C'est l'une des premières preuves de la vieille relation qui existait entre l'homme et le chien, probablement domestiqué à partir du loup il y a 12 000 ans.

un artisanat actif: on en trouve trace dans tout le Moyen-Orient. Elle arrive bientôt en Europe. Les objets de cuivre semblent avoir un succès immédiat: ils prennent la place d'apparat et deviennent, en priorité, possession des chefs. Ce furent les premiers attributs des premiers seigneurs.

Du forgeron au soldat

Peu après, une invention va donner à la métallurgie une importance nouvelle: celle du bronze. Le bronze naît lorsqu'on utilise un minerai de cuivre contenant une impureté, comme l'arsenic ou l'étain. Le résultat est un métal plus résistant, qui s'aiguise et se moule. Le bronze va donner naissance à des armes plus meurtrières, haches et surtout épées — les premières armes spécifiquement faites pour la bataille entre hommes, pour la guerre.

Ce n'est pas un hasard si cette épée devient le symbole de l'ordre établi, de la puissance, de la classe possédante. Avec l'extension des métaux se développe rapidement l'inégalité qui va susciter la convoitise. Les brigands vont chercher à s'emparer des lingots des riches, lesquels s'organisent, engagent des mercenaires. La vie calme des premiers paysans est finie: l'humanité, en quelques millénaires, va basculer de façon irréversible. Le forgeron va faire naître le soldat, le tueur.

Car le métal va rendre la richesse à la fois plus évidente et plus facilement stockable: les lingots sont faciles à transporter. Les objets d'art deviennent les signes de l'opulence. Les premières monnaies seront bientôt des façons commodes pour les souverains et les seigneurs d'assurer leur puissance et de pressurer leurs sujets pour stocker les richesses.

L'arrivée du métal coïncide avec encore d'autres transformations dans la façon de vivre des hommes: dans la mort aussi, la convivialité, l'humilité, la communauté disparaissent au profit de l'inégalité et de l'individualisme. Les tombes deviennent celles du mort isolé, accompagné parfois d'une partie de ses richesses, voire de quelques-uns de ses esclaves, sacrifiés. Ce sont ces tombes qui nous offrent les trésors (objets d'apparat, bijoux) de cet âge du métal d'il y a 6 000 ans.

C'est avec le fer que la métallurgie prendra réellement son développement universel. Mais il faudra attendre, pour cela, qu'on imagine encore une invention complexe: celle qui consiste à battre le fer sorti du four et à le réchauffer en présence de charbon de bois, afin que le carbone fournisse au fer une dureté exemplaire, en le transformant en un métal proche de l'acier.

L'écriture : l'histoire commence

Avec l'écriture, la préhistoire cesse et l'histoire peut commencer. L'invention de l'écriture, faite par les Sumériens il y a 5 000 ans, a permis à la culture, déjà acquise depuis longtemps avec la fabrication des outils de pierre, de se développer de façon fulgurante ; elle a aussi permis la naissance de la littérature, de la science, des mathématiques.

Cette célèbre statue de Goudéa, prince de Lagash, qui se trouve au musée du Louvre, à Paris, est couverte des premiers signes d'écriture, celle des Sumériens, qui inventèrent, il y a 5 000 ans, l'écriture, et firent ainsi sortir les hommes de la préhistoire pour les faire entrer dans l'histoire. Les gens de Sumer ont commencé par créer des pictogrammes, des dessins stylisés, puis ils les ont transformés en signes traduisant des sons, ancêtres de nos lettres. Au début, l'écriture était le privilège, jalousement gardé, de scribes, au service des princes et des prêtres.

L'invention de l'écriture a été, pour la culture humaine, un instrument capital. Avec elle, l'acquis d'une civilisation peut être conservé, plus sûrement que par la transmission orale. La littérature, la poésie, le théâtre vont pouvoir fleurir. Mais ce n'est pas cela qui a poussé les hommes du pays de Sumer, qui vivaient en Mésopotamie, il y a 5 000 ans, entre le Tigre et l'Euphrate, là où se trouve aujourd'hui l'Irak, à inventer l'écriture.

L'écriture est probablement dérivée, très prosaïquement, des comptes que les prêtres des temples des grandes villes sumériennes, comme Babylone, devaient faire pour justifier des offrandes des fidèles. Ou de ceux des commerçants, qui devaient indiquer sur leurs connaissements la nature des marchandises qu'ils envoyaient.

DU LANGAGE A L'ART

Mais l'écriture est aussi la suite logique de deux acquis fondamentaux de l'homme. Le premier est le langage, qui remonte probablement très loin dans le temps : on ne peut dire avec précision à quel moment il est apparu. Il est probable que les hommes ont toujours su communiquer entre eux avec une sorte de langage rudimentaire. On pense que le langage articulé, proche du nôtre, a pu naître il y a quelques centaines de milliers d'années. L'autre acquis est l'art, par lequel l'homme a ressenti le besoin, un peu plus tard, d'inscrire des signes sur les murs des cavernes. Ces graffiti, ces animaux admirablement stylisés étaient un pas vers l'écriture.

La preuve en est que les premiers caractères que l'on connaisse, les cunéiformes des Sumériens, ainsi nommés parce qu'ils semblent avoir été faits avec un coin dans l'argile, dérivent directement des idéogrammes, des pictogrammes représentant des animaux et des objets. Cette écriture était, en fait, tracée avec un calame, un roseau taillé en biseau, dans l'argile fraîche de petites tablettes rectangulaires, dont on a trouvé des dizaines de milliers dans les ruines des villes enfouies dans le désert de sable de ce qui était la Mésopotamie. Ces tablettes nous ont appris l'histoire de la première civilisation du monde, celle avec laquelle, il y a 5 000 ans, l'histoire est née.

L'ÉCRITURE EST NÉE A SUMER

Jusque-là, on croyait que les Égyptiens et les Chinois avaient été les premiers civilisés. Avec la découverte des villes sumériennes et de leur écriture, l'histoire a reculé de 2 000 ans en arrière. Il y a un peu plus d'un siècle que l'on sait déchiffrer cette écriture cunéiforme.

Ce n'est pas par hasard que cette écriture est née à Sumer. Car c'est là que naquirent les premières grandes cités organisées comme le seront par la suite toutes les cités du monde avec leurs temples — des pyramides appelées ziggourats —, des palais où vivait le monarque, et toute une hiérarchie de population, allant des courtisans et des hauts dignitaires aux esclaves, en passant par les commerçants, les artisans, les artistes, et cette corporation qui prit rapidement une importance considérable : les scribes.

Qui étaient ces Sumériens ? Il est malaisé de le dire avec précision. Ils venaient probablement des montagnes du Caucase ou de Turquie. Ils développèrent une civilisation en profitant à la fois des circonstances favorables d'un environnement riche en nourriture et de l'ingéniosité de gens inventifs et créateurs, capables de transformer des villages en villes, des groupes en une civilisation vivante et complexe. Ces hommes d'il y a 5 000 ans nous remplissent d'admiration, car ils ont inventé la plupart des éléments qui forment notre propre civilisation : la religion, les lois, d'innombrables règles pour organiser la vie de la cité ; l'épopée, avec l'immense chant de Gilgamesh, ce héros qui précède de trois millénaires les grands héros des poètes et des tragiques grecs. Ils furent aussi des astronomes, imaginèrent un système du monde, observèrent les astres et les comètes.

Leur façon de voir fut reprise par toutes les civilisations qui se succédèrent sur les bords de la Méditerranée et dont la nôtre est directement dérivée — qu'il s'agisse des très anciennes traditions hébraïques ou de la culture grecque. Bien avant les juifs et les chrétiens, les gens du pays de Sumer ont bâti un panthéon de divinités complexes et organisées. Leur civilisation a irradié tout ce qui existait à l'époque comme cultures.

Cette richesse nous fait davantage regretter de ne rien posséder sur d'autres peuples dont nous exhumons les traces, au Proche-Orient ou dans la vallée de l'Indus, dans les Balkans ou en Turquie, peuples dont nous ne savons presque rien, car ils n'avaient pas d'écriture. Peu importe que cette écriture soit absente si la tradition orale persiste jusqu'à nous : des spécialistes nous racontent les récits, les poèmes, les chants, les mythes, les lois des peuples qui vivent, aujourd'hui encore, sans écriture. Mais comment connaître les cultures qui ont disparu si elles n'écrivaient pas ? Comment comprendre les hommes qui ne nous ont pas légué leurs prières, leurs légendes, leurs comptes ?

Il a existé de très nombreuses sociétés avant l'histoire qui sont ainsi à jamais perdues pour nous. C'est dommage, car de même que nous

1

Les premières traces d'écriture que nous possédons sont les tablettes d'argile sur lesquelles les scribes de Sumer traçaient leurs signes cunéiformes (en forme de coins) avec la pointe taillée en biseau d'un roseau. On a retrouvé, dans les ruines de Babylone et des autres cités sumériennes, des milliers de ces tablettes (**1**). Elles nous racontent en détail la vie quotidienne des Sumériens et nous apprennent comment ils avaient inventé l'essentiel des fondements de notre civilisation. On y voit, en effet, l'installation d'une société fondée sur l'inégalité sociale, la hiérarchie. On y découvre aussi la première littérature du monde, le premier panthéon, et même une cosmologie, un système du monde, basé sur les observations astronomiques de ces hommes qui furent de grands créateurs. Rapidement, l'écriture cunéiforme va évoluer (**2**) pour donner naissance à l'alphabet phénicien, d'abord, puis à l'alphabet grec.

A la différence des Sumériens, les Égyptiens ont créé, il y a 3 000 ans environ, une écriture faite de 700 à 800 signes. Le secret de leurs hiéroglyphes fut bien gardé jusqu'à ce qu'il soit découvert par Champollion, au prix d'une vie de labeur. C'est en 1808, alors qu'il n'a que 18 ans, qu'il s'attaque au texte copié sur la célèbre «pierre de Rosette», restée en terre pendant 2 000 ans, et qui contient le même décret, gravé sur du basalte au IIe siècle avant notre ère par des prêtres égyptiens, en leur langage, mais aussi en grec et en démotique. Les signes égyptiens contiennent à la fois des idéogrammes qui représentent des objets ou des êtres vivants (ci-dessus: papyrus extrait du *Livre des morts*), mais aussi des signes alphabétiques (ci-dessous). Ils avaient donc inventé l'alphabet que les Phéniciens avaient créé, de leur côté, à partir des signes dérivés des cunéiformes sumériens. L'écriture, ainsi née au Proche-Orient, va passer d'est en ouest et gagner toute l'Europe avec les caractères latins et cyrilliques, avant d'essaimer vers la Chine et l'Arabie.

sommes, biologiquement, dans la descendance de tous les animaux qui ont vécu sur la Terre depuis que la vie y est apparue, de même notre culture et notre civilisation sont redevables à toutes celles qui les ont précédées.

UN MOUVEMENT QUI S'ACCÉLÈRE

Avec l'écriture, l'évolution des hommes va s'accélérer: elle va s'éloigner encore davantage de celle, biologique, des autres êtres vivants pour devenir de plus en plus spécifique, de plus en plus culturelle. L'écriture a facilité le développement des sciences, d'arts nouveaux, de la littérature aux mathématiques. Elle va ouvrir la culture à un nombre plus grand d'hommes, à mesure que les scribes ne formeront plus une caste à part, mais que chacun va apprendre à écrire et à lire.

Certes, près de deux mille ans vont encore séparer l'invention de l'alphabet — que l'on attribue aux Phéniciens, autour de 1500 avant notre ère — et le siècle de Périclès, qui vit la gloire de cet esprit grec auquel nous devons tant et qui apparaît comme l'un des grands éclairs de civilisation, avec les tragiques Sophocle et Euripide, Hippocrate, père de la médecine, Phidias, le grand sculpteur, Socrate, prince des philosophes. Mais le grand mouvement est lancé et il ne fera que s'accélérer au fil des millénaires, puis au fil des siècles. Mais, encore une fois, si l'on regarde les grandes inventions qui ont marqué le destin des hommes, elles étaient inscrites dans la première civilisation du monde, celle de Sumer. Cette première civilisation historique, essentielle par sa diversité et par sa situation charnière, entre cette époque passionnante du néolithique, où se firent les grandes inventions de l'agriculture, de la métallurgie, de la sédentarisation, et tout ce qui allait inexorablement conduire à nous, au travers des Grecs et des Romains.

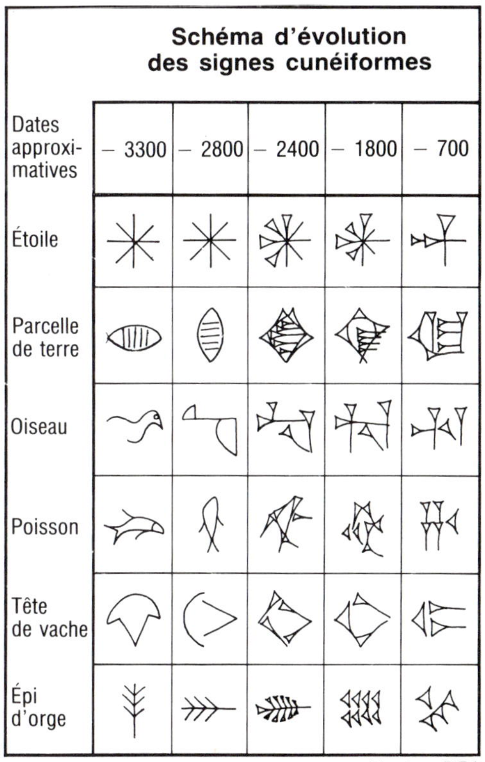

2

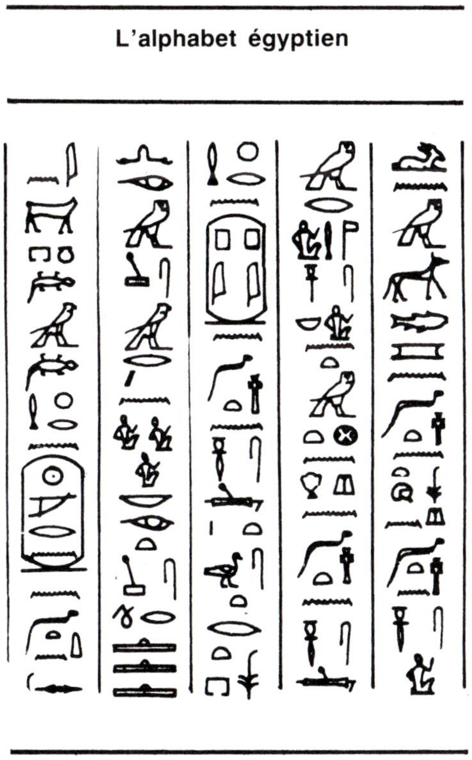

(dessins : B.R.)

L'avenir de l'homme

La déjà très longue histoire de la vie, qui dure depuis près de 4 milliards d'années, s'achèvera-t-elle avec l'homme — ou ne sommes-nous qu'un phénomène qui s'effacera comme d'autres espèces, avant nous, ont disparu? L'homme n'existe que depuis quelques millions d'années, ce qui est peu dans le cadre de l'évolution. Mais, contrairement à d'autres espèces vivantes, l'homme possède la clé de son destin: notre avenir dépend de nous.

Notre cerveau contient au moins 10 milliards de cellules nerveuses, reliées les unes aux autres par dix fois plus de connexions (**1**). Nous ne savons pas encore comment fonctionne notre cerveau. Nous ne pouvons donc pas encore l'imiter et produire des machines intelligentes, bien que nous soyons déjà capables de produire des circuits d'ordinateurs qui contiennent des milliards d'éléments et qui sont pourtant si petits qu'ils tiennent dans le chas d'une aiguille (**2**).

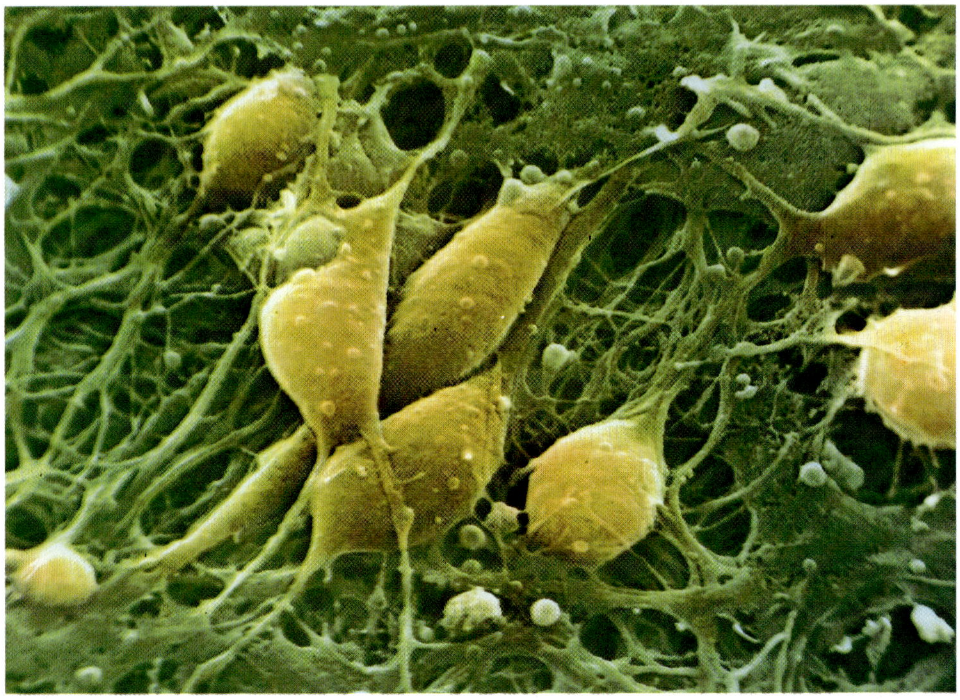

1

La longue histoire de la vie, qui a connu déjà bien des péripéties, s'achèvera-t-elle avec l'homme, ou continuera-t-elle après que notre espèce aura disparu? L'espèce humaine existe depuis quelques millions d'années, ce qui n'est rien à l'échelle géologique. D'autres ont vécu bien plus longtemps, 300 millions d'années pour les dinosaures — ou les cœlacanthes, qui existent toujours aujourd'hui.

La durée n'est donc pas un atout de survie pour l'homme. Darwin a établi, il y a un siècle, que les espèces vivantes formaient une grande chaîne. Il a laissé clairement entendre qu'au sommet de cette courbe ascendante se trouvait l'homme — qui apparaissait ainsi comme l'aboutissement de l'évolution. Les biologistes d'aujourd'hui ne sont plus d'accord, dans leur grande majorité, avec cette interprétation. Ils affirment que l'évolution n'a pas de but et qu'elle est guidée par le seul hasard.

Mais des observations sont troublantes. Comment se fait-il que les êtres, au fil des millénaires, se complexifient? Pourquoi l'évolution va-t-elle toujours du plus simple vers le plus compliqué? Même si l'on admet que cela n'est qu'une série de hasards heureux — ce que démontrent très bien les biologistes, puisque l'évolution est le résultat de mutations et de transformations de l'environnement également aléatoires —, on peut se poser la question de savoir si cela va se poursuivre dans le même sens. La nature va-t-elle faire en sorte que l'espèce humaine se perfectionne encore? Sera-t-elle remplacée par une autre espèce, plus évoluée?

UN ANIMAL PAS COMME LES AUTRES

Cette réflexion, apparemment sans faille, est faussée dès le départ. Car l'homme n'est pas un animal comme les autres: il a rompu avec le schéma traditionnel de l'évolution biologique. Il est possible que notre organisme continue à se modifier, depuis le jour où, il y a quelques millions d'années, notre ancêtre s'est dressé plus souvent sur ses pattes arrière et a eu l'idée géniale d'utiliser ses mains non plus pour marcher mais pour fabriquer des outils. Mais si notre corps change, nous ne nous en apercevons guère: les anatomistes affirment que nous ressemblons, trait pour trait, à l'homme de Cro-Magnon, qui vivait il y a 35 000 ans.

En réalité, cette évolution biologique, si elle se poursuit, est extrêmement lente et se trouve occultée par une autre évolution, bien plus importante: celle par laquelle l'homme a acquis et développé la culture. Par cette acquisition, qui comprend le langage articulé, une vie sexuelle et sociale différente, la domestication du feu, la pensée consciente, la faculté d'idéaliser des concepts et de construire des outils dans la tête avant de les réaliser, par tout cet ensemble culturel, apparu dès les âges préhistoriques, l'homme s'est radicalement différencié de toutes les autres espèces vivantes. Il est le seul être qui ait su se libérer de la contrainte d'obéir à la règle fondamentale de l'évolution, par laquelle les espèces se modifient en fonction de leur environnement.

L'homme s'est dégagé de cette loi primordiale de la nature en inventant des moyens de résister à ces changements du milieu, d'en être indépendant. Face à l'arrivée du froid, il a cousu des vêtements de fourrure; devant la raréfaction du gibier, il a couru le monde à la recherche de proies nouvelles et a imaginé des façons originales de se nourrir. Plus tard, il inventera l'agriculture, domestiquera les animaux, construira des villes, imaginera une société, maîtrisera les métaux, la céramique, le verre, la roue. A chaque problème que lui posera l'environnement, l'homme répondra avec son intelligence et son esprit créateur, trouvant des solutions originales qui le distancieront de plus en plus des animaux et lui assureront des chances de survie, quelles que soient les modifications du milieu.

SURVIVRE GRÂCE A LA CULTURE

Nous en sommes là. L'évolution de l'homme est désormais culturelle. L'avantage en est considérable: le plus astucieux animal ne peut pas espérer transmettre à sa descendance ce qu'il aura appris pendant sa vie, sinon en montrant à sa progéniture quelques gestes importants, sans avoir la notion qu'ils pourront être acquis et transmis ensuite. L'homme, tout au contraire, possède cet avantage essentiel de pouvoir, grâce à la culture, transmettre ce qu'il invente, non seulement à ses enfants, mais à tous les autres hommes. Nous avons probablement perdu beaucoup des instincts de nos ancêtres d'il y a quelques millions d'années — et cela nous manquerait sans doute s'il nous fallait vivre à nouveau dans la savane africaine. L'homme serait très vulnérable s'il était abandonné, nu et désarmé, au cœur de la forêt tropicale. Mais, partout ailleurs, l'homme peut puiser, pour survivre, dans ce fonds en perpétuel renouvellement qu'est la culture de ses ancêtres, depuis des milliers d'années.

L'homme apparaît aujourd'hui comme le seul être capable de disposer quasi instantanément des connaissances de tous les autres hommes, vivants ou morts, amassées dans les bibliothèques et dans les cultures de toutes les civilisations qui se sont succédé à la surface de la Terre. C'est aussi le seul être qui puisse espérer survivre grâce à cette culture. Sans descendance, l'animal le plus fort, le plus doué, verra son hérédité disparaître à jamais. Au contraire, de grands hommes qui n'ont pas eu d'enfants, comme Léonard de Vinci ou Beethoven, voient leur génie rester vivace dans le souvenir de millions d'autres hommes.

UNE PUISSANCE FABULEUSE... ET EFFRAYANTE

L'homme a aussi acquis un effrayant pouvoir. Il a su développer à ce point sa connaissance des choses du vivant qu'il apparaît comme le seul être capable d'agir sur sa propre évolution — tout comme sur celle de tous les autres animaux. « L'homme, dit François Jacob, est devenu le premier produit de l'évolution capable de maîtriser l'évolution. »

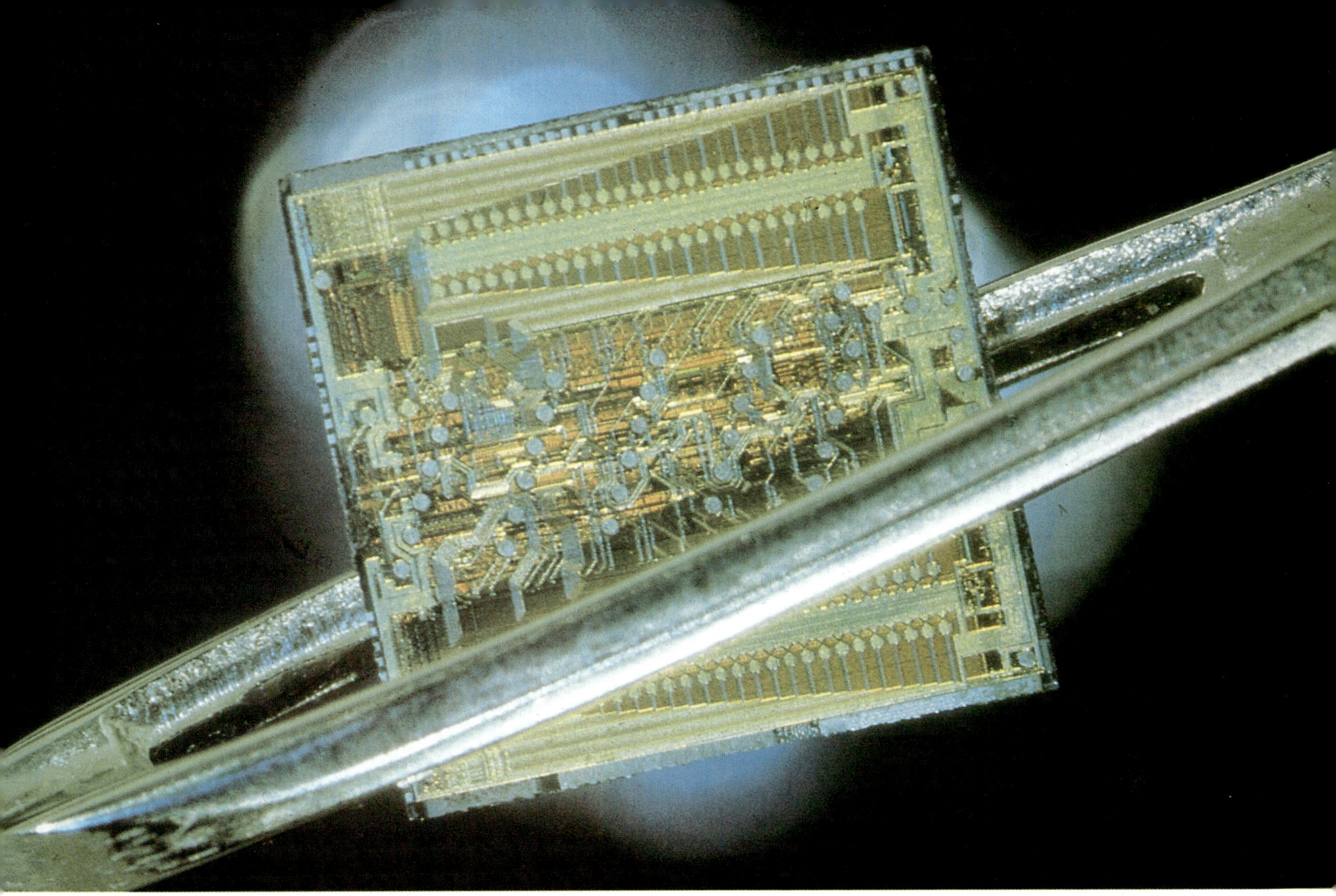

2

Nous avons déchiffré les clés du vivant. Nous avons compris la façon dont se transmet l'hérédité. Cela nous donne aujourd'hui la puissance fabuleuse de pouvoir agir sur cette hérédité, de transformer le vivant, de fabriquer des êtres qui n'existaient pas dans la nature. Les acides nucléiques, porteurs de cette hérédité, étaient depuis des milliards d'années enfermés au sein des noyaux des cellules vivantes où ils formaient, comme le disait Jean Rostand, la substance la plus précieuse du monde. Celle qui garantit qu'un chat sera toujours un chat, un homme toujours un homme. Aujourd'hui, la biologie a franchi le pas décisif, a percé la carapace du secret : les chercheurs peuvent désormais agir sur cette hérédité, transférer des caractères d'un micro-organisme à un autre, d'une souris à une autre souris. Qui les empêchera de le faire, un jour, d'un homme à un autre ?

Où cela nous mènera-t-il ? Personne ne peut le dire. Il est certain que cette puissance peut déséquilibrer ce que la nature a mis des milliards d'années à bâtir. Car modifier l'hérédité d'un être vivant, c'est agir sur toute sa descendance, plus sûrement et surtout plus rapidement que ne peut le faire l'évolution biologique naturelle. Bien qu'elle semble mue par le seul jeu du hasard, cette évolution paraît avoir agi dans un sens qui a conduit les êtres à devenir de plus en plus compliqués et a fini par aboutir à l'apparition de l'homme. Qu'en sera-t-il de l'évolution artificielle que l'homme commence à maîtriser ?

S'il s'agit de micro-organismes que l'on transforme afin qu'ils produisent des substances utiles pour guérir des malades — de l'insuline pour traiter les diabétiques ou des hormones de croissance qui empêcheront des enfants de devenir des nains —, on ne peut qu'applaudir à ces avancées de la biotechnologie moderne. Mais on n'en restera certainement pas là. Déjà, les biologistes ont appris à « fabriquer » des souris géantes en leur greffant le gène de croissance des rats. Ils songent à produire ainsi des animaux de boucherie plus grands, ce qui pourrait révolutionner l'élevage, mais ce qui suscite aussi, aux États-Unis, des protestations contre cette atteinte à l'intégrité biologique des vaches et des porcs. Déjà aussi les médecins songent à traiter des enfants porteurs d'anomalies génétiques par des greffes de gènes artificiels. Qui les empêchera d'aller plus loin et de céder aux vieux rêves fous de l'eugénisme cherchant à créer des hommes nouveaux, différents ?

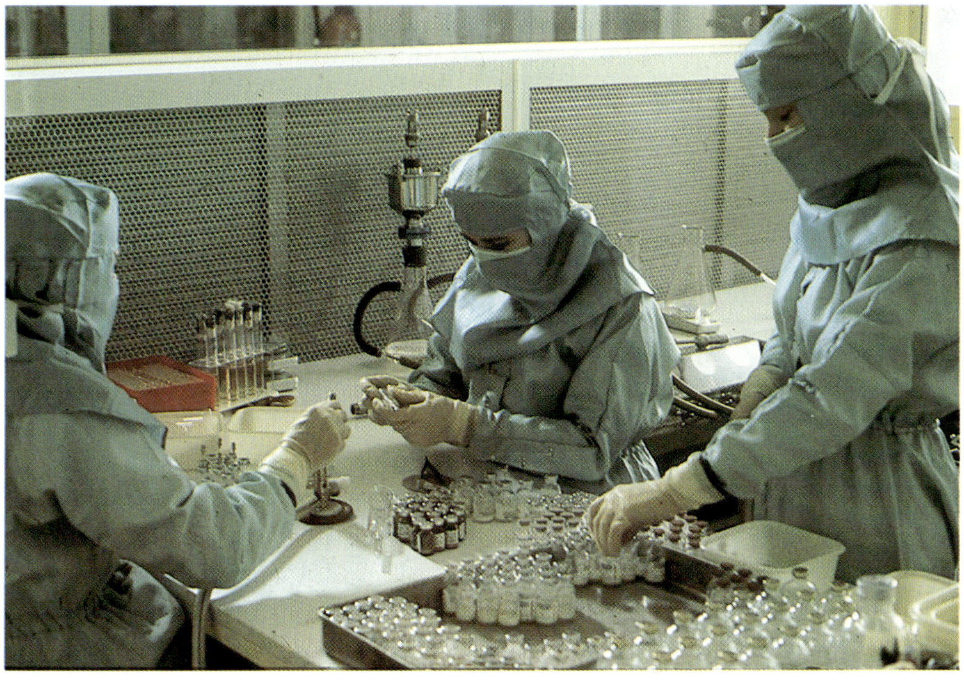

Le génie génétique contient à la fois de fabuleuses promesses et d'inquiétants développements. Modifier le patrimoine héréditaire des êtres vivants, c'est permettre des changements profonds et irréversibles qu'il faut lancer avec beaucoup de précautions.

OÙ VA LA SCIENCE?

Face à cette responsabilité, l'homme est seul. Devant les hardiesses des biologistes, il n'existe que de dérisoires barrières, comme celles des moralistes qui s'inquiètent, mais qui n'ont aucun pouvoir d'arrêter la science en marche. Qui donc pourrait le faire, et au nom de quoi? La science est, par nature, sans morale et imprévisible. Personne ne peut, à l'avance, savoir ce que seront ses développements et ses applications. On ne les découvre qu'à mesure que les recherches se multiplient dans des directions diverses dont personne ne peut, par principe, connaître les aboutissements.

Toute science possède des visages multiples, qui se révèlent à la longue et qui sont souvent complémentaires. La découverte de la fission de l'atome peut conduire à l'holocauste nucléaire, mais apporte aussi une énergie utile et sert à traiter des cancéreux. En sera-t-il de même pour les futures avancées de la biologie? C'est probable, bien que personne ne puisse aujourd'hui l'affirmer. Beaucoup pensent que le prochain siècle sera marqué par la biologie aussi profondément que le nôtre l'a été par la physique et par la chimie. Ces deux disciplines ont certainement été utiles, même si elles ont apporté la menace de la bombe thermonucléaire et les pollutions. En sera-t-il de même pour la biologie ou faut-il craindre que, s'attaquant au vivant, elle soit une arme qui risque bien davantage de se retourner contre l'homme? De toute façon, nous n'avons plus le choix. Les dés sont lancés. Nous devons regarder en face le fait, désormais évident, que nous devons prendre nous-mêmes la responsabilité du devenir de l'humanité.

L'AVENIR DE NOTRE CERVEAU

L'avenir de l'homme est aussi lié à l'avenir de notre intelligence dans la mesure où il semble bien que ce soit ce qui nous distingue essentiellement des animaux et ce qui a créé cette évolution culturelle qui guide désormais notre destin. Certes, les anatomistes nous affirment que notre cerveau ne diffère en rien de celui de l'homme de Cro-Magnon, qui vivait il y a 35 000 ans en Dordogne. Mais l'organisation des dizaines de milliards de cellules nerveuses du cerveau n'est peut-être pas la même. Une chose est en tout cas certaine: nous sommes plus intelligents, aujourd'hui, parce que notre environnement est plus riche et plus complexe.

Tous les psychologues, tous les neurologues sont d'accord sur ce point: en dehors de quelques cas particuliers, tous les hommes naissent avec les mêmes potentialités, mais deviennent, dès l'enfance, plus ou moins intelligents en fonction de l'éducation reçue, de la multiplication des perceptions venant frapper leurs sens, de la volonté propre de chacun de chercher à apprendre.

En tant qu'organe isolé, le cerveau humain n'a pas de sens: c'est une masse de chair

1

L'avenir de l'homme passe par l'avenir de son cerveau. Mais celui-ci n'est rien sans tout ce qui nous entoure. Les enfants de demain seront sans doute plus intelligents, parce qu'ils vont disposer d'outils plus puissants pour développer cette intelligence. Déjà, ils apprennent à jouer aux échecs contre l'ordinateur (**1**). Déjà, les machines savent parler, écouter, dessiner (**2**). Demain, elles nous aideront à mieux raisonner.

2

1

2

Les hommes ont toujours rêvé d'avoir des robots qui soient à leur service et deviennent leurs esclaves. Ils en construisent, déjà, qui nous ressemblent et accomplissent quelques tâches domestiques (**1**). Mais si c'était l'inverse qui se produisait? Si la recherche de machines intelligentes aboutissait à la production d'ordinateurs (**2**) si rapides et si astucieux qu'ils finissent par mettre en péril la suprématie de l'homme? Des machines superintelligentes n'auront de cesse de faire, à leur tour, d'autres machines, plus intelligentes encore. Le jour où elles existeront, bien des problèmes seront sans doute résolus, mais ce seront elles, et non plus nous, qui dirigeront le monde. Peut-être serait-il plus sage de décider, dès aujourd'hui, de détruire le premier ordinateur qui se révélerait plus intelligent que l'homme?

molle, qui n'a rien de remarquable. Il n'acquiert ses possibilités et son originalité qu'en relation avec ce qui l'entoure, les choses et les êtres. Si nous paraissons plus intelligents aujourd'hui, c'est que notre société, notre civilisation sont plus riches — en particulier parce qu'elles ont bénéficié des acquis de toutes celles qui les ont précédées. Tout animal vivant est redevable d'exister, tel qu'il est actuellement, à tous les animaux qui ont vécu avant lui, depuis l'origine de la vie. L'homme d'aujourd'hui est, d'une façon semblable, redevable à tout ce qu'ont imaginé, créé, inventé, les milliards d'hommes qui l'ont précédé, depuis que les hommes existent.

L'avenir de notre cerveau — l'avenir de l'homme — est donc celui même de notre société. Quelle sera la société de demain? Plus riche encore que celle où nous vivons? Probablement, mais il importe de faire en sorte que le maximum d'humains soient à même de bénéficier de la complexité croissante de la civilisation. Il ne faudrait pas que l'écart, déjà trop grand, entre ceux qui savent et ceux qui ne savent pas, s'agrandisse encore, car cela conduirait à un déséquilibre dangereux pour la survie même de l'humanité. Dans ce sens, le racisme, l'égoïsme, la méconnaissance des besoins du monde non industrialisé sont des obstacles à l'harmonieux développement de l'espèce humaine.

Un autre risque existe: que l'homme accepte que son cerveau ne soit plus l'organe de décision le plus essentiel. Qu'il passe la main, si l'on peut dire, aux machines. Ce risque n'est pas nul: l'un des rêves des techniciens est de construire des ordinateurs intelligents. Y parviendront-ils? Eux l'affirment, en tout cas, même si d'autres montrent qu'il est illusoire d'imaginer construire une machine capable d'emmagasiner tout ce qui fait l'intelligence d'un homme. On peut construire des mémoires qui contiennent toutes les données, fabriquer des engins capables de jongler avec toutes ces données. Aura-t-on, pour autant, recréé une intelligence capable de rivaliser avec celle des hommes? Beaucoup en doutent. Mais il reste cependant quelques chances d'arriver à mettre au point des ordinateurs susceptibles de rivaliser avec nous, même si leurs rouages électroniques fonctionnent de façon différente de nos neurones. Le jour où existeront ces machines, le destin de l'homme pourrait être changé. Car, de même que nous rêvons de fabriquer un engin plus intelligent que nous, ces machines intelligentes voudront faire de même et tenteront de produire des robots «super-intelligents». Que deviendra l'homme dans ce monde où l'organisation, la réflexion, la décision appartiendront à des machines?

ROBERT CLARKE

L'homme et son environnement

1

Depuis quelques années, la notion d'environnement est devenue à la mode. Des ministères ont été créés. On parle d'aménager l'environnement pour améliorer la «qualité de la vie». Celle-ci serait liée essentiellement à l'importance des espaces verts, et d'une moindre pollution réalisée par «une autre croissance», dont on ne précise jamais les caractéristiques. Cependant, on pourrait couvrir la planète de gazon, si l'on m'interdit de m'y coucher par une belle après-midi d'été, la qualité de ma vie ne sera pas forcément améliorée. Ce qui veut dire que l'environnement humain est d'abord représenté par les autres hommes et que l'écologie humaine est avant tout une socio-économie politique. C'est elle qui est à la source de la détérioration de notre espace vital, espace géoclimatique, faune et flore.

Cela résulte d'une autre notion, à savoir que les systèmes vivants, dont l'homme fait partie, sont construits et se sont construits, au cours de l'évolution des espèces, par niveaux d'organisation. L'homme fait partie intégrante de l'environnement, mais il y opère au niveau d'organisation auquel l'a conduit l'évolution, celui de l'espèce humaine. Chaque organisme vivant contient pourtant tous les autres niveaux qui l'ont précédé : niveau atomique, moléculaire, intracellulaire, cellulaire, cellules réunies en organes assurant une fonction, organes réunis en systèmes coordonnant les fonctions des organes et systèmes réunis pour constituer un organisme. Or ces organismes sont eux-mêmes réunis en groupes sociaux et sociétés humaines, situés dans un espace géoclimatique particulier, qui a peu changé depuis la fin de la dernière glaciation, il y a environ 12 000 ans.

UN DISCOURS LOGIQUE

Depuis plus de 1 ou 2 millions d'années, la lente transformation anatomophysiologique de l'espèce humaine, que l'on peut croire commandée par la transformation progressive des conditions de vie sur la planète, a permis à notre espèce un développement, qui lui est propre, de son système nerveux et, en particulier, de son cerveau.

L'apparition des langages grammaticaux et syntaxiques, moyen de communication interindividuelle et entre générations, permettant la transmission de l'expérience acquise par l'une à la suivante, a permis l'accumulation de cette expérience technique. Mais cette capacité, qui résulte du fait que, possédant un cortex associatif, progressivement développé, notre espèce a été la seule à pouvoir ajouter de l'information à son environnement, à pouvoir «mettre en forme», informer la matière et l'énergie, n'a jamais été utilisée à se mieux connaître, sinon par une mécanique langagière. Persuadé qu'il ne faisait pas partie de l'environnement, puisqu'il avait «conscience» d'agir sur lui, d'être le roi de la planète, d'être semblable à Dieu, l'homme a transformé l'environnement dans l'inconscient qui motivait ses actions. Cet inconscient, réservoir de tous les automatismes pulsionnels et culturels accumulés, il l'a toujours exprimé dans un discours logique, croyant que la logique du discours était celle de la réalité.

Tout expérimentateur qui fait à longueur de semaine des hypothèses à partir de faits expérimentaux reproductibles, mais qui sait bien que ces hypothèses résultent du fonctionnement de son cortex associatif, s'exprime aussi dans un discours parfaitement logique. Or il constate, quand il passe à l'expérimentation, que la majorité de ces hypothèses s'écroule, parce que non conformes à la réalité. Elle obéit à la logique non du langage, mais de la biochimie complexe qui anime nos voies nerveuses. Celles-ci sont elles-mêmes codées par l'apprentissage de l'environnement socioculturel qui les entoure, aux différentes époques de l'histoire humaine. Il y a peu d'années que le décodage en devient possible dans un système qui n'est plus seulement langagier.

L'HOMME EST UN ÉLÉMENT D'UN SYSTÈME COMPLEXE

Ainsi l'écologie humaine nous conduit aujourd'hui non plus seulement à l'observation des relations des individus et de l'espèce avec leurs niches environnementales géoclimatiques et vivantes, faune et flore, mais à l'observation des relations interindividuelles, à travers les langages. Elle nous conduit à l'étude de l'organisation historique et présente de ces relations à partir de la connaissance des processus qui, des molécules aux voies nerveuses, aboutissent au comportement humain en situation sociale. Toute dichotomie de l'homme et de son environnement, comme du psychisme et du somatique, nous paraît ressortir d'une préhistoire de la biologie, à l'époque où la thermodynamique dominait la recherche.

Nous découvrons que l'homme est un élément d'un système complexe. Il paraît difficile de comprendre le fonctionnement de ce système sans connaître la structure et le fonctionnement de ses éléments. Il semble présomptueux de vouloir agir sur ces éléments en se contentant d'agir sur le système complexe. L'organisation ou la désorganisation de ce dernier dépend des structures sociales qu'il comprend, et celles-ci dépendent de la structure fonctionnelle, en particulier nerveuse centrale, des éléments individuels qui la constituent. Il paraît aussi inefficace de vouloir améliorer le fonctionnement perturbé des éléments individuels en ignorant la façon dont s'est organisé le système qui les enveloppe, c'est-à-dire en ignorant son évolution historique. Le «dedans» d'un individu n'est qu'un lieu de passage de l'environnement, lieu de passage spécifiquement structuré, au sein duquel cet environnement parfois se fixe momentanément et sommeille, pour en ressortir transformé dans l'action.

Par son activité, l'homme intervient nécessairement sur l'environnement. Et cette intervention n'est pas toujours bonne. L'industrie, si l'on n'y prend garde, pollue les alentours des villes (1: banlieue de Mexico; 2: usine chimique du Connecticut, aux États-Unis). La déforestation sauvage ouvre des trouées dans les grands massifs, comme actuellement en Amazonie (3), ce qui peut provoquer des catastrophes pour le climat. Des progrès ont certes été faits, mais il reste encore bien des efforts à faire pour mieux harmoniser l'activité humaine et le développement du monde vivant et de la nature.

2

3

L'HOMME, DÉSORGANISATEUR DE LA BIOSPHÈRE

Ces notions, très schématisées, sont indispensables à signaler pour comprendre que les grands problèmes environnementaux qui se posent à l'homme en cette fin du xxe siècle ne peuvent être compris et corrigés qu'à partir de la biologie comportementale. Que ce soit le problème de l'augmentation de la concentration en gaz carbonique dans l'atmosphère, celui de l'attaque possible de la couche d'ozone qui nous protège des rayons ultraviolets solaires, le problème de l'eau et de son recyclage, celui des sources énergétiques, celui du déboisement, celui des engrais et des insecticides, qui bousculent les fragiles équilibres entre les espèces végétales et animales, celui des monocultures intensives, des pollutions atmosphériques ou aquatiques — la liste peut s'allonger considérablement du rôle désorganisateur de l'homme dans la biosphère.

Il n'est plus question de traiter chaque problème séparément, car ils sont tous interdépendants et ne peuvent répondre à une solution ponctuelle ou isolée. Sait-on que, pour fournir de l'énergie à une population sous-développée, la construction logique du barrage d'Assouan, en Égypte, a eu des conséquences en chaîne imprévues? Au-dessous du barrage, la diminution et la régulation du débit du Nil ont privé la population de la source millénaire des alluvions qui en faisait la richesse agricole. Alors, on a irrigué de nouvelles terres en amont. Mais on a assisté à une explosion dramatique d'une affection encore mal maîtrisée par la thérapeutique moderne: la bilharziose. Ce n'est là qu'un exemple de la maladresse avec laquelle la technique contemporaine s'introduit avec ses gros souliers dans le champ de l'écologie. L'emploi

L'agriculture moderne ⇨ réclame des traitements massifs et va jusqu'à utiliser l'avion pour les administrer. Mais les herbicides suppriment les espèces adventices, tandis que les pesticides tuent les insectes nuisibles, mais aussi les autres, modifiant ainsi le fragile équilibre entre espèces animales et végétales.

Comment dater les roches et les fossiles

Les méthodes physiques de datation

Comment dater de façon «absolue» une roche ou un fossile, c'est-à-dire comment savoir combien d'années se sont écoulées depuis que cette roche a été formée ou depuis que l'être vivant dont provient ce fossile a cessé de vivre? Depuis une trentaine d'années, diverses méthodes scientifiques permettent de donner à ces questions des réponses de plus en plus précises et de situer dans le temps les grandes étapes de l'univers et des êtres vivants.

DES ISOTOPES DE PLUSIEURS MILLIARDS D'ANNÉES

Lors de sa constitution, il y a 4,6 milliards d'années environ, la Terre a été formée quasi totalement d'éléments chimiques stables. Mais elle a aussi incorporé une petite proportion d'éléments radioactifs: quelques étoiles (supernovae), lors de leur explosion, en avaient sans doute «poivré» le nuage galactique dont fut formé le système solaire.

Certains de ces éléments radiocatifs — plus précisément certains isotopes de ces éléments — vivent encore aujourd'hui, tant leur radioactivité est faible ou, ce qui revient au même, tant leur durée de désintégration est longue. C'est le cas de l'uranium 238, l'isotope le plus lourd de cet élément. Il en reste encore près de la moitié du stock initial: sa «demi-vie», ou encore sa «période», est en effet de 4,3 milliards d'années. C'est le cas aussi du potassium 40. Mais celui-ci disparaît plus vite que l'uranium 238: sa période n'est que de 1,4 milliard d'années environ. Toutefois, il en reste à peu près autant que de l'uranium dans les roches de l'écorce terrestre: environ 1 µg par gramme de roche. D'autres isotopes, qui datent eux aussi des débuts de la Terre, se désintègrent beaucoup plus lentement: c'est le cas, entre autres, du rubidium 87, qui a une période de 60 milliards d'années, ou du thorium 232, dont la période est de 13,9 milliards d'années.

Ces quatre isotopes radioactifs, en se désintégrant, donnent naissance à un isotope stable d'un autre élément. On obtient ainsi, pour le rubidium 87, le strontium 87; pour le potassium 40, l'argon 40. Pour l'uranium 238, on aboutira au plomb 206, et pour le thorium 232, on aboutira au plomb 208. On remarquera qu'entre 238 et 206, il y a une différence de 32 unités de masse atomique. Cette masse ne s'est pas évanouie mystérieusement: c'est celle des 8 atomes d'hélium qui ont été émis au cours de désintégrations successives, donnant ainsi une «filiation» d'isotopes radioactifs. Tous ces isotopes intermédiaires ont des périodes très courtes vis-à-vis de celle de l'uranium 238: le plus durable d'entre eux est le thorium 230, qui a une période de 72 500 ans. La même chose se produit pour le thorium 232, qui donne aussi naissance, en plus de 6 atomes d'hélium, à toute une filiation de produits radioactifs à vie brève, avant d'aboutir au produit final stable de cette famille, le plomb 208.

DE MERVEILLEUSES HORLOGES

On comprend pourquoi ces isotopes radioactifs constituent de merveilleuses horloges qui permettront de faire toutes sortes de datations: depuis la naissance de la Terre, les isotopes radioactifs originels diminuent peu à peu, chacun à son rythme, complètement indépendants des conditions physiques ou chimiques ambiantes, tandis que s'accumulent inexorablement leurs descendants stables.

Comme il se trouve pratiquement des traces des éléments radioactifs primordiaux dans tous les échantillons de roches ou de fossiles présents dans la croûte terrestre, il suffira, pour dater un de ces échantillons, de mesurer la quantité qu'il contient encore de l'ancêtre radioactif et la quantité de l'isotope stable produit depuis qu'a été formé l'échantillon.

Bien entendu, il faut s'assurer qu'il n'y avait pas encore de cet isotope stable déjà présent dans l'échantillon au moment où s'est formé le fossile ou l'échantillon de roche (ou un minéral de cette roche particulièrement favorable pour cette datation). Il faut aussi s'assurer qu'il n'y a pas eu de départ ou d'apport de l'un ou l'autre des isotopes mesurés dans l'échantillon depuis sa formation, autrement dit qu'il est resté «fermé» pendant toute la durée de son âge. Il est souvent très difficile de s'apercevoir que l'échantillon est constamment resté fermé, et c'est de là que provient la principale source d'erreur dans les data-

⇦ Les éruptions des volcans peuvent être datées par le carbone 14 des matières organiques que leurs laves ont recouvertes, ainsi que par l'argon ou l'énergie interne engendrés dans ces laves depuis leur refroidissement. Ci-contre, le Pariou, un des puys dominant Clermont-Ferrand, formé il y a 8 200 ans et qu'on a daté par le carbone 14 sur bois sous lave.

⇧
Mur construit de blocs de tuf vert, d'origine volcanique, dans l'île d'Ischia. Ce tuf, émis il y a 55 000 (± 5 000) ans sous forme de cendres sur le fond de la mer, puis consolidé et exondé jusqu'à une hauteur de 850 m, a été daté par la méthode potassium-argon.

⇧
Entrée de la grotte de Tautavel, au nord-ouest de Perpignan, dans les Pyrénées-Orientales. Des centaines de datations, par l'uranium principalement, ont été faites sur le sédiment entassé dans la caverne, car l'homme a habité là à plusieurs reprises depuis 500 000 ans au moins.

tions. Il arrive même qu'on ne s'aperçoive pas que l'échantillon est resté «ouvert» à certaines périodes de son histoire: l'âge attribué peut alors être très inexact, sans qu'on le sache.

Comment dater une éruption volcanique

Supposons que la lave soit sortie d'un volcan à une certaine époque, et que nous voulions savoir combien d'années se sont écoulées depuis cet événement.

La lave en fusion (à une température voisine de 1 000 °C), en arrivant à l'air libre, va perdre facilement ses gaz dissous, et notamment l'argon qui s'était formé durant les millions d'années précédentes aux dépens du potassium qu'elle contient. Le chronomètre à argon 40 est ainsi remis à zéro au bon moment: celui de l'éruption. En quelques jours, la lave se transforme en roche solide et va accumuler l'argon au sein du verre ou des cristaux qui la constituent. Pour connaître la date de l'éruption, il suffira de doser le potassium dans une dizaine de grammes de la roche par une analyse chimique très classique et l'argon 40 accumulé dans un échantillon du même poids, ce qui se fait au moyen d'un spectromètre de masse après fusion sous vide de cet échantillon.

On arrive ainsi, en utilisant les récents perfectionnements apportés à cette méthode au Centre des faibles radioactivités de Gif-sur-Yvette, à mesurer des âges allant de — 10 000 ans jusqu'à plusieurs milliards d'années. La précision, qui est de quelques pour cent sur ces âges lorsque la teneur en potassium atteint 10 p. 100, est proportionnelle à cette teneur.

Ces datations «potassium-argon» ont permis d'obtenir des résultats très importants, non seulement pour l'histoire des volcans et leurs corrélations avec d'autres phénomènes géophysiques mais aussi pour dater les épisodes du retournement du champ magnétique terrestre, ce qui a permis de mesurer la vitesse à laquelle se faisait l'expansion des fonds océaniques.

Quel âge a la pechblende du Limousin?

Une méthode analogue peut être utilisée pour connaître l'âge de la pechblende presque pure (oxyde d'uranium) qui remplit une des fissures apparaissant dans les plateaux granitiques du Limousin et d'où a été extraite la charge d'uranium des premiers réacteurs nucléaires français. Ce dépôt d'uranium s'est formé à l'exclusion pratiquement de tout autre métal, notamment de plomb. A partir de cette époque lointaine, le plomb 206, formé par la désintégration de l'uranium, s'est constitué dans la pechblende, et il suffit de doser l'un et l'autre métal pour avoir l'âge de ce dépôt. On trouve alors qu'ils se sont formés il y a plusieurs centaines de millions d'années.

Comment dater le plancher calcaire d'une caverne

Le calcaire stalagmitique a précipité à partir des solutions qui circulent dans le sol, au moment où celles-ci ont perdu le gaz carbonique qui permettait à ce calcaire de rester en solution. Cette perte de gaz carbonique se produit lorsque la solution suinte hors du sol et pénètre dans une cavité où circule de l'air. Mais, tant qu'elles contiennent du gaz carbonique, ces eaux carbonatées sont aussi susceptibles de dissoudre en partie les traces d'uranium qui se trouvent dans les roches qu'elles percolent. Lors de la perte de gaz carbonique, l'uranium précipite, mélangé intimement au calcaire. Cet uranium va engendrer non seulement du plomb, mais aussi, au passage, tous les produits de sa filiation et notamment le thorium 230, qui a une période de 72 500 ans.

C'est cet isotope que l'on utilise en général pour dater ce calcaire. La concentration du thorium 230 va croître peu à peu dans la roche stalagmitique, et tendra vers une concentration limite, obtenue 350 000 ans environ après que la stalagmite s'est formée. Si elle s'est formée depuis moins longtemps, et seulement dans ce cas, on pourra donc connaître son âge, avec une précision de l'ordre de dix milliers d'années.

Ce procédé a aussi été utilisé pour dater des ossements fossiles dans des cavernes. Si un animal, ou un homme préhistorique, est venu mourir sur le sol d'une caverne au moment où s'y formait un plancher stalagmitique, ses os seront incorporés dans ce plancher, mis ainsi à l'abri des dégradations ultérieures et fossilisés, ce qui nous donne un bon moyen de connaître leur âge.

L'occupation de la caverne par l'homme ou l'animal préhistoriques peut aussi avoir eu lieu pendant une période sèche, durant laquelle il ne se formait pas de concrétion calcaire. Avec un peu de chance, on peut cependant trouver un plancher stalagmitique en dessous de la strate fossilifère, et un autre au-dessus. En datant ceux-ci, on encadrera l'âge des ossements. Cette méthode a permis par exemple d'estimer l'âge des restes de pithécanthrope découverts dans la Caune d'Arago, près de Perpignan, à 400 000 ans environ. Dans ce cas, l'âge de la concrétion la plus ancienne, trop grand pour être mesuré par le thorium 230, avait été évalué par la résonance paramagnétique électronique (voir page suivante).

On pourrait aussi, théoriquement, doser le plomb qui s'est formé par désintégration de l'uranium, ce qui implique qu'il se soit formé assez de plomb pour que ce dosage soit suffisamment précis. Mais cela ne devient possible que si l'âge du plancher stalagmitique dépasse quelques dizaines de millions d'années, et des âges si vieux n'intéressent guère les préhistoriens.

THERMOLUMINESCENCE ET RÉSONANCE PARAMAGNÉTIQUE ÉLECTRONIQUE

Les substances radioactives ont une autre propriété intéressante pour dater des roches. Elles émettent des rayonnements (alpha, bêta ou gamma) qui ont pour effet de déranger les électrons qui forment l'architecture de la roche. Une fraction de ces électrons dérangés restera «piégée», parfois pendant des millions d'années, dans des interstices entre les atomes. Ces électrons ne pourront revenir à une place normale que si la roche est chauffée à des températures supérieures à une centaine de degrés. Alors, en reconstituant leur liaison avec le noyau d'un atome, ils dégageront un peu d'énergie, dont une partie sera émise sous forme d'ondes lumineuses, facilement détectables par un photomultiplicateur, pour peu que le minéral observé soit transparent.

Plus le minéral sera âgé et plus la quantité de lumière émise lors du réchauffement sera importante. On a ainsi daté des roches volcaniques comme celles de la chaîne des Puys, en Auvergne, mais aussi des foyers préhistoriques, grâce aux silex qui avaient été chauffés par des hommes de Neandertal, il y a de cela plus de 30 000 ans.

Une toute récente méthode permet même d'évaluer le nombre d'électrons qui a été piégé dans une roche sous l'influence du bombardement radioactif sans qu'il soit besoin de la chauffer. C'est la méthode de datation par résonance paramagnétique électronique (RPE en abrégé). Il suffit de mettre l'échantillon dans un champ magnétique: le petit aimant que constitue chacun de ces électrons s'oriente dans une direction parallèle au champ ambiant. Si l'on soumet alors ces électrons à l'action d'un champ électromagnétique de fréquence appropriée, ils vont absorber une petite fraction de l'énergie de ce champ pour retourner bout pour bout l'orientation de leurs petits aimants individuels. L'absorption d'énergie par l'échantillon sera d'autant plus grande que les électrons piégés y seront plus nombreux, et donc que l'âge de la roche dont ils font partie sera plus grand. La dose radioactive qui a irradié la roche pendant toute la durée de son âge se mesure par ailleurs facilement par un simple dosage chimique, ou radioactif, tout comme dans le cas où l'on observait au moyen de la thermoluminescence les électrons piégés.

L'intérêt de cette méthode de résonance paramagnétique électronique est qu'elle ne nécessite pas de libérer l'énergie stockée par les électrons piégés: le même échantillon peut donc resservir plusieurs fois. De plus, elle est applicable à des minéraux opaques.

Ces deux méthodes permettent de dater jusqu'à quelques centaines de milliers d'années, avec une précision de l'ordre de 10 p. 100.

UNE MÉTHODE INCOMPARABLE: LA DATATION PAR LE CARBONE 14

Certaines méthodes, non fondées sur la radioactivité, permettent de dater des objets ou événements du passé à une année près. Les datations les plus précises sont celles que l'on peut faire par la méthode des varves (traces alternativement d'été et d'hiver enregistrées par certains sédiments continentaux à dépôt rapide), par la méthode des strates de neige des inlandsis du Groenland ou de l'Antarctique (on peut distinguer les strates de neiges d'été de celles d'hiver par leur composition isotopique différente, mesurée sur l'oxygène ou sur l'hydrogène), ou par celle de la dendrochronologie (comptage des anneaux annuels de croissance des arbres dans les régions ayant des saisons climatiquement bien marquées). Malheureusement, ces méthodes ne permettent guère de remonter au-delà de quelques milliers d'années. D'autre part, elles ne s'appliquent qu'à des échantillons très particuliers.

Pour remonter plus loin dans le passé (jusqu'à 40 000 ans environ) tout en gardant une précision suffisante (par exemple, ± 100 ans

⇦ **Dans les régions où il y a une saison chaude et une saison froide, le bois poussé en été est plus épais et de couleur différente de celui d'hiver. Chaque année est donc représentée par un cerne distinct, comme on le voit sur cette coupe de tronc de pin maritime des Landes: il suffit de compter ces cernes du centre de l'arbre à sa surface pour avoir l'âge de l'arbre au moment de sa mort. C'est la plus simple et la plus précise des méthodes de datation. Les arbres les plus vieux vivant encore ont environ 4 000 ans.**

⇧ **Ce foyer allumé par des hommes du paléolithique supérieur à la Vigne-Brun a été daté à 27 000 (± 3 000) ans par thermoluminescence sur les pierres siliceuses chauffées qui entouraient le foyer. Pour dater, il faut les chauffer à nouveau pour libérer, sous forme de lumière, l'énergie stockée sous l'influence des traces d'atomes radioactifs que ces pierres contiennent, ainsi que le sol environnant.**

⇧
Les coraux qui ceinturent l'île de Moorea, en Polynésie, ont commencé à pousser sur les côtes de l'île lorsque le niveau de la mer était plus bas qu'aujourd'hui. En outre, le volcan formant l'île s'est lentement enfoncé sous son poids dans le fond de l'océan. Les diverses couches de ces récifs de coraux sont datables par le carbone 14 jusqu'à 30 000 ans et par la méthode de l'uranium-ionium jusque vers 300 000 ans.

vers 10 000 ans), il n'y a guère mieux, pour le moment, que la méthode du carbone 14. Elle permet de dater n'importe quel objet qui contient du carbone et s'applique donc à des domaines nombreux et variés, restes animal ou végétal, mortier romain, stalagmite, sédiment marin ou masse d'eau océanique. Cette merveilleuse méthode est applicable quelle que soit la forme chimique sous laquelle le carbone se trouve engagé dans l'échantillon. On arrive même à trouver la date de chute d'une météorite grâce aux petites quantités de carbone 14 que le rayonnement cosmique y a engendrées.

Le principe de la méthode, que l'on doit au chimiste américain Willard Frank Libby, se développe en plusieurs étapes, décrites dans le texte encadré ci-contre.

Pour connaître l'âge de l'échantillon, c'est-à-dire le temps écoulé depuis qu'il a cessé d'assimiler le carbone atmosphérique, il suffit de mesurer la proportion restante d'atomes de carbone 14 par rapport aux autres atomes de carbone 12 et 13. Jusqu'à ces dernières années, cette évaluation se faisait en mesurant la radioactivité due aux atomes de carbone 14 restant dans l'échantillon. Celui-ci, pour faire une mesure correcte, devait contenir un gramme environ de carbone. Depuis quelques années, on est parvenu à mesurer directement la proportion des atomes de carbone 14 dans l'échantillon, sans faire appel à leur propriété d'émettre des rayons bêta: on arrive ainsi à dater des échantillons qui contiennent seulement 1 mg de carbone, ce qui étend à un domaine encore plus vaste la datation par le carbone 14.

JACQUES LABEYRIE

La méthode de datation par le carbone 14

Voici les principales étapes de son déroulement:

1. Les rayons cosmiques, noyaux d'atomes venus de la galaxie, cassent les noyaux des atomes d'azote, d'oxygène ou d'argon de la haute atmosphère, et parmi leurs débris se trouvent des neutrons.

2. Ceux-ci sont absorbés par des noyaux d'azote de l'atmosphère, ce qui a pour effet de produire un atome d'hydrogène et un atome de carbone 14 pour chaque atome d'azote ayant absorbé un neutron; il se produit ainsi, chaque seconde, à longueur d'année, environ 2 atomes de carbone 14 dans une colonne d'air ayant 1 cm^2 de section et qui aurait pour hauteur l'épaisseur totale de l'atmosphère.

3. Ces atomes de carbone 14 s'oxydent sous l'action des atomes d'oxygène de l'air et donnent en peu de temps des molécules de gaz carbonique.

4. La proportion de ces molécules de gaz carbonique (CO_2) atmosphérique où l'atome de carbone est du carbone 14 au lieu d'être un atome de carbone 12 ou 13 comme dans les molécules ordinaires est extrêmement faible: environ une molécule sur un million de millions. Néanmoins, elles ont exactement toutes les mêmes propriétés chimiques, et il en résulte qu'elles seront incorporées dans les végétaux par l'assimilation chlorophyllienne et se dissoudront dans l'eau de pluie ou dans l'eau de mer de la même façon. Par conséquent, toutes les substances où le carbone est en échange rapide avec le gaz carbonique de l'atmosphère auront la même proportion d'atomes de carbone 14 par rapport aux autres atomes de carbone.

5. Une fois que ces substances auront cessé d'assimiler le carbone atmosphérique, le carbone 14 qui s'y trouve emprisonné va décroître, car il est radioactif, à la différence des deux autres carbones 12 et 13. Au début, l'échantillon de carbone, du fait de la faible proportion d'atomes de carbone 14, a une légère radioactivité qui se traduit par l'émission en permanence d'une quinzaine de rayons bêta par minute et par gramme de carbone. Cette faible radioactivité va décroître lentement, en même temps que diminue le nombre des atomes de carbone 14, à raison de moitié tous les 5 700 ans environ.

En mesurant la proportion restante d'atomes de carbone 14 par rapport aux autres atomes de carbone 12 et 13, on déterminera le temps écoulé depuis que l'échantillon a cessé d'assimiler le carbone de l'atmosphère, donc son âge.

Géologie et datation

Est-il possible de raconter dans le détail l'histoire de la Terre, jour après jour, année après année? Si le temps est perçu à l'échelle humaine, c'est une mission quasi impossible. En effet, l'unité de temps en géologie est en général le million, voire le milliard d'années. L'Himalaya, par exemple, chaîne de montagnes encore active, date de 40-60 millions d'années, depuis que l'Inde, détachée de l'Afrique, est entrée en collision avec l'Eurasie. De plus, les témoignages d'un paysage, d'une région, à une époque donnée, n'ont pas toujours été enregistrés ou conservés, ils ont pu être entièrement modifiés. Comment le géologue, historien de la Terre, fait-il pour retrouver les différents événements qui se sont succédé sur le globe terrestre? Comment a-t-il fait pour rechercher la mémoire des volcans, des océans, des lacs, des fleuves, des chaînes de montagnes, des roches, d'un grain de sable, d'un minéral?

L'ÉTABLISSEMENT DES ÉCHELLES

En premier lieu, le géologue de terrain reconstitue l'ordre relatif des événements à partir des laves et cendres des volcans disparus et des couches de sédiments, même transformées, qui se sont déposées sur les continents grâce au vent et aux fleuves, ainsi que dans les lacs et les océans. C'est le principe de superposition qui définit la chronologie relative d'une région donnée.

L'échelle stratigraphique. Il en résulte une échelle stratigraphique, sorte d'horloge sans cadran. Ce calendrier s'est construit pas à pas, à partir des observations faites sur les coupes de terrain, les affleurements des cinq continents et, depuis les recherches pétrolières et océaniques, grâce aux sondages profonds dans les bassins sédimentaires. L'échelle stratigraphique complète, telle qu'on la trouve dans tous les manuels, a été élaborée au fur et à mesure des progrès effectués tant sur les méthodes d'observation et les instruments de mesure que sur la mise au point de théories et modèles (dérive des continents, théorie de l'évolution, géosynclinal, tectonique des plaques...). L'âge, l'architecture et la reconstitution des environnements des différentes époques du précambrien, du paléozoïque, du mésozoïque et du cénozoïque sont le résultat de recherches pluridisciplinaires et de la confrontation d'arguments géologiques, biologiques et physiques.

L'échelle biostratigraphique. Une fois connue la stratigraphie d'une époque précise en un lieu donné, le paléontologue établit l'inventaire des fossiles en précisant le pourcentage des différentes espèces rencontrées dans une couche donnée. Il construit ainsi une échelle biostratigraphique. Cette échelle, sans cesse affinée, existe pour toutes les familles de plantes et d'animaux, vertébrés et invertébrés. C'est la chronologie relative, déduite de la stratigraphie, qui a permis à Darwin de proposer une théorie de l'évolution en 1859. Auparavant, le géologue de terrain s'est assuré de la continuité des strates. Les couches sont souvent interrompues par une érosion intense ou un ou plusieurs événements tectoniques qui auraient pu supprimer, transformer, basculer ou renverser une série marine ou continentale. Cette continuité dépend du mode de mise en place du dépôt. En milieu continental, la sédimentation est en général beaucoup plus irrégulière qu'en milieu océanique.

LES CORRÉLATIONS

Une fois les échelles établies et les couches remises dans l'ordre de leur formation, les comparaisons des séries entre elles permettent de faire des corrélations entre une série type d'un étage donné avec des carottes océaniques ou des affleurements de différentes régions, voire même de continents. Cette approche permet de déceler les lacunes, absences de dépôts ou érosion dont on cherchera à expliquer les causes.

Les corrélations d'un fait précis en différents points de la planète expliquent un phénomène global: par exemple, un haut niveau lacustre à 10 000 ans ou une glaciation vers 650 millions d'années. De la même façon, un passage latéral de faciès, changement dans la nature de la roche, peut être observé entre deux couches bien définies lithologiquement et biostratigraphiquement. Dans le Bassin parisien, cette méthode a permis de voir le passage vers le nord du calcaire de Champigny vers du gypse, précisant ainsi la paléogéographie d'une époque donnée (éocène terminal), sans que l'âge précis ait été établi.

L'ÉVOLUTION DES RECHERCHES GÉOLOGIQUES

L'âge d'une roche, de la Terre ou d'une couche géologique est débattu depuis 2 500 ans. Vers 450 av. J.-C., Hérodote, à qui l'on doit le terme «delta» (de la lettre grecque Δ), en raison des observations faites sur les couches de la basse vallée du Nil, a mis en place le concept de superposition et par conséquent de la relation épaisseur-durée. Les recherches

Pli couché montrant les strates redressées du jurassique supérieur (150 millions d'années) du massif de la Baume, vu à partir de la citadelle de Sisteron. La Durance coule au pied de cette série renversée lors de l'orogenèse alpine.

Vue aérienne du massif de l'Annapurna, haut de 8 000 m. La fraîcheur des pics témoigne indirectement de la poussée de l'Inde contre l'Eurasie. Cette collision, commencée vers 40 à 60 millions d'années, provoque encore de nos jours la surrection de l'Himalaya par compression sur le plateau tibétain. Cette dynamique s'accompagne d'une forte activité sismique. La suture est marquée par des failles inverses, illustrées ici par la face sud de l'Annapurna.

géologiques ne commencent qu'au XVIIIe siècle. Une théorie de la Terre est proposée par Buffon en 1749, qui date notre globe à 75 000 ans, en calculant le temps théorique nécessaire au refroidissement du noyau supposé métallique. Buffon contredit ainsi la Genèse, qui situait la création du monde à 5 000 av. J.-C.

A cet époque, les connaissances en géologie et en thermodynamique étaient quasi nulles. Ce n'est qu'au XIXe siècle que les premières notions de stratigraphie apparaissent et que les conflits entre physiciens et géologues éclatent. L'Allemand Helmholtz et l'Anglais Kelvin, fondateurs de la thermodynamique, estiment l'âge de la Terre à 20 et 40 millions d'années. Les géologues indiquent par contre un âge de 25 millions d'années pour les seules couches du canyon du Colorado. Des méthodes sont mises au point pour estimer les durées à partir de la vitesse de soulèvement du bouclier scandinave, ou de celle des creusements des vallées, ou encore de celle de la sédimentation. Ainsi le géologue anglais Charles Lyell date, en 1830, le miocène à 20 millions d'années et le cambrien à 240 millions d'années. En 1880, le Suédois De Geer date le retrait de la glace du nord de l'Europe à 8 700 ans, en comptant les varves lacustres, c'est-à-dire les lamines d'argile sombre et claire liées aux fontes saisonnières de la glace. La géochronologie est ainsi née.

LA GÉOLOGIE DEVIENT DYNAMIQUE

Dès la découverte de la radioactivité et celle du radium par les Français Becquerel, en 1895, et Marie Sklodowska-Curie, en 1898, l'Anglais Rutherford, en 1905, met à la disposition des géologues un nouvel outil: la radiochronologie. Sans disposer encore de dates «absolues», vers la même époque, l'Allemand Wegener propose une nouvelle théorie, celle de la dérive des continents, en s'appuyant sur les similarités existant entre les roches, les structures géologiques, les fossiles, de part et d'autre de l'Atlantique. En émettant l'hypothèse de l'existence, il y a 200 millions d'années, d'un supercontinent, la Pangea, qui s'est ouvert pour créer un océan, la géologie devient dynamique. Au XXe siècle, la collaboration entre physiciens et géologues, bien que difficile, va apporter de grands progrès à la datation, progrès qui s'améliorent au fur et à mesure des découvertes des isotopes radioactifs et des possibilités de leur utilisation dans les sciences de la Terre. Les âges sont précisés: 26 millions d'années pour le miocène, 570 millions d'années pour le cambrien, avec une marge d'erreur respective de 2 et 5 p. 100. La méthode du carbone 14, appliquée aux varves de Scandinavie, confirme l'âge établi par les géologues (8 700 ans). Par contre, les mesures uranium-plomb corrigent en vieillissant les roches d'environ 300 millions d'années, l'âge du cambrien qui avait été proposé par Charles Lyell.

Le delta de l'Amazone, large de 400 km, a la décharge la plus grande du monde. A son embouchure, le fleuve et ses bras ramifiés déposent sables et boues qui sont transportés par les courants côtiers dans les plaines abyssales, au front du delta. L'âge de l'Amazone déduit de la vitesse de sédimentation (1 cm/an) serait de 15 millions d'années.

L'échelle magnétostratigraphique. En 1906, le Français Brunhes découvre pour la première fois que le champ magnétique terrestre s'inverse au cours du temps. Les géologues, avec l'échelle magnétostratigraphique des derniers 5 millions d'années, établie par l'Américain Cox en 1969, disposent d'une méthode indirecte de datation qui consiste en la mesure de l'aimantation rémanente naturelle des roches au moment de leur formation. Elle s'applique aux roches volcaniques et sédimentaires. Cette échelle est aussi chronologique, puisqu'elle a été calibrée par la méthode du potassium-argon appliquée aux roches volcaniques du monde entier. Elle a été étendue jusqu'à 70 millions d'années et de façon moins précise jusqu'au cambrien. Grâce aux marqueurs chronologiques, radio-isotopiques, biostratigraphiques, minéralogiques ou géochimiques, le géologue peut ainsi s'assurer de la continuité ou de la discontinuité des dépôts. C'est en mesurant les variations du champ magnétique de part et d'autre de la dorsale océanique que les géologues américains du laboratoire Lamont Doherty de l'université Columbia, à New York ont élaboré, en 1969, la théorie de la tectonique des plaques. La symétrie des courbes et l'âge fourni par l'échelle stratigraphique ont permis de mesurer les variations de vitesse de déplacement des six plaques et de dater l'ouverture de l'Atlantique vers 200 millions d'années.

Des connaissances plus précises. La nature, la répartition, l'âge et l'évolution des chaînes de montagnes, des volcans, des bassins sédimentaires, des rifts, des failles, des zones de sismicité sont de nos jours de mieux en mieux précisés. L'âge, la durée des événements du passé sont donc établis grâce à la stratigraphie, la biostratigraphie, la magnétostratigraphie, la radiochronologie et les corrélations. Avec les études de terrain et les mesures en laboratoire, nous connaissons mieux les Appalaches, les Rocheuses, les Alpes, l'Himalaya, les chaînes hercyniennes et panafricaines, la mobilité des fonds océaniques, les volcans, les failles, les bassins sédimentaires, réservoirs de nos énergies, l'eau, les lacs, les calottes glaciaires, les déserts, les variations climatiques, l'atmosphère, l'origine de l'homme...

Tout à fait au commencement, il y a environ 4,5 milliards d'années, notre planète était recouverte de volcans; puis la Terre s'est refroidie, un océan s'est installé, une atmosphère est née, et la vie est apparue vers 3 200 millions d'années.

A l'aube de l'an 2 000, la page blanche du «temps-espace» Terre n'est pas encore tout à fait remplie, nous n'en connaissons que quelques lignes.

MAURICE TAÏEB

Les paléontologistes et le temps: la biochronologie

Le temps est une dimension qui donne toute son originalité aux «sciences» de la Terre; il ne peut donc pas être absent des préoccupations du paléontologiste. Les pages précédentes nous ont permis de comprendre comment la désintégration de l'atome, phénomène spontané et irréversible, joue un rôle fondamental dans la mesure du temps.

L'évolution biologique répond aussi à cette condition d'irréversibilité. Depuis plus de 3 milliards d'années, elle nous montre une succession d'organismes qui, suivant des séquences ordonnées, permettent la reconstitution d'une histoire directement liée à l'écoulement du temps. Dans l'histoire de la terre, l'évolution des êtres vivants constitue donc le phénomène biologique le plus apparent. Bien avant la radiochronologie, seulement accessible depuis une trentaine d'années, la présence d'organismes caractéristiques dans les couches de sédiments fut utilisée. Les géologues A. d'Orbigny en France, K. von Oppel en Allemagne et W. Smith en Angleterre furent les premiers, au début du XIXᵉ siècle, à bâtir un cadre temporel fondé sur l'existence de faunes successives. Grâce à l'évolution, l'histoire de la vie nous fournit un chronomètre permettant de situer des événements les uns par rapport aux autres sur l'axe des temps, c'est-à-dire construire une chronologie relative, dite biochronologie.

◁ Matériel de base pour le biostratigraphe à l'ère primaire, les trilobites sont des animaux marins vivant sur le fond et dont le corps est divisé en trois parties. *Agraulus ceticephalus* (ci-contre) est une forme assez caractéristique de l'Europe et de l'Amérique du Nord au cambrien moyen (vers − 520 M.A.).

Calcaire à nummulites. ▷ L'abondance et la diversité au tertiaire de ces protozoaires géants leur confèrent une grande utilité en biostratigraphie, en Aquitaine et dans le bassin de Paris, par exemple. D'une taille moyenne de 6 à 15 mm, ils ont une grande extension géographique; ils contribuent à la zonation de l'éocène et de l'oligocène, autrefois regroupés sous le terme de «nummulitique».

On peut découper le temps en unités biochronologiques: l'apparition et la disparition, la succession et la diversification des formes vivantes (espèces, genres, familles, etc.) sont autant de points de repère servant à définir et à limiter ces unités, dont l'ensemble constitue une échelle stratigraphique. Cette branche de la stratigraphie est appelée biostratigraphie.

Cependant, l'évolution ne permet pas une mesure absolue du temps, c'est-à-dire l'évaluation d'une durée. Le rythme et la vitesse de l'évolution varient considérablement, suivant le groupe d'organisme et la période géologique considérés: les repères du chronomètre ne sont pas régulièrement espacés, conduisant à discriminer les «bons» fossiles stratigraphiques des «mauvais». En fait, tous ces repères ont une utilité, c'est la précision qui change: plus l'évolution de l'organisme est rapide, plus fin sera le découpage du temps.

Enfin, en plus des concepts de succession et de durée, la notion de temps comporte celui de simultanéité. L'évolution permet de l'aborder par la possibilité de corrélations entre événements dans l'histoire du monde vivant, quand l'organisme considéré est réparti sur une grande aire géographique.

ÉVOLUTION BIOLOGIQUE ET UNITÉS BIOSTRATIGRAPHIQUES

Historiquement, les unités biostratigraphiques majeures furent d'abord définies et délimitées. Puis, grâce à l'affinement permanent de l'outil paléontologique, elles furent subdivisées en unités de base de plus en plus précises.

Étages, séries et systèmes. Ces unités biostratigraphiques majeures sont presque toujours fondées sur des changements plus ou moins rapides au sein des peuplements fossiles. Elles sont matérialisées par des crises évolutives souvent en liaison avec des événements physiques (mouvements des continents, avancée ou recul des mers, glaciations, etc.).

Ces discontinuités dans l'histoire de la vie ont servi de base à Alcide d'Orbigny pour l'établissement du premier découpage du temps en 27 étages (1849-1852). Bien qu'ayant perdu les fondements catastrophistes introduits par d'Orbigny, l'étage reste actuellement une unité stratigraphique fondamentale, ayant une référence paléontologique, puisqu'il est basé sur un contenu organique déterminé. «Un étage est un état naturel de la nature passée, pendant lequel il existait, comme dans la nature actuelle, des continents et des mers, des plantes et des animaux...».

L'étage est désigné par un nom, le plus souvent celui d'une localité ou d'une région, terminé par le suffixe «-ien»: oxfordien pour Oxford en Angleterre, albien pour le département de l'Aube en France, par exemple. Le «stratotype» est l'étalon ayant servi à la définition de l'étage; il correspond à une succession donnée de couches géologiques, dans un affleurement et en un lieu précis: par exemple, bancs n° 12 à 17 de calcaires bleus à gryphées de la tranchée de la voie ferrée à l'ouest de Semur-en-Auxois en Côte-d'Or pour l'étage sinémurien.

Plusieurs étages successifs constituent une série ou un système, dont le nom est forgé sur celui d'une région naturelle (jurassique, parce qu'il fut étudié pour la première fois dans le Jura, par exemple) ou sur les caractéristiques de la tranche de temps qu'il représente (ainsi carbonifère, pour le grand développement des couches de charbon, ou crétacé, pour l'abondance des couches crayeuses). Bien souvent, un événement biologique majeur et global délimite un système: début du cambrien et apparition des organes squelettiques; fin du crétacé et disparition des dinosaures, des ammonites, des bélemnites et des rudistes; début du paléocène et apparition des nummulites, etc.

Les systèmes sont regroupés en ères, dont les limites ont également un rapport avec l'histoire de la vie: fin du primaire et disparition des trilobites, par exemple.

Biozones, biohorizons, modalités évolutives et associations fauniques. Très vite, l'étage s'est révélé une unité stratigraphique trop importante par son extension dans le temps et la complexité de son contenu faunique. Dès 1858, von Oppel introduisit la notion de «biozone», qui correspondait à une subdivision de l'étage. «La biozone est l'unité de base de la classification stratigraphique. Elle est définie comme une couche ou un ensemble de couches caractérisés par l'existence d'un ou plusieurs groupes fossiles indices, dont elle reçoit le nom.» Telle est encore sa définition.

De nos jours, le grand développement des connaissances paléontologiques a encore conduit à subdiviser la zone en sous-zones, elles-mêmes découpées en horizons. «L'horizon est l'unité biostratigraphique que l'on ne peut plus subdiviser sur le plan régional». C'est une unité concrète qui comprend une tranche de sédiments renfermant une faune homogène (voir tableau page ci-contre).

En fait, la définition de la biozone et de ses subdivisions montre tout un éventail de variations qui font intervenir son contenu faunique, ses limites et le choix de son indice. Mais c'est ici l'étude précise des populations fossiles qui intervient puisque la biozone (ou le biohorizon) est construite soit sur une association faunique, soit sur l'extension dans le temps ou l'apogée d'une espèce donnée, un événement marquant dans une lignée évolutive, l'existence de modalités évolutives particulières.

LES CHEMINEMENTS DE LA BIOSTRATIGRAPHIE

La recherche des documents. La collecte des fossiles doit se faire avec un maximum de précision. Chaque fossile (entier ou fragmentaire) doit être parfaitement repéré dans l'espace (nom de l'affleurement, coordonnées) et dans le temps (numéro de la couche du sédiment dans l'affleurement). Même dans le cas de niveaux pauvres, le paléontologiste tentera toujours d'extraire le maximum de restes d'organismes macroscopiques et/ou microscopiques, ce qui lui permet de disposer de populations et d'associations significativement représentatives de la faune qui vivait à l'époque pendant laquelle les sédiments qui la renferment se sont déposés.

L'étude des populations et des associations fossiles. La deuxième étape de la démarche biostratigraphique conduit à la détermination qualitative des différents groupes fossiles représentés dans chaque niveau fossilifère, afin de mettre en évidence des espèces ou des «associations indices». Dans cette phase de travail, l'apparition, la succession et la disparition des différents groupes fossiles sont analysées. Des travaux plus spécialement paléontologiques peuvent être abordés: variabilité morphologique des espèces dans un niveau donné, modifications morphologiques des espèces au cours du temps (évolution), variations dans la composition des associations en rapport avec les caractéristiques du sédiment ou en fonction de l'écoulement du temps, par exemple. Tous les résultats enregistrés ne pourront qu'apporter une plus grande fiabilité dans l'établissement et la reconnaissance des unités biostratigraphiques.

L'interprétation des résultats. Deux possibilités peuvent se présenter. Dans la première, une échelle biostratigraphique a été antérieurement établie. On procède donc par comparaison avec cette référence. Tout niveau géologique qui contient les espèces indices est considéré comme appartenant à l'unité biochronologique qu'elles caractérisent, et du même âge. Dans la seconde possibilité, il n'existe pas d'échelle de référence: il faut en créer une de toutes pièces, en désignant des espèces indices. C'est elle qui désormais servira de référence.

BIOSTRATIGRAPHIE ET RADIOCHRONOLOGIE

L'outil biochronologique est encore sans concurrence par la finesse de son pouvoir de résolution et sa capacité d'ordonner qualitativement les événements de l'histoire de la Terre. Il ne s'oppose pas aux méthodes physiques de la radiochronologie, dont la précision est encore trop faible. Au contraire, méthodes physiques et méthodes biologiques se complètent. Les premières fixent l'âge absolu d'événements marquants de l'histoire de la vie; les secondes classent, synchronisent et subdivisent les périodes comprises entre ces points remarquables.

On prendra pour preuve la précision obtenue dans des périodes variées sur des organismes différents: la durée moyenne d'une zone (durée d'existence d'une espèce) de graptolites du silurien (primaire) est de 1,2 million d'années; celle d'une zone d'ammonites du jurassique (secondaire) est de 1 million d'années et celle d'une zone de foraminifères benthiques de l'éocène (tertiaire) est voisine de 1,4 million d'années. Dans ces mêmes périodes, les résultats de la radiochronologie placent les limites des différentes ères et de leurs subdivisions avec une précision très inférieure à celle des fossiles: ± 7 à 9 millions d'années dans le primaire, ± 3 à 5 millions d'années dans le secondaire et ± 500 000 ans à 1 million d'années dans le tertiaire. Dans le jurassique, en supposant que la durée d'un horizon caractérisé par une faune indice d'ammonites est égale durant tout le système (environ 75 millions d'années), la précision est de 200 000 ans; par la radiochronologie, les limites d'étages du jurassique sont données avec une erreur de ± 4 millions d'années.

JACQUES THIERRY

Le paléontologiste et le temps

A

ÈRE	SYSTÈME		CHRONOLOGIE ABSOLUE EN MILLIONS D'ANNÉES
QUATERNAIRE	Pléistocène		— 3 ± 0,2
TERTIAIRE OU CÉNOZOÏQUE	Pliocène		— 5 ± 0,5
	Miocène		— 23 ± 1
	Oligocène		— 34 ± 1
	Éocène		— 53 ± 1
	Paléocène		— 65 ± 1
SECONDAIRE OU MÉSOZOÏQUE	Crétacé	sup.	— 95 ± 1
		inf.	— 130 ± 3
	Jurassique	sup.	— 150 ± 5,5
		moyen	— 181 ± 4
		inf.	— 204 ± 4
	Trias	sup.	— 229 ± 5
		moyen	— 239 ± 5
		inf.	— 245 ± 5
PRIMAIRE OU PALÉOZOÏQUE	Permien		— 290 ± 7,5
	Carbonifère		— 360 ± 7,5
	Dévonien		— 400 ± 7,5
	Silurien		— 418 ± 7,5
	Ordovicien		— 495 ± 7,5
	Cambrien		— 530 ± 10
ANTÉCAMBRIEN OU PROTÉROZOÏQUE	Infracambrien		— 600
			— 1 000
			— 1 600
			— 3 000
			— 3 400
	Plus anciennes roches connues		— 3 600
			— 4 200
	Origine de la Terre		— 4 500

B

	JURASSIQUE	
— 130		— 127-133
	Portlandien	(— 135)
— 140	Kimmeridgien	— 136-144
	Oxfordien	
— 150		— 142-153
	Callovien	
— 158		— 153-163
	Bathonien	
— 170		— 166-174
	Bajocien	
— 178		— 174-182
	Aalénien	(— 181)
	Toarcien	(— 189)
	Pliensbachien	(— 195)
	Sinémurien	(— 201)
	Hettangien	
— 204		— 200-208

C

ZONES	SOUS-ZONES	HORIZONS
— 150 (LAMBERTI)	Lamberti	Lamberti
		Henrici
	Poculum	Athletoides
		Subtense
ATHLETA	Collotiformis	Nodulosum
		Collotiformis
		Pivetedui
	Trezensee	Trezensee
CORONATUM	Leuthardti	Rota
		Waageni
	Baylei	Baylei
		Villanyensis
JASON OU ANCEPS	Jason	Jason
	Medea	Medea
		Bannense
GRACILIS	Patina	Proximum
	Michalskii	Michalskii
	Voultensis	Laugieri
		Pictava
— 158 MACROCEPHALUS	Rehmanni	Rehmanni
	Bullatus	Prahecquense
		Bullatus

Ce tableau donne un exemple de la précision obtenue en biostratigraphie: au sein des temps géologiques, le système jurassique, unité de l'ère secondaire, s'étend sur environ 75 millions d'années (A). A son tour, le jurassique est divisé en 11 étages reconnus internationalement sur des bases paléontologiques et dont les limites ont été fixées d'après de récents travaux de radiochronologie (B). Parmi ces étages, le callovien, par exemple, d'une durée de 8 millions d'années, est divisé, comme tous les autres étages, en unités biochronologiques basées sur la distribution dans le temps d'espèces d'ammonites très caractéristiques (C). En admettant, ce qui paraît plausible, que la longévité des espèces est sensiblement identique, la précision est comprise entre 1,2 et 1,8 million d'années pour une zone; pour une sous-zone, elle atteint 600 000 ans, et pour un horizon 300 000 ans. Ci-contre, ammonite Macrocephalites*, qui sert de fossile indice pour la base du callovien.*

CHAPITRE 18

Débuts et diversification des plantes et des animaux

Des premières formes de la vie aux forêts houillères

Il y a plus de 600 millions d'années, à la fin du précambrien, avec l'apparition de l'oxygène, une extraordinaire explosion de vie se produit, dont nous ne connaissons que peu de chose. La toute première flore du précambrien était très pauvre, et constituée uniquement d'algues bleues et de quelques bactéries. Au cambrien, la flore s'est diversifiée, pour s'enrichir vraiment au silurien, avec le passage de la vie aquatique à la vie terrestre.

L'étude de restes fossiles, dont les plus anciens datent d'environ 3,8 milliards d'années, a permis de découvrir des types d'êtres vivants éteints souvent insoupçonnables, qui ont jalonné les chemins de l'évolution végétale des origines à nos jours. Cette lente évolution, qui est soumise à un paramètre irremplaçable, le temps géologique, a abouti à des êtres complexes dont l'étude apparaît souvent ardue si l'on ne tient pas compte des formes qui les ont précédés. Nous ne connaissons aujourd'hui que les extrémités des nombreux phylums, ou séries d'espèces parentes, qui ont jalonné l'histoire de notre globe. Par l'étude de ses « archives biologiques », la paléobotanique permet de mettre en évidence les modifications profondes qui ont présidé à l'évolution des grands groupes de végétaux actuels ou disparus qui ont constitué le paysage végétal au cours des millions d'années qui se sont écoulés depuis leur apparition jusqu'à notre époque.

Reconstitution d'un paysage du dévonien supérieur

1 *Cyclostigma*: lycophytes
2 *Archaeopteris*: progymnospermes
3 *Lepidodendropsis*: lycophytes
4 *Callixylon*: progymnospermes
5 *Sphenophyllum*: sphénophytes
6 *Eospermatopteris*: progymnospermes
7 *Protolepidodendron*: lycophytes

Dans cette reconstitution d'un paysage du dévonien supérieur, vers − 370 millions d'années, la végétation est presque exclusivement représentée par des ptéridophytes déjà diversifiées dont aucune forme n'a subsisté jusqu'à nos jours. On y trouve notamment des lycopodes arborescentes, comme *Cyclostigma*, *Lepidodendropsis* et *Protolepidodendron*, ainsi que des progymnospermes arborescentes, telles *Archaeopteris*, *Eospermatopteris* et *Callixylon*, ainsi qu'une plante articulée voisine des prêles: *Sphenophyllum*.

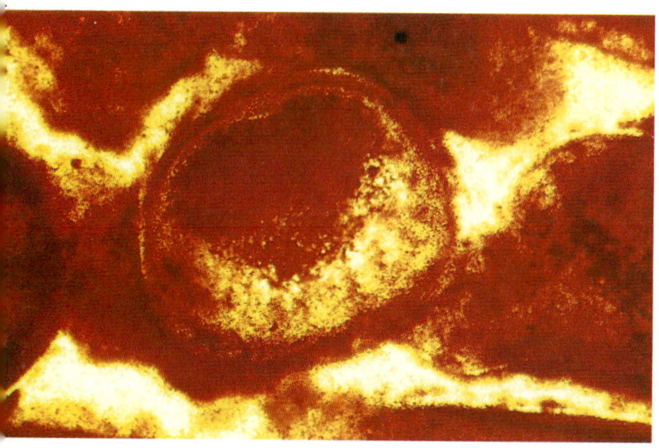

Ce sphéroïde fossile du précambrien des Richat de Mauritanie (− 1 milliard d'années) est un organisme primitif constitué d'une masse centrale dense de coccoïdes associée à d'autres éléments organiques et ayant une disposition radiale. L'ensemble est entouré d'une paroi lisse interrompue au niveau du pore germinatif.

Le lycopode actuel, appelé aussi pied-de-loup, est une petite plante herbacée aux axes couverts de feuilles sessiles et terminés par des cônes reproducteurs dont les spores sont toutes identiques.

LA MISE EN PLACE DE L'ORGANISATION BIOLOGIQUE

Nous avons vu au chapitre 4 quels sont les phénomènes qui ont vraisemblablement présidé à l'apparition de la vie sur terre. On connaît des dépôts de houille dans l'algonkien (− 1 000 millions d'années) qui sont certainement d'origine végétale: ils confirment l'existence d'une vie végétale très ancienne dont nous avons malheureusement peu de témoins. Durant le précambrien, seuls de petits organismes sans noyau cellulaire (acaryotes) ou dépourvus de paroi nucléaire (procaryotes) ont peuplé les océans: c'étaient des coccoïdes, sphéroïdes, bactéries primitive et algues bleues dont nous possédons les preuves fossiles. Selon le paléobotaniste français Édouard Boureau, qui a étudié en détail de nombreux fossiles du précambrien de Mauritanie, un certain polyphylétisme (séries d'origines différentes) a présidé à la mise en place de la cellule que nous connaissons aujourd'hui. On peut penser qu'à l'origine de petits organismes élémentaires (coccoïdes) se sont associés en colonies (sphéroïdes) entourées d'une paroi plus ou moins épaisse munie d'un pore germinatif. Ces organismes collectifs se sont ensuite enrichis par adjonction de matière organique de diverses origines. Leur extraordinaire richesse en éléments organiques leur a permis de se différencier soit uniquement vers des organismes procaryotes que l'on connaît encore aujourd'hui (algues bleues ou cyanophytes, algues vertes primitives ou prochlorophytes), soit vers la cellule eucaryote classique, à noyau vrai (dont la levure, champignon unicellulaire, est le plus proche parent actuel, car elle a encore un pore germinatif). Ainsi peut-on considérer la cellule eucaryote comme le résultat d'une symbiose: les mitochondries ayant une origine bactérienne et les chloroplastes (supports de la chlorophylle) étant des cyanophytes.

C'est à partir du cambrien (– 600 millions d'années) que des organismes plus complexes à cellules eucaryotes sont apparus: la flore fut alors représentée par des algues bleues, vertes, rouges, et par des diatomées (voir p. 52-53). La véritable diversification de la flore s'est effectuée à la fin du silurien avec la passage de la vie aquatique à la vie terrestre.

Reconstitution de la forêt du carbonifère

(– 290 millions d'années) Cette forêt aux arbres importants aujourd'hui disparus se développait dans un milieu plutôt marécageux. Les plantes avaient des racines étalées peu profondément enfoncées et les grands arbres étaient facilement déracinables.

1 *Psaronius:* fougère arborescente
2 Libellule géante
3 *Lepidodendron:* lycopode de 30 m de hauteur au tronc ramifié
4 *Calamites:* plantes à gros tronc articulé voisin de celui des prêles actuelles
5 Blatte géante
6 Sigillaire: lycopode au tronc ornementé et non ramifié portant une touffe de très grandes feuilles (jusqu'à 1 m de longueur) à son sommet

La sigillaire *(Sigillaria)* est un grand arbre de la forêt houillère au tronc ornementé de cicatrices hexagonales laissées par la chute des feuilles disposées en files sur des côtes verticales.

LES FLORES DE L'ÈRE PRIMAIRE

L'ère primaire ou paléozoïque a duré environ 375 millions d'années, de – 600 à – 225 millions d'années. C'est au cours de cette longue période que la vie végétale s'est développée sur le globe. Les premiers végétaux sont d'abord apparus dans les océans, où ils se trouvaient protégés des agressions extérieures. Puis, lorsque la croûte terrestre fut solidifiée et l'atmosphère suffisamment oxygénée, les végétaux, vers – 430 millions d'années, commencèrent à coloniser les terres émergées.

La flore du silurien

Au silurien (de – 430 à – 400 millions d'années), les algues étaient déjà bien représentées dans les océans: algues bleues, rouges, vertes et brunes. C'est dans des terrains de cet âge que l'on a trouvé également les traces des premiers champignons, très primitifs à filaments non cloisonnés.

A la fin du silurien et au début du dévonien, les végétaux colonisèrent progressivement les terres émergées et acquirent les caractères nécessaires à la vie dans ce nouveau milieu. Ce fut tout d'abord l'adjonction à l'épiderme d'une cuticule, c'est-à-dire d'une cire imperméable permettant la protection contre les agents extérieurs. On observa également la différenciation de stomates, orifices assurant les échanges entre les tissus internes de la plante et le milieu extérieur. La différenciation de tissus conducteurs permit à la plante de mettre en place une double circulation d'éléments nutritifs (eau et sels minéraux) de bas en haut au niveau du bois d'une part, et des résultats de la photosynthèse (composés hydrocarbonés) de haut en bas au niveau du liber, d'autre part. Des tissus de soutien (cellules à parois épaissies) favorisèrent l'apparition d'un port dressé. C'est à cette époque, et jusqu'au dévonien moyen, que l'on trouve des «algues terrestres» (nématophytes), aux troncs volumineux constitués notamment de structures tubulaires portant de grandes expansions foliacées étalées. Ces plantes thalloïdes, c'est-à-dire dépourvues de vraies racines, tiges et feuilles, ont tenté de différencier des tissus conducteurs. Elles représentent l'une des preuves fossiles illustrant l'un des nombreux essais tentés par certaines algues pour s'affranchir du milieu

Prêle ou queue-de-cheval actuelle. On voit ici un détail d'un axe stérile à côtes portant à chaque nœud une gaine foliaire et des rameaux secondaires également articulés.

Neuropteris. Cette «fougère à graines» du houiller (– 290 millions d'années) possède des folioles ou pinnules aux nervures fines et plusieurs fois dichotomes.

aquatique. D'ailleurs, l'origine algale des plantes supérieures apparaît aujourd'hui de plus en plus probable, la relation s'établissant vraisemblablement au niveau des algues vertes.

Les différents types de plantes vasculaires, c'est-à-dire disposant de faisceaux conducteurs, qui apparurent en premier sur la terre étaient voisins à la fois des mousses et des ptéridophytes (fougères au sens large) actuelles. C'étaient de petites plantes, constituées d'une tige rampante portant des axes dressés ramifiés en deux parties égales (dichotomie), glabres ou couverts de petites feuilles épineuses sans pédoncule (sessiles), persistantes ou caduques, et portant des sporanges, c'est-à-dire des sacs à cellules reproductrices, terminaux. Les premiers restes fossiles de ces flores furent trouvés en Libye et en Australie. Par leur organisation, les formes australiennes, plus flexueuses, apparaissaient encore relativement dépendantes du milieu aquatique, alors que celles de Libye, aux axes droits et ornementés, semblaient nettement mieux adaptées à des conditions de vie plus sèches. Ces premiers végétaux ont totalement disparu de nos jours.

La flore du dévonien

Au cours du dévonien, de – 400 à – 350 millions d'années, on assiste à une grande diversification des formes végétales. C'est l'une des périodes les plus intéressantes au point de vue phylogénétique. A la fin du dévonien, toutes les souches principales du monde végétal existaient déjà; seule la présence des lichens reste encore douteuse.

Au dévonien inférieur, la flore se rattachait directement à celle du silurien. Elle était com-

Les provinces floristiques

Glossopteris. *La feuille de cette «fougère à graines» du permien (– 280 millions d'années) du Gondwana (hémisphère Sud) a des nervures secondaires qui forment un très fin réseau.*

Durant le dévonien, la répartition des flores fut relativement uniforme. A partir de – 300 millions d'années (westphalien), elle commença à se différencier en zones géographiques particulières, appelées provinces floristiques, où se développaient des plantes caractéristiques.

On distingue quatre provinces floristiques:

— la province euraméricaine, qui rassemblait l'Europe, le centre et l'est des États-Unis et l'Afrique du Nord, et qui pénétrait en Asie occidentale par le Proche et le Moyen-Orient et le Turkestan russe. On y trouve beaucoup de lépidodendrales, calamites et ptéridophylles (plantes à frondes isolées, du type filicophytes et ptéridospermaphytes).

— la province cathaysienne, qui correspond à la Chine orientale, la Malaisie, Sumatra et, en Amérique du Nord, au Texas, au Colorado et à l'Oklahoma. Dans cette zone, les lépidodendrales et les calamites sont rares, tandis que des genres particuliers, comme *Gigantopteris* (ptéridophyte de grandes dimensions) sont abondants.

— la province angaridienne, qui va de l'Oural au Pacifique. Elle est caractérisée par la présence des noeggerathiphytes (axes porteurs de feuilles larges disposées de manière hélicoïdale), totalement disparus aujourd'hui.

— la province gondwanienne, qui correspond à l'Amérique du Sud, l'Inde et l'Australie, avec la flore à *Glossopteris* (frondes à grandes pinnules aux nervures en réseau).

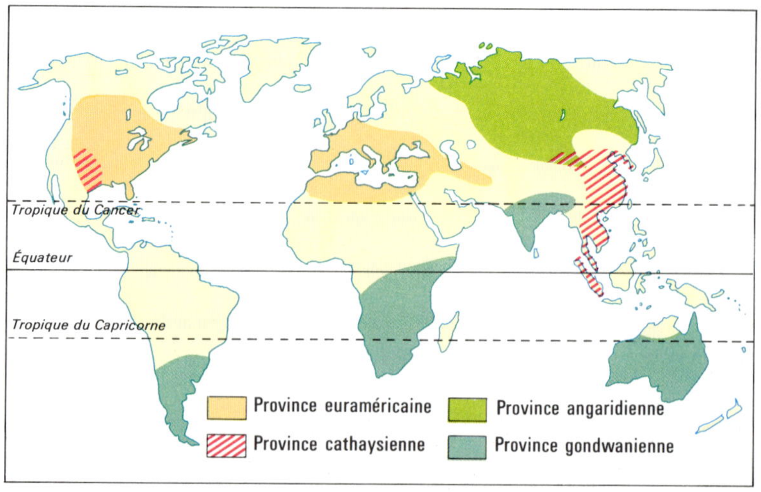

Les provinces floristiques *à la fin du stéphanien et au début du permien (vers – 290 millions d'années)*

Le ginkgo actuel ***(Ginkgo biloba)*** est l'unique représentant vivant des ginkgophytes du secondaire, ce qui lui vaut le qualificatif de «fossile vivant»: il y a plus de 150 millions d'années, ces ancêtres peuplaient les forêts de l'hémisphère Nord. On remarquera la forme en éventail caractéristique de ses feuilles, qui deviennent jaune d'or à l'automne, et le fruit à maturité, charnu et malodorant.

posée de plantes herbacées voisines des psilotes et des lycopodes actuels, aux sporanges homosphorés, c'est-à-dire pourvus de spores ou cellules reproductrices toutes identiques.

Au dévonien moyen, le mode de ramification est devenu plus complexe, avec la différenciation d'axes principaux et secondaires, tandis qu'apparaissaient les premières formes arborescentes et que les feuilles n'étaient plus uniquement épineuses, mais bifides. Les fougères primitives ont également fait leur apparition: elles portaient de grandes feuilles ramifiées (frondes), dépourvues de limbe au début. Parmi elles, certaines formes particulières sont considérées comme les ancêtres des fougères à graines et des cordaïtes du carbonifère (plantes à ovules). Il faut aussi signaler que, dès le début du dévonien moyen, l'hétérosporie, c'est-à-dire la différenciation en microspores mâles et macrospores femelles, était également apparue.

Au dévonien supérieur, les premiers végétaux terrestres colonisateurs des terres émergées disparurent totalement, tandis que les ptéridophytes (fougères au sens large) et les préphanérogames (ancêtres des plantes à fleurs) se développaient avec de nouvelles formes annonçant la flore du carbonifère inférieur (voir p. 228). Parmi les ptéridophytes, on trouvait des arbres porteurs d'une écorce munie de «coussinets foliaires», sorte d'ornementation entourant les feuilles, des arbres plus petits et articulés et des fougères aux frondes complexes encore dépourvues de limbe. C'est également à cette époque que se différencièrent des genres charnières sur le plan évolutif, qui ne laisseront pas de descendant direct et qui associaient par exemple sur une même plante un tronc de type conifère et des feuilles et organes reproducteurs de type fougère: on a là une fois de plus l'illustration des différents essais tentés par les végétaux dans plusieurs directions évolutives, et qui sont restés sans suite.

C'est au cours du dévonien que toutes les potentialités évolutives essentielles du règne végétal se sont manifestées. Cette époque est la plus importante que le monde végétal ait connue depuis ses origines, puisqu'on y observe le passage du port herbacé au port arborescent, la diversification du mode de ramification et de la morphologie de la feuille, dont le limbe commence à se différencier, l'apparition de quantités importantes de tissus conducteurs (bois secondaire) dans les axes, le passage de l'homosporie à l'hétérosporie et le début de la différenciation de l'ovule.

La flore du carbonifère

Cette période, qui s'étend de – 350 à – 270 millions d'années, a vu la prédominance des ptéridophytes (fougères et plantes apparentées). De nombreuses formes du dévonien supérieur se sont retrouvées au carbonifère inférieur, tandis qu'au carbonifère supérieur apparaissaient dans tous les groupes de plantes de grandes formes arborescentes qui allaient constituer les importantes forêts houillères, favorisées par des conditions climatiques tropicales humides (voir p. 229).

On trouvait alors de grands arbres de plus de 30 m de hauteur, avec un diamètre basal de 1 m (lepidodendron, sigillaires), aux troncs ornementés de dessins losangiques ou hexagonaux, ramifiés ou non à leur sommet et couverts de feuilles simples, avec pour appareils reproducteurs des cônes sexualisés (hétérosporés). Ces plantes n'ont laissé pour descendants que cinq genres herbacés, beaucoup plus primitifs et souvent tropicaux, comme les lycopodes ou les sélaginelles.

On rencontrait également en abondance des calamites aux troncs articulés et striés longitudinalement, de 1 m de diamètre, avec des feuilles simples et un important développement de bois secondaire, et dont l'appareil reproducteur, un cône, était constitué d'un empilement de bractées protégeant des sporanges. Cet important groupe n'est plus représenté maintenant que par un seul genre, la prêle, ou queue-de-cheval.

Parmi les fougères, extrêmement répandues et diversifiées, on trouvait des formes arborescentes de plusieurs mètres de hauteur, munies de larges frondes dont l'organisation était très voisine de celle des fougères actuelles. Cette abondante association végétale comportait également des préphanérogames, groupe extrêmement important sur le plan évolutif. Leur appareil reproducteur avait acquis un ovule, c'est-à-dire une cellule reproductrice femelle entourée de réserves, protégé par une cupule plus ou moins développée, ce qui permettait aux phénomènes de la reproduction de s'affranchir du milieu aquatique dont ils dépendaient étroitement jusqu'alors. Citons parmi eux les «fougères à graines», plantes au port de fougère, avec de grands troncs portant des frondes étalées plus ou moins ramifiées, avec des feuilles enroulées en crosse, et les cordaïtes, grands arbres aux longues feuilles rubanées à nervures parallèles qui ont totalement disparu aujourd'hui. Vers la fin de cette période apparaissent les ginkgophytes, dont les feuilles ont une nervation en éventail caractéristique, et les premiers conifères.

La flore du permien

Le permien (de – 270 à – 225 millions d'années) est une période de transition, pendant laquelle on a assisté au déclin rapide des ptéridophytes, toutes les grandes formes arborescentes et évoluées ayant disparu sans laisser de descendants directs. Parmi les préphanérogames, des groupes entiers se sont également éteints: c'est le cas d'une partie des «fougères à graines» et de toutes les cordaïtes. Après cette grande coupure, la flore du secondaire ou mésozoïque va apparaître, dominée dès le début par les cycadophytes (voir au chapitre 20).

ANNIE LEJAL-NICOL

L'apparition et la diversification des invertébrés aquatiques

Il y a 700 millions d'années, la vie franchit une étape importante et assure sa diversification avec l'apparition des premiers êtres vivants à plusieurs cellules, puis la création du « squelette » : d'abord externe et chitineux (carapace) chez les arthropodes aux pattes articulées qui forment encore les trois quarts des espèces vivantes, il est externe chez les mollusques céphalopodes (coquille calcaire), qui ont été les maîtres de la mer pendant 500 millions d'années. Le vrai squelette (os ou cartilage), interne, apparaîtra plus tard chez les vertébrés.

Apparition réelle de nombreux groupes d'êtres vivants ou artefact dû à de meilleures conditions de fossilisation ? Il y a 700 millions d'années environ, l'histoire de la terre montre une extraordinaire diversification de la vie. Jusqu'alors caractérisée par des êtres unicellulaires très simples, elle est marquée par l'apparition des premiers animaux faits de plusieurs cellules : les métazoaires.

LES PREMIERS ANIMAUX A CORPS MOU

Paradoxalement, la preuve des premiers métazoaires n'est pas fournie par des restes d'organismes, mais par des traces de leur activité : des terriers, sans doute laissés par des animaux marins vermiformes et fouisseurs. Banales en elles-mêmes, ces traces prouvent l'existence d'organismes évolués pourvus d'une cavité interne et capables de contractions péristaltiques leur permettant de se déplacer. En outre, ils tiraient le meilleur parti des sédiments meubles du fond de la mer en y trouvant à la fois le vivre et le couvert.

La faune d'Ediacara. Les premiers restes d'organismes sont ceux d'Ediacara, près d'Adélaïde, en Australie, vers – 680 à – 650 millions d'années. Depuis cette découverte extraordinaire, des représentants de cette faune ont été retrouvés en Afrique, en Europe et en Amérique du Nord ; d'autres restes, vraisemblablement d'organismes microscopiques énigmatiques, existent aussi vers – 700 millions d'années en Namibie, en Afrique.

Malgré sa richesse, la faune « édiacarienne » est peu diversifiée, homogène mais très originale, car tous les organismes sont marins et avec un corps mou. Si certains semblent apparentés à des groupes d'organisation assez primitive (cnidaires coloniaux, tels *Rangea* ou *Charnia,* ou du type méduse ; vers annelés ou arthropodes à corps mou, tels *Dickinsonia* et *Spriggina*), d'autres sont mystérieux et n'ont aucun équivalent, ni dans les groupes fossiles ni dans les groupes actuels (*Praecambridium,* peut-être apparenté aux arthropodes ; *Tribrachidium,* peut-être voisin des échinodermes ; *Parvancorina,* totalement énigmatique).

L'APPARITION DES ORGANES SQUELETTIQUES

Sous le terme de squelette, on entend ici toute formation rigide (interne ou externe) et de nature variée (chitine, carbonate de calcium, etc.) qui protège et/ou soutient le corps d'un organisme. L'acquisition d'organes squelettiques tels que coquille, carapace ou spicules apporte aux organismes qui les possèdent des avantages certains par rapport à ceux qui en sont dépourvus. Ils ont une meilleure adaptation à la vie sur les fonds marins : les formes primitives à « squelette » du cambrien (entre 600 et 500 millions d'années) avaient toutes en commun de vivre à la surface des sédiments, ce qui n'était pas le cas de tous leurs prédécesseurs à corps mou du précambrien, qui étaient fouisseurs. Les formations squelettiques ont joué le rôle protecteur précédemment rempli par les sédiments pour les organismes enfouis. De plus, un « squelette » offre des points d'appui solides aux muscles, ouvrant alors la voie à un meilleur développement du système musculaire et donc à une plus grande facilité et rapidité du déplacement. Enfin, un support squelettique permet une augmentation de la taille : les organismes du cambrien sont plus grands que ceux qui les ont précédés.

L'événement « squelettique » se produit dans plusieurs groupes d'organismes et revêt des aspects différents tout en assurant les mêmes fonctions : carapace des trilobites et crustacés, coquille des lamellibranches, monoplacophores et brachiopodes, réseau des spongiaires et des archéocyathes. Tous ces groupes étaient prêts au même moment pour réaliser un squelette et, dans l'état actuel de nos connaissances, l'acquisition de cette armature est contemporaine de la diversification de nombreux autres types d'animaux dont certains n'ont pas, et n'auront jamais, d'appareil squelettique. Cette coïncidence est-elle réelle ou seulement due à une brutale amélioration des conditions de fossilisation au cambrien ? Ces événements ne sont certainement pas fortuits, et cette période correspond à une réelle explosion des métazoaires. Malgré de nombreuses radiations évolutives et l'extinction de groupes dans la suite des temps géologiques, il est de plus en plus probable que tous les grands groupes d'animaux, y compris les vertébrés, ont pris naissance à cette période clé de l'histoire de la vie.

La faune de Tommot. La plus ancienne faune à formations squelettiques provient de Tommot, sur la plate-forme sibérienne, vers – 560 millions d'années. Son importance est telle que les couches qui la renferment ont été choisies pour définir le tommotien, première unité biostratigraphique de l'ère primaire, dont la base sert de limite entre le précambrien et le cambrien. Dans près de 1 000 m de roches sédimentaires apparaissent d'abord des animaux mous et vermiformes comparables à ceux d'Ediacara. Puis, brusquement, viennent s'y ajouter des animaux à squelette diffus et chitineux (archaeocyathes), à coquille mince

La vie à Ediacara, en Australie, vers – 650 M.A. La plupart des animaux vivaient sur le fond. *Charnia* et *Rangea* étaient des organismes coloniaux, ramifiés, ressemblant à certains cnidaires actuels ; *Dickinsonia* (ver annelé) et *Spriggina* (arthropode sans carapace) rampaient ou marchaient sur le fond vaseux. Les méduses sont les seules formes nageuses connues. Des algues et des éponges devaient certainement exister, mais elles n'ont pas été fossilisées.

Les archéocyathes, principaux représentants de la faune de Tommot (Sibérie, vers – 560 M.A.). Sans équivalent dans la faune actuelle, ces organismes restent très énigmatiques, malgré une très bonne connaissance de leur squelette formé de deux cônes ouverts, emboîtés l'un dans l'autre. Entre les deux, des cloisons verticales et des planchers horizontaux délimitaient des loges qui communiquaient entre elles, vers l'intérieur et vers l'extérieur par des pores. Ils vivaient fixés au fond par la partie étroite du cône externe.

(archaeogastropodes et brachiopodes). Très vite apparaissent des arthropodes (trilobites) et des mollusques à coquille plus épaisse (monoplacophores et lamellibranches) dont les carapaces et coquilles sont imprégnées de sels minéraux. Puis, après ces apparitions et ces extrêmes diversifications, un grand nombre d'organismes disparaissent; parmi eux figurent les archéocyathidés, dont l'existence n'excède pas 50 millions d'années, mais que l'on rencontre dans le monde entier.

Le gisement de Burgess. Un autre témoin de l'explosion des métazoaires au cambrien (vers – 530 millions d'années) est le célèbre gisement de Burgess, dans les montagnes Rocheuses canadiennes. Ce haut lieu de la paléontologie a livré plus de 120 espèces fossiles d'une conservation remarquable. A côté d'animaux qui sont les ancêtres plus ou moins directs de formes actuelles (méduses, échinodermes, mollusques, arthropodes, vers, etc.), existent des organismes très insolites, connus uniquement dans ce gisement, qui ne peuvent être rattachés à aucun groupe fossile ou actuel et qui n'auront aucun avenir évolutif. Le succès des organismes à « squelette » et vivant sur le fond est confirmé par ce gisement de Burgess: près de 70 p. 100 d'entre eux sont mobiles sur le fond ou fixés, et la plupart d'entre eux sont des arthropodes à carapace ou des organismes à squelette diffus, 30 p. 100 sont fouisseurs et à corps mou, très peu sont nageurs.

LES ARTHROPODES A LA CONQUÊTE DU GLOBE

Les arthropodes (littéralement: « qui ont des pieds articulés ») occupent une place énorme dans la nature actuelle, par leur diversité (plus des trois quarts des espèces) et leur abondance (ils sont parmi les plus prolifiques). Aucun groupe animal n'est aussi répandu à la surface du globe, omniprésent dans les mers, les eaux douces des lacs et des rivières, sur terre et dans les airs, où ils sont les seuls invertébrés à s'être adaptés au vol.

Depuis leur apparition, il y a près de 600 millions d'années, ils ont donc conquis et exploité tous les milieux de notre planète, montrant une multitude d'adaptations à des conditions de vie variées et, par voie de conséquence, une grande diversification morphologique. Leur taille varie de quelques dixièmes de millimètres (crustacés microscopiques actuels et fossiles) à plus de 2 m (crabes géants actuels, gigantostracés fossiles).

Protégés par une carapace plus ou moins coriace dont la morphologie suscite la crainte, sinon la peur (crabes, araignées, scorpions), mais aussi l'admiration (coléoptères, papillons), ils nous apparaissent comme un groupe résistant à toute destruction. Les arthropodes illustrent une magnifique réussite biologique.

Un corps segmenté. Pourtant, une question vient à l'esprit: pourquoi, compte tenu d'une origine si lointaine dans le temps, n'ont-ils pas encore mieux réussi? Il semble que le temps n'ait rien fait à l'affaire. Tout tient dans l'organisation de leur corps et dans leur anatomie générale. L'ancêtre des arthropodes, qu'il faut rechercher entre – 680 millions d'années environ (Ediacara) et – 560 millions d'années (Tommot), fut certainement un groupe de vers fouisseurs à corps segmenté qui acquit peu à peu un squelette externe et des appendices articulés. Quittant alors la vase où il vivait, pour la surface de celle-ci, où il s'est déplacé plus facilement, il devient le type animal le mieux organisé et hiérarchiquement le plus élevé. Cependant, appendices et carapace restent soumis à une segmentation fondamentale et, au cours de leur évolution, les arthropodes ne présentent jamais, comme les vertébrés, une concentration et une soudure progressive d'organes essentiels dans la partie antérieure du corps (céphalisation). Chez divers arthropodes, on assiste à une soudure des segments, mais la métamérisation primitive reste visible (appendices sensoriels et masticateurs, ganglions nerveux, trachées, etc.).

L'ancienneté, la pérennité et l'importance des arthropodes ressortent nettement pour les temps passés et l'époque actuelle. Les principaux groupes existent dès le cambrien (– 530 M.A.); les plus tardifs apparaissent au dévonien, entre – 400 et – 360 M.A., et au carbonifère, vers – 300 M.A. Peu de groupes disparaissent, exception faite des trilobitoïdes du cambrien et des trilobites-arthropleurides à la fin du primaire (entre – 290 et – 245 M.A.). La largeur des folioles de l'arbre généalogique ci-dessous, en rapport avec leur abondance, montre la place qu'ils occupent dans le monde animal actuel et fossile.

Les grandes lignes de l'évolution et de la généalogie des arthropodes

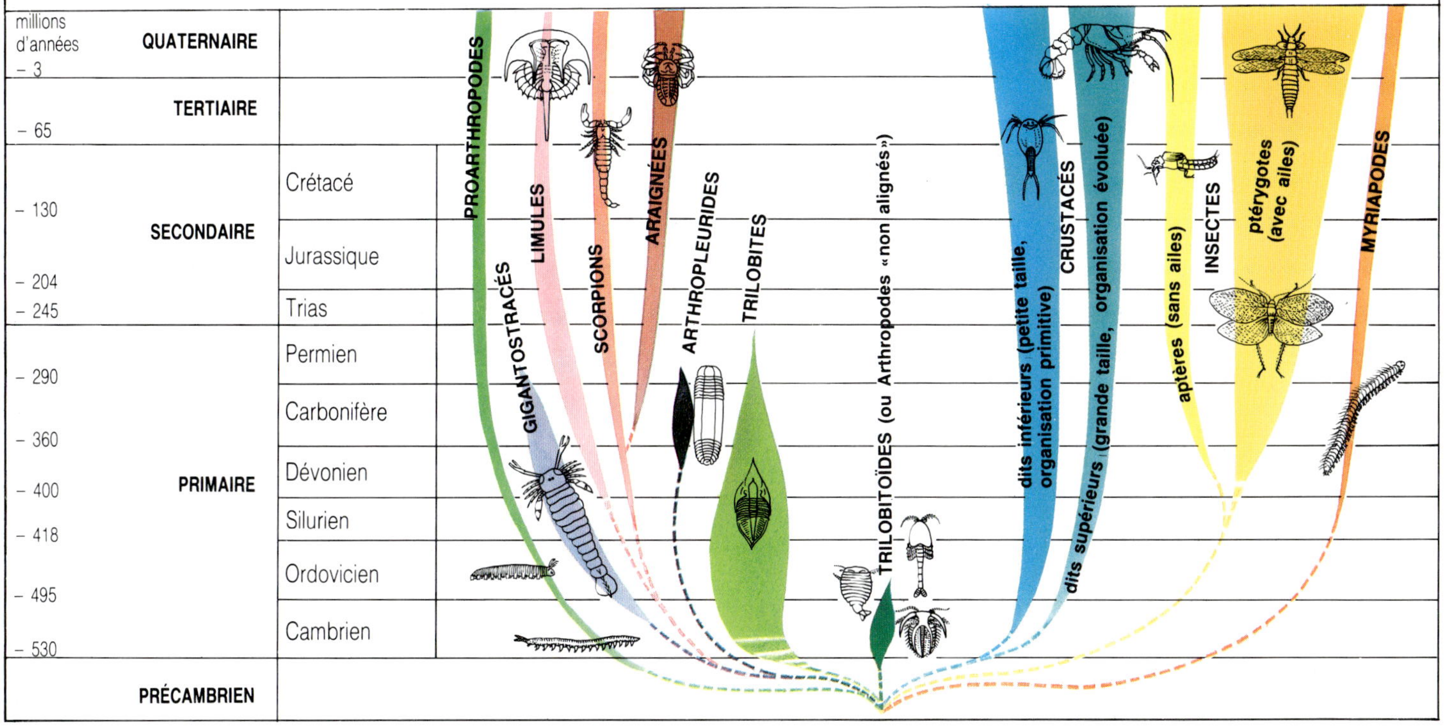

Ce nautile *(Nautilus macromphalus)*, hôte des récifs coralliens de Nouvelle-Calédonie, représente le seul céphalopode à coquille externe actuel. Flottant grâce à sa coquille remplie de gaz et nageant à reculons en éjectant de l'eau par son entonnoir, il peut servir à imaginer le mode de vie de certaines formes fossiles. Descendant au-delà de 250 m de profondeur le jour, il remonte la nuit vers 25 m pour se nourrir.

Une carapace qui alourdit. De plus, si la carapace est un organe de protection efficace, elle alourdit considérablement le corps lorsque la taille augmente, afin de conserver, d'une part, la rigidité de ce dernier, et d'autre part, la possibilité de fixation de muscles puissants. Sans doute est-ce pour cette raison que le maximum de taille pour les arthropodes fossiles et actuels est voisin de 2 m. Le squelette osseux des vertébrés, axe interne rigide soutenant les organes, économise un poids considérable par rapport à la «boîte» (carapace externe) des arthropodes.

Ces handicaps (métamérisation et carapace), si tant est qu'on puisse les qualifier ainsi, n'empêchent pas ce groupe d'évoluer mais lui confèrent une certaine inertie. Lorsqu'une forme est créée, si elle est bien adaptée à son milieu et transmise ainsi de génération en génération, elle se stabilise et se modifie peu. Il est remarquable d'une part que bon nombre d'organismes actuels affublés de l'appellation de «fossiles vivants» sont des arthropodes: la limule (crabe des Moluques), le *Triops* (petit crustacé d'eau douce), le *Glyphaeus* (langoustine des fonds abyssaux). D'autre part, un grand nombre de plans d'organisation d'arthropodes sont pratiquement inchangés depuis des dizaines de millions d'années: certains insectes du carbonifère, du jurassique, du crétacé et du tertiaire sont identiques, ou presque, aux formes actuelles.

Trois groupes homogènes. D'après leurs caractères anatomiques, les arthropodes actuels se répartissent en trois groupes: les crustacés, essentiellement aquatiques (crabes, crevettes, écrevisses, et tout un ensemble de formes plus petites et très variées), mais aussi terrestres (cloportes); les uniramés (ou mandibulates ou antennates), exclusivement terrestres, regroupant les myriapodes (mille-pattes et scolopendres) et les insectes (mouches, abeilles, hannetons, papillons, etc.), revenus parfois secondairement à la vie aquatique en eaux douces; enfin, les chélicérates, qui comprennent des formes aquatiques (limules) et des formes terrestres (scorpions, araignées, poux, etc.).

Ces trois groupes, homogènes, sont connus depuis le début du primaire. Comme dès cette époque ils se différencient entre eux par plusieurs caractères (disposition des segments du corps et des appendices de la tête, constitution des appendices), on pense qu'ils ont évolué de façon convergente, à partir de trois ancêtres communs qui auraient présenté indépendamment l'acquisition d'une carapace et d'appendices segmentés. Cependant, à côté d'eux, existent des formes intermédiaires avec les mêmes caractères mais associés différemment (arthropodes «non alignés» du cambrien).

Une image pourrait illustrer l'existence de ces formes intermédiaires. Supposez que vous disposez de tout un ensemble de formes et de dimensions variables de pièces en plastique représentant les éléments de base d'un arthropode. Demandez à plusieurs personnes de les assembler: après plusieurs essais, vous disposerez d'organismes dont certains pourraient être ceux que vous connaissez, mais, en même temps, vous aurez une série de «monstres» dont la morphologie vous paraîtra délirante. Si vous aviez le pouvoir de leur donner la vie, vous constateriez que seuls certains pourraient réussir, non pas parce qu'ils sont mal construits et qu'il leur manque des pièces indispensables, mais simplement parce que certains arrangements seraient meilleurs que d'autres pour bien se déplacer, se nourrir ou se défendre. La nature a «rédigé plusieurs brouillons» avant de «passer à l'impression» des meilleures versions.

La durabilité de ces arrangements peut aussi être variable tant que l'organisme qui les présente ne se trouve pas en compétition avec

L'abondance et la diversité des formes fossiles de mollusques céphalopodes contraste fortement avec les groupes actuels faisant figure de reliques, avec des périodes de forte diversification depuis leur apparition au cambrien, au début de l'ère primaire, et leur disparition presque totale à la fin du secondaire, vers – 65 M.A. Abondants jusqu'à la fin du silurien (– 400 M.A.), ils subissent une première réduction pour se diversifier à nouveau jusqu'à la fin du permien (– 245 M.A.). Après la période exceptionnelle du secondaire, la «grande mort du crétacé» ne les épargne pas. Dans le détail, l'évolution montre une série de relais, où, lorsqu'un groupe disparaît, libérant ainsi une série de niches écologiques, il semble que celui qui le remplace les occupe à nouveau. Chaque groupe est caractérisé par l'anatomie de sa coquille, interne chez les seiches, calmars et spirules, externe pour tous les autres.

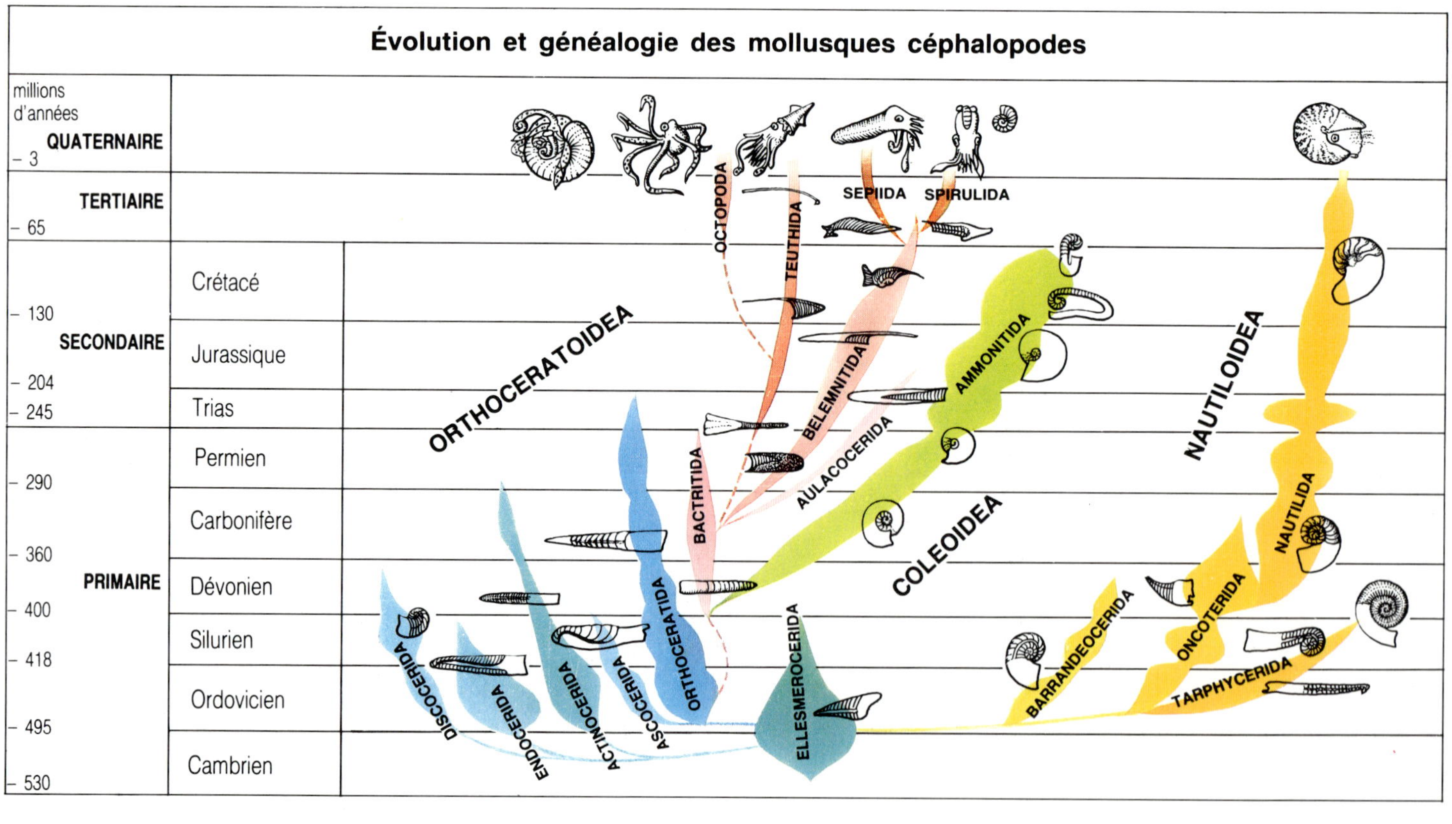

1

Pieuvres actuelle et fossile. L'*Octopus* (**1**), actuelle, n'a pas de coquille et vit sur le fond. Les formes fossiles sont très rares; *Proteroctopus ribeti* (**2**), petite pieuvre de 7 à 8 cm trouvée dans le callovien (– 155 M.A.) de l'Ardèche, est la plus ancienne connue.

2

d'autres organismes mieux construits que lui, mieux adaptés, et qui peuvent très bien appartenir à d'autres groupes zoologiques.

Par leur diversité aussi bien actuelle que passée, par l'occupation de tous les milieux aquatiques et terrestres, y compris le milieu aérien où ils sont les seuls invertébrés à s'être implantés, les arthropodes sont une extraordinaire réussite dans la multitude des êtres vivants.

LES CÉPHALOPODES ET LA CONQUÊTE DU MILIEU MARIN

Malgré une certaine abondance et diversité, les céphalopodes actuels (pieuvres, seiches, calmars, spirules et nautiles) ne sont qu'un pâle reflet de leurs ancêtres. Pourtant, les formes fossiles offrent l'exemple étonnant d'un groupe qui, dès son apparition au cambrien, se lance à la conquête du milieu marin pour le dominer pendant près de 500 millions d'années. A la suite d'une novation morphologique, l'acquisition d'une coquille cloisonnée, les premiers céphalopodes acquièrent la flottabilité; exploitant à fond toutes les possibilités de cette nouveauté anatomique, ils vont se diversifier très rapidement. Puis, sans doute soumis à l'action de divers facteurs internes et externes (changements des conditions du milieu, impossibilité d'adaptations successives, concurrence d'autres organismes), ce groupe disparaîtra presque totalement à la fin du secondaire.

Une coquille pour flotter. Il n'est donc pas étonnant que le nautile actuel, véritable relique et unique exemple de forme à coquille externe, soit pris comme modèle pour expliquer le mode de vie de formes à jamais disparues telles que les orthocères et les ammonites. Son étude, ainsi que celle des autres céphalopodes actuels, a montré que le moteur du déplacement est la cavité palléale (renfermant les branchies) qui, en se contractant, produit une nage par réaction, sous l'effet d'une éjection brutale de l'eau qu'elle contient. La stabilité de l'animal est assurée par la coquille cloisonnée qui joue le rôle d'un flotteur et de ballasts permettant la montée et la descente. Cette coquille a subi au cours du temps des modifications morphologiques qui montrent une constante recherche du meilleur équilibre hydrostatique possible.

A partir d'un groupe souche, quatre ensembles vont se développer avec l'objectif constant d'acquérir une flottabilité et une possibilité de déplacement de plus en plus performantes. Chez les orthocères, formes à coquille tubulaire droite, apparus au cambrien et flottant horizontalement, l'adjonction de formations internes calcitiques dans les premières loges remplies de gaz, à l'extrémité postérieure de la coquille, assure l'équilibre du poids du corps contenu dans la loge antérieure. Après plus de 300 millions d'années marquées de multiples diversifications morphologiques pour atteindre ce but, les orthocères disparaissent au trias, vers – 220 millions d'années. Avant de s'éteindre, ils ont le temps d'ouvrir la voie à deux autres groupes: les ammonites, dès le dévonien (400 millions d'années), les bélemnites, seiches et calmars à la fin du carbonifère. A l'ordovicien (vers 500 millions d'années), les nautiles avaient assuré leur équilibre en enroulant le tube de leur coquille: cette disposition, qui ramène sur une verticale les centres de flottabilité et de gravité, obtient un meilleur succès puisqu'elle existe encore actuellement. Du dévonien jusqu'à la fin du crétacé (vers 70 millions d'années), les ammonites feront de même en battant tous les records de diversité morphologique et en occupant tous les domaines du milieu marin. Leur disparition brutale n'est sans doute pas due à l'inefficacité du dispositif, mais à d'autres causes, telles que des changements importants du milieu marin ou des modifications des ressources nutritives. Enfin, chez les bélemnites, seiches, calmars et spirules, la coquille assure toujours la flottabilité, mais elle devient interne, s'allonge et s'allège considérablement, pour soutenir le corps et servir d'attache à un système musculaire puissant. Chez les pieuvres, la coquille disparaît totalement, mais celles-ci ne flottent pas et vivent et nagent près du fond.

JACQUES THIERRY

La disparition des ammonites

L'histoire de la Terre est marquée de crises biologiques au cours desquelles des groupes entiers d'animaux et de végétaux disparaissent complètement de la surface de notre planète. La crise située aux limites des ères secondaire (crétacé) et tertiaire (paléogène), il y a 65 millions d'années, est la plus connue, à cause de l'extinction des dinosaures, des ammonites et des bélemnites, des rudistes, des inocérames, ainsi que de très nombreux micro-organismes marins. Deux types de scénarios sont avancés pour expliquer ces disparitions, et notamment celle des ammonites.

Les premiers, dits catastrophistes, font appel à un événement soudain, de courte durée, dont les effets auraient été fatals à de nombreux organismes. La chute sur Terre d'un astéroïde ou d'une comète, d'importantes éruptions volcaniques ou le passage de la Terre dans un nuage dense de matière interstellaire, prouvés par de fortes teneurs en éléments rares dans les sédiments de cette époque, auraient eu des effets thermiques importants à la surface de notre planète: baisse de température ou au contraire effet de serre, causés par un écran de poussière affaiblissant les effets du soleil. De plus, certaines radiations de la lumière solaire, notamment celles de courte longueur d'onde (violet à vert), arrêtées par l'écran de poussières, auraient provoqué la disparition d'une grande partie du phytoplancton (algues microscopiques photosynthétiques), dont devaient se nourrir les ammonites, pourvues de mâchoires non calcifiées. Ce genre de scénario expliquerait aussi la disparité sélective ammonites-nautiles: ces derniers, munis de mâchoires calcifiées puissantes, étaient certainement, comme les espèces actuelles, des carnivores se nourrissant de gros organismes. Leur persistance au tertiaire et de nos jours serait due à cette seule différence de régime alimentaire; la disparition du phytoplancton aurait brisé la chaîne trophique des ammonites, causant ainsi leur disparition.

La seconde catégorie de scénarios fait appel à des processus lents et progressifs qui, jouant sur de longues durées, auraient produit des changements aboutissant finalement à une extinction. Parmi ces scénarios dits gradualistes, la régression importante qui marque la fin du crétacé et le début du tertiaire est souvent évoquée, car elle diminue les surfaces marines et fait disparaître certains biotopes, dont ceux où vivaient les ammonites (mers épicontinentales). En même temps, cette régression aurait pu induire des variations climatiques; mais leur seule amplitude semble trop faible pour affecter directement des formes marines telles que les ammonites. On évoque souvent aussi des compétitions entre groupes: les ammonites ont sans doute été fortement concurrencées par les poissons téléostéens qui, se nourrissant au même niveau dans les chaînes trophiques, avaient l'avantage certain d'un meilleur déplacement: agilité, rapidité et distance.

En réalité, la disparition des ammonites n'est pas brutale: on constate par exemple une grande diminution de leur diversité, dès 80 millions d'années, soit plus de 20 millions d'années avant leur extinction. On peut alors se demander si ce n'est pas sous l'action cumulée de plusieurs facteurs qu'elles disparaissent de nos océans après une domination de plus de 300 millions d'années. L'événement soudain, d'origine extraterrestre ou non, a peut-être été le coup de grâce fatal.

Coquilles d'ammonites et de mollusques trouvées dans le crétacé de Provence.

CHAPITRE 19

Les premiers vertébrés

La « construction vertébrée »

Des êtres vivants aussi dissemblables en apparence que la sole, la grenouille, la couleuvre, le canari et l'homme sont en fait tous bâtis sur le même schéma d'organisation, celui des vertébrés. Ce qui distingue les vertébrés des invertébrés, c'est la présence d'une colonne vertébrale formée d'os articulés entre eux, les vertèbres. Représentés par près de 50 000 espèces vivantes, ils constituent l'un des ensembles les plus importants du monde animal, par sa diversité et son importance écologique. L'évolution des premiers vertébrés, les poissons, se traduit par le développement des mâchoires et la diminution de leur cuirasse externe.

Outre le fait que l'homme appartient à cet ensemble, l'importance biologique des vertébrés justifie largement l'intérêt accordé à l'étude de leur origine et de leur évolution.

LES VERTÉBRÉS SONT DES CORDÉS

Le règne animal se divise en une vingtaine d'embranchements (ou phylum). Les vertébrés appartiennent au phylum des cordés (ou chordés), dont ils constituent un sous-embranchement.

Animaux pluricellulaires à trois feuillets embryonnaires (ectoderme, mésoderme, endoderme), les cordés sont pourvus d'une cavité interne et présentent une symétrie bilatérale. Ils possèdent un système nerveux dorsal, surmontant une tige résistante et élastique, la corde dorsale (ou notocorde), et un tube digestif ventral; l'avant du tube digestif est évasé en pharynx, percé latéralement de fentes branchiales dont le rôle était primitivement respiratoire. Tube nerveux dorsal, corde et tube digestif ventral se superposent dans le plan de symétrie bilatéral du corps. La présence de la corde, prototype de la colonne vertébrale, a donné son nom au phylum.

Les procordés, ancêtres des vertébrés?

Certains cordés actuels sont des animaux marins qui ont conservé une organisation plus ou moins primitive.

Leur comparaison avec les vertébrés est très intéressante, car elle permet de comprendre, dans une certaine mesure, comment les vertébrés ont pu se différencier au cours de l'évolution. Les céphalocordés, représentés par l'amphioxus, petit animal marin allongé, microphage, peuvent passer à cet égard, malgré diverses « spécialisations », pour les « prototypes » des cordés. Les urocordés ou tuniciers, en revanche, ressemblent peu aux autres cordés. Si leur phase larvaire montre en général clairement une organisation typique de cordé, une métamorphose « régressive », souvent liée à un mode de vie fixé, fait perdre aux adultes leur corde dorsale et la plus grande partie de leur tube nerveux. Il est ainsi difficile d'imaginer, sans un examen approfondi, que des organismes marins et fixés, vivant parfois en colonies, comme les ascidies soient, malgré les apparences, de véritables cordés; céphalocordés et urocordés (parfois réunis sous le terme de procordés) ne sont pas les ancêtres des vertébrés, mais, plus probablement, leurs cousins. Ils ne donnent donc que des indications assez indirectes sur ce qu'a pu être leur ancêtre commun.

Ce tunicier, *Stolonica socialis,* n'a pas l'apparence d'un vertébré. Mais parce que au stade larvaire il a une corde dorsale, on le range à côté des vertébrés, au sein de l'embranchement des cordés.

Petits organismes marins, les céphalocordés, représentés par *Amphioxus*, ont, comme tous les cordés, le pharynx percé de fentes respiratoires. Ils évoquent le prototype très primitif des vertébrés.

STRUCTURE FONDAMENTALE DES VERTÉBRÉS

Les vertébrés possèdent toujours les caractères distinctifs suivants:

- Le tube nerveux dorsal s'enfle antérieurement en un encéphale, formé de cinq vésicules. Des nerfs spéciaux (crâniens) y sont associés, dont certains sont en relation avec des organes sensoriels spécialisés, différenciés: organes de l'odorat, de la vue, de l'équilibration-audition, par exemple.
- L'appareil circulatoire sanguin est clos. L'aorte ventrale différencie un cœur, pulsatile, formé de quatre cavités.
- La locomotion est associée à la différenciation de membres plurisegmentaires. Les nageoires impaires, variables, sont situées dans le plan de symétrie bilatéral. Les nageoires paires (deux paires) des vertébrés aquatiques ou les membres marcheurs des vertébrés terrestres (ou tétrapodes) sont en position latéro-ventrale. Ils s'articulent sur des ceintures.
- Le squelette, souvent minéralisé, est hautement différencié et comprend des tissus variés: cartilage (déjà présent chez les mollusques), tissus osseux et dentaires (propres aux vertébrés).
- Le squelette s'organise dans la région céphalique en un neurocrâne (entourant l'encéphale), dorsal, et un splanchnocrâne (associé au pharynx), ventral.
- La corde dorsale, toujours présente chez l'embryon, peut persister chez les vertébrés aquatiques, mais s'associe toujours à des tissus différenciant un axe squelettique segmenté, la colonne vertébrale. Chez les vertébrés supérieurs adultes, les vertèbres s'ossifient et la corde est réduite ou absente.
- L'épiderme est toujours formé de plusieurs couches cellulaires et différencie souvent des protéines riches en soufre, les kératines.
- Les sexes sont séparés et il n'y a pas de reproduction asexuée.
- Le feuillet embryonnaire moyen (mésoderme) subit une évolution très complexe au cours du développement embryonnaire et diffère de l'avant à l'arrière de l'animal, ce qui permet de définir trois grandes régions: la tête, le tronc, la queue. La tête, dominée par la présence de l'encéphale, la différenciation du crâne et du pharynx, des organes sensoriels, ne présente pas une segmentation typique.

Le tronc contient l'essentiel des viscères (cœur, appareils digestif et urogénital...).

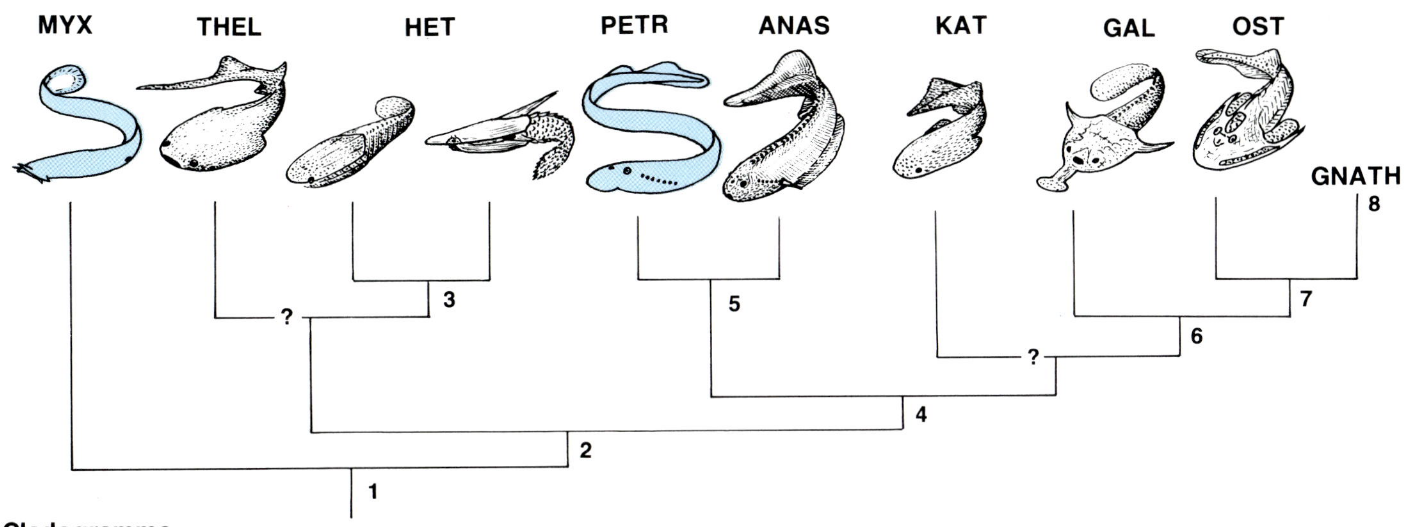

Cladogramme des premiers vertébrés

Il indique les relations entre les différents groupes d'«agnathes» actuels (en bleu) et fossiles. Toutes les formes fossiles reconstituées vont de l'ordovicien au dévonien (500 à 350 MA voir aussi p. 140-141).

ABRÉVIATIONS

Myx: myxinoïdes
Thel: thélodontides
Het: hétérostracés
Petr: pétromyzontides (lamproies)
Anas: anaspides
Kat: katoporides
Gal: galeaspides
Ost: ostéostracés (céphalaspides)
Gnath: gnathostomes (vertébrés à mâchoires)

Principaux caractères évolués:

1. Apparition d'un crâne portant les capsules olfactives, optiques et auditives. Crêtes neurales.
2. Apparition d'une oreille interne à deux canaux semi-circulaires verticaux, d'un système sensoriel «latéral» et probablement de vertèbres. Squelette externe constitué d'os sans cellules.
3. Partie antérieure du corps enfermée dans une cuirasse constituée essentiellement de deux grandes plaques: l'une ventrale, l'autre dorsale.
4. Musculature de l'œil, nageoires paires, nageoires impaires à rayons pourvus de muscles.
5. Orifices branchiaux disposés en rangée oblique, musculature épibranchiale.
6. Apparition de l'os périchondral entourant les cartilages de l'endosquelette. Squelette externe à cellules osseuses.
7. Nageoire caudale épicerque, nageoires paires concentrées dans la région postbranchiale.
8. Mâchoires, nageoires pelviennes.
Nota: *la position des deux principaux groupes de «thélodontes» (groupe souche d'une partie des vertébrés), les thélodontides et les katoporides, est incertaine.*

La queue est située en arrière du cloaque. Ses masses musculaires, segmentaires comme celles du tronc, ont un rôle locomoteur.

CLASSIFICATION DES VERTÉBRÉS

Au XVIIIe siècle, les systématiciens, comme le naturaliste suédois Linné en 1758, distinguent quatre classes parmi les vertébrés: poissons, amphibiens, oiseaux, mammifères. Dès le début du XIXe siècle, et sous l'impulsion de savants comme Georges Cuvier (1769-1832), les progrès de l'anatomie comparée conduisent rapidement à admettre cinq classes: poissons, amphibiens (ou batraciens), reptiles, oiseaux et mammifères, divisions qui constituent encore notre vision «classique» des vertébrés.

L'évolution de la paléontologie au XXe siècle (due notamment aux apports de l'école scandinave du Suédois E. Stensiö) a modifié ce schéma familier en divisant les vertébrés en deux super-catégories:

- les agnathes *sans* mâchoires mobiles;
- les gnathostomes *avec* mâchoires mobiles.

Parmi les premiers se rangent quelques formes actuelles (lamproies et myxines) et des fossiles très anciens, souvent revêtus d'ossifications superficielles complexes.

QUELLE EST L'ORIGINE DES PREMIERS VERTÉBRÉS?

Si les premiers restes fossiles incontestables de vertébrés datent de l'ordovicien (440 MA [millions d'années]), des fossiles encore énigmatiques permettent désormais de considérer qu'ils existaient dès le cambrien supérieur (500 MA). Il s'agissait d'agnathes pourvus de plaques osseuses superficielles, mais dont le squelette profond n'était pas minéralisé.

D'où proviennent ces premiers vertébrés? En l'absence de documents paléontologiques péremptoires, on conjecture habituellement qu'ils se sont différenciés à partir de cordés primitifs, un peu comparables, à certains égards, à l'amphioxus (céphalocordé). Une autre interprétation, très discutée, propose de faire remonter leur origine à certains échinodermes fixés du paléozoïque (600-245 MA), les calcicordés.

Mais cette hypothèse est peu plausible, notamment parce que les échinodermes (oursins, étoiles de mer, ophiures, lis de mer, holothuries, etc.), bien qu'ayant des affinités avec les cordés, ont un squelette fondamentalement différent, formé de carbonate (et non de phosphate) de calcium.

Un critère important pour évaluer les hypothèses relatives à l'origine des vertébrés est l'étude de leur région céphalique. Depuis Johann Wolfgang von Goethe (1749-1832) et Étienne Geoffroy Saint-Hilaire (1722-1844), on considère que la tête est formée par un certain nombre de segments préexistants, fortement modifiés et soudés entre eux. Cette conception «segmentaliste», classique, a été poussée, parfois à l'extrême, et il paraît peu vraisemblable que toute la tête puisse être interprétée de cette façon. A l'opposé, une récente interprétation «antisegmentaliste» se fonde sur la mise en évidence du rôle important des crêtes neurales (ensemble de cellules issues de la gouttière nerveuse embryonnaire) dans la différenciation de la tête, qui n'aurait rien à voir avec un «télescopage» de segments non spécialisés préexistants.

Il est probable que les deux interprétations recèlent chacune une part de vérité. On a proposé par ailleurs, pour l'origine des vertébrés, une interprétation générale d'un autre type basée sur l'hétérochronie (voir p. 239).

Évolution des agnathes, poissons sans mâchoires

Les premiers vertébrés agnathes s'éteignent-ils sans descendance? La condition anatomique agnathe existe encore de nos jours, chez deux groupes de vertébrés aquatiques, les lamproies et les myxines.

Les lamproies sont des vertébrés anguilliformes vivant soit dans les eaux douces, soit, pendant une partie de leur existence, en pleine mer. Leur bouche a la forme d'une ouverture circulaire, pourvue de denticules cornés avec, en son centre, une langue capable de se mouvoir d'avant en arrière, comme un piston. Après s'être fixées sur le corps d'un poisson, avec leur bouche-ventouse, les lamproies râpent la chair de leurs victimes avec leur langue.

Les myxines, elles aussi de forme allongée, pénètrent dans les poissons morts tombés sur la vase du fond et s'en nourrissent à l'aide de denticules cornés. A cause de leur apparence externe similaire, on avait réuni les lamproies et les myxines sous le nom de cyclostomes (qui signifie «bouche circulaire»).

A l'heure actuelle, on tend à considérer que lamproies et myxines sont profondément différentes et constituent deux lignées indépendantes ayant évolué séparément, au moins depuis le dévonien (400 MA).

Leurs caractères communs spécialisés auraient été acquis indépendamment, par convergence, et ne seraient pas hérités d'un ancêtre commun exclusif qui les possédaient déjà. On considère généralement que les lamproies dérivent de certains agnathes cuirassés du siluro-dévonien (418-360 MA), les ostéostracés. Quant aux myxines, elles seraient proches de l'autre grand groupe d'agnathes anciens, les hétérostracés. Dans les deux lignées, on partirait d'organismes pourvus d'un squelette osseux superficiel bien développé, qui aurait ensuite régressé pour disparaître au cours de l'évolution: lamproies et myxines sont totalement dépourvues d'os. Cette régression paraît attestée au moins dans la lignée des lamproies, puisque l'on connaît désormais, dès le carbonifère (360-290 MA), des lamproies en tous points comparables aux lamproies actuelles. Ainsi la lamproie est un exemple, parmi beaucoup d'autres, de l'existence d'un type morphologique qui, une fois établi, persiste sans grands changements pendant de très longues durées géologiques.

Depuis quelques années, la notion même d'une «classe» des agnathes a été critiquée, compte tenu du développement considérable des idées cladistes introduites par W. Hennig. On sait que, selon la logique cladiste, il ne convient pas d'utiliser les états «primitifs» ou «généralisés» des caractères pour bâtir des groupes systématiques valables. Or les agnathes sont justement définis (leur nom l'indique) par la possession d'un tel caractère primitif pour les vertébrés, à savoir l'absence de mâchoires articulées. Ils constitueraient, de ce fait, un groupe systématique artificiel (dit paraphylétique).

Quoi qu'il en soit, le «stade agnathe» a représenté, historiquement, la première grande radiation adaptative réalisée par les vertébrés. Par radiation adaptative, on entend la multiplication d'espèces s'adaptant à des modes de vie divers, à partir d'une souche commune. De l'ordovicien moyen (450 MA) au dévonien supérieur (390 MA), ils exploitent des niches écologiques variées dans les milieux aquatiques: vie sur le fond, nage en pleine eau, vie en surface... Pourtant, la diversité globale des agnathes demeure relativement modeste, si on

2

la compare à celle des gnathostomes. Ceci est probablement dû à l'absence de mâchoires articulées.

De ce fait, les agnathes étaient très probablement, pour la plupart, des microphages, c'est-à-dire des organismes filtreurs se nourrissant de minuscules particules organiques en suspension dans l'eau ou dans les sédiments (vase du fond), comme le font encore les cordés primitifs (tuniciers, amphioxus) et la larve (ammocète) de lamproie. Ce mode d'alimentation, lui-même imposé par l'anatomie primitive de la région bucco-branchiale, aurait été un facteur restreignant les possibilités adaptatives de ces premiers vertébrés.

Nous sommes tous des gnathostomes!

Pourvus de mâchoires mobiles articulées, les gnathostomes vont réaliser une radiation évolutive d'une ampleur inouïe. Poissons osseux, amphibiens, reptiles, oiseaux, mammifères, nous sommes tous des gnathostomes! Le système de mâchoires permet en effet non seulement d'exploiter efficacement les ressources alimentaires colossales produites par le monde végétal, mais aussi celles constituées par les autres animaux.

1

1. L'esturgeon est le représentant d'un petit groupe de poissons à squelette peu ossifié (chondrostéens), qui se reproduisent en eau douce mais vivent en mer. Les plus grands et les plus vieux spécimens peuvent dépasser 4 m de long.

2. Grand prédateur marin, le requin remonte à la période dévonienne de l'ère primaire (400-360 millions d'années). Les écailles dont il est recouvert sont comparables à de véritables dents. Son squelette interne reste cartilagineux.

3. Ce spécimen de raie, *Cyclobathis,* provient d'un gisement libanais daté du crétacé supérieur. Les raies et les torpilles dérivent de requins primitifs. Leur corps s'aplatit et les fentes branchiales se trouvent sur la face ventrale.

3

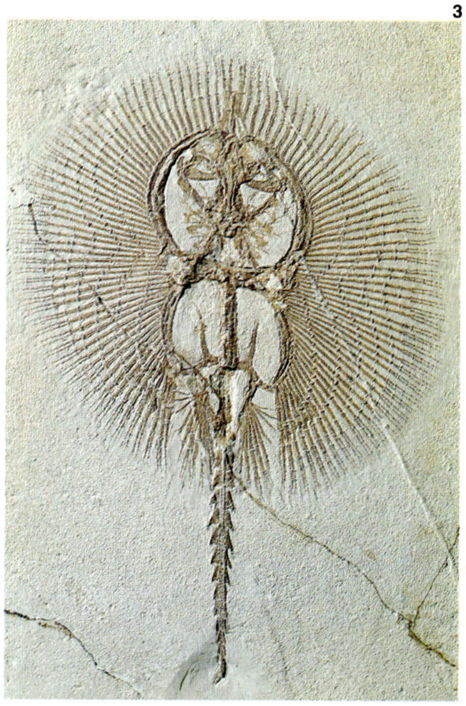

Macrophages et prédateurs

Une fois que la macrophagie (aptitude à s'alimenter à partir d'aliments massifs) et la prédation (chasse, capture et consommation de proies animales vivantes) ont été possibles, l'histoire des vertébrés s'identifie assez largement à celle du perfectionnement des systèmes et appareils capables d'assurer efficacement des ressources alimentaires (donc énergétiques) de plus en plus abondantes et diverses.

Les premiers gnathostomes: acanthodiens et placodermes. Les acanthodiens sont probablement les plus primitifs et les plus anciens gnathostomes. Ils sont connus du silurien supérieur (400 MA) au permien (245 MA). Ce sont de petits poissons allongés, prédateurs, qui possèdent des nageoires précédées d'un fort aiguillon osseux (d'où leur nom). Dans l'incapacité où l'on se trouve de préciser davantage leur statut phylogénétique, on convient généralement de les considérer comme formant une classe indépendante parmi les gnathostomes.

Les placodermes, poissons cuirassés, constituèrent, dans les eaux dévoniennes, les premiers vertébrés prédateurs de grande taille. La tête et la partie antérieure du tronc étaient revêtues d'une «cuirasse» d'os dermiques épais, formée de deux parties articulées l'une sur l'autre. Les plus grandes formes ont dû dépasser 7 m de long, comme *Dunkleosteus* ou *Titanichthys.* La structure de la tête des placodermes, parmi d'autres caractères, les rapprocherait d'une autre importante lignée de poissons, encore florissante dans la nature actuelle: celle des poissons cartilagineux.

Les sélaciens, poissons cartilagineux. Représentés actuellement par les requins et les raies, les sélaciens sont connus dès le dévonien supérieur (400 MA). Ils dérivent, peut-être, de certains placodermes, par la perte des ossifications superficielles, réduites chez eux à des écailles. Leur squelette profond reste à l'état cartilagineux. Les requins ont les fentes branchiales disposées latéralement et sont d'efficaces nageurs de pleine eau. Ils mènent une vie de prédateur dans toutes les mers du globe. Les raies, torpilles et formes apparentées (guitares de mer, poissons-scies...), plus tard venues, dérivent sans doute des requins. Elles ont le corps aplati dorso-ventralement et les fentes branchiales ventrales. Souvent adaptées à la vie sur le fond, certaines ont développé des dents capables de broyer les coquillages.

LES POISSONS OSSEUX OU LA MAÎTRISE DES MILIEUX AQUATIQUES

Dès le dévonien (400 MA) apparaissent des poissons dont le squelette interne, profond, est partiellement ossifié et dont les fentes branchiales sont recouvertes d'un opercule osseux: ce sont les ostéichthyens (ou téléostomes). On peut y distinguer deux grands ensembles dont les destinées évolutives sont profondément différentes: les actinoptérygiens et les sarcoptérygiens.

Les actinoptérygiens

Les actinoptérygiens (poissons à nageoires rayonnantes) constituent un immense ensemble évolutif. A partir de formes primitives et carnivores de petite taille, les paléoniscides, surtout connus au carbonifère (360-290 MA), ils vont présenter une expansion quasiment continue.

Les paléoniscides étaient revêtus d'épaisses écailles articulées, couvertes d'une sorte d'émail, la ganoïne. Ils ont différencié deux lignées qui, en se modifiant, ont persisté jusqu'à maintenant.

Dans la première, l'ossification se réduit considérablement: ce sont les chondrostéens, représentés par les esturgeons et les spatules (*Polyodon*). Dans la seconde, les épaisses écailles ganoïdes sont conservées, mais une spécialisation intervient dans la structure des nageoires; ce sont les brachioptérygiens, représentés par les polyptères et par le «poisson roseau»

L'hétérochronie, un important mécanisme de l'évolution

Les mutations qui modifient les gènes constitués par l'ADN des chromosomes entraînent des modifications des organismes. Si ces modifications sont favorables, elles seront, dans un environnement donné, conservées par la sélection naturelle. L'accumulation de ces modifications adaptatives aboutit graduellement à modifier les espèces. Une grande partie de l'évolution biologique peut s'expliquer par l'action d'un mécanisme de ce type, mais il ne peut rendre compte de tous les aspects de l'évolution. La paléontologie suggère souvent que des changements évolutifs de grande ampleur (la réadaptation d'animaux terrestres au milieu aquatique, par exemple) peuvent intervenir de façon «relativement» rapide.

On peut dans certains cas concilier les données issues de la génétique des populations — données favorables à une évolution très graduelle, adaptative, et contrôlée par la sélection naturelle — avec les données paléontologiques suggérant des changements assez brutaux et de grande ampleur, non adaptatifs dans tous leurs aspects, si l'on prend en compte les mécanismes hétérochroniques.

On appelle hétérochronie tout changement intervenant, au cours du développement embryonnaire ou fœtal, dans la vitesse de ce développement ou dans la séquence des événements constituant ce développement. De tels changements peuvent dépendre de la mutation de certains gènes qui contrôlent, par exemple, le début ou l'arrêt plus ou moins précoce de l'activité de telle ou telle catégorie cellulaire. Que d'un développement à un autre ces activités soient ainsi déplacées dans le temps peut se traduire par des changements considérables de la forme finale des organismes qui en résultent. De tels changements peuvent apparaître de façon rapide, sans exiger des formes de transition graduelles. On conçoit facilement comment ces phénomènes, où de petites causes produisent de grands effets, peuvent jouer un rôle important dans l'évolution. Dans certaines situations d'environnement, la sélection naturelle pourrait, par exemple, favoriser un raccourcissement du développement, faisant ainsi disparaître définitivement d'une lignée les caractères présents chez les adultes ancestraux: cette possibilité pourrait expliquer l'origine des amphibiens anoures (type grenouille) ou même l'origine des vertébrés.

Fossile de l'ère primaire, *Aedulla* est un représentant primitif de la plus importante lignée évolutive des poissons osseux, à savoir les actinoptérygiens ou poissons à nageoires rayonnantes. La ganoïne, comparable à une sorte d'émail, recouvrait les lourdes écailles dont leur corps était revêtu.

La perche de mer tropicale est une forme évoluée du groupe des téléostéens qui constituent la majorité des poissons osseux à nageoires rayonnantes. Les téléostéens, au corps recouvert d'écailles minces et souples, très divers dans leur aspect, sont aussi les plus nombreux parmi les vertébrés.

des eaux douces africaines. Ayant conservé sans changements de très nombreux caractères d'ostéichthyens primitifs de l'ère primaire, les polyptères actuels méritent assez d'être qualifiés de fossiles vivants.

A la fin de l'ère primaire, des paléoniscides évoluèrent dans des directions différentes, et aboutirent ainsi à différencier un «stade structural» plus évolué, qui est réalisé chez la plupart des poissons osseux de l'ère secondaire; c'est le stade holostéen. Les écailles ganoïdes se simplifient, le crâne et les nageoires, le cœur se modifient. Ce stade évolutif est encore représenté, dans la nature actuelle, par deux genres de poissons des eaux douces de l'Amérique du Nord, *Lepisosteus* et *Amia*.

Tous les autres actinoptérygiens se rangent dans le dernier stade structural, le plus évolué appelé téléostéen. Les poissons osseux de grade téléostéen se caractérisent notamment par des écailles minces et souples et par une nageoire caudale symétrique. Leur succès biologique est prodigieux, puisque les téléostéens représentent sans doute plus de 35 000 espèces vivantes et sont — de très loin — le groupe de vertébrés le plus varié. Ils ont conquis tous les milieux aquatiques, des abysses océaniques aux torrents de montagne ou aux mangroves tropicales. Certains, comme le périophthalme (voir illustration p. 130), s'adaptent même à une vie partiellement hors de l'eau. Ils présentent, à partir du même type structural de base, une diversité inouïe dans les adaptations écologiques, physiologiques, alimentaires, locomotrices, qui se traduit par des morphologies très variées. Il n'est que de comparer une anguille, une rascasse, un guppy, une limande et un espadon pour s'en convaincre. Représentant plus de 99 p. 100 des espèces de poissons actuels, les téléostéens constituent un succès évolutif extraordinaire.

Les sarcoptérygiens

L'autre grande lignée de poissons osseux, à la destinée très différente, correspond aux sarcoptérygiens (c'est-à-dire poissons à nageoires charnues, musculeuses), qui regroupent deux ensembles évolutifs, appelés les crossoptérygiens et les dipneustes.

Les premiers, surtout abondants au dévonien (400-360 MA), étaient de puissants prédateurs dans les milieux aquatiques. Revêtus d'écailles à la structure complexe, ils étaient aussi caractérisés par la structure du squelette des nageoires paires. On peut diviser les crossoptérygiens en plusieurs groupes très différents. Les rhipidistiens, surtout connus au dévonien, s'opposent ainsi aux actinistiens, ou cœlacanthes. On sait que ces derniers, connus du dévonien (400-310 MA) au crétacé (130-65 MA), semblaient avoir ensuite totalement disparu, mais ils persistent, pourtant, dans la nature actuelle, avec une seule espèce, le célèbre *Latimeria chalumnae* découvert au XXe siècle dans le canal de Mozambique, et exemple typique de la notion de fossile vivant.

Actinistiens et rhipidistiens sont très différents: contrairement à ce que l'on dit parfois, le cœlacanthe ne peut aucunement représenter notre «ancêtre poisson». C'est parmi les rhipidistiens qu'il faut rechercher cet ancêtre, mais ceux-ci se révèlent, à leur tour, comme un groupe très hétérogène.

On a récemment proposé, notamment en reprenant l'étude des organes mous (encéphale, branchies, poumon, cœur...), que les tétrapodes (vertébrés terrestres, marcheurs) seraient plus proches des dipneustes. Ces dipneustes sont représentés actuellement par trois genres vivants: *Neoceratodus* en Australie, *Protopterus* en Afrique et *Lepidosiren* en Amazonie. Comme leur nom l'indique, ils ont une double respiration, possédant à la fois des branchies et de véritables poumons. Ce sont les actuels descendants d'une lignée connue depuis le dévonien (400-360 MA). On avait écarté les dipneustes de l'ascendance possible des tétrapodes par suite de spécialisations diverses (disposition des dents, structure du palais...), mais des dipneustes très primitifs du dévonien inférieur d'Australie n'auraient pas encore ces spécialisations et pourraient donc se situer à l'origine des tétrapodes. De plus, ils ne seraient pas très éloignés phylétiquement de certains crossoptérygiens rhipidistiens très primitifs récemment découverts dans le dévonien inférieur en Chine (voir également l'encadré sur les dipneustes, p. 139).

Il faut donc s'attendre à ce que les termes de dipneustes et de crossoptérygiens soient redéfinis dans le cadre d'une nouvelle analyse. En conclusion, s'il est clair que *les vertébrés terrestres* (tétrapodes) *dérivent bien des sarcoptérygiens* au plus tard au dévonien supérieur (400 MA), les incertitudes concernant la phylogénie au sein des sarcoptérygiens eux-mêmes ne permettent pas, à l'heure actuelle, d'affirmer quels sont, parmi ceux-ci, les plus proches parents des tétrapodes.

Le retour dans les eaux des vertébrés aériens

A partir de poissons sarcoptérygiens du dévonien moyen (385 MA), les vertébrés sont capables d'envahir le domaine terrestre: c'est ce que les tétrapodes ont réalisé. Les milieux aquatiques constituent néanmoins par la richesse de leurs écosystèmes des ressources considérables: on peut donc facilement comprendre que les tétrapodes ont, de manière indépendante et répétée, diversifié des lignées aquatiques au cours de leur histoire. On dit que ces lignées se réadaptent à la vie aquatique.

Le retour dans les eaux exige bien des transformations pour qu'un animal terrestre puisse s'adapter à un milieu aquatique.

LE CORPS CHANGE DE FORME

Le corps doit devenir hydrodynamique, avoir des surfaces portantes ou des gouvernails. Les pattes des vertébrés terrestres doivent se modifier en nageoires.

Pour pouvoir résister à la pression de l'eau, les appareils respiratoires et circulatoires subissent des modifications considérables. Le squelette, qui n'a plus à soutenir le poids du corps, peut s'alléger. Le tégument, recouvrant le corps de l'animal, se transforme également pour des raisons hydrodynamiques ou thermiques.

LES AMPHIBIENS RETOURNENT DANS LES EAUX

Après avoir été les premiers conquérants des milieux terrestres, les amphibiens anciens ou stégocéphales (voir chapitre 21), sans doute gênés par la concurrence des reptiles, mieux armés qu'eux pour la vie sur les continents (voir encadré: L'évolution de la reproduction, p. 251), semblent retourner dans les eaux (270 MA). Ils modifient leurs structures anatomiques en s'adaptant plus complètement à ce milieu. Le corps et la tête s'aplatissent, les pattes régressent, l'ossification du squelette profond diminue, les branchies sont parfois conservées toute la vie. Certains stégocéphales paraissent même s'être adaptés à la vie marine, tels les trématosaures du trias inférieur (245 MA), mais la plupart peuplaient les eaux douces, comme les capitosaures et métoposaures dont on a retrouvé parfois les squelettes empilés par dizaines, quand les grands étangs du trias supérieur (204 MA) où ils vivaient s'asséchaient.

RÉADAPTATION DES REPTILES AU MONDE AQUATIQUE

Chez les reptiles, de très nombreuses lignées se réadaptent à un mode de vie aquatique. Dès le permien inférieur (290 MA), les mésosaures, petits reptiles allongés, fréquentaient une mer peu profonde du continent austral; leurs restes se fossilisèrent dans les sédiments du fond. Ces sédiments qu'on retrouve aujourd'hui en Afrique du Sud et en Argentine témoignent que l'ouverture de l'Atlantique Sud n'a disloqué le continent austral (ou Gondwana) que bien après l'épisode des mésosaures.

Au trias (245-204 MA), apparaissent les ichthyosaures, reptiles marins qui persistent jusqu'au crétacé (130 MA). Ils se déplaçaient dans l'eau par des ondulations latérales du tronc et de la queue. Ils étaient piscivores ou se nourrissaient de mollusques céphalopodes. Incapables de revenir à terre déposer des œufs, les ichthyosaures devaient avoir une reproduction vivipare. Certains fossiles montrent les squelettes de jeunes à l'intérieur de celui de la «mère». S'agit-il bien d'embryons — ou seulement de proies avalées par l'ichthyosaure adulte? Les deux interprétations sont plausibles et ne s'excluent d'ailleurs pas.

Une autre grande lignée de reptiles «retourne» à la vie aquatique au secondaire, celle des sauroptérygiens. Ils sont représentés au trias (245-204 MA) par les nothosaures, reptiles vivant le long des côtes et pouvant atteindre 3 m de long. Leurs membres étaient encore adaptés à la locomotion terrestre, et ils devaient se déplacer à la manière des otaries.

Au jurassique (204-130 MA) et au crétacé (130-65 MA), on passe à des formes plus spectaculaires qui pouvaient atteindre une douzaine de mètres: les plésiosaures. Ils nageaient avec leurs pattes transformées en ailerons. On se demande encore si les membres fonctionnaient comme des rames, ou bien comme des plans porteurs, permettant un vol battu subaquatique, à la façon des tortues marines. Ils avaient une petite tête, un cou très allongé et flexible et étaient des nageurs lents.

Les pliosaures avaient une énorme tête et un petit cou; ils devaient être meilleurs nageurs, car plus hydrodynamiques. Ils connaissent leur apogée au crétacé (130-65 MA) avec l'énorme *Kronosaurus* mesurant 15 m de long et que, d'un point de vue écologique, on peut comparer à un épaulard.

Bien d'autres lignées importantes de reptiles du secondaire manifestent une adaptation au milieu aquatique, c'est le cas, par exemple, des crocodiliens.

A l'intérieur du grand ensemble systématique, appelé lépidosauriens, qui comprend les lézards et les serpents, plusieurs cas méritent d'être cités. Au crétacé supérieur (95-65 MA), les mosasaures, lézards géants (ayant peut-être quelques affinités avec les varans), au corps très allongé, aux pattes plus ou moins transformées en palettes natatoires, nageant par ondulations latérales, étaient de redoutables prédateurs dans les mers épi-continentales qui recouvraient alors une partie de l'Europe et le centre des États-Unis.

Moins spectaculaires, les pleurosaures du jurassique supérieur (150-130 MA), peut-être apparentés à l'actuel sphénodon («fossile vivant» à l'aspect de lézard, voir p. 253), mesuraient 1 m de long; leurs pattes antérieures et postérieures n'atteignaient pas plus de 2 cm. La propulsion était assurée par des ondulations latérales de la queue, plus longue que le corps et comprimée latéralement.

L'ichthyosaure, reptile fossile très adapté à la vie maritime, vivait au jurassique. L'empreinte de la peau qui a été conservée indique la forme du corps et des nageoires.

Convergence des silhouettes

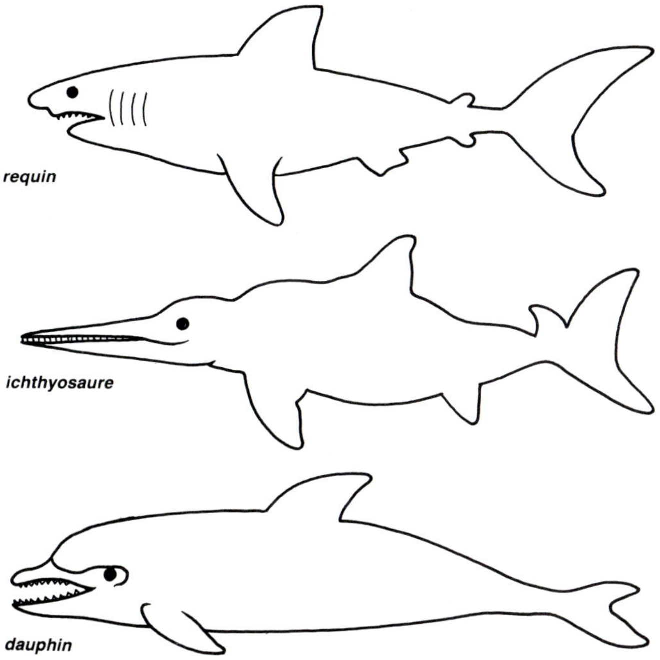

La silhouette du requin, poisson cartilagineux, comme celle de l'ichthyosaure, reptile marin, et celle du dauphin, mammifère cétacé, sont très voisines: les nécessités d'un mode de vie semblable déterminent une convergence des formes entre des organismes qui ne sont pas étroitement apparentés.

Otaries des Galápagos. Ces mammifères marins carnivores aux membres transformés en palettes natatoires, qui peuvent se déplacer hors de l'eau, dérivent de carnivores terrestres.

DES AIRS VERS LA MER

Les oiseaux ont réalisé des adaptations très nombreuses à la vie aquatique. Dès le crétacé (130 MA), certains plongeurs ont les ailes régressées. Les manchots de l'hémisphère austral pratiquent une sorte de vol battu sous-marin. Les plumes sont minuscules, écailleuses; la surface de l'aile est très réduite, ses os sont tous aplatis dans un même plan, et elle prend la forme d'une palette natatoire.

LES MAMMIFÈRES AQUATIQUES

Parmi les mammifères, les formes les plus adaptées à la vie aquatique sont les cétacés, connus dès l'éocène (– 60 MA). On pense qu'ils proviennent de mammifères terrestres primitifs (et généralisés) qui se seraient progressivement adaptés à la vie aquatique dans des mers peu profondes.

Les odontocètes (orques, dauphins, cachalots), pourvus de dents, sont des prédateurs de poissons et de céphalopodes.

Les mysticètes (baleines) différencient des fanons, organes cornés, filtrants, portés par les mâchoires supérieures et se nourrissent surtout de crustacés pélagiques (vivant en pleine mer, loin du fond). La natation est assurée par la musculature du tronc et de la queue, qui produit des ondulations dans le plan de symétrie à la façon des autres mammifères. De ce fait, la nageoire caudale est horizontale. Les pattes postérieures disparaissent et les pattes antérieures, modifiées en ailerons, ont un rôle de contrôle de la nage plutôt que de propulsion.

Les siréniens constituent une autre «tentative» des mammifères dans le milieu aquatique. Représentés par les «vaches de mer», lamantins et dugongs, ce sont des végétariens dont la physiologie et le métabolisme sont très particuliers. Les pattes postérieures, là encore, disparaissent complètement, alors que les pattes antérieures ont une forme de nageoires, moins profilées toutefois que chez les cétacés. Les côtes, énormes et souvent épaissies, doivent à la fois protéger les poumons de la pression de l'eau et constituer un «lest» facilitant la plongée. Animaux côtiers remontant les fleuves des régions tropicales, ils sont, dans de nombreuses régions, menacés d'extinction par l'homme. On considère que les siréniens proviennent de mammifères terrestres primitifs du début du tertiaire (65 MA) également proches de l'origine des éléphants.

Il était classique de réunir, sous le nom de pinnipèdes, les carnivores aquatiques aux membres transformés en palettes natatoires (otaries, phoques, morses, lions de mer...) par opposition aux carnivores terrestres dont ils dérivent. Des études récentes ont pourtant démontré que les pinnipèdes ne constituent pas un groupe naturel, mais un ensemble artificiel. En effet, les otaries ont, au sein des carnivores terrestres, une origine tout à fait différente de celle des phoques.

Contrairement aux cétacés et siréniens, les carnivores marins conservent des membres postérieurs bien développés et sont plus ou moins capables de se déplacer hors de l'eau.

L'ÉVOLUTION EST IRRÉVERSIBLE

Deux constatations évolutives générales et intéressantes sont bien illustrées par le retour des vertébrés terrestres dans le milieu aquatique.

La première est ce que l'on a appelé la loi d'irréversibilité de l'évolution ou loi de Dollo (du nom du paléontologiste belge Louis Dollo [1857-1931]). Elle exprime qu'une espèce qui se réadapte au même mode de vie que ses lointains ancêtres ne le fait pas en réutilisant les solutions anatomiques particulières propres à ces ancêtres, mais en différenciant au contraire d'autres organes de façons nouvelles. Ainsi, par exemple, les reptiles (ichtyosaures, tortues...) ou les mammifères (phoques, dauphins...) réadaptés à la vie aquatique ne réacquièrent jamais les branchies de leurs lointains ancêtres ichthyens, mais utilisent leurs poumons de vertébrés aériens, en les associant éventuellement à des dispositifs nouveaux et variés, par exemple l'évent (narine modifiée) des cétacés. De même, leurs nageoires ne réacquièrent jamais la structure de celles des poissons, mais conservent, en le modifiant, le plan structural des membres de tétrapodes. Cette «loi» de l'évolution semble exprimer, en fait, simplement l'impossibilité statistique de mutations «reverses». «Un organe perdu ne réapparaît pas.» Bref, des adaptations similaires à celles des ancêtres sont réalisées par des moyens nouveaux.

La deuxième constatation porte sur les «contraintes de construction» et sur l'adaptation des organismes au milieu. En effet, les conditions mécaniques de fonctionnement des vertébrés dans le milieu aquatique sont bien différentes de celles du milieu terrestre, ce qui n'est qu'une conséquence des lois physiques. Or, pour répondre de façon fonctionnellement optimale aux contraintes imposées par le milieu, il n'existe qu'un nombre restreint de «solutions» structurales possibles. Ces solutions sont donc réalisées, de façon indépendante, au sein de lignées diverses, dont les représentants en arrivent ainsi à se ressembler entre eux, bien que cette ressemblance ne témoigne nullement d'une origine commune proche: on parle alors d'évolution parallèle ou de convergence évolutive.

ARMAND DE RICQLÈS

La coévolution: histoire des écosystèmes

L'étude de l'évolution biologique est généralement basée sur l'analyse de l'anatomie d'organismes individuels: les lignées de fossiles montrent les changements évolutifs qui interviennent dans la structure des organismes au cours du temps. Parfois, il est possible d'étudier la variabilité des populations fossiles et de leurs effectifs, facteurs importants intervenant dans les mécanismes de l'évolution.

LA PALÉOÉCOLOGIE

Les espèces vivantes n'évoluent pas dans le vide; elles font partie de communautés biologiques (ou biocénoses) au sein d'écosystèmes comprenant l'ensemble des facteurs du milieu naturel physique (climat, nature des sols...) et biologique (faune, flore): ces facteurs sont en interaction dans un lieu et à une époque donnés. Une branche particulière de la paléontologie, la paléoécologie, se propose de décrire les écosystèmes du passé et de comprendre leur structure et leur fonctionnement: elle permet de replacer les organismes fossiles dans leur contexte physique et biologique.

L'INTERACTION ENTRE LES ESPÈCES

Les écosystèmes aussi ont évolué au cours des temps géologiques. On peut les comparer à des «superorganismes» au sein desquels les espèces constitutives ont coévolué. Les différentes espèces à l'intérieur de la communauté biologique d'un écosystème sont en interaction: il s'établit entre elles des rapports variés (prédation, compétition). L'existence de ces interactions permet de définir — et de délimiter — une communauté biologique. L'évolution d'une espèce membre de la communauté retentit sur celles d'autres espèces, et réciproquement, d'où la notion de coévolution.

Les mangeurs et les mangés

Un des aspects les plus évidents de l'interaction entre les espèces vivantes d'une communauté biologique est celui des rapports de mangeurs à mangés. La mise en évidence de ces chaînes (ou réseaux) alimentaires permet de comprendre les cheminements de matière et d'énergie au sein des communautés. Il existe ainsi des rôles écologiques plus ou moins indispensables dans toute communauté biologique.

- Les producteurs primaires: les plantes vertes captent les substances minérales de l'atmosphère et du sol (CO_2, azote, H_2O) et, au moyen de l'énergie lumineuse d'origine solaire, édifient des substances organiques complexes (sucres, protéines, graisses), riches en énergie, par le mécanisme de la photosynthèse. Les plantes vertes sont autotrophes (elles se nourrissent par elles-mêmes). Tous les animaux en dépendent pour leur nourriture, ils sont hétérotrophes.
- Les consommateurs primaires: parmi les animaux, les consommateurs primaires sont des végétariens, se nourrissant directement de la substance des végétaux (feuilles, fruits, graines, matières ligneuses, sève...).
- Les consommateurs secondaires: ce sont les carnivores — prédateurs, charognards... — qui se nourrissent d'autres animaux.

Pour des raisons énergétiques, dans un écosystème donné, en équilibre, la biomasse de producteurs primaires est énorme par rapport à celle des consommateurs primaires, celle-ci étant elle-même énorme par rapport à celle des consommateurs secondaires: la notion de pyramide alimentaire explique pourquoi, par exemple, biomasses et populations d'herbivores sont plus grandes que celles des carnivores qui s'en nourrissent. Bien entendu, dans une communauté biologique naturelle, le nombre d'espèces différentes tenant les divers rôles écologiques peut être très élevé, et l'un des buts du paléoécologiste sera d'identifier les acteurs (les espèces) qui tiennent ces rôles dans une communauté donnée. On peut alors comparer des communautés se succédant dans le temps et mettre en évidence, compte tenu du remplacement progressif des acteurs écologiques (les espèces) par d'autres, l'évolution des écosystèmes eux-mêmes.

L'ÉVOLUTION DES ÉCOSYSTÈMES CONTINENTAUX DE L'ÈRE PRIMAIRE

Le paléontologue américain E. C. Olson a étudié comment l'apparition des premiers vertébrés terrestres, les amphibiens, s'est inscrite dans l'évolution d'ensemble des écosystèmes continentaux de l'ère primaire.

Au dévonien (400 MA), une communauté biologique se différencie dans les eaux douces, comprenant des poissons variés: acanthodiens, paléoniscides, crossoptérygiens et dipneustes. Elle persiste, en se modifiant, pendant tout le primaire et c'est en son sein qu'apparaissent, au dévonien supérieur, les premiers amphibiens. Dans ces communautés, l'essentiel de la biomasse et de l'énergie provient des plantes aquatiques et de la végétation riveraine: elle atteint la partie animale du système sous la forme d'invertébrés aquatiques et de vertébrés à l'état larvaire et juvénile, qui constituent les proies des crossoptérygiens et amphibiens. Ce complexe écologique très répandu persiste, en se compliquant, dans les régions chaudes pendant tout le carbonifère (360-290 MA). Bien qu'il comporte des animaux amphibies de plus en plus variés, il demeure fondamentalement lié aux milieux aquatiques. La majeure partie des amphibiens anciens évoluent dans ce contexte, l'apparition de plantes et d'animaux de plus en plus diversifiés ouvrant un éventail sans cesse plus large d'opportunités écologiques. Cette communauté, arrivée à maturité, est typique de l'environnement des dépôts houillers du carbonifère. Une autre communauté biologique du carbonifère, dont l'origine est inconnue, comprenait de petits reptiles,

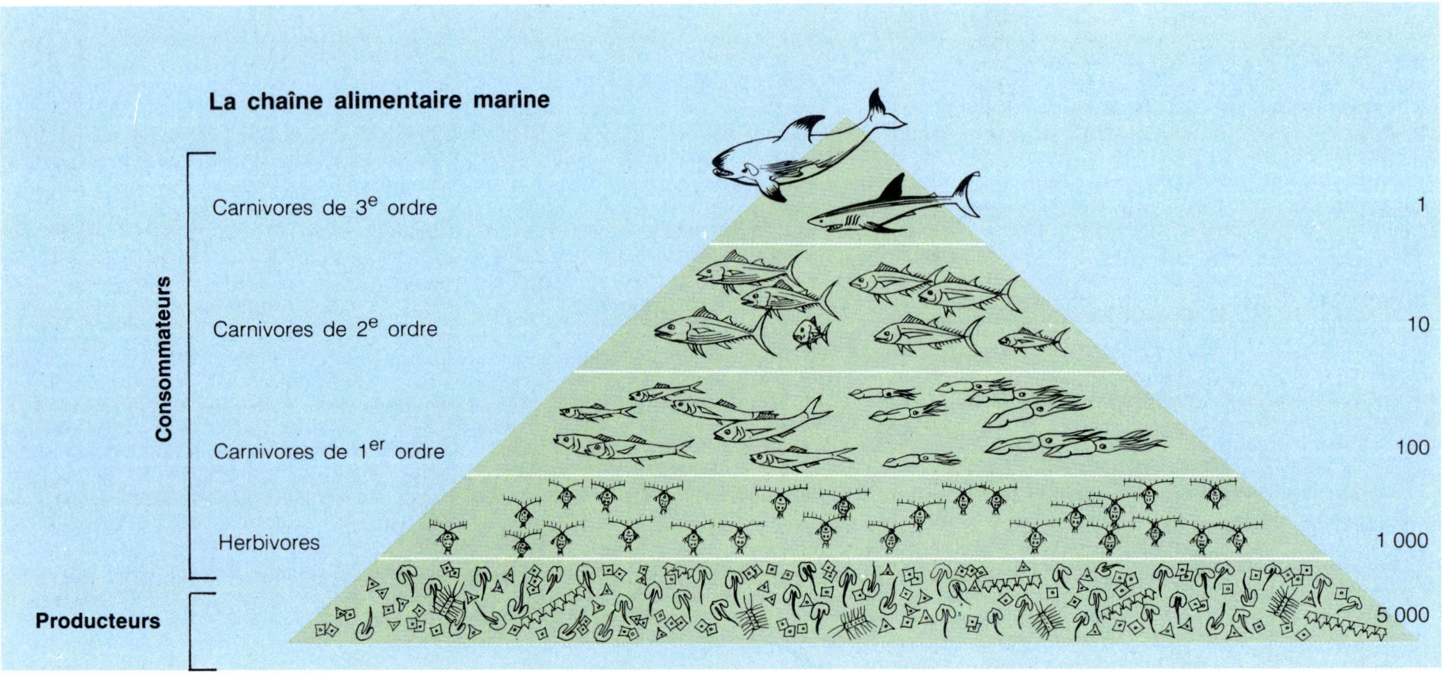

En suivant le cours d'une rivière, on découvre toutes sortes d'animaux. Leur répartition dépend de la vitesse du courant, du degré d'oxygénation de l'eau et de la nature du sol. Ils sont liés les uns aux autres par leur régime alimentaire figuré par des flèches et forment ce qu'on appelle une chaîne alimentaire. L'herbivore, par exemple la crevette, qui se nourrit de plantes aquatiques ou de plancton, est mangé par un carnivore comme la larve de libellule, qui elle-même sert de proie à un prédateur comme le cincle plongeur. Chaque animal a sa place, et le rôle qu'il tient est essentiel dans le maintien de l'équilibre naturel de la rivière.

beaucoup plus terrestres, se nourrissant d'arthropodes (insectes) et de mollusques. Elle persiste, en se modifiant, et est sans doute à l'origine des communautés à reptiles mammaliens du permien supérieur.

L'INTÉGRATION DE DEUX COMMUNAUTÉS

Des éléments de cette communauté à reptiles terrestres se modifient et s'intègrent progressivement, au carbonifère supérieur, à la communauté typique et stable de l'environnement houiller, plus aquatique et dominée par des amphibiens. L'intégration de ces deux communautés à la fin du carbonifère associe à la fois des composants aquatiques et terrestres, bien que son économie énergétique demeure très largement fondée sur la productivité des milieux aquatiques. Parvenue à maturité au permien inférieur (280 MA), cette communauté mixte, désormais très complexe, intègre pour la première fois des amphibiens et des reptiles végétariens et terrestres, qui deviennent les vecteurs principaux apportant dans la communauté l'énergie captée par la végétation. Cette communauté, stable et équilibrée, ne disparaît qu'à la fin du permien inférieur, sans doute du fait de l'assèchement du climat, pour être remplacée par une communauté entièrement terrestre dominée par les thérapsides (reptiles mammaliens).

L'ÉVOLUTION DES COMMUNAUTÉS NATURELLES

Les grandes communautés biologiques naturelles évoluent selon des rythmes propres, beaucoup plus lents que l'évolution biologique des espèces qui les constituent. Les communautés biologiques semblent capables de retrouver leur équilibre après une perturbation, cette aptitude permettant le maintien d'un équilibre écologique en leur sein pendant des dizaines et des dizaines de millions d'années. La stabilité des communautés biologiques dans le temps dépend largement de leur diversité, c'est-à-dire, notamment, du nombre de niches ou rôles écologiques dans le système et du nombre d'espèces susceptibles d'occuper les mêmes fonctions écologiques au sein de la communauté.

A cet égard, la destruction des écosystèmes mondiaux par l'homme moderne, et leur remplacement, dans le meilleur des cas, par des systèmes agricoles (agrosystèmes) ultra-simplifiés, où le nombre de rôles et la diversité spécifique sont tout à fait réduits apparaît, compte tenu des enseignements de la paléoécologie, comme un pari à court terme, extraordinairement risqué et dangereux.

ARMAND DE RICQLÈS

CHAPITRE 20

L'évolution du monde végétal

L'apparition des plantes à fleurs

C'est au cours de l'ère secondaire, appelée aussi mésozoïque, que s'est produit un événement capital pour l'évolution des végétaux: l'apparition de la fleur et son développement.

Phlebopteris **est une fougère fossile** du secondaire (– 150 millions d'années). On remarquera les groupes de sporanges sur la face inférieure des feuilles.

L'ère secondaire, ou mésozoïque, a duré environ 135 millions d'années, de – 225 à – 70 millions d'années. Plus courte que l'ère primaire, au cours de laquelle furent annoncées toutes les grandes tendances évolutives du règne végétal, cette période est néanmoins très importante, car elle a vu l'apparition et le développement de la fleur. En effet, au cours du mésozoïque, l'évolution a notamment concerné les phénomènes de la reproduction, qui sont devenus moins tributaires des conditions extérieures et du milieu aquatique, avec le développement de pièces stériles protectrices à la disposition complexe et la mise en place de tissus de réserve.

LA FLORE DU TRIAS

L'ère secondaire a débuté par le trias, qui a duré de – 225 à – 180 millions d'années. C'est une période de climat plutôt aride sur une grande partie des terres émergées, qui a entraîné un appauvrissement considérable de la flore. Néanmoins, il y eut une diversification systématique de la végétation.

Parmi les ptéridophytes (fougères et formes voisines), les grands arbres ont presque totalement disparu pour faire place à des formes plus petites, aux caractères bien définis. Une grande partie des préphanérogames, ancêtres des plantes à fleurs, s'est également éteinte à la fin du permien, pour ne laisser subsister que quelques formes apparentées aux ginkgos. En revanche, on a vu apparaître les premières cycadophytes avec les bennettitales, groupe uniquement fossile. Les conifères apparus à l'ère primaire ont continué à se diversifier, notamment dans l'organisation de leurs organes reproducteurs.

LES FLORES DU JURASSIQUE

Au cours du jurassique qui suivit, entre – 180 et – 135 millions d'années, on assista à une accentuation des phénomènes évolutifs au sein des différents phylums, ou séries d'espèces parentes, qui existaient déjà au trias. C'est à partir de cette époque que l'appareil reproducteur va commencer à se différencier en «fleur», avec des organes mâles (étamines) et femelles (carpelles), protégés par des éléments stériles spécialisés (voir encadré ci-contre).

Durant cette période, certaines ptéridophytes ont continué à décliner, tandis que d'autres formes apparaissaient, telles que l'osmonde royale ou le polypode, fougères qui sont encore présentes de nos jours. Les cycadophytes se sont énormément diversifiées et ont atteint quantitativement leur apogée. Les bennettitales étaient si développées qu'elles constituaient le groupe le plus important de la fin du jurassique et du début du crétacé. Elles étaient représentées par de petits arbres trapus, dont les frondes étaient plus variées qu'actuellement. Leurs organes reproducteurs étaient des sortes de fleurs géantes très complexes où les pièces fertiles et stériles, très nombreuses, pouvaient parfois rassembler plus de 600 graines (*Cycadeoidea*). Ces plantes ont complètement disparu aujourd'hui sans laisser de descendant direct.

Parmi les conifères, des cyprès et des podocarpus complétaient le peuplement végétal.

LES FLORES DU CRÉTACÉ

Au début, la flore du crétacé (de – 135 à – 70 millions d'années) fut peu différente de celle du jurassique. Durant le crétacé inférieur, on assista à un lent recul des cycadophytes, tandis que les angiospermes (plantes à fleurs à ovule protégé) devenaient progressivement dominantes, pour constituer, qualitativement et quantitativement, le groupe le plus important aux dépens des gymnospermes (plantes à ovule nu). Parmi les fougères, citons le genre *Weichselia,* apparu au jurassique en Afrique du Nord, et qui abonde dans les milieux

Cycas revoluta **est le représentant actuel** d'un groupe important du début du secondaire. Le manchon de feuilles non chlorophyliennes formes les organes reproducteurs.

chauds et localement humides; on peut le suivre pendant 80 millions d'années, mais il disparaîtra sans laisser de successeur. Au début du crétacé, on assiste également à la disparition complète des ptéridospermaphytes, tandis que les bennettitales, encore très abondantes au début du crétacé, vont elles aussi s'éteindre, et que seules les cycadales subsisteront jusqu'à nous.

Au crétacé inférieur, tout se passe comme s'il y avait compétition entre les végétaux pour

Reconstitution d'un paysage de delta au jurassique

Au jurassique (– 170 millions d'années), la flore de ce delta comprend une association de gymnospermes arborescentes, comme *Taxodioxylon,* un cyprès des marais proche du cyprès chauve actuel, ou *Ginkgoites,* ancêtre du ginkgo actuel, de cycadophytes (bennettitales), telles *Williamsonia,* aux grandes «fleurs» complexes, totalement éteinte de nos jours, et de nombreuses fougères très dépendantes du milieu aquatique, tandis que de grandes prêles, comme *Equisetites,* ancêtre des prêles actuelles, croissent dans l'eau peu profonde.

Le nelumbo est une plante aquatique apparue au cours du secondaire, vers – 140 millions d'années. Ses feuilles au pétiole fixé au milieu du limbe sont grandes et circulaires, sa fleur aux nombreux pétales présente un axe floral renfermant les fruits (akènes).

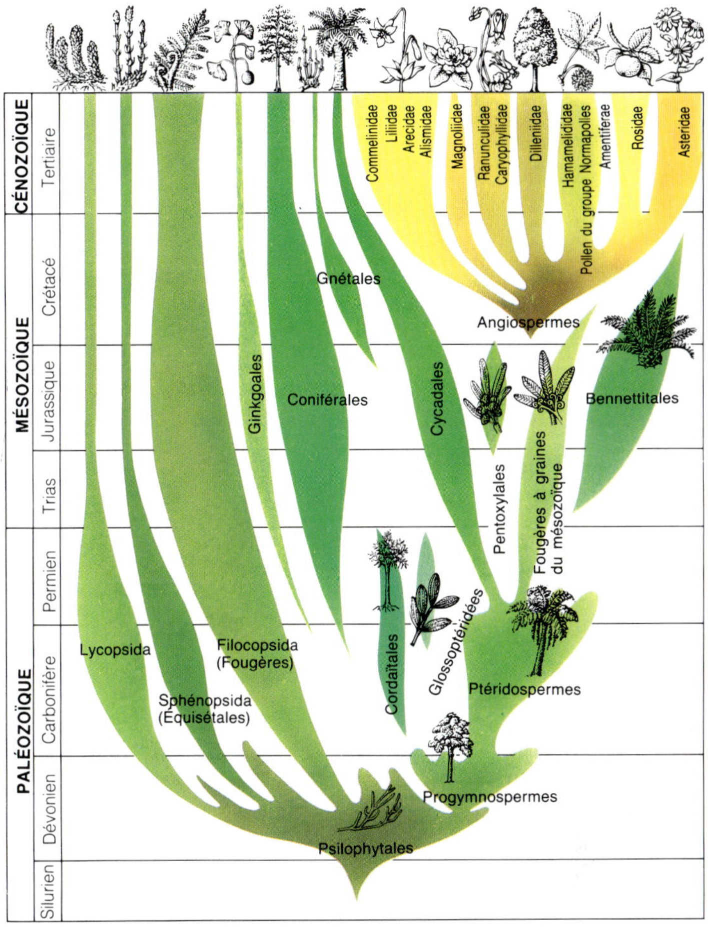

Tableau évolutif des plantes vasculaires terrestres. Dès la fin du silurien et au dévonien, les ptéridophytes (lycopodes, prêles et fougères) sont prédominantes. Au carbonifère se développent des plantes à graines aujourd'hui disparues et, au permien, les gymnospermes s'accroissent pour devenir dominantes au début du secondaire. A partir du crétacé, les plantes à fleurs (angiospermes) apparaissent pour devenir très abondantes et diversifiées jusqu'à nos jours.

occuper les zones favorables, les grandes cycadophytes laissant la place aux angiospermes en pleine évolution qui vont coloniser toutes les terres émergées. Il faut remarquer que, dès leur apparition, les angiospermes du crétacé inférieur ont montré de très grandes analogies avec des représentants de la flore actuelle. Il existait alors des plantes à fleurs bien différenciées avec calice, corolle, étamines et carpelles. On a trouvé à l'état fossile des feuilles, fruits, fleurs, graines, pollens et structures anatomiques évoluées, notamment au niveau du bois, constitué de deux types d'éléments conducteurs, les trachéides et les vaisseaux.

Les premières angiospermes du crétacé inférieur étaient des formes arborescentes voisines des magnolias, des figuiers, des acacias, des lauriers et des lianes. Durant le crétacé, la flore s'est abondamment diversifiée, et les analogies avec la flore actuelle se sont accrues, étroitement liées aux conditions climatiques générales et locales. Parmi les nombreux végétaux déjà représentés, on peut citer des légumineuses, des tilleuls, des sassafras et des graminées. D'autres formes, comme *Credneria,* un arbre voisin du platane, disparaîtront à l'ère tertiaire.

Durant le crétacé moyen, ou cénomanien, dans des zones totalement désertiques aujourd'hui, comme l'Égypte méridionale, des forêts galeries croissaient au bord des fleuves, avec des magnolias, des figuiers, des lauriers; on y trouvait également des sassafras et, dans des lacs entourés de massettes, se développaient des nymphéas, tandis que, sur les hauteurs, les *Weichselia* dominaient très largement le peuplement végétal.

Au crétacé, la flore, déjà très diversifiée, comprenait des formes aujourd'hui disparues et d'autres qui ont subsisté jusqu'à nos jours, mais c'est à l'ère tertiaire que, chez les angiospermes, vont se manifester toutes les potentialités évolutives qui donneront la flore actuelle.

ANNIE LEJAL-NICOL

1 *Taxodioxylon:* gymnospermes
2 *Klukia:* filicophytes (fougères)
3 *Williamsonia:* cycadophytes
4 *Equisetites:* sphénophytes
5 *Marattiopsis:* filicophytes (fougères)
6 *Ginkgoites:* ginkgoales

L'origine de la fleur

La fleur des angiospermes actuelles est vraisemblablement l'aboutissement de nombreuses tentatives évolutives plus ou moins réussies dont nous possédons les preuves fossiles.

De nombreuses théories ont été émises à ce sujet, et il est maintenant généralement admis que, dès l'ère primaire ou paléozoïque, l'ovule étant différencié, les premières pré-spermaphytes (cordaïtes) ont tenté d'élaborer une sorte de «fleur» complexe, constituée d'un axe primaire porteur de petites bractées à l'aisselle desquelles se développaient des axes secondaires multifoliés, porteurs d'ovules à leur extrémité.

Ensuite, à l'ère secondaire ou mésozoïque, on assiste dans différents groupes (conifères) à une réduction plus ou moins importante des axes secondaires, tandis que le rôle des bractées devient plus précis. Ces phénomènes de réduction sont nettement marqués chez les bennettitales, où ils aboutissent à un premier type de fleur très volumineux.

Au crétacé, chez les angiospermes, la fleur se spécialise et se simplifie, avec un axe principal (réceptacle floral) et des bractées qui correspondent au périanthe (pièces stériles), aux étamines (mâles) et aux carpelles («feuilles» refermées sur les ovules pour les protéger). On assiste ainsi globalement à la réduction, puis à la disparition des axes secondaires et au transfert de la fonction sporogène (formation des cellules reproductrices) des axes secondaires à l'axe principal.

Magnolia grandiflora. *Les fleurs de ce bel arbre ont de nombreux pétales, des étamines visibles et un réceptacle floral proéminent aux multiples carpelles.*

L'évolution de la végétation depuis 65 millions d'années

Les cyprès chauves, conifères à racines aériennes des forêts riveraines de lacs, marais et rivières du sud-est des États-Unis et du Mexique, vécurent en Europe tout au long de l'ère tertiaire.

Au début de l'ère tertiaire, il y a 65 millions d'années, régnaient sur la terre des climats tropicaux et subtropicaux: des forêts luxuriantes couvraient les continents, des palmiers poussaient dans le nord de l'Europe. Puis le climat se refroidit, les pluies devinrent plus rares: les forêts reculèrent, tandis que se développaient les steppes et les savanes.

Les végétations et les flores se caractérisent, dès l'aube de l'ère tertiaire (65 millions d'années), par la présence des plantes à fleurs les plus évoluées, les angiospermes, dans tous les milieux végétaux du globe.

En l'absence de calotte glaciaire, les climats dominants étaient alors tropicaux et subtropicaux jusqu'à des latitudes de 60-70° nord. L'évolution des climats, et par conséquent des végétations, fut essentiellement déterminée, dans le sens d'un rafraîchissement d'ensemble des températures, par la modification de la géographie des terres émergées au cours du tertiaire, du fait de la dérive progressive des masses continentales vers le nord et de la surrection de chaînes de montagnes. La surface des terres comprises entre l'équateur et le 30e parallèle nord s'accrut ainsi de 22 à 37 millions de kilomètres carrés et, entre les latitudes de 30° et 60° nord, de 38 à 45 millions de kilomètres carrés.

UNE EUROPE SUBTROPICALE

En Europe, entre 60 et 50 millions d'années, le climat fut subtropical humide, puis à saisons plus contrastées, puis à nouveau humide, et les végétations très luxuriantes — surtout dans les plaines littorales — dont on a retrouvé les restes dans des argiles de la région de Londres, comprenaient près de 90 p. 100 de végétaux tropicaux et subtropicaux, et 10 p. 100 seulement d'espèces des régions tempérées. Par exemple, dix à quinze espèces de palmiers vivaient dans le nord-ouest de l'Europe: certaines étaient de grande taille et d'autres de petites espèces des sous-bois. Toutefois, les flores des arrière-pays étaient déjà plus tempérées.

En Angleterre, une évolution climatique intervint graduellement vers 50 millions d'années: les derniers araucarias disparurent, les palétuviers des mangroves se raréfièrent, puis de nombreux éléments tropicaux et subtropicaux s'éteignirent, ce qui conduisit à une dominance relative des fougères et des conifères.

Dans le Massif central, l'étude du développement des paléosols (c'est-à-dire des sols témoins d'une évolution ancienne et qui peuvent être recouverts de dépôts plus récents, ou affleurer en surface) suggère l'existence de régimes climatiques plus contrastés à cette époque. Une évolution de la végétation est sensible dans le bassin de Paris vers 45 millions d'années (époque du dépôt du calcaire grossier): on remarque la plus grande extension d'une végétation à caractère plus tempéré, voisine de celle, actuelle, des Canaries (myricas, lauriers, palmiers, myrtes, citronniers, grenadiers, acacias). Le climat et les végétations d'un type subtropical de plus en plus contrasté devinrent même épisodiquement subarides lors du dépôt du gypse (38 millions d'années) dans les lagunes du Bassin parisien, toutefois bordées de forêts riveraines buissonnantes à myricas et cyprès chauves.

Vers 35 millions d'années, un changement climatique majeur (refroidissement) atténua le caractère subtropical des végétations du nord de l'Europe. Par contre, en Europe moyenne (Roumanie, Hongrie, Bavière) et dans l'Europe du Sud, les forêts restèrent composées d'essences tempérées chaudes (méditerranéennes) et tropicales: séquoias, cyprès, cyprès chauves, lauriers, chênes, ébènes, sapotacées, euphorbiacées, acajous, palmiers, oliviers, acacias, etc.

En Amérique du Nord, vers 50 millions d'années, les 27 forêts pétrifiées superposées du parc de Yellowstone (États-Unis), par exemple, qui furent enfouies lors de violentes éruptions volcaniques, révèlent, comme en Europe, un mélange d'essences subtropicales et tempérées chaudes à conifères (80 p. 100 des arbres: séquoias, pins, cyprès chauves, cèdres, podocarpus) et feuillus (magnolias, lauriers, platanes, chênes, figuiers, terminalias tropicaux...).

Dans les régions nordiques, vers 60 à 40 millions d'années, des feuillus subtropicaux à feuilles persistantes atteignirent une latitude de 60° nord; au-delà s'étendaient des forêts de conifères et de feuillus à feuilles caduques, et au-delà encore seulement des forêts de conifères (Alaska, nord du Canada, nord-est de la Sibérie). Vers 50 millions d'années, la pluviosité s'accrut notablement dans ces régions, puis, vers 40 millions d'années, les moyennes des minimums, qui étaient jusqu'alors de 10 à 15 °C, passèrent en dessous de 10 °C. Ainsi s'amorça le recul progressif des forêts vers le sud, mais ces phénomènes furent très lents, et

Fronde en éventail d'un palmier fossile, voisin des *Chamaerops* actuels (palmiers des Deux-Siciles), provenant du miocène (vers – 20 MA) de la région d'Aix-en-Provence. Une dizaine d'espèces de palmiers vivaient dans l'Europe du Nord-Ouest au début du tertiaire. Leurs fossiles sont parfois si fréquents qu'une formation continentale de l'Anjou et du Maine a été dénommée «grès à palmiers». Les palmiers étaient encore présents à l'époque où se formèrent les meulières de l'Ile-de-France, entre – 20 et – 10 MA.

Ce demi-désert d'Australie évoque l'aspect que prit la végétation dans certaines régions du bassin de Paris vers – 30 MA ; l'érosion éolienne creusa des chenaux dunaires du nord-ouest au sud-est.

La végétation en Europe et en Afrique au tertiaire

La carte ci-dessous indique la répartition paléogéographique des végétations en Europe et en Afrique au cours de l'ère tertiaire.

Vers 60-40 millions d'années, des forêts denses recouvraient la majeure partie du continent africain et les plaines littorales de l'Europe occidentale et centrale.

Vers 20 millions d'années, on trouve en Afrique et dans le sud de l'Europe des forêts denses et claires de feuillus tropicaux et subtropicaux, des savanes et des steppes subarides, des savanes, et en Europe, des forêts mixtes de conifères et de feuillus subtropicaux et tempérés chauds, puis, plus au nord, une végétation tempérée à conifères dominants.

Les littoraux bordés de bleu indiquent la présence de mangroves reconnues à 20 millions d'années ; le tireté rouge montre les limites nord et sud atteintes de nos jours par les mangroves.

La répartition actuelle des forêts tropicales denses est figurée en pointillé ; les limites nord et sud des savanes en Afrique et de la végétation méditerranéenne apparaissent en tireté noir, tandis que l'apparition des premières toundras, vers 10 millions d'années, est figurée en violet.

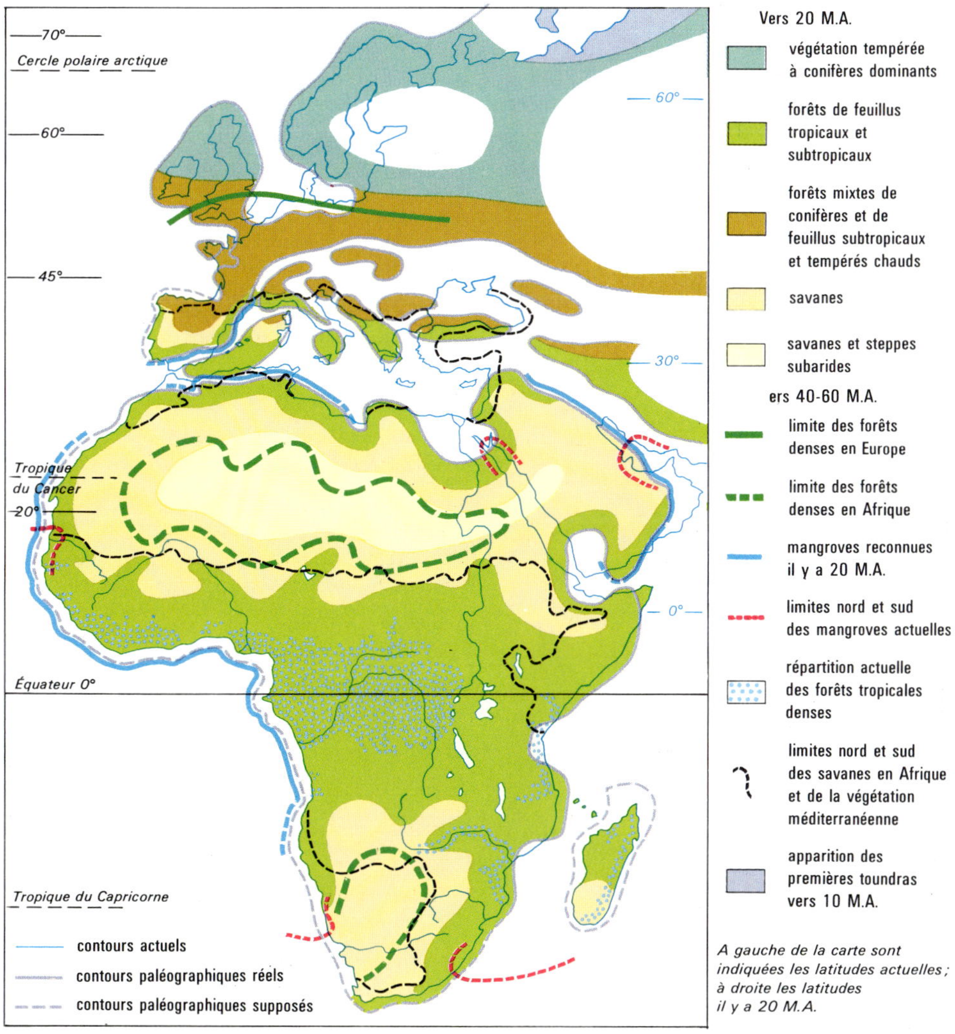

A gauche de la carte sont indiquées les latitudes actuelles ; à droite les latitudes il y a 20 M.A.

l'on estime que les premières toundras n'apparurent que vers 10 à 5 millions d'années.

En Afrique, les nombreuses forêts pétrifiées du Sahara ont permis la reconstitution fidèle des forêts d'acajous, d'ébènes et de légumineuses arborescentes qui couvrirent cette région de 50 à 20 millions d'années. Au nord, des mangroves jalonnaient les littoraux de l'ancienne Méditerranée et, vers 40 millions d'années, des savanes se développèrent au Niger.

L'extension des savanes

A partir de 20 millions d'années, l'un des événements les plus marquants fut, dans le nord et l'est de l'Afrique, la diversification des végétations et notamment le grand développement des savanes (acacias, sterculias...). Dès 15 millions d'années, des végétaux subarides apparurent dans le Maghreb et en Egypte ; en Arabie, des savanes et des steppes vinrent au contact des forêts-galeries et des mangroves. Les saisons sèches s'accentuèrent plus encore vers 6-5 millions d'années, et des feux de plus en plus fréquents parcouraient les savanes. Ainsi se mit progressivement en place la barrière biogéographique arabo-saharienne.

Sur les rives nord de l'ancienne Méditerranée (Ibérie, Sardaigne, Grèce, Turquie), les forêts dominaient encore la végétation à 20 millions d'années, mais, vers 15 millions d'années, les espèces tropicales devinrent moins nombreuses que les espèces tempérées, tandis que des savanes et des steppes apparaissaient dans l'arrière-pays ibérique, par exemple. A partir de 10 millions d'années, les couverts forestiers se disloquèrent progressivement, phénomène qui atteignit son paroxysme lors de l'assèchement partiel de la Méditerranée pendant quelque 200 000 ans vers 5,5 millions d'années.

De l'Alsace à la Pologne s'étendait, vers 4 millions d'années, une végétation tempérée chaude où vivaient encore, parmi les épicéas, ifs, chênes et hêtres, quelques espèces américaines (cyprès chauves, magnolias), méditerranéennes (noyers) et surtout asiatiques (ginkgos, lianes). Puis, vers 1,5 million d'années, lors des premières périodes froides, s'installèrent en Europe du Nord et dans l'Europe moyenne les premières forêts nordiques, et, sur les rives de la Méditerranée, la végétation actuelle.

Tandis que le caractère subaride du Sahara s'accentuait, en Afrique orientale, entre 6 et 2 millions d'années, une mosaïque de forêts denses et claires, de savanes et de prairies, évolua en un ensemble de steppes et de savanes plus ou moins arborées, parfois subarides.

A partir de 1,5 million d'années se succédèrent de nombreuses phases glaciaires avec une périodicité de l'ordre de la centaine de milliers d'années, variations cycliques mais irrégulières qui marquèrent profondément les déplacements et le remplacement des espèces, des flores et des faunes sur toute la surface du globe.

Cette longue histoire des paysages végétaux et des milieux de vie fut déterminante dans l'évolution de la lignée humaine, tout comme le furent les multiples fluctuations climatiques du dernier million d'années dans l'émergence et la géohistoire des civilisations.

JEAN-CLAUDE KOENIGUER

CHAPITRE 21

Amphibiens et reptiles

La transition vers le milieu terrestre : une étape décisive dans l'histoire de la vie

Le premier amphibien, Ichthyostega, *dont on a retrouvé des restes au Groenland, remonte au dévonien. Les stégocéphales (ou premiers amphibiens) se divisent en deux ensembles distincts : les labyrinthodontes et les lépospondyles. Leur origine reste problématique, et on ne sait pas exactement lesquels constituent les ancêtres des reptiles. Mais il est indéniable que le stade amphibien représente une étape décisive dans l'histoire des vertébrés.*

A partir du dévonien supérieur (400 MA) apparaît un type nouveau de vertébrés, les tétrapodes ou vertébrés à membres marcheurs, qui va permettre un rebondissement extraordinaire de l'évolution.

LA SORTIE DES EAUX

Avec les tétrapodes s'accomplit ce que l'on a appelé la sortie des eaux. Cette grande transmigration — dont la transformation du têtard en grenouille nous offre un saisissant raccourci — a exigé de multiples transformations anatomiques et physiologiques.

Incomplètement achevée avec les premiers tétrapodes ou amphibiens, qui conservent beaucoup de liens avec les milieux aquatiques, l'adaptation des vertébrés à une vie purement terrestre s'affirme avec les reptiles, qui se passent, grâce à leurs annexes embryonnaires (voir encadré), des milieux aquatiques pour leur reproduction.

Amphibiens (ou batraciens) et reptiles sont traditionnellement considérés comme des classes de vertébrés que l'on peut définir facilement et dont on peut décrire en détail les caractéristiques anatomiques et physiologiques. L'impact récent de la cladistique en systématique est venu bouleverser ces notions classiques que l'on croyait solidement établies et définitivement acquises (voir encadré page ci-contre). Nous emploierons ici les termes d'amphibiens et de reptiles dans leur acception courante.

L'ORGANISATION DES AMPHIBIENS ACTUELS

Dans la nature actuelle, les amphibiens, ou batraciens, sont représentés par trois grands

⇦ **Les premiers vertébrés terrestres ou tétrapodes** (ici, *Ichthyostega*), qui apparaissent au dévonien supérieur, dérivent des poissons à nageoires charnues, les sarcoptérygiens. Leur mode de reproduction demeure aquatique.

Ichthyostega, découvert au Groenland dans des terrains datés de la fin du dévonien, est le plus ancien tétrapode décrit. Cet amphibien très primitif a un squelette solide et massif. ⇩

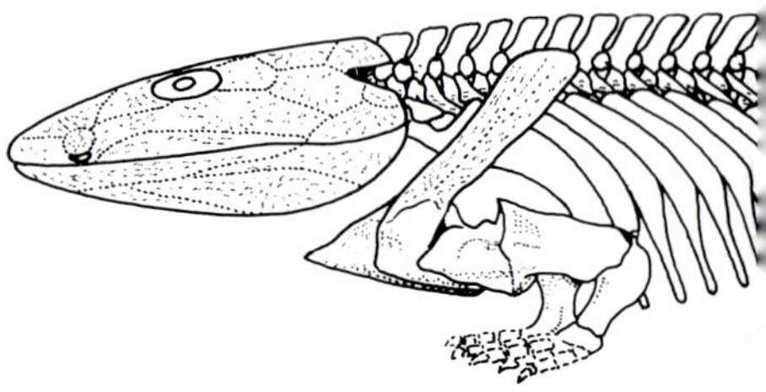

types d'animaux (considérés comme des ordres dans la hiérarchie systématique traditionnelle):
- les anoures: ils n'ont pas de queue à l'état adulte: du type grenouilles et crapauds;
- les urodèles: ils ont une queue apparente; du type salamandres et tritons;
- les apodes, ou gymnophiones: animaux allongés, dépourvus de pattes, menant une vie fouisseuse dans les régions chaudes.

Les amphibiens représentent environ 4 000 espèces vivantes, les anoures étant de loin les plus nombreux.

Pourvus d'une peau lisse et nue (il y a cependant des exceptions), de dents minuscules à deux pointes (bicuspides) et d'un squelette allégé, tous les amphibiens de type actuel sont réunis sous le nom de lissamphibia.

LES PREMIERS AMPHIBIENS

Les premiers amphibiens, souvent réunis sous le terme de stégocéphales (au crâne en forme de toit), sont très différents des actuels.

Pourvus d'ossifications nombreuses et massives, de dents complexes, d'écailles ossifiées dans la peau, ce sont des animaux souvent de grande taille, évoquant les crocodiles par leur aspect extérieur et leurs dimensions. Le premier tétrapode connu est l'amphibien *Ichthyostega*, un stégocéphale très primitif, découvert au Groenland dans des sédiments de la fin du dévonien. On a étudié son anatomie de manière très précise et on l'a comparée à celle de certains crossoptérygiens, poissons à nageoires charnues (voir p. 239).

Si la ressemblance de la structure des dents, de la joue et du palais est frappante, celle du toit crânien l'est moins. Il est relativement facile de faire dériver la patte marcheuse (chiridium) *d'Ichthyostega* (déjà bâtie sur le plan structural qui sera conservé chez tous les tétrapodes, sauf cas de régression secondaire des pattes — l'apodie des serpents, par exemple) de la disposition du squelette et des nageoires paires de certains crossoptérygiens (pterygium). Le nombre primitif de doigts, probablement sept, va se réduire à cinq.

Le corps s'adapte à la vie terrestre

Parmi les modifications du squelette, beaucoup semblent liées aux nécessités d'une vie au moins partiellement terrestre. La colonne vertébrale est renforcée par des côtes puissantes. La ceinture scapulaire (où s'articulent les pattes antérieures), liée dorsalement au crâne chez les poissons, s'en libère, gagne en mobilité et se renforce ventralement. A l'inverse, la ceinture pelvienne (où s'articulent les pattes postérieures), jusque-là indépendante, se fixe à la colonne vertébrale, ce qui permet de transmettre à l'axe du squelette les efforts locomoteurs des pattes postérieures. Le système d'os recouvrant les branchies des poissons se réduit. Un de ses éléments, transformé en membrane, va permettre l'audition dans le milieu aérien: c'est le tympan. L'os reliant désormais le tympan à l'oreille interne (en transmettant les vibrations), la columelle, n'est autre que la partie dorsale de l'arc hyoïdien qui servait à «suspendre» la mandibule chez les poissons. On assiste souvent à une sorte de réutilisation opportuniste de structures déjà présentes, au profit de nouvelles fonctions, et cela parallèlement à l'apparition de structures nouvelles.

Les amphibiens de type moderne ou Lissamphibia sont connus dès le jurassique (204 millions d'années). Cet anoure, datant du tertiaire et provenant du bassin d'Aix-en-Provence, montre déjà toutes les caractéristiques de ce groupe qui rassemble les grenouilles et les crapauds: la colonne vertébrale raccourcie, l'absence de queue et les membres postérieurs adaptés au saut.

LES TÉTRAPODES APPARAISSENT AU DÉVONIEN

L'existence des premiers tétrapodes au dévonien supérieur (350 MA) est aussi attestée par des traces de pas en Australie, par exemple. Le squelette d'un tétrapode encore plus ancien qu'*Ichthyostega*, daté du dévonien supérieur, vient d'être signalé en U. R. S. S.

Pourquoi les tétrapodes apparaissent-ils au dévonien? La réponse, très discutée, est peut-être d'ordre écologique. Des assèchements temporaires des lacs du «continent des vieux grès rouges», où vivaient de nombreux sarcoptérygiens dévoniens, auraient peut-être favorisé les individus capables de respirer l'air atmosphérique, de résister à la dessiccation, voire de se déplacer sur le sol à la recherche d'un autre point d'eau. Les milieux terrestres, déjà peuplés par des végétaux et des arthropodes (animaux invertébrés), constituaient un nouveau réservoir de ressources alimentaires, potentiellement exploitables. Une fois différenciés, les stégocéphales vont réaliser une importante radiation évolutive (c'est-à-dire se multiplier du carbonifère inférieur [340 MA] jusqu'au trias supérieur [200 MA], et même, pour les derniers, jusqu'au début du jurassique [lias] en Australie).

Mal connus au carbonifère inférieur, ils abondent dans les milieux aquatiques correspondant aux marais houillers du carbonifère supérieur (290 MA). Particulièrement divers et nombreux dans les écosystèmes du permien inférieur (270 MA), les stégocéphales s'adaptent même alors à des milieux franchement terrestres. Toutefois, comme on l'a vu (p. 240), la plupart se réadaptent au milieu aquatique au permien supérieur (250 MA) et au trias (230-195 MA).

Dans cet ensemble évolutif très touffu, l'étude détaillée de l'ostéologie permet de distinguer — schématiquement — deux grands groupes principaux.

L'évolution de la systématique

L'impact récent de la cladistique a bouleversé les notions classiques de systématique que l'on croyait solidement établies et définitivement acquises. La cladistique est une méthode de classification qui privilégie les relations de parenté évolutive entre les organismes. Elle se fonde sur l'étude des seuls caractères spécialisés (issus d'un ancêtre commun exclusif) pour rapprocher les espèces.

Si nous considérons que tous les vertébrés à membres marcheurs (ou tétrapodes) ont une origine unique à partir des sarcoptérygiens (voir chapitre 19), ils constituent alors un ensemble monophylétique (naturel). Le caractère dérivé partagé (ou *apomorphie*) qui les définit est la possession de la patte marcheuse (ou chiridium), par opposition au caractère primitif ou généralisé (ou *plésiomorphie*) correspondant chez les sarcoptérygiens: la nageoire (ou ptérygium).

Mais au sein des tétrapodes, les amphibiens ne se définissent que par la possession de caractères primitifs et généralisés pour les tétrapodes, autrement dit par des plésiomorphies. Leur définition, purement négative, revient alors à ceci: les amphibiens sont tous les tétrapodes qui ne sont pas des amniotes; les amniotes sont les tétrapodes plus évolués (reptiles, oiseaux et mammifères) dont l'embryon est protégé par une membrane (amnios).

En même temps, les amphibiens sont considérés comme étant le stock de base à partir duquel se sont différenciés les amniotes. Le groupe des amphibiens, définis par des plésiomorphies, est un groupe souche, ou groupe paraphylétique au sens des cladistes, et n'a, selon eux, qu'une valeur de convenance, car les caractères plésiomorphes ne permettent pas de définir un groupe.

On peut considérer que les amniotes ont eux aussi une origine unique (provenant d'une souche à découvrir au sein des amphibiens) et constituent un ensemble naturel (monophylétique) authentifié par une apomorphie: la possession des annexes embryonnaires caractéristiques (amnios, etc.) entourant l'embryon. Mais, parmi les amniotes, on ne peut, à nouveau, définir les reptiles que par des caractères généralisés ou plésiomorphes: les reptiles sont tous les amniotes qui ne sont ni des oiseaux ni des mammifères. En même temps, les reptiles apparaissent, eux aussi, comme le stock de base à partir duquel vont se différencier les oiseaux et les mammifères. Ils constituent, là encore, un groupe paraphylétique au sens des cladistes.

Les progrès en phylogénie condamneront inéluctablement les groupes souches paraphylétiques si la classification doit avant tout exprimer la parenté évolutive. Ils ne conservent, pour le moment, qu'une valeur pratique et peuvent être considérés comme en sursis.

⇧ **Crâne de *Metoposaurus*.** Cet amphibien stégocéphale vivait au trias supérieur. Après avoir conquis la terre ferme, beaucoup de lignées de stégocéphales se réadaptent au milieu aquatique au permien supérieur et au trias (245-204 millions d'années). C'est le cas de celui-ci, dont les restes ont été retrouvés en grand nombre dans les gisements du Texas et du Maroc.

Dans cette reconstitution d'un paysage du carbonifère (290-260 millions d'années), on reconnaît *Diplovertebron*, stégocéphale carnivore, qui vivait dans les lagunes du houiller. ⇨

LES GRANDS STÉGOCÉPHALES

Dans le premier groupe, les stégocéphales, souvent de grande taille, ont des vertèbres dont chacune est constituée de plusieurs ossifications distinctes. Leurs dents, puissantes, ont une structure interne très complexe, d'où le nom de labyrinthodontes qu'on leur donne souvent.

Les labyrinthodontes

Un premier ensemble de ces labyrinthodontes, les batracomorphes, apparaît au carbonifère (320 MA). Grands prédateurs amphibies, comme *Eryops* du permien inférieur, ils n'ont que quatre doigts. La structure des vertèbres évolue dans le sens d'une simplification au cours de l'histoire du groupe, en même temps qu'il se spécialise dans un mode de vie de plus en plus exclusivement aquatique. Une grande forme de la fin du trias comme *Mastodonsaurus* pouvait avoir un crâne de 1 m de long, aplati et de forme triangulaire.

S'opposant aux batracomorphes, les reptiliomorphes constituent une autre lignée évolutive de labyrinthodontes, caractérisée par une structure différente des vertèbres, du toit crânien et cinq doigts. Les plus anciens sont les embolomères, grands prédateurs nageurs des marais du houiller. Au permien se différencient les seymouriamorphes, dont certains étaient, à l'état adulte, bien adaptés à la vie sur la terre ferme, puis les diadectomorphes. Ces derniers, avec leurs dents adaptées à la végétation, représentent un premier exemple de vertébrés tétrapodes capables d'utiliser les ressources de l'environnement terrestre végétal. Chez les reptiliomorphes, l'évolution de la structure des vertèbres annonce la disposition présente chez les reptiles, et l'on considère donc généralement, de ce fait, que les amniotes (reptiles, oiseaux et mammifères) ont leur origine dans un groupe, encore inconnu, de petits reptiliomorphes terrestres, au plus tard au carbonifère moyen (320 millions d'années).

LES PETITS STÉGOCÉPHALES

Le deuxième ensemble de stégocéphales regroupe des animaux généralement de petite taille (moins de 1 m de long), souvent à l'allure de salamandres, aux vertèbres ossifiées en une seule pièce et aux dents de structure simple, les lepospondyles.

Les lepospondyles

Certains sont parmi les plus anciens amphibiens connus, comme les mystérieux aïstopodes du carbonifère inférieur (340 MA), animaux serpentiformes, nageurs ou fouisseurs, totalement dépourvus de membres (disparus, pense-t-on, par régression totale). Les microsaures, considérés longtemps comme les ancêtres des reptiles, notion actuellement abandonnée, avaient l'allure de salamandres ou de tritons. Certains, très allongés, étaient aquatiques; d'autres, au tronc court, étaient, comme *Pantylus* du permien inférieur (260 MA), adaptés à la vie terrestre. Les nectridiens, aquatiques, ont différencié au carbonifère et au permien d'étranges formes, comme *Diplocaulus* aux membres réduits, au crâne aplati prolongé latéralement par d'immenses expansions osseuses pointues.

Quelles sont pour tous ces stégocéphales si variés les relations évolutives entre eux et avec les autres tétrapodes? La question a été très discutée à divers égards, et aucun accord n'existe encore entre les spécialistes.

PROBLÈMES DE PARENTÉ

Un premier problème est celui de l'origine des tétrapodes. Si une origine sarcoptérygienne au sens large est incontestable, il est actuellement délicat de préciser davantage. On penche généralement en faveur d'une origine unique ou monophylétique. Toutefois, des opinions divergentes (origine diphylétique des tétrapodes) sont toujours soutenues. Ainsi le Suédois E. Jarvik maintient son hypothèse (fondée sur des arguments anatomiques) selon laquelle les stégocéphales, les anoures (et les amniotes?) dérivent de certains crossoptérygiens rhipidistiens (voir p. 239), les ostéolépiformes. En revanche, les urodèles (salamandres) dériveraient indépendamment d'autres crossoptérygiens, les porolépiformes: cela implique que la patte marcheuse (chiridium) serait apparue deux fois, de façon indépendante, proposition qui paraît peu plausible.

Origine des reptiles

Les reptiles (ou, plus généralement, les amniotes) dérivent-ils de certains stégocéphales ou bien, directement, d'une souche indépendante au sein des sarcoptérygiens? A l'issue de multiples controverses, il semble assez fréquemment admis que les reptiliomorphes constituent, au sein des stégocéphales, le groupe frère (au sens cladistique) des amniotes. En terme de filiation évolutive, cela signifierait, en pratique, que les amniotes ont leur origine au voisinage immédiat de cet ensemble.

Origine des amphibiens «modernes»

Quelle est l'origine des amphibiens de type moderne *(Lissamphibia)*? Quelles relations phylétiques ont-ils avec les amphibiens anciens (stégocéphales)?

En premier lieu, il n'est pas absolument démontré (bien que cela semble probable) que les *Lissamphibia* constituent un groupe naturel (monophylétique). Les premiers anoures et urodèles fossiles connus du jurassique (195-140 MA) ont déjà, malgré quelques traits primitifs, tous les caractères des amphibiens actuels. Un fossile du trias de Madagascar, *Triadobatrachus*, semble constituer une transition entre les amphibiens anciens et les anoures. Quant aux apodes (animaux dépourvus de pattes), on a très peu de documents paléontologiques les concernant.

Si l'on écarte la conception diphylétique, donnant aux urodèles une origine tout à fait indépendante, un certain nombre d'arguments suggère que les anoures au moins (et peut-être tous les *Lissamphibia,* s'ils sont monophylétiques) dérivent des stégocéphales de la lignée des batracomorphes. Plus précisément, certaines formes du permien inférieur (les dissorophidés) pourraient constituer leurs ancêtres directs (voir l'encadré sur l'hétérochronie, p. 239). Une origine indépendante des apodes à partir des microsaures (lepospondyles) a été récemment proposée.

Première grande radiation adaptative des tétrapodes, le stade amphibien représente, avec la conquête amorcée des milieux terrestres, une étape décisive dans l'histoire évolutive des vertébrés. Toutefois, malgré l'énorme accumulation de connaissances, parfois très approfondies, sur l'anatomie, la répartition stratigraphique (temporelle) et géographique (spatiale), voire la biologie, des formes fossiles, et sur tous les aspects de la biologie des espèces actuelles, il est remarquable, somme toute, de constater à quel point notre compréhension précise de la phylogénie de tout cet ensemble est encore balbutiante.

L'évolution de la reproduction et la conquête des continents

Les vertébrés ayant une origine aquatique, l'eau est indispensable à leur reproduction. Chez la plupart des vertébrés aquatiques, ovipares, la fécondation est externe et le développement de l'œuf fécondé se poursuit dans le milieu extérieur: l'eau. C'est le cas chez les cyclostomes (comme la lamproie) et chez la plupart des poissons et des amphibiens actuels; cela devait sans doute l'être primitivement chez les vertébrés. Si le développement dans l'eau de l'embryon d'un ovipare aquatique ne pose pas de problème, il en va tout autrement pour un animal terrestre dont l'œuf périrait par dessiccation.

Un mode de développement terrestre implique comme condition préalable la fécondation interne: les spermatozoïdes du mâle sont introduits dans les voies génitales de la femelle, où l'embryon commence son développement. La fécondation interne une fois acquise, ce sont les annexes embryonnaires qui ont permis ensuite aux vertébrés de réaliser avec succès leur reproduction en milieu terrestre.

LE RÔLE DES ANNEXES EMBRYONNAIRES DANS LE SUCCÈS DE LA REPRODUCTION TERRESTRE

Organes spécialisés entourant le corps de l'embryon, les annexes embryonnaires lui assurent la protection et la nutrition sans participer à son édification proprement dite. A la fin du développement (éclosion pour les ovipares, naissance pour les vivipares), ces annexes régressent ou sont éliminées.

1re annexe: la vésicule vitelline

Chez la plupart des vertébrés ovipares à œufs riches en réserves (poissons, reptiles, oiseaux, mammifères monotrèmes), ces réserves vont être concentrées dans une première annexe embryonnaire, la vésicule vitelline. Celle-ci se différencie à partir de l'endoderme, feuillet interne qui constitue aussi le tube digestif de l'embryon. Cette première annexe embryonnaire, fréquente chez les vertébrés aquatiques comme chez les vertébrés aériens, est plus liée à l'abondance de l'œuf en réserves (et donc à l'oviparité) qu'à l'adaptation écologique à un milieu particulier, aquatique ou aérien. C'est un caractère généralisé pour les vertébrés.

2e annexe: l'amnios

D'une plus grande importance, d'un point de vue écologique et évolutif, est la contrainte absolue pour l'embryon de se développer en milieu aquatique. Cette nécessité est automatiquement satisfaite chez les vertébrés inférieurs aquatiques (agnathes, poissons) ou amphibies (amphibiens), qui pondent leurs œufs dans l'eau. Pour les vertébrés aériens, en revanche, elle a été satisfaite par la constitution d'une nouvelle annexe embryonnaire: l'amnios. Il s'agit d'une membrane en continuité avec l'ectoderme (feuillet externe) de l'embryon et qui l'entoure complètement. La cavité amniotique ainsi délimitée se remplit d'un liquide amniotique qui permet le développement aquatique de l'embryon à l'intérieur d'un œuf entouré d'une coquille, pondu dans un milieu terrestre plus ou moins desséché.

3e annexe: l'allantoïde

La respiration et l'excrétion de l'embryon dans l'œuf sont assurées par la différenciation d'une troisième annexe, l'allantoïde. Formée à partir de l'endoderme, elle s'étend sous la coquille et permet en outre la digestion des réserves de l'œuf (blanc) et l'absorption d'une partie du calcium de la coquille.

L'apparition de ces nouvelles annexes, amnios et allantoïde, intervenue sans doute au carbonifère moyen (300 millions d'années), a été un atout décisif pour les tétrapodes qui en étaient pourvus, les amniotes. En ne dépendant plus du milieu aquatique pour leur reproduction, les amniotes (contrairement aux amphibiens) ont pu conquérir les milieux continentaux.

Les reptiles et leurs dérivés, les oiseaux, les mammifères monotrèmes, pondent désormais à terre des œufs protégés par une coquille, achevant ainsi la conquête écologique des milieux continentaux, seulement amorcée par les amphibiens.

Toutefois, l'oviparité des reptiles, des oiseaux et des monotrèmes n'est pas la seule «stratégie» possible pour la reproduction terrestre. Si les pontes (et les nouveau-nés) sont protégées chez les monotrèmes, les crocodiles et les oiseaux, elles sont laissées sans surveillance chez la plupart des reptiles, et souvent partiellement détruites par des prédateurs.

La viviparité représente l'autre solution pour le développement en milieu terrestre.

LES DIFFÉRENTES FORMES DE VIVIPARITÉ

Dans la reproduction vivipare, l'œuf est fécondé dans les voies génitales de la femelle, qui assure la protection des embryons et éventuellement leur nutrition. Chez les amniotes, on rencontre divers degrés de viviparité. Chez certains reptiles, les œufs, riches en vitellus, sont simplement incubés dans les voies génitales des femelles qui ne leur donnent aucun apport nutritif. Cette ovoviviparité n'est qu'un cas particulier d'oviparité au plan physiologique, mais présente déjà l'intérêt de la viviparité du point de vue écologique.

Dans une deuxième étape, l'évolution conduit à une véritable gestation des embryons, ceux-ci recevant un apport alimentaire de la mère, selon des modalités diverses. C'est la viviparité aplacentaire, présente chez quelques reptiles.

Dans une dernière étape, l'allantoïde et la paroi utérine maternelle différencient ensemble un organe complexe, le placenta, sorte de membrane semi-perméable permettant des apports nutritionnels intenses de la mère vers l'embryon. C'est la viviparité placentaire. Elle existe chez un nombre important de reptiles (scinques, orvets) chez tous les mammifères actuels, à l'exception des monotrèmes, qui sont ovipares. Le placenta a dû se différencier plusieurs fois au cours de l'histoire des amniotes.

Chez les mammifères marsupiaux (métathériens) et placentaires (euthériens), un placenta plus ou moins complexe se différencie toujours précocement et assure tout l'apport nourricier à l'embryon pendant la gestation, l'œuf étant dépourvu de réserves.

Les avantages de la viviparité sont si importants, dans certaines circonstances écologiques, que ce mode de reproduction s'est développé également, de façon indépendante, dans de nombreuses lignées d'anamniotes (poissons, amphibiens). En l'absence d'annexes embryonnaires de type amnios et allantoïde, les anamniotes ont donc réalisé une viviparité fonctionnelle au moyen de dispositifs structuraux très variés, parfois tout à fait étonnants.

Une viviparité placentaire existe chez quelques anamniotes: c'est le cas chez les requins-marteaux, parmi les sélaciens, et chez quelques poissons aquarium, tel le guppy. Chez la salamandre alpine et certains amphibiens anoures et apodes, le vitellus de l'œuf est réduit et des organes particuliers de l'embryon, ses branchies, par exemple, s'appliquent à la paroi utérine, lui permettant ainsi de recevoir un apport alimentaire maternel.

Une viviparité placentaire existe chez quelques anamniotes: c'est le cas chez les requins-marteaux, parmi les sélaciens, et chez quelques poissons osseux (anableps). Dans ce cas, un placenta particulier se différencie à partir de la vésicule vitelline.

Pour conclure. Résumons les grandes étapes de l'évolution de la reproduction chez les vertébrés: en milieu aquatique, il y a d'abord fécondation externe et oviparité; puis apparaît la fécondation interne, qui rend possible la viviparité; enfin, l'apparition de l'amnios et de l'allantoïde permet le développement dans le milieu terrestre. Par ailleurs, la viviparité se développe, selon des modalités très variées, aussi bien chez les amniotes que chez les anamniotes. L'extraordinaire diversité de leurs modes de reproduction est certainement un facteur capital du succès biologique des vertébrés dans tous les milieux (voir aussi chapitre 12, p. 116-125).

La diversification des reptiles

C'est avec les reptiles tétrapodes amniotes pourvus d'annexes embryonnaires permettant un mode de reproduction complètement terrestre que les vertébrés réalisent pleinement la conquête des milieux continentaux.
Groupe important mais hétérogène, les reptiles se différencient par la structure de leur crâne, notamment par la présence ou l'absence de fosses temporales, orifices situés entre certains os du toit crânien, en arrière des orbites.
Les muscles masticateurs s'insèrent autour d'elles. L'apport de l'ostéologie a été fondamental; elle a permis d'identifier les grandes lignées de reptiles.

Comment distinguer sur du matériel paléontologique, où seul le squelette est conservé, un amphibien d'un reptile?

Dans la nature actuelle, la distinction est facile, car on dispose de l'animal entier pour observer les comportements et analyser la physiologie.

DISTINGUER LES REPTILES DES AMPHIBIENS

Les reptiles diffèrent des amphibiens par la structure de l'encéphale et de certains organes sensoriels, par celle du cœur, du rein, des gonades (glandes sexuelles), de la peau (sèche et recouverte d'«écailles» épidermiques cornées, et non humide et nue), par les organes embryonnaires et le mode de développement. Aucun de ces caractères ne laissant de traces chez les fossiles, il y eut de nombreuses discussions pour savoir si tel ou tel tétrapode permocarbonifère était «encore» un amphibien ou «déjà» un reptile. Une connaissance minutieuse de l'ostéologie comparée a permis dans bien des cas, de résoudre la question. Ainsi, par exemple, les premiers amphibiens (stégocéphales) montrent souvent la présence, sur certains os, de sillons sensoriels. Si un squelette fossile, même très reptilien par son anatomie, présente des traces de sillons, cela signifie que l'animal menait une vie aquatique, ou du moins qu'il passait par des stades aquatiques au cours de son développement: il s'agit alors d'un amphibien et non d'un amniote.

Le cas s'est présenté pour *Seymouria,* un tétrapode du permien inférieur (290 MA), dont on a pensé qu'il représentait le passage du stade amphibien au stade reptile. La découverte de restes de sillons sensoriels a entraîné son classement parmi les amphibiens stégocéphales.

LES PREMIERS VÉRITABLES REPTILES

Ils apparaissent au carbonifère supérieur (300 MA). C'étaient de très petits animaux aux mœurs franchement terrestres, aux pattes bien développées et au tronc court. Ils avaient probablement un régime insectivore. Beaucoup ont été retrouvés dans des gisements très particuliers, enfermés dans des sédiments accumulés dans des souches de lycopodiales. A la mort de l'arbre, la souche se creusait en son centre, formant un trou dans lequel ces animaux étaient tombés. Ces premiers reptiles témoignent d'un environnement écologique assez différent de celui des marécages du houiller contemporains, où abondaient des amphibiens beaucoup plus aquatiques (voir l'encadré sur les écosystèmes, p. 242-243).

A partir des premiers reptiles, tel *Hylonomus* du carbonifère supérieur, cette classe va réaliser une diversification explosive, dont le succès se maintient dans la nature actuelle.

LA CLASSIFICATION ACTUELLE DES REPTILES

Les reptiles qui nous entourent constituent un ensemble important mais très hétérogène.

- Les chéloniens (tortues) sont représentés par plus de 500 espèces vivantes. Caractérisés par la présence d'une carapace osseuse complexe, ils sont connus depuis le trias (200 MA) et répandus dans des milieux très variés.
- Les crocodiliens, petit groupe résiduel dans la nature actuelle (25 espèces), sont répandus dans les régions intertropicales. Superprédateurs dans les milieux palustres, ils apparaissent au trias (200 MA).
- Les squamates, qui regroupent les sauriens ou lézards et les ophidiens ou serpents (environ 2 500 espèces dans chaque groupe), apparaissent respectivement au trias supérieur (195 MA) et au jurassique (170 MA).
- Véritable fossile vivant, le sphenodon ou hatteria, qui habite quelques îlots proches de la Nouvelle-Zélande, est l'unique survivant de l'ordre des rhynchocéphales, surtout connu au trias et au jurassique.

Les reptiles connus uniquement à l'état fossile sont encore infiniment plus variés. Comment s'orienter dans cette diversité? Depuis la fin du XIXe siècle, le «fil d'Ariane» permettant une classification rationnelle des reptiles s'est révélé être l'étude de la structure du crâne, et notamment de la région temporale, au-dessus et en arrière des orbites.

LES REPTILES AU CRÂNE ANAPSIDE

Les anapsides sont définis par l'absence de fosses temporales; ils sont considérés comme les plus primitifs des reptiles. Ils abondent surtout du carbonifère supérieur au permien supérieur (280 MA à 230 MA). On réunissait classiquement tous ces reptiles anapsides primitifs sous le nom de cotylosaures, mais beaucoup d'entre eux (seymouriamorphes, diadectomorphes, etc.) sont maintenant considérés comme des stégocéphales. En revanche, les captorhinomorphes, connus du carbonifère supérieur au permien supérieur sont d'authentiques reptiles anapsides. *Captorhinus* (permien inférieur) apparaît un peu comme le prototype généralisé d'un reptile sur le plan morphologique, bien qu'il soit trop tardif et trop spécialisé pour pouvoir constituer l'ancêtre concret des autres lignées reptiliennes. Des descendants directs de certains anapsides anciens sont les chéloniens (ou tortues), qui acquièrent une carapace dès le trias, mais dont on ne peut encore retracer l'origine précise.

Les tortues forment un groupe de reptiles connus dès le trias (245 millions d'années). Leur crâne a une structure primitive (anapside).

LES REPTILES SYNAPSIDES

Première lignée à se différencier du stock anapside primitif, les synapsides apparaissent dès le carbonifère supérieur. Ils ne possèdent qu'une seule fosse temporale en position basse, en arrière de l'œil. Les plus primitifs sont les pelycosaures, surtout connus au permien inférieur. Nous retrouverons cette lignée très importante au chapitre 22, puisqu'elle va évoluer dans une direction très particulière, aboutissant aux mammifères.

LES REPTILES EURYAPSIDES

Ils constituent une importante lignée reptilienne caractérisée par la présence d'une seule fosse

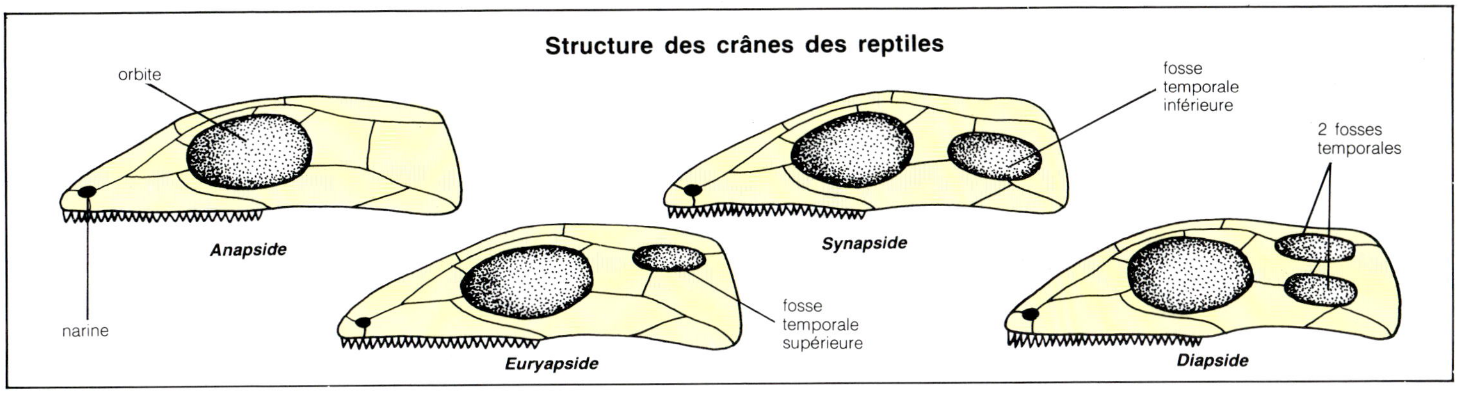

temporale, mais en position haute et différente de celle des synapsides. Les euryapsides, connus à partir du trias (200 MA), sont caractérisés par leur adaptation à la vie aquatique, comme le montrent les sauroptérygiens : nothosaures et plésiosaures. On tend actuellement à y adjoindre la lignée particulière des ichthyosaures (ou parapsides), qui manifestent une adaptation d'un type différent, très spécialisé, à la vie marine.

LES REPTILES DIAPSIDES

Avec *Petrolaccosaurus,* du carbonifère supérieur (290 MA), apparaît une dernière grande lignée, où il existe cette fois, de chaque côté du crâne, deux fosses temporales. L'une est en position basse, comme celle des synapsides, l'autre en position haute, comme celle des euryapsides. Cette disposition caractérise les diapsides, qui vont constituer l'essentiel de la diversification des lignées reptiliennes. En fait, les diapsides paraissent se subdiviser, dès le permien, en deux sous-ensembles dont l'évolution ultérieure sera distincte.

Sphenodon punctatus. Ce «fossile vivant» à l'aspect de lézard est le dernier témoin d'un groupe de reptiles du trias et du jurassique.

Les lépidosauriens

Un premier groupe de diapsides, comprenant surtout des reptiles de taille relativement petite ou moyenne, constitue l'ensemble des lépidosauriens (ou reptiles à écailles). Il culmine dans la nature actuelle avec les lézards et les serpents, qui forment l'immense majorité des reptiles vivants (plus de 5 000 espèces). Il existe au permien toute une série de « protolézards » de taille médiocre. Certains ont encore une disposition crânienne primitive de la région temporale et évoquent peut-être le passage de la condition anapside à la condition diapside. D'autres sont déjà des diapsides typiques, tel *Youngina.* Ces diapsides, dits éosuchiens, vont se spécialiser dans des modes de vie variés au permien (290-245 MA) et pendant le trias (230-195 MA).

Certains acquièrent des côtes très allongées reliées par une membrane tendue et deviennent les premiers vertébrés planeurs. D'autres exploitent les milieux aquatiques, comme *Macrocnemus* (3 m de long) du trias alpin, ou encore l'étrange *Tanystrophaeus,* au cou démesuré soutenu par quelques vertèbres extraordinairement allongées. Une autre lignée d'éosuchiens s'adapte, pendant le trias, à la consommation de proies dures. Ce sont les rhynchocéphales, ressemblant superficiellement à des lézards. Ils évoluent peu par la suite et persistent jusqu'à nos jours avec le sphenodon, fossile vivant qui nous donne un aperçu pas trop modifié d'un lépidosaurien du début du secondaire. Le sphenodon vit sur des îlots proches de la Nouvelle-Zélande.

On rapproche (bien qu'on n'en soit pas certain) des rhynchocéphales les rhynchosaures, extraordinaires végétariens du trias moyen (210 MA), de la taille d'un gros chien, au crâne démesurément élargi dans la région postérieure pour loger une batterie de dents broyeuses, au museau étroit différencié en cisailles. On pense que ces curieux reptiles se nourrissaient de végétaux très coriaces.

Les éosuchiens différencient au crétacé le curieux groupe des champsosaures. C'étaient d'assez grands reptiles (2 à 3 m), nageurs, piscivores, vivant dans les eaux douces, au museau très allongé à la manière des gavials. Pour des raisons inconnues, ils franchissent sans encombre la « grande extinction » de la fin du crétacé et persistent au début du tertiaire (ou paléocène, 65 MA).

A partir du trias supérieur, certains lépidosauriens se transforment. Une « innovation structurale » dans leur anatomie crânienne leur permet de déglutir des proies de plus en plus grosses. Cette disposition diapside « évoluée » est typique des lépidosauriens « progressifs », qui constituent l'ensemble actuel des squamates, lézards et serpents.

Les lézards, ou sauriens, sont connus dès le trias supérieur (195 MA) avec des formes planeuses *(Icarosaurus)* utilisant comme surface portante une membrane tendue par les côtes. Cette disposition est apparue, par évolution parallèle, dans plusieurs lignées indépendantes de lépidosauriens ; elle se retrouve chez les actuels dragons volants, lézards planeurs de l'Insulinde.

Les serpents, ou ophidiens, dont l'origine est obscure, se différencient au jurassique en poussant à l'extrême les possibilités de déglutition de proies relativement grosses par rapport à leur taille. La réduction des membres, déjà fréquente dans diverses lignées de lézards (orvet, par exemple), est poussée à son terme chez les serpents (apodie), tandis que de multiples adaptations osseuses, musculo-ligamentaires et nerveuses leur permettent d'utiliser la reptation efficacement dans les milieux les plus variés (arboricole, souterrain, aquatique...). Certains d'entre eux différencient en outre une fonction venimeuse dont il est possible d'étudier en détail les diverses modalités, depuis l'existence d'une simple toxicité de la salive jusqu'aux systèmes perfectionnés d'injection sous pression de venins hautement toxiques, au moyen d'un appareil inoculateur spécialisé.

Les archosauriens

Un deuxième groupe de diapsides, à l'évolution plus spectaculaire, est celui des archosauriens. Les archosaures, souvent de grande taille, différencient au secondaire les célèbres lignées des dinosaures et des ptérosaures (ou reptiles volants). Les archosaures ne sont plus représentés dans la nature actuelle que par le petit groupe des crocodiliens, mais aussi, sous une forme très modifiée, par les oiseaux (voir pages suivantes).

Les dinosaures n'étaient pas des monstres

Particulièrement spectaculaires avec leur taille impressionnante et leurs formes étranges, les dinosaures se sont massivement répandus à l'ère secondaire et ont dominé la faune terrestre pendant plus de 100 millions d'années.

Les dinosaures représentent une lignée des archosauriens, reptiles diapsides (voir chapitre précédent). Les archosauriens sont caractérisés par des fosses temporales et des ouvertures supplémentaires (ménageant des «fenêtres» entre les os, en avant des orbites et à la mandibule). Les membres marcheurs des tétrapodes que nous avons passés en revue jusqu'ici sont transversaux; leur abdomen est peu relevé par rapport au sol, leur démarche ondulante et «rampante» (d'où le terme de reptiles), le polygone de sustentation est large, favorisant la stabilité et fréquemment, les membres régressent (apodie) ou se transforment en organes natatoires.

Chez les archosauriens évolués, au contraire, les pattes se redressent, genoux et coudes se rapprochent du plan de symétrie bila-

téral, l'abdomen s'éloigne du sol et l'animal se dresse sur ses pattes, avec un polygone de sustentation étroit. Les pattes fonctionnent comme des bielles se déplaçant dans des plans parallèles au plan de symétrie bilatéral. Cette disposition permet une locomotion rapide, éventuellement bipède. Le poids du corps, efficacement supporté par-dessous (et non plus par les côtés), peut augmenter. On distingue classiquement deux lignées de dinosaures :
- les sauripelviens, ou saurischiens, qui ont un bassin « reptilien » où le pubis est dirigé vers l'avant et le bas ;
- les avipelviens, ou ornithischiens : les dinosaures à « bassin d'oiseaux », qui ont le pubis dirigé vers l'arrière et le bas.

LES SAURIPELVIENS SONT SURTOUT DES CARNIVORES

Les sauripelviens sont pour la plupart des carnivores. Au trias supérieur (200 MA [millions d'années]), ils sont représentés par des formes bipèdes, graciles, coureuses, les cœlurosauriens. Les cœlurosaures évoluent pendant tout le mésozoïque (ère secondaire) et sont à l'origine des curieux dinosaures coureurs, agiles et élancés, les ornithomimides du crétacé. Une autre lignée de sauripelviens se différencie, sans doute à partir des cœlurosaures, à la fin du trias : les carnosauriens, grands prédateurs bipèdes au cou court, aux membres antérieurs parfois très réduits. Au crétacé supérieur (80 MA), ce type adaptatif culmine avec le célèbre *Tyrannosaurus*, bipède de 6 m de haut et de 15 de long, dont le crâne atteint plus de 1 m de long.

⇦ ***Tyrannosaurus,*** dinosaure du crétacé supérieur (80 millions d'années), fut, avec ses 15 m de long et ses 6 m de haut, le plus puissant prédateur terrestre. Il appartient au groupe des dinosaures sauripelviens apparus il y a 200 millions d'années (trias supérieur). Son crâne atteint plus de 1 m de long.

⇧ **Photographié sur le lieu même de sa découverte,** au Maroc, ce gigantesque fémur appartient à *Cetiosaurus,* un dinosaure herbivore du groupe des sauropodes, qui étaient les plus grands animaux terrestres ; ils étaient cependant moins gigantesques que les mammifères marins du type baleine.

Les archosauriens primitifs

Ils sont regroupés dans l'ordre des thécodontes, groupe systématique paraphylétique. Les premiers apparaissent dès le permien supérieur (230 MA) ; c'étaient les protérosuchiens, gros carnivores amphibies, massifs, aux membres encore transversaux, surtout connus du trias inférieur. Plusieurs lignées s'en détachent pendant le trias. Certaines conservent des membres transversaux, souvent des plaques osseuses dans la peau et un mode de vie de carnivores ; ils sont soit terrestres, soit palustres. L'ordre des crocodiliens s'individualise au sein de cet ensemble.

Les crocodiliens

Au trias, les protosuchiens étaient de petits crocodiliens terrestres primitifs aux membres allongés. Les crocodiliens réalisent ensuite un stade structural plus avancé, dit mésosuchien, qui regroupe la plupart des crocodiles de l'ère secondaire. Beaucoup d'entre eux se spécialisent dans la vie aquatique : les thalattosuchiens étaient des prédateurs en milieu marin, aux pattes plus ou moins transformées en nageoires. Au crétacé apparaissent les eusuchiens (crocodiles « modernes »), qui persistent sans grands changements pendant tout le tertiaire et jusqu'à nos jours.

De façon récurrente au cours de leur histoire, les crocodiliens réalisent des adaptations variées qui se manifestent clairement dans la forme du crâne et des dents. Les espèces à museau court, à dents globuleuses sont adaptées à des proies dures. Celles à museau haut, étroit, à dents comprimées et tranchantes sont des prédateurs plutôt terrestres. Les formes à museau très allongé et à dents cylindro-coniques sont des mangeurs de poissons. Celles à crâne aplati, à museau modéré, ont un régime « opportuniste ».

La position des narines internes (choanes) des crocodiliens évolue de manière intéressante. Situées d'abord très en avant sur le palais chez les crocodiliens du trias, les choanes reculent chez les mésosuchiens et atteignent une position très reculée, à l'entrée de la gorge, chez les eusuchiens. Corrélativement se différencie un palais secondaire qui, séparant la bouche des conduits respiratoires, est très favorable à des animaux amphibies, leur permettant de respirer en surface la gueule ouverte dans l'eau.

Les phytosaures, ou parasuchiens, à l'aspect et aux mœurs de grands crocodiles, constituent une lignée tout à fait indépendante, avec une disposition très différente des narines. Ils s'éteignent au trias supérieur.

D'autres thécodontes s'engagent dans des voies évolutives très différentes des précédentes. Dès le trias inférieur, *Euparkeria*, petit animal aux membres redressés, bipède, préfigure les pseudosuchiens, dont certains sont probablement à l'origine, au trias moyen, du type structural dinosaure, qui ne diffère, au départ, des thécodontes évolués que par la cavité où se loge la tête du fémur dans le bassin et qui est désormais perforée.

Des sauripelviens mal connus

Tout un ensemble encore mal connu du trias supérieur (200 MA) était caractérisé, contrairement aux précédents, par un ilion (os le plus dorsal du bassin) court, par une bipédie incomplète et un régime alimentaire variable, carnivore pour certaines formes, omnivore ou végétarien pour d'autres. De cet ensemble s'individualisent les prosauropodes (comme *Plateosaurus*), dont certains, franchement quadrupèdes, évoluent en animaux végétariens de très grande taille, les sauropodes. Connus à partir du jurassique inférieur (190 MA), ils ont suscité beaucoup de curiosité, avec leur tronc puissant soutenu par quatre énormes pattes (comme chez l'éléphant), leur cou immense et mobile terminé par une tête allégée, relativement minuscule, et leur longue queue en fouet. On signale des fémurs de 2 m de long, des animaux d'une hauteur de 4 m du pied à l'épaule, avec un corps de plus de 25 m de long. On pense que les plus grands spécimens, les brachiosauridés du jurassique supérieur (150 MA), ont dû peser 80 t, mais cette estimation est sans doute exagérée.

Comment vivaient ces animaux ? De quoi se nourrissaient-ils, quels étaient leur métabolisme et leur longévité ? Ces sujets donnent lieu depuis dix ans à d'actives recherches, riches en controverses.

LES AVIPELVIENS SONT VÉGÉTARIENS

L'autre grande lignée de dinosaures, les avipelviens, ou ornithischiens, regroupe exclusivement des végétariens. Sans doute issus de saurischiens très primitifs, les ornithischiens sont connus du trias supérieur (200 MA) par des formes bipèdes de petite taille, encore primitives, telles que *Fabrosaurus*. A partir de ces formes du trias, les hypsilophodontes vont persister pendant tout le reste du mésozoïque (ère secondaire) et sont probablement à l'origine des grands herbivores bipèdes (ou partiellement quadrupèdes) du crétacé, les ornithopodes, dont fait partie l'iguanodon. Pourvus de dents très nombreuses, fonctionnant simultanément et constituant une surface dentaire efficace pour dilacérer la nourriture végétale, les ornithopodes culminent au crétacé supérieur avec des formes très variées, dont certaines, comme *Parasaurolophus*, possèdent sur la tête d'étranges expansions osseuses.

D'autres lignées d'avipelviens deviennent quadrupèdes. C'est le cas des stégosaures, surtout connus au jurassique supérieur et remarquables par leur très petite tête et par deux rangées de plaques osseuses érigées sur le dos, qui pourraient avoir eu une fonction thermorégulatrice. Au crétacé, les ankylosaures, véritables tanks vivants, étaient des quadrupèdes lourds et massifs revêtus de nombreuses plaques osseuses, et parfois pourvus d'une véritable massue ossifiée au bout de la queue.

LA GRANDE EXPANSION DES DINOSAURES

La plupart des groupes de dinosaures ont eu une répartition géographique pratiquement mondiale au jurassique (204-130 MA) et au crétacé (130-65 MA) ; toutefois, les cératopsiens du crétacé supérieur ne sont connus qu'en Asie et en Amérique du Nord. On suppose que la fragmentation des continents intervenue au crétacé (voir p. 268-269) a empêché ce groupe, trop tardivement différencié, de se répartir mondialement. A partir d'ancêtres bipèdes, les cératopsiens deviennent des quadrupèdes d'allure massive, au cou protégé par une collerette osseuse portée par la nuque. Les dents, nombreuses, s'organisent en batteries broyeuses. A partir d'espèces de petite taille, comme *Protoceratops*, les cératopsiens évoluent rapidement en une multitude d'espèces moyennes ou grandes, comme le tricératops du crétacé supérieur, d'une longueur de 7 à 8 m et à la silhouette de rhinocéros.

Le monde des dinosaures s'étend environ sur 130 MA, pendant tout le jurassique et le crétacé. Les divers types de dinosaures semblent, par leur puissance individuelle, leur nombre et leur diversité, dominer les écosystèmes terrestres du secondaire, remplissant une multitude d'importantes niches écologiques. Les causes de leur disparition ont donc suscité un intérêt exceptionnel. Avant d'envisager ce qu'il en est, il convient de situer l'évolution d'une dernière grande radiation archo-saurienne du secondaire, celle des ptérosaures ou reptiles volants.

LES REPTILES VOLANTS

Connus à partir du trias supérieur, on pense habituellement, faute d'arguments matériels suffisants, qu'ils dérivent de certains thécodontes pseudosuchiens. Leur principale particularité est l'existence d'ailes, constituées par une membrane portée par les phalanges extraordinairement développées du quatrième doigt. Le squelette est allégé, gracile, la tête relativement grande.

Les types primitifs de ptérosaures, comme *Dimorphodon* du jurassique, avaient une queue très allongée, jouant sans doute un rôle important dans la stabilisation du vol. Au jurassique supérieur et au crétacé se développent les ptérodactyles, plus évolués, à la queue très réduite. Il existait des espèces à vol battu de la taille d'un moineau, d'autres, tel *Pteranodon*, étaient des «voiliers» de 7 à 8 m d'envergure et pesant plus de 20 kg. Les plus grands ptérosaures, récemment découverts dans le crétacé supérieur, tel *Titanopteryx*, ressemblaient à de véritables «ailes volantes vivantes» de 13 m d'envergure.

La comparaison avec les chauves-souris (mammifère chiroptère dont l'aile est également membraneuse) a longtemps influencé la reconstitution des ptérosaures. C'est pourquoi on incorporait les pattes postérieures à la membrane alaire, ce qui rendait difficile la compréhension de leur locomotion sur le sol. Des études récentes suggèrent que les ptérosaures avaient des ailes étroites, à grand allongement, aérodynamiquement efficaces. Les membres postérieurs, non intégrés dans la voilure, devaient pouvoir fonctionner comme ceux des oiseaux actuels et permettre une démarche bipède normale. Les dents des ptérosaures indiquent des régimes alimentaires variés: à base d'insectes, de poissons, mais aussi, peut-être, de «plancton aérien» pour les espèces à dents extraordinairement nombreuses, fines et allongées comme des aiguilles, constituant un véritable peigne, comme chez *Ctenochasma*.

LES DINOSAURES AVAIENT-ILS LE SANG CHAUD?

A bien des égards, dinosaures et ptérosaures apparaissent, par leurs appareils locomoteurs et dentaires, comme les plus «perfectionnés» des reptiles, ce qui suggère qu'ils possédaient peut-être certaines caractéristiques biologiques différentes de celles des reptiles actuels, et, dans un certain sens, plus évoluées.

Dès la fin du XIXe siècle, Seeley, analysant les nécessités métaboliques du vol battu, considérait que les ptérosaures devaient être des animaux à sang chaud (ou endothermes) plus comparables, physiologiquement, à des oiseaux qu'à des crocodiles ou des tortues (ectothermes). Plus récemment, des idées comparables ont été émises à propos des dinosaures.

Pour les grands individus adultes, il paraît clair que leur volume corporel était tel que leur température interne devait rester assez constante d'un jour sur l'autre, par inertie thermique (homéothermie de masse). On a même suggéré que ptérosaures et dinosaures étaient de véritables endothermes, capables, comme les oiseaux et mammifères actuels, de produire

Les grandes extinctions

Une fois différenciées, les espèces animales et végétales persistent en général pendant de longues durées (plusieurs millions d'années), puis finissent par disparaître. Ceci ne signifie pas nécessairement qu'il y ait eu extinction.

VRAIE ET FAUSSE EXTINCTION

Une espèce a pu se transformer lentement et progressivement en une autre espèce (anagenèse), ou se subdiviser en deux ou plusieurs espèces filles différentes (cladogenèse). Dans un cas comme dans l'autre, la lignée continue et l'on a affaire à une pseudo-extinction. Il y a extinction vraie quand une espèce s'éteint sans descendance, ne laissant après elle aucune population vivante issue de sa lignée.

Ces divers phénomènes (anagenèse, cladogenèse, extinction vraie) sont des composantes normales de l'évolution. Elles s'expriment par le taux de renouvellement des espèces au cours du temps. Des espèces apparaissent, d'autres disparaissent, et ceci en plus ou moins grand nombre selon les époques, ce qui implique des taux de renouvellement variés.

A certaines époques de l'histoire de la Terre, les extinctions vraies augmentent mondialement de façon remarquable. Des faunes entières sont décimées ou anéanties, diminuant, pour un temps, et dans des proportions variées, la diversité du monde vivant, aussi bien dans les domaines marins que sur les continents.

On a calculé qu'à la fin du permien presque 90 p. 100 des espèces d'invertébrés marins à coquille se sont éteintes! De telles extinctions catastrophiques ont eu lieu aussi au cambrien supérieur, au dévonien, au trias supérieur, et bien entendu à la fin du crétacé, période qui connut la plus célèbre des extinctions avec la disparition des dinosaures et des ptérosaures. Il est important de remarquer que les limites entre les grandes ères ou étages géologiques correspondent souvent (mais pas toujours) à des périodes de grandes extinctions biologiques.

Quelles peuvent être les causes de ces exceptionnelles flambées d'extinctions à certaines époques?

Parmi les explications proposées, certaines envisagent des catastrophes ou des cataclysmes d'une ampleur planétaire, voire cosmique, impliquant des extinctions instantanées à l'échelle des temps géologiques. D'autres suggèrent des causes beaucoup plus graduelles, de telle sorte qu'une extinction qui, avec le recul du temps, nous apparaît comme «instantanée» pourrait en fait s'être prolongée sur des millénaires, voire des millions d'années! Le problème — capital — de la mesure de la durée réelle des grandes extinctions est encore non résolu.

LES CAUSES GÉOLOGIQUES

Le fait que beaucoup de grandes extinctions biologiques coïncident avec les grandes limites stratigra-

Brontosaurus *est un sauropode végétarien du jurassique supérieur (190 millions d'années).*

beaucoup de chaleur corporelle par l'intensité de leur métabolisme, d'où une température interne élevée et constante, et une grande activité.

Dans la nature actuelle, les endothermes (oiseaux et mammifères) ont un métabolisme à peu près dix fois plus élevé que les ectothermes (amphibiens et reptiles). Tandis qu'un ectotherme peut jeûner très longtemps et consommer peu d'oxygène (vie ralentie en estivation ou hibernation), un endotherme typique brûle ses aliments très vite, produit beaucoup de chaleur, mais la grande activité comportementale qui en découle lui permet de rechercher dans son environnement, et de consommer, le surcroît considérable de nourriture indispensable à l'entretien de son métabolisme dévorant. Si l'endotherme peut, comme on l'a dit, «dîner aux dépens de son cousin ectotherme froid et torpide», il aura, tout compte fait, relativement moins d'énergie que ce dernier à investir dans sa croissance ou sa reproduction... Les animaux à sang chaud ne sont pas supérieurs aux animaux à sang froid: ils sont physiologiquement plus complexes et fonctionnent autrement, pouvant occuper des niches écologiques inaccessibles aux ectothermes.

A l'heure actuelle, beaucoup d'arguments permettent de penser qu'entre endothermes et ectothermes «typiques» (définis par l'étude des vertébrés vivant actuellement), les dinosaures et les ptérosaures avaient peut-être développé une stratégie intermédiaire, dont il n'y a plus d'exemples aujourd'hui. Avec des taux métaboliques un peu plus élevés que ceux des reptiles actuels, et compte tenu, pour les grands dinosaures, de l'inertie thermique, ils auraient pratiquement bénéficié de tous les avantages de l'endothermie, sans avoir à payer le prix métabolique très élevé de l'endothermie «avancée» des mammifères et des oiseaux actuels.

La structure microscopique de leurs os démontre que les dinosaures étaient capables de grandir aussi vite que les grands mammifères actuels, et beaucoup plus vite que n'importe quel reptile actuel: caractéristique nécessaire, semble-t-il, pour permettre à ces grands animaux d'atteindre leur taille adulte avec une longévité raisonnable. Mais une telle croissance implique-t-elle un certain degré d'endothermie ou non? Divers travaux expérimentaux tentent, à l'heure actuelle, de répondre à cette question.

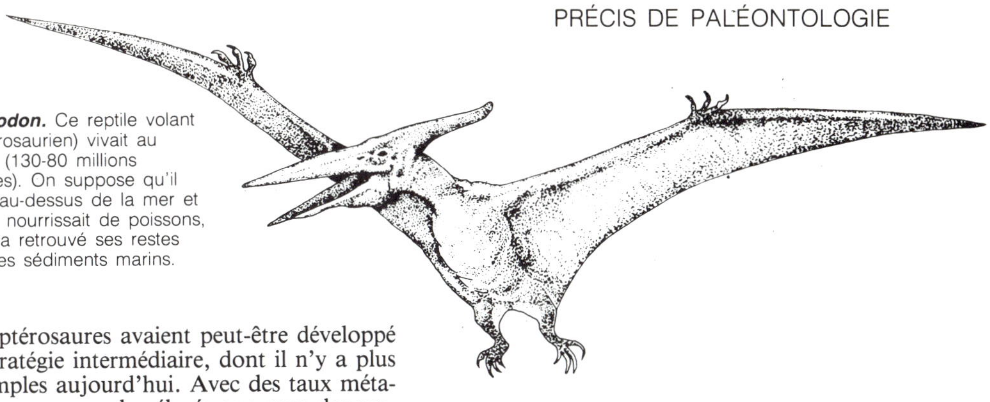

Pteranodon. Ce reptile volant (ou ptérosaurien) vivait au crétacé (130-80 millions d'années). On suppose qu'il planait au-dessus de la mer et qu'il se nourrissait de poissons, car on a retrouvé ses restes dans des sédiments marins.

SONT-ILS DES MONSTRES?

Les dinosaures sont souvent présentés auprès du grand public comme des «monstres» stupides, disproportionnés, avec toutes les connotations péjoratives que ce terme comporte «et d'ailleurs, ils se sont éteints!» En fait, les dinosaures ont dominé sans partage les écosystèmes terrestres pendant plus de 100 millions d'années, ce qui n'est pas un mince succès évolutif! Plus on étudie en détail leur structure, plus on est conscient des remarquables adaptations incorporées dans l'anatomie de ces animaux au cours de l'évolution. Loin d'être des monstres, les dinosaures furent des animaux extraordinairement réussis, qui devraient mériter et susciter bien davantage l'admiration que la moquerie.

phiques suggère l'existence de corrélations entre causes géologiques et extinctions biologiques.

Les transgressions marines apparaissent en général comme favorables à la diversification des groupes biologiques; les grandes régressions marines, au contraire, semblent liées à des extinctions plus ou moins massives. L. Ginsburg pense que l'extinction de la fin du crétacé est surtout liée à une grande régression marine, provoquant un climat plus continental, limitant énormément la surface des mers épicontinentales chaudes et peu profondes (où la productivité biologique est maximale) et se combinant, du fait de la dérive des continents, avec l'apparition de saisons de plus en plus tranchées.

D'autres explications du même type voient dans la fragmentation des aires continentales (ou dans leur réunion), ou encore dans les époques d'orogenèses actives (formation de chaînes de montagnes) des causes essentielles (ou adjuvantes) des grandes extinctions. Toutes ces explications ont le mérite de faire appel à des faits connus, non hypothétiques. Mais beaucoup de chercheurs les jugent insuffisantes, car elles ne rendent compte des faits que cas par cas, sans être vraiment généralisables.

LES CAUSES COSMOLOGIQUES

On tente actuellement de mettre statistiquement en évidence, dans le retour des grandes extinctions, des périodicités (de l'ordre de 20 à 30 millions d'années) qui suggéreraient une cause cosmologique: par exemple, passage périodique du système solaire dans des bras «poussiéreux» de la galaxie, inversion ou annihilation du champ magnétique terrestre, explosion d'une supernova, bombardement de la terre par des astéroïdes, etc.

Malgré leur caractère séduisant, beaucoup de ces «explications» ne résistent pas à une analyse détaillée. Il n'est même pas certain, par exemple que l'enrichissement des sédiments en iridium — donné comme «preuve» de l'impact de comètes ou de météorites à la limite du crétacé et du tertiaire — ait une origine extraterrestre, et coïncide bien avec les extinctions. Il n'en est pas moins vrai que l'engouement actuel suscité par de telles hypothèses conduit à la réalisation de travaux de recherches importants et fructueux en cosmologie comme en biostratigraphie ou en géochimie.

LES CONSÉQUENCES BIOLOGIQUES

Faisant disparaître des faunes et des flores variées, voire des groupes zoologiques entiers, la conséquence la plus immédiate des extinctions est un appauvrissement du monde vivant, avec la perte de sa diversité. Toutefois, les grandes extinctions produisent de nouvelles et remarquables «opportunités» pour l'évolution. Les espèces survivantes évoluent dans des écosystèmes appauvris, simplifiés, où abondent une multitude de niches écologiques inoccupées, et elles ne tardent pas, en général, à différencier de nouvelles espèces, et même de nouveaux types structuraux qui vont saisir l'occasion de coloniser les régions vides de l'espace écologique, différenciant ainsi des types adaptatifs nouveaux qui vont remplacer dans leurs rôles écologiques les espèces frappées d'extinction. Un exemple particulièrement net est l'explosion évolutive des mammifères et des grands oiseaux terrestres au début de l'ère tertiaire, qui occupèrent les niches écologiques laissées vacantes du fait de l'extinction des dinosaures. Ainsi, malgré une apparence essentiellement négative, destructive, les grandes extinctions ont permis un renouvellement biologique, et l'expression de nouveautés évolutives majeures qui, sans elles, n'auraient sans doute jamais eu l'occasion de se manifester. Elles constituent, paradoxalement, un facteur positif de l'évolution biologique.

L'origine des oiseaux

L'archéoptéryx, qu'on a d'abord pris pour un reptile emplumé, est en fait le plus ancien oiseau connu, vivant au jurassique supérieur (145 millions d'années). Ce fossile exceptionnel a été découvert en 1861 en Bavière.

Dès le XIXe siècle, l'anatomie comparée a mis en évidence de nombreuses affinités structurales entre les reptiles (et plus particulièrement les crocodiliens) et les oiseaux. C'est pourquoi on réunit souvent ces deux classes sous le nom de sauropsidés. Les oiseaux, considérés classiquement comme une classe de vertébrés, regroupent 10 000 espèces vivantes. Leurs os très spécialisés, du fait de l'adaptation au vol, les rapprochent cependant des archosauriens diapsides (voir chapitre précédent). Comme beaucoup de ceux-ci, ils sont bipèdes. Mais la structure de leur crâne est plus évoluée et se présente comme si les deux fosses temporales, supérieure et inférieure, avaient fusionné, du fait de la disparition de la barre osseuse existant chez les diapsides reptiliens typiques.

UN CHAÎNON MANQUANT

La découverte en 1861 d'un fossile extraordinaire dans le jurassique supérieur (145 MA [millions d'années]) de Bavière, en plein débat transformiste autour de *l'Origine des espèces* de Charles Darwin, publié en 1859, est venue dynamiser l'étude de l'origine des oiseaux.

Ce fossile, l'archéoptéryx, connu maintenant à cinq exemplaires, est caractérisé par une forme reptilienne des os associée à l'existence de plumes. De la taille d'un pigeon, cet animal apparaît au premier abord comme un parfait exemple de chaînon manquant, représentant la transition entre deux grands groupes de vertébrés: les reptiles et les oiseaux.

Pourtant l'interprétation de l'archéoptéryx et celle de l'origine des oiseaux a suscité une multitude de controverses se ramenant à deux séries de considérations:

- la première est d'ordre phylogénétique. Quelles sont les relations de parenté évolutives précises de l'archéoptéryx *(Archaeopteryx)* avec tel ou tel groupe de reptiles (considérés comme ancêtres directs) d'une part et avec les oiseaux «typiques» plus récents d'autre part?
- la seconde est d'ordre fonctionnel. Elle touche au problème de l'origine du vol des oiseaux (vol plané ou vol battu?), corrélativement à celui de l'origine des plumes (fonction d'abord thermorégulatrice ou aérodynamique?), du milieu de vie d'*Archaeopteryx* et de ses devanciers immédiats (terrestres ou arboricoles?), de l'évolution du métabolisme et de la physiologie thermique (ecto- ou endothermie?) lors de la transition entre archosaures reptiliens et oiseaux primitifs.

LA CARTE D'IDENTITÉ DE L'ARCHÉOPTÉRYX

L'archéoptéryx est un animal bipède au squelette gracile. Le crâne, imparfaitement connu, possède des mâchoires dentées. La colonne vertébrale, allongée, se termine par une longue queue. Les bras, bien développés, portent des mains à trois doigts, allongés, griffus. Le sternum est peu développé. Ce fossile possède deux caractères typiques des oiseaux, à savoir la «fourchette» correspondant à la soudure des clavicules de la ceinture scapulaire et la présence de plumes tout à fait identiques à celles des oiseaux volants actuels.

Comment intégrer ce «cocktail» de caractères reptiliens et aviens? Pour certains, *Archaeopteryx* est un simple reptile emplumé qui n'a rien à voir avec les oiseaux. Pour

Archaeopteryx. On connaît seulement cinq spécimens de cet oiseau primitif. Si les plumes ont déjà leur structure typique, le squelette demeure très proche de celui d'un petit dinosaure bipède et coureur du groupe des cœlurosauriens dont on pense qu'ils sont à l'origine des oiseaux.

d'autres, en particulier les cladistes, *Archaeopteryx,* parce qu'il possède la structure décisive caractérisant les oiseaux (la plume), apparaît comme le plus primitif d'entre eux. C'est, l'opinion généralement admise à l'heure actuelle.

D'OÙ VIENNENT LES OISEAUX

Si l'on admet, avec la plupart des spécialistes, qu'*Archaeopteryx,* bien qu'étant très primitif, est incontestablement un oiseau, il se pose alors le problème de ses origines, et par extension de celle des oiseaux en général.

Deux interprétations se partagent la faveur des chercheurs.

Pour les uns, la lignée conduisant à l'archéoptéryx s'individualise très tôt, dès le trias (220 MA), à partir de certains thécodontes (reptiles archosauriens primitifs). Cette conception fait valoir que tous les archosauriens post-triasique (dinosaures, crocodiles, ptérosaures) sont trop spécialisés pour être à l'origine des oiseaux. Un thécodonte mal connu du trias inférieur, *Longisquama,* posséderait déjà une fourchette comme les oiseaux et des écailles très allongées, que l'on pourrait prendre pour des «protoplumes» encore très primitives. Un reptile du trias supérieur, récemment découvert, *Megalanchosaurus,* serait un petit thécodonte arboricole pré-avien.

Pour d'autres chercheurs, comme le paléontogue américain J. Ostrom, l'origine ultime de tout archosaurien post-triasique (à partir de 204 MA) se ramène nécessairement au groupe souche des thécodontes. Il est donc plus intéressant de rechercher quel serait, parmi les archosaures, le groupe frère des oiseaux. Des analyses cladistiques portant sur un nombre sans cesse croissant de caractères semblent démontrer que les dinosaures cœlurosauriens (bipèdes carnivores coureurs) sont très proches phylétiquement de l'archéoptéryx. Les ressemblances ostéologiques sont si nombreuses et détaillées que l'on a écrit: «Si *Archaeopteryx* n'avait pas été pourvu d'empreintes de plumes, il aurait été classé sans hésitation parmi les dinosaures cœlurosauriens.» Selon ce schéma évolutif, *Archaeopteryx* dériverait d'un très petit cœlurosaurien du jurassique moyen (170 MA).

Mentionnons une opinion récente très hétérodoxe. Certains chercheurs ont considéré que l'endothermie (sang chaud) des oiseaux et des mammifères est une apomorphie (caractère dérivé partagé, issu d'un ancêtre commun exclusif et prouvant de ce fait une proche parenté) et non une convergence. Ils récusent donc toute relation de proche parenté entre oiseaux et crocodiliens, dinosaures, thécodontes, et considèrent que les oiseaux sont phylétiquement très proches des mammifères.

Quoi qu'il en soit de cette intéressante et révolutionnaire hypothèse, la plupart des spécialistes semblent considérer que les oiseaux «descendent» ou «dérivent» de certains dinosaures: les cœlurosauriens.

L'ORIGINE DU VOL DES OISEAUX

De nombreux scénarios évolutifs ont été proposés pour expliquer l'origine du vol des oiseaux; il s'en dégage deux grandes catégories (des arbres vers le sol et du sol vers les arbres). Dans tous les cas, on évite de faire appel à des transformations brutales et radicales des organismes, peu compatibles avec les leçons de la génétique sur les mécanismes possibles de l'évolution. On envisage plutôt une suite d'étapes micro-évolutives successives, chacune rendant possible la suivante, et suscitée et contrôlée par la sélection naturelle. De tels scénarios sont dits gradualistes.

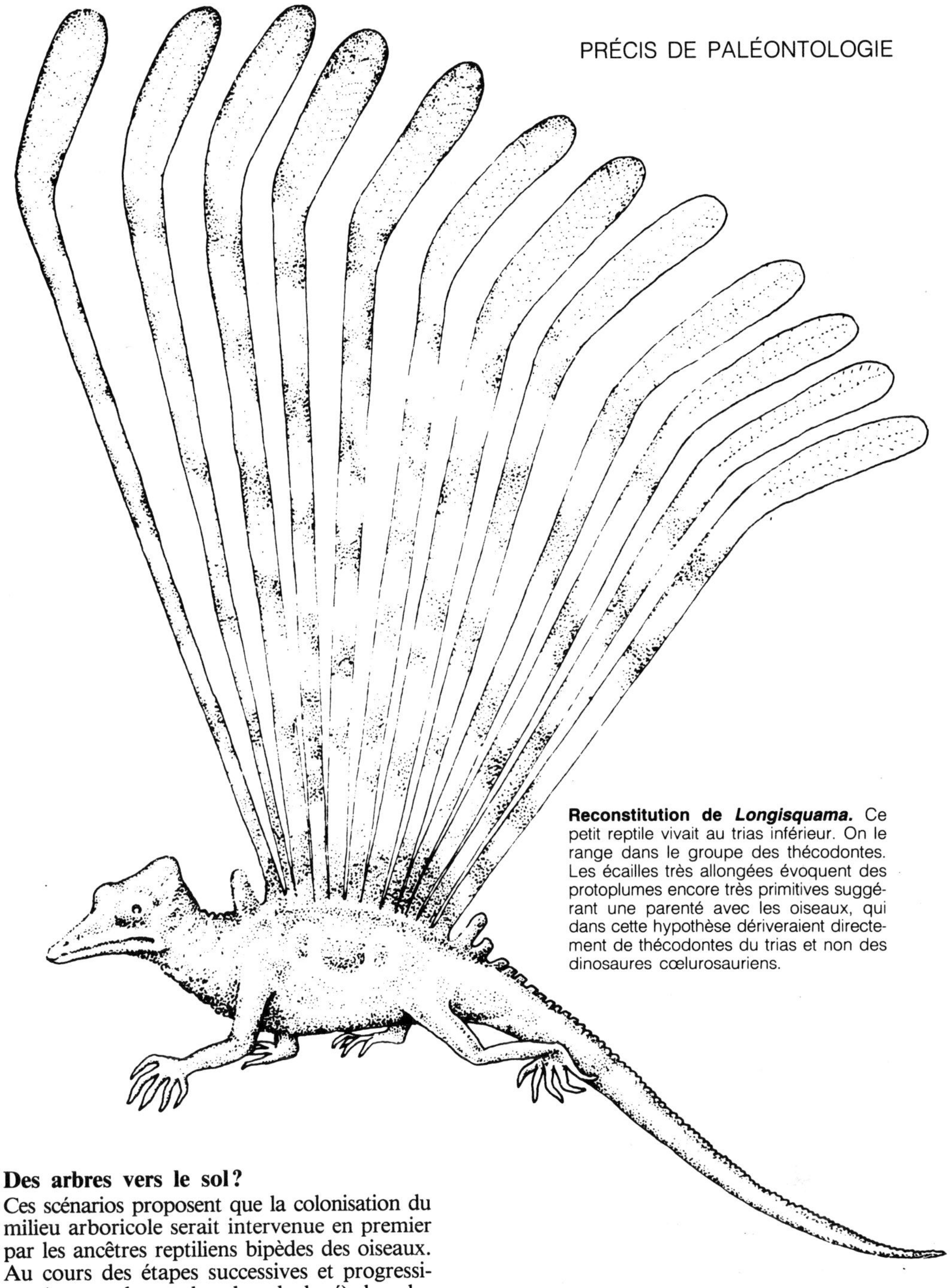

Reconstitution de *Longisquama.* Ce petit reptile vivait au trias inférieur. On le range dans le groupe des thécodontes. Les écailles très allongées évoquent des protoplumes encore très primitives suggérant une parenté avec les oiseaux, qui dans cette hypothèse dériveraient directement de thécodontes du trias et non des dinosaures cœlurosauriens.

Des arbres vers le sol?

Ces scénarios proposent que la colonisation du milieu arboricole serait intervenue en premier par les ancêtres reptiliens bipèdes des oiseaux. Au cours des étapes successives et progressives (saut, vol parachutal, vol plané), les plumes se seraient développées comme organes aérodynamiques. L'endothermie (sang chaud) ne serait apparue que tardivement grâce à la fonction de calorifugation des plumes, et le vol battu (peu praticable jusque-là pour des raisons métaboliques) aurait pu se développer. Dans ces scénarios, l'archéoptéryx représente une étape tardive, au début du vol battu.

Du sol vers les arbres?

Moins bien accueillis que les précédents, car ils ne semblent pas lier origine du vol et utilisation de la force de gravité, ces scénarios postulent qu'à partir d'ancêtres terrestres déjà endothermes les plumes et les fonctions de calorifugation, de prédation et d'équilibrage se seraient développées simultanément, avec la différenciation des plumes, rendant d'emblée possible le vol battu.

Les combinaisons variées entre les opinions diverses sur la phylogénie, les scénarios évolutifs et les mécanismes de l'évolution ont suscité, autour de l'archéoptéryx et de l'origine des oiseaux, de multiples interprétations. Mais il semble que l'opinion majoritaire soit à l'heure actuelle d'attribuer une origine cœlurosaurienne aux oiseaux dans le cadre d'un scénario où leurs ancêtres étaient arboricoles.

L'ÉVOLUTION DES OISEAUX

Au crétacé supérieur (70 MA), on connaît quelques oiseaux, dont *Ichthyornis* et *Hesperornis,* qui possèdent encore des mandibules dentées. Au début du tertiaire (65 MA), certaines des niches écologiques laissées vacantes par l'extinction des dinosaures sont temporairement occupées par des oiseaux marcheurs de grande taille qui ne semblent pas s'être maintenus longtemps face à la concurrence des mammifères, sauf en Amérique du Sud. Se mettent alors en place les divers grands types d'oiseaux volants modernes, les carinates, possédant une différenciation du sternum, le bréchet, qui augmente la surface d'insertion des muscles favorisant le vol. Ils diffèrent profondément des ratites, grands oiseaux coureurs incapables de voler, comme l'autruche ou le moa subfossile de Nouvelle-Zélande, dont on a pensé qu'ils avaient une origine distincte, parmi les reptiles du jurassique, de celle des vrais oiseaux. Cette opinion n'est plus valable, et l'on considère que les ratites dérivent d'oiseaux volants (carinates) primitifs et ont perdu leur aptitude au vol.

ARMAND DE RICQLÈS

CHAPITRE 22

L'origine des mammifères

Le monde des reptiles mammaliens

Les reptiles synapsides comprennent d'abord les pélycosaures, puis les thérapsides, qui sont les « reptiles mammaliens » représentant la transition vers les véritables mammifères.
Les reptiles mammaliens ont dominé les écosystèmes terrestres pendant 35 millions d'années, du permien moyen au trias moyen (255-220 MA).

Une lignée de reptiles très primitifs, les synapsides (voir chapitre 21, p. 252), s'individualise dès le carbonifère supérieur (290 MA [millions d'années]). Ils sont caractérisés par une fosse temporale unique, en position basse. Celle-ci se retrouve chez l'homme dans la région des tempes.

Les premiers synapsides sont de petits prédateurs sans doute insectivores, comme *Protoclepsydrops* du carbonifère supérieur. Leurs descendants, de très puissants reptiles mesurant de 1 à 3 m de long, jouent un rôle dominant dans les écosystèmes palustres au permien inférieur (270 MA). Certains, franchement amphibies, comme *Ophiacodon*, devaient se nourrir de poissons. D'autres, plus terrestres et végétariens, présentent de nombreuses dents broyeuses, comme *Edaphosaurus*. Les sphénacodontes, eux, sont de redoutables prédateurs carnivores, ainsi *Dimetrodon*.

TRANSFORMATIONS ANATOMIQUES

Les dents des synapsides commencent à se différencier les unes des autres par la taille mais, pour l'essentiel, l'anatomie de ces reptiles demeure typiquement reptilienne, avec des membres transversaux, des choanes (narines internes) situées antérieurement dans le palais, une petite cavité neurocrânienne.

Dimetrodon comme *Edaphosaurus* ont une apparence très particulière : leurs vertèbres différencient dorsalement d'immenses épines osseuses sans doute recouvertes par une membrane vascularisée. On s'accorde à considérer qu'il s'agit là d'une première ébauche de thermorégulation dans cette lignée de vertébrés où se développera ultérieurement l'endothermie.

LES PÉLYCOSAURES

Tous les synapsides primitifs sont réunis dans le groupe (ou ordre) des pélycosaures, qui constituent le stock de base ou la radiation initiale des synapsides. Il s'agit manifestement d'un ensemble paraphylétique, défini seulement par des caractères généralisés ou primitifs (plésiomorphes). Parmi les pélycosaures, seules les formes proches de *Dimetrodon* (mais à épines neurales courtes) sont à l'origine des synapsides ultérieurs, plus évolués. Les pélycosaures sont surtout connus dans les gisements d'Amérique du Nord et d'Europe de l'Est, au permien inférieur.

LES REPTILES MAMMALIENS ÉVOLUÉS

Les successeurs des pélycosaures, les thérapsides (ou reptiles mammaliens évolués), ont une répartition beaucoup plus vaste. Ils datent du permien supérieur (240 MA) et furent d'abord découverts dans les couches du Karroo d'Afrique du Sud, où ils abondent, et dans des gisements de la plate-forme russe. Ils constituent traditionnellement un ordre de synapsides. Les éothériodontes, carnivores d'assez grande taille ayant encore de fortes ressemblances avec les pélycosaures sphénacodontes, seraient à l'origine d'une première radiation évolutive des thérapsides, donnant à la fois des carnivores et des herbivores au permien supérieur. On réunit sous le nom de thériodontes les diverses lignées fondamentalement carnivores de thérapsides (titanosuchiens, gorgonopsiens, thérocéphales, bauriamorphes, cynodontes), que l'on oppose à une lignée végétarienne de thérapsides : les anomodontes.

Les thérapsides carnivores

Les titanosuchiens, animaux puissants et très massifs, de grande taille, ont les membres qui commencent à se redresser légèrement. Leurs dents gardent une structure assez simple. De nombreux genres (dont les dinocéphales) présentent un épaississement de certains os crâniens, conformation adaptée sans doute à l'affrontement.

Les gorgonopsiens du permien supérieur, groupe de thérapsides carnivores un peu plus évolués, montrent des adaptations nouvelles. Les membres se redressent, le corps est plus mobile et plus délié, les structures crâniennes se modifient. Certaines dents antérieures constituent de véritables canines très différenciées permettant de « poignarder » les proies. Ils s'éteignent sans descendance à la fin du permien (245 MA).

Les thérocéphales, superficiellement comparables aux précédents, témoignent d'adaptations plus variées. Ils se prolongent au trias avec la lignée des bauriamorphes, plus progressifs et présentant de nombreux caractères mammaliens, comme le palais secondaire. On ne considère plus, toutefois, que cette lignée se situe dans l'ascendance directe des mammifères, mais qu'elle évolue parallèlement à leurs véritables ancêtres.

Les ancêtres des mammifères. Les mammifères dériveraient d'une autre lignée de thérapsides, les cynodontes, connus au permien supérieur et au trias. Il s'agit d'animaux carnivores, de tailles variées, sur lesquels on observe l'apparition progressive de nombreux caractères mammaliens.

La fosse temporale s'agrandit, les os formant le toit du crâne se réduisent en nombre, le palais secondaire se différencie, la paroi du neurocrâne modifie son organisation. Les dents deviennent de plus en plus complexes et se spécialisent, permettant sans doute la mastication. L'os dentaire s'accroît considérablement aux dépens des os postdentaires, qui se réduisent. Certains cynodontes évolués du trias auraient même une double articulation mandibulaire.

Crâne de *Thrinaxodon*. Ce reptile mammalien carnivore du trias inférieur d'Afrique du Sud est un cynodonte. On considère généralement que les cynodontes ont donné naissance aux mammifères. Ils montrent déjà de nombreux caractères mammaliens en voie de réalisation, telle la différenciation des dents et le palais secondaire.

Cette reconstitution de *Dimetrodon*, reptile mammalien très primitif du permien inférieur, montre sa «voile», tendue par les épines vertébrales, qui joue un rôle thermorégulateur.

Les thérapsides herbivores
Sans doute différenciés à partir des dinocéphales du permien, les dicynodontes évoluent au permien supérieur (240 MA) et au trias en donnant une multitude de formes végétariennes pouvant aller de la taille d'un chat à celle d'une vache. Ils montrent, eux aussi, l'acquisition progressive et plus ou moins poussée de structures mammaliennes, comme le palais secondaire.

Certains dicynodontes primitifs étaient pourvus de dents qui progressivement se transforment pour se réduire à une paire de défenses associées à un bec corné, comparable à celui des tortues. Le corps est ramassé («en tonneau»), la tête relativement grosse, la queue courte, les membres transversaux ou semi-érigés. Certains dicynodontes, les lystrosaures, s'adaptent à la vie amphibie; d'autres ont un régime fouisseur. Au trias moyen (210 MA), certains atteignent des poids considérables, comme *Kannemeyeria* (1 t); puis le groupe s'éteint.

Les dicynodontes semblent relayés dans leurs rôles de végétariens par une famille de cynodontes évolués, les gomphodontes, qui présentent une différenciation complexe des dents. A la fin du trias, ce groupe est remplacé par les tritylodontes, dotés de nombreuses caractéristiques anatomiques préfigurant celles des véritables mammifères végétariens.

Problèmes de compétition. Les thérapsides, nombreux et variés, dominent les écosystèmes terrestres du permien supérieur et du trias inférieur. Pourtant, à partir du trias moyen (220 MA), les archosauriens se substituent progressivement aux thérapsides. Cette évolution, assez curieuse compte tenu des «progrès évolutifs» réalisés par les thérapsides en direction d'une structure de plus en plus mammalienne, a été interprétée comme étant l'expression d'une compétition (au sens darwinien) entre deux lignées concurrentes.

Quels purent être, si l'on considère l'environnement pendant le trias (sans doute de plus en plus chaud et sec), les facteurs responsables du succès des archosauriens face aux synapsides?

Aucun des scénarios proposés — qui mettent en jeu les capacités locomotrices, le mode de reproduction, la physiologie thermique et métabolique, le mode d'excrétion des déchets azotés — ne peut rallier l'unanimité des suffrages, car il n'existe pas de test suffisamment décisif pour les mettre à l'épreuve. Toujours est-il qu'au trias supérieur la plupart des thérapsides ont disparu, sauf des cynodontes de petite taille, très évolués, probablement nocturnes et déjà endothermes, qui vont différencier directement les premiers mammifères.

Ainsi, sur les 140 MA séparant les premiers synapsides du carbonifère des premiers mammifères de l'aube du jurassique, la lignée synapside est jalonnée par des transformations anatomiques et physiologiques très considérables, qui ne s'accumulent pas de façon linéaire, mais apparaissent de façon plus ou moins indépendante au sein des divers groupes de reptiles mammaliens, évoluant parallèlement, mais à des rythmes différents et chacun de façon particulière.

VERS UNE DÉFINITION DES MAMMIFÈRES

S'il est facile, comme on va le voir, de définir un mammifère actuel, cela est beaucoup plus difficile si l'on tient compte de toutes les formes fossiles. On a beaucoup discuté pour savoir si un cynodonte évolué est «encore» un reptile ou «déjà» un mammifère. Mais la question a-t-elle un sens? Pour des raisons à la fois pratiques et traditionnelles, on convient

Évolution des reptiles mammaliens

Reptile mammalien primitif:
Dimetrodon (pélycosaure, permien inférieur)

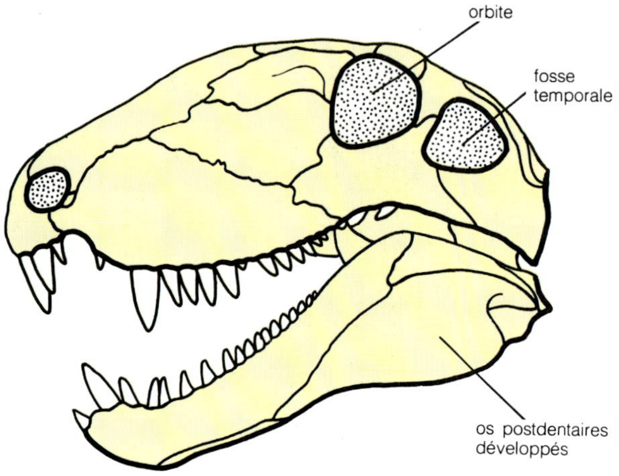

Reptile mammalien évolué:
Cynognathus (cynodonte, trias)

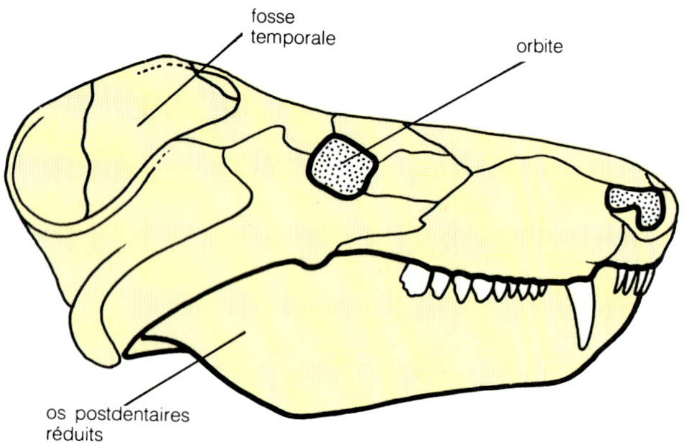

Les crânes ci-dessus permettent de suivre les changements évolutifs dans la lignée des reptiles mammaliens. On remarque le développement de la fosse temporale (pour l'insertion des muscles masticateurs), la réduction des os postdentaires à la mandibule, la différenciation des dents.

Comparaison entre reptiles mammaliens et mammifères

Mandibule et oreille moyenne d'un reptile mammalien:
Bauria (thérapside)

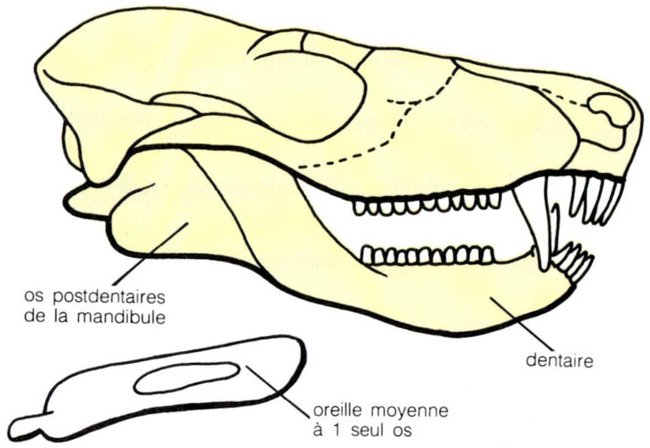

Mandibule et oreille moyenne d'un mammifère:
opossum

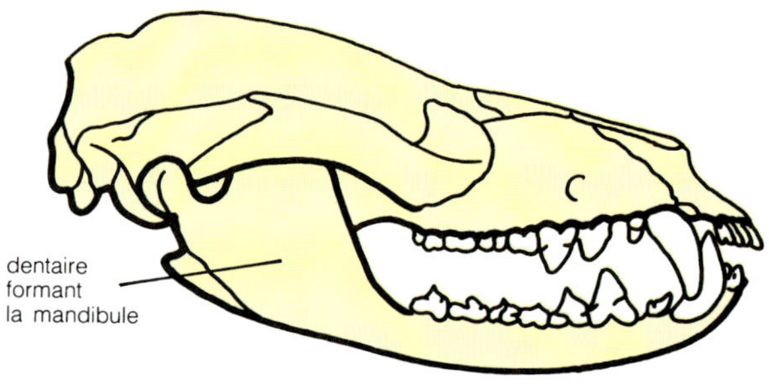

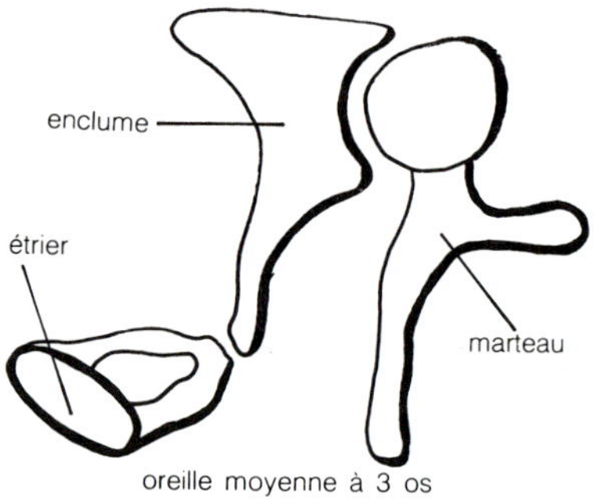

La mandibule de Bauria *(reptile mammalien) est formée de l'os dentaire et de plusieurs os postdentaires, dont l'angulaire et l'articulaire. L'oreille moyenne n'a qu'un os:* le stapes.
La mandibule de l'opossum (mammifère) n'a qu'un os, le dentaire, et l'oreille moyenne trois osselets: le stapes *(étrier), le marteau (articulaire) et l'enclume (carré); la «vieille» articulation de la mandibule des reptiles se retrouve donc dans l'articulation entre marteau et enclume chez les mammifères.*

de ne parler de mammifères que pour les formes à articulation mandibulaire mammalienne, mais cette convention masque le fait évolutif essentiel.

En effet, ce que nous pouvons — rétrospectivement — définir comme étant le stade mammalien s'est réalisé très progressivement chez les reptiles synapsides, et il est donc arbitraire de choisir un seul caractère pour établir une grande coupure systématique au sein de ce qui apparaît d'abord comme un continuum évolutif.

Définir valablement la classe des mammifères n'est possible que si elle représente une unité monophylétique (naturelle) au sein des synapsides, authentifiée par une ou plusieurs apomorphies (caractères dérivés partagés) mammaliennes incontestables et observables chez les fossiles (ceci élimine, par exemple, les glandes lactéales).

Il est possible, mais non démontré, que l'articulation mandibulaire, la structure de l'oreille moyenne, ou celle de l'émail dentaire puissent remplir ce rôle.

LES MAMMIFÈRES ACTUELS

Un grand nombre de caractères anatomiques, physiologiques, comportementaux soulignent l'originalité des mammifères actuels, très différents des autres amniotes (reptiles et oiseaux).

- Le squelette offre de multiples particularités. Dans le crâne, l'emplacement dévolu à l'encéphale (cavité neurocrânienne) est en général beaucoup plus important que chez les autres vertébrés, oiseaux exceptés. Certains os constituant les parois du neurocrâne correspondent à des os qui, chez les reptiles, sont associés au palais.
- Le palais (voûte de la cavité buccale) est très spécial: c'est un «palais secondaire», un peu comme chez les crocodiles. Grâce à lui, le trajet des aliments (bouche) et celui de l'air respiratoire (fosses nasales) sont distincts.
- Chez tous les autres tétrapodes (amphibiens, reptiles, oiseaux), la cavité de l'oreille moyenne ne contient qu'un seul os (le *stapes*, ou columelle), qui transmet les vibrations du tympan à l'oreille interne. Celle des mammifères a trois osselets. L'un d'eux, l'étrier, correspond au *stapes* des non-mammaliens, mais les deux autres sont nouveaux et constituent une apomorphie (caractère dérivé partagé) des mammifères.
- La mandibule (ou mâchoire inférieure) n'est formée que d'un seul os, le dentaire. Chez tous les autres vertébrés ossifiés, la mandibule est formée de plusieurs os: le dentaire et une série d'os postdentaires dont l'un, l'articulaire, s'articule sur un os du crâne, le carré. Tous les non-mammaliens ont donc une articulation de la mandibule réalisée entre l'articulaire et le carré. Les mammifères seuls ont une «nouvelle» articulation mandibulaire réalisée entre le dentaire et un os crânien, le squamosal.
- En règle générale, les dents des non-mammaliens ont une forme simple. Elles sont toutes semblables et se renouvellent toute la vie. Chez les mammifères, elles sont généralement très différentes les unes des autres, souvent de formes très complexes en fonction du régime alimentaire, et elles permettent une véri-

Reproduction des marsupiaux. Chez ces mammifères, la gestation est très courte : le jeune, à la naissance, est minuscule et très incomplètement achevé. Peu après la naissance, le jeune rampe sur le ventre de sa mère en direction de la poche marsupiale où il va s'introduire et se fixer à une tétine (ci-dessous). C'est dans la poche marsupiale que le jeune va achever sa différenciation, en étant protégé, nourri et véhiculé par sa mère (ci-contre).

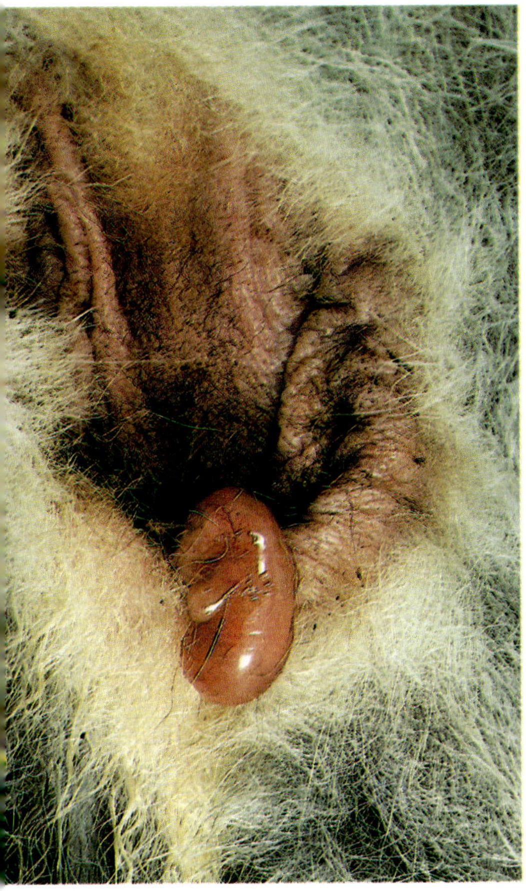

table mastication. Il n'existe cependant que deux générations dentaires (parfois une seule) au cours de la vie.

• La colonne vertébrale se divise nettement en cinq régions spécialisées : cervicale, thoracique, lombaire, sacrée, caudale, et les mouvements, au lieu d'être des ondulations latérales, comme chez les amphibiens et les reptiles, permettent des flexions et des extensions dans le plan (vertical) de symétrie du corps. Dans la grande majorité des cas, les mammifères ont des membres redressés, parasagittaux.

• Les mammifères ont en général un métabolisme plus élevé que celui des reptiles, mais inférieur à celui des oiseaux. Comme ces derniers, ce sont des endothermes, capables de maintenir une température corporelle élevée et constante, sauf dans les cas d'hibernation. L'existence d'un revêtement pileux (fourrure) correspond à un rôle thermorégulateur, mais aussi à d'autres fonctions (reconnaissance spécifique, camouflage...).

• L'appareil circulatoire, contrairement à celui des reptiles actuels, permet une séparation complète entre grande circulation (du cœur aux organes et retour) et petite circulation (du cœur aux poumons et retour). Il en va de même chez les oiseaux, mais selon des modalités anatomiques différentes.

• L'encéphale, relativement volumineux, montre le développement de nouveaux centres nerveux et de nouvelles voies d'association entre ces centres.

Le comportement des mammifères

Les interactions entre individus de deux générations successives sont complexes (protection, vie familiale, apprentissage...) et à mettre en relation avec le phénomène de la lactation. Les manifestations d'une vie tribale ou sociale peuvent être très variées.

De telles particularités se retrouvent également chez les oiseaux (et même, à un moindre degré, chez d'autres vertébrés), mais les mammifères sont uniques parce que leurs comportements sont nettement moins stéréotypés, plus modulables, notamment à cause d'un apprentissage individuel.

La reproduction. Les mammifères sont vivipares. L'œuf fécondé, dépourvu de réserves, se développe dans le tractus génital femelle, et, par le placenta, reçoit les matériaux nécessaires à son développement. Cette disposition caractérise la majorité des mammifères, à savoir les placentaires, ou euthériens, répandus dans le monde entier.

Proches des placentaires, et réunis avec eux dans le groupe des thériens, les marsupiaux, ou métathériens, se distinguent par un mode particulier de reproduction : la gestation est très courte, et l'embryon immature gagne après sa naissance la poche marsupiale de la mère, où, se fixant aux tétines, il achève son développement. Les marsupiaux se localisent actuellement en Amérique du Sud et surtout en Australie.

S'opposant aux thériens, le petit groupe des protothériens, ou monotrèmes (échidnés, ornithorynque), se trouve lui aussi dans la région australienne et se signale par son oviparité. Ces mammifères pondent des œufs comme les oiseaux et la plupart des reptiles.

Les premiers mammifères

Classe de vertébrés à sang chaud représentée par environ 3 500 espèces vivantes, les mammifères, tétrapodes au corps recouvert de poils, sont, à l'exception des monotrèmes, tous vivipares. Les femelles, pourvues de glandes mammaires, allaitent leur progéniture. Ce dernier caractère a donné son nom à la classe.

Les premiers mammifères ressemblaient à des musaraignes. Ils n'ont pas conservé la taille souvent imposante de leurs ancêtres les reptiles mammaliens qui ont dominé les écosystèmes terrestres pendant soixante-dix millions d'années, du permien supérieur au trias moyen.

Ils apparaissent au début du jurassique (195 MA [millions d'années]) et gardent une taille réduite, comparable à celle d'une souris ou, au maximum, à celle d'un chat, pendant cent trente millions d'années, jusqu'à la fin de l'ère secondaire. On suppose qu'ils occupaient des niches écologiques particulières où ils n'entraient pas en concurrence avec les reptiles. Leur physiologie devait d'ailleurs favoriser une activité nocturne.

ESSAI DE CLASSIFICATION

Pendant de longues années, les seuls éléments dont on disposa pour étudier ces premiers mammifères furent des dents isolées et quelques rares fragments osseux, généralement des mandibules.

Depuis vingt ans, de nouvelles méthodes de fouille, plus minutieuses, parfois semi-automatisées, ont fait progresser les recherches sur ces mammifères contemporains des dinosaures; mais d'énormes lacunes subsistent, et ils demeurent mystérieux. On divise les mammifères de l'ère secondaire en deux groupes distincts :

- Les « non-thériens »; assemblage commode, sorte de fourre-tout ;
- Les thériens qui correspondent sans doute à un groupe naturel (monophylétique).

Le groupe des « non-thériens »

Parmi les non-thériens, on ne connaît qu'un seul groupe survivant à l'heure actuelle, celui des monotrèmes (ou protothériens), représenté par l'ornithorynque, aux mœurs amphibies, et l'échidné, ou fourmilier épineux. Ils sont tous les deux ovipares et vivent sur le continent australien. Pratiquement inconnus à l'état fossile, on pense qu'ils sont issus d'une lignée évolutive distincte apparue sans doute il y a plus de 200 millions d'années et provenant de la souche commune des mammifères, voire descendant directement de certains reptiles thérapsides cynodontes du trias supérieur (210 MA).

Si l'on ne connaît les haramiydés (190 MA) que par quelques dents, on dispose maintenant de plus amples informations sur les multituberculés, dont le nom provient des nombreux tubercules de leurs molaires fonctionnant comme des râpes. Cette lignée de mammifères apparaît pendant le jurassique (170 MA) et persiste jusqu'au début de l'ère tertiaire (60 MA). Les dents et les mâchoires, très spécialisées, indiquent que les multituberculés ont tenu le même rôle écologique que les rongeurs dans la nature actuelle.

LA SPÉCIALISATION DES DENTS

Les autres non-thériens conservent les dents de leurs ancêtres cynodontes, avec les trois pointes (ou cuspides) des dents postérieures alignées d'avant en arrière. A partir de formes très anciennes comme *Morganucodon* (195 MA) se développent les triconodontes, mammifères carnivores connus au jurassique et au crétacé (160-100 MA).

Un nouveau type de dents apparaît (190 MA) chez les mammifères : les trois cuspides dentaires (pointes) forment un triangle; cette disposition définit le groupe des thériens. Du groupe des pantothères (140 MA) dérive l'immense majorité des mammifères — les marsupiaux et les placentaires — qui se sont développés à l'ère tertiaire et jusqu'à nos jours. La dent à trois cuspides en triangle se complique encore et permet un meilleur broyage des aliments. Cette nouvelle disposition dentaire, repérée chez *Aegialodon*, ouvre des possibilités évolutives considérables.

UNE EXTRAORDINAIRE RADIATION ADAPTATIVE

Contrairement à une opinion répandue, les marsupiaux ne sont pas les ancêtres des placentaires. Il s'agit de deux groupes frères, apparaissant simultanément il y a 100 millions d'années, et issus d'une souche commune. On connaît par ailleurs, au crétacé (100-75 MA), des thériens, les deltathériidés, qui ne sont ni des marsupiaux ni des placentaires et s'éteignent sans descendance.

Ce n'est qu'après la grande extinction (65 MA) marquée sur terre, dans les airs et dans les mers par la disparition des dinosaures, des ptérosaures et des mosasaures que les mammifères — surtout les placentaires et les marsupiaux — amorcent une extraordinaire radiation adaptative (multiplication rapide des espèces) et exploitent une multitude de niches écologiques, notamment celles des herbivores et des carnivores de grande taille.

Les causes de ce rebondissement dans l'histoire des mammifères sont certes à chercher dans l'extinction des grands reptiles de l'ère secondaire, qui a éliminé une rude concurrence, mais aussi dans les modifications des climats et dans la répartition des terres émergées. Tous ces changements, plutôt favorables à la physiologie des mammifères, ont sans doute interagi de manière complexe pour assu-

Ornithorynque. Ce mammifère amphibie est, avec le fourmilier épineux ou échidné, le seul représentant vivant du groupe des protothériens. Confinés à la région australienne, ces mammifères combinent des caractères très primitifs (ils pondent des œufs) et d'autres très spécialisés (perte des dents, queue aplatie, pattes palmées).

rer la domination des marsupiaux et des placentaires dans les écosystèmes continentaux de l'ère tertiaire. Les placentaires peuplent l'Afrique, l'Asie, l'Europe et partagent les Amériques avec les marsupiaux, qui règnent en maîtres en Australie. Au début de l'ère tertiaire (65 MA), les mammifères, bien que très différents les uns des autres, conservent tous un bon nombre de caractères primitifs communs: une tête relativement grosse, mais contenant un petit cerveau, de nombreuses dents à couronnes basses, peu spécialisées, des pattes massives, plantigrades, à cinq doigts griffus, un tronc et une queue très allongés.

LES PLACENTAIRES

Dès le crétacé supérieur (90 MA), on distingue les insectivores, premiers représentants d'un ordre primitif de placentaires. C'est le type musaraigne ou hérisson qui persiste sans changements spectaculaires jusque dans la nature actuelle. De cette souche insectivore dérivent probablement les chiroptères (chauves-souris), connus dès l'éocène (45 MA). Les primates sont encore plus anciens. Leurs dents et les divers systèmes de l'organisme restent généralisés, mais les modifications de la vision, des membres (possibilité de grimper, de manipuler) et du système nerveux sont importantes et conditionnent le destin évolutif de ces animaux.

Les relations de parenté entre les grands groupes de mammifères placentaires sont encore peu claires. Toujours est-il qu'à côté des insectivores et des primates, animaux de petite taille, se différencient (50 MA) de nombreuses autres lignées. Les condylarthres et les créodontes occupent à l'éocène (50 MA) les niches écologiques correspondant, à l'heure actuelle, respectivement à celles des ongulés et des carnivores.

Les condylarthres ont des dents broyeuses et atteignent la taille d'un grand chien, mais certains d'entre eux, comme les mésonychidés, en qui l'on voit les ancêtres des cétacés, sont plus grands et s'orientent vers un régime carnivore.

A côté des condylarthres apparaissent les pantodontes, herbivores de grande taille (*Coryphodon* mesure 2,50 m de long), et les étranges dinocérates représentés par l'énorme *Uintatherium* au crâne pourvu de multiples protubérances osseuses.

Les créodontes, au tronc et à la queue allongés, aux dents tranchantes, sont des carnassiers primitifs dérivant sans doute des insectivores. Bien représentés à l'éocène et à l'oligocène (50-23 MA), ils régressent ensuite du fait, sans doute, de la concurrence des carnivores de type moderne (les fissipèdes), dont ils ne sont d'ailleurs pas les ancêtres. D'abord dominés par les créodontes et par les grands oiseaux terrestres prédateurs, les fissipèdes prennent de l'importance à l'oligocène (34-23 MA) et se différencient progressivement en divers types adaptatifs, caractéristiques des familles de carnivores (canidés, ursidés, félidés...) que nous connaissons encore actuellement. Certains fissipèdes de la famille des mustélidés (belette, hermine) retournés à la vie aquatique donnent les phoques (le morse et les otaries ont une souche indépendante, parmi les ursidés).

Les rongeurs, ordre florissant dans la nature actuelle (rats, écureuils, castors...), ont une importance écologique extrême, tant par le nombre d'espèces que par l'abondance des populations. Connus dès le début de l'éocène (50 MA), ils évoluent rapidement, en passant par des stades d'adaptation variés. Les rongeurs d'Amérique du Sud dérivent sans doute d'ancêtres africains. L'ordre des lagomorphes (lièvres, lapins), superficiellement comparables aux rongeurs, constitue une lignée indépendante depuis le paléocène (65 MA). La concurrence des uns et des autres a dû entraîner l'extinction des multituberculés qui devaient occuper les mêmes niches écologiques.

Les proboscidiens, ordre maintenant réduit aux deux espèces actuelles d'éléphants, constituent une lignée importante de mammifères, connue dès l'éocène supérieur. *Moeritherium*, forme amphibie primitive de la taille d'un âne, n'avait pas encore de trompe. A partir de ce stade, on note un certain nombre de changements dans divers rameaux évolutifs: augmentation de la taille, apparition des défenses, de la trompe. Comme chez beaucoup d'autres mammifères végétariens, les dents des proboscidiens évoluent, d'abord nombreuses, basses, à croissance limitée, elles diminuent ensuite en nombre; leur croissance se prolonge et les dessins des surfaces d'abrasion se compliquent.

Les mastodontes ont souvent quatre défenses, les inférieures parfois en forme de bêches. Seules les défenses supérieures persistent chez les éléphants proprement dits. Les dinothères, qui atteignent au pliocène (6 MA) des tailles gigantesques (4 m juqu'à l'épaule), ont des dents simples et des défenses inférieures tournées vers le bas et l'arrière. Les siréniens, ou vaches de mer, et les desmostyliens, entièrement fossiles, formes retournées à la vie aquatique, sont phylétiquement proches des proboscidiens, dont ils se détachent dès l'éocène (50 MA).

LES MAMMIFÈRES ONGULÉS

Les ongulés constituent un immense ensemble de mammifères végétariens ou omnivores, souvent adaptés à la course — leurs membres sont alors allongés et munis de sabots (onguligradie). Il est facile, parmi les ongulés, de distinguer deux grands groupes: les périssodactyles et les artiodactyles. Les périssodactyles ont un nombre impair de doigts, voire un seul doigt comme le cheval. Chez les artiodactyles, la réduction du nombre des doigts aboutit à un membre fourchu, à deux doigts, comme chez la vache ou le chameau. Les premiers, nombreux à l'état fossile, ont une importance réduite dans les faunes actuelles; les seconds, au contraire, sont extrêmement nombreux et divers. Les artiodactyles comprennent les ruminants, qui, grâce à leur estomac complexe, disposent d'un avantage par rapport aux autres lignées de mammifères végétariens exploitant les mêmes ressources.

L'histoire du cheval

Assez bien documentée, elle illustre une lignée évolutive de périssodactyles à partir de petits mangeurs de feuilles comme *Hyracotherium* de l'éocène inférieur. La taille s'accroît, la surface d'usure des dents se complique, le nombre des doigts se réduit. Cette évolution est sans doute liée, à partir du miocène (23 MA), au passage d'un habitat en forêt à un habitat de plus en plus ouvert, steppique, entraînant un régime alimentaire à base de graminées (riches en silice abrasive pour les dents) et non plus à base de feuilles tendres. *Hipparion*, qui conserve encore trois doigts, en est un gracieux exemple. L'essentiel de l'évolution de la lignée du cheval s'accomplit en Amérique du Nord

***Hipparion* gracile.** Ce fossile du miocène (Grèce) est un équidé (famille du cheval). Déjà adapté comme ce dernier à un milieu ouvert du type steppe, il s'en distingue par la structure plus primitive des pattes, qui conservent trois doigts.

Koala (genre *Phascolarctos*). Les marsupiaux ont différencié de nombreux types biologiques : certains «miment» les placentaires, d'autres sont originaux. Les koalas sont des arboricoles à queue préhensile qui se nourrissent de feuilles d'eucalyptus.

où, pourtant, elle s'éteint curieusement, le cheval *Equus* ne survivant qu'en Eurasie. Il ne sera réintroduit que tardivement aux Amériques à la suite de la conquête espagnole.

D'autres importantes lignées de périssodactyles ont une évolution moins spectaculaire que celle des chevaux. Ainsi les tapirs, qui ne peuplent plus que l'Amérique du Sud et le Sud-Est asiatique, conservent des structures dentaires et une anatomie des pattes assez généralisée. Les rhinocéros, maintenant peu nombreux, foisonnent à l'ère tertiaire en différenciant de multiples types adaptatifs. Certains, comme *Teleoceras* du miocène (23-6 MA), avaient l'allure et les mœurs des hippopotames ; d'autres, les baluchithères, atteignent, à l'oligocène (34 MA), des tailles gigantesques et sont les plus grands mammifères terrestres avec leur poids de 16 t et leurs 5 m de haut. Les dents conservent une structure relativement simple chez tous les rhinocéros. Bâtis sur un style très comparable, les brontothères ressemblent superficiellement aux rhinocéros, mais s'éteignent dès l'oligocène. Les mystérieux chalicothères, grands animaux de forêts, broutaient les feuilles en se redressant contre les arbres, qu'ils agrippaient de leurs doigts griffus, peu typiques des ongulés.

Les artiodactyles apparaissent à l'éocène et se subdivisent rapidement en lignées multiples. Les suiformes, omnivores, conservent quatre doigts bien développés et différencient dès l'éocène des animaux du type sanglier, parfois de très grandes tailles, comme les entelodontes au crâne allongé.

On distingue dès l'oligocène l'origine des divers groupes actuels de suidés (sangliers, phacochères, pécaris...). Les hippopotames apparaissent au miocène supérieur.

Les ruminants

A partir de leur origine à l'éocène (50 MA), ils se diversifient eux aussi rapidement. Ils montrent très fréquemment une excellente adaptation à la course, qui se manifeste par le redressement et l'allongement de la main et du pied, la diminution ou la disparition des doigts latéraux. Dans un premier groupe, celui des tylopodes (chameaux, lamas), apparaissent à l'oligocène (34 MA) et au miocène (23 MA) les chameaux-girafes et les chameaux-gazelles en Amérique du Nord. Plus évolués, les pécores regroupent les ruminants chez qui se développent diverses ornementations crâniennes : girafes, cervidés, bovidés. Les cerfs primitifs ont de grandes canines mais pas de bois ; ceux-ci n'apparaissent qu'au miocène inférieur (20 MA). La perte annuelle des bois est une acquisition relativement récente des cervidés évolués. Les bovidés ont en revanche des cornes permanentes.

Il y a une vingtaine de millions d'années, avec *Eotragus* du miocène, apparaît la lignée qui s'épanouira avec la multitude des bovins, caprins et antilopes, aux cornes variées.

L'Amérique du Sud, isolée des autres masses continentales pendant presque tout le tertiaire, voit évoluer sa faune en vase clos. Parmi les placentaires, présents dès le crétacé (90 MA), beaucoup évoluent de façon tout à fait originale. Les condylarthres y survivent bien plus longtemps qu'ailleurs.

LES MARSUPIAUX

Les marsupiaux ont réalisé une radiation évolutive globalement moins importante que les placentaires, mais où l'on retrouve, par convergence, les mêmes types adaptatifs. Hormis une incursion jusqu'en Europe à l'éocène (concrétisée par la célèbre sarigue de Cuvier), ils demeurent confinés aux Amériques et à l'Australie. Leur sort, dans ces diverses régions, paraît largement lié à l'intensité de la concurrence avec les placentaires : très forte en Amérique du Nord ; beaucoup moindre en Amérique du Sud, qui resta isolée pendant la plus grande partie du tertiaire ; pratiquement nulle en Australie, jusqu'à une date récente.

Les didelphoïdes, à régime plutôt omnivore-carnivore, sont des marsupiaux américains. Ils différencient, dès l'éocène (50 MA), des formes frugivores qui sont éliminées quand les primates atteignent l'Amérique du Sud (venant d'Afrique) à l'oligocène. D'autres évoluent en «pseudo-rongeurs», mais les marsupiaux sud-américains les plus curieux «miment» des carnivores placentaires. Certains ont l'apparence de canidés, d'autres convergent de façon extraordinaire avec les félins à longues canines. Tous ces marsupiaux sud-américains originaux sont éliminés par les placentaires correspondants quand ces derniers gagnent ce continent. Seuls survivent les cœnolestoïdes, de petite taille, aux mœurs de musaraignes, et les didelphidés, arboricoles nocturnes, à régime insectivore, voire carnivore. La sarigue *Didelphis* se répand même largement en Amérique du Nord. En Australie, les marsupiaux pros-

Le ***Peratherium***, marsupial de l'éocène supérieur du bassin de Paris, est célèbre sous le nom de sarigue de Cuvier: celui-ci avait prévu de retrouver des os marsupiaux, validant ainsi sa méthode. Limités aux Amériques et à l'Australie, les marsupiaux n'ont fait qu'une timide incursion en Europe à l'éocène.

pèrent sans la concurrence des placentaires, produisant, en plus de types originaux, des formes convergentes avec ces derniers.

Les dasyuroïdes différencient des carnivores comme le loup de Tasmanie *Thylacinus*, sans doute désormais éteint. Taupes marsupiales (*Notoryctes*), chat marsupial (*Dasyurus*) et fourmilier marsupial (*Myrmecobius*) appartiennent à ce groupe. Les phalangéroïdes, comme les koalas (*Phascolarctos*) ou des espèces capables de vol plané (*Petaurus*) à l'image des écureuils volants, sont plutôt végétariens; ils comprennent des formes arboricoles mangeant des feuilles, des fruits et des graines. Les macropodidés comprennent les kangourous de grande taille (*Macropus*), mais aussi un bien plus grand nombre de petites espèces, les kangourous-rats (*Bettongia*).

L'histoire de la diversification évolutive des mammifères se révèle extraordinairement liée aux différentes conditions climatiques et surtout biogéographiques qui ont prévalu pendant l'ère tertiaire (voir p. 268-269). Ces circonstances, agissant sur l'évolution des espèces et le destin des groupes, ont modelé non seulement la répartition spatiale mais surtout la nature même des organismes.

ARMAND DE RICQLÈS

Histoire de la répartition des espèces

La paléontologie est une science carrefour : elle tire son objet d'étude et ses méthode à la fois du domaine des sciences de la terre (géologie) et de celui des sciences de la vie (biologie). Ses résultats ont des répercussions sur les deux domaines.

Le problème de la répartition géographique des différentes espèces vivantes actuelles à la surface du globe a une dimension paléontologique. En effet, cette répartition s'explique à la fois par des causes actuelles — milieu, comportement — et des causes historiques s'enracinant très loin dans le passé de notre globe.

Les géologues ont longtemps été persuadés que la répartition des continents et des océans était restée fixe à la surface de la terre. Ils admettaient cependant des variations considérables des climats et du niveau des océans.

L'explication de la répartition géographique des espèces vivantes et des fossiles s'inscrivait dans ce cadre. On pensait ainsi qu'il se produisait de vastes migrations rendues possibles par l'existence, temporaire, de «ponts continentaux» permettant, lors de la baisse du niveau des océans, aux faunes terrestres de circuler d'un continent à l'autre, et vice versa pour les faunes marines.

Les données apportées par la biogéographie des espèces actuelles et par les découvertes paléontologiques concernant la répartition spatiale et temporelle des flores et des faunes du passé étaient de plus en plus en contradiction avec ces explications.

LA DÉRIVE DES CONTINENTS

Le premier ébranlement de l'édifice allait être la théorie de la dérive des continents proposée dès 1915 par le géologue et météorologiste allemand Alfred Wegener. Sa puissante synthèse, fondée sur une multitude d'arguments tirés de la géographie (formes complémentaires des continents), de la géologie (identité des séquences sédimentaires en des points du globe maintenant éloignés) et de la paléontologie eut un grand retentissement.

Un seul supercontinent

Elle postulait qu'à l'ère primaire tous les continents étaient réunis en un seul supercontinent, la Pangée, entourée de la Panthalassa, océan mondial. Des dislocations successives de la Pangée pendant le secondaire et le tertiaire auraient progressivement conduit à la répartition actuelle des océans et des continents. En général bien acceptée par les paléontologues, pour lesquels elle expliquait une multitude de faits concernant la répartition des fossiles aux différentes époques de la Terre, la théorie de Wegener fut obstinément niée, voire tournée en dérision par de nombreux biogéographes et par la plupart des géologues. En l'absence d'un mécanisme plausible permettant d'expliquer la dérive des continents, les géophysiciens avaient beau jeu de qualifier cette hypothèse de «géopoétique», mais les faits sont têtus... Il fallut attendre les années 1970 pour que la majorité des géologues se rallie enfin à la notion de paléogéographie mobiliste grâce à la découverte de la tectonique globale.

LA TECTONIQUE GLOBALE

On sait que de remarquables découvertes, rendues possibles par l'étude des dorsales dans les fonds océaniques, ont permis de comprendre le mystérieux mécanisme de la dérive postulée par Wegener. La surface du globe est composée de plaques qui, mues par des mouvements de convection dans le manteau, sont en mouvements relatifs. Les plaques se créent au milieu des dorsales par la remontée de matières; elles disparaissent en s'enfonçant sous des plaques voisines. La théorie rend compte non seulement du mouvement relatif des continents, mais aussi de la structure et de l'âge du fond des océans, de la formation et de la répartition des chaînes de montagnes, des îles, du volcanisme et des séismes.

Mieux encore, la tectonique globale permet des reconstitutions paléogéographiques assez précises de la position successive des océans et des continents au cours des temps géologiques, et ces reconstitutions peuvent être «testées», voire précisées grâce aux données paléontologiques acquises indépendamment. Il s'élabore ainsi, depuis quelques années, une véritable paléobiogéographie historique qui essaie, avec beaucoup de succès, de reconstituer l'histoire de la répartition des flores et des faunes.

La répartition des masses continentales a dû être, en elle-même, un puissant facteur de modifications des climats terrestres dans leur ensemble, au cours des ères géologiques, en modifiant les courants aériens et océaniques, ainsi que l'indice de réflexion par la Terre de l'énergie reçue du Soleil.

LA LAURASIE AU NORD, LA GONDWANIE AU SUD

Il apparaît, par exemple, qu'au carbonifère, l'ensemble des gisements houillers à vertébrés, plantes et insectes témoigne d'un climat équatorial humide. La reconstitution pour cette époque de la Laurasie (supercontinent représentant la portion nord de la Pangée, et regroupant l'Amérique du Nord, la plate-forme nordique — Laurentide, Groenland, Scandinavie — l'Europe occidentale et une partie de l'Asie), selon le schéma mobiliste, replace ces gisements en position logique le long d'une couronne équatoriale sensiblement continue. Au permien, la répartition des mésosaures (reptiles marins), dans une mer épicontinentale de la Gondwanie (portion sud de la Pangée, dont la dislocation fournira l'Afrique, l'Amérique du Sud, l'Inde, Madagascar, l'Antarctique et l'Australie), témoigne de la continuité entre l'Afrique et l'Amérique du Sud. Au trias (200 MA), la répartition de certaines familles de reptiles mammaliens et d'amphibiens témoigne également de relations terrestres encore possibles entre ces deux continents. La découverte récente de ces mêmes groupes fossiles en Antarctique démontre même que ce sous-continent gardait d'étroites relations terrestres avec l'ensemble Afrique-Amérique du Sud.

La fragmentation du continent de Gondwanie peut être repérée pendant le jurassique (204-130 MA) et le crétacé (130-65 MA) grâce aux fossiles, marins et terrestres, dont la répartition jalonne l'ouverture progressive de l'océan Atlantique. Au crétacé inférieur, il existe encore d'étroites affinités entre les faunes terrestres du Niger (en Afrique centrale) et du bassin de Bahia (au Brésil).

Il est probable que la division entre les marsupiaux et les placentaires est due à la paléogéographie du crétacé. A partir d'une souche commune — les pantothères —, les placentaires se seraient différenciés sur l'ensemble Europe-Asie-Afrique, et les marsupiaux sur la guirlande formée par les Amériques, encore reliées à l'Australie par l'intermédiaire de l'Antarctique. Les migrations ultérieures des uns et des autres n'ont jamais effacé, par la suite, cette répartition initiale fondamentale.

LE FRACTIONNEMENT DES CONTINENTS

Au début de l'ère tertiaire, l'océan Atlantique existe, mais des migrations entre l'Europe et l'Amérique du Nord demeurent possibles par une voie nord-atlantique située à de très hautes latitudes. Les gisements

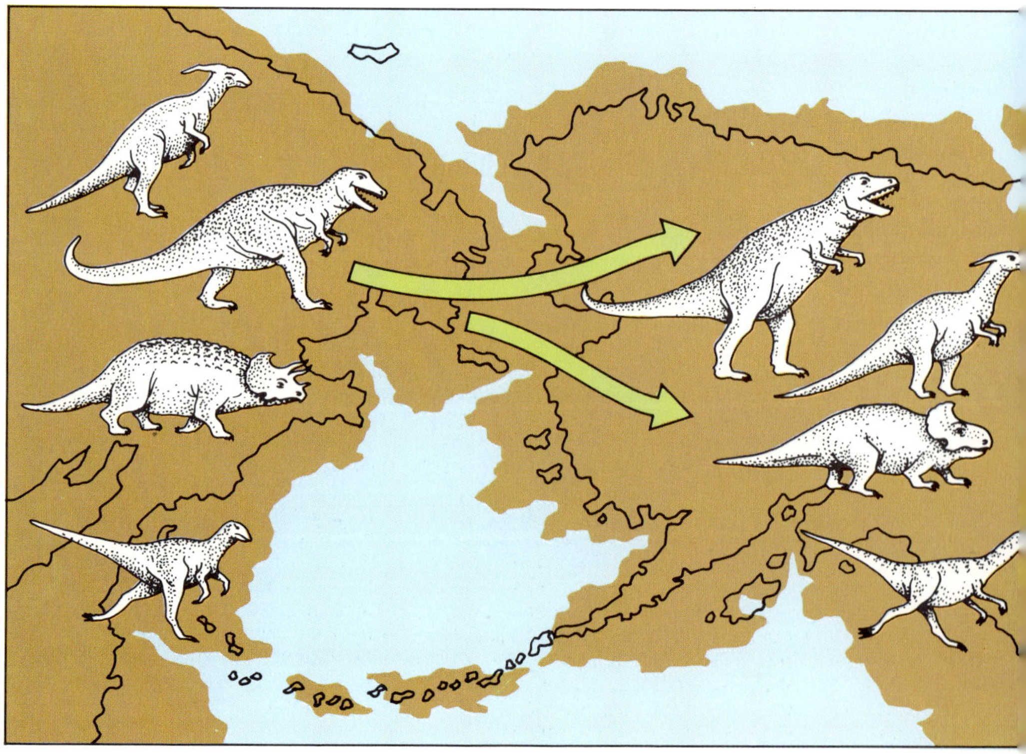

L'étude de l'évolution et de la répartition des différents dinosaures permet de penser que, au crétacé, un «pont continental» reliait l'Amérique du Nord à la Sibérie, rendant possible pour les faunes terrestres (dinosaures et mammifères) le passage d'un continent à l'autre. Cette circulation s'effectua le plus souvent de l'ouest vers l'est.

Les mouvements des continents

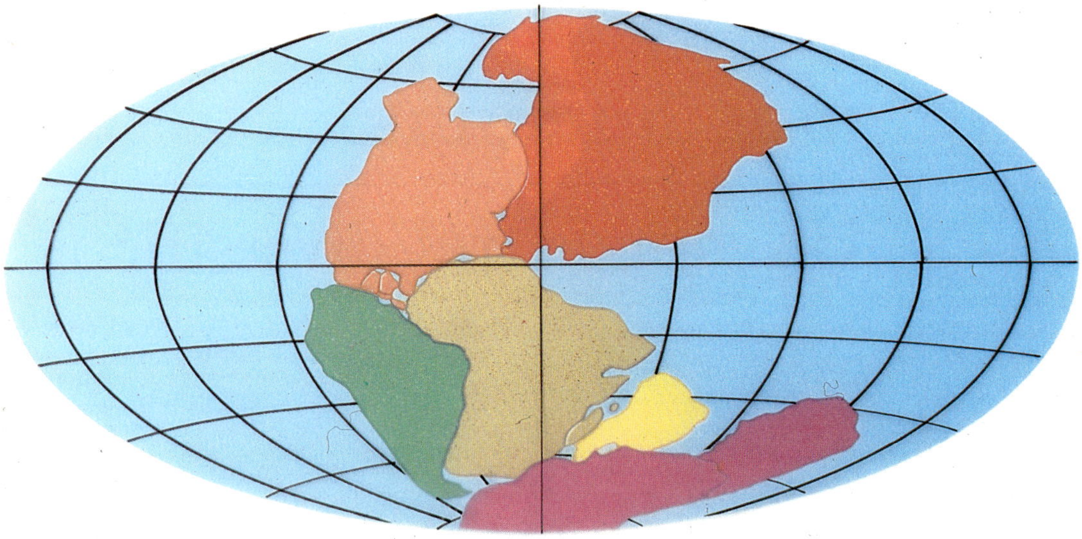

Il y a 200 millions d'années, il n'existait sans doute sur la Terre qu'un seul supercontinent, la Pangée. Pour reconstituer cette Pangée, on programma, dans des ordinateurs, les profils des socles continentaux qui sont aujourd'hui submergés et qui constituent les limites réelles des continents : l'Australie est liée à l'Antarctique, et l'Inde s'insère entre l'Afrique et l'Antarctique.

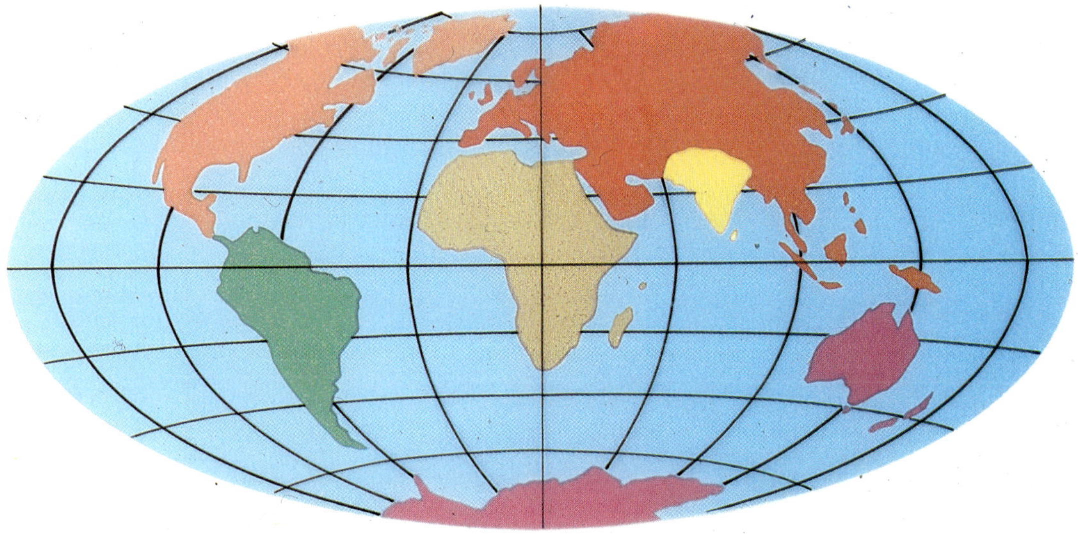

Tel est aujourd'hui l'aspect de la Terre. Les deux Amériques, ayant dérivé vers l'ouest, sont séparées de l'Ancien Monde par le récent bassin de l'Atlantique. L'Afrique s'est déplacée vers le nord, et l'Inde s'est soudée avec le sud de l'Asie. L'Australie, après s'être dégagée de l'Antarctique, a dérivé jusqu'à se trouver dans sa position actuelle, poussant devant elle la Nouvelle-Guinée.

de la terre d'Ellesmere (à l'ouest du Groenland) montrent une flore et une faune subtropicale, avec des palmiers et des crocodiles. Même avec une température clémente, il est difficile de comprendre la physiologie de tels organismes confrontés à une nuit polaire de plusieurs mois du fait de la haute latitude...

A l'oligocène, l'Amérique du Nord et l'Amérique du Sud sont séparées, mais cette dernière est encore relativement proche de l'Afrique. On considère généralement que les singes sud-américains et les rongeurs de ce continent ont atteint l'Amérique du Sud à partir de l'Afrique, sur des radeaux naturels constitués par des masses considérables de végétaux arrachés aux forêts équatoriales lors des crues de fleuves. On en a observé actuellement à 1 000 km au large de l'embouchure de l'Amazone, par exemple. Ceci montre que, même en tenant compte d'une paléogéographie mobiliste, certaines répartitions d'espèces impliquent des migrations. Cependant, ce type d'explication a perdu sa prééminence ; en effet, la fragmentation progressive de la Pangée (super-continent initial au paléozoïque) en aires continentales séparées a entraîné le développement d'une nouvelle vision de la biogéographie. La biogéographie classique était une biogéographie de la dispersion. A partir d'un berceau, une unité systématique se répandait sur le globe par des migrations, les extinctions locales expliquant les répartitions discontinues et dispersées.

La biogéographie mobiliste est une biogéographie de la vicariance. Prenant en compte la tectonique globale, la vicariance explique la ségrégation des unités systématiques, d'abord largement réparties sur une aire continue, par la fragmentation progressive de cette aire originelle. La formation de « groupes frères » vicariants n'implique donc pas de migrations, mais seulement une séparation passive due à la division des territoires. Bien entendu, la fragmentation des divers territoires ne s'effectue pas partout aux mêmes époques, mais successivement dans le temps. Ainsi, un groupe systématique initial va être séparé en deux groupes frères A et B par une fragmentation. Le groupe A se fragmentera ensuite en A et A' et ainsi de suite. Il existe un parallélisme frappant entre ces processus et la logique de l'analyse cladistique en phylogénie. A la notion de caractère généralisé, plésiomorphe, en systématique correspond la situation de la dispersion vaste (espèces ubiquistes). Réciproquement, la notion d'apomorphie correspond à la dispersion réduite ou endémisme. C'est sur cette correspondance logique que se fonde la biogéographie cladistique qui utilise des schémas de vicariance, de préférence à des migrations, pour expliquer la répartition des espèces. Certes, si l'on ne peut exclure les migrations dans l'explication des répartitions géographiques, on constate qu'il ne faut pas d'abord rechercher une explication de répartition au moyen de la migration. Même si la migration est plausible, elle n'est pas vérifiable ; il ne faut donc pas utiliser cette explication *a priori*, mais chercher d'abord à rendre compte des faits par une hypothèse de vicariance qui, elle, peut être testée par une approche géologique indépendante. Ce n'est qu'après la réfutation d'une explication par vicariance que l'on pourra, faute de mieux, avoir recours à une explication par la migration.

Il est très important de se rendre compte de l'influence extrême des données géologiques sur l'évolution biologique. Si la répartition des terres émergées n'avait pas été ce qu'elle a été, les groupes de vertébrés que nous connaissons auraient été qualitativement différents. La nature biologique des organismes et des groupes systématiques qu'ils constituent est modelée par les grands événements géologiques, qui imposent un environnement dont va dépendre la direction de la sélection et la nature des adaptations. Il apparaît clairement que c'est la conjonction de disciplines très variées, allant de la génétique à la géologie en passant par la systématique, la biogéographie, la paléontologie, la morphologie comparative... qui pourra seule nous permettre de reconstituer — dans le temps et dans l'espace — ce fantastique puzzle qu'est l'histoire de la vie sur notre planète.

ARMAND DE RICQLÈS

CHAPITRE 23

Les primates et la lignée humaine

Un monde très diversifié

Les hommes et les singes font partie de l'ordre des primates. La plupart de leurs ancêtres vivaient dans les arbres et étaient végétariens. On peut, grâce aux fossiles, reconstituer l'histoire de ces ancêtres qui se sont diversifiés en de très nombreuses espèces.

Comment vivent les primates

L'ordre des primates comprend les singes et les hommes, actuels et fossiles. Dans l'ensemble des vertébrés, auxquels ils appartiennent tous, les primates font partie des mammifères: ils allaitent leurs petits et ont une température interne du corps constante. Leurs dents de formes diverses assurent des fonctions différentes. Au sein des mammifères, les primates se rangent parmi les mammifères placentaires (le placenta permet de nourrir le fœtus et d'éliminer les déchets de ce dernier).

LA VIE DANS LES ARBRES

Les primates présentent un certain nombre de caractéristiques qui sont pour la plupart liées à la vie arboricole.

- La face a tendance à s'aplatir et la boîte crânienne, donc le cerveau, à s'accroître en taille.
- L'olfaction tend à diminuer au profit de la vision: on note un aplatissement du museau qui porte les muqueuses olfactives, ce qui entraîne une réduction de l'olfaction. La position des orbites en façade augmente le recoupement des champs visuels des deux yeux: les images sont superposées. La vision en relief (stéréoscopique) rendue possible permet de mieux repérer le prédateur ou le fruit que l'animal veut attraper. Une amélioration dans la précision des mouvements et une meilleure appréciation des distances contribuent à une bonne adaptation à la vie arboricole.
- Le squelette se modifie en rapport avec la locomotion (voir p. 178): les membres supérieurs acquièrent une plus grande mobilité et peuvent effectuer des mouvements dans tous les plans de l'espace. Les os de l'avant-bras et de la jambe sont séparés: on reconnaît un radius et un cubitus, un tibia et un péroné. Cette séparation permet au membre supérieur les mouvements de pronation et de supination: le pouce est porté vers l'intérieur ou vers l'extérieur.

Le pouce devient opposable, et la main pré-

Les lémuriens appartiennent aux primates strepsirhiniens: leur nez ressemble à la truffe d'un chien, avec une fente latérale, un sillon antérieur profond et la peau humide. Actuellement, ils survivent dans les milieux forestiers de l'île de Madagascar.

hensile. La main et le pied conservent cinq doigts ou cinq orteils et sont terminés par des ongles, ce qui améliore la saisie fine. Le nombre de doigts se réduit parfois, notamment chez les animaux adaptés à la suspension (le siamang, l'atèle, et même le colobe).

La clavicule renforce la portée du membre supérieur et la ceinture pectorale.

• Les primates se déplacent de diverses manières : saut vertical, bipédie, quadrupédie, brachiation, tous les modes intermédiaires étant possibles (voir p. 178).

Tous les caractères morphologiques qui viennent d'être évoqués ne sont évidemment pas réunis sur un seul et même individu : il s'agit de tendances qui s'impriment au cours du temps et se réalisent progressivement.

A ces traits morphologiques s'ajoute un système social assez poussé : les primates vivent dans des groupes à hiérarchies complexes.

L'atèle est un singe sud-américain parfaitement adapté à la vie dans les arbres. Il possède des membres supérieurs allongés à l'aide desquels il se suspend fréquemment. Il se déplace très souvent en utilisant sa queue comme organe de préhension.

Le nasique est un cercopithécoïde asiatique, qui vit dans les forêts côtières de Bornéo. Il doit son nom à son appendice nasal extrêmement développé, qui s'allonge encore avec l'âge.

UNE QUESTION DE NEZ

Actuellement, les primates comptent plus de 300 espèces réparties en une cinquantaine de genres et dont le poids peut aller de quelques centaines de grammes chez les microcèbes à près de 200 kg chez le gorille mâle. Ils se répartissent en deux grands groupes définis à partir de la structure du nez : les strepsirhiniens et les haplorhiniens.

Les strepsirhiniens

Ils ont un nez contourné présentant une fente latérale, un profond sillon en avant, une peau humide et une lèvre supérieure peu mobile. Il s'agit d'une sorte de truffe comme on en voit chez les chiens. Ils regroupent entre autres les lémuriens de Madagascar (lémurs, propithèques, indris, aye-ayes), les loris asiatiques, les galagos et les pottos africains.

Les haplorhiniens

Ils ont un nez simple ; la fente antérieure est fermée, la narine ronde, la peau sèche avec une pilosité plus ou moins importante et une lèvre supérieure très mobile. Ils regroupent les tarsiiformes et les simiiformes. Les premiers ne sont représentés que par un seul genre, *Tarsius,* qui doit son nom à son tarse fortement développé et adapté au saut. Les simiiformes se scindent en platyrrhiniens et catarrhiniens.

Les platyrrhiniens. Ils ont le nez aplati et les narines qui s'ouvrent vers l'extérieur. On ne les trouve qu'en Amérique du Sud (atèle, alouatte, singe laineux, ouistiti, par exemple).

Les catarrhiniens. Ils ont le nez étroit avec les narines qui s'ouvrent vers le bas. Ils regroupent les cercopithécoïdes et les hominoïdes. Le premier groupe, caractérisé par des molaires à 4 tubercules reliés deux à deux par des crêtes, comporte deux familles ; les cercopithécinés (babouins, macaques, ...) et les colobinés (colobes, nasiques, ...), ces derniers étant beaucoup plus arboricoles. Le groupe des hominoïdes rassemble les gibbons, les siamangs, les orangs-outans asiatiques, les chimpanzés et les gorilles africains, et l'homme.

Les strepsirhiniens et les haplorhiniens représentent deux systèmes distincts, deux rythmes de vie bien différents ; les premiers sont nocturnes et secondairement diurnes, les seconds sont principalement diurnes, mais le tarsier aux yeux globuleux est parfaitement adapté à la vie nocturne.

COMMENT DIFFÉRENCIER LES PRIMATES

La morphologie de la bulle tympanique est le meilleur critère pour caractériser les crânes des primates. Chez les primates, la bulle tympanique, qui protège les trois osselets de l'oreille moyenne (marteau, étrier, enclume) chez tous les mammifères, est formée aux dépens de l'os pétreux ou rocher. Chez les autres mammifères, elle est souvent constituée par plusieurs os. La membrane du tympan est tendue sur l'os ectotympanique. La position de cet os par rapport à la bulle permet de reconnaître les différents groupes de primates. Chez les lémuriens, l'ectotympanique est placé dans la bulle. Chez les loris asiatiques et les platyrrhiniens, il est accolé au pourtour de la bulle et forme le bord externe. Chez les catarrhiniens, comme chez les tarsiiformes, le rebord est allongé pour former un conduit tubulaire.

La morphologie de l'orbite est également intéressante pour reconnaître les différents primates : ouverte chez les strepsirhiniens, elle est, en revanche, parfaitement fermée chez les simiiformes.

Le nombre de dents donne également des indications. Les mammifères primitifs ont 44 dents ; les primates primitifs actuels en ont 36 car ils ont perdu une incisive et la première prémolaire à chaque demi-mâchoire. Chez les lémurs, la canine est accolée aux incisives pour former un peigne très efficace pour nettoyer le pelage. Certains platyrrhiniens n'ont plus que 32 dents et perdent la troisième molaire. Les catarrhiniens ont en général 32 dents (l'homme également) : ils conservent les 3 molaires et perdent la deuxième prémolaire par demi-mâchoire.

Chez les primates, le dimorphisme lié au sexe est assez nettement marqué : les superstructures crâniennes sont plus fortes chez le mâle que chez la femelle (insertions musculaires mieux marquées, crête sagittale, par exemple) ; la canine est, chez certaines espèces, plus développée chez le mâle que chez la femelle. Pour impressionner l'adversaire, le mâle montre les crocs ; cette attitude d'intimidation se vérifie particulièrement chez le gorille. D'autres animaux ont été classés parmi les primates : les tupayes (sortes de musaraignes arboricoles) et les dermoptères (écureuils volants). A l'heure actuelle, les données de l'immunologie comme celles de l'anatomie comparée en font les plus proches parents des primates, mais ils sont exclus de l'ordre.

Les primates du Fayoum

⇧ On pense que les ægyptopithèques vivaient dans une forêt-galerie tropicale humide.

La formation du Jebel Qatrani, dans la région du Fayoum, en haute Égypte, à l'ouest de la vallée du Nil, a livré les plus anciens catarrhiniens (simiiformes), apparus il y a plus de 31 MA. Le rattachement de deux formes asiatiques datant de l'éocène de Birmanie, *Amphipithecus* et *Pondaungia,* est fort discuté. Si leur statut de vrai catarrhinien se vérifiait, il faudrait envisager soit une origine européenne, soit une migration de primates nord-américains par le détroit de Béring. Dans l'état actuel des connaissances, les restes sont trop peu nombreux et trop fragmentaires pour trancher la question.

Oligopithecus est le plus ancien singe qui possède un nombre de dents équivalent au nôtre (32 dents). La morphologie de ses prémolaires évoque le schéma catarrhinien (première prémolaire inférieure à un seul tubercule avec facette aiguisoir, deuxième prémolaire inférieure à deux tubercules et peu déprimée). Cependant, les molaires sont encore très primitives et présentent des caractères que l'on retrouve chez certains primates primitifs de l'éocène asiatique. Actuellement, certains auteurs le placent parmi les catarrhiniens mais sans pouvoir préciser son classement.

Les autres niveaux de la formation du Jebel Qatrani ont livré des fossiles que l'on peut répartir en deux grandes familles : les parapithécidés et les propliopithécidés.

Les parapithécidés. Ils possèdent encore 3 prémolaires par demi-mâchoire. Ils sont représentés par *Qatrania, Apidium* et *Parapithecus,* qui montrent des caractères les rapprochant indiscutablement des platyrrhiniens. Mais la morphologie de certaines dents jugales ressemble incontestablement à celle des catarrhiniens. Il semble que si les parapithécidés ne peuvent être définitivement classés parmi les catarrhiniens, ils en sont cependant très proches. Dans le milieu forestier du gisement du Fayoum, il n'est pas surprenant de trouver des primates quadrupèdes arboricoles, comme en témoigne le squelette postcrânien des parapithécidés qui ressemble beaucoup à celui des ouistitis actuels. Ils pourraient aussi constituer une radiation ancienne d'animaux ressemblant aux singes à queue, sans relation avec les catarrhiniens ultérieurs.

Les propliopithécidés. Ce sont déjà de vrais catarrhiniens (avec 2 prémolaires et 3 molaires par demi-mâchoire) représentés par *Aegyptopithecus* et *Propliopithecus. Aegyptopithecus* a longtemps été considéré comme l'ancêtre des pongidés et *Propliopithecus* comme celui des gibbons. Ils ne semblent pourtant pas être si différents. Certains auteurs préconisent même de les rassembler sous un seul nom.

Le crâne d'*Aegyptopithecus* est allongé, avec un museau saillant, un petit cerveau (27 cm^3), un ectotympanique en anneau. Ses caractéristiques ne permettent pas de préciser avec certitude les liens qui existeraient avec les cercopithécoïdes ou les hominoïdes (ces deux groupes étant des catarrhiniens). La différence entre les sexes semble bien marquée : le mâle a les canines plus fortes, les membres plus robustes et une crête sagittale sur le crâne. Les squelettes de lui que nous possédons lui attribuent la taille d'un renard, et la morphologie de ses os laisse à penser qu'il se déplaçait d'une manière rappelant l'alouatte actuel (singe hurleur des forêts sud-américaines). L'étude du paléomilieu permet d'imaginer que l'ægyptopithèque vivait dans une forêt-galerie tropicale, très humide, de type mangrove.

Certains chercheurs ont vu dans les parapithécidés les ancêtres des cercopithécoïdes (singes à queue de l'Ancien Monde) et dans les propliopithécidés les ancêtres des hominoïdes (singes sans queue). Mais il semble probable que les parapithécidés forment un groupe à part et que les propliopithécidés soient les ancêtres communs très lointains des cercopithécoïdes et des hominoïdes. Par ailleurs, il ne faut pas oublier qu'entre 31 millions d'années et 22 millions d'années, il n'y a aucun site à primate fossile connu en Afrique ; il reste donc une énorme lacune à combler.

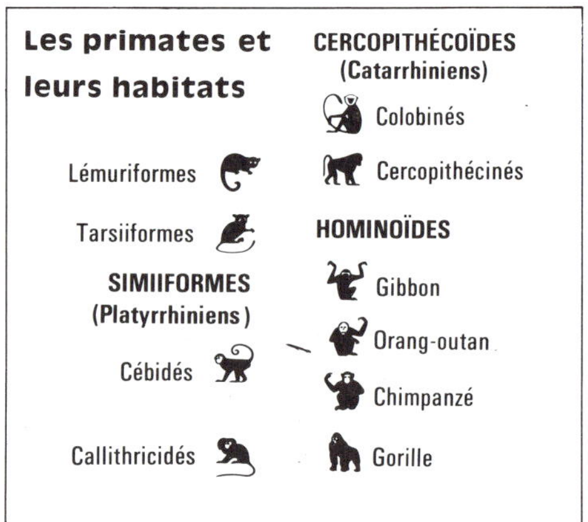

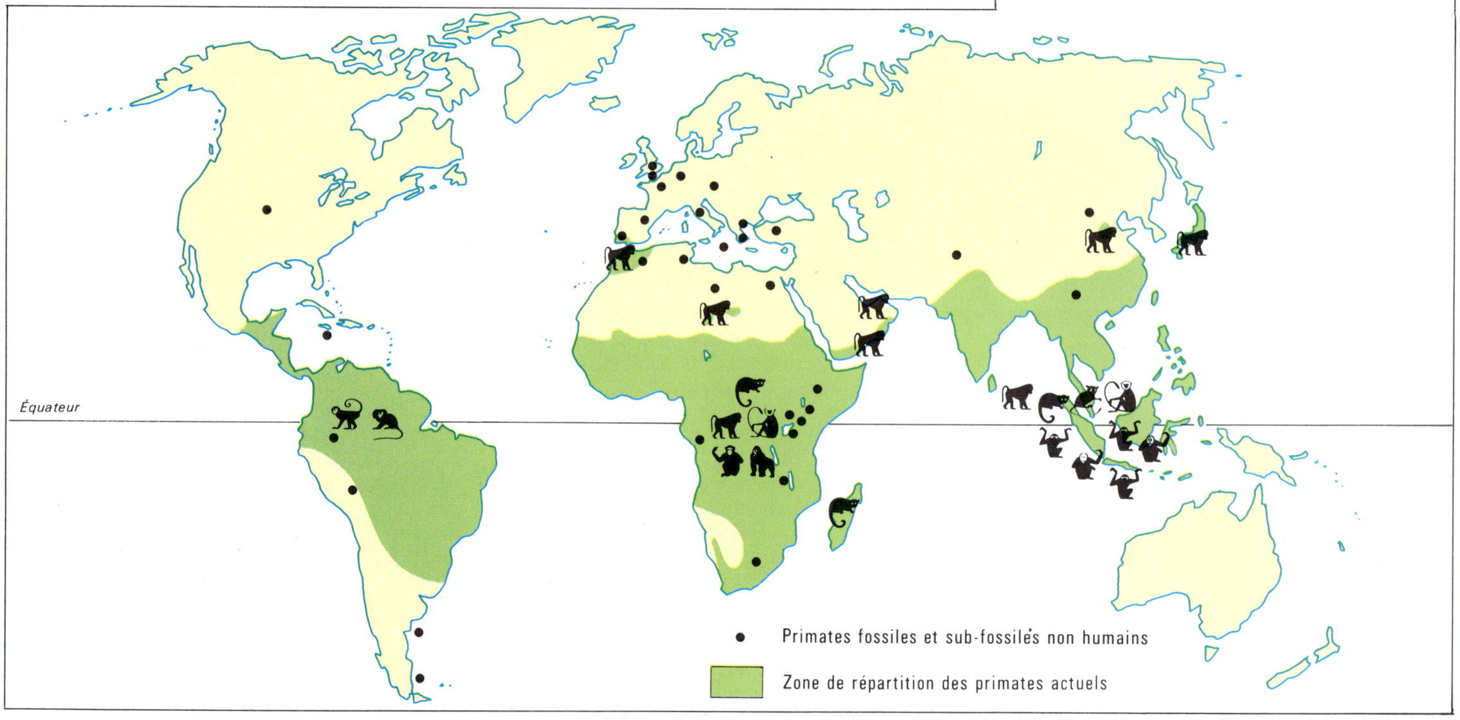

La répartition des primates

En dehors de l'homme, qui s'est dispersé dans le monde entier, les primates se sont uniquement répandus dans la zone intertropicale. La plupart des primates habitent les forêts chaudes et humides, mais certains sont adaptés à la vie en savane (babouins) ou dans les milieux extrêmement froids (macaques japonais).

RÉPARTITION ACTUELLE

Les lémuriformes, les plus primitifs des primates actuels, sont les survivants — en voie d'extinction — d'un groupe autrefois largement répandu, mais qui n'est plus aujourd'hui représenté que dans l'île de Madagascar (lémuriens), en Asie du Sud-Est (loris) et en Afrique continentale (galagos et pottos).

Les tarsiiformes habitent les forêts de basse altitude des îles de l'archipel malais (Célèbes, Philippines). Les platyrrhiniens vivent exclusivement en Amérique du Sud et en Amérique centrale. Parmi les catarrhiniens non humains, les cercopithécoïdes se répartissent en Afrique (babouins, colobes, macaques) et en Asie du Sud (langurs, nasiques et certaines espèces de macaques comme le macaque mangeur de crabes) et les hominoïdes non humains se rencontrent en Asie du Sud-Est (gibbons, siamangs et orangs-outans), et en Afrique (chimpanzés et gorilles réduits à l'Afrique centrale et à l'Afrique de l'Ouest).

RÉPARTITION DES FOSSILES

Comme pour les autres animaux, la répartition, reflétant la classification et l'histoire évolutive, est liée à la modification et à la position des continents. Les tout premiers primates sont uniquement connus par des dents et un fragment de mandibule qui proviennent de terrains datés du crétacé final et du début du tertiaire (65 MA) situés sur Harbicht Hill et Purgatory Hill, dans le Montana aux États-Unis. De la taille de petites musaraignes, ces animaux ont une denture encore primitive (44 dents).

Purgatorius est-il un primate?

Les avis sur *Purgatorius* — qui tire son nom de Purgatory Hill — divergent encore. S'agit-il déjà d'un primate? Les caractéristiques de ses molaires se situent entre celles des insectivores et celles des vrais primates de l'ère tertiaire. Les tubercules dentaires ne sont pas aussi acérés que ceux des insectivores sans être mousses comme ceux des primates. Mais il est probablement proche de la souche des primates.

La première radiation des primates — américaine et européenne — date du paléocène (60 MA). Il s'agit des plésiadapiformes. Leurs orbites, petites et dirigées latéralement, ne sont pas limitées par une barre postorbitaire. Ces animaux étaient probablement munis de griffes, et d'après certains chercheurs, le premier orteil aurait été opposable. Le nombre de leurs dents est réduit à 36. Bien adaptés à la vie arboricole, ils ne sont connus qu'en Europe et en Amérique du Nord. Cependant, l'existence d'une forme africaine, *Azibius,* a été discutée. Ils s'éteignent au début de l'éocène (vers 55 MA). Ils ne peuvent être considérés comme les ancêtres des primates ultérieurs; ils forment un groupe à part.

LES VÉRITABLES PRIMATES

Les strepsirhiniens qui ont envahi la Laurasie au début de l'éocène (53 MA) et dont certains auraient persisté en Asie jusqu'au début du miocène (23 MA) sont de vrais primates. Ils possèdent une orbite fermée vers l'arrière et une barre postorbitaire. Le premier orteil est opposable et pour la première fois, les doigts sont munis d'ongles. Il faut citer *Notharctus* (Amérique du Nord) et *Adapis parisiensis* découvert par G. Cuvier dans le gypse de la colline de Montmartre. Les restes sont assez complets, mais les formes menant aux animaux actuels regroupés sous le nom de lémuriformes sont pratiquement inconnues (mentionnons les quelques spécimens isolés du miocène récoltés en Afrique de l'Est et la faune holocène de lémuriens géants de Madagascar).

Au sein des haplorhiniens, deux groupes se seraient différenciés de part et d'autre de la Téthys, mer épicontinentale située à l'emplacement de la Méditerranée actuelle: les tarsiiformes au nord et les simiiformes au sud.

Le groupe des tarsiiformes est connu en Amérique du Nord et en Europe à l'éocène (53 MA) avec les omomyidés et les microchœridés. Leurs dents indiquent deux types de régime: les uns sont insectivores, les autres frugivores. Parmi les formes fossiles, il y a *Necrolemur* provenant des phosphorites du Quercy et *Ekgmoweschashala* de l'oligo-miocène du Dakota du Sud (États-Unis). Les rares formes asiatiques fossiles ne sont pas reconnues par tous les chercheurs.

Les vrais singes (simiiformes) apparaissent presque en même temps en Amérique du Sud et en Afrique au début de l'oligocène (35 MA environ).

Les deux groupes sont-ils nés de la séparation de l'Afrique et de l'Amérique du Sud à la fin du crétacé? Aucun reste n'a été découvert dans les terrains du paléocène et de l'éocène sur ces deux continents. Les simiiformes dériveraient probablement d'un omomyidé qui aurait migré du nord vers le sud à l'éocène supérieur. Cependant, l'origine des platyrrhiniens est toujours au cœur de débats acharnés. Pour certains, ces singes sud-américains dérivent d'omomyidés nord-américains, et pour d'autres ils ont évolué à partir de protosimiiformes africains qui auraient atteint l'Amérique du Sud sur des radeaux naturels. Le plus ancien platyrrhinien connu est *Branisella,* découvert par R. Hoffstetter en Bolivie en 1954 (oligocène). Ces singes se diversifient, et plusieurs formes ont été répertoriées, dont *Stirtonia* (miocène de Colombie), qui ressemble beaucoup à l'alouatte moderne.

Les plus anciens vrais catarrhiniens datent de l'oligocène (34 MA) et ont été trouvés en Égypte (voir page ci-contre). Les premiers cercopithécoïdes ont été découverts en Libye *(Prohylobates),* au Kenya et en Ouganda *(Victoriapithecus)* dans des terrains miocènes datés de 15 MA environ. Certains auteurs ont voulu voir déjà dans ces niveaux la présence de deux sous-familles actuelles. Les colobinés se sont répandus sur le pourtour du Bassin méditerranéen au miocène supérieur et les cercopithécinés sont bien représentés dans les gisements à hominidés du plio-pléistocène africain. Leur groupe a littéralement explosé à la fin du miocène et à l'heure actuelle, ils forment le groupe de primates le mieux représenté.

L'histoire des hominoïdes commence en Afrique orientale il y a 22 millions d'années; ils se répandront à travers l'Europe et l'Asie au miocène moyen.

Chimpanzé. Ce grand singe africain est probablement l'animal le plus proche de nous: il partagerait 99 p. 100 de son matériel génétique avec l'homme! Il a développé un mode de locomotion particulier appelé *knuckle-walking*: il s'agit d'une marche qui s'effectue sur l'articulation des phalanges des mains repliées.

Les ancêtres de l'homme

La biologie moléculaire ou l'immunologie permettent de mieux comprendre les éléments qui sont communs aux hommes et aux grands singes. Le chimpanzé partagerait 99 p. 100 de son matériel génétique avec l'homme! Mais on cherche toujours l'ancêtre commun des grands singes et des hommes. Il vivait probablement en Afrique, il y a environ une dizaine de millions d'années. Malheureusement, les restes fossiles de cette date sont si rares qu'on n'a pas encore pu reconstituer son portrait.

⇧ **Les terrains miocènes de Moroto** et de sa région (Ouganda oriental) ont livré des restes de primates hominoïdes parmi les plus anciens connus.

L'homme et les grands singes

Quiconque s'intéresse à l'origine de l'être humain se trouve confronté au problème de sa parenté avec les grands singes. Pendant très longtemps, la famille de l'homme, les hominidés, a été opposée à celle des grands singes, les pongidés, qui regroupait le chimpanzé, le gorille et l'orang-outan.

Au cours des dix dernières années, les progrès importants réalisés en biologie moléculaire, en génétique ou en immunologie ont abouti à une révision complète des conceptions passées. Dans la nature actuelle, on réunit dans la superfamille des hominoïdes les gibbons — dont l'histoire fossile est mal connue — et les siamangs des îles du Sud-Est asiatique, les orangs-outans de Bornéo et de Sumatra, les chimpanzés et les gorilles d'Afrique, et l'homme.

LA BIOLOGIE DU VIVANT

La biologie moléculaire étudie les composants biochimiques des cellules et la structure des protéines. Les protéines sont de longues chaînes de «briques élémentaires» appelées acides aminés, dont l'ordre sur la chaîne est déterminé par l'ADN des chromosomes. Au sein d'une même espèce, les chaînes varient relativement peu; le recensement des différences permet de séparer les divers groupes. En effet, au cours du temps, les modifications dans la structure de l'ADN influent sur la nature ou la position des acides aminés. L'hémoglobine, le cytochrome C ou la myoglobine se sont révélés extrêmement utiles pour ce type de recherches. Dans le cas de l'hémoglobine, on a recensé 61 différences entre la grenouille et l'homme, 8 différences entre l'homme et le macaque rhésus, et aucune entre l'homme et le chimpanzé!

Les réactions immunologiques donnent des résultats similaires. La méthode en est relativement simple: on injecte le sérum sanguin d'un animal à un cobaye qui fabrique des anticorps contre le sérum étranger. Si ensuite on injecte le sérum du cobaye à un troisième animal, les protéines identiques du sérum et les anticorps se combinent: la précipitation est d'autant plus forte que le degré de parenté des animaux est grand. Avec ce procédé, on peut regrouper des espèces, des genres et construire une sorte d'arbre généalogique.

Les progrès récents de la génétique sont venus compléter ces résultats. Pour faire des comparaisons morphologiques, on place sur un tableau les chromosomes humains en regard des chromosomes (qui paraissent les plus proches) de l'espèce de primate que l'on veut comparer à l'homme. On peut également reconstituer une véritable histoire du chromosome, car toutes les modifications importantes qu'il a subies (fusions, cassures...) restent imprimées sous forme de bandes claires ou sombres pouvant être mises en évidence grâce à des colorations appropriées. A partir de là, on peut également bâtir une sorte d'arbre généalogique et reconstituer, en quelque sorte, les caryotypes ancestraux. Cependant, cette méthode a aussi ses limites, car l'homologie des différentes bandes n'est pas toujours évidente.

NOTRE COUSIN LE CHIMPANZÉ

Toutes les données de la biologie du vivant aboutissent à la mise en évidence de la proximité des grands singes africains et de l'être humain. Le chimpanzé partagerait 99 p. 100 de son matériel génétique avec l'homme!

Au sein des hominoïdes, il y a des hylobatidés (gibbons, siamangs), très éloignés de l'homme et des pongidés (groupe aujourd'hui restreint aux orangs-outans). Selon les cas, le chimpanzé, le gorille et l'homme sont regroupés sous la famille des hominidés, avec les paninés (gorille, chimpanzé) et les homininés (homme); ou bien le gorille et le chimpanzé forment la famille des panidés, et, dans ce cas, l'homme est le seul représentant de la famille des hominidés.

Certains chercheurs ont voulu aller plus loin et ont tenté de dater les principales dichotomies. Si les méthodes de la biologie du vivant permettent effectivement de clarifier les parentés entre les différentes espèces et sont en cela complémentaires de la paléontologie, seule cette dernière peut essayer de dater les divergences. Ainsi, les estimations de 3 à 4 millions d'années avancées par les biologistes pour la divergence entre les chimpanzés et l'homme et celles de 15 millions avancées par quelques paléontologistes ne semblent pas être plausibles. Les nombreuses données récentes permettent d'envisager une séparation située autour de 8 millions d'années. Par ailleurs, des travaux très récents sur l'hybridation de l'ADN ont montré que le gorille est plus éloigné de l'homme que ne l'est le chimpanzé.

Les hominoïdes du miocène

Les cercopithécoïdes et les hominoïdes ont divergé dans une période comprise entre 30 et 22 millions d'années environ. Pour le moment, le manque de gisement connu en Afrique ne permet pas de préciser la date exacte de cette séparation. Cependant, les premiers vrais hominoïdes ont été découverts dans le gisement de Meswa Bridge, au Kenya, daté de 22,5 millions d'années. Plusieurs fragments osseux (morceaux de frontal, de maxillaire, de mandibule, dents isolées) ont pu être rapprochés de *Proconsul major*, grand singe de taille importante. Les hominoïdes s'individualisent au miocène inférieur et au miocène moyen (vers 17 MA), à la faveur du rapprochement des plaques afro-arabe et asiatique; ils se répandent alors en Europe et en Asie et poursuivent leur évolution sur trois continents: l'Europe, l'Asie et l'Afrique. Actuellement, les sites les plus riches et les mieux connus sont situés au Kenya occidental et en Ouganda, dans les vallées du rift Nyanzae et du rift Gregory. On peut classer les primates du miocène en plusieurs groupes: les pliopithèques, les dryopithèques et les oréopithèques.

LES PLIOPITHÈQUES

Probablement issus des propliopithèques, connus au Fayoum (voir encadré, p. 272), en Égypte, les pliopithèques sont des animaux européens du miocène moyen et supérieur (15 à 10 MA). Découverts au siècle dernier par Henri Ducrotay de Blainville (1777-1850), ils ont été apparentés aux gibbons, mais constituent probablement un groupe à part. Ils présentent des caractères ni tout à fait de cercopithécoïdes, ni tout à fait d'hominoïdes. Cependant, ils sont plus évolués que les singes du Fayoum: leur volume crânien est plus important, leur face est réduite, les orbites sont situées dans un plan frontal, et ils présentent un début de formation d'un conduit auditif externe ossifié. Tous ces caractères, partagés avec les cercopithécoïdes et les hominoïdes, autorisent un classement parmi les premiers catarrhiniens sans toutefois la possibilité de les relier clairement avec l'une ou l'autre de ces superfamilles. Plusieurs caractères ont plaidé pour un rapprochement avec les gibbons (notamment la morphologie des dents et celle de la face), mais ces traits primitifs ne permettent pas le rattachement phylogénétique à ce groupe de singes asiatiques.

L'identification du dendropithèque reste problématique. Souvent rapproché des pliopithèques, ce fossile du miocène inférieur (17,5 MA) d'Afrique orientale se placerait plutôt dans la lignée des gibbons asiatiques, comme tendent à le prouver certains caractères dentaires et le début d'allongement du membre supérieur. Mais il existe trop peu de spécimens pour trancher la question. Le dionysopithèque de Chine et le krishnapithèque d'Inde et de Mongolie (miocène) appartiendraient également à ce groupe.

LES DRYOPITHÈQUES

Le groupe des dryopithèques (singes des chênes), dont les premiers furent découverts au siècle dernier par M. Fontan et décrits par Edouard Lartet (1801-1871) à Saint-Gaudens, rassemblent des formes très variées répandues en Europe, en Asie et en Afrique (miocène inférieur et supérieur). Les hominidés vont émerger au sein de ce groupe, le plus important à l'époque. On leur donne le nom de *Dryopithecus, Proconsul, Limnopithecus, Micropithecus, Rangwapithecus, Kenyapithecus*, etc.

Proconsul, le plus ancien, a été découvert dans de nombreux sites kényens et ougandais. En 1984, plusieurs squelettes presque complets ont été exhumés sur l'île de Rusinga au Kenya par l'équipe dirigée par A. Walker et R. Leakey. La taille de *Proconsul* varie de celle d'un colobe à celle d'un gorille selon les espèces. Les caractères crâniens et post-crâniens font de *Proconsul* un bon représentant de l'ancêtre commun lointain des grands singes et de l'homme.

Une communication entre l'Eurasie et l'Afrique s'est établie au miocène inférieur (17 MA) par la plaque afro-arabe. Les faunes ont pu migrer d'un continent à l'autre. On a, en effet, trouvé en Chine un descendant probable de *Proconsul*, le platodontopithèque, dont les restes sont très fragmentaires (3 molaires supérieures et 2 molaires inférieures).

En Afrique orientale, on a trouvé le kenyapithèque (miocène moyen), qui, à diverses reprises, fut placé dans la famille de l'homme et souvent rapproché des ramapithèques asiatiques, eux-mêmes longtemps considérés comme de bons représentants de la famille humaine.

A la lueur des nouvelles et nombreuses découvertes réalisées au Kenya par Martin Pickford et Hidemi Ishida — sur les sites de Maboko et de Nachola en particulier —, il apparaît que les kenyapithèques sont beaucoup moins humains qu'on ne l'a pensé. Les fossiles retrouvés permettent de conclure non seulement que le kenyapithèque et le ramapithèque sont différents, mais encore que les deux espèces de kenyapithèques sont différentes entre elles. Le kenyapithèque, présent entre 14 millions d'années et 11 millions d'années environ, représente peut-être un ancêtre commun

***Proconsul africanus* est un singe fossile** qui a été découvert pour la première fois en 1928 sur le site de Koru (Kenya occidental), grâce à un maxillaire. Vers la fin des années 1930, des éléments de la face, de la mâchoire, des pieds et des jambes ont été découverts (ils sont indiqués en noir sur ce document). Les parties du squelette appartenant au crâne et à la mandibule, indiquées en bleu, ont été retrouvées en 1948 sur l'île de Rusinga. Quelques années plus tard, d'autres éléments, figurés ici en vert, ont encore été découverts. Les parties colorées en rouge sont celles qui ont été retrouvées le plus récemment (1981) dans les collections du Muséum national du Kenya et qui ont permis la reconstitution de *Proconsul*. Plusieurs hypothèses ont été avancées quant aux relations de ce dernier avec les autres primates: certains ont pensé qu'il appartenait au groupe frère des cercopithécoïdes et des hominoïdes, d'autres qu'il s'agissait de l'ancêtre commun aux cercopithécoïdes et aux hominoïdes, ou encore qu'il était lui-même un cercopithécoïde ou un hominoïde. La reconstitution de son anatomie nous permet de penser qu'il s'agit d'un hominoïde menant une vie arboricole et capable de se déplacer à terre quand cela était nécessaire.

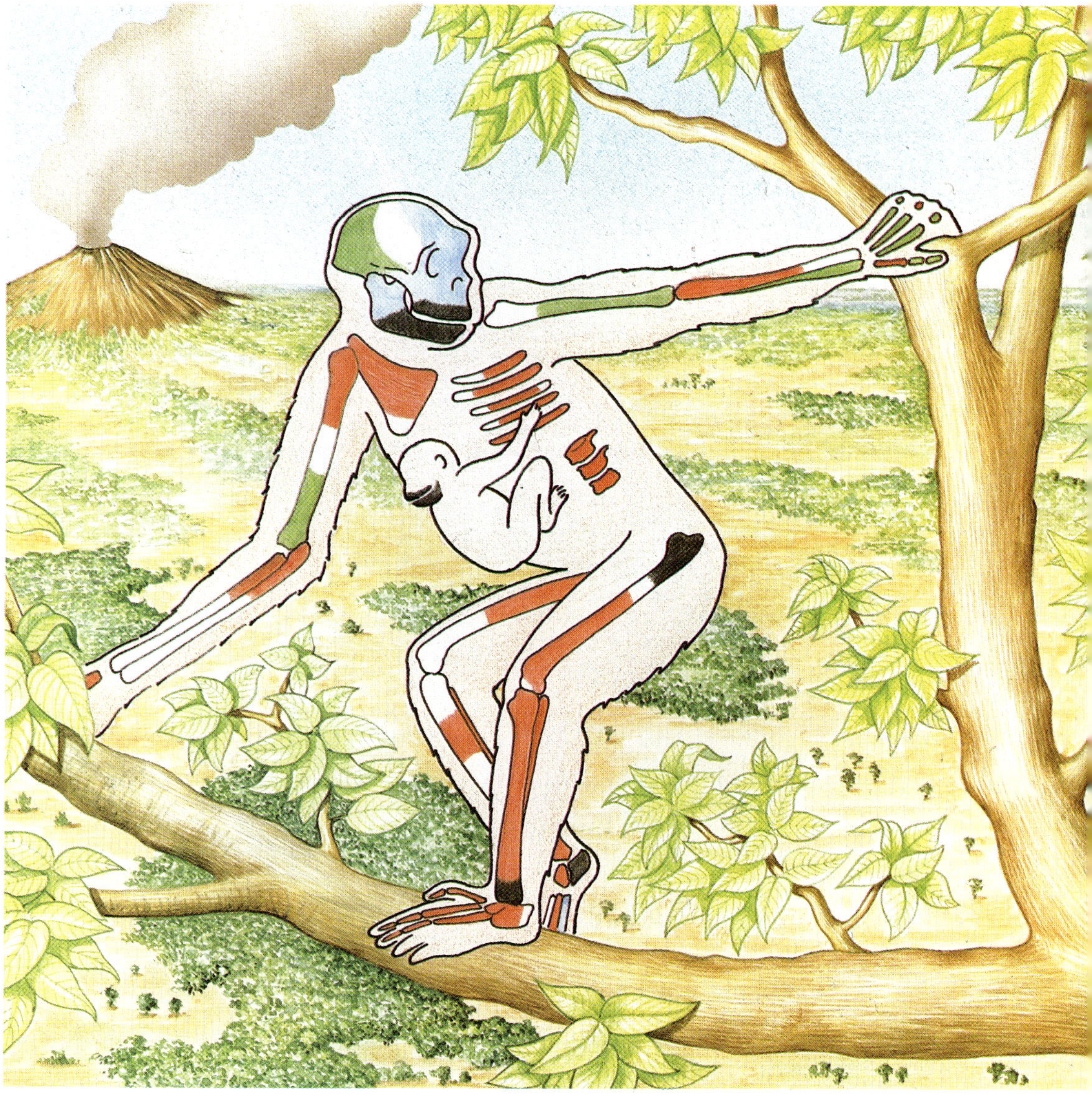

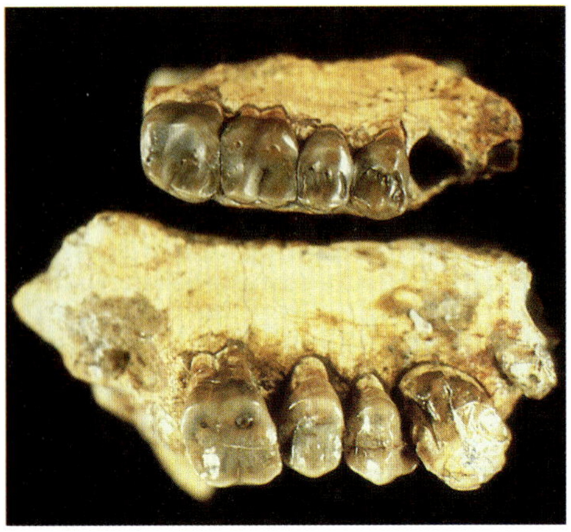

Il y a dix ans à peine, le ramapithèque (en bas) était considéré comme un membre très ancien de la famille de l'homme. Les découvertes récentes de sivapithèques en Asie (en haut) ont montré que les différences entre les deux genres n'exprimaient que le dimorphisme sexuel d'animaux apparentés aux orangs-outans.

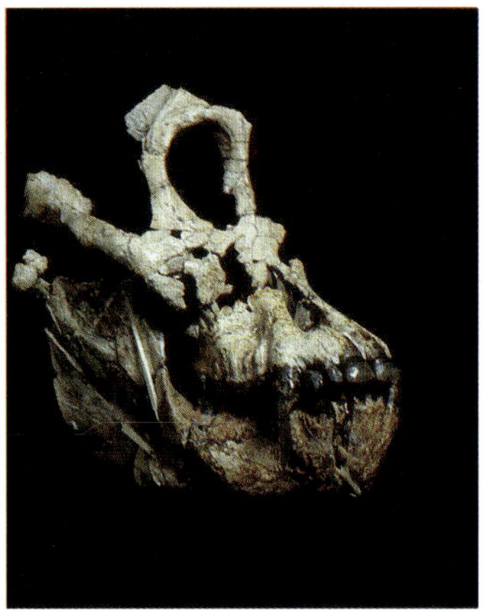

Cette face de sivapithèque, trouvée au Pakistan par une équipe internationale, montre des affinités très nettes avec les orangs-outans : orbites plus hautes que longues, distance inter-orbitaire courte, forte concavité de la face.

aux grands singes (orang-outan, chimpanzé et gorille) et à l'homme. On peut aussi penser que le kenyapithèque a migré vers l'Eurasie et a donné naissance au groupe des sivapithèques/ramapithèques (entre 14 et 8 MA), qui donneront, eux, probablement naissance plus tard aux orangs-outans, d'une part, et aux gigantopithèques de Chine et d'Inde, d'autre part. Une troisième migration probable à partir de l'Afrique aurait pu, entre 14 et 10 millions d'années, donner naissance en Europe aux *Dryopithecus*, connus, par exemple, en France, en Espagne et en Hongrie.

Les ramapithèques et les sivapithèques. En 1934, un chercheur américain découvrit au Pakistan un primate qu'il nomma *Ramapithecus brevirostris*. Jusqu'à la mise au jour par Louis Leakey au Kenya d'un autre spécimen, le *Kenyapithecus wickeri*, souvent rapproché de *Ramapithecus*, la découverte de 1934 resta ignorée. L'émail de ses dents, son museau déjà raccourci, ses canines peu puissantes faisaient du ramapithèque l'ancêtre idéal de l'homme, et certains n'ont pas hésité à l'appeler hominidé.

Les ramapithèques et les sivapithèques, découverts au début du siècle en Inde par G.E. Pilgrim, qui leur reconnut des affinités avec les orangs-outans, sont présents en Hongrie, en Turquie, en Grèce (dont l'ouranopithèque, aux affinités incertaines) et en Chine entre 15 et 8 millions d'années. Ces dernières années, les nombreuses découvertes — en particulier des faces complètes — réalisées par une équipe internationale au Pakistan, par des paléontologistes de Pékin en Chine et par une équipe anglo-turque en Turquie ont changé les données du problème et ont montré que très souvent les ramapithèques et les sivapithèques sont associés dans les différents gisements. Si, d'autre part, on compare tous les spécimens, il apparaît assez nettement que la plupart des pièces attribuées à *Ramapithecus* sont des spécimens appartenant à des femelles et que celles rattachées à *Sivapithecus* reviennent à des mâles. Les ramapithèques sont d'ailleurs toujours plus grêles que les autres. Si l'on compare ces différences à celles observées chez certains primates actuels, elles ne semblent pas plus importantes que celles existant entre les gorilles mâles et les gorilles femelles ou entre les orangs-outans des deux sexes.

Il semble donc établi que les ramapithèques et les sivapithèques doivent être rassemblés dans un seul et même genre, auquel on donne le nom de *Sivapithecus*, car il a été décrit avant *Ramapithecus*. Un certain nombre de caractères (orbites plus hautes que larges, distance inter-orbitaire étroite, forte concavité de la face, par exemple) spécifiques à l'orang-outan et aux sivapithèques permettent de les relier phylogénétiquement. Les sivapithèques ne peuvent donc pas être considérés comme les ancêtres des hominidés.

L'arbre phylétique des primates ⇨ supérieurs présente encore de nombreuses lacunes dues au manque de fossiles. Les tout premiers singes, apparus vraisemblablement en Afrique, ne sont pas connus. Les plus anciennes traces de singes fossiles datent de l'oligocène inférieur, les gisements de cette époque (environ 34 MA) ayant livré en Égypte un groupe diversifié de primates, comme *Propliopithecus* et *Aegyptopithecus*. Ce groupe a probablement donné naissance aux deux grandes unités de singes, ceux du Nouveau Monde (platyrrhiniens) et ceux de l'Ancien Monde (catarrhiniens), mais un «silence» de 10 MA ne permet pas d'en savoir beaucoup sur leurs origines. Au miocène inférieur (20 MA), ces deux grandes unités sont bien différenciées et évoluent dès lors indépendamment. Les catarrhiniens se scindent d'une part en cercopithécoïdes (macaques, babouins, cercopithèques), d'autre part en hominoïdes qui donneront les grands singes d'Afrique, ceux d'Asie et les hominidés (rameau humain). Les fossiles du miocène inférieur et moyen (dont *Proconsul*) découverts au Kenya occidental permettent de mieux appréhender l'histoire des premiers hominoïdes. Mais on ne sait pas encore quand se sont détachées les différentes lignées de grands singes et le rameau humain.

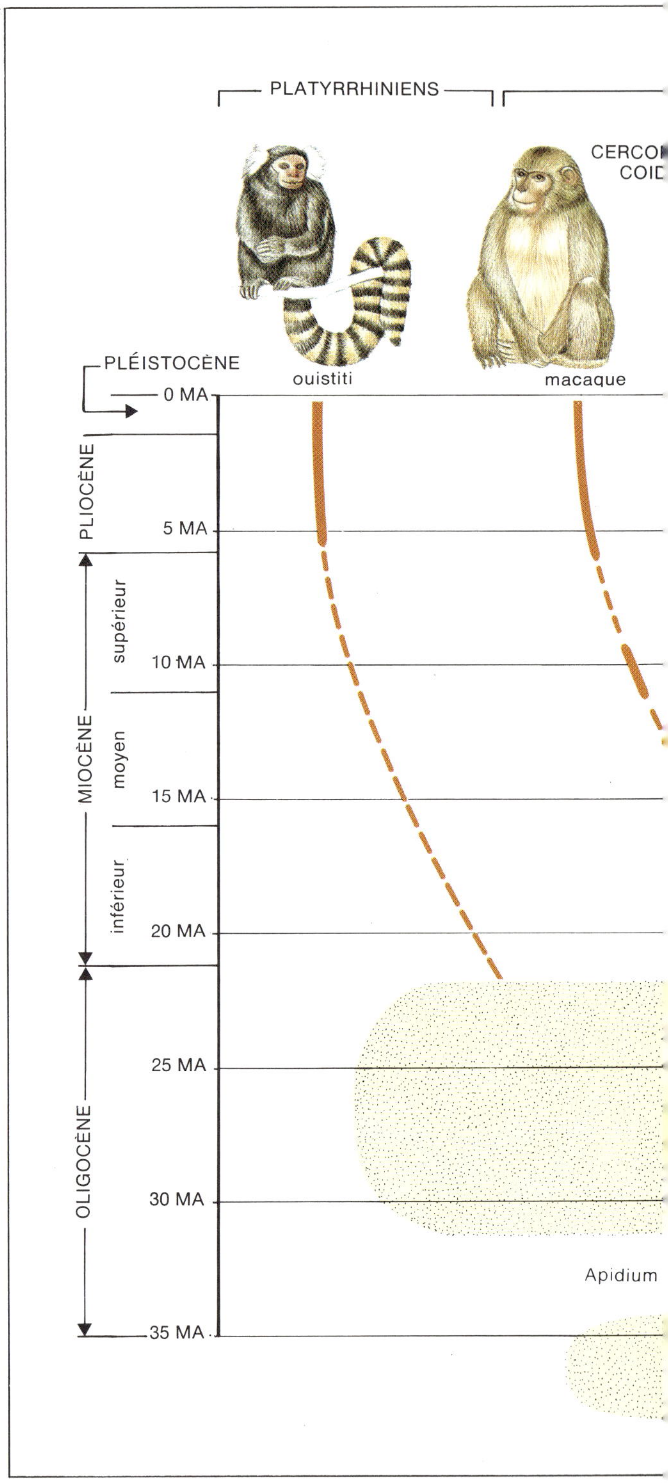

QUI SONT NOS ANCÊTRES ?

Dans l'état actuel des connaissances, nous ne le savons pas. Entre 10 et 4 millions d'années, il y a d'énormes lacunes : les pièces sont trop rares et trop fragmentaires pour qu'on puisse leur attribuer un nom. Tous les fossiles de primates hominoïdes connus pour cette période proviennent du Kenya, de gisements situés à l'est de la Rift Valley. Dans le bassin du lac Baringo, on a découvert une molaire supérieure gauche (10 MA) sur le site de N'Gorora, un fragment de temporal droit et un fragment d'extrémité supérieure d'humérus (4 à 5 MA) sur le site de Chemeron. Sur celui de Lukeino, on a trouvé une molaire inférieure gauche (6,5 MA) et le site de Lothagam a livré un fragment de mandibule portant une molaire et les racines des autres molaires (5 MA). Au sud-ouest du lac Turkana, une extrémité distale d'humérus montrant des caractères très humains a été trouvée sur le site de Kanapoi. En août 1982, une équipe japonaise a découvert dans les Samburu Hills, au nord du Kenya, un maxillaire supérieur en deux morceaux et portant 5 dents, datant peut-être de 8 millions d'années. Cette pièce présente à la

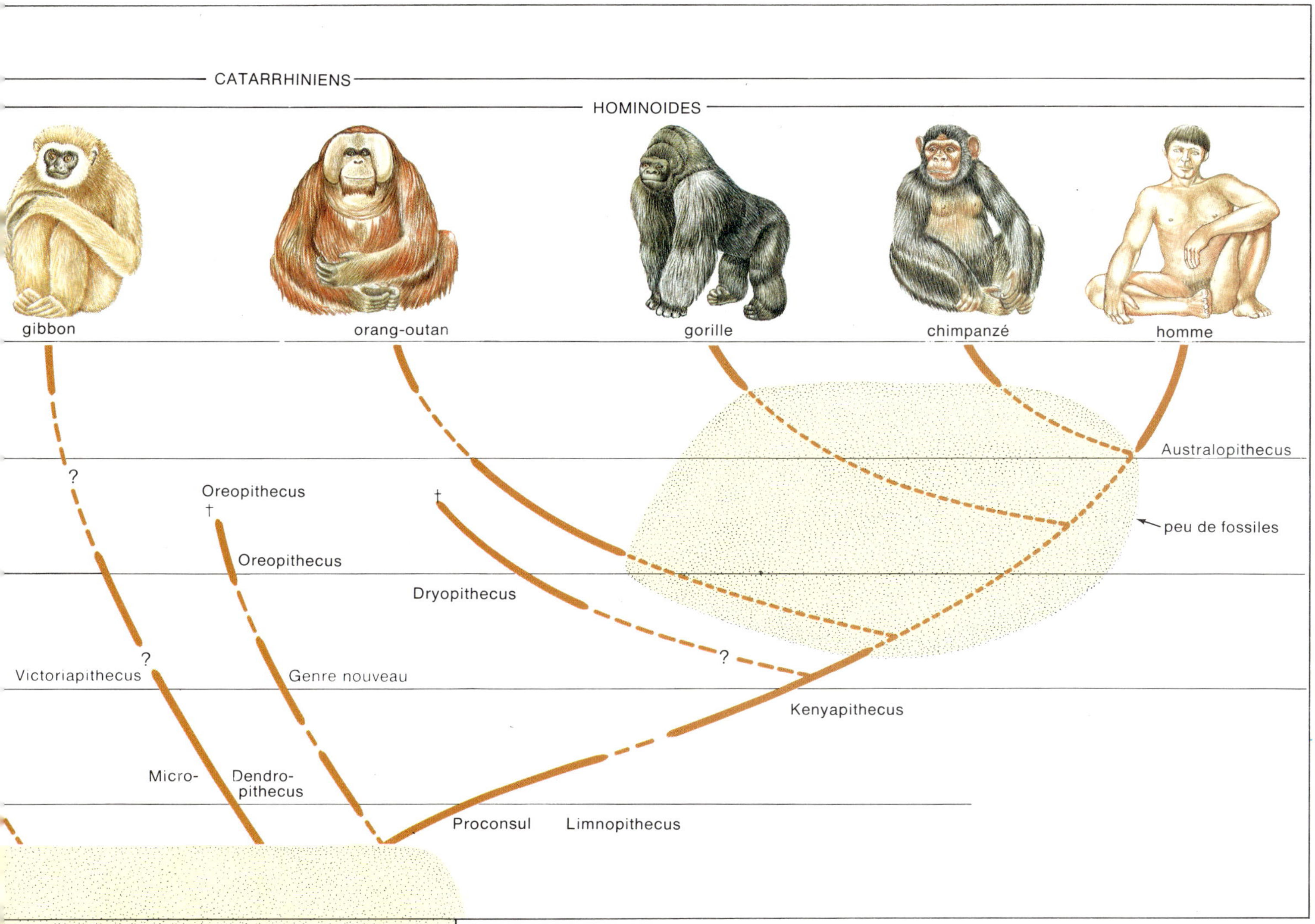

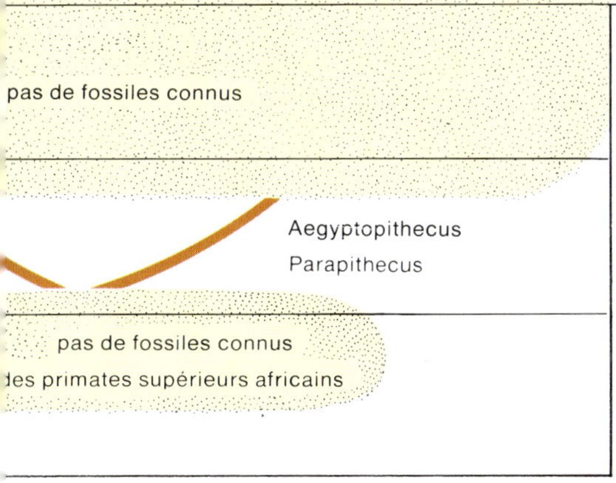

fois des caractères simiesques très nets et des caractères proches de l'homme; il faudra attendre d'avoir plus de matériel de ce site pour conclure.

Si la recherche des ancêtres les plus lointains de l'homme est fondamentale, il n'est pas moins important pour autant de rechercher les ancêtres des grands singes africains, dont les débuts de l'histoire sont pour le moment pratiquement inconnus.

Il est illusoire de considérer la morphologie actuelle du chimpanzé comme un bon prototype des ancêtres de l'homme, car ces animaux ont eux aussi évolué. Si, d'après la biologie du vivant, le chimpanzé est bien notre plus proche parent, il est notre cousin, mais certainement pas notre grand-père. Le problème reste de savoir si nous saurons reconnaître notre ancêtre commun!

LE CAS DE L'ORÉOPITHÈQUE

Le squelette complet d'un hominoïde de grande taille, daté de 9 millions d'années, a été découvert en 1958 dans les mines de lignite du Monte Bambolii en Toscane. La forme évasée de son bassin a pu faire penser qu'il s'agissait d'un être bipède, et certains chercheurs n'ont pas hésité à en faire un représentant de la famille de l'homme. Les os du membre supérieur ont fait pencher la balance en faveur d'une vie nettement arboricole. D'autres l'ont placé ensuite parmi les cercopithécoïdes. Mais aucune de ces classifications ne s'est révélée satisfaisante.

Un ré-examen récent du squelette et de nouvelles découvertes réalisées sur le site de Maboko au Kenya ont montré que l'oréopithèque est un véritable hominoïde, à caractères particuliers, probablement issu d'une forme ancienne de dryopithèque; sa branche se serait séparée des autres hominoïdes il y a environ 20 millions d'années.

L'EXPANSION DES HOMINOÏDES

Pourquoi les hominoïdes, largement répandus au miocène, ne sont-ils restreints aujourd'hui qu'à quelques zones? Leur expansion peut peut-être s'expliquer par la similitude de climat du sud de l'Eurasie avec celui qu'ils connaissent aujourd'hui, ou par leur capacité d'adaptation à des environnements différents à l'époque, ou encore par un mélange de ces deux hypothèses.

Lorsqu'il y a eu changement de climat, peut-être ont-ils été incapables de s'adapter. Les hominoïdes n'ont vraisemblablement pas été remplacés par les cercopithécoïdes qui ont proliféré à la fin du miocène, à une période où les singes hominoïdes étaient déjà en régression.

L'absence de fossiles annonçant les grands singes africains à partir de 8 millions d'années pose un problème. Une hypothèse avancée récemment par Yves Coppens permet d'y répondre au moins partiellement. Nous savons que les grands singes africains et l'homme sont de très proches parents; or dans les gisements d'Afrique orientale, on ne trouve que les ancêtres de la famille de l'homme. La faille de l'Afrique de l'Est, s'étendant de la mer Rouge au Transvaal, aurait joué un rôle de barrière. Les plus anciens hominidés sont exclusivement connus à l'est de cette barrière, dans des régions où le climat se serait asséché. Les singes se seraient développés à l'ouest de cette barrière dans des régions au climat encore très humide; ils auraient gardé cette répartition jusqu'à l'heure actuelle.

Cette hypothèse est valable aujourd'hui, même si nous ne connaissons aucun dépôt d'âge équivalent à ceux d'Afrique orientale à l'ouest de la vallée du Rift. Par ailleurs, certains sites du miocène (par exemple ceux des îles de Maboko et de Rusinga, dans l'ouest du Kenya) étaient, non pas des sites forestiers denses comme on l'a souvent dit, mais l'un semi-aride et l'autre de forêt claire, qui ont cependant livré des singes hominoïdes. Le problème reste donc en partie posé.

BRIGITTE SENUT

CHAPITRE 24

Les premiers hommes

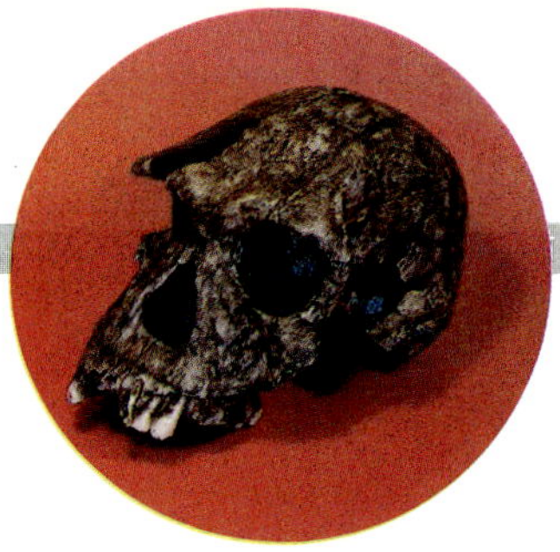

Les plus anciens hominidés : les australopithèques

C'est dans l'est de l'Afrique que l'on a retrouvé les plus anciens fossiles d'hominidés, datant, pour certains, de 3,8 millions d'années environ : les Australopithecus afarensis, *parmi lesquels la célèbre Lucy, âgée de 2,8 millions d'années. Parmi les australopithèques, ainsi nommés car les premiers furent découverts dans le sud de l'Afrique, existent également les australopithèques dits « graciles », apparus vers 2,5 millions d'années, et ceux dits « robustes », abondants entre 2 et 1,5 million d'années. Ces australopithèques, encore proches des singes, sont-ils nos lointains ancêtres ?*

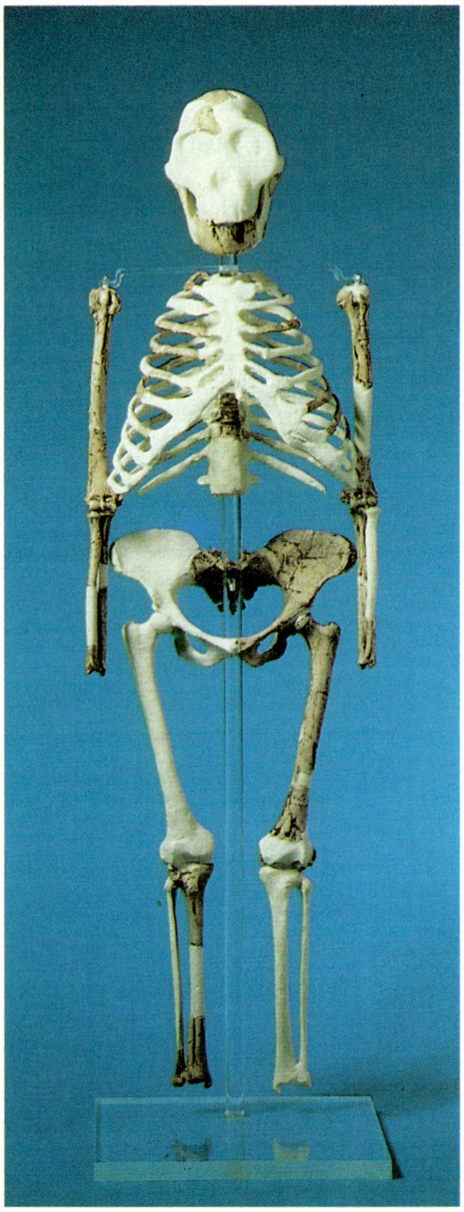

Lucy, vieille de près de 3 millions d'années, est la plus ancienne femme connue. On a découvert une grande partie de son squelette : ce sont surtout les pieds et les mains qui ont dû être reconstitués.

Après la longue lacune, parsemée de rares pièces fragmentaires, d'il y a 10 millions d'années (fin du miocène et début du pliocène), les fossiles d'hominidés réapparaissent en quantité appréciable à partir de – 3,8 millions d'années environ. Une douzaine de sites est et sud-africains, échelonnés sur 2,5 millions d'années au moins, ont, en effet, livré un échantillon assez large de ces premiers hominidés qu'on appelle australopithèques. Jusqu'en 1978, le genre *Australopithecus* ne comprenait que deux types principaux, l'australopithèque gracile, *Australopithecus africanus*, et l'australopithèque robuste, *Australopithecus robustus*, âgés de 2,5 à 1,5 million d'années environ. Récemment, une espèce plus ancienne est venue s'y adjoindre : *Australopithecus afarensis.*

UNE DÉCOUVERTE RÉCENTE : *AUSTRALOPITHECUS AFARENSIS*

Cette forme primitive, qui a vécu de 3,8 à 2,6 millions d'années environ, provient de deux gisements est-africains, le site de Hadar, dans l'Afar éthiopien, et celui de Laetoli, dans le nord de la Tanzanie.

Hadar et Lucy

Découvert par le géologue français Maurice Taïeb, le gisement de Hadar est constitué d'une série sédimentaire de sables et d'argiles de plusieurs centaines de mètres d'épaisseur déposée par un lac et ses affluents. Des couches de cendres volcaniques intercalées dans la succession ont permis de la dater par les méthodes radiométriques. Ces datations ont été confirmées par l'étude du degré d'évolution des espèces animales associées aux hominidés (antilopes, suidés, proboscidiens, rongeurs).

De nombreux sites de la région de Hadar ont fourni des restes humains, mais les plus célèbres sont les localités 333 et 128. Le site 333 a livré un ensemble exceptionnel de pièces, ne comprenant, assez curieusement, aucun fossile d'autres espèces animales. Il s'agit peut-être d'un même groupe d'hominidés (une « famille ») brutalement emporté par une crue. La localité 128, d'où provient la célèbre Lucy, découverte en 1974, est plus récente, car située plus haut dans la série sédimentaire.

Lucy, baptisée ainsi d'après une chanson des Beatles, est une jeune femme — d'après la forme de son bassin —, d'une vingtaine d'années — d'après l'état de ses dents —, dont le squelette est complet à 40 p. 100 : il lui manque les pieds, la plus grande partie des mains et du crâne. Il faudra ensuite attendre plus de 1 million d'années pour retrouver un squelette humain aussi complet.

Le site de Laetoli

Ce site est connu depuis le début de ce siècle, mais ce n'est qu'en 1939 qu'y furent mis au jour les premiers restes humains, et Mary Leakey en découvrit de nouveaux, surtout des mâchoires, à partir de 1974. En 1977, le décapage d'une couche de cendres durcies mettait en évidence plusieurs séries d'empreintes animales (oiseaux, éléphants, chevaux à trois doigts, antilopes) et surtout les traces de trois êtres bipèdes, deux adultes et un jeune, se déplaçant probablement ensemble. Ces empreintes sont suffisamment nombreuses et bien conservées pour qu'on puisse revivre, sans trop d'efforts d'imagination, quelques secondes de la vie de nos ancêtres, il y a 3,5 millions d'années... Cet émouvant témoignage démontre mieux que n'importe quel argument anatomique l'antériorité de la bipédie sur les autres composantes de l'hominisation : les empreintes de Laetoli sont très peu différentes de celles laissées par un homme actuel.

Le premier australopithèque

En 1976, les Américains D. Johanson et T. White et le Français Yves Coppens, considérant que tous ces hominidés de l'Afar et de Laetoli appartenaient à une même espèce, lui donnaient le nom d'*Australopithecus afarensis.* Ce premier hominidé ne devait pas mesurer plus de 1,10 m et pesait une vingtaine de kilos. Sa denture est primitive : la première prémolaire inférieure ne comporte souvent qu'un seul tubercule, les canines sont faibles, mais les incisives sont très élargies. La capacité crânienne a été estimée à 450 cm^3, c'est-à-dire un peu plus que chez le chimpanzé, malgré un poids corporel inférieur. Les mains montrent qu'*Australopithecus afarensis* ne pouvait pas pratiquer le « knuckle-walking » (marche sur les phalanges repliées) des grands singes. Le bassin, malgré quelques différences, est celui d'un bipède, large et évasé.

Malgré tout, ce lointain ancêtre conserve dans son squelette des caractères qui montrent qu'il était moins étroitement spécialisé dans la bipédie que nous ne le sommes. Ses bras n'ont pas perdu toutes les adaptations à la vic arboricole; ses genoux sont encore capables de faibles mouvements de rotation. Sans doute cet hominidé essentiellement terrestre se réfugiait au besoin dans les arbres, comme le font aujourd'hui les babouins. Ses moyens de défense devaient en effet être bien limités: nous ne possédons encore aucune preuve, ni même aucun indice, d'un quelconque travail de la pierre, aucun outil n'ayant à ce jour été trouvé associé à *Australopithecus afarensis*.

Reconstitution de l'environnement des australopithèques d'Afrique du Sud, il y a 2 millions d'années. On reconnaît des zèbres, des antilopes, et le tigre à canines en sabre, *Homotherium*.

Australopithecus afarensis et l'origine de l'homme

Il est donc de plus en plus vraisemblable que l'homme est né quelque part en Afrique de l'Est, il y a environ 4 millions d'années. Il ne fait pas de doute qu'*Australopithecus afarensis* est situé sur la branche humaine de la dichotomie homme - grands singes africains. Mais les avis divergent quant à la place exacte à lui attribuer dans notre évolution. Certains spécialistes pensent que deux espèces ont été mélangées sous le même nom: Lucy est 1 million d'années plus récente que les traces de pas de Laetoli, par exemple; deux types d'adaptation locomotrice existent peut-être dans la «famille» du site 333: Richard Leakey pense même qu'il existe déjà des *Homo* dans le matériel. La plupart de ceux qui pensent que ce matériel est homogène voient en *Australopithecus afarensis* l'ancêtre à la fois des australopithèques plus récents et du premier homme (*Homo*). Cependant, Lucy (2,8 millions d'années) est à peu près contemporaine des premiers vrais australopithèques d'Afrique du Sud, et n'est peut-être qu'une forme septentrionale de ceux-ci. Remarquons néanmoins avec Yves Coppens que l'espèce mère (*A. afarensis*) a fort bien pu subsister quelque temps après avoir donné naissance à une espèce fille (*A. africanus*). La résolution de tous ces problèmes n'est pas facilitée par les difficultés liées à la nomenclature de pièces souvent fragmentaires, ni, il faut bien l'avouer, par la passion qui entoure souvent la recherche de nos origines.

AUSTRALOPITHÈQUE GRACILE ET AUSTRALOPITHÈQUE ROBUSTE

L'hominidé de l'Afar et de Laetoli est nettement plus primitif que ceux qui lui succèdent, qu'on appelle australopithèques, les premiers d'entre eux ayant été découverts dans le sud du continent. Ces australopithèques au sens stricts (par opposition au «Pré-*Australopithecus*» *afarensis*) vivaient tous en Afrique orientale et méridionale, entre 3 et 1,5 million d'années environ. Leur place dans l'arbre généalogique humain est encore discutée, bien qu'on les connaisse déjà depuis plus de soixante ans.

Une découverte en Afrique du Sud

C'est en 1924 qu'un géologue, R. Young, remarquait un étrange presse-papiers sur le bureau d'un ingénieur exploitant les mines de Taung, au Bechuanaland, en Afrique du Sud. L'anatomiste Raymond Dart ne tarda pas à y reconnaître le crâne incomplet (face, mâchoire inférieure et moulage endocrânien) d'un jeune primate, âgé d'environ cinq ans, plus proche de l'homme que du singe. La denture, avec ses petites canines, sa première prémolaire inférieure non coupante, était déjà très humaine, alors que le volume du cerveau demeurait faible. Cette association de dents humaines et d'un cerveau primitif était exactement inverse de celle que le milieu scientifique s'attendait à trouver dans le «chaînon manquant», si bien illustré par le crâne de Piltdown (voir encadré p. 280). Les idées de Dart sur son *Australopithecus africanus* eurent donc beaucoup de mal à s'imposer en Europe. Heureusement, de nouvelles découvertes, toujours en Afrique du Sud, vinrent confirmer l'idée d'un peuplement ancien de cette région par des hominidés archaïques. En 1936,

En bas à droite, les mâchoires inférieures de l'*Australopithecus afarensis* de Laetoli (Tanzanie), qui est probablement l'ancêtre des espèces gracile de Sterkfontein en Afrique du Sud et robuste de l'Est Turkana au Kenya. Ce dernier possède, comme le gorille, une crête sur le sommet du crâne.

gorille mâle

australopithèque robuste mâle

australopithèque gracile

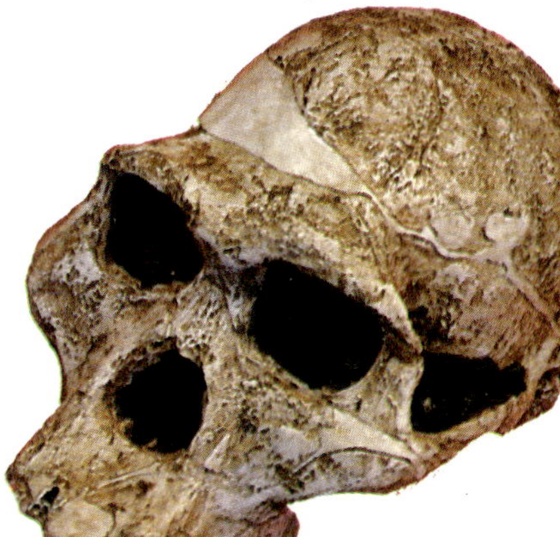

mâchoires

R. Broom découvre dans la grotte de Sterkfontein un crâne adulte de la même espèce, qui demeure le spécimen *d'Australopithecus africanus* le plus complet qu'on connaisse. Peu après étaient mis au jour dans d'autres grottes (Kromdraai, puis Swartkrans) des restes crâniens d'un autre hominidé qui, tout en partageant de nombreux caractères avec l'espèce de Dart, s'en distinguait notamment par la plus forte robustesse, la massivité, la présence d'une crête sagittale comme chez le gorille mâle. Cet autre hominidé fut baptisé *Paranthropus robustus*.

Les gisements d'Afrique orientale

En Afrique orientale, les hommes fossiles, associés à d'abondantes faunes de vertébrés, ont été découverts dans la grande faille qui coupe l'est de l'Afrique, le Rift (voir encadré page ci-contre). Les premières trouvailles eurent lieu à Olduvai, en Tanzanie, et dans la vallée de l'Omo, en Éthiopie. En 1959, Louis Leakey, fils de missionnaires anglais installés au Kenya, décrivit sous le nom de *Zinjanthropus boisei* un crâne découvert par son épouse Mary dans la couche inférieure des formations quaternaires qu'entaille le ravin d'Olduvai. Cette série débute par une coulée de basalte datée de 1 750 000 ans et se termine par des niveaux dont l'âge est estimé à 500 000 ans. Cette période correspond au déclin des australopithèques, mais aussi à l'émergence de la branche humaine, *Homo habilis* et *Homo erectus*, dont plusieurs représentants ont aussi été exhumés à Olduvai. C'est aussi le premier gisement à avoir donné lieu à une étude pluridisciplinaire comme on en pratique aujourd'hui partout : géologie, datations, paléoenvironnement, anthropologie, archéologie. Pour l'Afrique de l'Est, Olduvai demeure le gisement de référence pour le premier million d'années du quaternaire.

Pour la période qui précède, ce sont les gisements de l'Omo, au nord du lac Turkana, en Éthiopie, qui fournissent la meilleure échelle. Les premiers fossiles y furent découverts dès le début de ce siècle, mais ce n'est qu'avec les travaux, publiés en 1947, du Français Camille Arambourg qu'on put entrevoir tout l'intérêt de ce site. A partir de 1967 furent mises sur pied des missions franco-américano-éthiopiennes qui amenèrent la découverte de très nombreux fossiles humains (baptisés *Paraustralopithecus* par Arambourg et Coppens) et permirent, grâce à de très nombreux fossiles animaux et à de multiples datations, d'étalonner toute la fin du pliocène et le début du pléistocène (entre 3 et 1 million d'années).

L'australopithèque robuste : déjà hominidé, encore bestial

Zinjanthropus, Paraustralopithecus et autres *Paranthropus* ne représentent probablement, en fait, qu'une même espèce, *Australopithecus robustus*, abondante entre 2 et 1,5 million d'années. C'est une sorte de « gigantopithèque » qui serait devenu humain par sa taille (1,50 m), son poids (une cinquantaine de kilos) et surtout sa bipédie, même si elle était un peu différente de la nôtre. La face logée sous un crâne cérébral relativement volumineux, la bascule occipitale et la position inférieure du foramen magnum sont d'autres caractères qui montrent qu'il s'agit bien d'un hominidé.

On est néanmoins frappé par son aspect « bestial », dû pour une large part à une spécialisation alimentaire très poussée. Les orbites sont surmontées d'un fort bourrelet sus-orbitaire, et le front est complètement absent, l'os frontal étant presque horizontal. Ses dents broyeuses, prémolaires et surtout molaires, sont énormes, alors que canines et incisives sont très réduites. Les muscles masticateurs dépassaient en volume, et probablement en puissance, ceux du gorille. Leur développement était tel qu'ils repoussaient l'arcade zygomatique vers l'extérieur et les pommettes vers l'avant, d'où l'aspect très particulier, large et aplati, de la face d'*Australopithecus robustus*. Comme chez le gorille mâle, les parois du crâne n'offraient pas une surface d'insertion suffisante, et il se formait une crête sur la ligne médiane. Cet ensemble anatomique reflète une étroite adaptation à un régime alimentaire exclusivement végétarien, à base de noix, graines et autres éléments coriaces.

Cette spécialisation, si elle a assuré pendant quelques centaines de milliers d'années une incontestable réussite à son possesseur, a du même coup lourdement hypothéqué son avenir évolutif. Il s'est en effet éteint, sans descendance, il y a un peu plus de 1 million d'années, peut-être en raison de l'apparition des premières glaciations, qui ont pu entraîner une raréfaction de la végétation.

Une espèce plus « humaine » : l'australopithèque gracile

Son cousin gracile, *Australopithecus africanus*, est une version plus humaine. Bien que toujours nette, la disproportion entre dents antérieures et dents broyeuses est moins marquée ; les muscles masticateurs sont moins volumineux, et il n'existe jamais de crête sagittale ; les pommettes sont moins avancées et la face n'est pas aplatie. Tout ceci montre qu'*Australopithecus africanus* était moins strictement végétarien qu'*A. robustus*. L'australopithèque gracile est aussi plus petit (1,30 m ?) et plus léger (30 à 40 kg). Il reste primitif par la saillie des mâchoires, l'absence de menton, la forme « en tente » du crâne, peu développé au niveau pariétal, et par le faible volume cérébral.

Les différences entre les deux espèces évoquent celles qui distinguent dans de nombreuses espèces de primates le mâle de la femelle,

Mary Leakey devant le site du ravin d'Olduvai, en Tanzanie, où elle a découvert, en 1959, le premier crâne d'australopithèque est-africain, baptisé zinjanthrope (*Zinjanthropus boisei*).

La supercherie de Piltdown

En 1912, alors que les connaissances sur l'évolution humaine étaient encore très fragmentaires, des archéologues découvraient en Angleterre, dans le Sussex, au lieu dit Piltdown, une calotte crânienne incomplète et un morceau de mâchoire inférieure avec deux molaires. Cet *Eoanthropus*, comme on le baptisa, arrivait à point pour combler une lacune entre le singe et l'homme. Son crâne très humain, à cerveau volumineux, associé à une mandibule très simienne, en faisaient le « chaînon manquant » idéal. L'homme de Piltdown venait confirmer ce que pensaient la plupart des anthropologues de l'époque : l'évolution du cerveau avait précédé celle des autres structures.

Des découvertes ultérieures dans le monde entier allaient remettre de plus en plus en question ce schéma évolutif, en même temps que se multipliaient les interrogations sans réponse au sujet de l'*Eoanthropus*. La vérité finit par s'imposer en 1953 : il s'agissait d'un faux, assez bien imité pour avoir trompé le monde scientifique pendant quarante ans. Le crâne était celui d'un homme tout à fait moderne, la mâchoire celle d'un orang-outan dont les dents avaient été limées. Tous deux n'avaient que 500 ans. L'auteur de la supercherie est demeuré inconnu, bien que la plupart des protagonistes de l'affaire (y compris Teilhard de Chardin) aient été soupçonnés.

Ce serait une erreur de penser que la science actuelle est à l'abri de telles fraudes, même si elles ne pourraient plus aujourd'hui résister à quarante ans d'investigations. Les disciplines scientifiques sont encore épisodiquement confrontées à ce problème, que personne n'a vraiment intérêt à soulever.

et certains spécialistes ont longtemps pensé qu'*A. robustus* n'était que le mâle d'*A. africanus*. De trop nombreux arguments s'opposent néanmoins à cette hypothèse du dimorphisme sexuel, qui est maintenant abandonnée. D'abord, les deux espèces n'ont ni la même répartition géographique ni surtout la même extension chronologique: *A. africanus* apparaît bien avant *A. robustus*, vers 2,5 millions d'années. On a, d'autre part, découvert au Kenya, dans le gisement de Koobi Fora, qui a livré de nombreux restes d'*A. robustus* mâles, un crâne incomplet qui, s'il présente bien des ressemblances superficielles avec *A. africanus*, possède aussi la face aplatie typique de la forme robuste: il s'agit sans nul doute de la vraie femelle de cette espèce.

L'un ou l'autre des australopithèques, probablement *A. africanus*, est l'auteur des premières pierres taillées. Vers 2,5 millions d'années, peut-être même avant, apparaissent en effet en Afrique de l'Est les premières preuves de la taille d'outils de pierre. Ce sont de petits éclats de quartz, des galets sur lesquels il a été procédé à deux ou trois enlèvements. La fonction de cet outillage très fruste nous est encore inconnue. En Afrique du Sud, R. Dart avait cru pouvoir mettre en évidence une industrie dont les matériaux étaient l'os, les dents et les cornes, mais elle est aujourd'hui très controversée: il n'est pas impossible que les «armes» et «outils» de Dart ne soient en fait que des déchets de cuisine, sinon les reliefs de repas de carnivores.

LES RELATIONS ENTRE CES ESPÈCES

Il semble donc que la première apparition d'une espèce nouvelle (ou spéciation) de l'histoire humaine donne naissance, vers 3 millions d'années, à partir de Pré-*Australopithecus*, à l'*Australopithecus africanus*, dont l'histoire semble surtout s'être déroulée en Afrique du Sud. Vers 2,2 millions d'années apparaît *A. robustus*, qui a sans nul doute coexisté, pendant près de 1 million d'années, avec *A. africanus* et peut-être même avec les premiers hommes véritables (*Homo*). Se fondant sur son aspect bestial, sur son régime alimentaire, de nombreux anthropologues font de l'australopithèque robuste une sorte de babouin amélioré, incapable de tailler l'outil, dont la présence dans les sites préhistoriques s'expliquerait comme celle d'un gibier, au même titre que les zèbres et les antilopes. Ce schéma a l'avantage de déblayer une niche écologique encombrée, celle des tailleurs d'outils. Mais il pose en même temps un problème difficile: puisque les ancêtres d'*Australopithecus robustus*, il y a 2,5 millions d'années, taillaient des outils, il faudrait admettre que cette capacité, qui doit avoir procuré un avantage sélectif énorme, aurait été perdue par cette espèce, hypothèse hautement invraisemblable. On en est réduit à une alternative simple: ou tous les australopithèques taillaient l'outil, ou aucun ne le faisait, et l'auteur de toutes les industries est un *Homo*, dont on ne découvre pourtant aucun reste fossile avant 2 millions d'années.

Le Rift est-africain

Entre le sud de la mer Rouge (Afar, Djibouti) et la Tanzanie, l'Afrique de l'Est est parcourue du nord au sud par un long fossé d'effondrement, long de 5 000 km, dans lequel s'est accumulée, depuis plusieurs millions d'années, une masse considérable de sédiments déposés par les lacs, les marais, les rivières. Les séries ainsi constituées, qui ont livré de nombreux fossiles, peuvent atteindre plusieurs centaines de mètres d'épaisseur. Il s'y intercale souvent des niveaux d'origine volcanique: cendres, tufs, laves, par exemple, qui peuvent fréquemment être datés par les méthodes radiométriques. Après le dépôt, ces séries ont pu être basculées par des mouvements de l'écorce terrestre, puis entaillées par l'érosion, exposant les fossiles. Les séries de Hadar et de l'Omo, en Éthiopie, de Koobi Fora, au Kenya, d'Olduvai en Tanzanie, sont les plus étudiées et les plus célèbres.

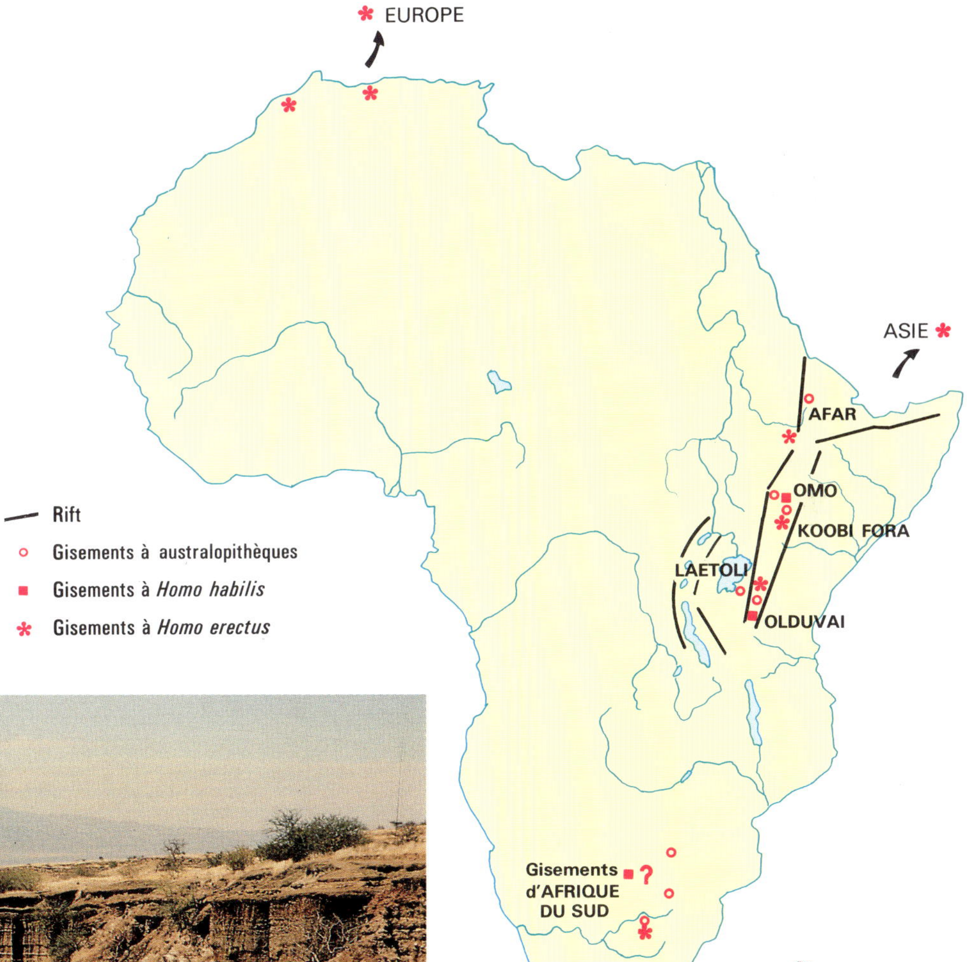

***De nombreux gisements à australopithèques et* Homo habilis** *sont localisés dans la vallée du Rift est-africain. Ces hominidés sont inconnus hors d'Afrique.*

Un exemple de gisement est-africain: *la série de l'ouest du lac Natron, en Tanzanie (à gauche), qui a livré une mâchoire d'australopithèque robuste (ci-dessus).*

Homo habilis et les débuts de l'humanité

Apparu en Afrique de l'Est vers 2 millions d'années, Homo habilis *est différent des australopithèques : son cerveau est plus développé, sa stature plus élevée, son poids plus important, et il est complètement bipède. Il est l'auteur des premières pierres taillées, ce qui lui a valu son nom scientifique. C'est avec lui que commence véritablement l'humanité.*

S'il ne fait pas de doute que l'homme au sens strict, le genre *Homo*, dérive d'un australopithèque ou d'un préaustralopithèque, les avis divergent quant à la date de bifurcation de ce rameau, qui va vite se transformer en branche maîtresse. Habitués à repousser sur des voies de garage la plupart des hominidés fossiles découverts, beaucoup de paléoanthropologues se sont plu à imaginer que vivaient, en même temps que des australopithèques encore très proches des singes, de plus dignes représentants du genre humain, dont les racines plongeraient donc très loin dans le passé.

L'APPARITION DU GENRE *HOMO*

C'est l'hypothèse que défendait Louis Leakey, pionnier de la paléoanthropologie en Afrique orientale, et que son fils Richard a récemment reprise. Cette idée d'un *Homo* au-delà de 2, voire 3, millions d'années s'est trouvée, pendant quelque temps, étayée par de rares fossiles fragmentaires. Quelques pièces de l'Afar, aujourd'hui rangées dans *Australopithecus afarensis*, furent attribuées à *Homo*, parce que ne présentant pas les caractères de spécialisation propres à *Australopithecus*.

Toutes les recherches récentes montrent qu'en fait le genre *Homo* apparaît en Afrique de l'Est vers 2 millions d'années. Peut-être la naissance de ce premier homme est-elle, comme celle des premiers hominidés de savane, à mettre en relation avec la phase d'assèchement qu'on observe, par exemple à l'Omo, vers 2 millions d'années. L'ouverture du milieu, une fois encore, aurait pu servir de stimulant à l'évolution humaine.

LE PLUS ANCIEN CRÂNE D'*HOMO HABILIS*

L'espèce la plus ancienne fut nommée *Homo habilis* en 1964 par Louis Leakey et ses collègues, à partir d'une mâchoire inférieure des niveaux les plus anciens d'Olduvai. Quelques autres pièces furent retrouvées dans le même gisement, ainsi qu'à l'Omo et en Afrique du Sud. Mais la plupart des fossiles connus à ce jour proviennent du site de Koobi Fora, au nord-ouest du Kenya, sur les bords du lac Turkana (ancien lac Rodolphe), qui appartient, comme l'Afar, Omo et Olduvai, au grand complexe du Rift est-africain (voir p. 281).

Le plus ancien crâne d'*Homo habilis* y a été découvert sous une couche volcanique, d'abord datée, par la méthode du potassium-argon, de 2,6 millions d'années. Les paléontologistes, en comparant les faunes de mammifères fossiles trouvées dans le même niveau avec celles d'autres gisements africains, ont contesté ce chiffre, trop élevé selon eux. De nouvelles datations absolues donnent un chiffre de 1,9 million d'années, plus acceptable.

Ce crâne, dit KNM-ER 1470, demeure, avec celui trouvé au-dessus et dit KNM-ER 1813, le spécimen d'*Homo habilis* le plus complet qu'on connaisse. Par rapport à un australopithèque, la face est plus réduite, moins prognathe, le bourrelet sus-orbitaire est moins développé, les arcades zygomatiques moins écartées. La boîte crânienne est plus développée en largeur (au niveau des pariétaux), le front tend à se redresser un peu, l'arrière-crâne est plus arrondi, et le cerveau est nettement plus volumineux : environ 700 cm^3, soit à peu près la moitié de celui de l'homme actuel, plus que celui de n'importe quel singe actuel. Les dents ne présentent pas la disproportion entre incisives et dents broyeuses des australopithèques ; les dimensions sont ici plus harmonieuses. L'alimentation de l'*Homo habilis* incluait sans aucun doute une composante animale.

Le squelette n'est qu'incomplètement connu, mais on peut estimer la stature à 1,40 m et le poids à 40 kg. Un pied incomplet a été découvert à Olduvai : *Homo habilis* était complètement bipède. A tous points de vue, il est donc plus engagé dans la voie menant à l'homme moderne que l'australopithèque, son contemporain. Il demeure que, à moins de disposer de crânes complets, ce qui n'est hélas pas souvent le cas, la distinction entre les deux est parfois difficile, et l'attribution de certaines pièces à l'un ou à l'autre délicate. Si l'existence, vers 1,5 à 2 millions d'années, d'une espèce du genre *Homo* n'est plus aujourd'hui contestée par personne, ses limites demeurent imprécises.

LES PREMIÈRES PIERRES TAILLÉES

Plus que son aspect physique, ce sont cependant surtout les traces d'activité d'*Homo habilis* qui retiennent l'attention. Il est l'auteur principal, sinon unique, des plus anciennes industries de pierres taillées, qu'on appelle oldowayennes, car elles ont été définies à

Louis Leakey devant les gisements d'Olduvai en Tanzanie, qu'il exploita de 1931 à sa mort en 1972, et où furent découverts les premiers *Homo habilis*. Les couches sédimentaires ont été divisées en 4 ensembles («beds» I à IV) dont l'âge s'échelonne de 1,8 à 0,5 million d'années environ. Cette période voit s'éteindre les australopithèques, tandis que *Homo erectus* succède à *Homo habilis*.

Homo habilis* et les premiers *Homo erectus installaient volontiers des campements au bord de lacs ou de rivières, comme ici, à Melka Kunturé, en Éthiopie. Une fouille minutieuse permet de retrouver les déchets de cuisine, les outils et éclats de pierre qu'ils y abandonnaient, mais aussi les traces éventuelles d'une organisation de l'espace : les limites du camp peuvent être marquées par de gros blocs.

Olduvai. Ce sont des industries très frustes, dont l'outil de base est le galet aménagé (chopper, chopping-tool), généralement en basalte ou en obsidienne, roches volcaniques aussi faciles à tailler que le silex, lui-même très rare en Afrique de l'Est. Un tranchant sommaire y a été élaboré par enlèvement d'un petit nombre d'éclats (pouvant eux-mêmes être utilisés). Des matériaux d'origine végétale ou animale ont sûrement aussi été employés, mais ne sont que très rarement conservés.

Les fouilles de sites d'occupation anciens (site DK1 à Olduvai, Gomboré I à Melka Kunturé en Éthiopie) ont montré que les *Homo habilis* installaient volontiers des campements au bord de cours d'eau. Sans doute protégés par des haies d'épineux, ces campements semblent avoir été aménagés en aires distinctes, la zone d'habitat au moins paraissant isolée par des rangées de pierres.

Si la reconstitution de l'emploi du temps de ces petits groupes humains reste encore du domaine de l'imagination, nul doute que la chasse, ou au moins le piégeage, constituait chez eux une occupation essentielle. Des débris d'ossements d'antilopes, de buffles, de zèbres, d'éléphants et surtout d'hippopotames abondent en effet dans les sites d'habitat. A ce menu s'ajoutaient occasionnellement des poissons, des escargots ou des crocodiles.

A Koobi Fora, il y a 1,5 million d'années, *Homo habilis* cède la place à une espèce plus évoluée, *Homo erectus*. Mais, là encore, la transition est progressive et la disparition d'*Homo habilis* est aussi floue que sa naissance. Rien ici ne semble indiquer que l'espèce mère ait survécu à l'apparition de l'espèce fille. Même si elle fut assez rapide, à l'échelle géologique, la transformation semble avoir eu lieu selon l'évolution progressive d'une lignée continue (mode anagénétique). Curieusement, la culture, ou au moins ce que les fouilles veulent bien nous en révéler, ne suit qu'avec retard cette évolution : quelques centaines de milliers d'années seront encore nécessaires pour qu'une véritable industrie de la pierre taillée apparaisse et que l'acheuléen vienne, petit à petit, remplacer l'oldowayen.

La reconstitution d'un crâne

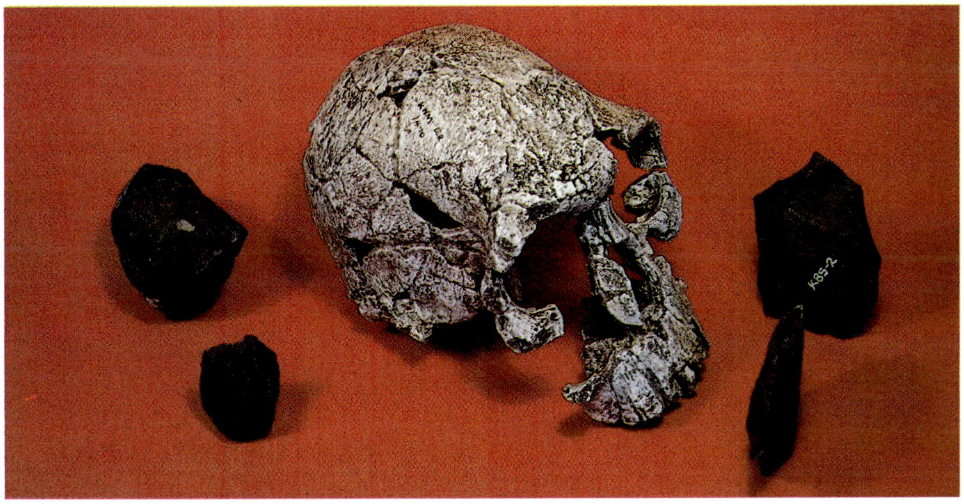

Le célèbre crâne KNM-ER 1470 *est vieux de 2 millions d'années. Cet* Homo habilis *taillait des outils de basalte comme ceux-ci, qui sont un peu plus récents.*

Dans le meilleur des cas, un crâne peut être trouvé entier à la surface du sol et ne nécessiter qu'un minimum de préparation et de consolidation. Le plus souvent, un long et délicat travail de dégagement de la gangue qui l'enrobe est indispensable. On s'aperçoit parfois alors que le crâne est déformé, sinon fragmenté en une mosaïque de petits os, cimentés entre eux. Dans ce cas, on peut soit tenter de les dégager individuellement, soit effectuer un moulage qu'on recassera en suivant les contours des pièces originales. Un patient travail de remontage permettra de retrouver la forme primitive, avec une certaine part d'imprécision, surtout si le crâne est incomplet ou si certains fragments sont déformés. La reconstruction des «parties molles» comprend évidemment une plus large part d'interprétation. La disposition des principaux muscles (masticateurs) n'est pas trop aléatoire, mais les parties qui donnent toute l'expression au visage (nez, lèvres, muscles faciaux) ne sont guère déterminées par le support osseux, sans parler de la barbe, des cheveux ou de la couleur de la peau. L'aspect final d'un *Homo habilis*, par exemple, pourra aussi bien être celui d'un gorille que celui de l'anthropologue qui l'étudie !

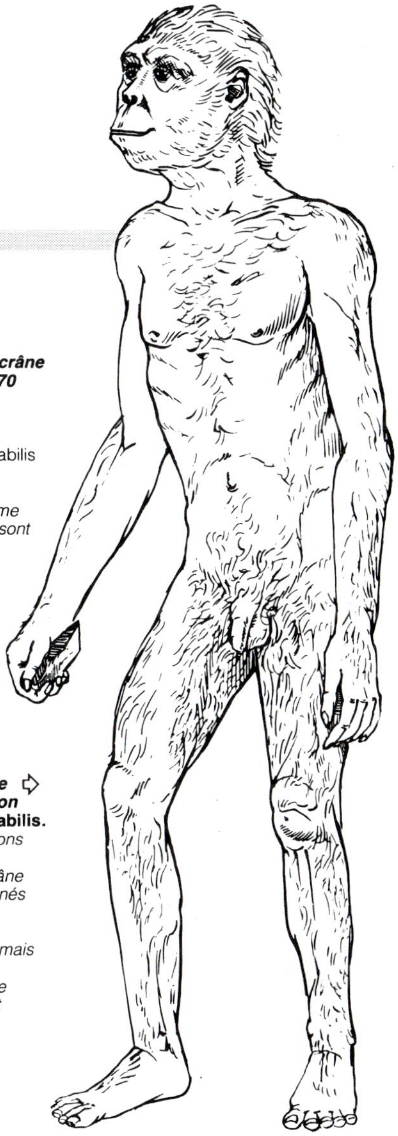

***Tentative de reconstitution de* Homo habilis.** *Les proportions du corps, la forme du crâne sont déterminés par les ossements découverts, mais la pilosité et la couleur de la peau sont évidemment inconnues.*

La conquête du monde par *Homo erectus*

La région de Koobi Fora, à l'est du lac Turkana, au Kenya, a livré des *Homo habilis,* ainsi que les plus anciens *Homo erectus* connus au monde (un exemple de chaque espèce figure en bas de cette page).

Bien dressé sur ses jambes et marchant debout, Homo erectus, *né dans la savane africaine, accomplit il y a près de 1,4 million d'années deux révolutions essentielles pour l'histoire de l'humanité: il domestique le feu et part à la conquête de l'Ancien Monde, car il peut maintenant s'adapter à de nouveaux environnements.*

Ce sont encore les gisements kényens de Koobi Fora qui nous ont fait connaître les plus anciens restes d'*Homo erectus*, espèce qui succède en Afrique de l'Est à *Homo habilis* sans discontinuité appréciable. Le crâne KNM-ER 3733, par exemple, daté d'environ 1,5 million d'années, est contemporain des derniers australopithèques. Plusieurs autres spécimens rattachés à *Homo erectus* ont été découverts à l'est du lac Turkana, mais c'est sur la rive ouest qu'en 1984 le «chasseur de fossiles» kényen Kamoya Kimeu repérait un fragment de frontal humain. Une fouille menée sur le lieu de cette trouvaille conduisait à la mise au jour du squelette d'un jeune garçon d'environ douze ans, dans des niveaux datés de 1,6 million d'années. Ce squelette, prosaïquement baptisé KNM-WT 15000, est donc l'un des premiers *Homo erectus* africains. C'est aussi, de loin, le plus complet.

L'ASPECT D'*HOMO ERECTUS*

Grâce à ce spécimen, nous connaissons maintenant assez bien l'aspect physique de ces hommes qui vont bientôt entreprendre la conquête du monde. Tout d'abord, l'analyse du squelette de l'Ouest-Turkana réservait une surprise... de taille. La stature de cet adolescent a en effet été estimée à 1,68 m, bien avant qu'il ait achevé sa croissance! S'il ne s'agissait pas d'un individu exceptionnellement grand, il faut admettre que la stature a fait un bond depuis *Homo habilis*.

L'étude préliminaire de KNM-WT 15000 montre aussi que le bassin était trop étroit, dans cette population (si l'on suppose que, comme chez l'homme actuel, il n'y a pas de différence de largeur appréciable entre les deux sexes), pour avoir livré passage à un fœtus à gros cerveau. Ce dernier devait donc, après la naissance, poursuivre longtemps sa croissance, comme chez l'homme moderne. Cette maturation post-natale du cerveau, caractéristique humaine, liée à l'apprentissage et à des relations familiales étroites, était donc acquise dès le début du quaternaire.

Homo erectus a hérité beaucoup de caractères primitifs d'*Homo habilis*. Le menton est encore absent, les dents sont grosses, le bourrelet sus-orbitaire fort, le crâne cérébral plus large à sa base qu'au niveau des pariétaux, la capacité crânienne n'atteint que 800 à 900 cm^3. Sa principale particularité est la tendance au renforcement de certains reliefs osseux de l'arrière-crâne, et surtout à l'épaississement des os. Ces phénomènes s'accentuent avec le temps et, dans les formes plus récentes, le crâne donne une étonnante impression de massivité et de robustesse.

L'évolution du volume cérébral des hominoïdes

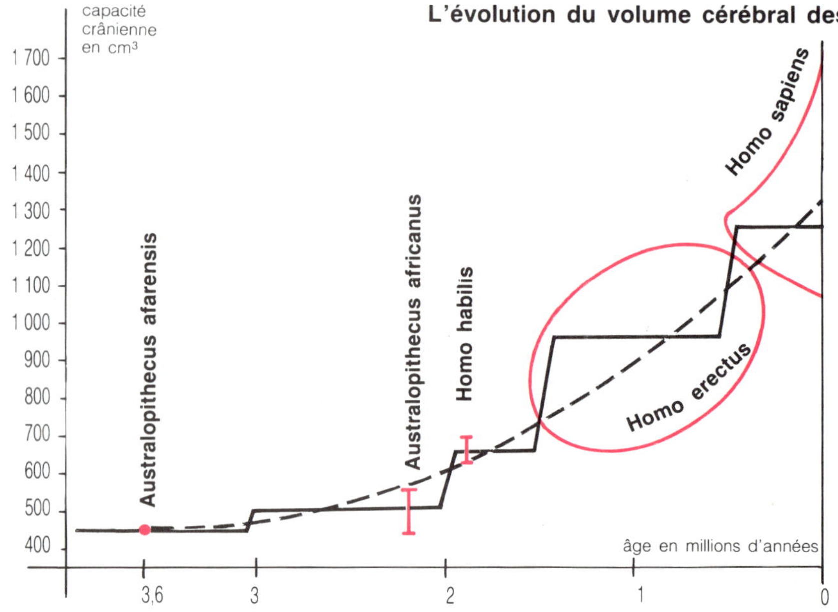

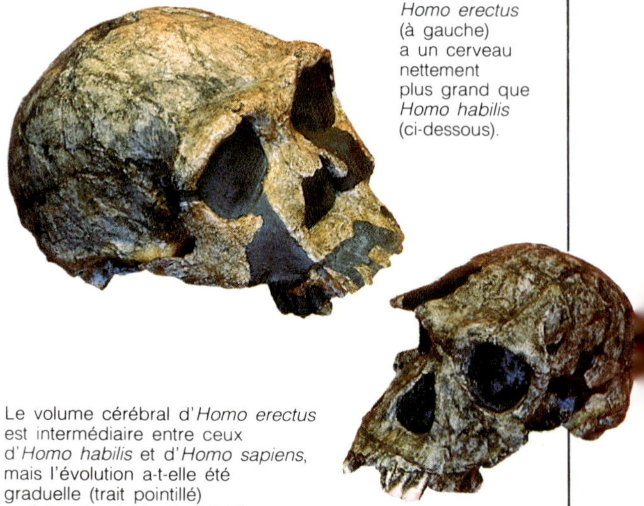

Homo erectus (à gauche) a un cerveau nettement plus grand que *Homo habilis* (ci-dessous).

Le volume cérébral d'*Homo erectus* est intermédiaire entre ceux d'*Homo habilis* et d'*Homo sapiens*, mais l'évolution a-t-elle été graduelle (trait pointillé) ou intermittente (trait plein)?

DEUX RÉVOLUTIONS

Homo erectus est l'artisan du passage de la culture ancienne, dite oldowayenne, à la culture dite acheuléenne d'il y a environ 1 million d'années, qui est celle des pithécanthropes qui vont envahir le monde grâce à leur extrême adaptabilité (ou opportunisme): la nature de leur industrie dépend par exemple du type de roche disponible (basalte, silex, quartz, calcaire...) et de la concurrence d'autres matériaux.

C'est aussi avec *Homo erectus* que l'humanité accomplit deux révolutions essentielles: la domestication du feu, peut-être dès 1,4 million d'années à Chesowanja au Kenya, et la conquête de l'Ancien Monde, vers la même époque. La simultanéité de ces deux phénomènes n'est peut-être pas le fruit du hasard. La conquête de l'Ancien Monde fut aussi celle de nouvelles niches écologiques: l'occupation du Massif central au cours d'une glaciation a dû poser des problèmes d'adaptation biologique! Cette exploration de nouveaux milieux géographiques climatiques, culturels, constitue l'avant-dernier progrès essentiel, avant la sédentarisation néolithique, vers — 10 000 ans.

En Afrique du Nord, on connaît *Homo erectus* par ses restes osseux vers 700 000 ans, mais bien avant par son industrie lithique. La situation est comparable en Europe, où les premiers outils pourraient avoir 1,8 million d'années. C'est cependant d'Asie que provient la majeure partie des documents.

La disparition des fossiles de l'homme de Pékin

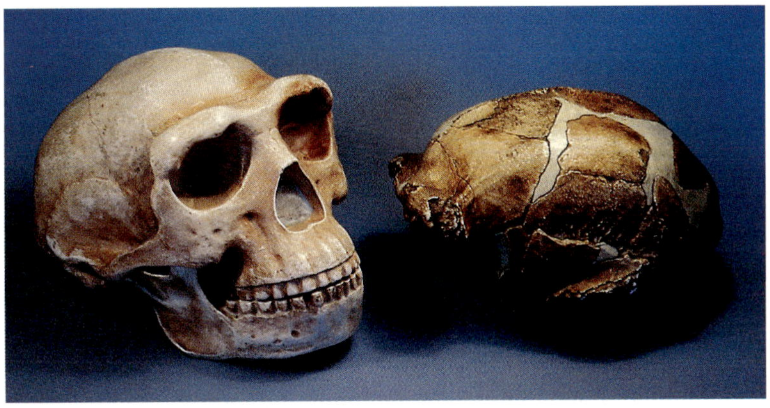

L'anthropologue F. Weidenreich avait lui-même réalisé cette reconstruction du sinanthrope, ainsi que des moulages des fossiles originaux, qui ont eux-mêmes tous disparu depuis 1941.

Novembre 1941: les troupes japonaises se rapprochent de Pékin. Au Peking Union Medical College, on s'empresse de mettre en caisses les précieux fossiles du sinanthrope, que l'anthropologue F. Weidenreich a jugé plus sage de ne pas emporter avec lui en partant aux États-Unis. Il a donc été décidé de les expédier en train jusqu'au port de Chinwangtao, puis de les embarquer pour les États-Unis, qui ont promis de les restituer après la fin de la guerre sino-japonaise. Malheureusement, le 7 décembre, c'est Pearl Harbor: les Américains se trouvent impliqués dans le conflit. Les quelques *marines* chargés d'escorter les caisses sont faits prisonniers. Depuis lors, personne n'a revu les fossiles. Ont-ils coulé en mer de Chine à la suite d'une tentative d'embarquement trop précipitée? Ont-ils été volés par des soldats japonais? Vendus comme «os de dragons»? Ou tout simplement jetés aux ordures? Un Américain, C. Janus, qui pensait que les fossiles existaient toujours, avait offert 150 000 dollars à qui les retrouverait, mais toutes les pistes ne menèrent qu'à des impasses. En fait, les fossiles de l'homme de Pékin n'ont plus guère aujourd'hui qu'un intérêt historique ou sentimental: Weidenreich en avait réalisé d'excellents moulages, dessins et descriptions, très utiles aux anthropologues.

L'HOMME DE JAVA

En 1890, le médecin hollandais E. Dubois s'embarque pour les Indes orientales, dans l'espoir d'y découvrir le chaînon manquant, le *Pithecanthropus alalus*, singe-homme dépourvu de langage, dont l'existence avait été prédite par le biologiste Haeckel. Il ne tarda pas à trouver effectivement, sur les bords de la rivière Solo, à Java, une mâchoire, une calotte crânienne et un fémur. Ce dernier démontrait, selon Dubois, la bipédie de son possesseur, qu'il avait pour cette raison baptisé *erectus*. On s'est aujourd'hui aperçu que ce fémur est en réalité celui d'un homme moderne, mais la bipédie de *Homo erectus* a été confirmée par d'autres découvertes.

Les interprétations de Dubois ne faisaient pas alors l'unanimité, et beaucoup de scientifiques s'obstinèrent à ne voir dans la calotte crânienne qu'un gibbon géant. Les recherches à Java reprirent heureusement quelque temps après, sous la direction du paléontologue hollandais von Koenigswald, puis de géologues indonésiens. Les nombreux restes crâniens maintenant connus montrent que la variabilité était forte au sein de ces populations, au point que certains chercheurs voient encore plusieurs espèces parmi ces pithécanthropes, rangés de nos jours dans le genre *Homo*.

Pendant longtemps, l'âge de ces *Homo erectus* de Java a suivi la plongée dans le passé de leurs cousins africains, mais les premières dates radiométriques (1,9 million d'années) et surtout la chronologie fondée sur les faunes sont aujourd'hui sérieusement contestées, et on ne leur accorde plus que 700 000 ans au maximum. Si les fossiles animaux qui leur sont associés nous donnent une idée de leur environnement, humide et parfois forestier, l'industrie lithique et surtout le mode de vie sont encore très mal connus, en partie à cause de l'usage plus fréquent des matériaux d'origine végétale, non conservés.

L'HOMME DE PÉKIN

C'est aussi vers les années 1930, alors que se multipliaient les découvertes en Afrique et à Java, qu'étaient entreprises des fouilles systématiques dans la grotte de Zhoukoudian près de Pékin, célèbre pour avoir fourni de nombreuses «dents de dragon». Ces dents, d'animaux fossiles en réalité, étaient utilisées dans la pharmacopée chinoise: broyées et ingérées, elles étaient censées guérir divers troubles. Cette vaste grotte allait livrer, mêlés à des milliers d'ossements animaux et à des traces de foyers, de nombreux restes humains qui firent l'objet d'une étude magistrale de l'anatomiste F. Weidenreich: il ne tarda pas à réaliser les profondes similitudes qui unissaient son *Sinanthropus pekinensis* aux fossiles de Java.

Il est amusant de constater que, comme plus tard avec le zinjanthrope, certains ont voulu ne voir dans le sinanthrope que la proie d'un hominidé plus évolué, mais inconnu. Tous les crânes de Zhoukoudian sont en effet dépourvus de face, et le trou occipital est fréquemment agrandi, comme si l'on avait cherché à atteindre le cerveau. On peut cependant fort bien imaginer, si le bris des crânes était bien volontaire, que le sinanthrope lui-même pratiquait le cannibalisme, rien n'indiquant qu'il ait eu le moindre respect pour ses morts.

Aux choppers et polyèdres (en haut), déjà taillés par *Homo habilis*, *Homo erectus* ajoute un outil essentiel, le biface, dont trois exemples figurent en bas.

La naissance d'*Homo sapiens*

Les préhistoriens discutent toujours de ce grand problème: comment l'homme est-il passé du stade où il était il y a 2 millions d'années, avec son petit cerveau, à l'homme actuel, Homo sapiens sapiens, *qui est apparu il y a environ 35 000 ans? On commence à voir se dessiner les traces de cette évolution, mais des mystères subsistent.*

Les aborigènes d'Australie dérivent peut-être directement des pithécanthropes de Java, dont ils ont conservé quelques traits, mais ce sont assurément des *Homo sapiens.*

Deux grands débats préoccupent actuellement les spécialistes de l'homme fossile: l'un concerne le statut d'*Australopithecus afarensis*, l'autre les modalités de l'évolution d'*Homo erectus*. Ce dernier a vécu de 1,6 million d'années jusqu'à la fin du pléistocène moyen, il n'y a guère plus de 100 000 ans, soit pendant environ 1,5 million d'années. Pendant cette longue période, *Homo erectus* a-t-il évolué biologiquement de façon progressive, sinon régulière (ce qui correspondrait au modèle du gradualisme phylétique; voir p. 136), ou cette évolution est-elle négligeable par rapport aux transformations qui sont intervenues lors du passage *Homo habilis/Homo erectus* et *Homo erectus/Homo sapiens* (ce qui correspondrait au modèle des équilibres ponctués; voir p. 137)? Autrement dit, les espèces qu'on nomme dans l'évolution humaine sont-elles de vraies espèces biologiques ou ne s'agit-il que de découpages arbitraires à l'intérieur d'une lignée continue? On a tenté, par exemple, de porter sur un graphique le volume endocrânien en fonction de l'âge géologique. Le résultat semble montrer l'existence d'une évolution progressive de ce caractère, mais les incertitudes sur la mesure de chacune des deux variables sont telles qu'il serait sans doute possible de démontrer l'existence du phénomène inverse, qu'on nomme stase. L'étude de l'évolution régionale d'*Homo erectus* constitue peut-être une approche plus fructueuse. Il semble qu'on puisse la suivre en Afrique orientale, au Maghreb, en Extrême-Orient, ainsi qu'en Europe (voir chapitre suivant).

LES PREMIÈRES CARIES

Le crâne de Broken Hill, découvert en 1921 en Zambie, vieux de 100 000 à 200 000 ans, conserve et accentue même certains caractères d'*Homo erectus*, comme le très fort bourrelet sus-orbitaire, la face massive, le front fuyant, le bourrelet occipital. Mais le cerveau s'est considérablement développé par rapport à l'*Homo erectus* classique: la capacité crânienne atteint près de 1 400 cm^3.

Un autre trait moderne, quoique probablement d'origine culturelle, est la présence de caries dentaires, les plus anciennes connues à ce jour. Le crâne découvert en 1976 à Laetoli, en Tanzanie (dans des couches beaucoup plus récentes que celles qui ont livré *Australopithecus afarensis*), ressemble beaucoup à celui de Broken Hill, en particulier par sa robustesse et l'épaisseur des os. Il en est de même de celui découvert à Bodo, en Éthiopie, dont l'anthropologue américain T. White a récemment montré qu'il portait des incisions prouvant qu'il avait été scalpé! En 1967 ont été exhumés de niveaux datés de 100 000 à 150 000 ans, dans la vallée de l'Omo, deux crânes dont l'un présente un étonnant mélange de caractères *erectus* (front fuyant, crâne allongé, bourrelet occipital) et *sapiens* (grande capacité crânienne, perte du bourrelet sus-orbitaire).

LA TRANSITION VERS *HOMO SAPIENS*

Au Maghreb, les atlanthropes de Ternifine, en Algérie (700 000 ans), semblent constituer le point de départ d'une lignée qui se poursuit sur le littoral marocain par les hommes des carrières Thomas, de Sidi Abderrahmane, de Salé, du Djebel Irhoud, évoluant vers un type *sapiens* tout en conservant très tardivement des caractères d'*erectus* (dents grosses). Les hominidés d'Afrique du Nord semblent donc bénéficier d'une certaine indépendance par rapport au reste de l'Afrique, bien qu'il soit excessif de parler d'évolution de type insulaire.

En Chine, les paléontologues multiplient les découvertes depuis quelques années: le sinanthrope de Zhoukoudian n'est qu'un maillon de l'histoire d'*Homo erectus* dans ce pays. Le crâne de Lantian a au moins 700 000 ans, mais des formes beaucoup plus récentes (Hsuchiayao, Dali) marquent la transition vers *Homo sapiens*.

A Java, il y a 100 000 ou 200 000 ans, les hommes de Ngandong succèdent aux pithécanthropes. Ils sont connus par plusieurs calottes crâniennes encore pourvues d'une visière sus-orbitaire et d'un occipital anguleux, mais la voûte crânienne est plus élevée, le front est plus redressé, la capacité crânienne supérieure à 1 000 cm^3, caractères d'*Homo sapiens*.

On peut donc suivre, dans plusieurs régions de l'Ancien Monde, une tendance à la «sapientisation» d'*Homo erectus*, essentiellement marquée par l'augmentation du volume cérébral, avec toutes les modifications crâniennes qu'elle implique, ainsi que par une certaine gracilisation du crâne, qui ne se manifeste que plus tardivement. Les modalités de la transition d'*Homo erectus* à *Homo sapiens* sont cependant encore l'objet de discussions. Les *Homo erectus* ont-ils toujours constitué une espèce panmixique, c'est-à-dire des échanges de gènes ont-ils toujours eu lieu entre populations éloignées? Cette nappe humaine s'est-elle ainsi globalement transformée en *Homo sapiens* ou, au contraire, était-elle subdivisée sinon morcelée en sous-espèces (ou en populations) relativement indépendantes? Dans ce dernier cas, *Homo sapiens* est-il né en un seul endroit pour se répandre ensuite partout ou a-t-il existé plusieurs souches géographiquement distinctes d'où proviendraient les grandes races modernes (théorie du polycentrisme)?

DES LIGNÉES PLUS OU MOINS ISOLÉES

Certains considèrent, par exemple, que les formes asiatiques constituent un groupe à part, auquel le nom d'*erectus* devrait être réservé.

L'évolution de la peau et des poils

Les poils ne se fossilisent pas, et la date de leur raréfaction chez les ancêtres de l'homme est complètement inconnue. On a coutume, par exemple, de représenter l'homme de Cro-Magnon, dont le crâne ressemble au nôtre, avec la même pilosité que nous: la perte des poils serait une marque de civilisation. Selon une autre interprétation, elle serait liée à la régulation thermique. On comprend alors assez mal que la pilosité de l'Esquimau, du Pygmée des forêts tropicales ou du Masaï des savanes soient à peu près les mêmes. Il est plus probable, dans la mesure où on recherche une explication darwinienne, qu'un mécanisme (sélection sexuelle?) intervienne constamment pour maintenir cette particularité humaine.

Quant à la couleur de la peau, elle varie, grosso modo, avec la latitude, mais n'est pas directement liée à l'exposition au soleil, qui n'est pas considérable dans les forêts équatoriales. On peut donc supposer qu'il en était de même dans le passé, quand *Homo erectus* s'est lancé à la conquête de l'Eurasie, mais la raison de l'éclaircissement de la peau sous nos latitudes demeure mystérieuse.

Comme celui des derniers *Homo erectus* de Java (Ngandong, à gauche), l'aborigène australien (à droite) possède un front fuyant et des bourrelets occipital et sus-orbitaire. Sa face, l'élévation du crâne, le volume cérébral sont cependant ceux d'*Homo sapiens*.

Les plus anciens hominidés d'Afrique du Nord proviennent du gisement de Ternifine, en Algérie (ci-dessous, un fouilleur au travail, et une mandibule d'*Homo erectus*). Ils sont peut-être à la base d'une lignée particulière, propre au Maghreb.

Les tenants du polycentrisme pensent qu'on peut suivre dans plusieurs régions des lignées plus ou moins isolées menant des vrais *Homo erectus* jusqu'à l'humanité moderne. Ils constatent qu'on retrouve les caractères pithécanthropiens des hommes de Ngandong chez les plus anciens habitants de l'Australie qui ont vécu il y a 20 000 à 30 000 ans, et même jusque chez les aborigènes australiens et les Polynésiens actuels. On observe en effet souvent dans ces populations des bourrelets sus-orbitaires, des fronts fuyants, des os épais, des reliefs crâniens marqués. Il semble donc bien que le relatif isolement de l'Océanie ait permis la conservation tardive de caractères primitifs d'*Homo erectus*, mais il est moins certain qu'ils évoquent plus spécialement ceux de Java. On a également relevé dans la race mongoloïde («jaune») des traits déjà observés chez le sinanthrope et les formes chinoises plus récentes. Même observation au Maghreb, où une caractéristique locale, la grande taille des dents, semble persister jusqu'au néolithique. On pourrait ajouter l'Europe, qui possède aussi sa lignée propre, bien qu'elle ne mène pas jusqu'à l'homme moderne, comme on le verra au chapitre suivant.

Que conclure de tout cela? Le problème est qu'on ignore encore à peu près tout du déterminisme de la morphologie crânienne. Pourquoi une population possède-t-elle un crâne large et court, une autre un crâne long et étroit? Quelles sont les raisons d'un bourrelet sus-orbitaire, de l'épaississement des os du crâne? Ces caractères sont-ils fonctionnellement utiles, peuvent-ils être influencés par l'environnement, le climat? Dans le cas qui nous préoccupe, les traits qu'on observe chez tous les fossiles de diverses époques dans une même région reflètent-ils une réelle parenté, une lignée, ou ne sont-ils que l'expression d'une même adaptation à un même milieu, au sens le plus large? Il est peu probable que l'origine des races modernes, dont les contours sont de plus en plus imprécis, soit à rechercher très loin dans le passé. Mais une espèce répandue sur près de 100 millions de kilomètres carrés ne peut évidemment pas être homogène, et des groupes humains ont sans doute pu évoluer pendant quelque temps dans un relatif isolement. De là a pu naître un début de différenciation en races, sans que les échanges de gènes entre celles-ci aient jamais complètement cessé.

Les premiers Européens et l'apparition de l'homme moderne

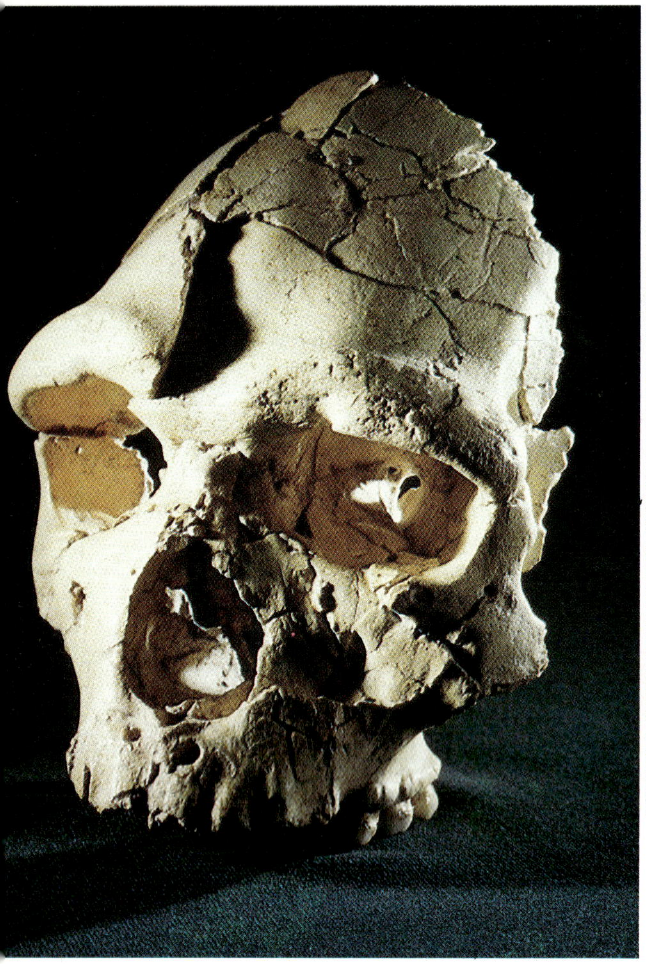

L'homme de Tautavel, près de Perpignan, dans les Pyrénées-Orientales, dont le crâne (à gauche) a été découvert en 1971, est représenté par un nombre suffisant d'ossements pour qu'une reconstitution ait pu être tentée, comme le montre cette statue de bronze. Le costume est évidemment hypothétique!

On possède la trace, sous forme d'outils de pierre, des hommes qui vivaient dans le Massif central il y a plus de 1 million d'années. Mais les ossements fossiles des plus anciens «Européens» sont plus récents: 600 000 à 700 000 ans. Nos ancêtres directs, les sapiens, *ont été précédés par les hommes de Neandertal: y a-t-il eu, déjà, métissage entre les deux?*

Les plus anciennes traces de peuplement humain de l'Europe remontent à plus de 1 million d'années et ont été trouvées à Chilhac, dans le Massif central. Mais les restes fossiles eux-mêmes n'apparaissent que plus tardivement, au cours de la glaciation de Mindel. La mâchoire de Mauer, découverte en 1906 près de Heidelberg, semble bien être celle du plus vieil Européen connu: la faune qui lui est associée (éléphant, rhinocéros, bison, cerf, tigre à canines en poignard) permet de le dater de 600 000 à 700 000 ans. En France, la mâchoire de Montmaurin (Haute-Garonne) et les magnifiques restes humains recueillis par l'équipe de Henri de Lumley à Tautavel se disputent l'honneur d'être les plus anciens «Français». Il se pourrait cependant qu'une canine d'enfant, provenant du gisement de Vergranne (Doubs), vienne les coiffer sur le poteau, en attendant qu'une nouvelle découverte mette un terme (provisoire) au débat.

LES PRÉNÉANDERTALIENS

L'ensemble des fossiles humains de la grotte de l'Arago à Tautavel constitue la plus belle série d'hominidés anciens jamais découverte en Europe. Elle se compose d'une cinquantaine de restes, parmi lesquels un crâne presque complet, deux mandibules et plusieurs os du squelette, parmi des milliers de fossiles animaux (chamois, mouflon, auroch, bison, rhinocéros) qui suggèrent un environnement voisin de l'actuel. A cette époque, il y a environ 400 000 ans, la nappe humaine s'étendait déjà sur toute l'Europe, comme le montrent l'occipital de Vertesszöllös en Hongrie, les fragments crâniens de Bilzingsleben, en R. D. A., ou les mâchoires d'Atapuerca, en Espagne.

Tous ces hominidés étaient naguère classés parmi les *Homo erectus*, et ils en ont en effet conservé beaucoup de caractères: capacité crânienne moyenne, bourrelet sus-orbitaire, front fuyant, occipital anguleux, crâne «en tente». Néanmoins, sur ces formes anciennes, se manifestent déjà sporadiquement des traits annonçant les hommes qui ont peuplé l'Europe au début de la dernière glaciation (Würm I et II), les Néandertaliens.

La fréquence de ces traits va croître chez les fossiles plus récents, comme les crânes de Steinheim ou de Petralona. Ce dernier, découvert en 1960 par des spéléologues sur le plancher stalagmitique d'une grotte de Chalcidique (Grèce), possède, par rapport à l'Arago, une face moins prognathe, une capacité crânienne supérieure, une voûte plus élevée: ses pommettes fuyantes évoquent très nettement l'homme de Neandertal. Ces ressemblances s'accentuent dans les formes plus récentes, comme l'arrière-crâne de Biache (Pas-de-Calais), découvert il y a quelques années lors de la fouille de sauvetage menée avant l'extension d'une usine métallurgique.

DES PRÉ-*SAPIENS* EN EUROPE

On peut donc suivre en Europe, entre 700 000 et 100 000 ans, une lignée de Prénéandertaliens menant d'*Homo erectus* aux Néandertaliens. Ces derniers, uniques habitants de l'Europe occidentale entre 100 000 et 30 000 ans, sont remplacés après cette date par des hommes de type moderne, *Homo sapiens sapiens*. De nombreux auteurs ont pensé que les ancêtres de ceux-ci vivaient également en Europe occidentale, en même temps que les Prénéandertaliens; il aurait donc existé deux lignées parallèles, l'une menant à l'homme de Neandertal, éteint sans descendance il y a 30 000 ans, l'autre à l'homme actuel.

Les principaux jalons placés sur cette lignée des pré-*sapiens* étaient un arrière-crâne découvert en 1935 à Swanscombe en Angleterre et une calotte crânienne, ainsi qu'un fragment de frontal mis au jour en 1947 à Fontéchevade, en Charente. Ces dernières pièces ont joué un

C'est dans la grotte de Qafzeh, en Israël, qu'ont été découverts plusieurs squelettes des premiers *Homo sapiens sapiens*, vieux de 50 000 ans environ Ils peupleront l'Europe 10 000 ou 15 000 ans après

grand rôle dans la théorie des pré-*sapiens*, mais il faut reconnaître qu'elles sont bien incomplètes et déformées, et les reconstructions qu'on a pu proposer des parties manquantes relèvent plus de l'imagination que de la science. Quant à l'homme de Swanscombe, vieux de 250 000 ans, les caractères qu'il partage avec l'homme moderne ne sont que des caractères primitifs que les Néandertaliens ultérieurs ont perdus: ils n'indiquent pas du tout que l'homme de Swanscombe soit engagé dans la voie menant à *Homo sapiens sapiens*.

Aujourd'hui, la théorie des pré-*sapiens* européens ne compte presque plus de défenseurs: tous les hommes fossiles connus en France avant 100 000 ans sont des Prénéandertaliens, comme J.-J. Hublin l'a montré récemment. Le crâne ne se «néandertalise» pas globalement dans toute la population, et l'aspect plus ou moins néandertalien des fossiles découverts n'est dû qu'à des décalages dans l'évolution des divers éléments anatomiques. A l'intérieur même d'une population, comme celle de Tautavel, certaines pièces peuvent être nettement plus «néandertaloïdes» que d'autres. En outre, plus les restes sont fragmentaires, plus il est facile de les placer n'importe où sur un arbre généalogique, et même de construire de nouvelles branches. Quant à la raison pour laquelle la théorie des pré-*sapiens*, basée sur si peu de faits scientifiques, a connu un tel succès, c'est sans doute parce qu'elle confortait la haute opinion que l'homme blanc avait de lui-même et de sa patrie. Berceau de LA civilisation, l'Europe devait aussi être celui de l'humanité moderne.

OU EST NÉ L'HOMME MODERNE?

Si donc celle-ci n'est pas née chez nous, où dont faut-il rechercher notre ancêtre? De récentes recherches en Israël suggèrent fortement que c'est au Proche-Orient que sont nés les *Homo sapiens sapiens*. L'homme a laissé dans cette région des traces de son industrie vieilles d'environ 1 million d'années, mais le plus ancien fossile humain y est beaucoup plus récent. Il y a environ 50 000 ans, on y trouve à la fois des Néandertaliens (qui sont là à leur plus basse latitude) et des hommes de type moderne (Qafzeh, Skhul) qui évoquent les Cromagnoïdes européens, sans doute leurs descendants immédiats. Il se serait donc produit une double migration, l'Europe occidentale envoyant au Proche-Orient ses Néandertaliens, «en échange» des *Homo sapiens sapiens*. Si ces derniers ont remplacé très rapidement les Néandertaliens en Europe occidentale, les deux groupes ont en revanche coexisté quelque temps en Israël, sans que leurs relations biologiques soient encore bien claires: il y a peut-être eu métissage dans un certain nombre de cas. Quant à l'origine des hommes de Qafzeh et de Skhul, elle est encore très mal documentée. Un fragment de fémur âgé d'environ 200 000 ans semble être le premier *Homo sapiens* d'Israël, mais il est bien difficile de retracer notre évolution à partir d'un os incomplet!

Un culte des crânes chez les hommes fossiles?

Si l'idée d'un culte de l'ours chez les hommes préhistoriques ne comporte plus guère de partisans, celle d'un culte des crânes humains se fonde sur plusieurs observations curieuses. Tout d'abord, on peut être frappé de la grande quantité de crânes fossiles mis au jour relativement aux os des membres. En grotte, on trouve parfois un crâne seul, posé sur le sol; le crâne néandertalien du Monte Circeo, en Italie, a ainsi été découvert au milieu d'un cercle de pierres. Inversement, le squelette récemment exhumé à Kébara, en Israël, était dépourvu de tête: la suite des fouilles nous donnera peut-être une explication.

Cet intérêt particulier de nos ancêtres pour les têtes de mort pourrait être lié à des pratiques cannibales: souvent la base du crâne est agrandie comme si on avait cherché à accéder au cerveau. Faut-il pour autant voir là une préoccupation métaphysique, appropriation de l'âme ou de certaines qualités du mort? Pourquoi la cervelle humaine ne serait-elle pas tout simplement aussi savoureuse que celle du mouton ou du singe, encore consommée crue de nos jours en Chine? L'homme civilisé éprouve aujourd'hui une telle répulsion pour l'anthropophagie qu'il a du mal à concevoir qu'elle ait pu être habituelle jadis!

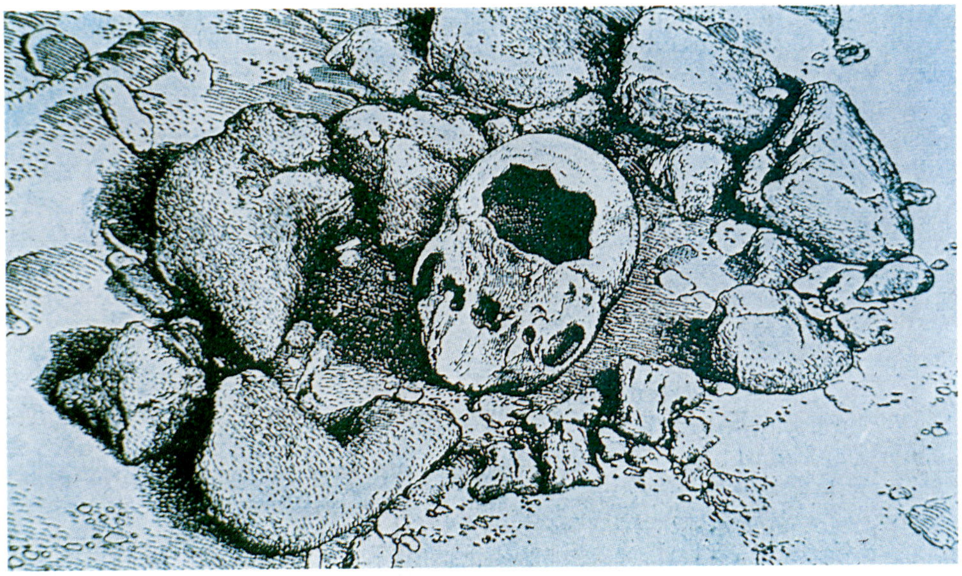

Le crâne du Monte Circeo, en Italie. *Ses compagnons ont peut-être mangé la cervelle de ce Néandertalien.*

L'homme de Tautavel vivait dans un environnement végétal peu différent de l'actuel. La plaine était habitée par de grands cervidés, des bisons, des chevaux, des rhinocéros et des éléphants antiques.

L'homme de Neandertal

Autrefois, on considérait comme notre ancêtre l'homme de Neandertal, dont le type physique achevé, très reconnaissable, était apparu il y a environ 100 000 ans: plutôt petit, trapu, il avait un cerveau aussi gros que le nôtre, une mâchoire proéminente et des dents saillantes. Sa principale occupation était la chasse, et il observait un rituel funéraire auquel étaient souvent associés les animaux chassés. On le connaît surtout en Europe occidentale, mais il s'est étendu jusqu'en Asie centrale. Il y a 35 000 ans, brutalement, il a disparu. Ce lointain cousin est-il une branche morte de l'évolution qui conduit à l'homme actuel?

C'est en 1829 qu'un médecin belge, P.-C. Schmerling, entreprit de démontrer la contemporanéité de l'homme et des animaux fossiles, à une époque où le monde scientifique, sous l'influence de Cuvier, croyait encore que l'homme n'était apparu qu'après le déluge. Schmerling fouilla plusieurs grottes de la région de Liège, et deux d'entre elles lui livrèrent des fossiles humains. A Engis, à côté d'un crâne adulte de type moderne, il découvrit celui d'un enfant «de l'espèce primitive», dans lequel on reconnaîtra plus tard un Néandertalien. L'œuvre de précurseur de Schmerling resta longtemps ignorée; de nos jours encore, elle est souvent passée sous silence. Il faudra attendre 1856 et la découverte d'une calotte crânienne dans la vallée de Neander, en Allemagne (*thal*, que l'on écrit aujourd'hui *tal*, signifiant «vallée»), pour que s'engage vraiment le débat sur l'existence possible d'une espèce fossile d'homme différente de la nôtre.

La période était alors plus propice, puisque en 1859 Darwin publiait sa théorie de l'évolution, mettant le monde scientifique en effervescence. Certains contestèrent pourtant encore l'intérêt de la trouvaille, dans laquelle ils voyaient le crâne d'un idiot, sinon d'un cosaque! Ces interprétations devinrent néanmoins de plus en plus difficiles à soutenir à mesure que se multipliaient les découvertes dans toute l'Europe. Autour de 1910, les travaux des fouilleurs commencèrent à se concentrer dans le sud-ouest de la France, d'où furent exhumés vers cette époque les squelettes de La Chapelle-aux-Saints, de la Ferrassie, le crâne de la Quina, ainsi qu'une multitude de silex taillés.

UNE MORPHOLOGIE TRÈS PARTICULIÈRE

L'image bestiale du Néandertalien, qui s'était rapidement forgée au XXe siècle, ne se dissipait que lentement, et elle est encore présente dans l'étude magistrale réalisée par Marcellin Boule du squelette de La Chapelle-aux-Saints. Plutôt petit, trapu, poilu, les épaules voûtées, sa grosse tête prognathe surmontée d'un bourrelet sus-orbitaire, l'homme de Neandertal, comme on se l'imagine alors, ne respire guère l'intelligence. Cette représentation a bien évolué de nos jours, peut-être excessivement d'ailleurs: même bien rasé et coiffé d'une casquette, il ne passerait sûrement pas inaperçu!

Son squelette était robuste, mais il n'est pas certain que tous les traits morphologiques qu'on y relève auraient été apparents sur le vivant. Les membres sont plutôt courts et sans doute très puissants, mais toutes ces différences ne sont pas considérables. Le crâne, en revanche, est bien particulier. La boîte crânienne est longue et arrondie, presque circulaire en vue postérieure, caractère déjà ébauché sur les pièces de Swanscombe et de Biache (voir p. 288). Le cerveau est au moins aussi gros que le nôtre (le volume endocrânien atteint 1 600 cm^3 à La Chapelle-aux-Saints), mais moins développé en hauteur, quoique un front, faiblement indiqué, soit présent. La partie inférieure de la face et la denture sont saillantes vers l'avant et forment une sorte de museau se prolongeant insensiblement vers l'arrière, sans pommettes marquées, en raison du développement des sinus maxillaires, qui gonflent la face. Cette morphologie particulière a parfois été considérée comme une adaptation au froid, mais on l'observe déjà avant le maximum de glaciation de Würm, et elle est également connue sous des climats plus doux, comme à Gibraltar ou en Israël. Quant

Unique habitant de l'Europe au cours de la dernière glaciation, l'homme de Neandertal a pu survivre dans ce milieu difficile grâce à son adaptation physiologique à un climat froid.

à la saillie des dents, elle pourrait être liée à l'utilisation fréquente des incisives pour saisir la viande, voire travailler des peaux.

L'ensemble de ces caractères font de l'homme de Neandertal un type humain très particulier et très facilement reconnaissable. Comme nous l'avons vu, ses précurseurs sont connus depuis au moins 500 000 ans en Europe, mais le type physique achevé n'apparaît qu'il y a environ 100 000 ans. Il connaît son apogée au cours des deux premiers stades de la glaciation de Würm, pour disparaître brutalement il y a 35 000 ans. Surtout connu en Europe occidentale, il s'étend jusqu'en Israël, en Irak, et même en Asie centrale, mais on ne l'a jamais découvert en Afrique, même si certains fossiles de ce continent lui ressemblent superficiellement.

COMMENT VIVAIENT LES NÉANDERTALIENS

Notre connaissance du mode de vie des Néandertaliens est un peu biaisée du fait que la plupart des gisements sont des grottes, où l'on imagine ces hommes vivant entassés et calfeutrés, n'en sortant que pour chasser le mammouth ou le rhinocéros laineux. En fait, on connaît beaucoup de sites de plein air qui ont livré des industries taillées par des Néandertaliens (même si les fossiles y sont plus rares), et il est probable que certains d'entre eux n'ont jamais vécu dans des cavernes.

L'industrie lithique des Néandertaliens et de leurs contemporains dérive de l'acheuléen, mais les techniques de fabrication sont plus perfectionnées, et les outils plus diversifiés, comme cette pointe en silex.

Le squelette néandertalien de la Ferrassie lors de sa découverte en 1909 (à droite). Le crâne, très écrasé, a néanmoins pu être reconstruit (ci-dessus).

Dans plusieurs grottes (La Chapelle-aux-Saints, la Ferrassie, Shanidar en Irak), les squelettes n'ont été préservés que parce qu'ils avaient été intentionnellement inhumés, leur dépouille ayant souvent été recouverte d'offrandes: tête d'animal, fleurs (reconnues d'après leur pollen), peut-être quartiers de viande. En conclure que les Néandertaliens croyaient en une vie nouvelle après la mort serait cependant téméraire. N'oublions pas que tous les morts, comme celui du Monte Circeo, n'ont pas eu droit au même respect! Mais ces sépultures démontrent l'existence de préoccupations spirituelles.

DES PROGRÈS MARQUANTS: L'INDUSTRIE MOUSTÉRIENNE

Par rapport au stade *Homo erectus*, des progrès marquants affectent probablement tous les domaines de la vie quotidienne, dont les principaux témoins, les outils de pierre, sont devenus beaucoup plus variés, plus fins, plus élaborés, sans doute plus spécialisés en fonction de leur usage. De nouvelles méthodes de débitage, dérivées de la technique Levallois, font leur apparition, en même temps que de nouveaux types de percuteurs. Cette industrie, dite moustérienne, du gisement de Moustier, en Dordogne, ne se superpose cependant pas exactement aux Néandertaliens, puisque, par exemple, elle a aussi été l'œuvre des pré-*sapiens* du Proche-Orient. Les préhistoriens distinguent plusieurs types dans ce moustérien, suivant la fréquence des divers outils, l'utilisation ou non de la technique Levallois. Certains ont même pensé que chaque type correspondait à une population humaine: plusieurs peuplades de Néandertaliens auraient ainsi coexisté dans le sud de la France pendant plusieurs milliers d'années sans échanger leurs cultures. Une telle hypothèse implique des différences radicales dans le mode de vie — comme de nos jours entre éleveurs et cultivateurs —, qui sont, à cette époque, bien invraisemblables. Si un même groupe est l'auteur des divers types de moustériens, quelle est alors l'origine des différences? Évolution dans le temps, variations saisonnières, fonctions distinctes? Le mystère n'est pas résolu.

Vers – 40 000 ans, le moustérien cède la place aux industries du paléolithique supérieur, castelperronien puis aurignacien. L'évolution est rapide sans être soudaine, et l'héritage du moustérien se fait encore sentir plusieurs milliers d'années après sa disparition, dont on avait toujours pensé qu'elle coïncidait avec celle des Néandertaliens, brutalement remplacés par les *Homo sapiens sapiens* venus du Proche-Orient. L'étonnante découverte du crâne néandertalien de Saint-Césaire, en Charente, a récemment montré qu'une partie au moins du castelperronien était aussi leur œuvre. On ne saurait plus clairement illustrer l'indépendance de l'évolution culturelle par rapport à l'évolution physique. Les grandes révolutions culturelles (oldowayen - acheuléen; acheuléen - moustérien; moustérien - paléolithique supérieur; paléolithique supérieur - néolithique) ne sont jamais liées à une transformation physique majeure.

Les glaciations

D'importantes variations du climat terrestre ont été mises en évidence tout au long des âges géologiques, et en particulier au cours du pléistocène (entre 2 millions et 10 000 ans). Les températures moyennes ont fortement baissé à plusieurs reprises, entraînant le remplacement des forêts par la toundra dans nos régions, par le désert dans les zones tropicales, la faune se modifiant en conséquence. Les calottes glaciaires polaires recouvraient alors toute l'Europe du Nord, et les glaciers alpins ont même atteint Lyon. L'immobilisation d'eau sous forme de glace a entraîné une baisse importante (de l'ordre de 50 m au maximum) du niveau des océans: c'est elle qui a sans doute permis à *Homo erectus* d'atteindre Java à pied sec.

On distingue en Europe occidentale quatre périodes glaciaires, nommées d'après des affluents du Danube où elles ont été reconnues: Günz (de 1,5 à autour de 1 million d'années), Mindel (autour de 500 000 ans), Riss (200 000 ans) et Würm (80 000 à 20 000 ans environ). L'étude des isotopes de l'oxygène a cependant permis de montrer que les oscillations de la température étaient en fait permanentes, et il est donc difficile de fixer avec précision des limites aux glaciations, qu'on ne peut en fait plus guère distinguer les unes des autres.

Les hommes modernes d'il y a 35 000 ans

Il y a 35 000 ans environ est apparu notre ancêtre direct, qu'on a baptisé Homo sapiens sapiens. *En France, il est symbolisé par le très célèbre homme de Cro-Magnon, découvert en 1868 dans le Périgord. Plus grand et moins trapu que le Néandertalien, l'*Homo sapiens *a un squelette et une capacité crânienne semblables aux nôtres. C'est lui qui a apporté au patrimoine culturel de l'humanité de nouveaux outils, de nouvelles techniques. Il a inventé l'art, cultivé la terre, domestiqué les animaux, peuplé le monde: c'est le premier homme moderne.*

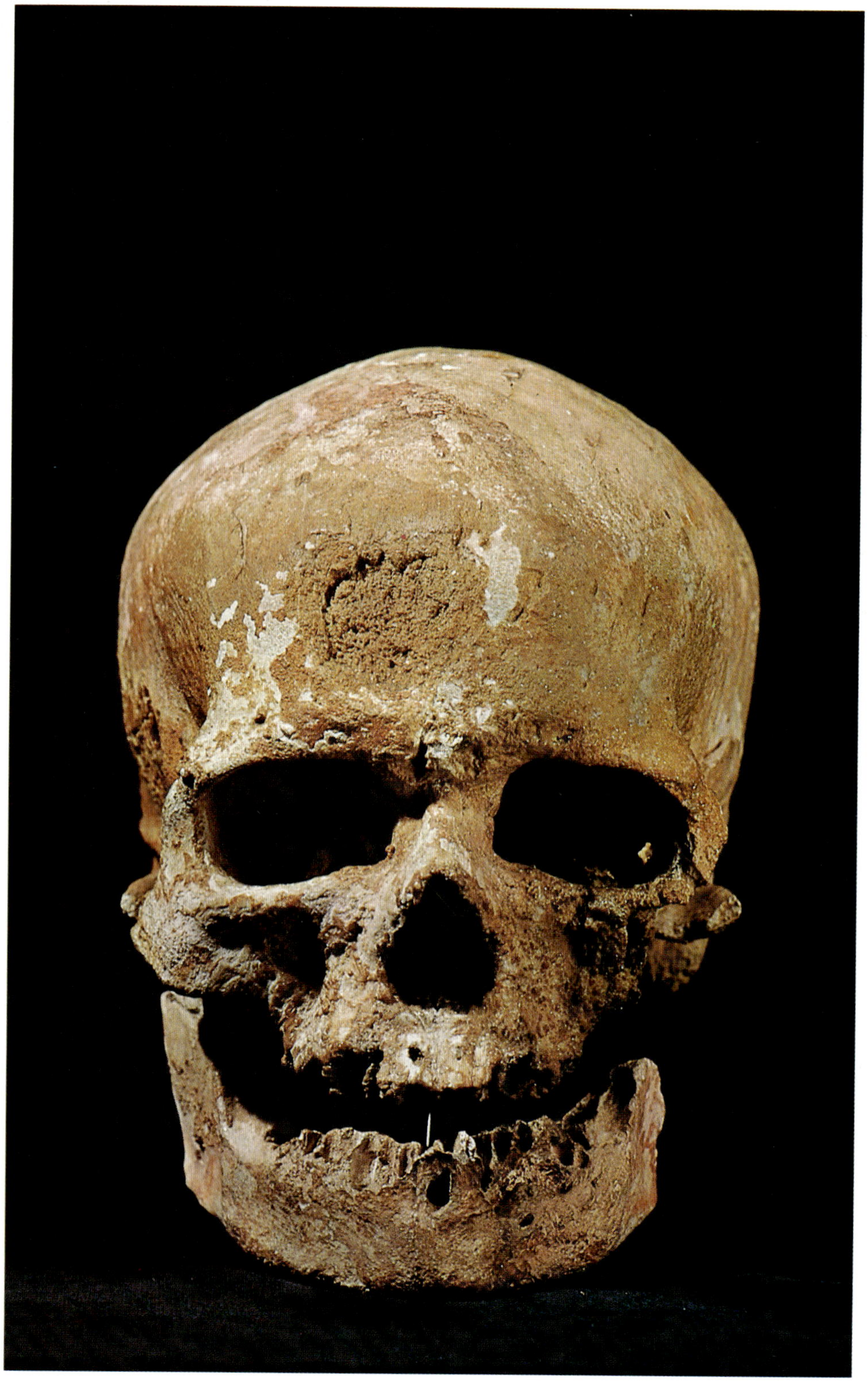

Il y a 35 000 à 30 000 ans, les Néandertaliens cèdent la place en Europe aux hommes de type moderne, *Homo sapiens sapiens*, mais les modalités précises de cette transition nous sont inconnues. La résurgence, chez certains de ces hommes modernes, de quelques traits considérés comme néandertaliens a parfois conduit à envisager un métissage entre les deux groupes. Cette hypothèse trouve une certaine confirmation dans l'absence de coupure culturelle, puisque, comme nous le savons maintenant, les Néandertaliens furent les inventeurs du paléolithique supérieur.

Il n'est cependant pas certain que l'homme de Cro-Magnon possède vraiment des traits hérités de l'homme de Neandertal, dont nos ancêtres ont peut-être simplement «volé» la culture. Sans aller jusqu'à imaginer une vaste «campagne d'Europe» menée, les armes à la main, par des hordes asiatiques, on peut fort bien assimiler la disparition des Néandertaliens à un génocide, instantané à l'échelle géologique, peut-être très rapide à l'échelle historique. Jusqu'à preuve du contraire, il semble que les Néandertaliens aient disparu sans descendance: ce n'est donc pas avec eux qu'il nous faudra comparer les *Homo sapiens sapiens*, mais avec les *Homo erectus* et *Homo sapiens* primitifs.

Naguère, avant que l'anthropologie dite biologique (parce que son matériel d'étude est du sang prélevé sur le vivant) ne vienne mettre un frein à toute tentative de classement chez les hommes modernes, on se plaisait à reconnaître plusieurs types raciaux dans le paléolithique supérieur périgourdin. L'un d'eux, celui de Combe-Capelle, aurait été l'auteur d'une industrie de type castelperronien (semblable à celle du Néandertalien de Saint-Césaire). Mais ce squelette n'avait pas été mis au jour lors de fouilles rigoureuses, car c'était uniquement pour le vendre (très cher) qu'un antiquaire suisse l'avait exhumé; on doute aujourd'hui sérieusement de son origine stratigraphique exacte.

Un autre type humain, celui de Cro-Magnon, sans doute l'homme fossile le plus célèbre de France, daté d'environ 30 000 ans, est remarquable par le peu d'élévation de la face et des orbites, caractères très accentués sur le crâne dit «du vieillard», qui n'avait en fait qu'une cinquantaine d'années.

DES TRAITS COMMUNS

En réalité, les traits de l'un et l'autre type se retrouvent répartis, comme au hasard, dans les autres populations européennes postérieures à − 30 000 ans. Il n'existait de toute évidence qu'un seul groupe polymorphe. Ces hommes sont plus grands que les Néandertaliens, moins trapus. Leur squelette est tout à fait semblable au nôtre. Sur le crâne, le bourrelet sus-orbitaire a disparu, le front est redressé, le crâne est «en maison» (moins large à la base, derrière les oreilles, qu'au niveau des pariétaux). La face est peu différente de celle d'*Homo erectus*, mais les dents ont subi une réduction, qui est peut-être à l'origine de la naissance d'un menton. Les os du crâne se sont amincis, allégés, les bourrelets ont disparu. La capacité crânienne atteint environ 1 400 cm^3.

Plusieurs individus furent découverts en 1868 au lieu-dit Cro-Magnon, sur le bord de la Vézère. Celui-ci, dit «le vieillard», est remarquable par son crâne volumineux, sa face et ses orbites basses.

En Afrique, les datations pour cette période sont moins précises qu'en Europe, mais ce type humain «achevé» (selon nos critères!) semble y apparaître vers la même époque, sinon un peu plus tôt. En Asie du Sud-Est, comme nous l'avons déjà vu, la transition se fait insensiblement à partir d'*Homo erectus*. L'homme a peut-être gagné Java à pied sec, mais des fosses profondes séparent les îles de la Sonde de l'Océanie, et aucune voie terrestre n'a émergé à la fin du pléistocène, de sorte que l'Australie n'a pu être atteinte, il y a 40 000 ans, que par bateau ou par radeau. Le plus étonnant n'est pas tellement la prouesse technique que ce périple représente, mais plutôt son côté très hasardeux: il n'est pas certain que les hommes qui se lançaient ainsi à travers les détroits aient toujours pu, même si le niveau des océans était 50 m plus bas qu'actuellement, apercevoir la rive opposée.

Quant à l'Amérique, elle a été atteinte encore plus récemment, il y a environ 20 000 ans, par le détroit de Béring, alors recouvert par les glaces. Les datations des sites américains sont encore très controversées, mais il semble que l'homme se soit ensuite très rapidement répandu sur tout le continent, jusqu'en Patagonie, où il pourrait bien être responsable de la disparition d'une bonne partie de la grande faune originale qui vivait là depuis des millions d'années.

L'ARTISTE NAÎT

A côté de cette conquête du monde entier, *Homo sapiens sapiens* est aussi le premier «explorateur de l'inutile», l'inventeur du superflu. L'outil peut en effet atteindre, à la fin du paléolithique supérieur, un tel degré d'élaboration qu'on peut parfois douter qu'il ait réellement été utilisé comme arme ou instrument domestique. On imagine mal une «feuille de laurier» solutréenne emmanchée à l'extrémité d'une lance, ou un propulseur sculpté partager la vie mouvementée d'un chasseur. On a l'impression que l'activité manuelle, entraînée par les capacités de celui qui devient ainsi un artiste, dépasse le but purement fonctionnel qui existait seul au début du paléolithique supérieur. Les talents de sculpteur s'exercent sur tous les modèles: femmes dont la tête est souvent négligée au profit des attributs sexuels, et animaux divers. Bisons et chevaux sont les plus souvent représentés, mais on rencontre parfois aussi d'autres herbivores, les carnivores étant beaucoup plus rares. Les matériaux ou supports peuvent être l'os, l'ivoire, l'argile, et probablement très souvent le bois, hélas non conservé. La maîtrise des artistes, la précision des lignes, le modelé de l'animal vivant, se retrouvent dans les dessins, peintures et gravures qui trouvent leur apogée au magdalénien, il y a 12 000 à 15 000 ans (voir p. 198-203).

Le site de Laussel, en Dordogne, a livré plusieurs bas-reliefs figurant des personnages. Les caractères sexuels de cette femme tenant une corne de bison sont exagérés, comme souvent au paléolithique.

L'ÉVOLUTION CULTURELLE

Le mésolithique, puis le néolithique succèdent au paléolithique il y a 8 000 à 10 000 ans, après la fin de la dernière glaciation, les températures remontant alors rapidement. L'homme s'installe dans des villages permanents, il cultive la terre, domestique les animaux, invente l'écriture. On a coutume de dire que l'évolution culturelle relaie l'évolution physique en perte de vitesse: c'est que la culture progresse selon un rythme exponentiel, tandis que les modifications physiques sont plus régulières: quelques milliers d'années n'ont jamais suffi à modifier l'homme de manière appréciable.

Des races ont probablement commencé à se différencier depuis 30 000 ans, mais l'accroissement de la population mondiale, la disparition des barrières géographiques et culturelles tendent à gommer les nuances raciales. L'importance numérique de l'espèce humaine est devenue telle qu'une évolution par sélection naturelle ne peut plus être que très lente. Prétendre que nous ne changeons plus est cependant une affirmation suspecte: c'est tenter de trouver une base scientifique au postulat religieux ou philosophique qui fait de l'homme le point culminant de l'évolution.

DENIS GERAADS

De nombreux types d'outils ont été définis pour le paléolithique supérieur. Outre les pointes et les burins (ci-dessus), on connaît des lames, rabots, racloirs, grattoirs, aiguilles, harpons, etc.

Maladies et accidents chez les hommes préhistoriques

Il est évident que, des nombreuses maladies qui ont dû affecter, comme tous les êtres vivants, les hommes préhistoriques, nous ne pouvons reconnaître que celles qui laissent des traces sur l'os. On a pu mettre en évidence, par exemple, chez l'homme de Cro-Magnon, une mycose qui avait surtout atteint le crâne et la mâchoire inférieure. Quant aux graves malformations ou troubles métaboliques, ils devaient entraîner la mort avant que les os soient devenus suffisamment solides pour avoir des chances de se fossiliser.

Les blessures, fractures, accidents et traumatismes divers ne sont en revanche pas rares. Pour les périodes anciennes, citons la luxation de la hanche de l'homme de La Chapelle-aux-Saints ou l'exostose du fémur du pithécanthrope de Java, consécutive à un déchirement musculaire. Ce n'est cependant qu'avec les périodes plus récentes que des activités belliqueuses deviennent indiscutables (pointes de flèches fichées dans le squelette, par exemple).

La cicatrisation des plaies et la survie des blessés, des trépanés ou des vieillards, prouve l'acquisition d'une structure sociale d'où ceux-ci n'étaient pas exclus: l'homme avait déjà à transmettre autre chose que ses chromosomes, et la guérison d'un «sage» était peut-être vitale pour le groupe.

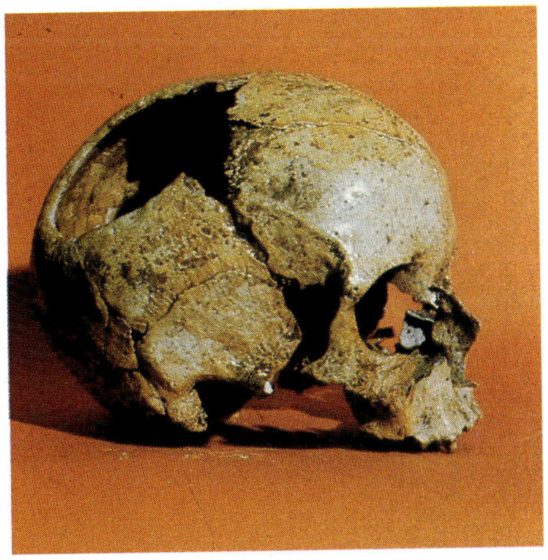

***Les plus anciens crânes trépanés** remontent à 10 000 ans environ: la cicatrisation de la plaie prouve la maîtrise du chirurgien dès cette époque.*

LES SAVANTS

** Les noms suivis d'un astérisque figurent dans le «Petit dictionnaire des savants».*

Ce chapitre a été rédigé par Richard Moreau, à l'exception des articles «Fragonard» et «Hunter», dus à Michel Ellenberger.

A

ARISTOTE, né en 384 av. J.-C. en Macédoine (où son père était médecin du roi), mort en Eubée en 322 av. J.-C. A dix-huit ans, il vint à Athènes et fut admis à l'Académie de Platon, où il resta vingt ans. N'ayant pu succéder au maître, il repartit et devint précepteur du futur Alexandre le Grand. Il revint ensuite à Athènes, où il fonda sa propre école: le Lycée. A la mort d'Alexandre, il fut obligé de fuir et se réfugia dans l'île d'Eubée, où il mourut. Avec Platon, Aristote fut l'une des plus grandes figures de la philosophie de l'ancienne Grèce. Alors que la science commençait à se séparer de la philosophie, Aristote chercha avec ses élèves à mettre de l'ordre dans le fatras hérité de ses prédécesseurs. Il en reste un vaste ensemble encyclopédique traitant de tous les sujets, mais qui fut écrit en s'appuyant sur une espèce de métaphysique souvent éloignée de la réalité. Cependant, l'âge venant, Aristote comprit l'importance de l'observation, et ses ouvrages d'histoire naturelle constituent les premiers traités connus d'anatomie et de physiologie comparées. Pendant les vingt siècles qui suivirent, l'aristotélisme domina malheureusement la pensée scientifique arabe, puis européenne. Constituant une loi intouchable, il entrava longtemps les progrès de la science positive (*voir* THÉOPHRASTE).

AVICENNE (Abu Ali al-Husain ibn Sina dit), né en 980, mort en 1037. Philosophe et médecin iranien. La science antique fut transmise en Europe grâce aux savants arabes, dont Avicenne, surnommé le Prince de la Science, est l'un des plus connus. Son *Canon de la médecine* fut enseigné dans nos Facultés jusqu'au milieu du XVIIe siècle.

B

BAER (Karl Ernst von), né en 1792, mort en 1876. Savant estonien d'origine prussienne créateur de l'embryologie comparée, il découvrit notamment l'œuf des mammifères et la chorde dorsale.

BASSI (Agostino), né à Lodi en 1773, mort en 1856. Pionnier italien de la microbiologie, il démontra en 1837 que la muscardine, l'une des maladies des vers à soie, était causée par un champignon, et que l'animal la contractait par le contact ou par la nourriture infectée. Bassi précéda Pasteur et Koch en formulant avant eux la théorie microbienne des maladies infectieuses.

BATAILLON (Eugène), né à Annoire (Jura) en 1864, mort à Montpellier en 1953. Biologiste français qui a étendu la parthénogenèse expérimentale aux vertébrés, en montrant la possibilité d'obtenir le développement complet d'ovules vierges de batraciens.

BATESON (William), né à Whitby en 1861, mort à Londres en 1926. Biologiste et généticien anglais. En 1900, il fit connaître les travaux de Mendel* en Angleterre, et en appliqua les règles au règne animal, concurremment avec Cuénot* en France.

BÉCHAMP (Antoine), né à Morhange en 1816, mort à Paris en 1908. Biologiste français, précurseur à la fois de Pasteur* et de Buchner*. Il élargit, en 1864, la notion de ferment soluble (la diastase de l'orge germée était le seul connu jusqu'alors) et créa le mot «zymase» comme nom générique de toutes ces substances.

BELL (sir Charles), né à Édimbourg en 1774, mort à Worcester en 1842. Chirurgien écossais, établi à Londres, il montra que certaines fibres nerveuses servent exclusivement à transporter des excitations motrices, tandis que d'autres transmettent la sensibilité (*voir* MAGENDIE).

BERNARD (Claude), né à Saint-Julien, près de Villefranche-sur-Saône, en 1813, mort à Paris en 1878. Originaire d'une famille très modeste de la région lyonnaise, Claude Bernard, devenu professeur au Collège de France, fut le fondateur de la physiologie, dont il fit une science autonome, séparée de l'anatomie et de la médecine, et dont il formula les lois et précisa les méthodes. Son influence s'étendit même au reste de la biologie, puisqu'il posa définitivement les règles qui doivent s'appliquer à l'expérimentation sur les êtres vivants. Claude Bernard aborda tous les grands problèmes de la physiologie. Ses travaux les plus importants furent consacrés aux propriétés digestives du suc pancréatique et à la fonction glycogénique du foie: cet organe fabrique du sucre aux dépens d'une sorte d'amidon animal, le glycogène. Cette découverte eut un retentissement énorme, car on pensait jusque-là que chaque organe n'avait qu'une seule fonction: pour le foie, la production de bile. Or Claude Bernard non seulement démontra le contraire, mais encore donna le premier exemple d'une production glandulaire déversée directement dans le sang; ainsi il énonça très nettement, dès 1855, l'idée d'hormones (*voir* BROWN-SÉQUARD). Il étudia aussi les nerfs dits vasomoteurs, qui agissent sur le calibre des vaisseaux sanguins; il démontra le rôle du système nerveux dans les phénomènes de sécrétion, précisa le mode d'action du curare (le poison des flèches), étudia le mécanisme de l'intoxication par l'oxyde de carbone, la production de chaleur dans l'organisme animal, le rôle de la salive, etc. Il s'intéressa même à la fermentation alcoolique et aux générations spontanées (*voir* BERTHELOT). Jean Rostand* a pu écrire que Claude Bernard «a insufflé [à la biologie] un esprit si nouveau, il l'a animée d'un esprit si fort qu'une large part doit lui revenir de tous les progrès qu'elle a réalisés par la suite».

BERTHELOT (Marcelin), né à Paris en 1827, mort en 1907. Ce chimiste commença sa carrière comme assistant de J. Balard, le découvreur du brome. En fait, il n'appartint à aucune école et fut le créateur de la synthèse organique. Sa plus grande découverte expérimentale fut celle de l'acétylène. Mais, au-delà, il jeta les bases de la chimie organique moderne et montra ainsi que les substances organiques n'étaient pas obligatoirement le résultat d'actions vitales. Il apporta aussi une contribution décisive à la fondation de la thermochimie. Berthelot fut l'ami d'Ernest Renan et de Claude Bernard. A la mort de ce dernier, il publia des notes inédites par lesquelles le grand physiologiste tendait à montrer que la formation de l'alcool était due à un ferment soluble, en dehors de toute vie. Il s'ensuivit une violente querelle avec Pasteur. Pourtant, la réalité des ferments solubles (les enzymes), déjà envisagée par Béchamp, fut établie vingt ans plus tard par Büchner. Marcelin Berthelot eut aussi une belle carrière politique: sénateur, il fut ministre de l'Instruction publique, puis des Affaires étrangères. Avec son épouse, il repose au Panthéon.

BICHAT (Xavier), né à Thoirette en 1771, mort à Paris en 1802. Médecin français, dont Claude Bernard fera grand cas. Fondateur de l'anatomie générale, c'est-à-dire de l'étude des tissus et pas seulement des organes, il contribua aussi au développement de l'embryologie.

BIOT (Jean-Baptiste), né à Paris en 1774, mort en 1862. Astronome et physicien français, Biot fut un savant d'une grande universalité d'esprit. Avec Savart, il trouva notamment une loi fondamentale de l'électromagnétisme; avec Arago, il réalisa les premières mesures précises sur la densité des gaz. S'intéressant à la déviation de la lumière polarisée (toutes les vibrations de la lumière sont dans le même plan), par des solutions de substances organiques, il constata que l'angle de rotation du rayon lumineux qui les traversait était en rapport direct avec leur concentration. Il en déduisit une méthode non destructive de dosage des sucres. En 1804, Biot fit avec Gay-Lussac la première ascension en mont-

Claude Bernard opérant au milieu de ses élèves (tableau de Léon Lhermitte, 1889)

golfière à but scientifique. Biot, qui, très âgé, apprit le chinois pour terminer l'œuvre de son fils décédé prématurément, eut une influence déterminante sur les travaux et sur la carrière de Pasteur.

BONNET (Charles), né à Genève en 1720, mort en 1793. Juriste de profession, Charles Bonnet avait une vocation de naturaliste qui l'amena, à vingt ans, à la découverte de la parthénogenèse, c'est-à-dire de la reproduction sans fécondation, chez le puceron. Esprit curieux, Charles Bonnet étudia ensuite de nombreux autres problèmes, dont celui de la régénération des vers d'eau douce. En raison d'une extrême fatigue des yeux, il renonça assez vite au microscope et se mit à expérimenter sur les plantes. Obligé finalement d'abandonner toute recherche, il écrivit des ouvrages de philosophie scientifique et fut le premier à employer le mot «évolution» dans un contexte scientifique. Charles Bonnet écrivit aussi des essais sur les facultés de l'âme, dans lesquels il se montra le précurseur de la psychologie physiologique. Enfin, il soutint Spallanzani* et confirma les résultats obtenus par ce dernier sur la régénération des pattes et des yeux des salamandres et des tritons.

BOUCHER DE CRÈVECŒUR DE PERTHES (Jacques), né à Rethel en 1788, mort à Abbeville en 1868. Fonctionnaire des douanes, Boucher de Perthes découvrit près d'Abbeville, en 1837, des objets en silex dans des couches du pléistocène. En 1846, il publia un travail dans lequel il soutint que ces pierres taillées étaient le résultat de l'industrie d'hommes préhistoriques. Ses opinions furent combattues en France jusqu'à ce que des savants étrangers (dont le Britannique Lyell*) lui rendent justice.

BOULE (Marcelin), né à Montsalvy en 1861, mort en 1942. Géologue et paléontologiste français, fondateur de l'Institut de paléontologie humaine de Paris. Il étudia de nombreux fossiles humains d'Europe et d'Afrique notamment, et reconstitua le premier squelette complet d'homme de Neandertal. En 1921, il publia le traité *les Hommes fossiles*.

BOVERI (Theodor Heinrich), né à Bamberg en 1862, mort à Würzburg en 1915. Zoologiste allemand célèbre pour ses études sur les chromosomes et la confirmation, en 1887, de la loi de la réduction chromatique, avancée par Van Beneden*.

BRAHE (Tycho), né à Knudstrup, au Danemark, en 1546, mort à Prague en 1601. Astronome danois qui rédigea un catalogue d'étoiles. Ses observations sur les mouvements de la planète Mars ouvrirent la voie à Kepler*.

BREUIL (abbé Henri), né à Mortain en 1877, mort à L'Isle-Adam en 1961. Ce préhistorien célèbre étudia les cavernes et les roches ornées de peintures préhistoriques en France (Lascaux), en Espagne et en Afrique du Sud.

BROCA (Paul), né à Sainte-Foy-la-Grande en 1824, mort à Paris en 1880. Ce médecin et anthropologue français s'intéressa à l'anatomie du cerveau et à la localisation cérébrale de diverses fonctions et facultés, comme le langage.

BRONGNIART (Alexandre), né à Paris en 1770, mort en 1847. Minéralogiste et géologue français, il fut le premier à décrire dans l'ordre chronologique les formations du tertiaire. Alexandre Brongniart fit la première étude systématique des trilobites, puis, en 1804, il réalisa, avec Cuvier*, une étude sur les fossiles des couches géologiques des environs de Paris. A cette occasion, Brongniart introduisit le principe de la datation des couches géologiques par des fossiles caractéristiques.

BRONGNIART (Adolphe), né à Paris en 1801, mort en 1876. Fils du précédent, il est considéré comme le fondateur de la paléobotanique moderne.

BROWN (Robert), né à Montrose en 1773, mort à Londres en 1838. Ce botaniste écossais découvrit le noyau cellulaire dans l'épiderme d'orchidées, et le décrivit comme un constituant constant des cellules. Auparavant, en 1828, il avait découvert le mouvement désordonné et incessant des particules microscopiques en suspension dans un liquide, qui a été baptisé mouvement brownien.

Un préhistorien célèbre: l'abbé Breuil en 1921

BROWN-SÉQUARD (Charles Édouard), né à Port-Louis en 1817, mort à Paris en 1894. Successeur de Claude Bernard au Collège de France, il travailla sur des sujets très divers: nerfs vasoconstricteurs, fonctions de la moelle épinière, maladies nerveuses... Cependant, sa principale découverte porte sur les glandes à sécrétion interne dont, le premier, il a défini le rôle et le mécanisme. Buffon* avait bien remarqué une correspondance des différentes parties du corps, mais l'idée ne lui vint pas qu'elle pouvait s'établir grâce à des substances transmises par le sang. Mais, en 1855, Claude Bernard* reconnut l'existence de deux types de sécrétions glandulaires: l'une, externe, est déversée par un canal dans l'intestin ou dans un organe creux; l'autre, interne, l'est directement dans le sang. En 1856, Brown-Séquard démontra que l'ablation totale des glandes surrénales conduit à la mort. Mais il fallut attendre 1891 pour qu'avec Jacques d'Arsonval (1851-1940) il étendît la notion de sécrétion interne à chaque tissu et même à chaque cellule de l'organisme. Les produits de celle-ci, les messagers chimiques, appelés hormones en 1905 par Ernest Henry Starling (1866-1927), sont nécessaires à la vie et influencent les autres cellules de l'organisme. Brown-Séquard créa donc l'endocrinologie et la doctrine de corrélation et de régulation organiques par voie humorale.

BUCHNER (Eduard), né à Munich en 1860, mort à Focsani (Roumanie) en 1917. Biochimiste allemand tué pendant la Grande Guerre. Prix Nobel de chimie en 1907, il avait montré que la fermentation des glucides provenait de l'action d'enzymes contenues dans les cellules de levure, et non de la levure elle-même; qu'une enzyme, la zymase (*voir* BÉCHAMP) pouvait être extraite des cellules de levure et qu'elle causait la transformation du sucre en acide carbonique et en alcool.

BUFFON (Georges Louis Leclerc, comte de), né à Montbard en 1707, mort à Paris en 1788. Les premiers goûts de Buffon le portaient plutôt vers la philosophie et les sciences exactes. Il passa même une année de sa vie à Angers où il étudia les mathématiques et y progressa. Mais, s'étant lié d'amitié avec un jeune Anglais, lord Kingston, il voyagea avec ce dernier à travers l'Europe et le suivit même en Angleterre. Or le précepteur du jeune duc était passionné de botanique et transmit à Buffon son goût pour les sciences naturelles. Très riche, grâce à l'héritage familial, Buffon put se consacrer à leur étude et devint intendant du Jardin du roi, notre jardin des Plantes actuel. Surnommé le Pline français, il publia, à partir de 1749 une *Histoire naturelle* dont les derniers volumes parurent en 1804. Cet ouvrage géant, pour lequel Buffon se fit d'ailleurs aider, ne manque pas de défauts et même de fautes. Néanmoins, il s'y montre un vrai biologiste et un précurseur, dans la mesure où, sans le plus souvent expérimenter lui-même, il réalisa de véritables enquêtes sur les espèces qu'il décrivait et dans la mesure aussi où il préconisa l'expérimentation. De plus, au même titre que les Encyclopédistes, Buffon eut le mérite de faire connaître l'état de la science sans se préoccuper des théologiens du moment.

C

CANDOLLE (Augustin Pyrame de), né à Genève en 1778, mort en 1841. Botaniste suisse. Il définit les critères de base permettant d'analyser l'évolution des plantes, comme Darwin le fit pour les animaux. Son fils, Alphonse Pyrame (né à Paris en 1806, mort à Genève en 1893), est le fondateur de la géographie botanique. Tous deux firent de Genève l'un des centres mondiaux de la botanique.

CARREL (Alexis), né à Sainte-Foy-lès-Lyon en 1873, mort à Paris en 1942. Médecin et biologiste français, prix Nobel de médecine en 1912, auteur de *l'Homme, cet inconnu,* il fit la majeure partie de sa carrière aux États-Unis. S'inspirant des travaux du zoologiste américain Ross G. Harrison (1870-1959), qui réussit la première culture de tissus animaux, Carrel montra notamment que des cellules placées dans du plasma sanguin de même espèce peuvent se multiplier indéfiniment, pourvu qu'on leur fournisse un peu d'extrait d'embryon. Cette technique de culture de tissus a permis de montrer que certaines cellules d'animaux supérieurs étaient potentiellement immortelles (*voir* WEISMANN).

CHABRY (Laurent), né à Roanne en 1855, mort à Paris en 1893. Médecin français qui fut, en 1887, le premier à faire des essais de «chirurgie» sur des œufs d'ascidie. A ce titre, il fut l'un des fondateurs de l'embryologie expérimentale (*voir* ROUX).

CHEVREUL (Michel Eugène), né à Angers en 1786, mort à Paris en 1889. Pionnier de la chimie organique, il analysa les matières grasses, étudia la saponification des corps gras et isola le premier des acides gras (acides stéarique, oléique). Il fut l'un de ceux qui ouvrirent la voie à Berthelot*.

COHN (Ferdinand), né à Breslau en 1828, mort en 1898. Considéré comme l'un des fondateurs de la bactériologie, il a décrit notamment la formation des endospores chez les bactéries.

COPERNIC (Nicolas), né à Torun en 1473, mort à Frauenburg en 1543. Astronome polonais. Il démontra le double mouvement des planètes sur elles-mêmes et autour du Soleil.

CORRENS (Carl), né à Munich en 1864, mort à Berlin en 1933. Botaniste et généticien allemand. En 1900, il publia, en même temps que De Vries* et Tschermak*, et de façon indépendante, des résultats identiques à ceux de Mendel*, qu'il avait obtenus sur des races de pois et de maïs. Correns a donné le premier exemple net d'hérédité extra-chromosomique (ou cytoplasmique).

CRICK (Francis), né à Northampton en 1916. Biophysicien britannique, il reçut le prix Nobel de médecine en 1962, avec James Watson* et Maurice Wilkins*, pour leur détermination de la structure moléculaire de l'ADN.

CUÉNOT (Lucien), né à Paris en 1866, mort à Nancy en 1951. Zoologiste français. Comme l'Anglais Bateson*, mais en France, il étendit les lois de Mendel* au domaine animal.

CUVIER (Georges), né à Montbéliard en 1769, mort du choléra à Paris en 1832. Zoologiste et paléontologiste français. Issu d'une famille modeste, il fit ses études comme boursier à Stuttgart, car Montbéliard dépendait alors du duché de Wurtemberg. A partir de 1788 et durant six ans, il fut précepteur dans une famille riche, en Normandie. Pendant la période révolutionnaire, il s'initia de façon autodidacte à l'anatomie comparée, en s'aidant seulement du *Systema naturae* de Linné*. Remarqué par Geoffroy-Saint-Hilaire*, dont il combattra plus tard les idées, Cuvier eut alors une carrière fulgurante grâce à la faveur de l'empereur Napoléon Ier. De ce fait, il domina les sciences naturelles jusqu'à sa mort. Avec Cuvier commença la science des grands animaux fossiles, retrouvés notamment dans les plâtrières des environs de Paris, qu'il explorait avec Alexandre Brongniart*. Cuvier donna la preuve décisive que la Terre avait porté autrefois des espèces

Cuvier au centre de son royaume, entouré d'espèces animales fossiles ou actuelles

animales qui n'ont plus de représentants actuels; mais il refusa l'idée lamarckienne de transformations graduelles (le transformisme) et expliqua ces extinctions par de «brusques révolutions» du globe. Cuvier fut un fixiste intransigeant et, sur ce point, il se trompa lourdement. Son entêtement fut d'autant plus dommageable qu'occupant de hautes positions officielles il retarda l'avènement de la doctrine transformiste. Néanmoins, Cuvier eut le mérite d'élargir le domaine des sciences de la vie par l'introduction de celle des fossiles.

D

DARWIN (Charles), né à Shrewsbury en 1809, mort à Londres en 1882. Naturaliste anglais. Dès sa jeunesse, il manifesta un goût très vif pour l'histoire naturelle, puisque à seize ans il décida de commencer des études médicales (son père était médecin) à l'université d'Édimbourg. Mais la vue d'opérations chirurgicales exécutées sans anesthésie l'en éloigna. Il passa ensuite trois années à Cambridge, pensant devenir pasteur. Il y connut le botaniste Henslow (1796-1861), homme excellent, qui se prit d'amitié pour lui, le conseilla dans ses études et l'accepta comme compagnon de promenade. Le 24 août 1831, Henslow proposa à Darwin d'accompagner, comme naturaliste non rétribué, le capitaine R. Fitz-Roy (1805-1865), marin, hydrographe et météorologiste, qui partait faire le tour du monde sur un petit vaisseau, le *Beagle.* Le jeune Charles ne revint en Angleterre que cinq ans plus tard, en 1836. Pendant tout ce temps, il accumula des collections et des observations multiples, qui servirent de base à ses recherches et à ses réflexions ultérieures. Après son retour, Darwin rédigea de nombreux ouvrages, dont le plus célèbre est *De l'origine des espèces,* paru en 1859. Contre Lamarck* et Geoffroy-Saint-Hilaire*, Cuvier* avait alors discrédité l'hypothèse transformiste. Darwin, lui, introduisit l'idée de la sélection naturelle: dans la nature, les espèces animales et végétales présentent d'innombrables variations individuelles. Or, suivant Malthus*, que Darwin avait lu et assimilé, la multiplication des individus est beaucoup plus rapide (progression géométrique) que celle des ressources alimentaires (progression arithmétique). Les êtres vivants sont donc obligés de se livrer à une lutte pour la vie, qui entraîne l'élimination des plus faibles et la sélection des individus les plus aptes à survivre dans ces conditions. Parmi les descendants survivront de préférence ceux qui bénéficient des caractères les plus favorables, par rapport à l'environnement, l'espèce se modifiant lentement, mais sûrement, par accentuation progressive de ces caractères avantageux. La mort des moins aptes permet donc la sélection naturelle et l'apparition progressive d'espèces nouvelles. Pour Darwin, la succession des fossiles dans les couches terrestres attestait les progrès de l'organisation animale et végétale au cours des âges. Bien que la théorie de Darwin n'explique pas tout, elle est largement admise aujourd'hui. Ce grand naturaliste repose à Westminster, à côté de Newton* (*voir* WALLACE).

DAVAINE (Casimir), né à Saint-Amand-les-Eaux en 1812, mort à Garches en 1882. Médecin français. Il découvrit, avant Pasteur*, le rôle infectieux de la bactérie du charbon.

DE GRAAF (Reinier), né à Schoonhoven en 1641, mort à Delft en 1673. Médecin hollandais. Il découvrit les follicules des ovaires de mammifères (appelés maintenant follicules de De Graaf) et fit des travaux sur le pancréas.

DESCARTES (René), né à La Haye (Touraine) en 1596, mort à Stockholm en 1650. Philosophe et savant français. Après avoir suivi ses humanités au collège de La Flèche, où il eut le père Mersenne comme condisciple, Descartes commença par s'engager dans l'armée du prince de Nassau. Il quitta le métier militaire à vingt-quatre ans, voyagea, puis arriva à Paris en 1626. Il s'intéressa alors à l'astronomie et, pour construire sa propre lunette d'observation, il étudia les lentilles, ce qui l'amena à découvrir les lois fondamentales de la réflexion et de la réfraction en optique. Il partit ensuite en Hollande, où il résida vingt ans. C'est là qu'il écrivit le *Discours de la méthode,* destiné à faire la preuve de l'existence de Dieu, mais qui procura surtout à la science la logique rigoureuse qui lui manquait. Elle permit aux savants du moment de balayer rapidement l'aristotélisme, y compris en biologie. Pour Descartes, l'animal était une machine, dont la physiologie devait s'interpréter par des causes mécaniques et physiques qu'à sa suite de nombreux savants se mirent à analyser.

DE VRIES (Hugo Marie), né à Haarlem en 1848, mort à Amsterdam en 1935. Botaniste et généticien hollandais, professeur à l'université d'Amsterdam. A la fin du mois de mars 1900, De Vries publia deux articles, l'un en France, l'autre en Allemagne, où il exposait le résultat de croisements de diverses races de plantes (chélidoine, datura, œnothère, trèfle, etc.). Il y formulait la loi de disjonction des caractères et, en même temps, il faisait connaître que cette loi avait été énoncée par Mendel* trente-cinq ans plus tôt, faisant preuve ainsi de la plus grande honnêteté scientifique. L'année suivante, De Vries proposa une nouvelle théorie de l'évolution. Étudiant des œnothères dans un champ d'Hilversum, il avait constaté que certains pieds présentaient des caractères anormaux: plantes naines, plantes à larges feuilles... A partir de 1886, il constitua une première lignée expérimentale à partir de plants prélevés dans ce champ. En 1889, sur 15 000 plantules issues de cette lignée, il en trouva dix naines ou à larges feuilles qui transmettaient ensuite leurs caractères à leur descendance: il s'agissait de nouvelles espèces élémentaires et De Vries venait de découvrir le phénomène de la mutation, au cours duquel une nouvelle espèce peut apparaître de façon sporadique, mais d'un coup, et manifeste alors une constance absolue. La mutation, telle qu'elle a été définie par De Vries, est une variation germinale. De ce fait, elle diffère à la fois des conceptions lamarckiennes, puisqu'elle ne présente aucun lien avec les conditions du milieu externe, et des conceptions darwiniennes ou weismaniennes qui n'interviennent que par une sélection très lente des variants. La mutation diffère de ces dernières en ce qu'elle résulte non pas d'une lente et incessante modification des éléments du «plasma germinatif», mais d'une modification soudaine de l'un de ces éléments.

DIDEROT (Denis), né à Langres en 1713, mort à Paris en 1784. Écrivain et philosophe français. Il fut le directeur et l'animateur de l'*Encyclopédie,* ouvrage très nouveau pour son époque, qui mit la connaissance scientifique à la portée de tous.

DOLLO (Louis), né en 1857, mort en 1931. Paléontologiste belge. Auteur de la grande loi de l'évolution selon laquelle un organe disparu ne réapparaît jamais.

DUCHESNE (Ernest), né à Paris en 1874, mort à Amélie-les-Bains en 1912. Médecin militaire français. Il découvrit, en 1897, les propriétés antibiotiques des *Penicillium.* C'est le précurseur de Fleming*.

DUJARDIN (Félix), né à Tours en 1801, mort à Rennes en 1860. Naturaliste français. On lui doit principalement la notion de suc cellulaire, qu'il dénomma sarcode et qui prit son nom définitif de protoplasme en 1843, sur la suggestion du botaniste allemand von Mohl*.

DUMAS (Jean-Baptiste), né à Alès en 1800, mort à Cannes en 1884. Chimiste et homme politique français, Dumas formula les principes fondamentaux de la chimie générale, découvrit de nombreuses substances organiques et dégagea la loi des substitutions en chimie organique. Il fut le maître, l'ami et le soutien de Pasteur*, qu'il aida dans sa carrière et dans ses recherches.

DUTROCHET (René), né à Néons (Poitou) en 1776, mort à Paris en 1847. Médecin et physicien français. Il découvrit le phénomène de l'osmose, si important pour la vie, celle des plantes en particulier.

E

EINSTEIN (Albert), né à Ulm en 1879, mort à Princeton en 1955. Physicien américain d'origine allemande, auteur de travaux fondamentaux sur la théorie mathématique du mouvement brownien (*voir* BROWN) et sur l'effet photoélectrique, qu'il expliqua grâce à l'hypothèse des grains de lumière, ou photons. Il est l'auteur de la théorie de la relativité restreinte (1905), qui a pour conséquence l'équivalence de la masse et de l'énergie, puis de la théorie de la relativité générale (1916). Prix Nobel de physique en 1921.

Albert Einstein à 75 ans

F

FABRE (Jean Henri), né à Saint-Léons (Aveyron) en 1823, mort à Sérignan (Vaucluse) en 1915. Entomologiste français, surnommé le Virgile des Insectes. Héritier de Buffon* et de Réaumur*, il passe pour être l'un des précurseurs de la psychologie animale.

FLEMING (sir Alexander), né à Darvel en 1881, mort à Londres en 1955. Médecin et bactériologiste écossais. En 1928, il découvrit la pénicilline, grâce à l'observation fortuite de la contamination d'une culture de staphylocoque doré par un champignon inférieur, le *Penicillium notatum* (*voir* DUCHESNE). Il isola ensuite la substance — ou pénicilline — qui empêchait la croissance de la bactérie, même après une forte dilution (800 fois). Ce fut donc lui qui prépara la voie à l'antibiothérapie. Il reçut le prix Nobel de médecine en 1945, avec E. B. Chain

(1906-1979) et H. W. Florey* qui, à partir de 1939, mirent au point l'isolement, la purification et la production industrielle de la pénicilline.

FLEMMING (Walther), né à Sachsenberg en 1843, mort à Kiel en 1905. Anatomiste allemand, l'un des fondateurs de la cytogénétique. Il fut l'un des premiers à observer et à décrire systématiquement l'évolution des chromosomes durant la mitose; c'est lui qui désigna sous le nom de chromatine la substance colorable du noyau. Enfin, en 1880, il montra que la division des chromosomes se fait dans le sens de la longueur (*voir* STRASSBURGER).

FLOREY (sir Howard Walter), né à Adelaïde (Australie) en 1898, mort à Oxford en 1968. Médecin d'origine australienne, professeur de pathologie à Oxford. Florey découvrit le lysozyme, une enzyme présente dans les larmes et dans la salive, qui est capable de détruire les bactéries et possède donc une action anti-infectieuse (*voir* FLEMING).

FLOURENS (Pierre), né à Maureilhan (Hérault) en 1794, mort à Montgeron en 1867. Médecin et physiologiste français. Il fut le premier à démontrer que le cerveau était le siège de l'intelligence et qu'un animal (chien, poule, grenouille) décervelé pouvait survivre pendant longtemps, mais ne donnait plus aucun signe d'initiative. Il eut le premier l'idée des localisations cérébrales et découvrit le rôle du cervelet pour l'équilibre et la coordination des mouvements.

FRACASTOR (Girolamo), né à Vérone en 1478, mort à Casi en 1553. Médecin et poète italien. Il fut le premier à formuler une théorie rudimentaire des germes pour expliquer les maladies infectieuses (*voir* HENLE).

FRAGONARD (Honoré), né à Grasse en 1732, mort à Paris en 1799. Anatomiste, chirurgien et vétérinaire français, cousin du peintre, il fut directeur de la première école vétérinaire au monde, fondée à Lyon en 1761, puis de l'École royale vétérinaire d'Alfort (1766), qui eut un grand rayonnement. Porté par une véritable passion pour l'anatomie humaine et animale, virtuose de la préparation anatomique, il exécuta avec ses élèves des milliers de pièces de démonstration, sur lesquelles les muscles, les vaisseaux sanguins et les nerfs étaient simultanément visibles. Quelques-unes sont encore conservées à l'École nationale vétérinaire d'Alfort. Ces œuvres, destinées à révéler les structures de la nature par la nature elle-même plutôt que par le texte et l'image, sont caractéristiques des cabinets d'histoire naturelle, où le goût de la collection et celui de la classification étaient indissolublement liés. Leur expression plastique exerça une influence sur l'art néoclassique.

G

GALILÉE (Galileo), né à Pise en 1564, mort à Arcetri, près de Florence, en 1642. Mathématicien et astronome italien, considéré comme l'un des fondateurs de la méthode expérimentale. Galilée établit les lois du pendule et celles de la chute des corps. Il fut l'un des premiers constructeurs de microscopes et, surtout, il réalisa en 1609 la lunette astronomique qui porte son nom. Galilée fut un partisan du système de Copernic*.

GEOFFROY-SAINT-HILAIRE (Étienne), né à Étampes en 1772, mort à Paris en 1844. Créateur de la ménagerie du jardin des Plantes, à Paris, ce zoologiste fit partie de l'expédition de Bonaparte en Égypte et fut à l'origine de la carrière de Cuvier*. Il publia de très nombreux mémoires sur la classification et sur la morphologie des animaux, créa la tératologie, ou science des monstres, et réalisa de très belles études d'anatomie comparée. L'idée qui dominera toute son œuvre est celle de l'unité du plan: tous les animaux (au moins jusqu'aux mollusques) auraient été formés par la nature sur un même plan, identique sur son principe, mais qui a varié de mille manières dans les parties accessoires. Cette théorie fut à l'origine d'une dispute très violente avec Cuvier, son ancien collaborateur et ami.

H

HABERLANDT (Gottlieb), né à Ungarisch-Altenburg en 1854, mort à Berlin en 1945. Botaniste hongrois, pionnier de l'anatomie et de la physiologie végétales. En 1921, il fut le premier à obtenir une culture de tissus végétaux.

HAECKEL (Ernst), né à Potsdam en 1834, mort à Iéna en 1919. Zoologiste et évolutionniste allemand. Partisan de Darwin* et considéré comme l'un des fondateurs de l'écologie.

HALLER (Albrecht von), né à Berne en 1708, mort en 1777. Biologiste suisse: le père de la physiologie expérimentale. Haller démontra le phénomène de l'irritabilité des fibres musculaires, le distinguant de la sensibilité de celles-ci, due aux nerfs qui transportent toutes les sensations vers le système nerveux central. Comme Charles Bonnet*, Haller fut partisan de la préformation germinale.

HALLEY (Edmond), né à Haggerston (Londres) en 1656, mort à Greenwich en 1742. Astronome anglais. Il dressa le premier catalogue des étoiles du ciel austral et observa en 1682 le passage de la comète qui porte son nom. Halley fut le premier à prédire le retour au périhélie des comètes périodiques.

HARVEY (William), né à Folkestone en 1578, mort à Londres en 1657. Médecin anglais, l'un des plus grands savants du XVIIe siècle. Harvey découvrit la vraie nature de la circulation du sang et le rôle du cœur comme pompe. Il fit aussi des travaux sur la génération et posa pour axiome que tout être vivant provient d'un œuf.

HAÜY (René), né à Saint-Just-en-Chaussée en 1743, mort à Paris en 1822. Minéralogiste français, l'un des fondateurs de la cristallographie.

HENLE (Friedrich), né à Fürth, en Bavière, en 1809, mort à Göttingen en 1885. Médecin et anatomiste allemand. Dès 1840, il reprit à son compte la théorie de la contagion et de l'origine microbienne des maladies infectieuses, entrevue par Fracastor*. Il fut le professeur de R. Koch*.

HERTWIG (Oscar), né à Friedberg (Hesse) en 1849, mort à Berlin en 1922. Embryologiste et cytologiste allemand. Il fut le premier à reconnaître que la fusion des noyaux du spermatozoïde et de l'ovule constituaient l'élément essentiel de la fécondation: en 1875, en effet, il put observer, à l'intérieur d'un œuf d'oursin fécondé, les deux noyaux qui se rapprochaient lentement jusqu'à fusionner pour donner un noyau unique. Il généralisa ce résultat au règne animal (*voir* STRASSBURGER).

HIPPARQUE LE GRAND, mort à Rhodes (?) vers 127 av. J.-C. L'un des plus grands astronomes grecs. Il dressa la liste de 800 étoiles et, surtout, il découvrit le phénomène de la précession des équinoxes.

Le zoologiste Étienne Geoffroy-Saint-Hilaire

HIPPOCRATE, né en 460 av. J.-C. dans l'île de Cos, mort en 377 à Larissa, en Thessalie. Le plus grand médecin de l'Antiquité. Il fut l'initiateur de l'observation clinique comme méthode de pronostic des maladies. Sa conception du développement harmonieux du corps en a fait un précurseur. Hippocrate et ses disciples ont laissé un grand nombre d'ouvrages, connus sous le nom de Collection hippocratique (traduite au XIXe siècle par Littré), qui influencèrent la médecine jusqu'au XVIIe siècle.

Un darwiniste convaincu: Ernst Haeckel

HOOKE (Robert), né à Freshwater, dans l'île de Wight, en 1635, mort à Londres en 1703. Astronome et physicien anglais, Hooke fut aussi l'auteur d'une *Micrographia.* Ayant examiné au microscope une fine tranche de liège, il y reconnut une structure alvéolaire, qui évoquait celle des rayons des abeilles. Il retrouva ces sortes de loges dans d'autres végétaux et leur donna le nom de cellules (du latin *cellula,* «petite chambre»), sans en soupçonner ni la véritable nature ni la signification. Par contre, son contemporain Nehemiah Grew (1641-1712) comprit que les végétaux étaient formés de petits organismes élémentaires et fut aussi le premier, semble-t-il, à deviner le rôle des fleurs comme appareils de reproduction. Avec Malpighi*, Grew est considéré comme le fondateur de l'anatomie végétale.

HUBBLE (Edwin Powell), né à Marshfield en 1889, mort à San Marino (États-Unis) en 1953. Astronome américain, considéré comme le fondateur de l'astronomie extra-galactique. Il fut le premier à démontrer l'existence de l'expansion de l'univers.

HUNTER (John), né à East Kilbride en 1728, mort à Londres en 1793. Biologiste et chirurgien, l'Écossais John Hunter était un esprit à la curiosité universelle. Il s'intéressa à la physiologie et à la croissance des organes chez les animaux et les plantes, à la tératologie expérimentale, à l'organe électrique des poissons, au sac aérien des oiseaux, au comportement des abeilles, aux particularités des mammifères marins et aux fossiles. Il exposait ses idées et découvertes au moyen de préparations anatomiques. Dans son extraordinaire musée de Londres, admiré par tout le monde savant, les variétés de structures et de fonctions chez les êtres vivants étaient présentées en séries systématiques. Ses conceptions de pédagogie muséographique furent à l'origine du Musée d'histoire naturelle de Londres.

HUTTON (James), né à Édimbourg en 1726, mort en 1797. Géologue, chimiste et naturaliste écossais. Il publia en 1795 sa *Théorie de la Terre,* dans laquelle il expliquait l'origine des terrains sédimentaires par de lents dépôts au fond des mers et attribuait la formation du granite et de l'ardoise à la transformation de ces dépôts par l'effet de la chaleur centrale, c'est-à-dire au métamorphisme.

J

JENNER (Edward), né à Berkeley (Angleterre) en 1749, mort en 1823. Médecin anglais, créateur de la vaccination contre la variole, par inoculation d'un virus voisin, peu dangereux, celui de la vaccine.

JUSSIEU (famille de). Les Jussieu s'illustrèrent dans la botanique pendant tout le XVIIIe siècle et la première moitié du XIXe. Antoine, né à Lyon en 1686, mort à Paris en 1758, fils d'un apothicaire lyonnais, avait étudié la médecine à Montpellier. Il vint ensuite à Paris et, en 1708, il succéda à Tournefort comme directeur du Jardin du roi (l'actuel jardin des Plantes). Auteur d'un *Traité des vertus des plantes*, il fit connaître en France la fleur et le fruit du caféier. En 1720, il appela à Paris son frère Bernard, né à Lyon en 1699, mort à Paris en 1777, lui aussi médecin de la faculté de Montpellier. Bernard de Jussieu créa le jardin botanique du Petit Trianon et inventa une méthode de classification des plantes basée sur les caractères anatomiques des embryons, qui reflétait les idées de Linné*. Ce fut d'ailleurs le neveu de Bernard, Antoine Laurent, né à Lyon en 1748, mort à Paris en 1836, qui perfectionna et fit connaître l'œuvre de son oncle. Quant à Joseph de Jussieu, né à Lyon en 1704, mort à Paris en 1779, frère d'Antoine et de Bernard, il accompagna La Condamine lorsque celui-ci alla au Pérou mesurer le méridien terrestre. Joseph introduisit en France l'héliotrope. La dynastie des Jussieu se termina avec Adrien, né à Paris en 1797, mort en 1853, fils d'Antoine Laurent, et qui fut lui aussi professeur de botanique au Muséum national d'histoire naturelle. Mais, à ce moment, la classification la plus courante était celle d'Augustin Pyrame de Candolle*, basée sur l'unité de plan des végétaux.

K

KEPLER (Johannes), né dans le Wurtemberg en 1571, mort à Regensburg en 1630. Célèbre astronome allemand. Il trouva que la Terre et les autres planètes tournaient autour du Soleil selon une orbite elliptique et établit les lois de leur mouvement.

KOCH (Robert), né à Clausthal (Hanovre) en 1843, mort à Baden-Baden en 1910. D'abord médecin de campagne, Koch fut l'un des fondateurs de la bactériologie. Après avoir révélé l'étiologie bactérienne de la maladie charbonneuse, presque démontrée déjà par Davaine*, il découvrit le bacille de la tuberculose, puis celui du choléra. Il prépara aussi la tuberculine. Prix Nobel pour la physiologie ou la médecine en 1905.

KREBS (sir Hans Adolf), né à Hildesheim (Allemagne) en 1900, mort à Oxford en 1981. Biochimiste anglais d'origine allemande. Krebs reçut le prix Nobel de physiologie et de médecine en 1953, à la suite de sa découverte, dans les organismes vivants, de la série de réactions connues sous le nom de cycle tricarboxylique, ou cycle de Krebs, et qui constituent la plaque tournante de tout le métabolisme cellulaire.

L

LAËNNEC (René), né à Quimper en 1781, mort à Kerlouanec, près de Douarnenez, en 1826. Médecin français, inventeur du stéthoscope qui permet l'auscultation au cours des affections pulmonaires ou cardiaques.

LAMARCK (Jean-Baptiste de Monet, chevalier de), né à Bazentin-le-Petit (Picardie) en 1744, mort à Paris en 1829. Naturaliste français. D'abord officier, Lamarck fut obligé de rentrer dans la vie civile à la suite d'un grave accident. Cherchant alors sa voie, il s'orienta vers la botanique, fut l'élève de Bernard de Jussieu* et herborisa avec Jean-Jacques Rousseau. En 1778, il publia une *Flore française*, dans laquelle il exposait des idées nouvelles sur la classification des plantes. Ayant obtenu la protection de Buffon, il fut attaché à l'Herbier royal, avant de devenir bibliothécaire du Muséum. Mais, en 1794, Lamarck fut nommé professeur dans une chaire de zoologie, et non de botanique! Bien qu'âgé de cinquante ans déjà, il se lança alors dans l'étude des invertébrés et publia deux œuvres majeures: l'*Histoire des animaux sans vertèbres* et la *Philosophie zoologique,* dans laquelle il développa la première théorie sur l'évolution des êtres vivants. Mais il ne fut pas compris et termina tristement sa vie. Comme l'écrira Jean Rostand*: «Les esprits n'étaient pas préparés à recevoir la grande idée qui, refusée en 1809, renaîtra juste un demi-siècle plus tard (avec Darwin), pour se faire accepter cette fois et triompher définitivement.» C'est Lamarck qui créa le mot «biologie», en 1802.

LAVOISIER (Antoine Laurent), né à Paris en 1743, mort en 1794. Fermier général, inspecteur général des Poudres et Salpêtres, député suppléant aux États généraux de 1789, membre de la Commission pour l'établissement des nouveaux poids et mesures, Lavoisier fut tout cela, mais d'abord, il fut le créateur de la chimie moderne. Ayant introduit l'usage de la balance, et donc la rigueur des mesures, dans l'expérimentation, il étudia les gains et les pertes de poids que subissait le mercure chauffé en présence d'une quantité d'air limitée. Il démontra alors que les changements de poids constatés provenaient de la fixation ou de la perte par le métal d'une substance qu'il identifia à l'«air déphlogistique» que l'Anglais Priestley (1733-1804) avait découvert en 1774, en chauffant de l'oxyde rouge de mercure. Mais là où Priestley interprétait sa découverte selon la théorie du «phlogistique» élaborée par l'Allemand Ernst Stahl (1660-1734) et unanimement acceptée au XVIIIe siècle, là où il ne voyait qu'un «nouvel air», Lavoisier en comprit la véritable nature: celle de corps élémentaire de l'oxygène qu'il reconnut comme le «principe actif» de l'atmosphère, en interpréta correctement le rôle dans la combustion et la respiration et lui donna son nom en 1789. Lavoisier montra aussi que, dans toute réaction chimique, le poids total des corps en présence est rigoureusement le même avant et après l'expérience, c'est-à-dire que le poids d'un composé est égal à la somme des poids de chacun de ses composants; autrement dit «rien ne se perd, rien ne se crée» dans la nature, et les corps simples s'y conservent et sont inaltérables. Avec le mathématicien Charles Auguste Vandermonde (1735-1796) et avec Pierre Simon Laplace (1749-1827), futur auteur de la *Mécanique céleste,* Lavoisier créa la science de la mesure des quantités de chaleur ou calorimétrie. Le 2 mai 1787, il proposa aussi à l'Académie des sciences, avec les chimistes Antoine François Fourcroy (1755-1809) et Claude Louis Berthollet (1748-1822), la création d'une nomenclature chimique nouvelle et logique, destinée à remplacer celle qui avait cours et qui était largement basée sur les vieilles traditions alchimiques. En 1789, enfin, Lavoisier publia son *Traité élémentaire de chimie,* que Jean-Baptiste Dumas* appellera plus tard, avec les autres œuvres de l'auteur, «l'évangile des chimistes». Lavoisier porta également son attention sur la physiologie et, avec un siècle d'avance, entrevit les grands cycles biogéochimiques. Il comprit aussi que la digestion restituait au corps humain tout ce que ce dernier perdait par la respiration et la transpiration. Membre de l'Académie des sciences, Lavoisier, l'un des plus grands savants que compta l'humanité, fut victime de la bêtise et guillotiné sous la Terreur avec les autres fermiers généraux: il fut accusé en effet d'avoir «mêlé au tabac de l'eau et des ingrédients *(sic)* nuisibles à la santé des citoyens qui en faisaient usage», pratique pourtant indispensable à la préparation de cette drogue. Écrivant en 1836 que nous ne possédions de Lavoisier qu'un portrait de famille peint par David, J.-B. Dumas ajoutait: «Les hommes ne lui ont élevé aucun monument de bronze ou de marbre, mais il s'en est érigé lui-même un moins périssable: c'est la chimie tout entière.»

Carl von Linné, nomenclateur de génie

LEAKEY (Louis), né à Kabete (Kenya) en 1903, mort à Londres en 1972. Archéologue et anthropologue anglais. Il est connu pour ses découvertes d'hommes fossiles et notamment du zinjanthrope (en fait un australopithèque), de 1 750 000 ans, et de l'*Homo habilis.*

LEEUWENHOEK, *voir* VAN LEEUWENHOEK.

LINNÉ (Carl von), né à Rashult en 1707, mort à Uppsala en 1778. Naturaliste suédois. Le jeune Carl manqua de peu d'être cordonnier, car, passionné de botanique dès sa prime enfance, il faisait souvent l'école buissonnière, au sens propre, puisqu'il herborisait au lieu de fréquenter la classe; pour cette raison, on l'avait jugé inapte aux études. Heureusement, un médecin du voisinage sut discerner ses talents et obtint qu'il fît des études de médecine, qu'il termina à Amsterdam, grâce... à la jeune fille qui l'aimait; celle-ci lui fournit l'argent nécessaire et attendit fidèlement son retour, qui ne se fit qu'après plusieurs années. Entre-temps, Linné accomplit un voyage d'étude en Laponie, dont le récit a été réédité récemment dans sa traduction française. En 1735, il fit paraître son *Systema naturae* et, en 1736, ses *Fondamenta botanica.* Il termina sa vie comme professeur à l'université d'Uppsala. Linné fut d'abord un nomenclateur de génie, c'est-à-dire qu'il décrivit et nomma un grand nombre d'espèces de plantes, en se basant sur leurs caractères sexuels; puis il chercha à réaliser une classification générale et naturelle des êtres vivants. L'espèce fut d'abord pour lui une réalité absolue et intangible; mais, vers la fin de sa vie, il envisagea l'hypothèse selon laquelle les espèces seraient l'œuvre du temps: il fut donc l'un des précurseurs du transformisme.

LISTER (Joseph), né à Upton en 1827, mort à Walmer en 1912. Chirurgien anglais. Créateur de l'asepsie chirurgicale, sous l'influence de la découverte, par Pasteur*, de la présence de nombreux microbes dans l'air.

LOEB (Jacques), né à Mayen, près de Coblence, en 1859, mort à Hamilton, aux Bermudes, en 1924. Déjà inventeur de la théorie des tropismes, il découvrit la fécondation chimique en plongeant des œufs vierges d'oursins dans de l'eau de mer additionnée de certains sels. Cette découverte allait dans le sens de la grande idée qui, à l'époque, était de ramener les processus vitaux à de simples phénomènes physico-chimiques.

LYELL (sir Charles), né à Kinnordy, en Écosse, en 1797, mort à Londres en 1875. Dès 1833, ce géologue écossais fut le premier à contredire Cuvier*, qui avait imposé l'idée de la fixité des espèces et la théorie du catastrophisme (les espèces fossiles auraient disparu à la suite de catastrophes naturelles et auraient été remplacées par d'autres). Lyell proposa la théorie des causes actuelles qu'Anders Celsius (né à Uppsala en 1701, mort en 1749) avait déjà entrevue: la Terre n'est pas arrivée à son état présent par suite de cataclysmes successifs, mais du fait de l'application pendant une très longue durée de causes toujours identiques: vent, érosion, etc. Le Français Constant Prévost (1787-1856) avait tenté de soutenir les mêmes idées en 1827.

M

MAGENDIE (François), né à Bordeaux en 1783, mort à Sannois en 1855. Physiologiste français. Il apporta la preuve de la spécialisation des fibres nerveuses et fut un pionnier de la pharmacologie.

MALPIGHI (Marcello), né à Crevalcore, près de Bologne, en 1628, mort à Rome en 1694. Anatomiste italien. Il est le créateur de l'histologie animale et végétale. Il compléta notamment la découverte de Harvey, en observant la circulation du sang dans les capillaires; il découvrit aussi les trachées des insectes, c'est-à-dire les organes qui leur servent à respirer.

MALTHUS (Thomas Robert), né dans le Surrey en 1766, mort près de Hertford, dans le Somerset, en 1834. Économiste et démographe anglais, auteur de l'*Essai sur le principe de la population* (1798), dans lequel il développa la théorie mentionnée à l'article «Darwin».

MENDEL (Johann), né à Heinzerdorf en 1822, mort à Brünn en 1884. Le créateur de la génétique. Fils de cultivateurs modestes, Mendel fit ses études à Olmütz. A vingt et un ans, il choisit la vie monacale, entra chez les augustiniens de Brünn (aujourd'hui Brno, en Tchécoslovaquie), sous le nom de père Gregor, et fut ordonné prêtre en 1847. Il fit ensuite des études supérieures à l'université de Vienne, de 1851 à 1853, et revint à Brünn comme professeur à l'École moderne de cette ville. C'est là qu'il réalisa les recherches qui, bien après sa mort, immortalisèrent son nom. A partir de 1856, Mendel se mit en effet à croiser des races de pois dans le jardin du monastère. Reproduisant et diversifiant ses expériences, il réussit à dégager les lois de l'hybridation, qu'il vérifia pendant huit ans; seul, il cultiva et examina 12 000 plantes. Mendel exposa ses résultats en 1865 dans une communication à la Société d'histoire naturelle de Brünn. Il tenta de faire connaître son travail en envoyant des tirages à part de son article à diverses notabilités scientifiques du moment, qui ne comprirent pas l'importance de sa découverte, arrivée quelques décennies trop tôt. Tout changera en 1900, avec De Vries*, Correns* et Tschermak*: le succès du mendélisme éclatera alors brusquement.

METCHNIKOFF (Élie), né à Kharkov en 1845, mort à Paris en 1916. Zoologiste et microbiologiste russe, qui travailla à l'Institut Pasteur de Paris à partir de 1888. Il obtint le prix Nobel en 1908 pour sa découverte de la phagocytose et ses recherches fondamentales sur l'immunité issue de la vaccination. Il partagea le prix avec le biologiste allemand Paul Ehrlich (1854-1915), qui avait découvert le premier traitement actif contre la syphilis.

MIESCHER (Johann Friedrich), né à Bâle en 1844, mort à Davos en 1895. Physiologiste suisse. En 1868, il découvrit les acides nucléiques dans le pus et dans la laitance de poisson. Il les appela tout d'abord «nucléine», car ces substances semblaient provenir des noyaux cellulaires. Les acides nucléiques prirent leur nom actuel après 1874, lorsque Miescher eut séparé la nucléine en deux composants: une protéine et une molécule acide. Il fallut ensuite plus de soixante-dix ans pour que la composition élémentaire des acides nucléiques et leur structure chimique soient déterminées.

MOHL (Hugo von), né à Stuttgart en 1805, mort à Tubingen en 1872. Botaniste allemand. Il donna le nom de «protoplasme» au contenu colloïdal de la cellule; ce nom avait été inventé précédemment par le physiologiste tchèque Purkinje (1787-1869). Von Mohl donna aussi la première explication claire de l'osmose dans la vie des plantes et fut le premier à étudier les mouvements des stomates.

MONOD (Jacques), né à Paris en 1910, mort à Cannes en 1976. Microbiologiste et biochimiste français, issu d'une famille d'origine suisse. Il reçut en 1965, avec François Jacob (né en 1920) et André Lwoff (né en 1902), le prix Nobel de médecine, à la suite de leurs études sur la régulation de la synthèse enzymatique bactérienne. Jacob et Monod découvrirent notamment les ARN messagers dont la séquence de bases est complémentaire de celle de l'ADN dans les cellules. Les ARN messagers transportent l'information vers les ribosomes, c'est-à-dire sur les sites où s'effectue la synthèse des protéines. C'est à ce niveau que les messages, transmis par ces ARN, sont traduits en séquences d'acides aminés qui constituent ensuite les protéines enzymatiques.

Mendel montrant un plant de fuchsia aux moines de Brünn (debout, 2ᵉ en partant de la droite)

MORGAN (Thomas), né à Lexington (États-Unis) en 1866, mort à Pasadena en 1945. Zoologiste et généticien américain, prix Nobel de médecine en 1933, célèbre pour ses expériences sur la mouche du vinaigre, ou drosophile, par lesquelles il établit la théorie chromosomique de l'hérédité. Morgan montra que les chromosomes contiennent un nombre déterminé de gènes (nom donné aux unités mendéliennes par Wilhelm Johannsen [1857-1927], savant danois, créateur de la biométrie avec Karl Pearson [1857-1936]), et que ces gènes sont disposés sur les chromosomes, en série linéaire et selon un ordre fixe. Morgan détermina approximativement la position de ces gènes et dressa des cartes chromosomiques de la drosophile (*voir* PAINTER).

MULLER (Hermann Joseph), né à New York en 1890, mort à Bloomington en 1967. Généticien américain. Il provoqua en 1927 les premières mutations artificielles de la drosophile et montra que l'on peut rendre les mutations beaucoup plus fréquentes lorsqu'on soumet les gènes à l'action de facteurs très énergiques, comme les rayons X.

MÜLLER (Johannes Peter), né à Coblence en 1801, mort à Berlin en 1858. Chef de file de la physiologie allemande moderne, il découvrit la loi de la spécificité des énergies nerveuses: la sensation due à un organe des sens est toujours la même, quelle que soit la manière dont cet organe a été excité.

N

NEEDHAM (John Tuberville), né à Londres en 1713, mort à Bruxelles en 1781. Naturaliste anglais, connu pour ses expériences en faveur de la génération spontanée et sa controverse avec Spallanzani*, sur le même sujet (voir p. 71).

NEWTON (sir Isaac), né à Woolthorpe en 1643, mort à Londres en 1727. L'un des plus grands savants anglais. Newton découvrit la décomposition de la lumière par le prisme (spectre), les lois de la gravitation universelle et, avec Huyghens, celles de la mécanique.

Le généticien américain Thomas Morgan

O

OPARINE (Alexandre Ivanovitch), né près de Moscou en 1894, mort en 1980. Biochimiste russe, Oparine fut un enzymologiste et un spécialiste de biochimie industrielle; mais il est surtout connu pour ses recherches sur l'origine de la vie. Il prépara et observa des gouttelettes complexes, les coacervats, qui se forment spontanément dans les solutions colloïdales et montra notamment que des enzymes y fonctionnaient plus efficacement que lorsqu'ils n'étaient qu'en solutions aqueuses. Cherchant à expliquer comment, à l'origine de la Terre, des molécules simples avaient pu se combiner et donner des substances organiques complexes, puis comment ces dernières s'étaient assemblées pour former les organismes primordiaux, Oparine étendit la théorie darwinienne de l'évolution en arrière dans le temps et créa en quelque sorte une théorie de l'évolution chimique.

ORBIGNY (Alcide Dessalines d'), né à Couëron en 1802, mort à Saint-Denis en 1857. Disciple de Cuvier*, il défendit la théorie du catastrophisme, élaborée par son maître, et dénombra jusqu'à 28 catastrophes différentes, séparant des époques géologiques distinctes. Néanmoins, son nom reste attaché à la science, car il créa la micropaléontologie (science des pollens, spores, micro-organismes fossiles), discipline d'un très grand intérêt, notamment pour l'exploration pétrolière.

P

PAINTER (Theophilus Shickel), né à Salem (États-Unis) en 1889, mort à Fort Stockton en 1969. Zoologiste et cytologiste américain qui découvrit en 1933 les chromosomes géants dans les cellules des glandes salivaires de la drosophile. Il repéra au moins 150 bandes dans lesquelles il put déterminer les positions précises des gènes, apportant ainsi la confirmation des vues de Morgan* et de son école.

PALISSY (Bernard), né à Agen en 1510, mort à Paris en 1589. Créateur de la céramique, il fut l'un des premiers, en 1580, à voir dans les coquillages fossiles des restes d'animaux disparus (*voir* Stenon).

PASTEUR (Louis), né à Dole en 1822, mort à Villeneuve-l'Étang en 1895. Chimiste, Pasteur commença par établir, en étudiant des cristaux d'acides tartrique et paratartrique, un parallélisme entre la forme extérieure d'un cristal, sa constitution moléculaire et son action sur la lumière polarisée. Il fonda ainsi la stéréochimie. Ensuite, à partir de 1857, il se préoccupa de divers phénomènes de fermentation (lactique, alcoolique, butyrique...) et confirma que toute fermentation est l'œuvre de micro-organismes vivants, ce que Cagnard de La Tour (1777-1859) avait déjà démontré dès 1834, à propos de la fermentation alcoolique justement. Ces recherches amenèrent Pasteur à prendre parti dans la querelle de la génération spontanée. Il reprit les expériences de Spallanzani*, notamment, avec une méthode très rigoureuse et apporta la preuve que, si l'on empêche des «germes» d'entrer dans un flacon, aucune vie n'y apparaît; il démontra aussi l'existence de micro-organismes dans l'air (*voir* Lister). Pasteur se préoccupa ensuite des maladies du vinaigre, du vin et de la bière. Puis il chercha à isoler les microbes responsables de certaines maladies des vers à soie, du bétail et de l'homme. Prenant notamment la suite de Davaine*, il prouva à peu près en même temps que R. Koch* le rôle infectieux de la bactéridie comme agent du charbon et il élucida les grandes lignes de son épidémiologie. Il se préoccupa alors de la protection des animaux et de l'homme contre les maladies infectieuses, en préparant des vaccins (choléra des poules, charbon, rage). De ce fait, il fut l'un des créateurs de l'immunologie et, bien entendu aussi, de la microbiologie. Son plus grand mérite fut peut-être d'avoir pensé juste, d'avoir clairement discerné les bons choix et, en France au moins, d'avoir utilisé son crédit et son talent pour imposer des idées nouvelles qui, certes, «étaient dans l'air», mais qui, néanmoins, étaient loin d'être acceptées par tous.

PAYEN (Anselme), né à Paris en 1795, mort en 1871. Chimiste français. Il découvrit la cellulose et isola pour la première fois une enzyme: la diastase de l'orge germé (1833).

PINCUS (Gregory Goodwin), né à New Jersey en 1903, mort à Boston en 1967. Biologiste américain. Il réalisa la parthénogenèse artificielle du lapin en 1939.

R

RÉAUMUR (René-Antoine Ferchault de), né à La Rochelle en 1683, mort à Saint-Julien-du-Terroux en 1757. Physicien, ingénieur et naturaliste français. Il perfectionna le thermomètre, s'occupa de nombreuses questions industrielles (il découvrit notamment le verre dévitrifié baptisé «porcelaine de Reaumur») et fut aussi un grand naturaliste. Il utilisa une méthode strictement expérimentale pour étudier la digestion, fit des recherches sur l'appareil électrique de la torpille, etc. Il se pencha aussi sur la vie des insectes et écrivit de nombreux livres sur ces invertébrés. Réaumur encouragea fortement Charles Bonnet*.

REDI (Francesco), né à Arezzo en 1626, mort à Pise en 1697. Naturaliste, médecin et poète italien. Redi, alors médecin du duc de Toscane, fit de nombreuses observations sur la génération des insectes, sur les vers intestinaux, le venin de vipère, etc. Il montra notamment que les asticots provenaient de la ponte d'œufs sur la viande par les mouches, et non d'une génération spontanée (voir p. 71).

RICHET (Charles), né à Paris en 1850, mort en 1935. Physiologiste français, prix Nobel de médecine en 1913. Avec Paul Portier (1866-1962), il découvrit en 1902 le phénomène de l'anaphylaxie, qui se traduit souvent par une réaction fatale à la seconde injection d'un antigène. Ses travaux ouvrirent la voie aux recherches sur l'asthme, les allergies, etc. Auparavant, en 1888, il avait trouvé le principe de la sérothérapie, qui fut inaugurée par Émile Roux (1853-1933), le collaborateur de Pasteur*, et par l'Allemand Émile von Behring (1854-1917).

ROSTAND (Jean), né à Paris en 1894, mort à Ville-d'Avray en 1977. Biologiste et écrivain français. Il a réalisé une œuvre de valeur sur la parthénogenèse expérimentale (la biologie des crapauds, notamment) et une œuvre d'historien de la science et des idées scientifiques. Il fut un remarquable vulgarisateur de la biologie.

ROUX (Wilhelm), né à Iéna en 1850, mort à Halle en 1924. Créateur, avec Chabry*, de l'embryologie expérimentale. Ses recherches portèrent principalement sur l'œuf de grenouille: W. Roux fit comprendre l'importance de l'embryologie causale ou «mécanique du développement». Sous son impulsion, une nouvelle branche de la biologie se constitua avec Hertwig*, Morgan*, etc. Le résultat fut de faire comprendre comment les potentialités de la cellule originelle se distribuent lors de la segmentation entre les différentes cellules embryonnaires.

S

SAUSSURE (Nicolas Théodore de), né à Genève en 1767, mort en 1845. Chimiste et physiologiste suisse. Fondateur de la chimie des plantes et précurseur en matière de physiologie végétale.

SCHLEIDEN (Matthias), né à Hambourg en 1804, mort à Francfort-sur-le-Main en 1881. Botaniste allemand, cofondateur de la théorie cellulaire, à la suite de ses travaux sur la structure des plantes, qu'il compara à des «polypiers de cellules» (1838). Il insista notamment sur l'indépendance mutuelle des cellules et sur le rôle du noyau (*voir* Brown et Schwann).

SCHWANN (Theodor), né près de Dusseldorf en 1810, mort à Cologne en 1882. Physiologiste allemand, professeur à Louvain, d'abord, puis à Liège. Fondateur de l'histologie moderne, Schwann, inspiré par Schleiden*, dont il était l'ami, publia en 1839, un mémoire sur l'analogie de structure entre les animaux et les végétaux, dans lequel il considérait la cellule comme l'unité élémentaire de la vie. Il fit également des travaux sur la fermentation des sucres et de l'amidon par la levure, et démontra que ce phénomène était le résultat de processus vitaux.

SERVET (Michel), né en Espagne en 1511, mort à Genève en 1553. Médecin et théologien espagnol. Dans son livre *Christianismi restitutio,* paru en 1553, il prouvait que le sang artériel vient des poumons, où il est régénéré par l'air inspiré: c'était donc une anticipation de la grande découverte de la circulation pulmonaire du sang (*voir* Harvey). Calvin fit brûler vif Michel Servet à Genève, pour hérésie, le 27 octobre 1553.

Jean Rostand, biologiste et humaniste

SPALLANZANI (Lazzaro), né à Modène en 1729, mort à Pavie en 1799. Physiologiste italien, Spallanzani aborda toutes les grandes questions de la physiologie et de la biologie générales: circulation du sang, digestion, respiration, reproduction, régénération des animaux. Ses recherches sur la génération spontanée et sur le développement de la vie microbienne dans des solutions nutritives ouvrirent la voie à Louis Pasteur* (voir p. 71).

STANLEY (Wendell Meredith), né à Ridgeville (États-Unis) en 1904, mort à Salamanque (Espagne) en 1971. Biochimiste américain. Prix Nobel de chimie en 1946. Il réussit en 1935 à obtenir le virus de la mosaïque du tabac sous forme de cristaux (c'était la découverte des virus-protéines) et à élucider leur structure moléculaire.

STENON (Nicolas), né à Copenhague en 1638, mort à Schwerin (Allemagne) en 1686. Anatomiste et paléontologiste danois. Il fut le premier à penser que la croûte terrestre pouvait receler l'histoire chronologique des événements géologiques successifs et que cette histoire pouvait être élucidée par l'étude des couches géologiques et de leurs fossiles, fondant ainsi la statigraphie.

STRASBURGER (Eduard Adolf), né à Varsovie en 1844, mort à Bonn en 1912. Botaniste et cytologiste allemand, il élucida les processus de la division nucléaire chez les plantes: il décrivit notamment la division cellulaire et plus particulièrement celle du noyau en deux noyaux fils (1875-1880). Il montra aussi que la mitose s'accompagne toujours de l'apparition de particules facilement colorables qui, chacune, se divisent en deux (*voir* Flemming).

SWAMMERDAM (Jan), né à Amsterdam en 1637, mort en 1680. Naturaliste hollandais, il fut le premier à observer et à décrire les globules rouges du sang. Swammerdam réalisa aussi des dissections d'insectes, et ses descriptions anatomiques lui servirent à proposer une classification de ces animaux, dans lesquels il avait distingué une multiplicité d'organes, de vaisseaux, de nerfs et de muscles. Il étudia aussi les métamorphoses des insectes, le mécanisme de la respiration, la fécondation des œufs de grenouille, et observa même les follicules ovariens des mammifères, la même année que De Graaf*. Privé de ressources, Swammerdam termina sa vie très dépressif, sinon fou.

SZENT-GYÖRGY (Albert), né à Budapest en 1893. Biochimiste hongrois vivant aux États-Unis, prix Nobel de physiologie et de médecine en 1937. Szent-György démontra le rôle de certains composés organiques et notamment celui de la vitamine C dans l'oxydation des aliments par la cellule. Il étudia aussi le rôle des protéines (actine et myosine) dans la contraction musculaire et montra que l'ATP constituait la réserve d'énergie qui lui était nécessaire.

T

TEILHARD DE CHARDIN (Pierre), né à Sarcenat, près de Clermont-Ferrand, en 1881, mort à New York en 1955. Savant, philosophe et théologien français. Le père Teilhard de Chardin était jésuite, et il enseigna la géologie et la paléontologie à l'Institut catholique de Paris. Il contribua aux fouilles qui, en Chine, permirent la découverte du sinanthrope, et participa à la Croisière Jaune. Il élabora une doctrine qui cherche à unifier l'évolution de l'inorganique à l'organique, puis à l'homme, et enfin au stade humain supérieur.

THÉOPHRASTE, né dans l'île de Lesbos en 372 av. J.-C., mort en 287. Successeur d'Aristote à la tête du Lycée, Théophraste fit appel à l'observation et à l'expérience, puis, vers la fin de sa vie, abandonna le système de son maître. Il fut sans doute le premier à penser que la houille était du charbon fossile.

THURET (Gustave Adolphe), né à Paris en 1817, mort à Nice en 1875. Botaniste français. Il observa le premier, en 1854, le processus de la fécondation des algues brunes, c'est-à-dire la pénétration des spermatozoïdes dans les cellules femelles, que le zoologiste suisse Hermann Fol n'observa dans le cas de l'étoile de mer qu'en 1877.

TOURNEFORT (Joseph Pitton de), né à Aix-en-Provence en 1656, mort à Paris en 1708. Médecin et botaniste français. L'un des pionniers de la systématique des plantes supérieures.

TSCHERMAK VON SEYSENEGG (Erich), né à Vienne en 1871, mort en 1862. Botaniste autrichien. Il publia en juin 1900, de façon indépendante, des résultats, obtenus sur le pois, qui l'amenaient aux mêmes conclusions que Mendel* (*voir* CORRENS, DE VRIES).

TYNDALL (John), né à Leighlin, en Irlande, en 1820, mort à Hindhead, en Angleterre, en 1893. Physicien anglais qui étudia la diffusion de la lumière: c'est lui qui expliqua pourquoi le ciel est bleu. En 1881, en s'appuyant sur une expérimentation personnelle nouvelle, il confirma définitivement les idées de Pasteur* sur l'inexistence de la génération spontanée.

V

VAN BENEDEN (Édouard), né à Louvain en 1846, mort à Liège en 1910. Ce zoologiste belge énonça en 1883 la loi de la constance numérique des chromosomes: ces derniers sont toujours en nombre égal dans les cellules somatiques des individus d'une espèce donnée. Il découvrit aussi la réduction chromatique: les chromosomes se trouvent en même nombre dans le noyau de l'ovule et dans celui des spermatozoïdes, mais le noyau de ces cellules reproductrices contient deux fois moins de chromosomes que celui des cellules germinales dont elles sont issues. La fusion d'un spermatozoïde et d'un ovule redonne donc une cellule dont le stock chromosomique est complet, mais qui provient, par moitié, de chacun des parents.

Szent-György, l'inventeur de la vitamine C

VAN LEEUWENHOEK (Antonie), né à Delft en 1632, mort en 1723. Naturaliste hollandais. D'abord apprenti drapier à Amsterdam, où son père l'avait envoyé, il se passionna pour les loupes qui servaient à compter les fils des tissus. Mais il s'amusait à placer sous sa lentille autre chose que du drap et commença de merveilleuses observations d'objets microscopiques. S'étant marié, il revint à Delft et se fit accepter comme simple huissier de la Chambre des échevins de la ville, afin de se consacrer à sa passion. Depuis 1673 et jusqu'à 1719 au moins, il observa et dessina de multiples objets microscopiques, vivants ou non, et rendit compte régulièrement de ses trouvailles à la Royal Society de Londres, ainsi qu'à l'Académie des sciences de Paris. Ses principales découvertes ont été celles des globules rouges du sang, des infusoires et des bactéries. Van Leeuwenhoek fit aussi des observations détaillées sur les spermatozoïdes humains, après qu'un étudiant de Dantzig, Louis de Hamm, les eut observés pour la première fois en 1677 et lui eut fait part de sa découverte. Van Leeuwenhoek décrivit aussi très minutieusement les spermatozoïdes de nombreuses espèces (chien, coq, grenouille, cabillaud...). Mais il leur attribua un rôle trop exclusif en les considérant comme les véritables germes des animaux.

VÉSALE (André), né à Bruxelles en 1514, mort dans l'île de Zante, en Grèce, en 1564. Médecin d'origine flamande, Vésale (Andries Van Wesel) fut notamment professeur à l'université de Padoue. Il révolutionna l'étude de la biologie et la pratique médicale par ses descriptions très détaillées en anatomie humaine. Faisant lui-même de nombreuses dissections (ce qui lui valut une condamnation à mort de l'Inquisition, commuée en pèlerinage à Jérusalem sur l'intervention de Philippe II), il rédigea un grand traité en cinq volumes: *De corporis humani fabrica,* qui eut un retentissement énorme.

VIRCHOW (Rudolf Carl), né à Schivelbein, en Prusse, en 1821, mort à Berlin en 1902. Pathologiste et homme d'État allemand. Il fut l'un des grands médecins du XIXᵉ siècle. Pionnier de la pathologie cellulaire, il formula en 1858 l'aphorisme fondamental: toute cellule provient d'une cellule.

W

WAKSMAN (Selman Abraham), né à Priluka, en Ukraine, en 1888, mort à Hyannis, aux États-Unis, en 1973. Biochimiste et microbiologiste américain d'origine ukrainienne, l'un des grands microbiologistes du sol moderne. Après la découverte de la pénicilline (*voir* FLEMING, FLOREY), Waksman rechercha systématiquement les antibiotiques chez les micro-organismes. Il découvrit notamment la streptomycine, spécifique du traitement de la tuberculose (prix Nobel de médecine en 1952), et la néomycine. Il créa le terme «antibiotique» en 1941.

WALLACE (Alfred Russel), né à Usk en 1823, mort à Broadstone en 1913. Naturaliste et voyageur anglais, Wallace élabora la théorie de l'origine des espèces, grâce à la sélection naturelle, indépendamment de Darwin. En 1858, il envoya à ce dernier le manuscrit dans lequel il résumait ses idées, depuis l'archipel malais, qu'il explorait, alors que Darwin n'avait lui-même pas encore mis au net son propre texte. Darwin et ses amis Lyell* et Hooker (sir Joseph Dalton, 1817-1911, botaniste anglais qui avait épousé la fille de Henslow, le maître et ami de Darwin) décidèrent de présenter le texte de Wallace à la Société linnéenne de Londres en l'accompagnant d'un extrait d'une esquisse écrite par Darwin en 1844, de telle sorte que ce dernier ne perdît point le bénéfice de son originalité. Wallace ne revendiqua jamais de priorité particulière et s'estima simplement heureux de s'être ainsi rencontré avec Darwin (voir p. 128).

WATSON (James Dewey), né à Chicago en 1928. Généticien et biophysicien américain qui joua un rôle essentiel dans la découverte de la structure moléculaire de l'ADN (*voir* CRICK). Au printemps 1953, Watson trouva que les quatre bases organiques de l'ADN pouvaient se lier par paires définies. Cette découverte constitua la clé qui permit à Watson et à Crick de proposer le modèle moléculaire en double hélice de l'ADN. Prix Nobel de médecine en 1962 avec Francis Crick et Maurice Wilkins*.

WEGENER (Alfred), né à Berlin en 1880, mort au Groenland en 1930. Géologue et géophysicien allemand, il participa à plusieurs expéditions polaires et trouva la mort en traversant le Groenland. Wegener est l'auteur de la théorie de la dérive des continents (1915).

Weismann: une nouvelle théorie de l'hérédité

WEISMANN (August), né à Francfort-sur-le-Main en 1834, mort à Fribourg-en-Brisgau en 1914. Médecin et biologiste allemand. Weismann commença sa carrière par des recherches sur les diptères, la maturation des œufs chez les animaux parthénogénétiques, etc. Mais l'essentiel de son œuvre réside dans sa théorie, qu'il exposa en 1883, de la continuité du plasma germinatif (celui-ci reste absolument inchangé dans une certaine lignée cellulaire: la lignée germinale, qui donnera naissance aux cellules reproductrices de la génération suivante) et de la localisation de l'hérédité dans des éléments minuscules (les biophores, ou déterminants) qui le composent. Weismann niait donc la transmissibilité de l'acquis: pour lui, le plasma germinatif ne reçoit à peu près aucune influence du soma. On constate en effet que les variations phénotypiques ne se transmettent pas. Par contre, Weismann s'est trompé en avançant une autre hypothèse: celle d'une sélection germinale qui se ferait par changements continuels entre les déterminants génétiques, soumis à une concurrence où les plus forts l'emporteraient sur les plus faibles, ce qui provoquerait une accentuation progressive de leur diversité. Cette sélection ne semble pas exister: c'est par mutations soudaines que l'on envisage actuellement l'essentiel du mouvement évolutif (*voir* DE VRIES). Weismann présenta en fait une théorie chromosomique de l'hérédité et sa notion de déterminants annonce dans une certaine mesure les gènes de Morgan*. Weismann montra donc que l'observation des chromosomes devait aller de pair avec l'étude de l'hérédité, dont les lois, qui avaient déjà été publiées par Mendel*, restaient encore complètement ignorées à cette époque.

WILKINS (Maurice), né à Pongarva, en Nouvelle-Zélande, en 1916. Biophysicien anglais d'origine néozélandaise, dont les recherches sur l'ADN par la diffraction des rayons X apportèrent les preuves décisives lors de la détermination de la structure moléculaire de l'ADN. Prix Nobel de médecine en 1962 avec Watson* et Crick*.

GLOSSAIRE

Les mots suivis d'un astérisque font l'objet d'une entrée dans le glossaire.

Ont participé à la rédaction de ce glossaire: Roland Bauchot, Jean Heidmann, Richard Moreau, Armand de Ricqlès, Brigitte Senut, Catherine Ziller.

A

abiotique. Qualifie des phénomènes qui se réalisent en dehors de la vie: c'est le cas de la formation de molécules* organiques utiles à la vie, sous l'action de l'énergie électrique, au cours de l'expérience de Miller (voir p. 35).

acanthodiens. Groupe de «poissons» à mâchoires très primitifs de l'ère primaire, pourvus d'épines devant les nageoires. Ce sont les plus anciens gnathostomes*.

accrétion. Capture de matière par gravitation*; un trou noir* s'entoure d'un disque d'accrétion.

acheuléen. De Saint-Acheul, dans la Somme. Stade du paléolithique* ancien, de – 700 000 à – 120 000 ans.

acide (fonction). Certaines molécules* organiques contiennent un groupement spécial COOH, appelé carboxyle, qui possède un ion H^+ acide. Par exemple, lorsqu'on mélange des solutions d'acide acétique (présent dans le vinaigre) $CH_3 - COOH$, et de soude (Na OH), le sodium remplace l'hydrogène du carboxyle et donne de l'acétate de sodium, tandis que l'ion H^+ se combine avec le OH de la soude pour donner de l'eau (H_2O). Les acides organiques, c'est-à-dire les composés porteurs d'un ou de plusieurs carboxyles, sont des acides faibles.

acide aminé ou **aminoacide.** Composé organique simple, de faible poids moléculaire. Les acides aminés comportent tous une fonction acide (COOH) et une fonction amine (NH_2), situées en alpha (α), ce qui veut dire qu'elles sont rattachées au même atome de carbone de leur molécule. Ces α-amino-acides diffèrent les uns des autres par la structure de leur radical R ou chaîne latérale*. Vingt acides aminés différents, seulement, entrent normalement dans la composition des protéines* (voir p. 46).

acide chlorhydrique. Acide minéral fort, constitué par un atome de chlore et un atome d'hydrogène (HCl). Avec la soude (NaOH), il donne le chlorure de sodium (NaCl) et de l'eau. Le chlorure de sodium constitue le sel de cuisine.

acide cyanhydrique. Substance très toxique, constituée par un atome d'hydrogène, un de carbone et un d'azote (HCN). Présent dans l'atmosphère primitive, sa condensation a pu être à la base de la formation de molécules* organiques simples, utiles à la vie (arginine*, par exemple).

acide désoxyribonucléique ou **ADN** voir ACIDE NUCLÉIQUE. Les ADN, qui conservent l'information génétique, diffèrent entre eux par le rapport des quatre principaux nucléotides* qui les composent, par leur séquence nucléotique et par leur poids moléculaire, toujours très élevé. Ils sont normalement constitués de deux brins qui s'enroulent l'un autour de l'autre en double hélice (voir p. 48).

acide nucléique. Terme général pour les acides désoxyribonucléiques* et les acides ribonucléiques* qui, tous, ont la fonction de conserver et de transférer l'information génétique. A ce titre, ils sont parmi les constituants les plus importants des cellules* et des virus, dont ils représentent entre 5 et 15 p. 100 du poids sec. Les acides nucléiques résultent de l'enchaînement covalent de nucléotides*, reliés entre eux par des sortes de «ponts», constitués par des molécules de phosphate. Par leur structure commune, ils ont des propriétés physico-chimiques voisines. Les ADN* sont constitués par des chaînes de désoxyribonucléides, les ARN* par des chaînes de ribonucléides (voir p. 47-49).

acide ribonucléique ou **ARN.** Dans la cellule, les ARN sont chargés du transfert de l'information génétique en provenance de l'ADN*. Ils sont formés par une seule chaîne de nucléotides*. Les trois types principaux d'ARN sont: l'ARN messager, l'ARN ribosomique et l'ARN de transfert. Chacun se rencontre sous des formes moléculaires multiples pouvant aller d'au moins trois ARN ribosomiques à plusieurs milliers d'ARN messagers pour une espèce biologique donnée. Les cellules contiennent entre 2 et 8 fois plus d'ARN que d'ADN (voir p. 48-49).

actine. Composé protéique essentiel des filaments musculaires, dont il constitue la partie mince.

actinoptérygiens. Groupe le plus abondant des poissons osseux, caractérisé par la structure «en éventail» des nageoires paires. Exemple: esturgeon, morue.

adénine. Base* azotée fondamentale entrant dans la constitution de nombreux composés importants biologiquement et, en premier lieu, dans celle des acides nucléiques*. L'adénine a pu être formée de façon abiotique* (voir p. 39).

adénosine. Nucléoside* constitué d'une molécule d'un sucre à 5 atomes de carbone (pentose*) et d'une molécule d'adénine*. ADÉNOSINE-PHOSPHATE ou PHOSPHATE D'ADÉNOSINE: nucléotide* qui entre dans la composition des acides nucléiques* et dans celle des adénosines diphosphate (ADP) et triphosphate (ATP). ADÉNOSINE TRIPHOSPHATE ou ATP: nucléotide formé par une molécule d'adénosine et une ou plusieurs molécules d'acide phosphorique. L'ATP est formé dans les cellules à partir de l'ADP (adénosine diphosphate) par des réactions de phosphorylation couplées ou liées, aux dépens de l'énergie engendrée par la dégradation des molécules de «combustible cellulaire» que sont les sucres, par exemple. Au cours du catabolisme, l'ADP accepte une molécule de phosphate lors de ces réactions couplées fournissant de l'énergie et donne ainsi de l'ATP. Ce dernier peut céder à son tour son groupe phosphate terminal lors de réactions nécessitant de l'énergie. Le couple ADP-ATP constitue une plaque tournante essentielle du métabolisme* cellulaire.

ADN, voir ACIDE DÉSOXYRIBONUCLÉIQUE.

ADP, voir ADÉNOSINE.

adsorption. Fixation d'ions*, de molécules*, de particules ou de micro-organismes à la surface d'une substance dite adsorbante. L'adsorption peut être de nature physique ou chimique. La poudre de charbon végétal ou l'argile* sont d'excellents adsorbants, en raison de la très grande surface qu'ils développent sous un faible volume.

aérobie. Qui a besoin d'oxygène* libre pour vivre ou pour se dérouler. Antonyme: anaérobie*.

aérosols. Fines gouttelettes en suspension dans un gaz; l'atmosphère de Titan contient une couche d'aérosols à 200 km d'altitude.

afférence. Toute voie nerveuse parvenant à un neurone ou à une cellule effectrice*.

agnathes. Vertébrés* les plus anciens et les plus primitifs, dépourvus de mâchoires mobiles articulées. Exemple: lamproie. Antonyme: gnathostomes*.

algues bleues, voir CYANOBACTÉRIES.

allantoïde. Annexe embryonnaire* assurant les échanges respiratoires et l'élimination des déchets.

allostérique. Terme utilisé en enzymologie*. Une enzyme* peut être inhibée ou activée par une petite molécule régulatrice qui intervient à un site de la molécule d'enzyme, dit allostérique. Par exemple, dans des séquences de réactions enzymatiques cellulaires, le produit final de celles-ci peut inhiber l'enzyme qui a permis le début de cette suite de réactions; il bloque alors toute la suite. L'enzyme inhibée est dite elle-même allostérique. Les enzymes de ce type sont en général plus complexes que les enzymes ordinaires.

amas. Rassemblement d'étoiles* ou de galaxies* dans une région de l'espace; les grands amas de galaxies peuvent en contenir des milliers.

amine. Composé organique obtenu en remplaçant un ou plusieurs atomes d'hydrogène* de la molécule d'ammoniac* (NH_3) par des radicaux hydrocarbonés monovalents. Les amines sont des bases faibles.

amino-acide, voir ACIDE AMINÉ.

ammoniac. Molécule formée d'un atome d'azote* et de trois atomes d'hydrogène* (NH_3); des cristaux d'ammoniac forment des cirrus dans l'atmosphère de Jupiter. Le gaz ammoniac était présent dans l'atmosphère primitive de la Terre.

amnios. Annexe embryonnaire* propre aux vertébrés* supérieurs (reptiles, oiseaux, mammifères), en forme de sac enveloppant et protégeant l'embryon et le fœtus («poche des eaux» du fœtus humain).

amniotes. Vertébrés supérieurs (reptiles, oiseaux, mammifères) dont l'embryon possède un amnios*.

amphibiens. Ensemble des vertébrés tétrapodes* dépourvus d'amnios* (anamniotes*), à reproduction typiquement aquatique. Synonyme: batraciens. Exemple: grenouille.

amphipatrique (composé). Substance organique contenant deux types de groupements: polaire et non polaire. Dans les molécules* de ce type, la partie hydrophile* possède des affinités pour l'eau et s'hydrate rapidement, alors que la partie non polaire est insoluble dans l'eau (voir p. 37).

anaérobie. Qui ne peut vivre ou qui ne peut se dérouler au contact de l'oxygène de l'air.

anagenèse. Modalité de l'évolution où une lignée se transforme progressivement: une espèce se change en une autre sans se subdiviser. Antonyme: cladogenèse* (voir p. 137).

anamniotes. Vertébrés* inférieurs (poissons*, amphibiens*) dont l'embryon est dépourvu d'amnios*.

anapsides. Vertébrés* amniotes* dont le toit crânien est formé d'un revêtement osseux continu, non interrompu par des fosses temporales*. C'est la disposition primitive du crâne chez les reptiles*.

angiospermes. Plantes à fleurs dont l'ovule est protégé par un pistil (voir aussi GYMNOSPERMES).

année-lumière. Distance parcourue par la lumière en un an, soit 9 460 milliards de kilomètres; la plus proche étoile se trouve à 4 années-lumière.

annexes embryonnaires. Tissus et organes différenciés autour de l'embryon et provenant de lui, ayant des fonctions transitoires pendant le développement, et disparaissant à la fin de celui-ci. Exemple: vésicule vitelline*, amnios*.

anoxie. Diminution de la quantité ou absence d'oxygène* dans un milieu. Un processus anoxique est un processus dans lequel n'intervient pas l'oxygène. Sens assez voisin d'anaérobie*.

anti-codon. Triplet, c'est-à-dire groupe de trois nucléotides*, possédé par un ARN* de transfert, ce qui permet à ce dernier de se fixer sur le triplet correspondant (ou codon) d'un ARN messager, au cours de la synthèse cellulaire des protéines*.

anticorps. Substance organique complexe (protéine* appelée globuline) synthétisée dans le sang par certains globules blancs en réponse à l'introduction dans l'organisme d'une substance étrangère, en général protéique elle aussi, appelée antigène*. Les anticorps neutralisent les antigènes. Le sérum antitétanique, par exemple, est une solution d'anticorps capables de neutraliser la toxine tétanique. On les nomme pour cette raison: antitoxines.

anticyclone. Portion d'atmosphère* tombant de haute altitude et s'éparpillant au sol en un vaste mouvement tournant divergent; l'anticyclone des Açores nous amène de l'air tropical sec et chaud.

antigène. Substance organique qui, introduite dans l'organisme, y provoque la production d'anticorps*. La toxine tétanique, une protéine* pure, est un antigène.

antiparticule. Particule* ayant des propriétés symétriques d'une autre et pouvant s'annihiler avec elle par transformation des masses en énergie; un antiélectron, le positon*, a une charge électrique opposée à celle de l'électron*, et leurs masses peuvent dégager 1 million d'électronvolts.

antiquark. Antiparticule* de quark*, avec charge électrique et charges de couleurs opposées; une paire de quark et d'antiquark peut former des mésons pi.

apomorphie. Désigne l'état ou la condition «évoluée» ou «spécialisée» d'un caractère. Un ensemble d'apomorphies partagées par deux espèces (synapomorphie) prouve leur proche parenté. Antonyme: plésiomorphie*.

archaeobactéries. Bactéries* possédant à la fois des caractères biochimiques propres aux bactéries vraies, ou eubactéries*, et aux eucaryotes*. Les archaeobactéries regroupent des organismes très spécialisés tels que: bactéries méthanogènes anaérobies (responsables du phénomène des feux follets); bactéries halophiles, qui ont besoin de fortes concentrations de sel pour vivre; bactéries thermo-acidophiles, dont certaines espèces sont capables de vivre dans des milieux chauds (80-90 °C) et très acides.

archaeoptéryx. Nom de genre attribué au plus ancien oiseau fossile connu avec certitude. Vivant au jurassique supérieur, il possédait encore de nombreux caractères squelettiques typiques des reptiles, tandis que ses plumes étaient déjà identiques à celles des oiseaux actuels.

archosauriens. Grande lignée évolutive de «reptiles» diapsides*, comprenant crocodiles, ptérosaures, thécodontes, dinosaures. Les oiseaux s'enracinent parmi eux. Ils ont le plus souvent des pattes redressées sous le corps.

argiles. Silicates hydratés d'aluminium, de magnésium et de fer, les argiles, qui sont à la fois avides d'eau et imperméables, se présentent sous la forme de très petites particules de 1 ou 2 micromètres, constituées elles-mêmes de multiples feuillets, ce qui accroît leur réactivité. Certains voient dans les cristaux d'argile le modèle des formes de vie les plus primitives.

arginine. Acide aminé* entrant dans la constitution de nombreuses protéines*, dont celles qui sont associées aux acides nucléiques*.

arthropodes. Le plus important groupe animal: 1 million d'espèces, soit environ 80 p. 100 des animaux connus; les insectes en représentent les trois quarts à eux seuls. Le caractère le plus évident des arthropodes est qu'ils sont recouverts d'un tégument rigide, inextensible mais articulé (l'exosquelette), constitué principalement par de la chitine*, ce qui leur impose une croissance par mues. Le groupe est constitué par plusieurs sous-embranchements: les proarthropodes, tous fossiles, dont les plus anciens connus datent du cambrien (trilobites), les crustacés, les insectes, les arachnides (araignées, scorpions) [voir p. 233-235].

artiodactyles. Lignée de mammifères* ongulés* végétariens très divers et nombreux, à nombre pair de doigts, comprenant lamas, porcins, ruminants, etc., de l'éocène à l'époque actuelle.

astéroïde. Petite planète* circulant entre Mars et Jupiter; on en connaît 3 000. Ils n'auraient pas réussi à s'accréter en planète normale.

atmosphère. Enveloppe gazeuse entourant un astre: étoile, planète, comète; l'atmosphère de la Terre est principalement composée d'azote* et d'oxygène*.

atome. Système fondamental de la matière*, composé d'un noyau chargé positivement autour duquel circulent des électrons* négatifs; il en existe 92. L'hydrogène* est l'atome le plus léger, et l'uranium* le plus lourd.

aurignacien. D'Aurignac, en Haute-Garonne. Culture du paléolithique* supérieur s'étendant entre − 30 000 et − 25 000 ans, qui voit le début de l'art.

autocatalyse. Réaction chimique au cours de laquelle l'un des produits formés joue le rôle de catalyseur*.

autotrophie, autotrophe. L'autotrophie est le fait, pour un organisme vivant, d'assimiler certains éléments (carbone*, azote*) sous forme minérale. Les plantes vertes sont autotrophes pour le carbone grâce à la photosynthèse*. Certaines bactéries* *(Azotobacter)* fixent l'azote de l'air et sont donc autotrophes vis-à-vis de cet élément. Enfin, certaines algues procaryotes* (cyanobactéries) sont capables d'assimiler à la fois le CO_2 (photosynthèse) et l'azote de l'air: elles sont donc totalement autotrophes.

avipelviens. Lignée de dinosaures* végétariens dont le bassin ressemble à celui des oiseaux. Connus du trias au crétacé par des formes bipèdes, comme l'iguanodon, ou quadrupèdes, comme le stégosaure ou le tricératops. Synonyme: ornithischiens.

azote. Gaz incolore, inodore, peu réactif et peu soluble dans l'eau, qui représente à lui seul environ 78 p. 100 de l'atmosphère* terrestre. Constituant essentiel de la matière vivante, au même titre que le carbone, l'hydrogène et l'oxygène, l'azote y est introduit principalement grâce au phénomène de la fixation (symbiotique ou non) par des micro-organismes ou à l'absorption d'ammoniac* par les végétaux (voir p. 66).

B

bactéries. Micro-organismes unicellulaires* procaryotes*, hétérotrophes* pour la plupart, de dimensions évoluant généralement entre 1 et quelques dizaines de micromètres. Les bactéries sont capables de coloniser à peu près tous les milieux naturels; leur rôle est donc essentiel dans la décomposition de la matière organique morte. Certaines espèces sont pathogènes pour l'homme et les animaux supérieurs.

bases puriques et **pyrimidiques.** Molécules* organiques azotées, basiques, dont certaines entrent dans la composition des acides nucléiques*. L'adénine* et la guanine* sont les principales bases puriques; la cytosine*, la thymine* et l'uracile*, les principales bases pyrimidiques.

biface. Outil à bords latéraux tranchants et convergents, aménagé par des enlèvements sur les deux faces et présentant une symétrie bilatérale et bifaciale; caractéristique de l'acheuléen*.

big bang (Expression américaine). Explosion primordiale ayant produit l'univers il y a 15 milliards d'années.

bioastronomie. Branche de l'astronomie consacrée à la recherche de la vie dans l'univers; la détection éventuelle de signaux radioextraterrestres est son aspect le plus connu.

biocatalyseur. Molécule* organique synthétisée par un être vivant et catalysant une réaction de son propre métabolisme*. Exemple: enzymes*.

biogenèse. Élaboration d'une substance, d'une structure, par un être vivant.

biomasse. Masse totale des organismes vivants appartenant à une espèce végétale ou animale ou de l'ensemble des espèces vivant en un lieu et rapportée habituellement à l'unité de surface ou de volume de l'habitat.

biomolécules. Molécules* organiques entrant dans la composition et/ou dans le fonctionnement des êtres vivants.

biosphère. Ensemble des écosystèmes* développés au sein des mers et à la surface des continents.

biozone. Unité de base de la classification stratigraphique: couche ou ensemble de couches caractérisées par l'existence d'un ou plusieurs groupes fossiles indices, dont elle reçoit le nom.

bipédie. Mode de locomotion dans lequel le corps est supporté exclusivement par ses membres inférieurs et où le déplacement s'effectue alternativement d'un pied sur l'autre avec balancement du corps. L'homme est le mammifère qui a le mieux réalisé cette adaptation, mais d'autres primates (gibbon, chimpanzé) peuvent occasionnellement se déplacer ainsi sur de courtes distances.

blastocèle ou **blastocœle.** Cavité primitive de segmentation, qui se creuse à l'intérieur de l'œuf après que celui-ci a subi un certain nombre de divisions cellulaires.

blastocyste. Nom donné à l'œuf (ou embryon) de mammifère avant son implantation dans la paroi de l'utérus maternel.

blastoderme. Dans l'œuf d'oiseau, qui est en majeure partie constitué de réserves (jaune et blanc), région correspondant à l'embryon proprement dit; le blastoderme est un petit disque de cellules situé à la surface du jaune.

blastomère. Cellule issue des premières divisions de segmentation de la cellule-œuf.

blastopore. Sillon circulaire apparaissant à la surface de certains œufs (amphibiens*, par exemple), et résultant du déplacement vers l'intérieur de l'œuf d'une partie du matériel cellulaire situé à sa surface.

blastula. Stade du développement embryonnaire correspondant au moment où l'œuf, jusqu'alors plein, se creuse d'une cavité, le blastocèle*. Ce stade suit le stade morula*.

boson. Particule* élémentaire servant d'intermédiaire pour véhiculer les interactions entre d'autres particules; l'interaction électrique entre un proton* et un électron* est véhiculée par des photons* ou «grains de lumière».

bourgeon caudal. Stade du développement embryonnaire auquel apparaît l'ébauche de la queue du futur animal.

bourgeonnement. Formation, sur une partie d'un individu, d'une petite excroissance qui donnera naissance à un ou plusieurs individus. les bourgeons peuvent être externes (hydres) ou internes (bryozoaires, éponges).

brachiation. Mode de locomotion spécialisé, consistant en un déplacement acrobatique dans les arbres à l'aide exclusive des membres supérieurs: le gibbon et le siamang pratiquent la brachiation.

C

caldeira. Dépression centrale d'un volcan, en général circulaire, produite par explosion ou effondrement; la caldeira du volcan Olympus Mons, sur la planète Mars, a 90 km de diamètre.

cambrien. Première période de l'ère primaire, commencée il y a environ 600 MA, et qui aurait duré une centaine de millions d'années. Elle fut marquée par l'apparition d'animaux marins possédant une carapace calcaire (trilobites).

carbonates. Composés dérivant de l'acide carbonique ou du dioxyde de carbone (CO_2).

carbone. Atome miracle de la vie, le carbone est un élément constituant fondamental de la matière vivante, avec l'hydrogène*, l'oxygène* et l'azote*. Il est présent dans l'atmosphère à l'état de gaz carbonique, ou CO_2. Le carbone peut se présenter sous forme de diamant, d'une très grande dureté, ou de graphite, qui est au contraire un corps très tendre. Le diamant se transforme en graphite à 1 900 °C. Le carbone est l'élément de base de la matière vivante, dans laquelle il est introduit tout d'abord par l'assimilation chlorophyllienne.

carnivores. Ordre de mammifères* spécialisés par leur régime alimentaire: prédateurs ou charognards, et caractérisé par les adaptations (dentaires, locomotrices, comportementales, etc.). Connus de l'oligocène à l'époque actuelle. Exemples: chien, loutre, lynx, etc. Adjectif: qualifie tout animal à régime alimentaire carné.

castelperronien. De Châtelperron (Allier). Stade marquant le début du paléolithique* supérieur (entre − 40 000 et − 30 000 ans environ).

catalyse, catalyser, catalyseur. La catalyse est la modification de la vitesse (le plus souvent) d'une réaction chimique du fait de l'intervention d'une substance qui n'est pas consommée au cours de cette réaction. Dans une réaction catalysée, le catalyseur entre souvent dans une combinaison chimique avec les substances réagissantes, mais il est toujours régénéré *in fine*, de telle sorte que sa quantité reste inchangée. N'étant pas consommée, chaque molécule de catalyseur peut induire la transformation d'un grand nombre de molécules.

catarrhiniens. Primates* de l'Ancien Monde rassemblant tous les cercopithécoïdes* et les hominoïdes* actuels et fossiles.

cellule. En biologie, unité de base de la vie. Toutes les cellules se ressemblent, tant par leur composition et leur forme générale que par leurs fonctions, mais l'évolution de certaines particularités cellulaires est responsable de la grande diversité des formes de vie (voir p. 54-59). CELLULE EFFECTRICE: toute cellule, musculaire ou glandulaire, qui permet à un organisme de réagir vis-à-vis du milieu qui l'entoure. Cette réaction peut être un mouvement (ou l'arrêt d'un mouvement) ou une sécrétion. L'activité d'ensemble des cellules effectrices, qui forme le comportement de l'organisme, est sous le contrôle du système nerveux ou des glandes endocrines. CELLULE MITRALE: cellule appartenant au bulbe olfactif, portion du système nerveux central qui reçoit les afférences* sensorielles de l'épithélium* olfactif. Gros neurone dont les dendrites sont au contact direct des fibres olfactives. Les cellules mitrales participent à la discrimination des diverses odeurs reçues par l'organe olfactif. CELLULE RÉCEPTRICE: toute cellule sensorielle capable de créer un message nerveux à partir des diverses modifications du milieu externe ou interne à l'organisme (les stimulus). Cette transformation est appelée transduction*. On peut définir pour chaque cellule réceptrice un seuil au-dessous duquel le stimulus est inefficace.

cellulose. Polysaccharide complexe, composant essentiel des parois cellulaires des végétaux.

cénozoïque. Ère géologique ayant débuté il y a 65 MA environ, regroupant l'ère tertiaire et l'ère quaternaire. Elle est caractérisée géologiquement par la fragmentation des continents, la genèse des montagnes «jeunes» et par des climats contrastés avec saisons marquées. Biologiquement, c'est l'époque des plantes à fleurs et des mammifères comme éléments dominants sur les continents.

centriole. Organite* intracellulaire, cytoplasmique, situé près du noyau des cellules eucaryotes*.

céphalisation. Processus de localisation préférentielle des organes sensoriels dans une région privilégiée du corps de l'animal (celle qui est située vers l'avant au cours des mouvements). Cette accumulation d'organes sensoriels s'accompagne d'une plus grande densité de cellules nerveuses. Il se forme ainsi une «tête». Ce processus de céphalisation est facilement observé chez les vers plats (planaires).

céphalopodes. Classe de mollusques marins. Les plus élevés des mollusques par l'organisation, caractérisés par des tentacules à ventouses autour de la bouche. Coquille présente (ammonites, nautiles), réduite (seiches, calmars) ou absente (pieuvres).

cercopithécoïdes. Superfamille de primates* comprenant les singes de l'Ancien Monde possédant une queue.

cétacés. Ordre de mammifères* adaptés à la vie aquatique, connus dès l'éocène. On distingue les odontocètes* (dauphins), pourvus de dents, marins ou fluviatiles, des mysticètes* (baleines), tous marins, porteurs de fanons à rôle filtrant.

chaîne latérale. En chimie, une chaîne est la suite des atomes* de carbone* qui forment le squelette d'une molécule* organique. Une chaîne latérale est une suite identique d'atomes, mais elle est branchée sur l'un des atomes de carbone de la chaîne principale.

«chaînon manquant». Locution, de l'anglais *missing link*. Organismes inconnus, mais dont l'existence, présente ou passée, est postulée par la théorie de l'évolution, comme devant constituer la transition évolutive nécessaire entre des organismes connus et qui doivent être apparentés.

champ magnétique. Force exercée typiquement par un barreau aimanté; il peut être créé par un courant électrique circulant dans une boucle. Le champ magnétique de la Terre oriente les boussoles vers le nord.

chéloniens. Ordre de reptiles anapsides* connus dès le trias, correspondant aux tortues terrestres (tortue grecque), palustres (*Emys*) et marines (carets). Présence d'une carapace osseuse complexe toujours plus ou moins développée. Environ 500 espèces actuelles.

chitine. Substance qui constitue la base de l'exosquelette des insectes, crustacés, etc. et qui intervient dans la composition des structures internes d'autres invertébrés. On en trouve aussi dans certains champignons.

chlorophylle. Pigment* végétal vert, dont la structure chimique est voisine de celle de l'hémoglobine* du sang, mais elle possède un atome de magnésium* et non de fer comme celle-ci. Il existe plusieurs chlorophylles distinctes qui possèdent toutes la capacité unique de fixer l'énergie lumineuse et de permettre ainsi la transformation du CO_2 et de l'eau en sucres.
chloroplastes. Organites* propres aux plantes vertes et contenant de la chlorophylle* ; à leur niveau s'effectue la photosynthèse*. Les cyanobactéries* sont à l'origine des chloroplastes des plantes vertes actuelles.
chlorure. Nom donné à tous les sels ou esters de l'acide* chlorhydrique, le plus connu étant le chlorure de sodium, ou sel de cuisine. Les chlorures sont le constituant le plus important de l'eau de mer (1,9 p. 100 en poids).
cholestérol. Composé organique de la famille des stéroïdes*. Il existe dans tous les tissus animaux, soit à l'état libre, soit à l'état d'ester d'acides organiques.
chondrostéens. Groupe de poissons osseux actinoptérygiens*, combinant des caractères primitifs et spécialisés, avec réduction de l'ossification du squelette profond qui reste cartilagineux. Exemple : esturgeon.
chopper. Galet sur lequel un tranchant a été façonné par des enlèvements adjacents sur une seule face. CHOPPING-TOOL : galet aménagé plus complexe, dont le tranchant est obtenu par des enlèvements sur les deux faces.
chordés, voir CORDÉS.
chordotonaux (organes). Organes sensoriels mécanorécepteurs, spéciaux aux insectes, dont l'élément essentiel est la scolopidie*, et qui sont sensibles aux vibrations sonores.
chorion. Organe embryonnaire annexe qui, avec l'allantoïde*, forme le placenta*.
chromatine. Substance contenue dans le noyau des cellules pendant l'interphase (entre les mitoses*) et ainsi nommée en raison de la forte coloration qu'elle prend en présence de colorants basiques. Les fibres de chromatine contiennent en parties sensiblement égales de l'ADN* et des protéines basiques appelées histones, ainsi que quelques enzymes*, de l'ARN* et des lipides*.
chromatophore. Organe bactérien capable de capter l'énergie lumineuse pour effectuer la synthèse de composés organiques essentiels.
chromophore. Tout groupe d'atomes* conférant une coloration à la molécule* qui le contient.
chromosomes. Structures filamenteuses ou en bâtonnets qui, après organisation de la chromatine*, apparaissent dans le noyau de la cellule au moment de la mitose* et sont porteuses de l'information génétique.
cladistique. Méthode en systématique (ou science des classifications) qui privilégie la recherche et l'expression des relations de parentés évolutives (ou phylogénie*) plutôt que la ressemblance globale pour classer les êtres vivants.
cladogenèse. Modalité de l'évolution où une lignée se divise en deux (ou plusieurs) lignées filles, désormais indépendantes. A partir d'une espèce souche, on peut obtenir par séparation deux espèces filles distinctes, du fait, par exemple, d'une séparation géographique. Antonyme : anagenèse* (voir p. 136-137).
climax. Stade évolutif ultime d'une série de végétation, c'est-à-dire stade d'équilibre final d'un peuplement végétal avec le climat de la région. Dans nos pays, la végétation évolue normalement vers la forêt, qui constitue donc le climax.
coacervation, coacervat. Processus survenant couramment dans les solutions de polymères fortement hydratés. Il s'agit de la séparation spontanée en deux phases, l'une riche, l'autre pauvre en polymère, d'une solution aqueuse de celui-ci, initialement homogène. Les solutions aqueuses de polymères se séparent donc naturellement pour former des coacervats, c'est-à-dire des gouttelettes colloïdales riches en polymères et qui sont en suspension dans un milieu riche en eau.
cocci. Bactéries* de forme arrondie, dont les cellules ont un diamètre moyen de 1 micromètre.
coccoïdes. Proto-organismes trouvés dans les terrains précambriens*. En forme de sphérules de 1 à quelques micromètres, leur aspect rappelle celui des cocci* actuels.
code génétique. Information génétique concernant la synthèse des protéines dans les cellules, inscrite dans l'ADN* sous forme de codons* (voir p. 49).
codon. Groupe de trois bases azotées, ou triplet, correspondant à l'un des 20 acides* aminés fondamentaux. Caractéristique biologique universelle, qu'on retrouve identique aussi bien chez les bactéries que chez les animaux ou l'homme.
cœlacanthes. Groupe de crossoptérygiens* dont les nageoires ont des épines creuses. Connus dès le dévonien, ils disparaissent en apparence au crétacé, mais une espèce persiste pourtant jusque dans la faune actuelle : *Latimeria*, du canal de Mozambique, découvert en 1940.
coenzyme. Petite molécule* organique, souvent non protéique (vitamine, par exemple), qui, liée à l'apoenzyme, représente une partie du centre actif de l'enzyme*.
colloïdes. Particules plus grandes que des molécules*, mais trop petites pour être vues à l'œil nu, qui sont dispersées dans une substance en solution différente de celle qui les constitue. Le plus couramment, ces particules, appelées micelles*, sont dispersées dans l'eau et forment une pseudo-solution ou sol, qui peut floculer (c'est-à-dire précipiter, coaguler) sous des influences diverses. Les colloïdes sont très courants dans la nature et sont animés d'un mouvement continu, le mouvement brownien.
comète. Agglomérat de glaces et de cailloux de quelques kilomètres décrivant une orbite* très allongée autour du soleil ; quand il s'en rapproche, la chaleur sublime des glaces et éjecte des cailloux, donnant naissance à des queues pouvant atteindre 100 millions de kilomètres ; la comète de Halley est la plus populaire.
condylarthres. Ordre de mammifères* fossiles du début du tertiaire, omnivores ou végétariens primitifs, plantigrades, au cerveau petit.
coopérativité. Lorsque des liaisons hydrogènes* peuvent se former entre deux molécules*, l'établissement de la première liaison augmente la probabilité que la seconde puisse se former, celle de la seconde augmente la probabilité de la troisième, et ainsi de suite. Cette augmentation de la force d'attraction entre molécules par coopération de liaisons faibles est appelée coopérativité. On parle aussi de coopérativité pour les enzymes* allostériques* : positive lorsque l'attachement des molécules de substrat* à un site actif augmente l'attachement des autres molécules aux autres sites ; négative dans le cas contraire.
cordés ou **chordés.** Embranchement d'animaux pluricellulaires* complexes, caractérisés par la présence (au moins chez l'embryon) de la corde, baguette souple située dans le plan de symétrie, sous le système nerveux dorsal. Comprend les urocordés (ascidies), les céphalocordés (*Amphioxus*) et les vertébrés* (poissons, homme).
cosmos. Ensemble de l'univers, à la fois contenant et contenu. A grande échelle, le cosmos est un espace en expansion dont les galaxies* sont les éléments les plus frappants.
covalente (liaison). Liaison entre deux atomes*, caractérisée par la mise en commun d'une ou de plusieurs paires d'électrons*.
créodontes. Ordre de mammifères* fossiles du tertiaire à régime carnivore, prédécesseurs écologiques des carnivores*.
crocodiliens. Groupe de reptiles* archosauriens* connu du trias à l'époque actuelle. Ce sont des prédateurs amphibies, mangeurs de vertébrés divers. Ils s'adaptent au secondaire à des milieux variés, marins ou terrestres. 25 espèces survivent dans la faune actuelle (crocodiles, caïmans, alligators, gavial).
crossoptérygiens. Groupe d'ostéichthyens* (poissons osseux) important au primaire, dont les nageoires paires possèdent un squelette profond entouré d'une musculature développée. Ils comprennent les actinistiens (cœlacanthes*) et les rhipidistiens*, tous fossiles, mais sans doute à l'origine des tétrapodes*.
cyanobactéries ou **cyanophycées** ou **algues bleues.** Algues procaryotes* vivant dans des milieux très divers, qui apparurent vraisemblablement il y a 2 milliards d'années au moins. Certaines furent les ancêtres des chloroplastes*.
cytidine. Nucléoside* de la cytosine*.
cytochromes. Hémoprotéines présentes dans les cellules aérobies* seulement, transporteuses d'électrons*, qui jouent un rôle essentiel dans la respiration cellulaire.
cytosine. Base* pyrimidique présente dans l'ARN* et dans l'ADN*.

D

dépolarisation. Toute cellule* vivante, nerveuse ou non, est chargée électriquement (polarisée) du fait de différences de concentration d'un certain nombre d'ions* de part et d'autre de sa membrane. L'arrivée d'un stimulus efficace sur cette cellule peut entraîner la diminution, la disparition ou l'inversion de ce potentiel de membrane : la cellule est alors dépolarisée.
dépression. Région de l'atmosphère* aspirée en altitude, créant au sol des pressions plus faibles vers lesquelles se précipitent les couches basses en un vaste mouvement tournant. L'Europe occidentale est soumise aux régimes variables des dépressions.
désoxyribose. Sucre à cinq atomes de carbone (ou pentose*), faisant partie de la constitution de l'ADN*.
deutérium. Noyau atomique formé d'un proton* et d'un neutron* ; ayant donc une charge positive unique, c'est un noyau d'hydrogène*, mais d'hydrogène lourd, car sa masse est double. L'eau lourde est formée de molécules* dont un atome est un hydrogène lourd.
diapsides. Reptiles dont le toit crânien montre un revêtement osseux interrompu, en arrière des orbites, par deux paires d'ouvertures (fosses temporales*) où se fixent les muscles masticateurs. Surtout connus à partir du trias, ils se subdivisent en deux grands rameaux évolutifs : lépidosauriens* et archosauriens*.
dimorphe. Qui peut prendre deux formes différentes. On parle par exemple de dimorphisme sexuel lorsque, dans une espèce animale, le mâle et la femelle possèdent chacun des caractères morphologiques différents (plumage, par exemple) non directement liés à la reproduction elle-même.
dinosaures. Ensemble regroupant deux lignées d'archosauriens* généralement de très grande taille, connus du trias moyen au crétacé supérieur, terrestres ou amphibies : les saurischiens et les ornithischiens (voir p. 254-257).
diploïde. Qualifie une cellule eucaryote* qui contient une paire de chacun des chromosomes* typiques de l'espèce. On dit que cette cellule contient 2 n chromosomes, n étant un nombre variant avec l'espèce. Les cellules végétatives eucaryotes renferment toutes 2 n chromosomes (voir HAPLOÏDE).
dipneustes. Groupe d'ostéichthyens* possédant à la fois des branchies et des poumons, connus du dévonien à l'époque actuelle. Réunis avec les crossoptérygiens* dans l'ensemble des sarcoptérygiens*, ils évoquent les amphibiens* par leur biologie et l'anatomie de leur cœur. Trois formes actuelles : *Protopterus*, en Afrique ; *Lepidosiren*, en Amazonie ; *Neoceratodus*, en Australie (voir p. 139).
dipôle. Paire de charges électriques ou magnétiques égales et opposées, dont les centres ne coïncident pas. Une molécule* d'eau, dans laquelle les deux atomes d'hydrogène* sont situés d'un côté de la molécule et forment un angle de 105° avec l'atome d'oxygène* comme sommet, constitue un dipôle permanent. Le côté de l'oxygène est toujours légèrement négatif, et le côté de l'hydrogène toujours légèrement positif.
dryopithèques. «Singes des chênes» découverts au siècle dernier par E. Lartet à Saint-Gaudens. De nombreuses formes ont été depuis rattachées à ce groupe et sont connues dès le miocène inférieur en Afrique jusqu'au miocène supérieur en Eurasie, où ils représentèrent à l'époque le principal groupe de primates*.

E

écholocalisation. Identification et localisation dans l'espace d'obstacles ou d'organismes quelconques (aussi bien proies que prédateurs) par certaines espèces animales grâce à l'émission suivie de réception d'ondes ultrasonores. Les chauves-souris (en milieu aérien), les dauphins et les baleines (en milieu aquatique) pratiquent l'écholocalisation.
écosystème. Système fonctionnel naturel qui intègre une communauté d'êtres vivants et leur environnement. Il est formé de deux éléments : la biocénose, ensemble des plantes, animaux, micro-organismes, et le biotope, ou milieu dans lequel ils vivent, défini par son sol et son climat. L'écosystème est caractérisé par les relations, notamment de type alimentaire, qui interviennent entre les divers éléments de la biocénose et entre ceux-ci et le biotope, et par un flux univoque d'énergie, en provenance du Soleil, et qui s'écoule des producteurs (végétaux verts) aux consommateurs (animaux principalement) et aux décomposeurs (micro-animaux, bactéries, champignons) qui dégradent la matière organique morte.
ectoderme. Chez l'embryon aux stades précoces du développement, feuillet* externe, qui formera en particulier l'épiderme de la peau.
ectothermie. Situation physiologique des organismes dont l'activité métabolique est trop peu intense, au repos, pour maintenir une température corporelle supérieure à celle du milieu extérieur. Synonyme approximatif : «animaux à sang froid». Antonyme : endothermie*.
efférence. Toute voie nerveuse quittant une cellule sensorielle ou un neurone.
électrolocalisation. Identification et localisation dans l'espace d'obstacles ou d'organismes quelconques (aussi bien proies ou prédateurs que partenaires sexuels ou sociaux) par certaines espèces grâce à l'émission suivie de réception d'un champ électrique. Les poissons d'eau douce comme le gymnote ou les mormyres et certaines raies (marines) pratiquent l'électrolocalisation.
électron. Particule* élémentaire portant une charge électrique négative et de masse faible, 1/2 000 de la masse du proton*. Les courants électriques sont dus à des déplacements d'électrons dans des conducteurs.
électronvolt. Énergie acquise par un électron* quand il a été accéléré par un potentiel de 1 volt ; petite à notre échelle, l'énergie de cette unité devient gigantesque quand elle met en jeu les milliards de milliards de noyaux atomiques contenus dans 1 kg d'hélium*.
électronégatif. En chimie, se dit de la possibilité que pos-

sède un atome* d'attirer facilement à lui un ou des électrons* provenant d'autres atomes. Un atome est dit électronégatif lorsqu'il gagne facilement des électrons, électropositif, lorsqu'il en perd facilement.

embranchement. Très grande subdivision naturelle d'un règne. Exemple: cordés*.

embryogenèse. Évolution de l'embryon, conduisant d'une cellule unique, l'œuf indivis, à l'animal achevé, possédant des cellules et des tissus différenciés, et des organes fonctionnels.

endoderme. Chez l'embryon aux stades précoces du développement, feuillet* interne, qui produira entre autres le tube digestif.

endothélium. Ensemble des cellules* limitant la lumière des vaisseaux sanguins. Ces cellules sont jointives chez les vertébrés* et l'appareil circulatoire est dit «clos». Chez les arthropodes*, une grande partie de l'appareil circulatoire, dépourvu d'endothélium, est dite «ouverte». L'endothélium, quand il existe, laisse passer un certain nombre de molécules* (nécessaires aux échanges métaboliques entre sang et tissus); les capillaires correspondants sont dits «fenêtrés». Les capillaires assurant l'irrigation du système nerveux central ont au contraire des cellules endothéliales fortement unies deux à deux, ce qui permet au système nerveux, d'une part, de ne pas être envahi par certaines substances toxiques et, d'autre part, de ne pas perdre par voie sanguine certaines molécules nécessaires à son fonctionnement. L'ensemble de ces capillaires forme ce qu'on appelle la barrière hémo-encéphalique.

endothermie. Situation des organismes dont l'activité métabolique est si intense, même au repos, que la chaleur ainsi produite maintient la température corporelle à une valeur élevée (et constante). Synonyme approximatif: «animaux à sang chaud». Exemple: oiseaux, mammifères. Antonyme: ectothermie*.

énergie solaire. La Terre reçoit du Soleil 350 W par mètre carré, énergie qu'on peut utiliser par des techniques plus ou moins sophistiquées: cellules, fours, ou tout simplement réservoirs. Ces récupérations sont négligeables par rapport à celles faites par la nature: charbon, pétrole, ou même bois.

enzyme. Protéine* douée d'une activité catalytique spécifique. En tant que protéine, l'enzyme est une substance colloïdale, donc fragile, facilement floculée et dénaturée par des agents divers ou simplement par la chaleur. Les enzymes possèdent une action spécifique: alors qu'un simple chauffage en milieu acide permet de rompre aussi bien des liaisons entre acides aminés (liaison peptidique) qu'entre deux sucres (liaison osidique) ou entre un acide et un alcool (liaison ester), il est nécessaire d'utiliser respectivement des enzymes appelées peptidases, osidases ou estérases pour chaque réaction lorsqu'on désire rompre ces liaisons enzymatiquement. L'enzyme est formée parfois de deux molécules*: une protéine, ou apoenzyme, et une molécule plus petite, de structure différente (vitamine, porphyrine*, nucléotide*), ou coenzyme*, l'ensemble constituant l'holoenzyme. L'enzyme est donc un biocatalyseur* qui permet aux réactions biochimiques de se dérouler dans les cellules à une vitesse suffisante, malgré la faible concentration des substances réactives en présence et la faible température interne, propre à tout être vivant. L'activité des enzymes est prodigieuse: une seule molécule de catalase suffit pour décomposer 100 000 molécules d'eau oxygénée en une seconde et à la température ordinaire.

enzymologie. Science qui traite des enzymes*.

épiblaste. Feuillet* externe de l'embryon, au stade très précoce où celui-ci n'en comporte que deux.

épithélium. Couche continue de cellules* recouvrant les surfaces des tissus végétaux et animaux, qui sont en contact avec le milieu extérieur.

espace. Ensemble des trois coordonnées servant à repérer tout élément du cosmos*; la structure géométrique de cet espace n'est pas encore claire; depuis 15 milliards d'années, elle est en accroissement. ESPACE-TEMPS: ensemble des trois coordonnées spatiales et de la coordonnée temporelle servant à repérer tout événement du cosmos; la relativité d'Einstein lui a donné un sens physique fondamental.

étage. Unité stratigraphique fondamentale, définie par l'ensemble des terrains correspondant à un âge, et basée sur un contenu organique déterminé.

étoile. Sphère de gaz portée à haute température par des réactions thermonucléaires produites en son sein; le Soleil est une étoile ordinaire de 1,4 million de kilomètres de diamètre. ÉTOILE FILANTE: petite météorite* de moins de 1 mm qui, quand elle pénètre dans les hautes couches de l'atmosphère* terrestre, y laisse une trace lumineuse.

eubactéries. Micro-organismes unicellulaires* procaryotes*, capables de vivre pratiquement dans tous les milieux et dont le rôle dans la décomposition de la matière organique morte est essentiel. Autotrophes*, saprophytes ou parasites, les bactéries* peuvent être favorables ou au contraire très dangereuses pour les animaux et les hommes. Les eubactéries sont les «bactéries vraies», par opposition aux archaeobactéries*.

eucaryote. Se dit de toute cellule* ou organisme disposant d'un noyau* nettement défini, ce qui exclut les bactéries* et les cyanobactéries*. Toute cellule eucaryote possède une membrane* nucléaire (qui sépare la substance du noyau de celle du cytoplasme), des chromosomes* bien définis, qui s'individualisent lors de la mitose*, des mitochondries*, un appareil de Golgi ainsi qu'un réticulum endoplasmique (voir p. 54-59).

euglènes. Protistes* chlorophylliens flagellés, courants dans les eaux des mares, par exemple, et qui réunissent des caractéristiques végétales et animales.

euryapsides. Reptiles dont le toit crânien montre un revêtement osseux interrompu par des fosses temporales* situées en position dorsale. Ils comprennent les sauroptérygiens: nothosaures (trias) et plésiosaures (jurassique et crétacé), adaptés à la vie marine.

évapotranspiration. Quantité d'eau évaporée dans l'atmosphère* par l'écosystème*. L'évapotranspiration représente donc l'eau évaporée par le sol et par la végétation principalement.

F

feuillets embryonnaires. Couches cellulaires fondamentales issues de la division de l'œuf, et qui vont différencier tous les tissus et organes de l'embryon. Exemple: ectoderme*, endoderme*, mésoderme*.

fibroblastes. Cellules* embryonnaires à l'origine du tissu conjonctif. Le système nerveux périphérique (notamment les ganglions spinaux) comporte un certain nombre de ces fibroblastes, qui formeront les enveloppes conjonctives des nerfs ou des faisceaux de fibres nerveuses.

flagelle. Organe cellulaire externe, microscopique, ressemblant à un cheveu et servant en premier lieu à la locomotion des organismes monocellulaires végétaux et animaux. Les spermatozoïdes* se meuvent grâce à un flagelle.

flou quantique. Indétermination fondamentale de la nature qui empêche de connaître avec précision à la fois la position et la vitesse d'une particule*; cette imprécision est d'autant plus grande que la particule est légère.

fosses temporales. Ouvertures paires situées dans la région temporale (en arrière des orbites) du crâne, où s'attachent les muscles des mâchoires. Leur nombre et leur disposition permettent de définir les grands rameaux évolutifs au sein des amniotes*. Exemple: diapsides*, euryapsides*, etc.

fossile. Tout reste ou trace d'activité d'organismes ayant vécu antérieurement aux périodes actuelles et historiques, et conservé à l'état pétrifié dans les couches sédimentaires.

fovéa. Portion de la rétine des vertébrés supérieurs, en forme de cuvette, située près de l'axe optique de l'œil. La fovéa, bien développée chez les primates et l'homme, est caractérisée à la fois par l'absence totale de bâtonnets (seuls s'y trouvent les cônes assurant une vision des couleurs) et par l'amincissement de la rétine. La région fovéale correspond à la portion de la rétine ayant une acuité maximale.

G

galactique (période). Temps que met le Soleil à faire un tour au centre de notre galaxie*, situé à 30 000 années-lumière*: 250 millions d'années.

galaxie. Vaste système stellaire rassemblant jusqu'à plusieurs centaines de milliards d'étoiles*. Notre galaxie a 100 000 années-lumière* de diamètre.

gamète. Cellule* reproductrice mâle ou femelle, résultant de la méiose*. Les gamètes sont toujours haploïdes*, donc à n chromosomes*, c'est-à-dire qu'ils contiennent chacun la moitié du matériel chromosomique propre à l'espèce. Lors de la fécondation, un gamète mâle fusionne avec un gamète femelle pour donner un œuf diploïde*, c'est-à-dire possédant à nouveau 2 n chromosomes, à partir duquel se développera ensuite un organisme complet.

gastrula. Stade du développement embryonnaire où se forme, par déplacement de cellules* de l'extérieur vers l'intérieur de l'œuf, le troisième feuillet*, appelé mésoderme* et situé entre l'ectoderme* et l'endoderme*.

gastrulation. Ensemble des phénomènes dynamiques qui transforme, par une série de mouvements cellulaires, la blastula*, embryon formé de deux feuillets, en gastrula*, présentant les trois feuillets* embryonnaires: ectoderme*, endoderme* et mésoderme*.

gène. Unité élémentaire des chromosomes*, constituée d'ADN*, et donc unité élémentaire de l'information héréditaire, chaque gène occupe une position fixe (locus) sur un chromosome. Transmettant les propriétés héréditaires des êtres vivants, les gènes dirigent essentiellement la synthèse des protéines*.

génétique. Science de l'hérédité. Adjectif: tout ce qui se rapporte aux gènes* et à l'hérédité.

génie génétique (le mot «génie» dérive du mot «ingénieur»). Ensemble des procédés et des techniques propres à la génétique*.

gigantopithèques. Primates* de grande taille présents en Asie entre 11 et 2 MA environ.

glaciation. Période où le climat de la Terre a permis la formation d'immenses calottes polaires glaciaires et de glaciers; depuis 2 MA, les glaciations suivent des cycles de 100 000 ans dus à des variations de l'orbite* de la Terre autour du Soleil.

globulines. Protéines* globulaires de poids moléculaire élevé, abondantes dans le sérum, le lait, le blanc d'œuf, les graines des végétaux.

glucides, ou **hydrates de carbone,** ou **saccharides.** Nom générique de composés organiques ternaires, c'est-à-dire contenant uniquement du carbone*, de l'hydrogène* et de l'oxygène*, qui constituent un groupe de substances indispensables à la vie; comme leurs dérivés, ce sont tous des polyalcools qui comportent une fonction aldéhyde ou une fonction cétone dans leur molécule. La plupart répondent à la formule brute (CH_2O) n, ce qui les a fait nommer d'abord hydrates de carbone. Les oses, ou sucres simples, ou monosaccharides, constituent l'unité de base à 6 atomes de carbone (d'où, aussi, leur nom d'hexoses). L'hexose le plus abondant est le D-glucose, dont tous les glucides naturels sont des dérivés métaboliques. Les oligoholosides ou oligosaccharides (de *oligo,* «peu») comportent 2 à 10 molécules d'oses (ou encore de sucre), reliées entre elles par une liaison osidique. Les polyosides (ou polyholosides, ou polysaccharides) sont formés d'oses liés en longues chaînes linéaires ou ramifiées. La plupart des polyosides résultent de la répétition d'un même ose. Les polysaccharides représentent une forme de réserve énergétique et sont aussi des éléments de structure. Dans la biosphère*, les glucides constituent le groupe de substances naturelles le plus important avec les protéines*. Mais, dans la biosphère, les glucides ont sans doute à eux seuls une masse égale à celle de tous les autres composés organiques, en raison de l'abondance, chez les végétaux, des deux polymères du glucose* que sont l'amidon et la cellulose.

glucose. Sucre simple, possédant une fonction aldéhyde et dont la forme stable est une structure moléculaire en cycle. Le glucose est l'agent énergétique majeur des cellules et le précurseur des polyosides les plus répandus dans la nature, tels que l'amidon et la cellulose.

gluon. Particule* intermédiaire (boson*) véhiculant l'interaction entre les quarks* et responsable de la structure des protons* et des neutrons*; à la base de la structure des atomes*.

glycolipides. Lipides abondants dans le système nerveux des animaux, et comportant dans leur molécule un monosaccharide (sucre simple) ou un disaccharide (voir glucides).

glycolyse. Dégradation métabolique du glucose*. La glycolyse représente l'une des voies métaboliques, désignées sous le nom générique de fermentation anaérobie, qui permettent à de nombreux organismes d'extraire l'énergie chimique du glucose ou d'autres combustibles cellulaires, en l'absence d'oxygène* moléculaire. C'est un type de mécanisme biologique simple, sans doute le plus primitif, permettant de tirer de l'énergie des molécules d'aliments.

glycoprotéines. Hétéroprotéines* comportant un groupement glucidique lié par covalence avec une protéine*.

gnathostomes. Vertébrés* pourvus de mâchoires articulées mobiles, différenciées à partir de l'arc mandibulaire (portion antéro-ventrale du crâne). Antonyme: agnathes*.

gonade. En zoologie, glande reproductrice qui produit les gamètes*. Les gonades mâles sont les testicules et produisent les gamètes mâles ou spermatozoïdes*; les gonades femelles sont les ovaires*, qui produisent les ovules.

Gondwanie ou Gondwana. Supercontinent ou province biogéographique désignant l'ensemble des continents austraux (Amérique du Sud, Antarctique, Australasie, Afrique, Madagascar, Inde péninsulaire) réunis en une masse unique pendant le paléozoïque*.

gravettien. De La Gravette, site préhistorique de Dordogne. Culture du paléolithique* supérieur, qui s'étend entre − 25 000 et − 20 000 ans.

gravitation. Interaction entre tous les éléments possédant une masse; en première approximation, elle suit la loi de Newton, mais c'est la théorie de la relativité générale d'Einstein qui en rend le mieux compte, par une courbure de l'espace-temps*.

gravité. Action de gravitation* exercée par une masse sur d'autres masses; la gravité de la Terre est supprimée dans une cabine en vol orbital.

guanine. Base* purique, qui tire son nom du guano, dans lequel elle a été découverte en 1846. Abondante

dans la nature, la guanine est l'une des bases qui entrent dans la constitution des acides nucléiques*, desquels elle a été isolée pour la première fois en 1891.
guanosine. Nucléoside* de la guanine*.
gymnospermes. Phanérogames, c'est-à-dire végétaux à graines, comme les angiospermes*, mais dont les ovules sont nus et dont les graines ne sont donc pas enfermées dans un fruit. La plupart des gymnospermes sont des arbres, comme les conifères.

H

halophile. Qui exige une forte teneur en sel dans le milieu, pour pouvoir y vivre et s'y développer.
haploïde. Qualifie une cellule* ou un organisme qui ne possède que la moitié des chromosomes* propres à l'espèce. On dit qu'elle a n chromosomes.
haplorhiniens. Sous-ordre de primates* regroupant les tarsiiformes* et les simiiformes*.
héliophile. Qui aime le soleil, qui a besoin de soleil pour se développer.
hélium. Second élément de la classification périodique des éléments, l'hélium appartient au groupe des gaz rares de l'air. C'est le gaz le plus difficile à liquéfier. Un quart de la matière primordiale du cosmos* a été transformé en hélium dans le premier quart d'heure de l'expansion.
hématie. Globule rouge du sang, dont la fonction essentielle est d'assurer le transport de l'oxygène* grâce à l'hémoglobine*.
hème. Groupement prosthétique (c'est-à-dire groupement chimique constituant la partie non protéique d'une hétéroprotéine*) de l'hémoglobine*, constitué par une porphyrine* comportant un atome de fer.
hémoglobine. Pigment* rouge des hématies* des vertébrés*. L'hémoglobine est une hétéroprotéine* constituée d'une protéine*, la globine, et d'un groupement non protéique, l'hème. Par une réaction réversible, l'hémoglobine transporte l'oxygène* des alvéoles pulmonaires vers les cellules* des tissus.
hermaphrodite. Organisme vivant qui possède à la fois des organes de reproduction mâles et femelles. L'escargot est un animal hermaphrodite. La plupart des fleurs possèdent un pistil et des étamines: elles le sont donc aussi. Malgré cela, la fécondation est en général croisée.
hétérochronie. Modalité du développement embryonnaire où la séquence des événements (ou leur vitesse) est modifiée, par comparaison avec une autre séquence servant de référence. Cela peut entraîner des changements morphologiques ayant une grande importance évolutive. Exemple: néoténie*, progenèse (voir p. 239).
hétéroprotéine. Protéine* complexe comprenant une partie protéique et une partie non protéique rassemblées en un groupement prosthétique.
hétérotrophe. Qui se nourrit à partir d'aliments organiques synthétisés au préalable par d'autres organismes. Les animaux, les végétaux non chlorophylliens et la plupart des bactéries* sont hétérotrophes.
holostéens. Stade structural intermédiaire dans l'évolution des actinoptérygiens*. Abondants au secondaire, ils ne sont plus représentés aujourd'hui que par deux genres: *Amia* et *Lepisosteus,* d'Amérique du Nord, vivant dans les eaux douces ou saumâtres.
homéotherme. Se dit d'un organisme capable de maintenir sa température interne à un niveau donné et de lutter efficacement contre le froid ou la chaleur. L'homéothermie fait intervenir des mécanismes complexes mettant en jeu système nerveux et glandes endocrines. Elle est assurée par les organes les plus divers. Des oiseaux* et des mammifères* peuvent renoncer, pendant certaines périodes du cycle annuel, au maintien de leur température interne: ce sont les hibernants.
hominidés. Famille de primates* regroupant, selon les auteurs, ou bien exclusivement l'homme et ses parents fossiles, ou bien l'homme et les grands singes africains et leurs parents fossiles.
hominoïdes. Superfamille de primates* regroupant les singes sans queue de l'Ancien Monde et l'homme. Les premiers hominoïdes sont connus dans le miocène inférieur du Kenya.
Homo erectus. Nom donné à un homme fossile apparu il y a un peu plus de 1,5 MA. Il avait une capacité crânienne comprise entre 800 et 1 200 cm^3, une stature plus élevée et un front plus haut qu'*Homo habilis**. Dès – 1,3 MA en Afrique et vers – 800 000 ans en Europe, il acquiert la notion de symétrie et invente le biface*. C'est lui qui domestique le feu et qui part à la conquête du monde.
Homo habilis. Nom donné à un hominidé* apparu il y a environ 2,5 MA. Il avait une capacité crânienne de 600 à 700 cm^3, des dents adaptées à un régime omnivore, une démarche érigée bipède*, une taille encore petite (120 cm). C'est lui qui introduit l'outil dans l'histoire de la vie.
Homo sapiens sapiens. Nom donné à l'homme de type moderne apparu il y a environ 35 000 ans, qui se caractérise par une taille élevée, un squelette semblable au nôtre et une capacité crânienne voisine de 1 400 cm^3. C'est lui qui a inventé l'art et conquis le globe.
horizon. Unité biostratigraphique définie par une tranche de sédiments* renfermant une faune homogène.
hormones. Substances produites à l'état de traces chez les vertébrés* par différentes glandes endocrines (c'est-à-dire à sécrétion interne, autrement dit directement dans le sang) et qui servent de messagers chimiques. Transportées par le sang, elles atteignent des organismes cibles où elles régulent un grand nombre d'activités physiologiques et métaboliques essentielles. Les hormones prennent part à la régulation d'un grand nombre d'activités telles que croissance et reproduction des individus.
hydrogène. Premier élément de la classification périodique des éléments, l'hydrogène est l'atome* le plus léger connu; son noyau est un proton*, autour duquel circule un électron*. C'est aussi l'élément le plus abondant de l'univers, que ce soit à l'état libre ou combiné. Il représente la quasi-totalité de la matière interstellaire. Après l'hélium*, c'est le gaz le plus difficile à liquéfier.
hydrogène (liaison). Lorsque deux molécules* d'eau sont proches, une attraction électrostatique se crée entre les charges négatives de l'oxygène* d'une de ces molécules et les charges positives de l'hydrogène* de l'autre: c'est la liaison hydrogène, beaucoup plus faible qu'une liaison covalente*. Ces liaisons hydrogènes peuvent s'établir aussi entre des atomes électronégatifs* tels que ceux d'oxygène ou d'azote* et un atome d'hydrogène lié par covalence à un autre atome électronégatif. De telles liaisons peuvent se former entre tout ou partie de molécules voisines. Exemples de liaisons hydrogènes: dans les protéines*, entre deux chaînes peptidiques; dans l'ADN*, entre une paire de bases complémentaires, etc. Les liaisons hydrogènes entraînent des phénomènes de coopérativité*.
hydrogène sulfuré (H_2S ou acide sulfhydrique). Gaz incolore, d'odeur nauséabonde (d'œufs pourris), très toxique, produit naturellement par dégradation de la matière organique riche en soufre* et presque toujours présent dans les vapeurs volcaniques.
hydrophile. Qui aime l'eau. En chimie, un groupement hydrophile a tendance à rendre soluble dans l'eau la molécule* à laquelle il appartient.
hydrophobe. Littéralement: qui a horreur de l'eau. Une substance hydrophobe n'absorbe pas l'eau ou ne se mélange pas à elle.
hydrosphère. Ensemble des éléments liquides du globe terrestre: fleuves, lacs, océans.
hyperpolarisation. Phénomène inverse de la dépolarisation*, le stimulus efficace venant augmenter le potentiel de membrane de la cellule*. L'hyperpolarisation correspond souvent à une inhibition de l'activité de la cellule.
hypertonique. Qualifie une solution dont la concentration, et donc la pression osmotique, sont plus élevées que celles du milieu qui baigne normalement les cellules. Antonyme: hypotonique.
hypoblaste. Feuillet* interne de l'embryon au stade blastula* ou blastocyste*.

I-K-L

ichthyosaures. Groupe de reptiles* fossiles du secondaire adaptés à la vie marine. Ils nageaient par ondulations latérales. Leur aspect convergeait avec celui des requins et des dauphins. Connus du trias au crétacé.
Ichthyostega. Nom de genre du plus ancien tétrapode* décrit. Provenant du sommet du dévonien du Groenland, *Ichthyostega* possède encore des caractères ichthyens (nageoire caudale) combinés à des caractères d'amphibiens* stégocéphales*, comme les pattes marcheuses.
infrarouge. Domaine des ondes électromagnétiques dont les longueurs d'onde vont de 1 à 100 µm (micromètres); l'infrarouge se situe entre les ondes visibles et les ondes radio.
interface. Limite commune à deux systèmes.
interstellaire (espace). Espace situé entre les étoiles* d'une galaxie*; il contient un gaz très ténu mélangé à quelques poussières qui, par endroits, peut former des condensations où se créeront de nouvelles étoiles.
ion. Atome* qui a gagné ou perdu un ou plusieurs électrons*. On parle d'ion positif ou cation, lorsqu'un atome perd des électrons et acquiert ainsi des charges positives (c'est le cas des métaux et de l'ammonium NH_4, important pour la vie), et d'ion négatif ou anion lorsqu'un atome gagne des électrons et acquiert ainsi des charges négatives (au chlore, élément non métallique, correspond l'ion chlorure, par exemple).
isotope. Noyau d'atome* ayant la même charge positive qu'un autre, mais d'une masse différente; l'isotope 13 du carbone contient 6 protons comme celui du carbone 12, mais a 7 neutrons au lieu de 6.
kenyapithèque. Hominoïde* généralisé du miocène moyen d'Afrique de l'Est qui représente probablement l'ancêtre commun le plus récent aux grands singes (orang-outan, chimpanzé, gorille) et à l'homme. Il a pu émigrer en Asie et donner naissance aux sivapithèques* et aux gigantopithèques*.
knuckle-walking. Marche sur les quatre membres, les bras s'appuyant sur l'articulation des phalanges antérieures repliées.
labyrinthodontes. Groupe d'amphibiens* primitifs (stégocéphales*) connu du dévonien supérieur au début du jurassique. Prédateurs de taille moyenne ou grande, ils avaient l'aspect superficiel et les mœurs des crocodiles. Ils doivent leur nom à leurs dents à structure complexe, à replis internes. Leurs vertèbres sont en plusieurs pièces.
Laurasie. Supercontinent ou province biogéographique désignant l'ensemble des continents boréaux (Amérique du Nord, Laurentide, bouclier scandinave, Europe, Asie) réunies au paléozoïque*.
lépidosauriens. Reptiles* diapsides* de taille moyenne ou petite, connus du permien à l'époque actuelle, possédant des membres latéraux parfois réduits. Exemple: éosuchiens; rhynchocéphales; squamates avec les sauriens (lézards) et ophidiens (serpents): 2 500 espèces actuelles dans chaque groupe.
lépospondyles. Groupe de stégocéphales* de petite taille connus au paléozoïque*, possédant des vertèbres en une seule pièce. Aquatiques, amphibies ou terrestres, ils étaient très divers par l'anatomie. Exemple: nectridiens, microsaures.
lipide. Substance organique grasse, insoluble dans l'eau, soluble dans des solvants organiques (comme le benzène, l'éther de pétrole) et qui contient une ou plusieurs molécules* d'acides gras. Les lipides possèdent plusieurs fonctions biologiques importantes: constituants des membranes cellulaires; réserves d'énergie; rôle de protection à la surface de nombreux organismes, dans la reconnaissance cellulaire, dans la spécificité d'espèces et dans l'immunité cellulaire. Par interactions faibles ou covalentes, les lipides peuvent se combiner avec d'autres biomolécules* pour donner des glycolipides* et des lipoprotéines*.
lipoprotéine. Molécule* organique résultant de l'association d'une protéine* avec un lipide*.
lithocyte. Cellule* à concrétions calcaires internes, présente dans les statocystes* des invertébrés*.
lymphocyte. Globule blanc responsable notamment de la formation des anticorps*.
lysine. Acide aminé* essentiel, indispensable à la croissance et fourni à l'organisme par l'alimentation.
lysosome. Organite* cytoplasmique contenant de nombreuses enzymes* hydrolytiques.

M

macromolécule. Molécule* géante, obtenue par polymérisation* de molécules simples et souvent identiques entre elles, appelées monomères. La cellulose* est une macromolécule élaborée par les plantes à la suite de la polymérisation du glucose*. Mais l'ADN* est aussi une macromolécule: elle est obtenue par «accrochements» successifs de nucléotides*, eux-mêmes composés de trois types différents de molécules organiques simples.
magdalénien. De la grotte de la Madeleine, en Dordogne. Dernière période du paléolithique* supérieur, entre – 17 000 et – 10 000 ans.
magnésium. Métal très abondant dans la nature (2 p. 100 de la croûte terrestre). Très léger, il possède une grande affinité pour l'oxygène* et peut brûler avec une flamme éblouissante (d'où son emploi en photographie, en cas de lumière insuffisante, avant l'invention des flashes électroniques). Le magnésium est très important pour la vie: la chlorophylle* contient un atome de magnésium au centre de son groupement porphyrine*.
mammalien. Qui se rapporte aux mammifères*. Exemple: caractères mammaliens. REPTILES MAMMALIENS: reptiles synapsides* (ou thérospidés) dont une lignée est à l'origine des mammifères.
mammifères. Classe de vertébrés* amniotes* endothermes*, dont les femelles allaitent leurs petits. Ils ont un revêtement pileux, une oreille moyenne à trois osselets, un seul os à la mandibule. Connus du jurassique à l'époque actuelle, ils sont prépondérants à partir de l'éocène. Il en existe environ 3 500 espèces, dont plus de la moitié de rongeurs. Exemple: hérisson, chauve-souris, lapin, cheval, dauphin, lion, homme, kangourou, échidné.
manteau terrestre. Couche du globe terrestre d'environ

3 000 km d'épaisseur, située entre l'écorce terrestre et le noyau central incandescent.

marsupiaux. Groupe de mammifères* connus depuis le crétacé. Leur gestation est courte: l'embryon achève son développement dans une poche marsupiale, où saillent les tétines. Répartition: Amériques, Antarctide, Australasie. Synonyme: métathériens.

matière. Ensemble des particules* élémentaires fondamentales de l'univers; actuellement, on pense qu'elle est constituée de leptons (les électrons* et les neutrinos*) et de quarks*.

méiose. Mode de division des cellules* qui précède la fécondation et conduit à la formation des gamètes*. Elle n'intervient évidemment que chez les espèces soumises à la fécondation pour se reproduire. La méiose conduit à la réduction de moitié du nombre de chromosomes* de la cellule mère dans les cellules filles: partant de cellules diploïdes* à 2 n chromosomes, on obtient, après deux divisions successives, des cellules haploïdes* à n chromosomes. Finalement, une cellule à 2 n chromosomes donne 4 cellules à n chromosomes. Plus tard, en réunissant un gamète mâle et un gamète femelle, ne comptant donc chacun que n chromosomes, la fécondation redonnera une cellule diploïde, l'œuf, qui se développera en donnant un nouvel organisme complet (voir p. 106-107).

membrane plasmique. Enveloppe constituée par une double couche de phospholipides* et de protéines*, qui isole le contenu cellulaire du monde extérieur.

mésoderme. Feuillet* embryonnaire situé entre les couches cellulaires externes et internes, qui se forme au cours de la gastrulation*.

mésolithique. Période s'étendant de − 10 000 à − 4 500 ans, et caractérisée par la culture de l'azilien.

mésozoïque. Ère géologique précédant le cénozoïque*, s'achevant il y a 65 MA environ. Elle est divisée en trois systèmes: trias, jurassique, crétacé. Elle a connu des climats chauds et stables. Les écosystèmes* continentaux étaient dominés par les dinosaures*. C'est la période où apparaissent mammifères* et oiseaux*. Synonyme: ère secondaire.

métabolisme. Ensemble des activités biochimiques propres aux organismes vivants. On distingue les processus anaboliques, correspondant à des synthèses et qui exigent de l'énergie, et les processus cataboliques correspondant à des dégradations de molécules* en éléments plus petits et qui fournissent en général de l'énergie. Le métabolisme des organismes homéothermes* est supérieur à celui des pœcilothermes*.

métazoaire. Animal pluricellulaire*. Par opposition à protozoaire*.

météorite. Petit corps solide circulant autour du Soleil entrant en collision avec la Terre. En général en ferronickel ou en silicates, ils vont de la taille d'une étoile* filante à des blocs de 10 km, comme celui que certains rendent responsable de la disparition des dinosaures* il y a 65 MA.

méthane. Molécule* formée d'un atome de carbone* et de quatre atomes d'hydrogène*; c'est l'un des gaz les plus fréquemment rencontrés dans les atmosphères des planètes*. Sous l'action du rayonnement solaire, il fut à l'origine de la formation de corps organiques importants pour l'apparition de la vie.

méthanobactéries. Archaeobactéries* anaérobies* productrices de gaz méthane*. Ces micro-organismes vivent par exemple dans les marais. Au soir de journées chaudes, le méthane produit peut s'enflammer spontanément et donner naissance aux feux follets.

micelle, voir COLLOÏDE.

microbiologie. Science qui étudie les microbes, c'est-à-dire tous les êtres vivants microscopiques.

microfossiles. Fossiles de taille microscopique.

micromètre, micron. Millième de millimètre (μm).

microsphère. Globules creux de 1,5 à 3 μ en général, donc sensiblement de la même taille que les cocci* actuels et obtenus par l'Américain S. Fox, en laissant refroidir une solution de protéinoïdes*, dans des conditions appropriées de pH* et de salinité. Ces microsphères ont une double paroi et leur constitution fait penser à un auto-assemblage.

mitochondrie. Organite* du cytoplasme des cellules* eucaryotes* qui joue un rôle essentiel dans les phénomènes énergétiques cellulaires. Les mitochondries ont une origine bactérienne: il s'agit sans doute d'anciennes bactéries* photosynthétiques pourpres qui, après la perte de la photosynthèse*, participèrent à la formation des cellules eucaryotes.

mitose. Mode de division le plus fréquent des cellules* eucaryotes*. Au cours de la mitose, qui se déroule en quatre phases (prophase, métaphase, anaphase et télophase), les cellules divisent longitudinalement chacun de leurs chromosomes* et donnent chacune deux cellules filles possédant un stock chromosomique complet, donc 2 n chromosomes (voir p. 76-77).

moléculaire (poids). Le poids ou masse moléculaire d'une molécule donnée s'obtient par addition des masses atomiques de chacun des atomes* qui la constituent. Par exemple, le poids moléculaire de l'eau (H_2O) est égal à 18, car les masses moléculaires respectives de l'hydrogène* et de l'oxygène* sont de 1 et de 16.

molécule. Système constitué de l'assemblage de plusieurs atomes*. MOLÉCULE ORGANIQUE: molécule construite sur une structure assurée essentiellement par des atomes de carbone*. Bases de la chimie de la vie, elles peuvent contenir des centaines de milliers d'atomes (macromolécules*). L'une des plus complexes est l'ADN*, base du code* génétique.

monophylétique. En systématique, se dit d'un groupe naturel car réunissant les organismes étroitement apparentés du fait de leur commune origine dans une espèce unique. Antonyme: polyphylétique*.

monotrèmes. Groupe de mammifères* primitifs (protothériens) ovipares, aux mamelles peu différenciées, confinés à la région australienne. Exemple: ornithorynque, amphibie; échidné, terrestre.

monoxyde de carbone. Molécule* formée d'un atome de carbone* et d'un d'oxygène*. On en trouve dans des nuages de gaz interstellaires et dans l'atmosphère* de certaines planètes*.

morphogenèse. Apparition des formes chez l'embryon, autrement dit organisation du plan général du corps du futur animal, et formation des organes.

morula. Stade du développement embryonnaire où l'œuf, par suite des divisions de segmentation, est formé d'un grand nombre de cellules* à peu près équivalentes, et présente l'aspect d'une mûre (*morula*, en latin). Ce stade précède le stade blastula*.

mosasaures. Groupe de lépidosauriens* de grande taille du crétacé supérieur. C'étaient des lézards géants au corps allongé, aux pattes réduites, adaptés à un régime de prédateurs marins.

moustérien. Du gisement de Moustier, en Dordogne. Période du paléolithique* moyen, entre − 80 000 et − 35 000 ans (homme de Neandertal*).

mucus. Sécrétion d'origine cellulaire qui protège les muqueuses, c'est-à-dire les couches cellulaires qui tapissent la surface des organes creux communiquant directement avec l'extérieur (par exemple: muqueuse buccale, muqueuse pulmonaire).

multituberculés. Groupe de mammifères* primitifs, connus du crétacé au début du tertiaire, peut-être apparentés aux monotrèmes*. Équivalents écologiques des rongeurs. Leurs dents postérieures avaient de nombreux reliefs (tubercules*) formant râpe, d'où leur nom.

mutation. Modification d'une partie du matériel héréditaire d'un être vivant, apparaissant brusquement et transmissible génétiquement. Cette modification, toujours biochimique, d'un gène* responsable d'un caractère donné pour une espèce déterminée peut intervenir naturellement ou artificiellement (sous l'influence de rayons X ou autres). Le taux des mutations naturelles est faible.

mycorhize. Association symbiotique entre un champignon et d'autres végétaux. Les mycorhizes ont un rôle de protection contre les pathogènes et facilitent la nutrition minérale des plantes.

myosine. Protéine* des muscles qui joue un rôle important lors de leur contraction.

mysticètes. Mammifères* cétacés* dépourvus de dents. Exemple: baleines. Les gencives supérieures différencient des organes allongés, cornés, les fanons, qui ont un rôle filtrant, à l'entrée de la bouche.

N

naine rouge. Étoile* de température faible (2 000 °C) et de petite masse (1/10 du Soleil). Très nombreuses dans notre galaxie*, elles sont très parcimonieuses en énergie et pourront durer 100 milliards d'années.

nanomètre. Millionième de millimètre (nm).

Neandertal (homme de). De la vallée de Neander (Neanderthal ou Neandertal) en Allemagne, où fut découvert un crâne humain fossile en 1856. Homme préhistorique vivant entre − 80 000 et − 35 000 ans en Europe, au Proche-Orient et en Asie centrale, d'une capacité crânienne supérieure à 1 300 cm^3 et fabriquant des outils aux types bien définis et stéréotypés (industrie moustérienne*).

nébuleuse. Condensation de gaz interstellaire rendue lumineuse par les étoiles* nouvelles qui viennent de s'y former; la nébuleuse d'Orion, visible avec des jumelles, est la plus connue du public.

néocortex. Portion superficielle des hémisphères cérébraux spéciale aux mammifères*. Très développé chez les mammifères supérieurs et notamment chez l'homme. On lui attribue la plupart des fonctions nerveuses les plus complexes.

néolithique. Période la plus récente de l'âge de la pierre (de − 5 000 à − 1 800 ans environ), qui a vu la naissance de l'agriculture et de l'élevage, la découverte de nouvelles industries (vannerie, tissage, poterie) et la fondation des premiers villages (voir p. 204-207).

néoténie. Persistance de formes larvaires au cours du développement d'un organisme. Par extension, conservation à l'état adulte de caractères infantiles.

neuroderme. Partie de l'ectoderme* située dans l'axe de l'embryon, qui produira le système nerveux.

neurotransmetteur. Substance libérée par une cellule* (sensorielle ou nerveuse) pour transmettre une information à une cellule cible. On connaît plusieurs dizaines de neurotransmetteurs. Chacun d'eux agit en se liant spécifiquement à une autre molécule* dite réceptrice.

neurula. Stade du développement embryonnaire auquel se forme l'ébauche du système nerveux. Ce stade suit le stade gastrula*.

neurulation. Phénomène par lequel le neuroderme*, ébauche du système nerveux, se différencie de l'ectoderme* et se creuse en une gouttière située dans l'axe de l'embryon.

neutrino. Particule élémentaire qui n'a pas de charge électrique, ni probablement de masse, mais qui joue un rôle essentiel dans certaines radioactivités* des noyaux atomiques et est peut-être la particule la plus abondante du cosmos*.

neutron. Un des constituants, avec le proton*, des noyaux atomiques; il n'a pas de charge, mais a une masse importante: 2 000 fois celle de l'électron*. Il serait formé des trois quarks* udd.

niche écologique. Opportunité ou rôle écologique existant potentiellement au sein d'un écosystème*, ou effectivement occupé dans celui-ci par une espèce, d'une manière qui lui est propre. Exemple: dans les rivières tropicales, la niche écologique de superprédateur amphibie est occupée par les crocodiliens.

noyau cellulaire. Organite* présent dans les cellules* eucaryotes*, le noyau est entouré par une membrane dite nucléaire et contient les chromosomes* ainsi qu'un ou des nucléoles*.

noyau terrestre. Partie centrale, ignée, du globe terrestre.

nucal. Relatif à la nuque. Muscles nucaux: muscles de la nuque.

nucléaire (énergie). Énergie contenue dans les assemblages de protons* et de neutrons* que sont les noyaux des atomes*. En se transformant les uns dans les autres, ces assemblages peuvent dégager une partie de cette énergie; ainsi deux protons et deux neutrons combinés en un noyau hélium* (particule alpha*) dégagent 30 millions d'électronvolts*.

nucléole. Corpuscule intranucléaire qui joue un rôle important dans la physiologie des cellules* eucaryotes*.

nucléon. Nom générique des protons* et des neutrons*; constituants des noyaux des atomes*, les nucléons sont formés de trois quarks*.

nucléoside. Composé organique formé par la liaison entre une molécule de pentose* et une base* purique ou pyrimidique.

nucléotide. Unité élémentaire des acides* nucléiques, chaque nucléotide résulte de la liaison entre une molécule de ribose* ou de désoxyribose* avec une molécule d'acide phosphorique et une molécule d'une base* purique ou pyrimidique (on parle selon le cas de ribonucléide ou de désoxyribonucléide). D'autres composés essentiels (l'ATP*, par exemple) sont formés aussi par des nucléotides.

O

odontocètes. Cétacés* pourvus de dents toutes semblables, non remplacées, sans rôle masticateur, prédateurs de poissons, céphalopodes et mysticètes, connus dès l'éocène. Exemple: dauphins, marsouins, orques, cachalots, narvals.

oiseaux. Classe de tétrapodes* amniotes* endothermes*, caractérisés par la possession de plumes, et ovipares, aux pattes antérieures transformées en ailes ou réduites, connus dès le jurassique supérieur. Leurs adaptations et leurs mœurs sont très diverses.

oldowayen. D'Olduvai, en Tanzanie, où ont été découverts des outils de pierre datant d'environ 1,8 MA. Première culture de l'histoire humaine.

oligo-éléments. Éléments chimiques indispensables à la vie, agissant à l'état de traces et rarement à l'état libre, car ils forment des complexes avec des molécules* organiques. Le fer de l'hémoglobine*, le magnésium de la chlorophylle* sont des oligo-éléments. Souvent aussi, les oligo-éléments sont activateurs d'enzymes*.

ommatidie. Unité fonctionnelle des yeux composés des insectes et des crustacés. Chaque ommatidie comporte un petit nombre de cellules photoréceptrices, des cellules annexes formant cornée et cristallin, ainsi qu'un manchon de cellules pigmentaires l'isolant de ses voisines. Les yeux composés peuvent compter jusqu'à 2 000 ommatidies.

omnivore. Se dit d'un animal à régime alimentaire généraliste, consommant aussi bien des proies animales (viande, œufs) que végétales (tubercules, fruits, graines).

Exemple: porcins, rats, babouins, homme, ours.
ongulés. Groupe de mammifères* placentaires* végétariens, connus dès l'éocène. Fréquemment adaptés à la course, ils sont très nombreux et divers. Exemple: cheval, antilope.
ontogenèse. Développement de l'animal, depuis la cellule-œuf jusqu'à l'âge adulte.
ophidiens. Groupe de reptiles* lépidosauriens* évolués (squamates). Les ophidiens (synonyme: serpents) dérivent sans doute de lézards primitifs au jurassique. Ils sont caractérisés par la réduction extrême ou la disparition des membres, l'allongement du tronc. Leur progression se fait par reptation. Leurs proies sont capturées par constriction ou par envenimation.
orbite. Trajectoire décrite par un corps autour d'un autre sous l'influence de sa gravité*. Les orbites des planètes* autour du Soleil sont des ellipses; les cabines Apollo ont suivi des orbites en forme de 8 sous l'influence gravitationnelle de la Terre et de la Lune.
oréopithèques. Hominoïdes* à denture étrange présents dans le miocène moyen du Kenya, à Maboko. Mais ils sont surtout connus par le squelette complet découvert dans le miocène supérieur de Toscane, en Italie.
organite. Élément intracellulaire remplissant une fonction déterminée dans la cellule*. Par exemple, le noyau*, les chloroplastes*, les mitochondries* sont des organites cellulaires.
organogenèse. Différenciation des cellules et des tissus, et formation des organes.
ostéichthyens. Ensemble des gnathostomes* aquatiques généralisés (poissons) munis d'un squelette profond formé d'os, au moins en partie; il réunit deux des lignées évolutives: les sarcoptérygiens* et les actinoptérygiens*. Synonyme (approximatif): téléostomes.
ovaire. Organe reproducteur (gonade*) femelle, où se forment les ovules.
ovocytes. Cellules germinales femelles.
oxydation. Résultat de la fixation d'atomes* d'oxygène* sur un élément ou plus généralement de la perte d'électrons* par une substance. Les composés qui captent des électrons sont des oxydants; ceux qui en cèdent, des réducteurs.
oxyde. Corps résultant de la combinaison d'oxygène* avec un autre élément. On trouve beaucoup d'oxydes (de fer notamment) à l'état naturel.
oxygène. Gaz incolore, inodore et insipide, de masse atomique égale à 16. Indispensable à la plupart des êtres vivants, il représente environ le cinquième du volume de l'atmosphère* terrestre. La respiration des êtres vivants entraîne une consommation importante d'oxygène, avec rejet concomitant de CO_2 (gaz carbonique), mais la fonction chlorophyllienne le régénère. Toutefois, la consommation excessive de carburants fossiles se traduit par une augmentation régulière de la teneur en CO_2 de l'atmosphère, que la photosynthèse* n'arrive plus à réguler complètement. L'atmosphère primitive de la Terre était privée à peu près totalement d'oxygène. L'activité des cyanobactéries* (à photosynthèse végétale) permit la constitution progressive de l'atmosphère actuelle.
ozone. Variété allotropique de l'oxygène*, l'ozone est un gaz bleuté de formule O_3 (oxygène: O_2) qui se forme notamment dans l'atmosphère* sous l'action de décharges électriques (éclairs) ou lorsqu'elle est traversée par des rayons ultraviolets*. Une mince couche d'ozone se forma progressivement sous l'action de ces facteurs dans les couches supérieures lorsque l'atmosphère de la Terre primitive se fut enrichie en oxygène grâce à la photosynthèse* végétale. Comme l'ozone arrête le rayonnement ultraviolet, cette couche protégea les êtres vivants contre l'action léthale de ce dernier, ce qui permit un développement de plus en plus rapide des formes de vie.

P

paléobotanique. Science des végétaux fossiles.
paléolithique. Première période de l'ère quaternaire, qui vit l'apparition des premières civilisations humaines utilisant des outils en pierre taillée. Paléolithique ancien: de − 1 500 000 à − 700 000 ans. Paléolithique inférieur: de − 700 000 à − 120 000 ans (dit aussi acheuléen*). Paléolithique moyen: de − 90 000 à − 35 000 ans (moustérien*). Paléolithique supérieur: de − 35 000 à − 10 000 ans (cultures: castelperronien*, aurignacien*, gravettien*, solutréen*, magdalénien*).
paléoniscides. Groupe primitif de poissons actinoptérygiens*, connus dès le dévonien, qui s'effacent au secondaire devant leurs successeurs, les holostéens*. Ils ont de lourdes écailles ganoïdes, une caudale non symétrique. Ce sont des prédateurs.
paléontologie. Science des fossiles*, étudiés aussi bien dans leur contexte géologique (paléontologie stratigraphique) que biologique (paléo-écologie, paléobiologie), spatial (paléogéographie) et évolutif (paléontologie évolutive). Science carrefour, elle participe à la fois des sciences de la terre (géologie) et de la vie (biologie) [voir p. 218-293].
paléozoïque. Ère géologique précédant le mésozoïque* et s'achevant il y a 240 MA environ. A son début (cambrien, − 600 MA) apparaissent la plupart des grands embranchements d'animaux et de végétaux. Le paléozoïque est caractérisé par une grande diversité des climats et de la répartition des continents. Il comprend les systèmes cambrien, ordovicien, silurien, dévonien, carbonifère et permien. Synonyme: ère primaire.
Pangée. Nom donné au continent mondial unique correspondant à la réunion, à l'ère primaire, de la Laurasie* et de la Gondwanie*.
panspermie. Théorie d'après laquelle la vie ne serait pas née sur terre, mais se serait propagée à travers l'espace d'un système* solaire à un autre, par l'intermédiaire de spores de micro-organismes (voir p. 53).
Panthalassa. Océan mondial entourant la Pangée*.
paraphylétique. Se dit d'un groupe systématique ne réunissant pas la totalité des organismes étroitement apparentés du fait de leur commune origine, car le groupe n'est défini que par des caractères généraux communs (plésiomorphies*). Admis en systématique classique, ces groupes sont refusés par la systématique cladiste. Exemple: poissons*, amphibiens*, reptiles*.
parthénogenèse. Phénomène par lequel certaines espèces animales se reproduisent à partir d'ovules non fécondés en donnant naissance néanmoins à des individus normaux (voir p. 115).
particule. Agrégat de matière* à l'échelle subatomique. La plus grosse qui mérite encore ce nom en physique des particules est la particule alpha, formée de 2 protons* et de 2 neutrons* (c'est le noyau de l'atome d'hélium*); les protons et les neutrons seraient formés de 3 quarks*; quarks, électrons* et neutrinos* sont considérés comme des particules élémentaires, ainsi que les bosons* chargés de véhiculer leurs interactions. La synthèse par fusion thermonucléaire de particules alpha libère des énergies considérables.
patrimoine génétique ou **génotype.** Ensemble des gènes* portés par les chromosomes* d'un individu, d'une espèce.
pélycosaures. Groupe de reptiles* synapsides* primitifs, apparu au carbonifère, important au permien inférieur; il comprend des formes végétariennes et carnivores (comme le dimétrodon); ces dernières sont à l'origine des thérapsides*.
pentose. Sucre à cinq atomes de carbone*. Exemple: ribose* de l'ARN*.
peptides. Séquences comportant un nombre relativement petit d'acides* aminés qui sont liés entre eux par une liaison peptidique établie entre la fonction acide* de l'un et la fonction amine de l'autre. Les oligopeptides sont constitués de moins de dix acides aminés; les polypeptides en renferment plus de dix. La limite entre polypeptides et protéines* est indécise; néanmoins, les premiers ont en général un poids moléculaire inférieur à 10 000 (voir p. 46).
période. Temps mis par un corps pour parcourir son orbite*. La comète de Halley met 75 ans pour parcourir sa longue ellipse autour du Soleil.
périssodactyles. Groupe d'ongulés* chez qui le poids du corps est porté préférentiellement par un axe squelettique passant par un seul doigt dans chaque membre. En cas de réduction de leur nombre, on aboutit à une patte à un seul doigt (cas du cheval). Exemple: rhinocéros, tapir, cheval.
permafrost. Sol gelé en permanence.
perméase. Système enzymatique permettant le passage actif de molécules* organiques à travers la membrane cellulaire.
pH. Valeur de l'acidité d'une solution. Le pH est inverse du logarithme de la concentration en ions H^+ de cette solution. Une solution est neutre lorsque le pH est égal à 7, acide s'il est inférieur à cette valeur, basique s'il lui est supérieur.
phlogistique. Théorie qui vit le jour avec Stahl (1660-1734) et selon laquelle les corps combustibles contenaient un fluide, le phlogistique, qui s'en échappait avec la flamme.
phospholipides. Lipides* phosphorés, constituants majeurs des membranes cellulaires.
phosphore. Élément non métallique dont il existe plusieurs variétés allotropiques, dont le phosphore blanc, très toxique, et le phosphore rouge, qui ne l'est pas. Le phosphore, sous forme de phosphates, est essentiel à la vie (os, dents, ADN, etc.).
photon. Boson* responsable de l'interaction entre particules* chargées électriquement. Sans masse, sans charge, il se déplace à la vitesse de la lumière; collectivement, il se groupe en ondes électromagnétiques, lumineuses, par exemple; individuellement, il se comporte comme un «grain de lumière».
photosynthèse. Utilisation de l'énergie lumineuse solaire par les cellules végétales chlorophylliennes pour la biosynthèse de leurs composés cellulaires, à partir de l'acide carbonique (CO_2) et de l'eau (voir p. 60-63).
phototrophe. Se dit de cellules ou d'organismes qui utilisent la lumière comme source d'énergie.
phylogénie ou **phylogenèse.** Étude des relations de parentés évolutives entre organismes. On figure parfois la filiation des êtres vivants les uns par rapport aux autres en inscrivant les noms des espèces qui paraissent dériver les unes des autres au bout des branches supposées d'un arbre phylogénétiques, selon le même principe que les arbres généalogiques (voir p. 138-139).
phylum. Lignée évolutive d'animaux ou de végétaux.
physique quantique. Partie de la physique traitant du comportement fondamental et des propriétés des particules* élémentaires, des atomes*, des molécules* et de certains arrangements plus grands comme les cristaux. Faisant la synthèse entre les aspects onde et corpuscule des particules, elle reflète le comportement flou et probabiliste de la nature.
pigments. Substances colorées synthétisées* par des êtres vivants. La chlorophylle* est le pigment responsable de la couleur verte des plantes.
placenta. Organe embryonnaire, propre aux mammifères*, assurant les échanges entre le fœtus et la mère.
placentaires. Groupe de mammifères* typiquement vivipares, sans poches marsupiales. Connus dès le crétacé, ils se sont probablement différenciés sur l'ensemble Afrique-Asie, comme groupe frère vicariant des marsupiaux*. Ce sont les mammifères les plus divers et les plus nombreux. Synonyme: euthériens. Exemple: chat, dauphin, hérisson, homme.
placode. Épaississement épidermique à l'origine d'un organe sensoriel.
placodermes. Gnathostomes* aquatiques primitifs du dévonien. Corps en partie recouvert d'une armure osseuse, squelette profond peu ossifié. Ce sont des prédateurs de fond ou de pleine eau, parfois de grande taille. Exemple: *Dunkleosteus, Titanichthys.*
planète. Corps céleste en orbite* presque circulaire autour du Soleil. On en connaît 9 principales: 4 planètes géantes (Jupiter, Saturne, Uranus, Neptune) et 5 planètes telluriques, plus petites (la Terre, Mercure, Vénus, Mars et peut-être Pluton), plus 3 000 planètes plus petites.
planétoïde. Étape intermédiaire présumée dans la formation des planètes*. Ils se seraient formés par collage de grains de glace et de cailloux, puis par accrétion* de ces blocs; ensuite, en 100 millions d'années, ils se seraient accrétés pour former les planètes actuelles.
platyrrhiniens. Simiiformes* sud-américains. On en connaît depuis l'oligocène.
plésiomorphie. Condition primitive ou généralisée de l'état d'un caractère de l'organisme. Selon la systématique phylogénétique (ou cladisme), les plésiomorphies sont inutilisables pour définir des groupes systématiques valables. Antonyme: apomorphie*.
pleurosaures. Petit groupe de reptiles* diapsides* lépidosauriens* connu au jurassique supérieur. C'étaient des nageurs très allongés, aux pattes minuscules, sans doute apparentés aux rhynchocéphales, et longs de 50 cm à 2 m.
pliopithèques. Hominoïdes* fossiles du miocène connus essentiellement en Europe. Deux formes asiatiques pourraient y être rattachées.
pliosaures. Reptiles* fossiles marins du jurassique et du crétacé, de la lignée des sauroptérygiens*. Proches des plésiosaures, ils en diffèrent par une énorme tête allongée et un cou court. Ils peuvent mesurer jusqu'à 15 m de long (voir aussi EURYAPSIDES).
pluricellulaire ou **multicellulaire.** Constitué de plusieurs cellules (généralement un très grand nombre). Antonyme: unicellulaire*.
pœcilotherme. Se dit d'un organisme qui n'est pas capable de maintenir sa température à un niveau donné, quelle que soit la température externe (animaux dits dans nos pays «à sang froid»). Tous les invertébrés et, chez les vertébrés*, poissons*, amphibiens* et reptiles* sont pœcilothermes. Néanmoins, de nombreuses espèces, notamment des reptiles, sont capables de maintenir leur corps à une température relativement constante par un comportement approprié (se chauffer au soleil s'il fait frais, se réfugier sous couvert s'il fait chaud).
poissons. Terme très général recouvrant l'ensemble des gnathostomes* aquatiques à caractères généralisés pour les vertébrés*. On peut donc y inclure les acanthodiens*, les poissons cartilagineux (placodermes, sélaciens) et les ostéichthyens*. Ils forment alors une super-classe hétérogène, s'opposant aux agnathes*, d'une part, et aux tétrapodes*, d'autre part.
polyembryonie. Constitution de plusieurs individus à partir d'un seul œuf.
polymère. Molécule* formée par l'assemblage de plusieurs molécules d'un même type, appelées monomères.
polymérisation. Assemblage de plusieurs molécules* d'un même type (monomères) pour former une grosse molécule appelée polymère. La polymérisation de cinq molécules d'acide cyanhydrique* peut produire de

l'adénine*, l'une des quatre bases* de l'ADN*. La polymérisation par les organismes vivants de monomères de type glucose* ou acides aminés* entraîne la formation de polymères essentiels comme l'amidon, la cellulose* ou les protéines*.
polynucléotide. Macromolécule* constituée par un grand nombre de nucléotides* associés entre eux par des liaisons phosphates. Exemples: ADN*, ARN*.
polypeptide, voir PEPTIDE.
polyphylétique. Se dit d'un groupe systématique artificiel car réunissant des organismes ayant, malgré leurs ressemblances, des origines très diverses. Antonyme: monophylétique*.
polyptères. Petit groupe d'ostéichthyens* des eaux douces africaines ayant conservé de très nombreux caractères primitifs (écailles ganoïdes, par exemple). Ils dérivent probablement des paléoniscides* dès le primaire. Leurs nageoires sont très spécialisées. Synonyme: brachioptérygiens.
polysaccharides, voir GLUCIDES.
pongidés. Famille de primates* dont les seuls représentants actuels sont les orangs-outans.
porphyrine. Composé dont les sels métalliques forment la partie non protéique des molécules d'hème et de la chlorophylle*.
positon. Antiparticule* de l'électron*, donc chargé positivement, qui s'annihile avec l'électron.
potassium. Métal alcalino-terreux, le premier isolé par électrolyse (1807). C'est le septième plus abondant élément de la Terre. Indispensable à la vie, il est absorbé dans le sol par les racines des végétaux et transmis aux animaux par la nourriture. Avec le sodium*, le potassium (K) joue un rôle essentiel dans la transmission des impulsions électrochimiques aux nerfs et aux fibres nerveuses. Un équilibre précis du potassium est nécessaire: manque ou excès peuvent avoir un effet fatal.
prébiotique. Antérieur à la vie. L'activité prébiotique est l'ensemble des réactions chimiques initiales pouvant conduire à la synthèse* des molécules* organiques simples servant de base à une activité biologique plus caractérisée. L'action du rayonnement solaire sur l'atmosphère de Titan, satellite de Saturne, a conduit à la formation d'aérosols* organiques et d'acide* cyanhydrique d'un intérêt prébiotique certain.
précambrien. Période géologique qui s'étend de la formation de la croûte terrestre, vers – 4 milliards d'années, au début de l'ère primaire (cambrien*, vers – 600 millions d'années).
prédateur. Animal se nourrissant de proies vivantes de grande taille, chassées activement ou à l'affût.
primates. Ordre de mammifères* euthériens regroupant les singes et les hommes actuels et fossiles.
procaryote. Cellule ou organisme unicellulaire dont le noyau n'est pas nettement séparé du cytoplasme par une membrane. Les bactéries* et les cyanophycées* sont des procaryotes, car elles sont dépourvues de membrane nucléaire et de la plupart des composants des cellules eucaryotes*.
progénote. Nom donné aux cellules* primitives, ancêtres communs possibles de tous les êtres vivants.
prognathisme. Forte saillie des mâchoires en avant de la face.
projection. Connexion privilégiée qu'une cellule nerveuse entretient avec une cellule cible. Ainsi, les cellules ganglionnaires de la rétine se projettent chez les poissons sur le toit optique; les cellules de l'épithélium olfactif sur le bulbe olfactif, les motoneurones de la moelle épinière sur les muscles.
propulseur. Arme de chasse datant du magdalénien* souvent sculptée d'une figure animale; composée d'un corps plus ou moins long et d'une extrémité munie d'une butée destinée à propulser une arme de jet avec une très grande force.
protéines. Polymères d'acides aminés* reliés entre eux par covalence (liaison peptidique qui s'établit entre la fonction acide* de l'un et la fonction amine* de l'autre) et formant des chaînes polypeptidiques pouvant contenir plusieurs centaines d'acides aminés. De très nombreuses protéines ont été isolées et purifiées: toutes contiennent du carbone*, de l'hydrogène*, de l'oxygène*, de l'azote*, et presque toutes du soufre*. De plus, 20 acides aminés seulement entrent généralement dans leur constitution. Chaque protéine possède un poids moléculaire défini, ainsi qu'une composition en acides aminés bien précise. De plus, les chaînes polypeptidiques qui constituent les protéines sont enroulées et possèdent une conformation dans l'espace, tridimensionnelle, qui est spécifique (voir p. 46-47). Selon leur composition, les protéines sont divisées en holoprotéines qui, par hydrolyse, ne donnent que des acides aminés, et en hétéroprotéines* qui, dans le même cas, donnent des acides aminés et d'autres composés, organiques ou non. Les protéines sont les molécules* organiques les plus abondantes dans les cellules*: 50 p. 100 et même plus de leur poids sec. Leur rôle est fondamental dans l'établissement et le maintien des structures cellulaires en raison du rôle d'instruments moléculaires qu'elles jouent, grâce auquel s'exprime l'information génétique, assurant le fonctionnement vital des cellules.
protéinoïde, voir THERMOPROTÉINOÏDE.
protiste. Organisme unicellulaire* à noyau distinct, comme l'amibe, l'euglène* ou la paramécie.
protobionte. Nom donné par le biochimiste Oparine aux premières cellules* qui seraient apparues lorsqu'une frontière ou une membrane* réussirent à s'organiser autour d'une ou de plusieurs macromolécules* douées d'activité catalytique, vraisemblablement des protéines*. Synonyme: proto-organisme.
proton. Un des constituants, avec le neutron*, des noyaux atomiques. Il a une charge positive et une masse égale à 2 000 fois celle de l'électron*; il serait formé par l'assemblage de 3 quarks* uud.
protoplanétaire (disque). Nuage aplati circulaire formé de gaz et de poussières, en orbite* autour d'une étoile* venant de se former. On pense que des condensations ultérieures de ce disque peuvent conduire à la formation de protoplanètes (planétoïdes*), puis de planètes*.
protozoaires. Êtres vivants formés d'une seule cellule. Antonyme: métazoaires*.
ptérosaures. Reptiles* archosauriens* connus du trias supérieur au crétacé supérieur, caractérisés par l'adaptation au vol par modification des membres antérieurs et formation d'une aile membraneuse. Exemple: ptérodactyles, *Pteranodon, Titanopteryx*.
Purgatorius. Animal de la taille d'un gros rat qui pourrait être proche de l'ancêtre des primates.

Q-R

quadrupède. Animal qui se déplace sur ses quatre membres, soit au sol, soit dans les arbres.
quark. Particule* élémentaire, avec les leptons (électrons* et neutrinos*); doués de charges électriques, de charges «de couleur» d'un genre nouveau véhiculées par les gluons*, les quarks se répartissent en deux types u («up») et d («down»); des assemblages de 3 quarks forment les nucléons*: le proton* uud et le neutron* udd.
quasar. Partie centrale de certaines galaxies* émettant cent fois plus d'énergie qu'une grande galaxie comme la nôtre. Leur mécanisme de production d'énergie n'est pas encore très clair et recourt peut-être à la physique des trous* noirs. Très puissants, ils permettent d'explorer le cosmos* à des profondeurs record dans l'espace et dans le passé.

radiation. Ensemble d'éléments se propageant dans l'espace, en général en ligne droite et à la vitesse de la lumière ou presque. Ces éléments peuvent être des ondes (lumineuses, radio, infrarouges*...), des particules* (alpha, électrons*, photons*...).
radiation adaptative. «Explosion» évolutive d'espèces d'un même groupe s'adaptant à des niches* écologiques variées, une fois que le groupe a acquis des caractères nouveaux (adaptation clé) lui conférant des avantages sélectifs décisifs. Dans d'autres cas, le groupe peut simplement profiter d'extinctions ayant éliminé ses concurrents, pour réaliser une radiation.
radical. Groupement d'atomes* ayant une ou des caractéristiques chimiques déterminées et pouvant être porté par des molécules* organiques très diverses.
radioactivité. Transformation spontanée d'un noyau atomique en un autre avec émission de particules*; la radioactivité de l'uranium le transforme en thorium, plus une particule alpha.
radioastronomie. Branche de l'astronomie consacrée à l'étude des astres par les ondes radio qu'ils émettent; les observations sont faites avec des radiotélescopes*.
radiotélescope. Vaste collecteur métallique en forme de coupe concentrant les ondes radio émises par un astre sur des récepteurs très sensibles. Le radiotélescope de Nançay, dans le Cher, un des plus grands du monde, a une surface de 2 ha.
ramapithèque. Longtemps considéré comme l'ancêtre des hommes, cet hominoïde* asiatique ne représenterait que les femelles des sivapithèques* et doit donc être placé sur la lignée menant aux orangs-outans.
réplication. Mécanisme de copie d'une molécule d'ADN* par une autre.
reptiles. Ensemble des tétrapodes* amniotes* qui ne sont ni des oiseaux* ni des mammifères*, et qui conservent des caractères généralisés pour les amniotes (peau écailleuse, ectothermie*). Classe de la systématique traditionnelle, représentée actuellement par les chéloniens (tortues: 500 espèces), les crocodiliens (25 espèces), les rhynchocéphales (1 espèce) et les squamates (lézards et serpents: 5 000 espèces).
rhabdome. Ensemble des portions photoréceptrices (ou rhabdomères) des diverses cellules rétiniennes constituant les ommatidies*.
rhipidistiens. «Poissons» osseux (ostéichthyens*) sarcoptérygiens*, réunis classiquement avec les actinistiens (cœlacanthe) dans l'ensemble des crossoptérygiens*. Leurs dents labyrinthodontes et la structure de leurs nageoires en font les ancêtres plausibles des premiers tétrapodes*. Surtout répandus au dévonien, ils sont tous prédateurs.
rhodopsine. Appelée autrefois «pourpre rétinien», c'est une hétéroprotéine*, composée d'une molécule protéique et d'une forme de la vitamine A. La rhodopsine, qui absorbe la lumière, est abondante dans les cellules à bâtonnets de la rétine de l'œil et constitue le principal récepteur de lumière de celle-ci.
ribose. Pentose* qui entre dans la constitution des ribonucléides et donc des ARN*.
ribosome. Organite* cellulaire de très petite taille. Il décode les séquences d'ARN* messagers, et c'est à son niveau que se réalise l'assemblage des protéines*.
ruminants. Groupe d'ongulés* artiodactyles* caractérisé par un estomac spécialisé à plusieurs poches. La panse permet la digestion de la cellulose* des végétaux et sa transformation en sucres assimilables pour l'animal, grâce aux bactéries* symbiotes* qu'elle contient. Exemple: ovins, caprins, bovins, antilopes.

S

sarcoptérygiens. Grande lignée évolutive de «poissons» ostéichthyens*, caractérisée par des nageoires paires à squelette profond bien développé, entouré de muscles, du dévonien à l'époque actuelle, subdivisée traditionnellement en deux ensembles: les crossoptérygiens* et les dipneustes*.
satellite. Corps tournant autour d'un astre sous l'effet de sa gravité*; la Lune est le satellite de la Terre, et tous les engins lancés autour d'elle en sont des satellites artificiels.
sauriens. Groupe de reptiles* lépidosauriens* évolués (squamates) regroupant l'ensemble des lézards vrais, connus dès le trias supérieur. Par extension (incorrect): reptiles.
sauripelviens. Lignée de dinosaures* à bassin triradié, de type reptilien, connus du trias au crétacé. Bipèdes carnivores (carnosaures: *Tyrannosaurus*) et quadrupèdes végétariens (sauropodes: *Diplodocus*). Synonyme: saurischiens.
scissiparité. Séparation d'un individu en deux ou plusieurs fragments qui reconstituent chacun la partie manquante. La scissiparité est le mode de reproduction le plus courant des bactéries* et des protozoaires* en dehors de toute sexualité.
scolopidie. Unité morphologique de base des mécanorécepteurs des arthropodes*, comportant une ou deux cellules sensorielles et des cellules annexes (scolopidienne et distale). Les scolopidies enregistrent les mouvements des diverses parties du corps articulées entre elles, les mouvements respiratoires et les vibrations sonores (organes chordotonaux*).
sédiment. Dépôt laissé par les eaux, par le vent ou par d'autres agents physiques. Exemple: sables, argiles. Les sédiments peuvent être marins, fluviatiles, lacustres, etc. Une roche sédimentaire résulte de l'accumulation préalable de sédiments pendant une longue durée de temps, sans subir de transformations importantes (au contraire des roches métamorphiques).
sélection naturelle. Pour Wallace et Darwin, c'est la survivance des individus ou des espèces végétales ou animales les plus aptes à se maintenir, et l'élimination des plus faibles ou des moins adaptés. Donc tout individu un peu désavantagé sera anéanti ou sans descendance, alors que tout individu, même légèrement avantagé, augmente ses chances de se reproduire et de transmettre son aptitude à sa descendance, ce qui explique les progrès de l'adaptation. Dans les théories synthétiques modernes, la sélection naturelle conserve une part importante, mais non exclusive.
sels minéraux. Substances chimiques minérales résultant de l'action d'un acide sur une base. Le chlorure de sodium (sel de cuisine) est un sel.
serre (effet de). Réchauffement produit sur une planète* lorsque celle-ci, transparente au rayonnement du Soleil, permet l'échauffement de son sol mais, opaque aux radiations infrarouges* réémises par ce sol chaud, les empêche de retourner dans l'espace; c'est l'effet produit par les vitrages d'une serre de jardinier.
sidérobactérie. Bactérie* appartenant au cycle du fer.
silicium. Élément non métallique, appartenant à la famille chimique du carbone*, le silicium représente à lui seul à peu près 28 p. 100 de la croûte terrestre: c'est le second élément en importance après l'oxygène*. Isolé et décrit en 1824 par le chimiste suédois Berzelius, on le trouve toujours combiné dans les roches, les argiles, etc. avec de l'oxygène, sous forme d'oxyde ou silice, et avec d'autres éléments comme l'aluminium, le magnésium, le calcium, le sodium, le potassium, le fer, pour donner les silicates. On rencontre aussi du silicium dans

les eaux, dans l'atmosphère, dans les plantes et chez de nombreux animaux, mais toujours sous forme combinée.

simiiformes. Infra-ordre de primates* comprenant les platyrrhiniens* et les catarrhiniens*.

siréniens. Ordre de mammifères* aquatiques végétariens. Les «vaches de mer» fréquentent les rivages, lagunes et fleuves des régions tropicales. Exemple: lamantin, dugong. La rythine, qui vivait dans les mers froides, a été exterminée par une chasse excessive.

sivapithèques. Primates* du miocène moyen et supérieur d'Asie, ancêtres des orangs-outans.

sodium. Élément faisant partie des métaux alcalino-terreux. Très abondant dans la nature (notamment dans le chlorure de sodium), il fut isolé en 1807, par électrolyse. Comme le potassium*, le sodium (Na) est essentiel à la vie. Sous forme de chlorure* et de bicarbonate, ce métal contribue en particulier au maintien de l'équilibre ionique du sang.

solutréen. De Solutré, en Bourgogne. Culture du paléolithique* supérieur qui va de – 20 000 à – 18 000 ans.

somesthésie. Ensemble des perceptions sensorielles concernant le corps, la position relative de ses diverses parties les unes par rapport aux autres et par rapport à la pesanteur. Les principaux récepteurs de la somesthésie sont les récepteurs tactiles, les fuseaux neuromusculaires, les organes sensoriels articulaires, les récepteurs au chaud et au froid et les récepteurs algiques (sensations douloureuses).

sonde spatiale. Engin envoyé dans l'espace, à l'aide de fusées, pour l'explorer. Toutes les planètes* jusqu'à Uranus ont ainsi été visitées, ainsi que la comète de Halley en 1986.

soufre. Élément non métallique appartenant au même groupe chimique que l'oxygène* et l'un des éléments les plus réactifs qui existent. Déjà connu des Anciens (on en parle dans la Genèse), il fut reconnu comme élément par Lavoisier. Neuvième élément le plus abondant du globe, le soufre, sous forme de sulfures et de sulfates, forme environ 0,06 p. 100 de la croûte terrestre. Il joue un grand rôle dans les composés organiques d'importance biologique: il entre en effet dans la composition d'acides* aminés soufrés essentiels, d'hormones*, d'enzymes*, de coenzymes*.

«soupe primitive.» Image due à J. B. S. Haldane: l'accumulation prolongée de molécules* organiques prébiotiques* dans les eaux aurait contribué à former une «soupe» (car riche en matière organique) chaude primitive au sein de laquelle la vie aurait pris naissance (voir p. 34-35).

spéciation. Apparition d'une espèce nouvelle, qui peut intervenir suivant plusieurs modèles, géographiques ou non (voir p. 135-137).

spermatozoïde. Cellule reproductrice ou gamète* mâle, comportant n chromosomes*.

sphéroïde. Proto-organisme de dimensions variant entre 20 et 800 ou 1 000 micromètres, que l'on a trouvé en grand nombre dans des terrains du précambrien* (voir aussi COCCOÏDES).

statocyste. Organe récepteur de position (sensible à la pesanteur) et éventuellement d'accélération (chez les crustacés et les céphalopodes) des invertébrés. Son équivalent chez les vertébrés* est l'oreille interne.

statolithe. Concrétion calcaire contenue dans les lithocytes* des statocystes* des invertébrés. Son équivalent chez les vertébrés est l'otolithe des poissons.

stégocéphales. Groupe d'amphibiens* primitifs et généralisés, connus du dévonien supérieur au jurassique inférieur. Ce furent les premiers tétrapodes*. Ils se divisent en deux grandes lignées: les labyrinthodontes* et les lépospondyles*.

stégosaures. Famille de dinosaures* avipelviens* quadrupèdes du jurassique supérieur, remarquables par leur petite tête allongée et par la présence de deux rangées de plaques ou d'épines osseuses dressées sur le dos. Ils étaient végétariens.

stellaire (vent). Ensemble de particules* éjectées par une étoile* dans l'espace environnant. Certaines sont des électrons* ou des protons* de grande énergie, d'autres des gaz ionisés, agissant par exemple sur la forme des queues des comètes*.

stéréocil. Structure fréquente dans certains mécanorécepteurs des vertébrés (neuromastes de la ligne latérale, cellules sensorielles des crêtes et taches acoustiques de l'oreille interne), en forme de cils (mais non mobiles), profondément insérée dans la membrane de la cellule.

stéroïde, stérol. Les stéroïdes sont des substances dérivées des stérols, nom générique de composés organiques possédant plusieurs cycles. Stérols et stéroïdes jouent un rôle essentiel dans l'organisme humain et celui des vertébrés*, notamment comme constituants essentiels de nombreuses hormones*.

stimulus. Toute modification du milieu externe ou interne de l'organisme donnant naissance par transduction* à un message nerveux et entraînant en général une réaction de l'organisme.

strepsirhiniens. Sous-ordre de primates* comprenant les lémuriens malgaches, les galagos africains et les loris asiatiques.

stromatolite. Structure résultant du dépôt d'éléments fins, généralement du carbonate de calcium (ou calcaire), piégés par des communautés microbiennes photosynthétiques (cyanobactéries* principalement). On trouve toujours des stromatolites dans des eaux salées et des eaux douces, ce qui a permis d'en faire l'étude comparative avec leurs homologues fossiles, dont les plus anciens ont plus de 3 milliards d'années.

substrat. En biochimie, substance transformée spécifiquement par une enzyme* donnée.

sucre, voir GLUCIDES.

superamas. Groupement de dizaines d'amas de galaxies* contenant chacun des centaines de galaxies. Ce sont les plus grandes structures de l'univers, avec des dimensions de centaines de millions d'années-lumière*.

supernova. Stade bref et très lumineux par lequel passent certaines étoiles* lorsque, ayant épuisé leur combustible nucléaire, leur équilibre se rompt en produisant une explosion gigantesque. On voit très bien aujourd'hui les gaz éjectés par la supernova du Crabe observée par les Chinois en 1054.

symbiose, symbiote. La symbiose est une association à bénéfices réciproques entre deux organismes appelés symbiotes. En fait, la symbiose est l'un des aspects des phénomènes de mutualisme, commensalisme et même parasitisme, qui interviennent entre les êtres vivants. Les lichens représentent la symbiose entre un champignon et une algue. Les mycorhizes* en sont un autre exemple.

synapsides. Lignée évolutive d'amniotes* caractérisée par la présence, en arrière des orbites, d'une paire d'ouvertures dans le crâne (fosses* temporales) situées en position basse. Ils comprennent les pélycosaures*, les thérapsides* et les mammifères*. Synonyme: lignée mammalienne, théropsidés.

synthèse. Opération qui consiste à combiner des corps simples ou composés pour obtenir des substances plus complexes. La synthèse organique, due à Berthelot, a pris une importance considérable de nos jours dans l'industrie chimique et pharmaceutique: c'est la synthèse artificielle au laboratoire. Mais les êtres vivants réalisent des synthèses en permanence tout au long de leur vie: la photosynthèse* en est le plus bel exemple.

système nerveux cérébro-spinal. Ensemble des neurones appartenant à l'encéphale et à la moelle épinière, à l'exclusion de ceux qui ont une fonction viscérale.

système nerveux sympathique (autonome). Ensemble des neurones assurant le fonctionnement viscéral de l'organisme. On distingue le système orthosympathique (ganglions et chaîne sympathique) et le système parasympathique (nerfs crâniens branchiaux et nerfs pelviens).

système solaire. Ensemble des astres sous la dépendance gravitationnelle du Soleil: ses planètes*, astéroïdes*, comètes*, météorites*, gaz interplanétaires. Le système solaire est la dernière conquête de l'humanité.

T-U-V

tectonique. Branche de la géologie décrivant et expliquant les mouvements et les déformations de l'écorce terrestre, à l'échelle locale ou générale. TECTONIQUE GLOBALE: synthèse géodynamique expliquant la dérive des continents par le jeu des plaques en mouvements relatifs.

téléostéens. Stade structural le plus évolué de la lignée des «poissons» osseux actinoptérygiens*. Ils supplantent les holostéens* au crétacé et produisent la plus abondante radiation* adaptative de tous les vertébrés*, exploitant les milieux aquatiques les plus variés. Exemple: hareng, truite, sole, perche, espadon.

téléostomes, voir OSTÉICHTHYENS.

télescope. Instrument destiné à recevoir et à amplifier les rayonnements émis par les astres pour leur étude. Le plus grand, dans le Caucase, comporte un miroir de 6 m de diamètre. Un télescope avec un miroir de 20 cm de diamètre est à la portée de nombreux amateurs et permet de voir d'innombrables merveilles célestes.

tétrapodes. Ensemble des vertébrés* adaptés à la vie terrestre, car ayant différencié des membres pairs marcheurs, formés de segments articulés *(chiridium)*. Ces membres peuvent régresser secondairement, jusqu'à disparaître (apodie: exemple des serpents). Les tétrapodes comprennent les amphibiens*, les reptiles*, les oiseaux* et les mammifères*.

thécodontes. Groupe d'archosauriens* primitifs du trias, à l'origine des crocodiliens*, dinosaures*, ptérosaures* et oiseaux*, quadrupèdes ou bipèdes, prédateurs terrestres ou amphibies. Adjectif: se dit de dents pourvues d'une racine enchâssée dans un alvéole: c'est le cas des archosauriens et des mammifères*.

thérapsides. Groupe de synapsides* évolués, connus du permien moyen au trias supérieur, ayant joué un rôle dominant dans les écosystèmes* continentaux. Issus des pélycosaures* sphénacodontes, ils différencient des formes végétariennes (anomodontes) et carnivores (thériodontes), dont les cynodontes, que l'on considère généralement comme les ancêtres des mammifères*.

thériens. Sous-classe de mammifères* caractérisée par la disposition complexe des surfaces dentaires, permettant un encastrement précis entre dents supérieures et inférieures antagonistes. Exemple: pantothériens, marsupiaux*, placentaires*.

thériodontes. «Reptiles» thérapsides* carnivores variés du permotrias. Ils montrent la réalisation progressive des caractères mammaliens au cours de leur évolution. Exemple: gorgonopsiens, thérocéphales, cynodontes.

thermoacidophile. Se dit d'organismes capables de se développer en milieu acide et chaud.

thermonucléaire (réaction). Interactions de noyaux atomiques ou nucléons* où sont produites de grandes quantités d'énergie par formation de noyaux plus gros (fusion); ainsi les réactions où 3 hélium sont condensés en un carbone fournissent le plus clair de son énergie au Soleil.

thermoprotéinoïdes ou **protéinoïdes.** Séquences (ou assemblages) d'acides* aminés obtenus par l'Américain S. Fox en chauffant des acides aminés en solution aqueuse pendant quelques heures à 170 °C (voir MICROSPHÈRES).

thymine. Base* purique majeure. THYMIDINE: nucléotide* correspondant.

traduction (du message génétique). Étape suivant la transcription*: synthèse d'une protéine* à partir de l'ARN* messager.

transcription. Transfert du message génétique porté par l'ADN* à l'ARN* messager.

transduction. Création d'un message nerveux à partir d'une modification du milieu externe ou du milieu interne de l'organisme. En génétique, phénomène au cours duquel un virus infectant une bactérie peut transférer une parcelle du génôme d'une bactérie infectée à une autre bactérie dite réceptrice.

trophectoderme. Partie externe de l'embryon de mammifère*, dont le rôle est nourricier.

trou noir. Zone d'espace où la courbure est portée à l'extrême par une condensation de matière* à très haute densité; si tout le Soleil était tassé à cette haute densité, il se formerait un trou noir sphérique de 18 km de circonférence; tout corps s'en approchant trop y disparaîtrait et aucune information ne pourrait en ressortir.

tubercule. Petite excroissance arrondie à la surface d'un os ou d'un organe (dent, par exemple).

ultraviolets (rayons). Ondes électromagnétiques intermédiaires entre le violet visible et les rayons X, et de longueur d'onde comprise entre 1/3 et 1/100 de µm (micromètre). Appelés parfois «lumière noire», les rayons ultraviolets (UV) sont invisibles pour les yeux humains, mais peuvent être rendus visibles grâce à certains corps qu'ils rendent fluorescents. Les radiations UV sont dangereuses: non léthales pour l'homme en général, elles peuvent cependant tuer des tissus ou des organismes (bactéries, par exemple).

unicellulaire. Organisme formé d'une seule cellule.

uracile, uridine. L'uracile est une base* pyrimidique majeure, entrant dans la composition de nombreux coenzymes*. L'uridine est son nucléotide*.

uranium. Atome* le plus lourd dont le noyau comporte 92 protons* et 146 neutrons*, et autour duquel circulent 92 électrons*. Si on brise ce noyau en deux parties (fission), on en tire de l'énergie.

urcaryote. Nom donné à la cellule ancestrale des eucaryotes*, directement dérivée, au même titre que les bactéries* et les archaeobactéries*, de l'ancêtre universel ou progénote*.

vertébrés. Sous-embranchement au sein des cordés*. Animaux à symétrie bilatérale, possédant un système nerveux dorsal différenciant un cerveau, une colonne vertébrale axiale, un système circulatoire clos. Subdivisés en agnathes* (primitifs, sans mâchoires mobiles) et gnathostomes* (mâchoires mobiles présentes: ostéichthyens, sélaciens, amphibiens, amniotes).

vésicule vitelline ou **sac vitellin.** Annexe* embryonnaire; c'est une membrane englobant le vitellus*, riche en vaisseaux sanguins, qui permettent l'absorption par l'embryon des réserves vitellines.

vicariance. En biogéographie, désigne la situation où deux espèces (ou groupes systématiques) étroitement apparentées sont géographiquement séparées, cette séparation constituant la cause de leur différenciation. Terme proche: allopatrie.

vitellus. Jaune d'œuf. Réserves nutritives présentes dans certains types d'œufs (d'oiseaux notamment), assurant la nutrition de l'embryon.

INDEX

Les chiffres en romain gras (**46**) indiquent qu'un article est consacré au mot.
Les chiffres en italique *(108)* renvoient à une illustration.
Les chiffres en italique précédés de la lettre *c (c 247)* renvoient à une carte.

A

B

C

D

I-J-K

L

M

N

O

P

Q-R

S

T

U-V

W-X-Y-Z

LES AUTEURS

Roland BAUCHOT, né en 1929, docteur ès sciences, est professeur d'anatomie comparée à Paris-VII. Ses recherches portent sur la morphologie fonctionnelle de l'encéphale et des organes des sens des vertébrés, notamment chez les poissons et les mammifères.

Jean CHALINE, né en 1937, dirige le Centre de géodynamique sédimentaire et évolution biologique du C. N. R. S. à Dijon. Spécialiste des rongeurs du quaternaire, il se consacre actuellement aux problèmes des modalités évolutives et de la formation des espèces.

Robert CLARKE, né en 1922, journaliste scientifique et présentateur d'émissions scientifiques à la télévision, est l'auteur de plusieurs ouvrages de vulgarisation, comme *la Naissance de l'homme* (Seuil), *les Enfants de la science* (Stock) et *De l'univers à nous* (Seuil). Il est membre du bureau de l'Association des journalistes scientifiques.

Bruno DAVID, né en 1954, est chargé de recherches au C. N. R. S. Paléontologiste de formation, il travaille sur les oursins, notamment ceux des profondeurs océaniques, et sur les liens entre ontogenèse et évolution.

Michel DELSOL, né en 1922, docteur ès sciences et docteur en philosophie, est professeur de biologie générale à la Faculté catholique des sciences de Lyon. Dans le cadre de l'Ecole pratique des hautes études, il dirige le laboratoire d'étude du développement post-embryonnaire des vertébrés inférieurs. Il a codirigé avec le professeur Grassé les deux tomes du *Traité de zoologie* (Masson) consacrés aux batraciens. Il est aussi directeur de l'Institut interdisciplinaire d'études épistémologiques.

Pierre DEPARIS, né en 1937, est professeur d'embryologie à l'université Paul-Sabatier de Toulouse. Il a effectué des travaux sur le développement du thymus chez les amphibiens.

Michel ELLENBERGER est né en 1931. Cet ancien chercheur en biologie moléculaire, docteur ès sciences, est aujourd'hui journaliste scientifique et écrivain.

Janine FLATIN, née en 1927, docteur de l'université Claude-Bernard (Lyon-I), est préparateur à l'Ecole pratique des hautes études.

Raphaël FRANQUINET, né en 1944, docteur ès sciences naturelles, est maître de conférences à Paris-XII, où il enseigne la biologie-physiologie cellulaire et la biologie du développement. Ses travaux portent essentiellement sur l'étude des signaux extracellulaires.

Jean-Pierre GASC, né en 1937, docteur ès sciences, est sous-directeur au laboratoire d'anatomie comparée au Muséum national d'histoire naturelle. Spécialiste des reptiles, qu'il a notamment étudiés dans la forêt tropicale, il participe à un traité sur la biologie de ces animaux édité aux Etats-Unis. Ses travaux portent également sur les oiseaux et les mammifères, et surtout sur les problèmes posés par l'évolution de la relation entre la forme des organismes et leur fonctionnement. Il a publié en 1981 *la Prodigieuse Aventure de notre corps* (Hachette).

Denis GERAADS, né en 1951, est paléontologue. Chercheur au C. N. R. S., il travaille au laboratoire de paléontologie des vertébrés et paléontologie humaine de Paris-VI. Spécialisé dans l'étude du paléo-environnement animal des hominidés fossiles, il a effectué de nombreuses missions de terrain (Europe, Maghreb, Indonésie, Ethiopie, Djibouti, Tanzanie) et collaboré à plusieurs ouvrages ou revues de vulgarisation en anthropologie.

Jean HEIDMANN, né en 1923, ingénieur de l'Ecole centrale, docteur ès sciences, Ph. D., est astronome titulaire de l'Observatoire de Paris. Spécialiste mondialement connu des galaxies et de la cosmologie, il est l'auteur de plusieurs ouvrages de vulgarisation scientifique, dont le dernier, *l'Odyssée cosmique* (Denoël), met l'homme face à son destin.

Philippe JANVIER, né en 1948, est paléontologue. Spécialiste des premiers vertébrés, il s'intéresse particulièrement aux problèmes de leur origine et aux principes et méthodes des phylogénies, et a publié sur ces sujets de nombreux articles dans la revue *la Recherche*.

Marc JEANNEROD, né en 1935, est médecin et neurologue de formation. Professeur de physiologie à l'université Claude-Bernard de Lyon, il dirige le laboratoire de neuropsychologie expérimentale à l'INSERM. Il travaille sur les fonctions du cerveau dans le domaine de la vision et du mouvement, et sur les perturbations de ces fonctions à la suite de lésions cérébrales. En 1983, il a publié *le Cerveau-machine* (Fayard).

Jean-Claude KŒNIGUER, né en 1939, paléontologue, maître de conférences à Paris-VI, est l'auteur ou le coauteur de nombreux articles sur les gisements fossilifères, l'histoire biogéographique des végétations et les climats du cénozoïque (Europe et Afrique).

Jacques LABEYRIE, né en 1920, docteur ès sciences et ingénieur de l'Ecole supérieure de physique et chimie industrielles de Paris, a été un pionnier dans des domaines très variés: prospection d'uranium, comportement des aérosols radioactifs, détection des rayonnements nucléaires, archéologie à l'aide du carbone 14, astrophysique des hautes énergies, géophysique nucléaire. Il a publié notamment *l'Homme et le climat* (Denoël).

Henri LABORIT, né en 1914, est un biologiste mondialement connu. Il a abandonné la chirurgie pour se consacrer à la recherche fondamentale. En 1951, il introduit en thérapeutique le premier tranquillisant antipsychotique, la chlorpromazine. Il est l'un des créateurs de l'hibernation artificielle et élabore une série de produits à action psychotrope. Ses travaux lui valent en 1957 le premier prix Albert-Lasker, décerné par l'American Public Health Association. Depuis 1958, il dirige le laboratoire d'eutonologie à l'hôpital Boucicaut, à Paris. Il concentre aujourd'hui ses recherches sur les réactions de l'organisme à l'agression et sur l'aspect biologique de la sociologie et du comportement. Henri Laborit a publié plus de 1 000 travaux originaux et 27 ouvrages, parmi lesquels plusieurs essais de philosophie scientifique destinés au grand public: *Eloge de la fuite, l'Homme et la ville, la Nouvelle Grille, la Colombe assassinée*. En 1980, il a participé au film d'Alain Resnais, *Mon oncle d'Amérique*, inspiré de ses travaux.

André LANGANEY, né en 1942, est professeur de biologie à l'université de Genève. Spécialiste de la génétique des populations humaines et des théories de l'évolution, il est l'auteur de *l'Histoire naturelle de la sexualité* (Nathan), *les Amours des petites bêtes* (Nathan), *le Sexe et l'innovation* (Seuil).

Bernard LAURIN, né en 1947, est professeur de paléontologie à l'université de Bourgogne. Spécialiste des brachiopodes, invertébrés marins encore peu connus, il travaille sur l'analyse des modalités évolutives et leurs relations avec les changements d'environnement.

Nicole LE DOUARIN, née en 1930, docteur ès sciences, est directeur de recherche au C. N. R. S. Elle dirige l'institut d'embryologie du C. N. R. S. et du Collège de France, et est membre de l'Académie des sciences. Elle a reçu en 1986 la médaille d'or du C. N. R. S.

Annie LEJAL-NICOL, née en 1939, docteur ès sciences, est maître de conférences et dirige le laboratoire de paléobotanique fondamentale et appliquée de Paris-VI. Collaborant avec plusieurs universités ou sociétés françaises et étrangères, elle est notamment responsable, à l'université de Berlin, de la partie paléobotanique d'un projet rassemblant 127 chercheurs et ayant pour objectif la mise en valeur des zones arides de l'Afrique orientale.

Claude LEVI, né en 1922, docteur ès sciences naturelles, a travaillé à la station biologique de Roscoff. Après avoir été directeur scientifique du C. N. R. S. («Sciences de la vie»), ce spécialiste de biologie et de systématique des spongiaires est aujourd'hui professeur au Muséum national d'histoire naturelle.

Henry de LUMLEY, né en 1934, est géologue, préhistorien et docteur ès sciences naturelles. Professeur au Muséum national d'histoire naturelle, il dirige le laboratoire de préhistoire du Musée de l'homme et l'Institut de paléontologie humaine à Paris. Sur le terrain, il organise d'importants chantiers de fouilles préhistoriques: l'Hortus, le Vallonnet, Terra Amata, le Lazaret et la Caune de l'Arago, à Tautavel, où a été découvert le plus vieux crâne humain actuellement connu en Europe. Il a créé le Musée de préhistoire de Terra Amata, à Nice, et celui de Tautavel (Pyrénées-Orientales), et organisé plusieurs grandes expositions. Il participe à des recherches à l'étranger (Espagne, Italie, U. R. S. S., Inde, Indonésie). Membre de plusieurs instances scientifiques, il est également lauréat de nombreux prix scientifiques.

Marie-Antoinette de LUMLEY, née en 1934, est médecin-paléopathologue: elle étudie les maladies des hommes fossiles. Directeur de recherche au C. N. R. S. au laboratoire d'anthropologie de la faculté de médecine de Marseille, elle est spécialiste des premiers habitants de l'Europe, qu'elle appelle anténéandertaliens. Sur le terrain, elle participe avec Henry de Lumley à de grands chantiers de fouilles et effectue de nombreuses missions à l'étranger. Elle est lauréate de plusieurs prix scientifiques.

Sophie MAILLACH, née en 1958, est biologiste, spécialisée dans les problèmes de documentation. Elle travaille dans l'industrie pharmaceutique et écrit dans des publications d'information scientifique.

Richard MOREAU, né en 1932, est pharmacien et docteur ès sciences naturelles. Professeur de botanique et microbiologie appliquées à Paris-XII, il enseigne également la microbiologie des sols à Paris-VII. Auteur de plus d'une centaine d'articles et d'ouvrages scientifiques, il s'intéresse tout spécialement aux rapports entre microbes et plantes supérieures. Ses travaux portent également sur les sols alpins et tropicaux, l'évolution des idées en biologie au XIXe siècle et les théories concernant l'origine de la vie.

Claude PERRET, né en 1942, docteur ès sciences, est neurophysiologiste, spécialisé dans l'étude du contrôle nerveux de la locomotion. Avec son équipe du laboratoire de neurophysiologie comparée (Paris-VI) et par sa collaboration avec d'importantes équipes étrangères (Suède, U. R. S. S.), il a participé au développement de l'étude de la locomotion qui s'est produit depuis une vingtaine d'années. Il s'intéresse actuellement au traitement des handicaps moteurs.

Hubert REEVES, né en 1932 à Montréal (Québec), est docteur en astrophysique nucléaire. Il a enseigné la physique à l'université de Montréal, tout en étant conseiller scientifique de la NASA. Il est aujourd'hui directeur de recherche au C. N. R. S. et travaille au Centre d'études nucléaires de Saclay. Bien connu du grand public, il a publié notamment *Patience dans l'azur, Poussières d'étoiles* et *l'Heure de s'enivrer* (Seuil).

Armand de RICQLÈS, né en 1938, docteur ès sciences, est professeur à Paris-VII (zoologie, biologie animale, anatomie comparée, paléontologie). Ses recherches et celles de l'équipe associée au C. N. R. S. qu'il dirige portent sur l'évolution et la signification fonctionnelle des tissus squelettiques des vertébrés, sur la paléohistologie et sur la paléobiologie. Ses travaux sur les amphibiens et les reptiles actuels et fossiles ont fait l'objet de nombreuses publications scientifiques.

Joël de ROSNAY, né en 1937, docteur ès sciences, est depuis 1984 conseiller du directeur de l'Institut Pasteur pour les relations industrielles et délégué à l'action prospective auprès du président de la Cité des sciences et de l'industrie de La Villette. Ancien chercheur et enseignant au M. I. T. dans le domaine de la biologie et de l'informatique, il s'intéresse particulièrement aux technologies avancées et aux applications de la théorie des systèmes (*le Macroscope, les Chemins de la vie*). Chroniqueur de la revue *l'Expansion*, il est aussi l'auteur de plusieurs ouvrages scientifiques destinés à un large public, dont *les Origines de la vie, la Révolution biologique* et *Branchez-vous*, Grand Prix de la littérature micro-informatique grand public 1985.

Brigitte SENUT, née en 1954, géologue et paléontologue de formation, est maître assistant au Muséum national d'histoire naturelle. Elle a réalisé de nombreux travaux de terrain (France, Europe de l'Est, Afrique) et s'intéresse à l'origine des hominidés, et principalement aux problèmes de leur locomotion.

Maurice TAÏEB, né en 1935, géologue et docteur ès sciences, est directeur de recherche au C. N. R. S. Entre 1966 et 1971, il entreprend en pionnier des recherches géologiques en Ethiopie et découvre le site archéologique d'Hadar. Il dirige entre 1972 et 1980 l'International Research Expedition qui met au jour la célèbre Lucy, puis, entre 1982 et 1984, le projet du lac Natron (Tanzanie-Kenya). Auteur de nombreux articles scientifiques et de vulgarisation, il a retracé son aventure dans *Sur la terre des premiers hommes* (Laffont, 1984).

Jacques THIERRY, né en 1941, est maître de conférences au Centre des sciences de la Terre de l'université de Bourgogne. Enseignant-chercheur depuis vingt-deux ans, ses recherches portent sur la paléontologie des ammonites et des oursins fossiles du jurassique. Cofondateur en 1979 de l'Association paléontologique française, il en a été le président de 1981 à 1985.

Pierre THUILLIER, né en 1932, est maître de conférences à Paris-VII et fait partie de la rédaction de la revue *la Recherche*. Il enseigne l'histoire et la philosophie des sciences. Parmi les sujets qui ont retenu son attention, mentionnons le darwinisme et les relations entre science et société. Il a publié notamment: *le Petit Savant illustré* (Seuil, 1980), *Les biologistes vont-ils prendre le pouvoir?* (Complexe, 1981), *Darwin and Co* (Complexe, 1981), *l'Aventure industrielle et ses mythes* (Complexe, 1982), *les Savoirs ventriloques* (Seuil, 1983).

Henri TINTANT est né en 1918. Après des études supérieures à la Sorbonne, puis quelques années à Montpellier, il a accompli toute sa carrière à l'université de Dijon, où il est actuellement professeur émérite. Paléontologiste spécialisé dans l'étude des céphalopodes fossiles (ammonites et nautiles), il a consacré ses recherches à la structure de l'espèce fossile et à l'analyse quantitative de ses variations en fonction du temps et de l'environnement.

Michel VAN PRAËT, né en 1949, maître de conférences et docteur ès sciences, est spécialiste de la biologie des anémones de mer qu'il étudie tant sur nos côtes que dans les abysses. Il a participé à plusieurs ouvrages collectifs: *Qui mange qui?* (Balland), *l'Encyclopédie du présent* (Clartés), *Traité de zoologie: les cnidaires* (Masson).

Denis VIALOU, né en 1944, docteur ès lettres et sciences humaines, est sous-directeur au Muséum national d'histoire naturelle. Spécialisé dans l'étude de l'art rupestre préhistorique, il organise des campagnes de fouilles et de relevés au Brésil et en France, et a publié une centaine de titres (articles et ouvrages).

Catherine ZILLER, née en 1936, docteur ès sciences, est ingénieur de recherche au C. N. R. S. Ses recherches s'orientent sur les phénomènes de régénération chez les invertébrés, ainsi que sur le développement et la différenciation du système nerveux chez les embryons d'oiseaux.

SOURCES DES ILLUSTRATIONS

Les chiffres en romain désignent la page du livre. L'emplacement des illustrations est indiqué par les abréviations suivantes: *b*, bas; *h*, haut; *m*, milieu; *g*, gauche; *d*, droite.

COUVERTURE: EXPLORER/J. Dupont; J. VERTUT; JACANA/H. Chaumeton; H. K. WIMMER. P. 9, 10-11: S. R. D./Blandine Durand; 12: I. P. S.; 13: THE IMAGE BANK/E. Braun; 14 *h*: 1980, Royal Observatory, Edinburgh/D. Malin; 14 *b*: U. S. I. S.; 15 *h*: I. P. S.; 15 *m*: CERN; 15 *b*: S. R. D./Dominique Roussel; 16: California Institute of Technology and Carnegie Institution of Washington; 17: S. R. D./Dominique Roussel, d'après J. Heidmann; 18: 1980, Royal Observatory, Edinburgh/D. Malin; 19 *h*: COSMOS/P. Menzel; 19 *b*: Michelangelo MIANI; 20 *h*: NASA; 20-21: W.K. HARTMANN *le Grand Tour*, éd. Robert Laffont; 21 *h*: Harvard College Observatory/Science Photo Library-Cosmos; 21 *b*: E. S. A.; 22 *g*: par courtoisie de la NASA, reproduit avec la permission de Scott Meredith Literary Agency Inc., New York; 22 *d*, 23 *h*: I. P. S.; 23 *b*: ENCYCLOPAEDIA UNIVERSALIS; 24 *h*: S. R. D./G. Éveno; 24 *b*: S. R. D.; 25 *hg*: E. M. Eliason, NASA; 25 *hd*: I. P. S.; 25 *b*: Yale University Press; 26 *h*: peint par Don DAVIS, d'après *Cosmos* de Carl SAGAN, produit avec la permission de Scott Meredith Literary Agency Inc., New York; 26 *b*: Chesley BONESTELL; 27 *g*, 28 *h*, 28 *bg*: S. R. D./Dominique Roussel, d'après Jacques Labeyrie, *l'Homme et le Climat*, Denoël; 27 *b*: S. R. D./G. Éveno; 28 *bd*: extrait du journal *le Monde*, 29 *h*: S. R. D./Dominique Roussel, d'après J. Heidmann; 29 *b*: S. R. D.; 30: Musée d'art moderne de New York; 31: Bibliothèque nationale, Paris; 32 *h*: ZEFA/G. Kalt; 32-33: SEA AND SEE/S. Lucas; 33: *Pour la science*, n° 50, © *Pour la science* et *Scientific American*, tous droits réservés; 34: THE IMAGE BANK/L. Brown; 35 *h*: EXPLORER/Krafft; 35 *m*: JACANA/M. Viard; 35 *b*: dessin de Vincent CHAIX, extrait du cahier «Sciences» du *Figaro-Magazine*: «La vie vient-elle de l'espace?»; 36 *g*, 37 *hd*, 39 *d*: extrait de *Biochimie*, 2ᵉ édition, de A. L. Lehninger, Flammarion; 36-37: ZEFA/G. Kalt; 37 *b*: G. BUCTEL (d'après LMK); 38: R. WOLDENDORP; 39 *h*, d'après *Pour la science*, n° 94, © *Pour la science* et *Scientific American*, tous droits réservés; 39 *mb*: musée Pasteur; 40: C. N. R. I.; 41: *l'Évolution*, Bibliothèque «Pour la science», © *Pour la science* et *Scientific American*, tous droits réservés; 42: IMAGINE/Ph. Plailly; 43: COSMOS/G. Murti, D. Parker: 44: ZEFA/Photofile; 45: JACANA/Carré; 46, 47 *h*: S. R. D./Dominique Roussel, d'après R. Franquinet; 47 *b*: George KELVIN; 48: S. R. D./Dominique Roussel, d'après R. Franquinet; 49 (1): KEYSTONE; (2): photothèque du Palais de la Découverte; (3): R. FRANQUINET; 50 *h*: A. COUTÉ; 50 *b*: R. WOLDENDORP; 51 *h*: d'après *Biochimie*, de A.L. Lehninger, 2ᵉ édition, Flammarion; 51 *b*: C. N. R. I; 52 *h*: NURIDSANY et PERENNOU; 52 *b*: *Pour la science*, n° 78, © *Pour la science* et *Scientific American*, tous droits réservés; 53 *d*: *Pour la science*, n° 46, © *Pour la science* et *Scientific American*, tous droits réservés; 53 *g*: A. COUTÉ; 54: C. N. R. I.; 55: Ligue nationale française contre le cancer; 56 *h*: S. R. D./Dominique Roussel, d'après R. Franquinet; 56 *b*: C. N. R. I.; 57 *h*: J. C. REVY; 57 *b*: *Pour la science*, n° 21, © *Pour la science* et *Scientific American*, tous droits réservés; 58 *gm*, *dm*: C. N. R. I.; 58 *gh*, *db*, 59: S. R. D./Dominique Roussel, d'après R. Franquinet; 60 *h*: Cl. NURIDSANY; 60-61 *b*: extrait du *Guide des arbres et arbustes*, éd. S. R. D.; 61: NURIDSANY et PERENNOU; 62 *h*: Cl. NURIDSANY; 62 *b*: B. SEIGNEURY Conseil/D. J. BRANGEON; 63: J. M. LABAT; 64 *g*: Conservatoire et jardins botaniques de la ville de Genève; 64 *d*: R. MOREAU; 65 *g*: S. R. D./Pierrehumbert; 65 *d*: R. MOREAU; 66: extrait du *Guide écologique de la France*, éd. S. R. D.; 67 *h*: J. M. LABAT; 67 *m*: A. A. A. Photo/A. Thévenart; 67 *b*, 68 *h*: R. MOREAU; 68 *bg*: J. M. LABAT; 68 *d*: C. N. R. I.; 69 *g*: JACANA/P. Pilloud; 69 *d*: R. MOREAU; 70 *g*: bibliothèque de l'Institut de France; 70 *d*: musée Condé, Chantilly, photo Giraudon; 71 *g*: J. L. CHARMET; 71 *d*: musée de Versailles, photo Giraudon; 72 *h*: JACANA/Cl. Carré; 72 *b*: PITCH/J.B. Crumeyrolle; 72 *d*: d'après P.P. Grassé, *Traité de zoologie*, tome I (d'après S.O. Mast), éd. Masson (1952); 73: NUBLAT; 74 *gh*, *gm*: BIOPHOTO ASSOCIATES; 74 *gb*: d'après P.P. Grassé, *Traité de zoologie*, tome I (d'après H.P. Brown), éd. Masson (1952); 74 *d*: Cl. NURIDSANY; 75 *m*: PITCH/J.B. Crumeyrolle; 75 *b*: C. GREUET; 76 *m*: JACANA/Cl. Carré; 76 *b*, 77 *m*: C.N.R.I.; 77 *d*: dessins S.R.D.; 78: EXPLORER/Y. Gladu; 79: IMAGINE/Ph. Plailly; 80 *h*: C. CARRÉ; 80 *m*: J. VACELET; 80 (1): JACANA/P. Laboute; 80 (2): JACANA/Chaumeton; 80 (3), 81 *h*, *bd*: J. VACELET; 81 *bg*: S.R.D./Dominique Roussel; 82 *h*, *bg*: C. CARRÉ; 82 *bd*, 83 *gh*: M. VAN PRAËT; 83 *b*: NATURE/H. Chaumeton; 83 *dh*: dessin de Michel VAN PRAËT, extrait de l'*Encyclopédie du présent*, éd. Clartés, supplément au n° 1, janvier 1985; 84 *h*: M. LEMIRE; 84 *gm*: C.N.R.I./Dr Grimaud; 84 *b*: NURIDSANY et PERENNOU; 85 *gh*: NATURE/F. Sauer; 85 *hd*: DIAPO/Y. Lanceau; 85 *gm*: TOP/J. Ducange; 86 *b*: Y. LANCEAU; 87 *h*: LACZ-LEMOINE; 87 *b*: C.N.R.I.; 88 *h*: BIOPHOTO ASSOCIATES; 88 *gb*: CHAUMETON/BASSOT; 88 *db*: RAPHO/T. Mc Hugh; 89 *g*: JACANA/Ferrero; 89 *d*: P. STAROSTA; 90 *gh*: NUBLAT; 90 *gm*: Cl. NURIDSANY; 90 *b*: M. LEMIRE; 91 *gh*, *gm*: J.M. LABAT; 91 *d*: JACANA/Fr. Gohier; 92 *h*: C.N.R.I.; 92 *gb*: NURIDSANY; 92 *hd*: d'après P.A. Meglitsch, *Zoologie des invertébrés*, tome 2, éd. Doin (1974); 92 *bd*: S. R. D.; 93: C. N. R. I.; 94: S. R. D.; 95 *hm*: FOTOGRAM/J. da Cunha; 95 *hd*, *bd*: C. N. R. I.; 96 *g*: GIRAUDON; 96 *m*: ANDERSON-VIOLLET; 96 *d*: COSMOS/Elscint; 97: G. CAPPE; 98 *h*: NATURE/H. Chaumeton; 98 *bg*: JACANA/Cl. Carré; 98 *bd*: NURIDSANY et PERENNOU; 99 *hg*: S. R. D./J. P. Germain; 99 *mg*: M. GIRAUD-GUILLE; 99 *d*: J. CASTANET; 100 *h*: CHAUMETON/Lanceau; 100 *dm*: Y. LANCEAU; 100 *gb*: Muséum national d'histoire naturelle/coll. de l'Institut de paléontologie; 101 *g*: JACANA/R. Konig; 101 *m*, *db*: LACZ-LEMOINE; 101 *dm*: NATURE/H. Chaumeton; 102 *hg*, 102 *bd*: ROGER-VIOLLET; 102 *hd*, 103: J. L. CHARMET; 104: GAMMA/Figaro-Magazine; 105: Fr. VARIN; 106 *dm*, *gb*: dessins S. R. D./Dominique Roussel, d'après documents du Palais de la Découverte; 106 *db*: BIOPHOTO ASSOCIATES; 107: S. R. D./Dominique Roussel; 108 *h*: ZEFA/Orion Press; 108 *b*: NURIDSANY et PERENNOU; 109 *gh*: extrait d'*ABC de la nature*, éd. S. R. D.; 109 *d*: P. DA COSTA; 110; NURIDSANY et PERENNOU; 111 *gm*: JACANA/Cl. Carré; 111 *dm*: dessin de Carl W. Rohrig, extrait du cahier «Sciences» du *Figaro-Magazine* «La vie vient-elle de l'espace?»; 111 *bd*: NURIDSANY et PERENNOU; 112 *h*: BAILLET; 112 *b*: NURIDSANY; 113 *m*: dessin extrait de *Votre corps, mille secrets, mille dangers*, éd. S. R. D.; 113 *b*: ZEFA/Orion Press; 114: PITCH/J. B. Crumeyrolle; 115 *gh*, *dh*: NURIDSANY et PERENNOU; 115 *b*: JACANA/R. Dulhoste; 116 *hd*: NURIDSANY et PERENNOU; 116 *hm*, 118 *g*, 118 *h*: dessins extraits de *An Introduction to Embryology*, de B. I. Balinsky, 2ᵉ édition, © 1959, 1954, W.B. Saunders Company, reproduit avec la permission de C. B. S. College Publishing; 116 *b*, 118 *b*, 125 *md*: d'après *Embryologie*, de Charles Houillon, éd. Hermann; 117 *h*, *bg*: JACANA/Cl. Carré; 117 *bd*: JACANA/K. Ross; 119 *h*, *m*: Cl. NURIDSANY; 117 *md*: COSMOS/J. Burgess; 120 *g*: Cl. NURIDSANY; 120 *d*: dessin de Ilona RICHTER, éd. de la Station zoologique de Naples; 121 *h*, *m*: JACANA/J. P. Hervy; 121 *b*: JACANA/C. et M. Moiton; 122: NURIDSANY et PERENNOU; 123 *hg*: JACANA/Ph. Summ; 123 *mg*: PITCH/Varin; 123 *bg*, *bd*: JACANA/J. M. Labat; 123 *hd*: NUBLAT; 123 *md*: J. C. REVY; 124: N. LE DOUARIN; 125: PETIT FORMAT/Guigoz; 126: archives S. R. D.; 127 *hg*: PITCH/G. Dhuit; 127 *hd*, 128 *h*, 129: J. L. CHARMET; 127 *b*: E. T. ARCHIVE; 128 *b*: par courtoisie de la National Portrait Gallery, Londres; 130: NURIDSANY et PERENNOU; 131 *h*: Muséum national d'histoire naturelle/D. Serrette: 131 *b*: S. R. D./Dominique Roussel, d'après *Mendel, un inconnu célèbre*, de V. Orel et J. R. Armogathe, © Librairie Classique Eugène Belin (1985); 132 *g*: T.H. MORGAN, *Journal of the Academy of Natural Sciences of Philadelphia*, 1912/S.R.D./J.P. Germain; 132 *hd*: Y. LANCEAU; 132 *bd*: dessin extrait de *Génétique des populations et évolution*, de C. Petit et Zuckerkandl, éd. Hermann (1976); 133 *dh*: dessin d'après *Cours de biologie animale*, de M. Abeloos, © Librairie Classique Eugène Belin (1938): 133 *dm*: dessin d'après P.P. Grassé, *Traité de zoologie, Vertébrés*, tome I, éd. Masson (1976); 133 *db*: dessin d'après *les Abeilles et les Guêpes*, Laboratoire Naturalys (1984); 133: P. STAROSTA; 134 *h*: JACANA/C. et M. Moiton; 134 *gm*: IMAGE BANK/J.H. Carmichael; 134 *b*: carte S.R.D., d'après *Histoire et Archéologie*, n° 73, mai 1983; 135: S.R.D.; 136 *h*, 137 *gh*, *m*: dessins de B. BABIN, extraits de *Histoire et Archéologie*, n° 73, mai 1983; 136 *gm*: JACANA/Volot; 136 *b*: P. BERT; 136 *bd*: S. R. D.; 137 *d*: Muséum national d'histoire naturelle; 137 *b*: PITCH/M. Sester; 138: RAPHO/T. Mc Hugh; 139 *b*: JACANA/R. Konig; 140-141: S. R. D./Dominique Roussel, d'après Ph. Janvier; 142 *hg*: d'après *l'Évolution des céphalopodes*, la Vie des sciences, comptes rendus de l'Académie des sciences (1986); 142 *gm*: *Pour la science, l'Évolution*, © *Pour la science*, tous droits réservés; 142 *bd*: PITCH/G. Blondeau; 143 *h*: COSMOS/Science Photo Library; 143 *bd*: Fr. VARIN; 144: COSMOS/Woodfin Camp.; 145: THE IMAGE BANK/Di Giacomo; 146 *h*: C. N. R. I.; 146 *mg*, 147 *hm* (synapse): *le Cerveau*, Bibliothèque «Pour la science», © *Pour la science* et *Scientific American*, tous droits réservés; 146 *d*: DELFINI; 147 *hg*: S. R. D.; 147 *bg*: C. N. R. I.; 147 *hm* (cnidoblaste): d'après P. Brien, *Éléments de zoologie et notions d'anatomie comparée*, éd. Desoer, Liège (1963); 147 *hd*: d'après Hadenfeldt, Z. wiss. Zool. 133: 586-638 (1929); 148: S. R. D.; 149 *gh*: extrait de G. Pilleri, *Morphologie des Gehirnes des Buckelwals* (1966); 149 *gm*: COSMOS/Science Photo Library/C. Chumbley; 149 *m*: *le Cerveau*, Bibliothèque «Pour la science», © *Pour la science* et *Scientific American*, tous droits réservés; 149 *md*: S. R. D.; 150 *h*. NURIDSANY et PERENNOU; 150 *b*: C. N. R. I.; 151 *h*; Cl. NURIDSANY; 151 *m*: S. R. D.; 152 *g*: JACANA/Varin-Visage; 152 *m*: d'après *Biologie*, terminale D, collection J. Escalier, éd. Nathan (1983); 152 *bd*; d'après Weber et Snodgrass, paru dans *System of Ophtalmology*, de S. Duke-Elder, éd. Henry Kimpton, Londres (1958); 153 *g*, *d*: NATURE/H. Chaumeton; 153 *h*, *b*: S. R. D./Dominique Roussel, d'après Hesse (planaire, patelle, nautile, escargot, coquille Saint-Jacques), d'après Lowne (insecte), d'après Duke-Elder (pieuvre), dessins parus dans *System of Ophtalmology*, de S. Duke-Elder, éd. Henry Kimpton, Londres (1958); 154 *h*: JACANA/C. et M. Moiton; 154 *bg*: C. N. R. I.; 154 *bm*: d'après Y. Galifret, *Encyclopaedia Universalis* (2ᵉ édition); 155 *hd*: S. R. D.; 155 *md*: COSMOS/Science Photo Library; 155 *gm*, *bd*: d'après *Biologie*, terminale D, collection J. Escalier, éd. Nathan (1983); 156 *gh*: JACANA/J. P. Varin; 156 *b*: d'après Gray (1960), à gauche, d'après Schwabe (1906), à droite, dessins parus dans *The Insects*, de R. F. Chapman, The English Universities Press Ltd, Londres (1969); 157 *mh*, *bd*: C. N. R. I.; 157 *m*: COSMOS/Science Photo Library; 157 *g*: S. R. D.; 157 *b*: d'après W. Kolbe, paru dans *Traité de zoologie*, tome 16, fascicule 4, de P.P. Grassé, éd. Masson (1972); 158 *g*: P. DA-COSTA; 158 *m*: BERNARD SEIGNEURY/Conseil/Dr Miègeville; 158 *gh*: d'après Slifer, paru dans *The Insects*, de R.F. Chapman, The English Universities Press, Ltd, Londres (1969); 158 *hd*: d'après von Frisch, paru dans *Zoologie*, tome 2 (Vertébrés), de Grassé et Devillers, éd. Masson (1965); 158 *md*: d'après Matthes, paru dans *Traité de zoologie*, tome 16, fascicule 4, de P.P. Grassé, éd. Masson (1972); 159 *g*: NATURE/H. Chaumeton; 159 *g*: d'après Verne *(h)*, d'après Braus *(b)*, dessins parus dans *Traité de zoologie*, tome 2 (Vertébrés), de Grassé et Devillers, éd. Masson; 159 *hd*: BERNARD SEIGNEURY/Conseil; 159 *md*: S. R. D.; 160 *bg*: d'après Barker, paru dans *Traité de zoologie*, tome I, de P.P. Grassé, éd. Masson (1976); 160 *bd*: d'après Hertwig et Hertwig (1878), paru dans *Structure and Function in the Nervous Systems of Invertebrates*, de Th. H. Bullock et G. A. Horridge, éd. W. H. Freeman and Company, San Francisco et Londres (1965); 161 *gh*: NATURE/Lanceau; 161 *gm*: d'après Nakajima et Wang (1974), paru dans *Sense Organs*, de M. S. Laverack et D. J. Cosens, éd. Blackie (1981); 161 *bg*: NURIDSANY et PERENNOU; 161 *bm*: d'après Autrum (1963), paru dans *The Insects*, de R. F. Chapman, The English Universities Press, Ltd, Londres (1969); 161 *d*: d'après Flock (1967), paru dans *Sense Organs*, de M. S. Laverack et D. J. Cosens, éd. Blackie (1981); 162 *hg*: d'après J. Gray (1933); 162 *mg*, *b*, 163 *b*: d'après P. P. Gambarian, *How Mammals run*, éd. J. Wiley and Sons, New York (1974); 162 *md*: GLOBUS BROTHERS STUDIOS, U. S. A.; 164 *h*, *mg*, 165 *h*, *md*, *bd*: *le Cerveau*, Bibliothèque «Pour la science», © *Pour la science* et *Scientific American*, tous droits réservés; 164 *md*, *b*: d'après Passingham, *The Human Primate*, éd. Freeman, San Francisco (1982); 165 *mg*, *bg*, *m*: C. N. R. I.; 166 *h*, *b*, 167 *h*: *le Cerveau*, Bibliothèque «Pour la science», © *Pour la science* et *Scientific American*, tous droits réservés; 166 *m*: d'après C. Trevarthen, *Handbook of Physiology — The Nervous System — III*, éd. Williams et Wilkins, Baltimore; 168 *h*: Fr. VARIN; 168 *b*: Y. LANCEAU; 169 *h*: PITCH/Montoya; 169 *m*: extrait d'*ABC de la nature*, éd. S. R. D.; 169 *b*: BAILLET; 170 *h*: PITCH/F. Charmoy; 170-171: Y. LANCEAU; 171 *h*: JACANA/J. M. Labat; 171 *d*: BAILLET; 172:

PITCH/J. P. Gislard; 173 *hg*: Fr. VARIN; 173 *hd*: BAILLET; 173 *b*: NURIDSANY et PERENNOU; 174 *bg*: BAILLET; 174 *m*: extrait d'*ABC de la nature,* éd. S. R. D.; 174 *d*: Fr. VARIN; 175 *h*: P. DA-COSTA; 175 *d*: NURIDSANY et PERENNOU; 176 *h*: LACZ-LEMOINE; 176 *b*: J. M. LABAT; 177 *h*: BAILLET; 177 *b*: Fr. VARIN; 178 *h*: FOTOGRAM/J. Ber; 178 *b*: LACZ-LEMOINE; 178 *d*, 179 *m*: S. R. D.; 179 *d*: M. TAÏEB; 179 *b*: NATURE-IMAGES; 180: JACANA/Visage; 181 *h*: S. R. D.; 181 *b*: D. GERAADS; 182: Réunion des musées nationaux; 183 *hg*: JACANA/Arthus-Bertrand; 183 *hd*: S. R. D./R. Mazin; 183 *b*: JACANA/Varin-Visage; 184: JACANA/Ph. Varin; 184-185: FOTOGRAM/J. Ber; 186 *hg*: JACANA/J. Ph. Varin; 186 *hd*: Chr. ZUBER; 186-187: PETIT-FORMAT/P. Roche; 187 *h*: S. R. D./Pierrehumbert; 188: musée de l'Homme, laboratoire de préhistoire/photo J. Oster; 189 *hg*: dessin d'Alain FOURNIER, extrait de *Origine et évolution de l'homme,* laboratoire de préhistoire du musée de l'Homme; 189 *hd*: extrait de *les Grandes Civilisations disparues,* éd. S. R. D.; 189 *bd*: musée de l'Homme, laboratoire de préhistoire/photo J. Oster; 190, 191 *d*, 192-193, 193 *b*, 194 *bg*, 194-195, 196, 197 *hg*: musée de l'Homme, laboratoire de préhistoire/photo H. de Lumley; 191 *g*: dessin d'Alain FOURNIER, musée de l'Homme, laboratoire de préhistoire/photo H. de Lumley; 193 *h*: dessin d'Éric GUERRIER, musée de l'Homme, laboratoire de préhistoire/photo H. de Lumley; 195 *b*: J. VERTUT; 197 *b*: S. R. D.; 198: A. GLORY; 199: A. et D. VIALOU; 200 *b*: coll. BEGOUEN/J. Vertut; 200-201: J. VERTUT; 202: musée de l'Homme/J. OSTER; 203 *g*: J. VERTUT; 203 *d*: A. et D. VIALOU; 204 *h*: G. DAGLIORTI; 204 *b*: Centre de recherche français de Jérusalem, photo Jean PERROT; 205 *h*: J. VERTUT; 205 *mg*: musée de l'Homme, laboratoire de préhistoire/photo J. Oster; 205 *md*: C. N. R. S./C. R. A./Unité de recherche archéologique n° 12; 206 *hg, d*: musée des Antiquités nationales/photo Réunion des musées nationaux; 206 *bg*: musée de l'Homme, laboratoire de préhistoire/photo J. Oster; 207 *hg*: Oslo, Historical Museum, photo J. Vertut; 207 *d*: Centre de recherche français de Jérusalem, photo Jean PERROT; 208 *hg*: musée du Louvre/photo G. DAGLI ORTI; 208 *d*: musée du Louvre/photo Réunion des musées nationaux; 209 *h*: G. DAGLI ORTI; 209 *b*: extrait de *Naissance de l'écriture, cunéiformes et hiéroglyphes,* éd. de la Réunion des musées nationaux, Paris (1982); 210: C. N. R. I.; 211 *h*: I. B. M.; 211 *b*: RHÔNE-POULENC; 212 *hd*: EXPLORER/F. Jalain; 212 *b*: SYSTEME COMPUTERVISION; 213 *h*: IMAGINE/P. Gontier; 213 *b*: COSMOS/Science Photo Library-D. Parker; 214: PITCH/B. Chemin; 215 *h*: EXPLORER/S. Dubois; 215 *m*: IMAGE BANK/S. BARBOSA; 215 *b*: RAPHO/B. Beaujard; 216-217: EXPLORER/F. Jalain; 217: musée Condé, Chantilly, photo GIRAUDON; 218: Muséum national d'histoire naturelle/D. Serrette; 219: NATURE/Samba; 220: NATURE/Mignot; 221 *h*: J. LABEYRIE; 221 *b*: P. STAROSTA; 222 *g*: JACANA/Lecourt; 222 *d*: J. LABEYRIE; 223: EXPLORER/M. Moisnard; 224: RAPHO/Beaune; 225 *h*: RAPHO/Demonte; 225 *b*: MAGNUM/B. Barbey; 226 *h*: COSMOS/S. P. L., Muséum national d'histoire naturelle/D. Serrette; 227: J. THIERRY; 228 *h*: Muséum national d'histoire naturelle/D. Serrette; 228 *md*: S. R. D./Dominique Roussel, d'après Seward, *Plant Life through the Ages,* éd. Hafner Publ. Co, New York (1959); 228 *g*: E. BOUREAU; 228 *b*: JACANA/J. F. Champroux; 229 *g*: Muséum national d'histoire naturelle; 229 *d*: Field Enterprises Educational Corporation, peinture d'Alex ABEL; 230 *hg*: NATURE/H. Chaumeton; 230 *hd*: Cl. NURIDSANY; 230 *bg*: Muséum national d'histoire naturelle; 230 *bd*: carte S. R. D. d'après L. Emberger, *les Plantes fossiles dans leur rapport avec les végétaux vivants,* éd. Masson (1968); 231: JACANA/Lecourt; 232: S. R. D./Dominique Roussel; 233 *h*: Muséum national d'histoire naturelle; 233 *b*: J. THIERRY; 234 *h*: JACANA/P. Laboute; 234 *b*: J. THIERRY; 235 *hg*: JACANA/J. Dupont; 235 *mh*: Muséum national d'histoire naturelle; 235 *bd*: Muséum national d'histoire naturelle/D. Serrette; 236 *h*: Y. LANCEAU; 236 *m, b*: H. CHAUMETON; 237: S. R. D., d'après Ph. Janvier; 238 *h*: H. CHAUMETON; 238 *g*: Y. LANCEAU; 238 *m*, 239 *g*: Muséum national d'histoire naturelle; 239 *d*: SEA and SEE/D. Barrault; 240 *h*: Muséum national d'histoire naturelle; 241 *b*: CEDRI/G. Sioen; 242 *b*: extrait de *Merveilles et Mystères du monde sous-marin,* éd. S. R. D.; 242-243: dessin S. R. D./Ch. Godard; 244 *h*: Muséum national d'histoire naturelle; 244 *g*: PITCH/R. Engel; 244 *md*: JACANA/J. F. Champroux; 244-245: extrait de *le Monde préhistorique,* éd. Solar (1976); 245 *hg*: NATURE; 245 *hd*: d'après *Pour la science, l'Évolution,* © *Pour la science,* tous droits réservés; 245 *bd*: JACANA/Ruffier-Lanche; 246 *h*: LANCEAU-VISAGE; 246 *b*: Muséum national d'histoire naturelle; 247 *h*: R. WOLDENDORP; 247 *b*: carte S. R. D.; 248 *h*: NATURAL SCIENCE PHOTO/A. Hayward; 248 *bg*: dessin de Z. BURIAN, extrait du *Guide des animaux de la préhistoire,* éd. Hachette (1981); 248-249: d'après E. Jarvik, *Basic Structure and Evolution of Vertebrates,* vol. 1, Academic Press, Londres (1980); 249 *hm,* 250 *h*: Muséum national d'histoire naturelle; 250 *b*: dessin de Z. BURIAN, extrait du *Guide des animaux de la préhistoire,* éd. Hachette (1981); 252: JACANA/Frédéric; 253 *h*: d'après A.S. Romer, *The Vertebrate Story,* The University of Chicago Press (1959); 253 *b*; JACANA/Varin-Visage; 254: NATURAL SCIENCE PHOTO/A. Hayward; 255: Ph. TAQUET; 256-257: NATURAL SCIENCE PHOTO/A. Hayward; 257, 259: MITCHELL BEAZLEY PUBLISHERS LTD (1979); 258, 260 *b*: Muséum national d'histoire naturelle; 260 *h*: JACANA/J. P. Ferrero; 261: IMITOR/P. J. Green; 262: d'après E. H. Colbert, *Evolution of the Vertebrates,* John Wiley and Sons, New York (1955); 263: JACANA/J. P. Ferrero; 264-265: OKAPIA/Root; 266, 267 *b*: Muséum national d'histoire naturelle; 267 *h*: JACANA/Ph. Varin; 268: d'après *l'Évolution de la vie,* Hachette (1985); 269: George V. Kelvin, d'après Robert Dietz et John C. Holden; 270 *h*: extrait de *la Recherche,* n° 163, février 1985; 270 *g*: 271 *g*: A. VISAGE; 271 *d*: Y. LANCEAU; 272 *h*: dessin de Luci BETTI, Université de Californie, Berkeley; 273: JACANA/Y. A. Bertrand; 274: B. SENUT; 275: extrait de *la Recherche,* n° 163, février 1985; 276 *g, m*: DAVID PILLBEAM-WILLIAM SACCO; 276-277: extrait de *la Recherche,* n° 163, février 1985; 278 *h*: D. GERAADS; 278 *b*: P. SCHMID; 279 *h*: musée de l'Homme; 279 *b*: D. GERAADS; 280 *b*, 281 *bg*: M. TAÏEB; 281 *bd*: D. GERAADS; 281 *b*: carte S. R. D.; 282: RAPHO/Camerapix; 283 *h*: J. CHAVAILLON; 283 *mg*: D. GERAADS; 283 *d*: dessin de M. GARCIA, sous la direction scientifique d'Yves Coppens, musée de l'Homme; 284 *h*: M. TAÏEB; 284 *b*, 285: D. GERAADS; 286: COSMOS/R. Smolan; 287: D. GERAADS; 288 *hg*: musée de l'Homme/J. Oster; 288 *hm*: S. R. D./M. Jauze; 288-289: B. VAN DER MERSCH; 289 *h*: musée de l'Homme, laboratoire de préhistoire, photo H. de Lumley; 289 *b*: dessin d'Éric GUERRIER, musée de l'Homme; 290: dessin de Giovanni CASELLI; 291 *b*: musée de l'Homme/J. Oster; 291 *hm*: D. GERAADS; 291 *hd*: musée de l'Homme/Cl. Lassalle; 292: archives S. R. D.; 293 *bg*: musée de l'Homme/J. Oster; 293 *hd*: J. VERTUT; 293 *bd*: musée de l'Homme, laboratoire de préhistoire, photo H. de Lumley; 294: LAUROS-GIRAUDON; 295: ROGER-VIOLLET; 296 *hg*: Bibliothèque nationale, Paris; 296 *d*: archives S. R. D.; 297 *b*: GIRAUDON; 297 *d*: Archives S. R. D.; 298: archives S. R. D.; 299 *h*: par courtoisie du Dr V. Orel, Musée morave de Brno; 299 *d*: KEYSTONE; 300: MAGNUM/M. Franck; 301 *g*: KEYSTONE; 301 *d*: Muséum national d'histoire naturelle.

LA FABULEUSE AVENTURE DE LA VIE
publié par Sélection du Reader's Digest

Photocomposition: Chirat, Saint-Just-la-Pendue.
Photogravure: la Photochromie, Paris.
Impression et reliure: Grafica Editoriale, Bologne.

PREMIÈRE ÉDITION

Achevé d'imprimer: janvier 1988.
Dépôt légal en France: février 1988.
Dépôt légal en Belgique: D-1988-0621-2.

IMPRIMÉ EN ITALIE
Printed in Italy